# TUNNELBAU

K. SZÉCHY

MIT 664 ABBILDUNGEN

1969
SPRINGER-VERLAG
WIEN · NEW YORK

Dr. techn. Dr. h. c. KARL SZÉCHY
Professor für Grundbau und Tunnelbau an der Technischen Universität Budapest
Korrespondierendes Mitglied der Ungarischen Akademie der Wissenschaften

Der vorliegenden deutschen Bearbeitung liegen die unter dem Titel
„Alagútépítéstan"
im Verlag Tankönyvkiadó, Budapest, 1961 erschienene ungarische
und die unter dem Titel „The Art of Tunnelling" im Verlag
Akadémiai Kiadó, Budapest, 1966 erschienene englische Ausgabe zugrunde
Aus dem Ungarischen übertragen von K. REIMHOLZ, Budapest

ISBN-13: 978-3-7091-8228-4 e-ISBN-13: 978-3-7091-8227-7
DOI: 10.1007/978-3-7091-8227-7


Library of Congress Catalog Card Number 68-29138
Softcover reprint of the hardcover 1st edition 1969

Titel Nr. 9153

*Meiner Frau*
*der liebevollen und hilfreichen Stütze*
*meines Lebens und meines Werkes*

# Vorwort

Die ungarische Erstausgabe dieses Buches aus dem Jahre 1961 und die englische Ausgabe (Budapest 1966) sind mit dem Ziel erschienen, den im Tunnelbau und im Untergrundbahnbau tätigen Fachkollegen neben den Kenntnissen des klassischen Tunnelbaus die neueren Bemessungs- und Ausführungsmethoden zu vermitteln.

Die günstige Aufnahme, die das Buch auch bei den deutschsprachigen Fachkollegen fand, und das Entgegenkommen des Springer-Verlages Wien haben dazu geführt, daß sieben Jahre später nun auch eine deutsche Ausgabe des Werkes erscheinen kann.

Die ursprüngliche Ausgabe wurde in dieser deutschen Fassung weitgehend umgearbeitet. Die klassischen Methoden wurden etwas gekürzt, dagegen wurde die Beschreibung der neuesten Entwicklungen der Schildbauweise, des Einschwimmverfahrens und des städtischen Tiefbaues im allgemeinen (Straßenunterführungen, Rohrdurchpressen, Schlitzwände, Fertigbauweise) wesentlich erweitert.

Wertvolle Unterlagen und Photomaterial habe ich vom Entwurfsbüro UVATERV, Budapest, von den Baufirmen G. Hallinger, Wayss & Freytag, Hochtief, Christiani & Nielsen, Solétanche, Pieux Franki, Société Belge des Betons, „Cobijt" und anderen erhalten; ich möchte dafür hier meinen besten Dank aussprechen.

Das ungarische Manuskript des Buches wurde von Herrn K. Reimholz ins Deutsche übertragen; ich bin ihm für seine gründliche und gewissenhafte Arbeit zu besonderem Dank verpflichtet. Ebenso sage ich Herrn Professor Dipl.-Ing. H. Berger, Leipzig, für die sorgfältige Durchsicht des deutschen Manuskriptes herzlichsten Dank.

Schließlich danke ich dem Springer-Verlag in Wien dafür, daß er mit dieser deutschen Ausgabe das Buch den interessierten deutschsprachigen Fachkollegen unmittelbar zugänglich gemacht hat, und nicht zuletzt für die sorgfältige Arbeit und die großzügige Ausstattung des Werkes.

Budapest, im Sommer 1968 K. Széchy

## Aus dem Vorwort zur ungarischen Ausgabe

Tunnel stellen im allgemeinen die kostspieligsten Ingenieurbauwerke dar und verlangen gleichzeitig die Überwindung größter technischer Schwierigkeiten. Deshalb nahm sie der Bauingenieur, der mit dem Ausbau verschiedener Verkehrswege betraut war, nur als „ultima ratio“ zu Hilfe. Darin liegt auch der Grund dafür, daß nach dem stürmischen Ausbau der Eisenbahnnetze in aller Welt — der zum größten Teil in der zweiten Hälfte des vorigen Jahrhunderts vollendet wurde — die theoretische und praktische Entwicklung des Tunnelbaus mit der Entwicklung auf anderen Gebieten nicht Schritt hielt und damit auch weniger darüber publiziert wurde.

In den letzten drei Jahrzehnten hat die Bautätigkeit unter der Erde jedoch wieder einen neuen Aufschwung genommen, durch den Ausbau verschiedener Wasserkraftanlagen, hauptsächlich aber durch die Notwendigkeit, die unterirdischen Flächen der Großstädte auszunützen, wo nicht nur die mit der Anzahl der Kraftfahrzeuge zunehmenden Schwierigkeiten des Straßenverkehrs, sondern auch der Bedarf an Parkraum und an Raum für die verschiedensten Lagerungs- und Beförderungszwecke eine weitgehende Ausnützung jedes zur Verfügung stehenden Raumes notwendig machen. Dazu kam noch der lebenswichtige Schutz gegen Luftangriffe im Kriege.

Seit der klassischen Zeit des Tunnelbaus war auf dem Gebiete des Bauwesens eine stürmische Entwicklung vor sich gegangen. Es sind nicht nur neue Baustoffe, Geräte und Methoden entwickelt worden, sondern auch die Baumechanik und neuerdings die Bodenmechanik hatten wesentliche Fortschritte erzielt. Diese waren nur verstreut, meist in Form einzelner Aufsätze oder in bestimmten Kapiteln kleinerer Fachbücher, in der Fachliteratur zu finden. Werke, die das Gesamtgebiet des modernen Tunnelbaus umfassen, waren nicht einmal in der sonst sehr reichhaltigen sowjetischen Literatur erschienen.

Dieser Mangel hat sich auch bei Beginn der Bauarbeiten an der neuen Budapester Untergrundbahn im Jahre 1951 gezeigt. Wir waren gezwungen, die wichtigsten Erkenntnisse aus der ausländischen — hauptsächlich aus der sowjetischen — Literatur zu sammeln, durch unsere eigenen bergmännischen Kenntnisse und durch die Erfahrungen sowjetischer Fachleute zu ergänzen und sie in einem Seminar vorzutragen; sie sind dann auch in Buchform als „Ausgewählte Kapitel des Tunnel- und Bergbaues“ (Válogatott fejezetek az alagútépítés és bányászati mélyépítés köréből) herausgegeben worden. In meinen auf der Technischen Universität in Budapest gehaltenen Vorlesungen habe ich Teile dieser Sammlung benützt.

Das vorliegende Buch will nun die entstandene Lücke schließen. Meine Absicht war, ein modernes Bild des heutigen Tunnelbaus sowohl für Hochschulstudenten als auch für die in der Entwurfs- und Ausführungspraxis tätigen Bauingenieure zu geben. Wegen des gewaltigen Umfanges des vorliegenden Materials kann das Buch natürlich keinen Anspruch auf Vollständigkeit erheben.

Bei meiner Arbeit haben mich einige beim Bau der Budapester Untergrundbahn tätige Mitarbeiter auf wertvolle Weise unterstützt, wofür ich auch hier meinen besten Dank aussprechen möchte. Zu besonderem Dank bin ich den Herren Obering. Georg Fazakas und Dr. Ing. Wilhelm Vincze verpflichtet, die durch die Beschreibung der sowjetischen Bemessungsverfahren mit Zahlenbeispielen im 4. Kapitel bzw. durch die Zusammenfassung der Markscheidearbeiten im 5. Kapitel einen wesentlichen Beitrag geleistet haben.

Außerdem danke ich Herrn László Zsolnay für die tadellose Ausführung der Zeichnungen, Frau J. Tompa für die Abschrift des Manuskriptes und dem Schulbuch-Verlag (Tankönyvkiadó Vállalat) und der Staatlichen Druckerei (Állami Nyomda) für die schöne und sorgfältige Ausstattung des Buches.

Budapest, August 1961 K. Széchy

# Inhaltsverzeichnis

Seite

**1. Einleitung** . . . . . . . . . . 1

1.1. Zweck und Einteilung der Tunnel . . . . . . . . 3

1.1.1. Verkehrstunnel . . . . . . . . 4
1.1.1.1. Einteilung nach der Lage bzw. Trassenführung . . . . . . . . 4
1.1.1.1.1. Kamm- und Wasserscheidentunnel . . . . . . . . 4
1.1.1.1.2. Kehrtunnel . . . . . . . . 6
1.1.1.1.3. Sporntunnel . . . . . . . . 6
1.1.1.1.4. Lehnentunnel . . . . . . . . 7
1.1.1.2. Einteilung nach der Verkehrsart . . . . . . . . 8
1.1.1.2.1. Eisenbahntunnel . . . . . . . . 8
1.1.1.2.2. Die städtischen Untergrundbahntunnel . . . . . . . . 8
1.1.1.2.3. Straßentunnel . . . . . . . . 9
1.1.1.2.4. Fußgängertunnel . . . . . . . . 11
1.1.1.2.5. Schiffahrtstunnel . . . . . . . . 11

1.1.2. Transport-Tunnel (Leitungsstollen) . . . . . . . . 12
1.1.2.1. Wasserkraftwerksstollen . . . . . . . . 12
1.1.2.2. Trinkwasserversorgungsstollen . . . . . . . . 12
1.1.2.3. Versorgungskanäle und -stollen . . . . . . . . 13
1.1.2.4. Abwasser-Tunnel . . . . . . . . 13
1.1.2.5. Industrielle Tunnel . . . . . . . . 14

1.1.3. Anderweitige unterirdische Hohlräume (Garagen, Parkplätze, Luftschutzräume und Speicher) . . . . . . . . 14

1.2. Kurzer Rückblick auf die Geschichte des Tunnelbaues . . . . . . . . 18

**2. Vorarbeiten und allgemeine Gesichtspunkte für die Entwurfsarbeit** . . . . . . . . 30

2.1. Vorarbeiten . . . . . . . . 30

2.1.1. Wirtschaftlichkeitsberechnungen . . . . . . . . 30

2.1.2. Geologische Untersuchungen und Erkundungen . . . . . . . . 34
2.1.2.1. Allgemeine geologische Untersuchung . . . . . . . . 37
2.1.2.2. Der Planung vorangehende eingehendere Feldaufnahmen . . . . 43
2.1.2.3. Baugrunduntersuchungen während der Planungsarbeiten . . . . 46
2.1.2.4. Untersuchungen während der Bauarbeiten . . . . . . . . 47

2.1.3. Die geologischen Verhältnisse in ihrer Beziehung zum Tunnelbau. Die charakteristischen Arten des Gebirgsaufbaues . . . . . . . . 49
2.1.3.1. Lagerung der zu durchörternden Schichten . . . . . . . . 49
2.1.3.2. Zustand der zu durchörternden Schichten . . . . . . . . 52
2.1.3.3. Spannungszustände, Festigkeits- und Verformungseigenschaften der Gesteine . . . . . . . . 54

Seite

2.1.3.4. Erkundung der Wasserverhältnisse . . . . . . . . . . . . . . 62
2.1.3.5. Vorausbestimmung schädlicher Gase und der voraussichtlichen Innentemperatur im Hohlgang . . . . . . . . . . . . . . . 69
2.1.3.5.1. Schädliche Gase im Tunnelbau . . . . . . . . . . . 69
2.1.3.5.2. Prognose der Gebirgswärme . . . . . . . . . . . 71

2.1.4. Geologisches Längsprofil . . . . . . . . . . . . . . . . . . . . . . 77

2.2. Die Wahl der Linienführung des Tunnels . . . . . . . . . . . . . . 88

2.2.1. Trassenwahl . . . . . . . . . . . . . . . . . . . . . . . . . . 88

2.2.2. Wahl des Längsprofils . . . . . . . . . . . . . . . . . . . . . 93

2.2.3. Wahl des Querschnitts . . . . . . . . . . . . . . . . . . . . . 100
2.2.3.1. Einfluß des Lichtraumprofils . . . . . . . . . . . . . . 104
2.2.3.2. Einfluß der Gebirgsart . . . . . . . . . . . . . . . . . 106
2.2.3.3. Einfluß der Baumethode . . . . . . . . . . . . . . . . 109
2.2.3.4. Einfluß des Baumaterials . . . . . . . . . . . . . . . . 109

Allgemeine Literatur zu Kapitel 1 und 2 . . . . . . . . . . . . . . . . 113

**3. Bestimmung der wirksamen Belastung unterirdischer Hohlraumbauten und Tunnel** 114

3.1. Ursachen und Arten des Gebirgsdruckes . . . . . . . . . . . . . . . 114

3.1.1. Durch den Ausbruch gestörter Spannungszustand um den Hohlraum . . . 117
3.1.1.1. Spannungszustand in homogenem elastischem Halbraum . . . . 118
3.1.1.1.1. Einfluß der Hohlraumform . . . . . . . . . . . . . 121
3.1.1.1.2. Einfluß anderer Faktoren . . . . . . . . . . . . . 124
3.1.1.2. Die Auswirkung von plastischen Erscheinungen auf die Spannungsverteilung . . . . . . . . . . . . . . . . . . . . . . . . . 128
3.1.1.2.1. KASTNERS Theorie . . . . . . . . . . . . . . . . 132
3.1.1.2.2. FENNERS Theorie . . . . . . . . . . . . . . . . . 135

3.1.2. Der Auflockerungsdruck . . . . . . . . . . . . . . . . . . . . . 141

3.1.3. Echter Gebirgsdruck . . . . . . . . . . . . . . . . . . . . . . 149

3.1.4. Der Schwelldruck . . . . . . . . . . . . . . . . . . . . . . . . 151

3.1.5. Einfluß bestimmter Faktoren auf den Gebirgsdruck und örtlich wechselnde Gebirgsdruckarten . . . . . . . . . . . . . . . . . . . . . . . . 153
3.1.5.1. Einfluß bestimmter Faktoren . . . . . . . . . . . . . . . 153
3.1.5.2. Wander- oder Rutschungsdruck . . . . . . . . . . . . . . 154
3.1.5.3. Tektonischer Druck . . . . . . . . . . . . . . . . . . . . 154

3.2. Bestimmung der lotrechten Gebirgsdrücke, Gebirgsdrucktheorien . 154

3.2.1. Näherungsmethoden (Schätzungsverfahren) . . . . . . . . . . . . . 156

3.2.2. Theorien auf der Grundlage verschiedener Verspannungs- und Bruchbildannahmen . . . . . . . . . . . . . . . . . . . . . . . . . . . . 159
3.2.2.1. Theorien, die den Einfluß der Tiefenlage berücksichtigen . . . . 160
3.2.2.1.1. Die Theorie von BIERBAUMER . . . . . . . . . . . . 160
3.2.2.1.2. Die Theorie von ESZTÓ . . . . . . . . . . . . . . 162
3.2.2.1.3. Die Theorie von TERZAGHI . . . . . . . . . . . . . 167
3.2.2.1.4. Die Theorie von BALLA . . . . . . . . . . . . . . 170
3.2.2.1.5. Die Theorie von SUQUET . . . . . . . . . . . . . 171
3.2.2.2. Bruchfigur-Theorien, die die Überdeckungshöhe vernachlässigen . 172
3.2.2.2.1. Die Theorie von KOMMERELL . . . . . . . . . . . . 173

Seite
3.2.2.2.2. Die Theorie von PROTODJAKONOW . . . . . . . . . . . 175
3.2.2.2.3. Die Theorie von ENGESSER . . . . . . . . . . . . . 179
3.2.2.2.4. Die Theorie von SZÉCHY . . . . . . . . . . . . . . 181

3.3. Bestimmung des Seitendruckes auf Tunnel . . . . . . . . . . . . . . . 183
3.3.1. Annähernde Bestimmung des Seitendruckes . . . . . . . . . . . . . 184
3.3.2. Exaktere Bestimmung der Seitendrücke . . . . . . . . . . . . . . . 186
3.3.3. Seitendruckbestimmung durch Modellversuche und durch Messungen an fertigen Tunnelbauwerken . . . . . . . . . . . . . . . . . . . . . 187

3.4. Sohldrücke . . . . . . . . . . . . . . . . . . . . . . . . . . 188
3.4.1. Bestimmung der Sohldrücke nach ZIMBARJEWITSCH . . . . . . . . . . 190
3.4.2. Bestimmung des Sohldruckes nach TERZAGHI . . . . . . . . . . . . . 192

3.5. Die Ausbildung der Gebirgsdrücke und ihre Wechselwirkung aufeinander . . . . . . . . . . . . . . . . . . . . . . . . . . . 194
3.5.1. Die Ausbildung der Gebirgsdrücke in Abhängigkeit vom Arbeitsfortschritt 194
3.5.2. Wechselwirkung der Gebirgsdrücke bei benachbarten Hohlräumen . . . . 198
3.5.3. Drücke auf Gesteinspfeiler . . . . . . . . . . . . . . . . . . . . 202
3.5.3.1. Nach PROTODJAKONOW . . . . . . . . . . . . . . . . . . 203
3.5.3.2. Nach ZIMBARJEWITSCH . . . . . . . . . . . . . . . . . . 204

3.6. Kritik der Gebirgsdrucktheorien, Gebirgsdruckmessungen . . . . . 205
3.6.1. Messungen an der Leibung . . . . . . . . . . . . . . . . . . . . 207
3.6.2. Tiefenmessungen . . . . . . . . . . . . . . . . . . . . . . . . 209
3.6.3. Messungen an der abstützenden Tunnelauskleidung . . . . . . . . . . 210
3.6.4. Messung der Änderungen der auf der fertigen Tunnelkonstruktion lastenden Drücke . . . . . . . . . . . . . . . . . . . . . . . . . . 211
3.6.5. Druckbestimmung im Modellversuch . . . . . . . . . . . . . . . . 217
3.6.6. Die wichtigsten Druckmeßgeräte . . . . . . . . . . . . . . . . . 219

3.7. Wasserdrücke . . . . . . . . . . . . . . . . . . . . . . . . . 222

3.8. Nutzlasten . . . . . . . . . . . . . . . . . . . . . . . . . . 225
3.8.1. Innendrücke . . . . . . . . . . . . . . . . . . . . . . . . . 225
3.8.2. Oberflächenlasten . . . . . . . . . . . . . . . . . . . . . . 225

3.9. Lastannahmevorschriften . . . . . . . . . . . . . . . . . . . . 226
3.9.1. Lastermittlungsgrundsätze für tiefliegende Tunnel in festem Fels . . . . 226
3.9.2. Lastermittlungsgrundlagen bei oberflächennah geführten Tunneln in durchnäßten Lockerböden . . . . . . . . . . . . . . . . . . . . . 228
3.9.3. Auszug aus den Lastermittlungsvorschriften für die Untergrundbahn in Lissabon . . . . . . . . . . . . . . . . . . . . . . . . . . . 229
3.9.4. Auszug aus den Lastannahmevorschriften für die Untergrundbahn in Budapest . . . . . . . . . . . . . . . . . . . . . . . . . . . 231
3.9.5. Sowjetische Vorschriften für die Bemessung von Untergrundbahn- und Autobahntunneln . . . . . . . . . . . . . . . . . . . . . . . . 235

Allgemeine Literatur zu Kapitel 3 . . . . . . . . . . . . . . . . . 239

Seite

**4. Bemessung und Entwurf der Tunnelauskleidung** . . . . . . . . . . . . . 240

4.1. Allgemeine Grundlagen und die Entwicklung der Bemessungsverfahren . . . . . . . . . . . . . . . . . . . . . . . . . . . . . . 240

4.2. Bemessung von Tunneln mit Hufeisenquerschnitt . . . . . . . . . . 243

4.2.1. Bemessung auf Grund der Unterteilung des Querschnitts . . . . . . . . 243

4.2.1.1. Graphische Querschnittuntersuchung (KOMMERELL) . . . . . . 243

4.2.1.1.1. Querschnitt ohne Sohlgewölbe . . . . . . . . . . . 244

4.2.1.1.2. Querschnitt mit Sohlgewölbe . . . . . . . . . . . 250

4.2.1.2. Analytische Berechnung der Einzelteile der Auskleidung . . . . . 252

4.2.1.2.1. Mit Annahme der Unverschieblichkeit der Stützpunkte . 252

4.2.1.2.2. Mit Berücksichtigung der Stützpunktverschiebungen der Einzelteile . . . . . . . . . . . . . . . . 265

4.2.1.2.3. Zahlenbeispiel . . . . . . . . . . . . . . . . 267

4.2.1.3. Die einheitliche Verschiebung der Einzelteile und die Berücksichtigung des Zusammenwirkens mit dem umliegenden Boden (DAWIDOWsches Bemessungsverfahren) . . . . . . . . . . . 274

4.2.1.3.1. Näherungsverfahren DAWIDOWS . . . . . . . . . . 276

4.2.2. Analytische Bemessung bei monolithischer Auskleidung und unter Berücksichtigung der Mitwirkung des Bodens . . . . . . . . . . . . . . . 279

4.2.2.1. Das Verfahren von ZURABOW und BUGAJEWA . . . . . . . . . 279

4.2.2.2. Praktische Lösung und Zahlenbeispiel für das Verfahren ZURABOW-BUGAJEWA . . . . . . . . . . . . . . . . . . . . . . 284

4.3. Die Bemessung kreisquerschnittiger Tunnelkonstruktionen . . . . 297

4.3.1. Graphischer Profilnachweis. . . . . . . . . . . . . . . . . . . . 297

4.3.2. Näherungsweise Berechnung von Kreisringträgern . . . . . . . . . . . 298

4.3.2.1. Bemessung auf Grund der Unterteilung des Querschnitts . . . . 298

4.3.2.2. Bemessung des einheitlichen monolithischen Kreisringprofils (unter Vernachlässigung der genaueren Abstützungsverhältnisse) . 299

4.3.2.3. Das Berechnungsverfahren von HEWETT-JOHANNESSON . . . . . 309

4.3.3. Bemessung des Tunnelringes als elastisch gebetteter Träger . . . . . . . 316

4.3.3.1. Das Bemessungsverfahren BODROW-GORELIK . . . . . . . . . . 317

4.3.3.2. Das Polygonketten-Verfahren . . . . . . . . . . . . . . . . 327

4.3.3.3. Das Verfahren nach BUGAJEWA . . . . . . . . . . . . . . . 342

4.3.3.4. DAWIDOWS Methode . . . . . . . . . . . . . . . . . . . 349

4.3.3.5. Die Näherungsmethode von L. VARGA . . . . . . . . . . . . 352

4.3.3.6. Die Näherungsmethode von H. MEISSNER . . . . . . . . . . . 353

4.3.4. Bemessung doppelwandiger Tunnel und Stollen . . . . . . . . . . . . 355

4.3.4.1. Sowjetische Bemessungsvorschriften auf Grund der Theorie von GALERKIN . . . . . . . . . . . . . . . . . . . . . . . 355

4.3.4.2. Bemessung von Druckstollenauskleidungen mit Stahlblechpanzerung (MÜHLHOFER) . . . . . . . . . . . . . . . . . . . 357

4.3.4.3. Bemessung mehrschichtiger Tunnel- bzw. Stollenauskleidungen . 360

4.3.4.4. Die Bemessung mehrschichtiger Auskleidungen für nicht radiale (äußere) Beanspruchungen . . . . . . . . . . . . . . . . 362

4.4. Bemessung von Rohrdurchlässen und Dükern . . . . . . . . . . . . 365

4.4.1. Bemessung kreisquerschnittiger Rohrdurchlässe . . . . . . . . . . . . 365

Seite

4.4.1.1. Bestimmung der lotrechten Erdlast nach JAROSCHENKO . . . . . 365
4.4.1.2. Bestimmung der Beanspruchungen durch Verkehrslasten . . . . 373
4.4.1.3. Die Auswirkung von Bettung und Rohrauflagerung . . . . . . 374
4.4.1.4. Bemessung von Rohrdurchlässen für die Querbeanspruchung . . 376
4.4.1.5. Bemessung des Rohrdurchlasses für die Längsbeanspruchung . . 379

4.4.2. Bemessung kreisquerschnittiger Düker . . . . . . . . . . . . . . . . 382

4.4.3. Halbgraphisches Verfahren zur Bemessung von Rohrdurchlässen mit Korbbogenquerschnitt . . . . . . . . . . . . . . . . . . . . . . . 384

4.4.4. Biegsame Rohrdurchlässe aus Wellblech . . . . . . . . . . . . . . . 394

4.5. Bemessung der Auskleidung von Tunneln und Stollen mit Rechteckquerschnitt . . . . . . . . . . . . . . . . . . . . . . . . . 398

4.5.1. Starr gebettete einschiffige Hohlgänge . . . . . . . . . . . . . . . 398

4.5.2. Elastisch gebettete geschlossene Zwillingsrahmen . . . . . . . . . . . 402

4.6. Richtlinien für den Entwurf der zusätzlichen Arbeiten und Sondereinrichtungen . . . . . . . . . . . . . . . . . . . . . . . . . 415

4.6.1. Konstruktiver Aufbau und Ausbildung der Tunnelmauerung . . . . . . 415

4.6.2. Die Wasserabdichtung von Tunneln . . . . . . . . . . . . . . . . . 416
4.6.2.1. Mehrschichtiger wasserdichter Verputz aus Zementmörtel . . . . 418
4.6.2.2. Torkretverputz . . . . . . . . . . . . . . . . . . . . . . . . 420
4.6.2.3. Mit heißem Bitumen aufgeklebte Pappenisolierungen . . . . . . 421
4.6.2.4. Aufgeklebte Metallfolie-Isolierungen . . . . . . . . . . . . . . 422
4.6.2.5. Kunststoff-Isolierungen . . . . . . . . . . . . . . . . . . . . 422
4.6.2.6. Stahlblech-Isolierungen . . . . . . . . . . . . . . . . . . . . 424

4.6.3. Die Wasserabführung aus dem Tunnel . . . . . . . . . . . . . . . . 428

4.6.4. Korrosionsschutz . . . . . . . . . . . . . . . . . . . . . . . . . . 431
4.6.4.1. Elektrische Bodenkorrosion . . . . . . . . . . . . . . . . . . 431
4.6.4.2. Korrosion des Wassers . . . . . . . . . . . . . . . . . . . . 437

4.6.5. Lüftung der Tunnel . . . . . . . . . . . . . . . . . . . . . . . . . 437
4.6.5.1. Arbeitsstellenlüftung . . . . . . . . . . . . . . . . . . . . . 437
4.6.5.2. Natürliche Lüftung . . . . . . . . . . . . . . . . . . . . . . 442
4.6.5.3. Künstliche Lüftung . . . . . . . . . . . . . . . . . . . . . . 444
4.6.5.3.1. Künstliche Lüftung von Straßentunneln . . . . . . . 445
4.6.5.3.2. Besonderheiten der künstlichen Lüftung von Untergrundbahntunneln . . . . . . . . . . . . . . . . 454

4.6.6. Beleuchtung und Lärmschutz im Tunnel . . . . . . . . . . . . . . . 457
4.6.6.1. Tunnelbeleuchtung . . . . . . . . . . . . . . . . . . . . . . 457
4.6.6.2. Lärmbekämpfung im Tunnel . . . . . . . . . . . . . . . . . 458

4.6.7. Tunnel-Hilfsbauten . . . . . . . . . . . . . . . . . . . . . . . . . 459
4.6.7.1. Nischen und Kammern . . . . . . . . . . . . . . . . . . . . 459
4.6.7.2. Portalbauten . . . . . . . . . . . . . . . . . . . . . . . . . 460

Allgemeine Literatur zu Kapitel 4 . . . . . . . . . . . . . . . . . . . . 461

**5. Die Absteckung von Tunneln** . . . . . . . . . . . . . . . . . . . . 463

5.1. Absteckung von Tunneln beim Auffahren unmittelbar von der Erdoberfläche her . . . . . . . . . . . . . . . . . . . . . . . . . 463

Seite

5.1.1. Horizontalabsteckung . . . . . . . . . . . . . . . . . . . . . 463
5.1.1.1. Absteckung kurzer Tunnel . . . . . . . . . . . . . . . . 463
5.1.1.2. Absteckung langer Tunnel . . . . . . . . . . . . . . . . 465
5.1.1.2.1. Absteckung eines langen Tunnels durch Anschluß an die Landestriangulation . . . . . . . . . . . . . . . . 465
5.1.1.2.2. Abstecken langer Tunnel auf Grund eines eigenen Festpunktnetzes . . . . . . . . . . . . . . . . . . . 467

5.1.2. Markierung der Festpunkte . . . . . . . . . . . . . . . . . . . 470

5.1.3. Absteckung von Zwischenpunkten . . . . . . . . . . . . . . . . 471

5.1.4. Die Möglichkeiten zur Erhöhung der Absteckungsgenauigkeit . . . . . . 472

5.1.5. Höhenabsteckung . . . . . . . . . . . . . . . . . . . . . . . 474

5.2. Das Abstecken nicht unmittelbar von der Erdoberfläche aus aufzufahrender (Untergrundbahn-)Tunnel . . . . . . . . . . . . . . 475

5.2.1. Horizontalabsteckung . . . . . . . . . . . . . . . . . . . . . 475
5.2.1.1. Das übertägige Festpunktnetz . . . . . . . . . . . . . . . 476
5.2.1.1.1. Arten von Festpunktnetzen . . . . . . . . . . . . . 476
5.2.1.1.2. Verdichtung des Festpunktnetzes . . . . . . . . . . 477
5.2.1.2. Richtungsübertragung in den Untertageraum durch den Schacht hindurch . . . . . . . . . . . . . . . . . . . . . . . . 481
5.2.1.2.1. Mechanische Schachtlotung . . . . . . . . . . . . . 481
5.2.1.2.2. Optische Richtungsübertragung. Optische Lotung . . . 487
5.2.1.2.3. Anderweitige Orientierungsverfahren . . . . . . . . 489
5.2.1.3. Absteckung von Linien unter Tage . . . . . . . . . . . . . 492
5.2.1.4. Möglichkeiten zur Erhöhung der Absteckungsgenauigkeit . . . . 494

5.2.2. Höhenabsteckung . . . . . . . . . . . . . . . . . . . . . . . 494

5.2.3. Vermessung der Tunnelring- (Tübbing-) und der Schildlage . . . . . . . 496
5.2.3.1. Vermessung der Tunnelringlage . . . . . . . . . . . . . . 496
5.2.3.2. Vermessung der Lage des Schildes . . . . . . . . . . . . . 499

Allgemeine Literatur zu Kapitel 5 . . . . . . . . . . . . . . . . . . 502

**6. Ausführung von Tunnelbauten — Tunnelausbau** . . . . . . . . . . . 503

6.1. Tunnelbau in festem Gebirge . . . . . . . . . . . . . . . . . . . 504

6.1.1. Geräte für das Lösen festen Gesteins . . . . . . . . . . . . . . . 504
6.1.1.1. Das mechanische Bohren und Lösen . . . . . . . . . . . . 504
6.1.1.2. Die Verwendung von Sprengstoffen und die Technik der Sprengarbeit . . . . . . . . . . . . . . . . . . . . . . . . . 506

6.1.2. Vollvortrieb ohne Abstützung . . . . . . . . . . . . . . . . . . 514

6.1.3. Vollvortrieb mit Abstützung . . . . . . . . . . . . . . . . . . 518
6.1.3.1. Von der endgültigen Auskleidung unabhängige vorübergehende Abstützung . . . . . . . . . . . . . . . . . . . . . . . . 519
6.1.3.1.1. Abstützung durch Stahlbögen . . . . . . . . . . . 519
6.1.3.1.2. Abstützung durch Holzzimmerung . . . . . . . . . 528
6.1.3.1.3. Abstützung durch Stahlbetonkonstruktionen . . . . . 529
6.1.3.1.4. Firstverankerung . . . . . . . . . . . . . . . . . 529
6.1.3.1.5. Hohlraumsicherung durch Spritzbeton . . . . . . . . 537
6.1.3.1.6. Wasserausschluß durch injizierte Ummantelung . . . . 538

Seite

6.2. Tunnelbau in Gesteinen mittlerer Festigkeit und in festgelagerten Bodenarten . . . 540

6.2.1. Klassischer Tunnelbau mit abschnittsweisem Ausbruch des Querschnitts 540
6.2.1.1. Bestimmung und konstruktiver Aufbau des Stollens . . . 546
6.2.1.1.1. Stollen mit Holzeinbau . . . 547
6.2.1.1.2. Stollen mit Stahlausbau . . . 552
6.2.1.1.3. Stollenausbau mit Stahlbeton . . . 554
6.2.1.1.4. Gemauerte Ringstollen . . . 556
6.2.1.2. Lotrechte Aufbrüche und Schlitze . . . 558

6.2.2. Verfahren mit ununterbrochener Aufmauerung . . . 559
6.2.2.1. Längsträger- bzw. Jochzimmerungsbauweise . . . 562
6.2.2.2. Österreichische (Sparren- oder Querträger-)Bauweise . . . 566
6.2.2.3. Die neue Österreichische Bauweise . . . 569
6.2.2.4. Ringbauweisen . . . 570
6.2.2.5. Mittelschlitzbauweise . . . 570

6.2.3. Klassische Bauweisen mit abschnittsweisem (unterbrochenem) Aufbau des Mauerwerkes . . . 571
6.2.3.1. Die Belgische oder Unterfangungsbauweise . . . 572
6.2.3.2. Die Deutsche oder Kernbauweise . . . 578
6.2.3.3. Die Italienische oder Versatzbauweise . . . 582
6.2.3.4. Kombinierte Bauweisen . . . 585

6.2.4. Neuere, mit Stahl- und mit gemischten Stützelementen arbeitende Tunnelbauweisen . . . 587
6.2.4.1. Tunnelbau mit Stahlblech-Rippenplatten . . . 588
6.2.4.2. Verlegen der Auskleidungsringe durch Erektoren . . . 590
6.2.4.3. Bauweise mit Stahlblechplatten und Stahlrippenabstützung . . . 590
6.2.4.3.1. Die Bauweise der Untergrundbahn in Chicago . . . 590
6.2.4.3.2. Bauweisen mit stählernen Lehrbögen und aus Seitenstollen . . . 592
6.2.4.4. Kunzsche Bauweise . . . 593
6.2.4.5. Die Kölner Rüstung . . . 595
6.2.4.6. Messervortrieb . . . 598

6.3. Tunnelbau in Oberflächennähe und in Lockerböden . . . 598

6.3.1. Ausführung von der Oberfläche aus . . . 599
6.3.1.1. Offene Baugrube . . . 599
6.3.1.1.1. Verkehrsumlenkung auf Parallelstraßen . . . 599
6.3.1.1.2. Teilverkehr auf provisorischen Überbrückungen . . . 602
6.3.1.2. Baumethoden mit teilweiser oder zeitweiliger Störung des Oberflächenverkehrs . . . 607
6.3.1.2.1. Fußgängerunterführung Margareten-Brücke Budapest . . . 607
6.3.1.2.2. Vorherige Herstellung der Seitenwände in ausgesteiften Schlitzen . . . 608
6.3.1.2.3. Herstellung der Seitenwände mittels Schlitzwandverfahren . . . 611
6.3.1.2.4. Seitenwände als Pfahlwände hergestellt . . . 612
6.3.1.2.5. Seitenwände aus Einzelpfählen . . . 614

Seite
6.3.1.3. Absenkungsverfahren . . . . . 616
6.3.1.3.1. Offene Senkkästen oder Brunnen . . . . . 617
6.3.1.3.2. Oben geschlossene Senkkästen . . . . . 619

6.3.2. Schildbauweise . . . . . 620
6.3.2.1. Konstruktion und Abmessungen der Schilde . . . . . 622
6.3.2.2. Die wichtigsten Arbeitsphasen der Schildbauweise . . . . . 638
6.3.2.2.1. Der Ausbruch . . . . . 638
6.3.2.2.2. Ausräumen der Ausbruchsmassen . . . . . 652
6.3.2.2.3. Schildvorschub . . . . . 653
6.3.2.2.4. Einbau der Tunnelringe . . . . . 654
6.3.2.2.5. Injektionen, Abdichtung der Tunnelringe, Entwässerung 656
6.3.2.3. Konstruktiver Aufbau der Auskleidungselemente (Tübbings) . . 672
6.3.2.3.1. Gußeiserne Tübbings . . . . . 673
6.3.2.3.2. Stählerne Tübbings . . . . . 680
6.3.2.3.3. Vorgefertigte Betonformsteine . . . . . 681
6.3.2.3.4. Stahlbeton-Formsteine . . . . . 687
6.3.2.3.5. Vorgespannte Betonformsteine . . . . . 705
6.3.2.4. Die Anwendung von Druckluft und Bodenverfestigung beim Schildvortrieb . . . . . 708

6.3.3. Das Vorpressen von Rohren und Durchlässen . . . . . 719
6.3.3.1. Die Druckkammer . . . . . 720
6.3.3.2. Das Preßgerät . . . . . 721
6.3.3.3. Vorschubkraft und Steuerung der Rohre . . . . . 722
6.3.3.4. Die Schmiermittel . . . . . 724
6.3.3.5. Entwässerung und Wasserabdichtung . . . . . 725

6.3.4. Besondere Bauwerke und Stationenausbau der Untergrundbahnen . . . . 726
6.3.4.1. Einsteig-, Arbeits- oder Lüftungsschächte . . . . . 727
6.3.4.2. Rolltreppenschächte (mittels Freivorbau) . . . . . 739
6.3.4.3. Verbindungs-(Belüftungs-)Stollen . . . . . 740
6.3.4.4. Unterirdische Hallen (Schildkammern, Lagerstätte usw.) . . . . 741
6.3.4.5. Untergrundbahnstationen und Betriebsräume . . . . . 746
6.3.4.5.1. Hochliegende Haltestellen . . . . . 747
6.3.4.5.2. Tiefliegende Haltestellen . . . . . 749
6.3.4.6. Schräge Rolltreppentunnel . . . . . 759
6.3.4.7. Ausbau des Untergrundbahntunnels von der Oberfläche aus mit vorgefertigten Großbauelementen . . . . . 762

6.4. Bau von Unterwassertunneln . . . . . 764
6.4.1. Unterwassertunnelbau mit oben geschlossenen Senkkästen . . . . . 764
6.4.2. Tunnelbau mittels Schwimmkästen . . . . . 768
6.4.2.1. Kreisquerschnittige Tunnel aus Stahlkonstruktion mit Stahldichtung . . . . . 769
6.4.2.2. Tunnel aus rechteckigen Stahlbeton-Schwimmkästen . . . . . 771
6.4.2.3. Auflagerung und Fugenanschluß der abgesenkten Schwimmstücke 775
6.4.2.3.1. Auflagerung der abgesenkten Schwimmstücke . . . . . 775
6.4.2.3.2. Wasserdichte und feste Verbindung der abgesenkten Schwimmstücke . . . . . 776

6.5. Besonderheiten der Unfallverhütung und der Arbeitshygiene im Tunnelbau . . . . . 781
6.5.1. Unfallverhütung . . . . . 781
6.5.2. Arbeitshygiene und Gesundheitsschutz . . . . . 782

Seite

6.5.2.1. Silikose . . . . . . . . . . . . . . . . . . . . . . . 783
6.5.2.2. Druckluftkrankheiten . . . . . . . . . . . . . . . . . 783

Allgemeine Literatur zu Kapitel 6 . . . . . . . . . . . . . . . . . . . . 785

**7. Betrieb, Instandhaltung und Wiederherstellung von Tunneln** . . . . . . . . . . 788

7.1. Aufgaben und Organisation des Instandhaltungs- und Betriebsdienstes . . . . . . . . . . . . . . . . . . . . . . . . . 788

7.1.1. Tunnel-Überwachung . . . . . . . . . . . . . . . . . . . . 788

7.1.2. Die Einrichtungen für die Wasserableitung sowie die Dichtung . . . . . 791
7.1.2.1. Die Überwachung des Bahnkörpers . . . . . . . . . . . . . . 792
7.1.2.2. Überwachungsvorschriften bei den Budapester Untergrundbahnen 792

7.1.3. Der Zustand des Tunnelmauerwerks . . . . . . . . . . . . . . . 794

7.1.4. Organisation des Instandhaltungsdienstes . . . . . . . . . . . . . 796

7.1.5. Die Betriebs- und Instandhaltungsräume . . . . . . . . . . . . . . 796

7.2. Schäden an Tunneln und ihre Behebung . . . . . . . . . . . . . . . . 797

7.2.1. Die Ursachen von Schäden in Tunneln . . . . . . . . . . . . . . . 798
7.2.1.1. Fehlerhafte Arbeit, minderwertige Baustoffe . . . . . . . . . . 798
7.2.1.2. Schadhafte Wirkung des Wassers . . . . . . . . . . . . . . 798
7.2.1.3. Rauchgaswirkungen . . . . . . . . . . . . . . . . . . . 800
7.2.1.4. Verwitterungseinflüsse . . . . . . . . . . . . . . . . . . 800
7.2.1.5. Dynamische Wirkung des Verkehrs . . . . . . . . . . . . . . 800
7.2.1.6. Gebirgsdruck . . . . . . . . . . . . . . . . . . . . . . 801
7.2.1.7. Druckwasser-Tunnel . . . . . . . . . . . . . . . . . . . 801
7.2.1.8. Eisenbahnoberbau im Tunnel . . . . . . . . . . . . . . . . 802
7.2.1.9. Leitungen im Tunnel . . . . . . . . . . . . . . . . . . . 802

7.2.2. Ausbesserung und Instandsetzung von Tunneln . . . . . . . . . . . 802
7.2.2.1. Verbesserung der Entwässerung . . . . . . . . . . . . . . . 803
7.2.2.1.1. Ausbesserung durch Ausschließung des Wassers . . . . 803
7.2.2.1.2. Ausbesserung durch Ableiten des Wassers . . . . . . 809
7.2.2.1.3. Trockenlegung durch künstliche Belüftung . . . . . 811
7.2.2.2. Ausbesserungsarbeiten am Mauerwerk . . . . . . . . . . . . 811

7.2.3. Umbau und Erneuerung von Tunneln . . . . . . . . . . . . . . . 815
7.2.3.1. Umbau aus Betriebsrücksichten . . . . . . . . . . . . . . . 815
7.2.3.2. Wiederaufbau wegen Zerstörung oder Schädigung durch äußere Einwirkungen . . . . . . . . . . . . . . . . . . . . . . 817
7.2.3.3. Beispiele für den Umbau von Tunneln . . . . . . . . . . . . 819
7.2.3.3.1. Umbau des Semmering-Tunnels . . . . . . . . . . . 819
7.2.3.3.2. Umbau des Hastings-Tunnels . . . . . . . . . . . . 821
7.2.3.3.3. Umbau des Kandevan-Tunnels (Iran) . . . . . . . . 822
7.2.3.3.4. Umbau des Pereces-Tunnels . . . . . . . . . . . . 824

7.3. Durch Tunnelbauten verursachte Oberflächensetzungen . . . . . . 824

7.3.1. Bestimmung voraussichtlicher Oberflächensetzungen . . . . . . . . . . 824
7.3.1.1. Theoretische Erwägungen zur Bestimmung von Oberflächensetzungen . . . . . . . . . . . . . . . . . . . . . . . . 825

Seite

7.3.1.1.1. Auf bergmännische Erfahrungen aufgebaute Theorien (Awerschin) . . . . . . . . . . . . . . . . . . 825
7.3.1.1.2. Berechnung der durch die Schildbauweise hervorgerufenen Oberflächensenkungen . . . . . . . . . . . . . 828
7.3.1.1.3. Polnische Untersuchungen (Litwiniszyn) . . . . . . 832
7.3.1.2. Oberflächensenkungen beim Bau der Untergrundbahnen. Ursachen und Bekämpfungsmaßnahmen . . . . . . . . . . . . . . . 833
7.3.1.2.1. Oberflächensenkungen in Chicago . . . . . . . . . . 833
7.3.1.2.2. Oberflächensenkungen in Tonböden (Moskau) . . . . . 834
7.3.1.2.3. Oberflächensenkungen in Berlin . . . . . . . . . . 835
7.3.1.2.4. Oberflächensenkungen in Budapest . . . . . . . . . 835

7.3.2. Beobachtung und Vermessung der Gebäudesetzungen infolge Untergrundbahnbauten . . . . . . . . . . . . . . . . . . . . . . . 837

Allgemeine Literatur zu Kapitel 7 . . . . . . . . . . . . . . . . 841

Die wichtigste allgemeine Literatur zum Tunnelbau . . . . . . . . . . . . 842

Literaturhinweise . . . . . . . . . . . . . . . . . . . . . . . 843

Namen- und Sachverzeichnis . . . . . . . . . . . . . . . . . . . 852

# 1. Einleitung

Bauwerke unter Tage beschäftigen den Geist der Menschheit seit den frühesten Zeiten ihrer Geschichte. Den Anstoß zu ihrer von jeher mühe- und gefahrvollen und naturgemäß kostspieligen Anlage konnten von allem Anfang an nur außergewöhnliche Bedürfnisse geben, die anders niemals hätten befriedigt werden können. Bestimmenden Einfluß dürften hierbei neben den bald offensiven, bald defensiven kriegerischen Zielen auch das Streben nach Ausbeutung von Bodenschätzen, die Erfordernisse der sicheren, reibungslosen und schnellen direkten Verkehrsabwicklung und nicht zuletzt der Wunsch ausgeübt haben, Raum für die sichere Herstellung, Lagerung und Beförderung verschiedener Güter zu gewinnen.

Von den natürlichen Höhlen, die dem Urmenschen als Zufluchtsort und Behausung dienten, kann hier abgesehen werden. Künstlich angelegte Stollen und Tunnel finden sich erstmalig in den kriegerischen Auseinandersetzungen der Antike als wichtige und häufig überaus wirksame Instrumente zur Unterhöhlung und Umgehung von Befestigungsanlagen. Eine nicht minder wichtige Rolle spielten im Mittelalter die geheimen unterirdischen Gänge und Stollen als oft einzige Verbindungswege umschlossener Burgen und fester Plätze mit der Außenwelt und schließlich in der neueren Kriegführung auch die verschiedenen Systeme von Angriffsstollen zur Unterminierung und Sprengung von Befestigungswerken.

Von ihrer strategischen Bedeutung haben die unterirdischen Bauwerke auch heute nichts eingebüßt, doch ist eine Verschiebung insofern eingetreten, als sie heute weniger offensiven Zwecken dienen als jenen der Verteidigung. Entsprechend werden sie im modernen Krieg in Gestalt von Luftschutzräumen eher für Luftschutzzwecke und zur „bombensicheren" Unterbringung von Betrieben, Kraftwerken, Fabriken und Vorräten angelegt.

Neben den militärischen waren es vor allem die Erfordernisse des *Bergbaues*, d. h. der Gewinnung tief in der Erde lagernder nutzbarer Minerale, die den Menschen zur Errichtung ganzer Systeme ausgedehnter untertägiger Bauten bestimmten. Die Spuren vornehmlich der Erzgewinnung reichen bekanntlich bis in die Anfänge der geschichtlichen Zeit zurück, doch auch bei der Errichtung von Wasserleitungssystemen und Entwässerungsanlagen griff man schon in der Antike zum Stollenbau.

Unter den ersten Stollen für Leitungszwecke finden sich im Altertum jene von Jerusalem, Athen und Rom, die diese Städte mit Trinkwasser auf einem Wege zu versorgen hatten, der vor dem Feind in gewissem Umfang getarnt blieb.

Auch im Verkehr machte sich der Mensch die Vorteile der untertägigen Bauwerke schon frühzeitig zunutze. Die Anregung hierzu kam von den bereits erwähnten geheimen unterirdischen Verbindungsgängen der Burgen und Festen, und heute sind die *Tunnel*, diese für die mannigfaltigsten Verkehrs- und Transportzwecke angelegten untertägigen Hohlgänge, zu unentbehrlichen Elementen des modernen Verkehrswesens geworden.

Im allgemeinen lassen sich vier Gruppen unterirdischer Tiefbauten unterscheiden:

*a)* Die ältesten sind die *Grubenbaue*. Sie bestehen zum Teil aus einem mit endgültigem Querschnitt aufgefahrenen und mit bleibender Auskleidung versehenen Netz von Förderstrecken, an die sich die mit verlorenem Ausbau aufgefahrenen und dem eigentlichen Abbau dienenden Strecken und Abbauräume anschließen. Dieses letztere System, die Vorrichtung, schiebt sich mit dem fortschreitenden Abbau immer weiter vor. Zwischen diesen in ständiger Verlegung begriffenen, also mehr oder minder provisorischen bergmännischen Tiefbauten und den Tunneln des Bauwesens bestehen mithin grundlegende Unterschiede. Jene wechseln ständig ihren Platz und sind nur provisorisch abgestützt und verkleidet. Der Grubenbau dient eben in erster Linie der Gewinnung nutzbarer Minerale aus den Lagerstätten in der oberen Erdkruste. Im Gefolge des Abbaues bleiben — gewissermaßen als unangenehme Nebenerscheinungen — die leergeförderten Abbauräume, die unbedingt wieder ausgefüllt, versetzt werden müssen, weil sonst der ganze Grubenbau mit Schächten, Stollen und Strecken in sich zusammenbricht. Hierdurch können Pingen entstehen, die als Tagbrüche bisweilen ein katastrophales Ausmaß annehmen. Demgegenüber werden Tunnel stets als endgültige Bauwerke ausgeführt. Der Tunnelbau verfolgt vor allem das Ziel, den Hohlgang für den geplanten Verkehrsweg aufzufahren, wobei das Ausbruchsmaterial ein unerwünschtes Nebenprodukt bildet, das unbedingt weggeschafft und entsprechend untergebracht werden muß. Auch hinsichtlich ihrer Tiefenlage bestehen Unterschiede zwischen den bergmännischen Grubengebäuden und den Tunneln, da jene — den Lagerstätten entsprechend — fast ausschließlich in großen, mehrere hundert, ja selbst mehrere tausend Meter erreichenden Teufen und somit in älteren geologischen Formationen aufgefahren werden. Demgegenüber können Tunnel sowohl in größeren Tiefen (z. B. als Sohlentunnel) als auch oberflächennah (z. B. als Tunnel für städtische Untergrundbahnen), d. h. auch in Gesteinen jüngeren geologischen Alters angelegt werden, was natürlich auch unterschiedliche Bauweisen bedingt.

*b)* Die zweite Gruppe der untertägigen Tiefbauten bilden die *Tunnel*, die die Bestimmung haben, zwei Punkte der Geländeoberfläche miteinander untertägig zu verbinden und damit den Verkehr und Transport zwischen ihnen zu ermöglichen. Tunnel sind also — nach der Definition von JÁKY — langgestreckte Ingenieurbauten, die von der Oberfläche aus unter Tage vorgetrieben werden und sich unterirdisch fortsetzen. In einfacher Formulierung: *Tunnel sind unterirdische Verkehrswege.* Ihre kennzeichnenden Eigenschaften sind im obigen Vergleich bereits dargelegt worden.

*c)* In die dritte Gruppe fallen die dem Schutz vor Luftangriffen, d. h. die der sicheren Unterbringung von Personen und Gütern, von Warenlagern, ja von ganzen Betrieben dienenden *Luftschutzräume*. Sie sollen Schutz und für längere oder kürzere Zeit Lebensmöglichkeiten bieten, allenfalls auch Betriebsvoraussetzungen schaffen. Bauwerke dieser Art werden nur so tief angelegt, wie es den Sicherheitsanforderungen entspricht; sie liegen also in der Regel in geologisch jüngeren Formationen. Sie haben ganz unterschiedliche Größen und richten sich in ihrer Ausführung in erster Linie nach der wirtschaftlichen Seite der baulichen Durchbildung. Häufig werden für diese Zwecke auch die Hohlräume verlassener Steinbrüche oder natürliche unterirdische Höhlungen benutzt.

*d)* Schließlich ist man in jüngster Zeit in zunehmendem Umfang genötigt, in den dicht bebauten, verkehrsreichen inneren Bezirken von Großstädten den Untergrund außer für Verkehrs- und Lufsschutzzwecke auch für die Anlage großer, ausschließlich friedlichen Zwecken dienender untertägiger Hohlraumbauten in Anspruch zu nehmen. Hier ist in erster Linie an die *unterirdischen Garagen und Parkplätze gedacht*.

## 1.1. Zweck und Einteilung der Tunnel

Die gesellschaftliche Entwicklung hat zu einem gewaltigen Anwachsen des Verkehrs- und Transportaufkommens geführt, dessen Abwicklung zur Überwindung selbst ernstester natürlicher Hindernisse zwingt. Mögen auch Flüsse, Gebirge und Meere den Verkehrsstrom für kürzere oder längere Zeit behindert haben, das Streben des Menschen, sie zu bewältigen, vermochten sie nicht zu brechen. Brücken über Flüsse, Ströme und Meerengen, Tunnel unter Gebirgsmassiven verbinden in wachsender Zahl und Größe früher voneinander getrennte Gebiete und knüpfen die Bande, die die Menschheit zu einer einzigen kulturellen Einheit verketten, von Mal zu Mal noch enger als bisher.

*Tunnel haben den Zweck, der Personen- und Güterbeförderung Wege auch durch gewisse natürliche Hindernisse hindurch zu erschließen.* Nach der Art dieser Hindernisse und nach der Art der Verkehrs- und Transportbedürfnisse, denen sie dienen sollen, lassen sich mehrere Gruppen von Tunneln unterscheiden.

An Hindernissen kommen Gebirge, Wasserläufe, bebaute Siedlungen oder Industrieanlagen (Verkehrswege usw.) in Frage. Tunnel (bzw. Stollen) können demnach unter Gebirgen, Flüssen, Meerengen oder bebauten Flächen in Städten und Industrieanlagen, d. h. unter Bauwerken und Straßenzügen entlangführen. Ihrer Bestimmung nach können sie zur Befriedigung der Erfordernisse des Eisenbahn-, Straßen- und Fußgängerverkehrs, ferner der Schiffahrt, der Trink- und Abwasser- sowie der Strom- und Gasversorgung u. dgl. oder auch den Bedürfnissen der innerbetrieblichen Transportabwicklung von Industriebetrieben dienen. Unter solchen Umständen wird man die Tunnel auch nach ihrer Bestimmung, ihrer Verlegung und ihrer geologischen Lage nach unterteilen. Ihrer Bestimmung nach unterscheidet man folgende zwei Gruppen von Tunnel bzw. Stollen:

*A) Verkehrstunnel*

1. Eisenbahntunnel,
2. Straßentunnel,
3. Fußgängertunnel,
4. Schiffahrtstunnel,
5. Untergrundbahntunnel.

*B) Leitungstunnel bzw. -stollen*

1. Wasserkraftwerksstollen,
2. Trinkwasserstollen,
3. Versorgungsstollen und -tunnel,
4. Abwasserstollen,
5. Leitungsstollen von Industrieanlagen.

Außer der Bestimmung sind ferner wichtige Unterscheidungsmerkmale die Anordnung der Tunnel sowie ihre Lage und Trassenführung im Verhältnis zur Geländeoberfläche, weil sie in entscheidender Weise auch das Profil des Tunnels, seine bauliche Ausgestaltung, die Bauausführung und die auf ihn wirkenden Kräfte bestimmen (vgl. Punkt 2.1.2.1.).

Weiterhin sollen die Tunnel durch ihre bautechnischen Merkmale gekennzeichnet werden: Tunnel nennt man danach jene unterirdischen Bauwerke, die den angeführten Zwecken dienen und die ohne Eingriffe von der Erdoberfläche her nach den Spezialmethoden des Tunnelbaues untertägig ausgeführt werden. Tunnel werden auch in offenen, von der Oberfläche her ausgehobenen Baugruben ausgeführt und nach Überwölbung zugeschüttet. Ihre Ausführung unterscheidet sich dann in nichts von den im Grundbau üblichen Methoden des Tiefbaues mit Baugrubenumschließung und -entwässerung.

## 1.1.1. Verkehrstunnel

Verkehrstunnel können nach ihrer Lage bzw. Trassenführung relativ zur Geländeoberfläche und nach ihrer Bestimmung unterteilt werden.

### 1.1.1.1. Einteilung nach der Lage bzw. Trassenführung

*1.1.1.1.1. Kamm- und Wasserscheidentunnel.* Bergbahnen und Straßen, die Wasserscheiden durchstoßen und parallel verlaufende benachbarte Täler miteinander verbinden sollen, müssen Bergkämme verqueren. Da Tunnel zu den kostspieligsten Bauwerken zählen, ist man für gewöhnlich bestrebt, die Bahnstrecke auf offener Trasse möglichst hoch ins Gebirge hinaufzuführen, um damit die Tunnellänge tunlichst klein zu halten. Die offene Trasse wird hierbei an den Talhängen entlang abgesteckt. Solange das natürliche Gefälle des Tales die maßgebende Streckensteigung nicht übersteigt, verursacht es keine Schwierigkeiten, die zur Überwindung der Steigung erforderliche Streckenlänge zu sichern. Sobald

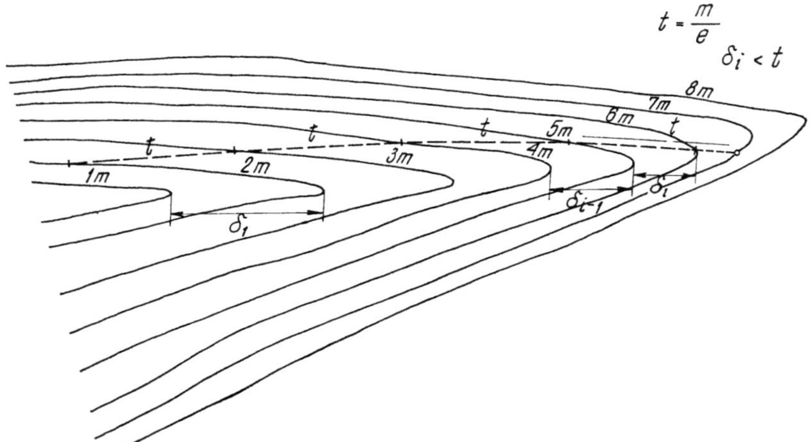


Abb. 1. Das Abstecken der Trasse verglichen mit den natürlichen Höhenlinien des Tales

jedoch das Gefälle größer wird (Abb. 1), erweist sich eine Längenentwicklung als unvermeidlich. Hierzu müssen zunächst der eine Hang, sodann beide Talhänge und häufig selbst Seitentäler in Anspruch genommen werden. An die Stelle der geraden tritt eine Trassenführung mit zahlreichen Krümmungen, weil nur diese die erforderliche Streckenlänge zu ergeben vermag. In zunehmendem Maße bedingt jedoch eine solche Trassenführung verlorene Streckenlängen, abgesehen davon, daß sie immer neuere Überbrückungen und Bauwerke erfordert (vgl. Abb. 3). Auf die Entfernung zwischen den Punkten bezogen, die der Tunnel zu verbinden hat, steigen die spezifischen Baukosten ständig an. Langsam verengen sich aber auch die Täler so sehr und steigen so steil an, daß es technisch einfach unmöglich wird, die Strecke unter Einhaltung der minimalen Krümmungshalbmesser und der höchstzulässigen Steigungen weiter in die Länge zu entwickeln (Abb. 2). Damit ist man an

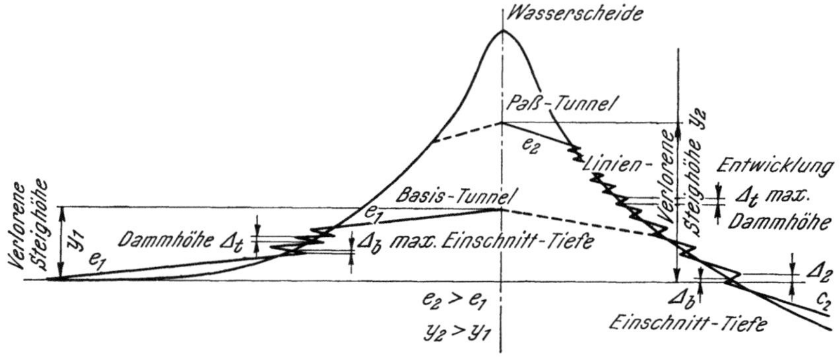


Abb. 2. Vergleich zwischen Sohl- und Scheiteltunnel

jener maximalen Höhe angelangt, über die hinaus die Bahnlinie unvermeidlich in den Berghang hineingeführt werden muß, wenn man unter Einhaltung der vorgeschriebenen bzw. gegebenen Trassenführungs-(Traktions-)bedingungen das benachbarte Tal überhaupt erreichen will. Derartige in maximaler Höhe aufgefahrene Tunnel werden *Kamm- oder Wasserscheidentunnel* genannt. Sie kommen in der Regel für Eisenbahnlinien und Straßen von geringerer Bedeutung und mit schwächerem Verkehr in Frage, bei denen zur Herabsetzung der Baukosten der höhere Betriebsaufwand in Kauf genommen werden kann. Auf dicht befahrenen und stark ausgelasteten Hauptbahnlinien erhöhen hingegen *die Vergrößerung der Streckenlänge und der Höhenverlust* die Betriebskosten dermaßen, daß man einen wirtschaftlich günstigeren Effekt erzielen wird, wenn man das Gebirge schon am Taleingang, also in tieferer Lage und in entsprechend größerer Länge untertunnelt, statt die laufenden Verluste aus den überhöhten Betriebskosten in Kauf zu nehmen. Ferner ist die Tatsache in Betracht zu ziehen, daß eine kürzere und weniger steil ansteigende Strecke weit leistungsfähiger ist als eine längere mit starken Steigungen und scharfen Krümmungen. Alles in allem wird sich also der Bau eines solchen tiefer liegenden, sogenannten *Sohlentunnels* (Abb. 2) als die wirtschaftlichere Lösung erweisen, zumal sie es eventuell ermöglicht, den Bau einer zweiten Linie einzusparen. Weiterhin geht aus der Abbildung hervor, daß Eisenbahn-Nebenlinien mit der größeren Steigung $e_2$ und vornehmlich die Straßen die in Frage kommenden maximalen Dammhöhen und Einschnitt-Tiefen ($\Delta$max) nur bei starkem Geländeanstieg schon nach kurzen Abschnitten erreichen. Die Längenentwicklung von Hauptbahnlinien mit geringerer Steigung ($e_1$) wird alsbald auch durch diese Beschränkung verhindert. Im Anwachsen dieses $\Delta$-Wertes gelangen zugleich die der Längenentwicklung im Wege stehenden Geländeschwierigkeiten zum Ausdruck. Zusammenfassend gilt mithin die Feststellung: *An Hauptlinien wird man dem längeren Sohlentunnel den Vorzug geben*, weil man damit die Möglichkeit hat, die Längenentwicklung zu verkürzen und den Höhenverlust herabzusetzen. *Bei Unterführung von Nebenbahnlinien und besonders auch von Straßen treten demgegenüber die Kammtunnel in den Vordergrund.* Für Straßen baute man bis in die allerjüngste Zeit Kammtunnel nur äußerst selten, weil die zulässigen starken Steigungen und kleinen Krümmungshalbmesser die Längenentwicklung auf dem einen der beiden Talhänge ermöglichten, so daß Straßen auch auf offener Trasse über die Gebirgskämme hinweggeführt werden konnten. Freilich hatte dies den Nachteil, daß die Straßen im Winter in den hohen Kammlagen durch Schnee und Eis blockiert und auf ihren tiefer gelegenen Abschnitten durch Lawinen gefährdet waren. Früher konnten derartige Unterbrechungen des an sich geringfügigen und wohl auch bedeutungslosen Verkehrs ohne weiteres hingenommen werden. Heute jedoch, im Zeitalter des Kraftwagens, muß der ungestörte und gefahrlose Verkehr auch auf solchen Straßen gewährleistet bleiben, weshalb es schon aus Gründen der Verkehrssicherheit geboten erscheint, Straßen über hohe Gebirgskämme nicht auf offener Trasse zu führen, sondern in Kammtunnel zu verlegen. Für verkehrswichtige Straßenverbindungen werden sogar Sohlentunnel gebaut, wie etwa die 12 km lange Röhre unter dem Montblanc.

*1.1.1.1.2.* Die soeben erwähnte Längenentwicklung zwingt oftmals zum Bau sogenannter *Kehrtunnel.* Verengt sich ein Tal so sehr, daß die vom einen Hang zum anderen hinübergeführte Linie mit dem mindesterforderlichen Krümmungshalbmesser nicht mehr zurückgeführt werden kann, und vermag die Trasse dem schroff abfallenden Hang in keiner Weise mehr zu folgen (vgl. Abb. 1, Fall: $t > \delta_i$), bleibt keinan derer Ausweg, als mit der Trasse in das Gebirge vorzustoßen und, in ihm eine Schleife beschreibend, die zur Überwindung der Steigung erforderliche Länge zu gewinnen. Mitunter erhält die Trasse mehrere derartige Schlingen in Form von Tunnelkehren. Die Längenentwicklung wird damit in das Berginnere verlegt, weil das enge Tal für sie keine Möglichkeit mehr bietet (Abb. 3). Außer den berühmten Tunnelkehren der Gotthard-Bahn verdient hier auch die an der Abzweigung *der Albula-Bahn* erwähnt zu werden.

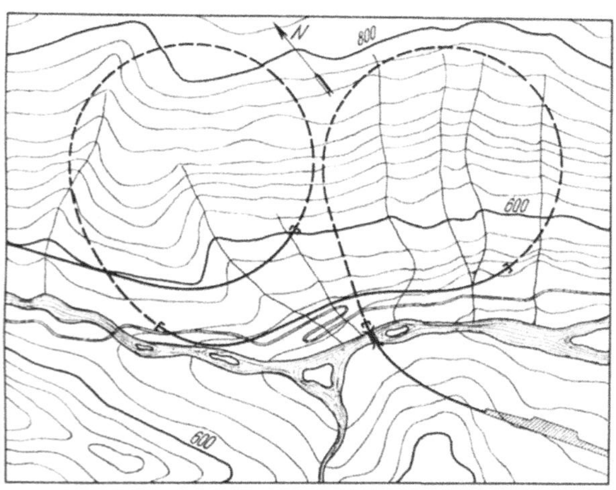


Abb. 3. Spiraltunnel

Geologisch gesehen, wird man in Kehrtunneln die mannigfaltigsten Gesteinsverhältnisse antreffen, weil sie in den Kehren die Verwitterungsrinde und das gesunde Gestein, sowohl in Streichrichtung als auch senkrecht zu dieser, durchörtern.

*1.1.1.1.3.* Kleinere, in das Gelände hervortretende Hindernisse werden mit *Sporntunneln* durchörtert (Abb. 4), um unter Vermeidung von Umwegen eine gerade Führung von Verkehrsverbindungen (Bahn, Straßen, Kanäle) zu ermöglichen. Sie kommen auch dort in Frage, wo schroff und steil hervortretende Bergnasen mit den mindesterforderlichen Krümmungshalbmessern nicht überwunden werden können (vgl. Abb. 4). Sie werden ferner dort angeldgt, wo Einschnitte in das hervortretende Hindernis zu tief ausfallen würden oder ein Durchstich durch die steil einfallenden Schichten bis zur Oberfläche ein Abrutschen des Hanges nach sich ziehen könnte. Bei Einschnittiefen von mehr als 20 bis 25 m wird es sich in der Regel als wirtschaftlicher erweisen, einen Tunnel aufzufahren.

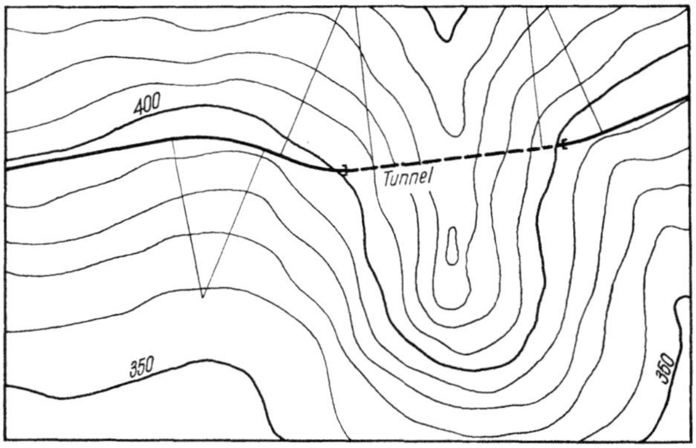

Abb. 4. Nasentunnel

*1.1.1.1.4.* Gleichfalls örtlichen Charakter tragen die sogenannten *Lehnentunnel.* Sie dienen der sicheren Führung und dem Schutz von Bahnstrecken und Straßenzügen, die an steil aufstrebenden Hängen entlang führen. Von entscheidender Bedeutung ist an solchen Stellen die Frage, ob die Schichten hangauswärts oder hangeinwärts fallen. Ein Hangauswärtsfallen ist für die Führung auf offener Trasse be-

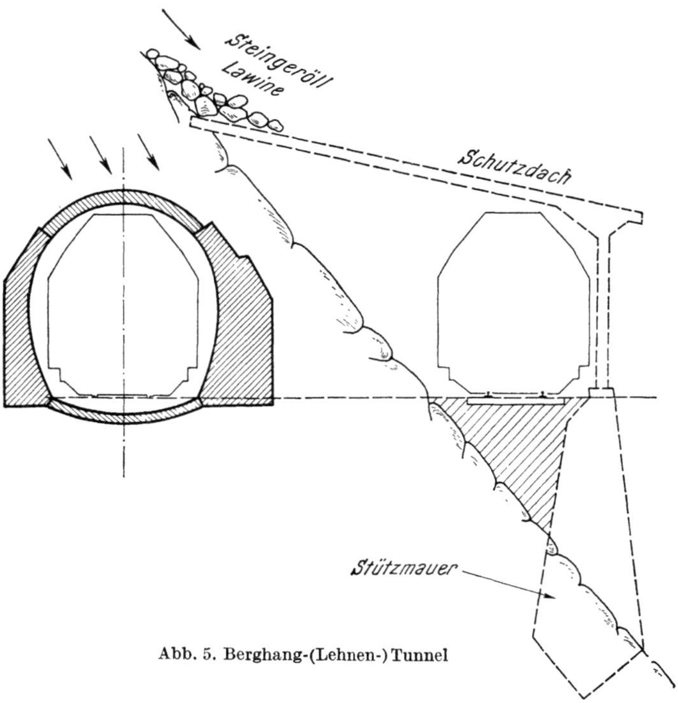

Abb. 5. Berghang-(Lehnen-) Tunnel

sonders gefährlich. Auch den Tunnel empfiehlt es sich in solchen Situationen, weiter in den Berg hineinzurücken (Abb. 5). Selbst wenn bei Hangeinwärtsfallen der Schichten nicht zu befürchten ist, daß sie beim Durchschneiden und bei Belastung durch das gemischte Profil abgleiten, muß mit der Gefahr des Absturzes von Gesteins- oder Erdmassen, gegebenenfalls auch mit der des Niedergehens von Lawinen gerechnet werden. Lehnentunnel sollen in erster Linie der Verkehrssicherheit dienen, doch ermöglichen sie häufig auch Einsparungen. Die Abstützung von Abschnitten mit verschiedenem Profil an Steilhängen entlang würde den Bau so langer Böschungen oder so hoher Stützmauern erfordern, daß es, abgesehen von der höheren Sicherheit, auch wirtschaftlicher ist, die Lehne zu untertunneln.

### 1.1.1.2. Einteilung nach der Verkehrsart

*1.1.1.2.1. Eisenbahntunnel.* In der Gruppe der Verkehrstunnel haben zweifellos die *Eisenbahntunnel* die größte Bedeutung erlangt. Zum überwiegenden Teil unterfahren sie Gebirgszüge, doch gibt es auch Unterwasser- sowie Eisenbahntunnel unter bebauten Flächen von Städten (z. B. New York). Tunnel von Bergbahnen entsprechen ihrer Anordnung, Lage und Bestimmung nach den im vorangegangenen Punkt 1.1.1.1. behandelten Hohlgängen. Die gleichen Unterscheidungen gelten im übrigen auch für Straßentunnel, die Gebirge durchörtern. Die kennzeichnenden Merkmale der Eisenbahntunnel werden bei Behandlung der Trassenführung sowie ihrer Längs- und Querprofile (Kap. 2.1.) eingehend erörtert werden.

*1.1.1.2.2. Die städtischen Untergrundbahntunnel* gehören zwar gleichfalls zur Gruppe der Eisenbahntunnel, sie bilden aber dennoch einen Zweig, der sich von jenen sowohl in Querschnitt und Lage als auch in der Bauweise, in den Baustoffen und in ihrer Bestimmung unterscheidet. Während nämlich die Eisenbahntunnel Hufeisenprofile haben, werden Untergrundbahntunnel in der Regel mit Rechteck- oder Kreisquerschnitt ausgebildet, je nachdem, ob es sich um Unterpflaster- oder um tiefgelegene Tunnel handelt (vgl. Abb. 67). In ihrer konstruktiven Ausbildung sind sie am ehesten mit Unterwasser-Straßentunneln vergleichbar. Das Hindernis, das der Tunnel im Interesse der zügigen Verkehrsabwicklung zu überwinden hat, bilden auch hier die bebauten Stadtteile mit ihren Gebäuden und ihrem Straßennetz. Im Grunde genommen können auch die *Unterwasser-Eisenbahntunnel* hier eingereiht werden. Allerdings wurden solche bisher selten gebaut, weil ihre Lüftung bei Dampflokomotivenbetrieb (z. B. Kopenhagen) Schwierigkeiten verursacht.

Besondere bauliche Ausgestaltung erfordern die verschiedenen Arten der Untergrundbahn-Haltestellen, namentlich wenn es sich um Tiefbahnen handelt (vgl. Abb. 577—589).

Die Eigenheiten der Untergrundbahntunnel, durch die sie sich von anderen Tunneln unterscheiden, ergeben sich

1. aus den Erfordernissen einer erhöhten Verkehrssicherheit (Fahrbahn und Profilverkleidung, Ausschluß jeglicher Lage- und Formveränderung);
2. aus den Anforderungen der sorgfältigen Wasserabdichtung und
3. aus den Bedürfnissen einer weitgehenden Reinhaltung und Lüftung.

*zu 1.* Eine Entgleisung der mit hohen Geschwindigkeiten verkehrenden, in der Regel dicht besetzten Züge in der geschlossenen Tunnelröhre infolge Gleislockerung, Gleisbruch oder Gleisverwerfung usw. würde katastrophale Folgen nach sich ziehen.

*zu 2.* Die Tunnel unterfahren die jüngeren, obersten, nassen Schichten unter dem Grundwasserspiegel, liegen also gewissermaßen im Wasser.

*zu 3.* Da hier auch die Haltestellen im Tunnel untergebracht sind, muß das zahlreiche Reisepublikum durch wirksame Lüftung vor Gesundheitsschäden geschätzt werden. Ebenso müssen die großen Wärme- und Staubmengen, die beim plötzlichen Bremsen und Beschleunigen der schnellen Züge entstehen, durch Lüftung entfernt und die Tunnel auch sonst sorgfältig rein gehalten werden.

*1.1.1.2.3. Straßentunnel.* Unter diesen lassen sich 3 Gruppen unterscheiden (vgl. Abb. 60 und 61).

a) Die verschiedenen Arten von *Tunneln an Autobahnen oder sonstigen modernen Fernverkehrsstraßen* stimmen dem Wesen nach mit jenen der Eisenbahntunnel überein, es finden sich unter ihnen mithin sowohl Wasserscheiden- (Giovi) und Sohlentunnel (Montblanc) als auch Sporn- und Lehnentunnel. (Straßen-Kehrtunnel wurden im Hinblick auf die im Straßenbau zulässige höhere Steigung bisher nicht gebaut.) Ein Unterschied besteht jedoch insofern, als Straßentunnel ein gedrungeneres Profil haben, weil sich bei ihnen die für den Zweibahnverkehr erforderliche Profilbreite zur Profilhöhe anders verhält als beim Eisenbahntunnel. Der Bau von Straßentunnel dieser Art hat erst in jüngerer Zeit eingesetzt, seitdem der Straßenverkehr durch die rasche Zunahme der Zahl von Kraftfahrzeugen an Bedeutung sprunghaft zugenommen hat. Früher folgten die Straßen allenorts den Steigungen des Geländes, da der geringe Verkehr mit Pferdegespannen selbst sehr scharfe Krümmungen und starke Steigungen vertrug und der Höhenverlust keine Rolle spielte. An die modernen, für hohe Fahrgeschwindigkeiten und -dichten und ununterbrochenen Verkehr ausgebauten Autobahnen werden demgegenüber ähnliche Anforderungen gestellt wie an die Eisenbahn.

b) Von dieser Gruppe weichen vor allem durch ihre großen Abmessungen die Straßen-Verbindungstunnel ab, die in den inneren Bezirken von *Großstädten* Hügel oder kleinere Erhebungen unterfahren. Sie bilden die unmittelbare Fortsetzung breiter *Stadtstraßen* und haben nebst breiter Fahrbahn im Interesse einer guten Lüftung auch eine beachtliche Höhe (z. B. der Tunnel unter dem Burgberg in Budapest und diejenigen in Prag, Neapel oder Rom usw.)

c) Gleichfalls in Großstädten findet sich die dritte Gruppe der Straßentunnel, die *Unterwassertunnel.* In der Abwicklung des Stadtverkehrs bestehen sie den Wettbewerb mit den Brücken, und zwar überall dort mit besonderem Erfolg, wo die unbehinderte Abwicklung der Seeschiffahrt große lichte Durchfahrtshöhen erfordert. Früher behalf man sich in großen Seehäfen mit dichtem Verkehr mit den verschiedenen Hub-, Dreh- und Klappbrücken, mit Kompromissen also, die die Erfordernisse der Schiffahrt und des Straßenverkehrs aufeinander abstimmen sollten (Leningrad, London, Kopenhagen usw.). Mit dem Anwachsen sowohl des Schiffahrts- als auch des Stadtstraßenverkehrs mußten aber diese Lösungen alsbald unhaltbar werden. Im übrigen begann die Anlage der Auffahrten für diese Brücken mit ihren hochgelegenen Fahrbahnen inmitten der dicht bebauten inneren Stadtviertel städtebaulich ohnehin auf zunehmende Schwierigkeiten zu stoßen, abgesehen davon, daß sie den wertvollen Kaiverkehr weitgehend behindern und sich auch ästhetisch ungünstig auswirken konnten. All diese Umstände schlossen die Brücken mehr und mehr aus dem Wettbewerb aus, zumal sich die Kosten fester Brücken in vielen Fällen höher stellten als die eines Unterwassertunnels. So hätte beispielsweise in Hamburg die Brückenfahrbahn mit Rücksicht auf die Schiffahrt 55 m hoch geführt werden müssen. Während sich die Kosten des Tunnels bei einem Voranschlag von 10,7 Millionen Mark schließlich auf 15 Millionen Mark stellten, war für den Brückenbau ein Aufwand von 25 Millionen Mark veranschlagt worden. Ebenso hätte in Antwerpen für die Schiffahrt eine lichte Durchfahrtshöhe von 55 m gesichert werden müssen, so daß der Brückenbau eine Summe von 260 bis 360 Millionen B. Francs verschlungen hätte, wogegen der Bau des Tunnels bloß 245 Millionen Francs kostete. In New York werden aus den gleichen Erwägungen heraus im Stadtinneren heute nur noch Tunnel gebaut. In Budapest dagegen, wo die Donauschiffahrt eine freie Durchfahrtshöhe von bloß 15 m benötigt, erreichen die Kosten eines Tunnelbaues mindestens das Dreifache derjenigen einer festen Brücke.

Noch vorteilhafter als auf der Kostenseite wirken sich die Unterwassertunnel städtebaulich aus. Zweifellos müssen auch die Ausfahrten aus diesen Tunneln über eine gewisse Höhe hinaus in offene Einschnitte verlegt werden. Die Einschnittiefe beträgt aber nur 5 bis 6 m, was die städtebauliche Struktur bei der für Straßen zulässigen 3- bis 6%igen Steigung lediglich auf einer 100 bis 200 m langen Strecke stört. Demgegenüber erfordert die Auffahrthöhe der erwähnten Brücken einen Auslauf von 1150 bis 1500 m Länge.

Der Tunnel hat ferner den Vorzug gegen kriegerische Einwirkung besser geschützt zu sein und nicht unbedingt geradachsig geführt werden zu müssen. Man hat damit die Möglichkeit, die an sich kürzeren Ausfahrten viel leichter in das Straßensystem der Großstadt einzufügen und vor allem eine Störung des wertvollen Uferverkehrs sowie eine Beeinträchtigung der häufig auch historisch und baukünstlerisch bedeutsamen Uferpartien zu vermeiden.

In einer für einen konkreten Fall ausgearbeiteten verkehrswirtschaftlichen Studie [1] weist Feuchtinger nach, daß der Unterwassertunnel, vom Gesichtspunkt des Höhenverlustes aus betrachtet, die günstigere Variante darstellt. Ebenso hält er die vierspurigen Lösungen für verkehrswirtschaftlich vorteilhafter als die zweispurigen. Zusammenfassend gelangt er auf Grund eines relativen Kostenvergleichs zu folgender Reihenfolge: 1. vierspuriger Tunnel (82%); 2. vierspurige Brücke (89%); 3. zweispuriger Tunnel (100%) und 4. zweispurige Brücke (113%). Bei Beurteilung der maximalen Steigung wird die Ausbaugeschwindigkeit den Ausbaukosten gegenübergestellt. Für Straßen mit gemischtem Verkehr scheinen vom Gesichtspunkt der Zeit aus 35%, von dem des Kraftstoffes aus 30% die wirtschaftlichsten Steigungswerte zu sein. Da er den Zeitfaktor für den wichtigeren hält, kommt Feuchtinger zu dem Schluß, daß eine Steigung von 35% als die günstigste anzusehen ist.

In Querschnitt und Bauweise ähneln die Unterwassertunnel den städtischen Untergrundbahntunneln. Schließlich durchqueren sie gleiche Schichten und werden unter ganz gleichen Umständen erbaut wie diese, bloß die Steigung ihrer Ausfahrten vermag natürlich wesentlich größer zu sein. Sie liegt zwischen 3 und 5%, da diese Tunnel zum überwiegenden Teil dem Kraftwagenverkehr dienen.

Als Besonderheit muß hier der Hamburger Elbtunnel erwähnt werden, bei dem man statt der kostspieligen Auffahrtrampen, die überdies wertvolle Stadtteile verunstaltet hätten, am Ufer Vertikalschächte mit Lastenaufzügen abteufte, die die Verbindung mit dem Stadtverkehr herstellen.

*1.1.1.2.4. Fußgängertunnel.* Dem Wesen nach handelt es sich bei diesen um Straßentunnel, doch ergeben sich aus ihrer kleinen Lichtweite, ihren kleinen Krümmungshalbmessern und aus den für sie in Frage kommenden großen Steigungen, die bis zu 10% erreichen können, oder aus der Möglichkeit, sie in Aufzugsschächte münden zu lassen, so einschneidende Planungs- und Ausführungserleichterungen, daß sie dennoch als Gruppe für sich behandelt werden können. Sie finden sich fast ausschließlich im Stadtinneren und nur ganz selten im Zuge von Landstraßen (z. B. Rendsburg). Von den immer zahlreicheren Untertunnelungen verkehrsreicher Straßenkreuzungen und Brückenköpfe in den Großstädten bis hin zu den Fußgängertunneln unter breiten Wasserläufen (Hamburg, Antwerpen) können diese unterirdischen Verkehrswege unter den unterschiedlichsten Gegebenheiten in Frage kommen. Die bekanntesten Fußgängertunnel sind der in Hamburg unter der Elbe und der in Antwerpen unter der Schelde hinwegführende. Keiner von beiden besitzt Treppenaufgänge am Ufer, vielmehr werden die Fußgänger durch Aufzüge, neuerlich sogar mittels schrägen Rolltreppen, in Uferschächten zu und aus den Tunneln befördert. Beim Antwerpener handelt es sich um einen völlig selbständigen, nur für den Fußgängerverkehr bestimmten Tunnel, während sich im Hamburger Tunnel insofern ein gemischter Verkehr abwickelt, als — ähnlich wie bei Straßenbrücken — eine mittig gelegene einspurige Fahrbahn beiderseits von je 1,25 m breiten Gehsteigen flankiert ist (vgl. Abb. 60).

*1.1.1.2.5. Schiffahrtstunnel.* Im Verkehrstunnelbau waren es in der geschichtlichen Reihenfolge die Schiffahrtstunnel, die man zuerst baute. Im Zuge ihrer kulturellen Entwicklung machte sich die Menschheit zuerst die Transportmöglichkeiten auf Wasserwegen nutzbar. Es war also nur ganz natürlich, daß man zur Verbindung der einzelnen Flußsysteme im 17. Jahrhundert ganze Systeme von Binnenwasserkanälen auszubauen begann. Zur Überwindung der Wasserscheiden kam es alsbald auch zur Anlage von Schiffahrtstunneln. Von dem 1692 dem Verkehr übergebenen *Malpastunnel* bis zum Bau des auch heute noch größten Tunnels der Welt, des *Rove*-Kanaltunnels bei Marseille, führte freilich ein langer Weg. Schiffahrtstunnel sind durch wasserdichte Verkleidung und Isolierung sowie dadurch gekennzeichnet, daß die auf den Querschnitt des Wasserfahrzeuges bezogene Lichtweite bei ihnen größer sein muß als bei anderen Bauarten (vgl. Tab. 1 und Abb. 428). Große Lichtweiten benötigen die Schiffahrtstunnel auch deshalb, weil sich schwimmende Fahrzeuge schwerer steuern lassen. Aus diesen Gründen haben sie in der Regel einen breiten Querschnitt mit Tonnengewölbe, und häufig erhalten sie eine innere wasserdichte Isolierung oder Verkleidung (vgl. Abb. 57). In tektonischen Bewegungen ausgesetztem, durch Verwerfungen gestörtem und zum Abrutschen neigendem Gelände dürfen Schiffahrtstunnel nicht gebaut werden.

Im übrigen gibt es Schiffahrtstunnel mit einer oder mit zwei Fahrtrinnen, ja in längeren Tunneln werden auch Ausweichstellen ausgebildet.

## 1.1.2. Transport-Tunnel (Leitungsstollen)

### 1.1.2.1. Wasserkraftwerksstollen

Sie leiten das Triebwasser der Kraftwerke vom Stausee- oder Becken durch eine zwischengelegene Erhebung hindurch dem benachbarten Tal oder dem tiefer gelegenen Krafthaus zu. Man unterscheidet hierbei zwei Hauptgruppen. Jene Stollen, die das Triebwasser mit ihrem vollen Querschnitt unmittelbar den Turbinen zuleiten und die wegen der großen Fallhöhe unter sehr erheblichen Innendrücken stehen, werden *Druckstollen* genannt. Demgegenüber bezeichnet man jene Stollen, die bloß dazu dienen, das Wasser unter dem Einfluß der normalen Schwerkraft von der einen auf die andere Seite eines Gebirgszuges oder von der Staustelle bis zum Einlaßschütz der Falleitung zu fördern, als *Freispiegelstollen* (Abb. 6).

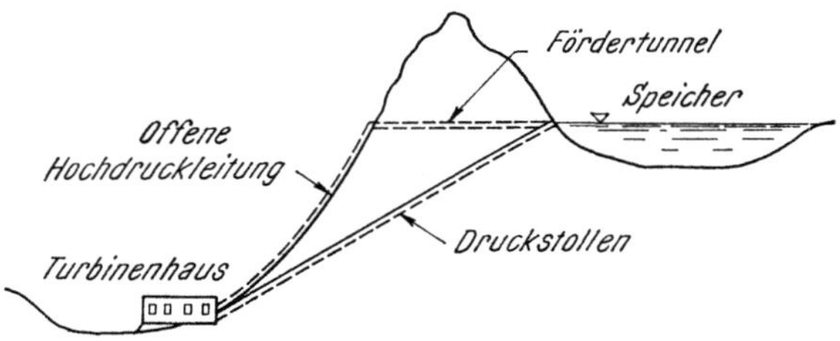


Abb. 6. Anlage wasserführender und Druckwasser-Tunnel

Zwischen den beiden Gruppen bestehen auch in der Beanspruchung, im Querschnitt und in dessen Form sehr wesentliche Unterschiede. Druckstollen müssen Innendrücken standhalten, die den äußeren Gebirgs- und Wasserdruck nicht selten um ein Vielfaches übersteigen. Die hieraus resultierende Beanspruchung auf Zug vermag am wirtschaftlichsten ein Kreisprofil aufzunehmen; sie werden deshalb am zweckmäßigsten mit solchem oder mit einem ähnlichen, in Form eines stark abgeflachten Hufeisenprofils, ausgeführt. Dieses letztere paßt sich den Ausbruchmethoden besser an. Zur Aufnahme der Zugkräfte sind diese Profile zumindest mit Stahlbeton, häufig jedoch mit Stahlblech verkleidet. Selbstverständlich dient die Verkleidung zugleich auch der Abdichtung, die hier besonders sorgfältig sein muß, da erhöhte Gefahr besteht, daß das Wasser unter dem hohen Druck entweicht (vgl. Abb. 56).

Die einfachen Freispiegelstollen erhalten demgegenüber das Hufeisenprofil der Eisenbahntunnel, weil der innere Druck des Triebwassers bloß einen verschwindend kleinen Teil des Gebirgsdruckes auf den Stollen selbst erreicht. Für derartige Stollen hat sich das Hufeisenprofil mit Sohlgewölbe als die wirtschaftlichste Lösung erwiesen (vgl. Abb. 56). Eine sorgfältige Innenisolierung ist selbstverständlich auch hier vonnöten.

Für diese Art von Stollen gilt noch mehr als für Schiffahrtstunnel der Grundsatz, daß mit ihnen *ausschließlich bewegungsfreies*, d. h. weder von Verwerfungen durchsetztes und zum Rutschen neigendes, noch tektonischen Bewegungen ausgesetztes *Gestein durchfahren werden darf*.

### 1.1.2.2. Trinkwasserversorgungsstollen

Sie sind dem Wesen nach identisch mit den unter 1.1.2.1. behandelten Wasserkraftswerksstollen, jedoch leiten sie nicht Trieb-, sondern Trinkwasser, und zwar von Quellen, Wasserbehältern oder Flüssen den Behältern der städtischen Wasserwerke zu (Delaware-Stollen für die Wasserversorgung von New York). Der Hauptunterschied gegenüber den Triebwasserstollen besteht darin, daß die Trinkwasserstollen sehr häufig alluviale Schichten verqueren, weil sie eben der Trinkwasserversorgung größerer Siedlungen dienen. Demgegenüber durchörtern die Triebwasserstollen von Wasserkraftwerken Gebirge, d. h. im allgemeinen festere Gesteinsarten. Im übrigen kann auch hier die Unterscheidung nach Druck- und Freispiegelstollen gemacht werden (vgl. Abb. 6 und 56).

### 1.1.2.3. Versorgungskanäle und -stollen

Sie finden sich vornehmlich in Großstädten und dienen der Aufnahme von Starkstrom-, Fernsprech- und sonstigen Kabeln sowie von Gas-, Wasser- und anderweitigen wichtigen Versorgungsleitungen und ihrer Unterführung unter Wasserläufen, Straßen, Bahnkörpern und Gebäudeblöcken. Sie müssen die ständige Überwachung, Instandhaltung dieser Leitungen und unter Umständen auch Reparaturen an ihnen ermöglichen.

Von den weiter oben besprochenen Stollen weichen sie insofern ab, als sie mit der Oberfläche nicht direkt, sondern durch Einleitungsschächte in Verbindung stehen. Einen großen Vorteil bedeutet es, daß diese Versorgungskanäle und -stollen nach Tunnelbaumethoden aufgefahren und überwacht bzw. instand gehalten werden können, ohne daß Fahrbahn und Straßenunterbau aufgerissen werden müßen. Neuerdings werden einzelne kürzere Versorgungskanäle von Schächten aus im Durchpreßverfahren vorgetrieben (vgl. Kap. 6.3.3. und Abb. 556 und 559). Besonders bei Errichtung neuer Industrieanlagen und neuer Stadtviertel pflegt man die Versorgungsleitungen (Gas, Wasser, Kabel) in gemeinsame Stollen zusammenzulegen.

Versorgungstunnel und -stollen werden mit Kreis- oder Rechteckquerschnitten ausgeführt, je nachdem, ob man sie nach Tunnelbaumethoden oder in offenen Baugruben errichtet. In Anordnung und Ausmaßen gleichen sie vornehmlich den städtischen Fußgängertunneln (Abb. 58).

### 1.1.2.4. Abwasser-Tunnel

In gewissem Umfang unterscheiden sich von den Versorgungstunneln und -stollen die der Stadtentwässerung dienenden *Abwasserkanäle*, die mehr den Freispiegelstollen ähneln (vgl. Abb. 56 und 58). Die Abwässer fließen in ihnen unter der Gravitation, weshalb die Innenisolierung hier weniger die Aufgabe hat, die Versickerung zu verhindern, als das Mauerwerk vor der aggressiven Wirkung der in den Abwässern mitgeführten chemischen Stoffe zu schützen. Aus diesem Grunde erhält das Mauerwerk in der Regel eine Innenauskleidung aus Klinker- oder Keramiksteinen, die in säurefesten oder in Bitumenmörtel verlegt werden. Selbstverständlich baut man nur die ganz großen Hauptsammler nach dem Tunnelbauverfahren, teils weil sie in genügender Tiefe unter dem Straßenniveau liegen, teils weil sie genügend große Lichtweiten haben, um nach Tunnelbaumethoden aufgefahren werden zu können. (Zur Herstellung derartiger Hohlräume müssen sich ja in diesen Menschen bewegen können.) Im Hinblick auf die großen Schwankungen im Anfall der Abwassermengen erhalten solche Kanäle in der Regel auch besondere Profile, d. h. sie werden am Profilboden mit Sammelrinnen (Cunettes) ausgebildet, die auch kleine Abflußmengen (Haushaltsabwässer) zusammenhalten. Solche Rinnen können eventuell auch durch geeignete Ausbildung des Innenmauerwerks hergestellt werden.

Die Ableitung des Abwassers ist nicht nur unter Stadtstraßen, sondern mitunter auch unter Wasserläufen notwendig. Abwasserleitungen haben jedoch stets die Bestimmung, Abwässer zu sammeln, abzuführen und in den Vorfluter sogar unter dem Strombett einzuleiten (vgl. Abb. 605).

#### 1.1.2.5. Industrielle Tunnel

Spezialzwecken dienen die zur zweckmäßigen Betriebsführung in Industrieanlagen erforderlichen unterschiedlichen *Betriebsleitungen*. Hier sind z. B. die Sandförderstollen von Gießereien, die Stollen zum Fortschaffen des Zunders in Walzwerken, Skipförderschächte zu erwähnen.

### 1.1.3. Anderweitige unterirdische Hohlräume (Garagen, Parkplätze, Luftschutzräume und Speicher)

Die stürmische Entwicklung der Großstädte und der starke Verkehr in ihrem Stadtkern hat dazu geführt, daß heute praktisch in allen Großstädten Mangel an Garagen herrscht und allnächtlich viele Tausende von Wagen auf den verkehrsreichsten Plätzen der inneren Stadtteile parken. Tagsüber kommt der Kraftwagenverkehr häufig ganz zum Erliegen. Da er besonders durch die in den ohnehin engen Straßen parkenden Fahrzeuge gehemmt wird, versucht man die Kraftwagenbesitzer durch Einhebung hoher Parkzeitgebühren zum Verzicht auf überflüssiges Parken zu zwingen. (Nach gewissen Berechnungen verursacht die Verkehrsüberlastung z. B. in Paris jährlich Verluste von 34 Millionen Francs.) Nach den Straßenbahnen verdrängt der Kraftwagen allmählich auch die Omnibusse und Obusse aus dem innerstädtischen Verkehr, so daß Verkehrsziele im Stadtkern nur noch mit der Untergrundbahn erreicht werden können. All dies erfordert fast zwangsläufig einerseits die zielbewußte Nutzbarmachung des Untergrundes dieser wertvollen Stadtkerne, andererseits Maßnahmen, die es ermöglichen, die Stadtzentren auch mit Straßenfahrzeugen rasch und unbehindert zu erreichen. Dieser Notwendigkeit entsprang *der Gedanke an eine unterirdische Stadtbauplanung für Großstädte*, der vor nun schon 30 Jahren aufgetaucht ist. Sie setzt sich die Ausarbeitung von Plänen für das unterirdische Verkehrsnetz, für unterirdische Schnellverkehrs-Autostraßen, Garagen und Parkplätze und deren systematische Abstimmung auf die Erfordernisse und auf das Netz der Versorgungsleitungen zum Ziel. (Ein Vorschlag für die Querschnittanordnung einer unterirdischen Autobahn ist aus Abb. 7 ersichtlich.) Die Erfahrung zeigt, daß planlos geführte Versorgungsleitungen und da und dort verstreut angelegte unterirdische Hohlraumbauten dieses für die künftige Entwicklung überaus kostbare Gebiet vergeuden und daß ein späterer Umbau der planlos verstreuten Bauten außerordentlich hohe Mehrkosten verursacht. Da nun aber die Zeit zum Bau unterirdischer Garagen und Parkplätze gekommen ist, müssen der Platzbedarf für Straßenunterführungen und Untergrundbahnen im voraus festgelegt und die diesen Verkehrswegen vorbehaltenen Gebiete im voraus abgesteckt werden.

Heute stehen dem Bau unterirdischer Garagen und Parkplätze die folgenden wichtigeren Schwierigkeiten im Wege:

1. das Chaos in den vorhandenen unterirdischen städtischen Bauwerken;
2. die Bauausführungsschwierigkeiten (Aufrechterhaltung des Verkehrs über der Baustelle, Schwierigkeit der untertägigen Bauarbeit, Unterfangung wichtiger schwerer Bauwerke;
3. die hohen Kosten derartiger Bauten;
4. die Schwierigkeiten der Belüftung.

In Richtung des geringsten Widerstandes voranschreitend, pflegt man in Städten zuerst jene Flächen für diesen Zweck heranzuziehen, denen gewisse natürliche Eigenschaften eigen sind. Als solche kommen Parkflächen, Uferpartien, Flußbette, Hügellehnen oder Brükkenrampen in Frage.

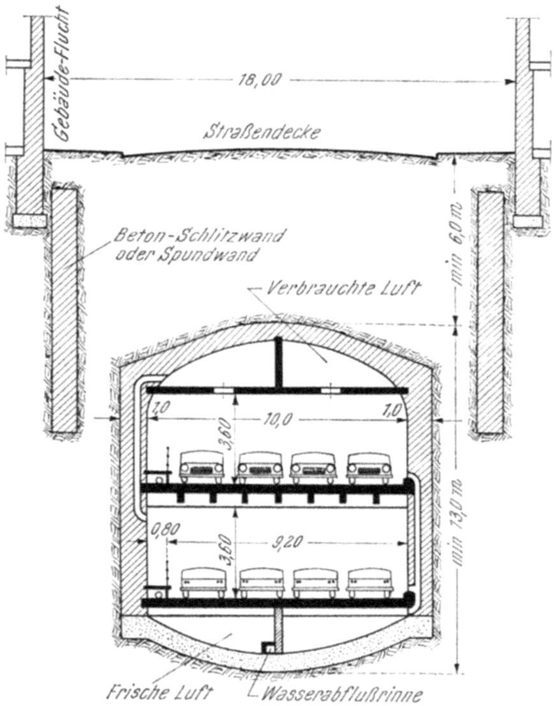

Abb. 7. Unterirdische Autobahnanordnung

Unter Grünflächen finden sich in der Regel weniger Versorgungsleitungen als unter bebauten Flächen, und die Bauarbeiten stören auch den Verkehr nicht. Ebenso gibt es unter Uferbauten und Brückenrampen weniger Versorgungsleitungen. Zudem können die Seitenwände von Ufermauern bzw. Brückenrampen zugleich als ein- oder beiderseitige Umfassungswände, ja die Fahrbahn decke der Brückenauffahrt sogar als Decke des unterirdischen Hohlraumes dienen. Bei Verlegung in Hügellehnen lassen sich wesentlich kürzere Zu- und Abfahrtsrampen ausbilden, und ebenso kann mit Einsparungen in der Bemessung der Profilausmauerung gerechnet werden. Das Problem der Zu- und Ausfahrt wird wegen ihres großen Platzbedarfes neuerdings derart gelöst, daß man für die Unterbringung der Fahrzeuge in unterirdischen Garagen sorgt und diese mit senkrechten Speziallifte ausstattet.

Die originellste Lösung böte zweifellos die Nutzung des Flußbettes der Limmat in Zürich für derartige Zwecke. Hier soll den Plänen zufolge in Senkkasten, die man unter die Bettsohle des Flusses absenken will, eine zweigeschossige Garage mit einer Grundrißfläche von $126 \times 41$ m geschaffen werden.

Mit dem Bau unterirdischer Garagen und Parkplätze verfolgt man zugleich auch das Ziel, für den Kriegsfall Luftschutzräume für die Bewohner des Stadtkerns zu gewinnen.

Als Beispiel hierfür sei in Abb. 8 die Planskizze eines unterirdischen Parkraumes gezeigt, der unter dem *Monceau-Park* in Paris angelegt werden soll. Der 30 m breite, 181 m lange, dreischiffige und fünfgeschossige Bau würde Raum

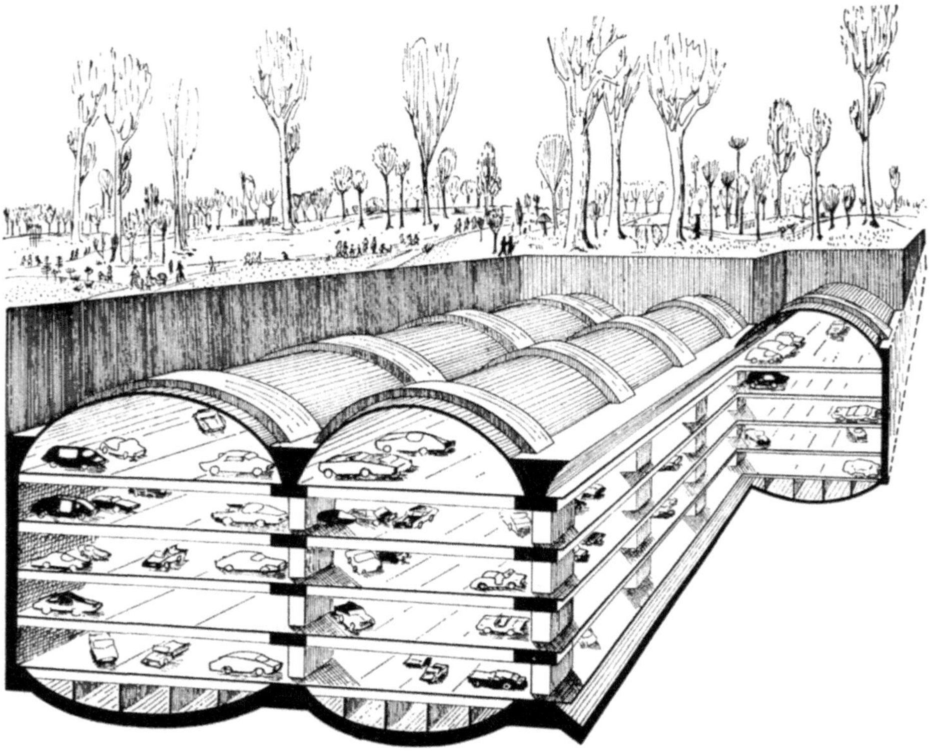

Abb. 8. Unterirdische Kraftwagen-Parkanlage

für 1900 Fahrzeuge oder Schutz für rund 80000 Menschen bieten. Die Zu- und Abfahrten sollen im Gefälle geführt werden, und zwar zwecks Einhaltung der Luftschutzbestimmungen in gebrochener Grundrißlinie. Im Hinblick auf die mögliche Gefahr einer Explosion der Kraftstoffgase benötigt die Anlage auch eine wirksame Lüftung, die einen völligen Luftaustausch in jeweils 4 bis 6 Minuten gewährleisten muß.

Auf die anderweitigen Vorschriften für Luftschutzräume hier näher einzugehen, würde über den Rahmen dieses Buches hinausführen.

Abmessungen und Raumbedarf unterirdischer Speicher, großer Kraftwerkskavernen und anderer Betriebe sind von Fall zu Fall verschieden, und auch ihre Anordnung richtet sich nach der jeweils gegebenen Lage (Abb. 9 und 10). Bei der Unterbringung der Turbinen und Generatoren von Hochgebirgs-Wasserkraftanlagen ist von geologischen Gesichtspunkten auszugehen. Zweckmäßig wird man derartige Anlagen in Berghänge verlegen, eventuell auch in natürlichen Höhlungen oder in verlassenen Hohlräumen des Bergbaues unterbringen, die selbstverständlich in geeigneter Weise angepaßt, isoliert, verstärkt und notfalls erweitert werden müssen. Verlassene Steinbrüche und von der Oberfläche aus abgeteufte trog-

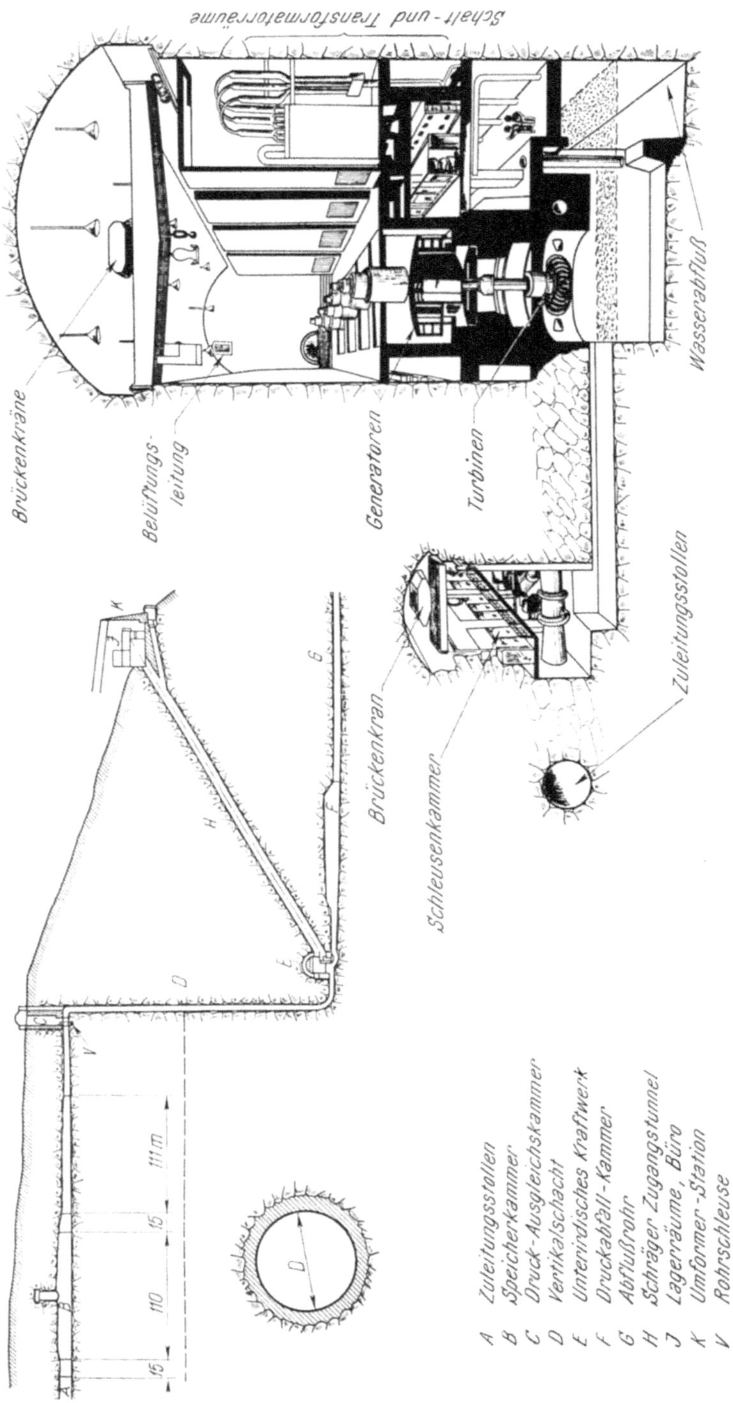


Abb. 9. Unterirdische Turbinenkammeranlage

artige Hohlräume eignen sich besonders zum Einbau von Ölspeichern oder anderen Flüssigkeitsbehältern.

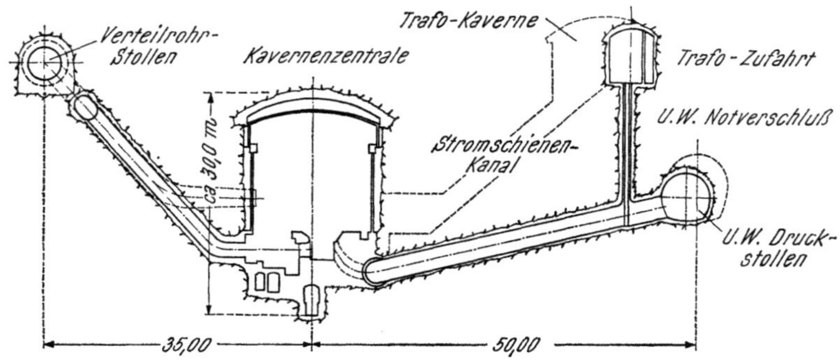


Abb. 10. Unterirdische Hohlräume einer Kraftanlage

## 1.2. Kurzer Rückblick auf die Geschichte des Tunnelbaues

Streng genommen, reicht die Geschichte der untertägigen Bauten bis weit in die vorgeschichtlichen Zeiten zurück, in denen sich der Mensch unterirdische Hohlräume ähnlich den natürlichen Höhlen ausbrach oder diese auch durch Gänge und andere Höhlungen ausweitete, um in ihnen Zuflucht vor den Unbilden der Witterung und Schutz vor Angriffen von Feind und Tier zu suchen.

Archäologische Ausgrabungen haben den Nachweis erbracht, daß schon der Steinzeitmensch sein wichtigstes Werkzeugmaterial, den Feuerstein, nach bergmännischen Methoden vielfach auch im Tiefbau zu gewinnen begann. Die von ihm aufgefahrenen primitiven Strecken haben ebenfalls schon Kreisprofile und lassen sogar ein gewisses System im Grubenbau erkennen.

Der früheste regelrechte, d. h. einer unterirdischen Verkehrsverbindung dienende Tunnel der Geschichte wurde, soweit bekannt, vor etwa 4000 Jahren zur Zeit der sagenhaften Königin Semiramis im alten Babylon erbaut. (Nach anderen Quellen wurde der Tunnel erst vor 2500 Jahren unter König Nebukadnezar errichtet.) Er war 1 km lang, hatte den ansehnlichen Querschnitt von 3,60 $\times$ 4,50 m und stellte eine Verbindung zwischen dem königlichen Palast und dem Baal-Tempel dar, die unter dem Flußbett des Euphrat hinwegführte. Für die Bauarbeiten wurde der Euphrat umgeleitet, so daß der auch nach heutigen Begriffen beachtlich große Tunnel vermutlich in offener Baugrube ausgehoben wurde. Der Tunnel hatte eine in Bitumenmörtel verlegte Ziegelmauerung, sein Profil war überwölbt. Der gewaltige Umfang der Bauarbeiten läßt darauf schließen, daß es sich bei dieser Untertunnelung des Euphrat nicht um den ersten Tunnelbau der Babylonier gehandelt haben kann, daß sie vielmehr bei mehreren vorangegangenen Bauten offenbar gründliche Erfahrungen gesammelt haben mußten. Die Großartigkeit des Unterfangens beweist vielleicht am eindrucksvollsten die Tatsache, daß der in der Reihenfolge nächste Unterwassertunnel der Geschichte erst rund 4000 Jahre später 1843 in Gestalt des Londoner Themsetunnels dem Verkehr übergeben wurde. Sehr oft wurden im Zuge von Kriegshandlungen Stollen zur Unterminierung von Befestigungsanlagen und auch solche gebaut, die den

Belagerern ein Eindringen in das Innere der zernierten Feste ermöglichen sollten. In der griechischen und römischen Kriegstechnik spielten diese Minen eine große Rolle.

Gleichfalls kriegerischen Zwecken diente der vor 2700 Jahren unter Hesekias, dem König von Juda, ausgebrochene 200 m lange Stollen mit einem Querschnitt von 0,70 × 0,70 m, durch den man das Wasser einer nahen Quelle, in das von den Assyrern bedrohte Jerusalem leitete. Auch bei dem bekanntesten Stollen der griechischen Geschichte handelte es sich um eine Trinkwasserleitung. Der auf der Insel Samos angelegte Stollen hatte bei einer Länge von rund 1,5 km eine lichte Weite von 1,80 × 1,80 m. Sein Bau liegt 2600 Jahre zurück.

Sehr berühmt sind die römischen Stollenbauten für Trinkwasserleitungen. Einer von ihnen, der unter Kaiser Hadrianus, also vor 1800 Jahren, in Athen angelegte Trinkwasserstollen wurde 1925 wiederhergestellt und steht seither im Dienst der Trinkwasserversorgung der Stadt.

Auch die ägyptischen Königsgräber und Tempel weisen zahlreiche in Fels aufgefahrene Stollen auf, und ähnliche Stollenbauten kennt auch die indische und die Frühkultur der Azteken.

Eine Glanzleistung des römischen Tunnelbaues bildet der vor 2000 Jahren errichtete 7,5 m breite, 900 m lange Straßentunnel durch den *Posilipo-Hügel* zwischen Neapel und Pozzuoli, ohne Zweifel der erste seiner Art in der Welt.

Die gewaltigsten unterirdischen Hohlraumbauten entstanden zur Zeit der Christenverfolgungen in Rom in Gestalt der Katakomben, die von verlassenen Steinbrüchen aus vorgetrieben wurden und ein verwickeltes Netz von Gängen und Sälen bildeten, an die sich ungezählte Nischen und Grabkammern anschlossen. In dieser großen Begräbnisstätte haben 6 Millionen Tote ihre letzte Ruhestätte gefunden.

Zur Zeit des mittelalterlichen kulturellen Niederganges wurden ausschließlich Stollen für kriegerische Zwecke gebaut. Erwähnung verdient hier immerhin der 1450 begonnene Straßentunnel Col di Tenda, der unter den Seealpen zwischen Nizza und Genova hindurchführen sollte, dessen Bau jedoch alsbald abgebrochen und bis heute nicht wieder aufgenommen wurde. (Es wurde jedoch hier 1889 bis 1900 ein 8100 m langer zweigleisiger Eisenbahntunnel unter ziemlich schwierigen Verhältnissen (druckhaftes Gebirges) erbaut.) Erwähnenswert ist ferner der 5,6 km lange Abflußstollen des *Biber-Grundstollens* in Selmecbánya, dessen Bau um 1400 aufgenommen wurde und der zu den mächtigsten unterirdischen Bauwerken der damaligen Zeit zählte.

Den Tunnelbau brachte von neuem die Anlage von Schiffahrtstunneln auf die Tagesordnung, die im 17. Jahrhundert einsetzte. Mit Binnenschiffahrtskanälen konnten damals in der Tat nur ganz minimale Höhenunterschiede im Gelände überwunden werden, so daß schon verhältnismäßig niedrige Geländehindernisse und kleine Hügel den Bau von Tunneln erforderlich machte. Beim Bau des Tunnels am *Languedoc-Kanal* in Frankreich gelangte 1679 zum Lösen des Gebirges erstmalig auch Schießpulver zur Anwendung, nachdem man bis dahin als Gezähe für den mühevollen Vortrieb bloß Meißel und Hammer verwendet hatte. Mitunter erhitzte man auch das Gebirge, um es dann mit kaltem Wasser zu begießen, worauf man das durch die plötzliche Zusammenziehung gelockerte Gestein leichter lösen konnte. Im Bergbau war das Schießen schon ein halbes Jahrhundert früher, und zwar erstmalig 1627 in *Selmecbánya* angewendet worden. Ähnliche Schwierigkeiten wie der Ausbruch verursachte auch die Entfernung des Grubenwassers. Sie führten zur Entwicklung der Wasserschöpfmaschinen. Im Tunnelbau hatten diese geringere Bedeutung, weil sich hier die Entwässerung durch Ausbildung eines entsprechenden Gefälles oder durch Anlage eines eigenen Entwässerungsstollens verhältnismäßig leichter lösen ließ.

Von da an folgte zunächst in Frankreich und sodann auch in England ein Schiffahrtstunnelbau dem anderen, zumal man außer landwirtschaftlichen Erzeugnissen in wachsendem Umfang auch industrielle und Bergbauerzeugnisse (z. B. Kohle) über die Binnenschiffahrtskanäle zu befördern begann. Entlang der Kanäle in den hügeligen Zechengebieten wurden in den folgenden anderthalb Jahrhunderten kleinere oder größere Schiffahrtstunnel in einer Gesamtlänge von mehreren hundert Kilometern gebaut.

Der Aufschwung, den die Binnenschiffahrt dem Tunnelbau gegeben hatte, erhielt nicht viel später durch die *Erfindung der Eisenbahn* neue kräftige Impulse, da der Bahnbau mit seinen eng begrenzten Steigungsmöglichkeiten gleichfalls sehr bald auf Geländehindernisse stieß. Der erste Pferdebahntunnel wurde 1826 in Frankreich auf der Strecke *Roanne-Andressieux* fertiggestellt, der erste Dampfeisenbahntunnel auf der Strecke *Liverpool-Manchester* in den Jahren 1826/29 erbaut. Der stürmisch voranschreitende Ausbau des Eisenbahnnetzes und die Erkenntnis der eminenten Rolle, die die Eisenbahn im Fernverkehr zunehmend größerer Gebiete zu spielen berufen war, ließ alsbald den Gedanken an die Notwendigkeit der Untertunnelung gewaltiger Gebirgszüge aufkommen. Der Bau dieser mächtigen, mehrere Kilometer langen und hartes Gebirge durchörternden Tunnel aber mußte zur Entwicklung neuer Ausbruchs- und Baumethoden führen.

Während der 1857 begonnenen Bauarbeiten am *Mont-Cenis-Tunnel* zwischen Frankreich und Italien wurden zunächst die hydraulischen und sodann die von G. Someiller vervollkommneten pneumatischen Bohrmaschinen eingesetzt. Diese und die Erfindung des Dynamits durch Nobel im Jahre 1864 ermöglichten es, den 12,8 km langen Tunnel bereits 1871 dem Verkehr zu übergeben. Auch im weiteren waren es dann die berühmten Alpentunnel (der *Gotthard-*, der *Simplon-* und der *Lötschberg*-Tunnel in der Schweiz, der *Semmering-*, der *Tauern-* und der *Karawanken-* sowie der *Arlberg*-Tunnel in Österreich), ferner der *Ronco*-Tunnel in Italien und der Severntunnel in England, die die Entwicklung am kräftigsten vorantrugen und nicht nur im Gezähe und in den Ausbaumethoden Neues brachten, sondern auch die theoretischen und praktischen Grundlagen für die Berechnung der wirksamen Tunnelbelastungen und für die Verkleidungs- und Gewölbebemessung durch neue Erkenntnisse bereicherten. Parallel mit den genannten hervorragenden Schöpfungen wurde in aller Welt, so besonders in Deutschland und Frankreich, in den Vereinigten Staaten, in Norwegen, Japan, Neuseeland und neuerdings auch in der Sowjetunion, im Iran und in der Türkei eine Vielzahl kleinerer und größerer Eisenbahntunnel nach den nun schon als genormt zu bezeichnenden Systemen und mit dem schon herkömmlich gewordenen modernen Geräten gebaut.

Eine verhältnismäßig neuere, hervorragende Schöpfung des Eisenbahntunnelbaues bildet der große Tunnel durch den *Etruskischen Apennin* auf der Strecke

Bologna-Firenze, der bei einem Ausbruch von 1970000 m³ Gestein in 11 Jahren fertiggestellt wurde. Vergleicht man damit den Hohlraum von 610000 m³ und die 14jährige Bauzeit des Mont-Cenis-Tunnels, hat man ein anschauliches Bild des Fortschrittes.

Mit ungewöhnlichen Schwierigkeiten in der Ausführung ragt in der Geschichte des Eisenbahntunnelbaues der 8 km lange zweigleisige *Tanna-Tunnel* auf der Strecke Tokio—Kobe hervor, dessen Bau von 1918 bis 1934 dauerte. Während der Ausbrucharbeiten stürzte ein 60 m hohes Felsdach ein, und mehrere Male ergoß sich unter einem Druck von 20 atü Wasser von 31 °C in die Stollen, so daß zu seiner Ableitung nacheinander fünf paralellel verlaufende Entwässerungsstollen aufgefahren werden mußten. Die gewaltigen Gebirgsdrücke schließlich zwangen die Erbauer stellenweise zum Einziehen von Stahlbetongewölben bis zu 2,0 m Dicke. Ganz ungewöhnlicher Schwierigkeiten mußte man auch beim Bau des 3309 m langen *Gattico-Tunnels* (1902 bis 1905 im Zuge der italienischen Zufahrtlinie zum Simplontunnel) Herr werden. In dem durchörterten und wassergesättigten Moränengebiet mußten wiederholt Schlammeinbrüche bekämpft werden, die auf der Einfahrtstrecke *Arona* derartigen Umfang erreichten, daß man gezwungen war, die letzte 347 m lange Strecke unter Druckluft und sogar unter Zuhilfenahme von der Oberfläche aus abgesenkten 10 je 17 m langen Senkkästen (vgl. 6.3.1.3.2. und Abb. 44) herzustellen.

Den Spuren des Eisenbahntunnelbaues folgt der seit Beginn des Jahrhunderts in starker Entwicklung begriffene Bau von *Trinkwasserstollen* sowie von *Druckwasserstollen* für Kraftwerke, die mit ähnlichen Profilen ausgebildet werden wie Eisenbahntunnel, bei denen jedoch die richtige Lösung der wasserdichten Innenverkleidung neue Probleme aufgeworfen hat.

Nach dem stürmischen Ausbau des Eisenbahnnetzes hatte die Entwicklung der Technologie des Verkehrstunnelbaues für Jahrzehnte etwas nachgelassen. In jüngster Zeit wurde sie jedoch durch den Ausbau des *internationalen Autobahnnetzes* wieder in Schwung gebracht. Als Marksteine dieser neuen Entwicklung dürfen hier an erster Stelle wieder die großen Alpendurchstiche (Mont-Blanc, Großer St. Bernhard, Bernardino, Felbertauern, Tauern-Straßentunnel) erwähnt werden.

Den Bau von *Unterwassertunneln* hat das stürmische Anwachsen der Verkehrsbedürfnisse in den an Wasserläufen gelegenen Großstädten und die hektische Hast des Großstadtlebens erforderlich gemacht. Zu dieser Gruppe unterirdischer Hohlgänge gehören zunächst die Unterwasser-Straßentunnel, sodann die Tunnel für Untergrundbahnen und in neuerer Zeit auch die Versorgungstunnel und -stollen, bei denen es andersgearteter Bautechnologien und anderer Baustoffe bedarf als sonst, und die zum Teil auch andere Probleme aufwerfen. Die Bauarbeiten am ersten Tunnel unter der Themse in London begannen 1807. Sie wurden sehr bald durch einen Wassereinbruch unterbrochen und erst 15 Jahre später von Brunel mit dem von ihm erfundenen Bohrschild fortgesetzt. Nach Überwindung zahlreicher Schwierigkeiten und mehrerer Wassereinbrüche konnte der zweigleisige, unter dem Strombett bloß 150 m lange Eisenbahntunnel mit einer Lichtweite von $6{,}7 \times 11{,}3$ m erst 1842 fertiggestellt werden. Der erste Brunelsche Schild hatte einen rechteckigen Querschnitt, als Verkleidung erhielt der Tunnel ein Ziegelmauerwerk.

Tabelle 1. *Hauptangaben*

| Name | Bauzeit | Linie Land | Bestimmung | Gesteinsart | Überdeckungshöhe (m) |
|---|---|---|---|---|---|
| Eisenbahntunnel | | | | | |
| Simplon I.<br>II. | 1895—1906<br>1912—1921 | Brig-Chiasso<br>Schweiz<br>Italien | Eingleisig<br>Eingleisig | Gneis,<br>Kalkstein,<br>Tonschiefer | 2150 |
| Mont Cenis | 1857—1871 | Modane-<br>Bardonecchia<br>Frankreich-<br>Italien | Zweigleisig | Kalkstein,<br>Gneis,<br>Sandstein | 1600 |
| Gotthard | 1872—1881 | Göschenen-<br>Airolo<br>Schweiz | Zweigleisig | Gneis,<br>Breccia, Geröll | 1800 |
| New Cascade | 1924—1927 | USA | Eingleisig | | |
| Suramsk | 1890— | Kaukasus<br>Sowjet-Union | Zweigleisig | Fester Fels | |
| Grand-Apennin | 1920—1931 | Prato<br>Italien | Zweigleisig | Mit Sand<br>beigemengter<br>Tonschiefer<br>und Mergel | 300—600 |
| Tanna | 1918—1934 | Atami<br>Japan | Zweigleisig | Lava,<br>Vulkanischer<br>Tuff, Ton | 378 |
| Hokoriku | 1957—1960 | Japan | Zweigleisig | Sandstein,<br>Granit | 60 |
| Straßentunnel | | | | | |
| Burghügel<br>(Festung) | 1851—1853 | Budapest<br>Ungarn | Städtischer<br>Straßen-<br>verkehr | Mergel | 40—50 |
| Yerba-Buena | 1934 | San Francisco<br>USA | Städtischer<br>Straßen-<br>verkehr | Sandstein | 200—300 |
| Giovi | 1932—1934 | Milano-Genova<br>Italien | Autobahn | Tonschiefer,<br>Kalkstein | 200—300 |
| Montblanc | 1959—1965 | Frankreich-<br>Italien | Straßen-<br>verkehr | Gneis,<br>Protogin | 2000 |

*einiger bemerkenswerter Tunnel*

| Max. Temp. (°C) | Auskleidungs-material | Gesamt-länge (m) | Form und Abmessungen des Querschnittes (m) | Quer-schnitt-fläche (m²) | Ausge-brochene Ge-steins-menge (1000 m³) | Jährliche Leistung (m³) | Bemerkung |
|---|---|---|---|---|---|---|---|
| 56 | Steinquader Beton | 19730 | Hufeisen 5,0 × 5,35 | 2 × 27 | 1070 | 53500 | |
| | Steinquader Ziegel | 12700 | Hufeisen 8,0 × 7,50 | 48 | 610 | 43000 | |
| 30,8 | Steinquader | 14980 | Hufeisen 8,0 × 7,35 | 47 | 704 | 37100 | |
| | Beton | 12400 | Hufeisen 4,87 × 7,32 | 46 | 450 | 112000 | 4,3 km/Jahr |
| | | 3998 | 8,95 × 6,98 | | | | |
| (63) | Ziegel und Beton 460000 m³ | 18510 | 9,40 × 8,30 (11,40 × 10,20) | 46 | 1970 | 178000 | Feuer, Gas-, Wasser-einbrüche |
| 35 20 | Steinquader | 7800 | 8,40 × 5,26 | 40 | 310 | 20000 | Feuer, Gas-, Wasser-einbrüche |
| | Beton-Formstein | 13871 | Hufeisen 8,54 × 5,30 | 75 | 1000 | 250000 | Wasser-einbruch 15°C |
| | Ziegel | 349,6 | Hufeisen 9,48 × 10,60 | 80 | 28 | 9300 | Wasserein-sickerung |
| | Stahlbeton | 150 | Hufeisen 24 × 18 | 432 | 65 | 65000 | |
| | Steinquader | 2868 (892) | Hufeisen 9,20 × 10,30 | 74 | 210 | 70000 | |
| | Beton | 12650 | 9 × 12,45 9 × 9,65 | 80 | 101 | 300000 | |

Tabelle 1

| Name | Bauzeit | Linie Land | Bestimmung | Gesteinsart | Überdeckungshöhe (m) |
|---|---|---|---|---|---|
| Straßentunnel | | | | | |
| St. Bernhard | 1959—1967 | Schweiz-Italien | Straßenverkehr | Granit, Gneis | 550 |
| Elbe | 1907—1911 | Hamburg Deutschland | Straßen- u. Fußgängerverkehr | Sand, Tonschiefer | 6,0 |
| Rendsburg Nord-Ost-Kanal | | | Fußgänger | | |
| Schelde | 1931—1933 | Antwerpen Belgien | Straßen- u. Fußgängerverkehr | Schluff, Feinsand, Ton | 7,0<br>9,5 |
| Lincoln Hudson | 1934—1939 | New York USA | Straßenverkehr | Schluff und Fels | 10—12 |
| Rotherhite | 1904—1908 | London Großbritannien | Straßenverkehr | Schluff, Sandkies und Ton | 14 |
| Brooklyn-Battery East-River | | New York USA | Straßenverkehr | Schluff | 10—12 |
| Queens-Midtown East-River | 1936—1941 | New York USA | Straßen- u. Fußgängerverkehr | Schluff, Fels | (4,5)<br>14 |
| Mersey | 1925—1934 | Liverpool Großbritannien | Straßen- u. Fußgängerverkehr | Sandstein | 1—10<br>6 |
| Maas | 1937—1941 | Rotterdam Niederlande | Straßen- u. Fußgängerverkehr | Schluff | 3—4 |
| Untergrundbahn-Tunnel | | | | | |
| Underground Ilford Linie | 1939—1946 | London Großbritannien | U-Bahn | Auffüllung, Ton, Geschiebe | 10—20<br>max. 60 |

(*Fortsetzung*)

| Max. Temp. (°C) | Auskleidungs-material | Gesamt-länge (m) | Form und Abmessungen des Querschnittes (m) | Quer-schnitt-fläche ($m^2$) | Ausge-brochene Ge-steins-menge 1000 $m^3$) | Jährliche Leistung ($m^3$) | Bemerkung |
|---|---|---|---|---|---|---|---|
| | Stahlbeton | 5853 | Hufeisen 10,64 × 9,56 Nutzquerschnitt 4,5 × 7,5 + 2 × 0,90) 4,8 × 9,74 | 95 | 660 | 150000 | |
| | Formstahl-ring | 448,5 | Kreis 2 × 6,0 Nutzquerschnitt 4,70 × 4,50 | 28,2 | 25 | 6200 | Zugang mit Aufzügen im Vertikal-schacht |
| | Gußeisen-ring | 575 2111 | Kreis 9,40 Nutzquerschnitt 6,75 × 4,50 | 69,5 18,0 | 160 | 54000 | Gefälle 3,1% |
| | Gußeiserne u. stählerne Tübbings | 2729 | Kreis 9,62 Nutzquerschnitt 4,14 × 6,54 | 72,5 | 198 | 40000 (12000) | |
| | Gußeisen | 2095 | Kreis 9,14 Nutzquerschnitt 2 × 1,4 + 4,87 | 65,61 | 137,5 | 35000 | |
| | Gußeisen | 2970 | Kreis 9,5 (6,30 + 4,05) | 71 | 270 | 210000 | |
| | Gußeisen | 2 × 1900 | Kreis 9,50 Nutzquerschnitt 6,30 × 4,10 | 71 | | 54000 | |
| | Gußeisen | 3425 + + 1195 | Kreis 14,10 | 155,96 | 720 | 80000 | Gefälle 3,5% |
| | Stahlbeton | 1070 | 24,8 × 8,40 | 208 | 223 | 55800 | 2 Spuren, 1 Fußgänger 1 Fahrrad + + Kommu-nalleitungen |
| | Gußeiserne und Stahl-beton-Tübbings | 15200 (414000) | Kreis 3,73 | 11 | 167 | 24000 | |

Tabelle 1

| Name | Bauzeit | Linie Land | Bestimmung | Gesteinsart | Überdeckungshöhe (m) |
|---|---|---|---|---|---|
| Untergrundbahn-Tunnel | | | | | |
| Metro | 1900— | Paris Frankreich | U-Bahn | Schluff, Sandaufschüttung | 3—5 |
| U-Bahn Nord—Süd | | Berlin Deutschland | U-Bahn | Sand | 3—5 |
| Subway | | Chicago USA | U-Bahn | Blauer Ton | 10 |
| Tunnelbanan | 1914— | Stockholm Schweden | U-Bahn | Granit, Fels | 5—30 |
| Metro | 1934— | Moskau Sowjet-Union | U-Bahn | Sarmatischer Kalkstein, Karbon-Ton | 25—50 |
| FAV | 1950— | Budapest Ungarn | U-Bahn | Oligozän-Ton und schluffiger Ton | 20—30 |
| Schiffahrt-Tunnel | | | | | |
| Languedoc | 1679—? | Malpas Frankreich | Schiffahrt | | |
| Rove | 1911—1922 | Marseille Frankreich | Schiffahrt | Dolomit, Kalkstein | |
| Genissiat | 1946—1950 | Bellegarde Frankreich | Druckstollen | Kalkstein | |

Eine Vervollkommnung erfuhr die Tunnelbaumethode mit zylindrischem Schild durch GREATHEAD, der sie dann beim Bau des Londoner *Tower-Tunnels* 1869 auch praktisch und mit Erfolg anwendete. Hier baute er übrigens auch schon gußeiserne Tübbings ein. Fast zur gleichen Zeit führte BEACH nach der Schildbauweise einen Fußgängertunnel in New York aus. Nach den Erfolgen der ersten Versuche kombinierte man die Schildbauweise mit der Entwässerung unter Überdruck, und alsbald wurden Hohlgänge für Unterwassertunnel und städtische Untergrundbahnen nur noch nach diesem Verfahren hergestellt. Heute fällt es schon schwer, die unter Verwendung des Schildes ausgeführten größeren Unterwassertunnel auch nur annähernd aufzuzählen. An neueren

(*Fortsetzung*)

| Max. Temp. (°C) | Auskleidungs-material | Gesamt-länge (m) | Form und Abmessungen des Querschnittes (m) | Quer-schnitt-fläche ($m^2$) | Ausge-brochene Ge-steins-menge (1000 $m^3$) | Jährliche Leistung ($m^3$) | Bemerkung |
|---|---|---|---|---|---|---|---|
| | Ziegel +<br>Beton | 164600 | Innere Abm.<br>6,7 × 4,5 | | | | |
| | Stahlbeton | 65000 | Innere Abm.<br>6,24 × 3,30<br>6,90 × 3,60 | | | | |
| | Stahlbeton<br>und<br>Gußeisen | 22500 | Hufeisen<br>(4,5 × 4,5)<br>6,0 × 6,40 | 32 | 72 | | |
| | Stahlbeton | 10500 | 8,80 × 6,0 | 52,8 | 560 | 46000 | |
| | Gußeisen<br>und<br>Stahlbeton | 59500<br>36500 | Kreis 2 × 6,0<br>Kreis 2 × 5,5 | 57<br>48 | 5500<br>4000 | 255000<br>400000 | Haltestellen-Tunnel<br>3 × 9,5 ⌀ u.<br>3 × 8,5 m ⌀ |
| | Beton +<br>Gußeisen +<br>Stahlbeton | 8200 | 2 × 5,5 | 48 | 800 | | Haltestellen-Tunnel<br>3 × 8,5 m ⌀ |
| | Ziegel | 157 | 8,4 × 6,9 | 47 | 25 | | |
| | Beton | 7118 | Flachbogen über Rechteck-querschnitt<br>22,0 × 15,4 | 305 | 2170 | 168000 | |
| | Beton | 1150 | Hufeisen<br>11,4 × 8,65 | 84 | 79 | 24000 | Druck-stollen |

Bauwerken dieser Art seien der Blackwell-, der Rotherthite- und der Dartford-Purfleet-Tunnel in London, der Clyde-Tunnel in Glasgow, der Lincoln, der Queens-Midtown- und der Brooklyn-Battery-Unterwasser-Straßentunnel in New York, der Antwerpener Scheldetunnel und als größter der Mersey-Straßentunnel zwischen Liverpool und Birkenhead mit einem lichten Durchmesser von 14,3 m erwähnt.

In jüngster Zeit wurde die Schildbauweise gelegentlich der Arbeiten an den Untergrundbahnen in London, Moskau und Leningrad weiter vervollkommnet. Die Schilde sind hier mit Abbau- und Fördermaschinen sowie mit Erektoren zum Verlegen der Mauerwerk-Fertigteile versehen, womit die von BRUNEL ursprünglich erzielte tägliche maximale Vortriebsgeschwindigkeit von 25 cm/Tag auf 15 m/Tag erhöht werden konnte.

Statt der Schildbauweise bedient man sich heute in den in geringer Tiefe unter der Flußbettsohle anstehenden, hochgradig luft- und wasserdurchläßigen Böden der Methoden der Senkkastengründung. Zu diesem Zweck werden nebeneinander entweder vorgefertigte, das ganze Tunnelprofil umfassende Senkkasten (Caissons) abgesenkt oder als geschlossene Stahlbeton- oder Stahlrohrkonstruktionen in einen zuvor ausgebaggerten Leitgraben als Schwimmkasten abgesenkt (Rotterdam, Amsterdam, Deas Island, Rendsburg, Baltimore, Detroit, Chesapeake, Oakland etc.). Dieses Verfahren kann als die jüngste vielversprechende Entwicklungsstufe und zugleich als vorläufig abschließender Meilenstein in der Geschichte des Tunnelbaues angesehen werden.

Die Tabelle 1 bietet Möglichkeiten zu einigen Vergleichen zwischen den Abmessungen, Profilen und Bauzeiten verschiedener Verkehrstunnel und zugleich auch eine Übersicht über die soeben geschilderte Entwicklung. Den größten Querschnitt hat zwar, wie aus der Tafel erhellt, der *Yerba-Buena-Tunnel* in San Francisco, als größter Tunnel der Welt ist aber dennoch der *Rove-Tunnel* bei Marseille anzusehen, bei dem der gewonnene Ausbruch 2 Millionen m³ übersteigt, und auch die Jahresmenge des gewonnenen Ausbruchs — trotzdem der erste Weltkrieg den Bau unterbrochen hatte —, unter sämtlichen Tunneln an zweiter Stelle steht. Der Hohlraumgröße nach steht der Grand Apennintunnel zwischen Bologna und Firenze an zweiter Stelle. Der Ausbruch erreicht auch hier annähernd 2 Millionen m³, doch wurde bisher nirgends auf der Welt eine so hohe Jahres-Ausbruchmenge verzeichnet wie bei diesem Tunnelbau. Auch in seiner Länge kommt er dem in dieser Hinsicht noch immer an erster Stelle stehenden Simplontunnel ziemlich nahe, wenngleich einzelne, der Trinkwasserversorgung dienende Stollensysteme noch länger sind (z. B. Shandaken-Stollen 27 km).

Was die Baugeschwindigkeit anbelangt, wurde bisher am schnellsten der amerikanische *New-Cascade-Tunnel* fertiggestellt. Ein Vergleich des hier erzielten jährlichen Baufortschritts von mehr als 4 km mit dem von 0,9 km beim Bau des Mont-Cenis-Tunnels läßt jedenfalls einen gewaltigen Fortschritt in dem inzwischen vergangenen halben Jahrhundert erkennen. Weiterhin kann festgehalten werden, daß eine ernst ins Gewicht fallende Beschleunigung der Tunnelbauarbeiten nicht nur durch Erhöhung der Zahl von Angriffspunkten, sondern auch durch Aufgabe der klassischen bergbaulichen Vortriebsmethoden und durch Einführung und weitere Vervollkommnung der modernen, weitgehend mechanisierbaren Freivorbau- und Schildbaumethoden erzielt werden kann.

In der Gruppe der Straßentunnel sind der kürzlich fertiggestellte Autotunnel durch den *Montblanc* und *St. Bernhard* sowie der *Mersey*, neue *Schelde und Ij-Tunnel* hervorzuheben, deren Bauleistung derjenigen der größten Eisenbahntunnel nahe kommt.

Das größte Unternehmen der Zukunft wird zweifellos der Bau des in Aussicht genommenen Eisenbahntunnels unter dem *Ärmelkanal* (La Manche) sein, über den sich die Regierungen von Großbritannien und Frankreich schon geeinigt haben. Die verkehrstechnischen und geologischen Voruntersuchungen sind schon seit Jahren im Gange [2].

Schließlich zeigen die aus unterirdischen Hohlgangbauten für *Untergrundbahnnetze* gewonnenen Ausbruchmengen Größenordnungen, die weit über jenen der größten Eisenbahntunnel liegen. So repräsentiert das Netz der Moskauer Metro eine Leistung von 5,5 Millionen $m^3$. Ähnlich hoch liegen die Leistungen bei den New-Yorker, Londoner und Pariser Untergrundbahnen.

All diese Zahlen bilden einen eindrucksvollen Beweis für die außerordentlich große verkehrs- und gesamtwirtschaftliche Bedeutung, die dem Tunnelbau zukommt und die nach wie vor im Steigen begriffen ist. Die führende Rolle im Tunnelbau hat die Eisenbahn von der Schiffahrt sehr bald übernommen, und heute nehmen die Straßen- und Untergrundbahntunnel sowie der Bau von Stollen für Wasserkraftwerke und Versorgungsleitungen die Vorrangstellung ein. Zu ihnen gesellen sich in allerjüngster Zeit die unterirdischen Hohlraumbauten für *Garagen* und *Parkplätze.*

# 2. Vorarbeiten und allgemeine Gesichtspunkte für die Entwurfsarbeit

## 2.1. Vorarbeiten

### 2.1.1. Wirtschaftlichkeitsberechnungen

(Verkehrsbedarf, Vergleich der Anlage- und der Betriebskosten)

Jeder Planung von Verkehrswegen müssen Wirtschaftlichkeitsberechnungen vorangestellt werden. An die technische Entwurfsarbeit geht man im allgemeinen erst dann heran, wenn die wirtschaftlichen Voraussetzungen für die Anlage des betreffenden Verkehrsweges gegeben sind (Berechnung der Investitionswirksamkeit). Besonders wichtig ist es, diese Berechnungen beim beabsichtigten Bau eines Tunnels vorzunehmen, weil Tunnel zu den kostspieligsten Bauwerken zählen, erreichen doch ihre spezifischen Kosten je Längeneinheit der Verkehrs- oder Beförderungsstrecke ein Vielfaches derjenigen von offen geführten Linien. Ein Tunnel wird also die Einsparung sehr großer Umwege oder des Abbaues sehr wertvoller Bauwerke bzw. die Abwicklung eines sehr starken Verkehrs ermöglichen müssen, wenn die hohen spezifischen Baukosten durch die Einsparungen an Streckenlänge und Betriebskosten einen Ausgleich finden sollen.

Die Tabelle 2 stellt einen Versuch dar, die spezifischen Baukosten einiger verschieden gearteter Tunnel einander gegenüberzustellen. Die Kosten sind zwar einheitlich in Dollar angegeben, doch darf beim Vergleich nicht übersehen werden, daß der Dollar vor dem ersten Weltkrieg einen etwa drei- bis viermal höheren Wert hatte als der heutige.

Aus der Tabelle geht hervor, daß die Baukosten eines Gebirgstunnels je lfd. m. zwischen 1000 und 1500 $ lagen, während die gleichen Kosten für Unterwasser- sowie für die in der Regel in Lockerböden nach dem Druckluftverfahren hergestellten Tunnel das 6—7fache dieser Beträge ausmachen. Der Tunnelbau durch Absenkung von oben (Baltimore) ermöglicht im Vergleich zu diesen letzteren Baukosten eine Einsparung von etwa 30%.

Da es also unter sämtlichen Ingenieurbauten die Tunnel sind, deren Bau den größten Kostenaufwand erfordert, wird man die ihm vorangehenden Wirtschaftlichkeitsuntersuchungen überaus gründlich und sorgfältig durchführen müssen, um im gegebenen Fall die Anlage rechtfertigen zu können.

Vor allem wird das voraussichtliche Verkehrsaufkommen zu ermitteln sein, wobei man das Verkehrsbedürfnis der Bewohner eines $2 \times 12$ km breiten Einzugsgebietes sowie deren Güterbedarf und -erzeugung, aber auch die Entwicklung der folgenden 10 Jahre berücksichtigen muß. Aus den so ermittelten Unterlagen läßt sich die Zahl der Transportmittel (Züge, Kraftwagen, Schiffe usw.) berechnen, die den Verkehrsweg voraussichtlich in Anspruch nehmen werden. Liegen diese Unterlagen, ferner die Betriebskosten (Ü) je Gewicht- und Längeneinheit bzw. die Anlagekosten (B) je Längeneinheit fest, hat man die Möglichkeit, die Wirtschaftlichkeit des Tunnelbaues durch einen relativen Vergleich zu beurteilen.

Es bezeichne $B_1$ die Baukosten für die den Tunnel einschließende Strecke in Höhe von $B_1 = L_a \cdot K_a + L_{v1} \cdot K_v$ und $B_2$ den Bauaufwand für die Strecke ohne Tunnel in Höhe von $B_2 = L_{v2} \cdot K_v$, wobei $L_a$ die Länge des Tunnels, $L_v$ die der offenen Strecke im Anschluß an den Tunnel, $L_{v2}$ hingegen die Länge der offenen Strecke ohne Tunnel, $K_a$ die auf 1 lfd. m. des Tunnels, $K_v$ hingegen die auf 1 lfd. m. der offen geführten Strecke entfallenden Gesamtanlagekosten bedeutet. Ferner stehe $\ddot{U}_2$ für die jährlichen Betriebskosten sämtlicher auf der offenen Strecke verkehrender Fahrzeuge, $\ddot{U}_1$ hingegen für die Betriebskosten dieser Fahrzeuge bei Verkehrsabwicklung durch den Tunnel. Aus diesen Größen errechnet sich die Tilgungsdauer der für den Tunnelbau aufgewendeten zusätzlichen Investitionskosten zu $t = \frac{B_1 - B_2}{\ddot{U}_2 - \ddot{U}_1}$. Liegt der Wert von $t$ unter dem Normwert, d. h. im allgemeinen unter 10 Jahren, kann der Bau eines Tunnels als gerechtfertigt betrachtet werden.

Die Betriebskosten können im übrigen miteinander auch auf Grund einer Gegenüberstellung der virtuellen Längen verglichen werden. Liegt der höchste Punkt der Tunnelvariante um den Wert $m_1'$ über dem Ausgangspunkt auf der einen und um einen Wert von $m_1''$ über dem Endpunkt auf der anderen Seite, bezeichnen ferner $m_1'$ und $m_2''$ die entsprechenden Werte bei offener Streckenführung, und ist schließlich $\mu$ der spezifische Traktionswiderstand in Promille, dann erhält man für die virtuellen Längen

$$H_{va} = H + \frac{1000(m_1' + m_2'')}{\mu} \quad \text{bzw.} \quad H_{vv} = H + \frac{1000(m_2' + m_2'')}{\mu}. \tag{1}$$

Tritt bei offener Streckenführung auch ein beachtlicher zusätzlicher Krümmungswiderstand auf, muß dieser bei Berechnung der virtuellen Länge durch Einführung des Beiwertes $\varkappa$ berücksichtigt werden. Er geht dann mit einer Reduktion im Verhältnis von $h/H$ in die Rechnung ein, wobei $h$ die Länge sämtlicher Krümmungen bezeichnet.

Die Betriebskosten selbst sind offenbar verhältnisgleich mit dem Gewicht ($n$) der den Verkehrsweg jährlich insgesamt benutzenden Fahrzeuge in Tonnen, der virtuellen Länge und den spezifischen Kosten ($a$) der Weiterbeförderung eines Fahrzeuges auf 1 km waagrechter Strecke; es gilt demnach $\ddot{U} = H_{vv} a n$. Der Wert von $n$ läßt sich aus den Wirtschaftlichkeitsgrundberechnungen ermitteln, während sich der Wert von $a$ maßgeblich aus den Kosten der Traktion, des Kraftstoffverbrauchs, der Bahn- und Fahrzeugunterhaltung sowie des Rangierdienstes zusammensetzt. Mit diesen Zusammenhängen nimmt die Formel der Tilgungsdauer die Form

$$t = \frac{B_1 - B_2}{(H_{va} - H_{vv})\, a n} = \frac{B_1 - B_2}{\frac{1000}{\mu}\left[(m_2' + m_2'' - m_1' - m_1'') + \frac{\Sigma h_2 \varkappa_2 - \Sigma h_1 \varkappa_1}{H}\right] a n} \tag{2}$$

Tabelle 2. *Baukosten einiger bemerkenswerter Tunnel*

| Lageort | Länge km | Form | Diameter oder Breite/Höhe | Auskleidungsart | Gesteinsart | Baukosten in Dollar pro lauf. m. | Bemerkung |
|---|---|---|---|---|---|---|---|
| Eisenbahntunnel | | | | | | | |
| Mont-Cenis 1857—72 | 12,7 | Hufeisen | 8,0/7,30 | Ziegel und Steinquader | Eruptivgestein | 910 | |
| Simplon I. 1895—1906 | 19,8 | ,, | 4,9/5,40 | Quaderstein | Verschiedene Felsarten | 800 | |
| Simplon II. 1914—15 | 19,8 | ,, | 4,9/5,40 | Quaderstein | Verschiedene Felsarten | 400 | |
| Lötschberg 1910—13 | 14,6 | | | Quaderstein | Verschiedene Felsarten | 850 | |
| Moffat 1924—27 | 9,9 | ,, | 7,4/4,80 | Beton | Kalkstein | 1550 | |
| Grand Apennin 1923—24 | 18,6 | ,, | 8,70 | Steinquader | Mergel Kalkstein | 1200 | |
| Mont d'Or 1912—15 | 6,1 | ,, | ? | Steinquader | Kalkstein | 855 | |
| Straßentunnel | | | | | | | |
| Pennsylvania turnpike 1939—40 | 10,6 | Halbkreisförmiges Gewölbe | 6,90/4,30 | Stahlbeton | Mergel-Schiefer Sandstein | 1165 | |
| Memorial turnpike 1954 | 0,54 | Halbkreisförmiges Gewölbe | 7,20/4,30 | Stahlbeton | Sandstein und Schiefer | 6200 | Belüftung inbegriffen |
| Dartford-Purfleet 1963 | 1,31 | Kreis | 9,15 | Gußeisen | Kiessand, Kreide | 16000 | Anfahrtrampen und Belüftung inbegriffen Schild, Druckluft Künstliche Bodenverfestigung |
| Glasgow-Clyde 1965 | 2 × 0,67 | Kreis | 9,75 | Gußeisen | Sand, Ton | 18100 | Anfahrtrampen und Belüftung inbegriffen |
| Amsterdam-Ij 1961 | 1,04 | Rechteck | 24,80 × 8,85 | Stahlbeton | Sand, Schluff | 30000 | Anfahrtrampen und Belüftung inbegriffen |

| | | | | | | | |
|---|---|---|---|---|---|---|---|
| Holland, N. Y. 1920—27 | 5,08 | Kreis | 6,00/3,95 | Gußeisen | Schluff mit Geröll beigemengt | 9500 (5200) | Gesamtkosten im Durchschnitt Schildabschnitt |
| Mersey, Liverpool 1925—34 | 3,18 | Kreis und Froschmaul | 19,05/5,70 | Gußeisen | Zerklüfteter Sandstein | 11100 | Belüftung und Einsteigschächte inbegriffen |
| Lincoln, N. Y. 1934—45 | 4,68 | Kreis | 6,45/4,00 | Gußeisen | Schluff mit Geröll beigemengt | 10000 | Belüftung und Einsteigschächte inbegriffen |
| Queens-Midtown, N. Y. 1936—41 | 3,84 | ,, | (9,3) 6,3/4,0 | Gußeisen | Fels mit Geröll durchsetzt | 10000<br>17000 | Nur Schildabschnitt |
| Antwerpen 1030—33 | 1,74 | ,, | (9,1) 6,65/4,1 | Gußeisen | Ton und Lehm | 6000 | |
| Baltimore 1954—57 | 2 × 3,77 | Doppelkreis | 2 × 6,60/4,20 | Stahl-Blechhaut mit Stahlbeton Innenverkleidung | Schluff, Sand und Ton | 6650 | Als Senkkasten ausgeführt |
| Wasserversorgungstunnel | | | | | | | |
| Shandaken Catskill 1917—27 | 29,1 | Hufeisen | 3,08/3,45 | Torkret | Gneis, Kalkstein | 930 | |
| Colorado aquaduct 1935—41 | | Hufeisen<br>+ Kreis | 4,80<br>1,80 ∅ | Beton<br>Beton | Fester Fels<br>Fester Fels | 480<br>145 | |
| Untergrundbahn-Tunnel | | | | | | | |
| Moskau | 120 | Kreis<br>,, | 6,00<br>9,50 ∅ | Gußeisen<br>Gußeisen | Kalkstein<br>Kalkstein | 15000 Rbl<br>45000 Rbl | |
| Budapest | 10,2 | ,,<br>,, | 6,0<br>8,50 ∅ | Gußeisen<br>Gußeisen | GeschichteterTon mit Schluffadern | 35000 Ft<br>150000 Ft | |
| Toronto (University) | 2,35<br>2,35 | ,,<br>,, | 5,10 ∅<br>5,10 ∅ | Gußeisen<br>Gußeisen | Sand, Schluff, Ton | 1570 $<br>(2450) | Nur Streckentunnel unter Druckluft |
| Montreal | 26 | Rechteck flach gewölbt | 6,90/4,90 | Torkret, Beton | Granit | 2700 $ | Freivorbau, Doppel-Streckentunnel |
| Stockholm | 22,6 | flach gewölbt | 7,30/5,0 | Torkret, Beton | Granit, Gneis | 2500 | Freivorbau, Doppel-Streckentunnel (im Fels) nur auf Tunnelstrecken bezogen |

an. Der Wert von $a$ je tkm kann — jeweils annähernd — für den Bahnbetrieb zu 30,8 Fill (Groschen), für den Kraftwagenbetrieb zu $182 + 23 = 205$ Fill (Groschen), für den Schiffsverkehr hingegen zu 9,3 Fill (Groschen) angesetzt werden.

Als Grundlage für den Vergleich zieht man zweckmäßig außer der Tilgungsdauer auch die *jährlichen minimalen Bau- oder Investitionskosten* (Produktionsfondsabgabe) sowie die Betriebskosten heran. Die Grundbeziehung lautet dann

$$\ddot{U}_{\min} = \Delta \cdot B + \ddot{U}, \tag{3}$$

wenn $\Delta$ den normativen Wirksamkeits- bzw. Grundmittelbindefaktor, $B$ die einmaligen primären Investitionskosten und $\ddot{U}$ die jährlichen Betriebskosten bezeichnen.

Nach sowjetischen Angaben schwankt der Wert von $\Delta$ zwischen 0,05 und 0,10.

Die Wirtschaftlichkeitsuntersuchung hat auch die Gesichtspunkte der regionalen Entwicklungsprogramme und der Landesverteidigung zu berücksichtigen, zumal diese die rein wirtschaftlichen Aspekte häufig in den Hintergrund drängen.

Kürzere Tunnel geben nicht selten Anlaß zum Kostenvergleich mit einem entsprechenden *tiefen Einschnitt* (vgl. Punkt 2.2.1.). Insbesondere Sporn- bzw. Nasentunnel und Anfangsstrecken von Tunneln, pflegen zu solchen Alternativberechnungen anzuregen. Die Grenztiefe läßt sich aus der Beziehung

$$K_b + F_b(K_f + K_{sz}) + M + t \cdot f_b = K_a + A + t \cdot f_a \tag{4}$$

errechnen, in der $K_b$ die Enteignungskosten, $K_f$ die Kosten des Erdaushubs, $K_{sz}$ die seines Abtransports, $M$ die der Nebenobjekte des Einschnittes (verkleidete Gräben, Sickeranlagen, Steinverrippung usw.) im Falle eines Einschnittes, $f_b$ dessen jährlichen Unterhaltungskosten, $K_a$ die eventuellen Enteignungskosten für den Tunnel, $A$ die Tunnelbaukosten je lfd. m, $f_a$ die jährlichen Tunnelunterhaltungskosten und schließlich $t$ die Norm der Tilgungsdauer bezeichnen. Für die aus der Formel ermittelte Tilgungszeit läßt sich die Querschnittfläche $F$ und aus dieser anhand der Beziehung $F_b = k \cdot h + \frac{\varrho \cdot h^2}{2}$ die Grenzhöhe $h$ des Einschnittes (mit $\varrho$ = Böschungsneigung und $k$ = Kronenbreite) rechnerisch ermitteln.

## 2.1.2. Geologische Untersuchungen und Erkundungen

Die wichtigste Vorarbeit des Tunnelbaues bildet die sorgfältige Klärung der geologischen Verhältnisse. Schon bei der Gruppierung der Tunnel nach ihrer Lage zur Geländeoberfläche (Kap. 1.1.1) ist darauf verwiesen worden, daß ihre Beanspruchung sowie die Möglichkeiten und Methoden ihrer Herstellung maßgeblich von ihrer geologischen Lage beeinflußt werden.

Die geologischen Erkundungen sind um so umfangreicher und sorgfältiger durchzuführen, je länger der Tunnel ist, je tiefer er unter die Geländeoberfläche taucht und je komplizierter der geologische Aufbau des zu durchörternden Gebirges ist.

Aus diesem Grunde wird der gewissenhafte und umsichtige Tunnelbauer schon bei Erstellung der Vorentwürfe für Tunnel oder andere untertägige Tiefbauten einen fachkundigen Geologen zu Rate ziehen. Dieser vermag auf Grund seiner allenfalls schon vorhandenen Geländekenntnisse und vorliegender geologischer Karten vorweg auf geologische Schichtungen und Formationen hinzuweisen, die den Bau außergewöhnlich stark erschweren, wenn nicht schlechthin unmöglich machen können. Einem solchen Gutachten kommt also schon bei der Auswahl aus den ersten Alternativen eine bestimmende Rolle zu. Geologische Karten kleinen Maßstabes liefern aber nur allgemeine Informationen über die Verhältnisse; genau werden diese nur durch Boden- und Gesteinserkundungen in situ geklärt werden können.

*Die allgemeine Trasse des Tunnels wird durch das vorhandene Verkehrs- oder Transportbedürfnis, seine genaue Lage durch die geologischen Verhältnisse bestimmt.* Einen wichtigen Gesichtspunkt bei Wahl der Trassenführung bildet die Festlegung der Angriffpunkte für Eingang und Mündung, d. h. für die *Mundlöcher* bzw. Portale des Tunnels, weil sie, in der Verwitterungszone gelegen, als Stützwände gegen ungünstige und rutschanfällige Schichtungen besonders empfindlich sind (Abb. 11). Je umsichtiger und genauer die Vorarbeit die geologischen Verhältnisse

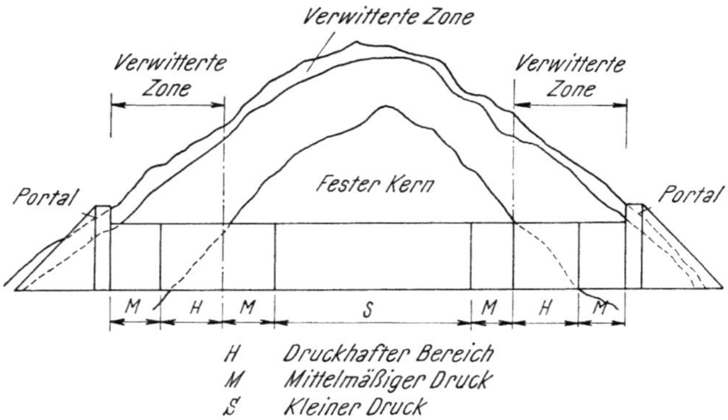


Abb. 11. Lage der Verwitterungszone

der vorgesehenen Baustelle und ihrer nächsten Umgebung klären wird, um so verläßlicher wird man die Pläne des Tunnels erstellen und die Methoden seiner Ausführung festlegen, d. h. um so rascher und wirtschaftlicher wird man die Bauarbeiten zu Ende führen können.

Nach ihrer Lage zur Geländeoberfläche lassen sich nach STINI [4] folgende Tunnelarten unterscheiden:

1. *Lehnentunnel.* Ihre Absteckung bildet im allgemeinen eine schwierige Aufgabe, weil Hanggesteine stets stärker verwittert und dementsprechend auch weniger standfest sind, weil sie somit bei ungünstiger Schichtung stets der Gefahr einer Rutschung sowie einem Wanderdruck (s. unten) ausgesetzt sein können. Äußerst wichtig ist bei dieser Tunnellage eine ausreichende Überlagerung. Sie muß bei Altlandhängen mit stärker angewittertem Fels größer (50 bis 60 m) sein als im Gestein von Neubauhängen (10 bis 30 m) mit ihrem frischen, festen und jugendlichen Fels, die durch die Abtragungstätigkeit früherer Gletscher in verhältnismäßig jüngerer Zeit von ihrer Verwitterungsrinde befreit wurden.

2. *Zehentunnel.* Ihre Anlage ist weniger schwierig als die der Lehnentunnel, weil die Durchörterung eines breit vorladenden, flachen Hangfußes das Gleichgewicht des Hanges weniger

empfindlich stört. Entsprechend kommt man hier mit Überlagerungen geringerer Mächtigkeit aus.

3. *Sporntunnel.* Sie durchstoßen in der Regel Gebirgsvorsprünge an der Innenseite scharfer Flußkrümmungen. Auch für sie gilt die Regel: Je jugendlicher, um so frischer und widerstandsfähiger ist hier das Gestein und um so geringer der tätige Bergdruck, mit dem man zu rechnen hat.

4. *Rückentunnel.* Die voraussichtlichen Gebirgsdrücke hängen auch hier von der Struktur des Berges ab, doch stehen sie weitgehend auch unter dem Einfluß der Landformen. Entscheidend wird die Lage durch die Frage bestimmt, ob man den Rücken am Fuß eines Neubauhanges oder höher über dem Tal durchstößt. Im ersteren Fall wird die im verwitterten, gebrächen Gestein vorzutreibende Teilstrecke des Tunnels in der Regel weniger lang sein als im letzteren.

Gesondert können vom geologischen Gesichtspunkt aus auch die sogenannten *Nasentunnel* erwähnt werden. Sie durchörtern schmale Bergnasen, die sich aus Berghängen mauerartig vorschieben. Bei diesen Bergnasen hat man es in der Regel mit Gebilden aus festeren Gesteinen zu tun, die den äußeren Abtragungseinwirkungen besser widerstehen als ihre Umgebung.

5. *Wasserscheiden- und Bergkettentunnel.* Nach Stini durchörtern die Wasserscheidentunnel die Wasserscheide zwischen zwei benachbarten Wasserläufen, während die Bergkettentunnel ganze Gebirgsketten unterfahren. Mit Wasserscheidentunnel verbindet man in der Regel die Talschlüsse. Unter den dort angesammelten Schuttmassen und Moränen müssen diese Tunnel große Drücke aufnehmen. Die Bergkettentunnel hingegen durchstoßen die Gebirgsketten der Natur der Sache nach in der Regel senkrecht auf das Streichen der Schichten (s. weiter unten), so daß man mit günstigen Druckverhältnissen rechnen kann. Andererseits kann die hohe Überlagerung Schwierigkeiten anderer Natur (hohe Temperaturen, Wasserandrang usw.) verursachen.

6. *Stadt- und Unterwassertunnel.* Sie müssen unter geologischen Umständen und unter Verhältnissen angelegt werden, die von den bisher erwähnten wesentlich abweichen. In den seltensten Fällen verqueren sie festes Gestein, sie liegen vielmehr vornehmlich in Lockergestein und Lockerböden. Zur geringen Festigkeit dieser Schichten gesellt sich noch die Tatsache, daß sie weitgehend durchnäßt sind und daß Firstsenkungen im Hinblick auf die dichte Bebauung der Oberfläche auf ein Minimum beschränkt werden müssen. All diese Schwierigkeiten haben zur Entwicklung von Sonderkonstruktionen und Spezialbauweisen für diese Tunnelarten geführt. Hierher gehören die Straßentunnel sowie die untertägigen Hohlgänge bzw. Hohlräume für Untergrundbahnen, Versorgungsleitungen und Speicher, weiterhin die Untertunnelungen von Wasserläufen für Zwecke des Eisenbahn- und Straßenverkehrs, für die Verlegung von Versorgungsleitungen und Untergrundbahnen.

Die geologische Untersuchung des Baugeländes verfolgt den Zweck,

1. die Orogenese und die Umstände der Gesteinslagerung zu klären,

2. die hydrologischen Verhältnisse, untertägige Gasvorkommen und die voraussichtlichen Wärmeverhältnisse im Gestein zu bestimmen,

3. die physikalischen, mechanischen und die Festigkeitseigenschaften der Gesteine in der geplanten Tunneltrasse zu ermitteln und

4. die geologischen Faktoren zu bestimmen, die die voraussichtlichen Gebirgsdrücke in der Tunneltrasse beeinflussen.

Die Untersuchungen werden sich zu erstrecken haben: *a*) auf die Deckschichten, *b*) auf die Lage und Beschaffenheit der unter der Deckschicht anstehenden Gesteine, *c*) auf den oberirdischen Abfluß der Niederschläge, *d*) auf das Vorkommen von Wasser und Gasen in den tiefer gelegenen Gesteinen sowie auf deren Natur und Menge, *e*) auf die physikalische Beschaffenheit und auf die Lösbarkeit bzw. Bearbeitbarkeit der erschlossenen Bergarten.

Die Erkundungen im Zusammenhang mit dem Tunnelbau gliedern sich in drei Etappen:

*a*) die allgemeinen *Voruntersuchungen*, die der Planung vorangehen und die sich auf die morphologischen, petrographischen, stratigraphischen und hydrologischen Verhältnisse des Baugeländes und seiner Umgebung zu erstrecken haben.

Die aus dem Studium der Literatur gewonnenen allgemeinen Kenntnisse werden zweckmäßigerweise durch Feldaufnahme und Besichtigung ergänzt und zusammengefaßt.

Diese wieder sollen von einer vorherigen Betrachtung und Auswertung *photogrammetrischer Aufnahmen* [3] unterstützt werden. Ein geschulter Fachgeologe kann nicht nur aus den vorher erwähnten morphologischen Erscheinungen, sondern auch aus dem Pflanzenwuchs auf die chemische Zusammensetzung und dadurch auf die Herkunft (Eruptive oder Sediment) der untenliegenden Festgebirge sehr nützliche Schlüsse ziehen. Darüber hinaus wird auch eine bestimmtere und klarere Festlegung der offenen Tagebrüche, Bergschlüpfe, Aufwölbungen und anderer Oberflächenstörungen und dadurch der geologischen Vergangenheit des Gebietes gefördert.

Durch *geochemische Untersuchung* des Oberflächenbodens gewinnt man Aufschluß nicht nur über die Herkunft des untenliegenden Festgebirges, sondern auch über seinen Verwitterungsgrad.

Der Wert der Feldaufnahme kann durch gleichzeitig vorgenommene geophysikalische (elektrische Widerstands-)Untersuchungen bedeutend erhöht werden und soll natürlich auch auf die Feststellung der hydrologischen Erscheinungen ausgedehnt werden. Diese Fragen werden jedoch weiter unten noch eingehender behandelt.

*b*) die eingehenderen geotechnischen Untersuchungen *während* der Planung und *vor* dem Baubeginn, die berufen sind, die physikalischen, chemischen und die Festigkeitseigenschaften der zu durchörternden Gesteine sowie deren Zustand (Grad der Verwitterung, Klüftung, Zerrüttung bzw. relative Dichte oder Konsistenz) klarzulegen. Überaus wichtig ist auch die Bestimmung von Faltungs-, Rutschungs- und voraussichtlichen Verwerfungsstellen sowie ihres Einfallens. Im Zusammenhang mit diesen Untersuchungen ist die Erkundung der Stellen und der Größe voraussichtlicher unterirdischer Wasserläufe und Sickerungen einschließlich ihrer chemischen Analyse notwendig. Ebenso ist es unerläßlich, die Stellen und das Ausmaß eventueller Gasvorkommen und die Stellen erhöhter Gesteinstemperaturen zu bestimmen.

*c*) Schließlich müssen die geologischen Untersuchungen auch während der *Bauarbeiten* ständig fortgesetzt werden, nicht bloß um die neueren Ergebnisse mit jenen der Voruntersuchung zu vergleichen, sondern auch zu dem Zweck, über eventuell erforderliche Änderungen der Baumethoden rechtzeitig Entscheidungen treffen zu können. Aus diesem Grunde muß vom Abbau aus ein ständig vorauseilender Aufschlußstollen vorangetrieben werden, der die tatsächlichen Verhältnisse vorweg erschließt und die Entnahme von Gesteinsproben für chemische und Festigkeitsuntersuchungen sowie für Gesteinsspannungsmessungen ermöglicht.

### 2.1.2.1. Allgemeine geologische Untersuchung

Die allgemeine geologische Untersuchung hat sich auch auf die formationskundliche Erschließung der Umgebung des Baugeländes und auf die Ermittlung des Gebirgsbaues und -alters zu erstrecken. Die im Zuge der Gebirgsbildungsvorgänge zustande gekommenen Sedimentationen und Gesteinsschichtungen verharren nur in den seltensten Fällen in ihrer ursprünglichen Lage. Die Abkühlung der festen Erdkruste und die mit ihr einhergehenden Zusammenziehungen, aber auch die ständige vulkanische Tätigkeit im Erdinneren mit ihren fallweisen Ausbrüchen an die Oberfläche setzt selbst die bereits abgelagerten Gesteinsschichten immer wieder in Bewegung. Alle Gesteine sind während ihrer Konsolidationsvorgänge Verkürzungen unterworfen. Diese Verkürzungsvorgänge rufen sowohl in Eruptiv- als auch in Sedimentgesteinen Risse hervor, die als Spalten, Klüfte oder Lithoklasen bekannt sind. Eruptivgesteine spalten sich während ihres von der Oberfläche nach innen fortschreitenden Auskühlungsvorganges in hexagonalförmige Blöcke, ähnlich der Rißbildung in Schlammbetten ausgetrockneter Tümpel.

Die Konsolidation der Sedimentgesteine kommt meistens unter dem Mehrdruck der sich überlagernden späteren Schichten zustande. Der Vorgang hat auch eine Verdrängung ihres Wassergehaltes, ferner die Umlagerung der Festteile und dadurch eine Verminderung ihres Porenraumgehaltes zur Folge[1]. Diese Volumenverminderung spielt sich in harten Sand- und Kalksteinarten in Begleitung von Rißbildung ab. Die mit gewissen Unterbrechungen aufeinanderfolgenden Ablagerungsflächen stellen tatsächlich schon vorhandene oder mögliche Trennungsflächen dar und geben — als natürliche Schwächestellen — vor allem Anlaß zur Rißbildung. Ebenso bilden sich leicht Wasserbahnen entlang dieser Flächen aus, infolge der kalklösenden Wirkung des einsickernden Niederschlagswassers. Im großen und ganzen werden also die Sedimentgesteine immer mehr zerklüftet als Eruptivgesteine. Wirken auf ein geschichtetes Gestein gegeneinander gerichtete Druckkräfte oder eine Druckkraft gegen eine als fest anzusehende Abstützung, kommt es zu Aus- und Verbiegungen des Gesteins, durch die sich in diesem Falten bilden. Nach neuerer Auffassung entstehen *Falten* nicht unbedingt unter dem Einfluß tektonisch bedingter seitlich gerichteter Druckkräfte, vielmehr erfahren tiefliegende Schichten unter dem durch wachsende oberflächliche Ablagerungen bedingten steigenden Druck der oberen Schichten eine Zusammendrückung, die sie seitlich ausweichen und Falten bilden läßt.

Diese Falten können verschiedene Formen annehmen, und entsprechend unterscheidet man Synklinalen (Mulden), Antiklinalen (Sattel), liegende, überkippte Falten usw. Die wichtigeren Faltenausbildungen sind in Abb. 12 dargestellt.

---

[1] Wie sich der Wassergehalt und Porenraumgehalt der Sedimentgesteine im Gange der geologischen Zeiten verändern können, soll durch das folgende Beispiel einiger Tonformationen erläutert werden:

| Tonformation | Natürlicher Wassergehalt % | Porenraumgehalt % |
|---|---|---|
| Pleistozän Ton | 50 | 57 |
| Oberer Eozän Ton | 29 | 44 |
| Unterer Eozän Ton | 24 | 39 |
| Miozän Ton | 20 | 35 |
| Trias Ton | 18 | 33 |
| Jura Mergel | 13 | 26 |
| Kambr. Schiefer | 13 | 26 |

Den Prozeß der Entstehung einer überkippten Falte und anschließend einer Verwerfung veranschaulicht in deutlicher Weise die Abb. 13. Die typische Auswir-

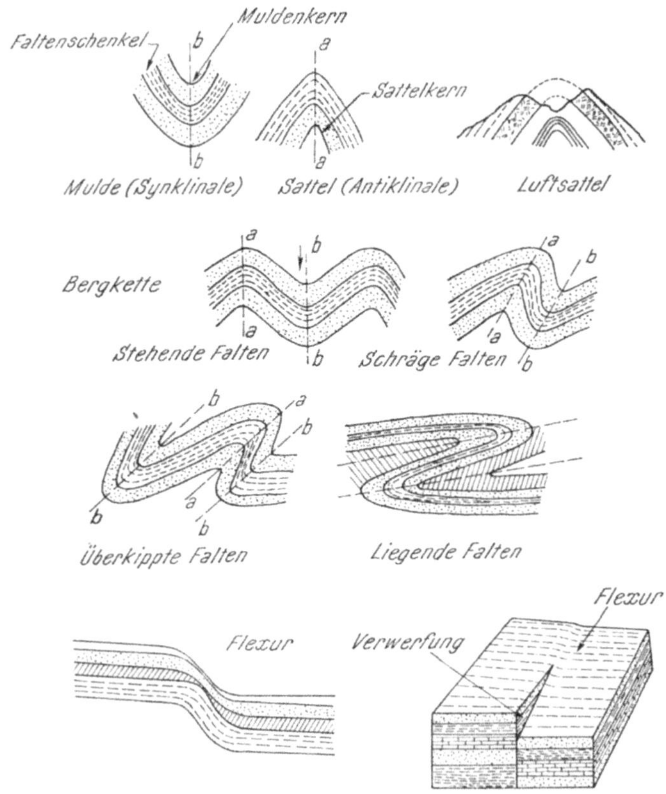


Abb. 12. Wichtigere geologische Faltungsformen

kung von tektonischen Druck- bzw. Zugkräften auf die Ausformung von Falt- bzw. Verwerfungsausbildungen zeigt dagegen die Abb. 14.

Bewegungen derselben Art verursacht auch die *Isostasie.* Unter dieser ist die Annahme zu verstehen, daß die Erdkruste aus Schichten unterschiedlicher Dichte besteht, daß also Schichten höheren spezifischen Gewichtes wegen des flüssigkeitsähnlichen Verhaltens des Magmas tiefer in dieses einsinken müssen, während die spezifisch leichteren Schichten nach den Gesetzen der Hydrostatik höher aus ihm emporragen. Die Gleichgewichtslage wird durch die ständige Erosion immer wieder gestört, weil es infolge der Oberflächenabtragung zur Befriedigung der Isostasie unablässig zu Auf- und Abwärtsbewegungen kommen muß.

Diese Bewegungen führen indes nicht bloß zu Faltenbildungen, sondern auch zu Brüchen und zu lotrechten Absenkungen gegenüber stehengebliebenen Schichten (Verwerfung). Form und Größe der Faltungen und Verwerfungen bestimmt außer der Größe der wirksam gewesenen Kräfte (vgl. Abb. 14) auch die Beschaffenheit des Gesteins. Nach diesem Gesichtspunkt unterscheidet man Gesteine, deren Festigkeit genügt, um die auftretenden Drücke weiterzuleiten, die jedoch spröde sind (feste Gesteine), und solche die weitgehende Verformungen mitmachen können, ohne zu brechen (pseudofeste Gesteine). Zur Gruppe der festen Gesteine gehören alle Eruptivgesteine, die Quarzite und Sandsteine und bis zu einer bestimmten Beanspruchungsgrenze auch die Kalksteine. In die zweite Gruppe fallen

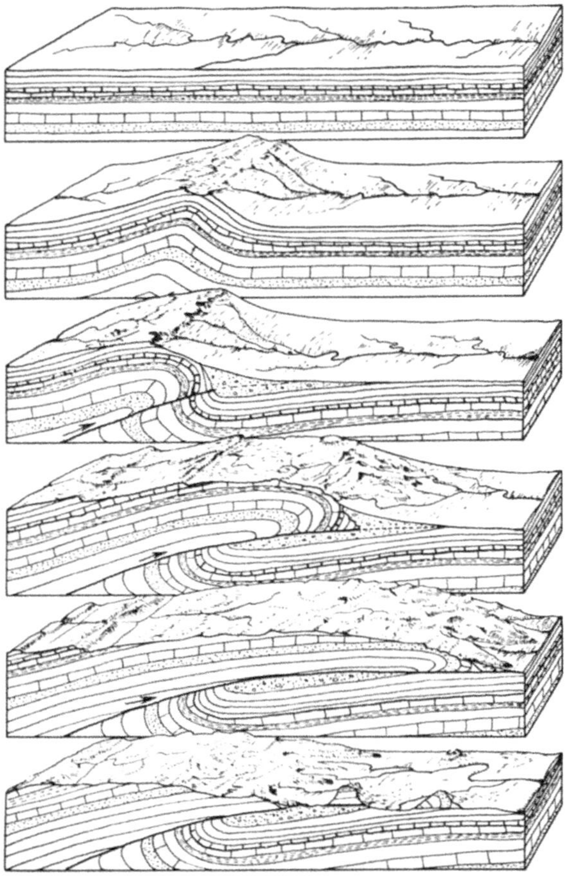


Abb. 13. Ausbildungsstufen einer überhängenden Faltung

sämtliche Schiefer- und Mergelarten, eventuell auch der Gneis und der Kalkstein. In Faltungen werden sich mithin die in die erste Gruppe fallenden Gesteine in stark gebrächem, zerrüttetem, die in die zweite Gruppe fallenden Gesteine hingegen in völlig unversehrtem Zustand vorfinden. Das gleiche gilt auch für die Verwerfungen. Liegen sie in festem Gestein, werden sie wahrscheinlich in regelloser Ausdehnung von zerbröckelten Einschlüssen und von einer zermalmten, zerbröckelten Verwurfszone eingefaßt sein. In pseudofestem Gestein hingegen wird man eine Verwerfung eventuell kaum erkennen können.

Erfährt der Zusammenhang eines Gesteinsverbandes aus den obigen Gründen eine Störung durch Biege- oder Druckeinwirkungen, wird er also unterbrochen und verschieben sich die Schollenteile gegeneinander, geht somit die mehr oder minder bildsame Verformung, sei es wegen der Sprödigkeit des Gesteins oder wegen der Größe der Bewegung, zu Bruch, entstehen Verwerfungen. Die verschiedenen Verwerfungsformen zeigt Abb. 15. Die Fläche, an der entlang die Verschiebung erfolgt, heißt Verwerfungsebene. Die Verschiebung kann, wie aus der Abbildung ersichtlich, nach unten oder nach oben, aber auch seitlich gerichtet sein. Bei Verwerfungen kommt es vor allem auf die Bestimmung ihrer Richtung an. Anhaltspunkte hierfür liefert die Tatsache, daß die Verwerfungsfläche an der stehengebliebenen Scholle unversehrt und glatt bleibt, als wäre sie abgeschliffen, während die in Bewegung geratenen Schollen in der gegenseitigen Reibung aneinander brechen und zerbröckeln. Die Verschiebung erfolgt nämlich nicht in einer einzigen Ebene, sondern an einer ganzen Reihe von Gleitflächen entlang, und zwar mit ständig abnehmender Intensität längs einer sich allmählich verschiebenden Nebenstörungsreihe.

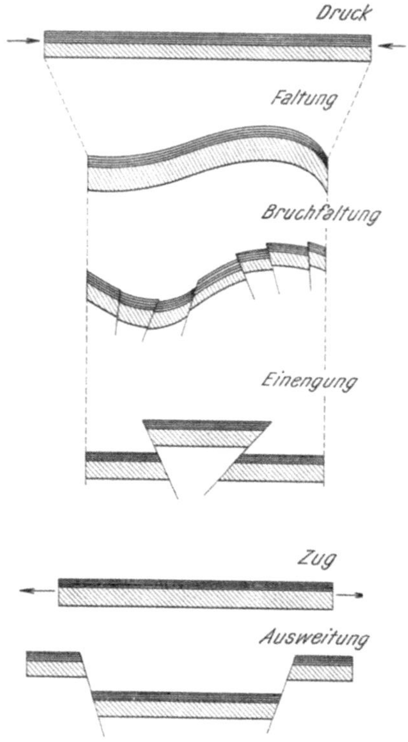


Abb. 14. Auswirkung tektonischer Kräfte in Bildungen verschiedener geologischer Formationen

Zusammen mit den Hauptverwerfungen bilden diese den *Störungs-* oder *Dislokationsraum*. Durch diesen im Gleiten zertrümmerten, brüchigen Streifen hindurch kann sich Wasser oder Gas in großen Mengen einen Weg bahnen. Wird er mit einem Tunnel angefahren, können diese Wasser- oder Gasmengen in ihn einbrechen. Darüber hinaus bedarf das Auffahren des Tunnels und der Ausbau der größten Vorsicht und im Hinblick auf seine große Gefährlichkeit einer überaus kräftigen Zimmerung. Wegen der hohen Drücke ist indes deren Einbau überaus erschwert. Sehr gering ist auch der Wirkungsgrad der Schießarbeit, weil die Sprenggase in den Spalten und Klüften der lockeren Gesteinsmasse ohne Widerstand verpuffen. All diese ungünstigen Erscheinungen können natürlich auch beim Durchörtern einer einzigen Hauptverwerfung, ja auch in geschiefertem und kleingefälteltem Gestein auftreten. Zu ähnlichen Befürchtungen geben die Klüfte und Gesteinsrisse Anlaß, bei denen mit Bergfeuchte und Sickerwasser und in weiterer Folge eventuell auch mit Schichtrutschungen gerechnet werden muß.

Zu Wassereinbrüchen kommt es in Verwerfungszonen. Sie schwemmen das lockere, zerrüttete Gestein zunehmend in den Tunnel, um sodann in stärkerem und dickerem Strahl hervorzubrechen und schließlich oft katastrophale Ausmaße anzunehmen.

Schief streichende Verwerfungen üben auf das Tunnelprofil einen einseitigen Überdruck aus, ein Umstand, der zum Ausbau eines völlig geschlossenen Profils mit Sohlgewölbe, d. h. zu einer nicht nur unwirtschaftlichen, sondern auch gefährlichen Lösung zwingt (vgl. Abb. 162).

Am wenigsten abträglich für den Tunnelbau sind jene Fälle, in denen die Erdkruste unter der auf sie wirksam gewesenen Beanspruchung in einzelne Schollen brach, die aneinander vorbeiglitten, ohne die benachbarten Gesteinsmassen in nennenswertem Umfang zerbrochen zu haben. Derartige einfache Verwerfungen berühren nur ganz kurze Tunnelstrecken und lassen sich verhältnismäßig leicht durchörtern. Die Verwerfungsspalte ist in solchen Fällen entweder mit einer dünnen eingelagerten Lettenschicht ausgefüllt oder sie führt Wasser. Nach Stini [4] verursachen Verwerfungen dieser Art, selbst wenn es sich um größere Störungen

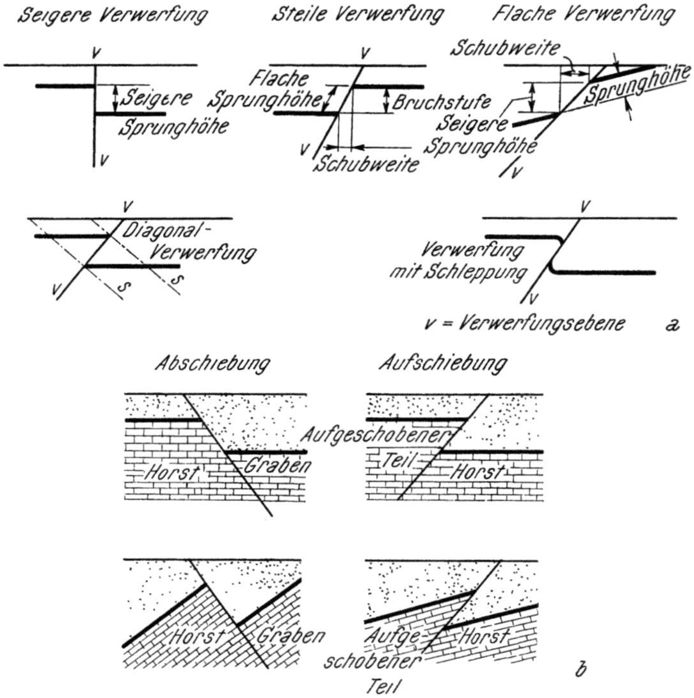


Abb. 15. Verschiedene Verwerfungsformen

handelt, der Bauausführung keine sonderlichen Schwierigkeiten. Die Verhältnisse liegen insofern meist ungünstiger, als die Hauptverwerfungen in der Regel von Nebenstörungen in ganzen Scharen, ähnlich den Bewegungsflächenscharen, begleitet sind, und es ist ein günstiger Fall, wenn diese Begleitstörungen nicht auch die Salbänder erheblich destruiert haben. In der Regel haben die Nebenbewegungen dieser benachbarten Gesteinsmassen auch die eigentliche Bewegungsfläche mehr oder minder stark verschiefert und zertrümmert. Unter solchen Umständen kann der Begleitstreifen der Störung einige Zentimeter, aber auch einige hundert Meter breit sein. Zu den Verwerfungsstreifen gesellen sich sehr häufig auch Ruschelzonen, die den Tunnelbau besonders schwierig gestalten.

Selbstverständlich ist die Zerrüttung des Gesteins und die Ausdehnung des Verwerfungsstreifens je nach Gebirge und je nach der Größe der tätig gewesenen Kräfte sehr verschieden. Spröde Gesteine, wie etwa Dolomit, Quarzschiefer und Quarzit brechen sehr leicht, und ihren Zerrüttungsstreifen füllen häufig Sand und Grus aus. Die Zerbröckelung der benachbarten Gesteinsschollen an den Bewegungsflächen kann mitunter zu einer völligen Vergrusung des Gesteins führen. Der

Zerrüttungsstreifen ist dann mit zerquetschten Massen von tonfeiner Körnung gefüllt. Die Bergfeuchtigkeit macht diese Masse breiartig schmierig und damit auch weitgehend bewegungsanfällig.

Zur *allgemeinen geologischen Untersuchung* zählt ferner die Feldaufnahme und Besichtigung, die Begehung des Tunnelbaugeländes in Begleitung des Fachgeologen. Sie gibt die Möglichkeit, aus den Geländeformationen, aus äußeren Anzeichen von Erdrutschungen, aus dem Pflanzenbewuchs, dem Zutagetreten unterirdischer Wasserläufe, aus Gesteinsblöcken und anderen Umständen Schlüsse auf das erdgeschichtliche Werden und den geologischen Aufbau des Geländes zu ziehen. Das Augenmerk hat sich vor allem auf jene Stellen zu richten, an denen sich Spuren von Bewegungen der Erdkruste abzeichnen. Bodenwellen, Unregelmäßigkeiten im Landschaftsbild und Talungen pflegen derartige Störungen zu kennzeichnen. Unter der Einwirkung der Isostasie sind die Täler fast ständig in Bewegung.

Sofern es sich bei den Störungen im Gebirgsbau um solche jüngeren Alters handelt, verraten sie sich im Geländebild fast immer durch Kerben, Mulden oder Sattel. Sie stellen die Schwächestreifen dar, an denen sich Verwitterung, Einsickerungen und Abtragungen am stärksten auswirken können.

Die Ergebnisse der Feldaufnahme werden um so wertvoller sein, je mehr der Fachgeologe sich in die Bedürfnisse der Tunnelbautechnik einzufühlen vermag.

### 2.1.2.2. Der Planung vorangehende eingehendere Feldaufnahmen

Die soeben erörterten Studien und Feldbeobachtungen bilden die Grundlage für die Festlegung der Ansatzstellen sowie für die Wahl der Methoden zur eingehenderen Vorerkundung des Bodens.

Vorzügliche Dienste leisten die bereits gelegentlich der Feldbegehungen durchführbaren Verfahren der sogenannten *zerstörungsfreien Bodenerkundung* [37], d. h. in erster Linie die *geoelektrischen, seismischen und dynamischen* Methoden, die es gestatten, aus der Prüfung der je nach Bodenschicht unterschiedlichen elektrischen Leitfähigkeit bzw. aus der Messung der Laufzeit von Erschütterungs- und Schwingungswellen auf die Lagerung und den Wechsel von Boden- und Gesteinsschichten (in erster Linie auf die Mächtigkeit der verwitterten Deckschicht bzw. auf die Tiefenlage des gesunden und tragfähigen Gesteins) sowie auf die Lage von Wasseradern Schlüsse zu ziehen. Diese Verfahren ermöglichen es, größere Gebiete in relativ kurzer Zeit zu erkunden und erleichtern weitgehend die Aufzeichnung des Allgemeinbildes der geologischen Situation. Ist man in der Vorerkundung so weit, kann an die effektive Boden- oder Gesteinserschließung, d. h. an die Niederbringung von *Probebohrungen* und an das Abteufen bzw. Vortreiben von *Probeschächten und Probestollen* herangegangen werden, die für eine ausführliche geologische Erkundung unerläßlich sind.

Von den verschiedenen Bohrverfahren kommen die Trockenbohrungen vor allem wegen ihrer geringen Tiefenwirkung kaum in Frage. Es bleiben somit in erster Linie die Spülbohrungen, doch eignen sich diese zur Probenentnahme nicht.

Die anwendbaren Bohrverfahren sind:

*a*) das schlagende,
*b*) das drehende und
*c*) das Kernbohren (Craeliusbohren).

Die Verfahren unter *a*) und *b*) sind bei kleineren Bohrteufen und in wenig festem Sedimentgestein üblich, während man die Methode unter *c*) in Festgestein und bei größeren Teufen anwendet.

Mit *Trockenbohrungen* zwecks Gewinnung von Gesteinsproben werden Teufen bis höchstens 100 bis 150 m erbohrt, was sich für den Tunnelbau häufig als ungenügend erweist. Beim Trockenbohren wird das Gestein zerbrochen und die natürliche Lagerung gestört. Es bietet also weder die Möglichkeit, aus größeren Teufen Proben zu gewinnen, aus denen sich die Festigkeit, Lagerung sowie das Streichen und Fallen der Schichten erkennen läßt, noch liefert es kennzeichnende Aufklärungen über Wechsel, Lagerung und Wassergehalt der Schichten. Die brauchbarsten Ergebnisse ergeben sich im allgemeinen beim *Kernbohren*, wobei die verläßlichsten Bohrkerne aus festen Gesteinen gewonnen werden. (Überaus wichtig ist es, jede Probe orientiert nach der Himmelsrichtung zu entnehmen, d. h. die Nord-Richtung an den Proben anzumerken). Neuerdings sind Bemühungen im Gange, die visuelle Orientierung und die natürlichen Lagerungsverhältnisse der Gesteinsschichten im Bohrloch selbst durch Spezial-Fernsehgeräte, die sogenannten *Fernseh-Bohrlochsonden* zu ermöglichen [5]. Die Betrachtung der Bohrlochwand mit diesem Apparat bietet eine wertvolle Hilfe bei der Ermittlung der Lagerungsverhältnisse der Schichten sowie des Streichens und Fallens, der Klüfte, Spalten, Störungen usw. aus den Bohrkernen, die zur Klärung der Tektonik unerläßlich ist. Bei Kernbohrungen entgehen gerade die geologisch und baulich so wichtigen Bohrlochbereiche, wie offene Klüfte, Kluftfüllungen, Zerrüttungsstreifen usw. der Registrierung, weil aus diesen Zonen kaum einwandfreie Kerne gewonnen werden können. Selbst in kernfähigen Gesteinsbereichen kann man wegen des problematischen Ziehens orientierter Kerne kaum Aufschluß über Richtung und Verlauf tektonischer Störungen, Gleitflächen erhalten. Bisher mußte man hierzu drei dicht nebeneinanderliegende Bohrungen ansetzen.

Der wichtigste Teil der von KREBS und Dr. MÜLLER sowie von den Grundigwerken entwickelten Apparatur ist die *Bohrlochsonde*.

Diese wird über ein Teufen-Meßrad an einem Sondenkabel in das Bohrloch abgelassen (Abb. 16). Das Bild der Bohrlochwand wird mit einem drehbaren Schrägspiegel auf eine Miniatur-Fernsehkamera geworfen und über Kabel auf den Fernsehschirm des Beobachtungsgerätes im übertägigen Meßwagen übertragen. In der Meßsonde ist ein Kompaß eingebaut, der die Ermittlung der Bohrlochneigung, des Azimuts und der Blickrichtung des Schrägspiegels ermöglicht.

In einfachen Fällen kann die Schichtung des Bodens in einem Bohrloch durch das elektrische Bohrlochmeßverfahren und die Neigung der durchteuften Schichten durch *elektrische Neigungsmessungen* im Bohrloch ermittelt werden. Beide stellen eigentlich elektrische Widerstandsverfahren dar, denn der Gesteinswiderstand ist einer der markantesten Gesteinsparameter. Die Messung wird in der Regel durch Anwendung zweier stufenweise in das Bohrloch hineingehängter Stromelektroden ($S_1$ $S_2$) und zweier zwischenliegender Potenzelektroden: $E_1$ $E_2$ (Vierpunktanordnung) ausgeführt (Abb. 17). Bei normaler Meßanordnung ist die Eindringtiefe etwa gleich der doppelten Meßlänge ($L$). Es muß in Betracht gezogen werden, daß der Widerstand des etwaigen Spülgutes bei kleinen Meßlängen zu stark in Erscheinung tritt.

*Die elektrische Neigungsmessung* beruht darauf, die Lage der Ellipse, die das kreisförmige Bohrloch aus einer geneigten Schicht herausschneidet, im Raum festzulegen. Dies geschieht, indem man drei um 120° gegeneinander versetzte Sonden — wie sie bei Potentialmessungen verwendet werden —, an der Bohrlochwandung entlanggleiten läßt und so drei dicht nebeneinander liegende Potentialkurven aufnimmt. Wenn die Schichtenfolge petrographisch nicht einheitlich ist, zeigen die drei Potentialkurven der Schichtenneigung entsprechende, gegeneinander versetzte Ausschläge. Von der damit ermittelten relativen Lage der Schnittellipse zur Bohrlochwand kann die Neigung (das Streichen) und durch eine Kombination mit einem Bohrlochneigungsmeßgerät auch die Richtung des Schichtenfallens angegeben werden [6]. In Frankreich wurden auch Geräte gebaut, mit

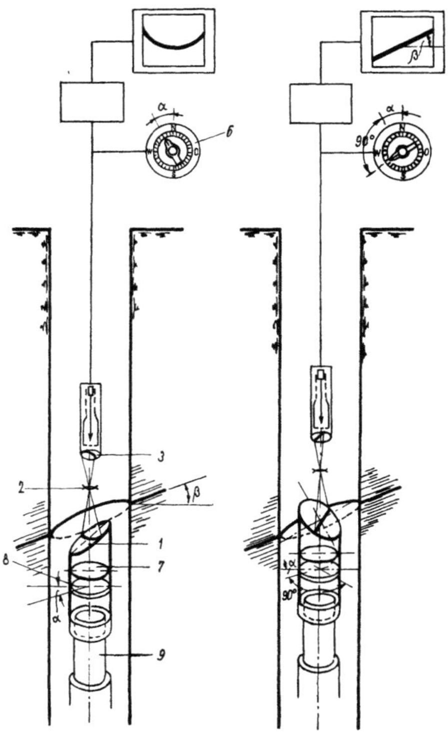


Abb. 16. Prinzipskizze und Anordnung der optischen Bohrlochsonde

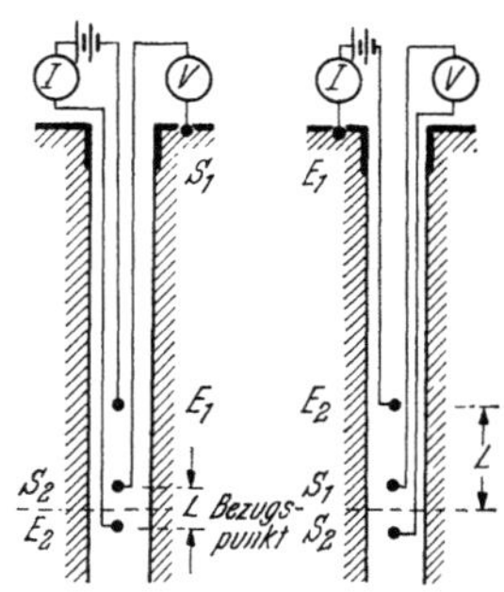


Abb. 17. Schema der Meßanordnung beim Widerstandsverfahren

denen sich im Bohrloch die Gebirgsspannungen und somit indirekt auch Gebirgsdrücke messen lassen (vgl. Kap. 2.1.3.3).

Zur Erstellung der Generalpläne genügt es im allgemeinen, in Abständen von 300 bis 500 m je ein Bohrloch abzuteufen. Vor Ausarbeitung der Ausführungspläne pflegt man die Bohrlochabstände auf 50 bis 100 m zu verkürzen. In geologisch unruhigem und vom baulichen Gesichtspunkt aus wechselhaftem Gelände, besonders aber bei der Bearbeitung der Pläne für Untergrundbahntunnel wurde die Abteufung eines dichteren Bohrungsnetzes als unvermeidlich betrachtet. Bei letzteren Bauwerken setzte man die Bohrungen 10 bis 50 m seitlich von der voraussichtlichen Tunnelachse an, und dies besonders dann, wenn auch mit Wasserhaltung unter Druckluft gerechnet werden mußte. Diese Bohrlöcher sollen nach Abschluß der Erkundungsarbeiten sorgfältig verfüllt, eventuell sogar satt ausbetoniert werden, weil sie sonst leicht zu Leitern werden können, durch die das Wasser aus höheren Schichten zum Tunnelquerschnitt hin absickert oder die zur

Entwässerung während des Tunnelbaues unter Umständen erforderliche Druckluft entweicht. (Hier sei bemerkt, daß beim Bau der Budapester Untergrundbahn Vergleichsuntersuchungen angestellt wurden. Das dichtere Netz der ausgeführten Probebohrungen ergab jedoch in diesen stark gestörten alluvialen Formationen kein genaueres Bild weder von den allgemeinen Schichtungsverhältnissen noch von den örtlichen Störungen.)

Die Bohrungen reichen selten tiefer als 100 bis 150 m. In Sonderfällen, wie etwa beim Großen Apennintunnel zwischen Bologna und Firenze, wurden Probebohrungen (ingesamt 7) in eine Teufe von 390 m niedergebracht. Als Regel sollte es jedenfalls gelten, daß Probebohrungen, sofern sie richtige Aufschlüsse über die Verhältnisse liefern sollen, nicht auf der vorgesehenen Tunnelsohlenhöhe stehenbleiben dürfen, sondern mindestens 20 bis 50 m unter diese hinabreichen müssen. Die Erkundung der unter der Tunnelsohle anstehenden Schichten ist nicht so sehr aus Gründen der Sicherheit gegenüber Setzungen und Überlastungen, als vielmehr zur Aufklärung der Entwässerungsmöglichkeiten und einer eventuellen Sohlauftriebgefahr sowie deshalb wichtig, weil sie es gestattet, sich über die Richtigkeit der Trassenführung zu vergewissern. Liegt nämlich unter der Tunnelsohle eine zur Wasserableitung geeignete Schicht, wird sich der Tunnel vorteilhaft nach dieser hin entwässern, oder sich selbst sogar in eine eventuell tiefer anstehende festere Schicht verlegen lassen. (Zum Beispiel beim Gattico-Tunnel könnte man nicht nur die Anwesenheit des Fließsandes, sondern auch die Tatsache vorher erkennen, daß unter dem Fließsand ein verhältnismäßig standfestes Gebirge (Pliozän) ansteht. Mit einer tieferliegenden Trasse dürften daher erhebliche Kosten und Zeit erspart werden können, vgl. Abb. 43.)

#### 2.1.2.3. Baugrunduntersuchungen während der Planungsarbeiten

Der Planerstellung gehen nur jene Probebohrungen voran, die in Abständen von mehreren hundert Meter voneinander zu Vororientierungszwecken niedergebracht werden. Die Bohrungen zwischen diesen Bohrlöchern teuft man erst während der Planungsarbeiten selbst ab. Gleichfalls in dieses Stadium soll die Bestimmung der physikalischen, chemischen und Festigkeitseigenschaften der zu durchhörternden Gesteine sowie die Klärung der Wasser-, Gas- und Wärmeverhältnisse des Gebirges verlegt werden. Ausreichende Auskunft über diese Fragen geben indes die Probebohrungen nicht (vgl. Kap. 2.1.3).

Weit genauere Aufschlüsse liefern die Erkundungen durch *Schächte*. Sie werden in der Regel seiger, in Ausnahmefällen auch tonnlägig abgeteuft und tunlichst so angelegt, daß man sie zunächst beim Tunnelbau selbst, später aber auch für Betriebszwecke verwenden kann. Beim Bau können die Erkundungsschächte zum Baustoff- und Ausbruchtransport, zum Auffahren von Tunnel-Zwischenabschnitten, im endgültigen Tunnelbetrieb hingegen zur Belüftung und Entwässerung benützt werden. Es ist klar, daß der Schacht auf Grund der unmittelbaren Anschauung und der entnommenen Proben genaue Aufschlüsse über Lagerung, Fallen und Mächtigkeit der Schichten im Gebirge sowie über die physikalischen und Festigkeitseigenschaften des Gesteins liefert und auch Auskunft über die Lage wasserführender Schichten, über eventuelle Wasseradern sowie über die chemische und physikalische Beschaffenheit des Wassers gibt. Während der Entwurfsarbeiten werden im Laboratorium auch Untersuchungen vorzunehmen sein, die es ermöglichen, die Gesteinsfestigkeit und -struktur sowie die physiologischen Auswirkungen von Wässern oder Gasen zu bestimmen.

Die Baugrunderkundung mit Schächten ist allerdings weit kostspieliger als die mittels Bohrungen, zumal Schächte in größere Tiefen nur dann niedergebracht werden können, wenn sie einen größeren Durchmesser und eine Verkleidung erhalten, die der zuvor erwähnten endgültigen Bestimmung entspricht. Die Teufe von Schächten, die man provisorisch mit der relativ billigeren Zimmerung aussteift, ist sehr beschränkt. In Lockergestein bzw. Lockerböden lassen sie sich nur bis zum Grundwasserspiegel hinabführen, aber auch in Festgestein können sie im Verhältnis zur Tiefenlage des Tunnels nur unbedeutende Teufen erreichen. Der Querschnitt dieser provisorischen Schächte mißt etwa $3 \times 1{,}5$ bis $3 \times 2$ m, während endgültige Schächte in der Regel Kreisquerschnitte erhalten, deren Durchmesser je nach der endgültigen Bestimmung zwischen 3,0 und 6,0 m liegt.

Schächte bieten weiterhin die Möglichkeit, die Gesteinsspannungen und damit indirekt auch die Gebirgsdrücke genauer zu ermitteln (vgl. hierzu Kap. 2.1.3.3). Dem Verfahren der Bodenerkundung durch Abteufen von Schächten haftet vor allem der Mangel an, daß die Schächte im Hinblick auf die hohen Kosten nur in größeren Abständen niedergebracht zu werden pflegen, daß also die zwischengelegenen Abschnitte unaufgeschlossen bleiben, was bei inhomogenem Gestein, stark zerrütteten Zonen und starker Durchsetzung mit Wasseradern zu höchst unliebsamen Überraschungen während des Baues führen kann.

### 2.1.2.4. Untersuchungen während der Bauarbeiten

Die in *waagerechter Richtung aufzufahrenden Versuchsstollen* dienen zur Klarstellung des Gebirgsaufbaues in den Abschnitten zwischen je zwei Versuchsschächten, doch werden sie in der Regel nicht während des Entwurfs, sondern erst während der Bauarbeiten selbst so angelegt, daß sie in das Bauwerkssystem einbezogen werden können. Ein Vortrieb von Schürfstollen vor Baubeginn pflegt nur in den seltensten Fällen, vor allem in besonders gefährdet oder bedenklich erscheinendem Gebirge vorzukommen. Richtstollen werden in der Regel unmittelbar vor Aufnahme der Bauarbeiten oder noch eher als Hohlgänge aufgefahren, die in das Tunnelbausystem (eventuell zur Entwässerung) einbezogen werden und dem Ausbruch um einige hundert Meter vorauseilen. In allen Fällen muß man bemüht sein, diese Stollen im endgültigen Tunnelsystem nutzen zu können. *Dienen sie lediglich der Erkundung* und liegen sie außerhalb des Tunnelquerschnitts, wird man sie zur Entwässerung oder Belüftung heranziehen können. Handelt es sich jedoch um einen *Richtstollen* innerhalb des Tunnelquerschnitts, dann gibt er nicht nur dem Tunnelvortrieb die Richtung, sondern er kann auch zum Abtransport des Ausbruchs, zum Heranbringen von Zimmerungs- und Verkleidungsmaterial, zur Entwässerung oder zur Verlegung von Arbeits- und Betriebsleitungen u. a. m. benützt werden (vgl. Kap. 6.2.1.1).

Fährt ein Richtstollen eine ungünstige Schichtung, eine brüchige Störungszone oder eine ergiebige Wasserader an, bleiben dem Tunnelbauer nur noch geringe Möglichkeiten zu geeigneten Maßnahmen, wie etwa zur Vorsorge gegen drohende Gefahren, zu kleineren Richtungsänderungen oder Umgehungen. Andererseits bietet der Richtstollen unmittelbar vor Baubeginn die verläßlichsten Anhaltspunkte zur Klarlegung der Festigkeit, Schichtung und Rissigkeit sowie der Durchklüftung des zu durchörternden Gebirges mit Wasseradern. Er gestattet es mithin wie keine andere Erkundungsart, rechtzeitig Vorkehrungen zur Änderung der vorgesehenen Arbeitsmethoden oder der konstruktiven Ausbildung zu treffen.

Die Versuchsstollen zusammen mit den zuvor abgeteuften Erkundungsschächten bilden die genaueste Handhabe der geologischen Erkundung für die Zwecke des Tunnelbaues. Sie liefern die verläßlichsten Unterlagen über die Beschaffenheit des Gesteins, über die voraussichtlichen Wasserverhältnisse, über das Auftreten von Gasen und schließlich — anhand der in ihnen am besten durchführbaren Spannungsmessungen — auch über die voraussichtliche Größe des Gebirgsdruckes. Nicht zuletzt gestatten sie es, auch jene (mitunter überraschend großen) Abweichungen auszugleichen, die sich zwischen den im Laboratorium auf Grund von Proben ermittelten und den in situ festgestellten tatsächlichen Festigkeitswerten häufig zeigen.

Nach Stini [4] müssen die Gebirgsteile bei der geologischen Untersuchung des Stollengeländes besonders auf folgende technische Eigenschaften geprüft werden:

1. Die Lagerung des Gesteins (söhlig, sanft geneigt, steil aufgerichtet, gefaltet, über schoben usw.).
2. Die Mächtigkeit der einzelnen Schichten, die Einheitlichkeit der Gesteinsfolge oder der Wechsel der Bergarten.
3. Mineralische Zusammensetzung (schädliche Gemengeteile).
4. Verband der Gesteine (gleichkörnig, porphyrisch usw.).
5. Kornbindung (fest, schwach, mittelbar, unmittelbar).
6. Härte des Gesteins, seine Bearbeitbarkeit (Bohrbarkeit, Schießbarkeit usw.), Lösbarkeit (Gewinnungsfestigkeit) usw.
7. Ausbildung (Tracht) der Bergart (massig, geschichtet, geschiefert, gebändert usw.).
8. Gefüge: lückig, dicht geschlossen, schlackig, schaumig usw.
9. Die Beanspruchung des Gesteins durch die Gebirgsbildung (Klüftung, Zerrüttungsstreifen, Verwerfungen, Überschiebungen) oder sonstige Störungen des Gebirgsbaues (Verglimmerung, Tongehalt, Kaolinisierung usw.).
10. Die voraussichtliche Scher- und Zugfestigkeit des Gebirges (*nicht des Gesteins!*) in den verschiedenen Strecken des Hohlganges.
11. Die Standfestigkeit des Gebirges: Art und Größe des Gebirgsdruckes, mit dem man voraussichtlich zu rechnen hat.
12. Das Einheitsgewicht (die Wichte) jeder zu durchfahrenden Bergart.
13. Die voraussichtliche Wetterbeständigkeit der zu durchörternden Felsarten sowie die Länge der mit Rücksicht auf die Frostschäden zu verkleidenden Eingangsstrecken.
14. Die Mächtigkeit der Überlagerung in jedem Punkt des Tunnels, getrennt nach Festgestein und Lockermassen, einschließlich der Verwitterungsrinde.
15. Die Wärmeverhältnisse des Gebirges.
16. Die Wasserverhältnisse des Baugeländes und seiner weiteren Umgebung. Mit der Erkundung und Aufnahme der Quellen und Wasserläufe in der Umgebung des Baugeländes soll so bald als möglich begonnen werden, um späteren Beschwerden wegen Wasserentzug oder -zuleitung Beweise entgegenhalten zu können. Die Wässer müssen natürlich auch auf schädliche Beimengungen untersucht werden.
17. Die Möglichkeit des Auftretens schädlicher Gase.
18. Die Gefährdung der Bauwerke durch Erdbeben und künstliche Erschütterungen.
19. Die Ausbildung des Geländes.
20. Mit Rücksicht auf die Notwendigkeit eines Druckluftbetriebes die Sicherheit gegenüber dem Abblasen der Druckluft.
21. Die Gefährdung des Bauwerkes, besonders der Mundlöcher durch Naturgewalten (Lehnen, Steinschlag, Lawinen, Bergstürze, Rutschungen, Muren usw.).

*Letzten Endes verfolgen die Feldaufnahmen, die Schachtabteufungen, Stollenvortriebe und sonstigen Untersuchungen das Ziel, den geologischen Aufbau eines Gebirges oder Flußbettes insoweit klarzulegen, als er die Trassenführung des Hohlganges sowie die Baumethoden beeinflußt.*

## 2.1.3. Die geologischen Verhältnisse in ihrer Beziehung zum Tunnelbau. Die charakteristischen Arten des Gebirgsaufbaues

### 2.1.3.1. Lagerung der zu durchörternden Schichten

Der Aufbau des zu durchfahrenden Gebirges beeinflußt den Tunnelbau weitgehend. Die *Einheitlichkeit* des Gesteins vereinfacht, beschleunigt und verbilligt den Bau; denn je verschiedenartiger die Schichtung, um so schwieriger, kostspieliger und zeitraubender gestaltet sich der Vortrieb. *Ein gleichförmiger Gebirgsaufbau bietet für den Tunnelbau weit günstigere Voraussetzungen als ein Aufbau z. B. aus geschichtetem oder schiefrigem Gestein oder aus Gesteinen mit unterschiedlicher wechselnder Kornbildung.*

Die Schichtung und Schieferung erweist sich für die Anlage von Hohlgängen um so ungünstiger, je ausgeprägter und engständiger sie ist. Ihre Eignung zur Durchtunnelung wird entscheidend vom Fallen und Streichen der Schichten bestimmt.

Die Lagerung der Schichten im Raum wird durch ihr *Streichen und Fallen* gekennzeichnet. Unter *Streichen* ist die Richtung der waagrechten Ausdehnung der Schicht, d. h. die Richtung der in die Schichtfläche fallenden waagrechten Geraden zu verstehen. Senkrecht auf diese Streichlinie steht die *Fallrichtung* der Schicht. Durch die Streichrichtung ist die Richtung des Fallens noch keineswegs eindeutig bestimmt, wogegen die letztere auch die Richtung des Streichens erkennen läßt. Die Schnittgerade zwischen Fallenebene und einer söhligen Ebene gibt die Streichrichtung an (Abb. 18). Zur Bestimmung der Lagerung einer Gesteinsschicht im Raum muß ferner der Einfallwinkel, d. h. der von der Gesteinsschichtfläche und der Waagrechten eingeschlossene Winkel bekannt sein.

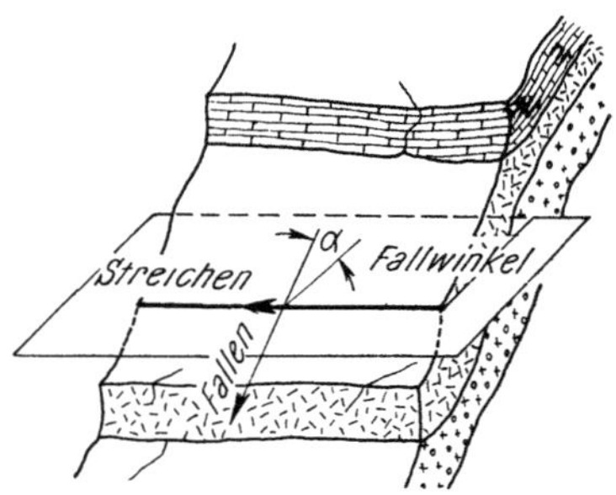


Abb. 18. Schematische Andeutung von Streichen und Fallen

Beim Abstecken der Tunneltrasse und ihrer Höhenlage ist der Verlauf des Hohlganges im Verhältnis zur Gesteinsschichtung stets genau zu prüfen.

Fährt die Tunnelachse *steil einfallende* Gesteinsschichten senkrecht auf die Streichrichtung an (Querstrecke, Abb. 19b), wird der Vortrieb günstige Gebirgsdruckverhältnisse antreffen. Streichen dagegen die Schichten mit der Tunnelachse gleich (Abb. 19a), wird man mit der Beanspruchung des Stollens durch höhere Drücke rechnen müssen.

Allgemein betrachtet, begünstigt eine steil einfallende Schichtung das Eindringen der Verwitterungsvorgänge in das Gebirge. Sie verdickt damit die Verwitterungsrinde der Erdkruste. Im übrigen kann sich die steile, ja seigere Lagerung der Schichten, was die Festigkeit anbelangt, als vorteilhaft erweisen, wenn

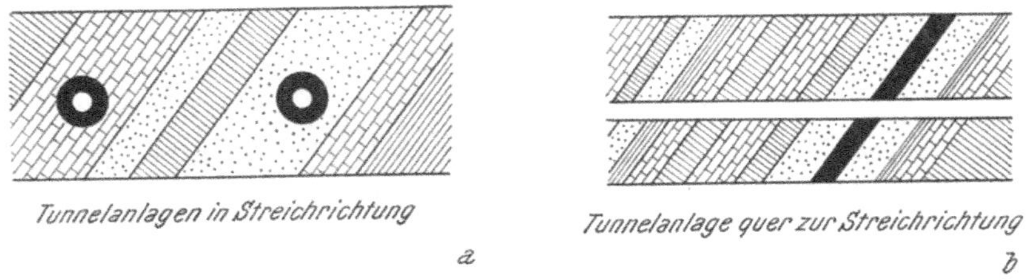


Abb. 19. Tunnellagen im Verhältnis zum Streichen

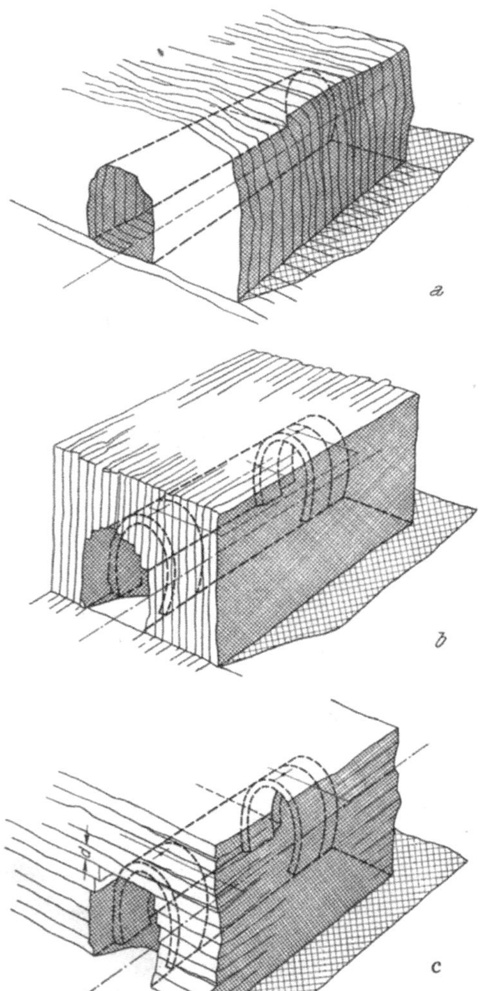


Abb. 20. Die Tunnelführung in Abhängigkeit der verschiedenen Schichtungen

die Tunnelachse die lotrecht stehenden Schichtstöße rechtwinklig verquert, weil hierbei in jeder der einzelnen Schichten für sich eine natürliche Überwölbung zustande kommt, so daß die Spannweite der tragenden Schicht lediglich der Tunnelbreite gleich sein wird, während der Träger selbst sehr hoch ist (Abb. 20a). Diese Schichtungsart hat nur den Nachteil, daß sich beim Schießen in solchem Gestein gute Wirkungsgrade kaum erzielen lassen.

Verläuft hingegen die Tunnelachse parallel zur Streichrichtung seigerer Schichtsstöße (Abb. 20b), stellt sich eine Gewölbewirkung in Querrichtung nur ein, soweit Reibung und Kohäsion zwischen den einzelnen Schichten eine gewisse Festigkeit sichern, wogegen die innere Festigkeit der Schichten gegen Biegung auf einer der Gesamtlänge des Tunnels entsprechenden Spannweite beansprucht würde.

Söhlige Lagerung kann — sofern es sich um relativ dickbankige Gesteine (d!) handelt —, für das Auffahren kleinerer Stollen oder Hohlgänge als günstig bezeichnet werden, weil die dickeren Schichten die kleine Spannweite als Balken mit Sicherheit überbrücken (Abb. 20c und 21a).

Die Überbrückung weiter unterirdischer Hohlräume in plattigem oder dünnschichtigem Gestein (vgl. Abb. 21 b und 21 c) ist nicht möglich, und dies besonders dann nicht, wenn diese Schichten zusätzlich noch rissig sind (Abb. 21 d bis e). In dünnplattigem Gestein wird man sich mit Vorteil zur Ausbildung einer spitzbögigen Firste entschließen (Abb. 21 c).

Noch gefährlicher wird eine derartige Schichtung, wenn die rissigen Schichten noch unter Winkeln von 5 bis 10° einfallen, weil die Firste in solchen Fällen mit fortschreitendem Vortrieb allmählich nachbrechen können (Abb. 21 e). Je steiler die Schichtlagerung, desto mehr werden sich die einzelnen Schichten gegeneinander abstützen.

Folgt die Tunnelachse dem Streichen annähernd waagerecht gelagerter oder ganz flach einfallender Gesteinsschichten, muß die Höhenlage des Tunnels tunlichst so gewählt werden, daß er ständig in festen, wasserdichten Schichten vorgetrieben werden kann. Es muß eine Überdeckung erhalten bleiben, deren Mächtigkeit genügt, um einen Durchbruch und das Eindringen des über ihnen anstehenden wasserdurchtränkten und lockeren Gebirges zu verhindern.

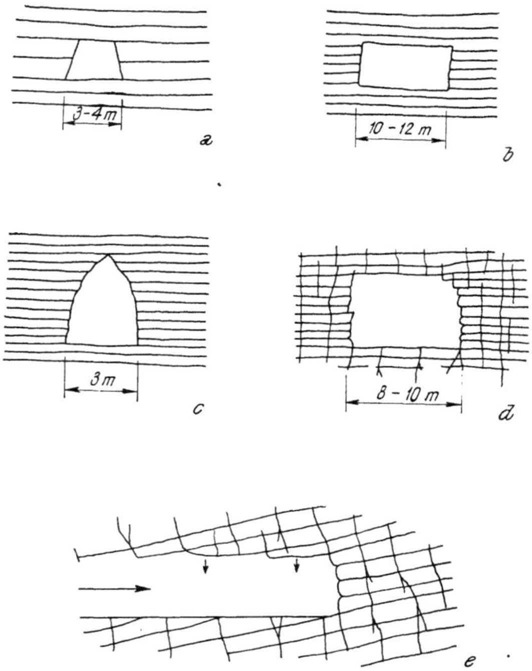

Abb. 21. Gebräuchliche Hohlraumquerschnitte bei waagrechter Schichtung

Schichtfaltungen verursachen Druck im Kernbereich und Zug in der äußeren Zone. Besondere Bedeutung ist in baulicher Hinsicht den Faltungen beizumessen, und zwar je nachdem, ob die Röhre sie in einer *Sattelformation* (*Antiklinale*) oder unter einer *Muldenformation* (*Synklinale*) quert.

*Beim Gleichlauf von Tunnelachse und Streichen des Gesteins ist der Hohlgang unbedingt in die Antiklinale zu verlegen*, weil er auf diese Weise am Faltungsscheitel entlang einem geringeren Druck ausgesetzt sein wird. Führte man ihn in der Synklinale, erhielte er von beiden Seiten zusätzliche Drücke. Überdies muß bei Führung in der Synklinale auch eher mit Wasserzudrang und entsprechend mit Wassereinbrüchen in den Stollen gerechnet werden, während die Wässer bei Verlegung des Tunnels in die Antiklinale eher vom Stollen abfließen (Abb. 22).

*Durchörtert ein Tunnel eine Faltung quer zum Streichen des Gesteins*, wird er durch den Gebirgsdruck weder in der Anti- noch in der Synklinale gleichmäßig belastet sein. In der Antiklinale werden seine Anfangsstrecken einen größeren, seine mittleren Strecken einen geringeren Gebirgsdruck aufzunehmen haben. Bei Durchtunnelung einer Synklinale hingegen werden die Anfangsstrecken die geringere, die mittleren eine übernormal starke Belastung tragen müssen (Abb. 23a bis b).

Im Tunnelbau kommt jedoch nicht nur dem Streichen und Fallen, sondern auch der *Aufeinanderfolge der Gesteinsschichten* außergewöhnlich große Bedeutung zu. So sehr eine einheitliche Schichtfolge die Auffahrt eines Tunnels begünstigen kann, so *nachteilig* kann sich sowohl auf den Vortrieb als auch auf den endgültigen Ausbau die Wechsellagerung von Gebirgsarten auswirken. Derartige Hohlgänge wird man zweckmäßig nicht nach einer kontinuierlich stufenartigen, sondern nach einer der Ringbauweisen anlegen.

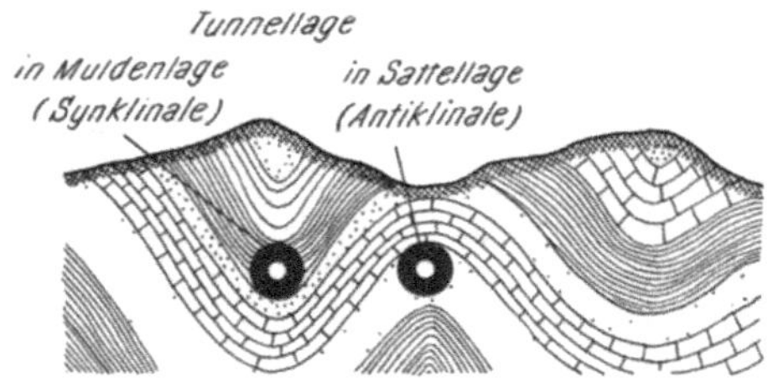


Abb. 22. Tunnellagen in synklinalem bzw. antiklinalem Gebirgsaufbau

Da *Erdbeben* zur Ursache außerordentlich großer Schäden in Tunneln werden können, wird die geologische Erkundung des Baugeländes sorgfältig zu prüfen haben, ob der vorgesehene Tunnel nicht in eine Erdbebenzone zu liegen kommt. Nach Beobachtungen im Bergbau macht sich die Wirkung von Erdbewegungen in festeren Schichten weit weniger stark bemerkbar als in lockereren, weicheren Schichten.

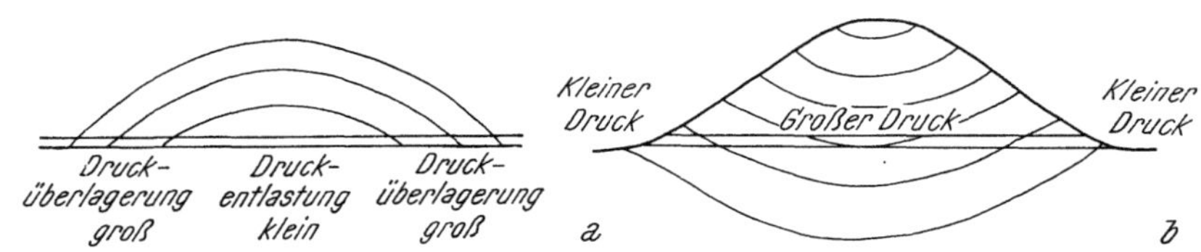


Abb. 23. Natürliche Gebirgsdruckverhältnisse in längsgerichteten synklinalen und antiklinalen Formationen

*Im Endzweck verfolgt die geologische Erkundung die Beantwortung der Frage, mit welchen voraussichtlichen Beanspruchungen und Bauverhältnissen man bei Ausführung des Bauvorhabens zu rechnen haben wird, d. h. wie sich Gebirgsdruck, Gesteinsfestigkeit, Lösbarkeit, Wasserdruck und voraussichtlicher Wasserandrang sowie die Wärmeverhältnisse des Gebirges gestalten werden.*

### 2.1.3.2. Zustand der zu durchörternden Schichten

Eine äußerst wichtige Aufgabe der geologischen Erkundung besteht in der Klarlegung des Zustandes der zu durchörternden Gesteinsarten bzw. der physikalischen, chemischen oder biologischen Einflüsse, denen sie vermutlich ausgesetzt waren und die ihre Festigkeit in gewissem Umfang oder in einem gewissen Umkreis verändert haben.

Um diese Art von Erscheinungen richtig erfassen zu können, sollen hier zunächst jene chemischen Auswirkungen erörtert werden, die in einzelnen Gesteinsarten derartige Zustandsänderungen herbeizuführen vermögen. Der Urheber solcher Zustandsänderungen ist stets das Wasser, dessen Aggressivität sich durch chemische Verunreinigungen und Gase bei geeigneter Temperatur noch zusätzlich zu steigern vermag. Das in das Gebirge eindringende Wasser ist niemals chemisch rein. Viele Gesteinsbildner, wie etwa der Feldspat, können allerdings auch von chemisch reinem Wasser zersetzt werden. Die Hauptzuleitungskanäle bilden die *Klüfte* und *Verwerfungsspalte*, in denen das Wasser Zugang zu den mineralischen Bestandteilen des Gesteins findet. Bei den Wässern handelt es sich entweder um *Niederschlagswasser*, welches die sogenannte chemische Verwitterung verursacht, oder um *Thermalwasser*, das aus *tiefliegenden Schichten* aufbricht und auch *hydrothermale Veränderungen* zustande zu bringen vermag.

Die von der Oberfläche absickernden Niederschlagswässer haben eine zweifache Wirkung: sie *zersetzen* die chemisch labilen Gesteinselemente, wie etwa den Feldspat, und *laugen* die wasserlöslichen Minerale sowie die Zersetzungsprodukte *aus*. Diese Vorgänge bewirken, daß sich an der äußeren Kruste des sonst gesunden Gesteins überall eine mehr oder minder verwitterte Schicht bildet, ähnlich etwa der Rostschicht auf Eisen. Diese Deckschicht kann als Endprodukt des Verwitterungsprozesses angesehen werden. Die Mächtigkeit dieser Verwitterungsrinde hängt von den klimatischen Verhältnissen (Anwachsen mit zunehmenden Temperaturen) und von den geologischen Faktoren ab, die an der Oberfläche der Erdkruste wirken.

*In wasserlöslichen Gesteinen* (Kalkstein, Dolomit) können an den Klüften entlang regelrechte Wasserbahnen zustande kommen, die sich zu Rinnsalen vereinigen und zur Ausbildung von Höhlen führen können (s. Abschnitt Hydrologische Erkundung). In diesen Hohlräumen trifft man häufig Ablagerungen aus rötlichem Ton und mitgeführten Kalksteinbrocken an. Der Dolomit löst sich in Wasser weit schwerer als der Calcit, es kommt also vor, daß in einer gemischten Bergart nur die Dolomitkristalle gebunden bleiben, die unter der Auswirkung von Sprengungen zu einem Haufen scharfkantigen Sandes zusammensinken, der keinerlei Kohäsion aufweist.

Die Verwitterung *plastischer und metamorpher Gesteine* richtet sich ganz nach der Zusammensetzung ihrer Komponenten und ihrer mineralischen Bestandteile. Im gegebenen Fall zersetzt sich nur das Bindemittel oder auch das eine oder andere Mineral, aus dem die Gesteine bestehen. Bei der Verwitterung von feldspathaltigen Komponenten kann Ton entstehen, während sich Quarzit nicht zersetzt und Marmor sich nur auflösen kann. *Die im Zustand der Zersetzung befindlichen metamorphen Gesteinsarten bilden die Gruppe der zum Quellen neigenden Gesteine* (vgl. Kap. 3.1.3).

Auch aus *Eruptivgesteinen* kann — wieder infolge der chemischen Zersetzung des Feldspates — Ton entstehen, wozu es allerdings einer intensiven Berührung mit Wasser bedarf. Tonadern finden sich in diesen Gesteinen vornehmlich in den Klüften selbst; in Granit kommen solche Umwandlungen in erster Linie durch hydrothermale Zersetzung zustande. Eine besondere Form des Verwitterungsprozesses am Diabas stellt die Bildung von *Serpentin* dar, worunter man die Umwandlung von Olivin zu Serpentin in Begleitung einer quellungsbedingten Zersetzung versteht.

Die *ersten Anzeichen der Verwitterung* lassen sich an der „Fäule" und an der stellenweise auftretenden Verunreinigung der Gesteinsoberfläche sowie am dumpfen Klang von Schlägen auf das Gestein erkennen. Unter Druck zerfällt das Gestein leicht, ohne daß es zuvor eine merkliche Zusammendrückung erlitten hätte. Ihr Vorkommen fällt in der Regel mit den mechanischen Fehlstellen, d. h. mit

Zerklüftungen und Verwerfungen zusammen, doch finden sie sich auch in den oberflächennahen Schichten der Erdkruste, d. h. in der nächsten Umgebung der Mundlöcher. Die Mächtigkeit der Verwitterungsrinde unmittelbar unter der Geländeoberfläche kann zwischen wenigen Zentimetern und 20 bis 50 m schwanken. Sie im voraus abzuschätzen, ist unmöglich, so vielfältig sind die Faktoren, von denen sie abhängt.

Wo und in welchem Umfang sich die *hydrothermale Verwitterung* auswirkt, läßt sich am wenigsten im voraus abschätzen. So kommt es nicht selten vor, daß ein in Mundlochnähe noch durchaus gesundes festes Gestein weiter innen im Gebirge Zeichen hydrothermaler Verwitterung trägt (z. B. Granit).

Die Verwitterung bestimmt weitgehend die Art und Größe des Gebirgsdruckes und dementsprechend auch die anzuwendende Bauweise.

Durch Verwitterung verlieren nämlich die Gesteine allmählich ihre inneren kristallinen, atomaren Verbände; zu Lockergesteinen umgewandelt, besitzen sie eine nur durch Wassergehalt und Reibung bedingte innere Scherfestigkeit. Diese grundsätzliche qualitative und quantitative Veränderung setzt ihre Festigkeit fortschreitend herab, welcher Vorgang im gleichen Maße die Erhöhung des Gebirgsdruckes bewirkt.

#### 2.1.3.3. Spannungszustände, Festigkeits- und Verformungseigenschaften der Gesteine

Der Spannungszustand von Gesteinen weicht von dem in Böden oder jüngeren Sedimenten grundlegend ab. Während in Böden die senkrechten Spannungen die größeren sind und mit dem Gewicht der auflastenden Erdschichten in unmittelbaren Zusammenhang gebracht werden können, die Seitendrücke hingegen niedrigere, durch die Poissonsche Zahl bestimmte Werte aufweisen, stellt in Gesteinen der hydrostatische Spannungszustand den ursprünglichen dar. An seinem Zustandekommen mochten jeweils die Tätigkeit des Wassers und tektonische Vorgänge gleicherweise beteiligt gewesen sein. Darüber hinaus sind die Oberflächenform und noch viel mehr die Verwerfungsstellen von Einfluß auf den Spannungszustand. (In den Dislokationszonen sind die Spannungen unterhalb der seitlichen Stütz-, (Gleit-)flächen viel größer als unter dem Scheitel.) Die außergewöhnlich wechselnde Richtung von Gesteinszerklüftungen läßt deutlich erkennen, daß die Faltungsdrücke in ein und demselben Gebirgsblock in den verschiedensten Richtungen gewirkt haben. Für schräg gerichtete Spannungen ist vor allem eine derartige Schichtung verantwortlich.

Die ständig anhaltenden Gebirgsbewegungen aber sind deutliche Hinweise dafür, daß die Natur die vorhandenen Unregelmäßigkeiten allmählich korrigiert und nach Herstellung eines idealen Gleichgewichts strebt, in dem die Schubspannungen auf Null absinken. Von diesem Gesichtspunkt aus betrachtet, kann die Theorie von Heim (vgl. Kap. 3.2.3), nach der im Gebirge ein dem Gewicht der Deckschichten entsprechender hydrostatischer Druck herrscht, zumindest hinsichtlich der sehr tief gelegenen Gesteine den tatsächlichen Verhältnissen nahe kommen, jedoch bedarf es zu seinem Wirksamwerden unbedingt auch der Ergänzung des reinen Druckes durch die Wirkungen der Wärme. Bei den im Tunnelbau vorkommenden Teufen kann dieser Druckzustand noch nicht vorhanden sein, folglich wird man auch mit Schubspannungen rechnen müssen. Spannungsmessungen an verschiedenen Stellen haben bewiesen, daß die größten Spannungen nicht lotrecht gerichtet sind und daß sie auch nicht immer mit der Mächtigkeit der Deckschicht zusammenhängen. Sie weisen eher auf *orogenetische Drücke* (*Urspannungen*) hin und hängen daher von den lokalen Krustenbewegungen und von Thermaleffekten ab. Diese tektonischen Residualspannungen dürfen als aufgespeicherte (erstarrte) Energien in der nach den Krustenbewegungen in Ruhezustand geratenen Gesteinsmasse betrachtet werden, die erst durch den Hohlraumausbruch ausgelöst werden.

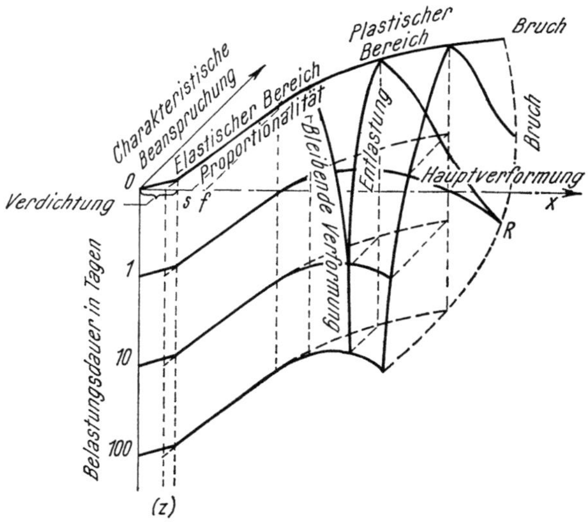


Abb. 24. Typisches Verformungsbild eines Gesteins in Abhängigkeit von der Zeit

Die *Verformung des Gesteins* kann im allgemeinen nicht aus der Sicht jener Vereinfachungen betrachtet werden, die für die Verformung von Metallen angewendet zu werden pflegen. Vor allem läßt sich die Gebirgsverformung nicht durch einen einzigen Faktor bestimmen, denn zum einen handelt es sich beim Gestein um *anisotrope Körper*, zum anderen hängt die Verformung bei ihm von der Größe und Dauer der Krafteinwirkung ab. Die *Heterogenität* des Gesteins aber hat eine ungleichmäßige Verteilung nicht nur seiner Festigkeit, sondern auch der Spannungen zur Folge. Das typische Belastungs-Verformungs-Zeit-Diagramm des Gesteins veranschaulicht Abb. 24. Aus diesem geht zunächst hervor, daß die Bildsamkeit bei der Verformung eine große Rolle spielt und daß ferner der elastischen eine sogenannte *Verdichtungsphase* vorangeht, in der die der Porositätsverminderung entgegenwirkenden winzigen inneren Teilchen und Bindungen zusammenbrechen bzw. das Herauspressen des Wassers aus den Poren einsetzt (vgl. Abb. 25). Auch in der Phase der elastischen Verformung ist der Vorgang nicht ganz reversibel, d. h. bei Entlastung stellt sich der anfängliche Deformationszustand nicht wieder ein. (Theoretisch könnte von einer so vollkommenen Elastizität auch sonst nur dann die Rede sein, wenn die Belastung mit der Geschwindigkeit Null erhöht würde, weil sich sonst die gelegentlich der Verformung den Molekülen mitgeteilte kinetische Energie teilweise in Wärme umwandelt.)

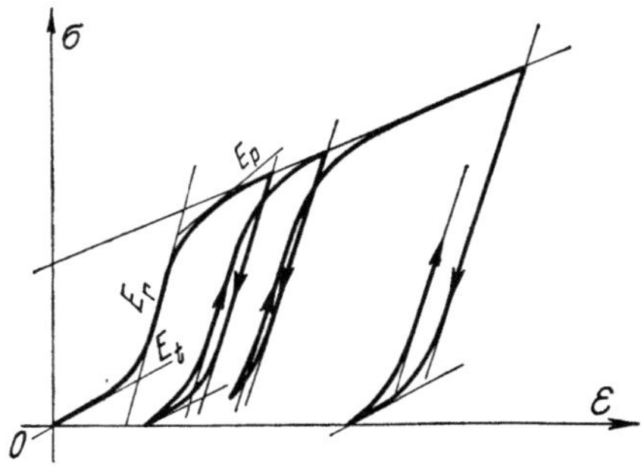


Abb. 25. Typische Gesteins-Verformungslinien bei wiederholter Belastung

Die nicht bildsame Verformung geht mit einer Umwandlung des Gesteinsgefüges, und zwar entweder in Gestalt einer inneren Umformung, Durchknetung oder eines Bruches einher, die sowohl die Form als auch den Rauminhalt endgültig beeinflußt. Auch dieser Vorgang kann umkehrbar oder irreversibel sein. Weiterhin lassen sich bei den irreversiblen, d. h. bleibenden Verformungen *plötzliche* (etwa in 1 Stunde vor sich gehende) und *langsame* Deformationen unterscheiden. Die Zeit, während der sich die Verformung von Gesteinsschichten abspielt, kann Monate, ja selbst Jahre beanspruchen. Schließlich können die Verformungen, wie bereits erwähnt, entweder in Begleitung von Volumänderungen oder — seltener — auch bloß mit Änderung der äußeren Form einhergehen. Die elastischen Vorformungen sind von Volumänderungen begleitet, während bildsame Deformationen (das Abgleiten der Kristallgitterebenen, der Bruchflächen aneinander) im allgemeinen bei unverändertem Rauminhalt zustande kommen. Wie Abb. 24 erkennen läßt, kommt der elastischen Phase im Belastungs-Verformungs-Diagramm keine besondere Bedeutung zu, vielmehr ist jede Phase von gleicher Wichtigkeit. Wie die Kennlinien der wiederholten Belastung (Abb. 25) zeigen, bleiben alle drei Phasen auch weiterhin bestehen, ja selbst die Krümmung der elastischen Phase ist die gleiche. Es zeigt sich aber auch, daß jeder Phase ein eigener Verformungskoeffizient (Elastizitätsmodul) zugeordnet ist, ja daß dessen Wert innerhalb der Verdichtungs- und der elastischen Phase auch von der Belastung abhängig ist. Eine Änderung je nach der Art der auftretenden Verformung erleidet ferner der für die Querverkürzung kennzeichnende Poissonsche Beiwert ($\mu$). Innerhalb der elastischen Phase beispielsweise liegt sein Wert normalerweise niedrig (für dichte und Festgesteine = 0,15). Mäßig bleibt er auch in der Verdichtungsphase, um bei Beanspruchungen unmittelbar vor dem Bruch auf über 0,30 anzusteigen und bei bleibenden Verformungen den Wert $\mu = 0{,}5$ zu erreichen.

Dem Bereich der elastischen folgt derjenige der *bleibenden Verformungen.* Diese äußern sich je nach der Beschaffenheit der Gebirgsart entweder in einem Bruch oder in bildsamen Verformungen, wobei diese — wieder je nach der Natur der Gebirgsart — in kürzerer oder längerer Zeit zustande kommen.

Die *bleibende Verformung* ist eine Eigenschaft des Gesteins ähnlich dem Kriechen des Betons. Sie spielt — wie dies weiter unten noch gezeigt werden soll — beispielsweise beim Zustandekommen der echten Gebirgsdrücke eine wichtige Rolle (vgl. Kap. 3.1.2).

Die Verformungen lassen sich sowohl an Gesteinsproben als auch in aufgefahrenen Hohlräumen in situ genau messen. Spannungen wird man jedoch aus ihnen rechnerisch nur dann ermitteln können, wenn ihr Elastizitätsmodul $E$ bekannt ist. Der tunlichst genauen Ermittlung des Elastizitätsmoduls kommt mithin bei Bestimmung der auf Hohlgänge wirkenden Kräfte und bei Bemessung der Verkleidungswandung grundlegende Bedeutung zu.

In jüngster Zeit war dieses Gebiet Gegenstand ausgedehnter Forschungen besonders in Frankreich, wo man die $E$-Werte aus Probebelastungen, die man mittels Pressen an Ort und Stelle durchführte, sowie aus den gemessenen Verformungen anhand der Grundgleichungen der Elastizitätslehre ermittelte (Habib) [7].

Auf Grund dieser Versuchsmeßreihen unterscheiden Delarue und Mariotti [8] folgende drei Hauptgruppen von Gebirgsarten:

a) *Feste Gesteine und solche dichten Gefüges*, die sich in erster Annäherung wie elastische Stoffe verhalten.

b) *Aufgeklüftete, massige Gesteine*, die unter der ersten Belastungsserie eine erhebliche Zusammendrückung erleiden, nach mehrfacher Wiederholung der Belastung jedoch ein elastisches Verhalten zeigen. Ihr $E$-Wert liegt in diesem letzteren Zustand wesentlich höher als unter der ersten Belastung.

c) *Weiche Gesteine*, deren inneres Gefüge über einen gewissen Belastungs-Schwellenwert hinaus zusammenbricht, und die außerdem unter jeder weiteren Belastung zunehmende bleibende Verformungen erleiden.

Abb. 26 veranschaulicht die Belastungs-Verformungs-Kennlinien für jede der hier erwähnten drei Gebirgsarten.

Wie aus den Kennlinien hervorgeht, sind die festen und dichten Gesteinsarten (Quarzite, Quarz, Quarz-Sandsteine und dichte Schieferarten) dadurch gekenn-

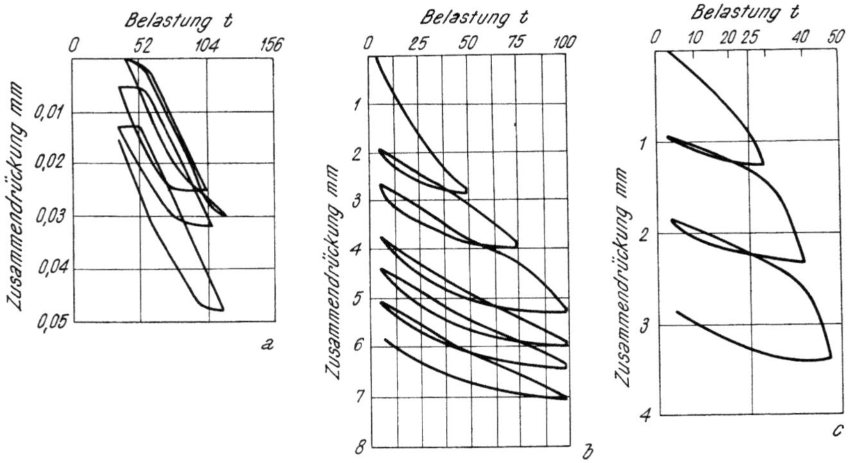


Abb. 26. Typische Last-Zusammendrückungskurven verschiedener Gesteinsarten bei wiederholter Belastung

zeichnet, daß sich der Charakter der Verformungskurve unter der Einwirkung wiederholter Belastungen kaum verändert (d. h. als linear zu betrachten ist, so daß $E$ konstant bleibt; Abb. 26a). Zugleich konnte beobachtet werden, daß $E$ unter Belastungen senkrecht auf die Schichtung größere Werte annimmt als bei Krafteinwirkungen parallel zur Schichtung.

Bei den zerklüfteten Gesteinsarten zeigt die Kurve jedenfalls einen Abschnitt beträchtlicher Verdichtung, der in der Aufeinanderfolge der nach oben konkaven Belastungsschlingen zum Ausdruck kommt. Dies weist eher auf ein Zusammenschließen der Klüfte als auf eine Verdichtung des Gesteins hin. In dem hierauf folgenden Abschnitt weichen die Sekanten, die sich in die Hysteresisschleifen der Belastungswiederholungen einzeichnen lassen, voneinander ab kaum, und die Kurven können als annähernd linear bezeichnet werden (Abb. 26b). Die wiederholten Versuche haben ferner nachgewiesen, daß sich im Gestein bei Entlastung keine Auflockerung in den ursprünglichen Zustand vollzieht, daß vielmehr der Elastizitätsmodul seinen durch das Zusammenschließen der Klüfte bedingten höheren Wert in gewissem Umfang beibehält.

Die Verformungen der weichen Gesteinsarten bleiben irreversibel bestehen, gleich ob sie durch zunehmende Verdichtung oder in Gestalt von Brüchen zustande gekommen sind. Die Kurven zeigen daher einen nach unten konkaven Verlauf (Abb. 26c).

Entsprechend empfehlen Delarue und Mariotti, den Berechnungen einen einzigen Elastizitätsmodulwert zugrunde zu legen, sofern sie sich auf festen Fels oder auf eine zerklüftete Gesteinsart beziehen, in der man die Möglichkeit eines seitlichen Ausweichens durch geeignete Injektion eliminieren kann. Soll demgegenüber die Berechnung für eine weiche Gesteinsart durchgeführt werden, in der bis zu einer gewissen Belastungsstufe nur geringe, danach jedoch stark anwachsende Verformungen zu erwarten sind, wird man den Elastizitätsmodul je nach der Belastungsgröße jeweils mit dem der durchschnittlichen Tangentenneigung dieser beiden Abschnitte entsprechenden unterschiedlichen Wert in die Rechnung aufzunehmen haben.

Wird der Elastizitätsmodul durch eine Probebelastung an Ort und Stelle ermittelt, ist zu bedenken, daß die erste Belastung keineswegs die für das gesunde Gestein kennzeichnenden Werte liefern wird, weil der Oberflächenbereich des Gesteins durch den Ausbruch des Hohlraumes als Folge der Spannungsumlagerung Risse und Lockerungen und damit größere Verformungen erleiden wird. Zweckmäßig wird man mit dem Mittel aus den Meßwerten der ersten und der letzten Belastungsserie rechnen.

Nach weiteren Feststellungen erhöht die Ausfüllung der Klüfte durch Injektionen auch den $E$-Wert beträchtlich (Bernard [9]). Stets wird sich ferner ein größerer $E$-Wert normal auf die Schichtung als parallel zu ihr ergeben.

Experimentell läßt sich $E$ beispielsweise durch Pressendruckbelastung in Richtung des Durchmessers ermitteln. Zu diesem Zweck wird eine kreisförmige Belastungsplatte in den Fels gepreßt und gemessen, um welches Maß ($\delta$) sie eindringt. Nach Boussinesq wird dann

$$\delta = \frac{4P}{\pi D} \frac{1-\mu^2}{E} \text{ und hieraus } E = \frac{4P}{\pi D \delta}(1-\mu^2), \tag{5}$$

wenn $P$ die Resultierende der auf die Kreisscheibe mit dem Durchmesser $D$ wirkenden und auf dieser gleichmäßig verteilten Belastung, $\mu$ hingegen die Poissonsche Zahl bezeichnet.

Nimmt man hingegen in einer kreisquerschnittigen Tunnelröhre einen gleichmäßig verteilten Wasser- oder Luftdruck der Intensität $p$ an, und mißt man wieder die Verlängerung ($\delta$) des Durchmessers, dann wird

$$E = \frac{pD}{\delta}(1+\mu). \tag{6}$$

(Dieses letztere Verfahren gestattet es auch, aus dem bekannten $E$ den Gebirgsdruck $p$ zu bestimmen.)

Der durch den Pressendruck ermittelte Wert liegt stets höher als jener, der sich aus der am Umfang gleichmäßig verteilten Belastung ergibt. Die beste Übereinstimmung zeigen noch die in dichten Felsarten ermittelten Werte.

Die Zerstörung (der Bruch) der Gesteine läßt sich in folgende, nach ihrer Häufigkeit geordnete drei Hauptgruppen unterteilen:

*a*) Infolge *mechanischen Abgleitens* kommt es zur Umgestaltung und Verschiebung, wenn die an vorhandenen Spaltflächen auftretenden Spannungen größer als die passiven Reibungskräfte sind.

*b*) Die *Sprödbrüche* umfassen die durch das Versagen der intramolekularen Krafteinwirkungen (durch die Dekohäsion) ausgelösten Gesteinszerstörungen. Bei Brüchen dieser Art ist die bleibende Verformung praktisch gleich Null.

*c*) Die *bildsame Zerstörung* schließt alle ohne Rauminhaltsänderung und sämtliche ohne Aufhebung der intramolekularen Verbindungen vor sich gehenden Zerstörungsarten (Fließen, bildsame Rutschungen usw.) in sich ein. Sie alle spielen sich theoretisch in Begleitung unendlich großer Verformungen ab.

Bedingt durch die Heterogenität der Gebirgsarten, treten praktisch alle drei Arten der Zerstörung gemeinsam auf.

Bei *Sprödbrüchen* kommt es zu keinen nennenswert bleibenden Verformungen, sofern sie durch *plötzliche Beanspruchung* ausgelöst werden. Bei dieser kann die Festigkeit bis zu 40% unter derjenigen bei Dauerbelastung liegen, weil bei Dauerbeanspruchung infolge der bildsamen Verformung auch die langsame Trennung der inneren Bestandteile zur Wirkung kommt. Den Bruch vermögen letzten Endes folgende drei Faktoren zu bestimmen:

1. die größte Spannung (einachsige Normalbeanspruchung),
2. die Differenz zwischen größter und kleinster Hauptspannung (zusammengesetzte Beanspruchung),
3. die der Verformung in gewissem Grade anhaftende potentielle Energie.

Der Fall 1 kann bei Gesteinen nur ganz ausnahmsweise — eventuell bei Probekörpern — auftreten.

Auch der Fall 2 kommt nur bei den *isotropen Gesteinen* vor. Er kann durch die Caquotsche Umhüllende der Mohrschen Kreise (für die kleinste und größte Hauptspannung) gekennzeichnet werden (Abb. 27). Der Verlauf dieser Kurven richtet

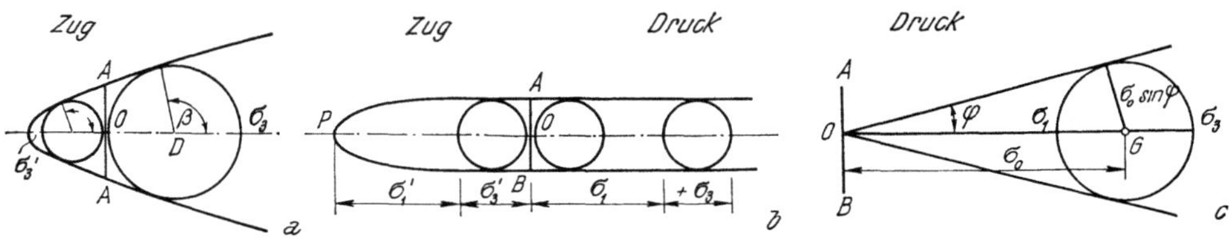


Abb. 27. CAQUOTS Umhüllende für verschiedene Arten des Bruches

sich nach der Sprödigkeit der Stoffe. Beim Beton beispielsweise beträgt die reine Zugfestigkeit $\sigma_3'$ bloß ein Zehntel der reinen Druckfestigkeit ($\sigma_3$), was zur Folge hat, daß die Elementarfläche $\overline{AB}$ sehr nahe an den Scheitelpunkt der Kurve zu liegen kommt und daß der beim Zug von den beiden Gleitflächen eingeschlossene Winkel dem Wert von 180° nahe kommt. Demgegenüber haben $\sigma_3$ und $\sigma_3'$ bei Metallen annähernd gleiche Werte, wobei der maximale Unterschied zwischen den Hauptspannungen den der einseitigen Druckfestigkeit entsprechenden konstanten Wert nicht übersteigt. Bild *a*) stellt den Fall des Sprödbruches, Bild *b*) den des bildsamen Bruches und Bild *c*) schließlich den Fall der bekannten, für Lockermassen kennzeichnenden mechanischen Kornverschiebung dar.

Der dritte Fall läßt sich mit der MISESschen charakteristischen Bruchfläche kennzeichnen. (Werden in ein Koordinatensystem die drei Hauptspannungen und deren Resultierende aufgetragen, wird deren Umhüllende die charakteristische Fläche darstellen. Eine zweckmäßige Darstellung erhält man durch Projektion auf eine Ebene, die man durch drei auf die Koordinatenachsen in gleichen Abständen abgetragene Punkte legt.)

Selbstverständlich beziehen sich diese Fälle ausnahmslos auf homogene Gesteinsarten, die aber in der Natur sehr selten vorkommen. Doch selbst wenn es sich um homogene Gesteine handelte, wären sie keineswegs isotrop. Den Vorgang des Bruches wird man sich also am besten auf Grund des dritten, die tatsächlichen Verhältnisse am besten annähernden Falles, d. h. auf Grund der im rissigen Block zustande kommenden Bruchfläche vorstellen können. Da die Gesteine als Anhäufungen kristalliner Körner mit Feingefüge aufgefaßt werden können, die durch die Oberflächenspannung zusammengehalten werden, wird ein einachsiger Druck (bei

Tabelle 3. *Wichtigste physikalische und*

| Gestein | Raumgewicht (t/m³) | Wassergehalt (% vom Gewicht) | Bruchfestigkeit in trockenem Zustand (kg/cm²) | Zugfestigkeit (kg/cm²) | Biegefestigkeit (kg/cm²) | Scherfestigkeit (kg/cm²) |
|---|---|---|---|---|---|---|
| *Tiefengesteine* | | | | | | |
| Granit, Granodiorit | 2,50—2,75 | 0,1—2 | 1200—2800 | 40—70 | 100—200 | 50—80 |
| Gabbro | 2,92—3,05 | 2—5 | 1500—2000 | 50—80 | 100—220 | 40—85 |
| *Ergußgesteine* | | | | | | |
| Riolit | 2,45—2,60 | 0,4—4 | 800—1600 | 50—90 | 100—220 | 40—110 |
| Phonolit | 2,54—2,66 | 0,5—1,2 | 1500—3400 | 60—110 | 110—230 | 40—120 |
| Dazit | 2,50—2,75 | 0,5—5 | 800—1600 | 30—80 | 90—200 | 30—100 |
| Andesit | 2,30—2,75 | 0,2—8 | 400—3200 | 50—110 | 130—250 | 50—120 |
| Basalt | 2,75—3,00 | 0,2—1,5 | 800—4200 | 60—120 | 140—260 | 50—130 |
| Diabas | 2,90—3,10 | 0,3—0,7 | 1200—2500 | 60—130 | 120—260 | 60—100 |
| Vulkanischer Tuff | 1,30—2,20 | 8—35 | 50—600 | 5—45 | 30—80 | 10—40 |
| *Sedimentgesteine* | | | | | | |
| Sandstein | 2,10—2,50 | 1—8 | 100—1200 | 15—60 | 40—160 | 20—60 |
| Grobkörniger Kalkstein | 2,60—2,85 | 0,1—0,8 | 500—2000 | 40—70 | 50—150 | 30—70 |
| Grobkörniger Kalkstein | 1,55—2,30 | 2—16 | 40—600 | 10—35 | 25—70 | 15—35 |
| Trawertin (Süßwasser-Kalkstein) | 1,55—2,50 | 1,5—6 | 400—2000 | 15—50 | 30—90 | 20—50 |
| Dolomit | 2,20—2,70 | 0,2—4 | 150—1200 | 25—60 | 40—160 | 25—70 |
| Ton-Schiefer | 2,45—2,72 | 0,2—0,4 | — | — | 200—300 | — |
| *Metamorph-Gesteine* | | | | | | |
| Marmor | 2,65—2,75 | 0,1—0,5 | 500—1800 | 50—80 | 80—120 | 35—80 |
| Gneis | 2,60—2,78 | 1—5 | 800—2500 | 40—70 | 80—200 | 30—70 |

gleichzeitiger Querdehnung) entweder die Körner zerdrücken — sofern nämlich die Oberflächenspannung größer ist als der innere Zusammenhalt der Körner —, oder er wird sie in Gruppen aneinander verschieben, wenn die Oberflächenspannung überwunden werden kann. Verhindert man dagegen die Querdehnung, kann die Oberflächenspannung nicht wirksam werden, so daß die Spannungen vom Körnerfeingefüge allein übernommen werden müssen. Ist dieses den erhöhten Beanspruchungen nicht mehr gewachsen, kommt es zum Gleiten der Kristalle an ihren Oberflächen entlang, d. h. das Gestein wird bildsam. Im bildsamen Zustand ändert sich die Gestalt, nicht aber das Volumen des Stoffes. Die Energie wird in Form von Schubspannungen weitergeleitet, wobei sich die Verformungsarbeit in der Änderung der äußeren Gestalt verzehrt (vgl. Kap. 3.1.2; echter Gebirgsdruck!).

Die hier folgende Tabelle enthält einige wichtige Angaben [10] über einzelne physikalische sowie über Gesteinsfestigkeits- und Verformungskennwerte der wichtigeren Gesteinsarten (Tab. 3).

*Festigkeitseigenschaften einiger Gesteinsarten*

| Stoß-widerstand (kgcm/cm²) | Ver-schleiß-festigkeit (cm³/cm²) | Elastizitäts-modul $E \cdot 1000$ (kg/cm²) | Poisson's Zahl ($m = 1/\mu$) | Wärme-leitfähig-keit (kcal/h °C) | Spezifischer elektrischer Wider-stand (ohm × cm) | Frostbeständigkeit |
|---|---|---|---|---|---|---|
| | | | | | | |
| 110—160 | 5—7 | 300—700 | 5—8 | 2,7—3,5 | $10^4$—$10^6$ | Sehr beständig |
| 110—240 | 7—8 | 600—1000 | 5—8 | 2,7—4,1 | $10^5$—$10^6$ | Beständig |
| | | | | | | |
| 120—150 | 5—10 | 100—200 | 5—10 | 1,8—3,0 | $10^4$—$10^5$ | Beständig |
| 140—300 | 4—7 | 100—250 | 5—9 | 1,2—2,5 | $10^4$—$10^5$ | Beständig |
| 120—160 | 5—10 | 80—180 | 5—11 | 1,2—2,4 | $10^4$—$10^5$ | Beständig |
| 130—190 | 4—10 | 120—350 | 5—9 | 1,1—2,5 | $10^5$—$10^6$ | Im allgemeinen beständig |
| 150—290 | 3—8 | 200—1000 | 5—7 | 1,1—2,5 | $10^4$—$10^6$ | Sehr beständig |
| 140—290 | 4—8 | 300—900 | 5—8 | 1,0—2,8 | $10^5$—$10^6$ | Beständig |
| — | — | — | 5—10 | 0,5—1,0 | $10^3$—$10^6$ | Wechselnd |
| | | | | | | |
| 30—120 | 8—14 | 150—170 | 8—15 | 1,1—1,6 | $10^7$—$10^8$ | Im allgemeinen beständig |
| 70—120 | 15—40 | 500—800 | 5—10 | 1,5—2,8 | $10^7$—$10^8$ | Beständig |
| — | — | — | 8— | 0,5—1,0 | $10^5$—$10^6$ | Wechselnd |
| — | — | — | 8—15 | 0,7—1,9 | $10^3$—$10^5$ | Beständig |
| 60—110 | 20—35 | 200—300 | 5—12 | 1,3—2,7 | $10^6$—$10^7$ | Im allgemeinen beständig |
| — | — | — | — | 0,6—1,1 | — | Beständig |
| | | | | | | |
| 80—130 | 10—37 | 600—900 | 5—9 | 1,8—3,0 | $10^8$ | Wechselnd |
| — | 5—10 | 250—600 | 5—11 | 1,7—3,5 | $10^4$—$10^6$ | Beständig |

Diese Angaben sind natürlich nur als grobe Näherungswerte zu betrachten. Allgemein gesehen nimmt der Elastizitätsmodul mit zunehmendem Porenraumgehalt und wachsender Korngröße ab. (Die angegebenen Zahlen beziehen sich lediglich auf den elastischen Teil der Verformung.) Auch die Feuchtigkeit wirkt sich je nach der Gesteinsart unterschiedlich stark aus (bei Ton und Tonschiefer weit stärker als z. B. bei Sandstein). Nach STINI setzt der Glimmer- und Tongehalt der Feldspate den Elastizitätsmodul herab, während ihn kohlensaure Mineralien und Kalkgehalt erhöhen. Selbstverständlich steigt mit zunehmendem Wassergehalt auch die Durchbiegung wesentlich an. Nach STÖCKE kann die Erhöhung bei Tonschiefer das 3,5—16fache, bei Sandschiefer das 1,5—5fache erreichen.

#### 2.1.3.4. Erkundung der Wasserverhältnisse

Die Erkundung der Wasserverhältnisse wird man stets mit der geologisch-geographischen Erschließung des Baugeländes verbinden. An Wichtigkeit steht sie dieser in keiner Weise nach, weil man sich ohne eingehende Kenntnis der hydrologischen Umstände keine Klarheit über die Faktoren verschaffen kann, die entscheidend sowohl die am Hohlgang tätigen Drücke und Lasten als auch die Durchführbarkeit des Bauprojekts und seine Ausführungsart, ferner die zu erwartenden chemischen Einflüsse bestimmen.

Die Auswirkung des Wassers auf die Tunnelbauten manifestiert sich in drei Beziehungen:

*a) Hydrostatische* und *Strömungs-Druckwirkung,*
*b) auflösende* und *gesteinsumwandelnde* Wirkung,
*c) aggressive Wirkung,* die für das Verkleidungsmauerwerk schädlich ist.

Es läßt sich im allgemeinen feststellen, daß fließendes Wasser immer schädlicher als gestautes, ruhendes Wasser wirkt.

Welche Mengen und welche Arten von Wässern in einem Tunnel auftreten, hängt zunächst von der Art und Verteilung der Wasserwege im Gebirge, aber auch von der Länge und von der Tiefenlage der Hohlgänge unter der Geländeoberfläche, von den Niederschlagsverhältnissen und den örtlichen geologischen Gegebenheiten ab.

Für die Beurteilung von Grundwasserfragen ist die Kenntnis der Grundwasserspeichersteine in den geologischen Formationen unerläßlich. Darüber hinaus müssen wegen ihres entscheidenden Einflusses die Lagerungsform der Speichergesteine, die Art der Ausbildung (Fazies) und der geologische Aufbau des betreffenden Gebietes unbedingt berücksichtigt werden. So kann z. B. ein sonst guter Grundwasserleiter in einer *sattelförmigen* Aufwölbung kein oder nur sehr wenig Wasser führen, bei *mulden*förmiger Lagerung jedoch sehr große Wassermengen speichern. Auch der unterschiedlich hohe Verwitterungsgrad der Gesteine in den einzelnen Gebieten ist mitbestimmend für die Wasserführung. Außer von der natürlichen Struktur (Porosität) der Gesteine hängt ihre Wasserführung auch von ihrer tektonischen Vergangenheit ab. In Störungszonen ist immer ein größerer Wasserandrang zu erwarten. Längsstörungen bringen in der Regel mehr Wasser als Querstörungen — ebenso wie in breiten Störungs- und Zerrüttungszonen ist der Wasserzudrang an den Seiten gewöhnlich größer als in der Mitte. Darüber hinaus weichen sich die zermürbten Gesteinsteilchen in diesem Bereich allmählich auf und werden in eine mehr oder weniger schlammartige Konsistenz überführt. Folglich können an diesen Stollen auch katastrophale Wasser- und Schlammeinbrüche vorkommen.

In Eruptivgesteinen und in den Gesteinen des *Archaikums* ist die Wasserführung praktisch auf die Klüfte, Schicht- und Absonderungsfugen beschränkt. Daher ist die Wasserführung in festem, zerklüftetem Gebirge von der Zahl und Weite der Klüfte, von der Größe der Niederschläge und des Einzugsgebietes und des Ausbisses der durchlässigen Schichten abhängig. Häufiger Schichtwechsel hat viele Quellhorizonte zur Folge.

Gesteine des *Jura* und der *Kreide* sind in der Regel wasserarm, die des *Tertiärs* dagegen sehr wasserreich. *Tertiär*basalte als Hartgesteine dürfen z. B. auch wegen der durch die Abkühlung entstandenen Schrumpfrisse und Schrumpfspalte sehr porös sein, ebenso Lockergesteine, wenn sie auf undurchlässigen Tonschichten aufliegen. Dagegen können bauxitische Verwitterungsrinden oder auch Lößlehm das Einsickern von Niederschlägen stark herabsetzen.

Vom *Pleistozän* stammende Schmelzwasser-(Fluvioglaziale)Ablagerungen ebenso wie die Fluß-(Fluviatile)Ablagerungen sind die besten Grundwasserleiter.

Die Grundwasserführung der Alluvionen (*Holozän*) ist recht unterschiedlich und hängt vom geologischen Aufbau des Einzugsgebietes und der petrographischen Beschaffenheit der Gesteine ab.

Von *flächenhaften* Wasserbahnen spricht man beim Auftreten von Sickerwasser in Spalten oder Klüften, dort also, wo die eine Abmessung des wasserführenden Querschnitts im Vergleich zur anderen vernachlässigbar klein ist. Weiterhin unterscheidet man *röhrenförmige* Wasserwege, deren Durchmesser zwischen mehreren Metern und dem von Haarröhrchen schwanken kann. Sie können als *linienhafte* Wasserbahnen bezeichnet werden.

Außerdem finden sich lokale *Wasseransammlungen*, die einen gewissen Raum (Linsen, Wassersäcke, Zerrüttungsstreifen, Karstbecken, Nester u. dgl.) ausfüllen, und schließlich gehört hierher auch das *Grund- oder Schichtwasser*, das die Lücken und Poren zwischen den Körnern der Lockergesteine völlig ausfüllt.

Feste Gesteinsarten, die wegen ihres dichten Gefüges als wasserundurchlässig angesehen werden können, sind in der Regel stark zerklüftet und von Spalten durchzogen, in denen sich das Wasser also auf *flächenhaften* Bahnen bewegt. In eruptiven Gebirgsarten geht diese Bewegung in sehr engen (Abb. 28), stark ausgebreiteten, in zahllose Zweige aufgeteilten Spalten vor sich, während sich das Wasser in Sedimentgesteinen zwar gleichfalls auf zahllose Klüfte, Spalten verteilt, aber das Bestreben hat, das Gestein auszuhöhlen und sich in den so entstehenden Hohlräumen anzusammeln. Sind die Spalten groß genug und untereinander zu einem dichten Netz — ja sogar zu einem unterirdischen Speicherbecken (Mulde) — verbunden, auch genügend mit Wasser gefüllt, bewegt sich das Wasser in ihnen *unter Druck*. Mit Abnahme der Zuflüsse von der Oberfläche her (Ende der Schneeschmelze, trockene, niederschlagsfreie

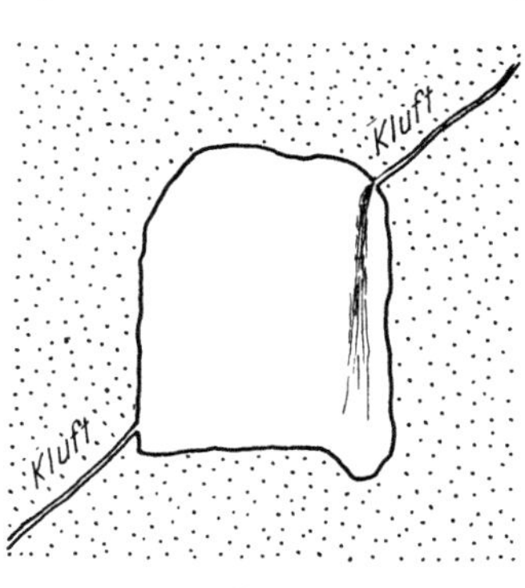

Abb. 28. Schleierartige Wassereinsickerung von einem Kluft aus

Witterungsperioden) fließt das Wasser eventuell nur im Gefälle. Je länger ein Gebirge von Wasser durchflossen wird und je wärmer das Wasser ist, um so stärker vermag dieses das Gestein auch auszulaugen, und um so mehr bilden sich aus den flächenhaften Wasserbahnen röhrenförmige Wasserwege. Der Unterschied läßt sich auch im Gelände erkennen, weil aus Eruptivgesteinen viele, aber schüttungsarme Wasserwege zutage treten, während sich in Gebirgen aus Sedimentgesteinen und aus wasserlöslichen Bergarten wenigere, jedoch weit ergiebigere Quellen finden, die allerdings zeitweilig auch ganz versiegen können.

Als Grundregel der Linienführung gilt: „Wassergefährliche Gebirgsstrecken mit dem Hohlgang umgehen."

Die größte Gefahr droht dem Tunnelbau vom *Grund- oder Schichtwasser* her, d. h. wenn die Röhre Gesteine durchquert, deren Lücken in der vollen oder in großen Teilen der Schichtmächtigkeit von *zusammenhängenden* Wassermassen ausgefüllt sind. Einen Hohlgang unter einer zusammenhängenden grundwasser-

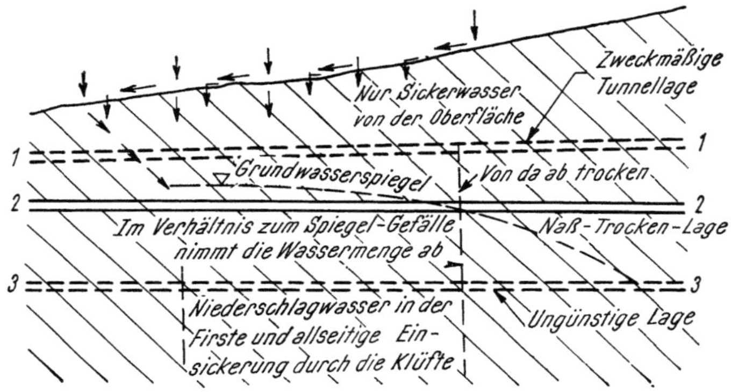


Abb. 29. Mögliche Höhenverlegungen des Tunnels in Hinsicht auf den Grundwasserstand (nach STINI)

führenden Schicht anzulegen, wird man tunlichst vermeiden. Ist man jedoch gezwungen, in grundwasserführenden Schichten zu bauen (etwa Tunnel für eine städtische Untergrundbahn aufzufahren), wird man zu Spezialausführungsverfahren (Schildvortrieb oder Senkkastenabsenkung mit Druckluftentwässerung) greifen müssen. Hat man die Möglichkeit, die Tunnelröhre über den Grundwasserspiegel anzuheben, wird man nur die zeitweilig von der Oberfläche her zusickernden Niederschlagswasser abzuwenden haben (Abb. 29, Röhrenlage 1). Liegt die Tunnelröhre unter dem Grundwasserträger, muß mit regenartigem Tropfen aus dem Hangenden und mit dem Einbruch von Wasser aus den Spalten der Leibung gerechnet werden (Abb. 29, Röhrenlage 2). Im allgemeinen hängt hierbei die Menge des Wasserzutrittes entschieden von der Lage der Röhre relativ zum Grundwasserspiegel ab. Im gleichen Umfang, in dem der Grundwasserspiegel unter die Tunnelsohle sinkt, nimmt auch der Wasserzudrang zum Hohlgang ab. Die ungünstigste ist die Röhrenlage 3.

Abb. 30 a. Karstwasserformation

Als für den Tunnelbau überaus gefährlich müssen die *Karstwässer* besonders erwähnt werden, die in den Karstgebieten entstehen. Die chemische Auflösung und mechanische Erosion durch das einsickernde Niederschlagswasser in Klüften und Schichtfugen lassen verschiedenartig gestaltete, verzweigte unterirdische Gerinne entstehen, die sich zu komplizierten Systemen von Hohlräumen vereinigen und das Karstgebirge in verschiedenen Tiefenlagen (Stockwerken) durchziehen (Abbildung 30a). Die Höhlengerinne verlaufen vielfach entlang von Schwächezonen

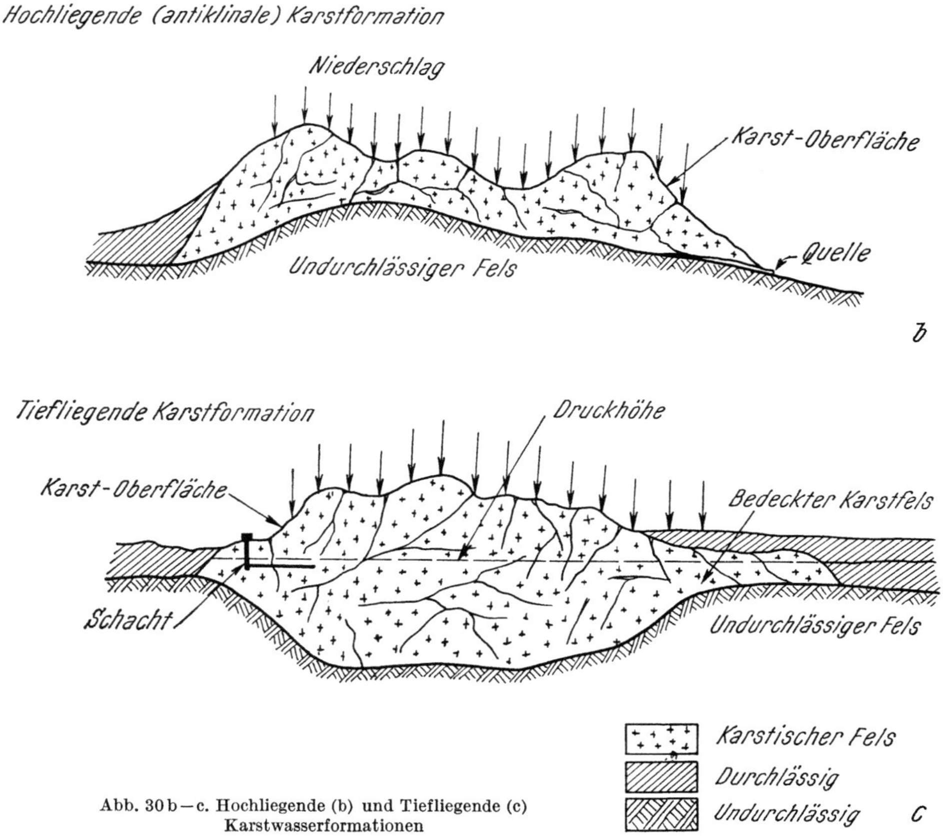


Abb. 30b—c. Hochliegende (b) und Tiefliegende (c) Karstwasserformationen

(Verwerfungen u. ä.), da die Gesteine in den Störungszonen stärker zerrüttet sind und der Auflösung und Erosion eher unterliegen.

Die feinen Adern vereinigen sich zu Hauptadern, doch sinkt auch deren Zahl, während sich die Abmessungen der Hohlräume vergrößern (Abb. 30a). Ein solches Netz zusammenhängender Wasseradern wird sich nur in bestimmten, in Wasser löslichen Bergarten herausbilden, weshalb denn auch Karstwassernetze vornehmlich in Dolomit- oder Kalkgebirge vorzukommen pflegen. Man unterscheidet hierbei hoch- und tiefgelegene Karste (Abb. 30b—c). Aus dem Inneren des hochgelegenen Karstes (Abb. 30b) tritt das Wasser zutage, es verbleibt somit nur für die Dauer der Durchsickerung des Gebirges in diesem selbst, der tiefgelegene Karst hingegen wird das von der Oberfläche in die Tiefe sickernde Wasser gleich einem unterirdischen Becken (tote Wasseransammlung) speichern (Abb. 30c). Fährt der Tunnel- oder Stollenvortrieb einen derartigen Wasserspeicher in den zusammenhängenden Wasserbahnen des tiefgelegenen Karstes an, wird sich das Wasser unter mächtigem hydrostatischem Druck, mit hoher Geschwindigkeit und in großen Mengen in den Hohlraum ergießen. Wassereinbrüche von mehreren 100 m³/min gehören hierbei nicht zu den Seltenheiten (Mont d'Or-Tunnel Abb. 31, der große Apenninen- oder der Tanna-Tunnel u. a. m.). Nach den im Bergbau gewonnenen Erfahrungen sammeln sich Karstwässer im Gebirge in höchstens 100 bis 200 m Tiefe an, unterfährt man also den Hartwasserbehälter mit einer Tunnelröhre genügend tief, hat man eine größere Sicherheit vor Wassereinbrüchen als bei geringerem Tiefenabstand. Vorsicht ist in Hohlgängen unter Karstwasserspeichern auch bei den Sprengarbeiten geboten, weil sonst das Karstwasser durch Spalte, die die Schußwirkung öffnet, in die Tunnelröhre eindringen kann.

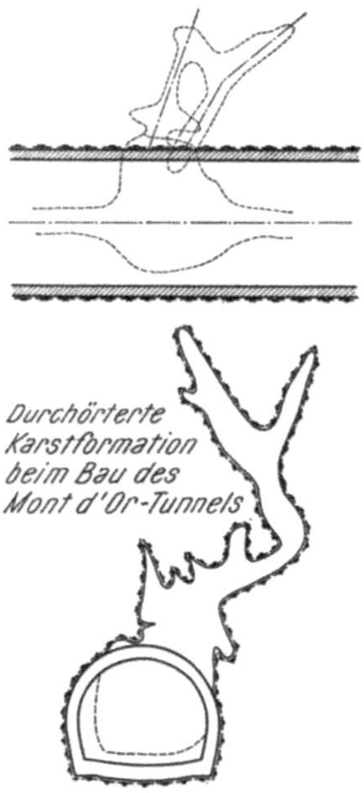


Abb. 31. Natürliches unterirdisches Reservoir vom Mont d'Or-Tunnel angefahren

Wasser, das in weiten Hohlräumen strömt, führt, ähnlich den Wasserläufen über Tage, außer Schwebstoffen auch Sand, ja mitunter sogar Geschiebe und Treibholz mit sich (vgl. Abb. 31). Die Menge des zufließenden Wassers hängt von der Neigung der Schichten, aber auch von der Höhenlage des Hohlganges im Verhältnis zur Spiegelhöhe der im ausgehöhlten Röhrensystem angesammelten zusammenhängenden Grundwassermengen ab. Erfahrungsgemäß gehen die in den Hohlgang eindringenden, anfänglich sehr großen Wassermengen bald zurück, weil sich die angefahrenen unterirdischen Wasserbehälter zusehends entleeren. Da Faltungsmulden, Vertiefungen (Synklinale) bevorzugt zu gefüllten Grundwasserbehältern werden können, empfiehlt es sich, Tunnel nicht in Mulden zu verlegen. Im allgemeinen öffnet jeder einzelne Stollen das Gebirge, zieht das in ihm befindliche Wasser an sich und entwässert seine Umgebung mehr oder minder gründlich. Oft wird auch beobachtet, daß sich das Wasser ständig aus der Ortbrust heraus in den Stollen ergießt, so daß es den Anschein hat, als zöge der Vortrieb des Richtstollens das Wasser mit sich, wobei die Strecke vor Ort bis zu einem gewissen Grade sogar abtrocknet.

Der Wasserzufluß in den Stollen kann indes auch zunehmen, wenn sich der Gebirgsdruck infolge des Stollenvortriebs erhöht, das umliegende Gebirge zum Stollen hin in Bewegung gerät und sich an die Zimmerung legt. Mit wachsender Schüttung muß mit der Zeit auch in feinkörnigen Lockermassen, ferner in Kalkstein und Dolomit (hier wegen der Aushöhlung und Verwitterung) gerechnet werden. In Kalksteingebirgen angezapfte Untertagequellen zeigen jedenfalls die Tendenz, bald weniger zu schütten. Sie haben auch sonst eine weitgehend ungleichmäßige Ergiebigkeit. Bei längerem Frost und in Trockenzeiten versiegen sie oft ganz, um zur Zeit der Schneeschmelze oder nach ausgiebigen Niederschlägen neuerlich stärker zu schütten, auch in diesem Punkt wieder ganz ähnlich den übertägigen Wasserläufen. Hier sei bemerkt, daß den Karstwasserspeichern neuerdings zunehmende Bedeutung auch für die Wasserversorgung der Industriegebiete beigemessen wird. Um Anhaltspunkte über die aus diesen Speichern zu erwartenden Wassermengen zu gewinnen, sind Versuche vom Wasserbaulaboratorium der Technischen Universität Budapest aufgenommen worden.

Im allgemeinen behalten Tunnel ihre dränierende und wasserentziehende Wirkung auch nach der endgültigen Trockenlegung der Röhre bei. Zum Fassen und Ableiten des zuströmenden Wassers werden deshalb kostspielige und sorgfältig ausgeführte Drän- und Sammelröhrensysteme angelegt, die Mauerung sorgfältig isoliert, das zufließende Wasser ständig ins Freie hinausgeleitet. Man setzt damit den auf der Tunnelröhre lastenden Druck herab, schont die Tunnelmauerung und sichert ihr eine längere Lebensdauer. Gegen diese bisher allgemein übliche Praxis wurden in jüngster Zeit manche Bedenken laut, und zwar aus der Überlegung heraus, das Wasser spüle aus dem umliegenden Gebirge, solange es der Entwässerungsleitung zuströmt, ständig feine Teilchen aus, lockere damit die Ummantelung des Gewölbes und lasse das Gebirge nicht zur Ruhe kommen. Enthalte es dazu noch aggressive chemische Verbindungen, dann vervielfache sich seine zerstörende Wirkung, weil es immer wieder neue Mengen schädlicher Stoffe heranschaffe, während die schädlichen Mengen im gestauten Wasser ein für allemal konstant bleiben. Aus diesem Grunde wird die Aufrechterhaltung des Gleichgewichts im Wasserstand und zu diesem Zweck die Ausbildung der Tunnelröhre mit einer kragenartig tief und hoch in das Gebirge hineinreichenden dichtenden Verrippung empfohlen, die das Wasser aufstaut und die Strömung von der Umgebung der Tunnelmauerung fernhält. Diese Dichtungskragen lassen sich eventuell auch durch Verpressung herstellen. Andere empfehlen die Anlage von Sammelbrunnen, die das Bergwasser vom Tunnel abführen und stellenweise in das Gebirge zurückleiten. Ob jedoch der Standpunkt, das Wasser müsse in den Berg zurückgedrängt werden, tatsächlich richtig ist, mag dahingestellt bleiben, weil das aufgestaute Wasser im aufgeweichten Gestein den Gebirgsdruck in sehr erheblichem Maße erhöht. Das richtige Verfahren besteht wohl darin, in der Frage der Entwässerung die örtlichen Gegebenheiten entscheiden zu lassen (vgl. Kap. 7.2.2.1). Unter schwierigen Verhältnissen (große und schädliche Wassermengen in einer empfindlichen Umgebung) empfiehlt es sich aber, für die Abfangung und Ableitung des Wassers am besten einen gesonderten und etwas tiefer angelegten Entwässerungsstollen auszubauen (vgl. Abb. 634 und 647).

Äußerst wichtig ist die Bestimmung des *Gehaltes der Bergwässer an schädlichen Chemikalien.* Im allgemeinen werden die Schäden um so größer sein, je konzentrierter und je wärmer die Lösung (warme Quellen) und je reichlicher sie der Tunnelwandung zuströmt. Aus diesem Grunde ist fließendes aggressives Bergwasser weit schädlicher als stehendes.

Je größer demgegenüber der Gehalt des natürlichen Gesteins und des Mörtels an freiem oder schwach gebundenem Kalk, um so weniger werden sie im allgemeinen dem Angriff aggressiver Säuren widerstehen. Entsprechend vermeidet man in Gefahrenzonen die Verwendung kalkreicher Zemente und benützt an ihrer Stelle lieber kalkarme Sorten (Hütten-, Tonerde- oder Traßzement usw.). Nachteilig wirkt sich auch eine übermäßige Porosität des Betons aus, weil sehr poröser Beton aggressivem Wasser größere Angriffsflächen bietet und das Ausspülen des freien Kalkes aus dem Beton durch weiches Wasser sehr erleichtert. Unter den natürlichen Gesteinen sind es vor allem der Dolomit und die Gesteine mit kalkhaltigen Bindemitteln, die von Säuren angegriffen werden.

Bekannt ist die schädliche Wirkung aller *Schwefelsäure* führenden Wässer, die aus Moorgebieten oder aus gips- sowie aus schwefelkieshaltigen Gesteinen und Böden zufließen. (Es muß beachtet werden, daß im Zusammenhang mit der Braunkohlenbildung die Verhältnisse im Tertiär für die Bildung von Schwefelkies günstig waren!) Schädliche Folgen können sich jedoch beispielsweise in pyrithaltigen Tonböden schon aus der Berührung mit der *Luftfeuchtigkeit* allein ergeben.

Die *Kohlensäure* verschiedener Mineral- und Moorwässer laugt Kalksteine und Dolomite usw. aus und kann auch den Kalk des Betons herauslösen. Das Calcium und Magnesium führt sie als doppelkohlensaure Salze mit. Im allgemeinen handelt es sich bei ihr um eine schwache Säure, so daß sich ihre aggressive Wirkung erst nach längerer Zeit bemerkbar macht. Nach neueren Untersuchungen ist nur die sogenannte freie Kohlensäure schädlich. Das Ausmaß ihres Vorhandenseins kann nur an Ort und Stelle bestimmt werden. Unter den Salzen findet sich *Natriumsulfat* ($Na_2SO_4$) im Meerwasser, in einzelnen Mineralwässern und in Abraumsalzen. Calciumsulfat ($CaSO_4$), das als Anhydrit oder als Gips häufig vorkommt, erweist sich als besonders schädlich und bedarf deshalb entsprechender Beachtung. Noch mehr als Gips gefährdet den Tunnelbau das *Magnesiumsulfat* ($MgSO_4$), weil Magnesium eine schwächere Base ist als Calcium.

Steinsalz (NaCl) kommt im Meerwasser und in marinen Ablagerungsgesteinen vor. In Lösung ist es weniger schädlich, um so mehr schaden jedoch die sie begleitenden Verunreinigungen — $MgCl_2$ und $MgSO_4$ — die in marinen Ablagerungen selten fehlen.

Sehr mannigfaltig sind die *salzarmen*, d. h. die weichen Wässer, die man in Urgestein, in moorigen Gebieten, in tertiären Sanden und in Gletscherbächen (Schneewasser) antrifft. Je kälter das Klima ist, um so weicher sind die Wässer in ein und derselben Gesteinsart. Je salzärmer sie aber sind, um so mehr sind sie bestrebt, Salze, so beispielsweise den Mörtelkalk aufzulösen. Ihre Angriffe verursachen jedoch größere Schäden in Grunde genommen nur dort, wo die bereits gesättigten Wässer immer wieder von frischen, noch salzarmen Strömen abgelöst werden, dort also, wo das Bauwerk *fließendem Wasser* ausgesetzt ist. Kohlensäure im Wasser verstärkt dessen Aggressivität. Einen guten Anhaltspunkt für deren Beurteilung bietet der pH-Wert. Im sauren Bereich ($pH < 6{,}5$) ist das Wasser immer als schädlich anzusehen.

. Ein Tunnelbau vermag schließlich auch die *Oberflächenwässer schädlich zu beeinflussen.* Im Gefolge eines untertägigen Hohlraumbaues versiegen Quellen und Bäche, verschwinden oft auch Seen, oder es trocknen Brunnen aus. Die Gründe bedürfen keiner näheren Erläuterungen. Es soll nur darauf hingewiesen werden, daß wegen dem großen Gefälle und der dadurch bedingten großen Fließgeschwindigkeit *die Gebirgsbäche kaum wasserdichte Betten besitzen.* Jedenfalls wird man gut tun, im Zuge der Vorarbeiten, also noch vor Beginn des Tunnelvortriebs, die Zahl der vorhandenen Quellen und oberirdischen Wasserläufe sowie ihre Schüttung bzw. ihre Abflußmengen zu ermitteln und festzuhalten.

## 2.1.3.5. Vorausbestimmung schädlicher Gase und der voraussichtlichen Innentemperatur im Hohlgang

Einen wichtigen Teil der Vorarbeiten bildet die Klarstellung der Frage, ob mit dem Auftreten schädlicher Gase zu rechnen ist, bzw. wie sich die Wärmeverhältnisse im anzufahrenden Gebirge gestalten werden. Die betreffenden Werte sollen geschätzt bzw. rechnerisch ermittelt werden. Die beiden Faktoren sind weniger für die technischen Möglichkeiten der Ausführung, weit mehr für Leben und Gesundheit der Belegschaft von Bedeutung. Freilich wirken sich die erforderlichen Sicherheitsmaßnahmen auch auf die Wahl der Arbeits- und Fördermittel aus; letzten Endes beeinflussen sie also auch die Art der Arbeitsausführung.

*2.1.3.5.1. Schädliche Gase im Tunnelbau.* Die Möglichkeit des Auftretens schädlicher Gase hängt weitgehend vom geologischen Aufbau des Gebirges ab. Sie ist vornehmlich in Eruptivgesteinen, und auch da in erster Linie in zerklüfteten, verwitterten Gebirgen gegeben.

Unter den schädlichen Gasen ist an erster Stelle das *Kohlendioxyd* ($CO_2$) zu nennen, welches in Eruptivgesteinen, in der Nähe von Kohlenflözen und in Verwerfungszonen vorkommen kann. In der Regel ist es das Produkt der langsamen Oxydation von Kohle, der Inkohlung oder der Zersetzung organischer Verbindungen. Die Möglichkeit seines Eindringens in untertägige Hohlräume wird also vielfach vorausgesagt werden können. Das Gas steigt aus dem schmelzflüssigen Magma der Erdtiefe durch Spalten und Verwerfungsklüfte hoch, tritt aber auch im Gefolge postvulkanischer Exhalationen auf. Schließlich kann es sich auch in Gestalt sekundärer Säuren ausscheiden, ohne sich zu zersetzen. Das Kohlendioxyd ist ein farb- und geruchloses, leicht säuerlich schmeckendes Gas, 1,53mal schwerer als Luft, weshalb es sich am Boden der Hohlgänge ansammelt. Seine gesundheitsschädliche Wirkung beruht darauf, daß es den Sauerstoff verdrängt. Solange die Luft mehr als 20% Sauerstoff enthält, ist ihr $CO_2$-Gehalt unbedenklich, sobald jedoch dieser 4 bis 6% erreicht, verursacht er Atembeschwerden. Bei 10 bis 20% $CO_2$ in der Luft tritt Ohnmacht, bei 20 bis 25% Tod durch Lähmung des Atemzentrums ein. Mit zunehmender Konzentration im Blut kommt es zunächst zu einer Steigerung der Atemtätigkeit durch Erregung des Atemzentrums, über einen bestimmten $CO_2$-Gehalt im Blut (siehe hierzu Tab. 4) ist akute Lebensgefahr gegeben. Kohlendioxyd greift auch den Beton an und hat eine besonders starke korrodierende Wirkung auf Stahlkonstruktionen.

Tabelle 4. *Die wichtigsten Gase verursachen tödliche Vergiftungen bei folgenden prozentuellen Beimengungen in der Luft*

| Tödlich | $CO_2$ | CO | $H_2S$ | $SO_2$ | NO oder $NO_2$ |
|---|---|---|---|---|---|
| Nach 20—30 Minuten dauerndem Einatmen | 10—20 | 0,05 | 0,05 | 0,01 | 0,01 |
| Nach kurzem Einatmen | 20—25 | 0,1 | 0,2 | 0,05 | 0,025 |

Das *Kohlenmonoxyd* (CO) ist demgegenüber leichter als Luft (0,97) und weit giftiger als das Kohlendioxyd. Das farb-, geruch- und geschmacklose Gas läßt sich nur mit sehr komplizierten Geräten rechtzeitig nachweisen. Es kommt in der Nähe von Kohlenflözen, in vulkanischen Gasen, in den Nachschwaden von schlagenden Wettern und Kohlenstaubexplosionen, aber auch in Sprengschwaden sowie in den Auspuffgasen von Benzin- und Rohölmotoren vor. Es ist wenig beständig und wandelt sich leicht zu Kohlendioxyd um. Seine schädigende Wirkung auf die biologischen Funktionen besteht darin, daß es sich an das Hämoglobin weit stärker zu binden vermag als Sauerstoff, so daß der Organismus an Sauerstoffmangel zugrunde geht. Bei Sättigung des Blutes mit CO bis 25% treten deutliche Vergiftungserscheinungen mit erhöhter Herztätigkeit, Kopfschmerzen, Schwindel, allgemeiner Schwäche, bei 50%iger Konzentration Bewußtlosigkeit ein. Bei 75% bleiben Wiederbelebungsversuche schon erfolglos. Da der Grad der Sättigung auch von der Dauer der Einwirkung abhängt, kann bei längerem Verweilen in Kohlenmonoxydgasatmosphäre auch ein geringerer CO-Gehalt des Blutes gefährlich werden (vgl. Kap. 4.6.5.2. und Abb. 302).

Das geruch- und geschmacklose, aber brennbare *Sumpfgas* oder *Methan* ($CH_4$) ist gleichfalls leichter als Luft (Gewicht = 0,558 gegenüber dieser). Es entsteht in Kohlen- und Erdöllagerstätten sowie bei der Gärung von Zellulose, findet sich also unter den aus Sümpfen aufsteigenden Dämpfen, doch kommt es auch in der Nähe von Salzlagern und bitumenhaltigen Schichten vor. (Bei den Probebohrungen für die Budapester Untergrundbahn wurde z. B. unter dem Batthyányi-Platz eine Ansammlung in Ton eingeschlossener Urfische angebohrt, aus dem als Verwesungsprodukt Methan hochstieg. Das Methan, das im großen Apenninentunnel die bekannte Feuerkatastrophe verursachte, entströmte gleichfalls Tonschieferschichten.) Methan wird oft auch beim Anschlagen von Einlagerungen in Kalkstein- und Dolomitgebirgen frei. Verhindern aufliegende Deckschichten (Ton) das Ausströmen nach oben, zieht sich das Methangas seitlich oft weit in die Nachbargesteine hinein.

Bei Mischung mit Luft (vornehmlich bei einem Methangehalt von 5,5 bis 13,5%) bildet es ein gefährliches Explosionsgemisch (Schlagwetter), das sich an offener Flamme oder an brennenden Lampen leicht entzündet. Eine Entzündungsgefahr besteht schon bei 2%igem Schlagwetter, und in Gegenwart von Kohlenstaub kann es zu heftigen Explosionen kommen. Im übrigen ist Methan nicht giftig.

Nach der durch schlagende Wetter verursachten Katastrophe im großen Apenninentunnel wurden folgende Maßnahmen zum Schutz der Arbeitsgruppen getroffen [11]:

1. Verwendung batteriegespeister elektrischer Lampen.
2. Einbau von Wetterlampen in sämtliche Vortriebe.
3. Auslösung der Sprengungen durch Fernzündung.
4. Ständige Überwachung der Arbeitsstellen durch Gasexperten.
5. Einsatz von Druckluftlokomotiven zum Abtransport des Ausbruchmaterials und zur Anlieferung der Baustoffe.
6. Einbau einer Hochdruck-Wasserleitung für Feuerlöschzwecke.
7. Heranführung der Absaugvorrichtungen an die Totpunkte vor Ort (besonders in den Firstgewölben) und allgemein reichliche Bewetterung.
8. Strengste Einhaltung des Rauchverbotes in der ganzen Stollenlänge und Verbot der Benützung von Lampen mit offener Flamme.

Der *Schwefelwasserstoff* ($H_2S$), ein süßlich schmeckendes, widerlich riechendes, überaus giftiges Gas, ist 1,17mal schwerer als Luft. Er ist brennbar und bei 6%iger Mischung mit Luft auch explosibel. In die Stollen und unterirdischen Hohlräume dringt er durch Spalten ein, oder er wird ihnen durch Bergwässer zugeführt, die mit verwesenden organischen Stoffen oder vulkanischen Exhalationen in Berührung kommen. Im Grunde genommen stellt er ein Produkt des Zerfalls von schwefelhaltigen organischen Stoffen oder von Sulfaten und Sulfiden (faulendes Holz) dar, welches von Wasser gierig absorbiert wird. Dies ist der Grund, warum Wassereinbrüche so häufig auch mit dem Zuströmen von Schwefelwasserstoff einhergehen. Schwefelwasserstoff, der übrigens auch in Sprengschwaden vorkommt, füllt nicht selten auch die Klüfte und Hohlräume von Steinsalzlagern. Er ist nicht so sehr wegen seiner Brennbarkeit als durch seine Giftigkeit gefährlich. Als Gift bewirkt er schon in geringen Mengen Übelkeit, Schwindel und eine Reizung der Augenschleimhaut, auch bringt er selbst kleinste Wunden zum Eitern. Bei 0,05% in Blut verursacht er Erkrankungen, bei 0,1% bereits Bewußtlosigkeit, bei höheren Konzentrationen den Tod (vgl. Tab. 4). Schwefelwasserstoff greift überdies auch den Beton an.

Das *Schwefeldioxyd* ($SO_2$) ist ein farbloses, stickiges und giftiges Gas von stechendem Geruch, das sich in Wasser gut löst und mit ihm zu Schwefelsäure verbindet. Es kommt gleichfalls in vulkanischen Gasen vor und gefährdet die Betonwandungen in außerordentlich hohem Maße.

*Wasserstoff* (H) ist fünfzehnmal leichter als Luft, für die Gesundheit unschädlich, dagegen sehr leicht entzündlich und eben deshalb überaus feuer- und explosionsgefährlich. Es entströmt Steinsalzlagern und deren unmittelbarer Umgebung, doch findet es sich auch als Verunreinigung von Methan, Kohlensäure und Stickstoff.

Der *Stickstoff* (N.) ist gleichfalls ein ungiftiges Gas, etwas leichter als Luft. Er entzündet sich nicht und bedeutet nur insofern eine Gefahr, als er sich im First ansammelt und dort den Sauerstoff der Luft verdrängt, womit er Erstickungen verursacht. Der Stickstoff entstammt in der Regel jüngeren Eruptivgesteinen, fällt aber auch als Produkt des Zerfalls pflanzlicher organischer Stoffe an, er findet sich hier und dort auch in Steinkohlenflözen und deren Nebengesteinen, teilweise auch mit Methan und Wasserstoff vermengt.

*Stickstoff-Monoxyd* und *Stickstoff-Dioxyd* (NO, $NO_2$) treten als Nebenprodukte der Sprengungen auf und können besonders dann gefährlich werden, wenn das Bohrloch auspfeift, weil sie noch gesundheitsschädlicher sind als das Kohlenstoffmonoxyd. Sie haben einen stechenden Geruch und reizen schon in kleinsten Mengen zum Husten.

Der *Wasserdampf* ($H_2O$) ist an sich ganz unschädlich, kann jedoch den Arbeitsverlauf in nachteiliger Weise beeinflussen. Die Arbeit in der mit Wasserdampf gesättigten Luft ist wesentlich erschwert, dazu beschleunigt der Wasserdampf die Korrosion von Maschinen und Gezähe und fördert den Pilzbefall und die Fäulnis der Zimmerung. Da die Bergfeuchtigkeit den Wasserdampfgehalt der Luft in untertägigen Hohlräumen ohnehin steigert, muß die Bewetterung u. a. auch in den Dienst der Herabsetzung des Wasserdampfgehaltes gestellt werden (vgl. Kap. 4.6.5).

*2.1.3.5.2. Prognose der Gebirgswärme.* An der Erdoberfläche schwankt die Wärme des Erdbodens innerhalb eines weiten Bereichs. Sie hängt vornehmlich von der Außentemperatur ab, die ihrerseits jahreszeitlich und durch die geographische Lage bedingt ist. Während die Sonnenstrahlung den Boden — gleichviel, ob es sich um Sand- oder um Felsböden handelt —, stark erhitzt, kühlt ihn die winterliche Kälte auf Temperaturen ab, die unter jenen der Außenluft liegen. Die Temperaturschwankungen erreichen selbst Werte von 50 °C und mehr. Je tiefer man unter die Erdkruste eindringt, um so weniger machen sich diese Akkumulationen und Schwankungen in der Wärme der oberflächennahen Gesteine bemerkbar, und in einer Tiefe von 20 bis 25 m hören sie schließlich ganz auf. Von dieser äußeren beeinflußbaren Kruste steigt die Gesteinswärme nach dem Erdkern hin eindeutig an. Das Ausmaß der Temperaturzunahme ist nicht gleich, hängt vielmehr von verschiedenen Umständen ab. Es wird durch die *geothermische Tiefenstufe* (Erdwärmetiefenstufe) gekennzeichnet, unter der jene Schichtmächtigkeit zu verstehen ist, innerhalb welcher die Gesteinswärme um 1 °C steigt. (Ihr Kehrwert ist der Temperaturgradient, d. h. der Temperaturanstieg je 1 m Tiefenzunahme.) Der Wert dieser Tiefe richtet sich nach mehreren Faktoren, so vor allem nach dem Gebirge, d. h. nach der Wärmeleitfähigkeit des Gesteins. Mit zunehmender Wärmeleitfähigkeit wächst auch die geothermische Tiefenstufe. Die Wärmeleitfähigkeit der wichtigeren Gesteine ist der Tab. 3 zu entnehmen. (Zum Vergleich: die Wärmeleitfähigkeit von Wasser bei 18 °C beträgt 5,0, die von Steinsalz 41 bis 45 und die der Luft 0,205 kcal $\cdot$ $m^{-1}$ $\cdot$ $h^{-1}$ $\cdot$ °C.)

Demnach leitet die Luft die Wärme 25 bis 30mal schlechter als Wasser und 10 bis 20mal schlechter als die meisten Gesteine. Diese im Labor ermittelten Werte weichen jedoch von den wirklichen Werten ab, weil sie durch Klüfte, Spalte, Hohlräume und auch durch den Wassergehalt des Gebirges weitgehend beeinflußt werden.

In *lockeren, durchfrosteten und trockenen Gesteinen* sowie unter dem Einfluß eventueller chemischer Umsetzungen im Gestein sinkt der Wert der geothermischen Tiefenstufe; gleichfalls im Sinne einer Senkung ihres Wertes wirken sich Gaseinschlüsse im Gestein aus, da sie den voraussichtlichen Grad der Gesteinswärme erhöhen[1]. Erdöl- und Kohlen-, besonders aber Erzlagerstätten lassen die Gesteinswärme oftmals erheblich ansteigen und verkleinern damit die geothermische Tiefenstufe. Zum gleichen Ergebnis führt die Zerrüttung des Gesteins durch die vortriebsbedingte Beanspruchung und die damit verbundene Zunahme des Hohlraumgehalts. Der Einfluß der Klüftigkeit des Gebirges auf dessen Wärmeleitfähigkeit ist natürlich auf die Bewegung der in den Klüften streichenden Luft zurückzuführen.

Noch stärker als die Luft beeinflußt den Wert der Wärmeleitfähigkeit das vom Erdboden verschluckte *Niederschlagwasser*, und zwar nicht so sehr wegen seiner 25mal größeren Wärmeleitfähigkeit, sondern weil es die Hohlräume füllt, hierbei die Luft aus diesen hinauspreßt und die Gesteinsflächen durchnäßt. Hieraus erklärt sich beispielsweise die Tatsache, daß *die geothermische Tiefenstufe in Kalkgebirgen mit ihren vielen Hohlräumen weit höhere Werte aufweist als in zerklüfteten Eruptivgesteinen*. In den engen Wasserbahnen des Eruptivgesteins gelangt das

---

[1] So stieg z. B. die Temperatur im großen Apenninentunnel bei einer Überdeckung von einigen hundert Metern und bei einem Gasgehalt von 4000 g in Tonschiefer zunächst auf 45° und sodann auf 63 °C.

Wasser nur langsam weiter und kühlt weit weniger ab als die in weitklüftigen Adern rasch abfließenden Wassermassen.

Weitgehend beeinflussen den Wert der geothermischen Tiefenstufe auch die *Geländeformen*. Unter sonst gleichen Verhältnissen liegt er unter Hügeln höher, unter Tälern niedriger (Abb. 32a). Entsprechend werden die Linien gleicher Erdwärme (Isothermen) unter Bodenerhebungen ansteigen und auseinanderstreben, unter Tälern hingegen flacher verlaufen und näher aneinanderrücken.

Schließlich hängt der Wert der geothermischen Tiefenstufe auch *von der Schichtung und vom Einfallwinkel der Schichten* ab. In Richtung der Schieferung

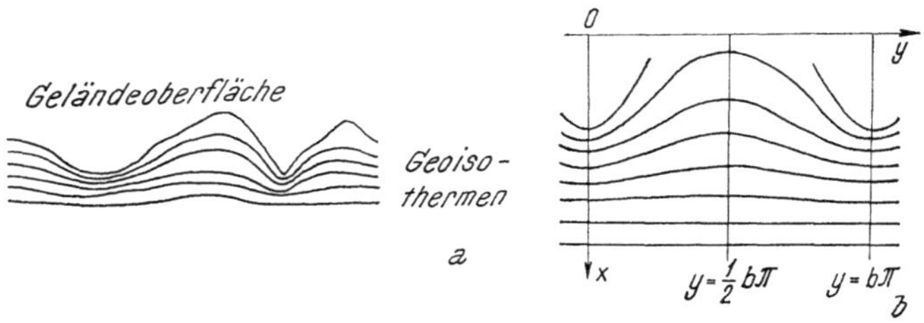


Abb. 32. Veränderung der Abstände der Isothermen unter Tal- bzw. unter Bergformationen (a) und theoretische sinusoidale Kurven (b)

oder Schichtung leitet das Gestein die Wärme rascher ab als senkrecht auf sie. Aus diesem Grunde haben Bergarten mit steil aufgerichteter oder saiger verlaufender Schichtung eine größere geothermische Tiefenstufe als solche mit annähernd söhlig gelagerten Schichten. Besonders groß ist der Unterschied in glimmerreichen Gesteinen, er kann hier das 2,5fache erreichen. Bei dichtem Schichtungswechsel, d. h. bei dünner, engständiger Schichtung darf — wegen der isolierenden Wirkung der vielen Schichtgrenzen — im allgemeinen mit niedrigen geothermischen Tiefenstufenwerten gerechnet werden.

Schließlich besteht auch ein direkter Zusammenhang zwischen dem Wert der geothermischen Tiefenstufe und der Länge des Hohlganges, wie dies aus den hier folgenden theoretischen Überlegungen und den Tabellen noch hervorgehen wird.

Eine Übersicht über die in den bekannteren Alpentunneln gemessenen maximalen Temperaturwerte und über die dort ermittelten geothermischen Tiefenstufen vermittelt die Tab. 5.

Aus dieser Tabelle geht hervor, wie weit der Bereich ist, in welchem die voraussichtliche Temperatur und der Wert ($G$) der geothermischen Tiefenstufe unter dem Einfluß der verschiedenen Faktoren schwanken kann (27 bis 144 m). Soweit eine allgemeine Feststellung zulässig ist, kann gesagt werden, daß der Wert von $G$ zwischen 30 und 40 m/°C, in Ungarn hingegen — im Hinblick auf die Jugendlichkeit der Deckschichten — zwischen 12 und 25 m/°C schwankt.

Die voraussichtliche Temperatur im Gebirge hängt nach Andreae von folgenden Faktoren ab:

1. vom Verlauf der Geoisothermen unter den Gebirgszügen,
2. von der Bodentemperatur im Bereich über dem Tunnel,
3. von der Wärmeleitfähigkeit des Gesteins und den gegebenen hydrologischen Verhältnissen,
4. von der Höhenlage des Tunnels.

*Tabelle 5*

| Name des Tunnels | Länge (m) | Über-deckung (m) | Maximale Tempe-ratur (°C (F°)) | Geother-mische Stufe G (m/°C) | Wasser-andrang (l/s) | Bemerkung |
|---|---|---|---|---|---|---|
| Ricken | 8604 | 530 (450) | 23,5 (74) | 27 | 2 (N) 21 (S) | Trockener Sandstein unter 45° Fallen, Methan |
| Simplon | 19729 | 2135 | 55,4 (132) | 37 | 1300 | Geothermische Tiefenstufe unter Rücken 43,5 m unter Tal 29 m |
| Tauern | 8551 | 1567 | 23,9 (75) | 49 | | Granit-Gneis, örtlich Glimmerschiefer |
| Arlberg | 10250 | 715 | 18,5 (65) | 38,6 | 50 | Gneis mit Glimmer |
| Lötschberg | 14605 | 1673 | 34 (95) | (25—49) 45 | | Granit archaischer Schiefer |
| Gotthard | 14998 | 1752 | 40,4 (87) | 47 | 300—400 | Geothermische Tiefenstufe 45 bzw. 29 m |
| Albula | 5886 | 750 (912) | 15 (59) (11—25) (52—77) | 49 (58—59) | 100 (250) | Albula-Granit |
| Mont Cenis | 12236 | 1610 | 29,5 (85) | 58,4 | 7 | Sandstein mit 50 bis 80° und Kalkstein mit 20—30° Fallen |
| Karawanken | 7976 | 370 916 | 17,9 (64) 15,0 (59) | 28 144 | 60 | Unter einer Überdeckungshöhe von 370 m 17,9° C sehr steil laufende Schichtung |
| Suram (Kaukaz) | 3990 | 510 | 20,5 (69) | | | |
| Apennin | 18500 | 2000 | 63,8 (145) | | | |

Das Jahresmittel der Erdoberflächentemperatur $t_0$ läßt sich aus dem Jahresmittel der Lufttemperatur $l_t$ anhand der Beziehung

$$t_0 = l_t + k = l_{t0} - \frac{h_1}{x} + k, \tag{7}$$

ableiten. Hierin bezeichnet $l_{t0}$ das Jahresmittel der Lufttemperatur an einem bekannten Punkt, $h_1$ den Höhenunterschied zwischen dem zu betrachtenden Punkt einerseits und dem bekannten Punkt mit der mittleren Jahrestemperatur $l_{t0}$ andererseits und $x$ schließlich jenen Höhenunterschied, der das Sinken der Lufttemperatur um 1°C verursacht (150 bis 220 m). Für die Temperatur in dem in der Tiefe $h$ anzulegenden Tunnel ergibt sich demnach die Formel

$$T = l_t + k + \frac{h - C}{G}, \tag{8}$$

in der $G$ die geothermische Tiefenstufe, $l_t$ das Jahresmittel der Lufttemperatur, $C$ die Mächtigkeit der durch die Außentemperatur beeinflußten äußeren Kruste, $k$ hingegen einen von der absoluten Höhe abhängigen Korrektionsbeiwert bedeutet, der den Unterschied zwischen Luft- und Bodentemperatur an der Erdoberfläche zum Ausdruck bringt und nach BENDEL folgende Werte annehmen kann:

| | | | | | | |
|---|---|---|---|---|---|---|
| Seehöhe in m: | 0 | 500 | 1000 | 1500 | 2000 | 5000 |
| $k$-Wert in Grad: | 0,8 | 1,0 | 1,3 | 1,7 | 2,3 | 3,0 |

(Eine mitbestimmende Rolle bei der Ausgestaltung der Bodentemperatur an der Erdoberfläche spielen ferner die Bodenneigung, die Humus- und die Pflanzendecke.)

ANDREAE [12] gelangt auf Grund einer mathematischen Untersuchung zu folgenden Feststellungen: Prüft man einen in der Tunnellängsachse angenommenen lotrechten Querschnitt anhand des Abkühlungsgesetzes in erster Linie zu dem Zweck, den Einfluß der Geländeform bestimmen zu können, dann hat man nach FOURIER in diesem Querschnitt für die zweidimensionale Wärmeverteilung im konstanten Zustand die Differentialgleichung

$$\frac{\partial^2 \vartheta}{\partial x^2} + \frac{\partial^2 \vartheta}{\partial y^2} = 0. \tag{9}$$

Nach THOMA stellt

$$\vartheta = C_1 \cdot ln\,(A + \sqrt{A^2 - 1}) + C_2, \tag{10}$$

eine der Lösungen von Gl. (9) dar, wobei

$$A = \exp\frac{2x}{b} + \sqrt{1 - \left(2\cos\frac{2y}{b} - \exp\frac{2x}{b}\right)\exp\frac{2x}{b}}, \tag{11}$$

sofern die Fläche eine regelmäßig wellenförmige Begrenzung hat. Die Kurven sind Wellenlinien. Die Funktionsperiode ist $l = \pi b$ (Abb. 32b), während $C_1$ und $C_2$ Konstanten sind. Der Abstand der Wellentäler voneinander schreibt sich zu $y = n b \pi$, jener der Wellenberge hingegen zu $y = (n + 1/2) b\pi$.

Aus diesen Gleichungen ergibt sich unter dem Wellenberg, sofern

$$y = \frac{b\pi}{2}, \quad A = 2\exp\frac{2x}{b} + 1,$$

die einfache Beziehung

$$\vartheta = 2C_1 \cdot \ln\left(\exp\frac{x}{b} + \sqrt{\exp\frac{2x}{b} + 1}\right) + C_2, \tag{12}$$

aus der sich die unter dem Gipfelpunkt des Wellenberges in jeder beliebigen Tiefe $x$ herrschende Temperatur rechnerisch ermitteln läßt, wenn die konstanten Werte für $C_1$ und $C_2$, ferner der Nullpunkt des Koordinatensystems bzw. die Lage seiner $y$-Achse bestimmt sind. An dieser Stelle hat der *Temperaturgradient* den Wert

$$\frac{d\vartheta}{dx} = \frac{2C_1}{b} \cdot \frac{\exp\frac{x}{b}\left(\exp\frac{x}{b} + \sqrt{\exp\frac{2x}{b} + 1}\right)}{\exp\frac{x}{b}\left(\exp\frac{x}{b} + \sqrt{\exp\frac{2x}{b} + 1}\right) + 1}, \tag{13}$$

der sich mit zunehmender Tiefe $x$ immer mehr dem Höchstwert $\frac{2C_1}{b}$ nähert. Der Kehrwert dieses Maximums, d. h. der Wert der geothermischen Tiefenstufe dagegen sinkt unter dem Wellenberg mit zunehmender Tiefe mehr und mehr, bis er sein Minimum $\frac{b}{2C_1}$ erreicht.

Unter den Wellentälern wird, dem Wert $y = b \cdot \pi$ entsprechend,

$$\vartheta = 2C_1 \cdot \ln \left( \exp \frac{x}{b} + \sqrt{\exp \frac{2x}{b} - 1} \right) + C_2, \tag{14}$$

und der geothermische Temperaturgradient

$$\frac{d\vartheta}{dx} = \frac{2C_1}{b} \cdot \frac{\exp \frac{x}{b} \left( \exp \frac{x}{b} + \sqrt{\exp \frac{2x}{b} - 1} \right)}{\exp \frac{x}{b} \left( \exp \frac{x}{b} + \sqrt{\exp \frac{2x}{b} - 1} \right) - 1}, \tag{15}$$

d. h. sein Wert nimmt mit wachsender Tiefe $x$ ab und nähert sich dem Minimalwert $\frac{2C_1}{b}$. Die geothermische Tiefenstufe wächst demgegenüber ständig an, bis sie den Maximalwert $\frac{b}{2C_1}$ erreicht. Auf diese Weise hat man in der Form

$$\frac{2C_1}{b} = \left[ \frac{d\vartheta}{dx} \right]_{x=\infty} = a \tag{16}$$

die normale geothermische Stufe in der Tiefe. Ist ihr Wert für eine bestimmte Bergart bekannt, errechnet sich die Konstante $C_1$ zu

$$C_1 = \frac{ab}{2}. \tag{17}$$

Um die Lage der $y$-Achse bestimmen zu können, drückt man aus Gl. (14) die Tiefe $x_1$ unter den Wellenbergen, aus Gl. (12) hingegen die Tiefe $x_2$ unter den Wellentälern und hat damit im Wert $D = x_1 - x_2$ die Amplitude der Isothermlinien $\vartheta$.

Es gilt

$$D = b \cdot \ln \frac{\exp \frac{\vartheta - C_2}{2C_1} + \exp \left( - \frac{\vartheta - C_2}{2C_1} \right)}{\exp \frac{\vartheta - C_2}{2C_1} - \exp \left( - \frac{\vartheta - C_2}{2C_1} \right)} \tag{18}$$

und hieraus

$$C_2 = \vartheta - C_1 \cdot \ln \frac{\exp \frac{D}{b} + 1}{\exp \frac{D}{b} - 1}. \tag{19}$$

Sobald also die Amplitude einer Isothermlinie $\vartheta$ bekannt ist, hat man die Möglichkeit, auch die Konstante $C_2$ zu bestimmen. Es genügt hierbei, die geothermischen Tiefenstufen und die Temperaturgradienten an den beiden Mundlöchern und an der Stelle der höchsten Überlagerung zu ermitteln. Der Verlauf der Isothermen auf den zwischengelegenen Strecken läßt sich auch durch Interpolieren bestimmen. Weicht der senkrechte Schnitt einer solchen Welle von der regelmäßigen Wellenlinie nicht zu sehr ab, läßt sich die theoretische Gestalt der Isotherme aus der Gleichung

$$x = \frac{b}{2} \left\{ \ln \left( \frac{\exp 4 \frac{\vartheta - C_2}{C_{21}} + 1 + 2 \cdot \exp 2 \frac{\vartheta - C_2}{C_1}}{8 \cdot \exp 2 \frac{\vartheta - C_2}{C_1}} - \frac{1}{2} \right) - \right.$$
$$\left. - \ln \left( \frac{\exp 2 \frac{\vartheta - C_2}{C_1} + 1}{2 \cdot \exp \frac{\vartheta - C_2}{C_1}} - \cos \frac{2y}{b} \right) \right\} \tag{20}$$

rechnerisch ermitteln.

Trotz der angewandten Näherungen liefert dieses Berechnungsverfahren wertvolle Hinweise auf den Einfluß, den die Geländeform auf den Wert der geothermischen Tiefenstufe und des Temperaturgradients ausübt.

Eine wichtige Rolle spielt in diesen Formeln die Konstante $C_1$, deren Wert von $\alpha$, d. h. von der für das gegebene Gestein kennzeichnenden geothermischen Normal-Tiefenstufe, und somit letzten Endes von der Wärmeleitfähigkeit des Gesteins abhängt.

Vom $\alpha$-Wert haben KÖNIGSBERGER und THOMA festgestellt, daß seine Größe weit weniger von der Art des Gesteins als *von seiner Schichtung, ganz besonders aber von deren Einfallen* beeinflußt wird, wie dies auch aus Tab. 6 hervorgeht.

Tabelle 6. *Einfluß des Fallens auf die geothermische Stufe*

| Gesteinsart | Vertikal (°C) | 45° (°C) | Horizontal (°C) |
|---|---|---|---|
| Gneis, Protogin | 0,027–0,028 | 0,033 | 0,034–0,036 |
| Granit, Kalksteine | 0,027–0,028 | 0,033 | 0,034–0,036 |
| Kristallschiefer | 0,027–0,028 | 0,034–0,036 | 0,037–0,041 |
| Phillit | 0,027–0,028 | 0,031 | 0,032–0,033 |
| in trockenem Zustand obliegen die Werte einem Abzug um | 8% | 5% | 8% |

Trägt man die in den verschiedenen Richtungen gültigen Wärmeleitfähigkeitswerte in einem Punkt des Gesteins auf, erhält man ein Rotationsellipsoid, dessen Nebenachse senkrecht auf die Schichtung zu stehen kommt.

Der Einfluß der Feuchtigkeit ist erheblich, und findet man irgendwo tiefere Temperaturen, als im voraus berechnet, darf auf das Vorhandensein von Wasser in nächster Nähe geschlossen werden.

Zur Illustration dieses Rechenverfahrens gibt ANDREAE auch ein Zahlenbeispiel [12].

Der Prognose der Gebirgstemperatur kommt deshalb so große Bedeutung zu, weil die Arbeit bei Temperaturen von über 24 bis 28 °C in der für gewöhnlich dunsterfüllten Luft bis zur Unerträglichkeit schwer und ungesund wird. Abhilfe vermag hier in erster Linie eine wirksame Lüftung, eventuell das Zerstäuben von Wasser, in Einzelfällen aber nur die Zuführung gekühlter Luft zu schaffen. Von der voraussichtlichen Temperatur im Hohlraum wird es also abhängen, wie hoch Leistung und Kraftbedarf der Belüftungs- und Kühlanlagen anzusetzen sind. Eventuell kann es sich aber auch als erforderlich erweisen, die Tunneltrasse im Hinblick auf die drohenden übermäßigen Temperaturen zu verlegen.

### 2.1.4. Geologisches Längsprofil

Die Ergebnisse der im Zuge der Vorarbeiten durchgeführten geologischen Erkundung des Baugeländes werden mit den geodätischen Aufnahmen zum *geologischen Längsprofil* vereinigt. In dieses sind vor allem die Schürfbohrstellen, die Schürfschächte, Probestollen usw. sowie deren Tiefe und alle sonstigen Schürfmaßnahmen einzutragen.

Das geologische Längsprofil hat außer dem Längsschnitt durch das Baugelände in der Tunnelachse und außer der Tiefenlage der Tunnelröhre auch die unterschiedlichen Bergarten und deren Zustand (klüftig, verwittert usw.), die genaue Lagerung der Schichtung einschließlich ihres Streichens und Fallens, ferner die Zerrüttungsstreifen und, soweit möglich, auch deren Festigkeitskennwerte zu enthalten. Darüber hinaus sollen aus ihm auch die geohydrologischen Verhältnisse (Grund- und Schichtwasser, Lage des gespannten Grundwasserspiegels usw.), Wasseradern, Quellen und die wasserführenden Schichten hervorgehen. Eine überaus wichtige Ergänzung des geologischen Längsprofils stellt die Linie der voraussichtlichen Temperatur im aufzufahrenden Hohlgang dar (s. Abb. 34 und 35).

Im geologischen Längsprofil für Unterwasser- sowie für städtische Untergrundbahntunnel ist besondere Sorgfalt auf die Eintragung der Bettsohlen- und der Wasserspiegellinie, des Ausmaßes der Wasserspiegelschwankungen sowie auf alle erforderlichen Angaben über die physikalischen Kennwerte des Bodens unter der Bettsohle, vor allem über seine Wasserdurchlässigkeit auszuweisen. Überdies sind anzuführen das Gewicht aller wichtigeren Bauwerke auf dem Gelände, ihre Gründungsangaben, das Niveau der für die Anfahrten in Frage kommenden Oberflächenstraßen, die Lage der Versorgungsleitungen, des Grundwasserspiegels und sämtlicher Schichtwasserspiegel sowie die gegebenenfalls anstehende Druckhöhe (s. Abb. 33 und vgl. Abb. 40.)

Letzten Endes dienen die dem Tunnelbau vorangehenden Vorarbeiten dem Zweck, Klarheit über jene Umstände zu schaffen, die die Höhenlage und Trassie-

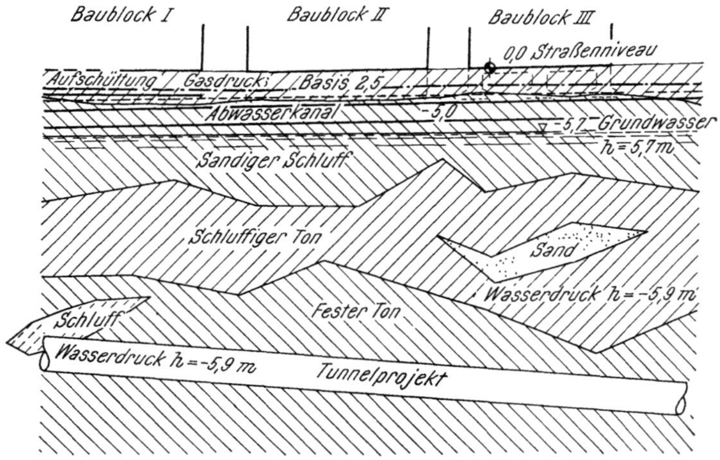


Abb. 33. Beispiel eines geologischen Erkundungsprofils für eine Untergrundbahn

rung, den Bau und die Abmessungen des geplanten Tunnels beeinflussen können, ferner dem Zweck, dem Tunnelbauer Schlüsse auf Art und Lagerung der zu durchörternden Schichten, auf den Gebirgs- und Wasserdruck sowie auf die voraussichtlichen Wasser-, Gas- und Wärmeverhältnisse zu ermöglichen.

Das genaue geologische Bild versetzt die Bauausführung in die Lage, Vorschläge für die günstigste Bauweise auszuarbeiten und Pläne für die sichere und wirtschaftliche Verkleidung, Entwässerung und Isolierung der Tunnelröhre usw. zu erstellen.

In *Eruptiv-* und in *Urgesteinen* verursacht der Bau eines Tunnels im allgemeinen keine besonderen Probleme und Schwierigkeiten. Zwar stellen sich die Lösungskosten höher, doch bedarf es keiner provisorischen Abstützung, und die Arbeiten gehen im Vollausbruch des ganzen

Querschnitts flott und wirtschaftlich voran. Im Hinblick auf die geringen Gebirgsdrücke kommt man auch mit weniger dicken Ausmauerungen aus.

*In weicheren Gebirgen* (Kalkstein, Dolomit, triassische Gesteine) stellt sich der Ausbruch zwar billiger, doch erfordern sie einen provisorischen Einbau, der kostspieliger, zeitaufwendiger und weniger sicher ist.

In *zerklüftetem Gebirge* bedarf es schon sehr beachtlicher stützender Zimmerungen, einer großen Mauerungsdicke und kostspieliger Entwässerungen.

Die ungünstigsten sind die oberflächennahen quartären (alluvialen), in der Regel auch stark durchnäßten *Lockergesteine*, besonders schlecht aber die holozänen Sand- und Mehlsandböden, namentlich wenn sie mit Wasser gesättigt sind. Mit diesen letzteren Bodenarten hat man es vornehmlich beim Bau städtischer Untergrundbahntunnel und bei Unterwassertunnel zu tun, für die zur Überwindung der Schwierigkeiten Spezial-Baumethoden (Absenkungsverfahren, Schildbauweise) entwickelt werden mußten.

Als kritische Punkte können sich im Tunnelbau noch die Eingangsstrecken (vgl. Mundlöcher) erweisen, auf die, wenn sie parallel zum Hang streichen, ein größerer als der geologische Druck (Wanderdruck) wirken kann (vgl. Abb. 46).

Nach diesen einleitenden Ausführungen sollen nun hier die geologischen Längsprofile einiger bekannterer in- und ausländischer Tunnel mit kritischem Auge betrachtet werden.

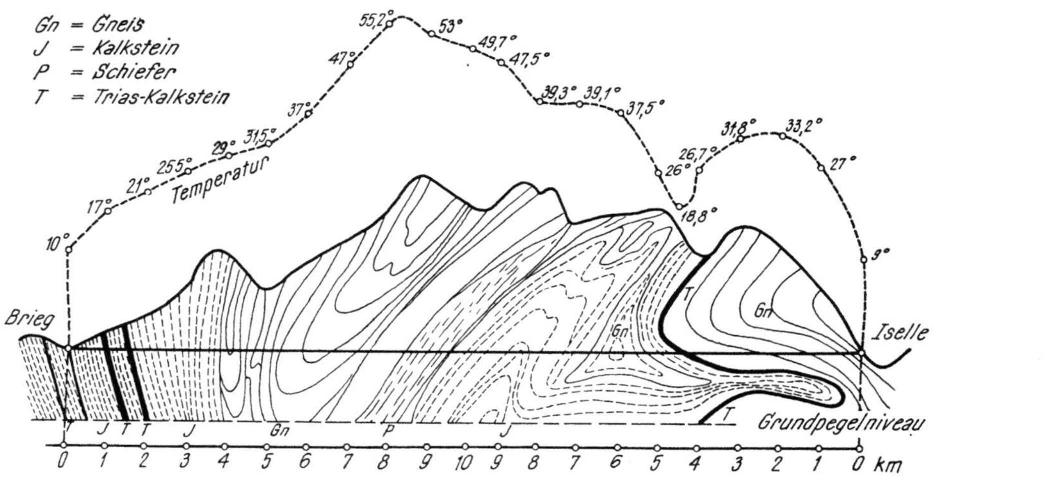


Abb. 34. Geologisches Längsprofil des Simplon-Tunnels

Abb. 34 z. B. veranschaulicht das geologische Längsprofil des Simplon-, Abb. 35 das des *Gotthardtunnels*. In die Abbildungen sind ergänzend auch die gemessenen Temperaturwerte eingetragen. Nach den Abbildungen fährt der Gotthard-Durchstich zum überwiegenden Teil Eruptivgesteine an, während beim Simplontunnel neben Gneis hauptsächlich Kalkstein- und Schieferschichten durchörtert werden mußten. Beim Gotthardtunnel waren keine Verwerfungen zu bewältigen, die Schichten fallen zu einem guten Teil seiger ein und streichen senkrecht auf die Tunneltrasse. Über dem Simplondurchstich zeigen die Schichten demgegenüber starke Verwerfungen, stellenweise geht die Schichtneigung in eine fast söhlige Lagerung über, die Streichrichtung verläuft jedoch auch hier überwiegend senkrecht zur Tunnelachse. Unterschiede zeigen sich auch in der größten Überlagerungshöhe, die beim Gotthardtunnel 1752 m, beim Simplontunnel 2135 m beträgt. Zwischen den geologischen Längsprofilen der beiden großen, ihrem Charakter nach gleichen tiefgelegenen Alpentunnel bestehen also beachtliche Unterschiede, die denn auch in der Bauausführung voll zur Geltung kamen. In erster Linie fällt der Unterschied zwischen den während des Baues gemessenen Temperaturwerten ins Auge. Ihr Maximum betrug im Gotthardtunnel 30,8 °C, im Simplon 55,2 °C. Die Differenz in der Überlagerungshöhe (380 m) gibt keine ausreichende Erklärung für diese große Abweichung,

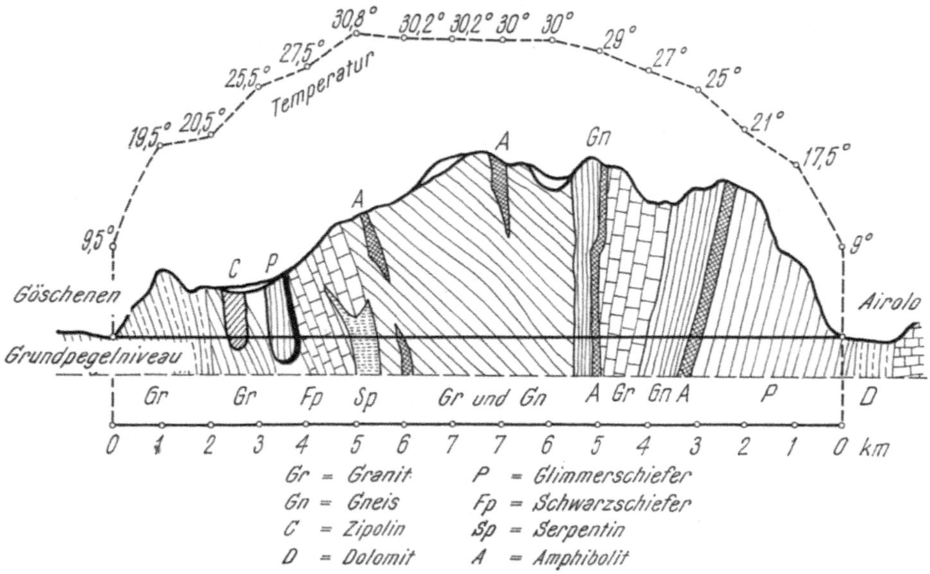


Abb. 35. Geologisches Längsprofil des Gotthard-Eisenbahn-Tunnels

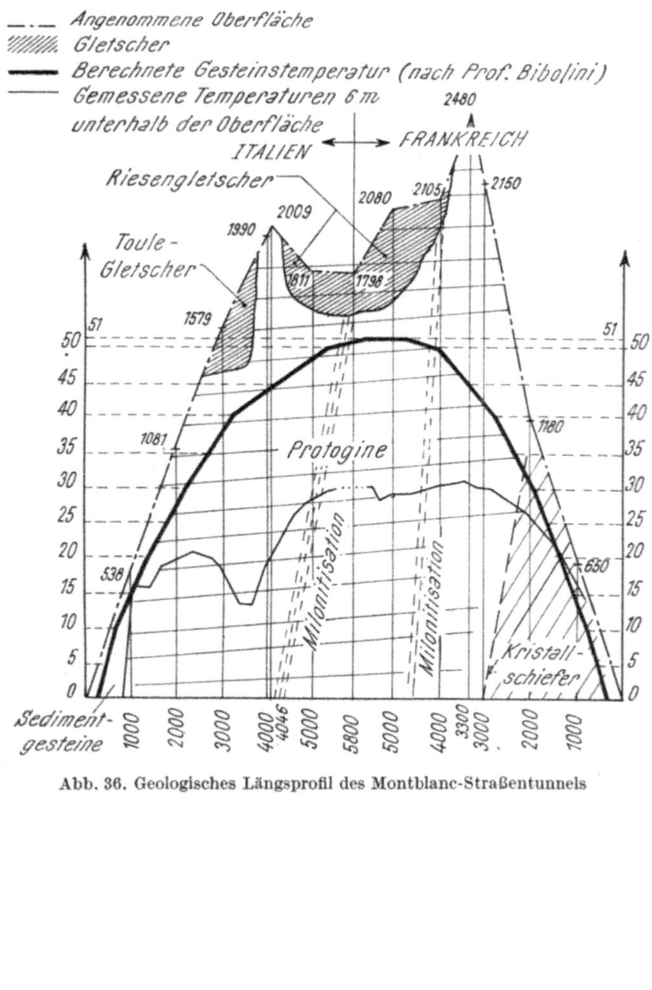


Abb. 36. Geologisches Längsprofil des Montblanc-Straßentunnels

zumal das Maximum beispielsweise beim Gotthardtunnel gar nicht unter der höchsten Überlagerung gemessen wurde. Einen wesentlichen Unterschied bedeutete jedoch der vorherrschende Neigungswinkel der Schichtung — beim Gotthard saiger einfallende, beim Simplon parallel zur Geländeoberfläche, d. h. schräg gelagerte Schichten —, ferner das Gesteinsmaterial, und zwar Granit in dem einen bzw. Jurakalk, Gneis und Schiefer im anderen Fall (mittlere Wärmeleitfähigkeit $\lambda_{gr} = 1{,}81$ bzw. 1,12 — 2,20 — 0,9). Ein anderer einschneidender Unterschied ergab sich bei den Gebirgsdrücken. Während nämlich im Gotthardtunnel wegen der großen Gesteinsfestigkeit echter Gebirgsdruck überhaupt nicht beobachtet wurde, mußten im Simplontunnel bei km 4 sowie im Jurakalk der mittleren Strecke sehr starke Gebirgsdrücke bewältigt werden. Dies steht übrigens im Einklang mit der Tatsache, daß sich Kalkstein bei großen Überlagerungshöhen plastisch verformt und sich wie pseudofestes Gestein verhält (vgl. echter Gebirgsdruck, Kap. 3.1.2.).

Abb. 36 zeigt das geologische Längsprofil des kürzlich fertiggestellten Straßentunnels unter dem Montblanc. Der Durchstich liegt vornehmlich in Protogin (eine zwischen Gneis und Granit einzureihende Gesteinsart) und zum kleineren Teil in kristallinem Schiefer. Ernste Schwierigkeiten ergaben sich beim Bau in jenen Strecken, in denen sich das Protogin als Folge der Mylonitisation in modifiziertem (d. h. durch vorangegangenen gebirgsbildenden Druck in völlig zerrüttetem, zersplittertem) Zustand befand. Hier traten hohe echte Gebirgsdrücke auf (s. Kap. 3.1.2.), so daß eine dicht bemessene Firstenverankerung erforderlich wurde und besondere Abstützungs- und Baumethoden eingeführt werden mußten.

Interessant ist ferner die Tatsache, daß die Temperaturwerte, die für den Hohlgang nach dem Verfahren von Bibolini auf Grund der Überlagerungshöhe berechnet wurden, um annähernd 100% über den tatsächlich gemessenen Werten lagen. Vermutlich ist diese Abweichung dem Umstand zuzuschreiben, daß die Gletscher, die das Gelände über dem Hohlgang bedecken, eine beachtliche Anfangs-Kühlwirkung ausüben.

Abb. 37 veranschaulicht das geologische Längsprofil des großen Apenninentunnels, Abb. 38 das des *Tanna-Tunnels* [13]. Die Gegenüberstellung dieser beiden Tunnel und ihr Vergleich mit den soeben besprochenen führt zu instruktiven und aufschlußreichen Ergebnissen. Vor allem hatten diese beiden Tunnel eine Überlagerung von nicht mehr als 400 bis 600 m, nach den Berechnungen anhand der geothermischen Tiefenstufe hätten also in ihnen weit niedrigere Temperaturen auftreten dürfen als in den Alpentunneln. Demgegenüber wurden im Apenninentunnel selbst Temperaturen von 60 °C gemessen, während man im Tanna-Tunnel im Hinblick auf die Überlagerung mit porösen vulkanischen Tuffen, auf das voraussichtliche Auftreten von Gas- und Heißquelleneinbrüchen und auf postvulkanische Exhalationen (Solfatara, Fumarola) vorweg mit Temperaturen bis 59 °C, gerechnet hatte, schließlich aber bloß Maximalwerten von 28 °C begegnete. Beim großen Apenninentunnel lag der Grund in dem starken Methangaseinbruch aus dem eozänen Tonschiefer (km 2,3 bis 3,0 N), der die Temperatur außergewöhnlich hoch ansteigen ließ, beim Tanna-Tunnel hingegen in dem ungewöhnlich ergiebigen Wassereinbruch, der die Temperatur herabsetzte. Echter Gebirgsdruck trat in beiden Röhren auf. Beim Apenninentunnel wurde er gleichfalls in dem bereits erwähnten Tonschiefer wirksam, wo er die Bauleitung zwang, von der belgischen zur österreichischen Bauweise, von der trapez- zur kreisquerschnittigen Sohlstollen mit satter Holzklotzverkleidung überzugehen (vgl. Abb. 409). Im Tanna-Tunnel (vgl. Abb. 38) dagegen wurden im sogenannten Solfatara-Ton, einer aus der hydrothermal bedingten Verwitterung von Andesit und Andesittuff entstandenen gebrächen Schicht, echte Gebirgsdrücke von annähernd 20 kg/cm² gemessen. Dieser Ton lag in den Zerrüttungsstreifen und ergoß sich unter dem Einfluß der Wassereinbrüche als flüssige Masse von der Ortsbrust her in den Tunnel. In dem Gelände, das Spuren starker vulkanischer Tätigkeit zeigt, war das Gebirge dicht von Zerrüttungsstreifen durchzogen, deren Breite stellenweise die 15 m überstieg. Die Bewältigung zweier dieser breiten, auch in die Abbildung eingezeichneten Zerrüttungsstreifen dauerte 8 bis 9 Monate. Der einbrechenden Wassermassen trachtete man durch Anlage eines eigenen Hilfsstollennetzes Herr zu werden (vgl. Kap. 7.2.3.3.3.), während der Vortrieb selbst nur nach der Schildbauweise mit Druckluftentwässerung und nachfolgender Verpressung des Gesteins — unter größten Schwierigkeiten — fortgesetzt und beendet werden konnte. Die im geologischen Längsprofil enthaltene Tanna-Mulde selbst ist das Ergebnis einer unter tektonischer Einwirkung entstandenen Depression, die zur Ausbildung von Serien dicht nebeneinanderliegender Zerrüttungsstreifen führte. Die engständigen Zerrüttungsstreifen führten dem Stollen ungewöhnlich viel Wasser zu, und die wiederholt einbrechenden gewaltigen Wassermengen ($Q_{max} = 3{,}4\ m^3/s$), verursachten auch mehrere Unglücksfälle mit Todesopfern. Erhebliche Wassereinbrüche gab es ferner beim Bau des Apenninentunnels ($Q_{max} = 0{,}35\ m^3/s$). Der Vergleich der geologischen Längsprofile der beiden Tunnel läßt klar erkennen, daß die Durchörterung

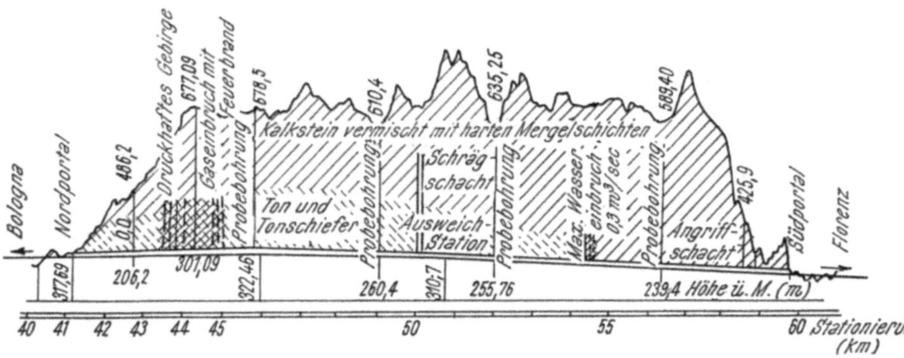


Abb. 37. Geologisches Längsprofil des Grand Apennin-Tunnels

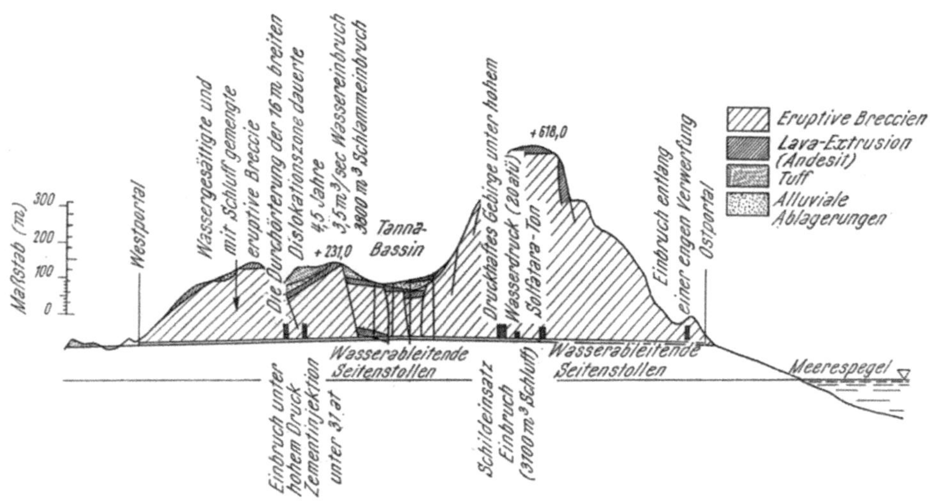


Abb. 38. Geologisches Längsprofil des Tanna-Tunnels (Japan)

jüngerer Sedimentgesteine und jungen vulkanischen Gebirges oder junger Schüttkegel selbst bei geringeren Überlagerungshöhen außerordentlich große Schwierigkeiten zu verursachen vermag. Bei langen Tunneln gestaltet sich die Voruntersuchung der geologischen Verhältnisse besonders schwierig, weil sich Schürfbohrungen und Schächte praktisch nicht so dicht abteufen lassen, daß man ein lückenloses Bild über die voraussichtliche Schichten- und Gesteinsfolge gewinnen könnte. Beim Apenninentunnel hatte man 7 Schürfbohrungen niedergebracht, beim Tanna-Tunnel sogar die ganze Mulde durch ein sehr dichtes Netz von Bohrungen zu erschließen versucht, und dennoch war es nicht möglich gewesen, die Wirkungen, die sich später konkret meldeten, im voraus zu bestimmen. Im übrigen sind Bohrungen zu diesem Zweck im allgemeinen gar nicht geeignet, Schürfschächte dagegen so kostspielig und in ihrer Anlage so zeitraubend, daß man sich zu solchen selten entschließt. (Das Abtäufen eines 1000 m tiefen Schachtes z. B. nimmt ein volles Jahr in Anspruch.)

Abb. 39 zeigt wieder den geologischen Schnitt durch einen Tunnel, der für die außergewöhnlichen Schwierigkeiten beim Bau bekannt geworden ist. Die „Karbon"-Strecke des 8 km langen *Karawankentunnels* auf der Strecke Villach—Triest hat durch die außerordentlich starken echten Gebirgsdrücke, die in ihr auftraten, einen gewissen Ruhm erlangt. Trotzdem die Überlagerung nicht mehr als 650 m betrug, schoben sich unter den mächtigen Drücken schwere behauene Quadersteine der Ausmauerung von den Ulmen her fast um 1 m in den Lichtraum

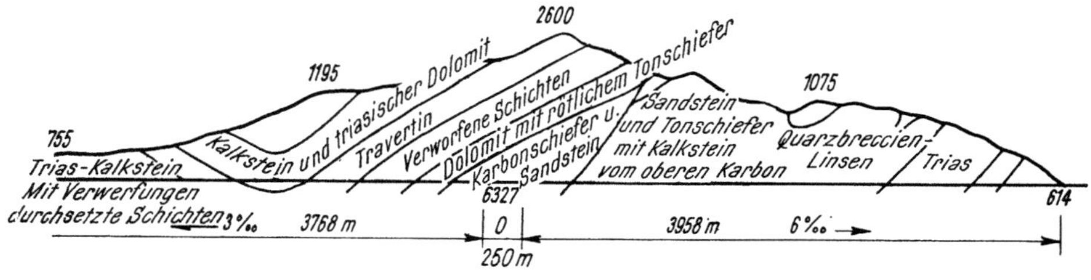


Abb. 39. Geologisches Längsprofil des Karawanken-Tunnels

hinein, und die Zimmerung verkleinerte sich infolge dieser Verschiebung durch den Sohldruck und die Firstsenkungen so sehr, daß sie ständig umgebaut werden mußte. Abhilfe vermochte selbst das Einziehen von Rahmen aus Doppel-U-Trägern 300 in die Sohlstollen nicht zu schaffen, weil sich diese Rahmen ebenso deformierten wie die Zimmerung. Eine weitere Erschwerung der Lage trat beim Vortrieb des Firststollens ein. Unter dem starken Ulmendruck drückte sich die zwischen den beiden Vortriebsstollen stehengelassene 4 m mächtige Bank an der Sohle des Firststollens nach oben, am First des Sohlstollens nach unten, so daß sich eine völlige Querschnittverzerrung ergab. Dieser starke Druck zeigte sich vornehmlich in den Kohlenschieferschichten, die mit Tonschiefer- und schiefrigen Tonschichten, stellenweise auch gemischt mit Quarzsandsteinen und Quarzkonglomeraten durchsetzt waren. Die Schiefer waren gebräch, die Quarzgesteine glashart. Bezeichnend für die Schwierigkeiten ist die Tatsache, daß man zur Fertigstellung von 1 lfm Tunnellänge Holzmengen benötigte, deren Kubatur 25% des Rauminhaltes der Röhre gleichkam. Die Schwerigkeiten waren offenbar der bildsamen Verformung der wenig festen und zu weitgehender plastischer Deformation neigenden Kohlen- und Tonschieferschichten zuzuschreiben, wobei zum Zustandekommen der spannungsfreien Zone längere Zeit und eine große Verformung vonnöten war (vgl. Kap. 3.1.2.).

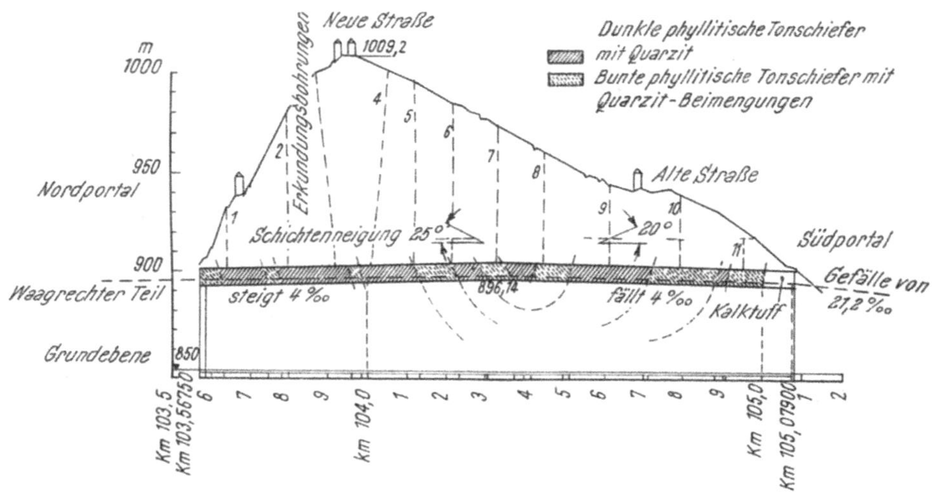


Abb. 40. Geologisches Längsprofil des Semmering-Tunnels

Der nächste geologische Längsschnitt — Abb. 40 — stellt den des *Semmeringtunnels* dar [14]. Es handelt sich um einen typischen Scheiteltunnel mit einer minimalen Überlagerung von 40 bis 100 m. Die Trassenführung in dieser Höhe entsprach dem Streben, den Tunnel möglichst kurz zu halten. Dafür mußte man sich freilich mit der Tatsache abfinden, daß die Verwitterungstätigkeit von Niederschlägen, Frost, Atmosphärilien und biologischen Faktoren am wirksamsten in Überlagerungsschichten so geringer Mächtigkeit zur Geltung kommen, die Festigkeit des Gesteins herabsetzen und dem Wasser den Weg bis hin zum Tunnelquerschnitt eröffnen kann. Darüber hinaus war das Gebirge an der gewählten Stelle in durch und durch zerrüttetem, zertrümmertem Zustand, von tonigen Schichten durchsetzt, wozu sich erschwerend noch vielfacher Wasserzudrang an den Übergangsstellen, Schichtgrenzen und an den Störungsflächen entlang hinzugesellte. Vermutlich hätte man einige 100 m bergwärts von der gewählten Baustelle gesunden, festen Kalkstein angetroffen, doch wäre dann auch der Tunnel länger geworden.

Das Gebirge ist durchwegs aus verschiedenen, den triassischen und jurassischen Formationen des geologischen Mittelalters entstammenden Gesteinsarten aufgebaut, die in der Nähe des Tunnels sehr starken tektonischen Einwirkungen ausgesetzt sein mochten. Ganz allgemein lassen sich die hier anstehenden Gesteine in zwei Gruppen unterteilen. Die erste Gruppe (*I*) umfaßt graue Quarzite und graue Tonphyllite. Die mehr oder minder grobkristallinen Quarzite stehen bankig an und zeigen Spuren starker tektonischer Oberflächen- und Tiefenbeanspruchung, die sich sowohl an ihrer Zerrüttung als auch an ihrer Zertrümmerung erkennen läßt. Die Drücke im Gestein waren außergewöhnlich hoch, was sich in der Aufblätterung und im grießartigen Zerfall der einzelnen Schichten manifestierte. Gefördert wurde dieser Vorgang noch durch das Hindurchsickern des Wassers. Die größte Mächtigkeit der Schichtenpakete belief sich auf 100 m, die der dunklen phyllithaltigen Tonschieferschichten innerhalb dieser Schichtpakete auf höchstens 10 m, während die reinen Quarzite in einer Schichtmächtigkeit von 40 m anstanden.

In der zweiten Gruppe (*II*) standen braune, dünnbankige und gebräche Dolomite und rötlichbraune phyllithaltige Tonschiefer an, die mit den Dolomiten in enger Folge wechselten. Nahe am Südportal stehen mylonitisierte Tonschiefer an. Auch diese zweite Schichtenpackung hat eine Mächtigkeit von maximal 100 m, von denen auf den brauenn Dolomit höchstens 20 m, auf den bunten phyllithaltigen Tonschiefer höchstens 15 m, auf den hellen Dolomit 25 m und auf den weißen Quarzit 20 m entfallen. In den meisten Fällen sind aber diese Gesteinsarten miteinander regelrecht vermengt.

Während der Bauarbeiten konnte nahezu überall das plastische Fließen des Gesteins beobachtet werden, und zwar jeweils ein langsameres oder schnelleres, je nachdem, ob im eben durchörterten Schichtenpaket die Tonschiefer oder die Dolomite und Quarzite überwogen. Aus diesen Fließerscheinungen läßt sich darauf schließen, daß sich das Gebirge schon ursprünglich in einem plastischen Gleichgewichtszustand befand oder daß es diesen infolge der an den Ulmen auftretenden Spannungshäufungen annahm. Jedenfalls handelte es sich also um echten Gebirgsdruck, der der Überlagerungshöhe von 40 bis 100 m entsprechend zwischen 10 kg/cm$^2$ und 25 kg/cm$^2$ schwankte.

Im Hinblick auf die Kürze der Frist für die Fertigstellung des Tunnelbaues (27 Monate) konnte die Entwicklung des echten Gebirgsdruckes und die Schutzhüllenbildung nicht abgewartet werden.

Besonders hervorzuheben ist das starke Schwellen der Sohle unter der Einwirkung des echten Gebirgsdruckes, das stellenweise eine Höhe von 2 m erreichte. Die Instandhaltung des Sohlstollens verursachte während der ganzen Dauer der Bauarbeiten die größten Schwierigkeiten. In den unter starkem Druck stehenden Strecken mußte man denn auch zu einem ringquerschnittigen Holzausbau mit 1,5 m langem Buchenkantholz greifen (vgl. Abb. 409 und Kap. 6.2.1.1.4.). Das Schwellen der Sohle wuchs mit dem fortschreitenden Ausbruch der einzelnen Teile des Lichtraumprofils (vgl. Kap. 3.4. und Abb. 124).

Diese Beobachtungen beziehen sich auf den Umbau des Tunnels in den Jahren 1950/52 bzw. auf den Bau des 92 m bergwärts verlegten neuen eingleisigen Tunnels, dessen geologische Verhältnisse sich von denen des ursprünglichen zweigleisigen, in den Jahren 1848/52 gebauten Tunnels kaum in etwas unterscheiden.

Die Schwierigkeiten wachsen, wenn Tunnel in jüngeren Formationen aufzufahren sind, wofür Beispiele am häufigsten *Unterwassertunnel* zu liefern pflegen.

Abb. 41 veranschaulicht die geologischen Längsprofile einiger bekannterer Unterwassertunnel. Wie schon erwähnt, treten bei diesen die Gesichtspunkte der verlorenen Höhe und der

Wasserabdichtung in den Vordergrund, weil es in der Regel unvermeidlich ist, bei Bemessung des Tunnelprofils den vollen geostatischen und hydrostatischen Druck in Betracht zu ziehen. Das kritische Problem bildet hierbei die Wasserundurchlässigkeit der über dem Tunnelgewölbe anstehenden Schicht. In dieser Hinsicht erwiesen sich der plastische Ton im Umkreis um den Antwerpener, der rote triassische Kalkstein um den Liverpooler Tunnel als durchaus

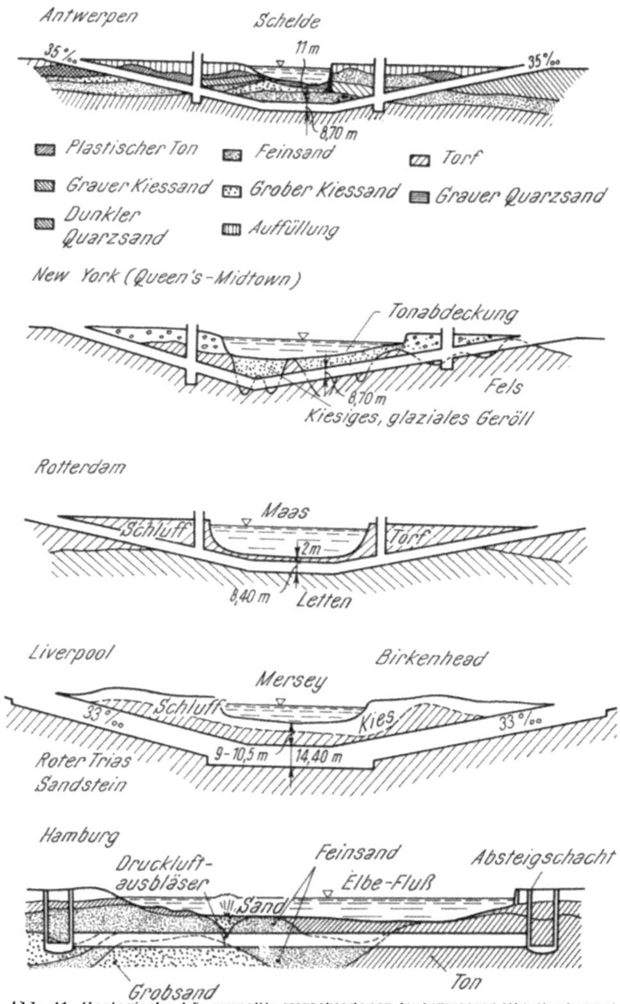

Abb. 41. Geologische Längsprofile verschiedener Unterwasser-Straßentunnel

entsprechend. Ungeeignet waren dagegen der lockere Feinsand über dem Hamburger Elbtunnel, der Rotterdamer schluffige Torf sowie der im Fels über dem Queen's Midtown-Tunnel eingeschlossene kiesige Gletscherschutt. Aus diesem Grunde wurde der Rotterdamer Tunnel nicht nach der Schildbauweise, sondern von oben mit Caissonabsenkung erbaut, während man beim Bau des Queen's Midtown-Tunnels auf die Bettsohle zunächst eine wasserdichte Lettenschicht anschüttete. Trotzdem ereignete sich auch beim Bau dieses Tunnels ein Wassereinbruch von oben, doch war der nicht annähernd so groß wie der im Hamburger Elbtunnel. Hier war der Überdruck der Luft im Arbeitsraum des Schildes, der das Eindringen von Wasser zu verhindern hatte, über den hydrostatischen Druck des Wassers angestiegen, hatte die über dem Tunnel anstehende wasser- und luftdurchlässige Überlagerungsschicht durchbrochen, worauf die Luft durch diese entwich und sich in den entlüfteten Arbeitsraum des Schildes Wasser und Sand ergoß. Zur Wiederholung ähnlicher Fälle genügt es durchaus, wenn sich in der sonst wasserdichten Überdeckungsschicht auch nur ein einziger Wasserweg findet. Ein Musterbeispiel für richtiges Bauen in zweifelhaften und nicht ganz aufgeklärten Böden bietet deshalb die Methode, deren man sich beim Bau des Dükers unter dem Haarlem-Fluß bediente (Abb. 42). Wie aus dieser Abbildung hervorgeht, trieb man vom lotrechten Schacht in 37 m Tiefe zunächst einen Probestollen vor. Alsbald zeigte sich eine starke Verschlechterung

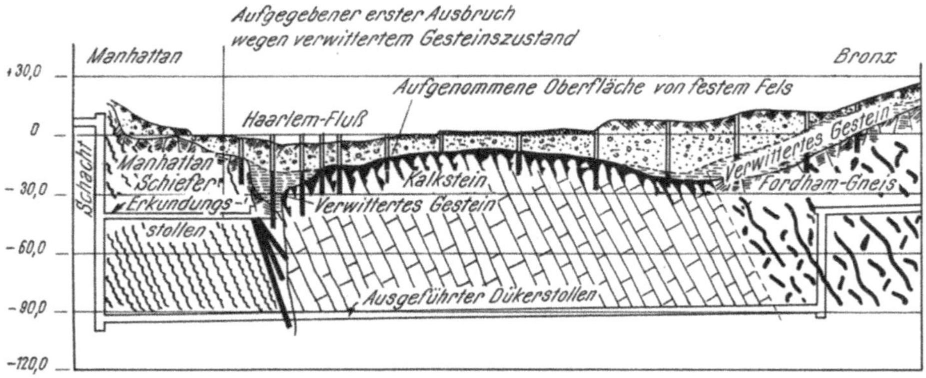


Abb. 42. Geologisches Profil mit veränderter lotrechter Linienführung des New Croton-Aquadukts (New York)

der Druck- und Wasserzudrangverhältnisse, worauf man durch Bohrungen, die aus dem Probestollen angesetzt wurden, feststellte, daß man sich einem Zerrüttungsstreifen näherte, der mit verwittertem und zermalmtem Bodenmaterial gefüllt war. Der weitere Vortrieb des Probestollens wurde hierauf eingestellt und der Stollen des Dükers in den in 90 m Tiefe anstehenden gesunden Gesteinsschichten aufgefahren. Einwandfreien Aufschluß über die geologische Situation hatte also auch hier erst der Probestollen geliefert. Es wird sich stets bezahlt machen, vor dem Vollausbruch des Tunnelquerschnitts, wo immer nur angängig, mit tunlichst weit vorgetriebenen Probe- und Richtstollen zu arbeiten (s. auch Kap. 6.2.1.1.).

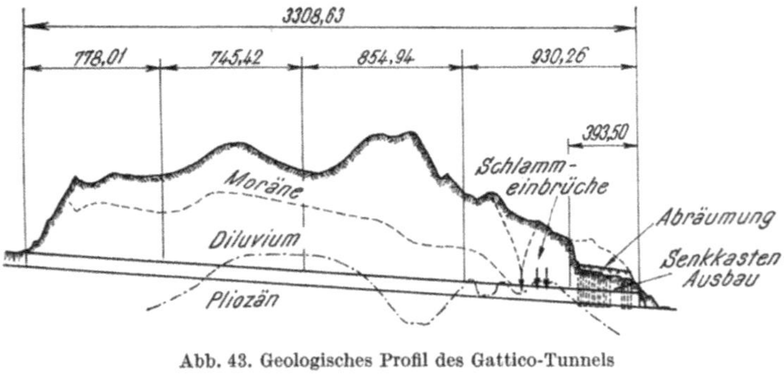


Abb. 43. Geologisches Profil des Gattico-Tunnels

Die geologischen Längsschnitte einiger weiterer Tunnelbauten zeigen die Abb. 43 bis 45.

Darunter stellt Abb. 43 das geologische Längsprofil des schon vorher erwähnten 3309 m langen *Gattico-Tunnels* (1902 bis 1905) dar und darf nach Aussendorf als Schulbeispiel dienen. Nach dem geologischen Gutachten sollte das Gebirge aus Gletschermoränen mit wenig Wasserzuflüssen bestehen. Leider wich diese Voraussage auf der 930 m langen Ausfahrtstrecke nach Arona vom später angetroffenen Zustand wesentlich ab. Da trat sehr feiner Sand mit kiesigen Beimengungen zwischen großen Felsblöcken bei sehr starkem Wasserandrang fließend auf. Das Auffahren dieser Strecke wurde mit der belgischen (Unterfangungs-)Bauweise vorgesehen (vgl. Kap. 6.2.3.1.). Ganz unvermutet stellten sich Wasserzuflüsse bis zu 15 $m^3$/St ein, zu denen sich bald Schlammeinbrüche gesellten, die den Stollen und Teile des fertigen Tunnels überschwemmten. Die Schwierigkeiten konnte man nur durch einen parallel zur Tunnelachse aufgefahrenen Entwässerungsstollen bewältigen. Beim Vortrieb vom Schacht III aus in Richtung Arona wurden die Schwierigkeiten noch erheblich größer und es trat ein trichterförmiger offener Tagebruch von 400 m² Ausdehnung auf, wobei die Wassermenge auf 600 m³/St stieg. Die größten Schwierigkeiten waren aber beim Vortrieb vom Mundloch Arona aus zu

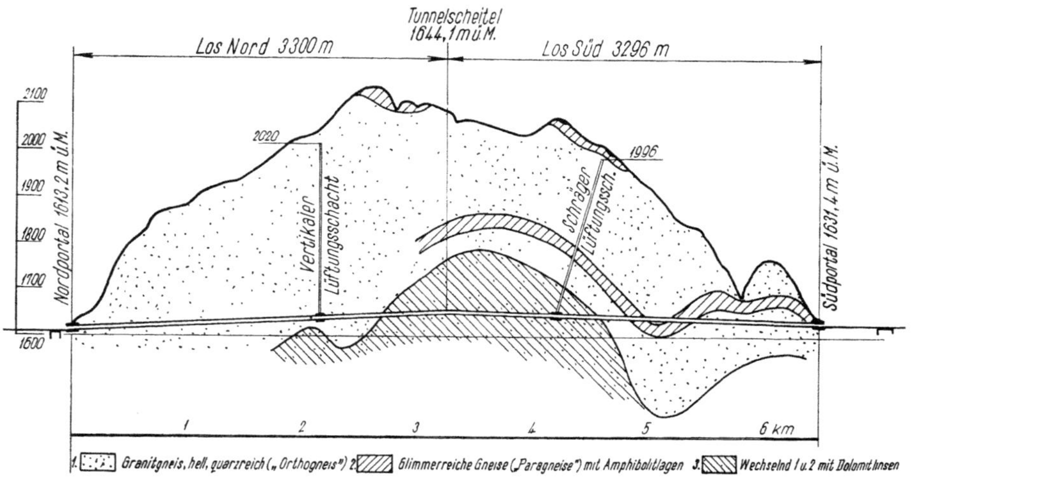


Abb. 44. Geologisches Profil des Bernhardin-Straßentunnels

bewältigen, obwohl die Überdeckungshöhe nicht mehr als 30 m betrug. Einige Zwischenstrecken konnten mit der italienischen (Sohlgewölbe-)Bauweise und unter Druckluft (vgl. Kap. 6.2.3.3.) fertiggestellt werden, aber zuletzt war man gezwungen, die Oberfläche um 15 bis 20 m abzutragen und von dort aus eine Reihe von Druckluftsenkkasten abzusenken. Der Tunnelquerschnitt wurde oberhalb der Arbeitskammerdecke zwischen den aufgezogenen Mantelwänden ausgebaut (vgl. Abb. 43).

Abb. 44 stellt das geologische Längsprofil des in jüngster Zeit hergestellten 6596 m langen Bernhardin-Straßentunnels, Abb. 45 das Profil des 5828 m langen St. Bernhard-Straßentunnels dar.

Abb. 46 zeigt den geologischen Schnitt durch den *Tunnel unter der Festung* in Budapest, wo infolge mangelhafter Wasserabdichtung des Mauerwerkes, nachträglich ein umfangreiches Entwässerungssystem eingebaut werden mußte (vgl. Abb. 634).

Ohne die Unterlagen eines möglichst genauen geologischen Längsschnittes ist der Tunnelbauer außerstande, auch nur erste Schritte in Richtung der Planung zu unternehmen, weil er weder die Tiefenlage des Hohlganges noch seine geeignete Auskleidung oder die Anlage seines Entwässerungssystems oder auch nur seine Abmessungen festlegen kann, aber auch ratlos vor der Frage steht, welche Bauweise er zu wählen hat. Nicht minder wichtig ist der geologische Längsschnitt zur Festlegung der wirtschaftlichen und fachgemäßen Art seiner Instandhaltung und eventueller Reparaturen.

Selbstverständlich darf sich die Planung nicht auf den geologischen Längsschnitt in einer einzigen lotrechten Ebene allein beschränken, sie muß vielmehr zur Erschließung der optimalen Verhältnisse in ihre Erwägungen auch den Umkreis der mutmaßlichen Trassenführung mit einbeziehen. So ist es z. B. bei Untergrundbahnen geradezu Vorschrift, Probebohrungen nicht in der Trassenachse, sondern abwechselnd rechts und links von dieser in Abständen von 50 bis

100 m niederzubringen. Liefern die bei der Erkundung gewonnenen Unterlagen ein geologisch gestörtes Bild, wird es sich empfehlen, auch Querschnitte aufzu-

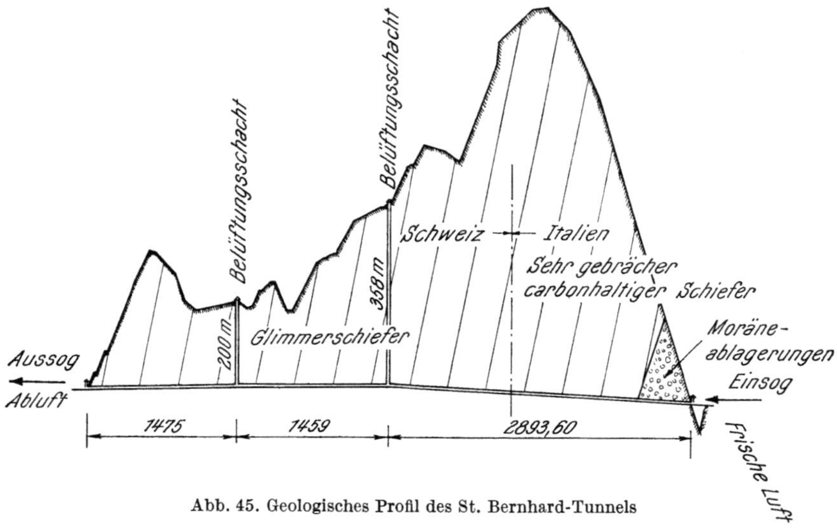


Abb. 45. Geologisches Profil des St. Bernhard-Tunnels

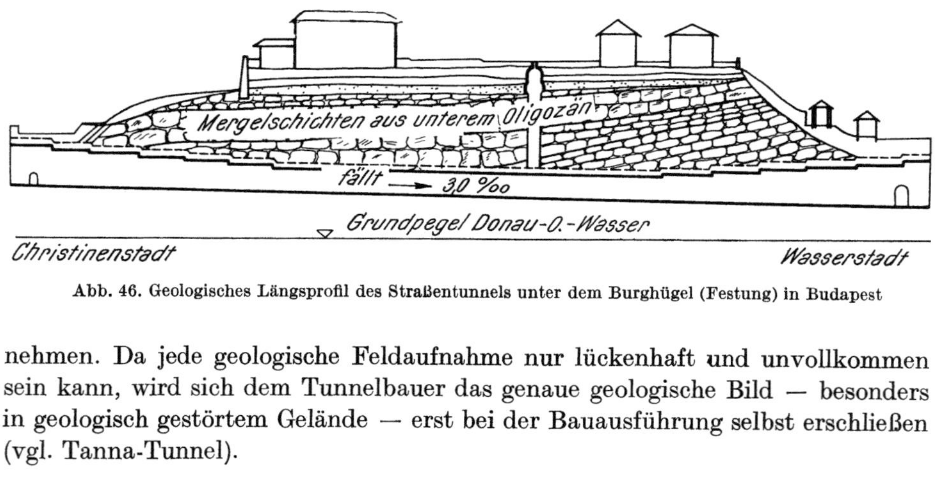


Abb. 46. Geologisches Längsprofil des Straßentunnels unter dem Burghügel (Festung) in Budapest

nehmen. Da jede geologische Feldaufnahme nur lückenhaft und unvollkommen sein kann, wird sich dem Tunnelbauer das genaue geologische Bild — besonders in geologisch gestörtem Gelände — erst bei der Bauausführung selbst erschließen (vgl. Tanna-Tunnel).

## 2.2. Die Wahl der Linienführung des Tunnels

### 2.2.1. Trassenwahl

*Die Wahl der Tunneltrasse richtet sich in erster Linie nach dem zur Diskussion stehenden Verkehrs- oder Transportbedürfnis, sie ist mithin eine Funktion der Zweckbestimmung des betreffenden Eisenbahn- oder Straßenweges. Die engere Wahl seiner Lage aber entscheiden die geologischen und hydrologischen Verhältnisse.* Die eigentliche Linienführung in dem einmal ausgewählten Baugelände hat prinzipiell den gleichen fundamentalen Gesichtspunkten zu folgen wie auf offenem Gelände, müssen doch durch den Tunnel hindurch die gleichen Züge und sonstigen Verkehrsmittel abgefertigt werden wie auf offener Strecke. Die einzige Forderung, die hier vielleicht mit noch größerem Nachdruck auftritt, besteht darin, den Tunnel in möglichst *gerader* Linie zu führen. Die gerade Linienführung erfordern hier nicht nur die Gesichtspunkte der Streckenverkürzung, der wirtschaftlichen Traktion oder der besseren Sicht allein, sie ist auch im Interesse der leichteren Bauausführung, zur Vereinfachung der Absteckarbeiten und zur Sicherung der besseren Belüftung erwünscht. Häufig finden sich jedoch Fälle, in denen der Tunnel selbst gerade, die Eingangs- oder Ausgangsstrecke dagegen wegen der Anschlußstrecke im Bogen geführt werden muß. So führt beispielsweise die Strecke beim Südeingang des Lötschbergtunnels, nachdem sie auf einer langen Strecke die in den Felshang des engen Rhône-Tales eingeschnittene Steigung bewältigt hat, mit einer 90°igen Krümmung in die Felswand hinein. Vom Portal an hätte sie das Gebirge den Plänen gemäß in gerader Linie verqueren sollen. Diese Absicht mußte jedoch, wie aus Abb. 47 hervorgeht, während des Baues aufgegeben werden, weil der

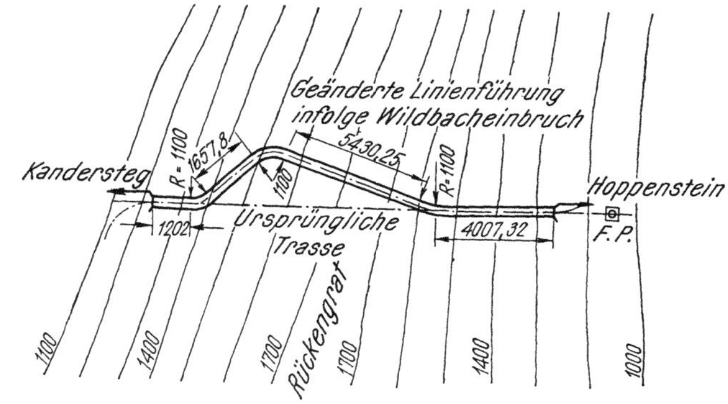


Abb. 47. Während der Bauausführung durchgeführte zwangsbedingte Veränderung der waagrechten Linienführung des Lötschberg-Tunnels

rund 100 m hoch über dem Tunnel dahinfließende Kander-Bach an einem in Kies gebetteten Felsblock entlang in die Röhre einbrach und diese auf einer Strecke von 1500 m Länge mit sandigem Schluff zuschlämmte. Die gefährdete Strecke mußte daher auf die aus der Abbildung ersichtliche Weise umgangen werden.

Noch häufiger finden sich derartige Lösungen bei Unterwasser-Straßentunneln in den inneren Bezirken großer Hafenstädte. Wegen der großen Tiefen könnten hier die An- und Abfahrten nur in großer Entfernung an die Oberfläche hinausgeführt werden, so daß sie teils das wertvollste Baugelände der Innenbezirke stören, teils eben die Uferpartien umgehen würden, die sie eigentlich miteinander zu verbinden hätten. Ebendeshalb werden die An- und Abfahrten nach senkrechter, d. h. kürzester, geradliniger Unterfahrung des Flußlaufes im Bogen meist nahezu parallel zu den Ufern (oder von deren Verlauf bloß in kleinem Winkel abweichend) hinaufgeführt.

Längere Eisenbahntunnel erfordern auch deshalb Krümmungen, weil man ungünstige geologische Formationen, Wassereinbrüche, Zerrüttungsstreifen u. ä. m. umgehen muß. Krümmungen können sich ferner in kleineren Sporn- oder Lehnentunneln als nötig erweisen, die der Geländeform folgen, und selbstverständlich finden sich Krümmungen auch in den Kehrtunneln, die der Längenentwicklung dienen.

Nach den sowjetischen Vorschriften beträgt z. B. der Mindestkrümmungshalbmesser in Eisenbahntunneln auf Hauptstrecken 250 m, auf Nebenlinien 200 m.

Bei der Trassenlage wird man *besondere Sorgfalt auf die richtige Wahl der Mundlöcher* legen müssen. Die Fälle, in denen ein unrichtig gewähltes Mundloch kurz nach Baubeginn abrutschte oder einstürzte und deshalb aufgegeben bzw. verlegt werden mußte, sind durchaus nicht selten. Besonders gefährlich sind die Stellen, an denen Verwitterungsrinden, zerklüftete Lockermassen gegen das Mundloch hin einfallen. Werden diese Verwitterungspartien mit einem Voreinschnitt geöffnet, bevor das Tunnelportal mit ausreichender Standfestigkeit fertiggestellt ist, gerät die ganze Lehne in Bewegung und kann nicht mehr zum Stehen gebracht werden. Überaus wichtig ist auch die richtige Wahl des Tunnelbeginns, d. h. die Entscheidung darüber, wie weit der Voreinschnitt reichen soll. Wirtschaftlich gesehen darf er nicht tiefer sein als 20 bis 25 m, andererseits darf er auch nicht in gleitende Schichten verlegt werden. Nach Stini muß das Tunnelportal in unsicheren Schichten sehr kräftig ausgebildet, seine Stirnmauer um einige Dezimeter über die Lockermassenschicht der Lehne hinauf hochgeführt werden (Abb. 48).

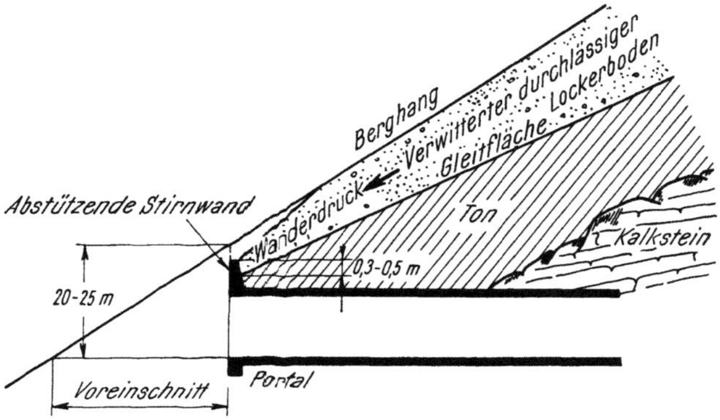


Abb. 48. Auf das Tunnelportal wirkende Kräfte (vgl. Wanderdruck)

Ganz allgemein müssen Tunnelbauten im unterfahrenen Gelände von Bergbaugebieten vermieden werden (vgl. Versorgungsstollen und Untergrundbahntunnel in Grubenstädten), weil sich in den Tunnelröhren aus unvorhergesehenen Setzungen unerwartete und außerordentlich große Krafteinwirkungen ergeben können.

Die Linienführung städtischer Untergrundbahn- und Unterwassertunnel wird durch die Verkehrsbedürfnisse und durch städtebauliche Gesichtspunkte bestimmt. Die Einfügung der Haltestellen und der Aufgänge in das Stadtstraßennetz und in das Stadtbild und somit die Abstimmung der Linienführung mit der städtebaulichen Planung macht die Einschaltung gekrümmter Strecken unvermeidbar. Besonders schwierig gestaltet sich die Linienführung von Unterpflasterbahnen, die dem oberirdischen Straßennetz folgen muß. Diese Forderung zwingt oftmals zum Herabgehen auf ganz kleine Krümmungshalbmesser. Bei Tiefbahnen ist die Linienführung weit unabhängiger von der Bebauung, was die Herabminderung der Krümmungsfahrwiderstände sowie der Streckenlänge und damit Geschwindigkeitserhöhungen ermöglicht. Eine gute Vergleichsgrundlage hierzu bietet die Abb. 49, die ein Detail der alten Budapester Unterpflasterbahn und einer anschließenden Strecke der neuen tiefliegenden Untergrundbahn veranschaulicht. Die Abbildung läßt deutlich erkennen, wie klein die Krümmungshalbmesser sind, die das notgedrungene Festhalten an den Straßenverlauf erforderlich machte.

Tab. 7 enthält eine Gegenüberstellung der wichtigsten Angaben darunter der Krümmungshalbmesser und der Geschwindigkeiten einiger bekannterer Untergrundbahnen.

Die Linienführung von *Stollen für Versorgungsleitungen* in den Innenbezirken von Großstädten richtet sich nach dem Versorgungsbedarf und vor allem nach dem städtischen Straßennetz. Ebenso bestimmen die Linienführung von Wasser-

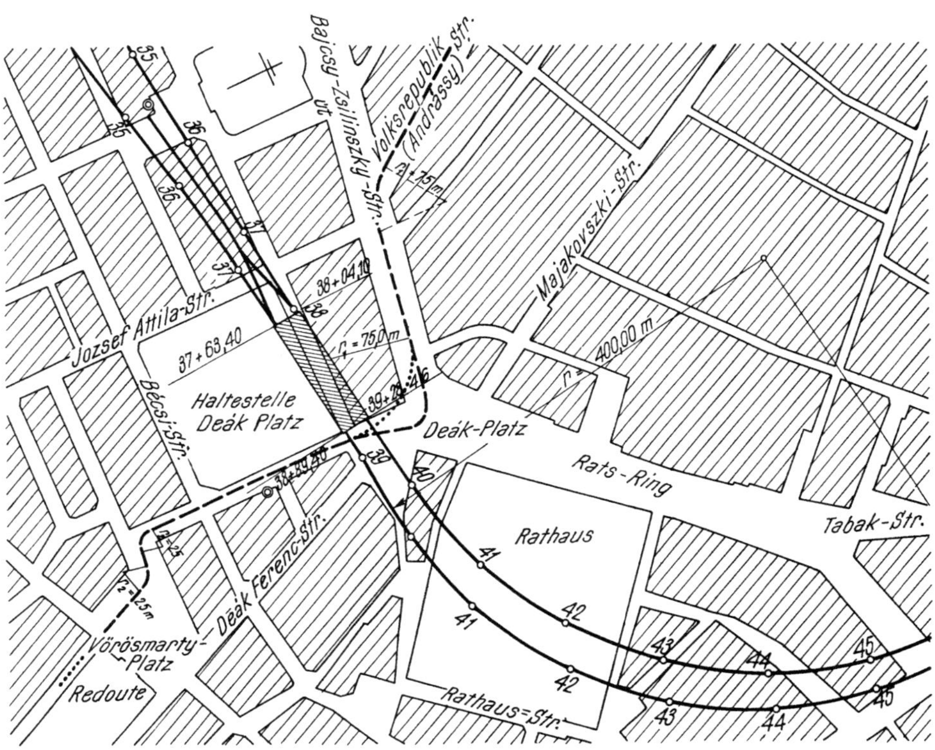


Abb. 49. Vergleich der zulässigen Krümmungshalbmesser der alten und der neuen Untergrundbahnlinie in Budapest

leitungs- und Druckstollen zunächst die Lage der Fassungs- und der Verbrauchsstellen und sodann die bautechnischen sowie die Gesichtspunkte der Sicherheit. Diese letzteren stimmen mit jenen der Eisenbahn- und Straßentunnel im großen und ganzen überein. Zur Verhinderung von Wasserverlusten wird man lediglich mit erhöhter Sorgfalt auf die Umgehung bewegungsanfälliger Geländeabschnitte und Störungszonen zu achten haben, doch wird man auch darauf bedacht sein müssen, durch erdbebengefährdetes Gelände weder Wasserleitungsstollen noch Schiffahrtstunnel hindurchzuführen.

Tabelle 7. *Vergleichende Angaben einiger Untergrundbahnsysteme*

| Stadt | Einwohnerzahl (in Tausenden) | Jährliche Zahl der Reisenden (in Millionen) | Tägliche Zahl der Reisenden (in Tausenden) | Gesämtlänge des Bahnnetzes (km) | Reisende pro Waggon km | Höchstzahl der Züge pro Stunde: Nach der Leistungsfähigkeit der Sicherheits- und Signal-Einrichtung | Höchstzahl der Züge pro Stunde: Wirkliche | KW Stunde/Waggon km | Fahrplan-Geschwindigkeit (km/St) | Durchschnittlicher Abstand der Haltestellen (km) | Berechnete Höchstgeschwindigkeit (km/St) | Krümmungshalbmesser $R_{min}$ (m) | Maßgebende Steigung $e_m$ ‰ |
|---|---|---|---|---|---|---|---|---|---|---|---|---|---|
| New York | 8000 | 1574 | 4300 | 380,0 | 6,2 | 40 | 32 | 3,01 | 29,6 | 2,81<br>0,75 | 38,8 | 100 | |
| Paris | 4776 | 1032 | 3000 | 169,0 | 16,4 | | 36 | 2,21 | 45,5 | 0,51 | 41,6 | 39(75) | 40 |
| London | 9785 | 702 | 2000 | 357,0 | 4,9 | 40 | 38 | 1,91 | 34,8 | 1,3 | 60,8 | 241 | (100) |
| Berlin | 3357 | 267 | 732 | 75,9 | 17,7 | 40 | 18 | 1,08 | 24,6 | 0,77 | 47,2 | 76<br>201 | |
| Philadelphia | 2600 | 182 | 621 | 40,2 | 14,7 | 30 | 30 | 4,29 | 26,9 | 0,71 | | 40 | |
| Boston | 1500 | | | 58,5 | | 38 | 25 | 9,5 | 30,5 | 0,93 | 57,0 | | |
| Chicago | 5000 | 153 | 504 | 28,6 | 5,6 | 40 | 25 | 3,2 | 33,4 | 0,83 | 81,4 | 103 | |
| Hamburg | 1700 | 156 | 426 | 41,5 | 12,7 | 40 | 24 | 1,48 | 29,6 | 1,22 | 47,0 | 68(180) | |
| Stockholm | 753 | 80 | 219 | 62,0 | 21,4 | 40 | 24 | 3,75 | 30,4 | 0,5 | 70,5 | 201 | |
| Glasgow | 1090 | 37 | 100 | 6,6 | 19,6 | | 20 | 4,18 | 22,4 | 0,69 | 38,4 | 201 | |
| Rom | 1680 | | | 6,0 | | | | | | 0,99 | | 201 | |
| Oslo | 429 | 20 | 60 | | 21,6 | | 42 | | | | | | |
| Budapest | 1800 | | 180 | 10,2 | | 40 | 30 | | 35,0 | 1,17 | | 360 | 30 |
| Moskau[1] | 5500<br>(6000) | (1000) | 1000<br>(3500) | 59,5<br>(121,0) | | 40 | 30<br>(35) | | 40,0 | 1,45 | | 300 | 33 |

[1] Anmerkung: Angaben für 1955. Zahlen in Klammern beziehen sich auf 1964.

## 2.2.2. Wahl des Längsprofils

In der Wahl der *Höhenlage* und des Längsprofils bei Eisenbahntunnel-Projekten wird man sich, allgemein gesehen, natürlich wieder von der Zweckbestimmung des Verkehrsweges, d. h. von den Gesichtspunkten der Schaffung einer Verkehrsverbindung und der Aufrechterhaltung ihres Betriebes leiten lassen. Unter den hierbei in Frage kommenden Alternativen werden wieder die *bautechnischen und die Gesichtspunkte der Traktion* den Ausschlag geben.

Vom Gesichtspunkt der Bauausführung und der Traktion aus ist es wesentlich, in welcher *Höhe* bzw. in welcher *Tiefe* der Tunnel geführt wird, weil es von seiner Höhenlage im Verhältnis zur Erdoberfläche abhängt, wie die Schichten geartet sind, in denen gebaut werden muß, bzw. ob man im Trockenen oder unter Wasser zu bauen hat, und wie hoch schließlich die Steigung und die verlorene Höhe ausfallen wird. Während bei Festlegung der Höhenlage von Gebirgstunneln die Gesichtspunkte der Traktion und des Betriebes und eventuell auch die Lage der Schichtwässer (vgl. Abb. 29) die maßgebende Rolle spielen können — weil die Höhenverlegung in dem in der Regel homogenen, festen Gestein keinen großen Unterschied in der Bautechnologie bedeutet —, wird die Tiefenlage von Unterwassertunneln in erster Linie durch die geologischen Verhältnisse bestimmt. Selbstverständlich ist es auch bei Gebirgstunneln wichtig, sie in Gesteinsschichten *ausreichender Festigkeit* und Mächtigkeit und tunlichst oberhalb des Grundwasserspiegels zu verlegen (vgl. Abb. 29), doch läßt sich diese Forderung in der Regel auch dann wirtschaftlich befriedigen, wenn man sich primär die Gesichtspunkte der Traktion und des Betriebes vor Augen hält, weil tieferliegende Schichten fester und weniger verwittert sind und durch eine Tieferlegung auch die verlorenen Steighöhen kleiner werden. Aber selbst wenn diese Gesichtspunkte zur Wahl einer kostspieligeren und schwierigeren Bauweise zwingen würden, die auch mit Entwässerung und mit einer kräftigeren Abstützung weniger fester Bodenschichten einherginge, stünde man üblicherweise nicht vor unüberwindlichen Schwierigkeiten.

Bei Anlage von *Unterwassertunneln* hingegen sind es überwiegend die bautechnischen, d. h. die geologischen Verhältnisse, die in der Frage der Tiefenlage entscheiden, während sich die Gesichtspunkte der Steigung, der Traktion und des Betriebes jenen anzupassen haben. In erster Linie ist auf die genaue Erkundung des Verlaufs der Sohlenlinie, der Höhenlage der Bodenschichten und vor allem der Tiefe ($t$) sowie der Mächtigkeit ($\Delta t$) der wasserdichten Schichten zu achten. Der Tunnel muß unbedingt in die wasserundurchlässige Schicht zu liegen kommen, und zwar mit einer ausreichenden Überlagerung. Die Mächtigkeit dieser Überlagerungsschicht muß mit Sicherheit genügen, um nicht nur Wassereinbrüche von oben, sondern auch das Ausblasen der beim Tunnelvortrieb meistens benötigten Druckluft zu verhindern (Abb. 50).

Einer Umgehung der geologischen Vorbehalte kommt der Bau von Unterwassertunneln durch Absenkung fertiger Teilstücke von oben gleich. Diese Tatsache bildet mit einen Grund dafür, daß diese Bauweise unter ungünstigen geologischen Verhältnissen zu überwiegen beginnt.

Der typische Längsschnitt derartiger Tunnel hat die Form eines Trogs: an den mittleren waagrechten Abschnitt schließen sich mit maximal möglicher Steigung die An- und Abfahrtsrampen an.

In der Frage der Tiefenlage *städtischer Untergrundbahnen* entscheiden gleichfalls die bautechnischen und die geologischen Gesichtspunkte, hier spielen jedoch neben den Bedürfnissen der Traktion auch die Zugangsmöglichkeiten, die Umgehung der durch die städtischen Versorgungsleitungen und durch bestehende anderweitige Bauwerke gebildeten Hindernisse sowie die Sicherheit der oberirdischen Bebauung eine wichtige Rolle. Ein Sonder-Längsprofil kann sich hier aus dem rückenartigen Anheben der Haltestellen ergeben (s. weiter unten).

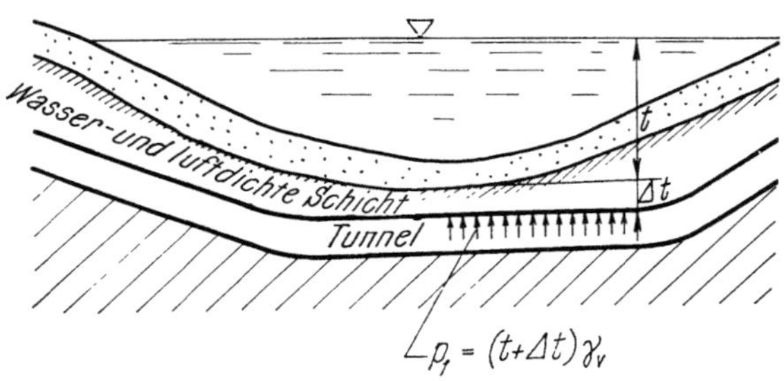


Abb. 50. Vertikale Linienführung der Unterwasser-Verkehrstunnel

Die Tiefenlage von *Kanal- und Schiffahrtstunneln* richtet sich in erster Linie nach der Höhenlage der zu verbindenden Wasserläufe bzw. ihres natürlichen Speisevorfluters, doch können auch die geologischen Verhältnisse — nicht nur wegen ihrer baulichen Belange, sondern auch im Interesse der Verhinderung von Wasserverlusten — keineswegs außer acht gelassen werden. Im Tunnel selbst darf das Gefälle nur ganz minimal sein.

Am freizügigsten lassen sich für gewöhnlich *Stollen für Versorgungsleitungen* den geologischen und bautechnischen Anforderungen anpassen, während bei *Druckstollen für Wasserkraftwerke* die Bindungen betrieblicher Natur das größere Gewicht haben werden, wenngleich die Notwendigkeit, Wasserverluste verhindern zu müssen, auch die Berücksichtigung der geologischen Lage erfordert.

Was die *Traktion* betrifft, muß die im Tunnel anwendbare maßgebende Steigung wesentlich kleiner angesetzt werden als die auf offener Strecke, und zwar aus zwei Gründen: im Tunnel *sinkt die Adhäsion, während der Luftwiderstand steigt.*

Den ersten Faktor der Steigungsverminderung bildet die *Herabsetzung der Zugkraft* als Folge der Verkleinerung des Adhäsionsbeiwertes ($f$).

Unter günstigen Verhältnissen, auf sonnenbeschienenen Lehnen schwankt der Adhäsionsbeiwert bei Dampfbetrieb im Sommer zwischen $f = 0{,}17$ bis 0,18, fällt jedoch an weniger günstig gelegenen Strecken — z. B. in tiefen Einschnitten oder in feuchtdunstiger Luft bei Seehöhen von mehr als 1000 m ü. d. M. — wegen der Feuchtigkeit auf $f = 0{,}14$ bis 0,15 ab. Im Tunnel dagegen schlägt sich im Sommer die Feuchtigkeit aus der von außen einströmenden Luft infolge der Abkühlung nieder, und überdies ist die Luft im Tunnel wegen des Schwitzwassers und der ständigen Nässe in der Tunnelröhre, aber auch infolge des Einsickerns von Grundwasser ohnehin immer feucht. Der Niederschlag auf Schienen oder Fahrbahndecken vermindert die spezifische Reibung zwischen diesen und den Rädern, d. h. den Adhäsionsbeiwert. Seine Höhe hängt übrigens auch von anderen Faktoren, so von der Seehöhe des Tunnels, von der Lage seines Ausgangsportals, von den Wind- und Besonnungs-, von den Lüftungs- und den atmosphärischen Verhältnissen sowie von der Größe des Tunnelquerschnitts ab.

Nach Versuchen beträgt dieser Wert $f_1$ bei Traktion mit Dampflokomotiven 0,11 bis 0,12.

Die Zugkraft der Lokomotive wird mithin von ihrem Wert auf offener Strecke

$$V = 1000\,f Q_a$$

$$\text{auf}\quad V_1 = 1000\,f_1 Q_a$$

absinken. ($Q_a$ bezeichnet hier das Adhäsionsgewicht der Lokomotive.)

Dies wirkt sich natürlich auch auf die maßgebende Steigung aus, da die Zugkraft bei gleichförmiger Bewegung dem Gesamtfahrwiderstand gleich, also

$$1000 f Q_a = Q(\mu + e_m), \tag{21}$$

sein muß. Hierin bezeichnet $Q$ das Zuggewicht, $\mu$ den spezifischen Widerstand des Zuges, $e_m$ hingegen die maßgebende Steigung in Promille.

Im Tunnel ist dasselbe Zuggewicht $Q$ zu befördern, auch der Wert von $\mu$ ist unverändert, es muß somit die maßgebende Steigung $e_m$ auf $e_1$ gesenkt werden, damit die geringere Zugkraft $V_1$ keine Verminderung der Geschwindigkeit zur Folge habe, denn

$$1000\,f_1 Q_a = Q(\mu + e_1); \tag{22}$$

aus der Division der beiden Gleichungen hat man

$$\frac{f}{f_1} = \frac{\mu + e_m}{\mu + e_1} \text{ und}$$

$$e_1 = \frac{f_1}{f}\,e_m - \mu\left(1 - \frac{f_1}{f}\right). \tag{23}$$

Setzt man den Wert von $\mu$ mit dem allgemein üblichen Wert von 3 bis 3,5 kg/t an (hierfür sind die langsameren, schweren Lastzüge maßgebend, für die $v = 30$ bis 35 km/St), läßt sich der Wert von $e_1$ aus $e_m$ rechnerisch ermitteln. In der hier folgenden Tabelle sind die den verschiedenen Werten von $e_m$ zugeordneten Werte von $e_1$ sowie die erzielte Verminderung zusammengestellt:

| Maßgebende Steigung auf offener Strecke | im Tunnel | Verminderung |
|---|---|---|
| $e_m$ ‰ | $e_1$ ‰ | ‰ |
| 10 | 6,5 | 3,5 |
| 15 | 10,2 | 4,8 |
| 20 | 14,0 | 6,0 |
| 25 | 17,5 | 7,5 |
| 30 | 21,2 | 8,8 |

Wie aus dieser Zusammenstellung hervorgeht, ist die Verminderung, deren Wert natürlich auch vom Absolutwert der maßgebenden Steigung abhängt, recht bedeutend.

Anders liegen die Verhältnisse in gewissem Umfang bei elektrischer Traktion, bei der schon vorweg mit einem höheren Adhäsionsbeiwert gerechnet wird als bei Dampfbetrieb und bei der auch die Verminderung andere Werte annimmt. Bei elektrischer Zugbeförderung kann der Wert von $e_1$ mit 20 bis 25‰ angesetzt werden, während er bei Dampflokomotiven 15‰ nicht übersteigen kann.

Neben der Verminderung der Zugkraft ist es die Zunahme des Luftwiderstandes, die zur Herabsetzung der maßgebenden Steigung zwingt. Bezeichnet man seinen Wert mit $\Delta e$, nimmt Gl. (23) die Form

$$e_1 = \frac{f_1}{f} e_m - \left[\Delta e + \mu\left(1 - \frac{f_1}{f}\right)\right] \tag{24}$$

an.

Der Wert des Luftwiderstandes hängt bekanntlich von den Relativgeschwindigkeiten von Fahrzeug und Luft ab (ist also im Gegenwind größer als bei Rückenwind), er ist aber auch eine Funktion des Verhältnisses der Querschnittflächen von Tunnel und Fahrzeug zueinander. Die Größe des Luftwiderstandes und die Faktoren, die ihn beeinflussen, werden auf experimentellem Wege in vorhandenen Tunneln durch Messungen oder in Windkanälen ermittelt. Schon die im Simplontunnel vorgenommenen Messungen haben bewiesen, daß der Widerstand besonders in eingleisigen, d. h. in relativ engen Tunneln hoch ist. Das Fahrzeug bewegt sich in einem verhältnismäßig geschlossenen Raum, in welchem vor ihm eine Kompression, hinter ihm eine Verdünnung der Luft (ein Sog) entsteht. Die Zunahme des Luftwiderstandes wurde experimentell erstmalig im Simplontunnel gemessen, dessen zwei eingleisige Röhren voneinander bekanntlich in einem Abstand von 17 m liegen und künstlich belüftet werden. Die Luftwiderstände wurden zuerst auf offener Strecke und sodann im Tunnel, und zwar sowohl in Richtung des Ventilationszuges, als auch in der entgegengesetzten Richtung bei verschiedenen Zugsgeschwindigkeiten gemessen. Die Ergebnisse sind in der hier folgenden Zusammenstellung zusammengefaßt:

| | | | |
|---|---|---|---|
| Zuggeschwindigkeit $v$ km/St | 50 | 60 | 70 |
| Luftwiderstand auf offener Strecke $\Delta e$ kg/t | 3,3 | 4,1 | 5,0 |
| Luftwiderstand im Tunnel bei Fahrt in Richtung des Ventilationszuges $\Delta e$ kg/t | 5,0 | 6,4 | 8,0 |
| Luftwiderstand im Tunnel bei Fahrt gegen den Ventilationszug $\Delta e$ kg/t | 7,5 | 9,5 | 12,0 |

Wie aus der Zusammenstellung hervorgeht, kann der Luftwiderstand ($\Delta e$) so hohe Werte annehmen, daß er den spezifischen Widerstand ($\mu$) wesentlich übersteigt und zu einem wesentlichen Teil des Gesamttraktionswiderstandes anwächst.

Vor einigen Jahren wurden Widerstandsmessungen in den Tunnelröhren der *Londoner Untergrundbahn* durchgeführt [15], wo außer den Auswirkungen der Geschwindigkeit auch die des Verhältnisses von Tunnel- zu Fahrzeugquerschnitt sowie die der Oberflächenrauhigkeit der Tunnelverkleidung gemessen wurden. Die Ergebnisse sind in den Abb. 51a bis b aufgetragen. Aus Abb. 51a geht hervor, daß der gemessene Widerstand mit zunehmender Geschwindigkeit praktisch linear wächst, daß ferner die Neigung der Geraden eine Funktion des Tunnelrohrdurchmessers darstellt. Über einen gewissen Grenzwert hinaus sinkt jedoch dieser letztere Einfluß wesentlich ab. Abb. 51b läßt dann weiter genau erkennen, bis zu welcher Grenze und in welchem Ausmaß das Verhältnis der Querschnittflächen zueinander sowie die Oberflächenrauhigkeit der Innenverkleidung den Luftwiderstand beeinflussen. Auf der Abszisse ist hier der Unterschied ($\Delta F$) zwischen den Querschnittflächen von Tunnel und Fahrzeug, auf der Ordinate hingegen die Größe der Widerstände aufgetragen. Die den unterschiedlichen

Geschwindigkeiten zugehörigen Werte sind zu je einer Kurve verbunden. Ihr Verlauf zeigt, daß die Wirkung des freien Querschnitts vernachlässigbar klein wird, wenn $\Delta F$ den Wert von 4 bis 5 m², d. h. 40% der Gesamtquerschnittfläche erreicht. Die Wirkung der gerippten Tübbingverkleidung wird gleichfalls bei

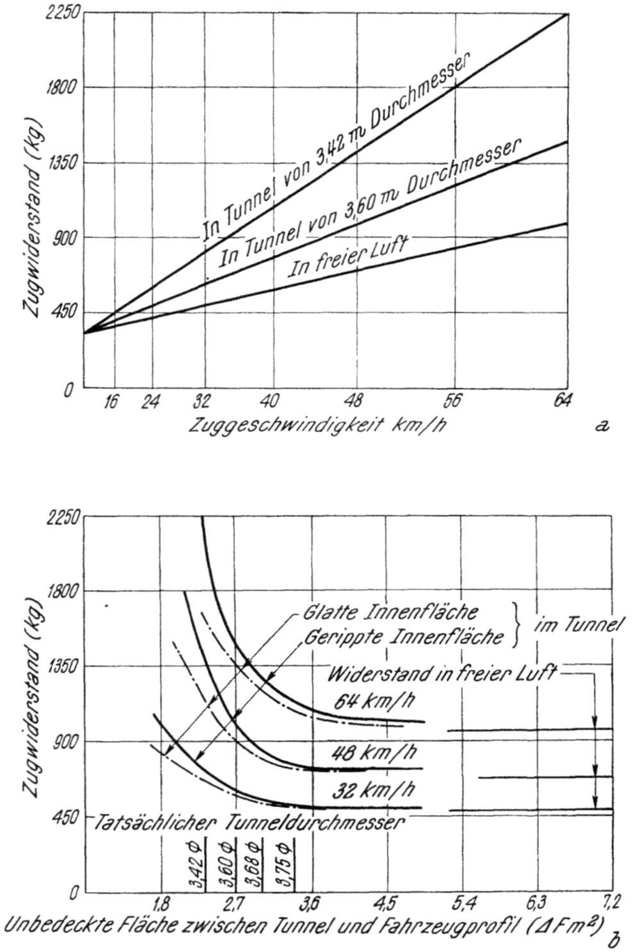


Abb. 51. Ergebnisse der Luftwiderstand-Versuchsmessungen an den Strecken der Londoner Untergrundbahn

diesem Grenzwert vernachlässigbar klein, abgesehen davon, daß sie auch sonst wesentlich geringer ist als die der anderen Faktoren.

*Die Krümmungswiderstände* im Tunnel unterscheiden sich nicht von denen auf offener Strecke.

Die infolge der Verluste erforderliche Verminderung der Steigung soll nicht am Tunneleingang einsetzen, sondern eine halbe Zuglänge vor diesem.

In gewissem Sinne beeinflussen die Steigungsverhältnisse im Tunnel auch die *Wasserableitung*, für die in jedem Tunnel Vorsorge getroffen werden muß. Zu diesem Zweck ist ein minimales Gefälle von 2‰, besser jedoch ein solches von

3‰ vorzusehen. In der Regel haben Tunnel ein Gefälle nach zwei Richtungen, d. h. vom höchsten Punkt im Berginneren nach den beiden Mundlöchern hin. Liegt der Tunnel nicht am höchsten Punkt der Bahnstrecke, sondern in einer Steigung, oder ist er nicht übermäßig lang, kann er auch mit einseitigem Gefälle ausgebildet werden. Das zweiseitige Gefälle hat beim Vortrieb von beiden Mundlöchern aus den Vorzug, daß die Wässer von der Arbeitsbrust weg stets im natürlichen Gefälle abgeleitet und auf diese Weise von Ort ferngehalten werden können. Bei einseitigem Gefälle hingegen läßt sich das Wasser von der Arbeitsbrust auf der höheren Seite nur auf künstlichem Wege entfernen. Bei Unterwassertunneln müssen an der Sohle der Einsteig- oder der Lüftungsschächte an den Ufern Pumpensümpfe abgeteuft werden, denen das Wasser — gleichfalls im zweiseitigen Gefälle — zuzuleiten ist (vgl. Abb. 41). Aus solchen Tunneln läßt sich das Wasser nur durch ständiges Pumpen entfernen, während es aus einem oberflächennahen Tunnel auch im Schweregefälle abzufließen vermag.

In Entwürfen für die *Längsprofile städtischer Schnellbahntunnel* müssen überdies einige besondere Gesichtspunkte Berücksichtigung finden. Vor allem darf hier mit einem höheren Absolutwert der maßgebenden Steigung gerechnet werden als bei Tunneln an der Erdoberfläche, weil Untergrundbahntunnel stets eine Isolierung, Entwässerung und Lüftung haben. Überdies halten die dichte Zugfolge und der verhältnismäßig enge lichte Querschnitt die Luft in sehr starker, ständiger Strömung, die eine Verminderung der Adhäsion infolge Niederschlags der Luftfeuchtigkeit ausschließt. Hierzu kommt noch der bei elektrischer Traktion an sich höhere Adhäsionswert. Andererseits können übermäßig eng bemessene lichte Querschnitte den Luftwiderstand stark erhöhen (s. oben), was sich auf die maßgebende Steigung ungünstig auswirken muß.

Die *Haltestellen von Untergrund-Tiefbahnen* pflegt man über das Niveau der Strecke *hochzuheben*, und zwar zunächst um das Bahnsteigniveau der Haltestellen höher an die Oberfläche heranzubringen, um also den Fahrgastfluß beim Auf- und Abgang zu beschleunigen, d. h. die verlorene Steigung tunlichst niedrig zu halten. Bei Bahnhöfen mit Rolltreppen oder Aufzügen kommt jedoch diesem Umstand geringere Bedeutung zu.

Der größere Vorteil dieser Lösung besteht jedoch darin, daß sie vor dem Bahnhof die Einschaltung einer steilen *Ankunftsrampe*, hinter diesem dagegen die einer noch steileren *Abfahrtsrampe* ermöglicht (Abb. 52). Als weitere Vorteile ergeben sich zunächst eine Verkürzung des Zeitverlustes gelegentlich der Geschwindigkeitsänderung durch Verkürzung der Brems- und Anfahrzeit und sodann eine beachtliche Einsparung an Brems- und Anfahrtsenergie (Möglichkeit der Verwendung kleinerer Motoren). Das Anheben der Bahnhöfe kann nach der Trog- oder Hügelrücken- bzw. nach der Sägezahn-Anordnung erfolgen (Abb. 53). Diese letztere Anordnungsform empfiehlt sich nur bei kleinen Bahnhofsentfernungen oder dort, wo die Strecke von der Oberfläche aus anzulegen ist. In allen anderen Fällen pflegt man die Hügelrücken-Anordnung zu wählen.

Ein Anheben der Bahnhöfe in der geschilderten Form ist jedoch nur dann von besonderem Vorteil, wenn sämtliche Haltestellen in annähernd gleichem Maße angehoben werden. Bei den üblichen Geschwindigkeiten (55 bis 65 km/St) pflegt man die Bahnhöfe um $m = 3{,}0$ bis 4,0 m anzuheben, so daß sich bei einer Abfahrtsrampe von 30 bis 33‰ und einer Ankunftsrampe von 16 bis 20‰ 100 bis 130 m lange Abfahrts- bzw. 150 bis 200 m lange Ankunfts-Gefällestrecken ergeben. Nach konkreten Berechnungen auf der Budapester Untergrundbahn ermöglicht eine *Abfahrtsneigung* von 20‰ gegenüber der waagrechten Strecke eine *Energieeinsparung* von 20%, eine Neigung von 30‰ eine solche von 25%

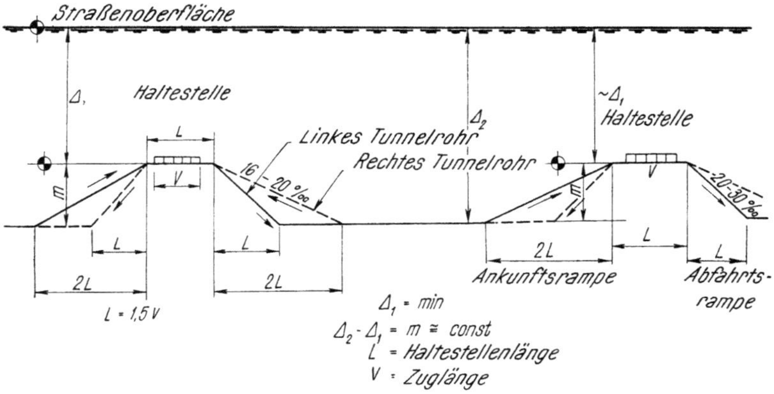


Abb. 52. Stufenartige Anordnung der tiefliegenden Untergrundbahn-Haltestellen

auf Längen von 145 m bzw. 125 m. Eine *Ankunftsrampe* von 20‰ setzt die *Bremsenergie* um 20% herab. Wegen der praktisch unvermeidlichen Höhenunterschiede zwischen den einzelnen Bahnhöfen und wegen der Steigungen auf den zwischengelegenen Strecken erreicht jedoch die Einsparung höchstens 10 bis 15%. Auch wird man berücksichtigen müssen, daß das Anheben der Bahnhöfe Schwierigkeiten in der Wasserableitung hervorrufen kann. (Die in Ermittlung begriffenen optimalen Gefällewerte der Brems- und Anfahrtsrampen sowie ihre auf die Bahnhofs- bzw. Streckenlänge bezogenen Längen veranschaulichen die Abb. 52 und 53.)

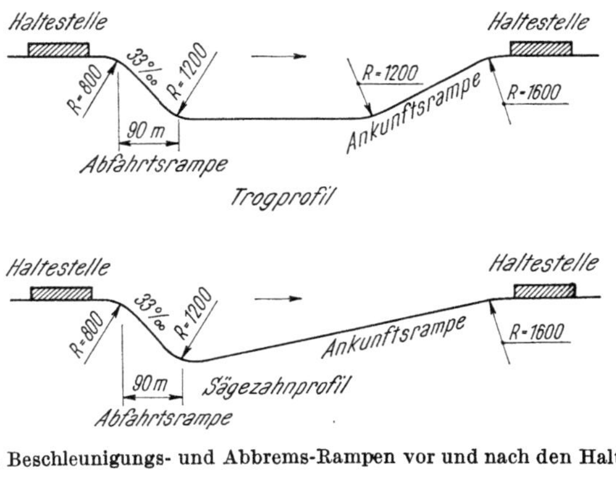


Abb. 53. Beschleunigungs- und Abbrems-Rampen vor und nach den Haltestellen

Nachteilig wirkt sich die Ausbildung bei Gefällestrecken aus, wenn ein Zug auf der Strecke zwischen zwei Stationen angehalten wird und nach Behebung des Fahrthindernisses seine Fahrt *in der Steigung* fortsetzen muß, doch ergeben sich solche Fälle eher bei der Sägezahnanordnung.

Bei Dampfbetrieb kommt die Führung in Gegengefällen nicht in Frage, weil die Gefahr besteht, daß sich die Rauchgase im Tunnel stauen.

## 2.2.3. Die Wahl des Querschnitts

Die Wahl des Querschnitts von Tunneln richtet sich:

1. nach dem Lichtraumprofil der den Tunnel benützenden Fahrzeuge,

2. nach dem Gebirge, dessen Standfestigkeit und Wassergehalt sowie nach dem in ihm zustande kommenden Gebirgsdruck,

3. nach der angewandten Arbeitsweise,

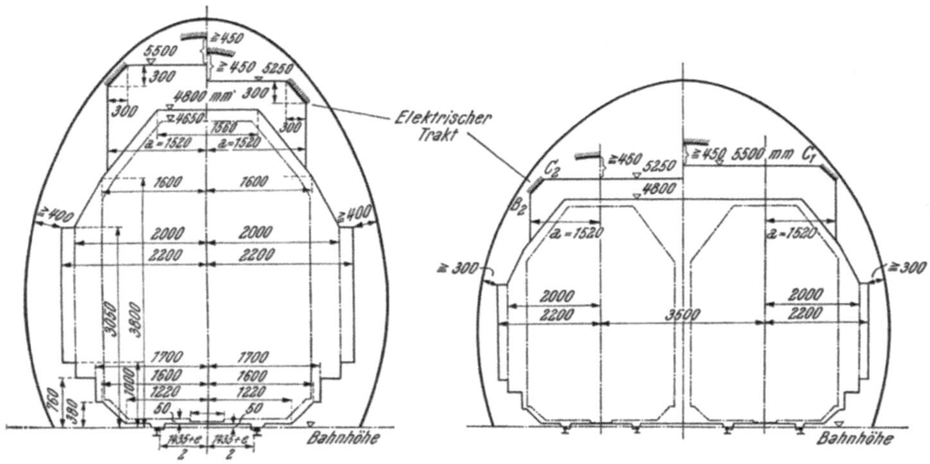


Abb. 54. Typische Querschnitte von Eisenbahntunneln

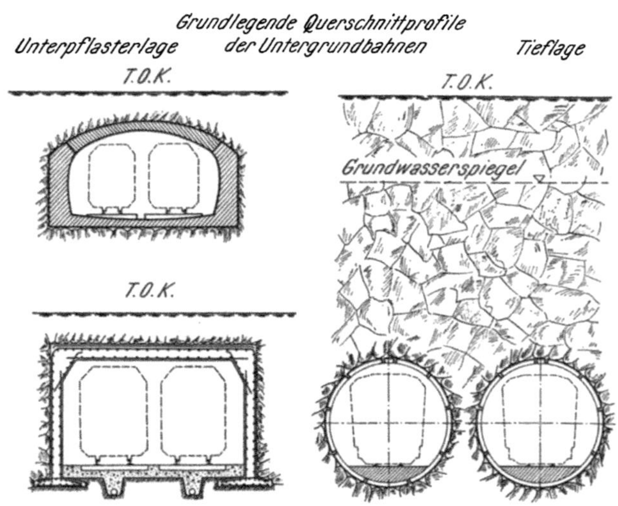


Abb. 55. Typische Querschnitte von Untergrundbahntunneln

4. nach Stoff und Festigkeit der Tunnelausmauerung sowie nach den auf diese wirkenden inneren Belastungen,

5. danach, ob im Tunnel ein oder zwei Gleise bzw. Spuren unterzubringen sind.

Für die einzelnen Verkehrs- bzw. Transportbedürfnisse bzw. für gewisse Gesteinsverhältnisse und Bauweisen sind die vorteilhaftesten und gebräuchlichsten Tunnelquerschnitte auf Abb. 54 bis 63 dargestellt.

*a*) Bei *Eisenbahntunneln* ist der Hufeisenquerschnitt der allgemein verbreitete, und zwar bei eingleisigen Röhren in seiner höheren, bei zweigleisigen Röhren in der gedrückteren Form. Er kann auch mit senkrechten inneren Seitenflächen ausgeführt sein. Unter Gewässern geführte Eisenbahntunnel werden — sofern sie mit Schildvortrieb hergestellt werden —, ausnahmsweise auch mit Kreisquerschnitt ausgebildet (Abb. 54).

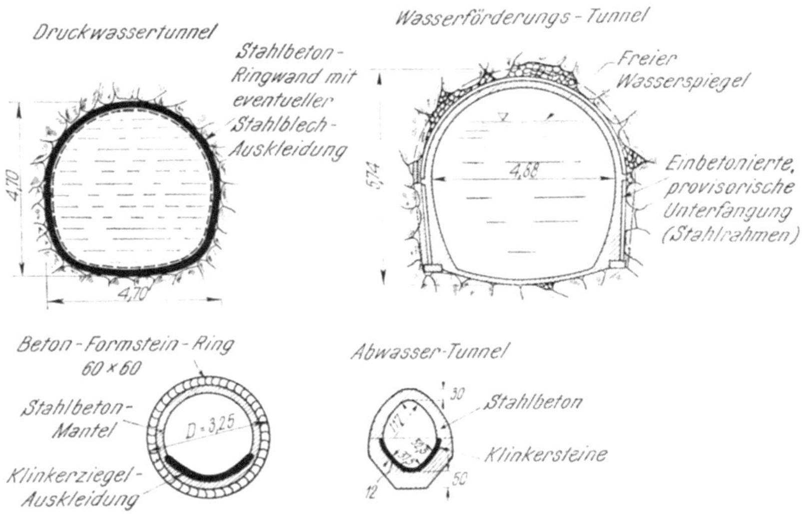


Abb. 56. Typische Querschnitte von wasserführenden Tunneln

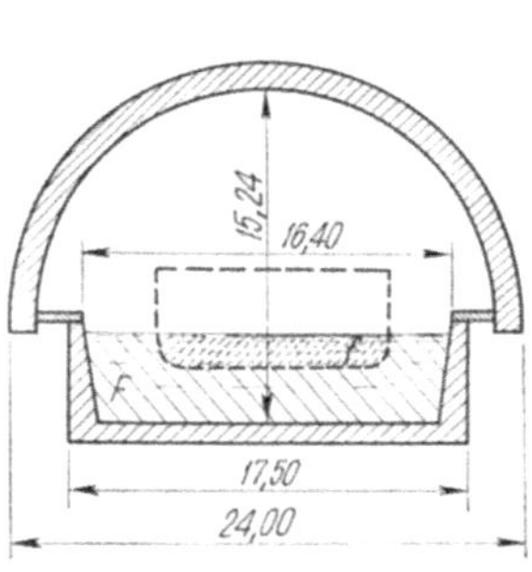


Abb. 57. Typischer Querschnitt eines Schiffahrt-Tunnels

*b*) Bei *Unterpflasterbahnen* ist das gemauerte, mit flachem Tonnengewölbe abgedeckte oder das liegende rechteckige Stahlbetonprofil üblich, bei *Tiefbahnen* hingegen baut man Röhren mit getrenntem Kreisquerschnitt (Abb. 55).

*c*) *Wasserleitungsstollen* haben, soweit es sich um Freispiegelstollen handelt, gleichfalls Hufeisenquerschnitt, während sich der Querschnitt von Druckstollen um so mehr der Kreisform nähert, je höher der Druck ist, unter dem das Wasser fortgeleitet wird (Abb. 56).

*d*) Das charakteristische Profil von *Schiffahrtstunneln* ist der mit flachen Tonnengewölben abgedeckte Trogquerschnitt (Abb. 57).

*e*) *Fußgängertunnel und Stollen für Versorgungsleitungen* haben entweder rechteckigen oder kreisrunden Querschnitt, je nachdem, ob sie unter Pflaster oder tiefer (eventuell unter einem Wasserlauf) angelegt werden (Abb. 58 und 59).

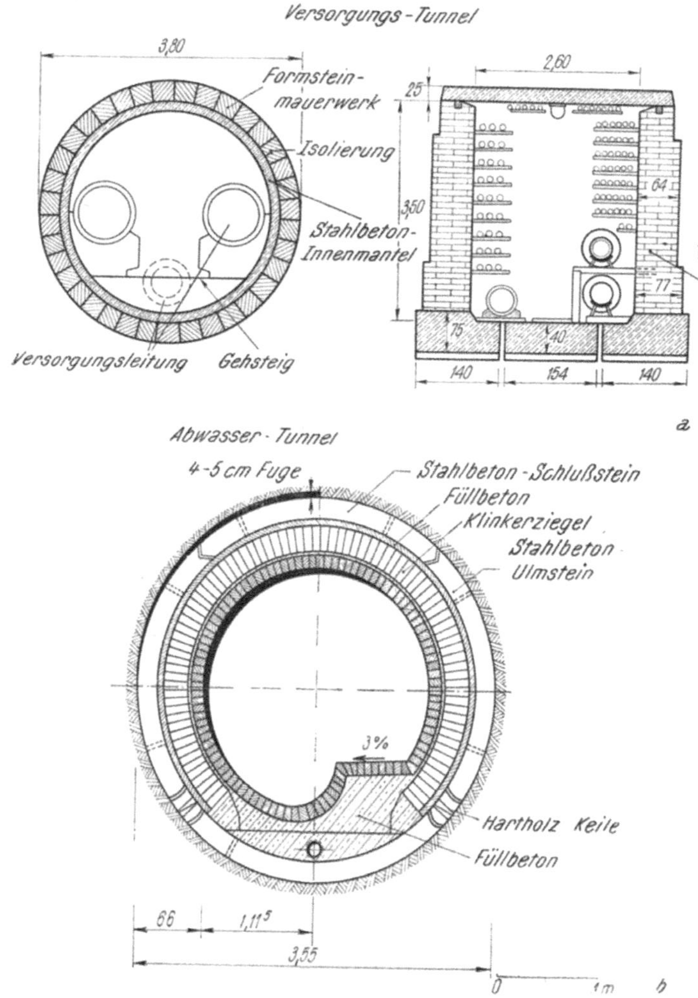


Abb. 58. Typische Querschnitte von Tunneln für städtische Kommunalleitungen

*f*) Die mannigfaltigsten Querschnittformen weisen schließlich die *Straßentunnel* auf. Im Zuge von Autobahnen baut man sie mit abgeflachtem Hufeisenprofil (Abb. 60a) die wegen Belüftungserfordernissen jedoch erhöht werden müssen (Abb. 60b u. c), in Städten (Festungstunnel in Budapest) haben sie erhöhte Hufeisenquerschnitte (vgl. Abb. 634). Für Unterwasser-Straßentunnel wählt man demgegenüber bei Schildvortrieb in der Regel das Kreisprofil, bei abgesenkten Stahlbetonkonstruktionen hingegen (Rotterdam, Amsterdam, Antwerpen usw.) das liegende Rechteckprofil (Abb. 61).

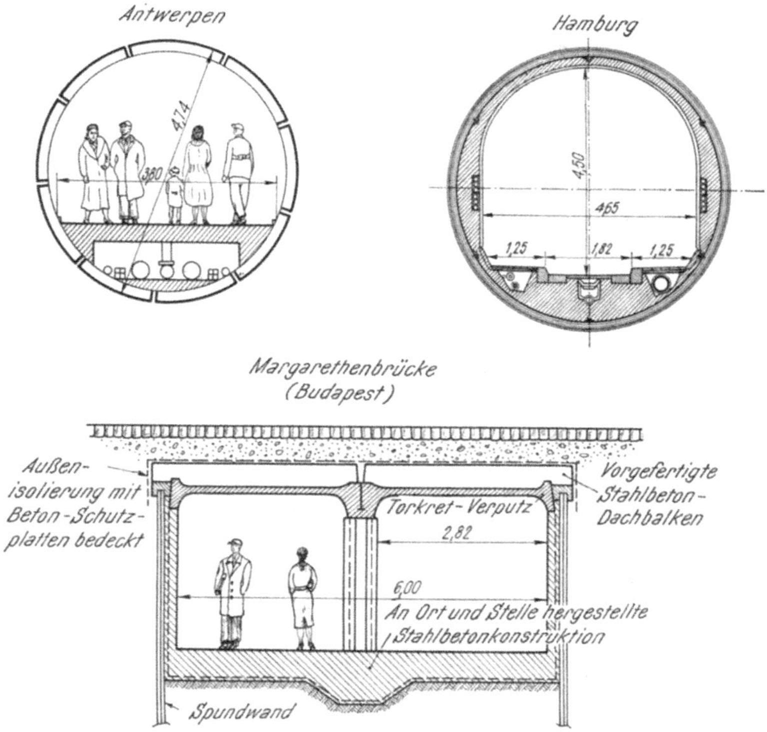


Abb. 59. Typische Querschnitte verschiedener Fußgängertunnel

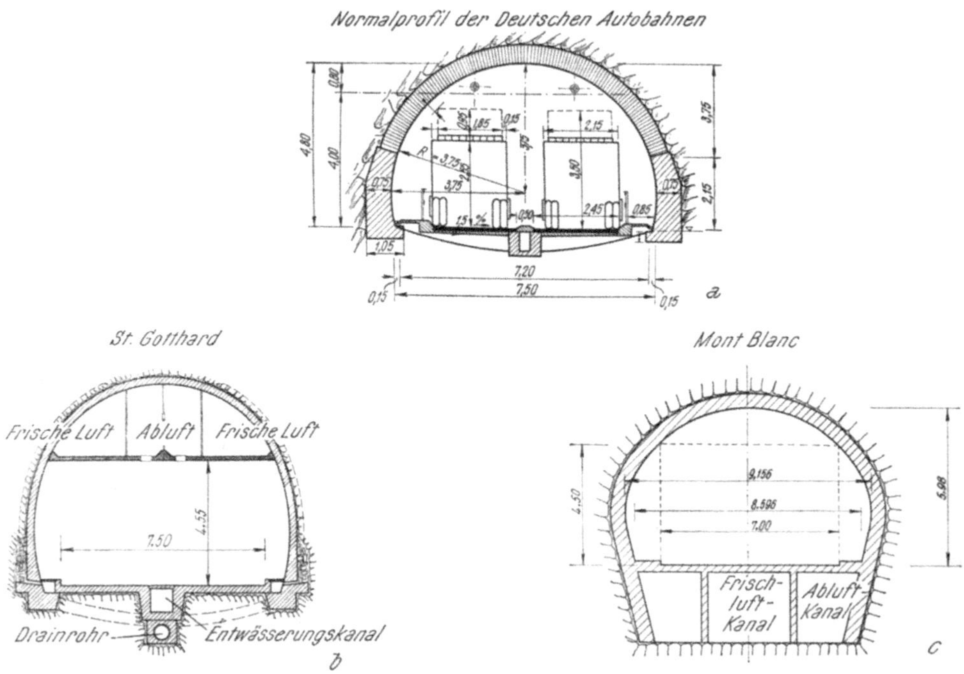


Abb. 60. Querschnitte verschiedener Straßentunnel

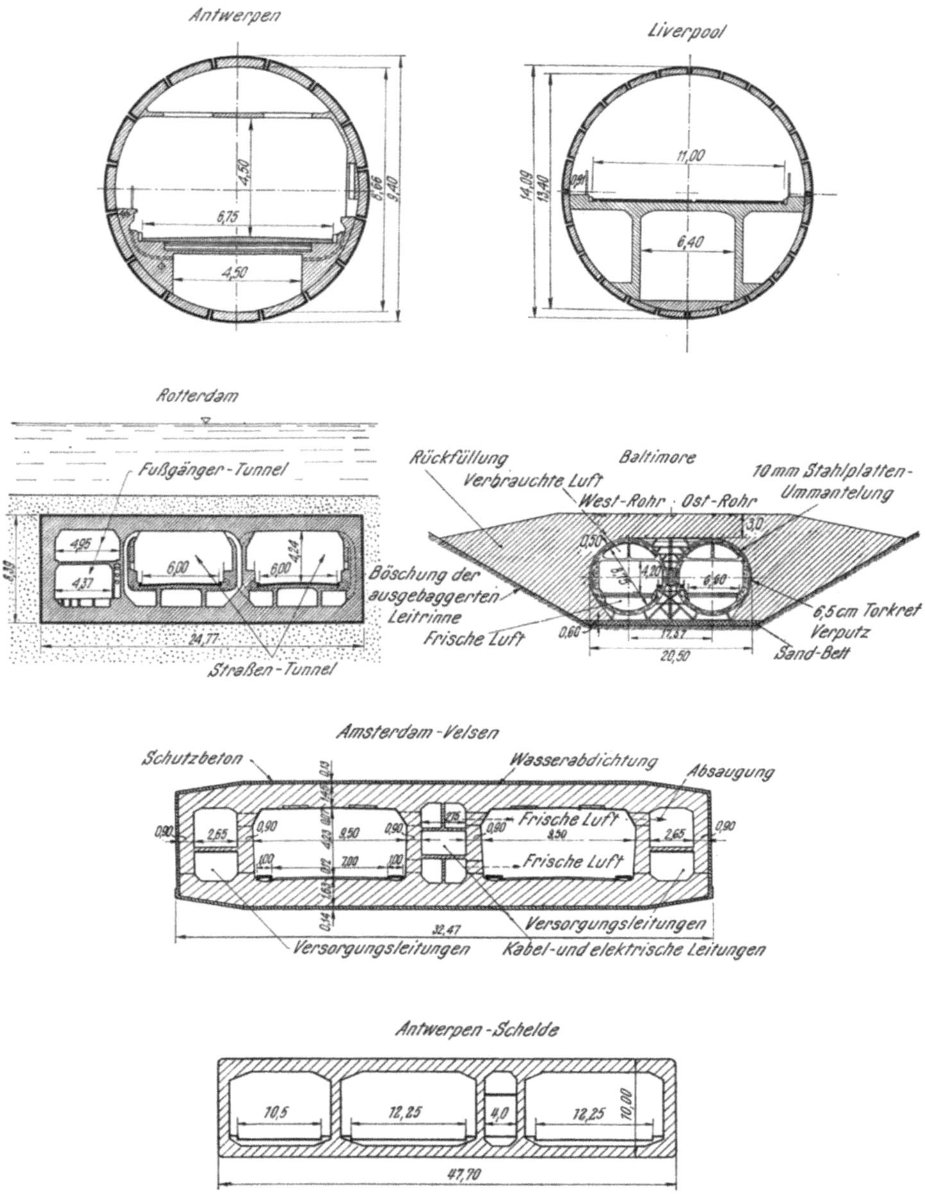


Abb. 61 Querschnitte von Unterwassertunneln

### 2.2.3.1. Einfluß des Lichtraumprofils

Bei Aufnahme der Planungsarbeiten muß vor allem die Umgrenzung des für die Verkehrsabwicklung freizuhaltenden Raumes das *Lichtraumprofil* bekannt sein.

Die innere Konturlinie von ***Eisenbahntunneln*** ist nach den Vorschriften des Mitteleuropäischen Eisenbahnvereins so zu bestimmen, daß sie das Lichtraumprofil um mindestens 30 bis 40 cm überschreitet. Dieses Spielraumes bedarf es im Hinblick auf Ungenauigkeiten in der baulichen Ausführung sowie auf die eventuellen Deformationen, die die Röhre infolge der Gebirgsdrücke sowie eventueller Gebirgsbewegungen und Wassereinbrüche erleiden könnte. Ein größeres Profil erfordert überdies auch die Sicherung des kleineren Luftwiderstandes und der besseren Belüftung, zumal für die Entfernung der Rauchgase und der Verbrennungsprodukte der Lokomotiven und Motoren unbedingt gesorgt werden muß. Aus diesen Gründen wird der innere Querschnitt des Tunnels in der Regel so gewählt, daß er das Lichtraumprofil um mindestens 50 bis 60 cm überschreitet (Abb. 62).

Bei Bemessung des Querschnitts muß ferner auch der Raumbedarf der im Tunnel unterzubringenden, für die Tunnel- und Bahnerhaltung unerläßlichen Leitungen (Wasser- und Preßluftleitungen, Belüftungsrohre, Kabel für Licht- und Kraftstrom sowie für die Sicherungsanlagen usw.) und ihre zweckmäßige Unterbringung berücksichtigt werden. Maßnahmen hierzu sind besonders bei Untergrundbahntunneln von Bedeutung.

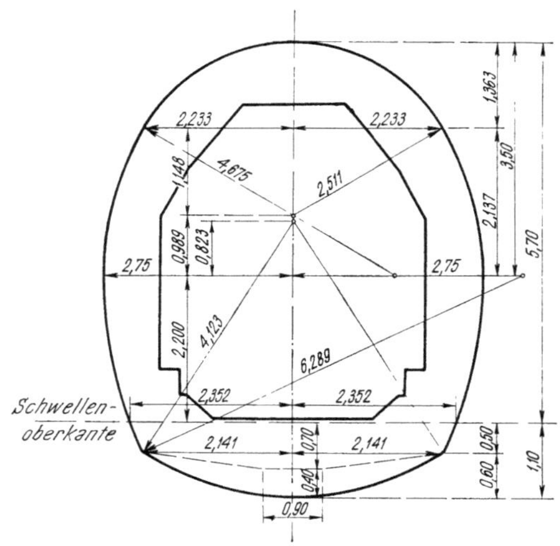


Abb. 62. Erforderliches Lichtraumprofil für Eisenbahntunnel

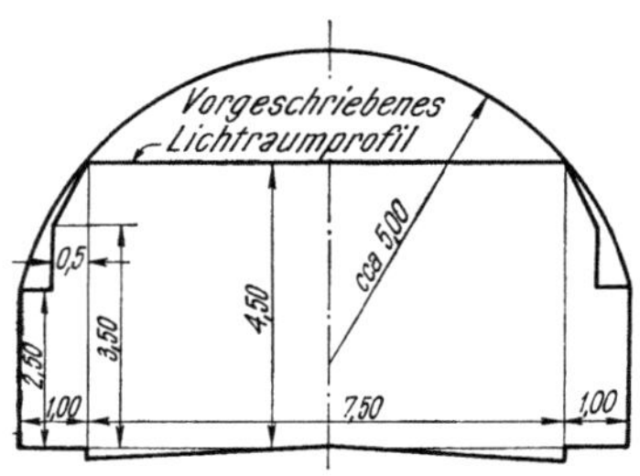


Abb. 63. Vorgeschriebenes Lichtraumprofil für Autobahntunnel

Schließlich wird man bei der Wahl des Querschnitts auch an die Möglichkeit einer späteren Einführung des elektrischen Betriebes denken müssen, weil dieser einen höheren lichten Hohlraum erfordert.

Ein noch höheres Übermaß erfordern *Straßentunnel*, weil die giftigen Auspuffgase die Insassen der Kraftwagen gefährden können. Hier bedarf es einer noch wirksameren Belüftung. Überdies haben Straßenfahrzeuge auf der freien Fahrbahn weit größere seitliche Abweichungen als die schienengebundenen Eisenbahnzüge. Schließlich muß beachtet werden, daß sich die Lichtraumprofile von Straßenfahrzeugen noch im Stadium der Entwicklung befinden und eher noch Vergrößerungstendenzen zeigen. Die Abmessungen der inneren Konturlinie der deutschen Autobahntunnel gehen aus Abb. 63 hervor.

Bei den Querschnittsabmessungen von *Schiffahrtstunneln* sind das Verhältnis des benetzten Querschnitts ($F$) zum Eintauchquerschnitt ($f$) des Schwimmkörpers und die unter diesem verbleibende freie Wasserhöhe zu berücksichtigen, weil der Schleppwiderstand progressiv wächst, wenn der Quotient $n = F/f$ nicht mindestens den Wert von 2,5 bis 3,0 erreicht. Dieser Umstand macht vor allem eine gewisse Vergrößerung der Wassertiefe erforderlich. Wegen der Unsicherheiten im Schleppen von Schiffen gibt man dem Schiffahrtstunnel eine Breite, die die Konturlinien des Schiffes um mindestens 1,5 m überschreitet.

Vom Gesichtspunkt der Ausnützung des Lichtraumprofils aus ist der Rechteckquerschnitt die günstigste, der Kreisquerschnitt die am wenigsten günstige Profilform. Bei Wasserleitungsstollen gilt das Umgekehrte.

Beim *Wasserleitungsstollen* ist es die von ihm zu befördernde Wassermenge, die die Größe der Querschnittfläche bestimmt, so daß diese auch eine Funktion der zulässigen Fließgeschwindigkeit darstellt. Das maximale Schluckvermögen erreicht der im natürlichen Gefälle geführte, sogenannte Freispiegelstollen nicht bei ganz gefülltem Querschnitt, weshalb zwischen dem Scheitel des in der Regel hufeisenförmigen Querschnitts und dem Wasserspiegel ein Abstand von 0,50 bis 1,0 m frei bleibt.

Demgegenüber ist der Druckstollen in seinem ganzen Querschnitt gefüllt und hat keinen hufeisenförmigen, sondern einen Kreisquerschnitt, zumal sich dieser auch am besten zur Aufnahme der hohen Innendrücke eignet.

### 2.2.3.2. Einfluß der Gebirgsart

Zum zweiten richtet sich die Querschnittform von Tunneln und Stollen nach dem *Gebirge*, das sie verqueren. Die Größe der Belastungen von außen, d. h. der Gebirgsdrücke hängt weitgehend von der Eigenfestigkeit des Gesteins ab, und die auf den Hohlgang wirkenden lotrechten und Seitendrücke kommen eben aus dem Gestein. Je lockerer, weicher und je weniger tragfähig das durchörterte Gebirge, um so größer wird der Gebirgsdruck und — im Vergleich zum lotrechten — namentlich der Seitendruck sein, mit denen man zu rechnen hat. Je stärker relativ der Seitendruck wächst, um so mehr muß die Annäherung an den Kreisquerschnitt angestrebt werden. In festem Gestein, das auch nicht zur Verwitterung neigt, wird der gewölbt ausgebrochene Tunnelquerschnitt selbst ohne Ausmauerung stehen bleiben. Gegen Verwitterungseinflüsse schützt das Torkretieren. Möglichkeiten zu Schlüssen auf die Idealform des Tunnelquerschnitts bieten ferner die Gesetze der Statik und des Erddrucks. Legt man dem konstanten Verhältnis der lotrechten zu den waagrechten Drücken das *Rankine*sche Verhältnis zugrunde, erhält man eine Ellipse, deren Haupt- und Nebenachsen sich gemäß Abb. 64 wie

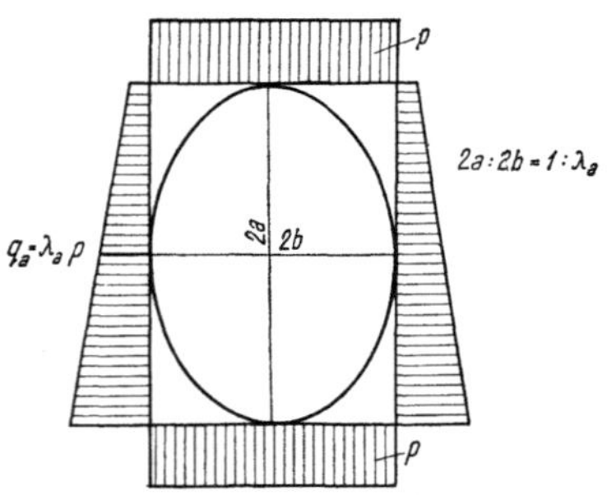


Abb. 64. Theoretisch günstiges Tunnelprofil nach Rankines Druckverhältnis

$$2a:2b = 1:tg^2\,(45^\circ - \varphi/2)$$

verhalten. In Sandböden ($\varphi = 30^\circ$) z. B. ergibt sich hieraus ein Verhältnis wie $2a:2b = 1:0{,}577 = 1{,}6$, d. h. ein Querschnitt, der rund 1,6mal höher ist als breit, was im allgemeinen auch den durch das Eisenbahn-Lichtraumprofil bedingten Erfordernissen entspricht. In durchnäßtem Ton hingegen ($\varphi = 0$) wird das Verhältnis $2a:2b$ der Einheit gleich, die Ellipsenform geht mithin in die Kreisform über, bei den Drücken aber handelt es sich um hydrostatische, auf den Mittelpunkt bezogen, im Schnitt allseitig gleich hohe

Drücke. In Gesteinen kann dieses Verhältnis im Sinne des Quotienten $\frac{\mu}{1-\mu}$ $\left(\frac{1}{m-1}\right)$ angenommen werden. Hierin bezeichnet $\mu$ die für das Gestein kennzeichnende Poissonsche Zahl, während $m = 1/\mu$ ist.

Fenner [16] weist nach, daß zwar ein Ellipsenprofil mit den auf diese Weise ermittelten Haupt- und Nebenachsen im Vergleich zum Kreisquerschnitt insofern als vorteilhaft anzusehen ist, als es die im First auftretenden großen Zugspannungen vermindert, daß es jedoch gleichfalls im First große Druckspannungen wecken wird. Er sucht also diejenige Übergangsform (vgl. Kap. 3.2.2.2.), bei der die im First auftretenden Spannungen eben den Nullwert erreichen, wobei er nachweist, daß es sich um eine Ellipse mit stehender Hauptachse handeln müßte, die sich zur Nebenachse wie $\frac{b}{a} = \frac{2}{m-2}$ verhält. (Zu bemerken ist hierzu, daß die Gleichung nur für $m \neq 2$ gültig sein kann.)

Neuerdings befaßten sich Terzaghi und Richart [17] mit den Auswirkungen der Querschnittform auf die Spannungen. Sie untersuchten die Frage, wie sich bei gleichen Belastungen die Normalspannungen gestalten, die im Kreisprofil bzw. in der Firste und in den Kämpfern stehender und liegender Ellipsenprofile auftreten. Wie aus Abb. 65b ersichtlich, erhöht sich der Druck in der Firste von 0,25 $p_z$ auf 0,50 $p_z$ (Zug), während sich das Ellipsenachsenverhältnis von $^1/_2$ auf

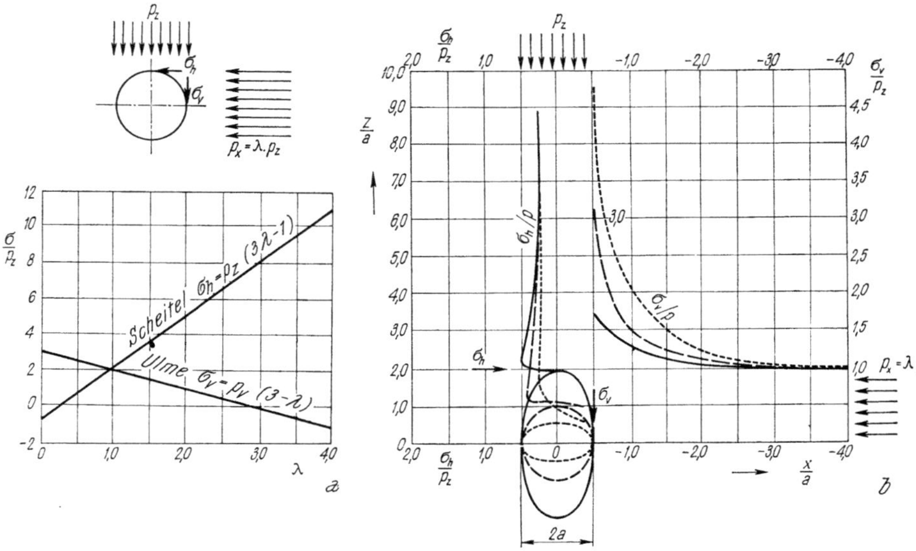


Abb. 65. Der Einfluß der Querschnittform und der Seitendruckziffer auf a) Firstdruck, b) auf Seitendruck

2 verflacht. Die in den Kämpfern auftretenden Spannungen werden demgegenüber bei der gleichen Veränderung des Achsenverhältnisses von 1,75 $p_z$ auf 4,75 $p_z$ anwachsen. In diesem Fall war die Seitendruckziffer mit $\lambda = 0{,}25$ angesetzt. Den Einfluß der Seitendruckziffer auf die in den First- und Kämpferquerschnitten auftretenden Normal-(Tangential-)Spannungen $\sigma_h$ und $\sigma_v$ veranschaulicht die Abb. 65a. Wie aus dieser hervorgeht, wachsen die in der Firste auftretenden

Spannungen mit steigendem Seitendruck (mit zunehmendem $\lambda$) stark an, während die in den Kämpfern auftretenden Normalspannungen weit weniger abnehmen. (Selbstverständlich sind bei diesem Vergleich die durch die Biegebeanspruchung ausgelösten Spannungen nicht berücksichtigt, obwohl diese Beanspruchungen sowohl in den First — als auch in den Kämpferquerschnitten — bei großen Querschnittsabmessungen — entscheidende große Spannungen, und zwar mit entgegengesetztem Vorzeichen hervorrufen.)

Auch hieraus geht deutlich hervor, daß sich die Wahl der Profilform zweckmäßig stets vom Verhältnis der lotrechten zur waagrechten Belastung leiten zu lassen hat. Je nachdem, ob die lotrechte oder die waagrechte Belastung die größere ist, wird sich die stehende bzw. die liegende Ellipsenform als die günstigste erweisen. Eine wichtige Rolle spielt bei diesem Problem die Möglichkeit der freien Deformation. *Bei Behinderung der Deformation werden die Normalspannungen, bei ungehinderter, freier Deformation die Biegespannungen den größeren Einfluß ausüben.* Entsprechend kann es unter bestimmten Umständen vorkommen, daß die Ellipsenform selbst bei einem in Richtung der Nebenachse wirkenden Druck eine günstigere Lösung darstellt als das Kreisprofil, weil für den Querschnitt die Überlagerung der Druckspannungen maßgebend sein wird. Hat man demnach im Gestein nur mit einem in einer Richtung wirksamen (lotrechten) Gebirgsdruck zu rechnen, wird man nach F. Mohr [18] *bei Behinderung der Deformation* die Ellipsenhauptachse zweckmäßig nicht als in der Druckrichtung gelegen annehmen, sondern genau senkrecht auf diese.

In der Praxis wird die Ellipse durch eine *Korbkurve* ersetzt (vgl. Abb. 62). Die Auftragung des Querschnitts nimmt ihren Anfang stets von oben, weil es die oberen Ecken des Lichtraumprofils sind, die die Querschnittabmessungen bestimmen. Von diesen Eckpunkten aus wird der 30 bis 40 cm breite Sicherheitsspielraum abgetragen, worauf man durch die so bestimmten Punkte von einem auf der Vertikalachse gelegenen Mittelpunkt aus einen Kreisbogen legt. Für die seitliche Abgrenzung werden Kreisbogen mit größerem Radius gewählt, die tangential in den Firstkreisbogen hineinlaufen: Der Sohlenteil wird gleichfalls mit einem Kreisbogen abgeschlossen, und zwar wieder von einem auf der Vertikalachse gelegenen Mittelpunkt aus. Dieser Kreisbogen braucht nicht mehr tangential in die seitlichen Kreisbogen hineingeführt zu werden, es genügt, wenn er sie schneidet. Der durch die Korbkurve begrenzten Innenfläche sind sodann Dickenabmessungen zuzuordnen, bei denen entweder die Stützlinie aus den auf die Außenfläche wirksamen Drücken und dem Eigengewicht überall innerhalb des inneren Drittels bleibt, oder das Ausmauerungsmaterial imstande ist, die auftretenden Zugbeanspruchungen aufzunehmen. Die lotrechten Drücke (Firstdrücke) werden durch das Gewölbe aufgenommen. Gegen die Seitendrücke muß das unten offene Hufeisenprofil mit einem Sohlgewölbe abgeschlossen werden, auch sind die Abmessungen der widerlagerartigen Seitenwände zu vergrößern.

Einseitiger Seitendruck macht die Ausgestaltung asymmetrischer Profile erforderlich. Er kann beim Durchörtern des Gebirges in geringer Tiefe und unter abschüssiger Geländeoberfläche, d. h. also in erster Linie in Eingangsstrecken oder in Lehnentunneln auftreten. Das gleiche gilt für Hohlgänge, die in Berghängen steil talwärts einfallende Schichten im Streichen durchörtern, und dies besonders in Rutschgelände sowie im Bereich von Verwerfungen und Gleitzonen.

Besteht eine Möglichkeit, die Größe, vor allem aber die Richtung des Druckes zu bestimmen, wird man das Tunnelprofil tunlichst so ausgestalten, daß die Achse des Gewölbeprofils parallel zur Druckrichtung zu liegen kommt. Das Profil ist in solchen Fällen völlig geschlossen (mit Sohlgewölbe) und vorzugsweise kreisförmig. Eine asymmetrische Profilausbildung wird stets kostspieliger sein, weil der Querschnitt außer dem unbedingt erforderlichen auch zusätzlichen unausgenützten Raum enthält, abgesehen davon, daß sie auch eine umfangreichere Ausmauerung benötigt (Abb. 66). Die Beschaffenheit des Gesteines bzw. des Bodens bestimmt zugleich in maßgeblicher Weise auch die anzuwendende Bauweise, die sich ihrerseits wieder auf die Profilform auswirkt.

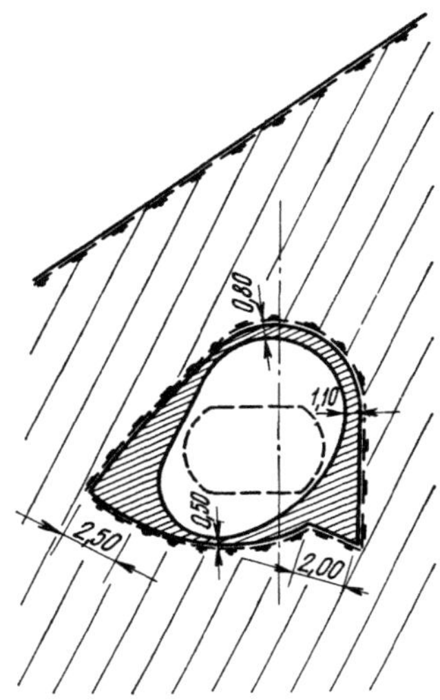


Abb. 66. Asymmetrisches Tunnelprofil

## 2.2.3.3. Einfluß der Baumethode

*Die gewählte Arbeitsweise* bestimmt die Profilform insofern, als

beim Tunnelbau *nach den klassischen bergmännischen Methoden* vornehmlich das Hufeisen-, das Flachtonnen und — allerdings schon weniger wirtschaftlich — das Kreisprofil in Frage kommen,

während *beim Schildvortrieb* fast ausschließlich das Kreisprofil gewählt,

bei *Caisson- oder anderweitigen Kastenabsenkungen* hingegen wirtschaftlich nur Rechteck- und Kreisquerschnitte und

*beim Freivorbau* schließlich Profile beliebiger Form hergestellt werden können.

Indes wird sich die Wahl der Bauweise in erster Linie nach den Gesteins- und Bodenverhältnissen richten, wenngleich sie in geringem Maße auch vom vorhandenen Gezähe sowie von den verfügbaren Maschinen und Baustoffen beeinflußt wird.

Wie weitgehend die Wahl des Tunnelprofils durch die Bauweise bestimmt wird, beweist in anschaulicher Weise die Vielfalt von Querschnittformen bei den Haltestellen der Untergrundbahnen (vgl. Kap. 6.3.4., Abb. 578).

## 2.2.3.4. Einfluß des Baumaterials

*Das Material des Tunnelmauerwerks* beeinflußt die Ausgestaltung der Tunnelquerschnittform insofern, als aus Baustoffen, die nur auf Druck beanspruchbar sind (Stein, Ziegel, Beton) ausschließlich zusammengesetzte Konstruktionen aus Gewölben und gedrungenen Stützmauern gebaut werden können, d. h. ausschließlich solche, in denen lediglich Druck- oder ganz minimale, die Zugfestigkeit des Ausmauerungsmörtels keineswegs überschreitende Zugbeanspruchungen auftreten. Als derartige Querschnitte kommen die Hufeisen-, die Kreis- sowie die stehenden und die liegenden Ellipsenprofile in Frage. Aus Baustoffen, die auch auf Zug und Biegung beansprucht werden können (Stahlbeton, Stahl und provisorische Holzeinbauten), wird man dagegen beliebige Querschnittformen (reine Rechteck- und mit flachem Tonnengewölbe überdeckte Rechteckprofile, schalenartig dünne Verkleidungen usw.) ausgestalten und damit die wirtschaftlichste Lichtraumnutzung erzielen können.

Letzten Endes entscheidet jedoch darüber, welche Art von Baustoffen verwendet werden soll, nicht das Vorhandensein dieses oder jenes Materials, sondern die je nach den gegebenen Gesteins- und Bodenverhältnissen anzuwendende Bauweise, da diese zugleich auch die Frage beantwortet, welches Material verwendet bzw. eingebaut werden kann bzw. zweckmäßig eingebaut werden soll.

Schließlich richtet sich die *Größe des Tunnelquerschnitts* bei gegebener großer Verkehrsdichte, die einen zweigleisigen Eisenbahn- oder einen zweispurigen Straßentunnel erfordert, maßgeblich danach, ob man einen *einzigen zweigleisigen* bzw. *zweispurigen* oder zwei getrennte *eingleisige* bzw. *einspurige* Tunnel auffahren soll.

Für die Entscheidung sind grundlegend die Erwägungen darüber maßgebend, ob der Verkehr die sofortige Anlage eines zweigleisigen bzw. zweispurigen Tunnels erfordert, oder ob der Ausbau des zweiten Gleises bzw. der zweiten Spur auf einen näher oder ferner liegenden späteren Zeitpunkt verschoben werden kann. Mitentscheidend ist ferner, sofern ein sofortiger Vollausbaubedarf besteht, die Frage, ob man bei den gegebenen Gesteinsverhältnissen und bei der gewählten Bauweise einen hufeisen-, rechteck- oder kreisförmigen Tunnel bauen muß. Kommt ein Hufeisen-, ein liegendes Tonnengewölbe- oder ein Rechteckprofil in Frage, wird sich der Bau eines zweigleisigen bzw. zweispurigen Tunnels unbedingt als die günstigere Lösung erweisen. Zweigleisig wird man also die Röhre im allgemeinen durch festeres Gestein, ferner bei oberflächennahen, z. B. bei Untergrundbahn- und bei unmittelbar unter die Bettsohle abzusenkenden Unterwassertunnel herstellen.

Zwingen dagegen starke Seitendrücke zur Wahl des *Kreisprofils, ist es wirtschaftlicher, zwei getrennte eingleisige bzw. einspurige* Röhren aufzufahren. Starke Gebirgsdrücke können übrigens auch bei Tunnel mit Hufeisenquerschnitt die Herstellung zweier getrennter und in ihren Abmessungen kleinerer Tunnel erforderlich machen. Beispiele hierfür bilden der *Simplon*- oder der *Tanna*-Tunnel, bei denen die hohe Überlagerung bzw. die außergewöhnlich ungünstigen Gesteinsverhältnisse so hohe Gebirgsdrücke mobilisierten, daß es unmöglich war, ein größeres Profil wirtschaftlich in einem aufzufahren.

Die hier folgende Vergleichstabelle läßt deutlich erkennen, wie sich die Querschnittfläche von hufeisen- zu derjenigen von kreisförmigen Tunneln bei ein- und zweigleisiger Ausbildung verhält.

| Form | Gleiszahl | Querschnittfläche $m^2$ | % | Bemerkung |
|---|---|---|---|---|
| Hufeisen | 1 | 35— 50 | 55,0 | ohne Sohlgewölbe |
| Hufeisen | 2 | 70— 85 | 100,0 | ohne Sohlgewölbe |
| Hufeisen | 1 | 45— 60 | 58,0 | mit Sohlgewölbe |
| Hufeisen | 2 | 80—100 | 100,0 | mit Sohlgewölbe |
| Kreis | 1 | 29,6 | 43,5 | |
| Kreis | 2 | 68,0 | 100,0 | |
| Ellipse | 2 | 52,8 | 77,5 | |

Wie hieraus hervorgeht, erreicht die Querschnittfläche eingleisiger Tunnel beim Hufeisenprofil mehr als 50%, bei runden Röhren dagegen weniger als 50% der Querschnittfläche zweigleisiger Tunnel, bei jenen kann sich demnach die Anlage zweier eingleisiger Röhren auch wirtschaftlich nachteilig auswirken, während sich bei diesen eben diese Lösung als die günstigere erweist.

Die Tunnelbaukosten hängen jedoch nicht bloß von der Größe der Querschnittfläche, sondern auch von dem für das Ausmaß des Verkleidungsmauerwerks kennzeichnenden Umriß des Profils ab. Dieser beträgt sowohl beim hufeisen- als auch beim kreisförmigen eingleisigen Tunnel rund $^{2}/_{3}$ des Umrisses eines zweigleisigen Tunnels, was also in beiden Fällen die Anwendung eines einzigen zweigleisigen Profils begründet erscheinen ließe. Während sich jedoch die Wandstärke von Hufeisenprofilen in festeren Gesteinen bei größeren Spannweiten kaum ändert, weil es sich in der Regel um minimale sicherheitsbedingte und empirische Abmessungen handelt — weil also das Umfangsausmaß die Mauerwerksmenge ganz gut zum Ausdruck bringt —, hängt die Wandstärke bei dem in Lockergestein und bei hohen Seitendrücken üblichen Kreisquerschnitt wesentlich vom Durchmesser ab. Bei Ausbau beispielsweise mit gußeisernen Tübbings beträgt die Mauerwerksmenge des eingleisigen Tunnels, trotzdem sein Umfang 66% desjenigen eines zweigleisigen erreicht, bloß 35 bis 40% jener, die ein zweigleisiger Tunnel benötigt.

Auf dieser Grundlage läßt sich also festhalten, daß *bei den festere Gesteine durchörternden Tunneln mit Hufeisenprofil die zweigleisigen, bei den in Lockergesteinen oder weichen Böden aufzufahrenden Röhren mit Kreisquerschnitt hingegen zwei eingleisige Tunnel die wirtschaftlichere Lösung darstellen.* Abb. 67 veranschaulicht das Regelprofil für ein- und zweigleisige Tunnel nach den in der Sowjetunion geltenden Vorschriften.

Als Vorzug ist dem zweigleisigen Tunnel ferner beizumessen, daß er besser belüftet werden kann und daß er ohne Störung des Verkehrs selbst größere Instandhaltungs- und Reparaturarbeiten gestattet, während eingleisige Tunnel zu diesem Zweck gesperrt werden müssen.

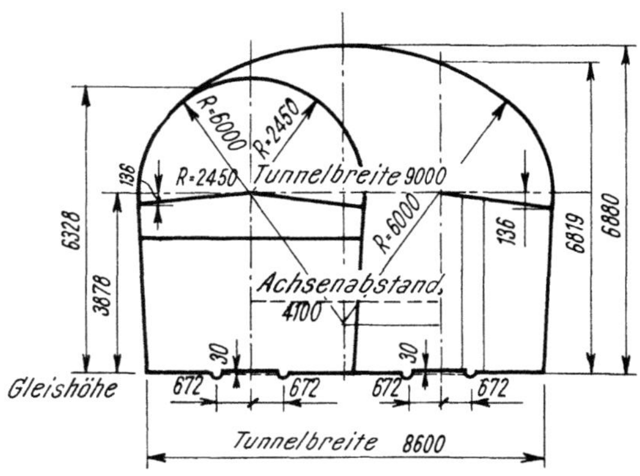


Abb. 67. In der Sowjetunion vorgeschriebenes Lichtraumprofil für eingleisige und zweigleisige Eisenbahntunnel

Baut man zwei eingleisige Tunnel, müssen sie in genügendem Abstand, d. h. so weit voneinander aufgefahren werden, daß die Druckzonen, die sich im Umkreis um sie ausbilden, einander nicht beeinflussen können (vgl. Abb. 134—135). Der Abstand hängt also von der Überlagerungshöhe, von der Tunnelbreite und der Gesteinsfestigkeit ab (vgl. Wechselwirkung der Gebirgsdrücke aufeinander). Im allgemeinen soll der Mindestabstand zwischen 20 und 30 m liegen. (Bei der Budapester Untergrundbahn beträgt er 23,5 m.) Besondere Vorsicht ist geboten, wenn die zweite Röhre nicht zugleich mit der ersten, sondern zu einem späteren Zeitpunkt aufgefahren wird. Der früher fertiggestellte Tunnel erfährt hierbei eine Belastung durch zusätzliche Drücke, deren Verlagerung die bereits zustande gekommene Gleichgewichtslage stört und im gegebenen Fall zu Rissen, Wassereinsickerungen, ja selbst zu Brüchen führen kann. Ein Beispiel hierfür bietet der Bau des zweiten Simplontunnels, bei dem der Abstand zwischen den beiden Tunnelachsen bei einer Überlagerungshöhe von 2200 m bloß 17 m beträgt. Die Folge war, daß sich das Gebirge beim Bau der zweiten Röhre in einzelnen Strecken von den Ulmen her um nahezu einen halben Meter in den Hohlraum der ersten Röhre hereindrängte. Auch gelegentlich der Erweiterungsarbeiten an der Londoner Untergrundbahn gingen die Tübbings in vielen der bereits vorhandenen Röhren der Picadilly-Station während des Auffahrens der neuen kreuzenden Tunnel zu Bruch.

Läßt ein voraussichtliches späteres Anwachsen der Verkehrsdichte den Bau eines *zweigleisigen Tunnels* geboten erscheinen, wird zu erwägen sein, ob er sogleich oder erst später, bei Eintritt des Verkehrsbedarfs zweigleisig ausgeführt werden soll. In festeren Gesteinen ist ein derartiger kostensparender stufenweiser Ausbruch möglich, wie dies das Beispiel des Baikalsee-Abschnittes der Transsibirischen Eisenbahn zeigt (Abb. 68). Dagegen empfiehlt es sich in Lockergesteinen

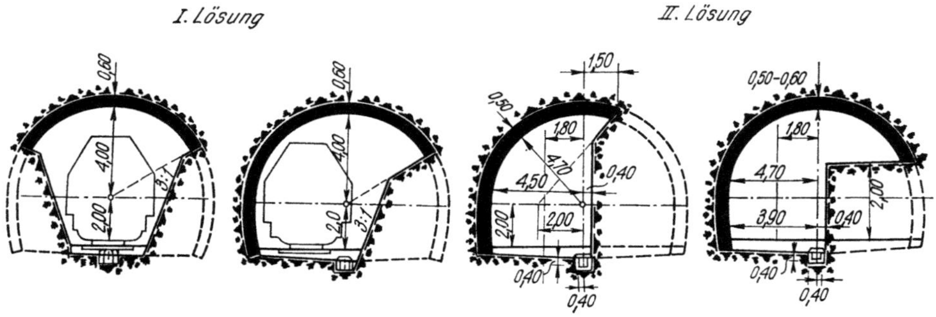


Abb. 68. Möglichkeiten einer nachträglichen Ausweitung eines eingleisigen Tunnels auf doppelgleisigen Betrieb

oder im allgemeinen unter schwierigen Bauverhältnissen, gleich einen zweigleisigen Tunnel auszubauen; oder man muß im voraus damit rechnen, daß ein vom Verkehr später erfordertes zweites Gleis vorzugsweise in einem gesonderten eingleisigen Tunnel verlegt wird.

Bei Ausgestaltung des Tunnelprofils muß auch an die Gleis- oder Fahrbahnüberhöhungen in Kurven sowie an die Entwässerungskanäle, Schußgatter und nicht zuletzt auch an die Unterbringung der Belüftungseinrichtungen gedacht werden. Diese werden in den betreffenden Abschnitten noch gesondert besprochen werden. Hier sei lediglich bemerkt, daß man das Profil der Ein- und Ausgangsstrecken von Straßentunneln im Interesse einer besseren Belüftung zu erhöhen, dasjenige der mittleren Strecke hingegen niedriger zu halten pflegt. Der Längsschnitt der Tunnelröhre nimmt also die Form eines Schlotes an, so daß in ihr auch ohne Belüftungseinrichtungen eine ständige Luftströmung gesichert ist (vgl. Kap. 4.6.5.2.). Das schlotartig erweiterte Portal verbessert übrigens auch die Beleuchtungsverhältnisse im Tunnel (vgl. Kap. 4.6.6.1.).

Die üblichen lichten Abmessungen von Eisenbahntunneln gehen im übrigen aus Tab. 8 hervor, doch geben Anhaltspunkte hierfür auch die Tab. 1 und 2.

Tabelle 8. *Lichte Abmessungen von Eisenbahntunneln*

| Land | Zweigleisige Tunnel | |
|---|---|---|
| | Breite (m) | Höhe des Gewölbescheitels über Schienenkrone (m) |
| Italien | 8,00 | 6,00 |
| Frankreich | 8,0—8,20 | 5,80—6,00 |
| Deutschland | 8,20—8,50—8,70 | 6,20 |
| Österreich | 8,20 | 6,40 |
| | Eingleisige Tunnel | |
| Italien | 4,60—5,50 | 5,00 |
| Österreich | 5,50 | 5,00 |
| Schweiz (Ricken-Tunnel) | 5,20 | 5,80 |

## Allgemeine Literatur zu Kapitel 1 und 2


BENDEL, L.: Ingenieurgeologie. Wien: Springer. 1944.

— Tunnelgeologie. (Ingenieurgeologie, 2. Hälfte, S. 507.) Wien: Springer. 1948.

BERGER, R.: Untergrundbahnen und ihre Einsatzgrenzen. Berlin: W. Ernst. 1951.

BLACK, W. T.: Great Engineering Achievements.

KEIL, K.: Ingenieurgeologie und Geotechnik. Halle-Saale: Knapp. 1951.

KRYNINE, D. P., u. W. R. JUDD: Principles of Engineering Geology. 1957. New York-Toronto-London: McGraw Hill.

MOSONYI, E., u. F. PAPP: Technische Geologie. (Müszaki földtan, ung.) Budapest: Müszaki Kiadó. 1959.

MÜLLER, L., C. FAIRHURST u. J. STINI (Herausgeber): Felsmechanik und Ingenieurgeologie, Rock Mechanics and Engineering Geology (fortsetzend Geologie und Bauwesen) Vol. I/1. Wien: Springer. 1963.

NEUMANN, R.: Geologie für Bauingenieure. Berlin: W. Ernst. 1964.

PFISTER, R.: Der Bernhardin-Straßentunnel. Schweiz. Bauztg. **81**, H. 37, 645 (1963).

REEVES, A. B.: Geological Factors in Tunnel Construction. Proc. ASCE, May 1958. No. 1649.

SCHREIER, F.: Verlegung öffentlicher Verkehrswege in Unterpflaster oder Tieflage. Straßen und Tiefbau **1960**, H. 1.

Sitzungsberichte des ersten Kongresses der Internationalen Gesellschaft für Felsmechanik. Lissabon, 1966.

STINI, J.: Tunnelbaugeologie. Wien: Springer. 1950.

TALOBRE, J.: La mécanique des Roches. Paris: Dunod. 1957.

WENZEL, K.: Aus der Projektierung für die Kraftwerksgruppe Hinterrhein. Die Bestimmung elastischer Eigenschaften von anstehendem Fels durch Ultraschall-Sondierung. Schweiz. Bauztg. **1959**, H. 30.

# 3. Bestimmung der wirksamen Belastung unterirdischer Hohlraumbauten und Tunnel

Die Belastungen, denen untertägige Bauwerke ausgesetzt sind, stammen in erster Linie aus dem Erd- bzw. *Gebirgs-* sowie aus dem *Wasserdruck*. Die Nutzlasten aus dem übertägigen Fahrzeugverkehr brauchen nur bei Unterpflaster-, d. h. bei jenen Tunneln berücksichtigt zu werden, die in ganz geringer Tiefe verlaufen. Ebenso pflegt man die Belastungen aus dem Fahrzeugverkehr oder aus der Material- (z. B. Wasser-) Förderung im Inneren von Tunneln oder Stollen nur bei oberflächennahen derartigen Hohlgängen oder bei Durchörterung sehr lockerer oder plastischer Böden von geringer Tragfähigkeit sowie bei Druckstollen in Betracht zu ziehen.

## 3.1. Ursachen und Arten des Gebirgsdruckes

Beim Auffahren eines künstlichen Hohlganges in Gesteinen der Erdkruste mobilisiert das Gewicht der überlagernden Gesteinsmassen in den unter ihnen anstehenden Schichten und somit auch im First des Hohlraumes einen Druck in Form einer verteilten Belastung. Diesem Druck wirken zunächst die inneren Kohäsions- und Reibungskräfte entgegen, auf denen die Gesteinsfestigkeit beruht. Vor dem Hohlraumausbruch äußern sich diese Widerstandskräfte — als Passivkräfte — nur in ganz geringem Maße, weil die Verformung der beanspruchten Gebirgsteile durch die benachbarten Gesteinsmassen zum überwiegenden Teil verhindert wird. Sobald jedoch der Hohlraum ausgebrochen ist, vermag sich das Gebirge infolge der Deformation in den Hohlraum hineinzudrängen. Der Hohlraum muß also *durch geeignete Konstruktionen* vor dem Hereindrängen der Gesteinsmassen *gesichert* werden. Der hierbei geweckte Druck wird *Gebirgsdruck* genannt. Aus dieser Definition geht ferner hervor, daß die *Größe des Druckes maßgeblich auch von der Größe der Verformung abhängen muß.*

Die Bestimmung des Gebirgsdruckes gehört mit zu den kompliziertesten Aufgaben der Ingenieurwissenschaften. Ihre Kompliziertheit erklärt sich nicht nur daraus, daß es an sich schwierig ist, die im Inneren des keineswegs homogenen Gebirges herrschenden Druckverhältnisse rechnerisch zu erfassen, sondern auch aus der Tatsache, daß die ausgelösten Drücke weitgehend vom Gebirge, *maßgeblich aber auch von der Größe des aufgefahrenen Hohlraumes, von der Art und Weise des Ausbruchs sowie von der Art der abstützenden Einbauten und der Dauer seiner Offenhaltung abhängen.*

Ganz besonders wird man bei Bestimmung der Gebirgsdrücke dem Umstand Rechnung tragen müssen, daß sie nicht nur von der Art des Gesteinsmaterials und von der Größe der Spannungen und Verformungen, sondern auch von *der Zeitspanne abhängig sind, die vom Ausbruch des Hohlraumes an verstreicht*. Ebensowenig dürfen aber auch die „*primären Spannungen*", „Urspannungen" aus dem geologischen Vorleben des Gebirges vernachlässigt werden.

Klüfte, Risse und Faltungen im Gebirge bieten die besten Zeichen dafür, welchen Druckwirkungen es im Laufe seiner Geschichte ausgesetzt gewesen sein mochte, wenngleich es freilich auf fast unüberwindbare Schwierigkeiten stößt, nachzuweisen, wieviel von jenen Druckspannungen im Gebirge noch vorhanden sind (vgl. Kap. 3.6.1.). Jedenfalls bestehen grundlegende Unterschiede zwischen dem inneren Spannungszustand eines festen Gesteins und dem von Böden (Lockergesteinen). Diese, namentlich Kies- und Sandböden, sind Sedimentgesteine, die sich langsam und gleichmäßig so abgelagert haben, daß ihre Lage in der Mehrzahl der Fälle von keinerlei äußeren Kräften gestört wurde. (Derartige Störungen sind um so wahrscheinlicher, je älter das Gestein ist.) Die Bodenmechanik berücksichtigt nur die lotrechten Spannungen aus dem Gewicht der Gesteinsmassen sowie die davon durch die Poissonsche Zahl oder durch den Rankineschen Faktor abgeleiteten waagrechten Spannungen. In der *Gebirgsmechanik* kann dieser Gedankengang nach Talobre nicht akzeptiert werden. Vor allem wäre eine Unterscheidung der inneren Spannungen nach einer derartigen Schichtrichtung unvorstellbar. Doch selbst, wenn man an ihr festhielte, müßten das Grundwasser, die Ablagerungsverhältnisse und die plastischen Eigenschaften Berücksichtigung finden, die alle in Richtung eines Ausgleichs der lotrechten und waagrechten Spannungen wirken. Für Gesteine scheinen denn auch derartige Annahmen ganz unwahrscheinlich. Sehr häufig scheint es vielmehr wahrscheinlich, daß beispielsweise bei sedimentären Kalksteinen oder bei Gesteinsarten, die sich aus dem Magma herauskristallisiert haben, eben nicht ein auf der Schichtungsrichtung beruhender, sondern ein primär hydrostatischer Spannungszustand herrscht. Die durch tektonische Kräfte ausgelösten gewaltigen Veränderungen wirken sich gleichfalls in diese Richtung aus. Die Tektonik wirkt dem nach unten weisenden Spannungsfeld entgegen. Gesteinsbrüche verlaufen selten lotrecht und lassen erkennen, daß sich ihre Richtung im Laufe der Zeit unter der Einwirkung verschiedener Kräfte auch im Inneren ein und desselben Gesteinsblockes häufig verlagerte.

Doch auch in Böden läßt sich sehr oft beobachten, daß die Seitendrücke in ihrer Bewegung nicht der Querdehnung folgen, daß sie vielmehr — besonders in Tonböden — aus diesem primären Zustand nach einer gewissen Zeit allmählich in den hydrostatischen übergehen. Jedenfalls wird dieser Zustand durch die ständigen seismischen Bewegungen gefördert, die sich im Laufe der Zeit in Richtung eines Ausgleichs der Einflüsse von Schichtung, Brüchen und Ungleichmäßigkeiten auswirken.

Der hydrostatische Zustand aber bedeutet, daß die Hauptspannungen gleich groß und senkrecht aufeinander gerichtet und daß die Schubspannungen gleich Null sind. Diese Auffassung vertrat Heim von den in großen Tiefen herrschenden Druckverhältnissen schon 1878. Wegen der Vielfältigkeit der Faktoren, die die Verhältnisse beeinflussen, vermochte jedoch die Tunnelbaupraxis Heims Annahmen im allgemeinen nicht zu bekräftigen.

Abweichungen zeigen sich auch zwischen den Verformungslinien von Böden — besonders von körnigen Böden — und denjenigen von Gesteinen, da letztere von drei Hauptveränderlichen, d. h. außer von der Belastung und der Verformung auch von der Zeit abhängen (vgl. Abb. 24).

Nach TERZAGHI bedeutet der Gebirgsdruck das Gewicht einer dem Tunnel überlagerten Gesteinsmasse von bestimmter Höhe, die von der Firste her in den Hohlraum hereinbräche, wenn sie nicht abgefangen würde. Doch selbst wenn das Abfangen unterbleibt, geschieht nichts anderes, als daß sich diese Gesteinsmasse allmählich in den aufgefahrenen Hohlraum hereindrängt. Oberhalb des Hohlraumes bildet sich im Zuge der Bewegungen ein unregelmäßiges natürliches Gewölbe. Es muß hierbei nicht zwangsläufig zum völligen Zusammensturz des Hohlraumes kommen. Demgegenüber ist unter *Erddruck* der auf der Zimmerung des Hohlraumes lastende Druck kohäsionsloser oder plastischer Massen zu verstehen, wobei sich keinerlei Entlastung herausbildet und die sich ablösenden Lastmassen den Hohlraum früher oder später völlig ausfüllen und schließen würden, wenn er nicht abgestützt wäre.

Die Größe des Erddrucks ist im allgemeinen unabhängig von der Festigkeit der Aussteifung und vom Zeitpunkt ihres Einbaues, lediglich seine Verteilung wird durch die Verformung der Aussteifung beeinflußt. Die Größe der Gebirgsdrücke hingegen hängt maßgeblich von der Festigkeit der Unterfangung und vom Zeitpunkt ihres Einbaues ab, denn die Gesteinsmassen im Umkreis um den Tunnel verformen sich nach dem Ausbruch meistens plastisch, und der Vorgang spielt sich zeitlich verzögert ab. Je plastischer das Gestein, das der Hohlgang durchörtert, je tiefer dieser liegt und je größer seine Abmessungen, desto längerer Zeit bedarf es im allgemeinen, bis die Verformungen abgeklungen sind, bis sich also die Drücke herausgebildet haben. Durch zeitgerechten Einbau genügend fester Zimmerungen hat man also die Möglichkeit, die Verformungen in gewissen Grenzen zu halten und die Größe der Drücke herabzusetzen. Andererseits sind die plastischen Verformungen dadurch gekennzeichnet, *daß sich ihre Intensität mit zunehmender Verformung vermindert.* Ebenso *nimmt an der Aufnahme der Lasten nicht nur die Tunnelkonstruktion, sondern auch das Nachbargestein teil, eine Tatsache, die stets zielbewußt ausgenützt werden muß.*

RŽIHA, einer der Klassiker der Tunnelbaulehre, hat die Feststellung geprägt: *„Die wahre Kunst im Tunnelbau besteht darin, der Entwicklung des Gebirgsdrucks zuvorzukommen, eine weit ergebnisreichere Wissenschaft als die Aufnahme bereits auftretender Gebirgsdrücke. Jene könnte man mit der geistigen, diese mit der groben physischen Arbeit vergleichen.“*

*Die Ursachen des Entstehens von Gebirgsdrücken reiht* RABCEWICZ *in folgende Gruppen ein:*

I. *Auflockerung der Gesteinsmassen,*

IIa. *Gewicht der dem Hohlgang überlagerten Gesteinsmassen,*

IIb. *tektonische Kräfte,*

III. *die Volumvergrößerung der Gesteinsmasse infolge chemisch oder physikalisch bedingter Schwellung.*

Aus diesen Ursachen entstehen im allgemeinen die drei Arten des Gebirgsdruckes,

1. *der Auflockerungsdruck,*
2. *der echte Gebirgsdruck,*
3. *der Schwelldruck,*

die sich voneinander auch nach den Umständen ihres Auftretens, nach den Möglichkeiten ihres Vorkommens und nach ihrer Größe weitgehend unterscheiden und entsprechend auch unterschiedliche Bauverfahren und Baumaßnahmen erfordern, obgleich es natürlich keineswegs ausgeschlossen ist, daß sie auch zusammen auftreten. Besonders der echte Gebirgsdruck und der Schwelldruck können gemeinsam auftreten und lassen sich dann auch schwer voneinander trennen.

Mit welcher Art des Gebirgsdruckes man jeweils zu rechnen haben wird, hängt vor allem von der Gesteinsart und von der Tiefenlage des Hohlganges ab. Nach ihrem Verhalten dem Gebirgsdruck gegenüber unterscheidet RABCEWICZ drei Gesteins-Untergruppen, und zwar

*a*) feste Gesteine,

*b*) pseudofeste, weiche und verwitterte Gesteine und

*c*) Lockergesteine.

## 3.1.1. Durch den Ausbruch gestörter Spannungszustand um den Hohlraum

Bevor die verschiedenen Gebirgsdruckarten eingehender behandelt werden können, muß man sich mit der Veränderung der Spannungszustände um den Hohlraum vertraut machen. Die diesbezüglichen theoretischen Untersuchungen beziehen sich auf den geostatischen Spannungszustand um einen kreisförmigen und in vollständig elastischem, isotropem Material ausgebrochenen Hohlraum, der durch gleichmäßigen parallelen Verlauf der Druckkraftlinien gekennzeichnet sein kann (Abb. 69a). Durch das Ausbrechen wird die Stetigkeit des Spannungs-

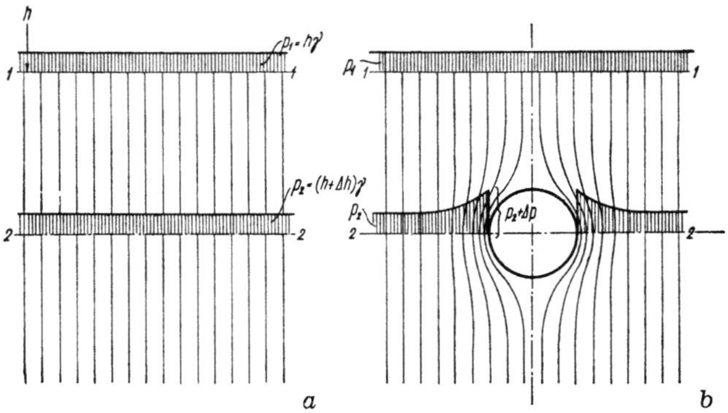


Abb. 69. Verlauf der Druckkraftlinien (a) vor und (b) nach dem Ausbruch eines kreisförmigen Hohlraumes

stromes gestört, und notwendigerweise müssen die früher unmittelbar über dem Hohlraum wirkenden Spannungen von dem umgebenden Gebirge aufgenommen werden. Vereinfacht ausgedrückt bedeutet also der Ausbruch des Materials ein seitliches Verdrängen der vorher regelmäßig vertikal verlaufenden Kraftlinie und ruft Spannungsüberlagerungen — hauptsächlich um die Ulmen — hervor (Abb. 69b).

### 3.1.1.1. Spannungszustand in homogenem elastischem Halbraum

Das Maß der Spannungszunahme sowie das Verhältnis und die Verteilung der tangentialen und radialen Spannungen hängen — nach Feststellung der Forscher — entscheidend vom Verhältnis der im Gebirge herrschenden vertikalen und horizontalen Pressungen zueinander ab.

Eine allgemeine Methode zur Berechnung der Spannungen im Umkreis um einen in elastischem Gebirge geöffneten Hohlraum wurde von MINDLIN [19] angegeben. Im Hinblick auf die Unbestimmtheit der Seitendruckwerte behandelt er drei Fälle, und zwar

I. den hydrostatischen Spannungszustand, bei dem

$$p_h = p_v = \gamma h,$$

II. den Fall des Seitendruckes, der die seitlich gerichtete Verformung verhindert, mit der Tiefe jedoch gleichfalls linear wächst, wobei

$$p_h = p_v \frac{\mu}{1 - \mu}$$

III. den Fall, in welchem überhaupt kein Seitendruck auftritt, in welchem also $p_h = 0$.

MINDLIN gelangt auf dieser Grundlage zu theoretisch korrekten Ergebnissen, doch müssen seine Lösungen als überaus kompliziert bezeichnet werden: er arbeitet mit dem Jefferyschen bipolaren Koordinatensystem und gibt die Resultate in Gestalt transzendenter funktioneller Zusammenhänge an.

Für den Fall I leitet KÉRISEL die Näherungsbeziehung $\sigma_t = \gamma h \left(1 + \frac{a^2}{r^2}\right)$ für die Tangentialspannungen und $\sigma_r = \gamma h \left(1 - \frac{a^2}{r^2}\right)$ für die Radialspannungen ab. Hierin bezeichnet $h$ die Überlagerungshöhe, $a$ den Kreishalbmesser, $r$ hingegen den Abstand des untersuchten Punktes. Auf Grund dieser Zusammenhänge zeigen die Spannungen nach Öffnung des Hohlraumes in der Verlängerung des waagrechten Durchmessers die in Abb. 70 dargestellte Verteilung. Am Umfang wächst die Tangentialspannung auf das Doppelte ihres ursprünglichen Wertes an, während die Radialspannung gleich Null ist. Mit wachsendem Abstand vom Umfang nimmt die Tangentialspannung von hier an allmählich ab, während die Radialspannung sukzessive bis zur Einheit, d. h. bis zum ursprünglichen Spannungszustand steigt. Wie weiter unten noch gezeigt werden wird, sinkt die frei werdende zusätzliche Spannung bereits bei Werten ab $r/a > 4$ unter 6%, d. h. die Ausdehnung des Bereichs der gestörten Spannung kann mit hin-

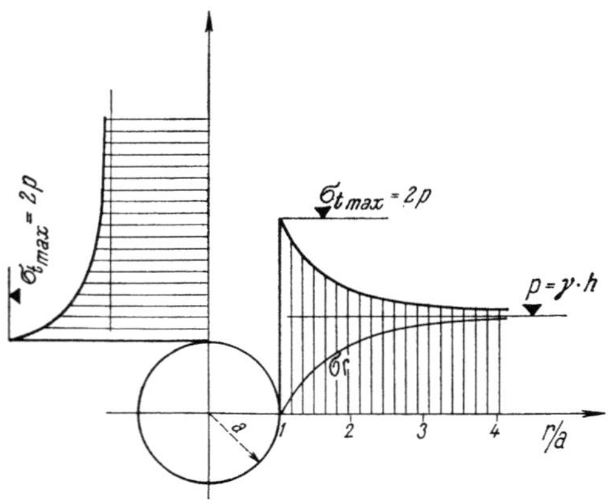

Abb. 70. Verlauf der Tangential- und Radialspannungen im Umkreis des kreisförmigen Hohlraumes

reichender Sicherheit mit dem Doppelten der lichten Hohlraumbreite angesetzt werden. In der präzisen Mindlinschen Theorie gelangt auch die Wirkung der Tiefe zum Ausdruck: je tiefer der Hohlraum liegt, um so niedriger wird die Spannungsspitze, um so größer dagegen die Reichweite sein, über die die Öffnung des Hohlraumes die ursprünglichen Spannungen stören wird.

Tatsächlich werden aber meistens die horizontalen Seitendrücke nicht gleich den vertikalen Firstdrücken, und die Verhältniszahl $\lambda = p_h/p_v$ schwankt zwischen 0 und 1. Diese Veränderung kann auch in der folgenden grundlegenden Differentialgleichung beobachtet werden. Im idealisierten Fall elastisch isotropen und homogenen Gebirges kann die Berechnung nach der Theorie des dickwandigen Rohres erfolgen, wenn man den Außenradius nach Unendlich gehen läßt. Die Berechnung nach FÖPPL führt mittels der — für ebenen Spannungszustand geltenden — Elastizitätsgleichungen und mit den Verschiebungen $u$ am Innenrand und $u + du$ am Außenrand der Schale von der Dicke $dr$ zur Differentialgleichung

$$r^2 \cdot \frac{du}{dr^2} + r\,\frac{du}{dr} - u = 0.$$

Diese Eulersche homogene lineare Differentialgleichung zweiter Ordnung läßt sich nach der Airyschen Spannungsfunktion lösen und ergibt die Radial- ($\sigma_r$) und Tangential- ($\sigma_t$) Spannungen in folgender Form:

$$\sigma_r = \frac{p_v}{2}\left[(1+\lambda)\left(1-\frac{r^2}{a^2}\right) + (1-\lambda)\left(1+3\,\frac{r^4}{a^4}-4\,\frac{r^2}{a^2}\right)\cos 2\vartheta\right]$$

und (25)

$$\sigma_t = \frac{p}{2}\left[(1+\lambda)\left(1+\frac{r^2}{a^2}\right) - (1-\lambda)\left(1+3\,\frac{r^4}{a^4}\right)\cos 2\vartheta\right]$$

und die Scherspannungen in folgender Form:

$$\tau_{rt} = -\frac{p}{2}\left((1-\lambda)\left(1-3\,\frac{r^4}{a^4}+2\,\frac{r^2}{a^2}\right)\sin 2\vartheta \ldots\right. \tag{26}$$

worin

$p_v = \gamma_e \cdot h$ (geostatischer) Vertikaldruck,
$p_h = \lambda \cdot p_v = \lambda \cdot \gamma_e \cdot h$ Horizontaldruck,
$\gamma_e$ = Raumgewicht des Gebirges,
$h$ = Überlagerungshöhe,
$a$ = Ausbruchradius des kreisförmigen Tunnels,
$\vartheta$ = Zentriwinkel.

Die Maximal- und Minimalwerte der am Rand des Hohlraumes auftretenden Tangentialspannungen treten offensichtlich — von den Funktionen $\cos 2\vartheta$ und $\sin 2\vartheta$ abhängend — im Scheitel und in der Sohle bei

$$\vartheta = 0 \quad \sigma_{t\,\min} = -p_v(1-3\lambda), \tag{27a}$$

bzw. im Kämpfer bei

$$\vartheta = -90^\circ \quad \sigma_{t\,\max} = p_v(3-\lambda) \text{ auf.} \tag{27b}$$

In Abb. 70 wurde $p_v = p_h$ also $\lambda = 1$ gleichgestellt; wenn wir für $\lambda$ den Wert 0,25 annehmen, gestalten sich die Tangentialspannungen über die Firste und um die Ulm nach Abb. 71. Wie ersichtlich, haben infolge der Verminderung des Seitendruckes die Tangentialspannungen am Kämpfer wesentlich zugenommen.

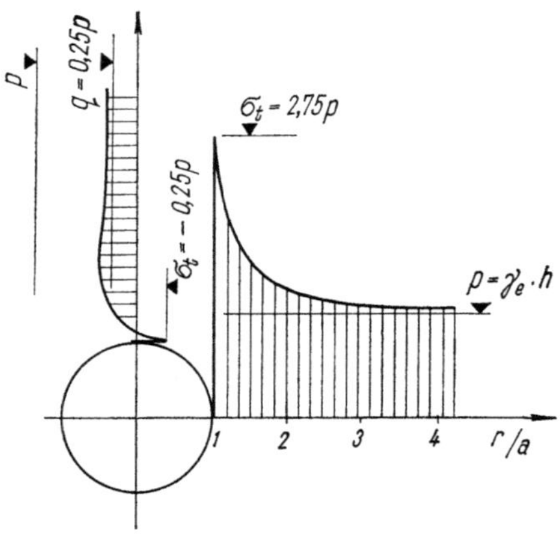


Abb. 71. Gestalt der Tangentialspannungen über die Firste und um den Ulm bei geringem Seitendruck ($\lambda = 0{,}25$)

Dagegen wurden die Spannungen am First nicht nur im Absolutwert herabgesetzt, sondern gingen unmittelbar im Scheitel vom Druck zum Zug über. Dies geht aus Gl. (27a) deutlich hervor, weil bei $\lambda$-Werten, die kleiner als $^1/_3$ sind, das negative Vorzeichen geltend bleibt. Da tatsächlich die meisten Gesteine kleinere $\lambda$-Werte als $^1/_3$ (d. h. die Querdehnungszahl $m < 4$) haben, muß man für gewöhnlich mit Zugspannungen und Rissen am Innenrand des Scheitels rechnen.

Dagegen herrscht im Kämpfer (nach Gl. 27b) Druck bei beliebigen $\lambda$-Werten (vgl. Abb. 65).

Wird der Seitendruckfaktor $\lambda$ dadurch bestimmt, daß die Seitendehnung völlig unbehindert ist (vgl. II. Fall S. 118 u. Gl. 64.), dann läßt sich auf Grund des Hookeschen Gesetzes anschreiben, daß

$$\varepsilon_s = \frac{1}{E}\left(p_h - \frac{p_v + p_h}{m}\right) = 0 \quad \text{wobei} \quad \frac{p_h}{p_v} = \lambda = \frac{1}{m-1}\,.$$

Mit dieser Annahme und mit Hilfe der Föpplschen Spannungsfunktion

$$\Phi = \frac{p_v}{4}\,\frac{m}{m-1}\,(r^2 - 2a^2 \ln r) - \frac{p_v}{4}\,\frac{m-2}{m-1}\,\frac{r^2 - a^2}{r^2}\cos 2\vartheta \tag{28}$$

schreibt FENNER [16] die Airyschen Differentialgleichungen für die Tangential-, Radial-, und Scherspannungen im Umkreis des kreisförmigen Hohlraumes an:

$$\left.\begin{aligned}
\sigma_r &= \frac{1}{r^2}\cdot\frac{\partial^2\Phi}{\partial\vartheta^2} + \frac{1}{r}\cdot\frac{\partial\Phi}{\partial r} = \frac{p}{2}\cdot\frac{m}{m-1}\cdot\frac{r^2 - a^2}{r^2} + \\
&\quad + \frac{p}{2}\cdot\frac{m-2}{m-1}\left(1 - \frac{4a^2}{r^2} + \frac{3a^4}{r^4}\right)\cos 2\vartheta,\\
\sigma_t &= \frac{\partial^2\Phi}{\partial r^2} = \frac{p}{2}\cdot\frac{m}{m-1}\cdot\frac{r^2 + a^2}{r^2} - \frac{p}{2}\cdot\frac{m-2}{m-1}\left(1 + \frac{3a^4}{r^4}\right)\cos 2\vartheta,\\
\sigma_z &= \frac{1}{m}\,(\sigma_r + \sigma_t) = \frac{p}{m-1} - \frac{p}{m}\cdot\frac{m-2}{m-1}\cdot\frac{2a^2}{r^2}\cos 2\vartheta,\\
\tau &= \frac{\partial}{\partial r}\left(\frac{1}{r}\cdot\frac{\partial\Phi}{\partial\vartheta}\right) = \frac{p}{2}\cdot\frac{m-2}{m-1}\left(-1 - \frac{2a^2}{r^2} + \frac{3a^4}{r^4}\right)\sin 2\vartheta.
\end{aligned}\right\} \tag{29}$$

Die graphische Darstellung der bekannten Hauptspannungsbeziehung

$$\sigma_{\substack{\max\\ \min}} = \frac{\sigma_r + \sigma_t}{2} \pm \frac{1}{2}\sqrt{4\tau^2 + (\sigma_r - \sigma_t)^2}$$

ergibt die aus Abb. 72 ersichtlichen Iso-Linien.

*3.1.1.1.1. Einfluß der Hohlraumform.* FENNER prüft des weiteren die Frage, welches Hohlraumprofil am besten geeignet wäre, die Zugspannungen zu vermindern, und gelangt zu einer hochstehenden Ellipsenform, deren Haupt- und

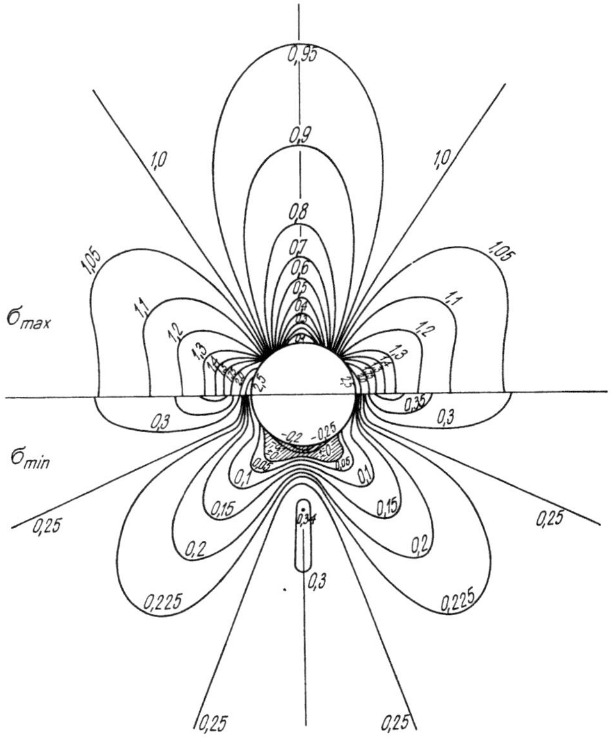


Abb. 72. Spannungs-Isobaren um einen kreisförmigen Hohlraum (FENNER) in Abhängigkeit von der Größe des Gebirgsdruckes ($p$)

Nebenachse sich zueinander wie $\frac{b}{a} = \frac{1}{m-1}$ verhalten. Hier nehmen nämlich die tangentialen Hauptspannungen den Wert $\sigma_t = \frac{m\,p}{m-1}$ an, bei dem selbst das Herausgleiten zertrümmerter Schichten verhindert wird. Dieser Zusammenhang führt wieder zu einem außerordentlich hohen Gleitwiderstand, der die Ausbildung der in der Praxis zustande kommenden „Entlastungszone" unmöglich machen müßte. Er kann also gleichfalls nur als extremer Grenzfall aufgefaßt werden. Wenn daher beim kreisquerschnittigen Hohlgang in der Firste große Zugspannungen, beim hochstehenden Ellipsenprofil mit dem Achsenverhältnis von $\frac{1}{m-1}$ hingegen sehr große Druckspannungen nachgewiesen werden können, muß es nach den weiteren Überlegungen FENNERS eine Profilform geben, bei der die Spannung in der Firste auf Null absinkt. Als derartige Profilform bezeichnet er die hochstehende Ellipse mit dem Achsenverhältnis $\frac{b}{a} = \frac{2}{m-2}$ (vgl. Kap. 2.2.3.1). Die Iso-Linien der maximalen und der minimalen Spannungen rings um ein solches Ellipsenprofil veranschaulicht für den Fall $m = 5$ die Abb. 73.

In seinen theoretischen Überlegungen hat FENNER die Auswirkungen des Eigengewichts vernachlässigt. Eine noch weittragendere Vernachlässigung gegenüber den tatsächlichen Verhältnissen ergibt sich jedoch aus der Tatsache, daß das Gebirge weder homogen ist noch dem Hookeschen Gesetz gehorcht. Dennoch sind diese auf der Grundlage der Elastizitätslehre abgeleiteten Zusammenhänge geeignet, *die Tatsache theoretisch zu untermauern, daß sich rings um den Hohlgang tatsächlich ein spannungsloser Körper herausbildet und daß die Spannungen vollständig vom Nachbargestein des Hohlraumes übernommen werden.* Hierbei reicht der so überlastete Bereich trotz der hervorspringend großen Spannungsspitzen im Scheitel und in den Kämpfern selbst theoretisch nicht über das Vier- bis Fünffache des größeren Halbmessers ($a$) hinaus.

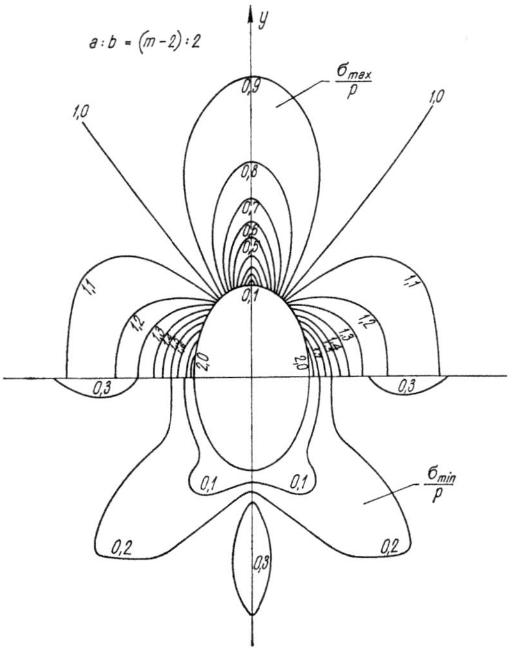


**Abb. 73. Isobaren der waagrechten und lotrechten Spannungen um einen elliptischen Hohlraum (FENNER)**

*Der Einfluß der Hohlraumform* auf die Spannungsverteilung wurde

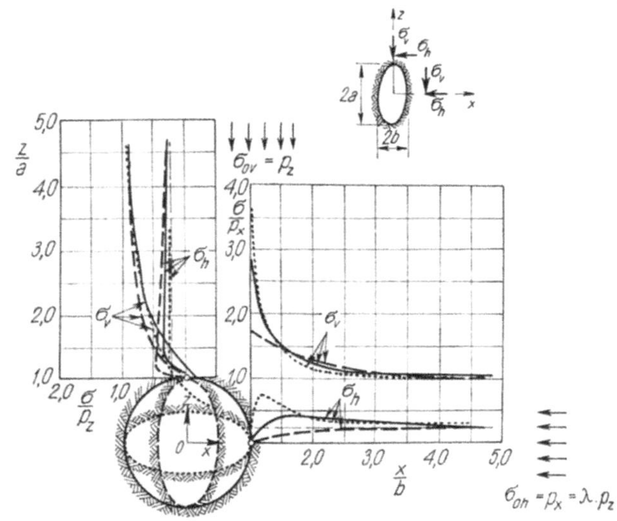


**Abb. 74. Veränderung der lotrechten und waagrechten Tangentialspannungen in Abhängigkeit der Hohlraumform (TERZAGHI u. RICHART)**

auch von TERZAGHI und RICHART untersucht und praktisch ausgewertet [17]. Abb. 74 gibt einen Vergleich der lotrechten bzw. waagrechten Tangentialspannungen oberhalb des Scheitels und in der Umgebung des Kämpfers sowohl für Kreis- als auch für stehende und liegende Ellipsenprofile. Die Spannungen um ellipsenförmige Hohlräume wurden nach der von NEUBER [17] angegebenen Lösung berechnet, die mit Hilfe eines elliptischen Koordinatensystems recht komplizierte transzendente Funktionen enthält; ihre Darlegung würde den Rahmen dieses Buches überschreiten.

Die auf Grund dieser Theorie und unter Annahme von $\lambda = \frac{\mu}{1-\mu} = 0{,}25$ berechneten Werte der Spannungen rings um die verschiedenen Hohlräume sind getrennt aufgetragen. Die Werte der Vertikalspannungen $\sigma_v = p_v$ und der Horizontalspannungen $\sigma_h = p_h$, sind auf den ursprünglichen lotrechten Gebirgsdruck ($p_z$) reduziert in Abhängigkeit von seinem auf die Halbmesser $a$ bzw. $b$ reduzierten Abstand vom Hohlraum. Ein Vergleich der beiden Abbildungsteile läßt erkennen, daß die *Spannungen über der Firste* unter dem Wert des angenommenen, gleichmäßig verteilten Gebirgsdruckes bleiben. Der Wert von $\sigma_v(\sigma_r)$ nähert sich nach oben hin asymptotisch dem $p$, während der $\sigma_h(\sigma_t)$-Wert $0{,}5\,p_z$ nicht erreicht und mit zunehmender Höhe weiter sinkt. Die Querschnittsform des Ausbruchhohlraumes — Kreis bzw. stehende oder liegende Ellipse — läßt die Spannungen in der Umgebung der Firste praktisch unbeeinflußt. Demgegenüber erfahren die Spannungen im Umkreis um die Kämpfer im Gefolge des Hohlraumausbruches weit stärkere Veränderungen. Die Vertikalspannung $\sigma_v(\sigma_t)$ steigt beim Kreisquerschnitt auf $3p$, bei stehendem Ellipsenquerschnitt etwas weniger stark, bei liegendem Ellipsenprofil hingegen weit stärker an, um beim kreisrunden und stehend elliptischen Querschnitt mit etwas mäßigerem, beim liegend elliptischen Profil mit steilem Absinken den ursprünglichen $p$-Wert asymptotisch zu erreichen. Die waagrechten Spannungen $\sigma_h(\sigma_r)$ sind auch hier weit geringer und reichen beim kreisrunden Profil an den Wert von $0{,}5\,p$, bei elliptischem Querschnitt an einen Wert von $0{,}25\,p$ heran. Lediglich im unmittelbaren Umkreis um das liegende Ellipsenprofil zeigt sich ein Sprung, der bis $0{,}8\,p$ reicht, jedoch auf einen ganz kurzen Abschnitt begrenzt ist.

*Auch aus diesen Darlegungen geht hervor, daß auch hinsichtlich der rings um den Ausbruchhohlraum auftretenden Spannungen der stehende Ellipsenquerschnitt als der günstigste zu betrachten ist* (vgl. Kap. 2.2.3.1.).

Im weiteren weisen TERZAGHI und RICHART nach, wie sich die Spannungen rings um *kugel*- und um andere geschlossene *rotationsellipsoidförmige Hohlräume* zu jenen verhalten, die im Umkreis um langgestreckte Hohlgänge mit Kreis- oder Ellipsenquerschnitt auftreten.

Die Berechnung der Spannungen um einen kugelförmigen Hohlraum für einen gleichmäßig verteilten lotrechten Druck $p$ wurde auch nach NEUBER durchgeführt.

Dagegen stammt die theoretische Bestimmung der Spannungen rings um einen rotationsellipsoidförmigen Hohlraum von EDWARDS, der zu ihrer Ermittlung von der Superposition des einachsigen lotrechten und des zweiachsigen waagrechten Spannungsfeldes ausgeht.

Eine eingehende Darlegung der Theorien würde weit über den Rahmen dieses Werkes hinausgehen, weshalb hier lediglich auf das einschlägige Schrifttum verwiesen sei [17, 21]. In ihrer zitierten Arbeit geben TERZAGHI und RICHART für die

Spannungsbeiwerte $\sigma/p$ Tabellenwerte für unterschiedliche Durchmesser-Verhältnisse und unterschiedliche $\mu$-Werte.

Aus Abb. 75, deren Auftragung wieder auf einer Seitendruckziffer $\lambda = 0{,}25$ beruht, ist ersichtlich, daß die rings um einen *geschlossenen kugelförmigen* Hohlraum auftretenden Spannungen unter jenen liegen werden, die rings um einen kreisquerschnittigen Tunnel auftreten. Besonders augenfällig tritt dies in der Kämpferlinie zutage, wo die Vertikalspannungen gegenüber 2,7 $p$ einen Höchstwert von 1,8 $p$ zeigen. Andererseits werden sich für die lotrechten Spannungen über der Firste etwas höhere Werte ergeben. Bei den waagrechten Spannungen sind die Unterschiede sowohl in den Kämpfern als auch im Scheitel gering.

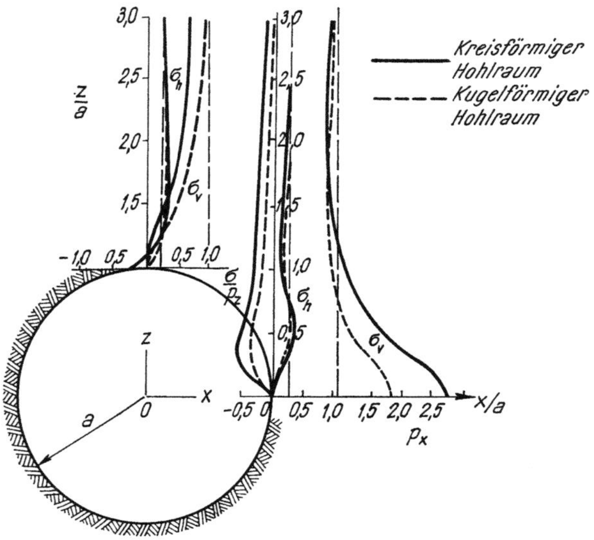


Abb. 75. Verlauf der lotrechten ($\sigma_v$) und der waagrechten ($\sigma_h$) Tangentialspannungen um einen kreisförmigen und um einen kugelförmigen Hohlraum

Nahezu gleichgeartete Abweichungen zeigen sich bei einem Vergleich der Spannungen rings um sphäroide Hohlräume mit jenen, die im Umkreis um Hohlgänge mit Ellipsenquerschnitt auftreten. Allgemein gesehen ist die Abweichung zwischen den Tangentialspannungen rings um räumlich hohle Gebilde einerseits und um langgestreckte Hohlgänge herum andererseits um so größer, je kleiner der Wert des Achsenverhältnisses, d. h. je näher der Hohlraum an die Kugelform heranreicht und je kleiner der $\lambda$-Wert, d. h. die Seitendruckziffer ist.

Aus diesen Ausführungen geht hervor, daß rings um geschlossene Hohlräume auch die Spannungsverteilung ein günstigeres Bild zeigt, und nicht nur der auf dem Hohlraum lastende Gebirgsdruck schon vorweg geringer sein wird (vgl. Kap. 3.2.3.1.3.).

Neben dem Einfluß der Hohlraumform wurde noch der der Schichtigkeit und der der Biegsamkeit der Ausmauerung auf die Spannungsverhältnisse untersucht, die hier noch kurz behandelt werden sollen.

*3.1.1.1.2. Einfluß anderer Faktoren* (Schichtigkeit, Auskleidung, Tiefe). Neuere Modellversuche von G. Sonntag [22] klärten den *Einfluß der Schichtigkeit* auf die Spannungsverteilung um Tunnels. Wie aus Abb. 76 ersichtlich, werden die Druckspannungen in den Ulmen am Ausbruchsrand wesentlich größer, und zwar nimmt ihr Höchstwert nur mit der Anzahl der Schichten bis zu 10 Schichten zu und wird von den Seitendrücken nicht beeinflußt.

Auch im First werden die Spannungsverhältnisse durch die Schichten ungünstig beeinflußt. Die übereinanderliegenden Schichtbänder oberhalb des Firstes biegen sich unter der Beanspruchung wie Balken durch. Es entstehen dadurch Biegezugspannungen im Bereich der Unterflächen der übereinanderliegenden Schichtbündel. Die schon im homogenen Fall als gefährlich angesehene Zugzone über den First wird dadurch nicht mehr nur örtlich begrenzt, sondern sie beansprucht im Wechsel mit Biegedruck-Spannungen weitere Bereiche der Umgebung. Der Betrag der maximalen Zugspannungen am Ausbruchsinnenrand erreicht im Falle von 4 Schichten 1,2 $p_v$ und bei 10 Schichten — als praktischem Höchstwert — 1,73 $p_v$.

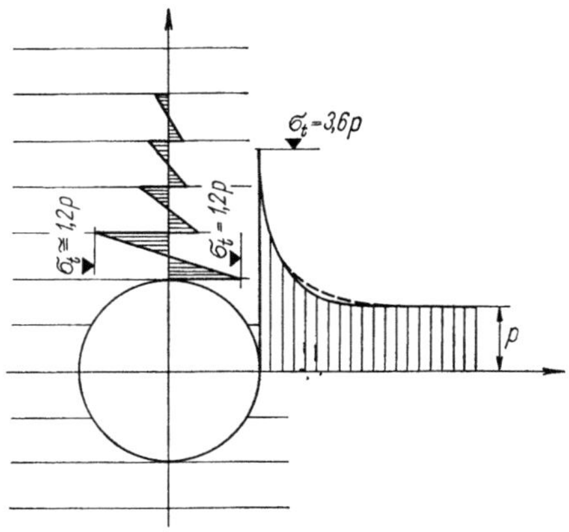

Abb. 76. Einfluß der Schichtigkeit auf die Verteilung der Tangentialspannungen um einen kreisförmigen Hohlraum

Ein anderer Einfluß auf die Spannungsverteilung um einen kreisförmigen Hohlraum wurde von J. SZILVÁGYI [23] nachgewiesen. Er hatte unter anderem auf Grund der Elastizitätslehre die verschiedenartige *Biegsamkeit der Ausmauerungen* geprüft. Im allgemeinen stellte er fest, daß die Biegsamkeit der Auskleidung einen günstigen Einfluß auf die Spannungsverteilung ausübt und schon bei einer mittleren Steifigkeit gleichmäßig wird. Zugspannungen im Scheitel und in der Sohle werden aufgehoben, und die Störung des Spannungsfeldes im Umkreis des Hohlraumes verschwindet schon in einer Entfernung gleich seinem Durchmesser vom Außenrand. Der Einbau der Auskleidung wirkt gegen die Verformungen, die aber schon vorher gleich nach dem Ausbruch mobilisiert werden und wegen mangelhaften Aufliegens noch etwas fortschreiten können. Dieser Vorgang wird in seinen Untersuchungen durch einen Faktor $\alpha$ berücksichtigt, wobei $\alpha = 1$ das völlig satte Aufliegen, $\alpha = 0$ eine unbehinderte Verformung kennzeichnet.

Der Einbau der Auskleidung erhöht auch die Radialspannungen und damit die Gesteinsfestigkeit und setzt dagegen die maßgebenden Tangentialspannungen sogar bei kleinen $\alpha$-Werten herab. Darüber hinaus wird die Verteilung der Spannungen mit der Zunahme der $\alpha$-Werte gleichmäßiger und erreicht eine volle Gleichmäßigkeit ungefähr bei $\alpha = 0{,}5$. Mit weiterer Zunahme von $\alpha$ werden die Tangentialspannungen am Scheitel und auf der Sohle erhöht und an den Ulmen entsprechend herabgesetzt.

Mit dem Abstand vom Hohlraum wird die Spannungsverteilung auch gleichmäßiger.

Abb. 77 veranschaulicht diese Tendenz für verschiedene $\alpha$-Werte (0,1, 0,5, 0,9) und in verschiedenen Abständen ($r = 4$, 5, 6) vom Hohlraum.

Die obigen Darlegungen beziehen sich auf elastisches, homogenes und isotropes Gebirge, sie bieten mithin nicht so sehr Handhaben zur Bestimmung der Spannungen rings um tatsächlich aufgefahrene Ausbruchhohlräume, als *vielmehr Möglichkeiten dazu, Ausmaß und Art einzelner Faktoren zu beurteilen, die hier eine Rolle spielen.*

Zuletzt soll nicht unbeachtet bleiben, daß auch *die Tiefenlage des Tunnels* auf die Spannungsverteilung einen gewissen Einfluß ausübt. Diesbezüglich sind die kennzeichnenden Kurven der typischen Verteilungs- und Ausbreitungsfiguren um einen kreisförmigen Hohlraum in elastischer bzw. in plastischer Umgebung und in sehr großen und ganz kleinen Tiefen in Abb. 78 nach TERZAGHI [25] einander gegenübergestellt.

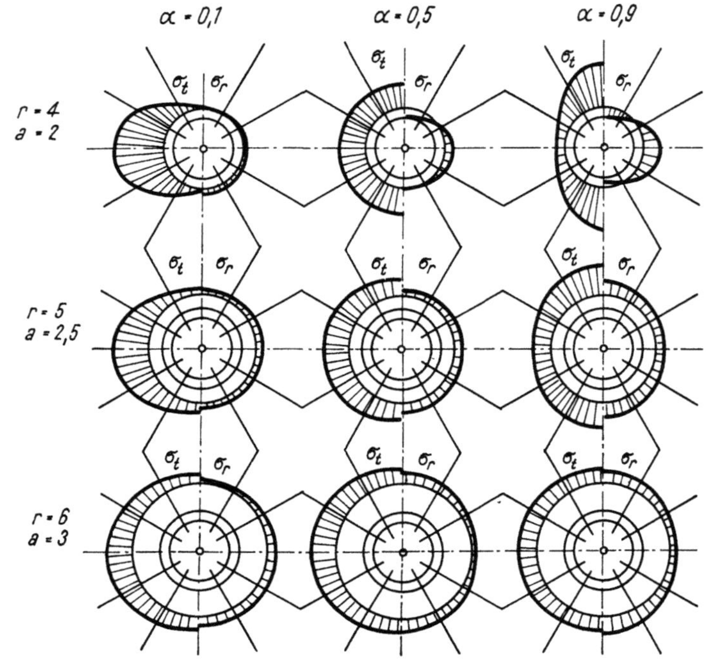


Abb. 77. Einfluß der Biegsamkeit und des Aufliegens der Innenauskleidung auf die Spannungsverteilung auf Grund der Elastizitätslehre nach SZILVÁGYI

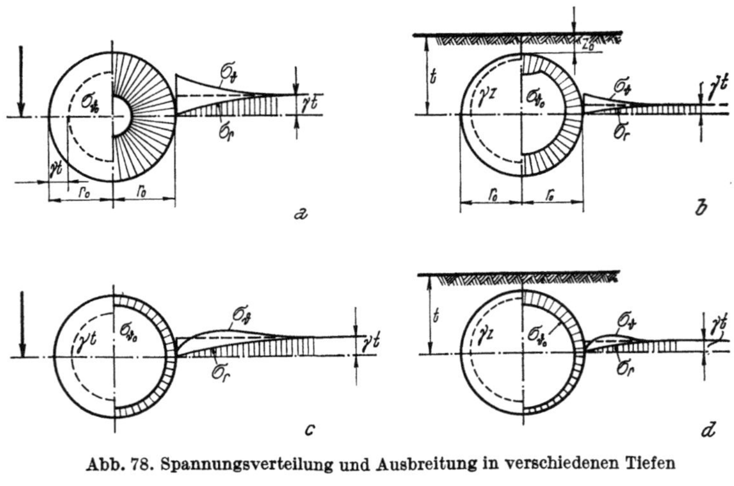


**Abb. 78. Spannungsverteilung und Ausbreitung in verschiedenen Tiefen**

TERZAGHI geht von der Annahme aus, daß die Seitendruckziffer $\lambda = 1$ ist und im Boden vor dem Tunnelaushub ein hydrostatischer Spannungszustand $(\gamma \cdot z)$ herrschte. Durch den Tunnelvortrieb werden die radialen Spannungen von ihrem Anfangswert $\gamma \cdot z$ in jedem Punkt der Wandung auf Null vermindert. Der Spannungszustand im Gebirge darf ferner als Differenz zwischen der Anfangsspannung und den im betreffenden Punkt der Tunnelwandung durch einen radialen Druck $\gamma \cdot z$ verursachten Spannungen betrachtet werden. Ein solcher Druck kann durch Füllung des Tunnels mit einer Flüssigkeit von Raumgewicht $\gamma$ hervorgerufen werden. Damit gelangt TERZAGHI zu den bekannten Beziehungen $\sigma_t = \sigma_t' - \sigma_t'' = t \cdot \gamma \left(1 + \frac{a^2}{r^2}\right)$ und $\sigma_r = \sigma_r' - \sigma_r'' = t \cdot \gamma \left(1 - \frac{a^2}{r^2}\right)$. Auf der linken Seite der Vertikalachsen der Röhre sind in Abb. 78 die so aufgenommenen Innendrücke, auf der rechten Seite dagegen die Verteilung der Tangentialspannungen auf der Tunnelwandung dargestellt. Wie ersichtlich, zeigt sich der Einfluß der Tiefe in der ungleichmäßigeren Verteilung dieser Umfangsspannungen in kleineren Tiefen.

Die obigen Darlegungen beziehen sich auf elastisches, homogenes und isotropes Gebirge, sie bieten mithin nicht so sehr Handhaben zur Bestimmung der Spannungen rings um tatsächlich aufgefahrene Ausbruchhohlräume, als *vielmehr Möglichkeiten dazu, Ausmaß und Art einzelner Faktoren zu beurteilen, die hier eine Rolle spielen.*

Es ist noch zu erwähnen, daß auf Grund des elastischen Spannungszustandes von J. SCHMIED [25] auch eine Gebirgsdrucktheorie entwickelt wurde, die sich jedoch wegen der vielen Annäherungsannahmen in der Praxis nicht einbürgern konnte. Dabei gibt SCHMIED auch formelmäßig den Ausbreitungsradius $R$ der gestörten Zone an, woraus wenigstens die Einflußfaktoren entnommen werden können. Die Formel lautet:

$$R = a \cdot \pi \sqrt{\frac{m^2(m-1)E}{\gamma \cdot H(m+1) \cdot (m-2)}}\,. \tag{30}$$

Die *elastischen Formänderungen* des kreisförmigen Hohlraumquerschnittes infolge einer gleichmäßig verteilten Vertikalbelastung $p_v$ lassen sich in folgender Weise ermitteln. Es gilt im allgemeinen:

$$w = \int_{r=a}^{\infty} \Delta\, dr = \frac{1}{E} \int_{r=a}^{\infty} \left[(p_v - \sigma_{r0}) - \frac{1}{m}(p_h - \sigma_{t0})\right] dr.$$

Damit ergibt sich die Durchbiegung des Scheitels zu

$$w = \frac{p_v \cdot a}{E} \cdot \frac{2m^2 - 3m + 1}{m\,(m-1)} \tag{31a}$$

und die Horizontalverschiebung des Kämpfers zu

$$u = -\frac{p_v \cdot a}{E} \cdot \frac{m^2 - 4m + 1}{m(m-1)}\,. \tag{31b}$$

Demgemäß ist also der Ausbreitungsradius direkt proportional zum Hohlraumradius ($a$) und als Quadratwurzel zum Elastizitätsmodul des Gebirges und eines Terms, der die Querdehnungszahl enthält. Dagegen ändert sich er umgekehrt proportional mit der Quadratwurzel des geostatischen Druckes ($\gamma \cdot H$), was einen Hinweis auf den mäßigenden Einfluß der Größe der ursprünglichen Spannungen gibt. Sonst soll hier nur auf die Arbeit von SCHMIED hingewiesen werden.

### 3.1.1.2. Die Auswirkung von plastischen Erscheinungen auf die Spannungsverteilung

Wie aus den Vorhergehenden zu entnehmen war, treten die Maximalspannungen infolge des Hohlraumausbruches am Scheitel bzw. auf der Sohle und an den Kämpfern auf. Es konnte ferner auch bestätigt werden, daß durch eine günstigere Wahl des Ausbruchquerschnittes (z. B. stehende Ellipse- oder Spitzenbogen) die maßgebenden Tangentialspannungen — bei gleichbleibender Hohlraumbreite — herabgesetzt werden konnten. Die Veränderung schwankt am Scheitel zwischen engen, dagegen am Kämpfer zwischen breiten Grenzen (vgl. Abb. 74). Doch hat man an diesen letzteren Stellen immer mit beträchtlichen Spannungsüberlagerungen zu rechnen.

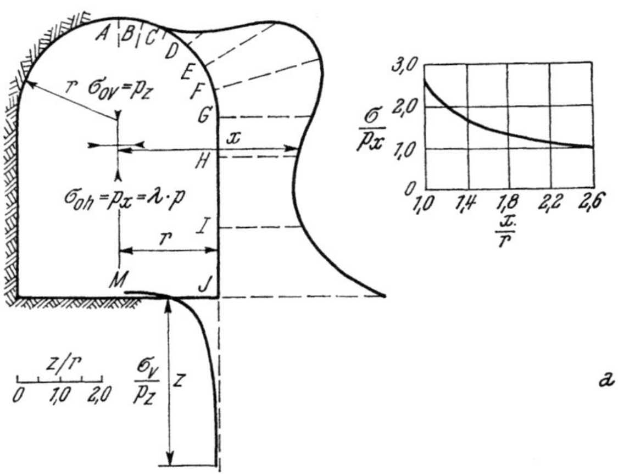


Abb. 79 a. Spannungsverteilung um einen hufeisenförmigen Querschnitt (nach ZANGAR und PHILLIPS)

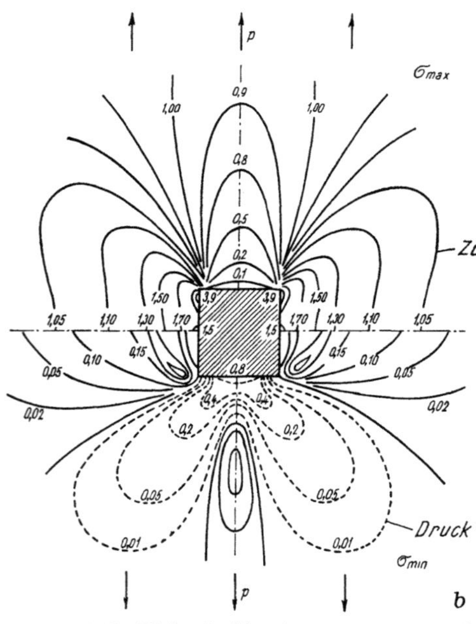


Abb. 79 b. Iso-Linien der Hauptzugspannungen um ein Rechteckprofil

Das ist eben die Ursache dafür, daß das Gebirgsmaterial die Zeichen des Versagens — neben den von Biegezugspannungen hervorgerufenen Rissen auf der Firste — in erster Linie an den Ulmen erweist. Die starke Konzentration und ungleichmäßige Verteilung der Drucktrajektorien bedingt hier Scherspannungen, welche den Bruch auslösen. Besonders gefährlich wirken sich hier alle Kerben, d. h. Unstetigkeiten im Profilumriß aus. (Zum Beispiel treten nach den photoelastischen Modellversuchen von ZANGAR und PHILLIPS starke Spannungskonzentrationen am Sohlenanschluß der hufeisenförmigen Profile (Abb. 79a) und an den Ecken aller rechteckigen Profile (Abb. 79b) auf [26], die gleichzeitig auf die Vorteile der ringförmigen Profile gegenüber eckigen hinweisen.)

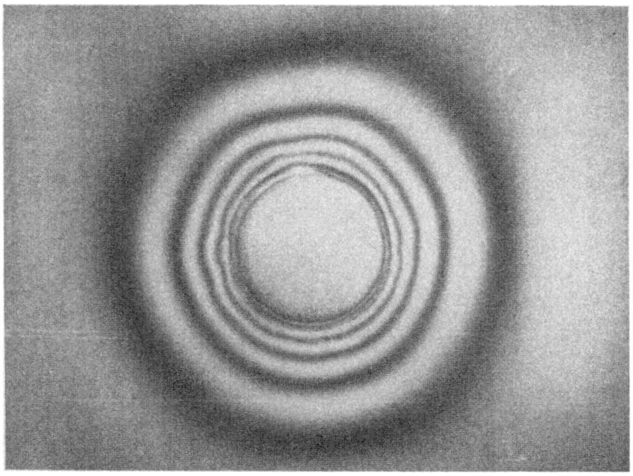

Abb. 80. Spannungsoptische Aufnahmen um verschiedenförmige Hohlräume (Versuche von Dr. L. KAPOLYI). Belastung gleichmäßig verteilt

a) Kreisförmiger Hohlraum unter gleichem Vertikal- und Horizontaldruck

b) kreisförmiger Hohlraum unter lotrechtem Axialdruck

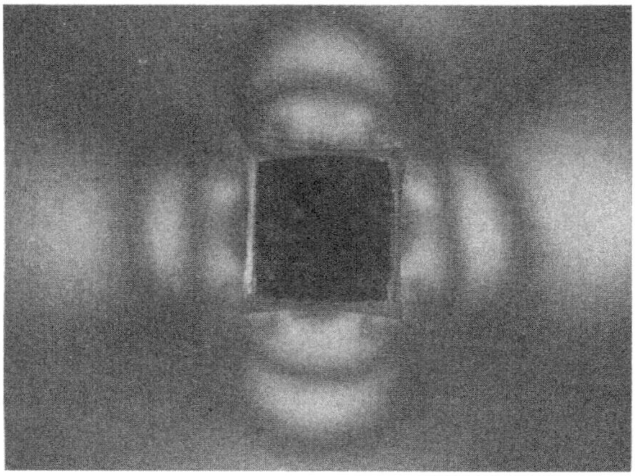

c) quadratförmiger Hohlraum unter gleichem Vertikal- und Horizontaldruck

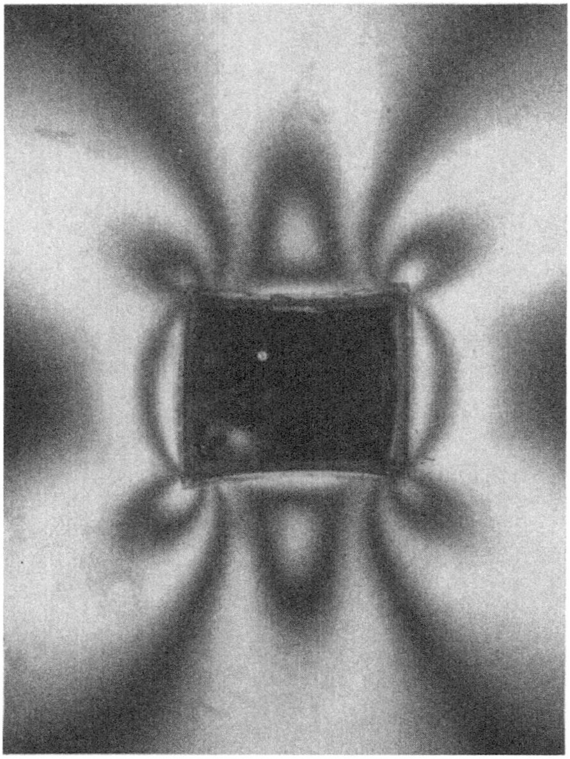

d) quadratförmiger Hohlraum unter lotrechtem Axialdruck

e) liegende Ellipse unter gleichem Vertikal- und Horizontaldruck

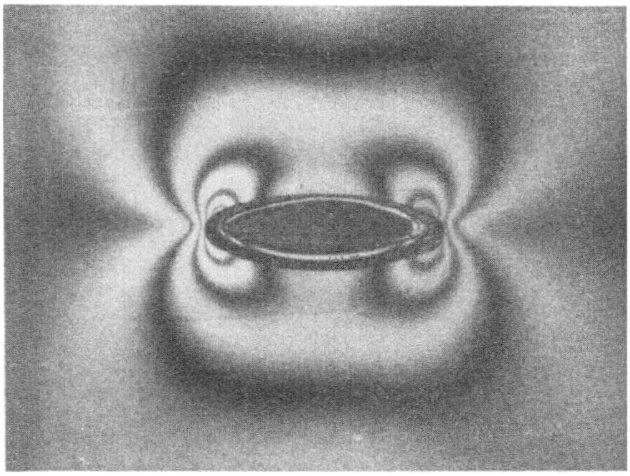

f) liegende Ellipse unter lotrechtem Axialdruck

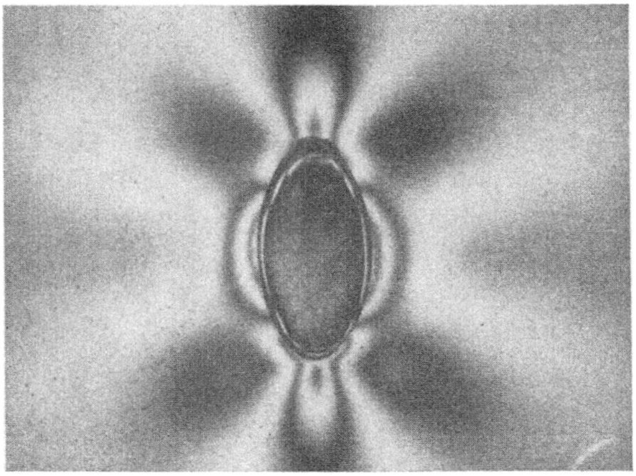

g) stehende Ellipse unter lotrechtem Axialdruck

Abb. 80a bis g stellen nach den photoelastischen Versuchen von L. KAPOLYI die Spannungsisochromaten und Isoklinen um verschiedenartig geförmte Hohlraumquerschnitte dar, in einem unter gleicher bzw. alternativer wechselnder Vertikal- und Horizontalbelastung gesetzten Spannungsraum. Die Bilder zeigen ganz deutlich wie die gleichmäßige Gestaltung dieser Linien um einen Kreisquerschnitt durch die stehende und liegende Ellipsenform und von der quadratischen Form gestört wird.

Die zunehmende Spannungsüberlagerung hat zur Folge, daß — von der Tiefenlage des Hohlraumes (d. h. vom geostatischen Druck) und von den Festigkeitseigenschaften des Gebirges abhängend — die Tangentialspannungen diese Festigkeit übersteigen und Bruch oder Fließerscheinungen an den Ulmen hervorrufen werden. Diese breiten sich nach dem Berginnern zu aus, und dadurch bildet sich im Umkreis des Hohlganges eine sogenannte plastische Zone aus. Da das Gebirge in diesem zerstörten Zustand der Aufnahme großer Tangentialspannungen schon nicht mehr gewachsen ist, verlagern sich diese fortschreitend auch nach dem

Berginnern hin und verändern dadurch das Spannungsbild. Ist die Spannungsumlagerung durch plastische Verformung hervorgerufen, gestaltet sich der Spannungsverlauf — als eine Zwischenstufe — etwa nach Abb. 81. Ist sie dagegen die Folge von Bruchverformungen, kann der Spannungsverlauf etwa nach Abb. 82 gekennzeichnet werden.

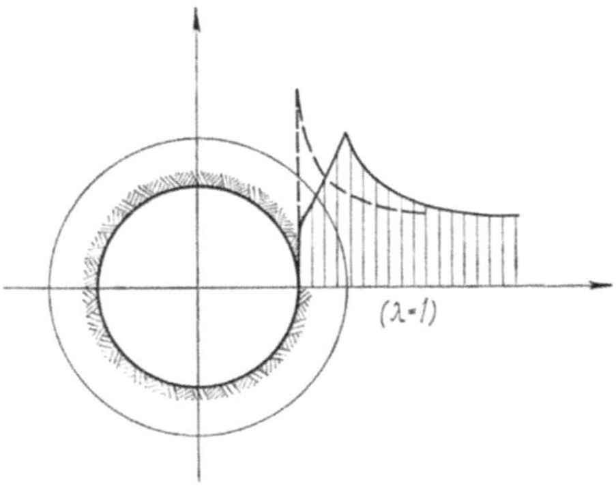


Abb. 81. Spannungsumlagerung infolge plastischer Randverformung

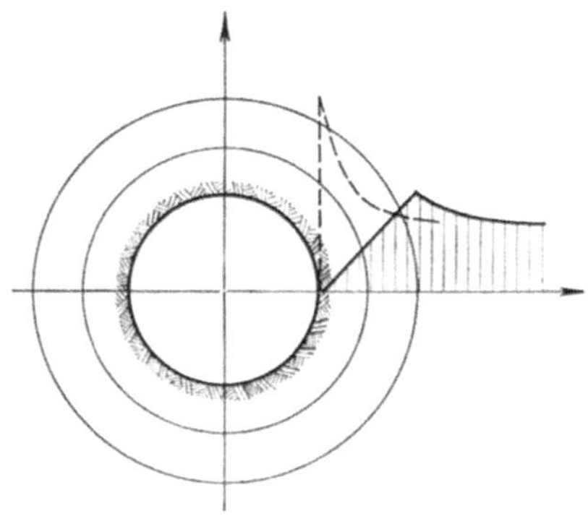

Abb. 82. Spannungsumlagerung infolge Bruchverformung

*3.1.1.2.1.* KASTNERs *Theorie.* Die Ausbreitung der Spannungszonen um einen kreisförmigen Hohlraum wurde theoretisch von KASTNER bestimmt [27]. Die benützten Bezeichnungen sind aus Abb. 83 zu entnehmen.

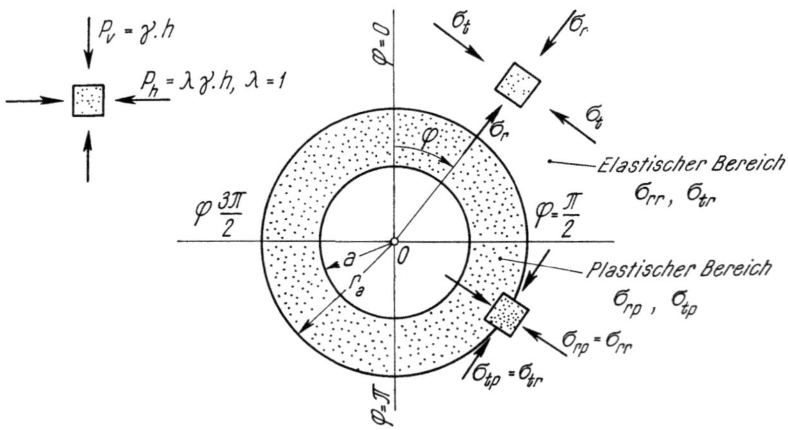


Abb. 83. Bezeichnungen für die Theorie von KASTNER

Erhält der Tunnelausbruch keinen Einbau, sinken die Radialspannungen ($\sigma_r$) am Ausbruchsrand auf Null ab, während die Tangentialspannungen ($\sigma_t$) auf einen Höchstwert ansteigen, der die Druckfestigkeit des Gebirges übersteigt, so daß sich um den Ausbruch eine plastische Zone ausbildet. Mit fortschreitender Verschiebung gegen das Berginnere hin sinkt infolge der Querschnittsvergrößerung die Intensität der Tangentialspannung, bis sie einen Wert erreicht, über den hinaus sie die Elastizitätsgrenze des Gebirges nicht mehr überschreiten wird. Über diese Grenze hinaus verbleibt das Gebirge im elastischen Spannungszustand. Innerhalb der plastischen Zone kann der Wert der Radialspannungen gegen das Innere des Gebirges hin mehr und mehr ansteigen, weil die Teilchen des im plastischen Zustand befindlichen Gesteines unter der Einwirkung der Tangentialspannung als Normalkraft und unter dem Einfluß der spezifischen Reibung imstande sein werden, die radialen Schubspannungen aufzunehmen. Diesen Spannungsvorlauf demonstriert KASTNER sehr anschaulich an einem Zahlenbeispiel (Abb. 84). Aus der Abbildung geht auch hervor, wie die (mit gestrichelten Linien angedeutete)

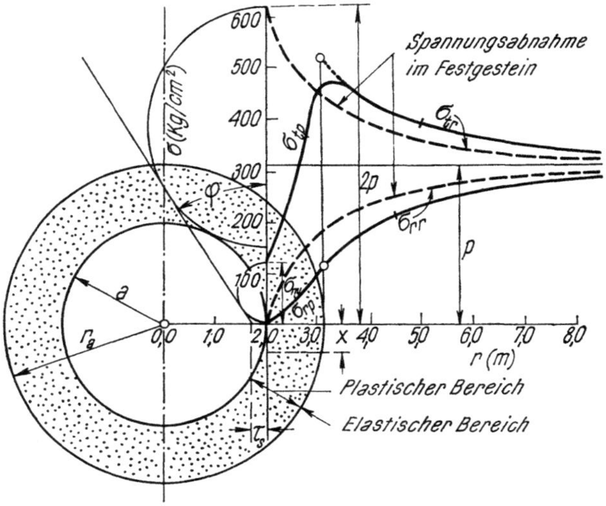


Abb. 84. Die Ausbildung der Radial- und Peripherialdrücke um einen kreisförmigen Hohlraum in elastischem und in plastischem Gestein (KASTNER)

Radialspannung ($\sigma_r$) bzw. die Tangentialspannung ($\sigma_t$) verläuft, wenn der infolge des Tunnelausbruchs im Sinne der Elastizitätstheorie auf das Doppelte ($2p$) angestiegene Außendruck die Druckfestigkeit ($\sigma_d$) des Gebirges nicht übersteigt, und zwar im Gegensatz zu dem Fall $2\,p > \sigma_d$.

Nach seinen Untersuchungen in homogen-isotropem Gebirge lassen sich Gestalt und Grenze des plastischen Bereiches auf Grund der Theorie der kreisförmig gelochten Scheibe und der Mohrschen Bruchbedingung aus Seitendruckziffer ($\lambda$), einachsiger Druckfestigkeit ($\sigma_d$) und passivem Widerstand ($\lambda_p$) des Gebirges bestimmen.

Aus der Bedingung nämlich, daß an der Grenze zwischen elastischer und plastischer Zone Gleichheit zwischen den auf plastischer und den auf elastischer Grundlage ermittelten Ringspannungen bestehen muß, läßt sich der Halbmesser $r_a$ des Begrenzungskreises in der Form

$$r_a = a \left[ \frac{2}{\lambda_p + 1} \, \frac{\sigma_d + p(\lambda_p - 1)}{\sigma_d} \right]^{\frac{1}{\lambda_p - 1}} \tag{32}$$

schreiben.

Die auf dieser rechnerischen Grundlage ermittelte Ausdehnung des plastischen Bereichs rechtfertigt indessen keineswegs jenes starke und massenhafte Hereindrängen des Gebirges, welches in der Praxis beim Auftreten echten Gebirgsdruckes häufig beobachtet wird. Es muß jedoch beachtet werden, daß die Ausdehnung des plastischen Bereichs weitgehend auch vom Verhältnis des lotrechten zum seitlichen Druck ($\lambda$) abhängt.

Für dieses Verhältnis ist von KASTNER auch eine Theorie entwickelt worden, wobei er von der für die vollkommene Plastizität geltenden Grundbedingungen

$$\tau_{\max}^2 = \frac{1}{4}(\sigma_t - \sigma_r)^2 + \tau^2 = \left(\frac{\sigma_d}{2}\right)^2 = k^2 \frac{(\gamma h)^2}{4} \tag{33}$$

ausgeht, die Spannungen $\sigma_r$, $\sigma_t$ und $\tau$ jedoch auf elastischer Grundlage berechnet. In (33) bedeutet $\gamma h$ den geostatischen Druck, $k$ hingegen das Verhältnis der einachsigen Druckfestigkeit zu diesem in der Form $k = \frac{\sigma_d}{\gamma \cdot h}$. Hieraus leitet er für die beliebig gewählte Richtung $\psi$ die Beziehung

$$\cos^2 2\psi + 2\cos 2\psi \frac{1+\lambda}{1-\lambda} \cdot \frac{1 - 2\alpha^2 + 3\alpha^4}{4(2-3\alpha^2)} - \left(\frac{1+\lambda}{1-\lambda}\right)^2 \cdot \frac{\alpha^2}{4(2-3\alpha^2)} - \\ - \frac{(1+2\alpha^2-3\alpha^4)^2}{4\alpha^2(2-3\alpha^2)} + \frac{k^2}{(1-\lambda)^2 \cdot 4\alpha^2(2-3\alpha^2)} = 0 \tag{34}$$

ab, in der $\alpha = a/r$ die relative Entfernung in radialer Richtung bezeichnet.

Auf Grund dieses Zusammenhanges berechnete KASTNER die Grenzlinien der plastischen Bereiche für die Seitendruckziffern $\lambda = 0$, $\lambda = 0{,}5$ und $\lambda = 1{,}0$ bei verschiedenen $k$-Werten und erhielt die in Abb. 85 dargestellten Grenzkurven. In dieser Abbildung sind die Bereiche für

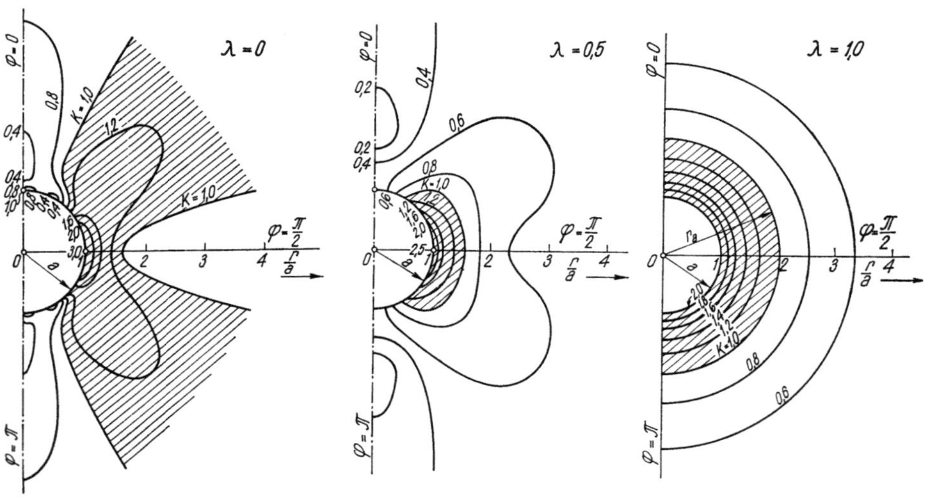


Abb. 85. Die Veränderung der Spannungsisobaren um einen kreisförmigen Hohlraum in Abhängigkeit von dem seitlichen Erddruckbeiwert ($h$)

$k < l$, d. h. für den Fall, in dem der geostatische Druck eben der einachsigen Gebirgsdruckfestigkeit gleich ist, schraffiert. Wie die Abbildung erkennen läßt, umschließen die plastischen Bereiche bei $\lambda$-Werten von 0,5 an bereits eine geschlossene Zone, doch können sie sich bei relativ ganz niedrigen Seitendrücken von den Kämpfern in einer von der Waagrechten im Winkel von 45° ansteigenden Richtung ins Unendliche ausdehnen. Geht man hingegen nicht von der obigen Grundgleichung für $\tau_{\max}$, sondern von der Mohrschen Bruchbedingung aus, erhält man für $\varphi = 30°$, $c = 25\,\text{kg/cm}^2$, $h = 300$ m, $\gamma = 2{,}5\,\text{t/m}^3$ und für unterschiedliche Seitendruckziffern die in Abb. 86 aufgetragenen Grenzen. Wie sich zeigt, beschränkt sich der plastische Bereich bei gleichmäßigen Außendruckverhältnissen ($\lambda = 1$) auf einen konzentrischen Kreisring von relativ geringer Ausdehnung, während er bei $\lambda = 0{,}5$ von einem um die

Kämpfer sich schließenden Kurvensegment abgeschlossen ist, das gleichfalls eine Zone relativ geringer Ausdehnung umfaßt. Bei $\lambda = 0{,}141$ schließlich wird sich der plastische Bereich mit einer Neigung von 45° ins Unendliche erstrecken.

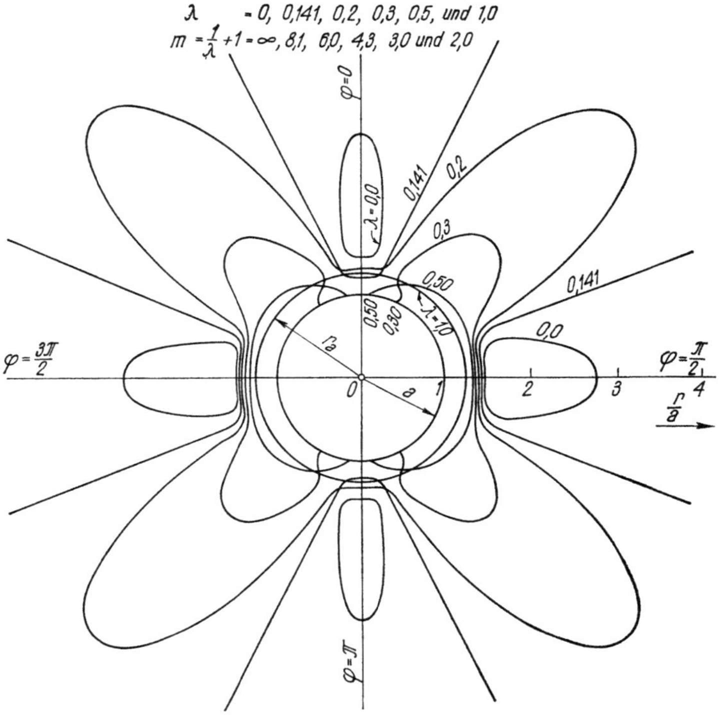


Abb. 86. Spannungsisobaren um einen kreisförmigen Hohlraum, anhand des Mohrschen Grenzzustandes berechnet

Streben die umgebenden Gesteinsmassen trotz gleichmäßiger Druckverteilung mit großer Gewalt in den Hohlraum herein, kann man also offenbar vor dem sogenannten *Schwelldruck* stehen, den die entlastungsbedingte Wasseraufnahme toniger Gesteine oder Letten verursacht. [24]

Wie also auch aus diesen theoretischen Überlegungen hervorgeht, wird sich rings um den Ausbruchhohlraum ein um so ungünstigerer plastischer Bereich ausbilden, je geringer der Seitendruck ist.

*3.1.1.2.2.* Fenner*s* *Theorie*. Die Ausdehnung der plastischen Bereiche und deren Einflußfaktoren wurden auch von Fenner [16] auf anderem Wege untersucht.

Zunächst bestimmte er die Größe des auf einen *lotrechten Schacht* wirkenden Gebirgsdruckes, der sich in einer gewissen Tiefe größenmäßig *gleichmäßig* über den Umfang des kreisrunden Schachtquerschnitts *verteilt*, wobei er annimmt, daß die Gesteinsmassen — durch vorhandene Öffnungen hindurch — frei in das Innere des Schachtes eindringen können. Da diese Bewegungen radial nach innen weisen und während des Eindringens eine Relativbewegung zwischen den Körnern nicht auftreten kann, ist die Scherspannung gleich Null, und die Radial- sowie die normal auf sie verlaufende Tangentialrichtung werden zu Hauptspannungsrichtungen. Auf dieser Grundlage ist es möglich, die Richtung der Gleitflächen zu bestimmen, weil sie die Hauptrichtungen im konstanten Winkel schneiden müssen. Bedenkt man, daß sich die Radialspannungen $\sigma_r$ beim Abteufen des Schachtes infolge der Bewegung in radialer Richtung vermindern, während sich die Tangentialspannungen $\sigma_t$ wegen der gegenseitigen Verspannung erhöhen, wird es klar, daß ein Gleichgewichtszustand zwischen den Hauptspannungen $\sigma_R$ und $\sigma_T$ nur dann zustande kommen wird, wenn $\sigma_T$ auf einen Höchstwert ansteigt, was bei

$$\sigma_T = (K - 1)\,\sigma_R \tag{35}$$

eintreten kann. Umgekehrt kann der Wert von $\sigma_R$ nicht unter den hier bestimmten absinken, weil sonst die Gesteinsmasse in den Hohlraum hineinflösse. Die Aufgabe reduziert sich mithin nach Aufstellung des obigen Zusammenhanges auf die Bestimmung des Wertes von $\sigma_R$. Bei der Aufstellung der Differentialgleichung kann man in Betracht ziehen, daß die Spannungen infolge der Radialsymmetrie unabhängig von $\vartheta$ werden, daß sich also $\vartheta = 0$ schreiben läßt, womit

$$\sigma_R = \frac{1}{r}\frac{\partial \Phi}{\partial r} \quad \text{und} \quad \sigma_T = \frac{\partial^2 \Phi}{\partial r^2} \quad \text{sowie} \quad \tau = 0 \quad \text{wird.}$$

Mit diesen Werten nimmt Gl. (35) die Form

$$\frac{\partial^2 \Phi}{\partial r^2} - (K-1)\,\frac{1}{r}\frac{\partial \Phi}{\partial r} = 0$$

an. Die Lösung dieser Differentialgleichung schreibt sich zu

$$\Phi = \frac{C}{K}\,r^K, \quad \text{woraus} \quad \sigma_R = C r^{K-2}; \quad \sigma_T = C(K-1)\,r^{K-2}.$$

Um die Konstante $C$ bestimmen zu können, sei nun angenommen, daß an der Schachtwand, sofern $r = a$, $\sigma_R = \sigma_{Ra}$ und hieraus $C = \frac{\sigma_{Ra}}{a^{K-2}}$ wird. Damit hat man

$$\sigma_R = \sigma_{Ra}\left(\frac{r}{a}\right)^{K-2}; \quad \sigma_T = (K-1)\,\sigma_{Ra}\left(\frac{r}{a}\right)^{K-2}. \tag{36}$$

Ist weiterhin $K = 1 + (\mu_1 + \sqrt{1 + \mu_1^2})^2$ und die spezifische Reibung $\mu_1 = \tan\varphi$, dann wird bei $\varphi = 20°$ und bei $\mu_1 = 0{,}36$

$$K = 3 \quad \text{und} \quad \sigma_R = \sigma_{Ra}\,\frac{r}{a} \quad \text{bzw.} \quad \sigma_T = 2\sigma_{Ra}\,\frac{r}{a},$$

d. h. die Spannung wächst proportional dem Abstand vom Schacht mit dem Halbmesser $a$.

Da bei den in der Natur vorkommenden Gesteinsarten mit einem Mindestwert von $\varphi = 20°$ gerechnet werden kann, führt diese Ableitung zu der Feststellung, daß das Gebirge praktisch rings um jede Art von Hohlraum einen Gleichgewichtszustand erreichen muß. Die an der Grenze des Fließbereiches auftretende Spannung läßt sich aus der Bedingung bestimmen, daß über diese Grenze hinaus wieder die elastizitätstheoretischen Grundgesetze gültig sein müssen. Die Summe der beiden Hauptspannungen muß konstant, d. h. es muß $\sigma_r + \sigma_t = 2p$ sein. Setzt man andererseits in diese Gleichung den plastizitätstheoretischen Zusammenhang $\sigma_T = \sigma_R(K-1)$ ein, hat man die Beziehungen $\sigma_R + \sigma_R(K-1) = 2p$ bzw. $p' = \sigma_R = \frac{2p}{K}$. Bezeichnet man den Abstand der Fließbereichgrenze mit $b$, kann im Sinne der Gl. (36) geschrieben werden, daß

$$\frac{2p}{K} = \sigma_{Ra}\left(\frac{b}{a}\right)^{K-2}$$

ist, woraus sich schließlich $b$ rechnerisch ermitteln läßt (vgl. Gl. (30)).

Der Wert von $b$ wächst also mit sinkenden $\sigma_{Ra}$, obschon $\sigma_{Ra}$ nichts anderes bedeutet als die am Schachtrand auftretende Radialspannung. Ohne Zweifel wird sie letzten Endes durch die radial gerichtete Abstützung des Hohlraumes, d. h. durch die Unnachgiebigkeit des Einbaues bestimmt. Hieraus aber folgt, *daß sich der plastische Abschnitt auf einen um so kleineren Bereich erstrecken wird, je starrer der Einbau ist, den man im Hohlraum vorsieht.*

Jenseits des Fließbereiches befindet sich die Gesteinsmasse wieder im elastischen Zustand, und in diesem errechnen sich die Spannungen zu

$$\sigma_R = p\left[1 - \frac{b^2}{r^2}\left(1 - \frac{2}{K}\right)\right] \quad \text{und} \quad \sigma_T = p\left[1 + \frac{b^2}{r^2}\left(1 - \frac{2}{K}\right)\right]. \tag{37}$$

Als Beispiel gibt FENNER die Berechnung der in einer Tiefe von $h = 1000$ m auf die Wand eines kreisquerschnittigen Schachtes wirkenden Gebirgsdrücke bei einem Gesteinsraumgewicht von $\gamma = 2{,}4$ t/m³ und bei einem $\sigma_{Ra} = 1$ an. Der geostatische Druck ist $\gamma h = 2400$ t/m² $= 240$ kg/cm². Die zahlenmäßigen Ergebnisse sind in der hier folgenden Tabelle zusammengefaßt bzw. in Abb. 87 graphisch dargestellt.

| Reibungskoeffizient $\mu_1$ | | Quotient $K - 1$ | Exponent $K - 2$ | Fließbereichsgrenze $b$ | Seitendruck $p$ kg/cm² |
|---|---|---|---|---|---|
| 0,75 | (36° 52′) | 4 | 3 | 2,8845 $a$ | 60 |
| 0,5773 | (30°) | 3 | 2 | 6,3246 $a$ | 80 |
| 0,35354 | (19° 29′) | 2 | 1 | 80,0000 $a$ | 120 |

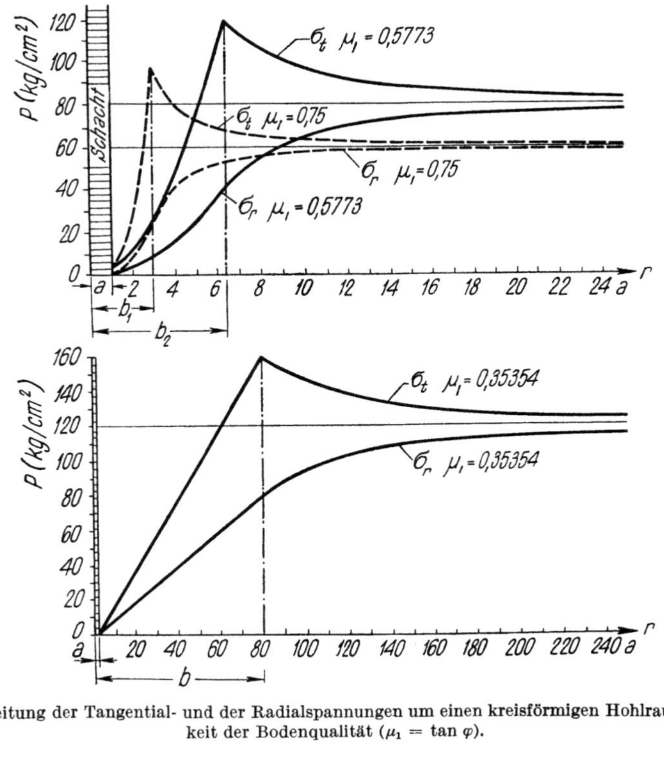


Abb. 87. Verbreitung der Tangential- und der Radialspannungen um einen kreisförmigen Hohlraum in Abhängigkeit der Bodenqualität ($\mu_1 = \tan\varphi$).

Wie ersichtlich, weitet sich die Grenze des plastischen Bereichs in Abhängigkeit vom Reibungskoeffizienten (Winkel) von 2,8845 $a$ bis 80,0 $a$ aus, während der Winkel $\varphi$ von 37° auf 19,5° abnimmt. Diese starke Ausweitung liefert zugleich den Beweis dafür, daß sich die rechnerisch ermittelten Spannungen und die Verformungen in Ton-, in tonigen Schluff- sowie in tonigen Sandböden erst nach sehr langer Zeit ausbilden werden.

In der Praxis wird man den Wert von $\sigma_{Ra}$ niemals im voraus bestimmen können, weil er bei niedrigen Reibungswerten von der Menge der aus dem Hohlraum entfernten Gesteinsmassen abhängt (d. h. dieser umgekehrt proportional ist, s. auch echter Gebirgsdruck Kap. 3.1.3.). In Gesteinen mit hohem Reibungskoeffizienten bildet sich dagegen das neue Spannungsgleichgewicht bald heraus, auf den Schacht werden somit sehr geringe und von der Tiefe unabhängige Drücke wirken.

Der stark ausgeweitete plastische Bereich hat auch eine beträchtliche Verformung zur Folge (die spezifische Volumveränderung beträgt $\varepsilon = (\sigma_x + \sigma_y + \sigma_z) \frac{m-2}{mE}$, und $V_1 = V_0 \varepsilon$, wenn $V_0$ das gesamte in den plastischen Bereich fallende Volumen bedeutet), die in der Menge der in den Hohlraum hereindringenden und aus diesem zu entfernenden Gesteinsmassen ($V_1$) zum Ausdruck kommt. Mit der Beseitigung dieser Massen nimmt die Intensität der Drücke

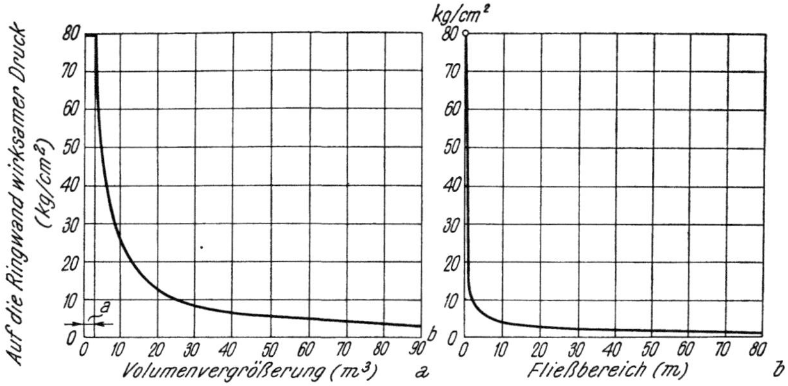


Abb. 88. Veränderung der auf die Verkleidung wirksamen Drücke in Abhängigkeit von der a) Ausdehnung der plastischen Zone, b) Quantität der eingedrungenen Bodenmasse

sehr stark ab, und die graphische Darstellung der für das obige Beispiel ausgearbeiteten Daten (Abb. 88) läßt deutlich erkennen, daß schon die Ausräumung von 5 bis 10% der Massen ein Absinken der Drücke auf $\frac{1}{15}$ bis $\frac{1}{20}$ bewirkt.

Ähnlichen Gedankengängen folgt FENNER schließlich *bei Ableitung der auf einem waagerechten Tunnel lastenden Drücke, wobei er jedoch die durch das Eigengewicht bedingte Belastungsänderung in die Rechnung mit einbezieht.* Die Spannungsfunktion im elastischen Bereich schreibt sich in diesem Falle zu $\Phi = r^K \times \sum A_n \cos n\vartheta$, worin die Faktoren $A_n$ Parameter darstellen, die von den Randbedingungen abhängen.

Für den plastischen Bereich kann unter Annahme geeigneter Symmetrieverhältnisse die einfache Differentialgleichung

$$\sigma_R + r \frac{\partial \sigma_R}{\partial r} - \sigma_T + r\gamma = 0 \tag{38}$$

aufgeschrieben werden. Setzt man in diese Gleichung die aus einer Spannungsfunktion $\Phi'$ ableitbaren Spannungswerte

$$\sigma_R = \frac{1}{r} \frac{\partial \Phi'}{\partial r} - \frac{\gamma r}{2}, \quad \sigma_T = \frac{\partial^2 \Phi'}{\partial r^2}, \quad \tau = 0, \tag{39}$$

ein ($\vartheta$ ist hier nämlich gleich Null), nimmt Gl. (38) die Form

$$\frac{\partial^2 \Phi'}{\partial r^2} - \frac{K-1}{r} \frac{\partial \Phi'}{\partial r} + \frac{K-1}{2} \gamma r = 0$$

und nach zweimaligem Integrieren wird

$$\Phi' = \frac{C}{K} r^K + \frac{K-1}{6(K-3)} \gamma r^3$$

an. Bestimmt man sodann an der Stelle $r = a$, ausgehend von der Annahme, daß $\sigma_R = \sigma_{Ra}$ ist, erneut die Integrationskonstante $C$, dann hat man gemäß Gl. (39)

$$\sigma_R = \frac{1}{r}\frac{\partial \Phi'}{\partial r} - \frac{\gamma r}{2} = \sigma_{Ra}\left(\frac{r}{a}\right)^{K-2} - \frac{\gamma a}{K-3}\left(\frac{r}{a}\right)^{K-2} + \frac{\gamma r}{K-3}$$

und

$$\sigma_r = \frac{\partial^2 \Phi'}{\partial r^2} = (K-1)\,\sigma_{Ra}\left(\frac{r}{a}\right)^{K-2} - (K-1)\frac{\gamma a}{K-3}\left(\frac{r}{a}\right)^{K-2} + \\ + (K-1)\frac{\gamma r}{K-3}. \tag{40}$$

Die Berücksichtigung des räumlichen Spannungszustandes führt zu einer Umänderung der Gleichungen (36), die nun die Form

$$\sigma = \sigma_{Ra} - \frac{\gamma a}{2K-5}\left(\frac{r}{a}\right)^{2K-2} + \frac{\gamma r}{2K-5}$$

annehmen, woraus sich — bei $\mu_1 = 0{,}353\,54$ — als Mindestwert

$$\sigma_R = \frac{r}{a}\left(\sigma_{Ra} \mp a\gamma \ln\frac{r}{a}\right)$$

ergibt. Hier hängt das Vorzeichen des zweiten Gliedes im Klammerausdruck vom $\vartheta$-Wert ab; ist $\vartheta = 0$, gilt das negative, ist hingegen $\vartheta = \pi$, das positive Vorzeichen.

Die Summe der beiden Hauptspannungen muß an der Fließbereichsgrenze wieder der Summe der beiden ursprünglichen Hauptspannungen gleich sein, es ergibt sich mithin als Extremwert bei $r = \frac{h}{2}$ ein $\sigma_{Ra} = a\gamma\left(\frac{1}{2} + \ln\frac{h}{2a}\right)$, was mit anderen Worten zum Ausdruck bringt, daß $\sigma_{Ra}$ mindestens diesen Wert haben muß, wenn das Gleichgewicht überhaupt zustande kommen soll.

Im Allgemeinfall ist

$$\sigma_{Ra\,\min} = \frac{\gamma a}{K-3} - \frac{K^2-5K+7}{(K-1)\cdot(K-3)}\,\gamma h \left[\frac{2a}{(K-2)h}\right]^{K-2}, \tag{41}$$

und in diesem Falle reicht der plastische Bereich bis zur Höhe $r = \frac{K-2}{2}\cdot h$, bzw. bei $K = 4$ wird $\sigma_{Ra\,\min} = \gamma a\left(1 - \frac{a}{h}\right)$.

Es liegt auf der Hand, den plastischen Bereich als eine hochstehende Ellipse aufzufassen, in deren unterem Brennpunkt sich der Hohlraum befindet.

Wieder für eine Tiefe von $h = 1000$ m, ferner für einen Hohlraum mit dem Halbmesser $a = 3$ bei einem Raumgewicht von $\gamma = 2{,}5$ t/m³, einem Reibungskoeffizienten von $\mu_1 = 0{,}353\,54$ sowie bei inneren Einbaufestigkeiten von $\sigma_{Ra} =$

= 4,215 kg/cm² bzw. 4,5 kg/cm², 6 kg/cm², 10 kg/cm² und 30 kg/cm² sind die den plastischen Bereich darstellenden Ellipsen sowie die Summe der zugehörigen Hauptspannungen in Abb. 89 aufgetragen. Diese graphische Darstellung verdeutlicht in überaus anschaulicher Weise den stark einschränkenden Einfluß, den die Unnachgiebigkeit des Einbaues auf die Ausdehnung des Fließbereichs ausübt.

Schließlich befaßte sich Fenner auch mit dem Fall des *geschichteten Gebirges*. Er gelangte hierbei zu der Feststellung, daß schon eine relativ dünne zwischengelagerte Lettenschicht den Spannungszustand wesentlich verändert und eine beträchtliche Ausweitung des Auflockerungskernes in Richtung von Firste und Sohle zur Folge hat.

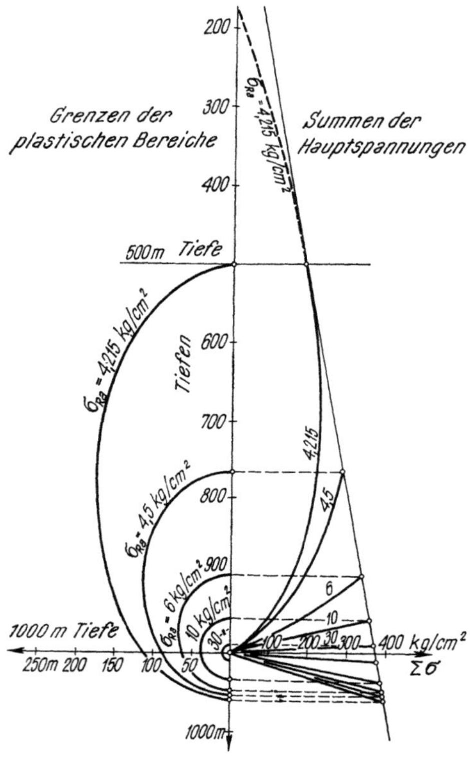


Abb. 89. Die Ausdehnung der plastischen Zonen als Funktion der Abstützungssteifigkeit um einen kreisförmigen Hohlraum in 1000 m Tiefe (Fenner)

Zusammenfassend stellt Fenner fest, daß in elastischem Gestein ein spannungsloser Körper mit elliptischem Querschnitt entsteht, der von der Überlagerungshöhe und von der Querschnittform des Hohlraumes nicht beeinflußt wird, sondern ausschließlich von der Hohlraumbreite ($b$) und von der Poissonschen Zahl abhängt und dessen Ausdehnung durch die Formel $\frac{4x^2}{(m-2)^2\, b^2} + \frac{y^2}{x^2} = 1$ beschrieben werden kann. Im Scheitel und in den Kämpfern der Ellipse sinken die Spannungen auf Null ab, um ihren Höchstwert in den Nebenachsen zu erreichen. Ein spannungsloser Körper bildet sich auch in plastischem Gestein aus, doch hängt seine Größe von der Hohlraumbreite und außerdem von der Tiefe, vom Reibungskoeffizienten, vom Raumgewicht und von dem auf der Tunnelmauerung lastenden Druck ab.

Für die Ausdehnung des sich um einen kreiszylindrischen Hohlraum ausbildenden plastischen Bereiches wurde von Rendulič auch eine einfachere Näherungsformel abgeleitet. Demgemäß ist mit den schon eingeführten Bezeichnungen und mit $c$ = Kohäsion

$$r_a = \frac{a}{\sqrt{1-\beta^3}}, \qquad \text{worin } \beta = \sqrt{\frac{1}{1+\frac{2c}{E}}}. \tag{42}$$

Seine Untersuchungen erstreckten sich auch auf die im plastischen Bereich entstehenden Spannungen; diesbezüglich soll aber nur auf die betreffende Literatur [28] hingewiesen werden.

### 3.1.2. Der Auflockerungsdruck

Aus dem vorigen Abschnitt ist hervorgegangen daß man am Scheitel des Ausbruchquerschnitts in den meisten Fällen (d. h. wenn ($\lambda < {}^1/_3$ oder $m > 4$ ist) mit dem Auftreten von Zugspannungen rechnen muß. Diese können bald zu in das Gebirge hinaufragenden Rissen und zu fortschreitender Zerrüttung der obenliegenden Gesteinsmassen führen. Wenn infolgedessen der Hohlraum keine innere künstliche Unterfangung, d. h. keine Firstverzimmerung hat, wird sich aus den Gesteinsmassen über dem Hohlraum ein Gesteinskeil zunehmend ablösen, bis sich der den veränderten Abstützungsverhältnissen entsprechende Gleichgewichtszustand wieder einstellen wird. Der Firstaufbruch geht stufenweise vor sich. Zunächst wird in der Mitte die mit „1" bezeichnete Masse aus der Firste brechen (Abb. 90), worauf der Ausbruch sich seitlich und nach oben spitzbogenartig fortsetzen wird, bis die halben Spitzbogen unter einem bestimmten Winkel $\alpha$ imstande sein werden, sich gegenseitig abzustützen. Der Winkel $\alpha$ wird um so spitzer sein, je geringer die Kohäsion des betreffenden Gebirges ist. Die Höhe des Spitzbogens errechnet sich annähernd aus der Beziehung $h_{\max} = \dfrac{b}{2\sin\alpha}$. Schon hieraus allein folgt, daß die Größe des Druckes mit der Fläche des keilförmigen Ausbruchs, d. h. mit dem Quadrat der Spannweite des Hohlraumes wächst. Beim Vortrieb von Hohlgängen in kohäsionslosen Gebirgen beobachtet man — wenn man sich mit dem Einbringen der Verzimmerung verspätet —, häufig, daß sich das Gestein in solchen „kaminartigen" Formen herauslöst, ja selbst die Firste natürlicher Höhlen zeigen eine ähnliche Form. Der sogenannte *Auflockerungsdruck*, der auf der diesem Abbruch vorbeugenden Hohlraumzimmerung lastet, stammt also aus dem Gewicht des aufgelockerten, dem Hohlraum zudrängenden Keiles. Der aufgelockerte, obenliegende Bereich, der seine Tragfähigkeit verloren hat, wird Schutzzone, Auflockerungszone oder auch Trompetersche Zone genannt. *Allgemein gilt die Feststellung, daß für die Bemessung der Tunnelquerschnitte entweder der geostatische oder der Auflockerungsdruck maßgebend ist.*

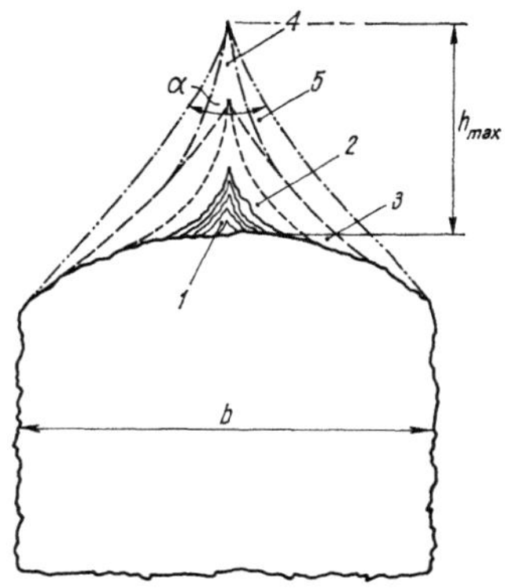


Abb. 90. Keilartiger Aufbruchvorgang über dem Hohlraum

Die Ursachen und die Faktoren, die die Ausbildung und Größe des Auflockerungsdruckes beeinflussen, sind außer dem im Vorangehenden behandelten Spannungszustand (Biegezugspannungen am First s. Abb. 71) in der mangelhaften Ausbruchsweise und in den Mängeln der vorübergehenden Unterfangung des Hohlraumes zu suchen. Schonender Stollenvortrieb vermindert, übermäßiges Sprengen und Mehrausbruch vergrößern ihn ganz außergewöhnlich stark, ja sie sind geeignet, ihn selbst in standfestem, selbsttragendem Gebirge auszulösen, in dem man mit ihm sonst nicht zu rechnen hätte. Beim Sprengen ist also streng darauf zu achten, daß in Leibungsnähe nur in unvermeidlichen Fällen, aber auch dann nur mit kleineren Ladungen und mit nicht zu brisantem Sprengstoff geschossen wird. Die äußersten Teile des Querschnittes werden am besten mit der Keilhaue oder mit dem Bruchhammer, jedenfalls aber von Hand beräumt. Beim vorübergehenden Einbau ergeben sich neue Möglichkeiten zur Vergrößerung des Auflockerungsdruckes. In erster Linie wird jede Verzögerung des Einbringens der Verzimmerung die Gefahr einer weiteren Ausbreitung der Auflockerung vergrößern, zumal der Ablauf des in Abb. 90 geschilderten Vorganges zeitbedingt ist. Mit zunehmender Länge der unverzimmert sich selbst überlassenen Strecke wächst außerdem die Spannweite, die zu überbrücken ist und mit der Tragfähigkeit des Gesteins quadratisch sinkt, bzw. nimmt das Ausmaß der Nachbrüche zu (Abb. 91). Die Form-

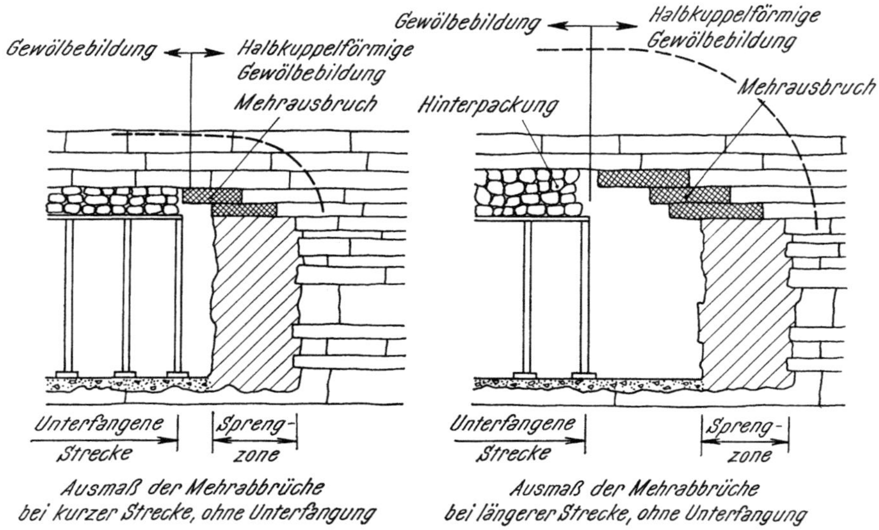


Abb. 91. Zunahme des Nachbruches in Abhängigkeit der Länge des nicht unterfangenen Abschnittes (nach TERZAGHI)

änderungen der vorübergehenden Unterfangungskonstruktionen und der wiederholte Umbau der Stützelemente haben gewisse Setzungen zur Folge, die das Maß der Auflockerung vergrößern (vgl. Abb. 391). Zwischen Unterzügen und Gebirge bleiben auch unvermeidlich Zwischenräume stehen (Mehrausbruch) [29]. Schon diese Ungenauigkeiten allein vermögen Firstsenkungen von 10 bis 20 cm auszulösen, und vollends beim Kalotten- oder beim Vollausbruch können sie auf 50 bis 100 cm anwachsen. Einen günstigen Einfluß auf die Ausbreitung des Auflockerungsdruckes üben folglich das rasche Einziehen und das satte Anliegen der Tunnelauskleidung aus. Günstig sind in dieser Hinsicht die Schildbauweise und die vorübergehende Abstützung durch eine *Quer- oder Sparrenzimmerung*, weil sie mit ihren geringen Gespärreabständen ein festeres Abfangen gestatten und deshalb den Bauweisen mit der sogenannten *Längsträgerzimmerung* überlegen sind (vgl. Kap. 6.2.1.1.).

Bei kleiner Überlagerungshöhe, in Lockergestein und bei nicht genügend schonendem Ausbruch kann sich die Auflockerung selbst bis an die Tagoberfläche fortsetzen und dort zu einem *Tagebruch* führen. In solchen Fällen ist der Auflockerungsdruck dem geostatischen Druck gleich.

Der Auflockerung setzen im übrigen die Höhenlage des sich ausbildenden Traggewölbes oder auch die Lage einer über dem Hohlraum anstehenden festen Gesteinsschicht Grenzen.

Festes Gestein wird die auf ihm ruhende Belastung als Tragbalken auf die unversehrt gebliebenen Auflager übertragen, während Lockergesteine und Lockerböden die Belastung auf die ungestörten Ulmen nur über die durch Bewegungen ausgelöste Reibung weiterleiten können. In beiden Fällen kommt es zu einer Verschiebung, doch kann diese bei Festgesteinen das Maß der Durchbiegung des Tragbalkens grundsätzlich nicht überschreiten, während sie in Böden jene Größe annehmen muß, die erforderlich ist, um eine längs einer Gleitfläche auftretende, zur Übertragung der Mehrbelastung genügende Reibungskraft auszulösen.

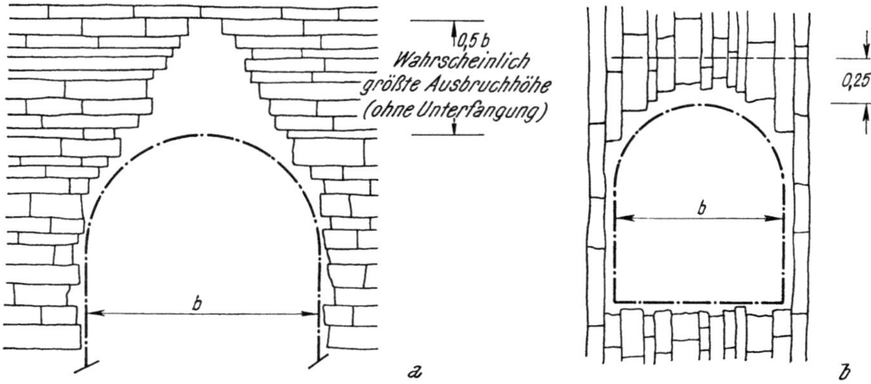


Abb. 92. Ausmaß des größten Nachbruches über einem ungestützten Hohlraum (nach TERZAGHI) bei a) waagrechter Schichtung, b) lotrechter Schichtung

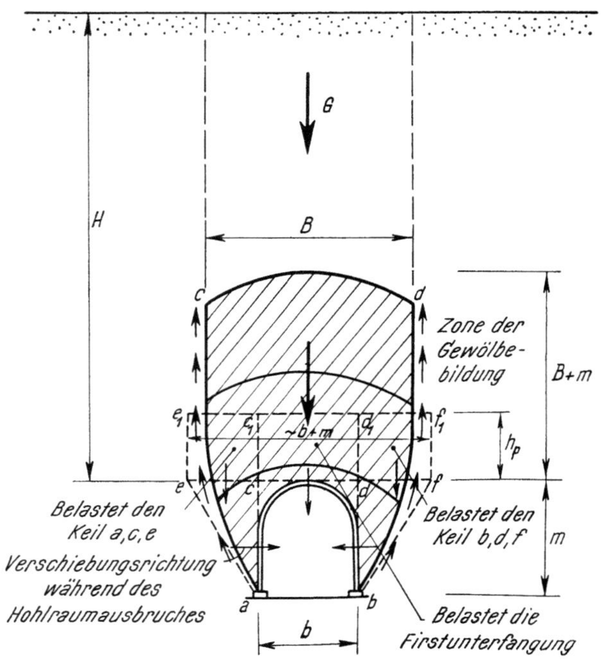


Abb. 93. Gewölbewirkung über einem Hohlraum (nach TERZAGHI)

Im allgemeinen ähneln die Verhältnisse beim Auflockerungsdruck diesen Siloverhältnissen um so mehr, je geringer die Kohäsion im durchörterten Gebirge ist. Wohl äußern sich auch in Gesteinen mit großer Kohäsion ähnliche Wirkungen, doch unterscheiden sich diese von jenen insofern, als die nach dem Beharrungszustand sich einstellende Entlastung bzw. Druckerhöhung einen langsameren Ablauf nehmen wird als in körnigen Böden. Auch wird der Mindestdruck hier um so geringer sein, je stärker die Kohäsion ist.

Erhält der ausgebrochene Hohlraum keine Abstützung, wird sich in söhlig bzw. saiger geschichtetem Gebirge eine Lastübertragung im Sinne der Figuren in Abb. 92, in Böden hingegen im Sinne der Figur in Abb. 93

ausbilden. Die Belastung ist anfänglich größer als die Tragfähigkeit, wie sie durch die Breite (Spannweite) des Hohlraumes und durch die zusammengesetzte Biegefestigkeit der als Balkenträger wirkenden aufeinanderliegenden Schichten bestimmt ist, was zum anfänglichen Abbrechen der Schichten führt. Mit dem Fortschreiten der Ablösungen nach oben werden jedoch die Verformungen und die Biegespannungen immer kleiner, weil sich die Spannweiten infolge des konsolartigen Abbrechens der Schichten zunehmend vermindern. Über eine gewisse Grenze hinaus (nach TERZAGHI in festen Gesteinen maximal 0,5 $b$, in Lockergesteinen $b + m$ vgl. Abb. 93) sind sie schließlich so klein, daß die entstehende Spannung die Biegefestigkeit des Gesteins bzw. die Druck- und Scherfestigkeit des Bodens nicht mehr übersteigt. Je weniger mächtig die Schichten und je geringer die Gesteinsfestigkeit ist, um so spitzer und um so höher wölbt sich das Gewölbe auf. In der Richtung nach oben folgt der Zone der Abbrüche eine Bewegungszone, in der die Verformungen allmählich in den elastischen Bereich übergehen. Der Ablauf der ganzen Erscheinung benötigt indes Zeit und dauert um so länger, je plastischer das Gestein ist. Erhält dagegen der Hohlgang eine Unterstützung durch den Einbau, läßt sich der Bruch- und Auflockerungsvorgang begrenzen und die Ausbildung der Schutzhülle beschleunigen. Je kürzer also die Zeit ist, während der der ausgebrochene Hohlraum ohne Unterstützung sich selbst überlassen bleibt, um so weniger hoch wird die Zerrüttung und Auflockerung des Gebirges sich ausbreiten, und — da es diese seine Tragfähigkeit verlorene Gesteinsmasse ist, die auf dem Tunnel lasten wird —, um so geringer wird auch letzten Endes die Belastung des Tunnels ausfallen. Auch dies zeigt wieder, *welch wichtige Rolle die möglichst rasche feste Abstützung bei Begrenzung des Auflockerungsdruckes spielt.*

Das rasche Abstützen spielt in der Bauausführung eine äußerst wichtige Rolle, da jedes Gestein über eine gewisse *Stehzeit* verfügt (vgl. Tab. 9 und 40), die die Zeitspanne bezeichnet, während der die Festigkeit des Gesteins so weit gewachsen ist, um über einer gegebenen Hohlraumbreite die Lasten ohne schädliche Verformung oder Zerstörung auf die Ulmen übertragen zu können. Die Stehzeit ist neben der vorher geschilderten Zeitdauer des Zerrüttungsvorganges auch von einer dem Kriechen ähnlichen Dauerformänderung des betreffenden Gebirgsmaterials abhängig. Die Druck- und Biegeversuche von PHILIPS mit Proben aus verschiedenen Karbongesteinen haben nämlich erwiesen, daß die Verformung der Proben ihre Endgröße nicht gleich nach der Belastung erreicht, sondern in zwei Phasen erfolgt; teilweise treten die Verformungen gleichzeitig mit der Belastung auf, eine weitere Verformung tritt jedoch bei gleichbleibender Belastung allmählich mit der Zeit ein. Das Größenverhältnis dieser Verformungen ist für verschiedene Gesteinsarten verschieden, jedenfalls ergeben sich Werte derselben Größenordnung. Im elastischen Material wird unter der Beanspruchung die Elastizitätsenergie: $\frac{\sigma \cdot \varepsilon}{2} = \Pi_0$ gespeichert, die nach Aufheben der Belastung Null wird. Wenn wir die Belastung nicht aufheben, sondern ohne Veränderung wirken lassen, erfahren die Gesteine eine zusätzliche Verformung, die diese Energie — wegen des Anwachsens des $\varepsilon$-Wertes — zu $\Pi$ erhöht. Wenn nun dieser $\Pi$-Wert den kritischen und seine Tragfähigkeit bestimmenden Wert $\Pi_{kr}$ überschreitet, kommt es zum Bruch, ohne daß die Belastung erhöht wurde.

Neben der Stehzeit wurde als zugeordneter Faktor auch die *freie Stützweite* ($l$) von LAUFFER eingeführt [30]. Der normal vorkommende Bereich dieser beiden Kennwerte wurde von ihm in einem doppelt logarithmischen Diagramm übersicht-

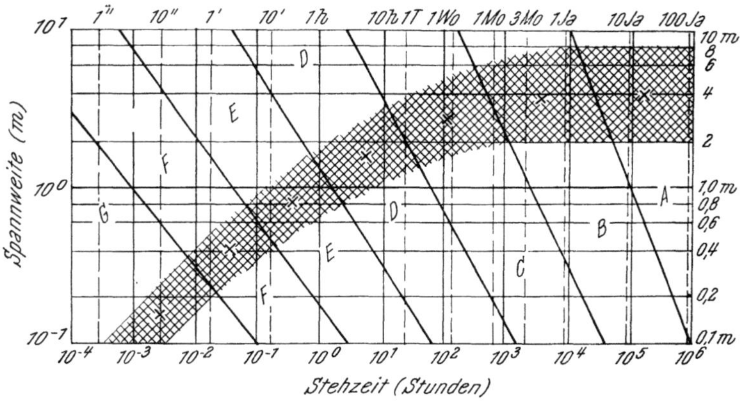


Abb. 94. Gebirgsstandfestigkeit in Abhängigkeit von der Stehzeit eines ungesicherten Stollenabschnittes (nach LAUFFER)

lich dargestellt (Abb. 94). Die Geraden $A$, $B$, $C$, $D$, $E$, $F$, $G$ bestimmen die gleichfalls von ihm aufgestellten Gebirgsklassen, die der Tabelle 9 zu entnehmen sind.

Der Ausbildungsvorgang der Gebirgsdrücke um einen rechteckigen ungestützten Hohlraum kann nach den Forschungen von BRANDAU, WIESMANN und WILLMANN und nach den Experimenten von LEON und WILHELM folgendermaßen veranschaulicht werden.

Tabelle 9. *Typische Beispiele und Grenzlinien für die Gebirgsstandfestigkeit in Abhängigkeit von der Stehzeit (t in h) eines ungesicherten Stollenabschnittes mit der freien Stützweite l (in m)*

| Gebirgsklasse | Beispiele für Stehzeit und Stützweite | Gleichungen der angenommenen Grenzlinien $t$ (in h), $l$ (in m) |
|---|---|---|
| $A$ standfest | 20 Jahre . . . . 4,0 m | $t \cdot l^{1,0} = 1{,}0 \cdot 10^5$ |
| $B$ nachbrüchig | 6 Monate . . . 4,0 m | $t \cdot l^{1,2} = 2{,}5 \cdot 10^3$ |
| $C$ sehr nachbrüchig | 1 Woche . . . 3,0 m | $t \cdot l^{1,4} = 6{,}3 \cdot 10^1$ |
| $D$ gebräch | 5 Stunden . . . 1,5 m | $t \cdot l^{1,6} = 1{,}6 \cdot 10^0$ |
| $E$ sehr gebräch | 20 Minuten . . . 0,8 m | $t \cdot l^{1,8} = 4{,}0 \cdot 10^{-2}$ |
| $F$ druckhaft | 2 Minuten . . . 0,4 m | $t \cdot l^{2,0} = 1{,}0 \cdot 10^{-2}$ |
| $G$ sehr druckhaft | 110 Sekunden . . 0,15 m | |

Auf ein im Erdinneren in ungestörtem Zustand verharrendes waagerechtes Flächenelement wirkt das Gewicht der über ihm anstehenden Boden- oder Gesteinssäule als *lotrechte* Belastung, d. h. der geostatische Druck

$$p_v = \sum_{i=1}^{n} \gamma_i h_i .$$

Die waagrechte Kraft kann demgegenüber innerhalb eines weiten Bereichs schwanken. In ungestörtem Felsgestein ist der waagerechte Druck vermutlich weit geringer als der lotrechte; sein Verhältnis zu diesem läßt sich in der Form $p_h = p_v \dfrac{\mu}{1-\mu}$ mit Hilfe der Poissonschen

Zahl ausdrücken, die die Beziehung zwischen Quer- und Längsverformung beschreibt. In einem Gebirge hingegen, welches Faltungen mitgemacht hat, kann der waagrechte Druck je nachdem, ob die Faltungskräfte bereits zur Ruhe gekommen oder latent noch vorhanden sind, entweder dem des ungestörten Gebirges gleich sein oder eine Größenordnung erreichen, die nahe an die der Druckfestigkeit des Gesteins herankommt. Da es kein Verfahren gibt, welches eine Vorausbestimmung der im Inneren des Gebirges tatsächlich herrschenden waagrechten Drücke gestattet, kann auf sie nur aus äußeren Anzeichen geschlossen werden (z. B. Gesteinsabblätterungen, Bergschläge schon in geringen Tiefen!). Und doch spielt die Größe der seitlichen Drücke, wie schon theoretisch gezeigt war, beim Zustandekommen der Gebirgsdrücke eine sehr wesentliche Rolle.

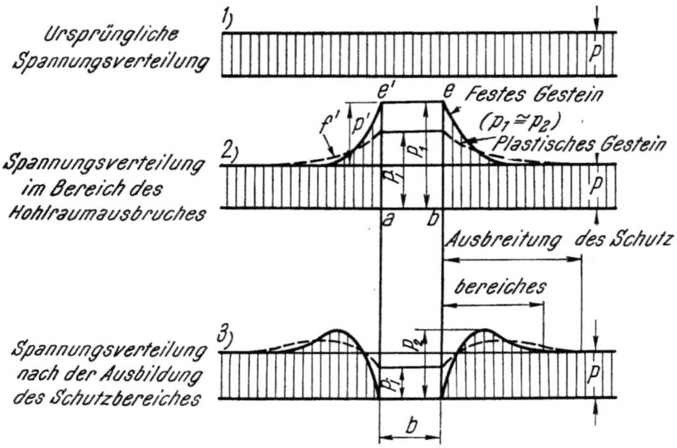


Abb. 95. Die Neuverteilung der Gebirgsdrücke um den ausgebrochenen Hohlraum nach WILLMANNs halbempirischen Beobachtungen

Die Störung des ursprünglichen Gleichgewichtszustandes (1) spielt sich nach WILLMANN in der in Abb. 95 dargestellten Weise ab. Die Störung besteht nicht nur oberhalb der Firste, sondern geht auch auf die Gesteinsmassen unter und neben dem Hohlraum über. Infolge Ausbruchs des $b$ breiten Hohlraums verlagert sich die Kraft $b \cdot p$ auf die benachbarten unversehrt gebliebenen Gesteinsmassen, wobei die Spannung an den Ulmen auf $p_1$ steigt, der Zuwachs $p'$ jedoch bis zum ungestört gebliebenen Bereich allmählich auf Null absinkt (2). Die Größe der Spitzenordinate ($p_1$), d. h. der Spannungszunahme ($p'$) sowie die Reichweite des gestörten Bereiches hängen vom Gebirge und von der Tiefenlage des Hohlganges ab. Nach empirischen Unterlagen erhöht sich die Spannung in plastischen Gesteinen um 50%, während die Störung auf einen Bereich von der dreifachen lichten Breite des Hohlraumes übergreift. In sprödem, elastischem Gestein hingegen kann die Spannungszunahme 100% erreichen, wogegen sich die Ausdehnung des Störungsbereichs auf die lichte Hohlraumbreite beschränkt. Der erhöhten Spannung ist jedoch das Gebirge nicht gewachsen, es geht im Verlauf der in Abb. 96 dargestellten Erscheinung zu Bruch und verliert seine Tragfähigkeit, so daß der Spannungszustand 2 in den Spannungszustand 3 übergeht. Die Spannungsverlagerung führt zum Bruch oder zur plastischen Verformung, ist also durch die Ausbildung eines spannungslosen Körpers charakterisiert. Diesen Zusammenhang veranschaulicht Abb. 96. Das Gewicht der über ihm anstehenden Gesteinsmassen drückt anfänglich auf den Hohlraum (I), was die Durchbiegung des Firstbalkens zur Folge hat. Das Gebirge über ihm folgt dieser Bewegung und geht damit zu Bruch oder es lockert sich auf (II). Als Folge der Überspannung überträgt das Gebirge entweder als Balkenträger oder als Gewölbe Auflagerungsreaktionen auf die Ulmen. Überschreiten diese zusätzlichen Drücke die einachsige Druckfestigkeit der Ulmenwand, gehen deren Randpartien zu Bruch. Es kommt dann zu Gesteinsablösungen (Bergschläge), und die Drucklinie verlagert sich weiter in das dahinterliegende Gestein, bis die Festigkeit des Gesteins, das aus dem einachsigen dem mehrachsigen Druckzustand zustrebt, die nach innen hin abnehmende Größe der zusätzlichen Spannungen erreicht hat (III$a$ und $b$). Aus den in der Hohlraumsohle infolge der

Druckverlagerung auftretenden zusätzlichen Drücken wirkt auf die unter dem Hohlraum anstehenden Gesteinsmassen auch ein Seitendruck, der wieder seinerseits in Richtung der ungestützten Sohle nach oben hin wirkende Drücke mobilisiert. Unter ihrem Einfluß werden die

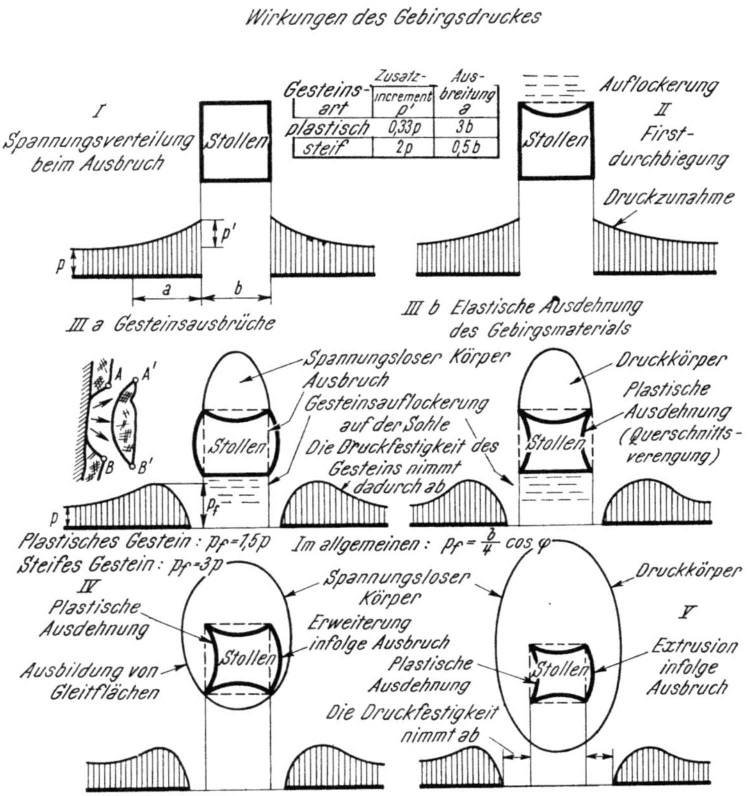


Abb. 96. Die Ausbildungsphasen der Auflockerungs-(Trompeter-)Zone infolge Verformungsvorgängen

Gesteinsmassen an der Sohle eine Stauchung nach oben erleiden, d. h. es wird sich nun an der Sohle der gleiche Vorgang wiederholen wie vordem an der Firste — nur freilich mit geringerer Intensität. Infolge der Biegebeanspruchung kommt es auch im Sohlgestein zu Brüchen und Auflockerungen (IV).

Auf diese Weise bildet sich rings um den Hohlgang stufenweise eine zusammenhängende zerrüttete Zone aus, die ihre Tragfähigkeit eingebüßt hat und an der Übertragung der im Gestein herrschenden Drücke nun nicht mehr teilnimmt, die also einen sogenannten *spannungslosen Körper* (Trompetersche Zone) bildet, der mit seinem Gewicht auf der Zimmerung des ausgebrochenen Hohlraumes lastet. Diese Beanspruchung hat eine weitere Verformung des sichernden Einbaues nach dem Hohlgang hin zur Folge, die zu neuerlichen Auflockerungen und schließlich zur Ausbildung eines in sich völlig geschlossenen spannungslosen Körpers führt, womit sich langsam der neue Gleichgewichtszustand einstellt (V).

Wie sich die Schutzhüllen rings um einen in mehreren Abschnitten ausgebrochenen Tunnelquerschnitt ausbilden, veranschaulicht Abb. 97. Ihre Form hängt natürlich nicht nur von Form und Abmessung des Hohlganges, sondern auch von den geologischen Verhältnissen ab, und selbstverständlich darf auch der Zeitfaktor nicht unberücksichtigt bleiben, der die Bildung der Schutzhüllen maßgeblich beeinflußt. Wie weiter oben schon gezeigt (s. Abb. 24, 94), verformt sich das Gebirge zeitlich mehr oder minder verzögert. Zur Ausbildung der Schutzhülle bedarf es einer gewissen Zeit, *es kann also durchaus vorkommen, daß der Tunnel schon ausgemauert wird, ehe sich die Schutzhülle ausgebildet hat.* Die häufigste Ursache der

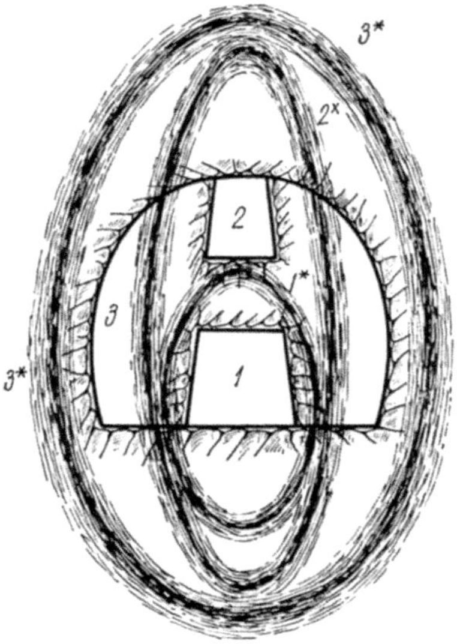


Abb. 97. Aufeinanderfolge der Auflockerungszonen im Bereich von Teilausbrüchen eines Tunnelquerschnittes

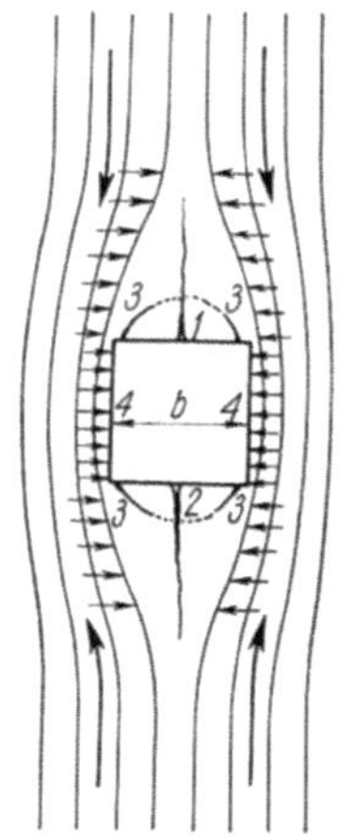


Abb. 98. Reihenfolge der Risse in einem auf Druck beanspruchten und gelochten Marmor-Versuchskörper (LEON)

Zerstörung fertiger Tunnelstrecken liegt daher in der nicht genügend raschen Schutzhüllenbildung bzw. im zu frühen Ausmauern. Die Schutzhüllenbildung ist für den Tunnelbau von grundlegender Bedeutung, wäre doch ohne sie die Anlage von Tunnelbauwerken in Tiefen von mehreren tausend Metern einfach unmöglich gewesen.

Die soeben beschriebenen Erscheinungen wurden auch durch die Versuche LEONS an durchlochten Marmorblöcken bestätigt. Nach seinen Beobachtungen traten zuerst auf der oberen Deckfläche (1) und an der Sohle (2) Risse infolge Biegezugbeanspruchung auf (Abb. 98), die zunächst zu einer Entlastung der Seitenflächen führten. Mit zunehmender Belastung begannen sich die mit (3) bezeichneten, unter 45° geneigten und in der Mitte sich schließenden Risse abzuzeichnen, während sich die Zugrisse (1) und (2) um einiges schlossen. Bei kreisquerschnittiger Durchlochung der Marmorkörper traten Risse, wie sie hier mit (3) bezeichnet sind, nicht auf. Die Risse deuten offenbar auf eine dem Kraftverlauf entsprechende Änderung der Hohlraumform hin. Bei weiterer Steigerung der Beanspruchung kam es an den Seitenflächen zu Absplitterungen (4). Die Seitenwände selbst erlitten eine elastische Verformung, und wenn ihr Ausweichen nach anderen Richtungen verhindert war, drängten sie sich in den Hohlraum hinein. Die Zerstörungen des Querschnitts haben jedoch eine Änderung des Spannungszustandes zur Folge. Ebenso wie sich die Druckspannungen nach den Ablösungen an den Ulmen in Richtung des unversehrten Querschnitts einwärts verlagern, werden auch nach dem Bruch in der Firste und Sohle die Druckspannungen zur Geltung kommen, die die zu Bruch gegangenen Zonen zusammenstauchen und in den Hohlraum hineindrängen. Eben dieses Hereinquetschen ist die Ursache dafür, daß vorübergehend auch Firstdrücke auftreten, die weit größer sind, als es dem Gewicht des zustande gekommenen spannungslosen Körpers entspricht. In Wirklichkeit können jedoch nicht nur Vertikal-, sondern auch Seitendrücke auftreten, wenn auch nicht unter unmittelbarer Krafteinwirkung, vielmehr in Gestalt des passiven Widerstandes, den die Querdehnung auslöst und der die der Poissonschen Zahl entsprechende Verformung verhindert. Die Seitendrücke hingegen verhindern das Auftreten von Zugrissen in First und Sohle, woraus sich die Tatsache erklärt, daß Zugrisse an diesen Stellen nicht immer beobachtet werden.

### 3.1.3. Echter Gebirgsdruck

Der echte Gebirgsdruck bedeutet — nach der einfachen Formulierung von JÄCKLIN [31] — die Überlastung der Gebirgsdruckfestigkeit im Gebiet der Spannungsspitze in Tunnelnähe und äußert sich darum durch Bruchverformungen, wie Bergschlag oder von den Ulmen ausgehende Gesteinsablösungen, oder in Form eines langsamen plastischen Fließens durch nach innen gerichtete Verschiebungen, die gegebenenfalls mit Stauchungen in First und Sohle verbunden sein können. (Hier soll bemerkt werden, daß durch den Ausbruch nicht nur die Tangentialspannungen erhöht werden, sondern auch die Schubfestigkeit des Gesteins vermindert wird.)

Nach seinem Wesen ist der echte Gebirgsdruck einem tektonischen Vorgang gleichzustellen. Es handelt sich um eine Entlastungsbewegung des Gebirges zur Verteilung der durch den Tunnelausbruch geschaffenen Spannungsspitze in weitere Bereiche des Gebirges. Der Abbau der Spannungsspitzen erfolgt etwa wie in Abb. 81 und 82 und darf als Selbsthilfe des Gebirges betrachtet werden, indem immer weitere Bereiche des Gebirges zum Mittragen herangezogen werden. Das Bild der Spannungsverteilung zeigt hier ein Ansteigen von Null am Ausbruchsrand bis zu einer Spitze, die an der Grenze zwischen plastischer und elastischer Zone erreicht wird und deren Radius nach KASTNER in Gl. (32) gegeben wurde. In diesem Sinne ist der Vorgang dem auf Abb. 96 dargestellten ähnlich. Wenn es dadurch bald zu Brüchen und Zerrützung kommt, sind wir beim Auflockerungsdruck. *Wenn sich aber der Vorgang etwas länger abspielt und das Gebirge sich plastisch verhält, müssen wir während des Verformungsvorganges mit echtem Gebirgsdruck rechnen,* bis sich um den Hohlraum als Endergebnis die Trompetersche Zone ausbildet.

Diesem Vorgang kann man *durch rasches Einziehen* einer ringförmigen festen Auskleidung Grenzen setzen. Dadurch kann die plastische Zone im Gebirge stabilisiert werden. Da die erfolgte Spannungsumlagerung die Gewölbewirkung des Gesteins erhöht, werden dadurch auch die Seitendrücke erhöht, und die Seitendruckziffer $\lambda$ nähert sich 1. Mit der Annahme dieses Idealfalles leitet KASTNER die nachfolgende einfache Bemessungsformel für die Gewölbestärke $d$ ab:

$$d = a\left[\frac{1}{\sqrt{1 - \frac{2(n-1)}{\lambda p}\cdot\frac{\sigma_{Br}}{\beta_d}}}\right] \qquad (43)$$

wobei neben den schon eingeführten üblichen Bezeichnungen $\sigma_{Br}$ die Gebirgsdruckfestigkeit, $\beta_d$ die Prismendruckfestigkeit des Gewölbebetons und $n$ die erforderte Sicherheit (1,5 bis 2 bis 3) bezeichnet. Die obige Formel enthält nur Festigkeitswerte des Gebirges und des Auskleidungsbetons, die Überlagerungshöhe tritt nicht in Erscheinung. Das folgt aus der Forderung, das Gebirge durch das Gewölbe nur in der unmittelbaren Umgebung des Hohlganges so weit zu stützen, daß es nicht zerbricht. Mathematisch ausgedrückt, bedeutet dies die Entlastung der plastischen Zonen am überbelasteten Ausbruchsrand. Wie die Spannungen sich nach dem Berginnern weiter ausbreiten, soll nicht berücksichtigt werden. Dies bedeutet auch, daß mit zunehmender Überlagerungshöhe diese berechnete Gewölbestärke bei gleichbleibenden Festigkeitseigenschaften nicht erhöht werden soll. (Eine Folgerung, die auch der Auswirkung des Auflockerungsdruckes ähnlich ist!)

Neuere Versuche haben festgestellt [32], daß durch Anwendung eines Gewölbebetons mit geringerem Verformungsmodul oder größerem Kriechvermögen zwar das Gebirge etwas stärker belastet wird, sich jedoch die Druckspannungen im Beton beträchtlich vermindern. Diese Feststellung richtet die Aufmerksamkeit auf die möglichen Vorteile einer nachgiebigen Bettung um die Tunnelwandung.

Diese treten im sogenannten „druckhaften Gebirge“ in Erscheinung. Unter großen Überlagerungshöhen können sich die Gesteine in „latent-plastischem“ Zustand befinden, der, von tektonischen Spannungen und von der pseudofesten Natur des Gesteins (Gneis, Mergel, Schieferarten, usw.) bedingt, eventuell auch in kleineren Tiefen vorkommen kann. Der oben geschilderte natürliche Entlastungsvorgang dürfte sich in diesem Falle viel langsamer und viel weiter ausbreiten, und inzwischen dürfte ein Eindrängen des Gebirgsmaterials auch gegen den Hohlraum stattfinden. Die Hemmung der dadurch auftretenden Drücke kann durch Zulassen einer Volumenvergrößerung erfolgen. Der Zusammenhang zwischen den gegen den Hohlraum gerichteten Radialspannungen (die die Belastung eines Ausbaus vertreten) und der Halbmesserverkürzung (Konvergenz) des Hohlraumes ist nach F. Mohr [33] auf Abb. 99 veranschaulicht. Es wurde von ihm empfohlen, daß in den Fällen, in denen die zum Abklingen der plastischen Verformungen erforderliche Zeit nicht zur Verfügung steht, es zweckmäßig ist, hinter der starren Stollenauskleidung eine zusammendrückbare nachgiebige Bettungshülle einzubauen, die die Verformungen zum größten Teil durch ihre Eigenverdichtung aufnehmen kann und infolgedessen die Auskleidung von den Verschiebungsdrücken entlastet. In Abb. 99 wurde zum Vergleich die Zusammendrükkungskurve einer Kesselaschenhülle dargestellt, deren Schnittpunkt mit den Druck-Verkürzungsdiagramm des Gesteins gleichzeitig die Grenze angibt, die der Druckwirkung gesetzt wird.

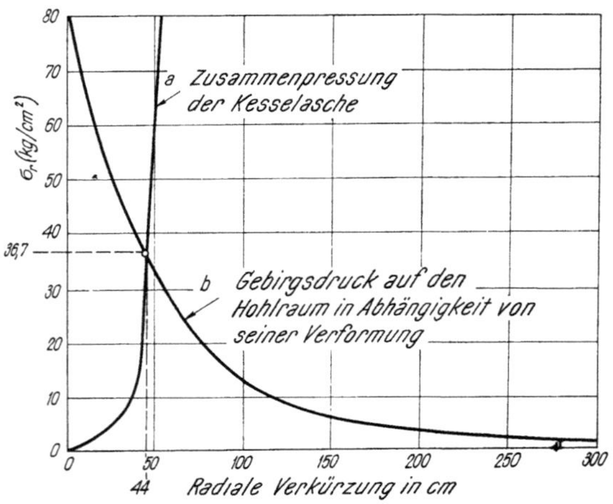


Abb. 99. Druckabnahme in Abhängigkeit der Verkleidungsdeformationen, die Auswirkung der zusammendrückbaren Bettung aufzeigend (nach Fenner)

Die Auswirkung einer nachgiebigen Stützung wurde für den Bergbau an visco-elasto-plastischen Modellen (Abb. 100) von De Reeper [34] untersucht; dabei wurde sowohl das elastisch-plastische als auch das zeitbedingte Verhalten des durch den Ausbruch beanspruchten Gebirges in Betracht gezogen. Die in Abb. 101

veranschaulichten Ergebnisse zeigen, daß die Konvergenz des ungestützten kreisförmigen Hohlraumes und die Ausweitung der plastischen Zone mit abnehmender Gesteinsfestigkeit zunehmen, wobei sich auch die radial gerichteten und auf dem Umriß lastenden Drücke vermindern. Eine elastische innere Stützung vermindert dagegen die Konvergenz ($\varkappa\%$) und die Ausbreitung der plastischen Zone $\left(\varrho = \frac{r}{a}\right)$;

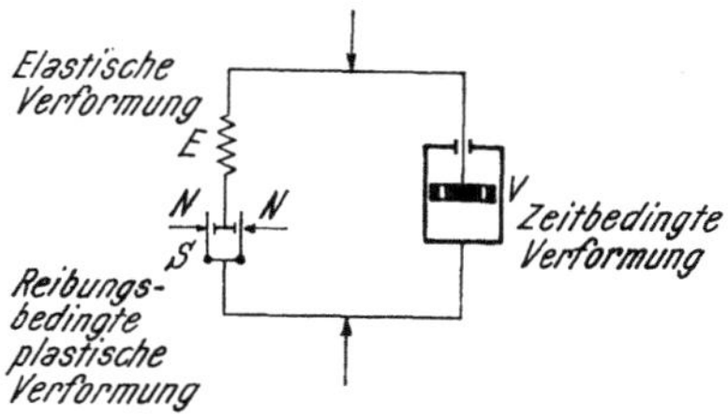


Abb. 100. Schematisches Modell der Gebirgsverformung (De Reeper)

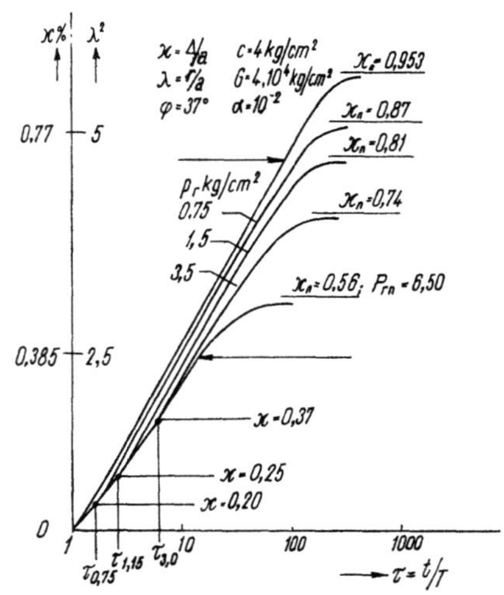


Abb. 101. Konvergenzvorgang ungestützter und elastisch gestützter Hohlgänge in Abhängigkeit von der Zeit (De Reeper)

gleichzeitig nehmen aber die Radialdrücke ($p_r$) zu, — welches Ergebnis mit Fenners Feststellungen (vgl. Abb. 89) in vollem Einklang steht. Jedoch nähern sich sowohl die Konvergenz als auch die Ausweitung der plastischen Zone einem zeitbedingten Endwert, der in Abhängigkeit von der Stehzeit des Gebirges ($T$) unter gegebenen Umständen, unabhängig von der Stützungsart, ungefähr nach derselben Zeit erreicht wird (vgl. Abb. 101).

Beim echten Gebirgsdruck handelt sich es nach Kastner [35] also um *plastische Verformungen, woraus Drücke nur dann entstehen, wenn man diese Verformungsbewegungen zu verhindern strebt.* Durch das Auftreten der Bewegungen geraten die plastifizierten Bereiche des Gebirges in labilen Grenzzustand. Erstrecken sich die plastischen Vorgänge nur auf verhältnismäßig engere Bereiche, so werden die weiter im Berginneren liegenden und noch nicht bis zu ihrer Tragfähigkeit beanspruchten Bereiche in die Lastübernahme einbezogen, was zur Ausbildung eines spannungslosen Körpers (Trompetersche Zone) führt (siehe oben).

Wie schon gesagt wurde, dürfen die sogenannten „Bergschläge" als besondere Äußerung des echten Gebirgsdruckes beachtet werden. Diese finden hauptsächlich an den Ulmen (sehr selten auf dem First und niemals auf der Sohle) statt und zeigen sich in Form scharfkantiger linsenförmiger Abprallungen, die sich oft mit lautem Knall von den Ulmen absprengen (vgl. Abb. 96, Phase III). Sie kommen nach Imhof beim Bau irgendwelcher, tiefliegender Tunnel vor, meistens in nicht zerklüfteten massigen Gesteinsarten. Angeblich sollte in der Auslösung dieser Erscheinung auch das plötzliche Abkühlen eine gewisse Rolle spielen. (Es sind Fälle bekannt, wo die Erscheinung durch Abschütten von kaltem Wasser ausgelöst wurde.)

## 3.1.4. Der Schwelldruck

In gewissen lettenartig verwitterten sowie in tonhaltigen Bergarten und in Tonen tritt schließlich unter bestimmten Umständen *Schwelldruck* auf. Nach erfolgtem Hohlraumausbruch überlagern sich die Spannungen auf den Ulmen, und den stärker belasteten Gesteinsmassen wird Wasser entzogen (Porenwasserströmung), ein Vorgang, der in ihrer Umgebung ein Schwellen herbeiführt, ihre Festigkeit vermindert und ihre Zusammendrückbarkeit erhöht. Infolge des Hohlraumausbruches wird sich der Schwelldruck in erster Linie an der ohne Unterstützung gebliebenen und bis zu einem gewissen Grade entlasteten Arbeitsbrust, ferner an der Sohle und in gewissem Maße auch an den Ulmen geltend machen. Seine Größe, die sehr erheblich sein kann, läßt sich rechnerisch nicht erfassen, sein Abklingen kann Zeitspannen von einigen Wochen bis zu mehreren Monaten in Anspruch nehmen. Der anfänglich — d. h. unmittelbar nach erfolgtem Ausbruch — ganz unbedeutende Schwelldruck nimmt später stark zu, um schließlich wieder abzuflauen. Liegt der Tunnel oder Stollen in geringer Tiefe, kann der Schwelldruck den geologischen Druck wesentlich überschreiten, und in Tonschichten, die eine Vorbelastung mitgemacht haben, wird er noch stärker werden (10 bis 20 kg/cm$^2$). Die Verformung, die sich hierbei abspielt, vermindert die Intensität des Druckes, der auf der Zimmerung lastet, weshalb man ihm dadurch begegnet, daß man die Quellung bis zu einer gewissen Grenze nicht verhindert, sondern „sich auslaufen" läßt, und erst später die endgültige feste Ausmauerung einzieht. Schließlich sei hier auch festgestellt, daß der Schwelldruck die Ausbildung der „Auflockerungszone" (s. das vorangegangene Kapitel) nicht verhindert.

Die äußeren Erscheinungsformen des Schwelldruckes weichen mithin von jenen des echten Gebirgsdruckes so wenig ab, daß man sie an den verursachten Störungen, Verformungen und Schäden nur schwer voneinander unterscheiden kann. Die Unterscheidung fällt um so schwerer, als die zum Schwellen neigenden Bergarten in der Regel auch einen niedrigen Elastizitätsmodul haben und somit schon bei verhältnismäßig geringen Überlagerungshöhen auch echten Gebirgsdruck zu entwickeln vermögen. Auf Schwelldruck wird man mit Sicherheit überall dort schließen können, wo bereits in der ganz geringfügig überlagerten Eingangsstrecke eines Tunnels und in verhältnismäßig standfestem Gestein erhebliche Ulmen- und Firstdrücke auftreten. Präzise Feststellungen wird man indes nur auf Grund bodenphysikalischer Untersuchungen machen können. Allgemein gesehen, dürfen als gefährlich sämtliche Tonarten, tonige Gesteine sowie Ton- und Kalkmergel angesehen werden. Bei mehreren Mergelarten führt wiederholtes Austrocknen und Durchnässen zu gesteigertem Schwellen. Ebenso verursacht die durch Sprengungen und Setzungen sowie durch echten Gebirgsdruck bedingte Durchnässung (Durchknetung mit verdrängtem Porenwasser) erhöhten Schwelldruck in Mergelgesteinen.

Unter den *chemischen Ursachen* des Schwelldruckes ist die Umwandlung von Anhydrit ($CaSO_4$) zu Gips infolge Wasseraufnahme ($CaSO_4 + 2H_2O = CaSO_4 \cdot 2H_2O$) die bekannteste. Zu den hierbei auftretenden zusätzlichen Drücken gesellen sich auch aggressive Einwirkungen auf die Mauerung. Mit Volumvergrößerungen ist auch die Zersetzung des Schwefelkieses (Eisenbisulfids — $FeS_2$) verbunden, wobei jedoch die aggressive Wirkung in der Regel die größere Gefahr darstellt. Bekannt ist überdies die Volumvergrößerung und der Druckanstieg bei Umwandlung olivinhaltiger Bergarten zu *Serpentin* unter der Einwirkung von Wasser und Atmosphärilien sowie die Raumvermehrung bei Umwandlung eisenoxidhaltiger Bergarten zu Eisenhydroxyd. Hierher gehört auch das Aufblättern der verschiedenen schiefrigen Gesteine und Phyllite in Begleitung von Rostbildung, besonders wenn sie reichlich auch Glimmer, Schwefelkies und andere blättrige Minerale enthalten.

Abschließend sei noch hinzugefügt, daß die allmähliche Ausbildung der natürlichen Schutzhülle auch bei Auftreten von Schwelldruck beobachtet werden kann.

## 3.1.5. Einfluß bestimmter Faktoren auf den Gebirgsdruck und örtlich wechselnde Gebirgsdruckarten

### 3.1.5.1. Einfluß bestimmter Faktoren

Vor allem sind hier die druckmindernde Wirkung der *Gesteinsfestigkeit* sowie der im Bergineren ruhenden, im Laufe der geologischen Geschichte entstandenen tektonischen Spannungen hervorzuheben, auf die bereits weiter oben hingewiesen worden ist. Gleich wichtige Faktoren bilden die *Schichtung* und der *Wassergehalt* des Gebirges bzw. das Sickern unterirdischer Wässer. Vom Einfluß der Schichtung war bereits bei Besprechung der erdkundlichen Voruntersuchungen die Rede (s. Kap. 2.1.3.). Als Sonderfall seien jene Tunnel besonders erwähnt, bei denen steil einfallende Schichten mit der Tunnelachse gleich streichen, weil bei diesen die lotrechte Komponente des Gewichtes der schräg einfallenden Schichtpakete stärker werden kann als der in der Tunnelachse meßbare Wert des geostatischen Druckes: $\frac{H}{\sin \alpha} > h$ (Abb. 102). Die neigende Schichtung übt einen Einfluß auch auf die Annahme der zu erwartenden Auflockerungszone und auf die den Tunnelquerschnitt angreifenden Kräfte aus (vgl. Abb. 104). Die *Wirkung des Wassers* äußert sich nicht nur in Gestalt zusätzlicher Drücke und in der ungünstigen Beeinflussung der inneren Reibung der Körner, eventuell auch der Kohäsion, sie verhindert vielmehr auch das Zustandekommen günstiger innerer Vorspannungen und Verspannungen.

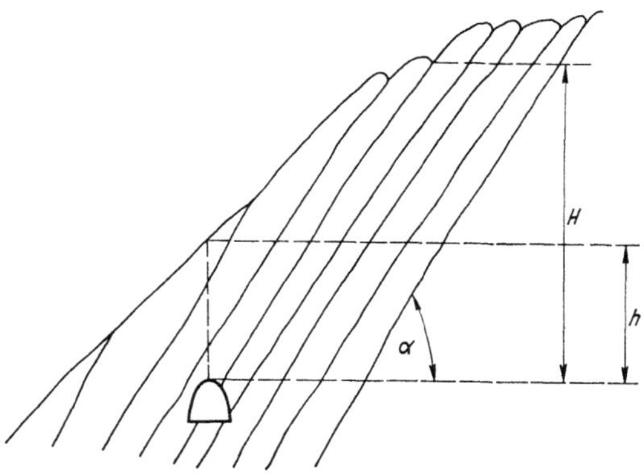


Abb. 102. Die gebirgsdruckerhöhende Wirkung der nach außen fallenden Schichtung (RABCEWICZ)

Den Einfluß der *Landschaftsform* hat bereits Abb. 23 verdeutlicht, aus der auch hervorging, daß der Gebirgsdruck selbst bei Hohlgängen, die einen Bergrücken senkrecht zur Streichrichtung durchörtern, bei weitem nicht gleichmäßig verteilt sein wird [36]. Besondere Sorgfalt erfordern auch von diesem Gesichtspunkt aus die *Tunnelportale*, bei denen eine (antiklinale) gewölbeartige Schichtüberlagerung (s. Abb. 23 und 48) die Drücke, der kämpferartigen Rolle des Portals entsprechend, ansteigen lassen kann. Überdies wird sich unter der gegeringeren *Überlagerungshöhe auch die Schutzhülle schwerer und langsamer ausbilden* als unter einer größeren Überlagerungshöhe. In pseudofestem Gebirge wird mithin an den Portalen der geostatische Druck (gegebenenfalls auch Wanderdruck), in den inneren Strecken hingegen nur noch der Auflockerungsdruck maßgedend sein.

#### 3.1.5.2. Wander- oder Rutschungsdruck

An unruhigen oder rutschungsanfälligen Hängen treten häufig von der Schwerkraft ausgelöste und auch von anderen Faktoren (schräges und durchnäßtes Fallen und besondere Aufeinanderfolge der Schichten u. a. m.) begünstigte Massenverlagerungen auf, die einen schrägen bis waagerechten Druck in erster Linie auf eine der Ulmen ausüben. Der Wanderdruck überlagert den geostatischen (Ruhe-)Druck und kann in steilen und hohen Berglehnen sehr große Werte erreichen und den geostatischen Druck sogar übertreffen.

Bei der Anlage des Tunnels ist nach Möglichkeit den dem Wanderdruck anfälligen Strecken auszuweichen, vor allem dort, wo dieser die Ulmen voll und ungleichmäßig belastet, oder wo die Tunnelachse senkrecht zur Druckrichtung läuft.

Tunnel, die steile Berghänge durchqueren, gleichviel ob sie in Streichrichtung geführt sind oder mit dieser einen Winkel einschließen, und hauptsächlich die Tunnelportale sind vor allem dem Wanderdruck ausgesetzt (vgl. Abb. 48).

#### 3.1.5.3. Tektonischer Druck

Nicht selten — vor allem in den jungen Falten- und Kettenbergen — gesellt sich zum Überlagerungsdruck sowohl im unversehrten als auch im durchörterten Gebirge ein Druck, welcher von gegenwärtigen Gebirgsbildungsvorgängen (Faltungs-, Abschiebungs- und Überschiebungsdruck) und Krustenbewegungen (Hebungen, Senkungen, Verbiegungen usw.) hervorgerufen wird. Wieweit nach dem Abklingen derartiger Vorgänge noch größere Restspannungen wirksam werden können, ist noch nicht geklärt. Es ist zur Zeit nur bekannt, daß diese sehr groß sein und — wie die tektonischen Deformationen zeigen — in allen möglichen Richtungen auftreten können. Es gibt Vorschläge, die seinen Wert der zur Zeit der Bruch- oder Faltenbildung geltenden Gebirgsfestigkeit gleichsetzen [37].

Mit tektonischem Gebirgsdruck muß man sich nur in Ausnahmefällen beschäftigen, wenn die geologische Vorgeschichte der Gegend es begründet. Tafelländer (Sedimentgesteine) und die alten Massen der Festländer scheiden ebenso aus wie die körnigen pleistozänen und holozänen Ablagerungen. Darunter im bindigen Lockergebirge ist jedoch der echte Gebirgsdruck die Regel.

## 3.2. Bestimmung der lotrechten Gebirgsdrücke, Gebirgsdrucktheorien

Nach Behandlung der Gebirgsdruckerscheinungen soll nun die Bestimmung der *für die Bemessung des Tunnel- oder Stollenprofils maßgebenden Gebirgsdrücke* erörtert werden. Vor allen Dingen muß Klarheit darüber bestehen, welche Gebirgsdrücke bei dem gegebenen geologischen Längsprofil und bei den als bekannt vorausgesetzten physikalischen und Festigkeitseigenschaften der anstehenden Bergarten überhaupt in Frage kommen.

*In kohäsionslosem Lockergebirge* (in körnigen Bodenarten) und in Festgesteinen kommt nur die Wirkung des *Auflockerungsdruckes* in Frage; in *bindigen Bodenarten* und in *pseudofesten Gesteinen* muß man in der Regel mit *echtem Gebirgsdruck* rechnen. Der Gebirgsdruck schwankt offenbar zwischen zwei Grenzwerten, und zwar zwischen dem vollen geostatischen Druck und dem Druck Null in sehr festem Gestein, wo die Belastung von diesem selbst ohne Verformung und Ablösungserscheinungen — lediglich durch innere Spannungszunahme aufgenommen wird, ohne daß sich diese nach außen hin äußert. Daneben spielt im Gebirgsdruck die Biegsamkeit des Tunnelausbaus auch eine wesentliche Rolle. Bei der Ermittlung der auf den Ausbau wirkenden Belastung ist es notwendig, grundsätzlich zwischen *nachgiebigem und unnachgiebigem Ausbau* zu unterscheiden. Die klassischen Tunnelbaumethoden (Kap. 6.2.1. bis 6.2.3.) und der Vollausbruch mit Freivorbau (Kap. 6.1.1. bis 6.1.3.) lösen immer derart große Bewegungen aus, daß sie zu Auflockerungen führen und damit auch die Art des Druckes bestimmt wird. Der end-

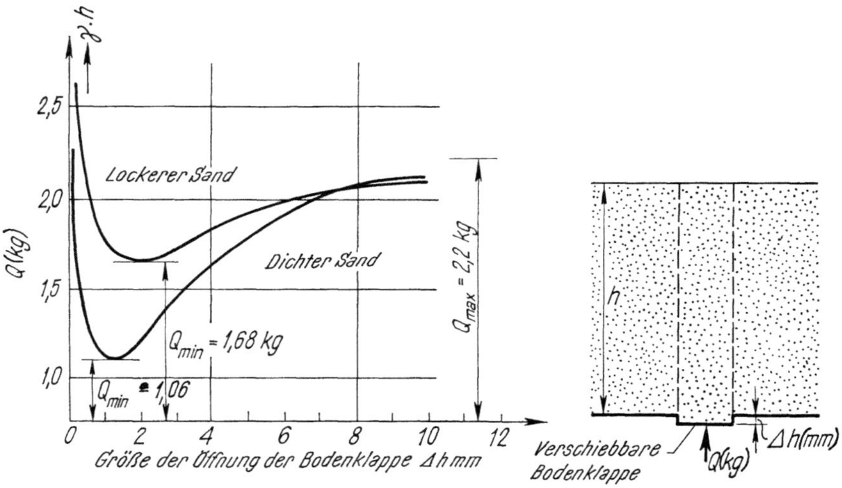


Abb. 103. Lotrechter Druck auf die Sohl-Deckplatte eines Silos (KÜNZL)

gültige Ausbau oder z. B. eine mittels vorsichtig durchgeführter Schildbauweise hergestellte Tübbingauskleidung darf nur elastische Verformungen erfahren, die für die Mobilisierung eines Aufbruchvorganges viel zu gering sein dürfen. Eine genauere theoretische Bestimmung der auf die Bemessung des Tunnelausbaus maßgebenden Gebirgsdrücke ist wegen der in den vorhergehenden Kapiteln beschriebenen Ausbildungsvorgänge sowieso durchwegs schwierig und stützt sich auf mehr oder weniger zutreffende Näherungsannahmen.

Am genauesten läßt sich *der volle Überlagerungsdruck (geostatische Druck)* bestimmen, der sich einfach aus dem Gewicht der überliegenden Schichten ergibt. Dies macht sich aber nur bei ganz seicht liegenden Tunneln geltend.

Der *echte Gebirgsdruck* ist nur in seinen Wirkungen zu erfassen, eine äußere Belastung vorherzusagen, ist deshalb nicht möglich. Für die Bemessung der Wandstärke einer kreisförmigen Tunnelauskleidung hat jedoch KASTNER die auf die relative Festigkeit des Gebirges und des Auskleidungsmaterials und auf den Erdwiderstandsbeiwert aufgebaute Formel (43) angegeben.

Die Entstehung des Auflockerungsdruckes wurde von RABCEWICZ mit dem Verhalten eines Schüttgutes verglichen, das in einem unten mit Klappe versehenen Silo gelagert ist. Nach den Versuchen von KÜNZL sinkt der auf die Klappe wirkende lotrechte Druck nach Öffnen derselben plötzlich auf einen Minimalwert ab (Abb. 103), weil die abgleitende Masse sich auf die Seitenwände des Silos stützt. Jedoch steigt er mit weiterem Öffnen wieder an, ohne allerdings den ursprünglich auf die Klappe wirkenden Wert zu erreichen.

Wie später noch eingehender behandelt wird, wird aus diesem Grunde eine Gruppe der Theorien der Auflockerungsdrücke auf diese *Verspannung* der über dem First liegenden Schichten zwischen siloähnlichen und in ihrer ursprünglichen Lage bleibenden Gebirgswänden aufgebaut. Der zweite Weg zur Bestimmung des Auflockerungsdruckes geht von der Annahme eines *begrenzten Bruchkörpers* aus, der mit seinem ganzen Gewicht auf dem Tunnelfirst lastet. Im ersten Fall wird also die Überlagerungshöhe in Betracht gezogen, im zweiten Fall dagegen wird sie außer acht gelassen (siehe unten).

Für die Profilberechnung werden im übrigen die lotrechten Drücke von den Seiten- und Sohldrücken getrennt behandelt werden müssen.

## 3.2.1. Näherungsmethoden (Schätzungsverfahren)

Für die *schätzungsweise*, auf empirischen Unterlagen beruhende Annahme der lotrechten Gebirgsdrücke gibt TERZAGHI folgende Hinweise:

*a*) *In festem und söhlig gelagertem Gebirge* ergibt sich die größte Belastung aus dem maximalen Nachbruch, der im Gebirge beim Schießen ohne Unterfangung entstehen kann. Seine Größe wird bei söhliger Schichtung (s. Abb. 92a) der halben Hohlraumbreite gleich sein: $p = 0{,}5\,b$. Für saigere Schichtungen gilt $p = 0{,}25\,p$ (s. Abb. 92b). Bei schräg einfallender Schichtung wird je nach dem Einfallwinkel

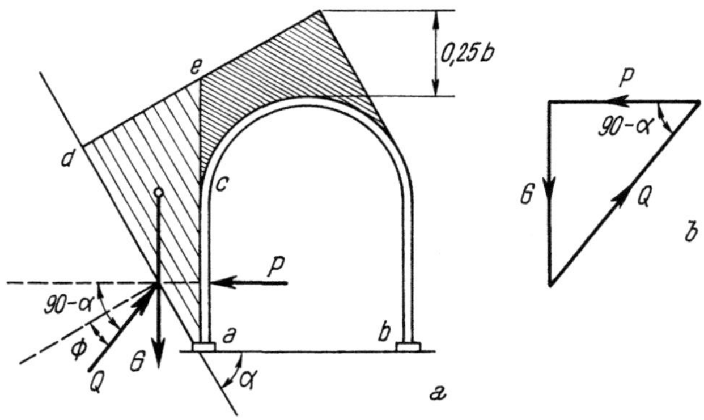


Abb. 104. Belastungsannahme für schräge Schichtung (nach TERZAGHI)

auch Seitendruck auftreten, dessen waagrechte Komponenten die Ulmen auf Biegung beanspruchen werden (Abb. 104). Im übrigen wird die Höhe des lotrecht hereinbrechenden Keiles auch hier 0,25 *b* betragen.

*b*) *In mäßig zerklüftetem, nicht geschichtetem, massigem Gebirge* kann die Höhe des nachbrechenden und zugleich belastenden lotrechten Keiles gleichfalls mit 0,25 *b* angenommen werden.

*c*) *In Lockermassen* (schotterartig zerrütteten Bergarten etwa in der Nähe von Verwerfungen, in deren Bereich sich — gegen die Verwerfung fortschreitend —

vom zertrümmerten bis zum sandfein zermalmten Gestein fast alle Zerrüttungsgrade vorfinden) bleibt der auf der Firste lastende Druck — sofern die Gesteinsmassen gesund sind, d. h. sofern sie sich nicht im Zustand der Verwitterung befinden —, über eine gewisse Überlagerungshöhe hinaus von dieser wieder unbeeinflußt, er wird also wieder nur von der Hohlraumbreite und -höhe abhängen. Die Reibung von Korn zu Korn führt die sogenannte „Gewölbewirkung" herbei, die sich im allgemeinen bis zu einer Höhe von $1{,}5\,B$ erstreckt, in der $B = b + m$ ist (s. Abb. 93). Es genügt hierbei eine ganz geringfügige Bewegung nach unten, und schon sinkt der auf den First wirkende Druck wesentlich unter das Gewicht des überbrückenden Erdkeiles ab ($h_{p\,\min}$), während er bei weiteren Bewegungen erneut um ein geringes ansteigt ($h_{p\,\max}$), aber noch immer erheblich unter dem Gewicht der überbrückenden Gesteinsmasse bleibt. Es wird somit $h_p = \alpha B$. Nach TERZAGHI richtet sich die Höhe des $h_p$-Wertes danach, ob es sich um Schichten unterhalb oder oberhalb des Grundwasserspiegels handelt und ob sich z. B. der Sand in dichtem oder lockerem Zustand befindet. Die $\alpha$-Werte sind folgender Tabelle zu entnehmen:

| | Zustand | $h_{p\,\min}$ | $h_{p\,\max}$ | $h_{p\,\min}$ | $h_{p\,\max}$ |
|---|---|---|---|---|---|
| | | $\alpha$B | | | |
| | | oberhalb | | unterhalb | |
| | | des Grundwasserspiegels | | | |
| Dichter Sand (Laborversuch) | Anfangszustand | 0,27 | 0,60 | 0,54 | 1,20 |
| | Endzustand | 0,31 | 0,69 | 0,62 | 1,38 |
| Lockerer Sand (Laborversuch | Anfangszustand | 0,47 | 0,60 | 0,94 | 1,20 |
| | Endzustand | 0,54 | 0,69 | 1,08 | 1,38 |
| Mäßig zertrümmert | Auf Grund von Beobachtungen in Eisenbahntunneln | von 0 bis 0,35 ansteigend | | | |
| Stark zertrümmert und zerrüttet | | von 0,60 bis 1,10 ansteigend | | | |

(Die angenommenen Werte der lotrechten Verschiebung betragen bei dichtem Sand anfänglich *0,09 B*, im Endzustand *0,15 B*, bei lockerem Sand anfänglich *0,02 B*, im Endzustand *0,15 B*.)

Wie die Erfahrung zeigt, liegt der tatsächliche Firstdruck in Sand- und Schotterböden viel näher an den anfänglichen minimalen als an den maximalen Endwerten, d. h. zur Auslösung der Gewölbebildung genügen schon die angenommenen minimalen Bewegungen. Es wurde auch bestätigt, daß der Gebirgsdruck bis zu einem gewissen Zeitpunkt stetig ansteigt. Der Ablauf dieses Vorganges hängt von den ingenieurgeologischen Umständen und von der Baumethode ab. Die Zunahme ist am Anfang größer und klingt mit der Zeit allmählich ab.

Zu einer erhöhten Gewölbebildung kommt es an der Brust des Tunnelausbruches, weil hier das oberhalb des Hohlraumes anstehende Gebirge nicht nur von den Ulmen, sondern auch von der Brust abgestützt wird und somit halbkuppelartig beansprucht ist. Entsprechend ergeben sich hier auch günstigere Tragfähigkeitsverhältnisse (s. Abb. 93 und Kap. 6.1.2., Freivorbau).

Tabelle 10. *Beobachtete Gebirgsdruckwerte* (nach STINI)

| Gebirgsbeschaffenheit | Firstdruck $p_v$ ($t/m^2$) | | Seitendruck $p_h = \frac{1}{2} p_v - \frac{1}{3} p_v$ | | Sohldruck ($t/m^2$) | Art der vorübergehenden Holzunterfangung | | Bemerkung |
|---|---|---|---|---|---|---|---|---|
| | Am Ausbruch | Nach Auffahren des Stollens | Am Anfang ($t/m^2$) | Nach erfolgtem Ausbruch ($t/m^2$) | | Ausführungsweise | Beanspruchungsgrad | |
| Mehr oder weniger gebrächer Fels | 0 | 8—12 | — | — | — | Schüttere leichte Verbohlung | 0 bis unbedeutend | Kleiner Auflockerungsdruck |
| Sehr gebrächer Fels, Konglomerat, mildes Gebirge unter geringer Überdeckungshöhe | 10 | 30—35 | — | 3 | 4—6 | Schüttere starke Verbohlung | gering | Auflockerungsdrücke größer, sie machen sich während des Ausbruches noch nicht bemerkbar |
| Sehr zerklüfteter gebrächer Fels (Firstbrüche) rolliger Schotter | 15—25 | 30—40 | 5—10 | 5—15 | 10 | Dichte, kräftige Verbohlung | Mittelmäßig | Größere Auflockerungsdrücke, welche schon während des Ausbruches beobachtet werden; voraussichtlich schwierige Beruhigung |
| Gebirge mild, druckhaft (auch schwimmend) Größere Überdeckungshöhe | 25—35 | 40—60 | 10 | 10 | 15 | Sehr dichte und kräftige Verbohlung | Beträchtlich | Beruhigung des Druckvorganges sehr schwierig |
| Gebirge mild, sehr druckhaft Sehr große Überdeckungshöhe | 40—60 | 100—150 | 20 | 15 | 30 | Sehr dichte und kräftige Verbohlung (Hartholz) | Bis zum Bruch | Beruhigung nur nach Abklingen sehr lang dauernde Verformungserscheinungen möglich (Monate, sogar Jahre z. B. Karawanken-Tunnel) |

Die praktisch schätzbaren Werte des Firstdruckes in gebrächem Gebirge schwanken innerhalb eines weiten Bereiches. Dieser erstreckt sich von einem Wert, der dem Gewicht des bereits erwähnten *0,25 b* hohen Keiles entspricht, als unterer Grenze bis zum Mehrfachen desselben. Hier fällt nicht nur der Grad der Zerrüttung, sondern auch der Feuchtigkeitsgehalt sowie der Wasserzudrang von der Erdoberfläche her ins Gewicht. Eine wesentliche Rolle spielt ferner der Zeitpunkt des Einziehens der Zimmerung und die Sattheit der Ausmauerung (vgl. die Kap. 6.1. und 6.2.).

Für Gesteinsmassen ohne inneren Zusammenhang, aber mit nennenswerter innerer Reibung (trockener Sand, Schotter, grobes Geschiebe, Geröll u. dgl.) gibt auf Grund der Gedankengänge über den von der Firste in den Hohlraum hereinbrechenden Keil (s. Abb. 90) auch BIERBAUMER [38] eine Formel, nach der sich der Firstdruck zu

$$p' = \frac{\gamma}{4}\, b^2 \cot \varphi, \tag{44}$$

errechnet, wenn $b$ wieder die Hohlraumbreite, $\varphi$ den Reibungswinkel und $\gamma$ das Raumgewicht bezeichnet. Der Formel haftet jedoch der augenfällige Mangel an, daß $p = \infty$ wird, wenn $\varphi = 0$, was unmöglich ist, weil maximal der geostatische Druck $p = \gamma H$ in Frage kommt. Offenbar erstreckt sich der Gültigkeitsbereich der Formel bloß bis zum Wert $h = \frac{b}{2} \cot \varphi$, bei dem der Keil auf die Erdoberfläche hinausläuft. In Wirklichkeit kommt es schon um die Tiefe $x$ früher zu einem Tagbruch, die Gültigkeitsgrenze verschiebt sich also auf einen Wert von $H = x + \frac{b}{2} \cot \varphi$, wobei die $x$-Werte zwischen 5 und 10 m schwanken werden.

Die in Tab. 10 angegebenen Erfahrungswerte dürfen auch als Anhaltswerte bei der Schätzung der Gebirgsdrücke benützt werden [35].

## 3.2.2. Theorien auf der Grundlage verschiedener Verspannungs- und Bruchbildannahmen

Aus den vorangegangenen Darlegungen, besonders aber aus der Erörterung der FENNERschen Theorie geht hervor, daß für die praktische Bemessung von Tunnelverkleidungen zweierlei Erwägungen in Frage kommen je nachdem, ob es sich um die Durchörterung von festem oder pseudofestem bzw. von Lockergebirge handelt. *In festem Gebirge und ganz allgemein bei Spannungen, die unterhalb der Elastizitätsgrenze liegen, bildet sich die Schutzhülle unabhängig von der Überlagerungshöhe aus. In solchen Fällen wird also die Anwendung jener praktischen Theorien begründet sein, die den Einfluß der Tiefe unberücksichtigt lassen. Im plastischen und pseudofesten Gebirge hingegen sowie in körnigen Böden bzw. unter Verhältnissen, wo eine bleibende Verformung hervorgerufen wird, die zu Verspannungen in der abgleitenden Gebirgsmasse führt, macht sich der Einfluß der Tiefe im Gebirgsdruck geltend, man wird sich also jener Theorien bedienen müssen, in denen diese Tatsache zum Ausdruck gelangt.* Aus diesem Grunde werden die der Bemessung zugrunde liegenden Theorien in zwei große Gruppen eingeteilt, und zwar in jene, *die den Einfluß der Tiefenlage* (die Überlagerungshöhe) *berücksichtigen, und in solche, die ihn vernachlässigen.*

### 3.2.2.1. Theorien, die den Einfluß der Tiefenlage berücksichtigen

3.2.2.1.1. Der Bau der großen Alpentunnel gab BIERBAUMER [38] Anlaß zur Entwicklung seiner Theorie, nach der der Tunnel durch eine $h = \alpha H$ hohe, von einer Parabel begrenzte Gesteinsmasse beansprucht wird (Abb. 105).

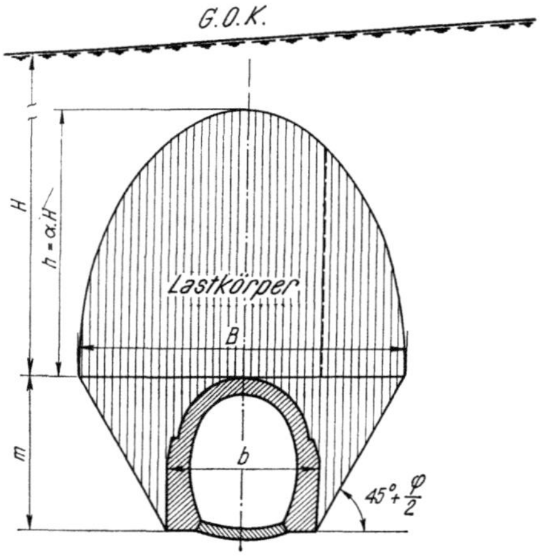


Abb. 105. Gebirgsdruckfläche nach BIERBAUMER

Für die Berechnung des Reduktionsfaktors hat er zwei Verfahren angegeben, die annähernd gleiche Ergebnisse liefern.

Die eine seiner Berechnungsmethoden geht von der Annahme aus, daß die Gebirgsmasse infolge des Tunnelausbruchs zum Abgleiten an Gleitflächen entlang tendiert, die unter einem Winkel von $45° + \varphi/2$ geneigt sind (Abb. 106). Die an den Gleitflächen auftretende Gleitreibung $S = 2fE = 2 \tan\varphi \cdot \tan^2(45° - \varphi/2) \frac{H^2\gamma}{2}$ vermindert das Gewicht der abgleitenden Gesteinsmassen, so daß statt mit dem Druck einer $H$ hohen nur mit dem einer $\alpha H$ hohen Gesteinsmasse gerechnet zu werden braucht. Auf einer Firstbreite von $b + 2$ m $\tan(45° - \varphi/2)$ wird mithin ein Druck von

$$p = \alpha_1 H\gamma,$$

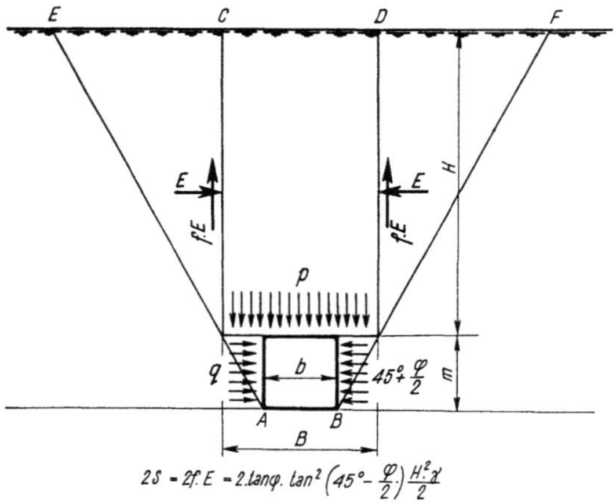


Abb. 106. Annahmen der Gebirgsdrucktheorie von BIERBAUMER

lasten. Für $\alpha$ leitet BIERBAUMER unter Berücksichtigung der aus Abb. 105 ersichtlichen Krafteinwirkungen die Gleichung

$$P = H\gamma[b + 2m \tan(45° - \varphi/2)] - H^2\gamma \tan^2(45° - \varphi/2) \tan\varphi$$

ab, aus der wegen

$$p = \frac{H}{b + 2m \cdot \tan(45^\circ - \gamma/2)} = H\gamma \left[1 - \frac{\tan\varphi \cdot \tan^2(45^\circ - \varphi/2)\, H}{b + 2m \cdot \tan(45^\circ - \varphi/2)}\right]$$

schließlich

$$\alpha = 1 - \frac{\tan\varphi \cdot \tan^2(45^\circ - \varphi/2)\, H}{\mathrm{b} + 2m \cdot \tan(45^\circ - \varphi/2)} \tag{45}$$

wird. Bierbaumer bringt also vom geostatischen Druck den Reibungswert in Abzug, den der waagrechte, auf die Scherflächen wirkende Erddruck ausübt.

Die Reduktionswerte für ein- und zweigleisige Tunnel sowie für unterschiedliche Reibungswinkel $\varphi$ und Tiefenlagen $H$ sind in Tab. 11 zusammengefaßt.

Tabelle 11. $\alpha$-*Werte*

| $H$m \ $\Phi$ | 15° | 20° | 25° | 30° | 35° | 40° | 45° |
|---|---|---|---|---|---|---|---|
| Für eingleisige Eisenbahntunnel $b = 7$ m, $m = 8$ m | | | | | | | |
| 20 | 0,80 | 0,79 | 0,78 | 0,77 | 0,76 | 0,74 | 0,72 |
| 30 | 0,70 | 0,69 | 0,67 | 0,65 | 0,63 | 0,61 | 0,58 |
| 40 | 0,60 | 0,58 | 0,56 | 0,54 | 0,51 | 0,48 | 0,44 |
| 50 | 0,50 | 0,48 | 0,44 | 0,42 | 0,38 | 0,34 | 0,30 |
| 75 | 0,42 | 0,38 | 0,32 | 0,26 | 0,21 | 0,17 | 0,12 |
| 100 | 0,36 | 0,32 | 0,26 | 0,20 | 0,15 | 0,12 | 0,09 |
| 125 | 0,35 | 0,28 | 0,22 | 0,17 | 0,12 | 0,09 | 0,07 |
| 150 | 0,35 | 0,24 | 0,29 | 0,14 | 0,10 | 0,08 | 0,06 |
| 175 | 0,35 | 0,24 | 0,17 | 0,12 | 0,08 | 0,06 | 0,04 |
| 200 | 0,35 | 0,24 | 0,17 | 0,11 | 0,07 | 0,05 | 0,04 |
| min. | 0,35 | 0,24 | 0,17 | 0,11 | 0,07 | 0,05 | 0,03 |
| Für zweigleisige Eisenbahntunnel $b = 10$ m, $m = 8$ m | | | | | | | |
| 20 | 0,86 | 0,84 | 0,84 | 0,83 | 0,83 | 0,83 | 0,83 |
| 30 | 0,79 | 0,76 | 0,76 | 0,73 | 0,73 | 0,73 | 0,73 |
| 40 | 0,72 | 0,68 | 0,66 | 0,64 | 0,64 | 0,63 | 0,63 |
| 50 | 0,65 | 0,60 | 0,58 | 0,55 | 0,54 | 0,53 | 0,53 |
| 75 | 0,48 | 0,42 | 0,37 | 0,33 | 0,31 | 0,29 | 0,29 |
| 100 | 0,39 | 0,36 | 0,29 | 0,24 | 0,18 | 0,15 | 0,11 |
| 125 | 0,35 | 0,30 | 0,24 | 0,19 | 0,14 | 0,11 | 0,08 |
| 150 | 0,35 | 0,28 | 0,20 | 0,16 | 0,11 | 0,09 | 0,06 |
| 175 | 0,35 | 0,24 | 0,18 | 0,13 | 0,09 | 0,07 | 0,05 |
| 200 | 0,35 | 0,24 | 0,17 | 0,12 | 0,08 | 0,06 | 0,04 |
| min. | 0,35 | 0,24 | 0,17 | 0,11 | 0,07 | 0,05 | 0,03 |

Der Reduktionsbeiwert $\alpha$ hat zwei Grenzfälle: bei ganz geringer Überlagerung ist $\alpha = 1$, bei Überlagerungshöhen von mehreren hundert Metern dagegen bzw. bei $H > 5B$ ist er unabhängig von der Höhe der Überlagerung mit einem Wert von

$$\alpha = \tan^4(45^\circ - \varphi/2),$$

anzusetzen.

Die Ableitung des zweiten Bierbaumerschen Reduktionsbeiwertes — $\alpha'$ — beruht gleichfalls auf der Reibung der abgleitenden Gesteinsmassen. Der beschränkte Raum gestattet es nicht, hier näher auf dieses Berechnungsverfahren einzugehen. Die Richtigkeit der Bierbaumerschen Formeln hat sich in der Praxis ohnehin nicht als überzeugend erwiesen. Mit einer gewissen Genauigkeit lassen sich nach diesem Verfahren am ehesten noch die Drücke auf Hohlgänge erfassen, die in großer Tiefe in Gebirgen mit großer innerer Reibung aufgefahren werden.

3.2.2.1.2. Die Gebirgsdrucktheorie von P. Esztó [39] berücksichtigt auch den Einfluß der Hohlraumbreite. Sie geht davon aus, daß der Hohlraumausbruch *Bruchflächen* entstehen läßt, die bis an die Oberfläche hinauslaufen. Der Neigungswinkel der Bruchfläche ist unten kleiner als weiter oben; die an die Oberfläche hinauslaufenden Brüche steigen nach den Beobachtungen zunehmend steil an, um schließlich an der Erdoberfläche selbst bereits annähernd lotrecht zu stehen. Der Bruch tritt demnach nicht längs einer ebenen, sondern längs einer gekrümmten Fläche auf, deren Spurlinie nach Esztó eine Kurve zweiter Ordnung beschreibt, die ihrerseits mathematisch am besten durch eine Parabel dargestellt werden kann (Abb. 107). Praktisch ändert sich am Fehler nichts, wenn man den ebenen Schnitt durch die Bruchfläche durch eine beliebige andere Kurve zweiter Ordnung beschreibt, und dies vor allem deshalb, weil das Deckgebirge niemals homogen ist, weil also die Bruchfläche auch keine gleichmäßige Krümmung zeigt. Die Annahme einer Parabel zweiter Ordnung scheint weiterhin deshalb begründet, weil sich die Größe der — zum Bruch führenden — Zugspannungen in einem auf Biegung beanspruchten Balken aus Material einheitlicher Festigkeit mit der Elastizität des Trägers dem Verlauf einer Parabel zweiter Ordnung entsprechend ändert.

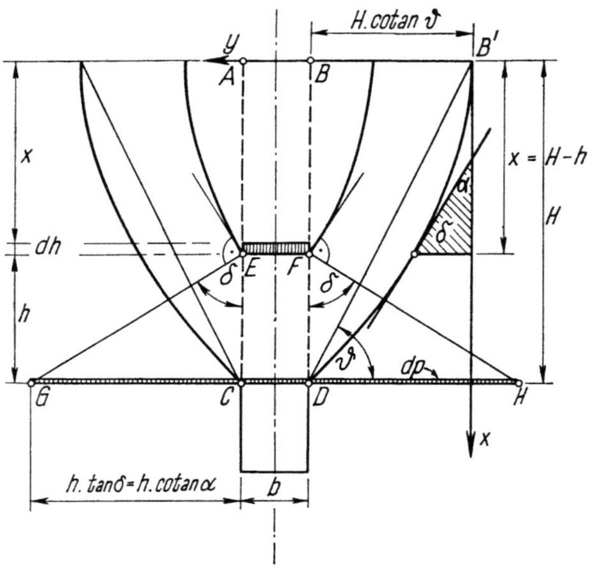


Abb. 107. Annahmen der Theorie von Esztó

Für die geeignete Größe zur Kennzeichnung des Deckgebirges hält Esztó jenen Bruchwinkel $\vartheta$, den die Waagrechte mit einer Geraden einschließt, die den Eckpunkt der Hohlraumfirste mit dem Schnittpunkt der Bruchflächenspurlinie und der Erdoberfläche verbindet. Dieser Winkel läßt sich auch in der Natur am besten beobachten. Die Festigkeitskennwerte ($\sigma_d$, $\varphi$, $c$) ändern sich von Schicht zu Schicht, und mögen sie sich auch an Probewürfeln je für sich messen lassen, können sie in ihrer natürlichen Lagerung und in ihrer wechselseitigen Aufeinanderwirkung keineswegs erfaßt werden. Demgegenüber besteht die Möglichkeit, den Neigungswinkel in situ gut zu messen; in Bergwerksgebieten sind seine Werte zumeist auch bekannt. Sie hängen selbstverständlich nicht nur von der Festigkeit der Deckschichten und von der Schichtung selbst, sondern auch von deren Einfallen ab. Aufwärts im Einfallen werden sich steilere, nach unten im Einfallen hingegen flachere Neigungswinkel ergeben. Jedenfalls ist jedoch der Bruchwinkel stets flacher als die Tangenten an den an die Erdoberfläche hinauslaufenden Bruchflächenspurlinien. Diese Spurlinien nimmt Esztó als senkrecht auf die Erdoberfläche, d. h. bei waagrechter Geländeoberfläche als lotrecht verlaufend an. Im Schnitt muß also die Bruchfläche eine Kurve beschreiben, deren Krümmung nach der Erdoberfläche hin ständig zunimmt. Entsprechend geht er von einer Parabel aus, deren Achse die waagrechte Geländeoberfläche bildet, während ihr Scheitel im Schnittpunkt der unter dem Bruchwinkel $\vartheta$ gezogenen Parabelsehne mit der Geländeoberfläche liegt.

Entsprechend stellt also $ABB'$ die Achse, $B'$ den Scheitel und $D$, einer der oberen Eckpunkte der Hohlraumfirste, einen Punkt der Bruchparabel dar. Da $BB' = H \cdot \cot \vartheta$ ist, schreibt sich die Gleichung der Parabel zu $H^2 = 2p \cdot H \cot \vartheta$ und hieraus ihr Parameter zu $p = \frac{H}{2} \tan \vartheta$. Die Gleichung der Parabel hat demnach die Form

$$y = \frac{\cot \vartheta}{H} x^2,$$

(vgl. Abb. 107), und mit den Bezeichnungen dieser Abbildung hat man aus dem schraffierten Dreieck die Tangente der Parabel in der Fläche $EF$ gemäß

$$\tan \alpha = \frac{dy}{dx} = 2x \frac{\cot \vartheta}{H}, \quad \text{d. h.} \quad \frac{1}{\tan \alpha} = \tan \delta = \frac{H \tan \vartheta}{2(H-h)}.$$

Nach Esztós Annahme wird nun den in der Tiefe $H$ aufgefahrenen $\overline{CD} = b$ breiten Hohlraum keineswegs das bis an die Geländeoberfläche hinauslaufende Gesteinsprisma $\overline{CDAB}$ beanspruchen, weil das Gebirge dank der Reibung und Kohäsion, d. h. vermittels seiner inneren Festigkeit einen Teil seines Gewichtes auf das ungestörte Nachbargestein übertragen wird. Der Druck der in der Höhe $h$ oberhalb des Hohlraumes angenommenen — $\mathrm{d}h$ dicken und $\mathrm{d}p = \mathrm{d}h$ schweren — elementaren Schicht $EF$ wird sich nicht bloß auf die Ebene $\overline{CD}$, sondern auf die größere Fläche $\overline{GH}$ verteilen, und zwar seiner Annahme nach gleichmäßig. Von der Begrenzungsgeraden des Ausbreitungsbereiches nimmt Esztó an, sie verlaufe senkrecht auf die vom Punkt $F$ ausgehende Bruchparabel und schließe mit der Lotrechten den gleichen Winkel ein wie die Tangente in ihrem Berührungspunkt mit der Parabel[1].

Das elementare Gewicht $\mathrm{d}p$ hingegen — welches sich aus der in der Höhe $h$ gelegenen $\mathrm{d}h$ dicken Schicht ergibt —, verteilt sich in der Firstfläche über eine

[1] Die Richtigkeit dieser Annahme ist zumindest strittig, da doch eben nach dem Grundsatz der Bruchfläche angenommen werden müßte, daß sich nicht nur der Druck jener Gesteinsmassen überträgt, die zwischen den Lotrechten über den Hohlraumrändern anstehen, sondern auch der Druck aller anderen bis an die Bruchflächen heranreichenden Gesteinsmassen, wobei allerdings diesen die an der Bruchfläche auftretende Reibung teilweise ausgleicht.

Breite von $b + 2h \tan \delta$, aus der Gleichheit der Gewichte folgt also, daß

$$\gamma b \cdot \mathrm{d}h = \gamma (b + 2h \tan \delta) \, \mathrm{d}m,$$

wenn $\mathrm{d}m$ die Durchschnittshöhe in der unteren Ebene $GH$ bezeichnet. Der auf die Breite $b$ des Firstes übertragene spezifische Druck schreibt sich mithin zu

$$\mathrm{d}p = \frac{b \cdot \mathrm{d}h \cdot \gamma}{b + 2h \cdot \tan \delta}.$$

Die Integration dieses Wertes von der Firste bis zur Geländeoberfläche ergibt für den vollen Firstdruck

$$p = \int\limits_0^H \frac{b \cdot \gamma \cdot \mathrm{d}h}{b + 2h \tan \delta} = \int\limits_0^H \frac{b \cdot \gamma \cdot \mathrm{d}h}{b + \dfrac{H \cdot h \cdot \tan \vartheta}{H - h}}.$$

Durch Integration erhält man

$$p = \gamma \frac{b \cot \vartheta}{\left(1 - \left(\dfrac{b}{H \tan}\right)^2\right)} \left[\ln \frac{H \tan \vartheta}{b} - 1 - \frac{b}{H \tan \vartheta}\right]$$

$$= \gamma \frac{b'}{\left(1 - \dfrac{b'}{H}\right)^2} \cdot \left[\ln \frac{H}{b'} - 1 - \frac{b'}{H}\right]. \qquad (46)$$

worin $b' = b \cot \vartheta$.

Mangels Beobachtungsunterlagen kann der Wert von $\vartheta$, d. h. der für das Gestein kennzeichnende Bruchwinkel mit $\vartheta = 45° + \varphi/2$ angesetzt oder mit dem im Bergbau üblichen Wert von 63,5° angenommen werden ($\tan \vartheta = 2$).

In seiner Arbeit [39] betont Esztó selbst, daß der anhand seiner Theorie ermittelte Druck „in der Praxis als zahlenmäßiger Wert nicht brauchbar ist, daß er es jedoch ermöglicht, unter veränderlichen Umständen und unter Berücksichtigung der Hauptparameter vergleichende Schlüsse auf die voraussichtliche Änderung des Druckes zu ziehen". Und tatsächlich trifft dies auch zu. Besonders wertvoll erscheinen seine vergleichenden Ausführungen über die lotrechte und waagrechte Verteilung des Gebirgsdruckes rings um den Hohlraum und über die Größe desselben oberhalb geschlossener Hohlräume.

Auf Grund einer Untersuchung des Einflusses der in der Gleichung aufscheinenden Faktoren bestimmt Esztó zunächst die Höhe der *über* dem Hohlraum anstehenden Gesteinsmassen und ermittelt sodann, wo der Gebirgsdruck auf die Hälfte seines aus Gl. (46) bestimmten Wertes absinkt. Im Sinne der vorausgegangenen Ausführung ist

$$\frac{p}{2} = \gamma b \int\limits_x^H \frac{dh}{b + 2h \tan \delta};$$

die Lösung dieser Beziehung ergibt die Gleichung

$$\ln \left[1 + \frac{x}{H} \left(\frac{H}{b} \tan \vartheta - 1\right)\right] - \frac{x}{H} \left(1 - \frac{b}{H \tan \vartheta}\right) - \frac{1}{2} \left[\ln \frac{H}{b} \tan \vartheta - 1 + \frac{b}{H \tan \vartheta}\right] = 0,$$

woraus nach Einsetzen der Werte von $H$, $b$ und $\tan\vartheta$ $x$ rechnerisch ermittelt werden kann. Je nach der Breite und Tiefenlage des Hohlraumes errechnet er hierfür Werte zwischen 8 und 15 m, wie dies aus der Tab. 12 hervorgeht, die auf Grund der Annahme eines $\vartheta = 63{,}5°$ für unterschiedliche Breiten und Tiefenlagen zusammengestellt ist.

Tabelle 12. *Werte für x*

| Überdeckungshöhe ($H$) | $b = 2$ m | $b = 4$ m | $b = 8$ m | |
|---|---|---|---|---|
| 100 m | 5,5 | 7,5 | 10,0 | $= x$ |
| 200 m | 8,0 | 11,0 | 14,9 | $= x$ |
| 400 m | 11,5 | 16,0 | 22,0 | $= x$ |

Hieraus läßt sich die sehr bemerkenswerte Schlußfolgerung ziehen, daß es auch bei Überlagerungshöhen von mehreren hundert Metern die unmittelbar über der Firste anstehenden Schichten sind, aus denen der Großteil der Drücke stammt, daß also der Beschaffenheit der hier anstehenden Gesteinsschichten entscheidende Bedeutung zukommt.

Vom Einfluß der *Tiefenlage* weist Esztó durch Einsetzen von Zahlenwerten nach, daß sich die Drücke nur mit der vierten Wurzel der Tiefe ändern, daß dagegen die Tiefe eine um so *größere* druckverstärkende Wirkung ausübt, je geringer die Festigkeit der Deckschichten ($\vartheta$) und je größer die Hohlraumbreite ($b$) ist. In bedeutenderem Maße beeinflussen dagegen die Druckgröße der *Bruchwinkel* $\vartheta$ und ebenso die *Breite* des Hohlraumes. Der voraussichtliche Druck ändert sich nämlich mit der Breite und der 3/4-Potenz des Bruchwinkel-Tangens, wie dies aus den Werten der Tab. 13 (für den Fall $\gamma = 2\,\mathrm{t/m^3}$) klar erhellt.

*Tabelle 13*

| $\vartheta = 45°$ | | | |
|---|---|---|---|
| $H$ (m) | $b$ (m) | | |
| | 2,0 | 4,0 | 8,0 |
| 100 | $p = 12{,}2$ | 19,6 | 30,3 |
| 200 | 14,8 | 24,4 | 39,2 |
| 400 | 17,4 | 29,5 | 48,8 |

| $\vartheta = 63{,}5°$ | | | | | |
|---|---|---|---|---|---|
| $H$ (m) | umschlossener Hohlraum $d$ (m) | | $b$ (m) | | |
| | 4,5 | 9,0 | 2,0 | 4,0 | 8,0 |
| 100 | $p$ — 3,9 | 7,0 | 7,4 | 12,2 | 19,6 |
| 200 | 4,1 | 7,8 | 8,7 | 14,8 | 24,4 |
| 400 | 4,3 | 8,3 | 10,0 | 17,4 | 29,5 |

| $\vartheta = 76°$ | | | |
|---|---|---|---|
| $H$ (m) | $b$ (m) | | |
| | 2,0 | 4,0 | 8,0 |
| 100 | $p = 4{,}3$ | 7,4 | 12,2 |
| 200 | 5,0 | 8,7 | 14,8 |
| 400 | 5,7 | 10,8 | 17,4 |

Aus der Tabelle geht weiterhin hervor, daß der Druckanstieg — nach der Esztóschen Theorie — bei einem $\vartheta = 45°$ und bei Verdoppelung der Breite 63%, bei $\vartheta = 63{,}5°$ hingegen 67% und bei $\vartheta = 76°$ bereits 71%, ferner während in 100 m Tiefe 63%, in 200 m Tiefe 67% und in 400 m Tiefe schließlich 71% erreicht. Mit anderen Worten, die druckerhöhende Wirkung der *Breite* kommt um so mehr zur Geltung, je fester das Gestein und je größer die Tiefe.

Im weiteren untersucht Esztó, welche Gebirgsdrücke unter sonst gleichen Voraussetzungen oberhalb von *Hohlräumen mit geschlossenem Grundriß* (Kavernen, Hallen usw.) auftreten (vgl. Abb. 75 u. Kap. 3.1.1.1.1.). Die Gleichgewichts-Differentialgleichung schreibt sich — als Beispiel sei ein zylindrischer Hohlraum mit kreisrundem Grundriß und dem Durchmesser $d$ betrachtet —, zu

$$\gamma \frac{d^2\pi}{4} \mathrm{d}h = \gamma \cdot d \cdot m(d + 2h \tan\delta)^2 \frac{\pi}{4} = \mathrm{d}p(d + 2h \tan\delta)^2 \frac{\pi}{4},$$

woraus

$$p = \gamma \int_0^H \mathrm{d}m = \int_0^H \frac{\gamma \cdot d^2 \cdot \mathrm{d}h}{(\mathrm{d} + 2h \tan\delta)^2} \quad \text{und} \quad \text{mit } \tan\delta = \frac{H \tan\vartheta}{2(H - h)}$$

$$p = \gamma \int_0^H \frac{(H - h)^2 \, \mathrm{d}h}{H + h \left[\left(\frac{h}{d} \tan\vartheta - 1\right)\right]^2}$$

und nach Integration schließlich

$$p = \frac{d \cot\vartheta}{\left(1 - \frac{d}{H \tan\vartheta}\right)^2} \left[1 - \frac{d}{H \tan\vartheta} - \frac{d}{H \tan\vartheta} \ln \frac{H}{d} \tan\vartheta\right]. \qquad (47)$$

Um das Ergebnis mit der weiter oben für einen linienförmig gestreckten Hohlgang errechneten Belastung vergleichen zu können, muß der so ermittelte Wert zunächst auf eine gleich große Fläche reduziert werden, wozu man sich zweckmäßig der aus dem Zusammenhang $d = b\sqrt{\frac{4}{\pi}}$ abgeleiteten Verhältniszahl $d = 1{,}128$ bedient. Ermittelt man auf diese Weise wieder für einen Bruchwinkel $\vartheta = 63{,}5°$ die Drücke bei unterschiedlichen Breiten und Tiefenlagen, ergeben sich die in Tab. 14 zusammengefaßten Werte. Ein Vergleich mit den obigen und hier in Klammern gesetzten Tabellenwerten läßt erkennen, daß *über linienförmig gestreckten Hohlgängen 3 bis 4mal größere Drücke auftreten als über Hohlräumen mit kreisrundem Grundriß*. Diese Erscheinung wird denn auch in der Praxis durch die kreisbogenförmige Ausgestaltung der Vortriebsbrust genutzt (vgl. Kap. 6.1.2.).

*Tabelle 14*

| $H$ (m) | $b = 4{,}0$ m<br>$a = 4{,}5$ m | $b = 8{,}0$ m<br>$a = 9{,}0$ m |
|---|---|---|
| 100 | $p = 3{,}9$ (12,2) t/m² | $p = 7{,}0$ (19,6) |
| 200 | $p = 4{,}1$ (14,8) | $p = 7{,}8$ (24,4) |
| 400 | $p = 4{,}3$ (17,4) | $p = 8{,}3$ (29,5) |

3.2.2.1.3. TERZAGHI leitete seine *Gebirgsdrucktheorie* ursprünglich für Tunnel bzw. Stollen in kohäsionslosem, trockenem körnigen Boden ab, doch läßt sich diese Theorie auch auf bindige Böden ausweiten. Den tatsächlichen Verhältnissen entsprechend geht er von der Annahme aus, der Boden habe nur jenen Feuchtigkeitsgehalt, bei dem die Kohäsion erfahrungsgemäß genügend groß ist, um die Brust von Stollen kleinerer Ausmaße ohne Abstützung in ihrer lotrechten Lage stehen bleiben zu lassen. Die Bewegung, in die die Sandmassen rings um den Hohlraum schon infolge des Stollenvortriebs geraten, setzt sich fort, sobald der in seinem vollen Profil aufgefahrene Hohlgang durch den Einbau der zeitweiligen Verzimmerung abgestützt wird. Sie reicht aus, um im Sand die für den Grenzzustand des Abgleitens kennzeichnenden Gleitlinienfelder zustande kommen zu lassen. Es erscheint also begründet, die Breite der nachgebenden Erdmasse in der Höhe der Stollenfirste anhand des Winkels $45° + \varphi/2$ zu bestimmen, unter dem die Bruchfläche des aktiven Erddrucks geneigt ist. Die nachgebende Erdmasse hat also eine Breite von

$$B = 2\left[\frac{b}{2} + m \tan\,(45° - \varphi/2)\right].$$

Andererseits wird das Nachgeben der Erdmasse durch die Gewölbebildung verhindert, die TERZAGHI auf Grund der an den lotrechten Gleitflächen auftretenden Reibung bestimmt.

Als die Grenzflächen der Bewegung können die Lotrechten in den Rändern des $B$ breiten Streifens angenommen werden. Für die Scherfestigkeit gegen Abgleiten längs dieser Lotrechten gilt angenommenermaßen

$$\tau = c + \sigma \tan \varphi = c + \sigma_h \tan \varphi.$$

Bezeichnet $\gamma$ das Raumgewicht des Bodens, setzt man ferner voraus, daß auf der Geländeoberfläche eine gleichmäßig verteilte Belastung $q$ wirksam ist, und drückt man schließlich das Verhältnis der waagrechten zu den lotrechten Drücken durch eine empirisch zu bestimmende Konstante $K$ aus, läßt sich aus der in der beliebigen Tiefe $z$ unter der Geländeoberfläche auftretenden Vertikalspannung $\sigma_v$ die auf der Gleitfläche wirksame waagrechte Normalspannung durch die Beziehung $\sigma_h = K\sigma_v$ kennzeichnen.

Die Kräfte, die auf einen in der beliebigen Tiefe $z$ befindlichen $\mathrm{d}z$ hohen *Streifen* des $B$ breiten Prismas wirken, sind in Abb. 108a dargestellt. Ihr Gleichgewicht beschreibt die Beziehung

$$B\gamma\,\mathrm{d}z = B(\sigma_v + \mathrm{d}\sigma_v) - B\sigma_v + 2\tau\,\mathrm{d}z.$$

Mit $\sigma_h = K\sigma_v$; $\tau = c + \sigma_h \tan \varphi = c + K\sigma_v \tan \varphi$ nimmt diese Gleichung die Form

$$B\gamma\,\mathrm{d}z = B(\sigma_v + \mathrm{d}\sigma_v) - B\sigma_v + 2c\,\mathrm{d}z + 2K\sigma_v\,\mathrm{d}z \tan \varphi,$$

an, woraus

$$\frac{\mathrm{d}\sigma_v}{\mathrm{d}z} = \gamma - \frac{2c}{B} - 2K\sigma_v\frac{\tan\varphi}{B};$$

setzt man als Grenzbedingung, daß — in der Tiefe $z = 0$ — $\sigma_v = q$ ist, erhält man als Lösung der Differentialgleichung die Beziehung

$$\sigma_v = \frac{B\left(\gamma - \frac{2c}{B}\right)}{2K \cdot \tan\varphi}\left(1 - e^{-K \cdot \tan\varphi \frac{2z}{B}}\right) + q e^{-K \cdot \tan\varphi \frac{2z}{B}}$$

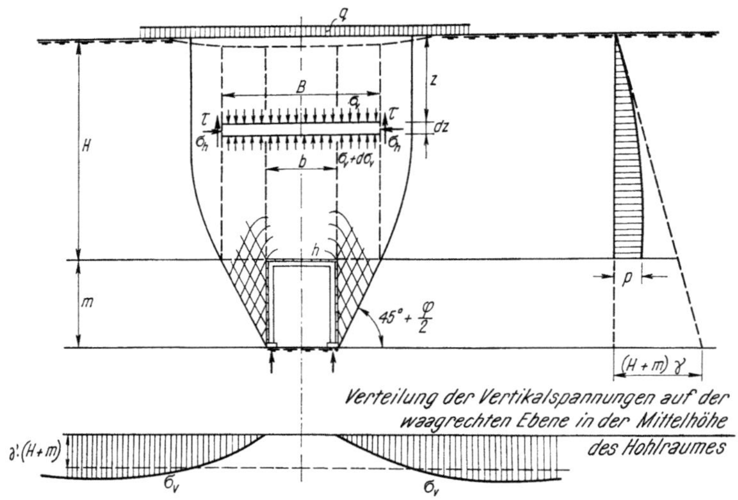


Abb. 108. Grundlegende Annahmen der Gebirgsdrucktheorie von TERZAGHI

und mit $c = 0$ bzw. mit $q = 0$ schließlich

$$\sigma_v = \frac{B\gamma}{2K \cdot \tan\varphi}\left(1 - e^{-K \cdot \tan\varphi \frac{2z}{B}}\right).$$

Setzt man endlich in diese Gleichung im gegebenen Fall auch den Wert $H$ der Überlagerungshöhe ein, gelangt man zum Ausdruck für den Gebirgsdruck in der Form

$$p_v = \frac{B\gamma}{2K \cdot \tan\varphi}\left(1 - e^{-K \cdot \tan\varphi \frac{2H}{B}}\right). \tag{48}$$

In größeren Tiefen wirkt sich die Gewölbebildung nicht mehr bis zur Geländeoberfläche hinauf aus. Nach den Versuchen TERZAGHIs wächst der Wert des Beiwerts $K$ bis zu einer dem $B$ entsprechenden Höhe von der Einheit allmählich auf 1,5 an, während das Nachgeben der unteren Schichten den Spannungszustand der oberen Sandschicht von einer Höhe 2,5 $B$ an unbeeinflußt läßt, so daß es dort zu keiner Gewölbebildung mehr kommt. Entsprechend kann der Gebirgsdruck als aus zwei Teilen zusammengesetzt gedacht werden. Bezeichnet $H_2$ jene Höhe, bis zu der die Wirkung der Gewölbebildung hinaufreicht, $H_1$ hingegen die Höhe zwischen dieser und der Geländeoberfläche, läßt sich diese letztere Erdmasse als äußere $q = H_1\gamma$ große Belastung auffassen, durch die die gewölbebildende Masse beansprucht wird. Im Sinne der abgeleiteten Theorie ergibt sich also für den auf der Firste lastenden Druck (Abb. 109)

$$p_v = \frac{\gamma B}{2K \tan\varphi}\left(1 - e^{-K\cdot\tan\varphi\frac{2H_2}{B}}\right) + \gamma H_1 e^{-K\cdot\tan\varphi\frac{2H_2}{B}}. \qquad (49\,a)$$

Mit zunehmender Verlagerung der Firste in größere Tiefen wächst die Höhe $H_2$ an, und sobald sie mindestens $^1/_5$ der gesamten Überlagerungshöhe $H$ erreicht hat, wird der Einfluß des zweiten Gliedes vernachlässigbar klein, während sich der Wert des Klammerausdrucks im ersten Glied der Einheit nähert. In sehr großen Tiefen hat mithin der Gebirgsdruck den Wert

$$p_{\max} = \frac{\gamma B}{2K \tan\varphi}, \qquad (49\,b)$$

d. h. er verliert seine Abhängigkeit von der Überlagerungshöhe. Auf Grund von Versuchen und Beobachtungen stellt TERZAGHI fest, daß $K$ gleich der Einheit gesetzt werden kann.

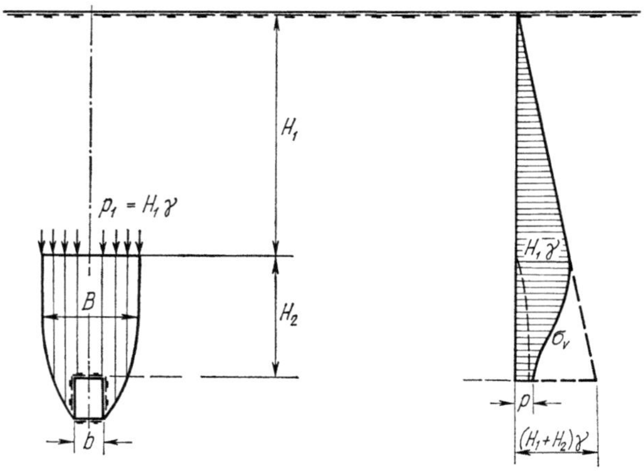

Abb. 109. Die Ausformung der Gebirgsdrücke in größeren Tiefen nach TERZAGHI

Geht $K$ in die Gleichung mit diesem Wert ein, läßt sie einen linearen Zusammenhang zwischen Gebirgsdruck und vergrößerter Hohlraumbreite erkennen, wobei sie eine weitgehende Ähnlichkeit mit der Protodjakonowschen Formel (Kap. 3.2.2.2.4.) zeigt, von der sie im Grunde genommen nur insofern abweicht, als sie im Tunnelquerschnitt einen gleichmäßig und nicht parabolisch verteilten Gebirgsdruck ergibt.

Auf Grund ihrer Grundgleichung läßt sich die Theorie TERZAGHIS eigentlich auch auf Kohäsionsböden anwenden. Demnach wäre der Gebirgsdruck

$$p_v = \frac{B\left(\gamma - \frac{2c}{B}\right)}{2K\cdot\tan\varphi}\left(1 - e^{-K\cdot\tan\varphi\frac{2H}{B}}\right), \qquad (50)$$

und es tritt überhaupt kein Gebirgsdruck auf, wenn $\gamma = \frac{2c}{B}$, d. h. wenn $B \leqq \frac{2c}{\gamma}$ ist. Praktisch gilt dies jedoch nur dann, wenn $B \geqq \frac{2c}{\gamma}$, denn in diesem Fall muß der Hohlraum wegen der Zugspannungen, die über der Firste auftreten, auch eine vorübergehende Abstützung und, um ein Herausbrechen des Erdkeils zu verhindern, zweckmäßig eine gewölbeartige Ausbildung erhalten. Im übrigen liefert diese Theorie schon wegen ihrer Ausgangsannahmen nur für trockene körnige Böden und nur für geringe Überlagerungshöhen gut verwertbare, auch den tatsächlichen Verhältnissen entsprechende Werte.

Zu ganz ähnlichen Ergebnissen gelangten LOOS und BRETH [54] auf Grund ihrer in geschüttetem Sandboden ausgeführten Versuche. Auf die Hohlgangverkleidung wirkt ein mit der Tiefe zunehmender Druck $\gamma z$, solange das Lockergestein keine Verformung erleidet. Treten Verformungen auf, d. h. gerät der Boden in Bewegung, erzeugen die Reibungskräfte eine Verspannung und Silowirkung, wodurch der Gebirgsdruck auf die nachgiebige Aussteifung und Verkleidung des Hohlganges herabgesetzt wird.

Im Grenzzustand ist der Druckkörper von zwei nahezu lotrecht verlaufenden Bruchflächen begrenzt, zwischen denen das Lockergestein wie in einem Silo lagert. Der Druck der entspannten Bodenmasse läßt sich daher hinreichend genau als Silodruck berechnen. Der Gebirgsdruck wächst mit der Überlagerungshöhe zunächst an, strebt aber dann einem Grenzzustand zu, der von der Überlagerungshöhe abhängig ist (s. Abb. 109).

Als Endergebnis wird für den lotrechten Gebirgsdruck die Formel

$$p_v = \frac{\left(\gamma - \frac{2c}{B}\right) B}{2K \cdot \tan\beta} \left(1 - e^{-K \frac{2z}{B} \cdot \tan\varphi}\right) \tag{51}$$

angegeben, die von Gl. 50 eigentlich nur darin abweicht, daß im Nenner ein anderer Festigkeitsbeiwert: $\tan\beta$ statt $\tan\varphi$ steht.

Goldstein [40] hat nachgewiesen, daß die Dauerscherfestigkeit von Tonböden nur 50 bis 70% der Spontanfestigkeit beträgt, daß also der Wert von $\tau$ mit der Zeit abnimmt. Da der Firstdruck in bindigen Böden $p_v = H\left(\gamma - \frac{\tau}{B}\right)$ ist, erklärt sich aus dieser Feststellung Goldsteins die Tatsache, daß der wirksame Firstdruck in einem Tunnel, der in Tonböden aufgefahren wird, allmählich zunimmt (vgl. Abb. 148).

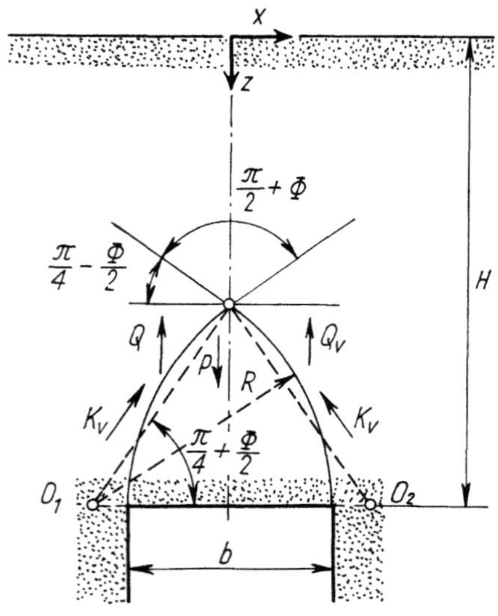


Abb. 110. Die Grundlage der Theorie von Balla

3.2.2.1.4. Nach Á. Balla tritt in der über dem Hohlraum anstehenden Gesteinsmasse infolge des Ausbruchs eine Auflockerung ein, so daß sie nach unten in Bewegung gerät [41]. Diese Bewegung mobilisiert die Scherfestigkeit des Gebirges, das Abgleiten muß also längs einer Gleitfläche erfolgen. Willkürlich nimmt er diese als kreiszylindrisch geformt und von den oberen Eckpunkten der Hohlraumfirste lotrecht nach oben gerichtet an. Der Halbmesser des Kreiszylinders ist dadurch bestimmt, daß er auf der kreiszylindrischen Fläche bei dem in der Symmetrieachse gelegenen Schnittpunkt in die Tangente hineinläuft, die ihrerseits gegenüber der Waagrechten unter dem Winkel $45° + \varphi/2$ geneigt ist, wie er dem Neigungswinkel der Gleitfläche des passiven Erddrucks entspricht (s. Abb. 110).

Balla bestimmt sodann die Spannungsverteilung an den Gleitflächen anhand der den Grenzzustand kennzeichnenden Kötterschen Differentialgleichung, um schließlich aus dem Gleichgewicht aller auf die abgleitende Masse wirksamen lotrechten Kräfte für den Gebirgsdruck die Formel

$$G + Q_v + K_v + P = 0$$

abzuleiten. Hierin bezeichnet $G$ das Gewicht der Gesteinsmassen, die von den Gleitflächen eingeschlossen sind, $Q_v$ und $K_v$ die Resultierenden der an den Gleitflächen auftretenden Scherspannungen bzw. der Kohäsion und $P$ die Resultierende der auf der Hohlraumfirste angreifenden Gesteinsdrücke.

Diese Werte wurden von BALLA in Abhängigkeit von den Maßen und der Tiefenlage des Hohlraumes und von den Festigkeitskennwerten der Gesteinsmasse ermittelt, so daß er im Endergebnis für den über dem Hohlraum als gleichmäßig verteilt angenommenen Gebirgsdruck zu der Beziehung

$$p_a = H\gamma\left[F_H + \frac{b}{H}F_B - \frac{c}{H\gamma}F_c\right], \tag{52}$$

gelangt, in der $F_H$, $F_B$ und $F_c$ Beiwerte sind, die vom Winkel $\varphi$ der inneren Reibung des Gesteinsmaterials abhängen und deren Werte der hier folgenden Tabelle bzw. dem Schaubild in Abb. **111** entnommen werden können.

| | $F_H$ | $F_B$ | $F_c$ |
|---|---|---|---|
| 10 | +0,6814 | +0,1502 | +1,8066 |
| 20 | +0,4145 | +0,2577 | +1,6084 |
| 30 | +0,2109 | +0,3277 | +1,3667 |
| 40 | +0,0757 | +0,3671 | +0,1016 |
| 45 | +0,0333 | +0,3774 | +0,9667 |

Der Theorie haftet der Mangel an, daß sie weder die Auflockerung der seitlich von den Eckpunkten des Hohlraumes anstehenden Gebirgsbereiche noch die Seitendrücke berücksichtigt und daß in ihr die Auswirkung der Tiefenlage wegen des entscheidenden Einflusses von $F_H$ vergleichsweise in übertriebenem Maße zur Geltung kommt.

3.2.2.1.5. Auf Grund von Beobachtungen beim Bau der Pariser Untergrundbahn hat

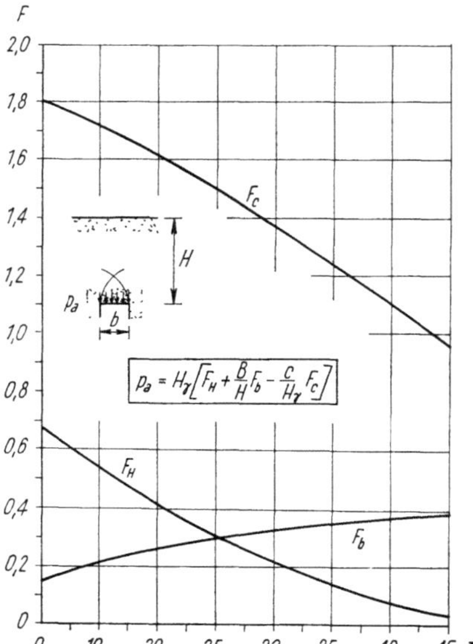


Abb. 111. Diagramm der Widerstandsbeiwerte von BALLA

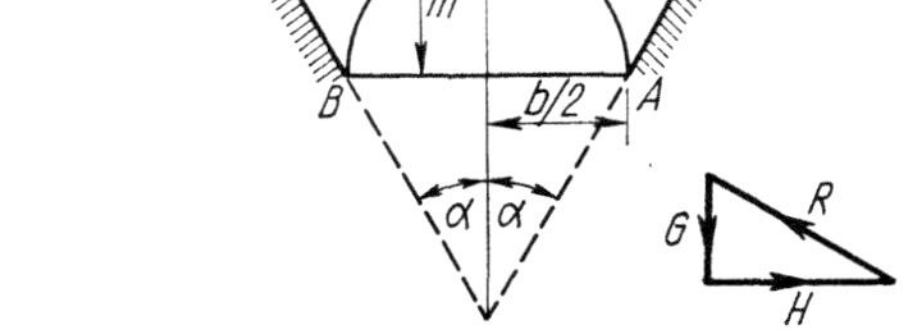


Abb. 112. Grundlage der Theorie von SUQUET

SUQUET [42] eine Gebirgsdrucktheorie ausgearbeitet, die im wesentlichen davon ausgeht, daß sich die Gesteinsmasse ACBBA′ oberhalb des Hohlganges, die je nach der Gesteinsfestigkeit von mehr oder minder stark geneigten, bis an die Geländeoberfläche hinauslaufenden Gleitflächen begrenzt ist, während ihrer Abwärtsbewegung auf die Kämpfer AA′ und BB′ als Gewölbe auflagern wird (Abb. 112).

Das Bodengewölbe vermag jedoch nur den seiner Festigkeit entsprechenden Teil auf die Kämpfer zu übertragen, während der Druck, der diesen Teil übersteigt, den Hohlraum belasten wird. Diesen Mehrdruck ermittelt SUQUET, indem er aus der einachsigen Druckfestigkeit des Bodens jenes Raumgewicht $\gamma'$ berechnet, dessen Last der Boden gerade noch gewachsen ist. Die in der Erdmasse auftretende größte Spannung kann wie folgt ausgedrückt werden:

$$\sigma = \frac{2\gamma'}{H}\left[\frac{\frac{b}{2}\left(H + \frac{m}{3}\right)}{\tan\alpha} + \frac{(H+m)^2}{2}\right],$$

der Gesamtdruck

$$p = \frac{2\gamma}{H}\left[\frac{\frac{b}{2}\left(H + \frac{m}{3}\right)}{\tan\alpha} + \frac{(H+m)^2}{2}\right]. \tag{53}$$

Letztere Formel vereinfacht sich, wenn die Hohlraumhöhe $m$ im Vergleich zur Überlagerungshöhe $H$ vernachlässigt werden kann, auf

$$p = 2\gamma\left(\frac{b}{2\tan\alpha} + \frac{H}{2}\right).$$

Wird schließlich dieser Druck gleich der einachsigen Bodendruckfestigkeit ($\sigma_d$) gesetzt, läßt sich hieraus das vom Boden noch tragbare Raumgewicht ($\gamma'$) in der Form

$$\gamma' = \frac{\sigma_d}{2\left(\frac{b}{2\tan\alpha} + \frac{H}{2}\right)} = \frac{\sigma_d}{\frac{b}{\tan\alpha} + H}, \tag{54a}$$

und der auf den Hohlraum entfallende Teil der Auflast zu

$$p_0 = H(\gamma - \gamma') \tag{54b}$$

ableiten.

Neben anderen dürfen hier noch die Theorien von MAILLART [43] und JÁKY [44] erwähnt werden. Die erste stützt sich auf die durch den Hohlraumausbruch veränderte Festigkeit der Felswände und die andere auf die sogenannte „theoretische Böschung". Da sie sich in die Praxis nicht einbürgern konnten, soll hier nur auf die betreffende Literatur hingewiesen werden.

### 3.2.2.2. Bruchfigur-Theorien, die die Überdeckungshöhe vernachlässigen

*Eine andere Gruppe der Gebirgsdrucktheorien* befaßt sich im Grunde genommen mit der theoretischen Erfassung des *Auflockerungsdruckes,* weil sie keinen Zusammenhang zwischen Überlagerungshöhe und Gebirgsdruck sehen zu können vermeint und lediglich von der Voraussetzung ausgeht, daß auf die vorübergehende oder endgültige Zimmerung bzw. Mauerung mit seinem Eigengewicht nur der ausbruchsbedingte im Umkreis um den Hohlraum entstehende aufgelockerte spannungslose Körper lasten wird. Diese Voraussetzung trifft natürlich nicht immer zu. Sie befriedigt nicht bei Hohlgängen in geringer Tiefe unter der Geländeoberfläche, verliert aber ihre Gültigkeit auch in Tiefen von mehreren tausend Metern, in denen sich das Gesteinsmaterial bereits an der Grenze des plastischen Zustandes befindet, sowie überall dort, wo an den Ulmen infolge des Hohlraumausbruchs, bedingt durch die Natur des Gebirges (pseudofestes Gestein, bildsame Böden) und eben weil sich der ursprüngliche geostatische Druck geltend macht, plastische

Verformungen auftreten. Andererseits befriedigt sie aber auch in völlig bindigen Gebirgsarten nicht, weil deren Reibungswinkel gleich Null ist.

Nach diesen Theorien bildet sich im Gebirge ein Gewölbe aus, wobei die Größe des zustande kommenden Druckkörpers nach der einen Auffassung von den Kennwerten, der Festigkeit und dem Reibungswinkel des Gebirges sowie von den Abmessungen des Hohlraumes, nach anderen Auffassungen hingegen von der Art und Weise abhängt, in der sich die Spannungsverteilung in der Nachbarschaft des Hohlraumes ändert.

3.2.2.2.1. Die bekannteste dieser Theorien stammt von KOMMERELL, der die Höhe des Druckkörpers aus der Verformung bestimmt, die der stützende Ausbau des Hohlraumes erleidet. Er begründet dies damit, daß das Ausmaß des Nachgebens, d. h. der Durchbiegung des Verbaues die Senkung der in Bewegung geratenen Felsmasse angibt (vgl. elastische Formänderung). Infolge dieser Senkung wird die bleibende Auflockerung des Gebirges bis zu jener Höhe $h$ hinaufreichen, die genügt, um die $e$ hohe Absenkung aufzufüllen. Ist die hierdurch bedingte spezifische Auflockerungszahl (ähnlich der elastischen Dehnung) $\delta$%, dann gilt

$$e = \frac{h\delta}{100} \quad \text{und hieraus} \quad h = \frac{100e}{\delta} \qquad (55\text{a})$$

(Abb. 113), worin $\delta$ die Ziffer der bleibenden Auflockerung in Prozenten bezeichnet. Für die verschiedenen Boden- bzw. Felsarten wurden folgende Werte vorgeschlagen:

| | $\delta$ (%) |
|---|---|
| Lockere, körnige Böden (Sand) | 1 bis 3 |
| Mittelmäßig bindige Böden (trockener Lehm) | 3 bis 5 |
| Bindige Böden (Mergel, toniger Kies) | 5 bis 8 |
| Weicherer Fels (Sand- und Kalkstein) | 8 bis 12 |
| Fester Fels | 10 bis 15 |

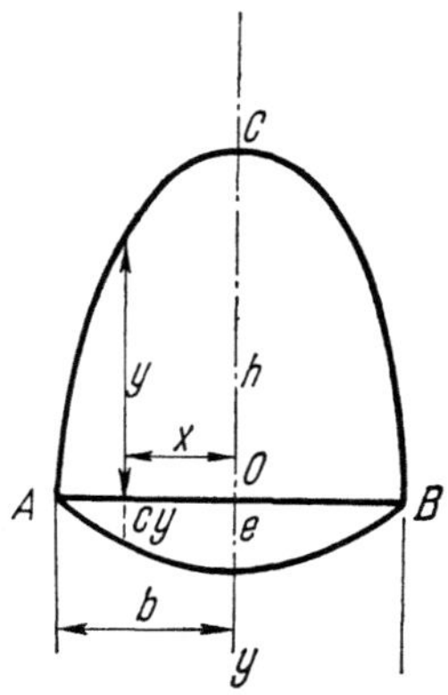

Abb. 113. Bezeichnungen und Druckfläche nach KOMMERELL

Für $\delta$ gibt STINI [46] nach genauerer Einteilung der Gebirgsarten die in der Tab. 15 erscheinenden Werte an.

Tabelle 15. *Die Größe der Auflockerung in Hundertteilen des Rauminhaltes*

| Gebirgsart | Auflockerung in Prozenten | |
|---|---|---|
| | vorübergehend | bleibend |
| Sand, feiner Kies, sandiger Lehm | 10—20 | 1—2 |
| Schlier des Hausrucktunnels (schwach gebundener toniger Sand) | — | 2 |
| Schwerer Lehm, grober Kies | 20—25 | 3—5 |
| Blättrige Schiefer, Tonmergel, Keupermergel | 25—30 | 4—6 |
| Mergel, Kies-Tonmergel, mürbe Sandsteine | 25—30 | 6—8 |
| Fester Ton | 30—50 | 8—10 |
| Mürber Fels | 30—50 | 8—10 |
| Fester Fels, kurzklüftig | 35—50 | 8—15 |
| Diabas, Kleinschotter 15—30 mm | 45 | — |
| Fester Fels, weitständig zerklüftet | 40—55 | 10—25 |

Auf dem Einbau lastet ein von einer $h$ hohen Parabel oder Ellipse begrenzter Druckkörper. Handelt es sich um eine Ellipse, schreibt sich deren Gleichung zu

$$\frac{x^2}{(b/2)^2} + \frac{y^2}{h^2} = 1, \quad \text{und da} \quad h = \frac{100\,e}{\delta},$$

hat man

$$\frac{4x^2}{b^2} + \frac{y^2\delta^2}{(100\,e)^2} = 1,$$

während die Gesamtlast

$$P = \frac{\pi}{2}\,\gamma\,\frac{b}{2}\,h = \frac{\pi}{2}\,\gamma\,\frac{b}{2}\,\frac{100\,e}{\delta} \tag{55b}$$

beträgt. Ist das Gebirge so locker oder weich, daß auch Seitendrücke zu erwarten sind, nimmt der Druckkörper seinen Ausgang von den Schnittpunkten der Firstlinie mit den von den unteren Eckpunkten des Ausbruchquerschnittes unter einem Winkel von $45° + \varphi/2$ ansteigenden Gleitflächen, sonst von den Firsteckpunkten des Ausbruchhohlraumes aus.

Die Kommerellsche Theorie kann — trotz ihrer verbreiteten Anwendung — aus folgenden Gründen nur als grobe Annäherung aufgefaßt werden:

1. Eine bleibende Auflockerung kann nur in körnigen Böden als Folge der Verlagerung der Körner zustande kommen. Von einer Auflockerung in massigem Fels kann keinesfalls die Rede sein, höchstens von einer entlastungsbedingten elastischen Expansion, die aber höchstens die Größenordnung von ein bis zwei Millimetern zu erreichen vermag. Oder es handelt sich um einen Bruch, dessen Ausmaß durch kompliziertere Vorgänge bedingt sein dürfte.

2. Der angenommene lineare Zusammenhang zwischen der Durchbiegung des Firstbalkens $e$ sowie der Höhe $h$ des Druckkörpers läßt sich weder durch Messungen nachweisen, noch ist er theoretisch begründet.

3. In der Formel sind weder die Abmessungen noch das Material der Kappe noch die Hohlraumbreite berücksichtigt, obwohl es für die Beurteilung der Durchbiegung offenbar nicht gleichgültig ist, welche Ausmaße und Spannweite der Tragbalken hat und aus welchem Material er besteht, denn je nach diesen Faktoren wird es zu ein und derselben Durchbiegung jeweils anderer Kräfte bedürfen, wobei die Abweichung mehrere hundert Prozent erreichen kann. Eine teilweise Behebung dieser Mängel bezwecken die Vorschläge T. Hárosys [47], der in einer erweiterten Formel auch die Eigenverformung ($\eta_F$) des Balkens sowie die Wirkung von Hohlräumen hinter dem Einbau ($w_{03}$) und der Sohlensenkung berücksichtigt.

Nach Hárosy errechnet sich der als gleichmäßig verteilt angenommene spezifische Gebirgsdruck zu

$$p = \frac{a\gamma w_{03}}{1 - a\gamma\left(\frac{1}{C} + \eta_F\right)}, \tag{56}$$

wobei $a = \frac{100}{\delta}$, während $C$ die Bettungsziffer des Bodens unter der Sohle bezeichnet.

Allerdings scheinen die nachfolgenden Theorien, die den Bruchkörper auf Grund der über dem Ausbruchsraum sich ausbildenden Trägerart und der Festigkeitseigenschaften des Gesteins zu bestimmen versuchen, viel fundiertere theoretische Begründungen zu haben.

Es sollen hier noch die Theorien von FORCHHEIMER [51] und von RITTER erwähnt werden. Doch scheint eine detaillierte Beschreibung ihrer Auffassungen nicht angezeigt. FORCHHEIMER bestimmt den Auflockerungsdruck in kohäsionslosem Material auf Grund des auf einer kreisförmigen Bodenklappe lastenden Gleitkörpers. RITTER [52] bestimmt dagegen die Form der sich über dem Hohlraum ausbildenden Stützlinie; seine Theorie zeigt viel Ähnlichkeit mit der von PROTODJAKONOW gründlicher ausgearbeiteten Theorie, die nachfolgend ausführlich beschrieben wird.

3.2.2.2.2. Die Theorie PROTODJAKONOWS bestimmt die Festigkeit des natürlichen Gewölbes, das sich im Gebirge ausbildet. Auf Grund der günstigen Erfahrungen im sowjetischen Untergrundbahn- und Tunnelbau hat sich diese Theorie neuerlich in der Praxis am besten durchgesetzt, und in der Tat handelt es sich mit gewissen Einschränkungen um ein brauchbares Berechnungsverfahren. Auch PROTODJAKONOW geht vom Verhalten körnigen Materials aus. Seiner Voraussetzung nach bildet sich über dem Hohlraum ein Gewölbe aus, welches im Gleichgewicht sein kann, wenn längs der Stützlinie $ABC$ (Abb. 114) ausschließlich Druckspannungen, aber keine Biegemomente auftreten. Auf dieser Grundlage gelangt er zu einer Parabel als Belastungsfigur.

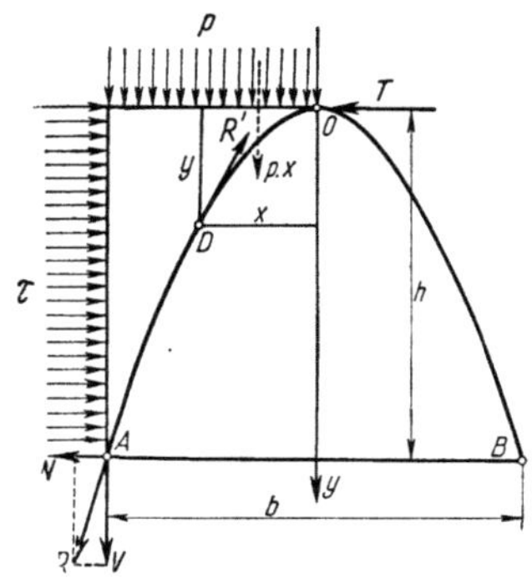

Abb. 114. Annahmen bei der Theorie von PROTODJAKONOW

An einem beliebig gewählten Bogenabschnitt $DO$ greifen folgende Kräfte an:

*a*) im Scheitel $O$ die waagrechte Resultierende $T$ der in der rechten Gewölbehälfte wirksamen Reaktionskräfte,

*b*) die Resultierende $px$ der lotrechten Drücke,

*c*) die im Punkt $D$ tangential angreifende Reaktion $R'$ der in der unteren Bogenhälfte wirksamen Kräfte.

Für den Punkt $D$ gilt die Nullwertigkeit der Momente

$$M_D = -T \cdot y + \frac{px^2}{2} = 0; \quad \frac{px^2}{2} = T \cdot y.$$

Im Auflagerpunkt $A$ übt den Druck die Resultierende $R$ aus, die sich in die waagrechte Komponente $N$ und in die Vertikalkomponente $V$ zerlegen läßt. Die vertikale Komponente preßt das Gewölbe auf das Widerlager, die horizontale ist bestrebt, es zu verschieben. Die Festigkeit des natürlichen Entlastungsgewölbes läßt sich aus der Bedingung bestimmen, daß der in der Ebene $A-B$ wirksame Reibungswiderstand der Normalkraft die durch die Horizontalkraft $N$ verursachte Verschiebung verhindern muß, d. h. es muß $N = V \cdot f$ gelten, worin $V = p\,\frac{b}{2}$, während $f$ den Faktor der inneren Reibung des Bodens $= \tan\varphi$ bezeichnet.

Im Interesse der Sicherheit bedarf es auch noch einer gewissen Reserve, die von den der Verschiebung entgegenwirkenden Schubspannungen im seitlich gelegenen Nachbargestein geliefert werden. Es gilt mithin

$$N = p \frac{b}{2} f - \tau h,$$

und wenn man in die für den Punkt $D$ gegebene allgemeine Gleichung die zusammenhängenden Grenzbedingungswerte $x = \frac{b}{2}$, $y = h$ und $T = N$ einsetzt, auch

$$p \frac{b^2}{2 \cdot 4} = \left[p \frac{b}{2} f - \tau \cdot h\right] h,$$

woraus

$$\tau = p \frac{b}{2} \frac{4fh - b}{4h^2}$$

abgeleitet werden kann.

Die Gewölbehöhe $h$ ergibt sich aus der Bedingung, daß die Schubspannung $\tau$ einen Größtwert haben muß. Aus der ersten Derivation nach $h$

$$\frac{d\tau}{dh} = p \frac{b}{2} = \frac{\frac{b}{2} - f \cdot h}{h^3} = 0$$

ergibt sich mithin

$$\boxed{h = \frac{b}{2f} = \frac{b}{2 \tan \varphi}}\,. \tag{57}$$

Mit diesem Wert für $h$ wird $\tau = \frac{pf^2}{2}$, während der Grenzbedingungszusammenhang

$$T = N = p \frac{b}{2} f - \tau h$$

nach Einsetzen des $h$- und des umgewandelten $\tau$-Wertes in die Form

$$T = p \frac{b}{2} f - p \frac{bf}{4} = p \frac{bf}{4}$$

übergeht. Damit aber erhält man für die Gleichung der Parabel schließlich

$$\frac{px^2}{2} = Ty = \frac{pfb}{4} y \quad \text{und} \quad y = \frac{2x^2}{bf}\,. \qquad (58$$

Auf dem aufgefahrenen Hohlraum lastet also als Druck das Gewicht des vo der Parabel umschlossenen Gebirges, während das Gewicht des außerhalb geleg nen Bereichs den Hohlraum nicht mehr beansprucht. Die Parabelfläche beträgt

$$F = \frac{2}{3} bh,$$

das auf die Längeneinheit entfallende Gewicht hingegen

$$P = \gamma \cdot F = \frac{2}{3}\, b h \gamma, \quad \text{woraus man mit} \quad h = \frac{b}{2 \tan \varphi}$$

in der Form

$$P = \frac{1}{3}\, \gamma\, \frac{b^2}{\tan \varphi} = \frac{1}{3}\, \gamma\, \frac{b^2}{f}$$

bzw.

$$p_{\max} = \frac{1}{2} \cdot \gamma \cdot \frac{b}{f} \tag{58b}$$

eine Beziehung erhält, die — auf den spezifischen Druck bezogen —, eine weitgehende Ähnlichkeit mit der einfachen Terzaghischen Formel (49b) für große Tiefen zeigt.

Die Modellversuche, die PROTODJAKONOW zur Überprüfung seiner Theorie durchführte, haben den Nachweis dafür erbracht, daß die Drücke — abgesehen von kleinen Überlagerungen — von der Tiefenlage des Hohlraumes unabhängig sind. Bei seinen Versuchen bediente er sich körnigen Materials, doch wandte er sein Berechnungsverfahren auch auf Boden- und Gebirgsarten mit Kohäsion an, wobei er für den Faktor $f$ (den er Festigkeitsbeiwert nennt) entsprechende Werte wählte. In bindigen Böden ist nämlich $f = \tan \varphi + \frac{c}{\sigma_d}$, in Fels hingegen $f = \frac{\sigma_w}{100}$, wenn $\sigma_d$ die einachsige Druckfestigkeit, $\sigma_w$ die Würfelfestigkeit des Gesteins bezeichnet. Auf Grund empirisch ermittelter Unterlagen wurden die betreffenden Werte für verschiedene Bodenarten gemäß Tab. 16 auch tabellarisch zusammengefaßt.

Bei Wahl des Festigkeitsbeiwertes muß jedoch nebst der Bergart auch ihre Beschaffenheit in Betracht gezogen werden.

Nach sowjetischer Erfahrung bietet die Theorie PROTODJAKONOWS in erster Linie im Tiefenbereich von $\frac{B}{2 \tan \varphi} < H < \frac{b}{\tan \varphi}$ gute Berechnungsgrundlagen (WOLKOW). Auch beim Bau der Budapester Untergrundbahn lieferte sie gute Ergebnisse. Einwände gegen das Verfahren können vornehmlich aus folgenden zwei Gründen erhoben werden:

1. Nach der Formel besteht zwischen der Höhe des lastübertragenden Gewölbes und dessen Breite ein linearer Zusammenhang, während er in Wirklichkeit weit komplizierter sein muß.

2. Die tabellarische Bestimmung der Festigkeitsfaktoren ist ungenau und bietet vielfach Gelegenheiten zur willkürlichen Wahl innerhalb eines weiten Bereichs.

*Die Praxis in der Sowjetunion befolgt bei Ermittlung der Gebirgsdrücke folgendes Verfahren:*

*a)* Jede Gebirgsdruckberechnung geht von der Annahme aus, daß es über dem Hohlraum unbedingt zu einer Lastübertragung und zur Ausbildung eines Gewölbes kommt. Innerhalb dieses Gewölbes bildet sich der spannungslose Belastungskörper aus, für dessen Gewicht der Tunnel zu bemessen ist.

Tabelle 16. *Festigkeitszahlen nach* PROTODJAKONOW

| Klasse | Widerstandsgrad | Gebirgsart und Beschaffenheit | Raumgewicht kg/m³ | Bruchfestigkeit kg/cm² | Festigkeitszahl *f* |
|---|---|---|---|---|---|
| I. | Größter | Feste, dichte Quarzite, Basalte und andere Restgesteine von außergewöhnlicher Festigkeit | 2800 | 2000 | 20 |
| II. | Sehr groß | Fester Granit, Quarzporphyr, Quarzschiefer. Sehr widerstandsfähige Sand- und Kalksteine | 2600—2700 | 1500 | 15 |
| III. | Groß | Granitartige Gesteine. Sand- und Kalksteine von großer Festigkeit. Feste Konglomerate | 2500—2600 | 1000 | 10 |
| IIIa. | Groß | Kalkstein, verwitterter Granit. Feste Sandsteine, Marmor. Pyrit | 2500 | 800 | 8 |
| IV. | Mäßig groß | Normaler Sandstein | 2400 | 600 | 6 |
| IVa. | Mäßig groß | Sandstein-Schiefer | 2300 | 500 | 5 |
| V. | Mittelmäßig | Tonschiefer. Sand- und Kalksteine geringerer Festigkeit. Lockere Konglomerate | 2400—2800 | 400 | 4 |
| Va. | Mittelmäßig | Verschiedene Schieferarten. Dichter Mergel | 2400—2600 | 300 | 3 |
| VI. | Mäßig locker | Lockerer Schiefer und sehr lockerer Kalkstein, Gyps, Gefrierboden, gewöhnlicher Mergel. Zerklüfteter Sandstein, zementierter Kies und Geröll mit Steinen beigemengter Boden | 2200—2600 | 200—150 | 2 |
| VIa. | Mäßig locker | Kiesboden. Gebrächer und zerklüfteter Schiefer, verdichtetes Geröll und Kies mit hartem Ton | 2200—2400 | — | 1,5 |
| VII. | Locker | Fester Ton. Bindiges Geschiebe. Tonboden | 2000—2200 | — | 1,0 |
| VIIa. | Locker | Lockerer Lehm, Löß, Kies | 1800—2000 | — | 0,8 |
| VIII. | Bodenarten | Landwirtschaftlicher Boden, Moorboden, weicher Lehm, wassergesättigter Sand | 1600—1800 | — | 0,6 |
| IX. | Kohäsionslose Böden | Sand, Feinkies, Aufschüttung | 1400—1600 | — | 0,5 |
| X. | Plastische Böden | Schluffboden, modifizierter Löß und andere Bodenarten in flüssigem Zustand | — | — | 0,3 |

*b*) Kommt das unterirdische Bauwerk in lockeres Sedimentgestein zu liegen, in dem $\tan\varphi < 0{,}8$ ($\varphi < 40°$), und ist die Überlagerung geringer als $2{,}5\,B$, d. h. ist $H < 2{,}5\cdot[b + 2m\tan(45° - \varphi/2)]$, ist das Bauwerk für den geostatischen Druck der vollen, bis an die Geländeoberfläche reichenden Überlagerung zu bemessen.

*c*) In Böden, die aus entsprechend dickbankigen verschiedenen Schichten zusammengesetzt sind, brauchen nur die physikalischen Eigenschaften der unmittelbar über dem Hohlraum anstehenden Schicht berücksichtigt zu werden (vgl. Esztó, Tab. 12). Die über dieser liegenden Schichten lassen die Ausbildung des spannungslosen Körpers unbeeinflußt. Ihre eventuelle belastungvergrößernde Wirkung kann bei Annahme der Spannungsverteilung in Betracht gezogen werden.

*d*) Bei Tunneln in Tonböden muß — sofern dem Ton grundwasserführender Boden überlagert ist — das Schwellen des Tones in die Berechnung einbezogen werden. Die Auswirkungen des Schwellens können hierbei berücksichtigt werden, indem man als Vertikaldruck das Gewicht einer bis zum Grundwasserspiegel hinaufreichenden Bodensäule in Rechnung stellt.

3.2.2.2.3. Gleichfalls auf der Grundlage der Gewölbebildung, und zwar in Analogie mit einer Reihe von aufeinanderliegenden Traggewölben berechnet den Gebirgsdruck Engesser [51], der hierbei von der Annahme einer kohäsionslosen Gesteinsmasse unendlicher Ausdehnung und waagrechter Oberfläche ausgeht (Abb. 115).

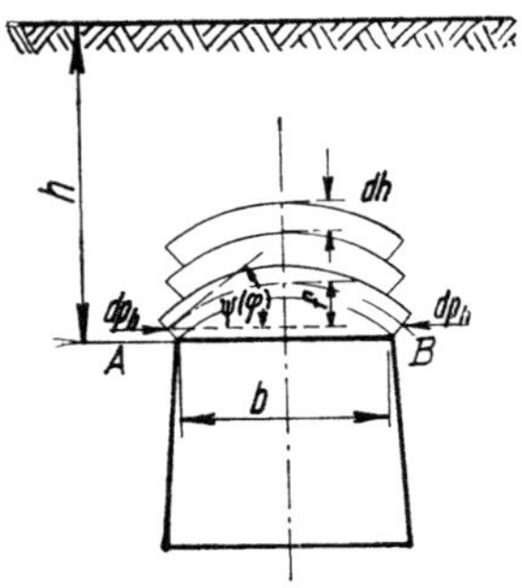

Abb. 115. Annahme zur Berechnung des Firstdruckes nach Engesser

Zur Bestimmung des minimalen spezifischen Druckes nimmt er — willkürlich — an, daß dieser gegeben sein wird, wenn die Kämpfertangenten der aufeinanderliegenden lastübertragenden Gewölbe mit der Waagrechten einen Winkel $\psi$ einschließen, der zuerst dem Winkel $\varphi$ der inneren Reibung des Gesteins gleichgestellt ist. Auf dieser Grundlage erhält er mit der Pfeilhöhe $f = \frac{b}{2}\tan\varphi$ den Horizontalschub für ein als Dreigelenkbogen aufgefaßtes Gewölbeelement

$$\mathrm{d}p_h = \frac{b^2\,\mathrm{d}q}{2f} = \frac{b^2}{2f}\left(\gamma - \frac{p}{h}\right)\mathrm{d}h = \frac{b}{\tan\varphi}\left(\gamma - \frac{q}{h}\right)\mathrm{d}h,$$

und weiter den lotrechten Widerstand

$$p = \lambda_a\,\mathrm{d}p_h = \frac{b}{\tan\varphi}\left(\gamma - \frac{p}{h}\right)\tan^2(45° - \varphi/2),$$

wovon

$$p_{\min} = \left[\frac{hb\tan^2(45° - \varphi/2)}{2h\tan\varphi + b\tan^2(45° - \varphi/2)} + b\cdot\frac{\tan\varphi}{6}\right]2\gamma. \tag{59}$$

Der Gesamtdruck auf der Ebene $AB$, einschließlich des Gewichtes der unmittelbar auf der Firste lastenden segmentförmigen Gesteinsmasse, schreibt sich dagegen zu

$$P_{\min} = 4b^2\gamma\left(\frac{h\cdot\tan^2(45° - \varphi/2)}{2h\cdot\tan\varphi + b\cdot\tan^2(45° - \varphi/2)} + \frac{\tan\varphi}{6}\right)$$

bzw. für große Tiefen und nicht zu kleine Winkelwerte zu

$$P = 4b^2\gamma \left[\tan^2 (45^\circ - \varphi/2) \cdot \frac{\cot \varphi}{2} + \frac{\tan \varphi}{6}\right], \tag{60}$$

wobei der Druck auf die Firste von der Überlagerungshöhe unabhängig wird.

Wenn man zur Ermittlung des Anfangswinkels die Bierbäumersche Annahme zugrunde legt, daß der Druck auf den First zu einem Mindestwert wird, so ergibt er sich zu (vgl. Abb. 116)

$$\psi = \operatorname{arc\,tan} \left[\sqrt{3} \tan (45^\circ - \varphi/2)\right].$$

Das Gewicht der Gebirgsmasse zwischen dem untersten Gewölbe und dem First ändert sich damit und gewinnt den Wert

$$\frac{2b^2\gamma}{\sqrt{3}} \tan (45^\circ - \varphi/2),$$

und der Gesamtdruck auf den First wird zu

$$P_{\min} = \frac{4b^2\gamma}{\sqrt{3}} \tan (45^\circ - \varphi/2). \tag{61}$$

Die Verwendbarkeit seiner theoretisch abgeleiteten Resultate überprüfte ENGESSER in Versuchen, die er mit Sand durchführte. Sie zeigten eine gute Übereinstimmung mit den Formeln, solange $h \geq 1{,}5\,b$ war. Bei kleineren Überlagerungshöhen entsprechen die Verhältnisse den Ausgangsannahmen der Theorie nicht mehr. Der grundlegende Widerspruch in der Theorie besteht zweifellos darin, daß eine Gewölbebildung in dem angenommenen Sinne, d. h. entlang der ganzen Überlagerungshöhe, nicht eintreten kann, sondern auf einen bestimmten, nicht allzuhoch über den Stollenfirst reichenden Gebirgsbereich beschränkt bleibt.

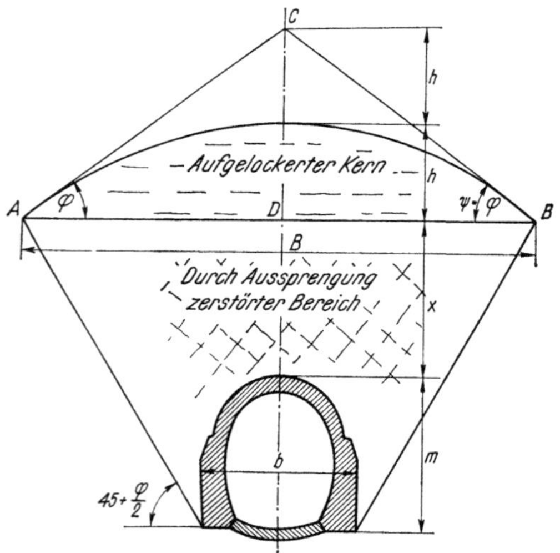


Abb. 116. Gewölbewirkung in der zerrütteten Zone oberhalb des Hohlraumes (ENGESSER)

Für Fälle, in denen der Tunnel oder Stollen durch Sprengarbeit vorgetrieben wird, schreibt ENGESSER überdies auch die Berücksichtigung der durch die Sprengarbeit verursachten Auflockerung vor. In seine Formel ist in solchen Fällen nicht die lichte Tunnelbreite $b$, sondern die Breite $B$ des durch die Sprengarbeit aufgelockerten Gebirgsteiles einzusetzen (Abb. 116). Da nun aber die Höhe $x$ des zerrütteten und zu Bruch gegangenen Gebirgsteiles für gewöhnlich unbekannt ist, empfiehlt er zu ihrer Bestimmung ein Näherungsverfahren. Es sei wieder angenommen, die Tangente an die Begrenzungsparabel im Punkt $A$ des Auflockerungskerns schließt mit der Parabelsekante eben den Winkel $\varphi$ der inneren Reibung ein. Dann läßt sich aus dem Dreieck $ADC$ und aus der parabolischen Belastungsfigur die Halbsehnenlänge $AD$ ermitteln:

$$\overline{CD} = \frac{2h}{\tan\varphi} = \frac{b}{2} + \frac{m+x}{\tan(45+\varphi/2)},$$

woraus

$$x = \left(\frac{2h}{\tan\varphi} - \frac{b}{2}\right)\tan(45^\circ + \varphi/2) - m$$

und

$$B = 2(m+x)\tan(45^\circ - \varphi/2) + b.$$

Der Firstdruck ergibt sich also aus der gemeinsamen Auswirkung des bis zur Linie $AB$ zerschossenen Streifens und des über diesem sich ausbildenden parabelflächig umgrenzten Körpers zu

$$p = x\gamma + B\gamma\left[\tan(45^\circ - \varphi/2)\,\frac{\cot\varphi}{2} + \frac{\tan\varphi}{6}\right]. \tag{62}$$

3.2.2.2.4. Die Höhe der voraussichtlichen Auflockerung oberhalb des Hohlraumes und aus ihr das Gewicht der gebrächen Gesteinsmassen, die den Hohlraum

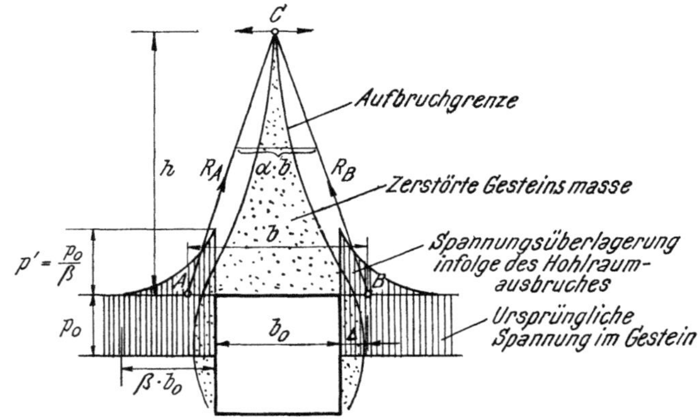


Abb. 117. Berechnungsannahme auf Grund der Bestimmung der Aufbruchhöhe nach Széchy

beanspruchen, hat auf Grund einer statischen Annäherung Széchy [52] genauer bestimmt als die bisher besprochenen Verfahren (vgl. Kap. 3.2.1.). Er geht davon aus, daß sich die Auflockerung oberhalb des $b$ breiten rechteckquerschnittigen Ausbruchhohlraumes so weit nach oben ausbreiten wird, bis sich über der Mittelachse des Hohlraumes ein Scheitelgelenk $C$ ausbildet, in welchem sich die infolge der Auflockerung in zwei Teile getrennten Gesteinsmassen aufeinander abzustützen vermögen (Abb. 117). Das so zustande kommende Tragwerk kann als Dreigelenkbogen aufgefaßt werden, dessen untere Gelenkpunkte in die Schwerlinie

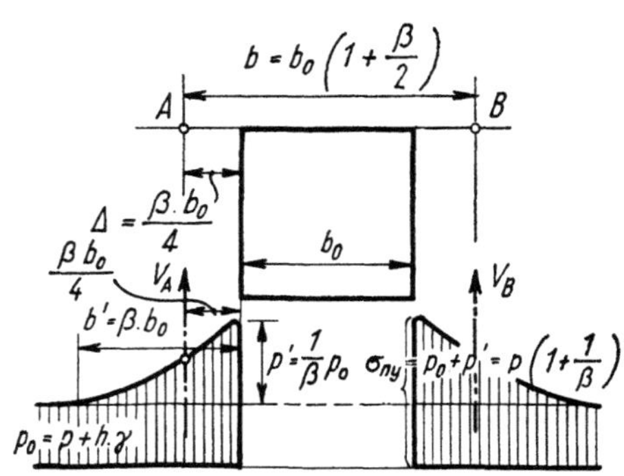


Abb. 118. Bestimmung der Lage der seitlichen plastischen Gelenke

der auf die Ulme übertragenen zusätzlichen Spannungen verlegt werden können (Abb. 118). Da die gegenseitige Abstützung der Gesteinsmassen im Scheitelgelenk Druckspannungen weckt und das Gebirge in der Regel eine hohe Druckfestigkeit besitzt, werden es nicht die Druckspannungen sein, die die Lage des Scheitelgelenkpunktes bestimmen, sondern die Zugspannungen, die in dem Gesteinstragwerk auftreten, das sich zur Überwölbung des Hohlraumes ausbildet. Die Auflockerung hört offenbar dort auf, wo diese im Gesteinstragwerk auftretenden Zugspannungen die Zugfestigkeit des Gebirges nicht mehr überschreiten. Nach SZÉCHY kann das Gesteinstragwerk, das sich oberhalb des Hohlraumes ausbildet, als wandartiger Balken (Faltwerk) aufgefaßt werden, wobei unter seiner Nullachse Zug, oberhalb dieser Druck auftreten wird. Bekanntlich ist die Spannungsverteilung im Trägerquerschnitt oberhalb einer der überbrückten Spannweite entsprechenden Trägerhöhe keiner Änderung mehr unterworfen [53], und da sich im homogenen Gestein weder die Materialfestigkeit noch die Größe der spezifischen Belastung ändert, wird die Verkleinerung der Spannweite jenen einzigen Faktor darstellen, von dem eine entsprechende Verminderung der Zugspannungen zu erwarten ist.

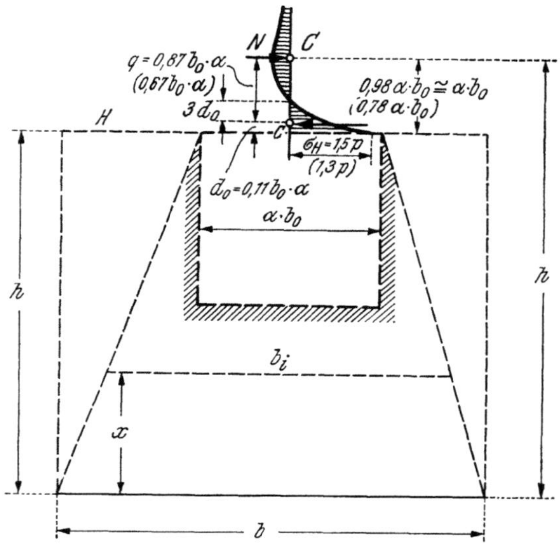


Abb. 119. Bestimmung der Lage des Scheitelgelenkes

Bezeichnet man das Ausmaß dieser Verminderung mit einem Beiwert $\alpha$, — dessen Wert kleiner ist als 1 —, dann läßt sich die Spannung, die in der zunächst unbekannten Höhe $h$ auftritt, durch ein Diagramm gemäß Abb. 119 kennzeichnen. Der gesuchte Scheitelgelenkpunkt wird in die Schwerlinie der Resultierenden der Druckspannungen $N$ zu liegen kommen. Die Schwerlinie ihrerseits aber wird durch die maximale Zugspannung $\sigma_H$ bestimmt, wie sie im Querschnitt des Wandträgers mit der Spannweite $\alpha b$ auftreten wird, weil sie die Zugfestigkeit $\sigma_Z$ des Gebirges nicht überschreiten kann (im Grenzfall ist $\sigma_H \leqq \sigma_Z$).

Von den Kämpfergelenkpunkten kann im Sinne der in Abb. 95 dargestellten Gedankengänge WILLMANNS angenommen werden, daß sie in der Schwerelinie eines $b' = \beta b$ breiten Bereichs der parabolisch verteilten Zusatzspannungen in die Firstebene zu liegen kommen. Der Wert von $\beta$ hängt von der Sprödigkeit bzw. Plastizität des Gebirges ab und kann für sprödes, elastisches Gebirge zu $^1/_2$ bis $^1/_3$, für verformbares, plastisches Gebirge hingegen zu 2 bis 3 angesetzt werden (vgl. Abb. 96). Mangels exakterer Forschungen wird er wohl richtig mit 1 für Festgesteine bzw. mit 2,5 für plastische Bergarten in die Berechnung einzuführen sein.

Auf Grund der Beziehungen, die DISCHINGER für den Zusammenhang zwischen dem Spannungszustand im Wandträger einerseits und seiner gleichmäßig verteilten Belastung von außen andererseits aufgestellt hat, nimmt SZÉCHY schließlich an, daß zwischen der Verkleinerung der Spannweite und dem Abstand der Kämpferreaktionen des Dreigelenkbogens ein linearer Zusammenhang besteht ($\alpha = 0{,}5$), woraus er für die Höhe des aufgelockerten Bereichs die Formel

$$h = [1{,}13(1 + \beta/2)^2 - 0{,}5]b_0 \ldots \qquad (63\,\mathrm{a})$$

ableitet. Sie hängt demnach zunächst von der Breite $b_0$ des Hohlraumes ab, ist aber auch eine Funktion des Beiwertes $\beta$, der seinerseits einen Kennwert der Plastizität des Gebirges (und damit letzten Endes wieder der Spannweitenzunahme) darstellt. Betrachtet man den wandartigen Träger nicht als an beiden Enden eingespannt, sondern als frei aufgelagert, geht der obige Zusammenhang in die Form

$$h = [1{,}31(1 + \beta/2)^2 - 0{,}39]b_0 \ldots \qquad (63\,\mathrm{b})$$

über.

Nimmt man auf Grund der Auflockerungsgrenze als Spitzenwert an, daß der auf den Hohlraum wirkende Gebirgsdruck einem Dreieck entspricht, welches von den Verbindungsgeraden der Gelenkpunkte des Dreigelenkbogens begrenzt ist, gelangt man zu der aus Abb. 120 ersichtlichen lotrechten Belastung, für die die Hohlraumverkleidung zu bemessen ist. Dieser Druck kann jedenfalls als jene Höchstbelastung betrachtet werden, die sich ergibt, wenn man in den Hohlraum keinerlei zeitweilige Zimmerung einzieht, und dem Auflockerungsvorgang lediglich die Eigenfestigkeit des Gebirges ein Ende setzt.

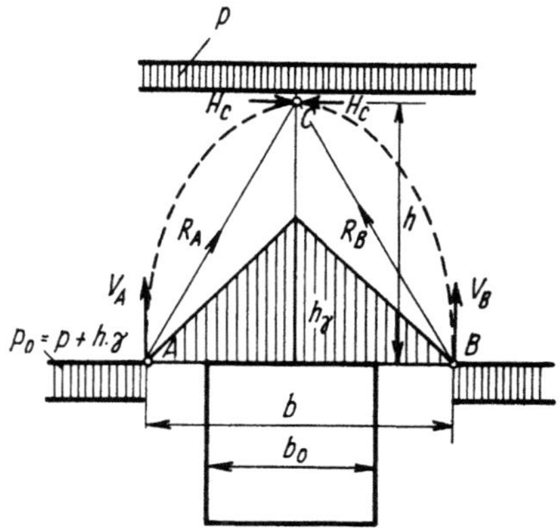

Abb. 120. Annahme zur Verteilung des Firstdruckes

## 3.3. Bestimmung des Seitendruckes auf Tunnel

Obwohl sich die Aufmerksamkeit des Tunnelbauers bei seinen Erwägungen über die Beanspruchung eines Tunnels in erster Linie der Bestimmung der lotrechten oder Firstdrücke zuwendet, wird er bei Bemessung des Hohlraumprofils den keineswegs weniger wichtigen Seitendrücken eine nicht minder sorgfältige Beachtung schenken müssen. Und dies besonders deshalb, weil es — wie bei den ausführlichen Darlegungen über den echten Gebirgsdruck gezeigt — die Ulmen sind, die wegen der ungünstigen Festigkeitsverhältnisse im dort anstehenden Gestein im aufgefahrenen Hohlraum zuerst zusammenbrechen, weil also im gegebenen Fall der Seitendruck eine wichtigere Rolle spielen kann als der Firstdruck. Theoretisch läßt sich der Seitendruck noch schwerer erfassen als der Firstdruck, weil beim Seitendruck die Profilverformung eine noch größere Rolle spielt, weil er also nicht nur von der Beschaffenheit des Gebirges und von den Hohlraumabmessungen, sondern in noch größerem Maße auch von der Festigkeit der seitlichen Abstützung abhängt. Zudem äußern sich in den Seitendrücken noch ausgesprochener jene latenten erdgeschichtlich bedingten aufgespeicherten geologischen Urspannungen, die durch den technischen Eingriff des Tunnelbaues mobilisiert werden und deren Größe durch das Ausmaß und die Elastizität der erlittenen Deformationen bestimmt wird, rechnerisch aber nicht erfaßt werden kann. Mit ihrem vollen Wert können sich ferner auf die Ulmen auch der echte Gebirgs- sowie der Schwelldruck auswirken, die sich der Berechnung ebenso entziehen.

### 3.3.1. Annähernde Bestimmung des Seitendruckes

Annähernd werden die Seitendrücke nach der Erddrucklehre als Produkt des geostatischen bzw. Firstdruckes und der Erddruckziffer bzw. als Funktion der Querdehnungen bestimmt. (Vorweg sei bemerkt, daß in Einzelfällen stärkere Seitendrücke gemessen wurden, als sie auf Grund der geostatischen Drücke begründet gewesen wären.)

Nach STINI sind die Seitendrücke im Gegensatz zu den Firstdrücken linear von der Überlagerungshöhe abhängig. In größeren Tiefen wirkt sich der Druck auf die Stöße meist weit stärker aus als jener in der Firste, doch wirkt ihm auch die Reibung stärker entgegen. Im Seitendruck wird die geostatische Auswirkung auch durch die Schichtung weniger stark gestört als bei Firstdruck[1].

Erfahrungswerte für den Seitendruck enthält die Tab. 10.

Aus dieser tabellarischen Zusammenstellung geht hervor, daß die Seitendrücke nur etwa $^1/_4$ bis $^1/_3$ des Firstdruckes erreichen. Dieses Verhältnis vermögen jedoch die Urspannungen so sehr zu verschieben, daß beispielsweise die Seitendrücke in einem der Stollen des Boulder-Dammes beim Dreifachen des Firstdruckes lagen.

TERZAGHI gibt für den Seitendruck die Näherungsformel

$$p_h = 0{,}3\,\gamma(0{,}5\,\mathrm{m} + h_p) \quad \text{(vgl. Abb. 93)}$$

an, in der $h_p$ die Höhe des Auflockerungskernes bezeichnet, oder für den Seitendruck in körnigen Böden und Steinschotter auf Grund des Rankineschen Zustandes die Formel

$$p_h = \gamma H \tan^2(45^\circ - \varphi/2),$$

und schließlich für den Seitendruck in festem Gestein, unter der Voraussetzung, daß die seitliche Dehnung ($\varepsilon_h$) vollständig verhindert ist, die Gleichung

$$\varepsilon_h = \frac{1}{E}\,[p_h - \mu(p_v + p_h)] = 0,$$

aus der

$$p_h = \frac{\mu}{1-\mu}\,p_v. \tag{64}$$

Nach der sowjetischen Praxis und nach den Bemessungsvorschriften für die Budapester Untergrundbahn ist der Seitendruck als trapezförmig verteilte Belastung in Rechnung zu stellen und nicht aus dem geostatischen, sondern aus dem

[1] ZIMBARJEWITSCH z. B. schlägt vor, die Vertikaldrücke aus dem Multiplikationsbeiwert von Mächtigkeit und Raumgewicht der über dem Hohlraum anstehenden Schichten zu ermitteln und die Seitendrücke durch Reduktion dieser Vertikaldrücke mit dem Rankineschen Multiplikator schichtweise getrennt zu berechnen.

anhand einer Gebirgsdrucktheorie ermittelten Vertikaldruck zu bestimmen. In der in Abb. 121 dargestellten Weise ist der lotrechte Druck mit den entspre-

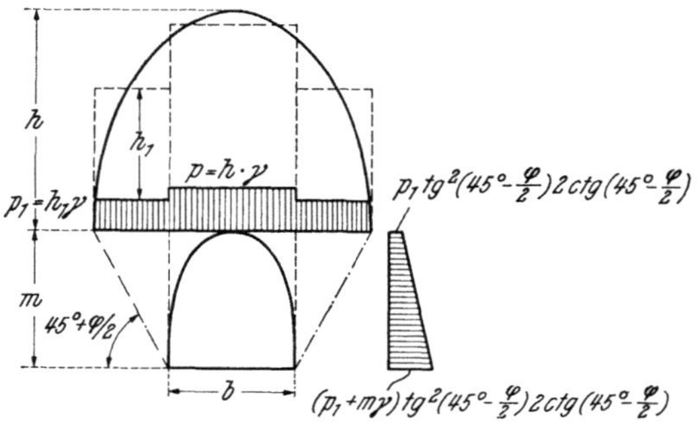


Abb 121. Übliche Annahme des auf einen Tunnel wirksamen Gebirgsdruckes

chenden Höchstordinaten der rechnerisch ermittelten Firstdruckwerte als parabolisch verteilt anzunehmen. Ist die am Hohlraumrand senkrecht aufgetragene Druckordinate der Parabel $h_2\gamma = p_2$, dann gilt für den spezifischen Seitendruck in Firsthöhe

$$e_1 = p_2 \tan^2(45^\circ - \varphi/2) - 2c \cdot \tan(45^\circ - \varphi/2), \tag{65a}$$

in Sohlenhöhe hingegen

$$e_2 = (p_2 + m\gamma)\tan^2(45^\circ - \varphi/2) - 2c\tan(45^\circ - \varphi/2). \tag{65b}$$

Da sich die Seitendrücke auf die im Profil auftretenden Biegemomente günstig auswirken, darf das Kohäsions-Glied, welches die Stärke des Druckes vermindert, aus Sicherheitsgründen keineswegs vernachlässigt werden.

Auf Grund der Erddrucklehre bestimmt auch ENGESSER die Seitendruckwerte, und zwar einfach durch Multiplikation des für das zerrüttete Gestein ermittelten Firstdruckes (s. Kap. 3.2.2.2.3) mit dem Rankineschen Faktor.

Ähnlich wie ENGESSER geht auch PROTODJAKONOW von einer breiteren Belastungsparabel aus, die er auf eine um die Bruchflächen des passiven Erddrucks verbreiterte Grundfläche in Firsthöhe annimmt, wobei er sich gleichfalls an den Rankineschen Zustand hält. Entsprechend wird der Seitendruck an der Ulme eines $m$ hohen Hohlraumes die Größe

$$E = m\gamma \tan^2(45^\circ - \varphi/2)\left\{\frac{2}{3\tan\varphi}[b + m\cdot\tan(45^\circ - \varphi/2)] + \frac{m}{2}\right\}$$

haben.

In den obigen Formeln erscheinen, wie ersichtlich, die Seitendruckziffern $\lambda = \frac{\mu}{1-\mu}$ oder $\lambda = \tan^2(45^\circ - \varphi/2)$. Beobachtungen zufolge hängt der Wert von $\lambda$ nicht nur von der Poissonschen Zahl, sondern weitgehend auch von den geomorphologischen Verhältnissen ab. So ergeben sich ausgesprochene Unterschiede in den Werten je nachdem, ob der Tunnel eine Talsohle unterfährt oder einen Bergkamm durchörtert. In einem Tunnel unter einer Talsohle wird man mit einem weit höherem $\lambda$-Wert zu rechnen haben als unter einem Bergkettentunnel (vgl. auch Abb. 23). Besonders hoch steigen die $\lambda$-Werte an, wenn das Tal zwischen steilen Hängen liegt. Laboratoriumsversuche sind zur Bestimmung von $\lambda$ ungeeignet, da beispielsweise nach Angaben von HABIB die im Laboratorium als Ergebnis vorschriftsmäßiger Druckversuche ermittelten $E$-Werte das Fünffache der in Druckversuchen in situ festgestellten Werte erreichten. Im Hinblick auf die Problematik der Bestimmung empfiehlt z. B. TERZAGHI, den $\lambda$-Wert einer gegebenen Gebirgsformation nicht mit einer einzigen Ziffer, sondern nur innerhalb von Grenzwerten anzugeben. Die Profile sind sodann für die aus den Extremwerten ermittelten ungünstigsten Beanspruchungsfälle zu bemessen.

LOOS und BRETH [54] gehen in ihren Forschungen auch auf die Seitendruckwerte ein. Auf Grund ihrer Untersuchungen darf der Seitendruck auf der Höhe zwischen der Geländeoberfläche und der Stollensohle [54] nicht dreieckförmig, sondern parabolisch verteilt angenommen werden, wobei die Resultierende $E_0$ gleich jener bleibt, die sich nach der Erddrucklehre aus der linearen Zunahme ergibt. Dies ist durch die Verspannungserscheinungen zwischen den angenommenen Gleitflächen $A_1$, $D_1$ und $A_2$, $D_2$ begründet, die den Horizontaldruck sich ähnlich zum Steifendruck gestalten lassen (vgl. SZÉCHY: Grundbau II, Abb. 38). Daraus folgt, daß diese Gesamtkraft die Größe

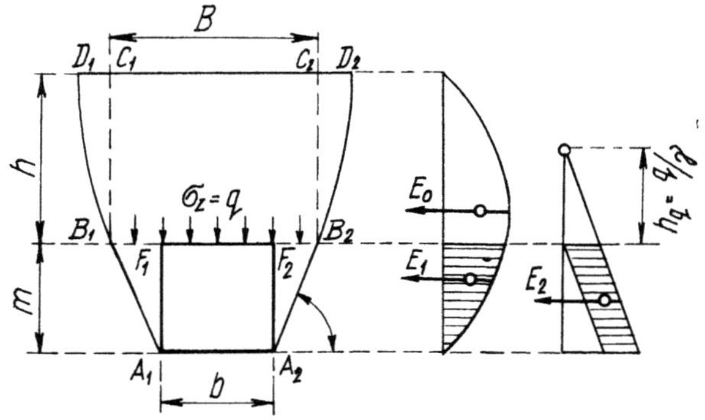


Abb. 122. Bestimmung der Horizontaldrücke nach LOOS und BRETH

$$E_0 = \lambda_a \cdot \gamma \cdot \frac{(h + m)^2}{2} \tag{66}$$

hat und in der halben Höhe der Strecke $A_2$, $C_2$ angreift (Abb. 122). Hiervon wird nur der durch die Hohlraumhöhe $m$ begrenzte Teil $E_1$ auf die Ulmen wirksam. Dieser soll als Anteil des Gesamtdruckes $E_0$ ausgedrückt werden, also $E_1 = \frac{E_0}{n}$, und seine Angriffslinie folgt aus der Lage der Parabelteilfläche.

Die Auswirkung der Vertikaldrücke wird in Form einer Auflast auf den Erddruck betrachtet, und zwar wird mit $\sigma_z = p_z = q$ die gleichwertige Höhe $h_q = q/\gamma$. Nach der Coulombschen Erddrucktheorie ergibt sich dann für den von dieser Auflast herrührenden Druckanteil

$$E_2 = \frac{1}{2}\,\lambda_a \cdot \gamma \cdot (h_q + m)^2 - \frac{1}{2}\,\lambda_a \cdot \gamma \cdot (h_q^2 - m^2) = \lambda_a \cdot \gamma \cdot h_q \cdot m. \tag{67}$$

Der gesamte Seitendruck ergibt sich damit als $E = E_1 + E_2$ (vgl. Abb. 122).

### 3.3.2. Exaktere Bestimmung der Seitendrücke

Die exaktere Bestimmung der Seitendrücke zieht nebst dem als aktive Kraft wirksamen Druck auch die Urspannungen sowie den passiven Widerstand in Betracht, den die Verformung und die seitliche Verschiebung des Profils auslöst.

Für die wirtschaftliche Bemessung des Tunnelprofils kommt dieser Berechnungsweise die größte Bedeutung zu, und neuerdings befassen sich vornehmlich sowjetische Autoren (ZURABOW-BUGAJEWA, DAWIDOW; Kap. 4.3.3.4. bis 4.3.3.7.) auch theoretisch mit diesem Problem. Im allgemeinen bewirkt der durch die lotrechten Kräfte ausgeübte Druck eine Verbreiterung des Tunnelprofils, während die seitlich anliegenden Gebirgsmassen eine solche Verschiebung in die Breite zu verhindern trachten. In der Mehrzahl der Fälle reicht jedoch hierzu der von außen wirkende aktive Druck bei weitem nicht aus, weshalb die seitlich anliegenden Gebirgsmassen aus dem aktiven in den passiven Spannungszustand übergehen. Aus diesem Grunde werden die einzelnen diesbezüglichen Theorien eingehender erst im Zusammenhang mit den Darlegungen über die erwähnten Bemessungsverfahren erörtert werden (vgl. Kap. 4.2.2. und 4.3.3.).

### 3.3.3. Seitendruckbestimmung durch Modellversuche und durch Messungen an fertigen Tunnelbauwerken

Modellversuche und Messungen an einem fertigen Tunnelbauwerk in der Schweiz (Donnerbühltunnel, Bern) haben erwiesen, daß, wenn örtliche Umstände eine für die Mobilisierung der Scherfestigkeit ausreichende Verschiebung und Auflockerung der umgebenden Bodenmassen nicht ermöglichen (z. B. bei der Schildbauweise), die Horizontaldrücke mehr von den geostatischen als von den berechneten lotrechten Gebirgsdruckwerten abhängig gemacht werden sollen. Demgemäß läßt sich nach BONNARD [55] schreiben

$$p_h = H \cdot \gamma \cdot \lambda_a - 2c\sqrt{\lambda_a}, \tag{68}$$

wobei $H$ die Überdeckungshöhe bezeichnet.

Im Zusammenhang mit Bonnards Versuchen schlug HOUSKA [56] vor, daß man mit Rücksicht auf die beschränkten Verschiebungsmöglichkeiten nur den Fall des sogenannten „Ortsbruches" annehmen und die Komponenten der Scherfestigkeit — nach TERZAGHI — mit verminderten Werten, d. h. $\varphi' = 2/3\,\varphi$ und $c' = 2/3\,c$, in Rechnung stellen sollte.

Nach dieser Berechnungsweise ergeben sich auch die lotrechten Gebirgsdruckwerte — wie z. B. nach TERZAGHI laut Gl. (52) berechnet — etwas höher ($p_v'$) und man sollte beachten, daß sich wegen der Nachgiebigkeit des Tunnelquerschnittes und der relativen Standfestigkeit der seitlichen Bodenmassen ein gewisser Anteil ($\sigma'$) der Vertikallasten auf die seitlichen Bodenmassen umlagert, der aus folgender Gleichung zu bestimmen ist:

$$\sigma' = (H \cdot \gamma - p_v') \cdot \frac{b/2}{d'}. \tag{69}$$

Diese Belastung wird in der Firstebene wirksam und verteilt sich gleichmäßig auf eine Breite $d'$, die sich aus der Beziehung

$$d' = \sqrt{\lambda_a'}\, m/2 + H \tan\varphi' \text{ (wobei } \lambda_a' = \tan^2(45^\circ - \varphi'/2))$$

bestimmen läßt (Abb. 123).

Damit bekommt man für den Horizontaldruck in einer beliebigen Tiefe $z$ unter der Firstebene

$$\sigma_x = p_h = [\gamma(H + z) + \sigma'] \lambda'_a - 2c'\sqrt{\lambda'_a}. \tag{70}$$

Zahlenmäßige Angaben haben erwiesen, daß die nach der oben vorgeschlagenen Berechnungsmethode erhaltenen Vertikal- ($p'_v$) und Horizontaldruckwerte ($p_h$)

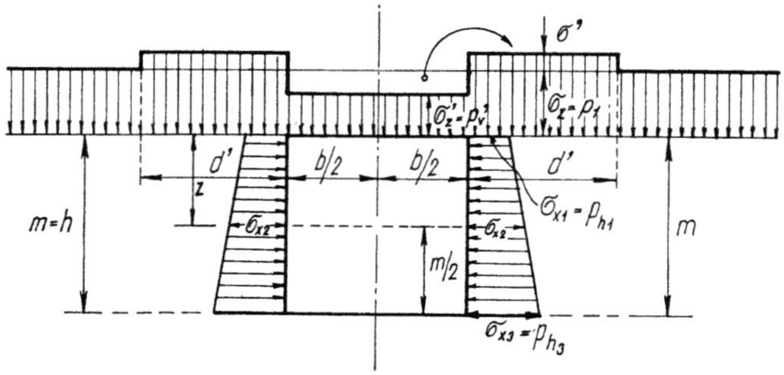

Abb. 123. Aufnahme der Gebirgsdrücke nach Houska

den tatsächlich gemessenen Werten viel näher kamen, jedoch die nach Gl. (52) bzw. nach Gl. (65a bis b) berechneten Werte um 10 bis 15% bzw. um 70 bis 150% überstiegen haben.

## 3.4. Sohldrücke

Die Sohldrücke müßten sich im Grunde genommen in Gestalt von Spiegelbildern der Firstdrücke als Reaktionen äußern, die das Profil von unten her beanspruchen — soweit es sich um Hohlgänge mit geschlossenem Querschnitt, d. h. um Tunnel mit Sohlengewölbe handelt. Wegen des Zusammenwirkens der rings um den Hohlraum anstehenden Gebirgsmassen kommt jedoch dieser Fall selbst bei geschlossenen Profilen nicht vor, vielmehr ist der Sohldruck in der Regel geringer als der Firstdruck. Nach Terzaghi *zeigt die Erfahrung, daß der Sohldruck — grob geschätzt — die Hälfte, der Seitendruck hingegen ein Drittel des Firstdruckes erreicht.* Dies ist nicht nur dem Umstand zuzuschreiben, daß sich die auf dem First lastenden Drücke im Berginneren verhältnisgleich mit der Tiefe zunehmend verteilen, womit auch ihre Intensität abnimmt, vielmehr ist es auch der Tatsache beizumessen, daß sich das Gewicht der Gebirgsmassen auf den Firstdruck im Sinne einer Vergrößerung auswirkt, während dasselbe Gewicht die Sohldrücke vermindert. Bei unten offenen Profilen — d. h. also bei Verkleidung ohne Sohlgewölbe — wird der Sohldruck unter den Ulmen andere Werte zeigen als längs der nicht abgestützten Sohlfläche. Dem Druck unter den massiven Seitenwänden kommt vom Gesichtspunkt der Tragfähigkeit des Bodens, d. h. des Grundbruchs Bedeutung zu, sonst ist er für die Bemessung der Tunnelkonstruktion ohne Belang. Andererseits spielt er ohne Zweifel eine gewisse Rolle auch darin, wie groß der nach oben in Richtung des Hohlraumes wirkende Gebirgsdruck sein wird (vgl. Theorie von Zimbarjewitsch). Ausbildung, Verteilung und Größe der Sohldrücke werden weitgehend auch durch den Arbeitsvorgang und durch die Reihenfolge des Einbaues der einzelnen Teile der Tunnelkonstruktion beeinflußt (vgl. Abb. 97 und 143).

Der echte Gebirgs- sowie der Schwelldruck äußert sich ähnlich wie an den Ulmen auch an der Sohle. Praktisch sieht man sich dem Problem der *Sohldrücke* bei Durchörterung von Lockergebirgen und vornehmlich von plastischem oder durchnäßtem Ton gegenübergestellt. Auf das Sohlengestein des offenen Hohlraumes lastet von oben kein Druck irgendwelcher Art. Seitlich davon tritt jedoch in der Sohlenebene der gleiche erhebliche überlagerte Druck auf wie in den Ulmen. Bestehen diese aus festem Gestein, überträgt sich der erwähnte Druck in voller Größe auf das Sohlengestein als unteres Widerlager. Stehen dagegen die Ulmen weniger fest, bildet sich also an ihnen entlang auch Seitendruck aus, kommt es nur zu einer teilweisen Übertragung des ursprünglichen Druckes auf das in der Sohlenebene anstehende Gebirge, während sich der Rest in der Verformungsarbeit des Seitendruckes verzehrt bzw. nach den Seiten hin verbreitet.

Der auf dem Fels der Hohlgangsohle lastende Druck breitet sich natürlich nach unten weiter aus, und da das Gebirge eine gewisse Festigkeit (Reibung und eventuell auch Kohäsion) besitzt, verteilt sich der übertragene Druck auf eine sich nach unten zunehmend verbreiternde Fläche. Das Ausmaß dieser Verbreiterung und Spannungsausbreitung läßt sich auch hier durch eine von einer Kurve begrenzte Fläche darstellen. Entsprechend wird die Gebirgsmasse unter der Sohle des aufgefahrenen Hohlganges bis zu einer gewissen Tiefe frei von Spannungen bzw. nur durch sein Eigengewicht belastet sein. Auf diese Weise bildet sich also auch unter der Sohle, ähnlich dem Auflockerungskern über der Firste ein von einem umgekehrten Gewölbe umschlossener druckfreier Kern aus (vgl. Abb. 96 und 97). Die Deckfläche dieses druckfreien Kerns, d. h. also die Hohlgangsohle ist frei von jeder Druckspannung, unter ihr werden dagegen nur die aus dem Eigengewicht stammenden geringfügigen Druckspannungen auftreten. Demgegenüber stehen die Ränder des Kerns unter großen, aus dem übertragenen Gewicht stammenden Druckbeanspruchungen. Sobald also dieser Druck die Festigkeit der unter der Sohle anstehenden belasteten Gebirgsmasse übersteigt, gerät diese in den plastischen Grenzzustand, verliert ihre Widerstandsfähigkeit und drängt dem offenen Hohlraum zu: die Sohle bricht auf. Selbstverständlich darf diese Erscheinung keineswegs mit dem Anschwellen der Sohle verwechselt werden, welches eintritt, wenn in stark plastischem tonigem Gebirge Wasser (Grund- oder Schwitzwasser) Zutritt findet und den Ton durch dessen physikalische Umwandlung anschwellen läßt. Daneben kann ein solcher Wasserzutritt das Schwellen der Sohle auch mechanisch fördern, weil Wasser die Festigkeit des tonigen Gebirges herabsetzt, so daß dieses bildsam wird, eher in den plastischen Grenzzustand übergeht und sich schon unter geringerer Belastung in den Hohlraum hineindrängt. Daß die Größe der Sohlenschwellung mit dem Anwachsen der Seitendrücke in unmittelbarem Zusammenhang steht, beweisen am eindeutigsten die Beobachtungen beim Bau des neuen Semmeringtunnels (Abb. 124). Wie aus dieser Abbildung ersichtlich, setzte das stärkere Hereindrängen der Sohlstollensohle mit dem Ausbruch der Kalotte ein, d. h. sobald sich die Lasten in stärkerem Maße auf die Ulme verlagert hatten. Dies zeigte sich noch ausgeprägter, sobald sich der Ausbruch auf die Seitenwände erstreckte, weil die nun weiter versetzten

Ulmenwände die Last über einem noch breiteren Hohlraum auf die Sohlenebene zu übertragen hatten.

Das Schwellen der Sohle kommt also nicht nur in tonigem Gebirge, sondern beispielsweise auch in sandigen Massen zustande. Das schwellende Gebirge drängt zum überwiegenden Teil unmittelbar von den Seitenwänden her in den Hohlraum herein: hier wird also die Senkung das größte Ausmaß erreichen, um nach unten

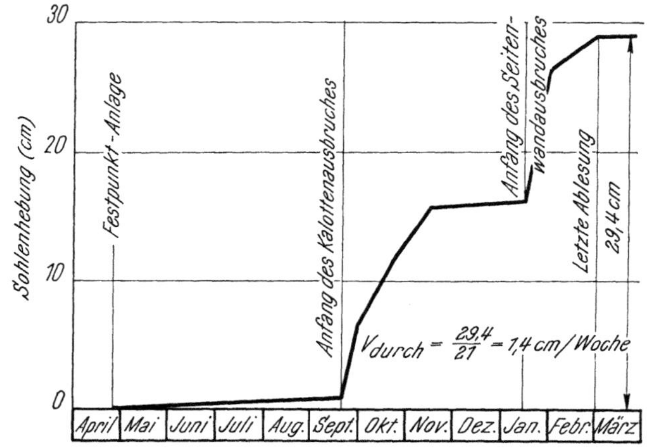


Abb. 124. Gemessene Sohlenaufhebungswerte in Abhängigkeit des Vortriebsvorganges

gegen das ungestörte Gebirge hin immer weiter abzunehmen. In der Sohlenebene bildet sich auf diese Weise unter den Seitenwänden ein nach innen geneigtes regelrechtes Gewölbewiderlager aus, unter dem sich das Gebirge weiterhin unter der Druckeinwirkung verdichten wird, und zwar um so stärker, je größer sich die Schiefstellung gestaltet. Nachdem diese ein gewisses Ausmaß erreicht hat, klingt das Aufschwellen von selbst ab, da die Liegendschicht infolge der Schiefstellung eine Entlastung erfährt.

### 3.4.1. Bestimmung der Sohldrücke nach Zimbarjewitsch

Theoretische Untersuchungen des Sohldruck-Problems stellte Zimbarjewitsch an. Wie bei der Untersuchung über die Gleichgewichtslage der Sohlfläche einer abgesteiften Baugrube geht er davon aus, daß sich unter der Einwirkung des aktiven, aus dem lotrechten Druck der Ulmen stammenden Erddruckes auch gegen die Hohlraumsohle hin ein Erdkeil vorschiebt, dessen Bewegung der passive Erddruck aus den unter dem Hohlraum anstehenden Erdmassen entgegenwirkt (Abb. 125).

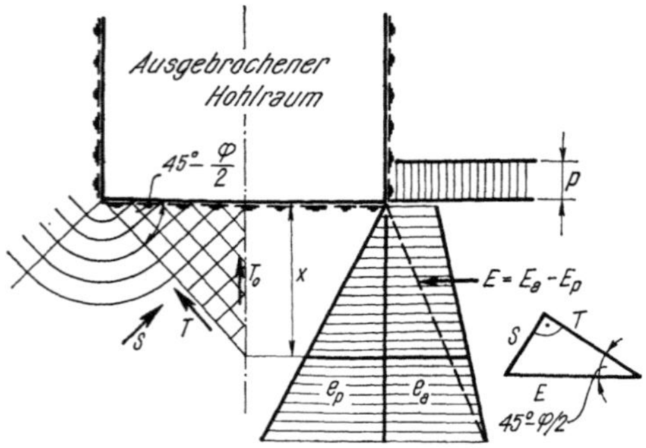


Abb. 125. Berechnungsmethode der Sohlpressungen nach Zimbarjewitsch

Trägt man in den Lotrechten der Hohlraumeckpunkte die Figur der aktiven Erddrücke auf, erhält man ein Trapez, aus dem sich der Erddruck in der Tiefe $x$ zu

$$e_a = (p + x\gamma)\tan^2(45° - \varphi/2) - - 2c\tan(45° - \varphi/2),$$

der spezifische Wert des passiven Erddrucks hingegen gleichfalls in der Tiefe $x$ zu

$$e_p = x\gamma \tan^2 (45° - \varphi/2) + 2c \tan (45° + \varphi/2)$$

errechnen läßt.

Die Tiefe $x$, in der $e_a = e_p$, ergibt sich aus der Zusammenfassung der beiden Gleichungen in der Form

$$x = \frac{p \cdot \tan^2 (45° - \varphi/2) - 2c\,[\tan (45° - \varphi/2) + \tan (45° - \varphi/2)]}{\gamma[\tan^2 (45° + \varphi/2) - \tan^2 [45° - \varphi/2)]} =$$

$$= \frac{p\lambda_a - 2c(\sqrt{\lambda_p} + \sqrt{\lambda_a})}{\gamma(\lambda_p - \lambda_a)},$$

am Sohldruck werden also die über dieser Tiefe anstehenden Schichten beteiligt sein.

Die Größe der über der Tiefe $x$ gegen den Hohlraum hin wirksamen Horizontalkraft ist gleich der Differenz zwischen den Spannungsflächen $e_p$ und $e_a$. Unter der Einwirkung dieser Kraft bildet sich in der Erdmasse unter dem Hohlraum eine Schar von Gleitlinien aus, die die Waagrechte unter einem Winkel von 45 bis $\varphi/2$ schneiden.

Die Resultierende $E = E_a - E_p$ läßt sich in die zur Gleitlinienschar parallele Komponente $T$ und die auf sie senkrechte Komponente $S$ zerlegen, es gilt mithin

$$T = E \cos (45° - \varphi/2) \text{ und}$$

$$S = E \sin (45° - \varphi/2).$$

Die Kraft $T$ strebt danach, den Boden aus seiner Lage zu bringen, dem wirkt aber die Reibungskomponente der Normalkraft entgegen:

$$T' = S \cdot \tan \varphi.$$

Da der Boden unter der Einwirkung einer von zwei Seiten wirksamen Kraft in Bewegung gerät, kann nach trigonometrischer Umformung für die an der Sohlfläche (am Sohlgewölbe) angreifenden Kräfte der Zusammenhang

$$T_0 = 2E \frac{\sin^2 (45° - \varphi/2)}{\cos \varphi} \tag{71}$$

geschrieben werden.

Die lotrecht gerichtete Resultierende $T_0$ greift in der Mittellinie an. Dieser nach oben wirksame Druck läßt sich durch Auftragung einer Gegenlast $q_0$ auf die Sohle oder aber durch ein für diesen Druck bemessenes Gegengewölbe ausgleichen.

Diese Belastung $q_0$ muß auf einer Länge $y$ aufgetragen werden, die sich ihrerseits aus der Gleichung

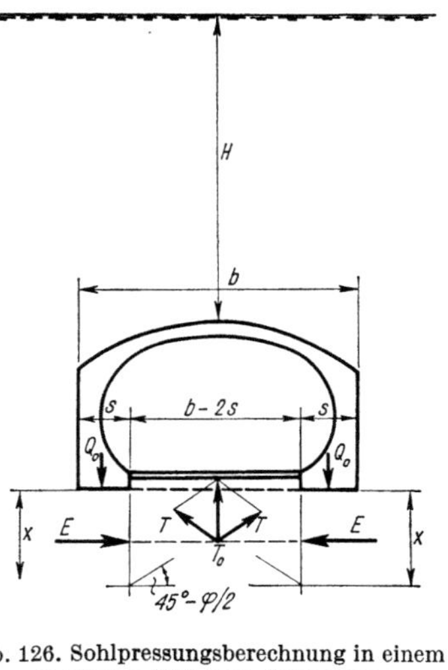


Abb. 126. Sohlpressungsberechnung in einem gegebenen Fall nach DAWIDOW

$$y = \frac{x}{\tan (45° - \varphi/2)}$$

ermitteln läßt.

In dem in Abb. 126 dargestellten praktischen Fall (körniger Boden) wird der Sohldruck im Hohlraum nach DAWIDOW folgendermaßen bestimmt:

Beträgt unter den Ulmen die Sohlenreaktion $q = \frac{Q_0}{s}$, ergibt sich die Höhe der seitlich vom Hohlraum anstehenden Bodensäule aus dem Zusammenhang $H = \frac{q}{\gamma}$. Da

$$x = H \frac{\tan^2 (45° - \varphi/2)}{\tan^2 (45° + \varphi/2) - \tan^2 (45° - \varphi/2)}$$

wird

$$E = E_a - E_p = \frac{1}{2}\gamma x(x + 2H)\tan^2(45^\circ - \varphi/2) - \frac{1}{2}\gamma x^2 \tan^2(45^\circ + \varphi/2)$$

und

$$T = E\,\frac{\sin(45^\circ - \varphi/2)}{\cos\varphi},$$

während sich der gegen den Hohlraum hin von unten wirksame Druck zu

$$T_0 = 2T\sin(45^\circ - \varphi/2).$$

schreibt.

Dieser Druck kann nur durch Einziehen von Sohlplatten und durch Belastung von innen ausgeglichen werden. Aus Sicherheitsgründen ist der Sicherheitsbeiwert mit 1,3 bis 1,5 anzusetzen.

Bezeichnet $\frac{b}{2} - s$ die effektive Lastbreite, $P_{\text{seitl}}$ das Gewicht der Sohlplatte und $P_{\text{Sohle}}$ das der Belastung von innen, kann der Sicherheitsbeiswert aus der Gegenüberstellung der auf diese Weise auftretenden, nach unten wirksamen und der nach oben wirkenden Spannung $\frac{N}{y}$ ermittelt werden, d. h. es muß $n = \frac{P_{\text{seitl}} + P_{\text{Sohle}}}{T_0}\,\frac{y}{\frac{b}{2} - s} \geqq 1{,}3 - 1{,}5$ sein. (72)

## 3.4.2. Bestimmung des Sohldruckes nach Terzaghi

Zur Berechnung des Sohldruckes können auch die von Terzaghi für den Sohldruck in offenen Baugruben abgeleiteten Zusammenhänge benützt werden, sofern man statt der Gleichgewichtslage der Sohle einer offenen Grube die der Sohle eines im Inneren der Erdmasse aufgefahrenen Hohlganges untersucht. Auch hier lassen sich zwei Grenzfälle unterscheiden. Der eine ist in *völlig bindigen Böden* gegeben, in welchen $c \neq 0$ und $\varphi = 0$, der andere in *kohäsionslosen Lockerböden* mit $c = 0$ und $\varphi \neq 0$. Diese Untersuchung liefert allerdings Aufschlüsse nur über die Sicherheit der Sohle, nicht aber über die Größe des Sohlendruckes.

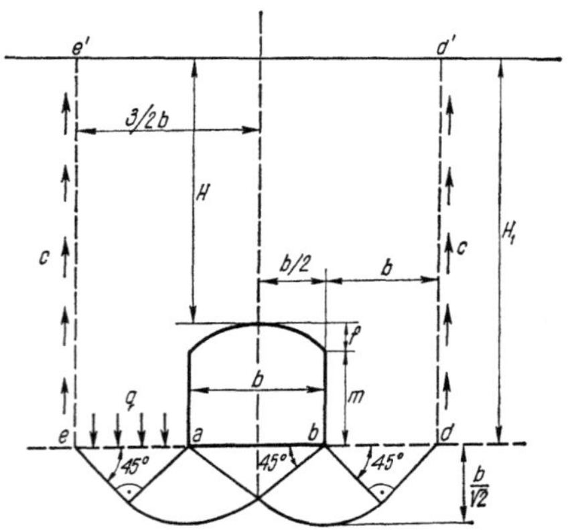

Abb. 127. Sohlpressungsberechnung nach Terzaghi in Ähnlichkeit mit der Baugrubensohle

Zunächst sei der Fall untersucht, in dem rings um einen überwölbten unterirdischen Hohlgang eine Bodenart mit den Raumgewicht $\gamma$, der Kohäsion $c$ und dem Winkel $\varphi = 0$ der inneren Reibung ansteht (Abb. 127). Der Boden über den die Seiten *ea* und *bd* halbierenden Sohlflächen kann hierbei als eine von außen angreifende Belastung aufgefaßt werden; die Aufgabe besteht also darin, die Gleichgewichtsgrenzlage des unter ihm anstehenden Bodens zu bestimmen. Der belastete Erdkeil vermag auch hier wieder nur gegen den Hohlraum hin auszuweichen, wobei sich die ausweichende Masse im Sinne der für $\varphi = 0$ gültigen Theorien aus dem Erddruckkeil unter dem belasteten Abschnitt (begrenzt durch zwei unter 45° geneigte Gerade), sodann aus dem an diesen Keil sich anschließenden Kreisausschnitt (Bereich der radialen Abscherung) mit dem Halbmesser $\frac{b}{\sqrt{2}}$ und dem Zentriwinkel $\pi/2$ und schließlich in dessen Fortsetzung aus dem Erdwiderstandskeil (gleichfalls begrenzt durch zwei unter 45° geneigte Gerade) zusammensetzt [57]. Die Breite des in den Grenzzustand geratenen Bereiches bestimmen die Auslaufpunkte $e$ bzw. $d$ der Gleitflächen. Die Lotrechten in diesen werden die Verlängerung der Gleitfläche bis an die Geländeoberfläche bilden. Will man nun die Größe der an der Fläche $ae$ angreifenden Kräfte bestimmen, die die in dieser Fläche verfügbare Bruchfestigkeit des Bodens nicht übersteigen darf, so hat man

$$Q_0 = \left(b + \frac{b}{2}\right) H_1 \gamma - \frac{mb}{2}\gamma - \frac{1}{3} bf\gamma - H_1 c = \frac{b\gamma}{2}\left(3H_1 - m - \frac{2}{3}f\right) - H_1 c; \tag{73}$$

demgegenüber beläuft sich die Tragfähigkeit des $ae = b$ breiten Bodenstreifens auf $Q - - p_{\max} b = (2 + \pi)\, cb$. Die Sicherheit bringt also der Quotient

$$n = \frac{Q}{Q_0} = \frac{(2+\pi)cb \cdot 2}{b\gamma\left[\left(3H_1 - m - \frac{2}{3}f\right) - 2\,\frac{H_1 c}{b\gamma}\right]} = \frac{2c(2+\pi)}{\gamma\left[H_1\left(3 - 2\,\frac{c}{b\gamma}\right) - m - \frac{2}{3}f\right]};$$

zum Ausdruck. Um eine ausreichende Sicherheit gegen ein Hineingleiten des Bodens in das Innere des Hohlraumes zu haben, muß der Wert von $n$ mit mindestens 1,3 bis 1,5 angesetzt werden.

Auf ähnlicher Grundlage untersucht sodann TERZAGHI den Fall von Böden mit $c = 0$ und $\varphi \neq 0$. Die seitlich von der Hohlraumsohle bis zur auslaufenden Gleitfläche reichende Breite $ae$, die hier vom Wert des Winkels $\varphi$ der inneren Reibung abhängt, sei mit $A$ bezeichnet. Der Scherwiderstand, der an der wieder als lotrecht angenommenen Gleitfläche wirkt, ergibt sich nun als Produkt aus der Normalkraft (aktiver Erddruck) und der spezifischen Reibung ($\tan \varphi$). Die angreifenden Kräfte lassen sich wie folgt errechnen:

$$Q_0 = \left(A + \frac{b}{2}\right) H_1\gamma - \frac{b}{2} m\gamma - \frac{2}{3}\cdot\frac{b}{2} f\gamma - \frac{1}{2}\gamma H_1^2 \cdot \tan^2(45° - \varphi/2)\tan\varphi \tag{74}$$

oder auch in der Form

$$Q_0 = \gamma H_1 A - Q_1, \text{ wobei}$$

$$Q_1 = \frac{1}{2}\gamma H_1^2 \cdot \tan\varphi \cdot \tan^2(45° - \varphi/2) - \frac{b\gamma}{2}\left(H_1 - m - \frac{2}{3}f\right).$$

Die Bruchlast, die die Tragfähigkeit des Bodens ausdrückt, kann für den Fall $c = 0$ auch in der Form

$$Q = A^2\gamma n_0$$

(vgl. Grundbruchtheorie von DUBROW [58]), geschrieben werden, wobei $n_0$ einen für den Gleitwiderstand des Bodens kennzeichnenden Beiwert bedeutet, der in Abhängigkeit von $\varphi$ folgende Werte annimmt:

| | | | | | | | | | | |
|---|---|---|---|---|---|---|---|---|---|---|
| $\varphi$ | = | 0° | 10° | 20° | 25° | 30° | 35° | 40° | 44° | 48° |
| $n_0$ | = | 0 | 1 | 5 | 10 | 20 | 40 | 140 | 260 | 780 |

Die Gleitsicherheit drückt wieder der Quotient $n = \frac{Q}{Q_0}$ aus. Das Minimum der Breite $A$ läßt sich aus der Extremwertbedingung $\frac{\mathrm{d}n}{\mathrm{d}A} = 0$ ermitteln, es muß mithin $\frac{\mathrm{d}}{\mathrm{d}A}\,\frac{\gamma n_0 A^2}{\gamma H_1 A - Q} = 0$ sein. Hieraus folgt $\frac{(\gamma H_1 A - Q_1)\,2\gamma n_0 A - \gamma n_0 A^2 \gamma H_1}{(\gamma H_1 A - Q_1)^2} = 0$, was nur gilt, wenn der Zähler gleich Null, d. h. $(\gamma H_1 A - Q_1)\,2\gamma n_0 A - \gamma^2 n_0 H_1 A^2 = 0$ ist. Mit dem aus dieser Gleichung ermittelten $A = \frac{Q_1}{\gamma H_1}$ und mit dem nach obigem ermittelten $Q_1$-Wert erhält man den Mindestwert von $A$, wobei

$$A = H_1 \tan\varphi \cdot \tan^2(45^\circ - \varphi/2) - \frac{b}{H_1}\left(H_1 - m - \frac{2}{3}f\right) > 0$$

sein muß. Sein Wert kann der gewünschten Sicherheit $n$ entsprechend noch erhöht werden. Jedenfalls muß $n$ wieder größer sein als 1,3 bis 1,5. Ist $A \leqq 0$, reicht die Gleitsicherheit an der Sohle nicht aus, sie bedarf also einer separaten Abstützung oder Belastung.

## 3.5. Die Ausbildung der Gebirgsdrücke und ihre Wechselwirkung aufeinander

### 3.5.1. Die Ausbildung der Gebirgsdrücke in Abhängigkeit vom Arbeitsfortschritt

Schon gelegentlich der Darlegungen über die Erscheinung des Gebirgsdruckes ist erwähnt worden, wie weitgehend seine Größe durch die Dauer des Offenlassens der Hohlräume und durch die Festigkeit der Abstützung beeinflußt wird.

Auffahren und Ausbau jedes beliebigen Hohlganges setzt sich aus einer Reihe zyklisch wiederkehrender Arbeitsphasen — Vortrieb, zeitweilige Abstützung und endgültiger Ausbau — zusammen. Der Vortrieb erfolgt stets an der Abbaubrust, und zwar in Fels in der Regel durch Schießen. An der Brust sind die Druckverhältnisse im Nachbargebirge des Hohlraumes weit günstiger als in den bereits voll ausgebrochenen Tunnelstrecken, weil es sich an der Brust an drei, an den fertig aufgefahrenen Strecken hingegen nur an zwei Seiten abzustützen vermag (vgl. Abb. 91). Entsprechend ist die Tragfähigkeit des Hangenden über der Brust größer als über den voll aus gebrochenen Tunnelstrecken; denn die Halbkuppel, die sich an der Brust ausbildet, ist natürlich tragfähiger als das zweiseitig aufgelagerte Tonnengewölbe. Nach der Sprengarbeit bleibt die Halbkuppel einige Zeit auch ohne Abstützung stehen (Stehzeit). Danach erfolgen in dem unabgestützt belassenen Hohlraum immer größere Nachbrüche, die die Ausbildung immer neuerer, höherer und ausgedehnterer Kuppeln einleiten (Abb. 128). In be-

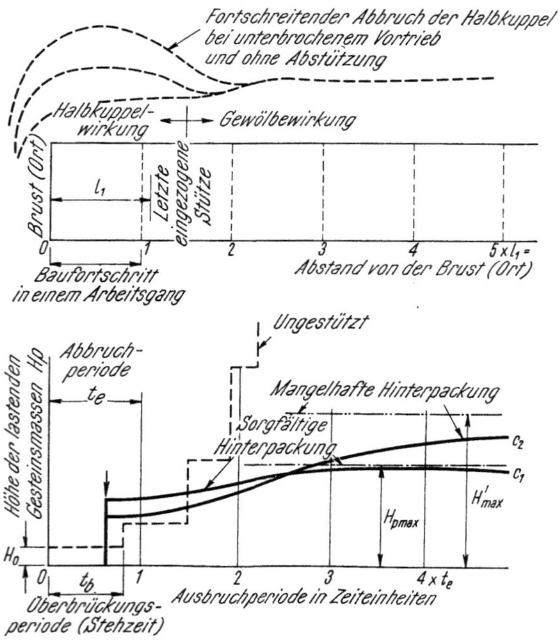


Abb. 128. Zusammenhang zwischen Zeit, Mehrausbruch und Gebirgsdruck in zerklüftetem und geschichtetem Gebirge (nach TERZAGHI)

stimmten Gebirgsarten und in Hohlgängen, deren Lichtweite bestimmte Ausmaße übersteigen, vermag sich der Vorgang so weit fortzusetzen, daß das Trümmerwerk der Brüche den Hohlraum gänzlich ausfüllt.

Das Anhalten des Bruchvorganges hängt außer von der Beschaffenheit, Schichtung und Zerklüftung der durchörterten Bergart und von der lichten Hohlraumbreite, nicht zuletzt auch von der Länge des Abstandes zwischen der letzten Abstützung und der Vortriebsbrust ($l_1$) ab. Die zeitliche Verzögerung im Ablauf des Vorganges ist dem viskosen Verhalten und der Zähigkeit des Bindematerials in den Gesteinsrissen und -klüften zuzuschreiben. Bevor die Nachbrüche einsetzen, ist das Gebirge eine gewisse Zeit lang selbst imstande, den naturbelassenen, ungestützten Hohlraum zu überwölben. Diese Zeitspanne wird die *Überbrückungsdauer* (Stehzeit) ($t_b$) genannt.

Die Überbrückungsdauer leitet Hárosy — ausgehend von einem weitgehend annähernden theoretischen Modell —, aus der Beziehung

$$t_b = \sqrt{\frac{2v}{g\left(1 - \frac{v}{h}\frac{\tau}{R\gamma}\right)}} \tag{75}$$

ab, in der $v$ die Mächtigkeit der tragenden, $h$ die der auflastenden Schicht, $\tau$ die Scherfestigkeit, $\gamma$ das Raumgewicht der Schicht und $R$ den „Verbruchshalbmesser", d. h. den Quotienten $\frac{F}{U}$ aus der Grundfläche $F$ des ungestützten Ausbruchhohlraumes einerseits und dem Umfang $U$ der Zimmerung andererseits bedeutet. Aus der Formel geht hervor, daß sich eine unendlich lange Stehzeit ergibt, sofern das zweite Glied im Nennerausdruck $\rightarrow 1$, daß die Stehzeit also in erster Linie durch die größere Mächtigkeit und höhere Scherfestigkeit sowie durch die Verkleinerung des Verbruchshalbmessers (geschlossene Grundrißform) verlängert wird.

Fortschritt und Methode der Ausbruchsarbeiten müssen so festgelegt bzw. gewählt werden, daß die jeweils erforderliche neue Abstützung noch vor Ablauf der Stehzeit eingezogen werden kann. Das Verhältnis der Stehzeit zum Zeitplan des Arbeitsfortschritts beim Aussprengen eines Tunnels in festem Gestein geht aus Abb. 129 hervor. Fällt $t_b$ in die Belüftungsperiode oder überschreitet sie diese auch nur ganz geringfügig, reicht sie damit also in den Beginn der Schutterung hinein, kann mit erheblichen Firstbrüchen gerechnet werden. Demgegenüber werden diese ausbleiben, wenn $t_b$ die Zeitdauer des Einziehens der Abstützung erreicht oder übersteigt ($t_b''$). Aus diesem Grunde wird man den Wert $l_1$ in Anpassung an die durchörterte Gebirgsart und an die Hohlraumbreite tunlichst klein halten, weil sich die Stehzeit in einer gegebenen Bergart mit abnehmender Spannweite der Abstützung wesentlich verlängert. Doch selbst wenn man den Tunnel zeitgerecht, also noch innerhalb der Stehzeit, mit der nötigen Festigkeit unterfängt, die Stützen sorgfältig verkeilt und auch die durch den Mehrausbruch geschaffenen Hohlräume hinterfüllt, wird der Druck auf die Abstützung mit der Zeit dennoch anwachsen, und dies aus zwei Gründen: Zum einen, weil das halbkuppelförmige tragende Gebilde mit dem Fortschreiten des Ausbruchs in die Form eines Bogenträgers übergeht, zum anderen, weil selbst die Hintermauerung und die Verkeilung der Stützen die Gebirgsbewegung nicht völlig zum Stillstand bringt, solange sich das aufgelockerte Hangende über der Firste nicht in einer neuen Gleichgewichtslage verspannt. Die Risse in dem unmittelbar über der Zimmerung anstehenden Gestein schließen sich infolge der Abstützung, während sich die höher gelegenen öffnen, womit die Auflockerung einsetzt. Diese wiederum läßt den Druck auf der Firste ansteigen, bis die Bewegung nicht völlig zum Still-

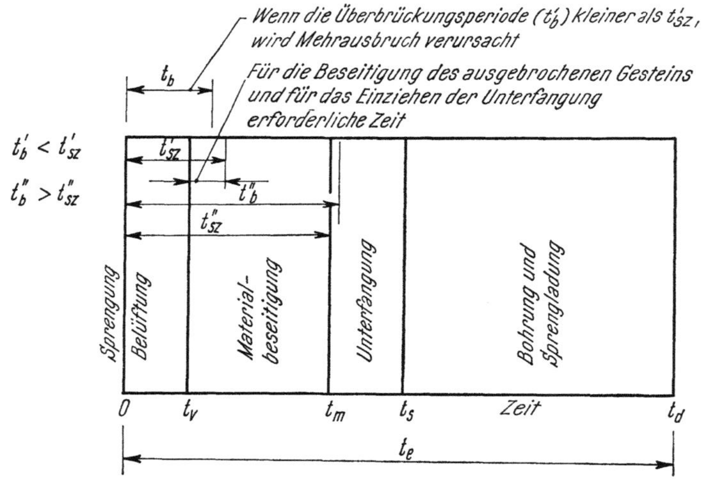


Abb. 129. Schema der aufeinanderfolgenden Arbeitsphasen im Vergleich mit der „Überbrückungsperiode" (Stehzeit)

stand gekommen ist. Wie stark der Gebirgsdruck ansteigt und wie sehr sich seine Ausbildung zeitlich verzögert, wird weitgehend auch durch die eventuellen Mehrausbrüche und durch die Größe der Hohlräume hinter dem Ausbau bestimmt, sofern sie unzureichend oder überhaupt nicht verfüllt werden. Das Ausmaß der Verstärkung des Firstdruckes und die Dauer des Abklingens der Bewegungen bzw. des Druckanstieges hängt in hohem Maße von der Gründlichkeit ab, mit der die Verpackung eingebracht und ausgekeilt wird. Erfolgt der Einbau mit der nötigen Sorgfalt, stellt sich der Ruhezustand und damit der endgültige Druckwert $H_p$ etwa innerhalb einer Woche ein (Kurve $C_1$ in Abb. 128). Läßt man es hingegen an der nötigen Sorgfalt fehlen, werden also die Hohlräume nicht fest zugesetzt und ist die Auskeilung nicht straff genug, werden zwar anfänglich geringere, über einen längeren Zeitraum hin jedoch stärkere Firstdrücke auftreten. Dieser Zeitraum kann sich auf mehrere Wochen erstrecken, wie dies die Kurve $C_2$ veranschaulicht. In solchen Fällen wird auch der endgültige Druck $H'_{max}$ höhere Werte annehmen, weil die anhaltende Bewegung des Gebirges in Richtung der Abstützung das Gefüge des Traggewölbes zunehmend zerrüttet [24].

Abb. 130 veranschaulicht nach Bendel [59] den Verlauf des Firstdruckanstiegs bei einem Tunnelvortrieb nach der belgischen Bauweise (vgl. Punkt 6.2.3.1.). In der Abbildung bezeichnet *1* den Brustausbruch, *2* den Ausbruch der Kalotte und die Ausmauerung des Gewölbes, *3* das Einziehen des Sohlgewölbes. Nach Bendel hängt die Länge der Nebenachse der Belastungsellipse außer von der Gebirgsfestigkeit auch von der Schnelligkeit des Ausbaufortschrittes ab. Der Öffnungswinkel, der die Nebenachsenlänge bestimmt, errechnet sich in festem Felsgestein auf Grund der Rankineschen Gleitbedingung zu $\alpha_1 = 45° - \varphi/2$, während er in stark druckhaftem Gebirge oder bei langsamem Arbeitsfortschritt auf Grund der plastischen Grenzbedingung den Wert von $\alpha_2 = 45° - \varphi/2$ haben wird.

In weniger festen, kohäsionslosen Gebirgen nähert sich die Stehzeit selbstverständlich immer mehr dem Nullwert (vgl. Abb. 14), weshalb es nicht zu umgehen ist, die Spannweite des Hohlganges tunlichst herabzusetzen (Auffahren von Stollen), den Abstand der Abstützung von der Vortriebsbrust sogar auf

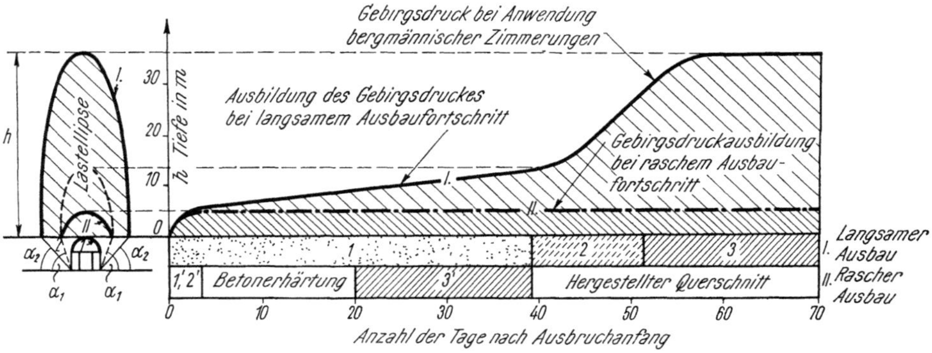


Abb. 130. Die Ausbildung der Gebirgsdrücke bei der Unterfangungsbauweise mit schnellem und mit langsamem Vortrieb (nach Bendel)

Null zu vermindern (Vortreiben der Bergmannspfähle!) und Bauweisen anzuwenden, die auf diesen Grundsätzen fußen (vgl. bergmännische Methoden, Schildvortrieb). Interessant ist beispielsweise die Tatsache, daß die Stehzeit in verwittertem Gestein weit größer ist als in zerrüttetem, wogegen der Druckanstieg in jenem wesentlich höher ist als in diesem und sich über eine längere Zeitspanne hin-

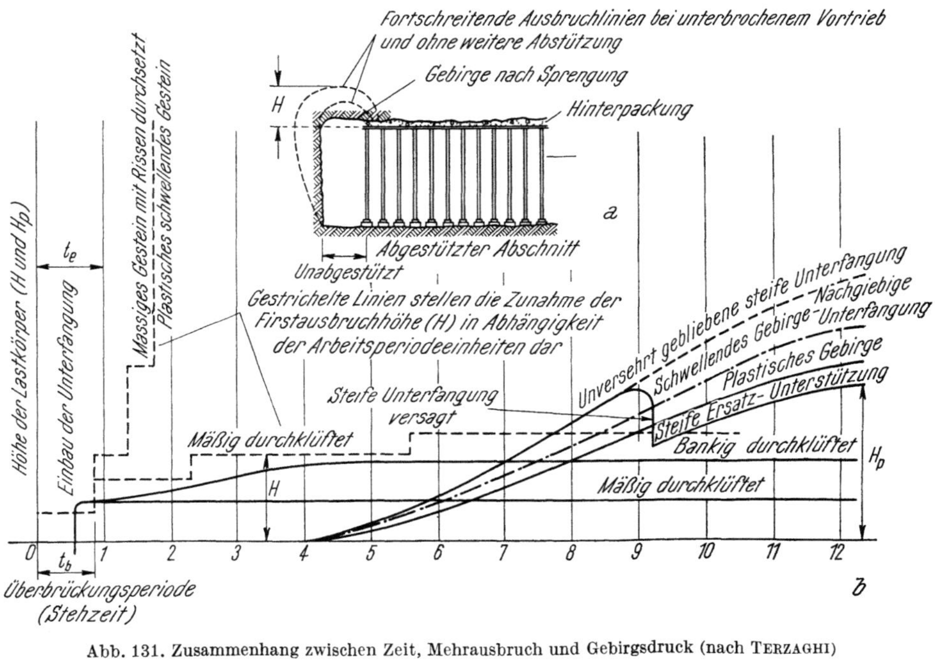


Abb. 131. Zusammenhang zwischen Zeit, Mehrausbruch und Gebirgsdruck (nach Terzaghi)

ziehen kann. Die je nach dem Zustand des durchörterten Gebirges unterschiedlichen Druckverhältnisse hat Terzaghi [24] gemäß Abb. 131 graphisch dargestellt.

Die Zeit ist hierbei in den für die Fertigstellung je eines Arbeitsabschnitts erforderlichen Zeiteinheiten aufgetragen. Das Ausmaß der Firstbrüche ist gestrichelt, die Größe der Firstdrücke hingegen mit voll ausgezogenen Kurven dargestellt. Wie aus der Abbildung erhellt, *ergeben sich in festem und in nur mäßig geklüftetem Gebirge praktisch unbegrenzt lange Überwölbungszeiten,* so daß der Einbau bloß als Schutz gegen hereinbrechende Gesteinsbruchstücke dient. In gebrächem und schiefrigem Gebirge kann die Überwölbung von einigen Stunden bis zu mehreren Tagen dauern. Die Auftragung in Abb. 131b fußt auf der Annahme, daß die Stehzeit bei jeder Bergart 80% der auf die Fertigstellung je eines Arbeitsabschnitts aufzuwendenden Zeit sein wird.

### 3.5.2. Wechselwirkung der Gebirgsdrücke bei benachbarten Hohlräumen

In vielen praktischen Fällen sieht sich der Tunnelbauer vor die Frage gestellt, in welchem Abstand von einem bereits bestehenden Tunnel oder Stollen zu einem späteren Zeitpunkt eine parallel zu ihm verlaufende zweite Röhre aufgefahren oder in welchem Abstand voneinander vorweg die einzelnen Elemente eines aus parallelen Hohlgängen und Hallen bestehenden unterirdischen Systems angeordnet werden dürfen. Aus der Natur des Gebirgsdruckes folgt nämlich, daß die Herstellung der Nachbarröhre, sofern sie zu nahe neben den bereits bestehenden Hohlgang zu liegen kommt, nicht nur diesen letzteren zusätzlichen, die ursprünglichen weit übersteigenden Belastungen auszusetzen vermag, daß sie vielmehr auch die Beanspruchung des neuen Hohlganges wesentlich über jenen Wert anheben wird, der sich aus den Berechnungen ergäbe, wenn dieser Hohlgang für sich allein angelegt würde. Bei der Entscheidung wird man zwei Fragen zu beantworten haben. Die erste: *Welche minimale Stärke muß für die Wände oder Pfeiler vorgesehen werden, die die parallel verlaufenden Röhren oder Hohlräume voneinander trennen, damit sie der von zwei Seiten auf ihnen lastende Druck nicht zerstört? Die zweite Frage: Wie groß hat man den Abstand zwischen den beiden benachbarten Röhren zu wählen, um ein Ineinandergreifen der Schutzhüllen, die sich um sie ausbilden, oder eine Vereinigung der Auflockerungskerne sowie das Zustandekommen einer einem geschlossenen Raum entsprechenden Überwölbung verhindern zu können?*

Selbstverständlich üben all jene Faktoren, die die Stärke des Gebirgsdruckes auf die Einzelröhre mitbestimmen, wie z. B. *Gesteinsfestigkeit, Überlagerungshöhe, Hohlraumbreite und Vortriebsweise* (Zeitpunkt und Steifigkeit des Ausbaues), auch auf die Wechselwirkung ihren Einfluß aus. Aus der auf der Elastizitätslehre beruhenden Theorie der Spannungsverteilung um den kreisförmigen Hohlraum ist bekannt, daß die Tangentialspannungen das ungestörte Gebirge bis zu einer dem Drei- bis Fünffachen des Durchmessers entsprechenden Entfernung erfassen (vgl. Abb. 95 bis 96). Will man also verhindern, daß durch das Auffahren des benachbarten Hohlraumes Spannungsanhäufungen ausgelöst werden, darf dieser nur in einem dem doppelten Durchmesser entsprechenden Abstand geführt werden (Abb. 132).

Dienen jedoch die benachbarten Hohlräume ein und demselben Zweck oder einem zusammenhängenden Betrieb, wird sich dieser Grundsatz nicht verwirklichen lassen, weil die Querstollen zur Verbindung der einzelnen Betriebsteile zu lang ausfallen, eine rasche Abwicklung des innerbetrieblichen Verkehrs also erschweren würden. Darüber hinaus nehmen die auf das unversehrte Gebirge übertragenen Spannungen mit wachsender Entfernung im Sinne einer Hyperbelfunktion ab, so daß sie also schon über einen bestimmten — unter dem obigen Wert liegenden — Bereich hinaus keine ins Gewicht fallende Überbelastung verursachen. Entsprechend den auf der Elastizitätslehre fußenden Theorien (vgl. Kap. 3.1.1.1. und Gl. 77: Kirschsche Formel) tritt das Maximum der Tangentialspannungen um einen kreisförmigen Hohlgang an den Kämpfern auf. Den Zusammenhang zwischen diesem Spannungsmaximum und der Entfernung vom Hohlgang veranschaulicht die Abb. 133.

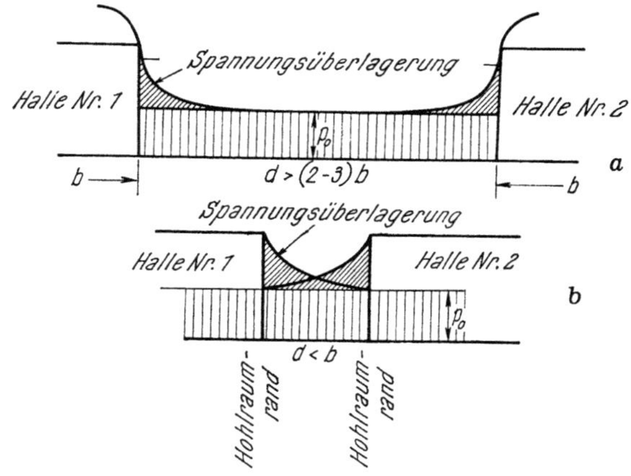


Abb. 132. Am Rande zweier nebeneinanderliegender Hohlräume wirksame Tangentialspannungen, wenn von der Überlagerung nicht gestört (a), gestört (b)

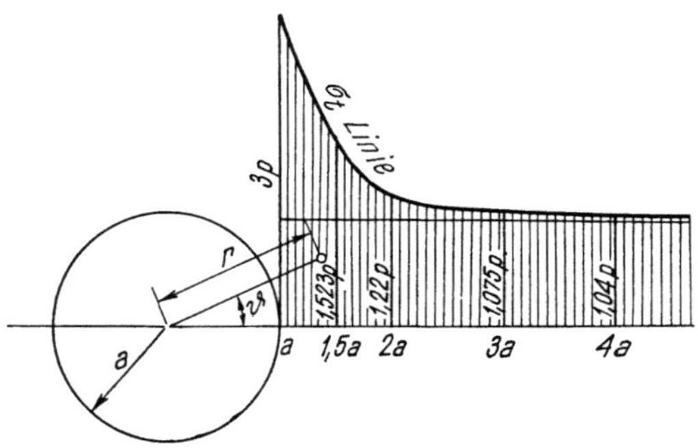


Abb. 133. Die Verringerung der Tangentialspannungen im Kämpfer eines kreisförmigen Hohlraumes (nach KIRSCH)

Auf Grund seiner weiter oben bereits erörterten Gebirgsdrucktheorie ermittelt ESZTÓ [38], wie der übertragene Druck mit der Entfernung ($x$) vom Stollen bei unterschiedlichen Stollenbreiten und in verschiedenen Tiefen abnimmt. Unter Beibehaltung der Bezeichnungen in Abb. 107 geht er bei Berechnung des Druckanstiegs von derselben Differentialgleichung aus, lediglich mit dem Unterschied, daß er als Argument den Abstand ($x$) von der Hohlraumleibung annimmt, während als abhängige Veränderliche auch hier die dem übertragenen Gewichtproportionale Schichtdicke ($h$) figuriert. Auf dieser Grundlage erhält er

$$p_x = \int_0^x \frac{\gamma b \, \mathrm{d}h}{b + 2x},$$

worin $x = h \cdot \tan \delta = h \dfrac{H \tan \vartheta}{2(H - h)}$ und $h = \dfrac{2xH}{H \cdot \tan \vartheta + 2x}$.

Nach Integration ist

$$p_x = \gamma \frac{b \cdot \tan \vartheta}{\left(1 - \dfrac{b}{H \cdot \tan \vartheta}\right)^2} \left[\ln \frac{H \cdot \tan \vartheta + 2x}{b + 2x} - \frac{H \cdot \tan \vartheta - b}{H \cdot \tan \vartheta + 2x}\right] \tag{76}$$

Mit einem Bruchwinkel $\vartheta = 63{,}5°$ erhält man für unterschiedliche Stollenbreiten und Tiefen in Abhängigkeit von der Entfernung $x$ vom Stollen folgende Werte für den übertragenen Druck in t/m²:

| $x$ (m) = | | 0 | 1 | 2 | 5 | 10 | 20 | 50 | $x_f$ |
|---|---|---|---|---|---|---|---|---|---|
| $H$ (m) | $b$ (m) | | | | | | | | |
| 100 | 2 | 7,4 | 6,0 | 5,2 | 3,9 | 2,9 | 1,9 | 0,9 | 6 |
| | 4 | 12,2 | 10,6 | 9,5 | 7,4 | 5,5 | 3,7 | 1,7 | 8 |
| | 8 | 19,6 | 17,8 | 16,5 | 13,4 | 10,3 | 7,0 | 3,3 | 11 |
| | 2 | 8,4 | 7,3 | 6,5 | 5,2 | 4,0 | 3,9 | 1,6 | 8 |
| 200 | 4 | 14,8 | 13,1 | 12,0 | 9,8 | 7,8 | 5,7 | 3,2 | 12 |
| | 8 | 24,4 | 22,6 | 21,2 | 18,1 | 14,1 | 11,0 | 6,2 | 16 |
| | 2 | 10,0 | 8.7 | 7,8 | 6,5 | 5,3 | 4.1 | 2,6 | 12 |
| 400 | 4 | 17,4 | 15,8 | 14,6 | 12,4 | 10,3 | 8,1 | 5,2 | 17 |
| | 8 | 29,5 | 27,7 | 26,3 | 23,1 | 19,7 | 15,7 | 10,4 | 23 |

Die letzte Spalte ($x_f$) enthält jene Entfernungen, bei denen der übertragene Druck auf die Hälfte des Firstdruckes über dem Hohlraum sinkt.

Tabelle und Schaubild verdeutlichen in überaus anschaulicher Weise, daß auf das Nachbargestein ein sehr beachtlicher Druck übertragen wird und daß sich dessen Wirkung selbst in größerer Entfernung noch immer bemerkbar macht. Besonders starkem Druckanstieg wird man begegnen, wenn man in größerer Tiefe neben einem bereits vorhandenen schmalen, einen neuen breiteren Hohlgang öffnet. Als Beispiel erwähnt Esztó ein ein- und ein zweigleisiger Stollen, die in etwa 200 m Tiefe in einem Abstand von 20 m nebeneinander verlaufen. Bei einem 4 m breiten zweigleisigen Tunnel beträgt der ursprüngliche Druck 14,8 t/m², der übertragene Druck 3,9 t/m², was einem Druckanstieg um 26% entspricht. Auf einem 2 m breiten eingleisigen Tunnel lastet demgegenüber ursprünglich ein Druck von 8,7 t/m² bzw. ein übertragener Druck von 5,7 t/m². Der Druckanstieg erreicht hier 65%, d. h. einen so hohen Wert, daß er bei Berechnung des Ausbaues keineswegs vernachlässigt werden kann. Zwar bestätigt die Tunnelbaupraxis die hohen Werte Esztós nicht, d. h. der tatsächlich beobachtete Druckanstieg bleibt hinter diesen Werten zurück, doch darf die Rolle der Tiefenlage bei Berechnung des Druckanstieges keineswegs außer acht gelassen werden.

Die übertragenen Drücke steigen nach Esztó mit der Tiefe sogar stärker an als die ursprünglichen Gebirgsdrücke. Während sich die Firstdrücke gemäß Kap. 3.2.2.1. mit der vierten Wurzel verstärken, erhöhen sich die übertragenen Drücke mit der Quadratwurzel aus der Tiefe.

Untersucht man andererseits die Frage, bei welchem Röhrenabstand der übertragene Druck auf die Hälfte seines ursprünglichen Wertes sinken wird, zeigt sich, daß diese Verminderung innerhalb eines dem Zwei- bis Dreifachen der Hohlraumbreite entsprechenden Abstandes eintritt, und zwar um so früher, je größer die Hohlraumbreite, und um so später, je größer die Überlagerungshöhe ist.

Auf Grund interessanter Versuche haben Leon und Willheim [60] ein sehr anschauliches Bild von dem Einfluß entworfen, den der Abstand zweier gleichgroßer Tunnel voneinander auf die Ausbildung und Superposition der Drücke ausübt (Abb. 134 und 135). Die Abbildungen veranschaulichen den zeitlichen Verlauf der Druckausbildung um das aufgefahrene Doppelprofil und lassen erkennen, welche Folgen es nach sich zieht, wenn zwischen den beiden Röhren ein bestimmter minimaler Abstand nicht eingehalten wird.

Im ersten Fall (Abb. 134), in welchem der Abstand zwischen den beiden Röhren 0,4 $b$ beträgt, bilden sich die Drücke folgendermaßen aus.

Zu Beginn der Gesteinsbeanspruchung treten in Firste, Sohle und Symmetrieachse des Doppelhohlganges selbst bei geringer Beanspruchung verhältnismäßig hohe Druckspannungen auf, unter deren Einwirkung Firste und Sohle aufreißen. Damit vermindern sich an diesen Stellen die Zugspannungen, während sie in der Symmetrieachse anwachsen (Abb. 134a).

Zugleich werden sowohl in den einander zugekehrten als auch in den Außenulmen Druckspannungen geweckt. In der Pfeilerwand zwischen den beiden Röhren summieren sich die Drükke, bis sie früher oder später die Druckfestigkeit der Pfeilerwand übersteigen (Abb. 134b). Der Zusammenbruch der Pfeilerwand vermindert die Druckspannungen in ihr, läßt jedoch in etwa dem gleichen Maße die in den äußeren Ulmen geweckten Druckspannungen ansteigen.

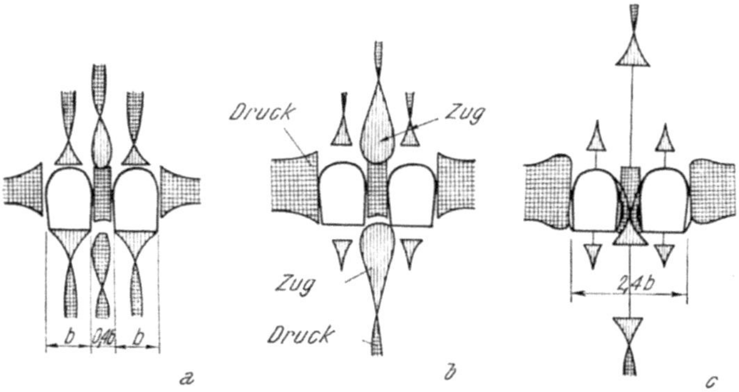


Abb. 134. Die Ausbildung der Spannungsbereiche bei zwei nahe aneinanderliegenden Hohlgängen (nach WILLHEIM)

Infolge der Druckverlagerung werden die in der Symmetrieebene auftretenden Zugspannungen so sehr anwachsen, daß Firste und Sohle auch hier aufreißen. Der Zugbereich dehnt sich nach oben bzw. nach unten aus, und die Außenulmen werden einem weiter erhöhten Druck ausgesetzt. Die zerstörte Pfeilerwand erfährt eine völlige Entlastung, und die Spannungen umschließen den Doppeltunnel so, als wäre statt zweier eine einzige zusammenhängende $2b + 0{,}4b = 2{,}4b$ breite Röhre aufgefahren worden.

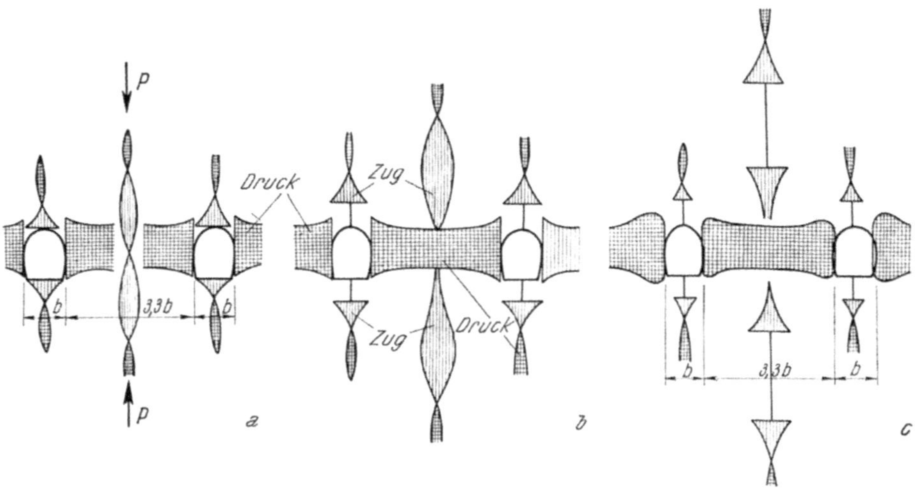


Abb. 135. Die Ausbildung der Spannungsbereiche bei zwei voneinander entfernt liegenden Hohlgängen (nach WILLHEIM)

Im zweiten Versuchsfall hingegen (Abb. 135) betrug die Wandstärke zwischen den beiden Tunnelröhren 3,3 $b$, was einen völlig andersgearteten Verlauf der Spannungsverlagerung zur Folge hatte. Der Vorgang beginnt auch hier mit dem Aufreißen von Firste und Sohle unter der Einwirkung der Zugspannungen, die sich über den Hohlräumen nach oben in das unversehrte Gebirge hinein verschieben. Sie wachsen auch in der Symmetrieebene kräftig an, wobei sich ihr Schwerpunkt auch hier nach oben bzw. nach unten verlagert.

In der Folge entstehen an sämtlichen Ulmen Scherrisse (Gleitflächen), in der Symmetrieachse reißt das Gebirge unter dem Einfluß der angewachsenen Zugspannungen auf, so daß sich die auf Zug beanspruchte Zone in zwei Teile teilt und weiter nach oben und nach unten verschiebt. Dieser Vorgang entlastet jedoch die Zugzonen unter und über den Tunneln, so daß sich der Prozeß des Aufreißens, der hier begonnen hat, nicht mehr weiter fortsetzt.

Schließlich kommt es zu Absplitterungen an den Ulmen, die die Druckbeanspruchungen ein wenig in das Berginnere drängen, jedoch die Pfeilerwand zwischen den beiden Röhren weder zermalmen, noch aus der Lastübertragung ausschalten, trotzdem die Belastungsfigur noch immer annehmen läßt, daß auf die Außenulmen ein größerer Druck wirkt als auf die inneren Ulmen.

LEON und WILLHEIM haben bei diesen Gedankengängen nur lotrechte Drücke betrachtet, in der Natur gesellt sich jedoch zu diesen stets auch ein kleinerer oder größerer Seitendruck, der die Größe und Verteilung der Spannungen selbstverständlich verändert. Im großen und ganzen wird sich jedoch das Gebirge ähnlich verhalten.

Auf Grund praktischer Beobachtungen empfiehlt STINI, zwischen lichter Hohlraumbreite und Pfeilerdicke ein Verhältnis von 1:3 einzuhalten. In standfestem und günstig streichendem Gebirge kann auf ein Verhältnis von 1:2 heruntergegangen werden.

Auch theoretisch, und zwar auf Grund der *Elastizitätslehre* läßt sich bestimmen, welchen Einfluß die von benachbarten Hohlräumen herrührenden Spannungen ausüben, wenn man auf Grund des Zusammenhanges

$$\sigma_t = \frac{p}{2} \frac{m}{m-1} \frac{r^2 + a^2}{r^2} - \frac{p}{2} \frac{m-2}{m-1} \left[1 + \frac{3a^4}{r^4}\right] \cos 2\vartheta, \tag{77}$$

in der Kämpferlinie ($\vartheta = 0$) an den Stellen $r = a$, $r = 1{,}5\,a$, $r = 2a$, $r = 2{,}5a$ und $r = 3a$ die Werte von $\sigma_t$ aufträgt (vgl. Abb. 133). Wie aus dieser hervorgeht, wird der Spannungszuwachs in einem Abstand von $2a$ von Hohlraumrand 22%, in einem Abstand von $4a$ hingegen bloß 4% betragen, praktisch muß also in Übereinstimmung mit der Auffassung STINIs ein Abstand im Betrage der doppelten Lichtweite bereits eine ausreichende Sicherheit bieten. Mit zunehmender Gesteinsfestigkeit und wachsendem $m$-Wert wird man mit kräftigeren Wechselwirkungen der Tunnelröhren aufeinander rechnen müssen.

Im Sinne dieser Darlegungen werden die übertragenen Drücke bei Öffnung neuer unterirdischer Hohlräume und beim Bau nebeneinanderlaufender unterirdischer Hohlgänge stets mit zu beachten sein, zumal nicht wenige Fälle bekannt sind, in denen beim zu nahen Auffahren neuerer Hohlgänge im früheren, bereits ausgemauerten Hohlgang Risse auftraten (z. B. London, Piccadilly-Station).

### 3.5.3. Drücke auf Gesteinspfeiler

Unter Pfeiler sind hier jene Gesteinsstreifen zu verstehen, die zwischen unterirdischen Hohlräumen in ihrem natürlichen Zustand stehengelassen werden. Der richtigen Wahl der Pfeilerabmessungen kommt für die Standfestigkeit parallel nebeneinanderliegender Hohlgänge größte Bedeutung zu.

### 3.5.3.1. Nach Protodjakonow

Nach der Auffassung Protodjakonows ergibt sich die auf die Pfeiler entfallende Mehrbelastung aus dem Gewicht der über dem Traggewölbe bis zur Geländeoberfläche anstehenden Gesteinsmasse (in Abb. 136 gestrichelt), weil das

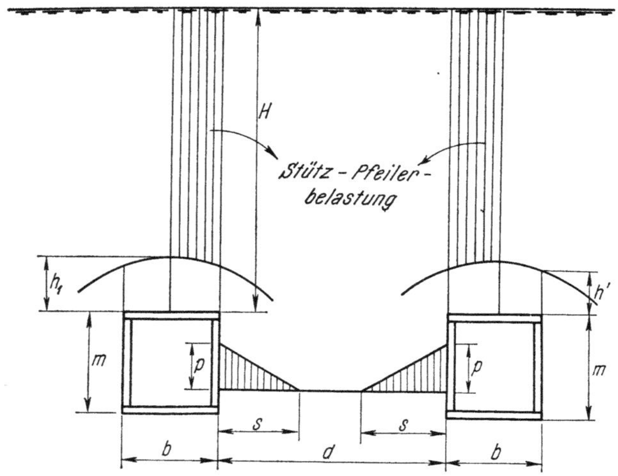


Abb. 136. Im zwischenliegenden Gesteinspfeiler entstehende Druckspannungen (nach Protodjakonow)

Gewicht der Gesteinsmasse unter dem Traggewölbe von der Tunnelausmauerung aufgenommen wird. Von der Mehrbelastung im Pfeilerquerschnitt nimmt er an, daß sie auf der Grundlinie $s$ dreieckförmig verteilt ist und vom Hohlraum gegen das Innere des Pfeilers hin abnimmt. Die Gleichgewichtsbedingung schreibt sich zu

$$\frac{Hb}{2}\gamma\left[-h'\frac{b}{2}\gamma+\frac{2}{3}\frac{b}{2}(h_1-h')\gamma\right]-\frac{1}{2}ps=0.$$

Vernachlässigt man den Klammerausdruck zugunsten der Sicherheit, hat man

$$\frac{Hb}{2}\gamma-\frac{ps}{2}=0.$$

Aus der Spannungsspitze $p$ und der Verteilungslänge $s$ ermittelte Protodjakonow experimentell die Verhältniszahl $\frac{p}{s}=0{,}0745f$, mit der

$$\frac{Hb}{2}\gamma-\frac{0{,}0745fs^2}{2}=0 \quad \text{und weiter} \quad s=5{,}2\sqrt{\frac{\gamma bH}{2f}}. \tag{78a}$$

Der Pfeiler muß demnach mindestens $2\,s$ breit sein, doch selbst mit dem Sicherheitsfaktor 2 erhält man auch auf dieser Grundlage den Mindestabstand der benachbarten Hohlgänge voneinander, und zwar zu rund

$$d\,(\text{cm})=20\sqrt{\frac{\gamma bH}{2f}}, \tag{78b}$$

wobei $f$ den Protodjakonowschen Festigkeitsbeiwert bedeutet (s. Kap. 3.2.2.2.2.). Hier sind die Werte in kg und cm einzusetzen. Für Berechnungen in Tonnen und Metern lautet die Formel

$$d\,(\mathrm{m}) = 0{,}65\sqrt{\frac{\gamma b H}{2f}}. \tag{78c}$$

### 3.5.3.2. Nach Zimbarjewitsch

Nach ZIMBARJEWITSCH kann angenommen werden, daß die in den Pfeilern auftretenden Druckspannungen entsprechend einer durch eine gebrochene Linie begrenzten Belastungsfigur verteilt sind (Abb. 137). Die Neigungen der gebrochenen Linie werden durch die Abschnitte $q$ und $p$ bestimmt, für die ZIMBARJEWITSCH die Beziehungen

$$q \leqq 0{,}5\,(K-1)$$

und

$$p \leqq 0{,}6\,b$$

angibt, wobei $K$ einen in der Halbierenden der Seitenwände gemessenen Spannungskonzentrationsbeiwert darstellt, der auf Grund der Elastizitätslehre berechnet wird und der hier folgenden Tabelle entnommen werden kann:

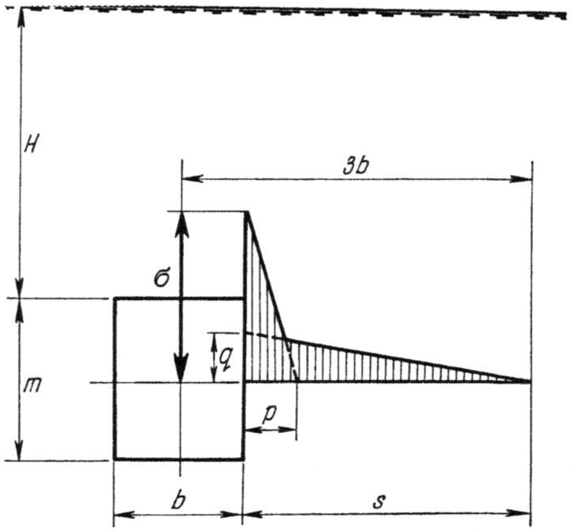

Abb. 137. Die Verteilung der im Gesteinspfeiler wirksamen Druckspannungen

| Querschnittform | Kreis | Ellipse | | | Rechteck | | | |
|---|---|---|---|---|---|---|---|---|
| Verhältnis $m/b$ | 1 | 2:3 | 3:2 | 3:1 | 1:1 | 1:3 | 1:5 | 1:18 |
| $K$ | 2,75 | 3,75 | 2,2 | 1,0 | 1,3 | 2,0 | 2,23 | 5,0 |

Die Entfernung $a$, über die sich der zusätzliche Druck im Pfeiler erstreckt, wird nach dieser elastischen Theorie gleich $3b$ sein. Entsprechend kann $s = 2{,}5b$ gesetzt werden.

Überdies müssen aber die in den Pfeilern auftretenden Spannungen auch niedriger sein als die zulässige Beanspruchung des Gesteins.

Ist der Hohlraumabstand $d \geqq s$, wird die Höchstbeanspruchung

$$\sigma = (K-1)\gamma H,$$

betragen.

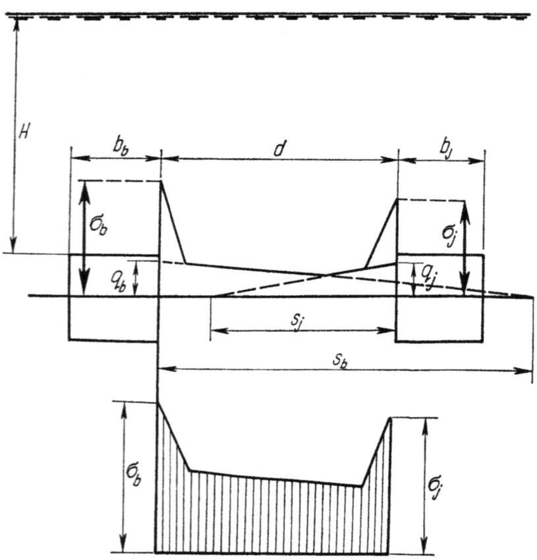

Abb. 138. Druckspannungsverteilung zwischen Gesteinspfeilern

Ist dagegen $d \leqq s$, lassen sich die sich überlagernden Spannungen aus den Beziehungen

$$\sigma_b' = \sigma_b + q_j \sigma_j \left(1 - \frac{d}{s_j}\right),$$

$$\sigma_j' = \sigma_j + q_b \sigma_b \left(1 - \frac{d}{s_b}\right)$$

ermitteln (Abb. 138). Die betreffenden Werte müssen unter den Werten der für das gegebene Gestein zulässigen einachsigen Druckspannungen ($\sigma_d$) liegen. Selbstverständlich können die sich überlagernden Spannungen auch durch Summierung der Tangentialspannungen berechnet werden.

## 3.6. Kritik der Gebirgsdrucktheorien, Gebirgsdruckmessungen

Wie aus den bisherigen Darlegungen hervorgeht, sind die Gebirgsdrucktheorien — trotzdem sie vielfach von intuitiv richtigen Grundvoraussetzungen ausgehen —, außerstande, sämtliche Faktoren, die die Erscheinungen beeinflussen, zugleich zu erfassen. Da überdies auch die theoretischen Auffassungen voneinander weitgehend abweichen, fällt es schwer, zu einheitlichen Lösungen zu gelangen. Und schließlich erscheint es nachgerade auch unmöglich, den Einfluß bestimmter Faktoren, wie etwa den der Vortriebsweise sowie des Zeitpunktes und der Starrheit der Abstützung, oder den der Schichtung und Inhomogenität des Gebirges, aber auch die Auswirkungen des zeitlichen Ablaufes der Deformationen und die Größe der Urspannungen im voraus zu bestimmen.

Jede Ermittlung der Gebirgsdrücke anhand der erörterten Theorien muß unter solchen Umständen als problematisch bezeichnet werden. Für die Praxis kann jedoch auf Grund richtiger Abwägung der Umstände folgende Lösung empfohlen werden:

*Bis zu Tiefen von $H \leqq 2{,}5\,B$ wird der volle geostatische Druck in Rechnung zu stellen sein.* Für größere Überlagerungshöhen in körnigen Böden scheint die Theorie Terzaghis, sonst die von Protodjakonow die geeignete Lastermittlungsgrundlage zu liefern. Für annähernde Berechnungen vor allem in bindigem und festem Gebirge bietet auch die vom Verfasser auf Grund einer statischen Analogie abgeleitete einfache Auflockerungstheorie (Bruchfigur) eine sichere Basis.

Nach Kastner ist die Anwendung der sogenannten Silotheorien, die eine Verspannung im Gebirge voraussetzen (3.2.2.1.), nur zur Bemessung nachgiebiger, zeitweiliger Ausbaue anwendbar, und auch dort nur für den hölzernen Ausbau. Der dauernde Ausbau erleidet nur elastische Verformungen und schließt daher die Anwendung dieser Theorien aus. Ebenso darf man die Auflockerungstheorien ausschließen, wo wegen Anwendung von Spritzbeton oder rascher — innerhalb der Stehzeit vorgenommener — wirksamer Firstverankerung keine Auflockerung stattfinden kann. Etwas geeigneter sind für die Bemessung des dauernden Ausbaus die Berechnungsmethoden unter Zugrundelegung einer Belastungsfigur — vorausgesetzt, daß der angenommene Zustand, nämlich der freitragende Dom, von dauerndem Bestand ist. „Es hat nämlich offenbar keinen Sinn, beim dauernden Ausbau mit einem Minimaldruck zu rechnen, der erst dann zu erwarten ist, wenn im Bauwerk bereits starke Zerstörungen aufgetreten sind."

Die Problematik der Gebirgsdruckbestimmung macht auch die Bemessung der Auskleidung zu einem ungewissen Unterfangen, und dies um so mehr, als der Ausbau nach den neueren Anschauungen niemals als alleinstehende oder einfach als abgestützte Konstruktion betrachtet werden darf, sondern stets als Verbundkonstruktion aufzufassen ist, die mit dem umgebenden Gebirge zusammenwirkt. Der Boden bzw. das Gebirge um den Hohlraum beansprucht also diesen nicht nur als Belastung, sie bieten ihm zugleich auch Mitwirkung und Abstützung. Die neueren Forschungen haben denn auch diesen theoretischen Weg verlassen und gehen von den Eigenschaften des Gebirges (von seiner Festigkeit und seinen elastischen und plastischen Konstanten) aus, um aus den an Ort und Stelle in Probestollen meßbaren Verformungen richtige Schlüsse auf die in der Hohlraumleibung herrschenden Spannungen ziehen und einheitliche Verfahren für die Bemessung der Auskleidung entwickeln zu können.

Entsprechend ist man heute in den Laboratorien vor allem bestrebt, Versuche an solchen aus *äquivalenten Material* hergestellten Modellen durchzuführen, an denen sich die in der Natur zu erwartenden Deformationen und Spannungen maßgerecht und in proportionaler Verteilung spiegeln, um aus ihnen auf die tatsächlich zu erwartenden Druckverhältnisse schließen zu können. Vorderhand sind es vornehmlich die im Bergbau in dieser Richtung durchgeführten Versuche, die wertvolle Hinweise auf den qualitativen Einfluß der Hohlraumform sowie der Schichtung und Gesteinsfestigkeit im Umkreis um den Hohlraum geliefert haben [61].

Die Schwierigkeiten und die Problematik der theoretischen Bestimmung der Gebirgsdrücke lassen sich offenbar nur *durch in-situ-Messungen* der im Gestein auftretenden Drücke in gewissen Grenzen halten bzw. mäßigen. Der Laboratoriums- oder der Modellversuch können nur in Ausnahmefällen Aufschluß über die im Gestein tatsächlich herrschenden Druckverhältnisse liefern, weil diese weitgehend auch durch die natürliche Schichtung des Gesteins und durch das geologische Geschehen bestimmt sind, durch Faktoren also, die weder im Laboratorium noch am Modell reproduziert werden können. Am ehesten läßt sich an Modellen vielleicht noch der natürliche Zustand von verhältnismäßig trockenen körnigen Böden oder von Gesteinsgrus nachbilden, doch ist eine wirklichkeitsgetreue Reproduktion des Feuchtigkeitsgehalts, der Arbeitsmethoden und der Abmessungen auch hier unmöglich. Aus diesem Grunde spielen heute die in situ durchgeführten Messungen eine zunehmend wichtige Rolle bei der Bestimmung der Gesteinsdrücke. Diese Messungen werden entweder

*a*) im voraus in Probebohrungen oder in vorgetriebenen Probestollen, eventuell auch in Versuchsstrecken oder

*b*) gelegentlich nachträglicher Beobachtungen im aufgefahrenen Tunnel an dessen Mauerwerk oder im angrenzenden Gestein durchgeführt.

Für den Entwurf und Bau von Tunneln und Stollen kommt jedem der beiden Verfahren die ihm eigene Bedeutung zu, doch wird ohne Zweifel die Vorausbestimmung der Gebirgsdrücke die unmittelbarer verwertbaren Ergebnisse liefern.

Die Druckmessungen können auf die Bestimmung des sogenannten Ruhedruckes oder ungestörten Gebirgsdruckes abzielen, wie er vor dem Ausbruch des

Hohlraumes besteht, bzw. auf die Ermittlung des Druckes in dem durch die Durchörterung gestörten Gebirge.

Für die Messungen kommen nach TALOBRE [62] folgende Verfahren in Frage:

### 3.6.1. Messungen an der Leibung

Sie liefern Aufschlüsse über den an der Leibung vorhandenen Spannungszustand, der nicht mit dem natürlichen inneren Spannungszustand in der Gesteinsmasse verwechselt werden darf. Über das Verhältnis der beiden Spannungszustände zueinander ist uns wenig bekannt, und auch aus den Messungen an der Leibung lassen sich keine Schlüsse auf dieses Verhältnis ziehen.

Die gegenwärtig üblichen sogenannten mechanischen Verfahren für Messungen dieser Art beruhen auf dem Prinzip der Auslösung, des ,,Lebendigmachens" der Spannungen. Im Grunde genommen schalten sie durch Vortrieb von Schlitzen den im Gebirge vorhandenen Druck aus und messen sodann mit Hilfe eines Verschiebungsmessers die eintretende Verformung.

Das älteste unter den auf *völliger Entlastung* beruhenden Verfahren ist schematisch in Abb. 139 dargestellt. Zunächst wird zwischen zwei im voraus eingemauerte Meßgestänge der Verschiebungsmesser eingebaut, oder man klebt auf die trockene, geglättete Felswand einen elektrischen Dehnungsmeßstreifen. Hierauf wird in Richtung der Meßvorrichtung über und unter ihrem Rand je ein der Entlastung dienender Schlitz ausgeschrämt, ausgemeißelt oder ausgebohrt. Klebt man zur Spannungsermittlung mehrere Dehnungsmeßstreifen in Sternanordnung auf, können aus den mit ihnen gemessenen Werten auch die Hauptspannungen ermittelt werden.

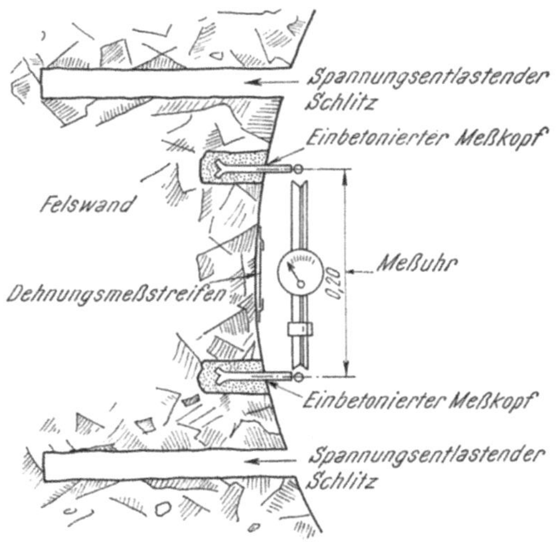


Abb. 139. Die Montage von Druckmessungsgeräten auf der Hohlraumoberfläche

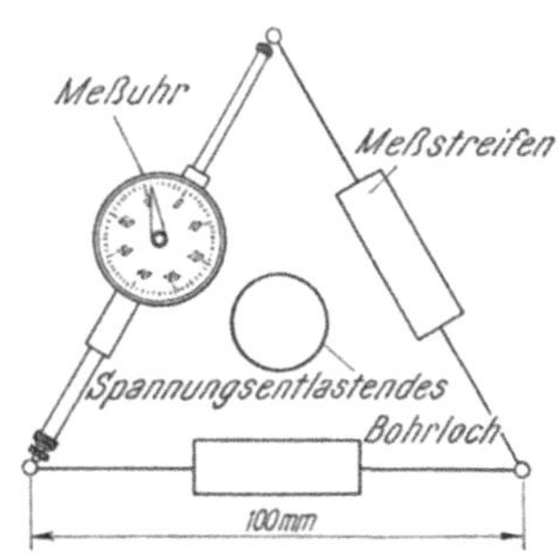


Abb. 140. Bohrloch für Entspannung

Neuerdings arbeitet man auch mit *teilweiser Entlastung* ähnlich wie bei Messungen an Metallen, und zwar vornehmlich zur Ermittlung der Spannungen in hartem Fels. Die Dehnungsmeßstreifen werden hierbei in Form eines Deltas aufgeklebt (Abb. 140), worauf man in der Mitte ein Entspannungsbohrloch herstellt, das so klein sein muß, daß die Drücke auf der durch die Meßstreifen gegebenen Meßstrecke höchstens um ein Drittel herabgesetzt werden. In diesem Falle behält nämlich das untersuchte Nachbargestein sein elastisches Verhalten ungeschmälert bei, und der tatsächliche Elastizitätsmodul wird den am Probestück gemessenen Werten weitgehend nahe kommen. Die Genauigkeit des Verfahrens läßt sich noch steigern, wenn man die Bohrung allmählich vertieft und dabei die Verformungen ständig beobachtet. Trägt man die so ermittelten Werte in Abhängigkeit von der Bohrtiefe auf, erhält man die Möglichkeit, aus den Unterbrechungen des stetigen Kurvenverlaufs auch auf örtliche Ungleichmäßigkeiten und Störungen schließen zu können. Bei einer Seitenlänge von 200 mm lassen sich heute mit sehr feinen diamantbestückten Bohrern Löcher von 56 mm Durchmesser herstellen, die durchaus befriedigende Ergebnisse liefern.

Ein drittes oberflächiges Verfahren beruht *auf dem Prinzip der Wiederherstellung der Drücke*. Zunächst werden auf einer unberührten Felswandung Saiten straff aufgespannt (Abb. 141) und deren Schallschwingungen gemessen. Den nächsten Schritt bildet die Herstellung eines einseitigen Einschnittes, durch den

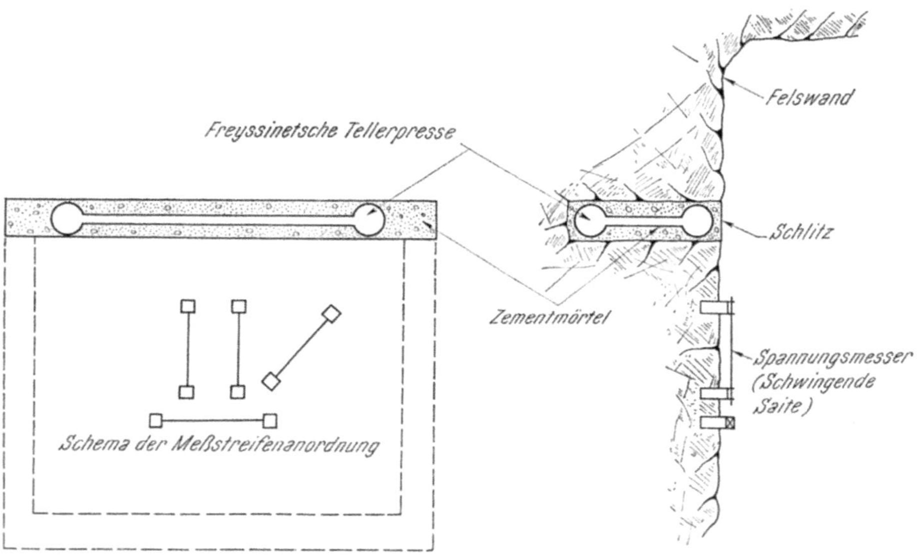


Abb. 141. Druckmessung auf der Grundlage der „Spannungswiederherstellung“

der Fels teilweise, also elastisch entspannt wird. Schließlich wird in den Einschnitt eine Freyssinetsche Presse eingebracht und mit Zementmörtel fixiert. Sobald dieser abgebunden hat, wird die Presse so lange gespannt, bis die Meßsaite die ursprüngliche Schwingungsfrequenz erreicht. Aus dem hierzu erforderlichen Preßdruck wird schließlich die Spannung bestimmt. (Die Schwingungszahl verändert sich sonst mit der Quadratwurzel der Spannung.) Das Verfahren hat sich eher in weichen Gesteinsarten bewährt. Bei einer von Berthier stammenden Modifikation dieses Verfahrens werden die Spannungen mit Radialpressen wiederhergestellt, die man in eine mittige Bohrung von 250 mm Durchmesser und in einen diese Bohrung zentrisch umschließenden Einschnitt einbringt. Zum Ablesen der Meßwerte dient ein Mikroskop mit Spezialoptik. Die Methode hat den Nachteil, daß mit völliger Entspannung gearbeitet werden muß, bei der sich die Reversibilität der Beanspruchungen im Gestein als fraglich erweisen kann.

Um die Vorzüge der teilweisen Entspannung durch eine zentrisch angelegte Bohrung mit denjenigen des Verfahrens der Wiederherstellung der Drücke vereinigen zu können, bedient man sich in jüngster Zeit einer zylindrischen Presse, die in das im Durchmesser bloß 56 mm weite Bohrloch eingebracht werden kann und die nach zwei entgegengesetzten Durchmesserrichtungen Druck auszuüben vermag.

### 3.6.2. Tiefenmessungen

Innerhalb der möglichen Bohrtiefen können die im Gestein herrschenden Urspannungen auch durch Tiefenmessungen ermittelt werden. Die hierzu erforderlichen Einrichtungen und auch das Meßverfahren selbst sind jedoch überaus kostspielig, und ebenso sind die Methoden beschränkt.

*a)* Zu dem nach dem Prinzip der völligen Entspannung arbeitenden Verfahren hat Berthier eine Meßvorrichtung, einen sogenannten beweglichen Stern, gebaut. Er ist mit Dehnungsmessern versehen, die nach drei Richtungen weisen und deren zylindrischer Körper 6 Stück elastische Fühler trägt. Das Gerät kann in eine Bohrung mit dem lichten Durchmesser von 76 mm eingebracht werden. Hierbei wird die Lage seiner Fühler fixiert und vom Gerät abgelesen, wonach man das Gestein in einem Kreis von 200 bis 250 mm Durchmesser rings um das Meßgerät mit einem Kronenbohrer ausschrämt. Die nunmehr abgelesene neue Fühlerstellung entspricht dem völlig spannungsfreien Zustand des Gebirges. Je nach dem Baumuster erfolgt die Fixierung der Fühlerstellung an der Bohrlochsohle auf photographischem Wege oder durch Aufdruck. Ohne Zweifel haften dem Verfahren schon bei der Fixierung des Anfangs- und des Endzustandes, aber auch insofern gewisse Fehlerquellen an, als der richtige Wert des Deformationsmoduls aus der völligen Entspannung nicht bestimmt werden kann (s. weiter oben).

*b)* Das zweite übliche Verfahren beruht auf dem Grundsatz der *Wiederherstellung der Drücke.* Zunächst wird ein Loch von 185 mm Durchmesser bis in eine Tiefe gebohrt, in der man die Spannungen bestimmen will. Das Gerät wird sodann in das Bohrloch eingebracht und an

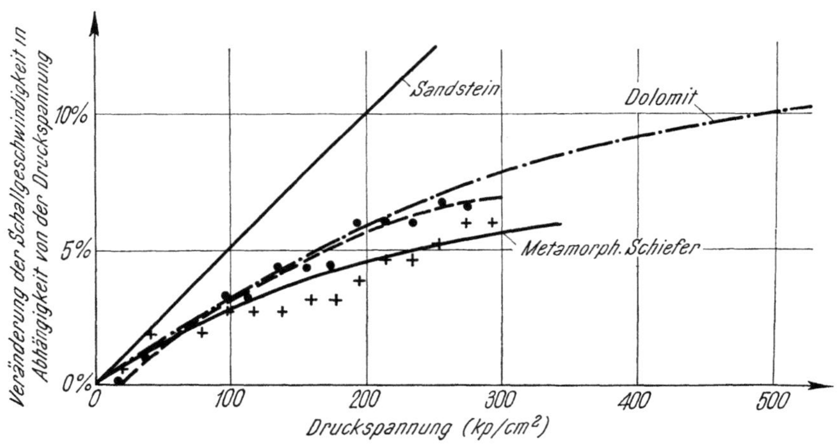


**Abb. 142. Druckspannungsbestimmung auf Grundlage der Geschwindigkeit der „Schallausbreitung“**

dessen Sohle fixiert, wobei man die im Dreieck angebrachten Verformungsmesser auf Null einstellt. Im folgenden Abschnitt der teilweisen Entspannung bohrt man in der Achse des ersten Bohrloches ein weiteres mit einem Durchmesser von 56 mm, während dessen man die

Verformungsmesser ständig abliest. Schließlich wird in die mittlere, 56 mm weite Bohrung eine zylindrische Presse eingebracht und betätigt, wobei der Stand des Verformungsmessers wieder zu Beginn und am Ende der Druckeinwirkung abgelesen wird. Bei diesem Verfahren handelt es sich also eigentlich bloß um die Verlegung der bereits beschriebenen Messung an der Tunnelwand in das Gesteinsinnere, wozu nur ein Bohrloch mit größerem Durchmesser benötigt wird.

Statt der Pressen pflegt man auch Zellen- oder Membran-Druckmeßgeräte zu verwenden (s. Kap. 3.6.6., Philips- oder Carlssonsche Meßdosen), die sich zur Deformationsmessung und zugleich zur Ausübung von Druck eignen. Derartige Einrichtungen finden vornehmlich in weichem Gestein Anwendung.

*c*) Andere Versuche fußen auf der Erscheinung, daß sich die Fortpflanzungsgeschwindigkeit von Schallwellen im Gestein mit der in ihm herrschenden Spannung erhöht. Das in Abb. 142 dargestellte Diagramm nach Habib und Dowance [63] wurde auf Grund derartiger Messungen aufgetragen. Wie aus dem Schaubild erhellt, entspricht eine Schallgeschwindigkeitserhöhung um einige Prozent Änderungen der Druckspannungen um mehrere hundert kg/cm², das Verfahren scheint also noch reichlich ungewiß und nur für grobe Schätzungen geeignet zu sein.

### 3.6.3. Messungen an der abstützenden Tunnelauskleidung

Für die Tunnelplanung unmittelbar verwertbare Ergebnisse liefert die Messung jener Kräfte, durch die die geplante Auskleidung beansprucht wird; die betreffenden Meßverfahren ermöglichen somit die genaue und wirtschaftliche Bemessung des Tunnelmauerwerks. Sie beruhen vornehmlich auf der Bestimmung der Verformungen, die die vorübergehend eingezogenen Zimmerungen bzw. Stahlgerüste und -stempel im aufgefahrenen Hohlraum erleiden. Die zahlreichen für diese Art von Messungen — besonders im Berbgau entwickelten — Verfahren arbeiten mit verschiedenen Dynamometern, die jeweils in die nach bestimmten Systemen angeordneten Stützen eingebaut werden.

Die Messungen nimmt man entweder schon *vor Baubeginn* in eigens zu diesem Zweck *im voraus vorgetriebenen Probe-Richtstollen* oder nach Abschluß der Bauarbeiten *am fertigen Bauwerk zur Kontrolle* und zur Sammlung datenmäßiger Unterlagen vor. Nachdem man sich zunächst überwiegend auf Verformungsmessungen allein beschränken mußte, ermöglichen die neueren Meßdosen auch unmittelbare Druckmessungen.

Der Bau eines Tunnels beginnt in der Regel mit dem Auffahren eines Richtstollens. Dieser Richtstollen läßt sich für Meßzwecke unschwer einrichten. An der Zimmerung des Stollens werden in Abständen von je etwa 20 m Punktbezeichnungen angebracht (Abb. 143), wozu man einfach geschmiedete Nägel in die Zimmerung schlägt. Die lotrechte und waagrechte Lage dieser Punkte wird nun im ersten Bauabschnitt wöchentlich oder zweiwöchentlich, später monatlich einmal bestimmt. Zur raschen Durchführung der Messungen dient ein aus einfachen Elementen zusammengebauter Meßrahmen, der in die Meßebene eingestellt und mit Schrauben zwischen Sohle und Firstklappe eingeklemmt wird, worauf man den mittleren Stab in die Stollenachse einwinkt und deren Höhenlage mit dem In-

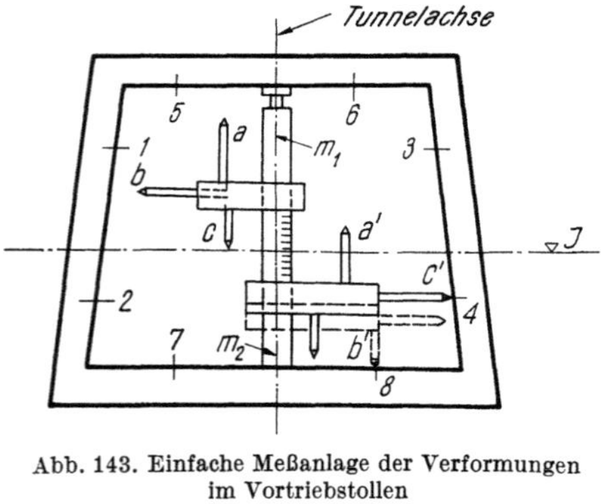


Abb. 143. Einfache Meßanlage der Verformungen im Vortriebstollen

strument bestimmt. Sodann werden die an einer Zahnleiste in der Höhe verstellbaren Arme mit ihren grob und fein einstellbaren Fühlern mit den Punktbezeichnungen in Anschlag gebracht und die Höhen- und Horizontalwerte der Armstellungen abgelesen. Aus der bekannten Lage des mittleren Stabes läßt sich die Höhen- und Horizontallage der Punkte auch im absoluten Sinne unschwer feststellen. Am Meßrahmen können, sobald er eingestellt ist, gleichzeitig auch mehrere Personen arbeiten.

Zur Auswertung der Meßergebnisse trägt man die Bewegungen der einzelnen Punkte in ein Diagramm auf (Abb. 144). Aus diesem geht auch klar hervor, welche Zeitspanne nach Abschluß der einzelnen Arbeitsphasen vergeht, bis das Gebirge zur Ruhe kommt. Zunehmende Bewegungen während der Bauarbeiten zeigen das Ansteigen der Drücke rechtzeitig an, so daß man vorbeugende Maßnahmen treffen kann.

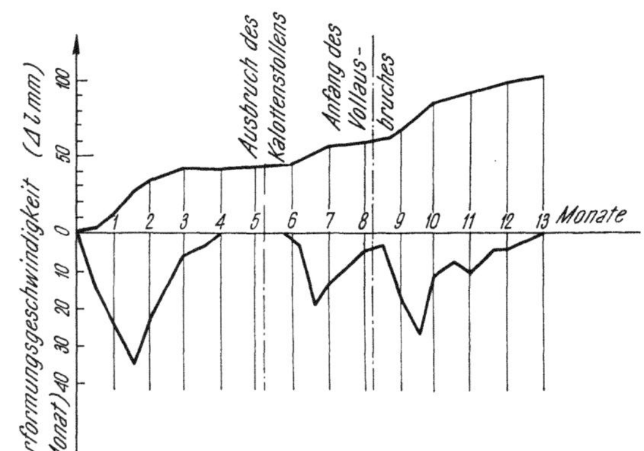


Abb. 144. Gemessene Verformungswerte in Abhängigkeit der Zeit und der einzelnen Ausbruchsphasen

Die Ergebnisse der Bewegungsmessungen werden schließlich mit den aus den geologischen Aufschlüssen gewonnenen Daten verglichen (mit fortschreitendem Stollenvortrieb wird der Aufschluß ergänzt und komplettiert), wobei man den durchörterten Schlichten Boden- bzw. Gesteinsproben entnimmt und im Laboratorium untersucht. Gesteinsproben darf man hierbei, dem tatsächlichen — natürlichen — Spannungszustand entsprechend, nicht plötzlich zu Bruch gehen lassen, sie müssen vielmehr längere Zeit langsam zunehmenden Druckbeanspruchungen ausgesetzt und auf diese Weise geprüft werden. Im elastischen Bereich der Verschiebungen sind Elastizitätsgrenze, Druck-, Bruch- und Scherfestigkeit sowie das Verhältnis der vertikalen zu den horizontalen Verschiebungen zu bestimmen (vgl. Abb. 24).

Die Messungen im Richtstollen, die Beobachtung der Gebirgsstruktur und die Untersuchung der dem Richtstollen entnommenen Gesteinsproben liefern die Grundlage für die endgültigen Entscheidungen über die anzuwendende Bauweise und über die Abmessungen des Mauerwerks.

### 3.6.4. Messung der Änderungen der auf der fertigen Tunnelkonstruktion lastenden Drücke

Zur Messung der Drücke, die den fertigen Tunnel beanspruchen, benützt man radial oder in Form eines Sternes einbaubare Meßstempelsysteme als Verformungsmesser oder zwischen Auskleidungsmauer und Leibung einzubauende Meßdosen, aber auch verschiedene Spannungs- bzw. Dehnungsmeßstreifen, die auf der Tunnelauskleidung befestigt werden, oder andere auf mechanischer oder akustischer Grundlage arbeitende Meßvorrichtungen.

Abb. 145 veranschaulicht ein derartiges *radial eingebautes Meßstempelsystem.* Die Enden der Stempel bewegen sich wie Kolben und messen die Verschiebungen ($\delta$) mit Hilfe akustischer Meßdosen. Die Meßergebnisse werden von einer zentral angeordneten elektrischen Vorrichtung laufend registriert. Wäre der Druck $p$ über die kreiszylindrische Fläche mit dem Durchmesser $D$ gleichmäßig verteilt, könnte er aus dem bekannten Elastizitätsmodul $E$ und der Poissonschen Zahl $\mu$ anhand der Formel

$$p = \frac{E \cdot \delta}{D(1 + \mu)}$$

rechnerisch ermittelt werden.

Da nun aber zwischen dem Nachbargestein und dem Meßstempelsystem auch ein $v$ dickes Mauerwerk mit dem Elastizitätsmodul $E_b$ liegt, errechnet sich der Druck annähernd zu

$$p = \left(E + \frac{2vE_b}{D}\right)\frac{\delta}{D}.$$

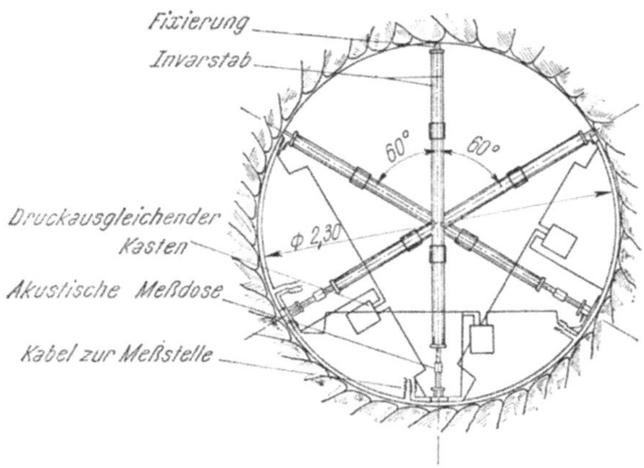


Abb. 145. Radial angeordnete Verformungs-Meßstangen

Statt radial können die Meßstempel auch in Form eines stehenden oder eines liegenden $\Delta$, d. h. in Gestalt eines Sternes eingesetzt werden. Diese Anordnung hat sich besonders im fertigen Tunnel als vorteilhaft erwiesen, weil sie den Verkehr weniger behindert.

Brauchbare Ergebnisse liefern ferner die in Kap. 3.6.1. beschriebenen Verfahren, die die an der natürlichen Gesteinswand auftretenden Spannungen messen, mit dem Unterschied allerdings, daß sich mit der an der Innenfläche der Tunnelauskleidung befestigten Meßvorrichtung nicht die Gebirgsdrücke, sondern nur die im Mauerwerk des Tunnels auftretenden Spannungen bestimmen lassen, in denen auch schon der Einfluß der Festigkeit und des mehr oder weniger satten Anliegens der Auskleidung (Hohlräume hinter dieser und Verpressung, Entwässerung usw.) zum Ausdruck kommt.

Zur *unmittelbaren Messung des Gebirgsdruckes* bedient man sich neuerdings verschiedener Druckmeßdosen oder -zellen, die an der Außenfläche der Auskleidung angebracht werden. Das Verfahren hat in allerjüngster Zeit besonders in Tunneln städtischer Untergrundbahnen zunehmende Verbreitung gefunden. Messungen nach dieser Methode wurden in den Moskauer, Leningrader und Chikagoer Untergrundbahntunneln durchgeführt und sind auch bei der Budapester Untergrundbahn im Gange. Allerdings stößt die Auswertung der Meßergebnisse heute noch auf ernste Schwierigkeiten, weil die Ausbildung der Drücke nicht nur von der — zwischen Auffahrung und Messung — verstrichenen Zeitspanne, sondern entscheidend auch von der richtigen und straffen Unterbringung der Meßgeräte, von den im Nachbargestein ausgelösten Veränderungen und von einer ganzen Reihe weiterer Umstände abhängt, und weil es überaus schwierig ist, alle diese Auswirkungen voneinander getrennt zu halten.

Abb. 146 veranschaulicht die Unterbringung der Meßdosen unter der Sohle eines Tunnels, Abb. 147 die Meßdosenanordnung in einem kreisquerschnittigen

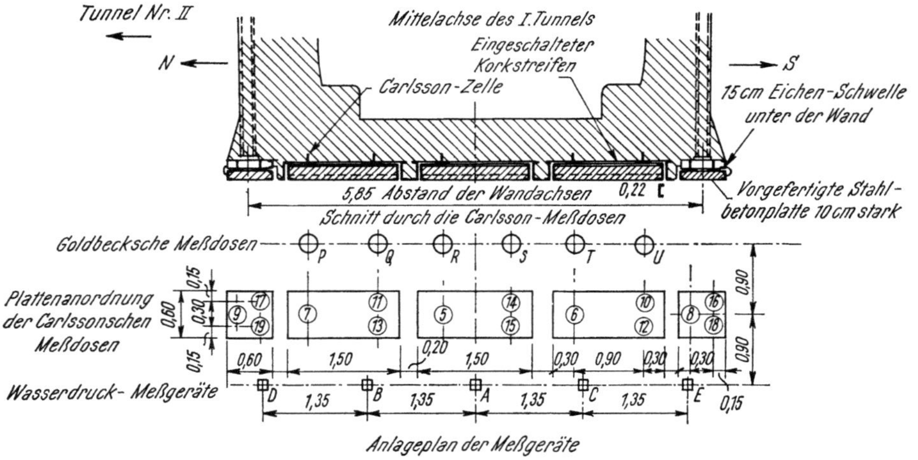


Abb. 146. Anlage von Druckmeßzellen (Meßdosen) unterhalb der Sohlplatte eines Tunnels in Chicago

Tunnel. Aus den Ergebnissen der bis jetzt zehn Jahre dauernden Meßreihe im Chicagoer weichen Ton wurden folgende Schlüsse gezogen:

1. Der Boden stellte sich erst nach 5 Jahren auf seine endgültige Gleichgewichtslage ein.

2. Bei den Druckänderungen konnten zwei ganz fest abgrenzbare Abschnitte unterschieden werden. Während der ersten drei Monate nahmen die Drücke ab, was darauf schließen läßt, daß die im Ablauf begriffenen Verformungen die Bodenschichten der Umgebung allmählich in die Lastübernahme einbeziehen. Danach stieg der lotrechte Druck mehrere Jahre lang an, bis sich das statische Gleichgewicht eingestellt und die Bodenbeanspruchungen, die auch unabhängig in Scherversuchen ermittelt worden waren, die Fließgrenze erreicht hatten.

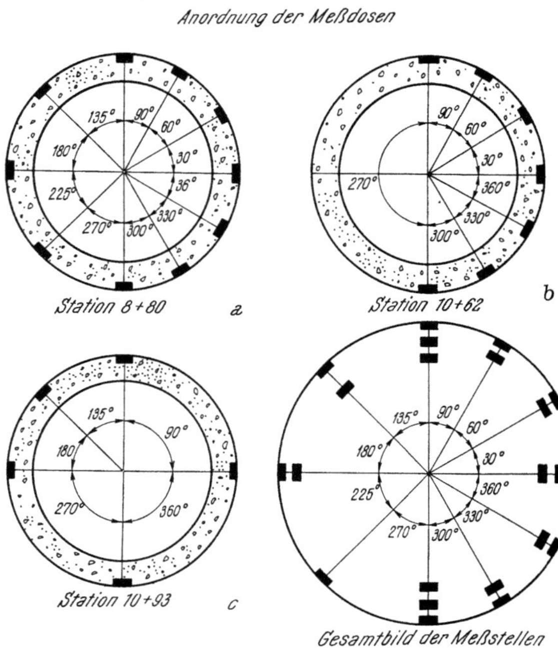


Abb. 147. Die Aufteilung der Meßdosen in einem kreisförmigen Tunnelquerschnitt

3. Die kleinsten Werte wurden am Ende des ersten Zeitabschnitts gemessen. Damals waren die Spannungen über die ganze kreiszylindrische Fläche praktisch gleichmäßig verteilt.

4. Sobald sich das endgültige Gleichgewicht eingestellt hatte, erreichten die Vertikaldrücke den geostatischen Druck, während die Seitendrücke — die sich übrigens während der gesamten Beobachtungsperiode wenig änderten — wesentlich hinter jenem zurückblieben.

Den Verlauf der Drucklinien veranschaulicht im übrigen die Abb. 148, aus der hervorgeht, daß die lotrechten Drücke in plastischem Tonboden bei relativ geringer Überlagerung nach einer gewissen Zeit dem geostatischen Druck gleich werden, während die Seitendrücke infolge der Kohäsion wesentlich unter jenem liegen.

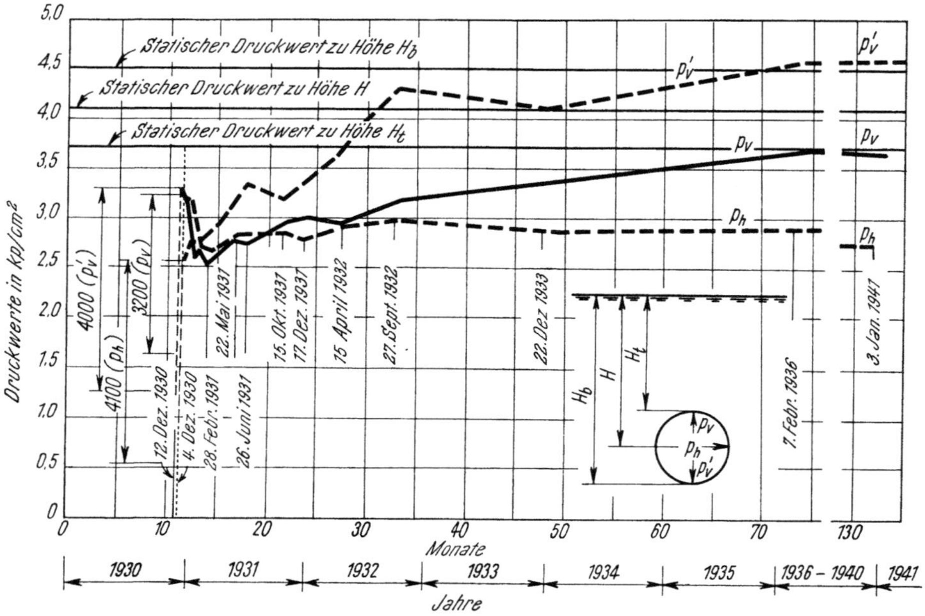


Abb. 148. Die Veränderung der lotrechten und waagrechten Drücke mit der Zeit (plastischer Ton, Chicago)

Die Beobachtungen erstreckten sich auch auf die Messung der Änderungen, die *der horizontale Durchmesser* und die ganze Form der Tunnelröhre mitmachten (Abb. 149). Anfänglich zeigte der waagerechte Durchmesser eine Verkürzung, die anhielt, bis man mit dem Auffahren der zweiten Tunnelröhre bis an den Meßquerschnitt herangekommen war. Von da an dehnte er sich aus, doch nahm das Ausmaß der Dehnung mit der Zeit wieder ab, bis der Überdruck aus dem Tunnel abgelassen war. Von diesem Augenblick an setzte wieder eine stärkere Dehnung ein, nach weiteren 3 Monaten verflachte sich jedoch die Dehnungskurve von neuem (Abb. 149a). Schließlich ging die Verformung der im Durchmesser 7,5 m messenden, aus gußeisernen Ringen zusammengesetzten Röhre von der anfänglichen Form gemäß Abb. 149b in die in der gleichen Abbildung unter *c* gezeigte Form über. Die Verformungs- und Spannungsmessungen haben damit den Nachweis erbracht, daß den Gebirgsdruck neben dem Zeitfaktor auch eine Reihe anderer Faktoren (*benachbarte Röhre, Stützung durch Überdruck*) wesentlich beeinflußt.

Aus diesen Messungen zog Terzaghi [64] die Schlußfolgerung, daß es vorteilhaft ist, die Auskleidung in plastischen Böden möglichst spät einzuziehen und sie möglichst nachgiebig zu gestalten, eine Feststellung, die mit den Darlegungen in Kap. 3.1.3. über den echten Gebirgsdruck in vollem Einklang steht.

Die sorgfältigen Deformations- und Druckmessungen, die in den kreisförmigen, mit Tübbingen ausgebauten Tunneln der Moskauer und der Leningrader Untergrundbahn in den letzten Jahren durchgeführt wurden, haben u. a. auch gezeigt [65], daß die *Spannungen in der Tunnelauskleidung vom Gebirgsdruck häufig weit weniger*

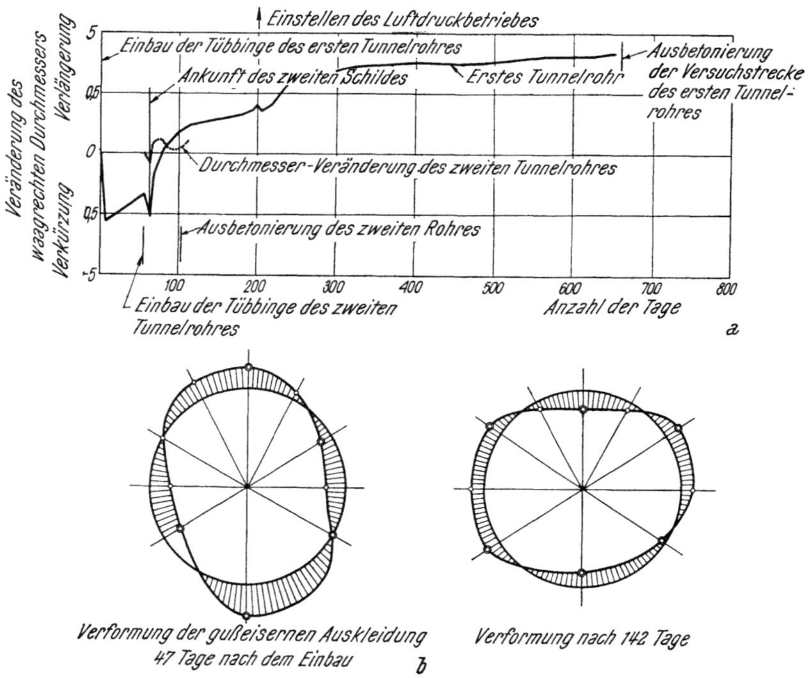


Abb. 149. Verformungsvorgänge in den kreisförmigen Tunneln der Untergrundbahn in Chicago

*beeinflußt werden als von anderen Faktoren.* So vermögen besonders der ungenaue, elliptische Zusammenbau der Ringe und die unrichtige Verpressung der Mehrausbrüche hinter den Ringen so starke konzentrierte exzentrische Anfangsspannungen zu wecken, daß in der Auskleidung starke Biegebeanspruchungen und zunehmende Deformationen auftreten. Risse und Spannungsspitzen zeigen sich vornehmlich im Gewölbescheitel und in den unmittelbar an ihn sich anschließenden Elementen.

Bei den in karbonzeitlichem Ton angelegten Tunneln stellte man fest, daß sich die Dehnung des waagerechten Ringdurchmessers mit der Zeit stark verlangsamte (Abb. 150) und daß die Normalkräfte rascher anstiegen als die Biegemomente, daß sich also die Seitendrücke intensiver vergrößerten als die lotrechten (Anspannen!). Aus der Öffnung der benachbarten Tunnelröhre ergaben sich keine ins Gewicht fallenden Mehrbelastungen, sofern die Verschraubung der Tübbings miteinander noch nicht fest angezogen und somit eine Verdrehung der einzelnen Elemente relativ zueinander noch möglich war. Sonst spiegelt sich der benachbarte Tunnel im Spannungsdiagramm in Gestalt einer annähernd 50%igen einseitigen Überbeanspruchung wider. Bei regelrechter Ausführung wurden ausschlaggebende Abweichungen zwischen den gemessenen und den berechneten Spannungen nicht beobachtet.

Sehr maßgeblich wird die Ausbildung und Verteilung der Drücke durch die Verpressung der Hohlräume hinter den Auskleidungselementen beeinflußt. Die

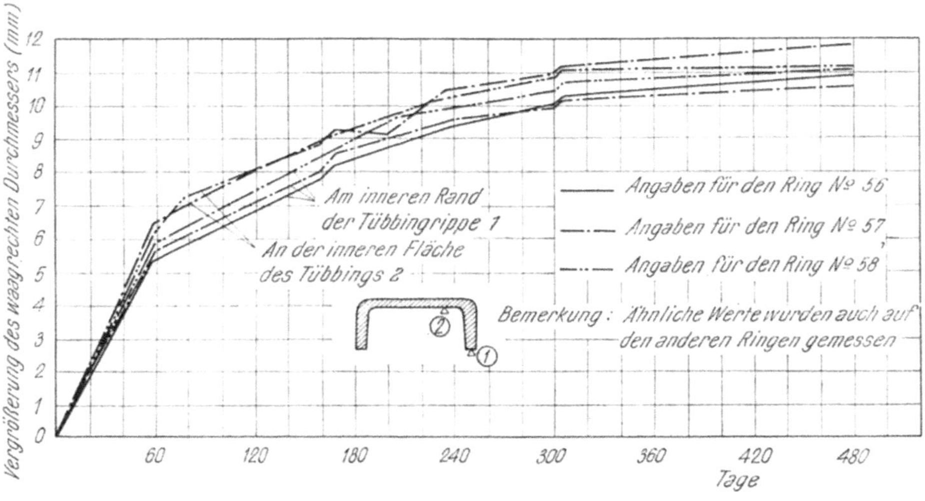


Abb. 150. Fortschreitende Zunahme des waagerechten Durchmessers eines kreisförmigen Tunnels im Karbon-Ton

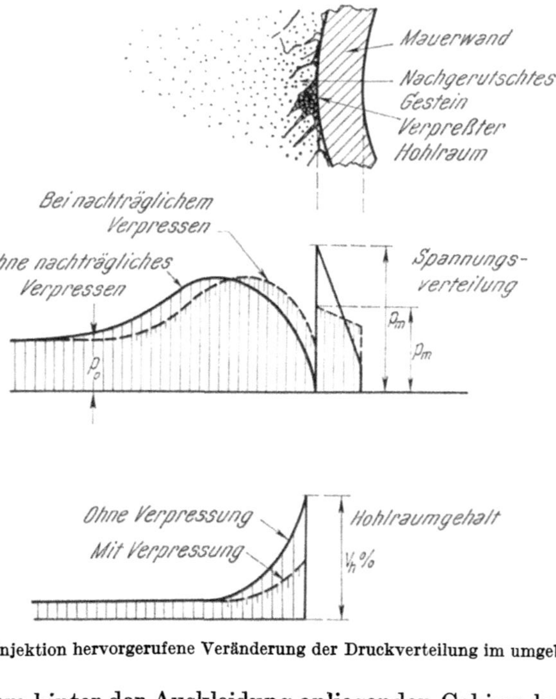


Abb. 151. Durch Injektion hervorgerufene Veränderung der Druckverteilung im umgebenden Gebirge

Spannungen in dem hinter der Auskleidung anliegenden Gebirge lassen sich durch eine Verpressung gemäß Abb. 151 auf einen weit kleineren Gebirgsbereich beschränken, und auch die in der Auskleidung auftretenden Spannungsspitzen können — letzten Endes dank der Verkleinerung des Hohlraumvolumens — vermindert werden.

Abb. 152 veranschaulicht demgegenüber die Auswirkungen einer *unvollkommenen Verpressung* auf die Spannungsverteilung um den Hohlraum. Im gegebenen Fall handelt es sich um die Durchschnittsergebnisse der Probebelastung eines unterirdischen Gasbehälters, der mit einer geschweißten 6 mm dicken Stahlblechauskleidung versehen ist [66]. Unter dem gleichmäßigen Innendruck von 15 atü hätte in der Stahlwand des Kreisringes durchwegs eine Ringspannung von 1134 kg/cm² auftreten müssen. Demgegenüber ergaben sich im Scheitel und in der Sohle, wo die Auskleidung wegen der mangelhaften Verpressung nicht satt auflag, Spannungsspitzen, die die Durchschnittswerte weit überstiegen.

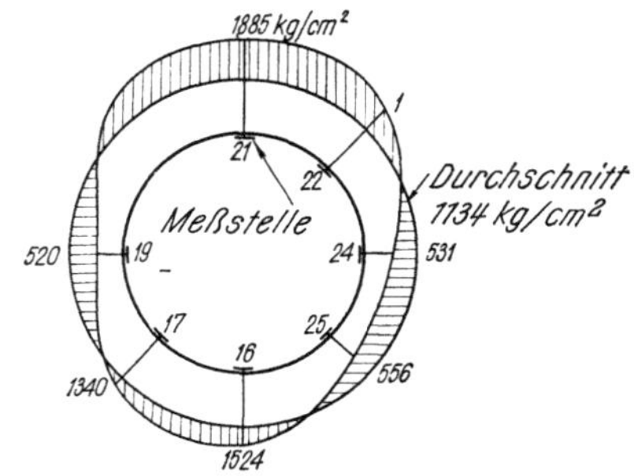


Abb. 152. Durch fehlerhafte Injektion hervorgerufene Ungleichmäßigkeit der Spannung in der Stahlblechauskleidung eines unterirdischen Gas-Speichers

Außer den durch die Mängel der Verpressung verursachten Spannungsunterschieden wurden bei weiteren Belastungssteigerungen in den Ausmaßen des Spannungsanstiegs deutliche Abweichungen in Firste und Sohle beobachtet, eine Tatsache, die nun schon darauf schließen ließ, daß sich Unterschiede zwischen den lotrechten und den waagrechten Gebirgsdrücken ergeben würden. *Das Verhältnis der Neigungen jener Geraden, die die Steigerung anzeigen, scheint sich auch zur Bestimmung der Seitendrücke zu eignen,* weil die nach Behebung der Verpressungsmängel vorhandenen Drücke die im Gestein herrschenden aktiven Drücke gewissermaßen „abheben". Nach den Versuchen entspricht die Neigung der beiden Geraden dem Quotienten $\lambda = \frac{460}{1200} = 0{,}382$, ein Wert, der für den in Rede stehenden, mit Flinthorn durchsetzten Dolomit erfahrungsgemäß als durchaus richtig akzeptiert werden kann.

Die Ergebnisse der in der Praxis des Tunnelbaues durchgeführten Gebirgsdruckmessungen lassen jedenfalls erkennen, daß sich die Drücke um den Hohlraum herum stetig verteilen und daß ihr in der Firste auftretendes Maximum nach den Kämpfern hin abnimmt (vgl. Abb. 144 und 152). Aus diesem Grunde wird man der Berechnung der Beanspruchungen mit größerer Berechtigung radial gerichtete Belastungen zugrunde legen und die Belastungsfigur nicht aus gleichmäßig verteilten lotrechten und aus ebenfalls gleichmäßig verteilten waagrechten Drücken auftragen. Der hieraus für das maßgebende Biegemoment resultierende Unterschied ist sehr beachtlich, denn während für das kreisquerschnittige Profil bei einer aus gleichmäßig verteilten Belastungen bestehenden Beanspruchung (vgl. Kap. 4.3.2.2.) $M = \pm\, q(1 - \lambda)\, 0{,}25 \cdot r^2$ gilt, worin $q$ die Intensität der lotrechten, $\lambda q$ hingegen die der waagrechten Belastung bezeichnet), ist bei stetiger Verteilung (s. Kap. 4.4.1.41) $M = \pm\, 0{,}15 q\, (1 - \lambda)\, r^2$. Die Abweichung erreicht demnach 40%.

### 3.6.5. Druckbestimmung im Modellversuch

Die zahlenmäßige Bestimmung oder die Kontrolle der in der Natur auftretenden Gebirgsdrücke durch Versuche an Modellen erweist sich als überaus schwierig, weil die Öffnung eines dem Modellmaßstab gerechten Hohlraumes in den in das

Modell eingebauten, der Natur entnommenen Schichten in diesen ganz andere Spannungen und Deformationen auslöst, als sie unter natürlichen Verhältnissen auftreten. Will man ebensolche Verformungserscheinungen hervorrufen, wie sie sich in der Natur ergeben, müssen dem Modellmaßstab entsprechend auch die Deformations- und Festigkeitseigenschaften des in das Modell eingebauten Materials verändert werden. Die neuere Forschung — vornehmlich im Bergbau — trachtet denn auch mehr und mehr, in die Modelle sogenannte „*äquivalente*" *Materialien* einzubauen, die dank der maßstabsgerechten Änderung ihrer Festigkeits- und Verformungseigenschaften die im Gefolge der Hohlraumöffnung auftretenden Druck- und Deformationsänderungen richtig, d. h. mit den tatsächlichen Verhältnissen übereinstimmend wiedergeben.

*Äquivalente Materialien* bzw. Modelle aus äquivalenten Materialien nennt man solche [67], bei denen Materialien verwendet werden, deren mechanische Eigenschaften zu den Gesteinseigenschaften in einem bestimmten Verhältnis stehen, das vom Maßstab des Modells abhängt. Nach Panow und Ruppeneit [67] gewährleisten die verwendeten äquivalenten Materialien eine Ähnlichkeit folgender Kennziffern: des Proportionalitätsmoduls der Spannungen und Verformungen, der Bruchfestigkeit für Druck, Zug und Scherung (bei verschiedenen Normalspannungen auf der Scherfläche) d. h. mit anderen Worten eine Ähnlichkeit des Verlaufes der Mohr'schen Kurven. Für die Nachbildung von Sandstein, Sand- und Tonschiefer werden Mischungen aus Gips und Sand, für die von Tonen und Letten Mischungen aus Sand und Paraffin verwendet. Der Ausbau wird in den Modellen durch besondere, hauptsächlich auf der Anwendung von Hebeln beruhende Meßvorrichtungen dargestellt, deren Nachgiebigkeit ebenfalls unter Berücksichtigung des Modellmaßstabs festgesetzt wird. Die Modelle werden in Maßstäben von 1:10 bis 1:20 gebaut.

Im Gegensatz zu dieser sich im Bergbau langsam einbürgernden Methode seien die sorgfältigen Modellversuche erwähnt, die mit dem hier geschilderten Ziel dem Bau des Berner *Donnerbühl*-Tunnels vorangegangen und mit tatsächlichen Bodenarten (von entsprechend verkleinerter Körnung) durchgeführt worden waren [68].

Diese Modellversuche führten zu der Feststellung, daß der Gebirgsdruck im allgemeinen durch die Beziehung

$$p = \gamma H A + c B$$

ausgedrückt werden kann, in der $H$ die geometrischen Ausmaße der auf dem Tunnel lastenden Gesteinsmasse und $\gamma$ deren Raumgewicht bezeichnet, während $A$ und $B$ dimensionslose Beiwerte sind, deren Größe im allgemeinen von $\varphi$ und $c$ (Scherfestigkeit des Gesteins) sowie vom Verhältnis der lotrechten zu den waagrechten Ausmaßen der auflastenden Gesteinsmasse abhängt. Sind $\gamma$, $\varphi$ und $c$ am Modell dieselben wie in der Natur, erhält man das erste Glied der Formel am Modell maßstabgerecht, sofern man mit dem Verkleinerungsfaktor multipliziert. Das zweite Glied hat dann am Modell bereits denselben Wert wie in der Natur.

Im gegebenen Fall waren die am Modell gewonnenen Meßergebnisse bei geringen Überlagerungshöhen gleich dem geostatischen Druck; im weiteren näherten sie sich den nach der Theorie von Terzaghi ermittelten Werten, sobald die Überlagerungshöhe die Größe des Rohrdurchmessers überschritten hatte.

Die Seitendrücke lagen demgegenüber höher als die anhand der üblichen Rankineschen Reduktion ermittelten Werte, eine Tatsache, die damit erklärt wurde, daß der Gleitwiderstand wegen der beim Schildvortrieb auftretenden geringfügigen Risse und wegen der geringen Deformationsmöglichkeiten nicht zustande kommen konnte. [56]

Auch die früheren Modellversuche YAMAGUTIS (69] haben bestätigt, daß die Unterschiede zwischen First- und Seitendrücken für gewöhnlich *unter* den theoretisch ermittelten Werten bleiben.

### 3.6.6. Die wichtigsten Druckmeßgeräte

Die auch in Ungarn in Verwendung stehende Meßdose System *Philips*, deren Aufbau aus Abb. 153 ersichtlich ist, beruht auf folgendem Arbeitsprinzip: Der

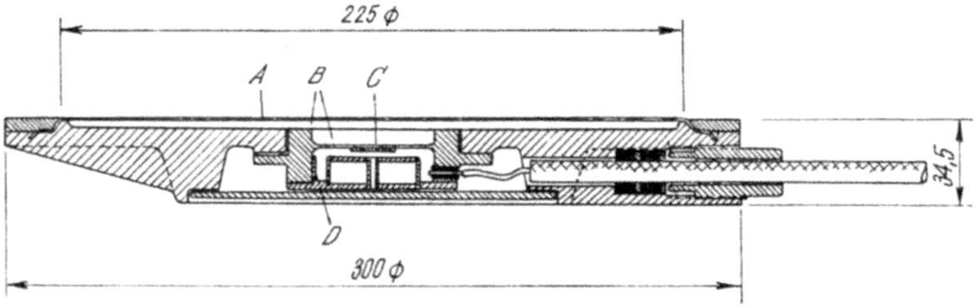


Abb. 153. Querschnitt der Philips-Meßdose

Gebirgsdruck wirkt auf die großflächige (225 mm) äußere Membrane ($A$) einer im Durchmesser 800 mm messenden ölgefüllten Dose mit doppelter Membrane. Die Verformung der äußeren Membrane wird durch das Öl im Raum ($B$) auf eine kleinere Innenmenbrane ($C$) bzw. auf einen auf dieser aufgeklebten Dehnungsmeßstreifen übertragen, der auf die Verformung überaus empfindlich reagiert. Er besteht aus zwei Papierblättchen, zwischen denen ein sehr dünner Kupferdraht im Zickzack angebracht ist. Bei Dehnung der Meßstelle erleidet der Draht eine Verlängerung, die der Zahl der Zickzackwellen und somit auch der Widerstandsänderung proportional ist, so daß schon kleinste Dehnungen mit einem Schwachstrom-Meßgerät als Widerstandsänderungen genau registriert werden können.

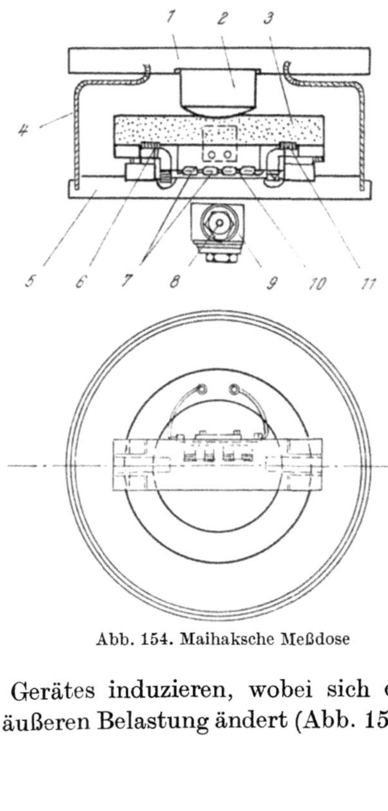


Abb. 154. Maihaksche Meßdose

Die Maihaksche Meßdose registriert die Änderung des Stromes, den die an Saiten aufgehängten Elektromagneten des Gerätes induzieren, wobei sich die Straffheit der Saiten in Abhängigkeit von der äußeren Belastung ändert (Abb. 154).

Für den Bau der Budapester Untergrundbahn hat der Lehrstuhl für Maschinenbau- und Fertigungstechnik an der Budapester Technischen Universität die Ránkische Meßdose mit Ölpolster und Membrane entwickelt, deren Arbeitsweise in Abb. 155 dargestellt ist. Auch bei diesem Gerät überträgt die äußere größere Druckplatte den von ihr unmittelbar aufgenommenen Druck auf eine kleinere Innenmembrane, deren Ausschläge von einer Meßuhr mit einer Genauigkeit von 0,001 mm mechanisch angezeigt werden. Der empfindliche elektrische Geber entfällt demnach bei diesem Gerät, so daß es nur Ablesungen an der Meßstelle selbst, also keine Fernanzeige ermöglicht.

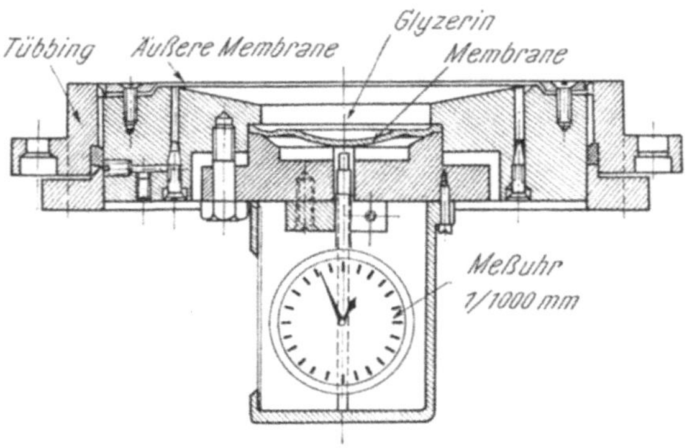


Abb. 155. Direkt wirkende Öl-Polster-Meßdose von RÁNKI

Verbreitet stehen auch akustische sowie Meßsaiten- und Luftdruckgeräte in Verwendung.

Das *Meßsaitengerät*, eine englische Konstruktion, mißt die spannungsbedingten Änderungen der Schwingungszahl einer gespannten Meßsaite, das *akustische* Gerät (Coyne) hingegen die gleichfalls durch den Druck ausgelösten Änderungen von Schallschwingungen.

Die theoretische Grundlage dieser Geräte ist folgende:

Die Vibrationsfrequenz ($f$) einer gespannten Saite schreibt sich nach MERSENNES Gesetz:

$$f = \frac{1}{2l}\sqrt{\frac{P}{m}} = \frac{1}{2l}\sqrt{\frac{P}{G \cdot g}},$$

wobei $P$ die Zugkraft, $m$ die Masse, $G$ das Gewicht der Saite pro Längeneinheit und $l$ ihre Länge bezeichnen.

Nach dem Hookeschen Gesetz ist jetzt die spezifische Formänderung der Saite $\varepsilon = \frac{\sigma}{E} = \frac{P}{EF}$; setzt man jetzt den in der obigen Gleichung ausgedrückten Wert von $P$ ein, erhält man für

$$\varepsilon = \frac{4l^2 \cdot f^2 \cdot G}{g \cdot E \cdot F}$$

und gelangt mit dem Einheitsgewicht $\varrho$ statt $G/F$ zu

$$\varepsilon = \frac{4l^2 \cdot f^2 \cdot \varrho}{g \cdot E}$$

Wenn man die spezifische Dehnung einmal bei einer Frequenzzahl von $f_1$ und einmal bei einer anderen Frequenzzahl $f_2$ mißt, läßt sich schreiben:

$$\Delta\varepsilon = \varepsilon_2 - \varepsilon_1 = \frac{4l^2 \cdot \varrho \cdot (f_2^2 - f_1^2)}{g \cdot E}. \qquad (79)$$

Auf dieser Grundlage wird eine spezifische Formänderung auf der Saite ermittelt und die resultierende Veränderung in der Frequenzzahl gemessen.

Die auf diesem Prinzip aufgebauten Meßvorrichtungen werden nach dem in Abb. 156 dargestellten Schema konstruiert. Sie bestehen aus einem L-förmigen Metallstab, deren kürzerer Schenkel mit einer Meßschneide ($A$) versehen ist, deren

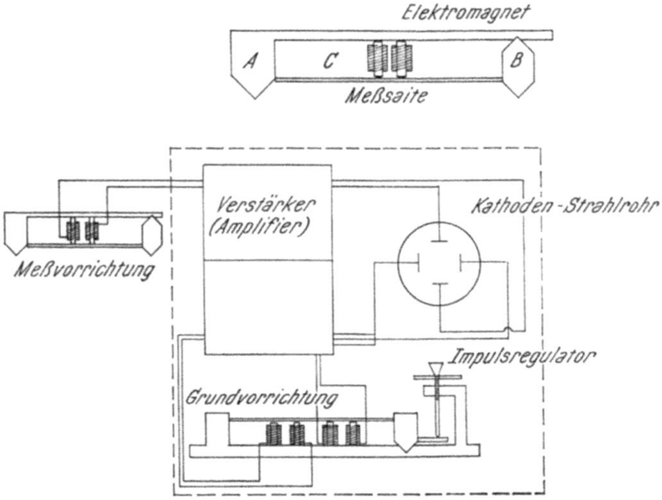


Abb. 156. Prinzipskizze des akustischen Dehnungsmeßgerätes (MAIHAK)

längerer Schenkel dagegen eine Auskerbung hat, in der ein kurzer Meßstab ($B$) aufsitzt, der an beiden Enden scharf abgekantet ist. Das untere dient als Meßschneide, während das obere in der Auskerbung aufsitzende Ende die durch den Meßvorgang erforderten kleinen Verdrehungen ermöglicht. Zwischen den beiden Meßschneiden wird eine hochfeste Stahlsaite ($C$) ausgespannt, die durch den vom Elektromagnet ($E$) ausgeübten elektrischen Impuls in Vibration gebracht wird. Das Oszillationsbild wird durch das elektrische System nach Vergrößerung in einem Kathodenstrahl-Oszilloskop registriert. Jegliche relative Verschiebung der Meßschneiden ruft eine Spannung in der Meßsaite $C$ hervor und verändert damit ihre Frequenzzahl. Diese Veränderung wird wieder durch das schematisch dargestellte elektrische System registriert und ermöglicht den oben nach Gl. (79) abgeleiteten Spannungsnachweis.

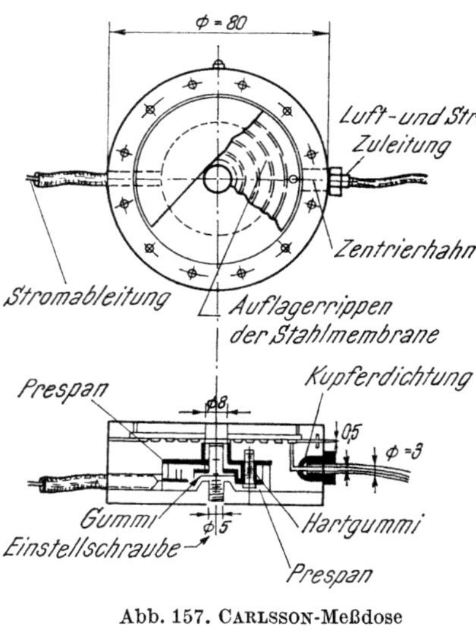


Abb. 157. CARLSSON-Meßdose

Die in der amerikanischen Praxis am meisten benützten *Luftdruck-Meßdosen* (Goldbeck, Carlsson usw.) arbeiten dagegen nach folgendem Prinzip (Abb. 157).

Den Gebirgsdruck überträgt eine 0,5 mm starke äußere Stahlplatte, die auf einer zentrisch eingebauten ebenen Berührungsfläche von 6 mm Durchmesser aufliegt. Bei Füllung des Gefäßes mit komprimierter Luft wird der Kontakt in dem Augenblick, da der meßbare und der äußere Druck im Gleichgewicht sind, zusammen mit dem Stromkreis unterbrochen, was sich einwandfrei registrieren läßt. Die absolut trockene Druckluft und der Strom wird der Dose auf der einen Seite zugeführt, während die Stromausführung auf der anderen Seite liegt. Die Genauigkeit des Meßgerätes kann mit einer am Gehäuseboden angebrachten Stellschraube geregelt werden.

Außer mit Meßdosen lassen sich die im Tunnelmauerwerk auftretenden Drücke bzw. Verformungen auch mit Meßstempeln und Radialpressen ermitteln, die in die Tunnelauskleidung eingebaut werden und nach dem hydraulischen Prinzip arbeiten. Ihre nähere Beschreibung würde jedoch über den Rahmen dieses Buches hinausgehen [70].

## 3.7. Wasserdrücke

Tunnel werden — sofern sie unter dem Grundwasserspiegel liegen — häufig nicht nur durch äußeren Gebirgs- oder Erddruck, sondern auch durch äußeren Wasserdruck beansprucht. Insbesondere bei Tunneln, die oberflächennahe jüngere wasserdurchlässige Schichten durchörtern, d. h. also in erster Linie bei den Röhren von Untergrundbahnen und bei Unterwasser-Straßentunneln muß auch mit äußerem Wasserdruck gerechnet werden, ja bei diesen ergibt sich — wie noch gezeigt werden wird — der größere Teil der Beanspruchung eben aus dem Wasserdruck.

Zum Unterschied vom Gebirgsdruck kommt der äußere Wasserdruck in der Regel ohne jede Reduktion zur Geltung, und dies vornehmlich dort, wo die Hohlräume im Gebirge durch ein zusammenhängendes, nach unten hin von einer wasserdichten Schicht begrenztes Wasseradernetz verbunden sind.

In zusammenhängenden Wassernetzen ist der Wasserdruck größenmäßig überall gleich dem hydrostatischen Druck und senkrecht auf die beanspruchten Flächen gerichtet. Dies ist der Fall vor allem in Sedimentgesteinen, während in Eruptivgesteinen frei strömendes Wasser nur selten anzutreffen ist. Dessenungeachtet kann auch in dem zusammenhängenden Netz von Klüften solcher Gebirgsarten der volle hydrostatische Druck zustande kommen. Ein derartiger Zustand vermag sich beispielsweise auf die Bemessung der Auskleidung von Druckstollen sogar günstig auszuwirken. Andererseits führt gespanntes Kluftwasser z. B. in noch nicht endgültig ausgebauten Stollen zur Auflockerung des Gebirges und zu Brüchen in Firste und Ulmen. Frei strömendes Wasser wird sich also in solchen Fällen als weniger gefährlich erweisen. Mit niedrigerem als dem hydrostatischen Druck darf man vor allem bei *provisorischen unterirdischen Konstruktionen* (Schildbrust, vorübergehende Verschlüsse) rechnen, sofern man in sehr wenig wasserdurchlässigem Boden arbeitet und selbst die Wahrscheinlichkeit von Wassereinbrüchen aus höher anstehenden wasserreichen Schichten — etwa an Rissen entlang — ausgeschlossen ist. Mitunter werden auch Tonschichten durchfahren, in deren Klüften millimeterdünne schluffige Sandschichten eingebettet sind. Durch diese sickert das Wasser der Tunnelauskleidung überaus langsam zu.

Ehe sich diese ganz geringfügigen Wassermengen bis zur hydrostatischen Höhe ansammeln, bedarf es einerseits geraumer Zeit, andererseits genügt schon ein ganz geringes Lecken der Auskleidung oder ein geringfügiges Sickern durch die Ausmauerung zur Ableitung des Wassers und zur Herabsetzung des hydrostatischen Druckes. In derartigem, von dünnen wasserführenden Schichten durchsetztem Boden wurden beim Bau der Budapester Untergrundbahn noch nach Jahren Drücke gemessen, die unter dem hydrostatischen Druck lagen (vgl. Kap. 6.3.2.3.). Bei solcher Bodenschichtung konnte überdies eine ungleichmäßige Verteilung des Wasserdruckes über den Profilumfang beobachtet werden. Wo die Auskleidung an die wasserführende Schicht satt angemauert war, trat keinerlei Wasserdruck auf, an Stellen mit Resthohlräumen hinter der Auskleidung dagegen wurde bisweilen der volle hydrostatische Druck gemessen. Es sind also Fälle denkbar, in denen sich der Wasserdruck deshalb nicht an der ganzen Fläche geltend macht, weil das Wasser zu einzelnen Teilen der Auskleidungsfläche keinen Zutritt hat.

Der volle hydrostatische Druck darf demnach in Betracht gezogen werden, wenn der anstehende wasserdichte Boden so wenig zerklüftet oder mit wasserdurchlässigen Schichten durchsetzt ist, daß die durchsickernden Wassermengen durch die Poren oder durch Leckstellen des Mauerwerks hindurch eine stetige Ableitung finden oder dank einer guten Belüftung sogar verdunsten können. Auch hier zeigen sich die großen Vorteile einer sorgfältigen Entwässerung des Hohlraumes, weil sie diesen nicht nur trocken hält, sondern auch den auf ihm lastenden Druck und die an seiner Auskleidung angreifenden Kräfte vermindert (Abb. 158). Wie aus dieser Darstellung klar hervorgeht, bildet der *Ruhewasserdruck* den gefährlichsten Fall der Beanspruchung des Ausbaues durch Wasserdruck, während der durch die stetige Ableitung gesicherte *Strömungsdruck* den günstigsten Belastungsfall darstellt. Zur Ableitung bedarf es freilich geeigneter Entwässerungseinrichtungen und ihres ständigen Betriebes. Überdies darf nicht übersehen werden, daß *das aufwärts strömende Wasser die Tragfähigkeit des Bodens* zu gefährden vermag, weil es einen hydraulischen Grundbruch und damit eine starke Senkung der Tunnelröhre herbeiführen kann. Hierbei ergibt sich eine ähnliche Lage wie bei dem in Abb. 159 rechts dargestellten Versuch, bei dem das Gewicht $W$ infolge des aufwärts gerichteten Strömungsdruckes plötzlich in den Boden einsinkt, sobald der Wert $\frac{h}{H} = i$ des hydraulischen Gefälles die Einheit erreicht. Da aber diese Verhältniszahl $\frac{\Delta t}{t + m}$ (s. Abb. 159 links) nur bei relativ sehr hohen Tunnelprofilen oder bei ganz geringem Sinken des Wasserstandes kleiner sein wird als die Einheit, wird man

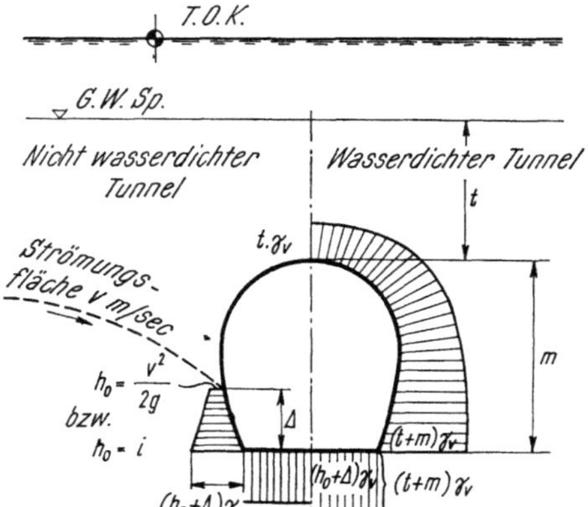


Abb. 158. Auf den Tunnel wirksamer Wasserdruck
a) auf durchlässige,
b) auf undurchlässige Tunnelauskleidung

ein Zusickern in den Tunnel in Sandböden nur dann hinnehmen dürfen, wenn das Eindringen von Bodenkörnern durch sorgfältiges Filtern unter allen Umständen verhindert werden kann. Vorteilhaft wirkt es sich im Sinne der Abb. 159 auch aus, wenn man das Wasser an der Sohle des Bauwerks eintreten läßt und diese mit einer Seige genügend großen Querschnitts versieht, so daß durch die Ableitung der

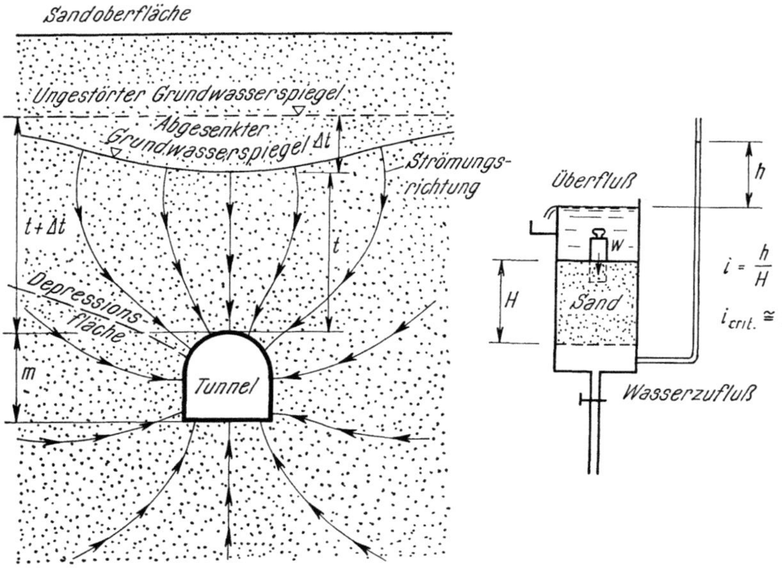


Abb. 159. Die Auswirkung von Grundwasserströmung und die damit verbundene hydraulische Grundbruchgefahr an der Tunnelsohle (nach TERZAGHI)

von ihr aufgenommenen Wassermengen der Grundwasserspiegel in der Umgebung des Tunnels gesenkt, dieser also als große Sickerrinne in das System einbezogen werden kann. Der statische Druck sinkt damit auf ein Minimum ab, während der Strömungsdruck ($h_0$) im Hinblick auf die geringen Geschwindigkeiten und Wassermengen in der Mehrzahl der Fälle völlig vernachlässigbar ist. Weichen indes die Verhältnisse von den geschilderten ab, dann stauen sich die Wassermengen, so klein auch Sickergeschwindigkeit und Wassedruck sein mögen, langsam am Tunnelmauerwerk hoch, um schließlich dieses nach einer gewissen Zeit mit dem dem vollen Ruhedruck entsprechenden statischen Druck zu beanspruchen.

Muß bei einem Tunnel mit Wasserdruck gerechnet werden, wird man in die Rechnung selbstverständlich auch den *Auftrieb* einbeziehen und dementsprechend das Raumgewicht des wassergesättigten Bodens aus der bekannten Formel

$$\gamma' = (\gamma_s - \gamma_w)\,(1 - n)$$

ermitteln müssen.

In jenen Fällen, in denen der Tunnel zwar eine völlig wasserundurchlässige Schicht durchörtert, die jeden Wasserzutritt an die Röhre verhindert, jedoch von unmittelbar über ihr anstehenden wassergesättigten Bodenschichten überlagert ist, braucht bloß das Raumgewicht des wassergesättigten Bodens als von oben her wirksame Schichtbelastung

$$\gamma'' = (1 - n)\,\gamma_s + n \cdot \gamma_w$$

berücksichtigt zu werden. Durch Wasserdruck wird der Querschnitt nicht beansprucht.

Die Wirkung des Wassers äußert sich jedoch nicht bloß als unmittelbar angreifende äußere Kraft, sondern auch darin, daß die durchnäßten Gesteinsmassen wegen ihrer geringeren Kohäsion und der dadurch bedingten stärkeren Auflockerung mit einem größeren Gewicht auf den Tunnel lasten, d. h. einen stärkeren Gebirgsdruck ausüben.

In Druckstollen macht sich der Wasserdruck sowohl als äußere als auch als maßgebende innere Beanspruchung geltend, und zwar stets mit dem der Druckhöhe entsprechenden, senkrecht auf die Innenfläche gerichteten hydrostatischen Wert (vgl. Kap. 4.3.4.).

## 3.8. Nutzlasten

### 3.8.1. Innendrücke

Die Beanspruchungen durch Verkehrslasten, d. h. durch Gewicht und Geschwindigkeit der im Tunnel verkehrenden Fahrzeuge bzw. der in ihm beförderten Güter sind im Vergleich mit dem äußeren Gebirgs- und Wasserdruck verschwindend klein. Aus diesem Grunde werden die Innenlasten bei der Bemessung im allgemeinen nur bei jenen Untertagbauten (Druckstollen- und Schächten, unterirdischen Gasbehälter usw.) berücksichtigt, die im Betrieb unter hohen Innendruck geraten, und dies um so mehr, als dieser den äußeren ausgleicht und für die Beurteilung der Sicherheit in der Regel der leere Hohlgang maßgebend sein wird. Eine Ausnahme hiervon bilden jedoch

*a*) *die geschlossen rechteckquerschnittigen monolithischen Stahlbetonprofile* von Unterpflasterbahnen, bei denen einem relativ geringen Erdgewicht und Erddruck die durch den Zugverkehr bedingte starke Innenlast gegenübersteht, zumal die unmittelbare Beanspruchung der Sohlenplatte im Hinblick auf die große Breite des Rechteckquerschnittes keineswegs vernachlässigt werden darf;

*b*) die bereits erwähnten Druckstollen für Druckwasserleitungen, in denen der Innendruck das Ausmaß der äußeren Gebirgs- bzw. Erd- und Wasserdrücke wesentlich übersteigt und überdies überaus gefährliche Zug- und Biegespannungen hervorruft;

*c*) Tunnel, die außergewöhnlich weiches Lockergestein durchörtern, die also von Massen umgeben sind, die sich wie Flüssigkeiten verhalten und als asymmetrische äußere Belastung maßgebende lokale Biegespannungen auslösen können.

### 3.8.2. Oberflächenlasten

Wie bei der Beanspruchung von Unterwassertunneln spielen die aus der städtischen Bebauung und dem Straßenverkehr sowie die aus Versorgungsleitungen über den Tunnelröhren stammenden Belastungen eine gewisse Rolle. In Ungarn sind sie nach den Vorschriften für Straßenbrücken in Rechnung zu stellen, während sie beim Bau der Moskauer Untergrundbahn auf Grund einer Lastverteilung unter 45° ohne Stoßzahl berücksichtigt werden (vgl. Kap. 3.9.). Im allgemeinen kann ihre Wirkung bei Überlagerungshöhen von mehr als 8 m bereits vernachlässigt bleiben.

## 3.9. Lastannahmevorschriften

Wie schon aus den Darlegungen der vorangehenden Abschnitte erhellt, bildet die Belastungsannahme das schwerste Problem, weil es nachgerade unmöglich erscheint, sämtliche Faktoren (Gebirge, Bodenart, Bauweise, Starrheit der Auskleidung, Formgebung usw.) in einheitlichen, fest umrissenen Regelvorschriften festzulegen. Aus diesem Grunde werden einheitliche Lastermittlungsvorschriften sowohl für Tunnel als auch für Stollen nur in ganz seltenen Ausnahmefällen erlassen, so daß sich die Lastannahme für jeden einzelnen Tunnel und für jedes sonstige Untertagebauwerk in der Regel nach den gegebenen Umständen richtet. Einige allgemeine Regeln werden in den folgenden Darlegungen immerhin aufgezeigt, und als Beispiele sollen auch drei konkrete Vorschriften erörtert werden.

### 3.9.1. Lastermittlungsgrundsätze für tiefliegende Tunnel in festem Fels

1. Die Gleitflächen, die sich *in der Eingangsstrecke des Tunnels* ausbilden, reichen bis an die Erdoberfläche hinauf (Abb. 160 I).

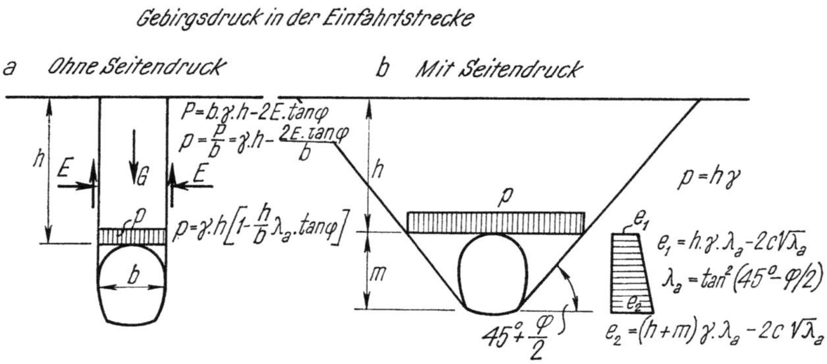


Abb. 160 I. Übliche Belastungsannahmen beim Tunneleingang (Portalquerschnitt)

*In Fels mit großer Kohäsion* tritt kein Seitendruck auf, den Belastungskörper begrenzen demnach die durch den äußersten Rand der Tunnelleibung verlaufenden lotrechten Ebenen.

An diesen Flächen tritt selbstverständlich Ruhedruck auf, die Belastungskraft ergibt sich also als Differenz zwischen dem Gewicht der abbrechenden Bodenmasse einerseits und der aus dem beiderseitigen Erddruck resultierenden Schubkraft andererseits, die dem Eigengewicht des Bruchkörpers entgegenwirkt (Abb. 160 I a).

*In zerrüttetem, lockerem Gebirge* sowie in Böden treten nebst lotrechten auch Seitendrücke auf, wobei die Lastkörper nicht von lotrechten, sondern von zwei gegen die Waagerechte unter einem Winkel von $(45° + \varphi/2)$ geneigten Gleitflächen begrenzt sind. Die Vertikalbelastung errechnet sich zu $p = h \cdot \gamma$, während die Figur der waagerechten Drücke die Trapezform annimmt (Abb. 160 I b).

Genauer läßt sich der Belastungskörper in der Eingangsstrecke des Tunnels durch Ermittlung der theoretischen Böschung bestimmen. Die außerhalb der theoretischen Böschung liegenden Gesteinsmassen sind an sich standfest, einer Abstützung bedürfen also nur die umschlossenen Teile. Die Spannungsdiagramme haben eine ähnliche Form wie im zuvor behandelten Fall, doch sind die angreifenden Kräfte weniger groß.

2. *Mit dem weiteren Vordringen in das Berginnere* erreicht der Ausbruch eine Stelle, von der ab die Gleitflächen nicht mehr an die Erdoberfläche hinauslaufen, sondern die Schutzhülle sich ausbildet; den Tunnel belastet hier nur der spannungslose Körper. Bei Überlagerungshöhen von mehr als 30 bis 50 m kann die Tunnelauskleidung schon für diesen Belastungsfall bemessen werden.

Tritt kein Seitendruck auf, erhält man den Belastungskörper, indem man mit der rechnerisch ermittelten Höhe $h$ über den Tunnelquerschnitt die Parabel bzw. Ellipse aufträgt (Abb. 160 IIa).

Hat man auch mit Seitendruck zu rechnen, trägt man von den unteren Widerlager-Eckpunkten die in einem Winkel von $45° + \varphi/2$ gegen die Waagerechte geneigten Gleitflächen auf und bringt sie mit der Gewölbescheitelebene zum Schnitt. Auf die Schnittpunkte trägt man schließlich zur Umgrenzung des Lastkörpers die nach einer der erörterten Theorien berechnete Parabel mit der Höhe $h$ auf. Die Belastungsspannungen erhält man unmittelbar durch Aufteilung der Figur in Lamellen. In der Praxis pflegt man die Druckparabel auszugleichen. Zu diesem Zweck errichtet man in den äußersten Punkten der Tunnelleibung Lotrechte und gleicht den durch diese in drei Teile geteilten Druckkörper aus, um schließlich den Tunnel für die mittlere Spannung $p_1$ als lotrechte Belastung und für die aus den Spannungen $p_2$ berechenbaren Seitendrücke zu bemessen (Abb. 160 IIb).

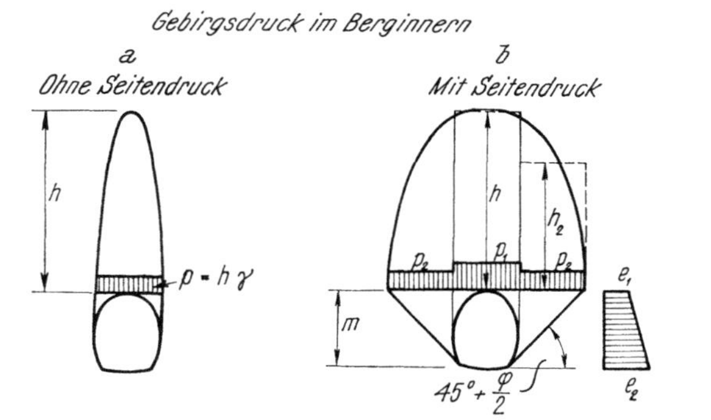


Abb. 160 II. Übliche Belastungsannahmen bei großen Überdeckungshöhen

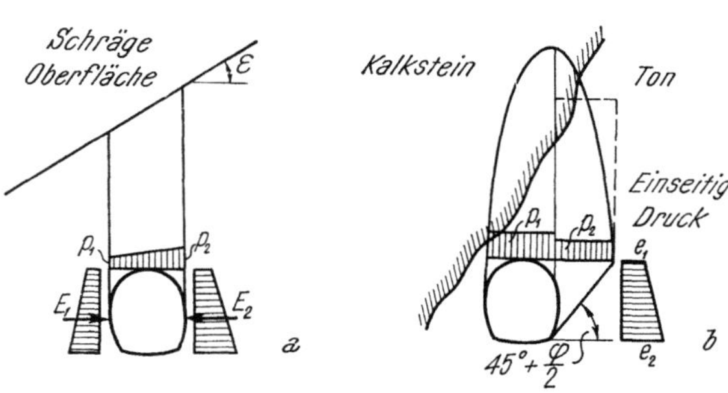


Abb. 161. Asymmetrische Belastungsfiguren infolge geneigter Oberfläche bzw. Wechsel der Gesteinsverhältnisse

3. *Eine schräge Oberflächenform* beeinflußt die Belastungsermittlung lediglich in der Eingangsstrecke. In solchen Fällen wird die lotrechte Belastung die Trapezform annehmen, während die aktiven Seitendrücke einander nicht gleich sein werden (Abb. 161).

In festerem Gestein — in welchem keine aktive Seitendrücke wirken — darf ein passiver Druck nur dann angenommen werden, wenn zwischen äußerer Widerlager- und Hangfläche ein Abstand von mindestens 10 bis 12 m vorhanden ist.

4. Eine Sonderstellung nehmen Tunnelstrecken an, die mit den Schichtgrenzen oder *mit Klüften oder Verwerfungsstreifen im Berginneren gleichlaufen* (Abb. 161 b). An diesen für die Profilbemessung kritischen Schwächestellen des Gebirges wird der Tunnel asymmetrisch belastet sein; auch übt die Gesteinsmasse waagerechte Drücke aus.

Auch hier sei nochmals hervorgehoben, was in Kap. 3.2.1. gesagt wurde, daß nämlich der Druck, wie er sich in festem Gebirge ausbildet, in außerordentlich hohem Maße von dessen Zustand abhängt. So tritt beispielsweise in völlig unversehrtem, klüftefreiem, gesundem Felsgestein überhaupt kein Gebirgsdruck auf. Die Bezeichnungen „geschichtet", „schiefrig", „massig", „durchsetzt", „zerklüftet", „zermalmt" usw. kennzeichnen den stufenweisen Übergang zu den Böden und bedeuten zugleich so viel, daß die Belastungszunahme mit zunehmend wachsenden Drücken zu rechnen hat. Ähnlich beeinflußt die Beurteilung der Belastungen der Wassergehalt des Gebirges, da das Wasser die Rutschflächen in Klüften und Rissen gewissermaßen „schmiert", und weil abgesehen von seiner Eigenlast auch die Wirkung in Betracht gezogen werden muß, die es auf den spezifischen Druck ausübt.

### 3.9.2. Lastermittlungsgrundlagen bei oberflächennah geführten Tunneln in durchnäßten Lockerböden

Liegt der Tunnel in geringer Tiefe ($H \leqq 2{,}5\,B$), ergibt sich die lotrechte Belastung aus dem Gewicht der gesamten über ihm anstehenden Massen. Tunnel, die unter dem Grundwasserspiegel verlaufen, sind demnach mit dem Gewicht der ihnen überlagerten Boden- und Wassermasse belastet. Bezeichnet also $h$ die Überlagerungshöhe, $t$ die Höhe der Wasserschicht und ist $t < h$, dann gilt für die Belastung

$$p_v = (h - t)\,\gamma_s(1 - n) + t[\gamma_s(1 - n) + 1 \cdot n], \tag{80}$$

wobei $\gamma_s$ die Wichte, $n$ hingegen das Porenvolumen des Bodens bezeichnet.

Die Lastermittlung kann je nach der gewählten Bauweise, der Lage des Tunnels und seiner Überlagerung Werte ergeben, die über oder unter dem geostatischen Druck liegen.

*Mit größerer Belastung* wird zu rechnen sein, wenn der Tunnel oberflächennah in einer breiteren Baugrube hergestellt wird, wenn sich also die Belastung aus der frischen, noch in Konsolidation begriffenen Hinterfüllung und Aufschüttung ergibt, oder wenn der Tunnel Dämme unterfährt und im voraus an der Oberfläche hergestellt wird, so daß er also weder durch eine frische noch in Konsolidation befindliche Aufschüttung belastet ist. In solchen Fällen überträgt sich nämlich — bedingt durch die Konsolidation und die größere Setzung — von den seitlich anliegenden Erdmassen her gewissermaßen „als negative Mantelreibung" auf den starreren Tunnel eine zusätzliche Belastung (vgl. Kap. 4.3.4.).

*Ein geringerer* als der geostatische *Druck* wird dagegen auf dem Tunnel lasten, wenn entweder die Festigkeit oder die Mächtigkeit der überlagernden Bodenschicht oder auch die gewählte Bauweise eine teilweise Übertragung des Gewichtes der Überlagerung auf die seitlich anstehenden, in ihrer Lage ungestörten Bodenschichten — sei es durch Überwölbung, sei es durch die Reibung — ermöglichen. Löst die Vortriebsart in der überlagernden Gesteinsmasse große Verformungen aus, wird sich ein tragendes Gewölbe ausbilden, welches die auf dem Tunnel lastenden Drücke herabsetzt. Bleiben dagegen die auffahrungsbedingten Verformungen klein, lösen sie also keinen Reibungswiderstand aus, wird die Gesteinsmasse den Tunnel mit dem ursprünglichen Druck beanspruchen. Hierzu ist zu bemerken, daß die Gewölbebildung bei Bemessung vorübergehender Einbauten tunlichst immer in Betracht zu ziehen ist, während sie bei Bemessung des endgültigen Ausbaues in Böden seltener berücksichtigt wird, und zwar eben wegen ihrer vorübergehenden Natur und im Hinblick darauf, daß die Drücke mit der Zeit erfahrungsgemäß hauptsächlich in Tonböden allmählich bis zum geostatischen Wert ansteigen (vgl. die Abb. 148 und 141 sowie Kap. 3.6.4.).

## 3.9.3. Auszug aus den Lastermittlungsvorschriften für die Untergrundbahn in Lissabon

Im Zusammenhang mit dem Bau der neuen Untergrundbahn wurden in Lissabon 1950 Lastannahmevorschriften zusammengestellt, die zum Großteil auf den Erfahrungen beim Bau der Untergrundbahnen in den Hauptstädten der romanischen Länder (Paris, Rom Madrid, Buenos Aires) fußen. Im Grunde genommen handelt es sich um eine oberflächennahe Trassenführung, wegen der hügeligen Oberflächenform des Stadtgebietes schwanken jedoch Überlagerungshöhe und Gebirgs- bzw. Bodenverhältnisse innerhalb weiter Grenzen. Die Röhren, die teils Basalt, teils tonige Deckschichten durchörtern, wurden zum Teil nach den klassischen Tunnelbaumethoden, zum Teil von der Oberfläche aus in offener Baugrube hergestellt.

Die Lastannahmevorschriften legen die maßgebenden Belastungswerte für die *vorübergehenden Einbauten*. Streckenzimmerungen und gesondert für die *endgültigen Auskleidungen* fest und behandeln die Lastermittlung überdies gesondert auch für die in offener Baugrube sowie für die nach den Tunnelbaumethoden herzustellenden Tunnel. Die *maßgebende Belastung für die vorübergehenden Einbauten beträgt 3200 kg/m²*.

Als Erddruck auf die *in offener Baugrube* herzustellenden Querschnitte ist nach den Vorschriften das Produkt aus dem vollen geostatischen Druck einerseits und einem der folgenden, vom Quotienten der Überlagerungshöhe ($H$) und der Bauwerksbreite ($B$) abhängigen und je nach der Gebirgs- bzw. Bodenart veränderlichen Faktoren andererseits anzunehmen:

| $\frac{H}{B}$ | 0,5 | 1,0 | 1,5 | 2,0 | 3,0 | 4,0 | 5,0 | 7,0 | 10,0 | 12,0 | 15,0 |
|---|---|---|---|---|---|---|---|---|---|---|---|
| Körnige, kohäsionslose Böden $\gamma = 1{,}6\ \text{t/m}^3$ % | 91,0 | 83,0 | 76,0 | 69,8 | 59,3 | 51,0 | 44,4 | 34,6 | 25,4 | 21,4 | 17,2 |
| Schluffiger Sand feucht $\gamma = 1{,}9\ \text{t/m}^3$ % | 92,2 | 85,2 | 78,9 | 72,2 | 63,5 | 55,2 | 49,0 | 38,9 | 29,2 | 24,8 | 20,1 |
| Durchnäßter Ton $\gamma = 2{,}1\ \text{t/m}^3$ % | 94,8 | 89,8 | 85,2 | 80,9 | 73,2 | 66,5 | 60,6 | 51,0 | 40,4 | 35,2 | 29,1 |

Die *Oberflächenlasten* (Gebäude- und Verkehrslasten) werden mit einem Ausbreitungswinkel von 45° angesetzt, und zwar sind sie unter Berücksichtigung ihrer Höchstwerte in die Berechnungen folgendermaßen aufzunehmen:

| | $t/m^2$ |
|---|---|
| an der Oberfläche | 6,0 |
| in einer Tiefe von $H = 1$ m | 5,0 |
| ,, ,, ,, ,, $H = 2$ m | 4,0 |
| ,, ,, ,, ,, $H = 3$ m | 3,0 |
| ,, ,, ,, ,, $H = 4$ m | 2,0 |
| ,, ,, ,, ,, $H = 5$ m | 1,0 |
| ,, ,, ,, ,, $H = 6$ m | 0,0 |

*Aus der Nutzlast der je 40 t wiegenden Untergrundbahn-Fahrzeuge* und aus der Sohlplatteneigenlast wird der Höchstwert der Sohlenreaktion zu 0,36 $kg/cm^2$, ihr Kleinstwert zu 0,13 $kg/cm^2$ angenommen. Die Höhe $h_p$ der Gesteinsmassen, die auf den nach Tunnelbaumethoden aufgefahrenen Röhren lasten, ist je nach der Beschaffenheit der überlagernden und anliegenden Bergart mit unterschiedlichen Werten angesetzt. Unterschiedlich hoch sind auch die $h_p$-Werte festgelegt, wie sie bei Beginn des Vortriebes und nach dem Abklingen des Auflockerungsprozesses in die Berechnungen einzusetzen sind. Schließlich ist die jeweilige Kombination der Höchst- und der Kleinstwerte mit den Seitendrücken für den ungünstigsten Belastungsfall vorgeschrieben.

In *Sand- und Schluffböden* sind in den Belastungskombinationen folgende maximale und minimale Bodensäulenhöhen ($h_p$) einzusetzen:

| Bodenart | | Über dem Grundwasser | | Unter dem Grundwasser | |
|---|---|---|---|---|---|
| | | $h_{p\,min}$ | $h_{p\,max}$ | $h_{p\,min}$ | $h_{p\,max}$ |
| Dichter | Anfangsdruck | $0{,}27\ (b + m)$ | $0{,}60\ (b + m)$ | $0{,}54\ (b + m)$ | $1{,}20\ (b + m)$ |
| Sand | Enddruck | $0{,}31\ (b + m)$ | $0{,}69\ (b + m)$ | $0{,}62\ (b + m)$ | $1{,}38\ (b + m)$ |
| Locker- | Anfangsdruck | $0{,}47\ (b + m)$ | $0{,}60\ (b + m)$ | $0{,}94\ (b + m)$ | $1{,}20\ (b + m)$ |
| sand | Enddruck | $0{,}54\ (b + m)$ | $0{,}69\ (b + m)$ | $1{,}08\ (b + m)$ | $1{,}38\ (b + m)$ |

Die Werte für $b$ und $m$ werden in Metern eingesetzt.

*Die Seitendrücke* werden mit einem Wert $p_h = 0{,}3\gamma(0{,}5m + h_p)$ als trapezförmig verteilt angenommen.

*Im Basalt, den die Trasse durchörtert,* ist die Höhe der Anfangsdrucksäule, sofern das Gestein *nicht sehr zerklüftet* ist, mit $h_p = 0$ anzusetzen, während als Höhe der Enddrucksäule der größere der Werte $h_p = 0{,}5b$ und $h_p = 0{,}35(b + m)$ angenommen wird. Ist dagegen der Basalt zu selbständigen Blöcken zerklüftet, schwankt die Höhe der anzunehmenden Anfangsdrucksäule innerhalb der Werte von Null bis 0,6 $(b + m)$, die der Enddrucksäule innerhalb der Werte von $0{,}35(b + m)$ und $1{,}1(b + m)$ je nach dem Ausmaß der Zerklüftung.

*In Tonböden* ist der Firstdruck

$$p_v = H - \frac{2S}{b}, \tag{81}$$

worin $S$ die Seitenreibung der Bodensäule über dem Querschnitt bedeutet, die sich aus der Formel

$$S = \left(c + \lambda_a \cdot \frac{H}{2} \tan\varphi\right) H \tag{82}$$

errechnen läßt.

In plastischen Tonböden wirkt auf den Querschnitt auch Seitendruck. Die Seitendruckziffer ($\lambda_a$) ist mit 0,7, in tonigen Böden mit 0,5 anzusetzen.

## 3.9.4. Auszug aus den Lastannahmevorschriften für die Untergrundbahn in Budapest

Nach den Entwurfsrichtlinien sind bei Bemessung der Bauwerke folgende Lasten und Krafteinwirkungen in Betracht zu ziehen:

*A. Ständige Lasten und Krafteinwirkungen*

*a*) Gebirgsdruck (aus Erd- und Wasserdruck, aus dem Gewicht der übertägigen Bauwerke usw.),
*b*) die Eigenlast des Bauwerkes,
*c*) die Nutzlast aus Einrichtungen und Ausrüstungen,
*d*) die Auswirkungen der Auflagerverschiebungen (sofern sie die Sicherheit herabsetzen),
*e*) das Schwinden des Betons.

*B. Eventuell auftretende Lasten und Krafteinwirkungen*

*a*) bewegliche Lasten (Verkehrslasten, Belastungen durch Menschenansammlungen und dergleichen mehr),
*b*) Temperaturschwankungen (innerhalb enger Grenzen),
*c*) durch Baumaschinen ausgeübte Krafteinwirkungen (z. B. Schilddruck, Injektionen).

Unter Berücksichtigung der *äußeren Kräfte* (Eigenlasten übertägiger Bauwerke, Verkehrslasten) schreiben die Richtlinien bis zu einer Tiefe, die der halben Breite des auflastenden Bauwerks entspricht, einen Lastübertragungs-Grenzwinkel von $\alpha_1 = 30°$, bei größeren Tiefen

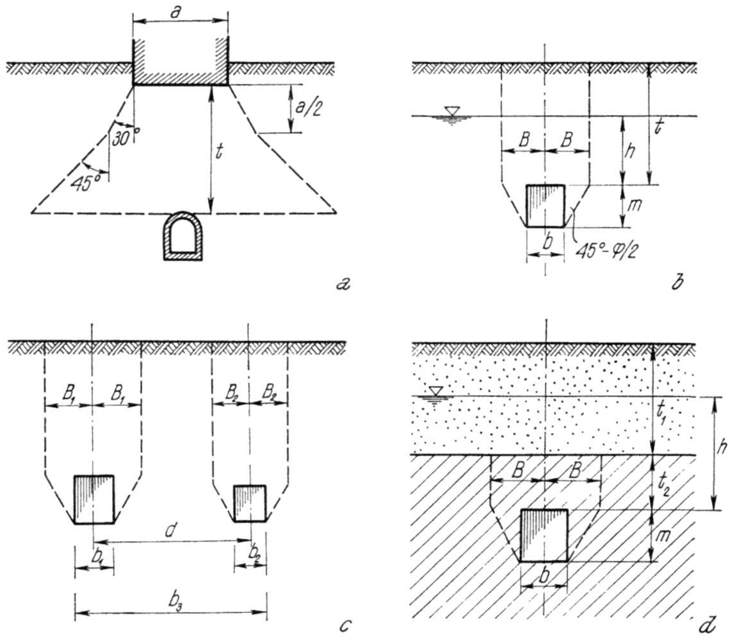


Abb. 162. Belastungsvorschriften der Budapester U-Bahn

a) Verteilungsannahme der Oberflächenlasten
b) und d) Berechnung der lotrechten Lasten
c) Minimalentfernung zwischen benachbarten Tunneln

hingegen einen solchen von $\alpha_2 = 45°$ vor (Abb. 162). Ist jedoch die Breite des Bauwerkes an der Oberfläche größer als das Dreifache seiner Gründungstiefe, dann ist seine Eigenlast als gleichmäßig verteilte Oberflächenlast als zusätzliche Erdlast zu veranschlagen. Die Stoßzahl braucht bei Ermittlung der Beanspruchungen aus Verkehrslasten bloß bei Erdüberlagerungen bis zu 1,5 m Höhe berücksichtigt zu werden. Bei Überlagerungen bis 3 m Höhe sinkt ihr Wert auf 1 ab. bei solchen zwischen 1,5 und 3 m sind die Stoßzahlen durch lineare Interpolation zu bestimmen.

Bei Überlagerungshöhen von mehr als 8 m dürfen die Nutzlasten aus dem Untergrundbahnverkehr in den Röhren unberücksichtigt bleiben.

Die Auswirkungen der *Temperaturschwankungen* brauchen im Hinblick auf die unter Tage herrschenden ausgeglichenen Temperaturverhältnisse bloß ausnahmsweise und auch dann nur mit wesentlich herabgesetzten Werten in Rechnung gestellt zu werden. Entsprechend sind *gleichmäßige Temperaturschwankungen* nur ausnahmsweise und in begründeten Fällen und lediglich innerhalb eines Bereiches von $\pm 10\,°C$ zu veranschlagen. *Ungleichmäßige Temperaturschwankungen* brauchen gleichfalls nur ausnahmsweise (wie etwa bei Belüftungsschächten und -röhren) angenommen zu werden, bei denen sich die am Erdreich anliegende Fläche weniger rasch abkühlt als die freie. In solchen Fällen hat man die Temperatur an der Außenfläche zu $-5\,°C$, die an der Innenfläche zu $+10\,°C$ anzusetzen.

Das *Schwinden des Betons* wird nur dann berücksichtigt, wenn es zu erheblichen Beanspruchungen führt. Im gegebenen Fall setzt man unter diesem Titel die gleichen Werte ein wie für Temperatursenkungen um $-10\,°C$ bei den Beton-, bzw. um $-7\,°C$ bei den Stahlbeton-Bauteilen.

Zu den unter *b*), *c*), *d*) und *h*) aufgezählten Beanspruchungsarten ist lediglich zu bemerken, daß sie nur in konkreten Fällen und ihrer effektiven Auswirkung entsprechend in die Berechnungen einzusetzen sind.

*Gebirgs- bzw. Erddrücke*

Bei Berechnung der *vertikalen Gebirgsdrücke* gehen die Richtlinien von der Gebirgsdrucktheorie TERZAGHIS aus, wobei sie je nachdem, ob Wasserdruck vorhanden ist oder nicht, folgende Lastannahmen vorschreiben:

A. *Wenn das Bauwerk nicht unter dem Grundwasserspiegel liegt*, ist der Gebirgs- bzw. Erddruck

*a*) *in massigem Felsgestein* — sofern es nicht übermäßig zerklüftet und seine Standfestigkeit auch durch andere Umstände nicht gefährdet ist — mit Null anzusetzen;

*b*) *in weichem Ton und in weichem Schluff* mit der Konsistenzzahl von $K_t < 0{,}6$

oder *in körnigen Böden, sofern sie* erheblichen *Erschütterungseinwirkungen ausgesetzt sind* (bei Vorhandensein von Verkehrslasten nur bis zu einer Tiefe von 6 m!), und schließlich

bei *Hinterfüllungen* (sofern die Breite der ausgehobenen Baugrube das 1,5fache der Bauwerksbreite nicht übersteigt) ist als Erddruck der *volle geostatische Druck* anzunehmen;

*c*) in Böden aus genügend homogenen und in ihren Festigkeitseigenschaften nur wenig abweichenden Erdstoffen bleibt die lotrechte Belastung infolge der Gewölbewirkung im allgemeinen unter dem Wert des geostatischen Druckes.

Die Berechnung der *lotrechten Lasten* richtet sich auch danach, ob es sich bei der unter dem Bauwerk anstehenden Schicht um eine *festere* Bodenart (z. B. Budaer Mergel) handelt — die die Vertikallasten vermindert —, oder ob eine *lockere* Bodenart ansteht (als solche gilt z. B. auch der Kisceller Ton), die infolge ihrer stärkeren Zusammendrückbarkeit die lotrechten Lasten erhöht.

Im weiteren werden folgende Abmessungen und Bezeichnungen verwendet:

$$B = \frac{b}{2} + m \cdot \tan\,(45° - \varphi/2),$$

worin $b$ (s. z. B. Abb. 162*b*) die Breite, $m$ die lichte Höhe des Tunnels und $\varphi$ den Reibungswinkel des am Tunnel anliegenden Bodens bedeutet. Außerdem soll $c$ unter den unterschiedlichen Kohäsionswerten für die über dem Bauwerk anstehenden Schichten den niedrigsten Wert, $c_0$ die Kohäsion der unmittelbar auf dem Bauwerk aufliegenden Bodenschicht und $g$ den in der untersuchten Ebene wirksamen geostatischen Druck bezeichnen. In homogenem Boden ist $g = t \cdot \gamma$, in geschichteten Böden hingegen gilt $g = \Sigma t_i \gamma_i$. (Auch wenn das Bauwerk im Grundwasser liegt, steht $g$ für den *ohne Berücksichtigung des Auftriebs* errechneten geostatischen Druck, einschließlich des Gewichtes des im Boden vorhandenen Wassers. Oberflächenlasten enthält jedoch $g$ nicht.) $g_n$ bezeichnet den dem Auftrieb entsprechend ermittelten geostatischen Druck, $h$ den Abstand zwischen dem Scheitelpunkt des Bauwerkes und dem Grundwasserspiegel (Abb. 162b), $t$ hingegen den Höhenunterschied zwischen Bauwerksscheitelpunkt und OK Gelände.

1. Stehen rechts und links über dem Tunnel auf einer Mindestweite $b$ *körnige Böden*, d. h. Kies, Sand, sandige und schluffige Aufschüttungen an (letztere mit höchstens 10% Schluffgehalt), dann errechnet sich der Vertikaldruck zu

$$p_y = 1{,}4g\,\frac{1 - e^{-v}}{v}, \tag{83}$$

worin — außer den bereits gegebenen Bezeichnungen —

$$v = K\,\frac{t}{B}\tan\varphi;$$

$K$ ist hierbei der Quotient des waagrechten und des lotrechten Druckes, der zwischen $\lambda_a = \tan^2(45° - \varphi/2)$ und 1 schwanken kann. Nach den Richtlinien darf sein Wert in Ermangelung genauerer Unterlagen auch mit 1 angesetzt werden.

Der Faktor 1,4 stellt den bei Bemessungen auf Grund gleicher Sicherheit üblichen Lasterhöhungsfaktor dar.

2. Stehen über dem Bauwerk bindige Böden (Schluffe, Tone) an, wird der lotrechte Druck anhand der Formel

$$p_y = 1{,}4g\,\frac{1 - e^{-v}}{v}\left(1 - \frac{c}{\gamma_a B}\right) \tag{84}$$

ermittelt, worin $\gamma_a$ das Durchschnittsraumgewicht der Bodenschichten über dem Bauwerk bezeichnet.

3. Wirkt über dem Bauwerk auf der Erdoberfläche eine *gleichmäßig verteilte Last* $q$, die mindestens dreimal so breit ist wie die Überlagerungshöhe ($3t$), muß ihre Wirkung der nach obigen Vorschriften ermittelten Belastung hinzugezählt werden. Die Last $q$ errechnet sich ohne Rücksicht darauf, ob das Bauwerk im Grundwasser liegt oder nicht — aus

$$p_{yq} = 1{,}4\,q e^{-v}. \tag{85}$$

Erstreckt sich die Last $q$ über eine geringere Breite als $3t$, ist ihre Wirkung auf Grund der in Abb. 162a dargestellten Spannungsverteilung zu veranschlagen.

4. Kommen über dem Bauwerk auch rollige und bindige Bodenschichten vor, müssen zwei Berechnungen durchgeführt werden.

Die *erste Berechnung* lautet: Ein tragendes Gewölbe bildet sich nur in der untersten Schicht aus, die höheren Schichten lasten auf dem Bauwerk mit ihrem Gewicht als Oberflächenlast. Es ist demnach

$$p_{y1} = A + 1{,}4t_1\gamma_1 e^{-v_2}$$

worin

$$A = 1{,}4\,t_2\gamma_2\,\frac{1 - e^{-v_2}}{v_2}, \tag{86}$$

wenn es sich bei der unteren Schicht um rolligen Erdstoff handelt, bzw.

$$A = 1{,}4\,t_2\gamma_2\,\frac{1 - e^{-v_2}}{v_2}\left(1 - \frac{c}{\gamma_a' B}\right),$$

sofern die untere Schicht aus bindigem Boden besteht. Weiterhin ist

$$v_2 = \frac{t_2}{B}\tan\varphi_2.$$

Die Kohäsion (Haftfestigkeit) ist mit dem für die untere Schicht gültigen Wert anzusetzen.

*Die zweite Berechnung:* Ein tragendes Gewölbe bildet sich nur in der oberen Schicht aus, die untere Schicht lastet auf dem Bauwerk mit ihrem vollen, unverminderten Gewicht, es ist also

$$p_{y2} = A + t_2\gamma_2, \tag{87}$$

worin — sofern die obere Schicht aus bindigem Erdstoff besteht —

$$A = 1{,}4\, t_2\gamma_1 \frac{1 - e^{-v_1}}{v_1}\left(1 - \frac{c}{\gamma_a B}\right)$$

und

$$v_1 = \frac{t_1}{B} \tan \varphi_1.$$

Die Kohäsion ist mit dem für die obere Schicht gültigen Wert anzunehmen.

Von den auf diese Weise ermittelten Werten $p_{y1}$ und $p_{y2}$ ist in die Berechnung *der kleinere* einzusetzen.

5. Verlaufen zwei unterirdische Hohlgänge nahe nebeneinander, ist der Vertikaldruck so zu berechnen, als bildeten sie ein einziges $b_3$ breites Bauwerk, und dies solange gemäß Abb. 162c.

$$d < 1{,}3\,(B_1 + B_2)$$

und

$$d < b_1 + b_2 \text{ ist.}$$

Sind diese beiden Bedingungen nicht erfüllt, muß die Belastung für jeden der beiden Hohlgänge gesondert berechnet werden.

6. Der auf die Seitenwände des Tunnels in der Tiefe $y$ wirkende aktive waagrechte Druck $p_{xa}$ errechnet sich mit dem bereits bekannten $p_y$ zu

$$p_{xa} = (p_y + y\gamma) \cdot \tan^2 (45^\circ - \varphi/2) - 2c \tan (45^\circ - \varphi/2). \tag{88}$$

Es kommt auch vor, daß die Widerlager unter der Einwirkung der Kämpferreaktion eine Verschiebung nach außen erfahren. Als oberer Grenzwert des passiven Druckes kann in die Berechnung

$$p_{xp} = \frac{1}{n}\,(g + y\gamma) \tan^2 (45^\circ - \varphi/2) + 2c \tan (45^\circ + \varphi/2) \tag{89}$$

aufgenommen werden. Den Sicherheitsfaktor empfehlen die Richtlinien mit einem Wert von $n = 2$ anzusetzen.

B. Liegt das Bauwerk *im Grundwasser*, sind oben genannte Berechnungsvorschriften sinngemäß anzuwenden.

7. In wasserdurchlässigen, homogenen körnigen Lockerböden ($k \geqq 10^{-7}$ cm/sec) ist die lotrechte Belastung gleich der Summe des unter Berücksichtigung des Auftriebs ermittelten Erddruckes und des vollen Wasserdruckes. Mit den Bezeichnungen der Abb. 162b gilt demnach

$$p_y = 1{,}4\, g_n \frac{1 - e^{-v}}{v} + h\gamma_v. \tag{90}$$

8. Bei Böden, deren Schichtung der Abb. 162d entspricht, müssen drei $p_y$-Werte ermittelt werden:

$$p_{y1} = h\gamma_w = h;$$

$$p_{y2} = 1{,}4 \cdot \left[t_2\gamma_2 \frac{1 - e^{-v_2}}{v_2}\left(1 - \frac{c}{\gamma_a' B}\right) + t_1\gamma_1 e^{-v_2}\right],$$

wobei das Produkt $t_1\gamma_1$ die gesamte auf die $t_1$ tief gelegenen Ebene wirkende Belastung — einschließlich des Wassergewichtes — ausdrückt. Schließlich ist

$$p_{x3} = 1{,}4 g_{1n} \frac{1 - e^{-v_1}}{v_1} + t_2\gamma_2 + (h - t_2) \cdot \gamma_w,$$

worin $g_{1n}$ den unter Berücksichtigung des Auftriebs berechneten Druck der oberen Schicht auf die in der Tiefe $t_1$ gelegene Ebene bedeutet.

Bezeichnet $p$ den kleineren der beiden Werte $p_{y2}$ und $p_{y3}$, dann ist als Belastung der größere der beiden Werte $p$ und $p_{y1}$ anzunehmen. Der Wert von $p'$ darf nicht niedriger angesetzt werden als mit $5\,t/m^2$ und nicht höher als der ohne Auftrieb gerechnete geostatische Druck.

Ist der Boden umgekehrt geschichtet, d. h. steht oben die wasserdichte, unten hingegen die wasserdurchlässige Schicht an, dann ist der Druck mit sinngemäßer Berücksichtigung des Auftriebes in der unter Punkt 4 beschriebenen Weise zu bestimmen.

9. In wasserdurchlässigen Böden ergibt sich der Seitendruck als Summe des um den Auftrieb verminderten Erd- und Wasserdruckes, es gilt somit

$$p'_x = \left[1{,}4\,\frac{g - h\gamma_w}{v}\,(1 - e^{-v}) + y\,(\gamma - \gamma_w)\right]\lambda + (h + y)\,\gamma_w, \tag{91}$$

wobei der Wasserdruck meist stark überwiegt, weshalb dieser, sofern möglich, ausgeschaltet werden muß.

In festen, *wasserdichten* und nicht porösen *Gebirgs- oder Bodenarten braucht grundsätzlich kein Wasserdruck veranschlagt zu werden, wenn die Hohlräume zwischen Bauwerk und anliegendem Gestein bzw. Boden durch Injektionen völlig ausgefüllt werden.* Im allgemeinen ist in wasserdichtem Baugrund entweder die Wirkung des Wasserdruckes allein oder nur die des vollen Erddruckes einschließlich des oberen Wasserdruckes zu berücksichtigen. Die Einbeziehung des Wasserdruckes in die Berechnungen findet ihre Begründung darin, daß durch Verwerfungen oder Klüfte zu einem späteren Zeitpunkt eventuell doch noch Wasser von oben an das Bauwerk herangelangen kann. Im Hinblick auf die geringe Wahrscheinlichkeit eines solchen Wasserzutritts wird jedoch in solchen Fällen mit einem niedrigeren Sicherheitsfaktor gerechnet.

In provisorische Einbauten lassen die Richtlinien das Einleiten des Wassers in den Hohlgang durch Öffnungen hindurch zu, weil damit — infolge der Absenkung des Grundwasserspiegels in der ganzen Umgebung — der Wasserdruck ganz ausgeschaltet werden kann. In solchen Fällen müssen über den Einlaßöffnungen Kontrollrohre eingebaut werden, durch die überprüft werden kann, ob sich der Grundwasserspiegel tatsächlich gesenkt hat.

C. Die Richtlinien enthalten schließlich auch Vorschriften darüber, wie Erd- und Wasserdruck bei doppelwandiger Verkleidung auf deren einzelne Schalen *zu verteilen sind.* Ihrem Wesen nach besagen diese Vorschriften, daß

dort, wo die Auskleidung aus einer *einzigen,* zugleich wasserdichten Schale besteht, von dieser beide Kräfte aufzunehmen sind, daß dagegen

dort, wo die Auskleidung aus einer äußeren wasserdurchlässigen und einer inneren wasserdichten Schale besteht (z. B. außen Ziegel- oder Betonmauer, an dieser eine isolierende Schicht und ganz innen ein monolithisch ausgeführtes Stahlbeton-Kernrohr), daß also dort die äußere Schale den Erddruck, die innere hingegen den Wasserdruck aufzunehmen hat.

Diese Bemessungsvorschriften beziehen sich selbstredend nicht nur auf kreisquerschnittige Profile, sondern auch auf die beim Bau von Untergrundbahnen üblichen Schildkammern und auf jedes beliebige anderweitige unterirdische Bauwerk beliebigen Querschnitts.

## 3.9.5. Sowjetische Vorschriften für die Bemessung von Untergrundbahn- und Autobahntunneln [71]

Diese sehr ausführlichen Richtlinien für die Bemessung von Tunnelbauwerken enthalten folgende wichtigere Lastermittlungsvorschriften:

1. Die Belastungen, die auf das Tunnelmauerwerk wirken, sind in Abhängigkeit von der Tiefenlage des Hohlganges, von den geologischen, hydrologischen und seismischen Verhältnissen, von den Abmessungen des Hohlraumes sowie von der gewählten Bauweise und vom Baufortschritt anzusetzen.

2. Die Tunnelauskleidung ist für die ungünstigste Kombination sämtlicher Belastungen und Kraftwirkungen zu bemessen, mögen sie gesondert auf die einzelnen Bauteile oder gemeinsam und gleichzeitig auf das Bauwerk als Ganzes wirken, und mögen sie während der einzelnen

Bauphasen oder im normalen Betrieb gleichzeitig oder getrennt für sich auftreten. Entsprechend sind zu untersuchen:

*a) Hauptbelastungen,* die sich aus den ständigen Lasten und Krafteinwirkungen zusammensetzen:

die Eigenlast der Auskleidung,
der lotrechte und waagerechte Gebirgsdruck,
der äußere hydrostatische Wasserdruck,
der Druck aus dem Gewicht der über dem Tunnel bzw. innerhalb der Grenzen des Bruchprismas gelegenen Gebäude und sonstigen Bauwerke,
der Druck aus der Vorspannung des Betons,
ferner als eventuelle Lasten die Verkehrslasten, die im Tunnel selbst und über der Tunneldecke auftreten;

*b) als zusätzliche Belastungskombinationen,* die sich den Hauptbelastungen aus folgenden zeitweiligen Belastungen und Kraftwirkungen hinzugesellen können:

die Auswirkungen von Temperaturschwankungen und als Lasten, die während der Bauarbeiten auftreten, der Druck, den die Schildvortriebspressen und Baumaschinen sowie die Injektionen auf die Auskleidung ausüben, der eventuelle Druck der verwendeten Preßluft sowie lokale (asymmetrische) Erddrücke, die beim Aushub und bei der Hinterfüllung der Baugrube auftreten können;

*c) spezielle Belastungskombinationen,* die sich außer der Berücksichtigung der ständigen und der zeitweiligen Lasten und Kraftwirkungen örtlich noch als notwendig erweisen können, wie etwa seismische Kraftwirkungen.

3. Die Tunnelportale sind für den Gebirgsdruck, die volle Eigenlast des Bauwerkes und für die Beanspruchung durch seismische Kräfte zu bemessen.

*Ständige Lasten und Krafteinwirkungen:*

Die Größe des Gebirgsdruckes, der auf der Tunnelauskleidung lastet, kann entweder auf Grund der Erfahrungen bei Herstellung von Untertagebauwerken unter gleichen ingenieurgeologischen Verhältnissen oder auf Grund der hier folgenden Vorschriften angenommen werden.

*a)* Bei Herstellung getrennter Röhren mit Außendurchmessern von 5,5 bis 6 m für je einen Gleisstrang in der Schildbauweise kann der auf die Auskleidung wirkende gleichmäßige verteilte lotrechte Gebirgsdruck der hier folgenden, für die häufigsten Gebirgs- bzw. Bodenarten zusammengestellten Tabelle entnommen werden.

*Bemerkung:* Als getrennt verlaufend gelten Tunnelröhren, wenn der Abstand zwischen ihnen in Kalkstein, Mergel und in oberkarbonischem und kambrischem Ton mindestens dem halben Tunneldurchmesser, in jurassischem und triassischem Ton sowie in Sand mindestens dem Tunneldurchmesser gleich ist.

| Gebirgs- oder Bodenart im Umkreis um den Ausbruch | Hauptbelastung gemäß Vorschriften t/m² | Zu berücksichtigende Belastung t/m² | Erhöhungsbeiwert |
|---|---|---|---|
| Zerklüfteter Kalkstein und Mergel (Bruchfestigkeit 250—440 kg/cm²) | 6 | 10 | 1,7 |
| Stark zerklüfteter Kalkstein oder tonhaltiger Mergel ($\sigma_d = 80$ bis 250 kg/cm²) | 9 | 14 | 1,6 |
| Tone: | | | |
| oberkarbonische | 13 | 20 | 1,5 |
| kambrische | 16 | 24 | 1,5 |
| kreidezeitliche | 22 | 33 | 1,5 |
| jurassische | 26 | 40 | 1,5 |
| Sand, dicht, wenig durchfeuchtet | 15 | 20 | 1,3 |

*b*) Ergibt die Berechnung nach dieser Tabelle Werte, die das Gewicht der bis zur Oberfläche hinaufreichenden überlagernden Schichten überschreiten, ist die Belastung gemäß Punkt *e*) zu veranschlagen.

*c*) Erreicht die Mächtigkeit der Bergart in der Umgebung des Ausbruchs nicht die Länge des Durchmessers und stehen gegen Tage zu schwächere Schichten an, ist die Belastung mit

$$p = p_z - \frac{z(p_z - p_0)}{D} \ (\mathrm{t/m^2}) \qquad (92\,\mathrm{a})$$

anzusetzen. Hierin bezeichnet $p_0$ den Tabellenwert für die unmittelbar über dem Ausbruch anstehende Bodenart, $p_z$ den Tabellenwert für den nächsthöheren schwächeren Boden, $z$ den Abstand zwischen Ausbruchscheitel und der Sohle dieser nächsthöheren Schicht und $D$ den Ausbruchsdurchmesser.

*d*) Für Tunnelbauten, die Tonböden in Tiefen von mehr als 45 m durchörtern, sind die obigen Tabellenwerte mit dem Faktor $K = H/45$ zu multiplizieren, wobei $H$ die Tiefenlage des Hohlganges bezeichnet.

*e*) Ist der in Tonboden liegende Tunnel dem Zutritt unterirdischen Wassers ausgesetzt, sind die Tabellenwerte um 30% zu erhöhen.

*f*) Für die im Schildvortrieb herzustellenden Tunnel ist die waagrechte Belastung aus dem Gebirgsdruck mit

$$q = p \tan^2 (45° - \varphi/2) = p\lambda_a \ (\mathrm{t/m^2}) \qquad (92\mathrm{b})$$

anzusetzen.

2. Liegen andere als die im vorangegangenen Punkt beschriebenen Verhältnisse vor, dann gelten für die Lastermittlung folgende Vorschriften:

*a*) Kann sich in den über dem Tunnel anstehenden Böden ein tragendes Gewölbe ausbilden, dann ist der Gebirgsdruck durch die Fläche des nach der Belastungsfigur (Abb. 163) anzunehmenden Druckgewölbes und durch die begrenzenden Gleitflächen bestimmt. In diesem Fall muß der Abstand zwischen dem Scheitelpunkt des Auflockerungsgewölbes einerseits und der Sohle der überlagerten schwachen Schicht oder der Geländeoberfläche andererseits mindestens der Pfeilhöhe des Auflockerungsgewölbes gleich sein.

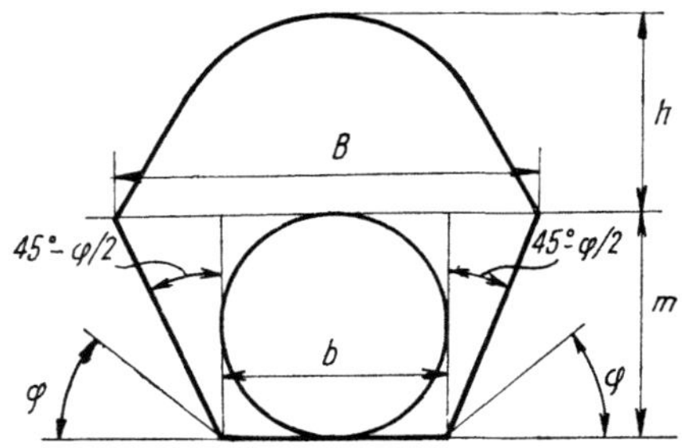


$$h = \frac{B}{2f}$$

$$B = b + 2m \tan (45° - \varphi/2)$$

Abb. 163. Lastaufnahme nach den Sowjet-Vorschriften

Ist diese Bedingung nicht erfüllt, wird der Berechnung der volle geostatische Druck zugrunde gelegt.

*b*) Die Ausmaße des Druckgewölbes errechnen sich aus der Formel

$$B = b + 2m \tan (45° - \varphi/2) \text{ und } h = \frac{B}{2f},$$

worin $f$ den Protodjakonowschen Festigkeitsbeiwert bedeutet.

*c*) Nach den Lastermittlungsvorschriften ist Gebirgsdruck, der auf der Tunnelauskleidung lastet, auch bei Ausbildung eines Traggewölbes als gleichmäßig verteilt anzunehmen und wie folgt zu berechnen:

$$q_0 = \gamma \cdot h_1 \quad (\mathrm{t/m^2})$$

und

$$p_x = \gamma\,(h_1 + 0{,}5m) - \lambda_a. \quad (\mathrm{t/m^2})$$

worin $\gamma$ das Raumgewicht des Bodens darstellt.

*d*) Der Druck, der auf die Auskleidung von Tunneln in wassergesättigten Lockerböden (Fließsand und Schluff) wirkt, ist nach dem Gesetz des Flüssigkeitsdruckes in Betracht zu ziehen.

e) Die Vermehrungsbeiwerte der ständigen Belastungen und Krafteinwirkungen sind für sämtliche Belastungskombinationen wie folgt anzunehmen:

| Belastungsart | | Vermehrungsbeiwert |
|---|---|---|
| lotrechter Gebirgsdruck | bei Gewichtsannahme mit Gewölbebildung | 1,5 |
| | bei geostatischem Druck | 1,1 und 0,9 |
| waagerechter aktiver Druck | | 1,2 und 0,8 |
| Wasserdruck | | 1,1 und 0,9 |

*Anmerkung*: Die Vermehrungsbeiwerte, die größer (bzw. kleiner) sind als die Einheit, beziehen sich auf jene Fälle, in denen die gegebene Belastung die theoretisch summierte Wirkung erhöht (bzw. herabsetzt).

*Eventuell auftretende Lasten und Kraftwirkungen.* Die Verkehrslasten an der Erdoberfläche und im Tunnel selbst sind zusammen mit den eventuellen Vermehrungsbeiwerten und den Stoßzahlen den betreffenden Lastermittlungsvorschriften zu entnehmen.

Der Pressendruck sowie die bei Hinterpressung der Auskleidung auftretenden Drücke gehen in die Berechnungen mit einem Erhöhungsbeiwert von 1,3 ein.

Die Vermehrungsbeiwerte sind im übrigen von Fall zu Fall durch Berechnungen zu korrigieren, die die konkreten Arbeitsbedingungen in Betracht ziehen. Die Eigenheiten des Kräftespiels in Beton- und Stahlbetonauskleidungen finden ihren Ausdruck in folgenden Arbeitsbedingungsfaktoren:

a) wegen der Ungenauigkeiten in der Ausführung einer monolithischen Betonauskleidung gegenüber ihrer theoretischen Form bei Ausführung in der Schildbauweise 0,9

b) wegen der Ungenauigkeiten in der Passung von Tübbings oder vorgefertigten Blöcken 0,9

Die Auswirkungen von Temperaturschwankungen auf Tunnel mit standfester Beton- und Stahlbetonauskleidung sind nach den hierfür vorgesehenen Normen zu berücksichtigen, wobei die örtlichen Isothermen, die Ausmaße des Bauwerkes sowie seine Exponiertheit gegenüber Luft- und Temperatureinwirkungen beachtet werden müssen.

*Berechnungsgrundsätze.* Auskleidung und Portale der in Beton und Stahlbeton auszuführenden Tunnel sowie die gußeisernen Tübbings (Ausbauelemente der Metro-Tunnel) sind für drei Grenzfälle zu untersuchen:

a) zunächst auf Grund der Tragfähigkeit,
b) zum zweiten auf Grund der Verformungen und Verschiebungen,
c) zum dritten auf Grund der Rissefreiheit.

Die Untersuchung nach Punkt b.) kann wegfallen, wenn die Starrheit des Bauwerkes auf Grund praktischer Erfahrungen oder Versuchsergebnisse als ausreichend angesehen werden kann.

Die Untersuchung der aus dem üblichen Stahlbeton ausgeführten Bauteile auf ihre Neigung zur Rißbildung sind unter Betriebsverhältnissen durchzuführen. Die Öffnungsbreite der Risse darf folgende Höchstwerte nicht überschreiten:

| | |
|---|---|
| für den Fall der maßgebenden Belastungskombination | 0,2 mm, |
| für den Fall zusätzlicher Belastungskombinationen | 0,3 mm. |

Vorgefertigte, aus wasserdichten Elementen bestehende Stahlbeton-Bauteile müssen auf ihre Beständigkeit gegenüber der Rißbildung in sämtlichen Stadien ihres Kräftespieles geprüft werden.

Die statische Untersuchung und die Berechnung der erforderlichen Tunnelquerschnitte ist unter Berücksichtigung des anliegenden Bodens, des Materials und der Konstruktion des Tunnels sowie der Eigenheiten bzw. Eigenschaften der gewählten Bauweise entweder mit den Mitteln der Festigkeitslehre oder nach den Verfahren der Elastizitätslehre durchzuführen.

Bei Bestimmung der Tragfähigkeit monolithischer, in der Schildbauweise ausgeführter Tunnelbauwerke können die Spannungen in den am stärksten beanspruchten Querschnitten unter Annahme der plastischen Gelenke berechnet werden, die sich eventuell ausbilden.

Die statische Untersuchung der Auskleidung von Tunneln, die in der Schildbauweise aufgefahren werden, hat unter Berücksichtigung der elastischen Abstützung durch den Boden zu erfolgen. Hierbei ist von der Annahme auszugehen, daß die elastische Abstützung an jenem Teil der Auskleidungskonturen wirken wird, der unter der angenommenen Belastung eine Verschiebung zum Boden hin erfährt.

Die elastische Abstützung ist im Sinne der Elastizitätslehre unter Berücksichtigung des Elastizitätsmoduls ($E$), der Querdehnungszahl ($\mu$) oder der Bettungsziffer ($C$) zu bestimmen.

Der Elastizitätsmodul ($E$), die Querdehnungszahl ($\mu$) oder die Bettungsziffer ($C$) sind durch ingenieurgeologische Erkundungen bzw. Untersuchungen, durch Laboratoriums- und in-situ-Versuche sowie auf Grund anderweitiger, für ähnliche gelagerte Fälle gültiger Unterlagen zu ermitteln.

## Allgemeine Literatur zu Kapitel 3


ANONYM: Internationale Fachtagung für Gebirgsdruckfragen. Leoben 1950. Wien: Urban & Schwarzenberg. 1951.

ANONYM: Vorträge und Diskussion der Internationalen Gebirgsdrucktagung Leipzig 1958 bis 1965. Berlin: Akademie-Verlag. 1958.

BERGER, H.: Das natürliche Gewölbe in Stollen- und Tunnelbau. Die Bautechnik **1968**, H. 4.

BUGAJEWA, O., u. T. ZURABOW: Tunnel für Wasserkraftwerke. (Gidrotechnitscheskie Tonneli, russ.) Moskau: Gosenergizdat. 1962.

Berichte der Ländertreffen 1—6. des Internationalen Büros für Gebirgsmechanik, Leipzig 1960—1965. Berlin: Akademie-Verlag.

HILTSCHER, R.: Spannungen an Tunnelöffnungen mit rechteckigem Nutzquerschnitt und kreisbogenförmiger Überwölbung. Bauingenieur **1957**, H. 8.

JÄCKLIN, P.: Felsmechanik im Tunnelbau. Schweiz. Bauztg. **1965**, H. 27, 468.

KASTNER, H.: Statik des Tunnel- und Stollenbaues. Berlin-Göttingen-Heidelberg: Springer. 1962.

MOHR, F.: Gebirgsmechanik. Goslar: Hübner. 1963.

MÜLLER, L.: Brechen und Fließen in der geologischen und mechanischen Terminologie. Geologie und Bauwesen **1960**, H. 2—3.

NEUMANN, R.: Geologie für Bauingenieure. Berlin: W. Ernst. 1964.

RABCEWICZ, L.: Gebirgsdruck und Tunnelbau. Wien: Springer. 1944.

— Aus der Praxis des Tunnelbaues. Einige Erfahrungen über echten Gebirgsdruck. Geologie und Bauwesen **1962**, H. 3—4.

ROTTER, D.: Über die Diskussion zur Entwicklung der Gebirgsdrucktheorien in der Sowjet-Union in den Jahren 1958/59. Berlin: Akademie-Verlag. 1960.

SAWIN, K.: Spannungserhöhung am Rande von Löchern. Berlin: VEB Verlag Technik. 1956.

SCHNITTER, G.: Theoretische Grundlagen der Felsmechanik und geschichtlicher Rückblick. Schweiz. Bauztg. **1963**, H. 3, und Veröffentlichung Nr. 50 der Schweiz. Ges. für Bodenmechanik und Fundationstechnik.

SONDEREGGER, A.: Unterirdische Bauten. Ingenieur-Handbuch, 78. Ausgabe, 1963.

SPACKELER, H.: Der heutige Stand der Gebirgsdruckfragen. Der Bergbau 34—35.

STINI, J.: Der Gebirgsdruck und seine Berechnung. Geologie und Bauwesen **1952**, H. 3.

TERZAGHI, K.: Introduction to Tunnel Geology. Youngstown, Ohio: Commercial Shearing and Stamping Co. 1946.

ZIMBARJEWITSCH, P. M.: Fragen des Gebirgsdruckes. (Woprosi dawlenija . . ., russ.) Moskau, 1952.

# 4. Bemessung und Entwurf der Tunnelauskleidung

## 4.1. Allgemeine Grundlagen und die Entwicklung der Bemessungsverfahren

Die in ausgeführten Tunneln gemessenen Spannungen und Verformungen stimmen in der Regel nicht mit jenen überein, die auf Grund bestimmter Belastungsannahmen oder üblicher Berechnungsmethoden im voraus rechnerisch ermittelt wurden. Die Abweichungen lassen sich auf folgende Ursachen zurückführen.

1. Die tatsächlichen Belastungen und die Verteilung der Boden- bzw. Gebirgsreaktion weichen von den angenommenen Werten ab.
2. Das Tunnelmauerwerk zeigt nicht das elastische Verhalten, besitzt nicht die Starrheit und die anderweitigen grundlegenden Eigenschaften, die der Berechnung zugrunde lagen.
3. Die Näherungen in den Bemessungsverfahren zur Berechnung der Spannungen erreichten nicht das nötige Maß der Genauigkeit.
4. Gewisse Urspannungen, wie sie sich während der Bauausführung geltend machen können, wurden außer acht gelassen.

*Aus all dem folgt, daß es sich empfiehlt, Tunnelbauwerke mit einem verhältnismäßig höheren Sicherheitsgrad zu bemessen und jede mögliche Belastungskombination in Betracht zu ziehen.*

Die Bemessung unterirdischer Bauwerke ging zunächst davon aus, daß das anstehende Gebirge bloß als Belastung zu berücksichtigen sei. Die Wirkung der elastischen Bettung des Bauwerks im Baugrund wurde hierbei vernachlässigt. Die monolithisch gemauerte oder betonierte Auskleidung wurde nach den Gesichtspunkten der Elastizitätslehre als Bogenkonstruktion bemessen, auf die der aktive Druck des anliegenden Gebirges wirkt, während dessen passiver Widerstand gegen Verschiebungen unberücksichtigt blieb. In gleicher Weise verfuhr man anfänglich auch bei Bemessung der beim Schildvortrieb angewandten nachgiebigen Auskleidung, wobei man die Sohlenreaktionen auf Grund der Erfordernisse des statischen Gleichgewichts ermittelte, indem man den erstellten Kreisring vom Gesichtspunkt der Lastübertragung aus als unendlich starrer Körper betrachtete (Abb. 164a).

Eine neue Phase in der Entwicklung eröffneten O. Kommerell, O. N. Rozanow und J. Hewett, die in ihren Bemessungsverfahren nun auch schon den Widerstand des passiven Gebirgsdruckes gegenüber der Verformung des Tunnelmauerwerks in Betracht zogen. Die monolithische Auskleidung wurde nach wie vor als ein aus Gewölbe und Widerlagern bestehendes, d. h. als ein aus getrennten, starr aufeinander aufliegenden Tragwerken zusammengesetztes Tragwerk bemessen, wobei man auf ihre gemeinsame Deformation bzw. auf ihre Wechselwirkung aufeinander Rücksicht nahm (Abb. 164b). Der Gang der Kommerellschen Berechnungsweise wird in Kap. 4.2.1. näher erörtert werden. Sie wurde später von Rosanow modifiziert, der in den Aufstandflächen der Widerlager zusätzlich auch eine Reibungskraft $S_2$ annahm, weil dies die angenommene Nullwertigkeit der waagrechten Sohlenverschiebung logischerweise erforderte. Den passiven Widerstand des anliegenden Gebirges nahm in seinem Verfahren für die Bemessung monolithischer kreisquerschnittiger Auskleidungen auch Hewett an (vgl. Kap. 4.3.3.3.), doch setzte er den passiven Gebirgsdruck willkürlich als trapezförmig verteilt an und ging bei Ermittlung seiner Größe von der Bedingung aus, daß der waagerechte Durchmesser des geschlossenen Ringes keine Längenveränderung erfahren darf. Es leuchtet ohne weiteres ein, daß diese Berechnungsweisen die Wirkung des passiven Gebirgsdruckes allgemein überschätzten und damit auch die Sicherheit beeinträchtigten.

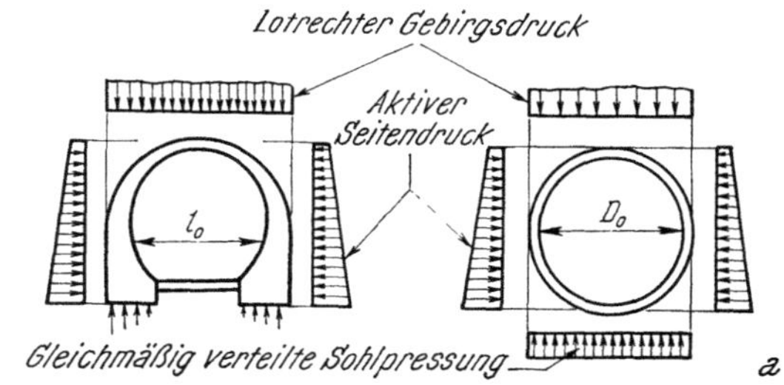

Abb. 164a. Monolithischer starrer Tunnelquerschnitt ohne Berücksichtigung der Bettungsstützung

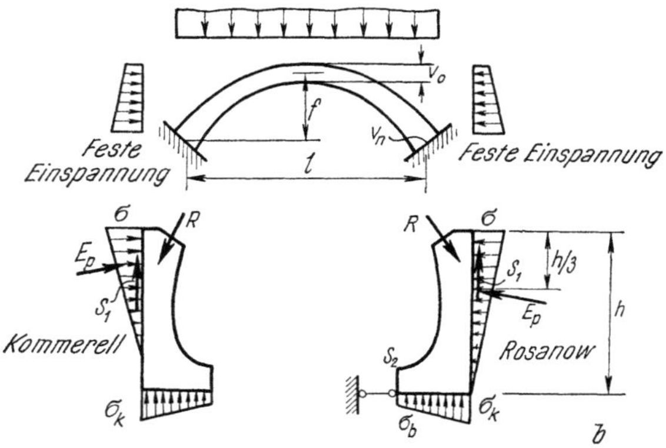

Abb. 164b. Aus Trägerteilen hergestellter starrer Tunnelquerschnitt, seitlich vom Erdwiderstand gestützt

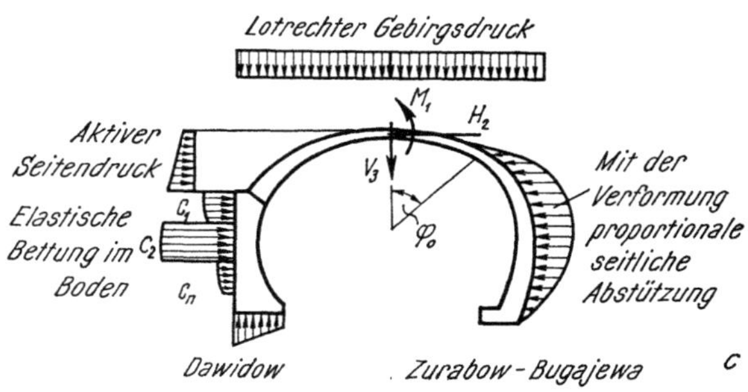

Abb. 164c. Verteilungsschema der auf einen monolithischen und im Boden elastisch eingebetteten biegsamen Tunnelquerschnitt wirksamen äußeren Kräfte

Die Genauigkeit der Bemessung wurde durch die sowjetische Schule insofern erhöht, als Dawidow, Zurabow-Bugajewa, Bordrow sowie Materi und Gorelik Untertagebauwerke als monolithische, im anliegenden Gebirge elastisch aufliegende nachgiebige Tragwerke berechneten (Abb. 164c), wobei ihre Annahmen über die Wechselwirkung der Deformationen auf verschiedenen Voraussetzungen, in allen Fällen jedoch auf der *Winkler*schen Beziehung $p = C \cdot y$, d. h. auf dem linearen Zusammenhang zwischen Pressung und Verschiebung fußten (vgl. hierzu die Kap. 4.2.3. und 4.3.4.).

Heute pflichtet man allgemein der Anschauung bei, daß ein zu starrer Tunnelausbau unwirtschaftlich ist, daß vielmehr eine entsprechende Nachgiebigkeit geeignet ist, durch die waagrechte Querschnittsverbreiterung unter der lotrechten Belastung eine seitliche Abstützung durch das umliegende Gebirge auszulösen und die Anpassung der neutralen Achse des Profils an die Stützlinie zu ermöglichen. Sie stellt auch eine geeignete Vorsichtsmaßnahme gegen ein Versagen oder gegen Beschädigungen des Tunnelbauwerkes infolge des häufig vorkommenden nachträglichen unerwarteten Anwachsens der Belastungen dar.

In einer seiner Abhandlungen weist F. Mohr darauf hin [18], daß sich grundlegende Unterschiede in der Bemessung von Untertagebauwerken auch daraus ergeben, daß sich die Wirkung der auf ihnen lastenden Drücke zeitlich ändert, und zwar im plastischen Gebirge im Sinne einer mit dem Verformungsverlauf sehr rasch fortschreitenden, kräftigen Verminderung. Diese Druckverminderung stellt Mohr im $\sigma$-$\varepsilon$-Diagramm (Abb. 165) durch eine schräg ansteigende Linie (1) dar, aus der zu erkennen ist, daß im Gebirge die Spannungen $\sigma$ mit wachsender Verformung $\varepsilon$ stetig abnehmen. Ist also bis zum Einbau des Mauerwerks eine gewisse Verformung $\varepsilon_2$ bereits abgeklungen, dann ist die Anfangsspannung schon von selbst auf $\sigma_2$ zurückgegangen. Da sich die Verformung des Gebirges fortsetzt, steigt die auf die Auskleidung entfallende Belastung allmählich an (I). Letzten Endes wird also die dem Schnittpunkt $D$ der beiden Geraden entsprechende Spannung $\sigma_3$ die maßgebende Belastung der Tunnelauskleidung darstellen. Die Gebirgsverformung vermag sich aber nur dann fortzusetzen, wenn dies die Nachgiebigkeit der Auskleidung zuläßt. Ein unnachgiebiger Ausbau wird von der zum Zeitpunkt der Auffahrung des Hohlganges herrschenden Spannung $\sigma_2$ beansprucht sein.

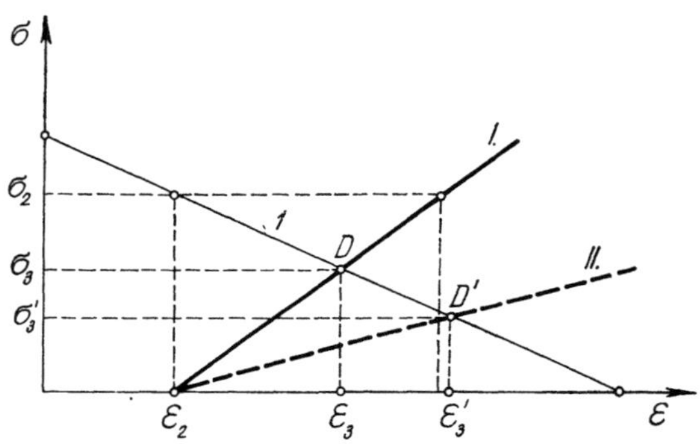

Abb. 165. Belastungsannahme mit der Zunahme der Verformung im plastischen Gestein (nach F. Mohr)

An der Nachgiebigkeit des Mauerwerks ist natürlich auch dessen Verformbarkeit, sein Elastizitätsmodul beteiligt. Je kleiner der Wert von $E$ ist, um so flacher wird die Linie der Spannungsaufnahme (II) der Auskleidung verlaufen, im gegebenen Fall schneiden sich also die beiden Linien erst im Punkt $D'$, mit einer zugewiesenen Spannung $\sigma_3'$. Nachdrücklichst muß jedoch betont werden, daß diese Feststellungen nur für die aus dem sogenannten *echten Gebirgsdruck* stammenden Belastungen, also nur im plastischen Spannungsbereich Geltung haben. Die Ausbildung des spannungslosen Körpers, der den Auflockerungsdruck auslöst, und die Größe des durch ihn bedingten Druckes, lassen sich durch Ermöglichung eines tunlichst freien Verformungsverlaufes keineswegs einschränken bzw. vermindern, im Gegenteil, hier ist es eben die raschest eingezogene feste Abstützung, die der Auflockerung selbst und der Ausweitung des Auflockerungsbereiches Schranken setzt (vgl. Abb. 128). In diesen Fällen wirkt sich die Nachgiebigkeit des Ausbaues deshalb vorteilhaft aus, weil sie in gesteigertem Maße die Abstützung durch die seitlich anliegenden Gebirgsmassen auslöst.

Bei der Bemessung darf weiterhin nicht übersehen werden, daß *die größte maßgebende Belastung* je nach der gewählten Bauweise sowie nach der Beschaffenheit und dem Zustand der über und um den Hohlgang *anliegenden Materialien nicht erst im endgültigen Zustand, sondern schon während der Bauarbeiten oder kurz nach deren Abschluß eintreten kann.*

Darüber hinaus müssen auch die vorübergehenden Belastungen während der Bauarbeiten (Druckluftpressung, Druck der Vortriebspressen, Injektionsdruck usw.) je nach der anzuwendenden Baumethode in Betracht gezogen werden.

## 4.2. Bemessung von Tunneln mit Hufeisenquerschnitt

Anhand der im Sinne von Kap. III erfolgten Lastannahmen kann nun an die eigentliche Bemessungsarbeit herangegangen werden, die im Grunde genommen auf eine baustatische Überprüfung der Abmessungen hinausläuft, da es sich um statisch unbestimmte Tragwerke und Querschnitte handelt. Zunächst werden also die Ausmaße der Tunnelauskleidung auf Grund von Erfahrungswerten — auf Grund der Abmessungen wirtschaftlich ausgeführter vorhandener Tunnel — angenommen und sodann entweder nach dem früher üblichen graphischen oder nach dem neueren analytischen Berechnungsverfahren überprüft. Die verschiedenen, für die Statik der Gewölbe und Kreisringträger ausgearbeiteten Tabellen vereinfachen und beschleunigen den Rechnungsgang sehr, obwohl sie die genaue Lastverteilung unberücksichtigt lassen und lediglich mit einer nach bestimmten Gesetzmäßigkeiten verteilten oder nur mit einer zentrisch wirkenden Belastung rechnen. Die Fehler in der Lastverteilungsannahme bleiben jedoch weit hinter jenen zurück, die in den Gebirgsdruckannahmen notgedrungen hingenommen werden müssen.

### 4.2.1. Bemessung auf Grund der Unterteilung des Querschnitts

Da die einzelnen Teile des Mauerwerks von Tunneln mit Hufeisenprofil nach den klassischen Tunnelbaumethoden (s. Kap. 6.2.2. und 6.2.3.) abschnittsweise in getrennten Schritten hergestellt werden, hat sich in der älteren Praxis bei der Bemessung der Brauch eingebürgert, das Firstgewölbe, die Widerlager und das Sohlgewölbe als je ein Tragwerk für sich zu bemessen. Hierbei ging man von der Annahme aus, daß sie aneinander unverschiebbar angeschlossen sind und da die bei der Auflagerung übertragenen Reaktionskräfte die einander benachbarten Elemente als äußere Kräfte angreifen. Diese Annahme trifft jedoch selbstverständlich nicht zu, weil die einzelnen Elemente nicht unverschiebbar sind, sondern im Gegenteil eben infolge der Reaktionen der auflagernden Elemente Verschiebungen erfahren, die auch die Größe der von ihnen übertragenen Kräfte beeinflussen.

#### 4.2.1.1. Graphische Querschnittuntersuchung (Kommerell)

Nachdem man die Dimensionen der Tunnelauskleidung anhand von Erfahrungswerten angenommen und den Gebirgsdruck auf Grund einer der einschlägigen Theorien oder einer Bemessungsvorschrift ermittelt und aufgetragen hat, bestimmt man Größe und Angriffspunkt der Kräfte, die auf den Tunnel wirken, wie folgt (Abb. 166):

Von den äußeren Fußpunkten der Widerlagerrückflächen werden die Gleitflächen aufgetragen, die mit der Waagerechten den Winkel $45° + \varphi/2$ einschließen und bis zu der im Firstscheitelpunkt gelegenen Waagrechten reichen, um sich von hier aus in einer Parabel oder Ellipse mit der Höhe $h$ fortzusetzen. Damit sind die Ausmaße der Belastungsfigur bestimmt. Sodann wird in üblicher Weise die Seitendruckfigur gezeichnet und weiter zunächst das Tunnelgewölbe und dann das Widerlager unterteilt. Die auf den einzelnen Bogenelementen lastenden Drücke erhält man, indem man die beiden Eckpunkte des Bogenelementes in die Belastungsfigur senkrecht und waagerecht projiziert. Die Vertikalbelastung ergibt sich dann zu $V = \frac{y_1 + y_2}{2} l_h \gamma$, die Horizontalbelastung hingegen zu $H = \frac{x_1 + x_2}{2} l_v$. Am Bogenelement greift überdies das Eigengewicht $G$ an; die Resultierende der drei Kräfte läßt sich gemäß Abb. 166 in einfacher Weise graphisch ermitteln.

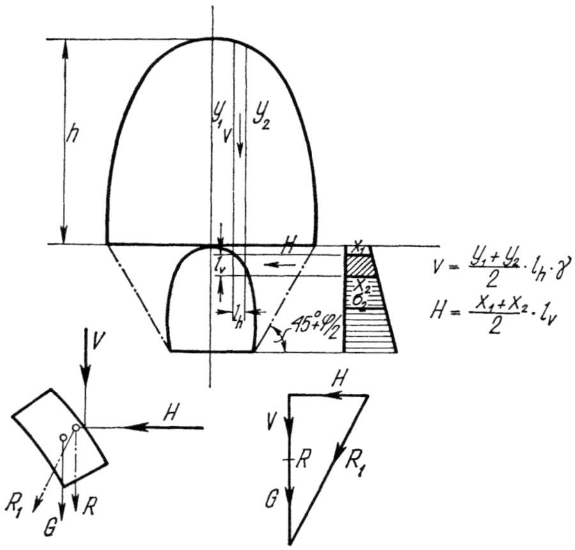


Abb. 166. Berechnung der auf Elementarlamellen wirkenden Lasten

Vor allem für die analytische Lösung der Bemessungsaufgabe bedient man sich auch eines anderen vereinfachten Berechnungsverfahrens (vgl. Abb. 160 II).

Nach Auftragung der Belastungsfigur vereinfacht man die Spannungsfiguren, indem man die Lotrechten in den beiden äußeren Leibungspunkten des Tunnels nach oben verlängert und den Ausgleich vornimmt. Nun werden die Belastungen für den mittleren und für die beiden seitlichen Flächenteile getrennt ermittelt, womit man in der Figur der Vertikalbelastungen in der Mitte die größere Ordinate $p_1$, in den beiden seitlichen Flächenteilen hingegen die kleineren Ordinaten $p_2$ erhält.

Die Seitendrücke lassen sich aus den Belastungen $p_2$ ermitteln.

Zwischen den beiden Lastermittlungsmethoden bestehen keine wesentlichen Unterschiede, weit größere Unsicherheiten müssen im Zusammenhang mit der Bestimmung der Höhe des Bruchkörpers in Kauf genommen werden. Es bleibt sich also gleich, welches der beiden Berechnungsverfahren man wählt.

In Gebirgen, in denen kein Seitendruck auftritt, werden die gegen die Waagerechte unter dem Winkel von $45° + \varphi/2$ geneigten Gleitflächen nicht eingezeichnet, die Belastungsfigur vielmehr nur über die Tunnelbreite aufgetragen (vgl. Abb. 160 IIa). Das Gleichgewicht der lotrechten Kräfte sichern die Sohlenreaktionen, die an den Aufstandflächen der Widerlager oder an diesen und an dem ganzen Sohlgewölbe entlang auftreten, während die auf die Widerlager wirkenden Seitendrücke als waagerechte Kräfte einander das Gleichgewicht halten.

*4.2.1.1.1.* Den ersten Fall der graphischen Untersuchung soll ein Hohlgang bilden, auf den *kein Seitendruck wirkt, der also auch kein Sohlgewölbe benötigt.* Die Aufgabe besteht darin, für die äußeren Kräfte und für die Eigenlast des Mauerwerkes zunächst im Firstgewölbe und dann in den Widerlagern eine Drucklinie zu konstruieren, und zwar in der Weise, daß die an ihr entlang zur Übertragung gelangenden exzentrischen Druckkräfte in den einzelnen Mauerungsquerschnitten keine unzulässig hohen Spannungen wecken.

Die Konstruktion muß folgenden vier Gesichtspunkten gerecht werden:

1. Die Stützlinie *darf aus dem inneren Querschnittdrittel nicht hinaustreten*. Im Gewölbe dürfen keine Zugspannungen auftreten. Die Gewölbe wurden früher aus Ziegeln und Steinquadern gebaut, während sie neuerdings aus Beton-Formsteinen, d. h. aus druckfestem, sprödem Material hergestellt werden, das zwar über eine geringfügige Zugfestigkeit verfügt, mit der jedoch wegen der vermörtelten Fugen und wegen der ungleichen Qualität des Mauerungsmaterials nicht gerechnet werden kann.

2. In keinem Querschnitt darf die dort auftretende *größte Druckbeanspruchung den für das Mauerwerk zulässigen Wert übersteigen, vielmehr darf sie dieser höchstens gleich sein*. Der Wert der zulässigen Spannung hängt vom Baumaterial ab, doch ist er wegen der vermörtelten Fugen auch nicht annähernd so hoch wie die Würfelfestigkeit des verwendeten Baumaterials (Naturstein oder Beton).

Ältere Vorschriften ließen für das Mauerwerk eine Druckbeanspruchung von $\sigma_{zul} = 20$ kg/cm² zu, eine Bedingung, die als überaus streng bezeichnet werden muß. Das Mauerwerk im *Gotthardtunnel* z. B., das in Zementmörtel verlegt ist, und in dem Gewölbedrücke von 100 kg/cm² und Widerlagerdrücke von 134 kg/cm² gemessen wurden, zeigte keine Beschädigung. Aus diesem Grunde ist heute für das Mauerwerk im allgemeinen ein $\sigma_{zul} = 40$ kg/cm², bei besserer Ausführung ein $\sigma_{zul} = 60$ kg/cm² zugelassen. (In den Ziegelgewölben der Lissaboner Untergrundbahn z. B. beträgt die zulässige Druckbeanspruchung 70 kg/cm².)

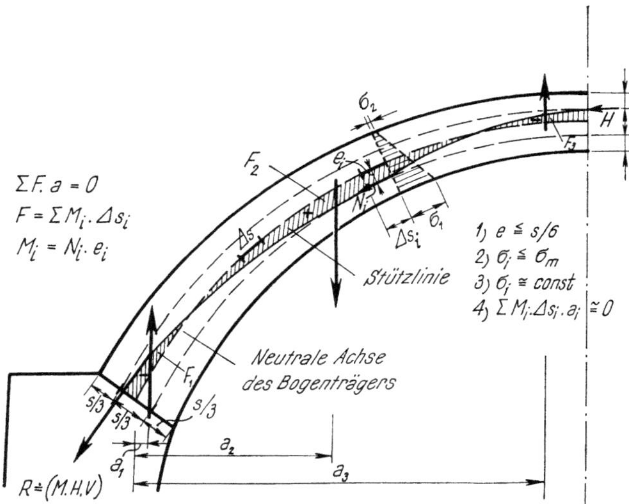


Abb. 167. Maßgebende Bedingungen für den Verlauf der Stützlinie

3. Nach der dritten Bedingung *müssen die in den verschiedenen Querschnitten von Gewölbe und Widerlagern geweckten Spannungen annähernd gleichmäßig verteilt sein*. Die Auskleidung sollte stets auf diese Weise bemessen werden, weil dies sowohl die Sicherheit als auch die Wirtschaftlichkeit erfordert.

4. Im Interesse der Unbeweglichkeit muß schließlich die Stützlinie die neutrale Achse des Gewölbes mindestens zweimal schneiden (s. Abb. 167 und vgl. die folgenden Ausführungen).

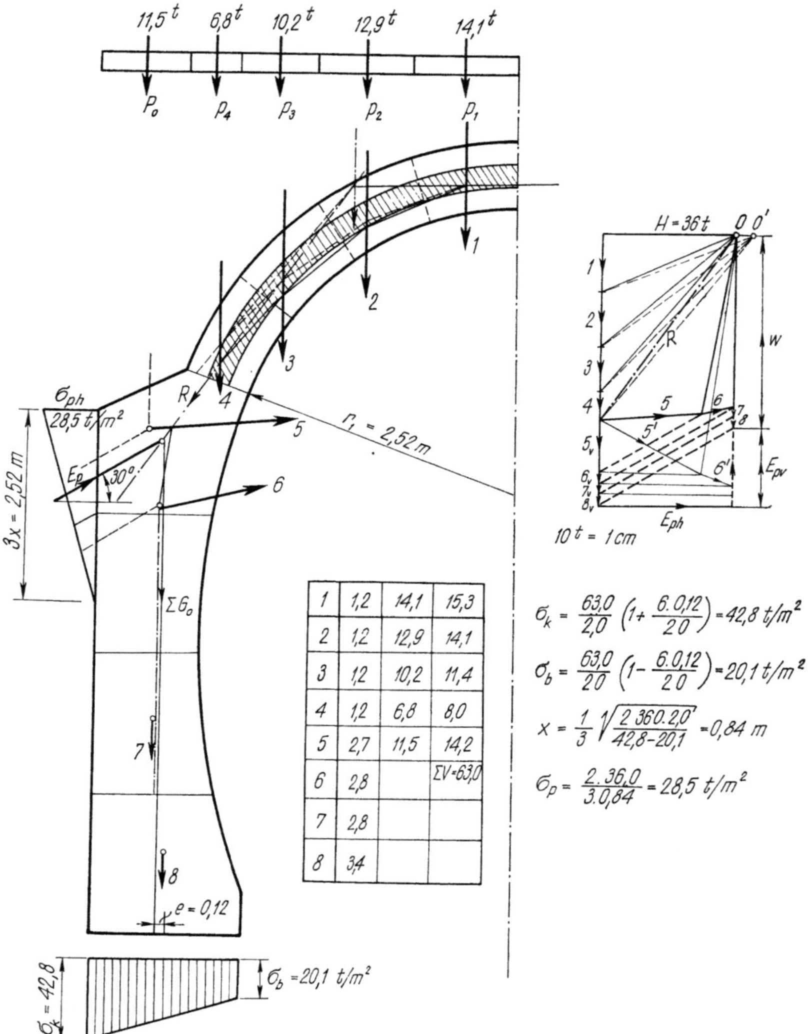

Abb. 168a. Graphischer Nachweis nach KOMMERELL

(Für die Bodenspannung unter den Widerlagern darf, *sofern auch ein Sohlgewölbe eingebaut ist,* der hier sonst zulässige Wert um 4 kg/cm² erhöht werden, d. h. bei Vorhandensein eines Sohlgewölbes ist $\sigma_t = \sigma_{zul} + 4$ kg/cm².)

*Im ersten Untersuchungsfall* wird also vorausgesetzt, daß *auf dem Tunnel nur lotrechter* Druck wirkt, daß sich *somit ein Sohlgewölbe erübrigt,* d. h. daß sich der Querschnitt nur aus Firstgewölbe und Widerlagern zusammensetzt.

Die Kommerellsche Untersuchung betrachtet *zunächst das Gewölbe als gesonderten Teil.* Sie unterteilt das Gewölbe und trägt die angreifenden Kräfte in ein Vektordiagramm auf (Abb. 168a). Zur Konstruktion des Seilecks wird der Pol auf einer waagrechten, vor dem ersten Seilstrahl gelegenen Linie in beliebigem Abstand angenommen ($O'$). Aus dem Kräftepolygon ergibt sich vorläufig außerhalb des Gewölbes die Resultierende der am Gewölbe angreifenden Kräfte. Hierauf folgt die Konstruktion der Stützlinie, wobei man bestrebt ist, ihren Verlauf so festzulegen, daß sie überall im inneren Drittel bleibt und die neutrale Achse des Gewölbes mehrere Male (aber mindestens zweimal) schneidet. Zwischen Stützlinie und Gewölbeachse erhält man nämlich die Momentenfläche $(N \cdot e) \cdot \Delta s$ gemäß Abb. 167. Der günstigste Fall wird sich ergeben, wenn nicht nur die algebraische Summe der Momentenflächen, sondern auch deren Moment, auf den Kämpferpunkt bezogen, gleich Null ist, weil hierbei auch die Verschiebungen im Kämpfer gleich Null werden. Diese Bedingung aber, die als Voraussetzung für die Bemessungen des Querschnitts in Teilabschnitten vogeschrieben war, kann nur dann erfüllt werden, wenn die Momentenflächen entgegengesetzte Vorzeichen haben.

Der Verlauf der Stützlinie wird durch Probieren ermittelt. Bekanntermaßen verläuft sie im Scheitelquerschnitt waagerecht (sofern es sich um einen symmetrischen Querschnitt handelt und auch die Kräfte symmetrisch angreifen); im Scheitel zeichnet man die waagerechte Anfangslinie des Seilecks, beispielsweise vom äußeren Drittel des Querschnitts und bringt sie mit der Resultierenden zum Schnitt, um schließlich durch den so bestimmten Schnittpunkt und durch einen an der Kämpferfläche willkürlich gewählten, innerhalb des inneren Drittels, und zwar wirtschaftlichkeitshalber an dessen entgegengesetztem Rande gelegenen Durchgangspunkt, die Schlußlinie zu zeichnen. Zieht man im Vektordiagramm vom Endpunkt der letzten Kraft eine Parallele zur Schlußlinie, schneidet diese die Waagerechte dort im richtigen Polabstand (Punkt $O$). Damit sind zugleich auch der Firstdruck ($H$) und der Kämpferdruck ($R$) größenmäßig bestimmt, so daß die Stützlinie gezeichnet werden kann. Danach bleibt noch zu überprüfen, ob die Stützlinie die Gewölbeachse im obigen Sinne mehrere Male schneidet, ob sie hierbei nicht irgendwo aus dem inneren Querschnittdrittel hinaustritt, ob die Spannungen einander annähernd gleich sind, usw.

Eventuelle Fehler lassen sich durch Wahl neuer Durchgangspunkte im Scheitelquerschnitt und an den Kämpferflächen oder — wenn dies nicht zum Ziel führt — durch Änderung der Gewölbeform bzw. der Querschnittabmessungen beheben.

Der Berechnung der Gewölbeausmauerung folgt die Bemessung der Widerlager. Der Kämpferdruck vom Gewölbe her preßt die Widerlager an das Gebirge und löst damit im Hinterliegenden Erdwiderstand („passiver Erddruck") aus.

Zunächst sind also Größe, Verteilung und Angriffspunkt des Erdwiderstandes zu ermitteln. Seine Horizontalprojektion erhält man unschwer aus der Überlegung, daß die Summe der waagerechten Projektionen aller in Gleichgewicht befindlichen Kräfte gleich Null und somit die Horizontalprojektion ($E_{ph}$) des Erdwiderstandes der Kraft $H$ selbst, d. h. dem Firstdruck im Gewölbe gleich sein muß. Unter dem Kämpferdruck wird das starre Widerlager eine Verdrehung erfahren, es wird sich mithin für den Erdwiderstand eine dreieck- oder trapezförmige Verteilungsfigur ergeben. Zur graphischen Ermittlung des Angriffspunktes müssen die auf dem Widerlager angreifenden Kräfte, d. h. *der Kämpferdruck, der Erdwiderstand, das Eigengewicht* sowie die *Bodenreaktion* und Reibung an der Aufstandfläche des Widerlagers berücksichtigt werden. Diese letztere kann hierbei vernachlässigt bleiben, wenngleich die Widerlagersohle bei der vorausgesetzten partiellen Verteilung des Erdwiderstandes auch eine Verschiebung in waagerechter Richtung erleiden und an ihr auch die Reibungskraft $S_2$ auftreten muß. Setzt man weiter mit Kommerell voraus, daß ein Erdwiderstand im Hinblick auf die Vortriebsart nur in dem in Kämpfernähe unversehrt gebliebenen Gebirge und nicht in der vollen Ulmenhöhe auftreten wird, erhält man ein geschlossenes Vektorpolygon, da sich Kämpferdruck und Erdwiderstand sowie Eigenlast und Sohlenreaktion ausgleichen. Kämpferdruck und Angriffspunkt der Eigenlast sind gegeben. Bei der streifenweisen Festlegung der Stützlinie ist zu beachten, daß sie im Fuß und im mittleren Teil des Widerlagers — wo dessen Mauerwerk in der Regel den schmalsten Querschnitt hat — unter der Einwirkung des Erdwiderstandes und der Eigenlast innerhalb des inneren Querschnittdrittels bleibt (s. Abb. 168a). Man versucht ferner, die Resultierende tunlichst nahe am Halbierungspunkt der Aufstandfläche zu halten und damit eine gleichmäßigere Bodenbeanspruchung zu erzielen. Eine zweckmäßige Art der Annäherung besteht darin, den Angriffspunkt der Sohlenpressung schätzungsweise anzunehmen und die Lotrechte in diesem Punkt mit den Kämpferdruck zum Schnitt zu bringen. Wegen des bestehenden Gleichgewichts verläuft die Resultierende des Erdwiderstandes durch diesen Schnittpunkt. Es darf angenommen werden, daß sie unter einem Winkel von $\varphi = 20°$ bis $30°$ mit der Waagrechten geneigt ist (nach dem Schrifttum ist die Annahme $\tan\varphi = 0{,}3$ bis $0{,}5$ üblich). Mit einem je nach der Gebirgsart angenommenen Winkel $\varphi$ ist somit die Richtung von $E_p$ gegeben. Die Spannungsverteilung ist im Sinne des Gesagten dreieckförmig. Die Ausmaße der Spannungsfigur (der Abstand $x$) und damit die genaue Lage von $E_p$ werden sodann auf Grund der Bedingung, daß Seite und Sohle des starren Widerlagers die gleiche Verdrehung erfahren, folgendermaßen ermittelt:

Zunächst nimmt man die Lage der Resultierenden der Sohldrücke an und errechnet auch die Spannungen an der Sohle. Hierbei erhält man eine trapezförmige Spannungsfigur; die Sohle erfährt also eine Verdrehung, die dem Quotienten aus der Differenz zwischen den Spannungen $\sigma_k$ und $\sigma_b$ und der Sohlenbreite proportional sein wird. Unter der Voraussetzung, daß der Erdwiderstand auch der waagerechten Verschiebung des Widerlagers proportional ist, kann für die Figur des Erdwiderstandes die gleiche Beziehung aufgeschrieben werden. Da es sich um einen starren Körper handelt, sind die beiden Verdrehungen einander gleich, es gilt somit $\frac{\sigma_k - \sigma_b}{b} = \frac{\sigma_p}{3x}$, während $\frac{\sigma_p \cdot 3x}{2} = E_{ph}$ und hieraus $\sigma_p = \frac{2E_{ph}}{3x}$ ist. Nach Einsetzen dieses Wertes hat man weiterhin

$$\frac{2E_{ph}}{9x^2} = \frac{\sigma_k - \sigma_b}{b} \quad \text{und} \quad x = \frac{1}{3}\sqrt{\frac{2E_{ph} \cdot b}{\sigma_k - \sigma_b}}$$

oder, in Zentimetern ausgedrückt,

$$\frac{2E_{ph}}{900x^2} = \frac{\sigma - \sigma_b}{b} \quad \text{und} \quad x = \frac{1}{30}\sqrt{\frac{2E_{ph} \cdot b}{\sigma_k - \sigma_b}}. \tag{93a}$$

(In dieser Formel sind die Größen ausnahmslos in Zentimetern zu verstehen, und da sich die Berechnungen auf einen 1 m breiten Mauerstreifen beziehen, war eine Division durch 100 nötig, um gleiche Dimensionen zu erhalten.)

Im Sinne der Abb. 168a hat man nun die Möglichkeit, die Spannungsfigur des Erdwiderstandes zu zeichnen, ferner nach Bestimmung der Lage von $E_p$ auch die der Resultierenden aus den Sohldrücken und schließlich die waagrechten Kräfte zu bestimmen, die auf die einzelnen Widerlagerelemente wirken, sowie schließlich das Vektordiagramm zu ergänzen und das Seileck fertigzustellen.

Danach folgt die rechnerische Ermittlung der Spannungswerte für mehrere Querschnitte.

Tunnelauskleidungen aus Mauerwerk, Betonformsteinen oder Quadersteinen werden sehr häufig nach dem soeben beschriebenen Verfahren bemessen. Jedoch wird man zu bedenken haben, daß hierbei $E_p$ und $x$ im Grunde genommen anhand

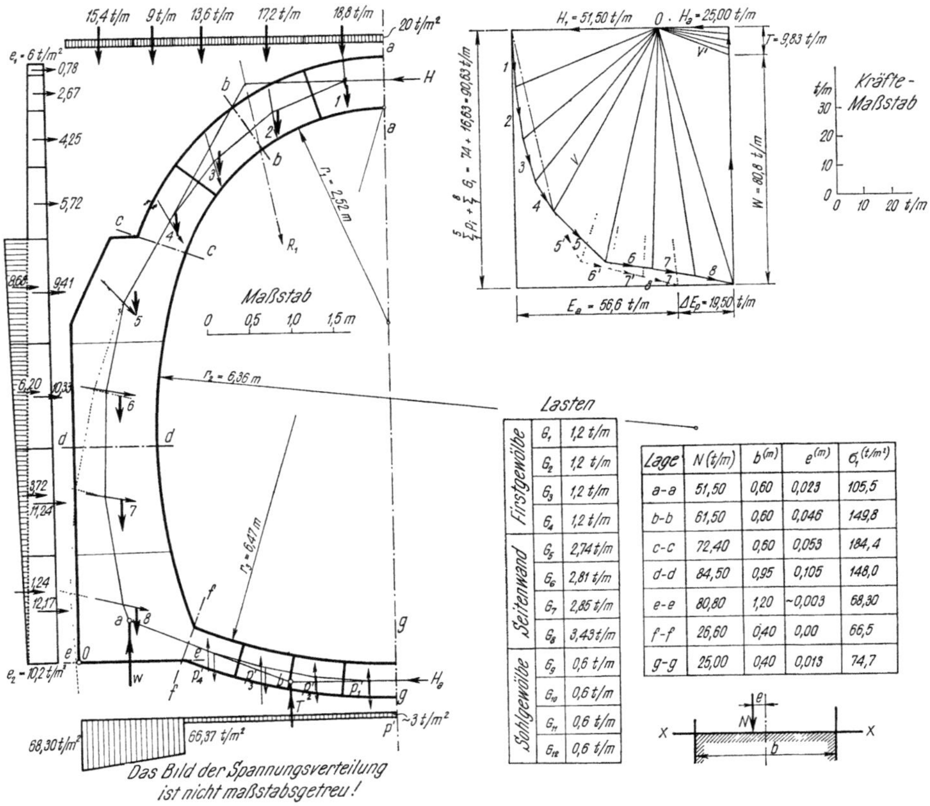


| | | |
|---|---|---|
| Firstgewölbe | $G_1$ | 1,2 t/m |
| | $G_2$ | 1,2 t/m |
| | $G_3$ | 1,2 t/m |
| | $G_4$ | 1,2 t/m |
| Seitenwand | $G_5$ | 2,74 t/m |
| | $G_6$ | 2,81 t/m |
| | $G_7$ | 2,85 t/m |
| | $G_8$ | 3,43 t/m |
| Sohlgewölbe | $G_9$ | 0,6 t/m |
| | $G_{10}$ | 0,6 t/m |
| | $G_{11}$ | 0,6 t/m |
| | $G_{12}$ | 0,6 t/m |

| Lage | N (t/m) | $b^{(m)}$ | $e^{(m)}$ | $\sigma_1^{(t/m^2)}$ |
|---|---|---|---|---|
| a-a | 51,50 | 0,60 | 0,023 | 105,5 |
| b-b | 61,50 | 0,60 | 0,046 | 149,8 |
| c-c | 72,40 | 0,60 | 0,053 | 184,4 |
| d-d | 84,50 | 0,95 | 0,105 | 148,0 |
| e-e | 80,80 | 1,20 | ~0,003 | 68,30 |
| f-f | 26,60 | 0,40 | 0,00 | 66,5 |
| g-g | 25,00 | 0,40 | 0,013 | 74,7 |

Abb. 168b. Graphischer Nachweis mit Berücksichtigung der waagrechten Verschiebung der Seitenwand-Sohle

willkürlicher Annahmen bestimmt werden; denn für den Fall $3x < h$ ist stillschweigend vorausgesetzt, daß $A$ der Punkt ist, um den sich das Widerlager dreht und daß sich der Punkt $O$ nach innen verschiebt (Abb. 168b). Eine solche Bewegung aber müßte an der Aufstandfläche des Widerlagerfußes entlang unbedingt die Reibung $S_2$ auslösen, was bei der Gleichsetzung der Kräfte zu berücksichtigen wäre. Wie aber die Praxis zeigt, ist die vorhandene Reibung in der Regel so groß, das der Punkt $O$ als unbeweglich angenommen werden darf (Rozanow), es ist demnach $3x = h$. Demgegenüber ist $S_2 = \frac{1}{2} \cdot \sigma_p h - H$, es hat also einen

Wert, der kleiner sein muß als der verfügbare maximale Reibungswiderstand $W \cdot \tan \varphi$. Unmittelbar aus der Gleichheit der Momente, bezogen auf den Punkt $O$, läßt sich $\sigma_p$ bestimmen aus

$$\frac{\sigma_p h^2}{3} = Rr + W t_W,$$

woraus

$$\sigma_p = \frac{3(Rr + W t_W)}{h^2} \tag{93b}$$

ist. Damit hat man nun auch den Wert von $S_2$. Ein Widerspruch ergibt sich jedoch aus der Tatsache, daß Reibung nur dann auftreten kann, wenn der Widerlagerfuß eine Verschiebung erfährt, daß sich aber hierbei der Erdwiderstand nicht über die ganze Widerlagerhöhe $h$, sondern wieder bloß über die Höhe $3x$ verteilen wird. Mit $\Delta$ als Bezeichnung für die Verschiebung des Widerlagerfußes gilt $\Delta = \frac{\sigma_p}{C} \cdot \frac{h - 3x}{3x}$, worin $C$ die Bettungsziffer des Bodens bedeutet. Aus dieser Beziehung ist $x = \frac{\sigma_p h}{3(\sigma_p + C \cdot \Delta)}$. Da $x$ höchstens einen Wert von 1 bis 2 cm haben kann (der obere Grenzwert, der sich effektiv nur im Scherversuch ermitteln läßt, gibt die Verschiebung an, die zur Auslösung der oberen Grenze des spezifischen Reibungskoeffizienten, d. h. des $\tan \varphi$ erforderlich ist), besteht nur bei relativ hohen $C$-Werten eine Grundlage für die Annahme, der Erdwiderstand sei nicht über die Gesamthöhe $h$ verteilt. Abb. 168b zeigt die Konstruktion für einen Fall, in welchem — bei angenommenem $\Delta = 0{,}3$ mm und $C = 20$ kg/cm³ — die gemeinsame Wirkung von $S_2$ und $E_p$ berücksichtigt ist, woraus sich für $\sigma_p$ ein Wert von 23,4 t/m², für $x$ hingegen ein solcher von 1,32 m ergab ($h = 4{,}97$ m).

*4.2.1.1.2.* Im zweiten Fall, wenn nämlich auf der Auskleidung *auch Seitendruck lastet*, muß *ein Sohlgewölbe eingezogen werden*. Die Bemessung der Auskleidung kann auch in diesem Fall auf graphischem Wege erfolgen.

In weichem Gestein und in Lockerböden bzw. in Lockergebirge lasten auf dem Hohlgang außer den lotrechten auch Seitendrücke. Da nun die Ermittlung der Kräfte und ihrer Angriffspunkte bereits bekannt ist, kann sogleich an die statische Untersuchung des Mauerwerks herangegangen werden.

Wieder zeichnet man auf Grund von Erfahrungswerten das Tunnelprofil (Abb. 169).

Zunächst wird das Firstgewölbe untersucht. Die Resultierende aus den auf die einzelnen Gewölbeelemente wirkenden Kräften wird in diesem Falle nicht mehr lotrecht verlaufen. Im ersten Schritt ermittelt man sie aus den auf dem Firstgewölbe lastenden Kräften (s. Seileck über der Gewölbelinie). Hierauf wird die Stützlinie des Gewölbeteiles eingezeichnet; in dem in Abb. 169 dargestellten Fall war vorausgesetzt, daß sie im Scheitelquerschnitt durch den äußeren, an den Kämpferflächen hingegen durch den inneren Drittelpunkt verläuft. Sodann zieht man wegen der Symmetrie der Belastungen durch den oberen Drittelpunkt im Scheitelquerschnitt eine Waagerechte, bringt sie mit der Resultierenden zum Schnitt und verbindet den Schnittpunkt mit dem inneren Drittelpunkt in der Kämpferfläche. Die im Vektordiagramm vom Endpunkt der Resultierenden aus gezogene Parallele ergibt die Größe des Gewölbeschubs ($H$), womit sich auch der

Kämpferdruck ($V$) abmessen läßt. Mit dem so ermittelten Polabstand konstruiert man schließlich die Stützlinie für den ganzen Gewölbeteil und überprüft, ob sie den beschriebenen Bedingungen genügt.

Entspricht das Gewölbe den Bedingungen, wird die Konstruktion durch Verlängerung der Stützlinie bis in den Widerlagerfuß fortgesetzt. Es sind hier drei Kräfte zu bestimmen: die *Bodenreaktion* ($W$) *unter der Widerlager-Aufstandfläche,*

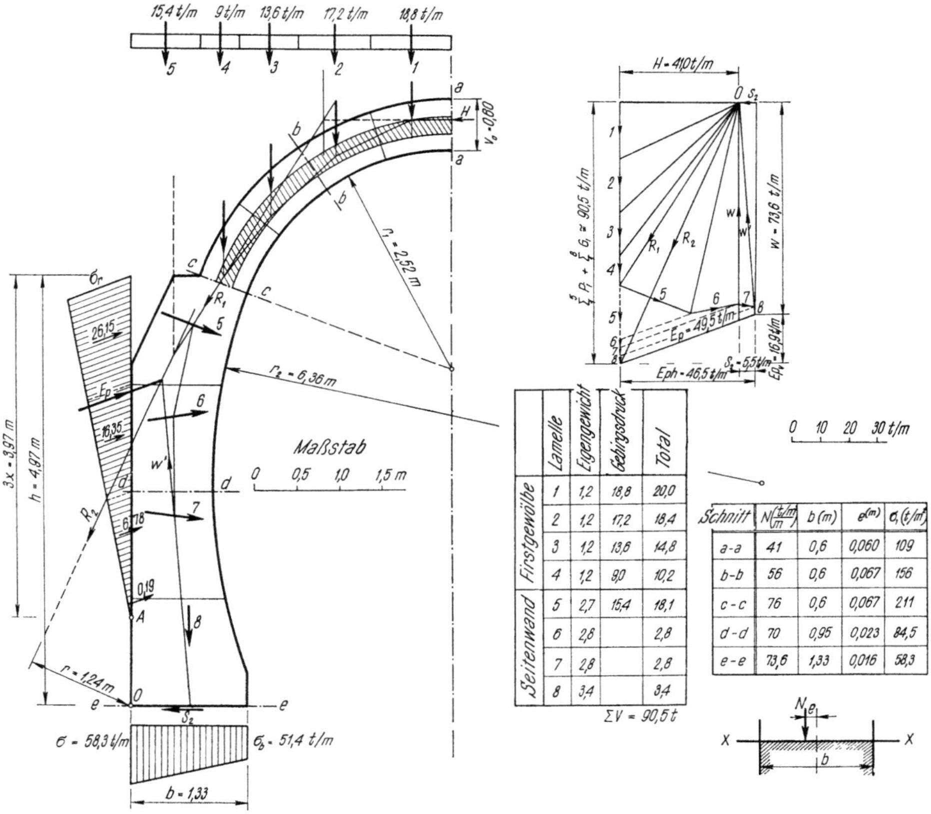


| | Lamelle | Eigengewicht | Gebirgsdruck | Total |
|---|---|---|---|---|
| Firstgewölbe | 1 | 1,2 | 18,8 | 20,0 |
| | 2 | 1,2 | 17,2 | 18,4 |
| | 3 | 1,2 | 13,6 | 14,8 |
| | 4 | 1,2 | 9,0 | 10,2 |
| Seitenwand | 5 | 2,7 | 15,4 | 18,1 |
| | 6 | 2,8 | | 2,8 |
| | 7 | 2,8 | | 2,8 |
| | 8 | 3,4 | | 3,4 |

$\Sigma V = 90,5$ t

| Schnitt | N (t/m / m) | b (m) | e (m) | $σ_1$ (t/m²) |
|---|---|---|---|---|
| a-a | 41 | 0,6 | 0,060 | 109 |
| b-b | 56 | 0,6 | 0,067 | 156 |
| c-c | 76 | 0,6 | 0,067 | 211 |
| d-d | 70 | 0,95 | 0,023 | 84,5 |
| e-e | 73,6 | 1,33 | 0,016 | 58,3 |

Abb. 169. Graphischer Nachweis des mit Sohlgewölbe geschlossenen hufeisenförmigen Querschnittes bei aktivem Seitendruck

die *Bodenreaktion* ($T$) *unter dem Sohlgewölbe* und der *Gewölbeschub* ($H_a$) in diesem. Im weiteren sei vorausgesetzt, daß die Spannungen unter dem Widerlager und dem Sohlgewölbe gleichmäßig verteilt sind; Angriffspunkt und Richtung des Kämpferdruckes erhält man, indem man den letzten Seilstrahl der Widerlager-Stützlinie verlängert und mit der Resultierenden der Bodenreaktionen zum Schnitt bringt, von der näherungsweise angenommen wird, daß sie lotrecht durch die Mitte der Widerlager-Aufstandfläche verläuft; verbindet man den so bestimmten Schnittpunkt ($a$) mit dem Schnittpunkt ($b$) der im inneren Drittel des mittleren Sohlgewölbequerschnitts als waagrecht wirksam angenommenen Schubkraft einerseits und der Resultierenden aus den unter dem Sohlgewölbe als gleichmäßig verteilt angenommenen Bodenreaktionen andererseits, erhält man die Richtung des Kämpferdruckes im Sohlgewölbe. Die Parallele zu dieser Richtung ergibt im Vektordiagramm die Größe des Kämpferdruckes ($V'$). Diese Gerade teilt die lotrechten, aus der Bodenreaktion herrührenden Kräfte zugleich in zwei Teile; die untere Kraft ergibt den Wert der unter dem Widerlager auftretenden Bodenreaktion ($W$), die obere hingegen den der Bodenreaktion ($T$) unter dem Sohlgewölbe. Schließlich wird die Konstruktion der Stützlinie zu Ende geführt, und zwar auch unter Beachtung der Verteilung der Bodenreaktionskräfte am Sohlgewölbe.

Die Ulmendrücke beeinflussen den Verlauf der Stützlinie im allgemeinen in günstigem Sinne, weshalb man genau zu prüfen haben wird, ob man tatsächlich in jedem Fall mit aktivem Ulmendruck rechnen kann. In Zweifelsfällen darf er nur mit minimalen Werten in Betracht gezogen werden. (Bei Erddruck z. B. wird man demnach den höchsten Wert des Winkels $\varphi$ der inneren Reibung und auch die Kohäsion zu berücksichtigen haben.)

Der Erdwiderstand hingegen darf in die Rechnung nur nach gründlicher Abwägung folgender Gedankengänge aufgenommen werden:

Da der Sohldruck $W$ trapezförmig verteilt ist, erfährt das starre Widerlager auch in diesem Falle eine Verdrehung, die an seiner lotrechten Außenfläche einen Erdwiderstand auslöst. Dieser kann als eine über die ganze Höhe der Widerlagermauer hinwegreichende Dreieckslast angenommen werden, weil man den Eckpunkt $O$ als unbeweglich voraussetzen kann. Reichte also $E_a$ zur Aufnahme der Reaktionen $H_f$ und $H_a$ nicht aus, so läßt sich aus dem Zusammenhang $H_f + H_a - E_a = \Delta E_p$ jener erforderliche passive Widerstand ermitteln, der das waagerechte Gleichgewicht wiederherstellt. Zur Auslösung dieses Erdwiderstandes bedarf es aber einer $y$ großen Bewegung des Widerlagers. Es muß also im weiteren geprüft werden, ob das Firstgewölbe einer Widerlagerbewegung in der Größe $\frac{\sigma_p}{C} = y$ gewachsen ist. Gegegebenenfalls wird man die Auswirkung einer solchen Bewegung schon bei der Bemessung des Firstgewölbes auf Grund der Ausführungen in Kap. 4.2.1.2.2. zu berücksichtigen haben ($C$ ist die Bettungsziffer). Die Abb. 169 läßt deutlich erkennen, wie die Stützlinie durch den passiven Erddruck in das innere Drittel verlegt werden kann.

Aus dem Gesagten geht hervor, daß zwischen den Widerlagern und dem auf ihnen ruhenden Gewölbe in allen Fällen eine wechselseitige Beeinflussung besteht, die zweckmäßig auch dann berücksichtigt wird, wenn man sie getrennt als je ein Konstruktionselement für sich berechnet.

### 4.2.1.2. Analytische Berechnung der Einzelteile der Auskleidung

Präzisere Ergebnisse als durch die graphische Untersuchung erhält man, wenn man die einzelnen Elemente des Auskleidungsprofils auf rechnerischem Wege untersucht. Die analytische Bemessung hat nicht nur den Vorzug der größeren Genauigkeit, sie bietet auch die Möglichkeit, in die Berechnung in gewissem Umfang auch die auftretenden sonstigen Wirkungen einzubeziehen. Dieses Verfahren soll hier der Vollständigkeit halber lediglich für den Fall des völlig geschlossenen, also auch aktivem Seitendruck ausgesetzten Hufeisenprofils mit Sohlgewölbe erörtert werden.

*4.2.1.2.1.* Beim rechnerischen Verfahren wird das *Firstgewölbe* als ein an beiden Enden starr *eingespannter Bogenträger* bemessen, während das *Widerlager* als völlig *starrer*, unten und *seitlich auf den Boden elastisch abgestützter Träger* betrachtet und schließlich das *Sohlgewölbe* wieder als an beiden Enden starr *eingespannter Bogenträger* untersucht wird.

Als aktive Belastungen gehen in die Rechnung die Eigenlast sowie die lotrechten und die waagrechten Gebirgsdrücke ein. An Reaktionskräfte kommen die an der Tunnelsohle auftretenden verteilten Bodenreaktionskräfte, der an den Ulmen ausgelöste Erdwiderstand sowie die horizontal und vertikal gerichteten Reibungskräfte in Frage.

Bei Bestimmung des Kräftespiels in den gesondert je für sich zu untersuchenden Trägern erfüllen beide der im weiteren zu erörternden Verfahren die grundlegende Bedingung, daß zwischen den Kräften, die die einzelnen je für sich bemessenen Trägerteile aufeinander übertragen, Gleichgewicht bestehen muß.

Die einfachere der beiden Berechnungsmethoden geht von der Voraussetzung aus, daß die aufeinander sich abstützenden Enden der Trägerteile unbeweglich bleiben bzw. daß ihre Relativbewegungen ihr wechselseitiges Kräftespiel unbeeinflußt lassen. Diese Annahme ist freilich ganz willkürlich und nur dann zulässig, wenn die Bewegungen zwischen den Trägerenden tatsächlich vernachlässigbar geringe Wirkungen auslösen, wenn es sich also beispielsweise um ein in harten Fels eingezogenes Mauerwerk von hoher Eigensteifigkeit handelt. In all jenen Fällen, in denen die Wirkung der Relativbewegungen in den Kämpfern nicht vernachlässigt werden kann, muß die aus der Widerlagerbewegung als Auflagerpunktbewegung herrührende Wirkung bei Bemessung des Gewölbes berücksichtigt werden (Kap. 4.2.1.1.2.).

Nach praktischen Erfahrungen liefert dieses vereinfachte Berechnungsverfahren in Fällen, in denen das Gebirge zur tragenden Mitwirkung mit der Tunnelkonstruktion herangezogen werden kann, ziemlich gute Näherungsergebnisse. Darüber hinaus ist es weit einfacher als die Bemessung der Auskleidung als zusammenhängenden einheitlichen Tragwerks.

Die Unterteilung erscheint auch deshalb begründet, weil die erwähnten drei Hauptausbauteile gesondert eingezogen werden, weil sie also auch durch die längere Zeit offenstehenden Arbeitsfugen voneinander getrennt sind.

Das Verfahren eignet sich nur für starre, verhältnismäßig dickwandige Konstruktionen.

Im einzelnen nimmt die Berechnung der verschiedenen Tragwerke folgenden Gang:

1. *Das Firstgewölbe* wird als ein an beiden Enden starr eingespannter Bogenträger bemessen. Die an diesem angreifende Kraft pflegt man als gleichmäßig verteilte Belastung aus Eigenlast und Gebirgsdruck im Sinne der Gleichung

$$p = \frac{Q + Q_0 + G}{l}$$

anzunehmen, wobei $Q$ das Gesamtgewicht des Gewölbes, $Q_0$ den aus dem Gebirgsdruck herrührenden, gleichmäßig verteilten und $G$ den veränderlich großen, nach Abb. 170 zu deutenden Lastanteil bezeichnet.

Der *Bogenträger* ist dreifach statisch unbestimmt. Das Kräftespiel wird nach den aus der Statik bekannten Methoden bestimmt [72]. Sein völliges Druchschneiden in irgendeinem Querschnitt — in der Regel an einem seiner Enden — macht ihn statisch bestimmt, d. h. man erhält das statisch bestimmte Hauptsystem, bei dem es sich um einen an einem Ende eingespannten Kragträger handelt (Abb. 171). An der Schnittstelle läßt man ein Moment, eine Horizontalkraft und eine lotrechte Kraft angreifen, deren Größen $X_1$, $X_2$ und $X_3$ so gewählt sind, daß die Relativbewegung der Trägerenden im Schnittquerschnitt unter ihrer gemeinsamen Wirkung gleich Null gesetzt wird. Damit erhält man die sogenannten Formänderungs- oder *Elastizitäts*-(Verschiebungs-)*Gleichungen* in der Form

$$\begin{aligned} a_{11} \cdot X_1 + a_{12} \cdot X_2 + a_{13} \cdot X_3 + a_{01} &= 0, \\ a_{21} \cdot X_1 + a_{22} \cdot X_2 + a_{23} \cdot X_3 + a_{02} &= 0, \\ a_{31} \cdot X_1 + a_{32} \cdot X_2 + a_{33} \cdot X_3 + a_{03} &= 0, \end{aligned} \tag{94}$$

in denen $a_{11}$ die Drehung bezeichnet, wie sie im Hauptsystem unter der Wirkung des an der Schnittstelle angenommenen Einheitsmoments $X = 1$ tm eintritt, während $a_{12}$ die unter der gleichen Krafteinwirkung auftretende waagerechte, $a_{13}$ hingegen die lotrechte Verschiebung bedeutet. Sinngemäß bezeichnen ferner $a_{21}$, $a_{22}$ und $a_{23}$ die unter der Einwirkung der angenommenen Einheits-Horizontalkraft $X_2 = 1$ t, $a_{31}$, $a_{32}$ und $a_{33}$ dagegen die unter der Einwirkung der angenommenen Einheits-Vertikalkraft $X_3 = 1$ t — jeweils an der Schnittstelle — auftretenden Bewegungen; $a_{01}$ steht für die unter der Einwirkung des angreifenden äußeren Kräftesystems an der Schnittstelle im Hauptsystem auftretende Verdrehung, $a_{02}$ für die unter der gleichen Einwirkung an der gleichen Stelle auftretende waagerechte, $a_{03}$ schließlich für die lotrechte Bewegung. Das Gleichungssystem bringt also tatsächlich die Nullwertigkeit jener Bewegungen zum Ausdruck, die die am untersuchten Querschnitt des Hauptsystems angreifenden äußeren und inneren Kräfte auslösen. Werden die aus den angegebenen Bedingungen bestimmten Kräfte $X_1$, $X_2$, $X_3$ wirksam, wird sich das statisch bestimmte Hauptsystem ebenso verhalten wie der ursprüngliche, statisch unbestimmte Träger.

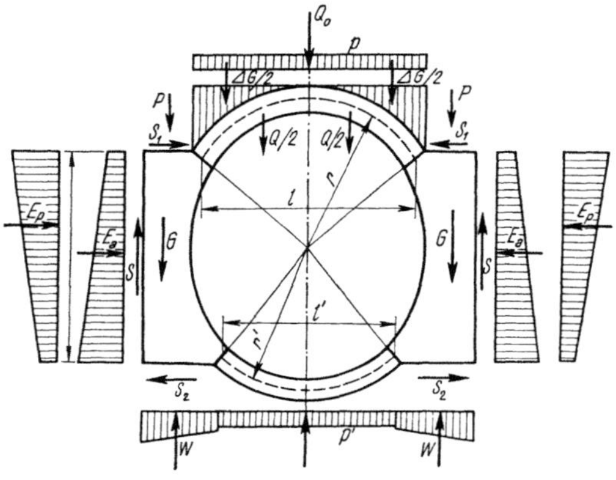

Abb. 170. Auf getrennt gedachte Trägereinheiten des Querschnittes wirkende Belastungen

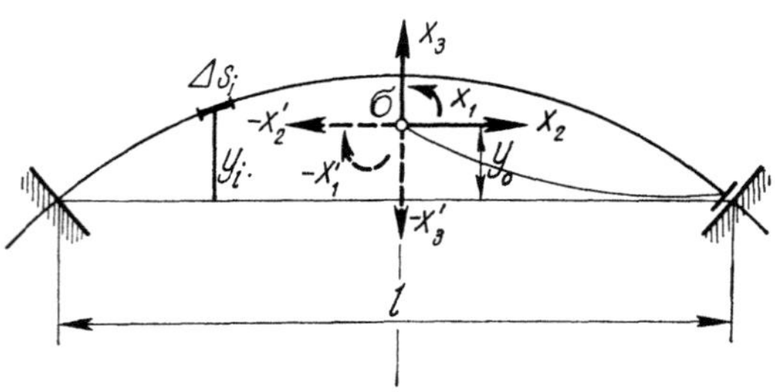

Abb. 171. Statisch bestimmtes Grundgebilde des zweiseitig eingespannten Bogenträgers

Wesentlich einfacher verläuft die Berechnung, wenn man annimmt, daß die Kräfte $X_1$, $X_2$, $X_3$ am sogenannten $\sigma$-Punkt des Bogenträgers (am Hauptpunkt der elastischen Kräfte oder am Verschiebungs-Mittelpunkt des Trägers) angreifen, weil unter den in diesem Punkt angreifenden Kräften nur eine in die Wirkungslinie der Kraft fallende Verschiebung auftreten wird, d. h. unter der Einwirkung eines Moments nur eine Verdrehung, unter der einer waagerechten Kraft nur eine waagerechte und unter der einer lotrechten Kraft nur eine lotrechte Verschiebung.

Bei Trägern mit konstanter Steifigkeit ist der $\sigma$-Punkt zugleich auch der Schwerpunkt des Bogenträgers, bei Trägern mit veränderlicher Steifigkeit hingegen der Schwerpunkt der elastischen Elemente $\frac{\Delta s}{J}$. Führt man die Verhältniszahl $\tau_i = \frac{J_i}{J_0}$ ein, hat man die Möglichkeit, den Punkt $\sigma$ als Schwerpunkt der Elemente $\frac{\Delta s_i}{\tau_i}$ zu bestimmen, wenn $J_0$ ein willkürlich angenommenes Trägheitsmoment bezeichnet. Es gilt also

$$y_0 = \frac{\sum \frac{\Delta s_i}{\tau_i} y_1}{\sum \frac{\Delta s_i}{\tau_i}}. \tag{95}$$

Zur Bestimmung der Kräfte $X_1$, $X_2$ und $X_3$ muß nach einer gedachten starren Verbindung des Punktes $\sigma$ mit dem freien Kragende zunächst die Bedingung gestellt werden, daß die Relativbewegung im Punkt $\sigma$ unter der Einwirkung der am Hauptsystem angreifenden Kräfte $X$ gleich Null zu sein hat (Abb. 171). Läßt man im Punkt $\sigma$ die unbekannten Kräfte $X_1$, $X_2$ und $X_3$ je für sich einwirken, müssen zur Erfüllung der Gleichgewichtsbedingungen auch gleich große, jedoch in entgegengesetztem Sinne wirksame Reaktionskräfte angenommen werden ($-X_1'$, $-X_2'$, $-X_3'$). Die Bedingung der Fugenschließung für die im Punkt $\sigma$ angreifenden Kräfte und für die dort möglichen Bewegungen, d. h. für die relative Verdrehung bzw. Horizontal- und Vertikalverschiebung lautet

$$\begin{aligned} X_1 \cdot a_{11} + a_{01} &= 0, \\ X_2 \cdot a_{22} + a_{02} &= 0, \\ X_3 \cdot a_{33} + a_{03} &= 0. \end{aligned} \tag{96}$$

In diesen Gleichungen bezeichnen die Faktoren $a_{0k}$ die unter der Einwirkung der äußeren Kräfte am Hauptsystem auftretenden Relativbewegungen, und zwar $a_{01}$ die relative Verdrehung im Punkt $\sigma$, $a_{02}$ die relative waagrechte, $a_{03}$ hingegen die relative lotrechte Verschiebung. Die sogenannten „Einheitsfaktoren" $a_{11}$, $a_{22}$ und $a_{33}$ bedeuten demgegenüber die aus den Krafteinwirkungen $X_1 = 1$ tm, $X_2 = 1$ t, $X_3 = 1$ t herrührenden Relativbewegungen.

Die Größe der Faktoren $a_{0k}$ und $a_{kk}$ lassen sich aus den Arbeitsgleichungen

$$a_{0k} = \sum \int \frac{M_0 m_k}{EJ}\, ds + \sum \int \frac{N_0 n_k}{EJ}\, ds, \tag{97}$$

$$a_{kk} = \sum \int \frac{m_k^2}{EJ}\, ds + \sum \int \frac{n_k^2}{EF}\, ds \tag{98}$$

ermitteln, in welchen $M_0$ und $N_0$ die aus den äußeren Kräften herrührenden, $m_k$ und $n_k$ hingegen die aus den Krafteinwirkungen $X_k = 1$ stammenden Momente und Normalkräfte bezeichnen. Das zweite (d. h. also das aus den Normalkräften herrührende) Glied dieser Gleichungen wird zumeist vernachlässigt, weil sein Wert im Verhältnis zu dem des ersten Gliedes niedrig ist.

Zunächst werden die Momentenflächen $M_0$, $m_1$, $m_2$ und $m_3$ gezeichnet und aus dem Produkt ihrer entsprechenden Werte die Faktoren $a$ ermittelt.

Die Momentenflächen sind aus Abb. 172 ersichtlich. Zur Berechnung wird der Träger in $n$ Teile geteilt und in den so ermittelten Punkten der jeweilige Momentenwert bestimmt. Auf Grund der Momentenflächen errechnen sich die $a$-Faktoren zu

$$\left.\begin{aligned} a_{11} &= \sum_1^n \frac{l^2}{EJ_i} \Delta s_i = \frac{l}{EJ_0} \sum_1^n \frac{\Delta s_i}{\tau_i}, \\ a_{22} &= \sum_1^n \frac{y_i^2}{EJ_i} \Delta s_i = \frac{l}{EJ_0} \sum_1^n \frac{\Delta s_i}{\tau_i} y_i^2, \\ a_{33} &= \sum_1^n \frac{p(l/2 - x_i)^2}{EJ_i} \Delta s_i = \frac{l}{EJ_0} \sum_1^n \frac{\Delta s_i}{\tau_i} (l/2 - x_i)^2. \end{aligned}\right\} \tag{99}$$

Bei gleichmäßig verteilter lotrechter Belastung $p$ ist

$$\left.\begin{aligned} a_{01} &= -\sum_1^n \frac{p(l-x_i)^2}{2EJ_i}\,\Delta s_i = -\frac{p}{2EJ_0}\sum_1^n \frac{\Delta s_i}{\tau_i}\,(l-x_i)^2, \\ a_{02} &= -\sum_1^n \frac{p(l-x_i)^2 y_i}{2EJ_i}\,\Delta s_i = -\frac{p}{2EJ_0}\sum_1^n \frac{\Delta s_i}{i}\,(l-x_i)^2 y_i\,, \end{aligned}\right\} \tag{100}$$

während bei symmetrischem Träger $a_{03} = 0$.

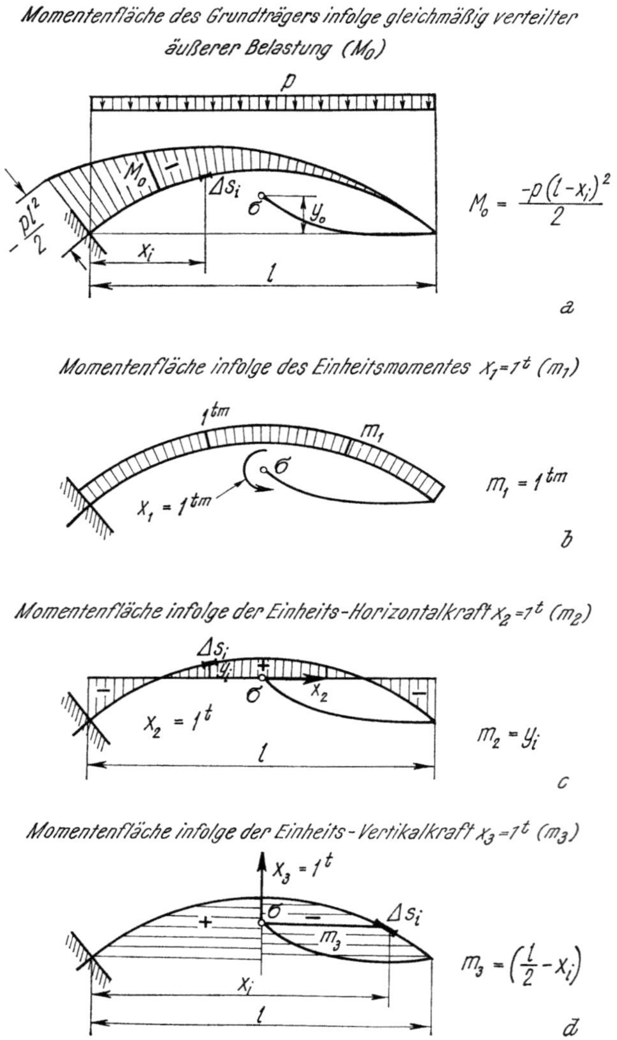


**Abb. 172. Momentenbilder eines statisch bestimmten Grundsystems (Eingespannter Konsolträger)**

Diese Gleichungssysteme bieten die Grundlage zur rechnerischen Ermittlung der Werte von $X_1$ und $X_2$, denn es gilt

$$X_1 = \frac{a_{01}}{a_{11}} \quad \text{und} \quad X_2 = \frac{a_{02}}{a_{22}}\,, \tag{101}$$

wogegen $X_3$ in diesem Falle gleich Null sein wird, und zwar wegen der Symmetrie sowohl der Träger als auch der Last in bezug auf die lotrechte Achse.

In jedem beliebigen Querschnitt des statisch unbestimmten Bogenträgers errechnen sich nunmehr die Schnittkräfte zu

$$\left.\begin{aligned} M_i &= M_0 + X_1 \cdot m_1 + X_2 \cdot m_2 = M_0 + X_1 \cdot l + X_2 \cdot y_i, \\ N_i &= N_0 + X_1 \cdot n_1 + X_2 \cdot n_2 = N_0 + X_1 \cdot O + X_2 \cos \varphi_i, \end{aligned}\right\} \qquad (102)$$

wobei $M_0$ und $N_0$ das Moment bzw. die Normalkraft bedeuten, die durch die Belastung im Hauptsystem geweckt werden.

Beim *Kreisbogenträger* kann das Kräftespiel im Träger, sofern die Steifigkeit des Gewölbes durchwegs konstant ist, auch auf analytischem Wege bestimmt werden, wobei sich die Momente und Normalkräfte durch geschlossene Formeln ausdrücken lassen.

Im folgenden soll nun der Berechnungsgang für den Fall beschrieben werden, daß der Kreisbogenträger durch eine gleichmäßig verteilte Last beansprucht ist. Da hierbei in bezug auf die Vertikalachse Träger und Belastung symmetrisch gelagert bzw. verteilt sind, konstruiert man das statisch bestimmte Hauptsystem zweckmäßig so, daß man den Träger in der Mitte, d. h. in der lotrechten Symmetrieachse durchtrennt (Abb. 173), womit man zwei völlig gleiche Kragträger erhält, was die weitere Berechnung vereinfacht.

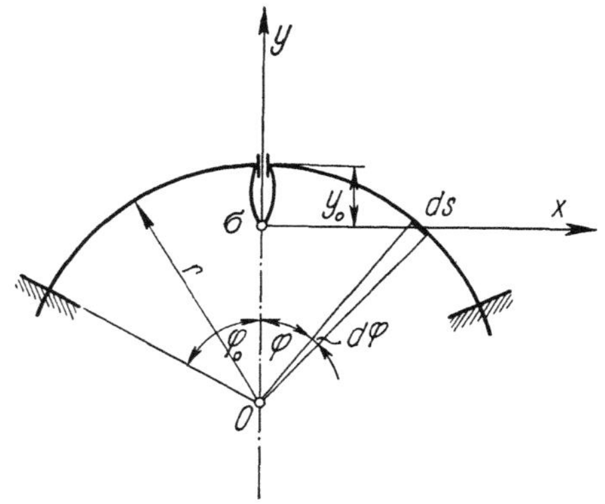

Abb. 173. Statisch bestimmtes Grundsystem eines symmetrischen kreisförmigen Bogenträgers

Zur Bestimmung der Relativbewegungen werden lediglich die aus der Momentwirkung herrührenden Werte in Betracht gezogen, die durch die Normal- und Schubkräfte bedingten Formänderungen hingegen vernachlässigt.

Zunächst wird die Stelle des Punktes $\sigma$ ermittelt, und zwar gilt für diesen

$$y_0 = \frac{2\int\limits_0^{\varphi_0} \mathrm{d}s \cdot r(1 - \cos\varphi)}{2\int\limits_0^{\varphi_0} \mathrm{d}s} = \frac{\int\limits_0^{\varphi_0} r^2(1 - \cos\varphi)\,\mathrm{d}\varphi}{\int\limits_0^{\varphi_0} r\,\mathrm{d}\varphi},$$

$$y_0 = \frac{r^2(\varphi_0 - \sin\varphi_0)}{r\varphi_0} = \frac{r(\varphi_0 - \sin\varphi_0)}{\varphi_0}. \qquad (103)$$

Sodann werden die Momente bestimmt, die am Hauptsystem aus den äußeren Belastungen und aus den Kräften $X_1 = 1$ tm und $X_2 = 1$ t auftreten.

Das Moment aus der äußeren Belastung errechnet sich anhand Abb. 174 aus der Formel

$$M_0 = -\frac{p x^2}{2} = -\frac{p r^2 \sin^2\varphi}{2}.$$

Das Moment aus der Kraft $X_1 = 1$ tm ist durchwegs konstant, d. h.

$$m_1 = 1 \text{ tm},$$

das Moment aus $X_2 = 1$ t:

$$m_2 = -y_0 + r(1 - \cos\varphi).$$

Aus den bekannten Momenten lassen sich die Relativbewegungen $a_{kk}$ und $a_{0k}$ im Punkt $\sigma$ ermitteln.

Da die Steifigkeit des Trägers durchlaufend konstant ist, wird mit den um $EJ$ erhöhten Verschiebungswerten gerechnet.

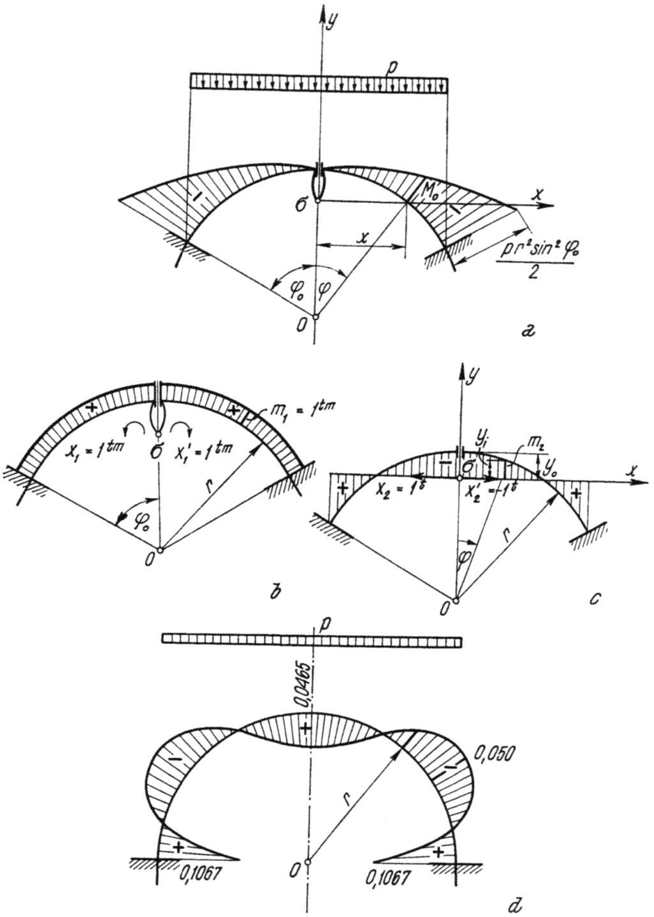


Abb. 174a bis c. Momentendiagramme des statisch bestimmten Grundsystems.
d) Momentenbild des halbkreisförmigen, an beiden Seiten eingespannten Bogenträgers

$$a'_{11} = \Sigma \int m_1^2 \, ds = 2 \int_0^{\varphi_0} r \, d\varphi = 2 r \varphi_0, \tag{104}$$

$$a_{22} = \Sigma \int m_2^2 \, ds = 2 \int_0^{\varphi_0} [-y_0 + r(1 - \cos\varphi)]^2 \, r \, d\varphi = 2r \int_0^{\varphi_0} [y_0^2 - 2 r y_0 (1 - \cos\varphi) +$$

$$+ r^2 (1 - \cos\varphi)^2] \, d\varphi = 2r \left[ y_0^2 \varphi_0 - 2 r y_0 \varphi_0 + 2 r y_0 \cdot \sin\varphi_0 + r^2 \varphi_0 - 2 r^2 \cdot \sin\varphi_0 + \right.$$

$$\left. + r^2 \left( \frac{1}{4} \sin 2\varphi_0 + \varphi_0/2 \right) \right] = 2r \left[ \frac{(\varphi_0 - \sin\varphi_0)^2}{\varphi_0} - 2(\varphi_0 - \sin\varphi_0) + \right.$$

$$\left. + 2 \, \frac{(\varphi_0 - \sin\varphi_0) \sin\varphi_0}{\varphi_0} + \varphi_0 - 2 \sin\varphi_0 + \frac{1}{4} \sin 2\varphi_0 + \frac{\varphi_0}{2} \right] =$$

$$= r^3 \left( \varphi_0 - \frac{2 \sin^2 \varphi_0}{\varphi_0} + \frac{1}{2} \sin 2\varphi_0 \right), \tag{105}$$

$$a'_{01} = \sum \int M_0 m_1 \, ds = -2 \int_0^{\varphi_0} \frac{pr^2 \cdot \sin^2 \varphi}{2} r \, d\varphi = -pr^3 \left( \frac{\varphi_0}{2} - \frac{1}{4} \sin 2\varphi_0 \right), \tag{106}$$

$$a'_{02} = \sum \int M_0 m_2 \, ds = -2 \int_0^{\varphi_0} \frac{pr^2 \cdot \sin^2 \varphi}{2} [-y_0 + r(1 - \cos\varphi) \, r \, d\varphi] =$$

$$= -pr^3 \int_0^{\varphi_0} [(r - y_0) \sin^2 \varphi - r \cdot \sin^2 \varphi \cdot \cos\varphi] \, d\varphi =$$

$$= -pr^3 \left[ (r - y_0) \left( -\frac{1}{4} \sin 2\varphi_0 + \frac{\varphi_0}{2} \right) - r \frac{\sin^3 \varphi_0}{3} \right] =$$

$$= -pr^4 \left[ \frac{\sin \varphi_0}{\varphi_0} \left( -\frac{1}{4} \sin 2\varphi_0 + \frac{\varphi_0}{2} \right) - \frac{\sin^3 \varphi_0}{3} \right] =$$

$$= -pr^4 \cdot \sin \varphi_0 \left( -\frac{1}{4} \frac{\sin 2\varphi_0}{\varphi_0} + \frac{1}{2} - \frac{\sin^2 \varphi_0}{3} \right), \tag{107}$$

$$X_1 = -\frac{a'_{01}}{a'_{11}} = +\frac{pr^2}{4} \left( 1 - \frac{1}{2} \cdot \frac{\sin 2\varphi_0}{\varphi_0} \right), \tag{108}$$

$$X_2 = -\frac{a'_{10}}{a'_{02}} = +pr \cdot \sin \varphi_0 \frac{-\frac{1}{4} \frac{\sin 2\varphi_0}{\varphi_0} + \frac{1}{2} - \frac{\sin^2 \varphi_0}{3}}{\frac{2 \sin^2 \varphi_0}{\varphi_0} + \frac{1}{2} \sin 2\varphi_0}. \tag{109}$$

In jedem beliebigen Querschnitt des statisch unbestimmten Bogenträgers errechnen sich das Moment bzw. die Normalkraft zu

$$\left.\begin{aligned} M &= M_0 + m_1 X_1 + m_2 X_2 = M_0 + 1 \cdot X_1 + X_2 y, \\ N &= N_0 + n_1 X_1 + n_2 X_2 = N_0 + 0 + X_2 \cos\varphi. \end{aligned}\right\} \tag{110}$$

Die Momente für den Bogen mit einem $\varphi_0 = 90°$ gehen aus Abb. 174 hervor.

$$\left.\begin{aligned} X_1 &= +0{,}25\, pr^2, \\ X_2 &= +0{,}560\, pr. \end{aligned}\right\} \tag{111}$$

Das maximale Moment ergibt sich im Kämpfer. Es lautet

$$M_{\max} = -\frac{pr^2 \sin^2 \varphi_0}{2} + 0{,}25\, pr^2 + (-y_0 + r - r\cos\varphi_0)\, 0{,}56\, pr = 0{,}1067\, pr^2. \tag{112}$$

Auf Grund der obigen Formeln wurden handliche Tabellen zusammengestellt, die eine einfache Berechnung der in den wichtigsten Querschnitten auftretenden Momente und Normalkräfte ermöglichen, und zwar bei gleichmäßig verteilter *lotrechter* Belastung auf Grund der Beziehungen

$$\begin{aligned} M &= \alpha_M p l^2, \\ H &= \alpha_H p l, \\ V &= p \frac{l}{2}, \end{aligned} \tag{113}$$

Tabelle 17. *Biegemoment und Bogenkraft-Beiwerte für kreisförmige Bogenträger*

| Verhältnis der Pfeilhöhe zu Spannweite $f/l$ | Biegemomentfaktoren $\times p \cdot l^2$ Kämpfer (1) $\alpha_M$ | Kämpfer (1) $\beta_M$ | Viertelpunkt (2) $\alpha_M$ | Scheitel (3) $\alpha_M$ | Scheitel (3) $\beta_M$ | Bogenschub am Kämpfer $\times pl$ $\alpha_H$ | $\beta_H$ | Radius $(r)$ $\times l$ | Zentriwinkel $\varphi_0 \cong$ |
|---|---|---|---|---|---|---|---|---|---|
| 0,10 | +0,00120 | −0,00120 | −0,00042 | +0,00040 | −0,00040 | 1,2750 | 0,0750 | 1,3011 | 2°36′ |
| 0,12 | +0,00167 | −0,00167 | −0,00047 | +0,00058 | −0,00058 | 1,0390 | 0,0574 | 1,1013 | 27°00′ |
| 0,14 | +0,00224 | −0,00224 | −0,00066 | +0,00080 | −0,00080 | 0,9045 | 0,0816 | 0,9615 | 31°20′ |
| 0,16 | +0,00292 | −0,00292 | −0,00087 | +0,00110 | −0,00110 | 0,7950 | 0,0938 | 0,8610 | 35°30′ |
| 0,18 | +0,00366 | −0,00366 | −0,00111 | +0,00140 | −0,00140 | 0,7075 | 0,1031 | 0,7854 | 39°36· |
| 0,20 | +0,00452 | −0,00452 | −0,00138 | +0,00176 | −0,00176 | 0,6335 | 0,1085 | 0,7256 | 43°36′ |
| 0,22 | +0,00550 | −0,00550 | −0,00168 | +0,00214 | −0,00214 | 0,5800 | 0,1218 | 0,6781 | 47°30′ |
| 0,24 | +0,00653 | −0,00653 | −0,00200 | +0,00256 | −0,00256 | 0,5355 | 0,1341 | 0,6410 | 51°16′ |
| 0,26 | +0,00765 | −0,00765 | −0,00239 | +0,00300 | −0,00300 | 0,4995 | 0,1487 | 0,6109 | 54°56′ |
| 0,28 | +0,00885 | −0,00885 | −0,00280 | +0,00346 | −0,00346 | 0,4685 | 0,1621 | 0,5864 | 58°30′ |
| 0,30 | +0,01010 | −0,01010 | −0,00324 | +0,00400 | −0,00400 | 0,4415 | 0,1749 | 0,5666 | 61°56′ |
| 0,32 | +0,01145 | −0,01145 | −0,00372 | +0,00458 | −0,00458 | 0,4135 | 0,1829 | 0,5507 | 65°14′ |
| 0,34 | +0,01285 | −0,01285 | −0,00424 | +0,00520 | −0,00520 | 0,3920 | 0,1944 | 0,5376 | 68°26′ |
| 0,36 | +0,01434 | −0,01434 | −0,00479 | +0,00585 | −0,00585 | 0,3725 | 0,2033 | 0,5274 | 71°27′ |
| 0,38 | +0,01589 | −0,01589 | −0,00540 | +0,00648 | −0,00648 | 0,3540 | 0,2151 | 0,5190 | 74°28′ |
| 0,40 | +0,01748 | −0,01748 | −0,00603 | +0,00721 | −0,00721 | 0,3385 | 0,2260 | 0,5125 | 77°19′ |
| 0,42 | +0,01920 | −0,01920 | −0,00672 | +0,00797 | −0,00797 | 0,3247 | 0,2371 | 0,5076 | 80°04′ |
| 0,44 | +0,02105 | −0,02105 | −0,00744 | +0,00881 | −0,00881 | 0,3120 | 0,2479 | 0,5041 | 82°42′ |
| 0,46 | +0,02296 | −0,02296 | −0,00821 | +0,00971 | −0,00971 | 0,3000 | 0,2583 | 0,5017 | 85°14′ |
| 0,48 | +0,02478 | −0,02478 | −0·00902 | +0,01064 | −0,01064 | 0,2895 | 0,2690 | 0,5004 | 87°40′ |
| 0,50 | +0,02668 | −0,02668 | −0,00987 | +0,01161 | −0,01161 | 0,2801 | 0,2801 | 0,5000 | 90°00′ |

$\beta_M = -\alpha_M$ $\qquad$ $\beta_M = -\alpha_M$ $\qquad$ $\beta_H = \frac{1}{2}\cot\varphi - \alpha_H$

oder bei *waagrechter* Belastung anhand der Beziehungen

$$M = \beta_M e l^2, \tag{114}$$

$$H = \beta_H e l.$$

Die Bezeichnungen sind den Abb. 175 und 176 zu entnehmen. Die zahlenmäßigen Werte für $\alpha_M$ und $\alpha_H$ im Kämpfer- (1), im Viertel- (2) und im Scheitelquerschnitt (3) enthält die Tab. 17.

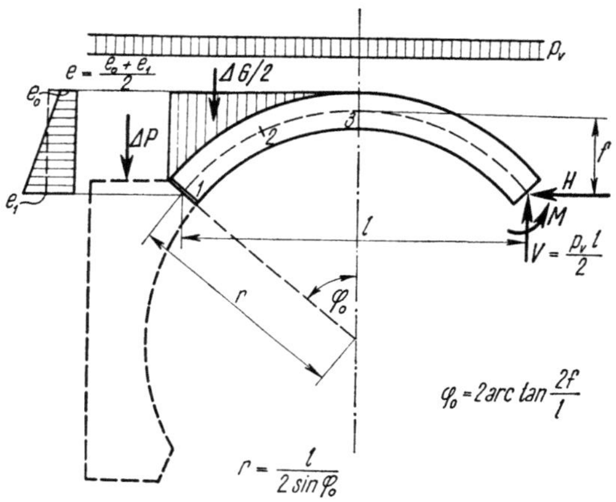


Abb. 175. Bezeichnungen für den Berechnungsvorgang

Mit den nunmehr bekannten Werten von Moment und Normalkraft lassen sich die Beanspruchungen auf Grund der Formel

$$\sigma_{1,2} = \frac{N}{F} \pm \frac{M}{K}$$

des exzentrischen Druckes bestimmen und somit auch die Querschnitte bemessen. Passen die angenommenen Querschnitte nicht, muß die Berechnung wiederholt werden, denn $J$ und $F$ beeinflussen die Formänderungen und demnach auch das Kräftespiel.

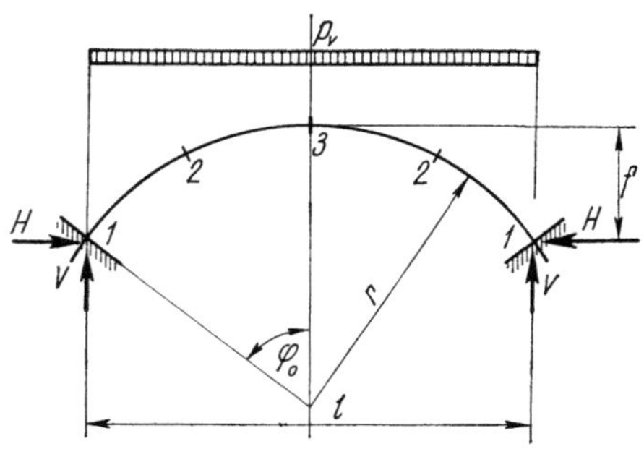


Abb. 176. Bezeichnungen für die Berechnungstafel 17

2. *Bei der Bemessung des Sohlgewölbes* hat man ähnlich zu verfahren. Seine Beanspruchung wird — auch unter Berücksichtigung der Bauablaufes — durch Schätzung bestimmt. Zumeist werden zuerst die Widerlager und das Firstgewölbe eingezogen, sie übertragen also ihr Gewicht an der Aufstandfläche des Widerlagers auf den Boden.

In die Berechnung der Beanspruchung des Sohlgewölbes wird außer seinem Gewicht auch die dem vollen bzw. dem eventuell verminderten Gebirgsdruck entsprechende Bodenreaktion einbezogen. Von den annahmegemäßen Lasten ist der an den Seitenwänden entlang auftretende Reibungswiderstand (Abb. 177)

$$S = \left(E_p - h \cdot \frac{e_1 + e_2}{2}\right) \tan \varphi,$$

abzuziehen. Für die lotrecht am Sohlgewölbe angreifende Last gilt

$$p_v' = \left(g + \frac{\Delta G + 2P + 2Q\delta - 2S}{L}\right) \frac{L_k}{L_m},$$

wenn $g$ das Einheitsgewicht des Sohlgewölbes und $\delta$ jenen prozentualen Anteil des äußeren Gebirgsdruckes ($2Q$) bedeutet, der sich erst nach der Fertigstellung des Sohlgewölbes entwickelt (in plastischem Gebirge $\delta = 40$ bis $50\%$!).

Die Momente und die Normalkräfte werden sinngemäß nach den gleichen Methoden berechnet wie beim Firstgewölbe.

3. *Bemessung der Seitenwände.* Vor allem werden die auf die Widerlager wirkenden äußeren Kräfte bestimmt.

Die Reaktionskräfte $V_f$, $H_f$ und $M_f$, die vom Firstgewölbe übertragen werden, berechnet man nach den soeben erörterten Methoden für die Gewölbebemessung. Auf der gleichen Grundlage werden auch die aus dem Sohlgewölbe herrührenden Reaktionskräfte $V_a$, $H_a$ und $M_a$ bestimmt. Auf die Seitenwände lastet überdies der auf ihrer oberen Fläche lastende Gebirgsdruck $P$, und schließlich werden sie durch ihr Eigengewicht $G$ und durch den aktiven waagrechten Erddruck $E_a$ beansprucht.

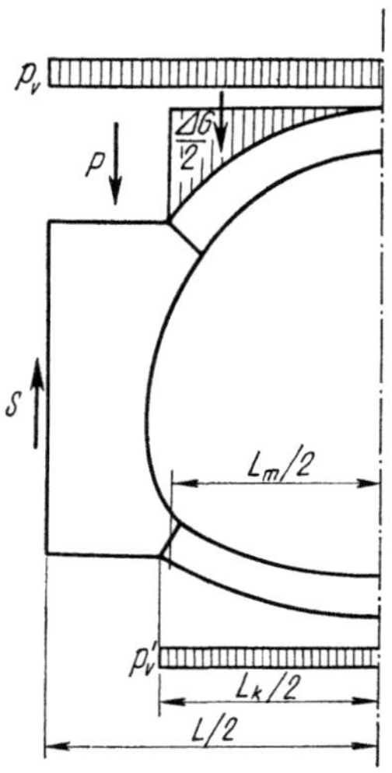

Abb. 177. Berechnung der auf die Sohlgewölbe wirksamen Belastungen

Da sich die Seitenwände mit ihren Aufstandflächen und mit ihren lotrechten Außenflächen auf den Boden abstützen, greifen die Bodenreaktionskräfte ($W$), die die Belastungskräfte ausgleichen, an diesen Flächen an. Aus der Reibung zwischen Boden und Seitenwänden ergeben sich nebst den auf die Berührungsflächen senkrechten auch Bodenreaktionskomponenten, die in den Ebenen dieser Flächen wirken. Die Werte dieser Reibungskräfte errechnen sich als Produkte der senkrecht auf die Berührungsflächen wirkenden Kräfte mit dem Reibungskoeffizienten $\tan\varphi$.

An den Aufstandflächen der Widerlager schreibt sich die Reibungskraft mit der dort auftretenden Reaktionskraft $W$ zu

$$S_2 = W \cdot \tan\varphi,$$

während sie sich an der lotrechten Außenfläche der Seitenwände — mit $E_a$ für den waagrechten Wert der Reaktionskraft — zu

$$S = \tan\varphi\,(E_a + E_p),$$

errechnet. Und schließlich hat man an der oberen waagrechten Abschlußfläche der Seitenwände mit einem Reibungswiderstand von

$$S_1 = P \cdot \tan\varphi,$$

zu rechnen.

Wie jedoch bereits erwähnt, liefert diese Berechnung für die Reibungskräfte $S_2$ und $S$ keine genaue, sondern jene Höchstwerte, die erst durch eine gewisse Verschiebung ($a$) ausgelöst werden. In Wirklichkeit hat man bloß mit der zur Wiederherstellung des Gleichgewichts erforderlichen Reibung zu rechnen, die jeweils der Verschiebung der aneinander gleitenden Flächen proportional ist. Diese Verschiebungen werden auf Grund der Bettungsziffer berechnet. So errechnet sich beispielsweise die Verschiebung bei Auslösung der Reibungskraft $S_1$ mit

$\delta_1 = \frac{e_{p1}}{C}$, diejenige zur Auslösung der Reibungskraft $S$ zu $\delta = \frac{W}{bC}$ und schließlich jene, die zur Auslösung der Reibungskraft $S_2$ führt, zu $\delta_2 = \frac{e_{p2}}{C}$. (In dem in Abb. 178 dargestellten Fall kann mit den Höchstwerten für $\tan\varphi$ gerechnet werden, weil zur Aufnahme der waagrechten Kräfte selbst der Maximalwert der Kraft $S_2$ nicht ausreicht, denn in der Ebene des Punktes $O$ wirkt auch ein Erdwiderstand $e_{p2}$.)

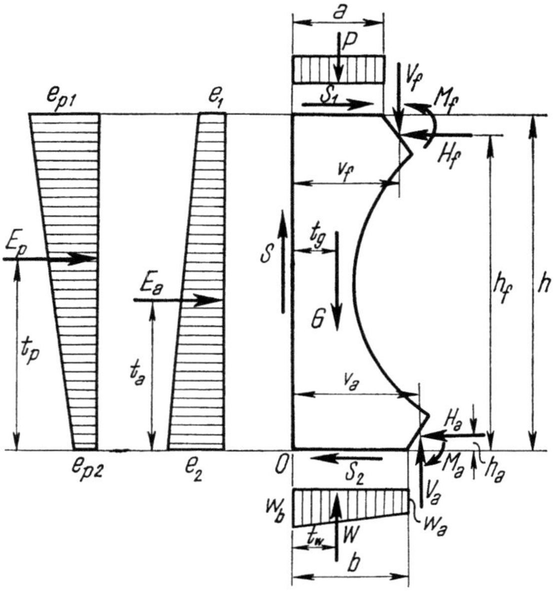


Abb. 178. Auf die Widerlagerwände wirksame Belastungen

Bei Ermittlung der Reibungskräfte wird man also mit unterschiedlich großen Reibungskoeffizienten $f_1$, $f$ und $f_2$ zu rechnen haben. Sie ergeben sich der Reihe nach aus den Beziehungen

$$f_1 = \tan\varphi\,\frac{\delta_l}{a} = \tan\varphi\,\frac{e_{p1}}{aC},$$

$$f = \tan\varphi\,\frac{\delta}{a} = \tan\varphi\,\frac{W}{bCa},$$

$$f_2 = \tan\varphi\,\frac{\delta_2}{a} = \tan\varphi\,\frac{e_{p2}}{Ca};$$

der Wert von $a$ wird auf der Geländeoberfläche durch Reibungsversuche am Boden nach der in Abb. 179 dargestellten Näherung ermittelt (vgl. KÉZDI: Bodenmechanik I, Abb. 243.). Er hängt außer von der Beschaffenheit auch vom Zustand und vom Feuchtigkeitsgehalt des Bodens ab. Effektiv ist die Annahme gestattet, daß er stets unter 1 cm bleibt. Bei Verschiebungen, die diesen Wert überschreiten, kann mit dem Höchstwert, d. h. mit dem $\tan\varphi$ gerechnet werden.

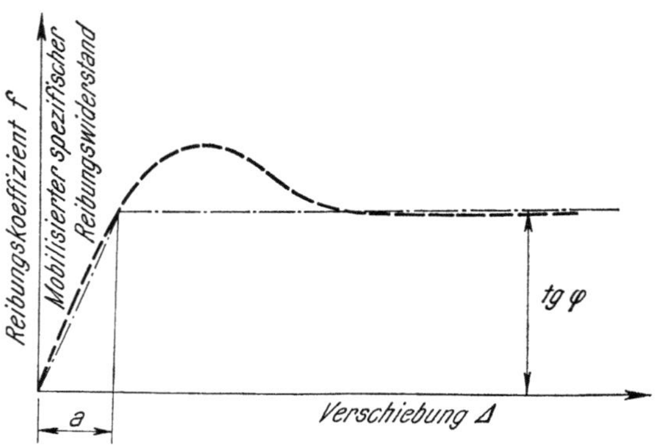


Abb. 179. Zusammenhang zwischen Verschiebung und mobilisierter Reibung

Unbekannt sind im konkreten Fall der Erdwiderstand $E_p$, die Sohlenreaktion $W$ und die Lage der Angriffslinien dieser beiden Kräfte, d. h. die Größen $t_p$ bzw. $t_w$. Ausgehend von der Annahme, daß sowohl der Erdwiderstand als auch die Sohlenreaktionen gleichmäßig verteilt sind, hat man die Möglichkeit, die vier Unbekannten aus drei Gleichgewichtsgleichungen und aus einer vierten

Gleichung zu bestimmen, die die Bedingung der starren Verdrehung zum Ausdruck bringt.

Sämtliche auf die Widerlager wirkenden Kräfte sind im Gleichgewicht, sofern ihre horizontalen und vertikalen Projektionen sowie ihre auf einen Punkt, z. B. den Punkt $O$ bezogenen Momente gleich Null sind (vgl. Abb. 178).

1. Aus der Gleichung

$$P + V_f + G - (E_p + E_a)\, f - W - V_a = 0 \tag{115a}$$

kann der Wert von $W$ bestimmt werden.

2. Die Gleichung

$$P f_1 - H_f + E_p + E_a + W f_2 - H_a = 0 \tag{115b}$$

gestattet, den Wert von $E_p$ zu ermitteln.

3. Die Gleichung

$$P\,\frac{a}{2} + V_f v_f - H_f h_f - M_f + M_a - H_a h_a - V_a v_a + \\ + G t_g - W t_w + E_a t_a + E_p t_p + f_1 P h = 0 \tag{115c}$$

enthält zwei Unbekannte, und zwar $t_p$ und $t_w$.

4. Die vierte Gleichung wird auf Grund der Bedingung der elastischen Bettung aufgeschrieben, derzufolge die Bodenreaktionen der Eindrückung der Seitenwände in den Boden proportional sind. Die Seitenwände werden als unendlich starr angenommen, so daß ihre Aufstandflächen auch nach der Formänderung eben bleiben und ebenso die Verteilung der Bodenreaktionen geradlinig verlaufen wird. Ebenso stehen die waagerechten und lotrechten Flächen unverändert senkrecht aufeinander, woraus folgt, daß auch die Linien der Bodenreaktionsverteilung senkrecht aufeinander verlaufen. Es kann somit geschrieben werden:

$$\frac{w_b - w_a}{b} = \frac{e_{p1} - e_{p2}}{h},$$

und da auf Grund des ausmittigen Druckes

$$w_b = \frac{W}{b} + \frac{6W\left(\frac{b}{2} - t_w\right)}{b^2} \quad \text{und} \quad w_a = \frac{W}{b} - \frac{6W\left(\frac{b}{2} - t_w\right)}{b^2}$$

ist, gilt

$$\frac{e_{p1} - e_{p2}}{h} = \frac{12W\left(\frac{b}{2} - t_w\right)}{b^2}. \tag{115d}$$

Die Beziehung zwischen den Werten von $w_a$, $w_b$, $e_{p1}$ und $e_{p2}$ einerseits und $t_p$ und $t_u$ andererseits beschreiben die Zusammenhänge

$$\left.\begin{aligned} t_p &= \frac{h}{3}\,\frac{2e_{p1} + e_{p2}}{e_{p1} + e_{p2}} \\ t_w &= \frac{b}{3}\,\frac{2w_a + w_b}{w_a + w_b}. \end{aligned}\right\} \tag{116}$$

Zu berücksichtigen sind ferner die Zusammenhänge

und
$$\left.\begin{aligned} \frac{w_a + w_b}{2}\, b &= W \\ \frac{e_{p1} + e_{p2}}{2}\, h &= E_p. \end{aligned}\right\} \qquad (117)$$

Mit den aus (117) ermittelbaren Ausdrücke für $w_b$ und $e_{p1}$ erhält man aus den Gleichungen (116) die Werte für $t_p$ und $t_w$, die in die Momentengleichung (115c) eingesetzt werden. Aus dieser sowie aus (115d) ermittelt man schließlich die Werte von $w_a$ und $e_{p2}$ und mit diesen die für $w_b$ und $e_{p1}$.

Damit sind sämtliche Kräfte bekannt, die an den Seitenwänden angreifen. Zweckmäßig wird man nun die Stützlinien festlegen und die in den Seitenwänden auftretenden Beanspruchungen für mehrere charakteristische Querschnitte durchrechnen.

Einer Untersuchung bedürfen z. B. die Querschnitte in den oberen und unteren Kämpferebenen sowie die Querschnitte in Mittelhöhe. Die Stützlinien müssen überall im inneren Drittel der Wandquerschnitte bleiben, auch dürfen die auftretenden Druckbeanspruchungen die zulässigen Werte nicht überschreiten. Bemerkt sei hier, daß den Einbau von Seitenwänden mit lotrechten inneren und äußeren Begrenzungsflächen weder statische noch die Gesichtspunkte der Sicherheit gegen Verschiebungen zweckmäßig erscheinen lassen, weil sie dem Verlauf der Stützlinie nicht folgen können und auch das satte Anliegen, die satte Anmauerung an die Tunnelleibung erschweren.

*4.2.1.2.2.* In der soeben erörterten Berechnungsweise *blieben also die Wechselwirkungen, die die Relativverschiebungen zwischen den einzelnen Teilen des Ausbaues verursachen, unberücksichtigt.* Auf derartige Verschiebungen reagiert das Firstgewölbe am empfindlichsten. Eben die waagrechten Reaktionen und das Einspannmoment des Firstgewölbes an den Kämpfern sind es, die die Verschiebungen der Widerlager auslösen und damit auch die Beanspruchungen in den gefährlichen Querschnitten des Gewölbes wesentlich ansteigen lassen können. In der Elastizitätsgleichung können sich nämlich diese Verschiebungen als äußere Einwirkungen mit den Faktoren $a_0$ summieren, was zu einem Anwachsen der inneren Kräfte $X_1$, $X_2$ und $X_3$ und damit auch zu einer Erhöhung der maßgebenden Spannungen im Gewölbe führt. Üblicherweise geht man allerdings von der Annahme aus, daß es in solchen Fällen unter der Beanspruchung durch das angewachsene Moment zu einem Riß im Scheitel der Mauerwerks-, Beton- oder Natursteinauskleidung des Firstgewölbes kommt, welches von da an als Dreigelenkbogen anzusehen ist. Unter solchen Umständen ist es also richtig, das Gewölbe, welches auf die keineswegs unbeweglichen Seitenwände aufgesetzt wird, schon vorweg als Dreigelenkbogen zu bemessen, und zwar unter Annahme eines exzentrischen Scheitelgelenks im äußeren, und zweier gleichfalls exzentrischer Kämpfergelenke im inneren Halbquerschnitt (Abb. 180). Selbstverständlich zerdrückt die

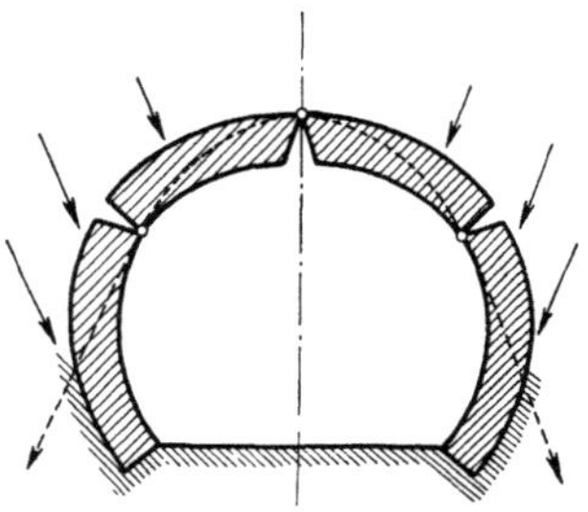

Abb. 180. Annehmbarer, stabiler Grenzzustand des hufeisenförmigen Tunnelquerschnittes nach übermäßiger Verschiebung der Seitenwände (Dreigelenkbogen)

tatsächliche Ausbildung eines solchen Zwangsgelenks das Mauerwerk in dessen Umkreis, womit es auch seine Wasserdichtheit verliert, von den anderen physikalischen Nachteilen ganz zu schweigen.

Nach Bestimmung der Kämpferreaktionen im Firstgewölbe läßt sich die Verschiebung ($\Delta$) der Widerlager aus dem Winklerschen Ansatz $p = C \cdot y$ errechnen. Hat man den Erdwiderstand und dessen Verteilungshöhe nach den beschriebenen Methoden graphisch oder rechnerisch bestimmt, wird aus dessen spezifischem Wert an den Kämpfern, d. h. aus $e_{p1}$ nunmehr $\Delta = \frac{e_{p1}}{C}$.

Ähnlich errechnet sich die Verdrehung des Kämpferquerschnitts aus der Beziehung $(\varkappa) = \frac{e_{p1} - e_{p2}}{C \cdot h}$ (vgl. Abb. 178). In die Elastizitätsgleichungen müssen jedoch die sogenannten vergrößerten Verschiebungswerte eingesetzt werden. Der Vergrößerungsfaktor ist $n = \frac{EJ}{1 - \mu^2}$, wenn $E$ den Elastizitätsmodul der Gewölbemauerung, $\mu$ die Poissonsche Zahl (für Beton ist $\mu = 0{,}18$), $J$ hingegen das durchschnittliche Trägheitsmoment des Firstgewölbes bezeichnet.

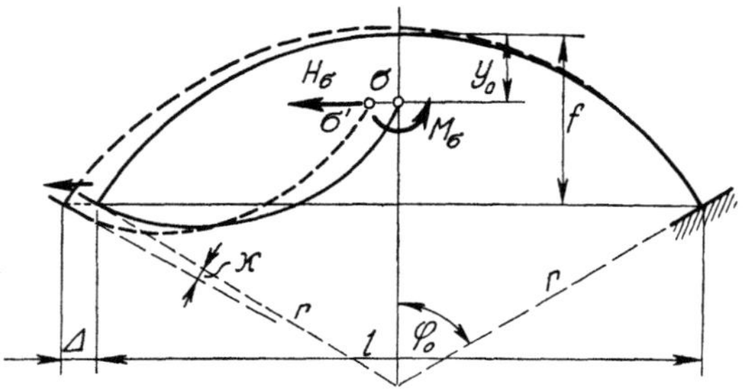


Abb. 181. Auswirkung der Horizontalverschiebung der Seitenwiderlager auf das Kräftespiel des Bogenträgers

Unter Berücksichtigung der Einwirkung von Verschiebung und Verdrehung nehmen die erweiterten Elastizitätsgleichungen [für Gewölbe mit konstanter Steifigkeit sowie mit zentrisch und gleichmäßig verteilter Belastung, vgl. die Gleichungen (101) und (96) sowie die Abb. 181] folgende Gestalt an:

$$X_1' = -M + M_\sigma = M' = \frac{-a_{01} + \varkappa}{a_{11}} = \frac{-pr^3\left(\frac{\varphi_0}{2} - \frac{1}{4}\sin 2\varphi_0\right) + n \cdot (\varkappa)}{2r \cdot \varphi_0}$$

und

$$X_2' = H + H_\sigma = H' = \frac{-a_{02} + \varkappa(f - y_0) - \Delta}{a_{22}} =$$

$$= \frac{-pr^4 \cdot \sin\varphi_0\left(\frac{1}{2} - \frac{1}{4} \cdot \frac{\sin 2\varphi_0}{\varphi_0} - \frac{\sin^2\varphi_0}{3}\right) + n(\varkappa) \cdot (f - y_0) - n(\Delta)}{r^3\left(\varphi_0 - \frac{2\sin^2\varphi_0}{\varphi_0} + \frac{1}{2}\sin 2\varphi_0\right)}, \qquad (118)$$

$$X_2' = H' = \frac{-pr^4 \cdot \sin\varphi_0\left(\frac{1}{2} - \frac{1}{4}\frac{\sin 2\varphi_0}{\varphi_0} - \frac{\sin^2\varphi_0}{3}\right)}{r^3\left(\varphi_0 - \frac{2\sin^2\varphi_0}{\varphi_0} + \frac{1}{2}\sin 2\varphi_0\right)} +$$

$$+ \frac{\frac{EJ}{1-\mu^2} \cdot \frac{e_{p1} - e_{p2}}{C \cdot h}\left[f - \frac{r(\varphi_0 - \sin\varphi_0)}{\varphi_0}\right] - \frac{EJ}{1-\mu^2}\frac{e_{p1}}{C}}{r^3\left(\varphi_0 - \frac{2\sin^2\varphi_0}{\varphi_0} + \frac{1}{2}\sin 2\varphi_0\right)}. \qquad (119)$$

Die von den Verschiebungen herrührenden Zunahmen werden mithin um so größer sein, je kleiner der Wert der Bettungsziffer ($C$). Im allgemeinen sind Bogenträger gegen waagrechte Verschiebungen der Kämpfer überaus empfindlich.

Bemerkt sei hier, daß sich bei großer Gewölbedicke und niedriger Bettungsziffer ($C = 1{,}0$ bis $3{,}0$ kg/cm²) $M_\sigma$- und $H_\sigma$-Werte ergeben, die so hoch sind, daß ihnen das Gewölbe häufig nicht gewachsen ist. In solchen Fällen kann angenommen werden, daß sich im Gewölbe ein Riß einstellt, wonach es die Kräfte als Dreigelenkbogen aufnimmt (vgl. Abb. 180) und gegen weitere Verschiebungen unempfindlich wird. Eine solche Annahme ist natürlich nur dann zulässig, wenn kein rissefreies (kein wasserdichtes) Gewölbe gefordert zu werden braucht (s. weiter oben).

*Gegen Vertikalbewegungen sind die Gewölbe weniger empfindlich.* Im übrigen erleiden auch die einander gegenüberstehenden Widerlager nur selten Setzungen von wesentlich unterschiedlicher Größe, aus denen sich in den Widerlagern Verdrehungsunterschiede, d. h. Mehrbeträge in der Winkelverdrehung ergeben könnten. Derartige Wirkungen werden gegebenenfalls ähnlich berücksichtigt, wie oben ausgeführt, doch haben sie in der Praxis keine Bedeutung.

*Beim Sohlgewölbe* braucht in der Regel nur die Auswirkung einer Kämpferverdrehung berücksichtigt zu werden, sofern man von der durch die Praxis gerechtfertigten Ausnahme ausgeht, daß die Sohlenreibung eine Verschiebung verhindert, daß also am unteren Eckpunkt der Widerlager $e_{p2} = 0$ ist. (Doch selbst wenn dies nicht zuträfe, wäre $e_{p2}$ jedenfalls kleiner als $e_{p1}$, so daß auch sein Einfluß auf das Sohlgewölbe weit geringer ist.)

Aus einer $\varkappa$ großen Verdrehung ergibt sich ein Momentenplus von $X'_{1a} = \frac{n(\varkappa)}{a^a_{11}}$ bzw. ein Plus an Horizontalschub in Höhe von $X'_{2a} = \frac{n(\varkappa)\,(f_a - y^a_0)}{a^a_{22}}$. Diese beiden Größen sind nunmehr sowohl beim Moment als auch beim Gewölbeschub vorzeichengerecht hinzuzurechnen.

*4.2.1.2.3. Zahlenbeispiel.* Für die in Abb. 182a bis d dargestellte Schildvortriebskammer soll nun der Gang der analytischen Berechnung an einem konkreten Zahlenbeispiel demonstriert werden.

*a) Untersuchung des Firstgewölbes.* Die auf das Firstgewölbe wirkende Belastung setzt sich aus dem als gleichmäßig verteilt angenommenen Gebirgsdruck (bzw. der geostatischen Belastung), aus der Dreieckslast $G_0$ der Erdüberdeckung in den Kalottensektoren und aus dem Eigengewicht $Q$ des Gewölbes zusammen. Bei einer Überlagerungshöhe von 27,6 m haben diese Lasten folgende Werte:

$$g_0 = h_0 \gamma_1 = 27{,}6\ \text{m} \cdot 2{,}0\ \text{t/m}^3 = 55{,}2\ \text{t/m}^2,$$

$$G_0 = \frac{f_k l_k}{3}\gamma_1 = \frac{2{,}925 \cdot 10{,}30}{3}\, 2{,}0 = 20{,}4\ \text{t/m},$$

$$Q = \gamma_b \frac{2\varphi_0}{2\pi} \cdot 2r = 2{,}3\,\frac{120}{360} \cdot 5{,}35 \cdot 2 = 31{,}0\ \text{t/m}.$$

Näherungsweise wird angenommen, daß die gesamte lotrechte Last über die ganze, in der Gewölbeachse gemessene Spannweite gleichmäßig verteilt, daß also

$$p_v = \frac{l_k g_0 + Q + G_0}{l_n} = \frac{10{,}3 \cdot 55{,}2 + 31{,}0 + 20{,}4}{9{,}27} = 67{,}0\ \text{t/m} \quad \text{ist.}$$

Der waagrechte Druck wird auf Grund des Rankineschen Zustandes aus den lotrechten Lasten berechnet, wobei sicherheitshalber nur der halbe Wert der Kohäsion abgezogen wird. Ist $\varphi = 17°$ und $c = 28$ t/m², dann wird $e_0 = g_0\lambda_a - c\sqrt{\lambda_a} = 55{,}2 \cdot 0{,}5475 - 28{,}0 \cdot 0{,}74 =$

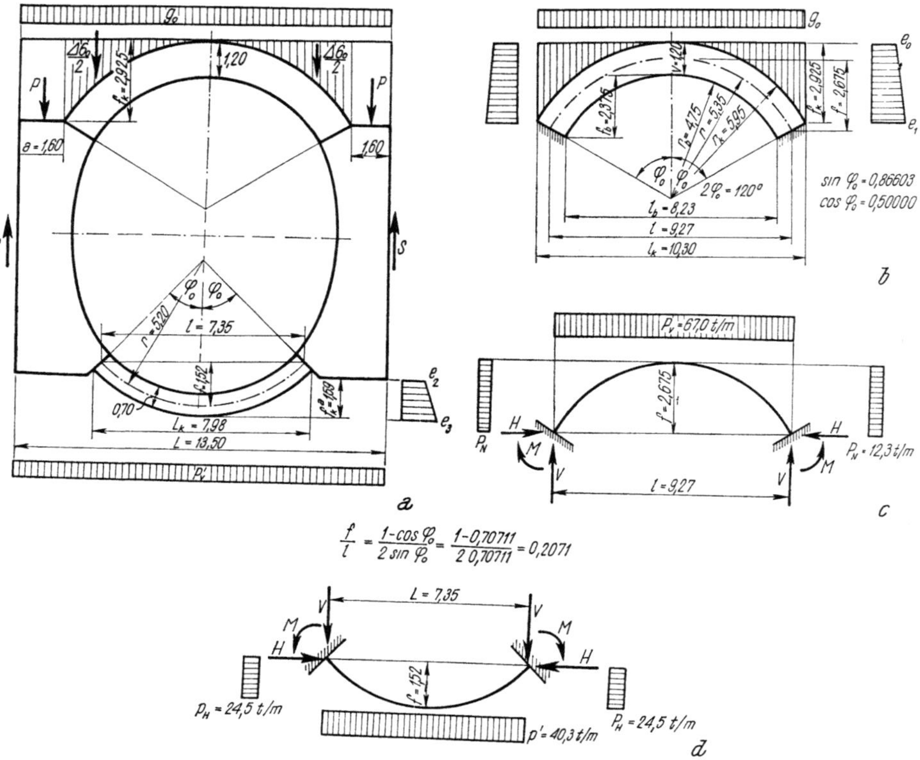


Abb. 182. Numerisches Beispiel für die analytische Bemessung der Trägerteile einer Schildmontagekammer

$= 9{,}5$ t/m², ferner $e_1 = g_1\lambda_a - c\sqrt{\lambda_a} = 61{,}1 \cdot 0{,}5475 - 28{,}0 \cdot 0{,}74 = 12{,}7$ t/m², wobei $\lambda_a =$ $= \tan^2(45° - \varphi/2)$.

Wieder näherungsweise wird der Berechnung statt der trapezförmigen eine gleichmäßige Lastverteilung zugrunde gelegt, es wird demnach $e = \dfrac{e_0 + e_1}{2} = \dfrac{9{,}5 + 12{,}7}{2} = 11{,}1$ t/m². Auf den Gewölberücken reduziert, hat man also

$$pH = e\,\frac{2{,}925}{2{,}675} = 12{,}3 \text{ t/m}.$$

Die Kämpferreaktionen im Firstgewölbe werden, dem Verhältnis $f/l$ entsprechend, aus Tab. 17 berechnet. Für $\dfrac{f}{l} = \dfrac{2{,}675}{9{,}27} = 0{,}287$ hat man aus dieser

$$\alpha_M = 0{,}00939,\ \alpha_H = 0{,}4562,\ \beta_M = -0{,}00920 \text{ und } \beta_H = -0{,}1588.$$

Die Kämpferreaktionen schreiben sich

aus der lotrechten Last zu

$$M_v = \alpha_M p_v l^2 = 0{,}00939 \cdot 67{,}0 \cdot 9{,}27^2 = 54{,}0 \text{ tm},$$

$$H_v = \alpha_H p_v l = 0{,}4562 \cdot 67{,}0 \cdot 9{,}27 = 238{,}0 \text{ t},$$

die lotrechte Reaktion hingegen zu

$$V_v = \frac{p_v l}{2} = \frac{67,0 \cdot 9,27}{2} = 310,0 \text{ t},$$

$$N_v = \sqrt{H_v^2 + V_v^2} = 420,0 \text{ t}.$$

Aus den waagrechten Lasten hat man

$$M_H = \beta_M p_H l^2 = -0,00920 \cdot 12,3 \cdot 9,27^2 = -9,8 \text{ tm},$$

$$H_H = \beta_H p_H l = -0,1588 \cdot 12,3 \cdot 9,27 = -18,2 \text{ t},$$

während für die Momente insgesamt gilt:

$$M_f = M_V + M_H = 54,0 - 9,8 = 44,2 \text{ tm},$$

$$H_f = H_V + H_H = 283,0 - 18,2 = 264,8 \text{ t},$$

$$V_f = V_V + V_H = 310,0 - 0 = 310,0 \text{ t}.$$

Die im Gewölbe auftretenden Spannungen werden lediglich in den Kämpfern und im Scheitel kontrolliert, wobei z. B. die günstige Auswirkung des Horizontaldruckes zugunsten der Sicherheit vernachlässigt bleibt.

Die Querschnittfläche des Gewölbegurtes von der Breite 1 beträgt

$$F = 100 \cdot 120 = 12000 \text{ cm}^2,$$

sein Widerstandsmoment

$$K = \frac{100 \cdot 120^2}{6} = 240000 \text{ cm}^3,$$

$$\sigma_{\text{Kämpfer}} = \frac{N_V}{F} \pm \frac{M_V}{K} = \frac{420 \text{ t}}{1,2 \text{ m}^2} \pm \frac{54,0 \text{ tm}}{2,4 \text{ m}^3} = 35,0 \pm 22,5 = 57,5 \text{ t/m}^2 = 5,75 \text{ kg/cm}^2,$$

beziehungsweise

$$12,5 \text{ t/m}^2 = 1,25 \text{ kg/cm}^2.$$

*b*) Die Untersuchung des *Sohlgewölbes* zieht auch den Arbeitsablauf in Betracht, und da Firstgewölbe und Widerlager früher fertiggestellt sind als das Sohlgewölbe, es ist vorausgesetzt, daß sie ihr Eigengewicht an der Aufstandfläche der Widerlager bereits übertragen. Auf der sicheren Seite hält man sich noch immer mit der Annahme, daß der gesamte auf dem Gewölbe und unmittelbar auf den Widerlagern lastende Gebirgsdruck von Sohlgewölbe und Widerlagern gemeinsam auf den Boden übertragen und nur durch die Reibungskraft $S$ vermindert wird, die an den Widerlagern auftritt. Es unterliegt nämlich keinem Zweifel, daß ein Teil der Gebirgsdrücke vom Boden unter den schon zuvor fertiggestellten Widerlagern aufgenommen wurde.

Da

$$P = a f_k \gamma_t = 1,60 \cdot 2,925 \cdot 2,0 = 9,36 \text{ t}$$

und $S = 120$ t (s. weiter unten „Bemessung der Widerlager"), gilt

$$p_v' = g_0 + \frac{G_0 + 2P - 2S}{L} = 55,2 + \frac{20,4 + 2 \cdot 9,36 - 240}{13,50} = 40,3 \text{ t/m}.$$

Die Elemente der waagrechten Pressung sind:

$$e_2 = [g_0 + (11,87 \cdot 2,0)]\,\lambda_a - c\sqrt{\lambda_a} = (55,2 + 23,74) \cdot 0,5475 - 28 \cdot 0,74 = 22,5 \text{ t/m}.$$

$$e_3 = [g_0 + (13,46 \cdot 2,0)]\,\lambda_a - c\sqrt{\lambda_a} = (55,2 + 26,92) \cdot 0,5475 - 28 \cdot 0,74 = 24,3 \text{ t/m},$$

$$p_H' = \frac{e_2 + e_3}{2} \frac{f_k}{f_a} = \frac{22,5 + 24,3}{2} \frac{1,59}{1,52} = 24,5 \text{ t/m}.$$

Wieder mit den der Tab. 17 für $\frac{f'}{l} = 0{,}2071$ entnommenen Werten für $\alpha$ und $\beta$ erhält man nun die Kämpferreaktionen im Sohlengewölbe, und zwar

zunächst aus den lotrechten Kräften:

$$M'_V = \alpha_M p'_V l'^2 = 0{,}00485 \cdot 40{,}3 \cdot 7{,}35^2 = 10{,}6 \text{ tm/m},$$

$$H'_V = \alpha_H p'_V l' = 0{,}6145 \cdot 40{,}3 \cdot 7{,}35 = 182{,}0 \text{ t/m},$$

$$V'_V = \frac{p'_V l'}{2} = \frac{40{,}3 \cdot 7{,}35}{2} = 148 \text{ t/m},$$

sodann aus den waagrechten Drücken:

$$M'_H = \beta_M p'_H l'^2 = -0{,}00485 \cdot 24{,}5 \cdot 7{,}35^2 = -6{,}50 \text{ tm/m},$$

$$H'_H = \beta_H p'_H l' = -0{,}1132 \cdot 24{,}5 \cdot 7{,}35 = -20{,}6 \text{ tm/m},$$

$$V'_H = 0.$$

Die Summe der an den Kämpfern auftretenden Kräfte ist:

$$M_a = M'_V + M'_H = 10{,}6 - 6{,}5 = 4{,}1 \text{ tm/m},$$

$$H_a = H_V + H_H = 182{,}0 - 20{,}6 = 161{,}4 \text{ t/m},$$

$$V'_a = V'_V = 148 \text{ t/m},$$

$$N'_a = \sqrt{161{,}4^3 + 148^2} = 219 \text{ t/m}.$$

Aus der Querschnittfläche $F = 1{,}0 \cdot 0{,}9 = 0{,}9 \text{ m}^2$ errechnet sich das Widerstandsmoment zu

$$K = \frac{1{,}0 \cdot 0{,}9^2}{6} = 0{,}135 \text{ m}^3,$$

und es gilt

$$\sigma = \frac{219}{0{,}9} \pm \frac{4{,}1}{0{,}135} = 243 \pm 30{,}3 \text{ t/m}^2, \text{ d. h. } \sigma_{\max} = 27{,}33 \text{ kg/cm}^2 \text{ und } \sigma_{\min} = 21{,}27 \text{ kg/cm}^2$$

c) Die Untersuchung der Seitenwände geht von der Voraussetzung aus, daß sie um die äußere Kante ihrer Aufstandflächen kippen werden, weil das Sohlgewölbe ein Vergleiten an den Aufstandflächen verhindert. Hieraus folgt weiter, daß der an den Außenflächen der Seitenwände auftretende Erdwiderstand eine dreieckförmige Verteilung aufweisen und daß seine Resultierende in das zweite Drittel der Widerlagerhöhe zu liegen kommen wird. Da die Größe $t_p$ so mit vorweg bekannt ist, vereinfacht sich auch die Berechnung (Abb. 183).

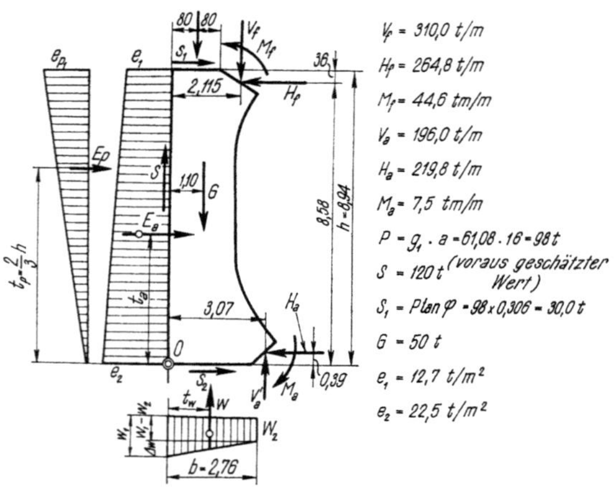


Abb. 183. Numerisches Beispiel für die Bemessung der Seitenwand

Weitere Annahmen:

1. Der Boden ist homogen und isotrop, seine spezifische Formänderung kann nach jeder Richtung hin durch gleichbleibende Bettungsziffern gekennzeichnet werden.

2. Die Seitenwände sind unendlich starr. ihre auf den Boden abgestützten Außenflächen erleiden demnach stets Verdrehungen gleichen Ausmaßes.

Aus der Gleichgewichtsgleichung der lotrechten Kräfte

$$W = V_f + P' + G - S - V'_a,$$

in der

$$P' = 1{,}60\,(27{,}60 + 2{,}90) \cdot 2{,}0 = 98\ \mathrm{t}$$

und

$$G = (2{,}15 + 3{,}07) \cdot \frac{1}{2} \cdot 8{,}94 \cdot 2{,}3 = 50\ \mathrm{t},$$

hat man

$$W = 130 + 98 + 50 - 120 - 148 = 190\ \mathrm{t}.$$

Der aktive Erddruck ist

$$E_a = \frac{e_1 + e_2}{2}\,h = \frac{12{,}7 + 22{,}5}{2}\,8{,}94 = 157{,}0\ \mathrm{t},$$

$$t_a = \frac{2e_1 + e_2}{e_1 + e_2}\,\frac{h}{3} = \frac{2 \cdot 12{,}7 + 22{,}5}{12{,}7 + 22{,}5}\,\frac{8{,}94}{3} = 4{,}05\ \mathrm{m}.$$

Die auf den unteren Eckpunkt $O$ bezogenen Momente sind im Gleichgewicht, wenn

$$P'p + S_1 h + V_f v_f - M_f - H_f h_f + Gg - H_a h_a - V_a v_a + M_a + E_a t_a + E_p t_p - W t_w = 0.$$

Hier ist $S_1 = p \cdot \tan\varphi$, und zieht man jene Glieder, die bekannte Größen enthalten, unter der Bezeichnung $M_0$ zusammen, hat man $M_0 + E_p t_p - W \cdot t_w = 0$. Nimmt man an, der Quotient der unter der Auflagerfläche und der unter der Außenfläche der Seitenwände auftretenden Spannungen sei proportional dem identischen Verdrehungsmaß, dann kann man die Beziehung

$$e_p : (w_1 - w_2) = m : b$$

festlegen und aus ihr sowie aus der Momentgleichung den Wert von $E_p$ gemäß

$$E_p = \frac{Wb - 2M_0}{\frac{4}{3}\,m + \frac{b^3}{3m^2}}$$

bestimmen, d. h. nach Einsetzen der Zahlenwerte ($M_0 = 98 \cdot 0{,}80 + 98 \cdot \tan 17° \cdot 8{,}94 + 310 \cdot 2{,}115 - 44{,}2 - 264{,}8 \cdot 8{,}58 + 50 \cdot 1{,}10 - 161{,}4 \cdot 0{,}39 - 148{,}0 \cdot 3{,}08 + 4{,}1 + 157{,}0 \cdot 4{,}05 = 78{,}5 + 274{,}0 + 660 - 44{,}2 - 2270 + 55 - 63{,}0 - 456 + 4{,}1 + 635{,}0 = 1706{,}6 - 2833{,}2 = -1126{,}6$ tm) hat man

$$E_p = \frac{190 \cdot 2{,}76 + 2 \cdot 1127{,}0}{\frac{4}{3}\,8{,}94 + \frac{2{,}76^3}{3 \cdot 8{,}94^3}} = + \frac{2778{,}0}{12{,}0} = 232\ \mathrm{t}$$

und

$$S = (E_p + E_a) \tan\varphi = (232 + 157{,}0) \cdot 0{,}305 = 118{,}5\ \mathrm{t},$$

(d. h. also einen Wert, der eine gute Übereinstimmung mit den vorweg angenommenen 120 t zeigt). Ferner ist

$$e_p = \frac{2E_p}{h} = \frac{2 \cdot 232}{8{,}94} = 51{,}7\ \mathrm{t/m^2} = 5{,}17\ \mathrm{kg/cm^2}$$

$$\Delta w = w_1 - w_2 = e_p\,\frac{b}{h} = 5{,}17\,\frac{2{,}76}{8{,}94} = 1{,}6\ \mathrm{kg/cm^2}.$$

Die durchschnittlichen Sohlenspannungen schreiben sich wie folgt:

$$w_a = \frac{W}{b} = \frac{190}{2,76} = 69\ \mathrm{t/m^2} = 6,9\ \mathrm{kg/cm^2},$$

$$w_1 = w_a + \frac{\Delta w}{2} = 6,9 + \frac{1,6}{2} = 7,7\ \mathrm{kg/cm^2},$$

$$w_2 = w_a - \frac{\Delta w}{2} = 6,9 - \frac{1,6}{2} = 6,1\ \mathrm{kg/cm^2},$$

$$t_W = \frac{2w_2 + w_1}{w_1 + w_2}\,\frac{b}{3} = \frac{2 \cdot 5,1 + 7,7}{6,1 + 7,7}\,\frac{2,76}{3} = 1,28\ \mathrm{m}.$$

Am Boden tritt eine Reibung von

$$S_2 = H_f + H_a - S_1 - E_p - E_a = 264,8 + 161,4 - 30,0 - 232 - 157 = 7,2\ \mathrm{t}$$

auf, zu deren Entwicklung eine spezifische Reibung von $f = \frac{S_2}{W} = \frac{77,2}{190} = 0,04$ ausreicht. Sie entspräche einem $\varphi \cong 9°$, bleibt also wesentlich unter jenem Grenzwert, den der tatsächliche Reibungswinkel des Bodens gewährleisten kann.

Damit sind sämtliche an den Seitenwänden angreifenden Kräfte bekannt, so daß man die Möglichkeit hat, auch die Stützlinie der Widerlager festzulegen. Die größte Ausmittigkeit wird sich in jenen Querschnitt ergeben, die in den Kämpferebenen von First- und Sohlengewölbe angenommen wurden, die Spannungen werden also vor allem in diesen zu überprüfen sein.

Es soll nun noch untersucht werden, mit welchen Änderungen in der Beanspruchung der Gewölbe gerechnet werden muß, *wenn auch die Auswirkungen einer Seitenwandverschiebung auf die Kämpfer in Betracht gezogen wird.*

Die Verschiebung der Kämpfer des Firstgewölbes wird $y = \frac{e_{p1}}{C}$ betragen, wenn der Wert von $C$ zu $15\ \mathrm{kg/cm^3}$ angesetzt wird. Weiterhin ist $(\Delta) = \frac{e_p}{C} = \frac{5,17\ \mathrm{kg/cm^2}}{15\ \mathrm{kg/cm^3}} = 0,345\ \mathrm{cm}$, die Verdrehung der Widerlager hingegen

$$(\varkappa) = \frac{(\Delta)}{h} = \frac{0,345}{894} = 0,385 \cdot 10^{-3}.$$

Für das Trägheitsmoment des Firstgewölbes gilt

$$J_f = \frac{1,00 \cdot 1,20^2}{12} = 0,12\ \mathrm{m^4},$$

und weiterhin ist

$$E_{\mathrm{bet}} = 210000\ \mathrm{kg/cm^2} = 21 \cdot 10^5\ \mathrm{t/m^2}.$$

Für Beton ist die Poissonsche Zahl $\mu_b = 0,18$, folglich $\mu_b^2 = 0,0324$ und der Vergrößerungsfaktor der Verschiebungen

$$n = \frac{EJ}{1 - \mu_b^2} = \frac{21 \cdot 10^5 \cdot 0,12}{1 - 0,0324} = 2,6 \cdot 10^5\ \mathrm{tm^2}.$$

Damit wird die vergrößerte Verschiebung und Winkelverdrehung

$$\Delta = 0,345 \cdot 10^{-2} \cdot 2,6 \cdot 10^5 = 895\ (\mathrm{tm^3})\ \text{und}$$

$$\varkappa = 0,385 \cdot 10^{-3} \cdot 2,6 \cdot 10^5 = 100\ (\mathrm{tm^2}).$$

Die erweiterten Elastizitätsgleichungen lauten

$$a_{11} X_1' + a_{01} - \varkappa = 0$$

$$a_{22} X_2' + a_{02} - \varkappa (f - y_0) - \Delta = 0.$$

In der ersten dieser beiden Gleichungen haben $\varkappa$ und $a_{01}$ entgegengesetzte Vorzeichen, weil die Verschiebung die Verdrehung der Auflagerfläche vermindern wird. In der zweiten Gleichung hingegen haben $\Delta$ und $a_{02}$ entgegengesetzte Vorzeichen, wogegen das Vorzeichen der durch $\varkappa$ verursachten Verschiebung mit dem von $a_{02}$ übereinstimmt. Im Sinne der Gleichungen (103) bis (107) ist

$$a_{11} = 2 r \varphi_0 = 2 \cdot 5{,}35 \cdot \frac{60^\circ \cdot \pi}{180^\circ} = 11{,}205 \text{ m},$$

$$a_{22} = r^3 \left( \varphi_0 - \frac{2 \sin^2 \varphi_0}{\varphi_0} + \frac{1}{2} \sin 2\varphi_0 \right) =$$

$$= 5{,}35^3 \left( \frac{60 \cdot \pi}{180} - \frac{2 \sin^2 60^\circ}{60^\circ \cdot \pi} \cdot 180^\circ + \frac{1}{2} \sin 120^\circ \right) =$$

$$= 154 \left( \frac{\pi}{3} - 1{,}43 + 0{,}433 \right) = 7{,}9,$$

während

$$a_{01} = -p r^3 \left( \frac{\varphi_0}{2} - \frac{1}{4} \sin 2\varphi_0 \right) = -67{,}0 \cdot 5{,}35^3 \left( \frac{60^\circ \cdot \pi}{2 \cdot 180^\circ} - \frac{1}{4} \sin 120^\circ \right) = -322,$$

$$a_{02} = -p r^4 \cdot \sin \varphi_0 \left( \frac{1}{2} - \frac{1}{4} \frac{\sin 2\varphi_0}{\varphi_0} - \frac{\sin^2 \varphi_0}{3} \right) =$$

$$= -67{,}0 \cdot 5{,}35^4 \cdot \frac{\sqrt{3}}{2} \left( \frac{1}{2} - \frac{1}{4} \cdot \frac{\sqrt{3} \cdot 3}{2\pi} - \frac{3}{4 \cdot 3} \right) = -2190,$$

$$y_0 = \frac{r(\varphi_0 - \sin \varphi_0)}{\varphi_0} = 5{,}35 \frac{\left( \frac{\pi}{3} - \frac{\sqrt{3}}{2} \right)}{\pi} \cdot 3 = 0{,}93.$$

Mit den so ermittelten Werten hat man also:

$$11{,}205 \cdot X_1' - 322 + 100 = 0; \quad X_1' = \frac{322 - 100}{11{,}205} = 19{,}8 \text{ tm},$$

$$7{,}9 \cdot X_2' - 2190 - 100 \cdot 2{,}925 - 0{,}93 + 895 = 0;$$

$$X_2' = \frac{2190 + 199{,}5 - 895}{7{,}9} = 189 \text{ t}.$$

Wie hieraus erhellt, beeinflußt die Verschiebung die Kämpferreaktionenen in sehr erheblichem Maße (im vorliegenden Falle um rund 30%!). So sinkt beispielsweise die waagrechte Reaktion in den Kämpfern von 283 t auf 189 t, was ein beachtliches Ansteigen der positiven Momente im Scheitel nach sich zieht.

Eine Verschiebung im oberen Rand der Seitenwand wird im Sohlengewölbe auch eine Kämpferverdrehung zur Folge haben. Die erweiterten Elastizitätsgleichungen lauten also

$$X_a' \cdot a_{11}^a + a_{01}^a + \varkappa_a = 0,$$

$$X_a' \cdot a_{22} + a_{02}^a + \varkappa_a (f_a + y_0^a) = 0.$$

Der Vergrößerungsfaktor beträgt $n_a = \dfrac{21 \cdot 10^5 \dfrac{1{,}0 \cdot 9^3}{12}}{1 - 0{,}18^2} = 1{,}32 \cdot 10^5\ (\mathrm{tm}^2)$ und somit ist $\varkappa_a = 0{,}385 \cdot 10^{-5} \cdot 1{,}32 \cdot 10^5 = 50{,}8\ (\mathrm{tm}^2)$, ferner

$$y_0^a = r\,\frac{(\varphi_0' - \sin\varphi_0')}{\varphi_0'} = 5{,}20\,\frac{\left(\dfrac{\pi}{4} - \sin 45^\circ\right)}{\pi} \cdot 4 = 0{,}52\ \mathrm{m},$$

$$a_{11}^a = 2r\varphi_0' = 2 \cdot 5{,}20 \cdot \frac{\pi}{4} = 8{,}20\ \mathrm{m},$$

$$a_{22}^a = r^3\left(\varphi_0' - 2\,\frac{\sin^2\varphi_0'}{\varphi_0'} + \frac{1}{2}\sin 2\varphi_0'\right) = 5{,}2^3\left(\frac{\pi}{4} - \frac{1{,}4}{\pi} + \frac{1}{2}\right) = 1{,}85,$$

während

$$a_{01}' = -pr^3\left(\frac{\varphi_0'}{2} - \frac{1}{4}\sin 2\varphi_0'\right) = 40{,}3 \cdot 5{,}2^3\left(\frac{\pi}{8} - \frac{1}{4}\right) = -810,$$

$$a_{02}' = -pr^4 \cdot \sin\varphi_0'\left(\frac{1}{2} - \frac{1}{4}\,\frac{\sin 2\varphi_0'}{\varphi_0'} - \frac{\sin^2\varphi_0'}{3}\right) =$$

$$= -40{,}3 \cdot 5{,}2^4 \cdot 0{,}707\left(0{,}5 - \frac{1}{\pi} - \frac{1}{6}\right) = 444.$$

$\varkappa$ und $a_{01}$ haben hier die gleichen Vorzeichen.

$$X_{1a}' \cdot 8{,}20 - 810 - 50{,}8 = 0; \quad X_{1a}' = +\frac{860{,}8}{8{,}20} = +106{,}2\ \mathrm{tm};$$

$$X_{2a}' \cdot 1{,}85 - 444 + 50{,}8\,(1{,}52 - 0{,}52) = 0;$$

$$X_{2a}' = \frac{393{,}2}{1{,}5} = 212\ \mathrm{t},$$

was so viel besagen will, daß sich hier die Verdrehung auf den Scheitelquerschnitt günstig auswirkt, weil der Wert der waagrechten Reaktion (um rund 15%) ansteigt, womit das positive Moment abnimmt.

#### 4.2.1.3. Die einheitliche Verschiebung der Einzelteile und die Berücksichtigung des Zusammenwirkens mit dem umliegenden Boden (Dawidowsches Bemessungsverfahren)

Auf Grund von Forschungen und Experimenten im Zusammenhang mit dem Bau der Moskauer Untergrundbahn hat S. S. Dawidow [73] vornehmlich für die Bemessung größerer, nach den klassischen Methoden aufzufahrender unterirdischer Hohlraumbauten ein Verfahren ausgearbeitet, welches die soeben beschriebenen an Genauigkeit übertrifft. Da die Mauerkonstruktionen in Teilen nacheinander eingezogen werden, erscheint es begründet, diese Einzelteile als gesonderte Tragwerkeinheiten aufzufassen. Entsprechend bemißt Dawidow First- und Sohlengewölbe getrennt je für sich, wobei er die Kämpferreaktionen als auf die Widerlager wirkende äußere Kräfte betrachtet. *In der Berechnung der Kämpferreaktionen berücksichtigt er jedoch bereits jene einheitlichen Verschiebungen, die an den Berührungsflächen von Widerlagern und Gewölben auftreten.* Bei der Bemessung der Widerlager geht Dawidow ferner von der Überlegung aus, daß das seitlich und unter der Aufstandfläche Anliegende nicht nur das Mauerwerk abstützt, sondern auch zur tragenden Mitwirkung herangezogen werden kann. Die Bestimmung der Mächtigkeit der mitwirkenden Bodenschicht fußt auf der Überlegung, daß sie stets von der Größe der übertragenen Spannungen abhängt und daß sie sich danach richten wird, bis zu welcher Tiefe diese Mehrspannungen die im Gestein ursprünglich herrschenden Spannungen um nur 20% übersteigen werden. Auf dieser Grundlage sind also die Seitenwände als elastisch gebettete Träger aufzufassen, die seitlich und unten von einer mit ihnen mitwirkenden Bodenschicht begrenzt sind. Die Mächtigkeit $H_g$ bzw. $H_b$ dieser Schichten wird nach den erwähnten Überlegungen ermittelt. Bei der elastischen Bettung berücksichtigt Dawidow, daß sich die benachbarten Teile während ihrer Eindrückung in den Boden wechselseitig beeinflussen, daß also eine Überlagerung von Setzungen zustande kommt. Die kontinuierliche Bettung ersetzt er durch eine konzentrierte elastische Stützung, die er als gedachte zusammendrückbare gelenkige Stäbe annimmt (Abb. 184).

Die Tunnelwand, die sich auf das anliegende Gebirge abstützt, kann als ein am Ende eingespannter Kragträger aufgefaßt werden, dessen Einspannquerschnitt eine Verschiebung $y_0$ und eine Verdrehnug $\varphi_0$ erleidet und der über die gedachten Stützstäbe außer von den äußeren Kräften auch von den Bodenreaktionskräften $X_1$, $X_2$ . . . $X_n$ beansprucht wird (Abb. 185a).

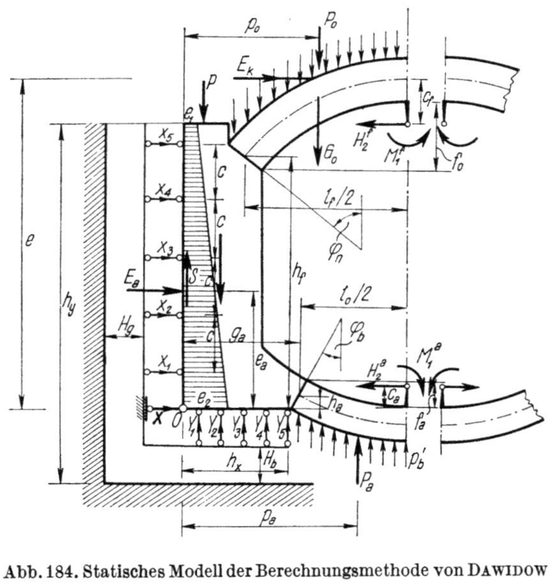

Abb. 184. Statisches Modell der Berechnungsmethode von Dawidow

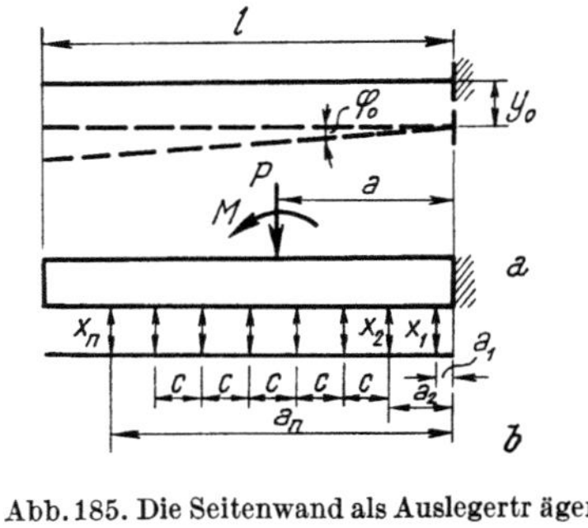

Abb. 185. Die Seitenwand als Auslegertr äger

Im Berechnungsgang Dawidows spielt auch die Steifigkeit der Seitenwand eine Rolle, für die er die sogenannte Steifigkeitszahl

$$\alpha = \frac{\pi E_0}{6EJ} \frac{1-\mu^2}{1-\mu_0^2} c^3$$

einführt.

Ist $\alpha \leqq 0{,}05$, dann kann die Seitenwand als unendlich starr angesehen und seine eigene Verformung vernachlässigt werden, ist dagegen $\alpha > 0{,}10$, dann hat man es mit einer elastischen Seitenwand zu tun, dessen Eigenverformung nicht vernachlässigt werden darf. In der Formel bezeichnen $E_0$ und $\mu_0$ den Elastizitätsmodul bzw. die Poissonsche Zahl des Bodens, $EJ$ und $\mu$ die Steifigkeit bzw. die Poissonsche Zahl der Seitenwand, $c$ hingegen den Abstand zwischen den gedachten Stützstäben, der praktisch mit $^1/_5$ der Seitenwandhöhe $h_y$ angesetzt werden kann.

Zur Erleichterung der Lösung der Bemessungsaufgabe und zur Verminderung des Umfanges der Berechnungen hat Dawidow sowohl für starre als auch für elastische Seitenwände Hilfstabellen ausgearbeitet, die der zitierten Arbeit beigelegt sind.

4.2.1.3.1. *Für die Praxis nützlicher,* weil im gegebenen Fall für die Bemessung der Widerlager gut verwendbar, *ist das Näherungsverfahren Dawidows,* welches sich zur Bemessung von Hohlräumen mit lichten Profilweiten von

$$l_0 \leqq 8 \sqrt{\frac{f_{kr}}{\beta}}$$

eignet, wobei $f_{kr}$ den (Protodjakonowschen) Festigkeitsfaktor bezeichnet, während $\beta = \frac{l_0}{f_0}$ ist ($f_0$ bedeutet die Pfeilhöhe des Gewölbes). Unter solchen Umständen *nimmt die waagrechte Komponente $E_a$ der Massenkräfte den Kämpferdruck annähernd auf.* Hält aber $E_a$ den an den Widerlagern angreifenden Kräften das volle Gleichgewicht, dann wird der Verdrehungswinkel der Aufstandfläche $\varphi \cong 0$, es kann also im weiteren auch angenommen werden, daß der Verdrehungswinkel des Kämpfers $\varphi_n^0 = 0$ und daß ebenso $X_n = 0$. Das Näherungsverfahren kann auf Grund der oben angegebenen Formeln angewendet werden, wenn folgende zusammengehörige Wertpaare gegeben sind:

| | | | | | | | | | |
|---|---|---|---|---|---|---|---|---|---|
| $f_{kr}$ = | 0,6 | 0,8 | 1,0 | 2 | 4 | 6 | 10 | 15 | 20 |
| $l_0$ = | 3,5 | 4,0 | 5,0 | 6 | 8 | 10 | 12 | 14 | 16 |

$\alpha$) Die Bemessung der *starren unbeweglichen Seitenwand* — mit $\varphi_0 = 0$ — vereinfacht sich folgendermaßen:

1. Die Elastizität der benachbarten Bodenschichten braucht nicht berücksichtigt zu werden.
2. Die im elastischen Gewölbemittelpunkt wirkenden Gewölbekräfte lassen sich aus den Beziehungen

$$M_1 = M_1^0; \quad H_2 = H_2^0 \quad \text{und} \quad Q_3 = Q_3^0$$

ermitteln, in denen $M_1^0$, $H_2^0$ und $Q_3^0$ das Moment sowie die horizontale und die quergerichtete Kraft bezeichnen, die — von den äußeren Lasten herrührend —, im elastischen Mittelpunkt des fix eingespannten Bogens angreifen.

3. Die Auflagerkräfte $X_i$, die den elastischen Widerstand des Bodens zum Ausdruck bringen, werden an den Seitenwänden entlang nicht wirksam werden, es wird somit $X_i = 0$.
4. Auch die im elastischen Mittelpunkt des Gegengewölbes angreifenden Kräfte können aus einfachen Beziehungen, und zwar aus

$$M_1^a = M_a^0; \quad H^a = H_a^0 \quad \text{und} \quad Q_3^a = 0$$

bestimmt werden. Hier bezeichnen $M_a^0$ und $H_a^0$ das Moment bzw. den Gewölbeschub, die von den äußeren Lasten herrühren und im elastischen Mittelpunkt des fix eingespannten Sohlengewölbes auftreten. Die Seitenwände des Profils werden als unbeweglich angesehen und auf die Belastungen geprüft, die die Gewölbe auf sie übertragen. Vorausgesetzt ist ferner, daß der Seitendruck auf den Boden entlang der Seitenwandaußenfläche annähernd dreieckförmig, der

Druck unter der Auflagerfläche der Seitenwände hingegen gleichmäßig verteilt ist. Die Seitenwände werden also als statisch bestimmte Konstruktionen bemessen.

Die Unbekannten $\sigma$, $\sigma_x$ und $X$ lassen sich aus den Gleichgewichtsgleichungen ermitteln (Abb. 186):

$$\Sigma X = 0; \quad H_f + X + H_a - \frac{1}{2}\sigma h_y = 0;$$

$$\Sigma Y = 0; \quad Q_f^0 + P + G - Q_a^0 - \mu_1 \frac{1}{2}\sigma h_y - \sigma_x h_x = 0,$$

$$\Sigma M = 0; \quad M_f - M_a + H_f h_f + H_a h_a - Q_f^0 q_f + Q_a^0 q_a - - Pp - Gg - \frac{1}{3}\sigma h_y^2 + \frac{1}{2}\sigma_x h_x^2 = 0. \quad (120)$$

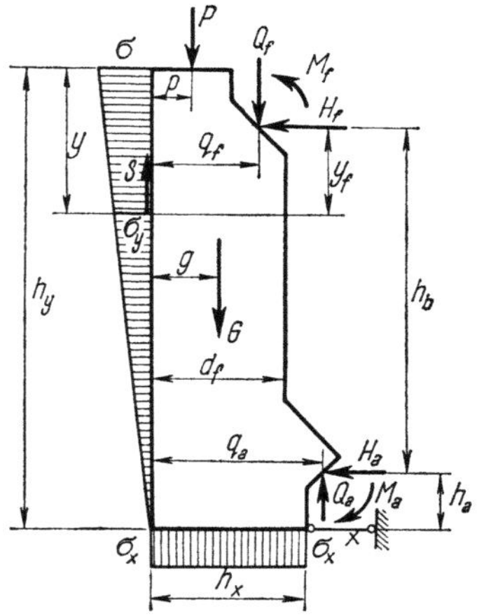


Abb. 186. Vereinfachte Methode für die Bemessung starrer Seitenwände

Führt man die Bezeichnungen

$$H_{\mathrm{Wlg}}^0 = H_f + H_a,$$

$$Q_{\mathrm{Wlg}}^0 = Q_f^0 + P + G - Q_a^0$$

und

$$M_{\mathrm{Wlg}}^0 = M_f - M_a + H_f h_f + H_a h_a - - Q_f^0 q_f^0 + Q_a^0 q_a^0 - Pp - Gg$$

ein, dann nehmen die Gleichungen die wesentlich einfachere Gestalt

$$X - \frac{1}{2}\sigma h_y + H_{\mathrm{Wlg}}^0 = 0$$

an, woraus

$$X = \frac{1}{2}\sigma h_y - H_{\mathrm{Wlg}}^0$$

sowie

$$Q_{\mathrm{Wlg}}^0 - \frac{1}{2}\mu_1 \sigma h_y - \sigma_x h_x = 0 \quad \text{und} \quad M_{\mathrm{Wlg}}^0 - \frac{1}{3}\sigma h_y + \frac{1}{2}\sigma h_y + \frac{1}{2}\sigma_x h_x^0 = 0$$

folgt; aus den beiden letzteren Gleichungen hat man schließlich

$$\sigma = \frac{6(2M_{\mathrm{Wlg}}^0 + h_x Q_{\mathrm{Wlg}}^0)}{4h_y^2 + 3\mu_1 h_x h_y}$$

und

$$\sigma_x = \frac{Q_{\mathrm{Wlg}}^0}{h_x} - \frac{1}{2}\mu_1 \frac{h_y}{h_x}\sigma.$$

Aus diesen Beziehungen lassen sich die Beanspruchungen des Widerlagers in jedem beliebigen Querschnitt ermitteln. So gilt beispielsweise für die Mitte seiner Auflagerfläche

$$M = M_f - M_a + H_f h_f + H_a h_a + Q_f^0\left(\frac{1}{2}h_x - q_f\right) + Q_a^0\left(q_a - \frac{h_x}{2}\right) + + P\left(\frac{h_x}{2} - p\right) + G\left(\frac{h_x}{2} - \frac{d_{\mathrm{Wlg}}}{2}\right) - \frac{1}{3}\sigma h_y - \frac{1}{2}h_x\mu_1\frac{1}{2}\sigma h_y = 0 \quad (121)$$

und

$$N = Q_f^0 - Q_a^0 + P + G - \mu_1 \frac{1}{2}\sigma h_y = \sigma_x h_x$$

sowie

$$T = \frac{1}{2}\sigma h_y - H_a = X. \quad (122)$$

$\beta$) Die *elastische, biegsame Seitenwand* — mit $\varphi_0 = \varphi_b = 0$ als Ausgangsbedingung — wird folgendermaßen bemessen:

1. Die Zusammendrückung der Bodenschichten bleibt unberücksichtigt.

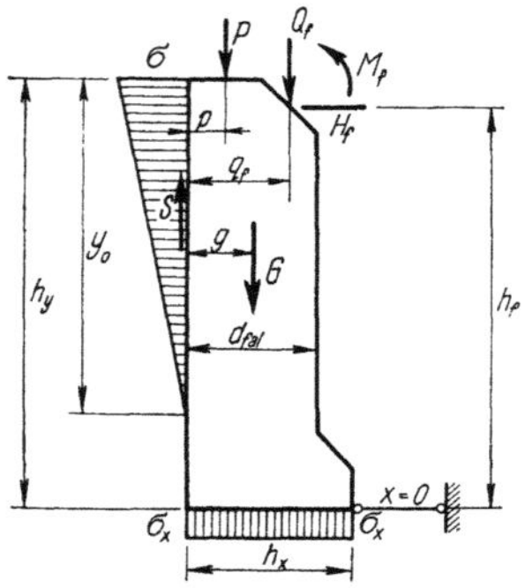


Abb. 187. Vereinfachte Methode für die Bemessung biegsamer Seitenwände

2. Unberücksichtigt bleiben auch die Stützkräfte $X_i$ und $Y_i$, die den elastischen Widerstand des Bodens ersetzen.

3. Die Seitenwand wird als unbeweglich angesehen (Abb. 187).

Die Berechnung geht von der Voraussetzung aus, daß die Seitenwand die aus den äußeren Lasten herrührenden Drücke infolge seiner Elastizität nur an einem Teil seiner Höhe auf den Boden überträgt. Die in seiner Aufstandfläche auftretende Auflagerkraft $X$ wird als verschwindend klein vernachlässigt.

Die Gewölbeschübe, die im elastischen Mittelpunkt auftreten, werden ebenso berechnet wie in dem soeben beschriebenen Fall der starren Seitenwand, d. h. unter Annahme eines fest eingespannten Bogens. An sich ist also die Seitenwand wieder eine statisch bestimmte Konstruktion, bei der die unbekannten Größen $\sigma$, $\sigma_x$ und $y_0$ aus den Gleichgewichtsgleichungen ermittelt werden:

$$\Sigma X = 0, \quad \frac{1}{2}\,\sigma y_0 - H_f = 0 \quad \text{und hieraus} \quad \sigma = \frac{2H_f}{y_0},$$

$$\Sigma Y = 0, \quad Q_f^a + P + G - \mu_1 \sigma \frac{y_0}{2} - \sigma_x h_x = 0,$$

$$\Sigma M = 0, \quad M_f + H_f h_f - Q_f^a q_f^a - Pp - Gg - \frac{1}{2}\,\sigma y_0 \left(h_y - \frac{1}{3}\,y_0\right) + \frac{1}{2}\,\sigma_x h_x^2 = 0. \qquad (123)$$

Mit $\sigma = \frac{2H_f}{y_0}$ hat man aus der zweiten und dritten dieser Gleichungen

$$Q_f^a + P + G - \mu_1 H_f - \sigma_x h_x = 0$$

und hieraus

$$\sigma_x = \frac{Q_f + P + G - \mu_1 H_f}{h_x},$$

ferner ist

$$M_f + H_f h_f - Q_f q_f - Pp - Gg - H_f \left(h_y - \frac{1}{3}\,y_0\right) + \frac{h_x^2}{2}\,\sigma_x = 0$$

und hieraus

$$y_0 = \frac{3\left[H_f(h_y - h_f) + Q_f^a q_f + Pp + Gg + M_f - \frac{h_x}{2}\,(Q_f^a + P + G - \mu_1 H_f)\right]}{H_f}.$$

Nunmehr können die Beanspruchungen des Widerlagers in jedem beliebigen Querschnitt bestimmt werden. Auf die Mitte der Auflagerfläche der Seitenwand bezogen, gilt z. B.

$$M = M_f + H_f h_f - Q_f^a q_f - Pp - Gg - \frac{\sigma}{2}\,y_0 \left(h_y - \frac{y_0}{3}\right) + \frac{\sigma_x}{2}\,h_x^2 = 0, \qquad (124)$$

$$N = Q_f^a + G + P - \mu_1 \frac{\sigma y_0}{2} = \sigma_x h_x$$

und

$$T = \frac{\sigma y_0}{2} - H_f = 0. \qquad (125)$$

Die Methode Dawidows gestattet die Bestimmung der Bettungsziffer, wobei sich der Wert von $\mu_0$ mit der sich zusammendrückenden Schichtmächtigkeit $H$ ändert!

Für die Seitenwand gilt

$$C_1 = \frac{5\pi E_0}{(1-\mu_0^2)\, h_y y_0},$$

für die Auflagerfläche

$$C_2 = \frac{5\pi E_0}{(1-\mu_0^2) h_x y_0}. \tag{126}$$

In seiner zitierten Arbeit demonstriert Dawidow die Anwendung seines Verfahrens auch an einem Zahlenbeispiel (S. 251/271ff.). Wegen seiner Kompliziertheit und immerhin beschränkten Genauigkeit konnte es sich jedoch in der Praxis nicht allgemein einbürgern. Ausnahmsweise bedient man sich der Methode bei sehr breiten, nach den klassischen Bauweisen ausgeführten unterirdischen Hallenbauten.

## 4.2.2. Analytische Bemessung bei monolithischer Auskleidung und unter Berücksichtigung der Mitwirkung des Bodens

### 4.2.2.1. Das Verfahren von Zurabow und Bugajewa

Zurabow und Bugajewa untersuchten die Tunnelauskleidung *als zusammenhängendes monolithisches Tragwerk und berücksichtigten* hierbei auf Grund der elastischen Bettung in einem Näherungsverfahren *auch die tragende Mitwirkung des Gebirges.*

Im Vergleich zu den soeben beschriebenen ist dieses Berechnungsverfahren wesentlich genauer, und dies nicht bloß deshalb, weil es den hufeisenförmigen Bogenträger, den tatsächlichen Verhältnissen entsprechend, als zusammenhängende, monolithische Konstruktion behandelt, also Gewölbe und Seitenwand nicht gesondert je für sich untersucht, sondern auch deshalb, weil es in die Berechnung die tragende Mitwirkung des Bodens nicht über den Erdwiderstand — der ja an eine Verschiebung bestimmten Ausmaßes gebunden ist —, sondern über die zur Kennzeichnung jeder beliebigen Verschiebung geeignete elastische Bettung einbezieht.

Die in der Regel maßgebende lotrechte Last drückt die Seitenwände des Tunnels nach außen. Gegen die so ausgelöste Verschiebung treten Bodenreaktionen auf, deren Größe der Verschiebung des Trägers, seinem Eindringen in den Boden proportional ist. Demgegenüber senkt sich der obere Teil des Tragwerkes nach innen, hier entstehen also keine Bodenreaktionen.

Zurabow und Bugajewa setzen die Größe der unter der Last auftretenden Bodenreaktionen, den Bedingungen der elastischen Bettung entsprechend, nur in jenen zwei Punkten verhältnisgleich mit dem Ausmaß der Verschiebung des Trägers an, die die größte Verschiebung mitmachen.

Zur Bestimmung der Bodenreaktionsverteilung an den sonstigen Punkten bedienen auch sie sich einer Reihe willkürlicher Näherungsannahmen. Ebenso willkürlich legen sie die Stellen fest, an denen die Bodenreaktionen ihren anfänglichen Nullwert haben.

Das Tragwerk fassen sie als in den unteren Eckpunkten elastisch eingespannten Bogenträger auf. Die Verdrehung des Endquerschnitts an der Einspannstelle bestimmen sie aus der elastischen Zusammendrückung des Bodens, ohne an der gleichen Stelle auch eine Horizontalverschiebung anzunehmen.

Annahmegemäß sind die Bodenreaktionen, wie in Abb. 188 gezeigt, krummlinig verteilt. Die Gleichung der Kurve geben sie in Abhängigkeit von der maximalen Ordinate ($q$) und von den Nullpunktstellen an, wobei die Stellen der oberen Nullpunkte nach Beobachtungen in der Praxis innerhalb eines engen Bereiches schwanken. Mit guter Annäherung kann angenommen werden, daß sie durch die in Winkeln von 45° gegen die Waagrechte geneigten Halbmesser bestimmt sind ($\varphi_0 = 45°$).

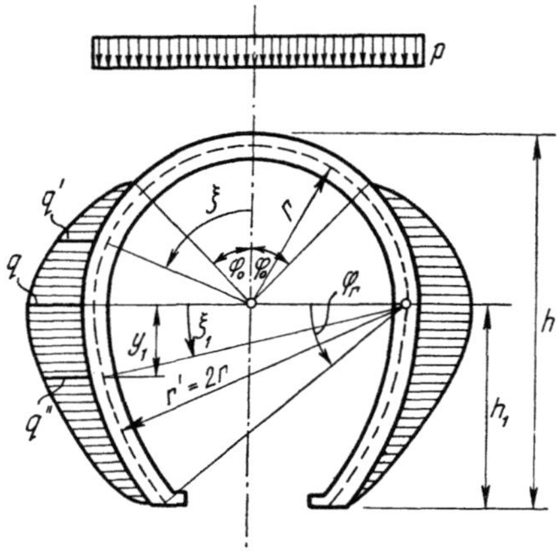

Abb. 188. Belastungsbild der monolithischen, biegsamen, hufeisenförmigen Tunnelquerschnitte (nach ZURABOW und BUGAJEWA)

Seinen Höchstwert erreicht der Seitendruck ihren Annahmen zufolge an der breitesten Stelle des Profils, doch muß dieser Punkt über dem unteren Drittel der Gesamthöhe $h$ des Profils liegen. Die umgebenden Bodenreaktionen sind radial gerichtet.

An der Stelle der maximalen Bodenreaktionen haben sie einen Wert von $q = C\delta_h$, wenn $\delta_h$ die waagrechte Verschiebung bezeichnet, wie sie an dieser Stelle unter der gemeinsamen Einwirkung der äußeren Lasten und der Bodenreaktionen eintritt, während $C$ die Bettungsziffer ist. Für die Verteilung der Bodenreaktionen geben ZURABOW und BUGAJEWA — bei Trägern aus Kreisbögen — folgende Näherungsformeln an:

$$\text{im oberen Trägerteil ist } q' = q\left(1 - \frac{\cos^2 \xi}{\cos^2 \varphi_0}\right) \tag{127}$$

$$\text{im unteren Trägerteil ist } q'' = q\left(1 - \frac{\sin^2 \xi_1}{\sin^2 \varphi_n}\right). \tag{128}$$

Bei $\xi = \varphi_0$ ist $q' = 0$, für $\xi = 90°$ wird $q' = q$, bzw. in Gl. (128):

bei $\xi_1 = 0$ ist $q'' = q$ und für $\xi_1 = \varphi_n$ wird $q'' = 0$.

Ist der untere Teil des Trägers eine lotrechte Gerade, dann lautet die entsprechende Beziehung

$$q'' = q\left(1 - \frac{y_1^2}{h_1^2}\right). \tag{129}$$

Die Bezeichnungen sind der Abb. 188 zu entnehmen.

Hat man auf Grund dieser Beziehungen die Nullpunktstellen bestimmt, braucht zur Berechnung der Reaktionskräfte als einzige Unbekannte nur noch $q$ ermittelt zu werden. Der Wert von $q$ ergibt sich aus der Verschiebung, wie sie sich auf Grund der elastischen Bettung errechnet, zu

$$q = C\delta_h,$$

worin gemäß Abb. 189

$$\delta_h = \delta_{hp} + \delta_{h1}\, q\,. \tag{130}$$

Hier bezeichnet $\delta_{hp}$ die durch die Belastung von außen ausgelöste, $\delta_{h1}$ hingegen jene Verschiebung am Tragwerk, die durch die angenommene Reaktionskraft $q = 1$ ausgelöst wird.

Gl. (130) kann auch in der Gestalt

$$\frac{q}{C} = \delta_{hp} + \delta_{h1}\, q$$

geschrieben werden, woraus

$$q = + \frac{\delta_{hp}}{\frac{1}{C} - \delta_{h1}}. \qquad (131)$$

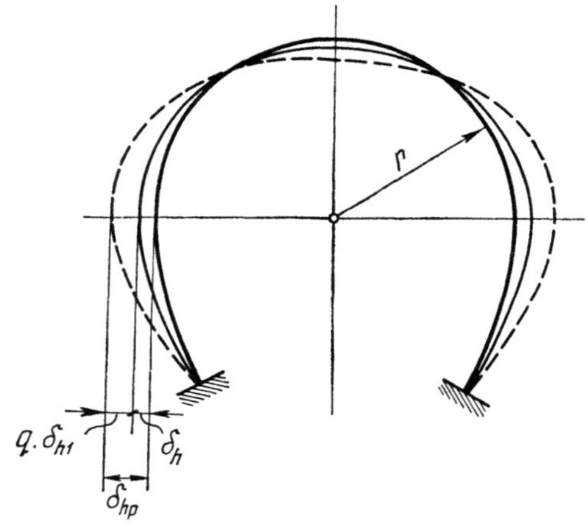


Abb. 189. Verformung des monolithischen Querschnittes

An der Auflagerfläche des Tragwerks nehmen Zurabow und Bugajewa keine starre, sondern eine elastische Einspannung an. Bezeichnet $N$ die Normalkomponente der im Einspannquerschnitt wirksamen resultierenden Kraft, $M$ hingegen das Moment, dann schreibt sich die Verdrehung des Einspannungsquerschnitts (s. Abb. 190) zu

$$\beta = \frac{y_k - y_b}{m_0} = \frac{\sigma_k - \sigma_b}{C\, m_0},$$

und da

$$\sigma_k = \frac{N}{m_0} + \frac{6M}{m_0^2} \quad \text{und} \quad \sigma_b = \frac{N}{m_0} - \frac{6M}{m_0^2},$$

wird

$$\beta = \frac{12\,M}{C\, m_0^3} = \frac{M}{C J}, \qquad (132)$$

wobei $J$ das Trägheitsmoment des Einspannungsquerschnitts bezeichnet.

Hat man die Bedingungen für die Ausbildung der Auflager- und der Bodenreaktionen im Sinne dieser Darlegungen angenommen, dann nimmt die Berechnung in ihren wichtigeren Schritten folgenden Gang:

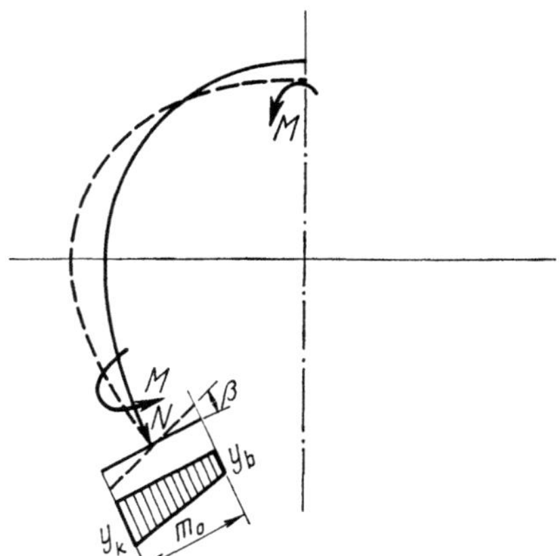


Abb. 190. Die Auswirkung der Verdrehung des Einspannquerschnittes

1. Zunächst wird der elastisch eingespannte unbestimmte Träger für die gegebene Außenlast gelöst, wobei der auf ihm lastende passive Seitendruck unberücksichtigt bleibt (Abb. 191).

2. Es folgt die Bemessung des Trägers für die mit $q = 1$ tm angesetzte Seitenbelastung unter Berücksichtigung der weiter oben bereits beschriebenen Lastverteilung (Abb. 191).

3. Sodann wird die waagrechte Verschiebung des Trägers an jener Stelle bestimmt, an der die Seitenlast ihren Höchstwert erreicht, und zwar sowohl für die äußere Last ($\delta_{hp}$) als auch für die mit $q = 1$ angesetzte seitliche Beanspruchung ($\delta_{h1}$) (Abb. 191).

4. Schließlich wird die maximale Ordinate der Seitenbelastung auf Grund der Bedingung ermittelt, daß die waagrechte Verschiebung des Trägers der elastischen Zusammendrückung des Bodens gleich sein muß (Gl. 131). Damit sind sämtliche Kräfte bestimmt, die den Träger von außen angreifen, und man hat die Möglichkeit, die inneren Beanspruchungen zu berechnen.

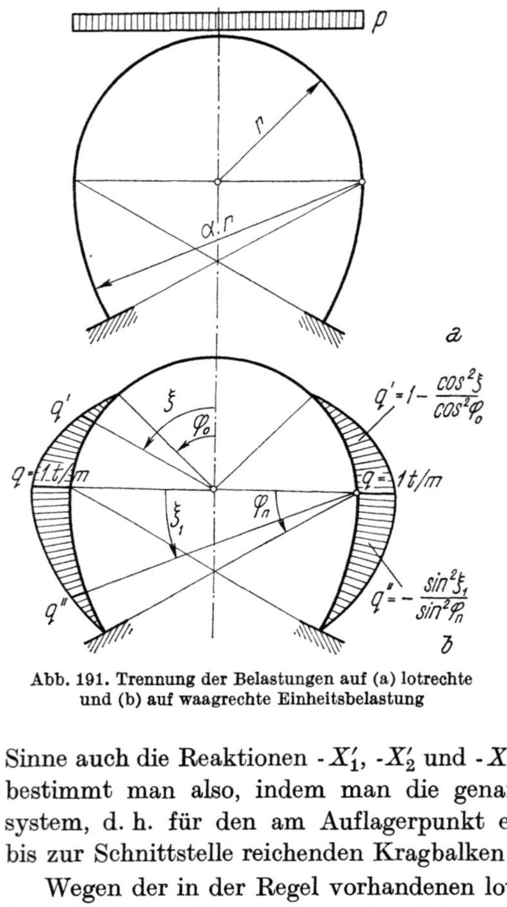


**Abb. 191. Trennung der Belastungen auf (a) lotrechte und (b) auf waagrechte Einheitsbelastung**

Im Laufe der Berechnung muß der Träger wiederholt für bekannte äußere Kräfte bemessen werden. Da er dreifach statisch unbestimmt ist, wird man zur Lösung der Aufgabe sein Hauptsystem so konstruieren (etwa durch Anordnung eines Schnittes in seiner Mitte), daß an der Schnittstelle ein Moment bzw. die Horizontal- und Vertikalkräfte $X_1$, $X_2$ und $X_3$ angreifen, und zwar in einer Größe, die die Relativbewegungen zwischen den Enden der Trägerhälften zu Null werden läßt. Nun muß aber das Kräftesystem, das am Träger wirkt, stets im Gleichgewicht sein, es werden also am Träger in entgegengesetztem Sinne auch die Reaktionen $-X_1'$, $-X_2'$ und $-X_3'$ auftreten. Die Kräfte $X_1$, $X_2$ und $X_3$ bestimmt man also, indem man die genannten Bedingungen für das Hauptsystem, d. h. für den am Auflagerpunkt eingespannten und mit seinem Ende bis zur Schnittstelle reichenden Kragbalken aufschreibt.

Wegen der in der Regel vorhandenen lotrechten Symmetrie des Trägers und der praktisch in Frage kommenden Belastungen wird $X_3$ gleich Null sein.

Zur Vereinfachung des Berechnungsganges stellt man das Hauptsystem zweckmäßig so her, daß man in der Mitte des Trägers einen Schnitt anordnet und die Momenten- bzw. Kräftepaare $X_1$, $-X_1'$ und $X_2$, $-X_2'$ im elastischen Mittelpunkt des Trägers, d. h. im Punkt $\sigma$ angreifen läßt. Dieser Punkt $\sigma$ ist auch hier der Schwerpunkt der elastischen Kräfte $\frac{\Delta s}{EJ}$.

$X_1$ und $X_2$ errechnen sich aus den Beziehungen

$$\left.\begin{aligned} a_{01} + a_{11}X_1 + a_{12}X_2 = 0, \\ a_{02} + a_{21}X_1 + a_{22}X_2 = 0, \end{aligned}\right\} \qquad (133)$$

wenn $a_{01}$ und $a_{02}$ die aus den äußeren Kräften herrührende relative Verdrehung bzw. relative Verschiebung am Hauptsystem im Punkt $\sigma$, $a_{11}$ und $a_{22}$ hingegen die durch die Last $X_1 = 1$ tm bzw. $X_2 = 1$ t gleichfalls im Punkt $\sigma$ ausgelöste Relativbewegung bezeichnen, und $a_{21}$ bzw. $a_{12}$ schließlich die unter der Belastung $X_2 = 1$ t auftretende relative Verschiebung bzw. Verdrehung bedeuten.

Bei Berechnung der Relativbewegungen muß auch die elastische Verdrehung der Auflagerfläche im Sinne der Beziehung

$$a_{01} = a'_{01} + \beta_0,$$

berücksichtigt werden, in der $a'_{01}$ für die bei starr eingespanntem Träger entstehende Relativverdrehung, $\beta_0$ hingegen für die aus der elastischen Einspannung herrührende Verdrehung steht.

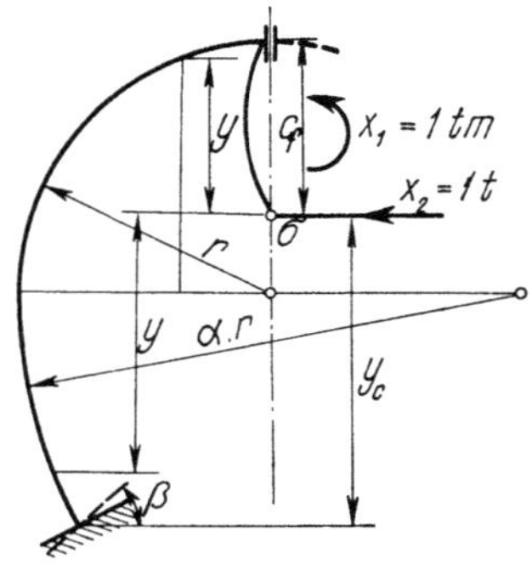


Abb. 192. Statisch bestimmtes Grundsystem des monolithischen Hufeisenprofils

Ähnlich ist (mit der Bezeichnung der Abb. 192)

$$a_{02} = a'_{02} + \beta_0 y_c$$

$$a_{11} = a'_{11} + \beta_1, \quad a_{21} = \beta_1 y_c, \quad a_{22} = a'_{22} + \beta_1 y_c^2.$$

Mit diesen Werten nehmen die Gl. (133) die Form

$$a'_{01} + \beta_0 + (a'_{11} + \beta_1) X_1 + \beta_1 y_0 X_2 = 0,$$

$$a'_{02} + \beta_0 y_c + \beta_1 y_c X_1 + (\beta_1 y_c^2 + a'_{22}) X_2 = 0. \tag{134}$$

an.

Aus den beiden Gleichungen werden $X_1$ und $X_2$ bestimmt. Hier ist

$$a'_{01} = \int \frac{M_0 m_1}{EJ} \,\mathrm{d}s = \int \frac{M_0}{EJ} \,\mathrm{d}s, \quad a'_{02} = \int \frac{M_0 y}{EJ} \,\mathrm{d}s,$$

$$a'_{11} = \int \frac{\mathrm{d}s}{EJ}, \qquad a'_{22} = \int \frac{y^2}{EJ} \,\mathrm{d}s.$$

Zur Fortführung der Berechnung bedarf es schließlich auch der Bestimmung der waagrechten Verschiebungen $\delta_{hp}$ und $\delta_{h1}$. Es ist

$$\delta_{hp} = \delta_{h0} + \delta_1 X_1 + \delta_2 X_2,$$

wenn $\delta_{h0}$ die waagrechte Verschiebung am Hauptsystem unter der Einwirkung der äußeren Kräfte, $\delta_1$ und $\delta_2$ hingegen diejenige unter der Last von $X_1 = 1$ tm bzw. $X_2 = 1$ t bezeichnet.

Die Verschiebungen am Hauptsystem ermittelt man anhand von Arbeitsgleichungen, indem man an der fraglichen Stelle des Tragwerks eine waagrechte

Kraft $H = 1$ t angreifen läßt und die äußeren und inneren Kräfte einander gleich setzt (Abb. 193):

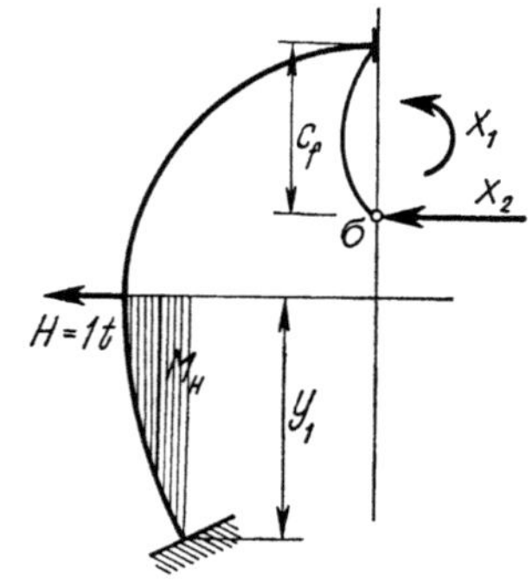


Abb. 193. Horizontalverschiebung entlang der Kämpferlinie des Auslegerträgers

$$\delta_{h0} = \int \frac{M_H M_0}{EJ}\, \mathrm{d}s + \beta_0 y_1,$$

$$\delta_1 = \int \frac{M_H}{EJ}\, \mathrm{d}s + \beta_1 y_1, \tag{135}$$

$$\delta_2 = \int \frac{M_H y}{EJ}\, \mathrm{d}s + \beta_1 y_1 y_c.$$

Auf ähnliche Weise läßt sich der Wert von $\delta_{h1}$ ermitteln.

Der Rechnungsgang wird hier an einem konkreten Zahlenbeispiel gezeigt.

### 4.2.2.2. Praktische Lösung und Zahlenbeispiel für das Verfahren Zurabow-Bugajewa

Gegeben ist ein hufeisenförmiges Tunnelprofil, welches sich gemäß Abb. 194 aus zwei Kreisbogen zusammensetzt.

Der Tunnelquerschnitt wird von einer von oben nach unten wirkenden lotrechten, gleichmäßig verteilten Last $p = 1$ t/m beansprucht.

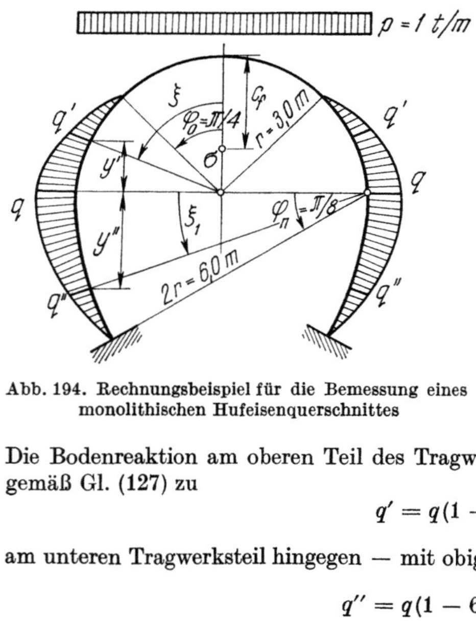


Abb. 194. Rechnungsbeispiel für die Bemessung eines monolithischen Hufeisenquerschnittes

Zu bestimmen sind die im Tragwerk auftretenden Beanspruchungen, wobei vorausgesetzt ist, daß das Tragwerk seitlich vom Boden als elastischer Bettung abgestützt wird. Im ersten Teil der Berechnung wird die Einspannung des Trägers als völlig starr angesehen. Die Ausgangsgrößen sind:

$$r = 3{,}0\ \mathrm{m}, \quad \varphi_0 = 45^\circ, \quad \varphi_n = \frac{\pi}{8}\ 22^\circ 30',$$

$$J = \text{konst.} = 0{,}0104\ \mathrm{m}^4,$$

$$C = 50\ \mathrm{kg/cm}^3 = 50000\ \mathrm{t/m}^3,$$

$$E = 3\,000\,000\ \mathrm{t/m}^2, \ \alpha = 2.$$

Die Bodenreaktion am oberen Teil des Tragwerkes schreibt sich — mit obigem $\varphi_0$-Wert — gemäß Gl. (127) zu

$$q' = q(1 - 2\cos^2 \xi),$$

am unteren Tragwerksteil hingegen — mit obigem $\varphi_n$-Wert — gemäß Gl. (128) zu

$$q'' = q(1 - 6{,}8286 \sin^2 \xi_1).$$

1. Es wird zunächst die Stelle des Punktes $\sigma$ bestimmt:

$$c_f = \frac{\int\limits_{-\varphi_1}^{\pi/2} y\, \mathrm{d}s}{\int\limits_{-\varphi_1}^{\pi/2} \mathrm{d}s},$$

$$\int\limits_{-\varphi_1}^{\pi/2} \mathrm{d}s = r\,\frac{\pi}{2} + 2r\,\frac{\pi}{8} = \frac{3\pi}{4}\,r = 2{,}356\,r,$$

$$y' = r(1 - \cos\xi) \quad \text{(am oberen Tragwerksteil)},$$

$$y'' = r + 2r\sin\xi_1 \quad \text{(am unteren Tragwerksteil)}.$$

$$\int\limits_{-\varphi_1}^{\pi/2} y\,\mathrm{d}s = \int\limits_{0}^{\pi/2} r^2(1 - \cos\xi)\,\mathrm{d}\xi + \int\limits_{0}^{\varphi_n} 2r^2(1 + 2\sin\xi_1)\,\mathrm{d}\xi_1 =$$

$$= r^2(\xi - \sin\xi)\int\limits_{0}^{\pi/2} + 2r^2(\xi_1 - 2\cos\xi_1)\int\limits_{0}^{\varphi_n} =$$

$$= r^2\left(\frac{\pi}{2} - 1\right) + 2r^2(\varphi_n - 2\cos\varphi_n + 2) =$$

$$= r^2\left(\frac{\pi}{2} + 3 + 2\,\varphi_n - 4\cos\varphi_n\right),$$

und mit den ziffermäßigen Werten

$$\int\limits_{-\varphi_1}^{\pi/2} y\,\mathrm{d}s = r^2(1{,}571 + 3 + 0{,}7854 - 4\cdot 0{,}9239) = 1{,}666\,r^2,$$

$$c_f = \frac{1{,}666\,r^2}{2{,}356\,r} = 0{,}708\,r.$$

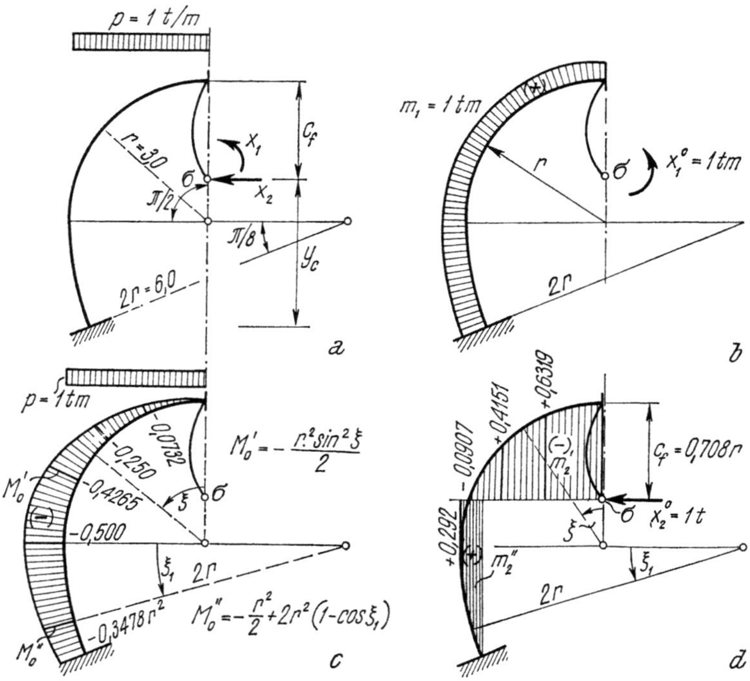


Abb. 195. Belastungen und Momentenbilder der statisch bestimmten Grundform

2. Im nächsten Schritt wird der Träger unter Außerachtlassung der seitlichen Bodenabstützung für die Beanspruchung durch die äußeren Kräfte bemessen. Er kann als zweifach

statisch unbestimmt berechnet werden. Setzt man die Kräfte $X_1$ und $X_2$ im Punkt $\sigma$ an und setzt man eine völlig starre Einspannung voraus (Abb. 195a), dann hat man mit den bekannten Bezeichnungen

$$X_1 = -\frac{a_{01}}{a_{11}}; \qquad X_2 = -\frac{a_{02}}{a_{22}};$$

$$a_{11} = \int \frac{m_1^2}{EJ}\,\mathrm{d}s; \qquad a_{22} = \int \frac{m_2^2}{EJ}\,\mathrm{d}s;$$

$$a_{01} = \int \frac{M_0 m_1}{EJ}\,\mathrm{d}s; \qquad a_{02} = \int \frac{M_0 m_2}{EJ}\,\mathrm{d}s.$$

In diesen Zusammenhängen bezeichnen $M_0$ das am Hauptsystem durch die äußeren Kräfte ausgelöste Moment, $m_1$ und $m_2$ hingegen die Momente, die von den Lasten $X_1 = 1$ bzw. $X_2 = 1$ herrühren. Die Momentenflächen am Hauptsystem sind in Abb. 195b—d dargestellt.

Da das Trägheitsmoment durchwegs konstant ist, wird die Berechnung mit den um $EJ$ erhöhten Relativverdrehungen durchgeführt:

$$M_0' = -\frac{r^2 \sin^2\xi}{2}; \quad M_0'' = -\frac{r^2}{2} + 2r^2(1 - \cos\xi_1);$$

$$a_{11}' = \int m_1^2\,\mathrm{d}s = \int \mathrm{d}s = \frac{3\pi}{4}\,r = 2{,}356\,r;$$

$$a_{22}'' = \int m_2^2\,\mathrm{d}s = \int\limits_0^{\pi/2} [-c_f + r(1 - \cos\xi)]^2\, r\,\mathrm{d}\xi + \int\limits_0^{\varphi_n} (r - c_f + 2r\cdot\sin\xi_1)^2 \cdot 2r\cdot \mathrm{d}\xi_1;$$

$$a_{22}' = r\int\limits_0^{\pi/2} [c_f^2 - 2rc_f(1 - \cos\xi) + r^2(1 - 2\cos\xi + \cos^2\xi)]\,\mathrm{d}\xi +$$

$$+ 2r\int\limits_0^{\varphi_n} [c_f^2 - 2c_f r + r^2 + 4(c_f - r)\,r\cdot\sin\xi_1 + 4r^2\sin^2\xi_1]\,\mathrm{d}\xi_1$$

$$= r\left[c_f^2 - 2rc_f(\xi - \sin\xi) + r^2\left(\xi - 2\sin\xi + \frac{1}{4}\sin 2\xi + \xi/2\right)\right]_0^{\pi/2} +$$

$$+ 2r\left[c_f^2\xi_1 - 2c_f r\cdot\xi_1 + r^2\xi_1 + 4(c_f - r)\,r\cos\xi_1 +\right.$$

$$\left. + 4r^2\left(-\frac{1}{4}\sin 2\xi_1 + \xi_1/2\right)\right]_0^{\varphi_n} = r^3\left[\left(\frac{c_f}{r} - 1\right)^2\cdot\frac{3\pi}{4} + 2\frac{c_f}{r} +\right.$$

$$\left. + 8\left(\frac{c_f}{r} - 1\right)(\cos\varphi_n - 1) + \frac{3\pi}{4} - 2 - 2\sin 2\varphi_n\right] =$$

$$= r^3[0{,}292^2\cdot 2{,}356 + 1{,}416 - 8\cdot 0{,}292\,(0{,}92388 - 1) +$$

$$+ 2{,}356 - 2 - 2\cdot 0{,}7071] = +0{,}737\,r^3.$$

$$a_{01}' = \int m_1 M_0\,\mathrm{d}s = \int 1\cdot M_0\,\mathrm{d}s,$$

$$M_0' = \frac{-r^2\cdot\sin^2\xi}{2} \quad \text{(am oberen Trägerteil)},$$

$$M_0'' = -\frac{r^2}{2} + 2r^2(1 - \cos\xi_1) \quad \text{(am unteren Trägerteil)},$$

$$a'_{01} = \int\limits_0^{\pi/2} -\frac{r^2 \sin^2\xi}{2}\, r\,\mathrm{d}\xi + \int\limits_0^{\varphi_n} \left[-\frac{r^2}{2} + 2r^2(1 - \cos\xi^1)\right] 2r\,\mathrm{d}\xi_1 =$$

$$= \frac{r^3}{2}\left[\frac{1}{4}\sin 2\xi - \frac{\xi}{2}\right]_0^{\pi/2} + 2r^3\left[-\frac{\xi_1}{2} + 2\xi_1 - 2\sin\xi_1\right]_0^{\pi/8} =$$

$$= r^3\left(\frac{\pi}{4} - 4\sin\pi/8\right) = r^3(0{,}7854 - 1{,}5307) = -0{,}745 r^3 \cdot p.$$

$$a'_{02} = \int m_2 M_0\,\mathrm{d}s = \int\limits_0^{\pi/2} [c_f - r(1 - \cos\xi)]\, r^2 \frac{\sin^2\xi}{2}\, r\,\mathrm{d}\xi +$$

$$+ \int\limits_0^{\varphi_n} [c_f - r - 2r\sin\xi_1]\left[\frac{r^2}{2} - 2r^2(1 - \cos\xi_1)\right] 2r\,\mathrm{d}\xi_1 =$$

$$= \frac{r^3}{2}\int\limits_0^{\pi/2} (c_f \sin^2\xi - r\sin^2\xi + r\sin^2\xi \cdot \cos\xi)\,\mathrm{d}\xi +$$

$$+ 2r^3 \int\limits_0^{\varphi_n} \left(\frac{c_f}{2} - 2c_f + 2c_f\cos\xi_1 - \frac{r}{2} + 2r - 2r\cos\xi_1 - \right.$$

$$\left. - r\sin\xi_1 + 4r\sin\xi_1 - 4r\sin\xi_1 \cdot \cos\xi_1\right)\mathrm{d}\xi_1 =$$

$$= \frac{r^3}{2}\left[(c_f - r)\left(-\frac{1}{4}\sin 2\xi + \frac{\xi}{2}\right) + r\,\frac{\sin^3\xi}{3}\right]_0^{\pi/2} +$$

$$+ 2r^3\left[\left(\frac{c_f}{2} - 2c_f\right)\xi_1 + 2c_f\sin\xi_1 + \left(2r - \frac{r}{2}\right)\xi_1 - \right.$$

$$\left. - 2r\sin\xi_1 + r\cos\xi_1 - 4r\cos\xi_1 - 2r\sin^2\xi_1\right]_0^{\varphi_n} =$$

$$= r^3\left[(c_f - r)\frac{\pi}{8} - 3(c_f - r)\,\varphi_n + 4(c_f - r)\sin\varphi_n - 6r\cos\varphi_n - \right.$$

$$\left. - 4r\sin^2\varphi_n + \frac{37}{6}r\right] = r^4\left[-\left(\frac{c_f}{r} - 1\right)\frac{\pi}{4} + 4\left(\frac{c_f}{r} - 1\right)0{,}3827 - \right.$$

$$\left. - 6 \cdot 0{,}92388 - 4 \cdot 0{,}14644 + 6{,}16\right] =$$

$$= r^4\,[+\,0{,}299 - 0{,}446 - 5{,}540 - 0{,}586 + 6{,}16] = -0{,}18 r^4 \cdot p.$$

$$X_1 = +\frac{0{,}745 r^3}{2{,}356 r} = +0{,}317 r^2 p$$

$$X_2 = +\frac{0{,}180 r^4}{0{,}737 r^3} = +0{,}245 r p.$$

Im ersten Teil des Berechnungsganges hat man damit die Lösung für das starr eingespannte, frei stehende Tragwerk.

Die Momentenfläche des Tragwerkes für $p = 1$ t/m geht aus Abb. 196 hervor. Das Moment schreibt sich zu

$$M = M_0 + m_1 X_1 + m_2 X_2,$$

am oberen Tragwerksteil ist

$$M' = -\frac{r^2 \sin^2 \xi}{2} + X_1 - c_f X_2 + r(1 - \cos \xi)\, X_2,$$

am unteren Tragwerksteil hingegen

$$M'' = -\frac{r^2}{2} + 2r^2(1 - \cos \xi_1) + X_1 +$$

$$+ (r - c_f)\, X_2 + 2r \sin \xi_1\, X_2.$$

3. Nun folgt die Bemessung des Tragwerkes für die Beanspruchung durch die seitliche Ab-

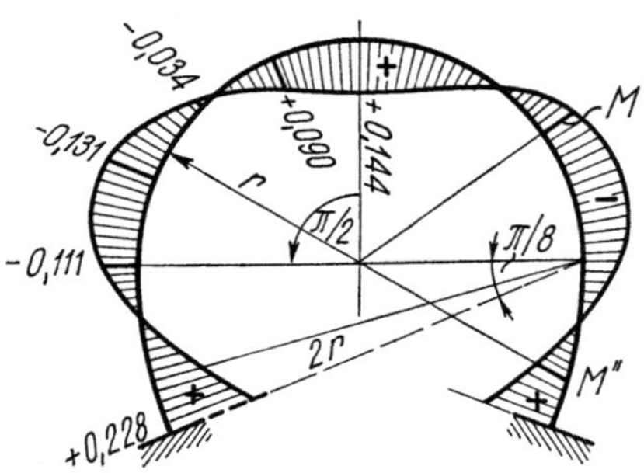


Abb. 196. Momentenbild des starr eingespannten Trägers ohne seitliche Erdabstützung

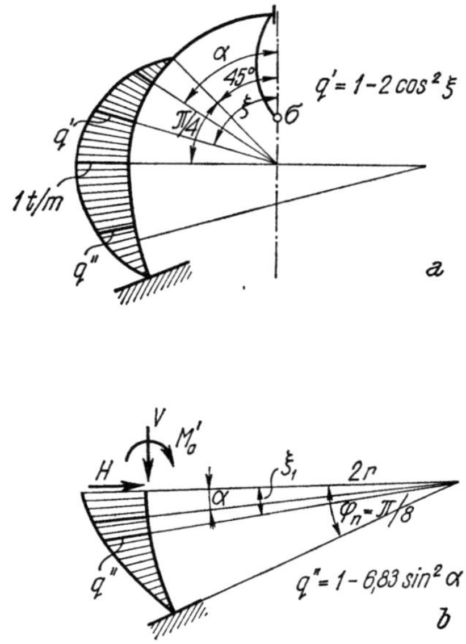


Abb. 197. Auf das statisch bestimmte System wirkende Belastungen aus der seitlichen Abstützung

stützung, die angenommenermaßen mit $q = 1$ t/m angesetzt wird. Am Hauptsystem weckt diese Belastung — mit den Bezeichnungen der Abb. 197a—b — folgendes Moment:

a) *Am oberen Tragwerksteil*

$$q' = (1 - 2\cos^2 \xi)\, q$$

$$M_0' = -\int_{\alpha=\pi/4}^{\alpha=\xi} q'\, \mathrm{d}\alpha\, r r \sin(\xi - \alpha) = -r^2 \int_{\alpha=\pi/4}^{\xi} (1 - 2\cos^2\alpha) \sin(\xi - \alpha)\, \mathrm{d}\alpha =$$

$$= -r^2 \int_{\alpha=\pi/4}^{\xi} [\sin \xi \cos \alpha - \cos \xi \sin \alpha - 2\cos^2\alpha (\sin \xi \cos \alpha - \cos \xi \sin \alpha)]\, \mathrm{d}\alpha =$$

$$= -r^2 \left[\sin \xi \sin \alpha + \cos \xi \cos \alpha - 2 \sin \xi \left(\frac{\sin \alpha \cos^2 \alpha}{3} + \frac{2}{3} \sin \alpha\right) -\right.$$

$$\left. - 2\cos \xi \frac{\cos^3 \alpha}{3}\right]_{\alpha=\pi/4}^{\alpha=\xi} = -r^2 \left[\sin^2 \xi + \cos^2 \xi - 2\sin^2 \xi \frac{\cos^2 \xi}{3} - \frac{4}{3} \sin^2 \xi\right.$$

$$- 2\, \frac{\cos^4 \xi}{3} - 0{,}7071 \sin \xi - 0{,}7071 \cos \xi + 2 \sin \xi \left(\frac{0{,}7071 \cdot 0{,}5}{3} + \frac{2}{3}\, 0{,}7071\right) +$$

$$\left. + 2\cos \xi \frac{0{,}7071^3}{3}\right].$$

Nach Umordnung der Gleichung

$$M_0' = -r^2\left[-\frac{2}{3}\cos^4\xi - \frac{2}{3}\sin^2\xi\cos^2\xi - \frac{4}{3}\sin^2\xi + 0{,}4714\sin\xi - 0{,}4714\cos\xi + 1\right].$$

Bei $\xi = 90°$ schreibt sich das Moment zu

$$M_0' = -r^2\left[-\frac{4}{3} + 0{,}4714 + 1\right] = -0{,}138\,r^2 q,$$

die Horizontalkomponente hingegen zu

$$H = \int\limits_{\alpha=45°}^{90°} q'\,\mathrm{d}s\sin\alpha = \int\limits_{\alpha=\pi/4}^{\pi/2}(1-2\cos^2\alpha)\,r\sin\alpha\,\mathrm{d}\alpha =$$

$$= r\left[-\cos\alpha + \frac{2\cos^3\alpha}{3}\right]_{45°}^{90°} = r\left[0{,}7071 - \frac{2\cdot 0{,}7071^3}{3}\right] = 0{,}4714\,rq$$

und schließlich die Vertikalkomponente zu

$$V = \int\limits_{\alpha=45°}^{90°} q'\,\mathrm{d}s\cos\alpha = \int(1-2\cos^2\alpha)\,r\cos\alpha\,\mathrm{d}\alpha = r\int(\cos\alpha - 2\cos^3\alpha)\,\mathrm{d}\alpha =$$

$$= r\left[\sin\alpha - \frac{2}{3}\sin\alpha\cos^2\alpha - \frac{4}{3}\sin\alpha\right]_{\alpha=45°}^{90°} =$$

$$= r\left[1 - \frac{4}{3} - 0{,}7071 + \frac{2}{3}\,0{,}7071\cdot 0{,}5 + \frac{4}{3}\,0{,}7071\right] = 0{,}138\,rq.$$

b) Das Moment am unteren Tragwerksteil wird zweckmäßig in zwei Teilen geschrieben und zwar

$$q'' = (1 - 6{,}83\sin^2\alpha)q \quad M'' = M_{01}'' + M_{02}''.$$

Das erste Glied entspricht dem aus der Last „$q$" herrührenden, das zweite hingegen jenem Moment, welches durch die vom oberen Tragwerksteil übertragenen Kräfte $M_0'$, $H$ und $V$ ausgelöst wird (vgl. Abb. 197b). Es gilt mithin

$$M_{01}'' = \int\limits_{\alpha}^{\xi_1} q''\,2r\,\mathrm{d}\alpha\,2r\sin(\xi_1-\alpha),$$

$$M_{01}'' = -4r^2q\int\limits_{\alpha=0}^{\alpha=\xi_1}(1-6{,}828\sin^2\alpha)\sin(\xi_1-\alpha)\,\mathrm{d}\alpha = -4r^2q\int\sin\xi_1\cos\alpha -$$

$$-\cos\xi_1[\sin\alpha - 6{,}83\sin^2\alpha(\sin\xi_1\cos\alpha - \cos\xi_1\sin\alpha)\,d\alpha =$$

$$= -4r^2q\left[\sin\xi_1\sin\alpha + \cos\xi_1\cos\alpha - 6{,}83\sin\xi_1\frac{\sin^3\alpha}{3} +\right.$$

$$\left. + 6{,}83\cos\xi_1\left(-\frac{\cos\alpha\sin^2\alpha}{3} - \frac{2}{3}\cos\alpha\right)\right]_{\alpha=0}^{\alpha=\xi_1} =$$

$$= -4r^2q\left[\sin^2\xi_1 + \cos^2\xi_1 - 6{,}83\frac{\sin^4\xi_1}{3} + 6{,}83\cos\xi_1\times\right.$$

$$\left.\times\left(-\frac{\cos\xi_1\sin^2\xi_1}{3} - \frac{2}{3}\cos\xi_1\right) - \cos\xi_1 + 6{,}83\cos\xi_1\frac{2}{3}\right] =$$

$$= -4r^2q(-2{,}276\sin^4\xi_1 - 2{,}276\sin^2\xi_1\cos^2\xi_1 - 4{,}552\cos^2\xi_1 + 3{,}552\cos\xi_1 + 1).$$

Das Moment aus den Kräften $M'_0$, $H$ und $V$ ist

$$M''_{02} = M'_0 - H 2 r \sin \xi_1 + V 2 r (1 - \cos \xi_1),$$

$$M''_{02} = r^2 (0{,}1381 + 0{,}9428 \sin \xi_1 + 0{,}2762 + 0{,}2762 \cos \xi_1),$$

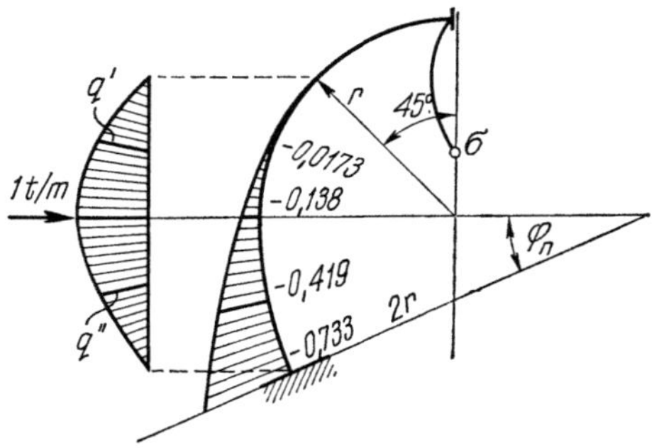


Abb. 198. Momentenbild des statisch bestimmten Systems infolge seitlicher Belastung

und das Gesamtmoment

$$M''_0 = -4 r^2 q (-2{,}276 \sin^4 \xi_1 - 2{,}276 \sin^2 \xi_1 \cos^2 \xi_1 - 4{,}552 \cos^2 \xi_1 + 3{,}622 \cos \xi_1 + 0{,}2357 \sin \xi_1 + 0{,}9655.$$

Das Moment aus der Belastung durch die seitliche Abstützung, die mit $q = 1$ t/m angenommen ist, geht aus Abb. 198 hervor.

Die relative Verdrehung im Punkt $\sigma$ aus der seitlichen Belastung wird wie folgt untersucht:

$$a_{01} = \int_{45^\circ}^{90^\circ} M_0 \, \mathrm{d}s = - \int_{45^\circ}^{90^\circ} r^2 q \left(-\frac{2}{3} \cos^4 \xi - \frac{2}{3} \sin^2 \xi \cos^2 \xi - \frac{4}{3} \sin^2 \xi + 0{,}4714 \sin \xi - 0{,}4714 \cos \xi + 1\right) r \, \mathrm{d}\xi - \int_0^{\varphi_n} 4 r^2 q (- 2{,}276 \sin^4 \xi_1 - 2{,}276 \sin^2 \xi_1 \cos^2 \xi_1 - 4{,}552 \cos^2 \xi_1 + 3{,}622 \cos \xi_1 + 0{,}2357 \sin \xi_1 + 0{,}9655) \, 2 r \, \mathrm{d}\xi_1 =$$

$$= -r^3 q \left[-\frac{2}{3} \left(\frac{\sin \xi \cos^3 \xi}{4} + \frac{3}{4} \int \cos^2 \xi \, \mathrm{d}\xi\right) - \frac{2}{3} \frac{\sin^3 \xi \cos \xi}{4} - \frac{2}{3} \times \frac{1}{4} \int \sin^2 \xi \, \mathrm{d}\xi - \frac{4}{3} \left(-\frac{1}{4} \sin 2\xi + \frac{\xi}{2}\right) - 0{,}4714 \cos \xi - 0{,}4714 \sin \xi + \xi\right]_{45^\circ}^{90^\circ} -$$

$$- 8 r^3 q \left[+ 2{,}276 \frac{\cos \xi_1 \sin^3 \xi_1}{4} - 2{,}276 \cdot \frac{3}{4} \int \sin^2 \xi_1 \, \mathrm{d}\xi_1 - 2{,}276 \frac{\sin^3 \xi_1 \cos \xi_1}{4} - 2{,}276 \cdot \frac{1}{4} \int \sin^2 \xi_1 \, \mathrm{d}\xi_1 - 4{,}552 \left(\frac{1}{4} \sin^2 \xi_1 + \frac{1}{2} \xi_1\right) + 3{,}621 \sin \xi_1 - 0{,}2357 \cos \xi_1 + 0{,}8655 \xi_1\right]_0^{\varphi_n},$$

$$a_{01} = -r^3 q \left[-\frac{\sin \xi \cos^3 \xi}{6} - \frac{1}{8} \sin 2\xi - \frac{\xi}{4} - \frac{\sin^3 \xi \cos \xi}{6} + \frac{1}{24} \sin 2\xi - \frac{\xi}{12} + \frac{1}{3} \sin 2\xi - \frac{2}{3} \xi - 0{,}4714 \cos \xi - 0{,}4714 \sin \xi + \xi\right]_{45^\circ}^{90^\circ} -$$

$$- 8 r^3 q \left[\frac{2{,}276}{4} \cos \xi_1 \sin^3 \xi_1 + \frac{2{,}276 \cdot 3}{16} \sin 2\xi_1 - \frac{3 \cdot 2{,}276}{8} \xi_1 - \frac{2{,}276}{4} \sin^3 \xi_1 \cos \xi_1 + \frac{2{,}276}{16} \sin 2\xi_1 - \frac{2{,}276}{8} \xi_1 - \frac{4{,}552}{4} \sin 2\xi_1 - \frac{4{,}552}{2} \xi_1 + 3{,}621 \sin \xi_1 - 0{,}2357 \cos \xi_1 + 0{,}9655 \xi_1\right]_0^{\pi/8}.$$

Mit den konkreten Werten ist

$$a_{01} = -0{,}02857\, r^3 q - 0{,}318\, r^3 q = 0{,}3469\, r^3 q.$$

Für die waagrechte Relativverschiebung im Punkt $\sigma$ hingegen gilt

$$a_{02} = \int M_0 m_2 \, \mathrm{d}s = \int M_0' [c_f - r(1 - \cos\xi)]\, r\, \mathrm{d}\xi + \int M_0''(c_f - r - 2r \sin\xi_1)\, 2r\, \mathrm{d}\xi_1 =$$

$$= r^3 q \int\limits_{45^\circ}^{90^\circ} \left(-\frac{2}{3}\cos^4\xi - \frac{2}{3}\sin^2\xi\cos^2\xi - \frac{4}{3}\sin^2\xi + 0{,}4714\sin\xi - 0{,}4714\cos\xi + 1\right) \times$$

$$\times\, (c_f - r + r\cos\xi)\, \mathrm{d}\xi + 8 r^3 q \int\limits_0^{\varphi_n} (-2{,}276\sin^4\xi_1 - 2{,}276\sin^2\xi_1\cos^2\xi_1 - 4{,}552\cos^2\xi_1 +$$

$$+ 3{,}621\cos\xi_1 + 0{,}2357\sin\xi_1 + 0{,}9655)\,(c_f - r - 2r\sin \mathrm{d}\xi_1)\,\xi_1 =$$

$$= 0{,}02859\,(c_f - r)\, r^3 + r^4 q \int \left(-\frac{2}{3}\cos^5\xi - \frac{2}{3}\sin^2\xi\cos^3\xi - \frac{4}{3}\sin^2\xi\cos\xi + \right.$$

$$\left. + 0{,}4714\sin\xi\cos\xi - 0{,}4714\cos^2\xi + \cos\xi\right) \mathrm{d}\xi + 0{,}3183\,(c_f - r)\, r^3 -$$

$$- 16 r^4 q \int (-2{,}276\sin^5\xi_1 - 2{,}276\sin^3\xi_1\cos^2\xi_1 - 4{,}552\cos^2\xi_1\sin\xi_1 +$$

$$+ 3{,}6214\cos\xi_1\sin\xi_1 + 0{,}2357\sin^2\xi_1 + 0{,}9655\sin\xi_1)\,\mathrm{d}\xi_1 =$$

$$= -0{,}02859 \cdot 0{,}292\, r^4 q + r^4 q \left[-\frac{2}{3}\,\frac{\sin\xi\cos^4\xi}{5} - \frac{8}{15}\left(\frac{\sin\xi\cos^2\xi}{3} + \frac{2}{3}\sin\xi\right) - \right.$$

$$- \frac{2}{15}\sin^3\xi\cos^2\xi - \frac{4}{15}\,\frac{\sin^3\xi}{3} - \frac{4}{3}\,\frac{\sin^3\xi}{3} + 0{,}2357\sin^2\xi - 0{,}4714\left(\frac{1}{4}\sin 2\xi + \xi/2\right) +$$

$$\left. + \sin\xi\right]_{45^\circ}^{90^\circ} - 0{,}3183 \cdot 0{,}292\, r^4 q - 16 r^4 q \left[+2{,}276\,\frac{\cos\xi_1\sin^4\xi_1}{5} - \frac{4 \cdot 2{,}276}{5} \times \right.$$

$$\times \left(-\frac{\cos\xi_1\sin^2\xi_1}{3} - \frac{2}{3}\cos\xi_1\right) - 2{,}276\left(-\frac{\sin^2\xi_1\cos^3\xi_1}{5} - \frac{2}{5}\,\frac{\cos^3\xi_1}{3}\right) +$$

$$+ 4{,}552\,\frac{\cos^3\xi_1}{3} - 3{,}6214\,\frac{\cos^2\xi_1}{2} + 0{,}2357\left(-\frac{1}{4}\sin 2\xi_1 + \frac{1}{2}\,\xi_1\right) -$$

$$\left. - 0{,}9655\cos\xi_1\right]_{\xi_1=0}^{\varphi_n},$$

und hieraus mit den entsprechenden Werten

$$a_{02} = q(-0{,}0843\, r^4 + 0{,}00437\, r^4 - 0{,}09295\, r^4 - 0{,}16206\, r^4) = -0{,}2588\, q r^4;$$

$$X_1 = \frac{a_{01}}{a_{11}} = \frac{0{,}3469\, r^3 q}{2{,}356\, r} = +0{,}1473\, r^2 q$$

$$X_2 = \frac{a_{02}}{a_{22}} = \frac{0{,}2588\, r^4 q}{0{,}7366\, r} = +0{,}352\, r q.$$

Die Momente aus den Seitendrücken für $q = 1$ t/m sind in Abb. 199 dargestellt. Die dortigen Werte müssen mit $r^2$ multipliziert werden.

4. Im nächsten Schritt des Berechnungsganges wird die waagrechte Verschiebung des Trägers in Höhe seines horizontalen Durchmessers ermittelt, und zwar unter Annahme einer gleichmäßig verteilten lotrechten Last $p = 1$ t/m sowie einer seitlichen Belastung von $q = 1$ t/m.

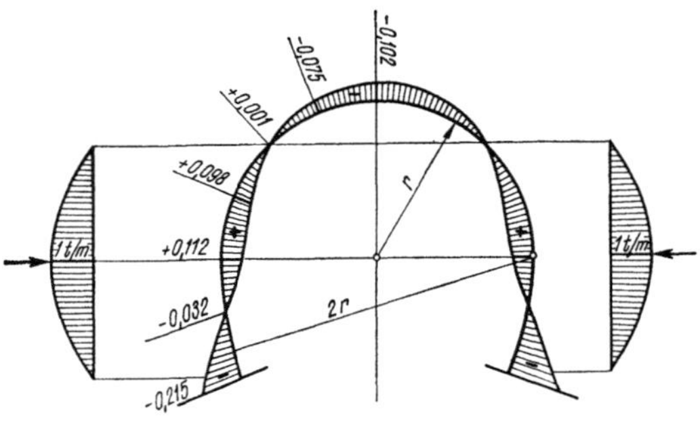


Abb. 199. Biegemomente infolge verteilter seitlicher Einheitsbelastung

*a*) Die waagrechte Verschiebung unter der Last $p$ schreibt sich zu

$$\delta_p = \delta_0 + \delta_1 + \delta_2,$$

wenn $\delta_0$ bzw. $\delta_1$ die Verschiebung des Hauptsystems unter der Last $p$ bzw. $X_1$, $\delta_2$ hingegen seine Verschiebung unter der Last $X_2$ bezeichnet.

Die Verschiebungen werden wieder anhand von Arbeitsgleichungen bestimmt. Zunächst wird eine waagrecht gerichtete Kraft von 1 t angenommen und für diese die Momentenfläche aufgetragen, worauf man die Arbeitsgleichungen wie folgt aufschreibt (vgl. Abb. 193):

$$M_H = +2r \sin \xi_1;$$

$$\delta_1 = \int \frac{M_H m_1}{EJ} \,\mathrm{d}s = \frac{4r^2 p}{JE} \int_0^{\varphi_n} \sin \xi_1 \,\mathrm{d}\xi_1 = -\frac{4r^2 p}{EJ} \Big[\cos \xi_1\Big]_0^{\varphi_n} = \frac{4r^2 p}{EJ}(1 - \cos \varphi_n);$$

$$\delta_2 = \int \frac{M_H m_2}{EJ} \,\mathrm{d}s = \frac{1p}{EJ} \int 2r \sin \xi_1 (r - c_f + 2r \sin \xi_1)\, 2r \,\mathrm{d}\xi_1 =$$

$$= \frac{4r^3 p}{EJ} \int \sin \xi_1 \left(1 - \frac{c_f}{r} + 2 \sin \xi_1\right) \mathrm{d}\xi_1 =$$

$$= \frac{4r^3 p}{EJ} \left[-\cos \xi_1 + \frac{c_f}{r} \cos \xi_1 + 2\left(-\frac{1}{4} \sin 2\xi_1 + \frac{\xi_1}{2}\right)\right]_0^{\varphi_n} =$$

$$= \frac{4r^3 p}{EJ} \left[-\cos \varphi_n + \frac{c_f}{r} \cos \varphi_n - \frac{1}{2} \sin 2\varphi_n + \varphi_n + 1 - \frac{c_f}{r}\right] =$$

$$= \frac{4r^3 p}{EJ} \left[\left(1 - \frac{c_f}{r}\right)(1 - \cos \varphi_n) + \varphi_n - \frac{1}{2} \sin 2\varphi_n\right];$$

$$\delta_0 = \int \frac{M_H M_0''}{EJ} \,\mathrm{d}s = \int 2r \sin \xi_1 \left[-\frac{r^2}{2} + 2r^2 (1 - \cos \xi_1)\right] 2r \,\mathrm{d}\xi_1 =$$

$$= \frac{4r^4 p}{EJ} \left[\frac{1}{2} \cos \xi_1 - 2\cos \xi_1 - \sin^2 \xi_1\right]_0^{\varphi_n} = \frac{4r^4 p}{EJ} \left(\frac{3}{2} - \frac{3}{2} \cos \varphi_n - \sin^2 \varphi_n\right);$$

da $\delta_p = \delta_0 + \delta_1 + \delta_2$, hat man mit den entsprechenden Werten

$$\delta_0 = \frac{4r^4 p}{EJ} [1{,}5 - 1{,}5 \cdot 0{,}9238 - 0{,}14644] = -0{,}1290 \frac{r^4 p}{EJ},$$

$$\delta_1 = \frac{4r^2 p}{EJ} (1 - \cos \varphi_n)\, X_1 = \frac{4r^4 p}{EJ} (1 - 0{,}92388)\, 0{,}317 = 0{,}0965 \frac{r^4 p}{EJ},$$

$$\delta_2 = \frac{4r^3p}{EJ}\left[\left(1 - \frac{c_f}{r}\right)(1 - \cos\varphi_n) + \varphi_n - \frac{1}{2}\sin 2\varphi_n\right] 0{,}245\,r =$$

$$= \frac{4r^4p}{EJ}[0{,}292\,(1 - 0{,}9238) + 0{,}3927 - 0{,}3535]\,0{,}245 = 0{,}060\,\frac{r^4p}{EJ},$$

$$\delta_p = \frac{r^4p}{EJ}(-0{,}1290 + 0{,}0965 + 0{,}060) = +0{,}0275\,\frac{r^4p}{EJ}.$$

*b*) Unter der Seitenbelastung $q$ erleidet der Träger eine waagrechte Verschiebung von

$$\delta_q = \delta_0 + \delta_1 + \delta_2,$$

wobei $\delta_0$, $\delta_1$ bzw. $\delta_2$ in dieser Reihenfolge die waagrechte Verschiebung am Hauptsystem unter der Last $q$ bzw. unter der Last $X_1$ bzw. unter der Last $X_2$ bezeichnet. Es gilt demnach

$$\delta_0 = \int \frac{M_H M_0}{EJ}\,ds = \frac{4r^2q}{EJ}\int[-2{,}276\sin^4\xi_1 - 2{,}276\sin^2\xi_1\cos^2\xi_1 - 4{,}552\cos^2\xi_1 +$$

$$+ 3{,}621\cos\xi_1 + 0{,}2357\sin\xi_1 + 0{,}9655]\,2r\sin\xi_1\,2r\,d\xi_1 =$$

$$= \frac{16r^4q}{EJ}\int_0^{\varphi_n}[-2{,}276\sin^5\xi_1 - 2{,}276\sin^3\xi_1\cos^2\xi_1 - 4{,}552\sin\xi_1\cos^2\xi_1 +$$

$$+ 3{,}6214\sin\xi_1\cos\xi_1 + 0{,}2357\sin^2\xi_1 + 0{,}9655\sin\xi_1]\,d\xi_1 =$$

$$= \frac{16r^4q}{EJ}\left[+2{,}2762\,\frac{\cos\xi_1\sin^4\xi_1}{5} - \frac{4\cdot 2\cdot 276}{5}\left(-\frac{\cos\xi_1\sin^2\xi_1}{3} - \frac{2}{3}\cos\xi_1\right) -\right.$$

$$- 2{,}2762\left(-\frac{\sin^2\xi_1\cos^3\xi_1}{5} - \frac{2}{5}\,\frac{\cos^3\xi_1}{3}\right) + 4{,}552\,\frac{\cos^3\xi_1}{3} - 3{,}621\,\frac{\cos^2\xi_1}{2} +$$

$$\left. + 0{,}2357\left(-\frac{1}{4}\sin 2\xi_1 + \frac{1}{2}\xi_1\right) - 0{,}9655\cos\xi_1\right]_0^{\varphi_n} = 0{,}1620\,\frac{r^4q}{EJ}.$$

$$\delta_1 = \frac{r^4q}{EJ}\,0{,}3044\cdot 0{,}1473 = 0{,}0448\,\frac{r^4q}{EJ}.$$

$$\delta_2 = 0{,}352\cdot 0{,}2455\,\frac{r^4q}{EJ} = 0{,}08642\,\frac{r^4q}{EJ}.$$

$$\delta_q = \frac{r^4q}{EJ}(-0{,}1620 + 0{,}0448 + 0{,}0864) = -0{,}0308\,\frac{r^4q}{EJ}.$$

5. Sodann wird der Zusammenhang aufgeschrieben, der die Gleichheit zwischen der Verschiebung des Trägers im Schnittpunkt des waagrechten Durchmessers einerseits und der elastischen Zusammendrückung des Bodens andererseits beschreibt:

$$\frac{q}{C} = \delta_p + q\delta_q,$$

woraus

$$q = \frac{\delta_p}{\frac{1}{C} - \delta_q} = \frac{0{,}0275 \frac{r^4}{EJ}}{\frac{1}{C} + 0{,}0308 \frac{r^4}{EJ}} = \frac{0{,}0275}{\frac{EJ}{Cr^4} + 0{,}0308},$$

$$\frac{EJ}{Cr^4} = \frac{3\,000\,000 \cdot 0{,}0104}{50\,000 \cdot 81} = 0{,}0077,$$

$$q = \frac{0{,}02751}{0{,}0077 + 0{,}0308} = 0{,}714 \text{ t/m}^2.$$

Damit ist die Größe der seitlichen Belastungen bekannt:

$$X_1 = (+0{,}317p + 0{,}1473 \cdot 0{,}714q)\, r^2 = 0{,}422 r^2, \quad (\text{mit } p = 1 \text{ und } q = 1)$$

$$X_2 = (+0{,}245p + 0{,}352 \cdot 0{,}714q)\, r = 0{,}496 r. \quad (\text{mit } p = 1 \text{ und } q = 1)$$

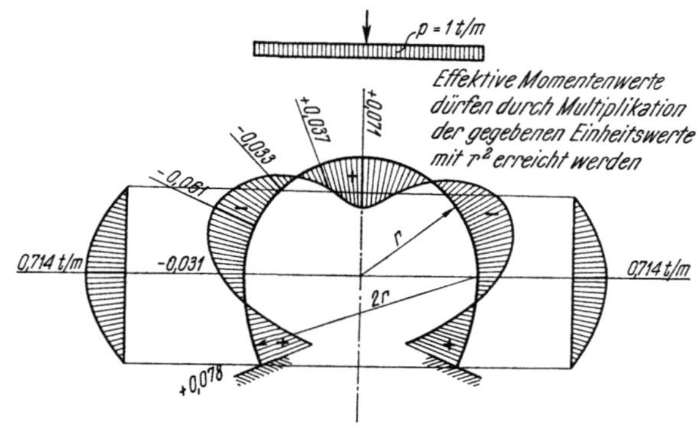


Abb. 200. Vereinigtes Momentenbild des starr eingespannten Hufeisenbogenträgers mit elastischer Seitenstützung

Den Momentenverlauf am starr eingespannten, elastisch gebetteten Tragwerk veranschaulicht die Abb. 200. Die Momente ergeben sich als Produkt der Multiplikation mit $r^2$.

*Die Berechnung wird nun auch für den Fall der elastischen Einspannung durchgeführt.*

Bei einem Moment von 1 tm beträgt die Verdrehung des Einspannungsquerschnitts

$$\beta_1 = \frac{1}{CJ_1} = \frac{1}{50\,000 \cdot 0{,}0835} = 0{,}000\,24.$$

und das Trägheitsmoment des Einspannungsquerschnitts $J_1 = 0{,}0835\ m^4$.

1. Zunächst werden die relativen Verschiebungen $a'_{11}$, $a'_{12} = a'_{21}$ und $a'_{22}$ am elastisch eingespannten Tragwerk, mit $EJ$ multipliziert, zahlenmäßig ermittelt:

$$a'_{11} = a_{11} + \beta_1 = 2{,}356\, r + 0{,}000\,24 \cdot EJ;$$

$$EJ = 3\,000\,000 \cdot 0{,}0104 = 31\,260 \text{ t};$$

$$a'_{11} = 2{,}356\, r\, 2 0{,}000\,24 \cdot 31\,260 = 7{,}068 + 7{,}50 = +14{,}57;$$

$$a'_{21} = \beta_1 y_c = 0{,}00024(0{,}292 + 0{,}7654)\, 31\,260 r = +23{,}73;$$

$$a'_{22} = a_{22} + \beta_1 y^2 = 0{,}737 r^3 + 0{,}000\,24 \cdot 1{,}0574^2 \cdot 31\,260 r^2 =$$

$$= 19{,}90 + 75{,}2 = 95{,}10.$$

2. Sodann werden die relativen Bewegungen $a'_{01}$ und $a'_{02}$ unter der gleichmäßig verteilten lotrechten Last $p = 1$ t/m berechnet:

$$a'_{01} = -0{,}745 r^3 - 0{,}00024\, EJ \cdot 0{,}3478 r^2 = -20{,}1 - 23{,}5 = -43{,}6;$$

$$a'_{02} = -0{,}180 r^4 - 0{,}00024\, EJ \cdot 0{,}3478 r^2 \cdot 1{,}0574 r = -14{,}6 - 74{,}5 = -89{,}1.$$

Die Werte von $X_1$ und $X_2$ werden wie folgt ermittelt:

$$a'_{01} + a'_{11} + a'_{12} X_2 = 0;$$

$$a'_{02} + a'_{21} X_1 + a'_{22} X_2 = 0;$$

$$-43{,}6 + 14{,}57\, X_1 + 23{,}73\, X_2 = 0;$$

$$-89{,}1 + 23{,}73\, X_1 + 95{,}10\, X_2 = 0;$$

$$23{,}73\, X_2 = 43{,}6 - 14{,}57\, X_1, \text{ woraus } X_2 = 1{,}84 - 0{,}615\, X_1;$$

$$-79{,}1 + 23{,}73\, X_1 + 175{,}0 - 58{,}5\, X_1 = 0;$$

$$34{,}77\, X_1 = +85{,}9, \text{ woraus } X_1 = +2{,}47 \text{ tm},$$

$$X_2 = 1{,}84 - 0{,}615 \cdot 2{,}47 = 0{,}32 \text{ t}.$$

Danach wird das elastisch eingespannte Tragwerk für den Seitendruck von $q = 1$ t/m bemessen.

$$a'_{01} = -0{,}3469 r^3 - 0{,}00024 \cdot 31260 r^2 \cdot 0{,}733 =$$

$$= -9{,}36 - 49{,}5 = -58 = -\ 9{,}36 - 49{,}5 = -58{,}86;$$

$$a'_{02} = 0{,}2588 r^4 - 0{,}00024 \cdot 31260 \cdot 1{,}057 r \cdot 0{,}733 r^2 = -21{,}0 - 157{,}0 = -178{,}0;$$

$$X_2 = \frac{58{,}86}{23{,}73} - 0{,}615\, X_1 = 2{,}49 - 0{,}615\, X_1;$$

$$-178{,}0 + 23{,}73\, X_1 + 237{,}0 - 58{,}5\, X_1 = 0;$$

$$X_1 = +1{,}70 \text{ tm und } X_2 = +1{,}44 \text{t}.$$

Den Verlauf der Momentenlinie am elastisch eingespannten — seitlich nicht abgestützten — Tragwerk unter der lotrechten Last $p = 1$ t/m zeigt die Abb. 201. Auch hier sind die angegebenen Werte mit $r^2$ zu multiplizieren.

Der nächste Schritt des Berechnungsganges besteht in der Bestimmung der waagrechten Verschiebung des Tragwerks in Höhe des horizontalen Durchmessers.

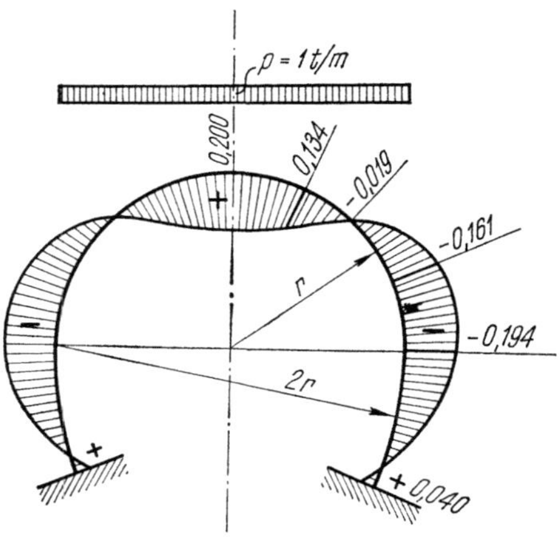

Abb. 201. Momentenbild des elastisch eingespannten Hufeisenbogenträgers von lotrechter Einheitsbelastung

*Die waagrechte Verschiebung unter der lotrechten Last $p = 1$ t/m errechnet sich zu*

$$\delta_p = \delta_0 + \delta_1 + \delta_2 + \beta y_c,$$

worin

$$\delta_p = -0{,}1290\, \frac{r^4}{EJ} + 0{,}3045\, \frac{r^2}{EJ}\, 2{,}47 + 0{,}245\, \frac{r^3}{EJ}\, 0{,}32 + 0{,}362 \cdot 0{,}00024 \cdot 0{,}7653,$$

$$\delta_p = (-1{,}160 + 0{,}752 + 0{,}235)\,\frac{9}{31260} + 0{,}000066 =$$

$$= -0{,}0000498 + 0{,}0000666 = +0{,}0000168\,\text{m}.$$

*Die seitliche Belastung* $q = 1$ t/m *verursacht eine Verschiebung von*

$$\delta_q = \frac{r^2}{EJ}\,(-0{,}16206\,r^2 + 0{,}3045 \cdot 1{,}70 + 0{,}245 \cdot 1{,}44\,r) - 0{,}34 \cdot 0{,}00024 \cdot 0{,}7653 =$$

$$= 0{,}000031 - 0{,}0000626 = -0{,}0000295\,\text{m}.$$

$$q = \frac{\delta_p}{\dfrac{1}{C} + \delta_q} = \frac{0{,}0000168}{0{,}00002 + 0{,}0000295} = 0{,}34\,\text{t}.$$

Mit dem bekannten $q$ hat man für $X_1$ und $X_2$

$$X_1 + (2{,}47 + 1{,}7 \cdot 0{,}34) = 3{,}05 = 0{,}339\,r^2,$$

$$X_2 = (0{,}32 + 1{,}44 \cdot 0{,}34) = 0{,}81 = 0{,}27\,r.$$

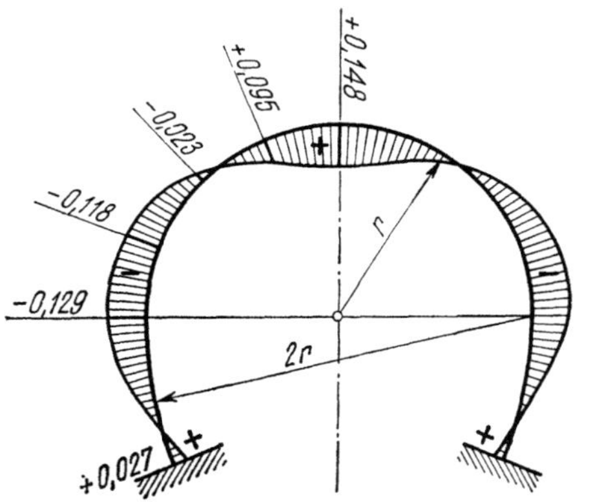


**Abb. 202. Vereinigtes Momentenbild des elastisch eingespannten Hufeisenbogenträgers von lotrechter Einheitsbelastung und seitlicher Bodenabstützung**

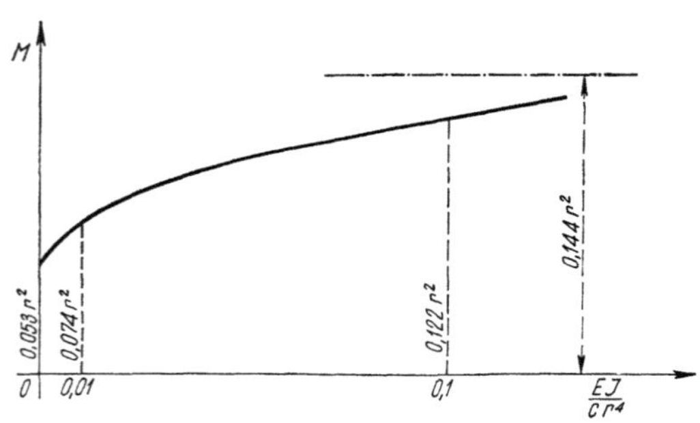


**Abb. 203. Scheitelmomente in Abhängigkeit der Starrheit des Hufeisenbogenträgers und der Nachgiebigkeit des Bodens**

Den Momentenverlauf am elastisch eingespannten und auch seitlich elastisch abgestützten Tragwerk veranschaulicht die Abb. 202. Wieder hat man die Werte mit $r^2$ zu multiplizieren.

Ändert sich die Steifigkeit des Tragwerks oder die Bettungsziffer des Bodens, dann bestimmt die Größe der auftretenden Momente der Faktor $\frac{EJ}{Cr^4}$.

Die Größe des Momentes, wie es im Scheitelpunkt eines annahmegemäß starr eingespannten Tragwerks entsteht, zeigt in Abhängigkeit vom Faktor $\frac{EJ}{Cr^4}$ die Abb. 203. Wie aus dem Kurvenverlauf erhellt, beläuft sich der Wert des Momentes bei ganz starrer Abstützung auf $0{,}053\,r^2$, um bei völlig frei stehendem Tragwerk auf das 2,7fache dieses Wertes, d. h. auf $0{,}144\,r^2$ anzusteigen. Auf Änderungen in der Bettungsziffer oder in der Starrheit des Tragwerks reagieren die Beanspruchungen weniger empfindlich.

*Jedenfalls ist die Feststellung berechtigt, daß es in der Praxis überflüssig ist, die Berechnung durch die Einbeziehung der elastischen Seitenabstützung zu komplizieren, sofern der Wert des Faktors* $\frac{EJ}{Cr^4}$ *höher liegt als 0,1, daß vielmehr der monolithische Bogenträger in solchen Fällen als frei stehender Träger bemessen werden darf.* Die durchgerechneten Resultate sind in Tab. 18 zusammengefaßt.

*Tabelle 18*

| Auflagerungszustand | Max. Momente | | |
|---|---|---|---|
| | Scheitel | Viertelpunkt | Kämpfer |
| Fest eingespannt ohne Seitenstützung | $+0{,}144\,r^2$ | $-0{,}131\,r^2$ | $+0{,}228\,r^2$ |
| Elastisch eingespannt ohne Seitenstützung | $+0{,}200\,r^2$ | $-0{,}194\,r^2$ | $+0{,}040\,r^2$ |
| Fest eingespannt mit relativ steifer seitlicher Bettung ($C = 50$ kg/cm³) | $+0{,}071\,r^2$ | $-0{,}061\,r^2$ | $+0{,}078\,r^2$ |
| Fest eingespannt mit relativ nachgiebiger seitlicher Bettung ($C = 5$ kg/cm³) | $+0{,}118\,r^2$ | $-0{,}107\,r^2$ | $+0{,}174\,r^2$ |
| Elastisch eingespannt mit elastischer seitlicher Stützung | $+0{,}148\,r^2$ | $-0{,}129\,r^2$ | $+0{,}027\,r^2$ |

# 4.3. Die Bemessung kreisquerschnittiger Tunnelkonstruktionen

## 4.3.1. Graphischer Profilnachweis

*Graphisch* kann *die Auskleidung kreisquerschnittiger Tunnel,* soweit sie gewölbeartig ausgeführt wird, nach folgendem Verfahren untersucht werden (Abb. 204):

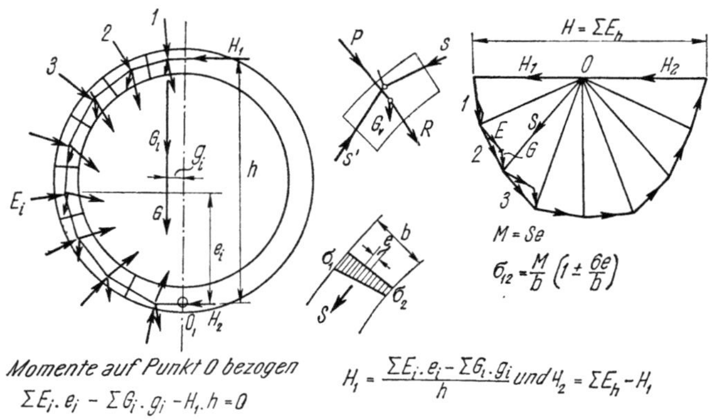


Abb. 204. Graphischer Nachweis eines kreisförmigen Tunnelquerschnittes

Nachdem man die Abmessungen der Auskleidung auf Grund empirischer Unterlagen angesetzt hat, bestimmt man die äußeren Horizontal- und Vertikalkräfte und die Eigenlast der Auskleidung. Diese Belastungen werden streifenweise zur Resultierenden vereinigt, worauf man mit dem Pol O ein Kräftepolygon konstruiert. Zwischen dem vollen Polabstand $H$ und der Summe der Seitendrücke muß Gleichheit bestehen. Hierbei ist die Lage des Pols O so festzulegen, daß die Stützlinie überall im inneren Drittel des Querschnitts bleibt und $H_1$ sowie $H_2$ die weiter unten angegebenen Gleichgewichtsbedingungen befriedigen. Kommt man durch Änderung des Kräftepolygons und durch Verlegung des Pols nicht zum Ziel, muß die Auskleidungsdicke entsprechend geändert werden.

Die Konstruktion wird also, wie beschrieben, durchgeführt. Das einzige Problem bildet die Lage des Polpunktes, denn die Größe der Gewölbeschübe $H_1$ und $H_2$ ist unbekannt. Sie werden bestimmt, indem man für den Angriffspunkt einer unbekannten Kraft die Momentensumme der angreifenden Kräfte aufstellt. Da es sich um ein Gleichgewichtssystem handelt, ist ihre Arbeit gleich Null. Aus der Formel läßt sich der unbekannte Gewölbeschub ermitteln. So ist beispielsweise das Moment im Punkt $O_1$

$$\Sigma E_i e_i - \Sigma G_i g_i - H_1 h = 0$$

und hieraus

$$H_1 = \frac{\Sigma E_i e_i - \Sigma G_i g_i}{h} \quad \text{und} \quad H_2 = \Sigma E_h - H_1.$$

Zur Wiederholung ist in Abb. 204 auch die Art der Berechnung jener Beanspruchungen angegeben, die sich aus exzentrisch angreifenden Kräften ergeben. Als schwerfällig, langwierig und ungenau wird diese Methode heute kaum noch angewendet.

## 4.3.2. Näherungsweise Berechnung von Kreisringträgern

### 4.3.2.1. Bemessung auf Grund der Unterteilung des Querschnitts

Werden kreisringförmige Tunnelauskleidungen nach den klassischen Tunnelbaumethoden (s. Kap. 6.2.) hergestellt, d. h. zunächst das Firstgewölbe und sodann getrennt die Widerlager und das Sohlgewölbe eingezogen, können sie analytisch ebenso auf Grund einer Zerlegung in Einzelteile bemessen werden, wie unter Kap. 4.2.1. gezeigt.

Je für sich werden hierbei das Firstgewölbe (I), die Widerlager (II) und das Sohlgewölbe (III) bemessen, wobei man von der Annahme ausgeht, daß die Anschlußpunkte unbeweglich sind und daß die Reaktionskräfte die Abstützungselemente als äußere Kräfte angreifen. Der Querschnitt derartiger Auskleidungen hat eben wegen der Bauweise ohnehin keine ideale Kreisringform. Die gewölbten Widerlager erhalten einen breiteren Fuß, über den die vom Firstgewölbe übenommenen Lasten auf den Untergrund übertragen werden, bis nach dem Ausbruch des Kerns auch das Sohlgewölbe eingezogen werden kann und dieses mit seinen Anschlußflächen die lotrechten Lasten zumindest teilweise übernehmen kann. Aber auch das Sohlgewölbe hat in der Regel keine Kreisringform. Eigentlich ist also nur die innere Umgrenzungslinie des Profils ein Kreis (Abb. 205).

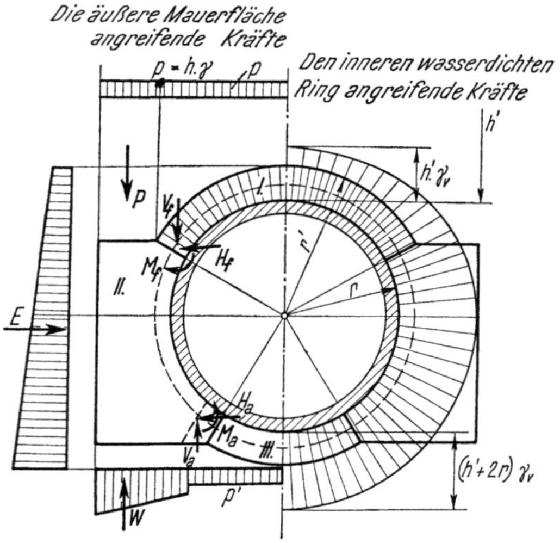


Abb. 205. Annahme der Belastungen, die auf einen kreisförmigen, in Teilstücken hergestellten Tunnel wirksam sind

Die statische Untersuchung des endgültig zusammengebauten Kreisringquerschnitts fußt auf seiner Überprüfung als monolithischer Ring. Da die Belastung zum überwiegenden Teil auftritt, solange sich die Konstruktion im provisorischen, noch nicht ganz geschlossenen Zustand befindet, wird man vor allem festlegen müssen, welcher Teil des gesamten Erd- und Wasserdruckes als auf den völlig geschlossenen Kreisring entfallend anzunehmen sein wird. Dies hängt in erster Linie von der Zeitspanne ab, die das betreffende Gebirgsmaterial zur Konsolidierung benötigt, aber auch davon, mit welcher Geschwindigkeit sich der Gebirgsdruck ausbildet. In körnigen Locker- oder in weichen, fließenden, schluffigen Lettenböden wird auf den fertig geschlossenen Kreisring fast gar kein Anteil mehr verbleiben. In bindigen Tonböden und in pseudofestem Gestein steigt der Vertikal- und Horizontaldruck des Bodens bzw. Gebirges, wie dies ausgeführte Druckmessungen beweisen, selbst viele Monate nach Abschluß der Bauarbeiten noch an, und je nach dem Arbeitsfortschritt wird man 40 bis 20% der Gesamtlast für den fertigen Kreisring ansetzen müssen. Der Gang der analytischen Bemessung monolithischer Kreisringkonstruktionen wird im folgenden Kap. 4.3.2.2. behandelt.

Durchörtert die Röhre ganz weichen, durchnäßten Fließboden, in welchem hydrostatischer Druck herrscht und zwischen den auf Scheitel und Sohle lastenden Drücken ein verhältnismäßig kleiner Unterschied besteht, wird man eine senkrecht auf den Kreisring gerichtete, gleichmäßig verteilte Belastung annehmen, die deshalb als die günstigste anzunehmen ist, weil sie im Kreisring nur Normalkräfte weckt. Die Beanspruchung wird sich als um so ungünstiger erweisen, je größer der Unterschied zwischen First- und Seitendruck ist. Mit solchen Verhältnissen muß vornehmlich in festeren Böden gerechnet werden. Liegen die Widerlager der Auskleidung satt an der Leibung an, wird der Seitendruck in Gestalt von Bodenreaktion auch in festen Böden auftreten. *Verbleiben hingegen zwischen Auskleidung und Gebirge Hohlräume, dann treten im Querschnitt des waagrechten Durchmessers, aber auch im Scheitelquerschnitt überaus ungünstige Biegemomente auf* (vgl. Kap. 6.3.2.2.5.).

Sehr häufig erhält die nach bergbaulichen Methoden aufgefahrene Röhre innen eine Sperrschicht, die die Röhre wasserdicht zu halten hat. Da also der Außenwasserdruck auf dieser Sperrschicht lastet, wird sie innen mit einer monolithischen, kreisförmigen Stahlbetonauskleidung abgestützt, die dem Außenwasserdruck gewachsen sein muß. Dies kommt, wie aus Abb. 205 ersichtlich, einer Beanspruchung des innersten Ringes durch eine nach unten hin zunehmende äußere Belastung gleich, die sich in einen gleichmäßig verteilten Ring- und in einen sogenannten sichelförmigen Teil unterteilen läßt. Auf die außerhalb der Sperrschicht gelegene ursprüngliche Ausmauerung wirken in diesem Falle nur die in der Abbildung links angedeuteten Lasten aus dem äußeren Gebirgs- und Erddruck sowie aus der Bodenreaktion. (Näheres über die Lastverteilung zwischen äußerem und innerem Ring enthält Kap. 4.3.4.)

## 4.3.2.2. Bemessung des einheitlichen monolithischen Kreisringprofils (unter Vernachlässigung der genaueren Abstützungsverhältnisse)

Das Kräftespiel in kreisringförmigen Tunnelauskleidungen läßt sich, sofern man diese als Kreisringträger — d. h. als dreifach statisch unbestimmte Träger — ansieht, prinzipiell genau bestimmen. Die Vernachlässigungen des hier darzulegenden Berechnungsganges bestehen in der willkürlichen Annahme der Stützenreaktionen und in der Außerachtlassung jener Wirkung, die die Verformung der Ringträger auf diese Stützkräfte ausübt. Vorderhand wird also von Ringträgern durchwegs gleicher Wanddicke die Rede sein, die durch willkürlich, d. h. unabhängig von der Verformung des Trägers angenommene Reaktionskräfte abgestützt sind.

Das Hauptsystem des Ringträgers erhält man, indem man in seinem oberen Profil einen Schnitt anordnet, womit man einen rechts eingespannten, nach links auskragenden Konsolträger erhält, dessen freies Ende unter dem Einfluß der freiwerdenden inneren Kräfte eine Verschiebung erleiden würde. Um eine solche zu verhindern, denkt man sich wieder das freie Kragende durch die unbekannten äußeren Ersatzkräfte $X_1$, $X_2$ und $X_3$ so beansprucht, daß es weder eine Verdrehung noch eine Horizontal- oder Vertikalverschiebung erleidet (Abb. 206a). Zur Bestimmung dieser unbekannten Kräfte $X_1$, $X_2$ und $X_3$ läßt man im elastischen Mittelpunkt ($\sigma$) des Ersatzbalkens nacheinander das Moment $X_1 = \pm 1$ t/m, ferner das horizontale bzw. das vertikale nullwertige Kräftesystem $X_2 = \pm 1$ t bzw. $X_3 = \pm 1$ t wirken.

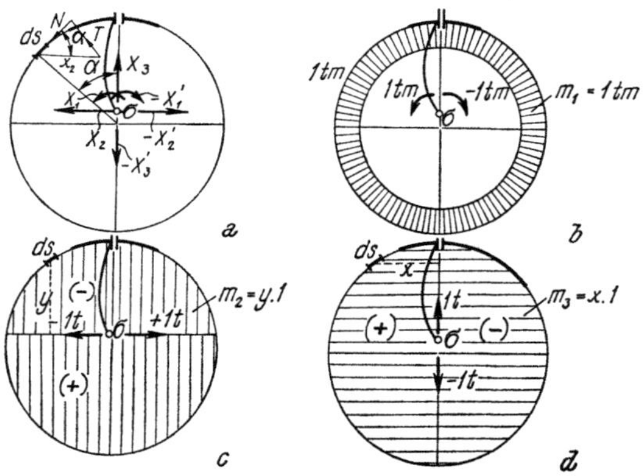

Abb. 206. Statisch bestimmtes Grundsystem eines symmetrisch belasteten Kreisringträgers

Hierauf werden die unter dem Einfluß dieser Einheitskräfte auftretende Endplattenverdrehung $a_{11}$, die horizontale bzw. vertikale Verschiebung $a_{22}$ bzw. $a_{33}$ als Einheitsfaktoren sowie die Größe der Endplattenverdrehung $a_{01}$, der waagrechten Verschiebung $a_{02}$ und der lotrechten Bewegung $a_{03}$ bestimmt, wie sie infolge der tatsächlich wirkenden äußeren Belastung an der gleichen Stelle auftritt. Sind diese Größen bekannt, können aus den Formänderungsgleichungen auf Grund der Elastizitätsgleichungen die unbekannten Kräfte $X_1$, $X_2$ und $X_3$ rechnerisch ermittelt werden, d. h. im durchtrennten Querschnitt muß die Summe der Winkelverdrehung sowie der Horizontal- und Vertikalverschiebungen gleich Null sein.

$$a_{11} X_1 + a_{01} = 0 \quad \text{und hieraus} \quad X_1 = \frac{-a_{01}}{a_{11}};$$

$$a_{22} X_2 + a_{02} = 0 \quad \text{und hieraus} \quad X_2 = \frac{-a_{02}}{a_{22}};$$

$$a_{33} X_3 + a_{03} = 0 \quad \text{und hieraus} \quad X_3 = \frac{-a_{03}}{a_{33}}. \tag{136}$$

Da es sich jedoch um symmetrische äußere Lasten handelt, ist

$$a_{03} = 0 \quad \text{und somit auch} \quad X_3 = 0.$$

Die Größe der Verschiebungs-Einheitsfaktoren wird wieder aus den Arbeitsgleichungen

$$a_{01} = \int_0^s M_0 m_1 \, \mathrm{d}s, \qquad a_{02} = \int_0^s M_0 m_2 \, \mathrm{d}s,$$

$$a_{11} = \int_0^s m_1^2 \cdot \mathrm{d}s, \quad \text{und} \quad a_{22} \int_0^s = m_2^2 \cdot \mathrm{d}s \tag{137}$$

ermittelt, in denen $M_0$ die durch die äußeren Kräfte am Hauptsystem geweckten Momente, $m_1$ das Einheitsmoment $\pm 1$ t/m, $m_2$ bzw. $m_3$ hingegen das durch die waagrechte bzw. lotrechte Kraft von je $\pm 1$ t ausgelöste Moment bezeichnet. Die Momentenfiguren aus diesen letzteren Lasten sind aus Abb. 206b bis d ersichtlich.

Aus den bekannten Kräften ergeben sich nun folgende Beanspruchungen:

$$\text{Moment } M = M_0 + X_1 + X_2 y.$$

$$\text{Axialkraft } N = N_0 + X_2 \cos \alpha.$$

Bemerkt sei hier, daß die Annahme für das äußere Kräftesystem $p$ nicht nur davon abhängen wird, wie hoch man den Gebirgs- und den Wasserdruck ansetzt und welche Verteilung man für ihn annimmt, sondern auch von den Annahmen über die Verteilungsfläche und die Intensität der Reaktionsdrücke der Bettung. Die einfachste Lösung bildet die Annahme, die Bettungsdrücke seien Spiegelbilder der äußeren Last, doch wird sich eine solche Annahme weitaus nicht in allen Fällen als zulässig erweisen. In festeren Böden ergibt die Bettung eine konzentriertere, in lockereren Böden hingegen eine ausgebreitetere Reaktionsverteilung. Das weiter oben bereits erörterte allgemeine Verfahren gestattet es in allen Fällen, für das Hauptsystem die aus den äußeren Kräften herrührenden Momente und Verschiebungen für jede beliebige Reaktionsverteilung zu bestimmen und die Größe der Belastungsfaktoren $a_{01}$, $a_{02}$ und $a_{03}$ genau zu ermitteln.

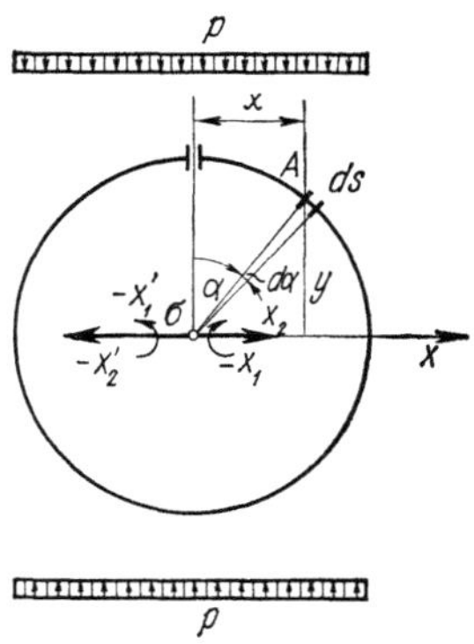


Abb. 207. Mathematisches Lösungsbild des symmetrisch belasteten Ringträgers von gleichbleibender Wandstärke

Für Kreisringträger mit konstantem Querschnitt errechnen sich die Werte der Einheitsfaktoren aus folgenden Formeln:

Verschiebungen unter dem Einfluß der im Punkt $\sigma$ angreifenden Einheitskräfte, wenn $y = r \cos \alpha$ und $x = r \sin \alpha$ (Abb. 207):

$$a_{11} = \int_0^{2\pi} 1 \, \mathrm{d}s = 2r\pi; \quad a_{22} = \int_0^{2\pi} y^2 \, \mathrm{d}s = \int_0^{2\pi} r^2 \cos^2 \alpha r \, \mathrm{d}\alpha = r^3 \int_0^{2\pi} \cos^2 \alpha \, \mathrm{d}\alpha =$$

$$= r^3 \left[\frac{1}{4} \sin 2\alpha + \frac{\alpha}{2}\right]_{\alpha=0}^{2\pi} = r^3 \pi. \tag{138}$$

1. Die Beanspruchungen im Kreisringträger unter der gemäß Abb. 207 gleichmäßig verteilten symmetrischen Belastung werden folgendermaßen bestimmt:

Zunächst schreibt man die Beziehung für das durch die Last $p$ am Hauptsystem geweckte Moment in der Form

$$M_0 = -\frac{p x^2}{2} = -\frac{p r^2 \sin^2 \alpha}{2}$$

auf.

Die Momentenfläche ist in Abb. 208 dargestellt. Die Verschiebungsfaktoren lauten

$$a_{01} = 2\int_0^\pi M_0 \,\mathrm{d}s = -\int_0^\pi p r^3 \sin^2\alpha \,\mathrm{d}\alpha =$$

$$= -pr^3 - \frac{1}{4}\left[\sin 2\alpha + \frac{\alpha}{2}\right]_0^\pi = -\frac{\pi}{2}\cdot pr^3. \tag{139}$$

Da die mit entgegengesetzten Vorzeichen figurierenden Momentenflächen einander gleich sind und da sie sich, mit ihren zur lotrechten und waagrechten Achse symmetrischen Werten $M_0 = 1$ multipliziert, gegenseitig aufheben, gilt $a_{01} = 0$ und $a_{03} = 0$. Entsprechend ist $X_2 = 0$ und

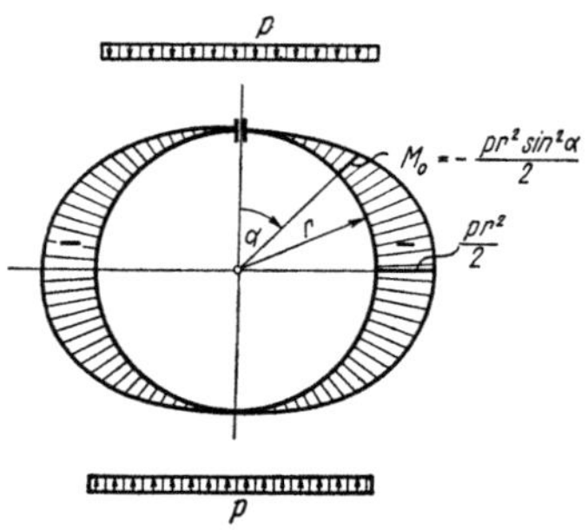


Abb. 208. Momentenbild des statisch bestimmten Grundsystems für gleichmäßig verteilte Vertikalbelastung

$$X_1 = -\frac{a_{01}}{a_{11}} = +\frac{\pi p r^3}{2\cdot 2r\pi} = +\frac{pr^2}{4}.$$

In jedem beliebigen Punkt ist das Moment

$$M = M_0 + X_1 = \frac{pr^2}{4}(1 - 2\sin^2\alpha),$$

oder, mit $2\alpha$ ausgedrückt,

$$M = \frac{pr^2}{4}\cos 2\alpha \text{ (Forchheimersche Formel)} \tag{140a}$$

Die Normalkraft schreibt sich in jedem beliebigen Querschnitt zu

$$N = N_0 = -px\sin\alpha = -pr\sin^2\alpha. \tag{140b}$$

Die Abb. 209 veranschaulicht die Momenten- und Normalkraftfläche am statisch unbestimmten Träger. Zu *näherungsweisen Berechnungen* bedient sich die Praxis der in dieser Abbildung angegebenen Formeln sowie Momenten- und Schubkraftwerte.

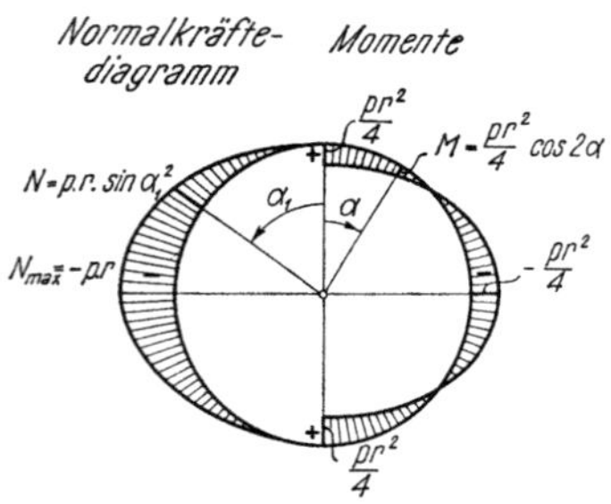


Abb. 209. Momenten- und Normalkraftbild des kontinuierlichen Ringträgers

2. Die bisherigen Berechnungen sind nun noch durch Ermittlung der Beanspruchung infolge der *Eigenlast des Ringträgers* zu vervollständigen. Es sei $g$ die auf die abgewickelte Länge des Ringes entfallende Einheitslast, und zu dem sei angenommen, daß unten, auf den waagrechten Durchmesser projiziert, gleichmäßig verteilte Sohlenreaktionen auftreten. Nach MARQUARDT [74] gilt bei diesen Annahmen für das obere Halbprofil, in welchem $0 < \alpha < \pi/2$,

$$\left.\begin{aligned} M_{0a} &= gr^2\left[\frac{3}{8}\pi - \alpha\sin\alpha - \frac{5}{6}\cos\alpha\right]; \\ N_{0a} &= gr\left[\alpha\sin\alpha - \frac{\cos\alpha}{6}\right]; \end{aligned}\right\} \tag{141a}$$

für das untere Halbprofil, in welchem $\pi/2 < \alpha < \pi$,

$$\left.\begin{aligned} M'_{0a} &= g r^2 \left[(\pi - \alpha)\sin\alpha - \frac{\pi}{2}\sin^2\alpha - \frac{5}{6}\cos\alpha - \frac{\pi}{8}\right]; \\ N'_{0a} &= g r \left[\pi \sin^2\alpha - (\pi - \alpha)\sin\alpha - \frac{\cos\alpha}{6}\right]. \end{aligned}\right\} \quad (141\,\text{b})$$

Erwähnt sei schließlich, daß die stärksten Beanspruchungen nach den Erfahrungen beim Bau der Budapester und anderer Untergrundbahnen (vgl. Kap. 4.3.3.) im Scheitelabschnitt auftreten, weil der Ringträger von den Ulmen und von der Sohle her eine elastische Abstützung durch den Boden erhält, der damit die Verformungen der Auskleidung ausgleicht und mit dieser gewissermaßen zusammenwirkt. *Das Kräftespiel in dem am stärksten beanspruchten oberen Abschnitt entspricht dem Kräftespiel in einem kreisachsigen, über einem Zentriwinkel von rund 120° eingespannten Bogenträger und kann zur näherungsweisen Bemessung durch diesen gut ersetzt werden.* Die betreffenden Momente und Druckkräfte errechnen sich aus den Zusammenhängen in Kap. 4.2.1.2.1.

3. Für die *Dreieckslasten* gemäß Abb. 210 wird der Ringträger folgendermaßen bemessen. Die Momente am Hauptsystem schreiben sich zu

$$M_0 = \frac{-p x (r - y)^2}{6},$$

$$p_x = \frac{p_e (r - y)}{2r},$$

$$\gamma = r\cos\alpha,$$

$$M_0 = -\frac{p_e r^2 (1 - \cos\alpha)^3}{12}.$$

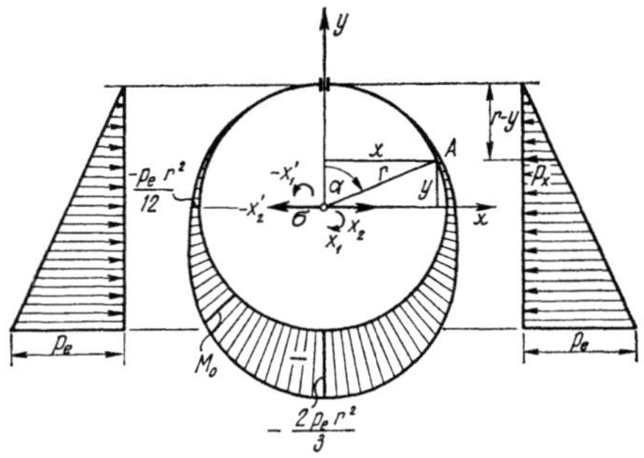


Abb. 210. Momentenbild des statisch bestimmten Grundsystems von dreieckförmiger Seitenbelastung

Die Abb. 210 veranschaulicht auch die Momentenflächen aus der Last $p_e$ am Hauptsystem.

Im elastischen Mittelpunkt des Kreises, dem $\sigma$-Punkt, treten folgende Relativbewegungen auf:

$$a_{01} = 2\int_0^\pi M_0\,\mathrm{d}s = -2\int_0^\pi \frac{p_e r^3 (1 - \cos\alpha)^3}{12}\cdot d\alpha =$$

$$= -\frac{p_e r^3}{6}\left[\alpha - 3\sin\alpha + 3\left(\frac{1}{4}\sin 2\alpha + \frac{\alpha}{2}\right) - \frac{\sin\alpha\cdot\cos^2\alpha}{3} - \frac{2}{3}\sin\alpha\right]_{\alpha=\pi}^{\alpha=\pi} =$$

$$= -\frac{5}{12}\pi p_e r^3;$$

$$a_{02} = 2\int_0^\pi M_0 y\,\mathrm{d}s = +2\int_0^\pi \frac{p_e r^2 (1 - \cos\alpha)^3}{12}\cdot r\cos\alpha\, r\,\mathrm{d}\alpha =$$

$$= \frac{p_e r^4}{6}\int_0^\pi (\cos\alpha - 3\cos^2\alpha + 3\cos^3\alpha - \cos^4\alpha)\,\mathrm{d}\alpha =$$

$$= + \frac{p_e r^4}{6}\left[\sin\alpha - 3\left(\frac{1}{4}\sin 2\alpha + \frac{\alpha}{2}\right) + 3\left(\frac{\sin\alpha\cdot\cos^2\alpha}{3} + \frac{2}{3}\sin\alpha\right) - \right.$$

$$\left. - \frac{\sin\alpha\cdot\cos^3\alpha}{4} - \frac{3}{16}\sin 2\alpha - \frac{3\alpha}{8}\right]_{\alpha=0}^{\alpha=\pi} = -\frac{5}{16}\pi p_e r^4;$$

$$X_1 = -\frac{a_{01}}{a_{11}} = + \frac{5\pi p_e r^3}{12\cdot 2r\pi} = + \frac{5}{24}p_e r^2;$$

$$X_2 = -\frac{a_{02}}{a_{22}} = + \frac{5\pi p_e r^4}{16 r^3\pi} = + \frac{5}{16}p_e r.$$

In jedem beliebigen Querschnitt beträgt das Moment $M = M_0 + X_1 - X_2 r\cos\alpha$, es wird also

$$M = -\frac{p_e r^2(1-\cos\alpha)^3}{12} + \frac{5}{24}p_e r^2 - \frac{5}{16}p_e r^2\cos\alpha =$$

$$= \frac{p_e r^2}{48}\left[-4(1-\cos\alpha)^3 + 10 - 15\cos\alpha\right]. \qquad (142\,\mathrm{a})$$

Die Normalkraft errechnet sich zu $N = N_0 - X_2\cos\alpha$, woraus

$$N = p_x(r-y)\frac{1}{2}\cos\alpha - X_2\cos\alpha = \frac{p_e r^2(1-\cos\alpha)^2}{4r}\cos\alpha -$$

$$- \frac{5}{16}p_e r\cos\alpha = \frac{p_e r}{16}\cos\alpha\left[4(1-\cos\alpha)^2 - 5\right]. \qquad (142\,\mathrm{b})$$

Die Dreieckslast sowie die Verteilung der unter ihrem Einfluß auftretenden Momente und Normalkräfte veranschaulicht die Abb. 211.

4. Die Beanspruchungen durch die *Trapezlast des Erddrucks* ergeben sich aus der sinngerechten Summierung der Belastungen gemäß 1. und 3. Unter Umgehung der Einzelheiten der Berechnung seien hier lediglich die Endformeln angegeben: Das Moment an jeder beliebigen Stelle zwischen 0 und $\pi$ schreibt sich zu

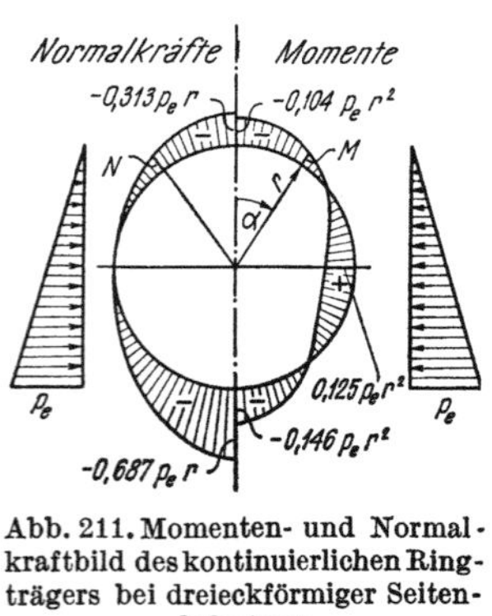


Abb. 211. Momenten- und Normalkraftbild des kontinuierlichen Ringträgers bei dreieckförmiger Seitenbelastung

$$M_a = -\gamma\lambda_a r^2\left[t\left(\frac{1}{4} - \frac{\sin^2\alpha}{2}\right) + r\cos\alpha\left(\frac{\sin^2\alpha}{6} - \frac{1}{24}\right)\right], \qquad (143\,\mathrm{a})$$

die Normalkraft hingegen ist

$$N_a = -\gamma\lambda_a r\left[t\cdot\cos^2\alpha + r\cos\alpha\left(\frac{\sin^2\alpha}{2} - \frac{3}{8}\right)\right], \qquad (143\,\mathrm{b})$$

wenn $t$ die von der Geländeoberfläche bis zum Ringmittelpunkt gemessene Tiefe, $\lambda_a$ der aktive Erddruckbeiwert und $\gamma$ das Raumgewicht des Bodens bezeichnet. In der Scheitelebene des Ringes wird also der Erddruck mit einem spezifischen Wert von $(t-r)\gamma\lambda_a = e_1$, in der Sohlenebene hingegen mit einem solchen von $(t+r)\gamma\lambda_a = e_2$ wirken.

5. Die Beanspruchung durch Wasserdruck wird berechnet, *indem man zunächst den gleichmäßig verteilten Teil aus dem in der Scheitelhöhe wirksamen Wasserdruck ermittelt und diesem die Wirkung des sichelförmig verteilten (dem Höhenunterschied entsprechenden) Teil hinzurechnet.*

*Der Wasserdruck oberhalb des Scheitels* stellt eine gleichmäßig verteilte, radial gerichtete Last dar, durch die das Tragwerk ausschließlich auf Druck beansprucht wird. Bezeichnet $h$ die Höhe des Wasserspiegels über dem Scheitel und $\gamma_w$ die Wichte des Wassers, errechnet sich die durchwegs gleichmäßig verteilte Druckkraft zu $N = \gamma_w h r$.

Durch die gemäß Abb. 212 sichelförmig verteilte Last aus dem *Wasserdruck unterhalb des Scheitels* wird das Tragwerk auch auf Biegung beansprucht. Diese Beanspruchung gefährdet die Standsicherheit des Tragwerks im ganzen, weil es der überschüssige Auftrieb zu heben versucht. Gegen dieses Hochheben wirken die Eigenlast des Tragwerkes und die an seinem oberen Teil auftretenden Bodenreaktionskräfte, die nach der Abbildung als dreieckförmig verteilt angenommen sind. Da das Größenverhältnis zwischen diesen Ausgleichskräften sehr verschieden sein kann, berechnet man das Tragwerk zunächst gesondert für die Beanspruchung durch den Wasserdruck, und zwar derart, daß man sich eine im unteren Scheitelpunkt des Tragwerkes angreifende, nach unten gerichtete lotrechte Reaktionskraft denkt. Hierauf bestimmt man das Dreieckslastsystem, welches dem Wasserdruck das Gleichgewicht hält, indem man im unteren Scheitelpunkt des Trägers eine nach oben wirkende lotrechte Reaktionskraft annimmt. Das Resultat ergibt sich als Summe der beiden Belastungen und der Eigenlast. Bei dieser Summierung heben sich die im unteren Scheitelpunkt angenommenen lotrechten Reaktionskräfte — wegen ihrer einander entgegengesetzten Richtung — auf.

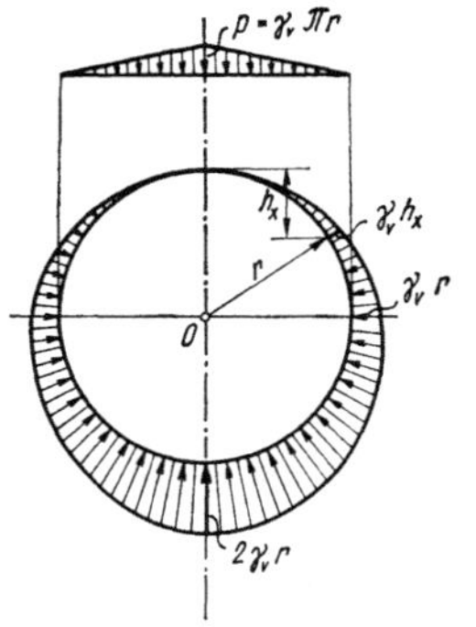


Abb. 212. Dreieckförmige Belastung gegen sichelförmig verteilte Auftrieb- (Wasserdruck-) Belastung

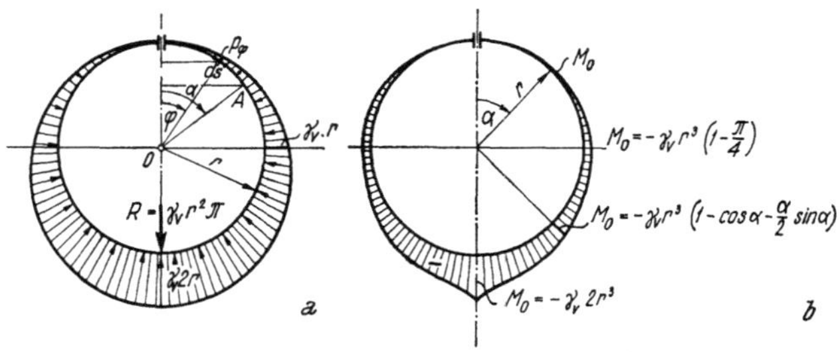


Abb. 213. Sichelförmige Belastung mit konzentrierter Reaktionskraft auf die Sohle mit Momentenbild für das statisch bestimmte Grundsystem

Zunächst wird das Tragwerk für die sichelförmig verteilte Last berechnet, indem man annimmt, im Scheitelpunkt wirke eine konzentrierte lotrechte Reaktionskraft.

Das Hauptsystem ergibt sich in der gewohnten Weise, indem man am Träger oben einen Schnitt anordnet.

Das Moment am Hauptsystem und die Momentenfläche errechnen sich anhand der Abb. 213a folgendermaßen:

Die auf einem $\mathrm{d}s$ breiten Streifen wirkende Last ist

$$p_\varphi \,\mathrm{d}s = \gamma_w r^2 (1 - \cos\varphi)\, r \,\mathrm{d}\varphi = \gamma_w r^2 (1 - \cos\varphi)\,\mathrm{d}\varphi.$$

Für das Moment dieser elementaren Last im Punkt $A$ gilt:

$$\begin{aligned} \mathrm{d}M_0 &= -\gamma_w r^2 (1 - \cos\varphi)\,\mathrm{d}\varphi\, r \sin(\alpha - \varphi) \\ &= -\gamma_w r^3 (\sin\alpha \cos\varphi - \cos\alpha \cdot \sin\varphi - \sin\alpha \cdot \cos^2\varphi + \\ &\quad + \cos\alpha \cdot \sin\varphi \cdot \cos\varphi)\,\mathrm{d}\varphi. \end{aligned}$$

Das Moment sämtlicher links gelegener Kräfte im Punkt $A$ errechnet sich zu

$$M_0 = -\int\limits_{\varphi=0}^{\varphi=\alpha} \gamma_w r^3 (\sin\alpha \cdot \cos\varphi - \cos\alpha \cdot \sin\varphi - \sin\alpha \cdot \cos^2\varphi + \cos\alpha \cdot \cos\varphi)\, d\varphi =$$

$$= -\gamma_w r^3 \left[\sin\alpha \cdot \sin\varphi + \cos\alpha \cdot \cos\varphi - \sin\alpha \left(\frac{1}{4}\sin 2\varphi + \frac{\varphi}{2}\right) + \cos\alpha \frac{\sin^2\varphi}{2}\right]_{\varphi=0}^{\varphi=\alpha} =$$

$$= -\gamma_w r^3 \left[\sin^2\alpha + \cos^2\alpha - \frac{1}{2}\sin^2\alpha \cdot \cos\alpha - \frac{\alpha}{2}\sin\alpha + \frac{1}{2}\sin^2\alpha \cdot \cos\alpha - \cos\alpha\right] =$$

$$= -\gamma_w r^3 \left[1 - \cos\alpha - \frac{\alpha}{2}\sin\alpha\right].$$

Die Momentenfläche am Hauptsystem ist in Abb. 213b dargestellt. Aus ihr werden die Werte der Relativbewegungen für die äußeren Kräfte im Kreismittelpunkt ermittelt, der beim regelmäßigen Kreisringträger mit konstantem Querschnitt zugleich als Mittelpunkt ($\sigma$-Punkt) der elastischen Kräfte angesehen werden kann:

$$a_{01} = 2\int\limits_0^\pi M_0\, ds = -2\int\limits_0^\pi \gamma_w r^3 \left(1 - \cos\alpha - \frac{\alpha}{2}\sin\alpha\right) r\, d\alpha =$$

$$= -2\gamma_w r^3 \left[\alpha - \sin\alpha - \frac{1}{2}(-\alpha\cos\alpha + \sin\alpha)\right]_0^\pi = -\pi r^4 \gamma_w,$$

$$a_{02} = 2\int\limits_0^\pi M_0 m_2\, ds = 2\int\limits_0^\pi M_0 r\cos\alpha \cdot r\, d\alpha = -2\gamma_w r^5 \int\limits_0^\pi \left(1 - \cos\alpha - \frac{\alpha}{2}\sin\alpha\right)\cos\alpha \cdot d\alpha =$$

$$= -2\gamma_w r^5 \left[\sin\alpha - \frac{1}{4}\sin 2\alpha - \frac{\alpha}{2} - \frac{1}{16}(-2\alpha\cos 2\alpha + \sin 2\alpha)\right]_{a=0}^{a=\pi} = -\frac{3}{4}\pi\gamma_w r^5.$$

Sodann werden die Kräfte $X_1$ und $X_2$ aus den Beziehungen

$$X_1 = -\frac{a_{01}}{a_{11}} = \frac{\pi r^4 \gamma_w}{2 r \pi} = +\frac{r^3}{2}\gamma_w;$$

$$X_2 = -\frac{a_{02}}{a_{22}} = \frac{3\pi r^5 \gamma_w}{4 r^3 \pi} = +\frac{3}{4} r^2 \gamma_w,$$

bestimmt.

In jedem beliebigen Querschnitt des statisch unbestimmten Trägers ist das Moment

$$M = M_0 + X_1 m_1 + X_2 m_2 = -r^3\gamma_w \left(1 - \cos\alpha - \frac{\alpha}{2}\sin\alpha\right) -$$

$$-\frac{3}{4} r^2 \cos\alpha \cdot \gamma_w + \gamma_w \frac{r^3}{2} = -\gamma_w \frac{r^3}{4}(2 - \cos\alpha - 2 \cdot \sin\alpha).$$

Den Momentenverlauf am statisch unbestimmten Träger veranschaulicht die Abb. 214.

Es wird nun gemäß Abb. 212 angenommen, daß die von oben her wirksamen Bodenreaktionen, die den Auftrieb in Gleichgewicht halten, dreieckförmig verteilt sind. Diese Belastung wird wieder durch eine gedachte, im Scheitelpunkt angreifende konzentrierte Reaktionskraft ausgeglichen (Abb. 215).

Die Berechnung beginnt mit der Bestimmung der Momentenfläche am Hauptsystem.

Da die Belastung nicht durchlaufend ist, werden die Momentengleichungen je für sich für die obere Hälfte ($\alpha = 0 - 90°$) und für die untere Hälfte ($\alpha = 90° - 180°$) aufgeschrieben. Es ist

$$M_{01} = -\frac{p_x \cdot x^2}{2} - \frac{(p - p_x)\,x^2}{3} = -\frac{x^2}{6}\,(2p + p_x),$$

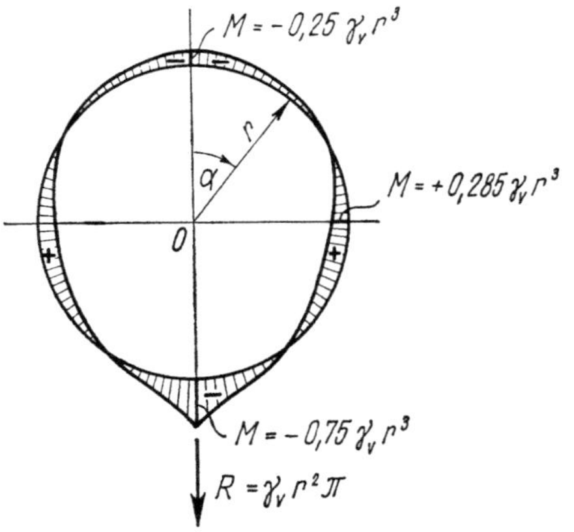


Abb. 214. Momentenbild des Ringträgers

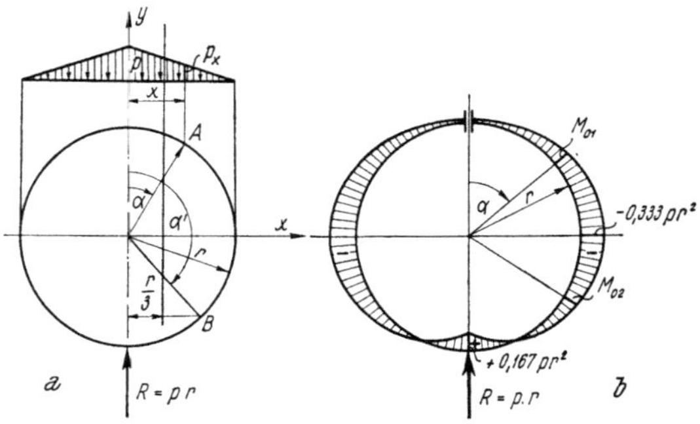


Abb. 215. Dreieckige Belastung mit der konzentrierten Reaktionskraft ($R$) und das entsprechende Momentenbild für das statisch bestimmte Grundsystem

und da $x = r \sin\alpha$ und $p_x = p\,\dfrac{(r - x)}{r} = p(1 - \sin\alpha)$, hat man

$$M_{01} = -\frac{r^2\,sin^2\,\alpha}{6}\,2p + p(1 - \sin\alpha) = -\frac{p\,r^2\sin^2\alpha}{6}\,(3 - \sin\alpha).$$

Am unteren Teil des Trägers gilt, wenn $\pi/2 < \alpha < \pi$,

$$M_{02} = -\frac{p\,r}{2}\left(r\sin\alpha - \frac{r}{3}\right) = -\frac{p\,r^2}{2}\left(\sin\alpha - \frac{1}{3}\right).$$

Der Momentenverlauf am Hauptsystem geht aus Abb. 215 hervor.

Die Werte der Relativbewegungen werden wie folgt ermittelt:

$$a_{01} = \sum\int M_0\,\mathrm{d}s = 2\int_0^{\pi/2} -\frac{p\,r^2\sin^2\alpha}{6}\,(3 - \sin\alpha)\,r\,\mathrm{d}\alpha + 2\int_{\pi/2}^{\pi} -\frac{p\,r^2}{2}\left(\sin\alpha - \frac{1}{3}\right)\cdot r\,\mathrm{d}\alpha =$$

$$= -\frac{p\,r^3}{3}\left[-\frac{3}{4}\sin 2\alpha + \frac{3\alpha}{2} + \frac{\cos\alpha\cdot\sin^2\alpha}{3} + \frac{2}{3}\cos\alpha\right]_{\alpha=0}^{\alpha=\pi/2} -$$

$$-\,p\,r^3\left(-\cos\alpha - \frac{\alpha}{3}\right)_{\alpha=\pi/2}^{\alpha=\pi} = -\frac{p\,r^3}{3}\left(\frac{\pi}{4} + \frac{7}{3}\right);$$

$$a_{02} = \sum\int M_0 y\,\mathrm{d}s = -2\int_0^{\pi/2}\frac{p\,r^2\sin^2\alpha}{6}\,(3 - \sin\alpha)\,r\cos\alpha\cdot r\,\mathrm{d}\alpha - 2\int_{\pi/2}^{\pi}\frac{p\,r^2}{2}\left(\sin\alpha - \frac{1}{3}\right)\times$$

$$\times\, r\cos\alpha\cdot r\,\mathrm{d}\alpha = 1\,\frac{p\,r^4}{3\,\cdot}\left[\sin^3\alpha - \frac{\sin^4\alpha}{4}\right]_{\alpha=0}^{\alpha=\pi/2} - p\,r^4\left[\frac{\sin^2\alpha}{2} - \frac{\sin\alpha}{3}\right]_{\alpha=\pi/2}^{\alpha=\pi} =$$

$$= -\frac{p\,r^4}{4} + \frac{p\,r^4}{6} = -\frac{p\,r^4}{12}.$$

Die Kräfte $X_1$ und $X_2$ errechnen sich zu

$$X_1 = -\frac{a_{01}}{a_{11}} = \frac{p r^3}{6 r \pi}\left(\frac{\pi}{4} + \frac{7}{3}\right) = +\frac{p r^2}{6}\left(\frac{1}{4} + \frac{7}{3\pi}\right);$$

$$X_2 = -\frac{a_{02}}{a_{22}} = \frac{p r^4}{12 \pi r^3} = \frac{p r}{12\pi}.$$

In jedem beliebigen Punkt schreibt sich das Moment, wenn $0 < \alpha < \frac{\pi}{2}$, zu

$$M_1 = -\frac{p r^2 \sin^2\alpha}{6}(3 - \sin\alpha) + \frac{p r^2}{6}\left(\frac{1}{4} + \frac{7}{3\pi}\right) + \frac{p r^2}{12\pi}\cos\alpha =$$

$$= -\frac{p r^2}{4}\left[2\sin^2\alpha - \frac{2}{3}\sin^3\alpha - \frac{1}{6} - \frac{14}{9\pi} - \frac{\cos\alpha}{3\pi}\right];$$

und wenn $\frac{\pi}{2} < \alpha < \pi$, zu

$$M_2 = -\frac{p r^2}{2}\left(\sin\alpha - \frac{1}{3}\right) + \frac{p r^2}{6}\left(\frac{1}{4} + \frac{7}{3\pi}\right) - \frac{p r^2}{12\pi}\cos\alpha =$$

$$= -\frac{p r^2}{4}\left[2\sin\alpha - \frac{5}{6} - \frac{14}{9\pi} - \frac{\cos\alpha}{3\pi}\right].$$

Die Momentenfläche ist der Abb. 216 zu entnehmen.

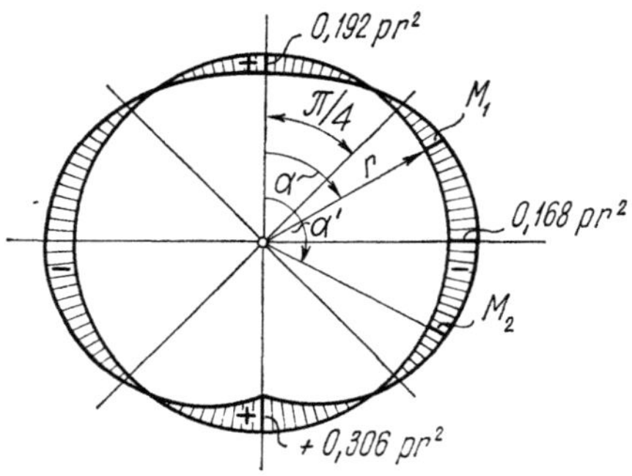


Abb. 216. Vereinigtes Momentenbild des Ringträgers bei sichelförmiger Belastung

Die Beanspruchungen durch den sichelförmig verteilten Wasserdruck lassen sich durch Summierung der beiden Belastungen ermitteln, wenn man statt $p$ die Beziehung $p = \gamma_w \pi r$ setzt.

In der gemeinsamen Belastung nehmen $X_1$ und $X_2$ folgende Werte an:

$$X_1 = \frac{r^2}{2}\gamma_w + \frac{r^3 \gamma_w \pi}{6}\left(\frac{1}{4} + \frac{7}{3\pi}\right) =$$

$$= +\frac{\gamma_w r^3}{3}\left(\frac{\pi}{8} + \frac{8}{3}\right);$$

$$X_2 = \frac{3}{4} r^2 \gamma_w + \frac{\gamma_w r^2}{12} = +\frac{5\gamma_w r^2}{6}.$$

Mit den somit bekannten Werten schreibt sich das Moment, wenn $0 < \alpha < \frac{\pi}{2}$, zu

$$M_1 = -\frac{\gamma_w r^3}{4}(2 - \cos\alpha - 2\alpha\sin\alpha) - \frac{\gamma_w \pi r^3}{4}\left(2\sin^2\alpha - \frac{2}{3}\sin^3\alpha - \frac{1}{6} -\right.$$

$$\left. - \frac{14}{9\pi} - \frac{\cos\alpha}{3\pi}\right) = -\frac{\gamma_w r^3}{4}\left(2\pi\sin^2\alpha - \frac{2}{3}\pi\sin^3\alpha - 2\alpha\sin\alpha -\right.$$

$$\left. - \frac{4}{3}\cos\alpha - \frac{\pi}{6} + \frac{4}{9}\right);$$

bzw. wenn $\frac{\pi}{2}\pi < \alpha < \pi$, zu

$$M_2 = -\frac{\gamma_w r^3}{4}(2 - \cos\alpha - 2\alpha\sin\alpha) - \frac{\gamma_w r^3}{4}\left(2\pi\sin\alpha - \frac{5\pi}{6} - \frac{14}{9} - \right.$$

$$\left. - \frac{\cos\alpha}{3}\right) = -\frac{\gamma_w r^3}{4}\left(2\pi\sin\alpha - 2\alpha\sin\alpha - \frac{4}{3}\cos\alpha - \frac{5\pi}{6} + \frac{4}{9}\right). \quad (144)$$

Die Momentenfläche am Kreisringträger veranschaulicht die Abb. 216.

### 4.3.2.3. Das Berechnungsverfahren von Hewett-Johannesson [75]

In den vorangehenden Ausführungen sind die Verfahren zur Berechnung von Ringträgern, die man als unabhängig vom umliegenden Boden betrachtet, für gewisse — willkürlich angenommene — Belastungsfälle bereits behandelt worden. Die folgende Berechnungsmethode, die sich bei Tunnelbauten nach der Schildvortriebsweise mit anschließendem Tübbing-Ausbau (vgl. Kap. 6) entwickelt hat, berücksichtigt bereits die seitliche Abstützung durch den Boden und geht nur bei der Lastverteilung von willkürlichen Annahmen, und zwar davon aus, daß der Seitendruck Werte annehmen müsse, bei denen sich die Ringachse in die Stützlinie einstellen kann, so daß im Ring kein Moment auftritt. Offenbar handelt es sich also gleichfalls um ein Näherungsverfahren, *welches sich ausschließlich zur Bemessung der biegsamen, aus gelenkig zusammengefügten Elementen ausgebauten Tübbing-Tunnelröhren eignet.*

Den Tunnelring behandelt das Verfahren als zusammenhängendes geschlossenes Tragwerk, und zwar je gesondert im Zustand während der Einbauarbeiten, und in dem des endgültigen Ausbaues. Nach dem endgültigen Ausbau beanspruchen das Tragwerk annahmegemäß die in Abb. 217 dargestellten Lasten.

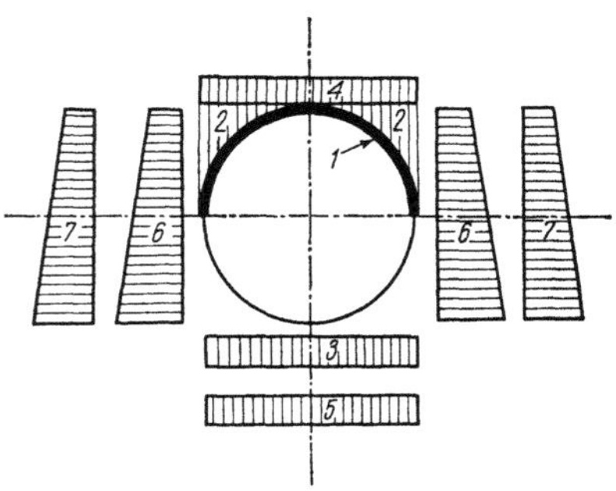

Abb. 217. Auf den Ringträger wirksame äußere Belastungen (nach HEWETT und JOHANNESSON)

In der Lastannahme figurieren die Eigenlasten bzw. der geostatische und der hydrostatische Druck mit ihren tatsächlichen bzw. vollen Werten. Unter ihnen sind es allein die Werte der von den Ulmen her wirkenden Erddrücke, die man nicht als im voraus bekannt betrachtet.

Unter der Belastung erleidet nämlich der Tunnelring eine Deformation, die ihn am lotrechten Durchmesser entlang etwas abflacht, am waagerechten Durchmesser hingegen etwas verbreitert. Diese Bewegung nach den Ulmen hin behindert der Widerstand des Bodens. Von den Ulmen her wirkt also auf den Tunnelquerschnitt nicht nur der Erddruck, sondern auch ein wertmäßig größerer Seitendruck. Sein Wert liegt den üblichen Annahmen zufolge zwischen dem des Erddruckes und dem des Erdwiderstandes. Er wird somit das $k$-fache des lotrechten Druckes betragen, wobei

$$\lambda_a < k < \frac{1}{\lambda_a} = \lambda_p,$$

wenn $\lambda_a = \tan^2(45° - \varphi/2)$ ist. Der Wert von $k$ wird so angesetzt, daß im Tunnelring keine Biegebeanspruchungen auftreten, daß also das Moment gleich Null sei.

*In die Berechnung gehen* demnach von den *für den Zustand des fertigen Ausbaues* angenommenen Lasten *nur die reinen Druckbeanspruchungen ein.* Ergibt sich für $k$ aus der angegebenen Bedingung ein geringerer Wert als $\lambda_a$, rechnet man mit einem Wert von $k = \lambda_a$, ist hingegen $k > 1/\lambda_a$, wird ein Wert von $k = 1/\lambda_a = \lambda_p$ berücksichtigt. In diesen Fällen wird allerdings das Moment im Tunnelring nicht Null sein.

Theoretisch ist diese Art der Seitendruckannahme nicht gerechtfertigt. Ihre Begründung findet sie lediglich in gewissen Erfahrungen und in der Biegsamkeit der Ringe. Beim Zusammenfügen der einzelnen Ringsegmente kommt die Wirkung der gelenkigen Verbindung in der Tat zur Geltung, bis zur Ausbildung des Erdwiderstandes kann daher in der Tunnelwand nur ein geringes Biegemoment auftreten.

In Fließböden pflegt man den Seitendruck dem lotrechten Druck gleichzusetzen, d. h. mit $k = 1$ zu rechnen.

In der hier folgenden eingehenden Erörterung des Kräftespiels im Ringträger, wie es unter den einzelnen hier angeführten Belastungen zustande kommt, bezeichnet gemäß Abb. 218a

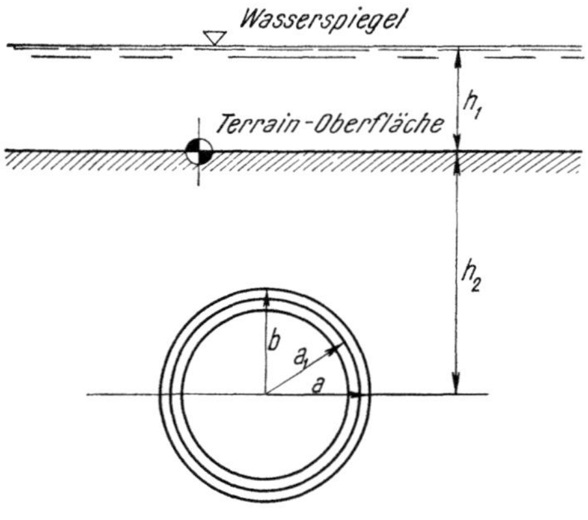


Abb. 218.
Aufgenommene Tunnellage mit Bezeichnungen

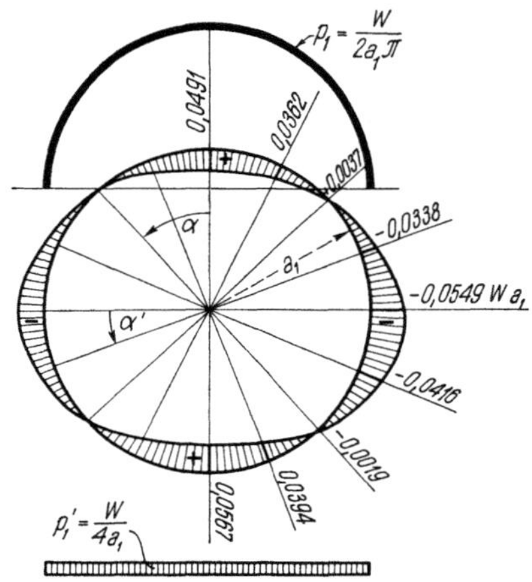


Abb. 219.
Durch Eigenlast hervorgerufene Momente

($m$) den waagrechten Außenhalbmesser des Tunnels, $a_1$ [m] den waagrechten Radius der Nullinie, $b$ [m] den lotrechten Außenhalbmesser, $\gamma_v [t/m^3]$ die Wichte des Wassers, $\gamma [t/m^3]$ das Raumgewicht des Bodens in Wasser nach Abzug des Auftriebs, $W$ das Gewicht der Tunnelauskleidung je lfd. m, $p [t/m^2]$ den über dem Scheitel wirksamen gleichmäßig verteilten Teil jenes Erd- und Wasserdruckes, der den Tunnel von oben her beansprucht, $Q$ [t/m²] den atmosphärischen Überdruck im Tunnel, $h_1$ [m] die freie Wasserhöhe über OK Gelände $h_2$ [m] die Mächtigkeit der Bodenschicht über dem Tunnel, $k$ die Seitendruck- und $\lambda_a$ die Erddruckziffer.

1. *Eigenlast.* Die Berechnung zieht nur die Beanspruchung durch das Eigengewicht der oberen Ringhälfte in Betracht. Die untere Ringhälfte stützt der Boden unmittelbar ab, so daß die Biegemomente aus der Eigenlast des unteren Teiles vernachlässigt werden können.

Berechnet man den Träger als statisch unbestimmtes Tragwerk, dann schreiben sich die Momente aus dieser Belastung gemäß Abb. 219 zu

$$M = n_4 W a_1.$$

Für $n_4$ in der oberen Ringhälfte gilt

$$n_4 = \frac{1}{\pi^2} + \frac{3}{32} - \frac{11}{24\,\pi} \cos\alpha - \frac{\alpha}{2\,\pi} \sin\alpha\,,$$

in der unteren Ringhälfte hingegen

$$n_4'' = \frac{1}{\pi^2} - \frac{1}{32} - \frac{\cos^2\alpha}{8} - \frac{1}{24\,\pi} \sin\alpha'.$$

Die Normalkräfte (Abb. 220) errechnen sich am oberen Trägerteil zu

$$N' = -\,W\left(\frac{1}{24\,\pi}\cos\alpha + \frac{\alpha}{2\,\pi}\sin\alpha\right),$$

am unteren Trägerteil zu

$$N'' = -\,W\left(\frac{\sin\alpha'}{24\,\pi} + \frac{\cos^2\alpha'}{4}\right).$$

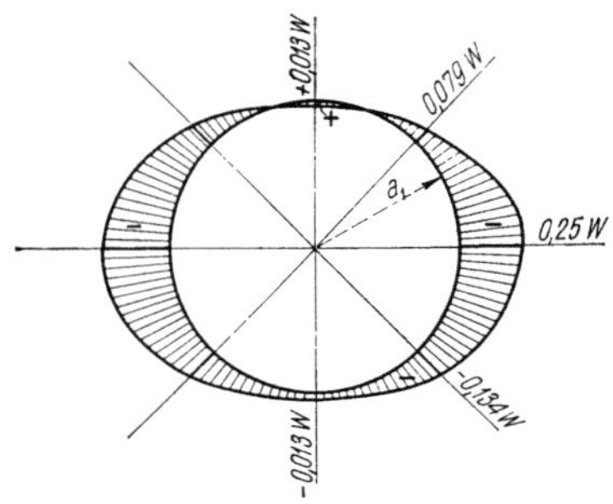

Abb. 220. Stützkräfte aus Eigenlast

2. *Den von oben her wirksamen Erddruck* pflegt man in die Rechnung mit dem Wert des vollen geostatischen Druckes einzusetzen. Der Erddruck wird einesteils aus der in der Scheitelhöhe wirksamen, gleichmäßig verteilten Last (*4*), andernteils aus dem Gewicht des Erdzwickels (*2*) über der Tunnelfirste berechnet. Die Reaktionskräfte von unten (*5*), die diesen Lasten das Gleichgewicht halten, werden als gleichmäßig verteilt angenommen. Die Momentenfläche des gleichmäßig verteilten Erddruckteiles hat die bereits bekannte Form (vgl. Abb. 209).

Es gilt

$$M = \frac{p \cdot a \cdot a_1}{2}\left(\frac{1}{2} - \sin^2\alpha\right)$$

oder in vereinfachter Form

$$M = n_5 p, \quad \text{worin} \quad n_5 = \frac{1}{4} - \frac{\sin^2\alpha}{2}.$$

Die Normalkräfte sind gleichfalls in Abb. 209 dargestellt.

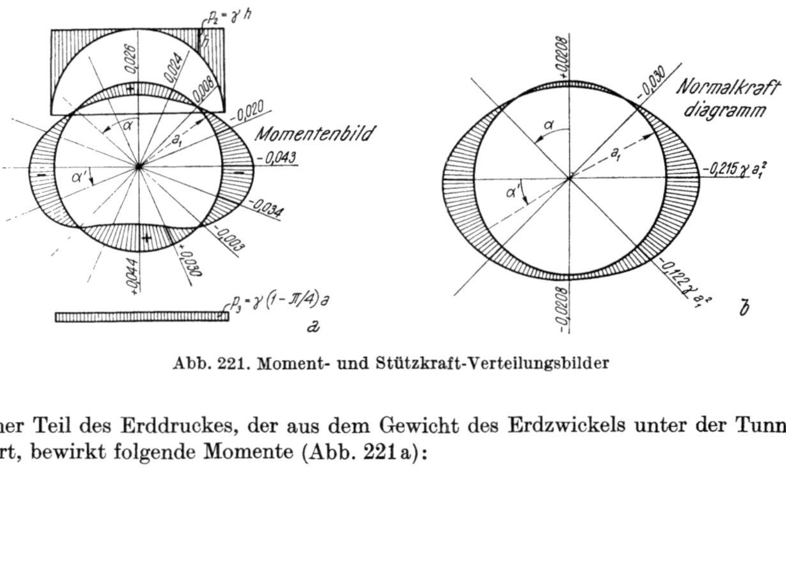

Abb. 221. Moment- und Stützkraft-Verteilungsbilder

Jener Teil des Erddruckes, der aus dem Gewicht des Erdzwickels unter der Tunnelfirste herrührt, bewirkt folgende Momente (Abb. 221a):

*am oberen Trägerteil*:

$$M' = \gamma a^3 \left[\frac{1}{4} - \frac{8}{9\pi} - \frac{3}{32}\pi + \frac{\cos\alpha}{48} - \frac{\sin^2\alpha}{2} + \right.$$

$$\left. + \frac{1}{4}\sin\alpha \cdot \sin 2\alpha + \frac{\alpha}{2}\sin\alpha + \frac{\cos^3\alpha}{3}\right];$$

*am unteren Trägerteil*:

$$M'' = \gamma a^3 \left[\frac{1}{4} - \frac{8}{9\pi} + \frac{\pi}{32} - \frac{\sin\alpha'}{48} - \left(1 - \frac{\pi}{4}\right)\frac{1}{2}\cos^2\alpha'\right],$$

$$M = n_3 \cdot \gamma \cdot a_1 \cdot a^2,$$

worin der Wert von $n_3$ dem der Klammerausdrücke in diesen Beziehungen gleich ist.

Die *Normalkräfte* sind in Abb. 221b dargestellt.

Am oberen Trägerteil gilt

$$N' = \gamma a_1^2 \left[\frac{\cos\alpha}{48} - \sin^2\alpha + \frac{1}{4}\sin\alpha \cdot \sin 2\alpha + \frac{\alpha}{2}\sin\alpha\right];$$

am unteren Trägerteil hingegen

$$N'' = \gamma a_1^2 \left[-\left(1 - \frac{\pi}{4}\right)\cos^2\alpha' - \frac{1}{48}\sin\alpha'\right].$$

3. Die Seitenbelastung aus Erd- und Wasserdruck wird als trapezförmig verteilt angenommen. Für diese Beanspruchung kann der Träger bemessen werden, indem man die Berechnung getrennt für eine Dreiecks- und für eine gleichmäßig verteilte Last berechnet. Die Momentenfläche für den dreieckförmigen Lastanteil geht aus Abb. 210 hervor. Das Moment schreibt sich zu

$$M = \gamma a_1 a^2 \left[\frac{5}{12} - \frac{5}{8}\cos\alpha - \frac{1}{6}(1 - \cos\alpha)^3\right];$$

$$M = \gamma a_1 a^2 n_1, \quad \text{worin} \quad n_1 = \frac{5}{12} - \frac{5}{8}\cos\alpha - \frac{1}{6}(1 - \cos\alpha)^3.$$

Die Normalkraft errechnet sich zu

$$N = \gamma a_1^2 \left(\frac{\cos^2\alpha}{2} - \cos^2\alpha - \frac{\cos\alpha}{8}\right).$$

Die Normalkräfte sind gleichfalls aus Abb. 210 ersichtlich.

Die graphische Darstellung der Momente und der Normalkräfte aus dem *gleichmäßig verteilten* Anteil der Ulmendrücke ist die gleiche wie die aus den gleichmäßig verteilten lotrechten Lasten, bloß müssen die Figuren um 90° verdreht werden.

Zieht man die soeben einzeln erörterten Belastungsfälle zusammen, erhält man für das Moment die Beziehung

$$M = k a_1 a^2 \gamma n_1 + k a_1 \cdot n_2 \gamma h_2 a + n_1 \gamma_w a_1 a^2 + n_2 \gamma_w (h_1 + h_2)\, a_1 a - n_2 a_1 a Q +$$

$$+ n_3 \gamma a_1 a^2 + n_3 \gamma_w a_1 a^2 + n_4 W a_1 + n_5 b\,(P - Q)\, a_1 a. \qquad (145)$$

In dieser Formel bedeutet das erste Glied das Moment aus dem Dreieckslastanteil, das zweite Glied hingegen das Moment aus dem gleichmäßig verteilten Anteil des Erddruckes, der den Querschnitt von den Ulmen her angreift. Ebenso drücken das dritte und das vierte Glied den dreieckförmig bzw. den gleichmäßig verteilten Anteil des ulmenseitig wirksamen Wasserdruckes aus. Das fünfte Glied steht für das Moment aus der Seitenbelastung durch den inneren Luftdruck im Tunnel, das sechste und siebente Glied für die Momente aus dem Erd- und Wasserdruck auf dem Tunnelscheitel, das achte Glied für das Moment aus der Eigenlast und das neunte schließlich für das Moment aus dem Erd-, dem Wasser und dem inneren Luftdruck. Die Werte für $n_1$, $n_2$, $n_3$, $n_4$ und $n_5$ sind der Tab. 19 zu entnehmen. In

*Tabelle 19*

| $b/a$ | Biegemoment am Scheitel $M_1$ | | | | | Biegemoment am Kämpfer $M_2$ | | | | | Biegemoment auf der Sohle $M_3$ | | | | |
|---|---|---|---|---|---|---|---|---|---|---|---|---|---|---|---|
| | $n_1$ | $n_2$ | $n_3$ | $n_4$ | $n_5$ | $n_1$ | $n_2$ | $n_3$ | $n_4$ | $n_5$ | $n_1$ | $n_2$ | $n_3$ | $n_4$ | $n_5$ |
| 0,70 | —0,07 | —0,11 | 0,02 | 0,05 | 0,23 | 0,09 | 0,13 | —0,03 | —0,06 | —0,27 | —0,09 | —0,11 | 0,03 | 0,05 | 0,23 |
| 0,75 | —0,08 | —0,13 | 0,02 | 0,05 | 0,23 | 0,11 | 0,15 | —0,03 | —0,06 | —0,26 | —0,11 | —0,13 | 0,03 | 0,05 | 0,23 |
| 0,80 | —0,10 | —0,15 | 0,02 | 0,05 | 0,24 | 0,13 | 0,17 | —0,03 | —0,06 | —0,26 | —0,14 | —0,15 | 0,03 | 0,05 | 0,24 |
| 0,85 | —0,12 | —0,17 | 0,02 | 0,05 | 0,24 | 0,15 | 0,19 | —0,04 | —0,06 | —0,26 | —0,17 | —0,17 | 0,04 | 0,06 | 0,24 |
| 0,90 | —0,15 | —0,19 | 0,02 | 0,05 | 0,25 | 0,18 | 0,21 | —0,04 | —0,06 | —0,26 | —0,21 | —0,19 | 0,04 | 0,06 | 0,25 |
| 0,95 | —0,18 | —0,22 | 0,02 | 0,05 | 0,25 | 0,21 | 0,23 | —0,04 | —0,06 | —0,25 | —0,25 | —0,22 | 0,04 | 0,06 | 0,25 |
| 1,00 | —0,21 | —0,25 | 0,03 | 0,05 | 0,25 | 0,25 | 0,25 | —0,04 | —0,06 | —0,25 | —0,29 | —0,25 | 0,04 | 0,06 | 0,25 |
| 1,05 | —0,24 | —0,28 | 0,03 | 0,05 | 0,25 | 0,30 | 0,27 | —0,04 | —0,05 | —0,25 | —0,34 | —0,28 | 0,05 | 0,06 | 0,25 |
| 1,10 | —0,27 | —0,31 | 0,03 | 0,05 | 0,26 | 0,35 | 0,29 | —0,04 | —0,05 | —0,24 | —0,41 | —0,31 | 0,05 | 0,06 | 0,26 |
| 1,15 | —0,31 | —0,34 | 0,03 | 0,05 | 0,26 | 0,40 | 0,31 | —0,04 | —0,05 | —0,24 | —0,45 | —0,34 | 0,05 | 0,06 | 0,26 |
| 1,20 | —0,35 | —0,37 | 0,03 | 0,05 | 0,26 | 0,46 | 0,34 | —0,04 | —0,05 | —0,24 | —0,51 | —0,37 | 0,06 | 0,06 | 0,26 |
| 1,25 | —0,39 | —0,41 | 0,04 | 0,05 | 0,26 | 0,52 | 0,37 | —0,05 | —0,05 | —0,24 | —0,57 | —0,41 | 0,06 | 0,06 | 0,26 |
| 1,30 | —0,44 | —0,45 | 0,04 | 0,05 | 0,27 | 0,58 | 0,39 | —0,05 | —0,05 | —0,23 | —0,64 | —0,45 | 0,06 | 0,06 | 0,27 |
| 1,35 | —0,49 | —0,49 | 0,04 | 0,05 | 0,27 | 0,64 | 0,42 | —0,05 | —0,05 | —0,23 | —0,71 | —0,49 | 0,07 | 0,06 | 0,27 |
| 1,40 | —0,54 | —0,53 | 0,04 | 0,05 | 0,27 | 0,71 | 0,45 | —0,05 | 0,05 | —0,23 | —0,79 | —0,53 | 0,07 | 0,07 | 0,27 |

die Momentenberechnung gehen die von den Ulmen her wirkenden Bodenspannungen mit Werten ein, die zwischen dem des Erddruckes und des Erdwiderstandes liegen, wobei man im Sinne der bereits weiter oben gemachten Feststellungen von der Bedingung ausgeht, daß das Moment gleich Null sein muß.

Die Bodenarten werden von den beiden Autoren nach diesem Gesichtspunkt in drei Gruppen eingereiht:

1. *Trockenböden* mit einem $\varphi \geqq 30°$, in denen der Wert von $k$ zwischen 1/3 und 3 angesetzt werden kann,
2. *feste, wasserdurchlässige Böden*, in denen $30° > \varphi > 10°$ und $1/2 < k < 2$,
3. *weiche Fließböden* mit einem $\varphi \cong 0$ und einem $k = 1$.

Die Ableitung der Formeln für diese drei wichtigsten Bodenarten folgt folgenden Gedankengängen:

1. In *Trockenböden* braucht mit keinerlei Wasserdruck gerechnet zu werden, für das Moment gilt mithin

$$M = k a_1 (n_1 \gamma a^2 + n_2 P a) - n_2 Q a_1 a + n_3 \gamma a_1 a^2 + n_4 W a_1 + n_5 (P - Q) a_1 a.$$

Ist also

$$k = -\frac{-n_2 Q a + n_3 \gamma a^2 + n_4 W + n_5 (P - Q) a}{n_1 \gamma a^2 + n_2 P a},$$

dann wird $M = 0$.

Liegt der Wert von $k$ zwischen 1/3 und 3, braucht im Zustand der endgültigen Beanspruchung mit keinem Moment gerechnet zu werden. Ist $k < 1/3$, hat man das Moment mit $k = 1/3$, ist dagegen $k > 3$, dann hat man es mit $k = 3$ zu bestimmen.

Die Druckkraft schreibt sich

$$\text{am Scheitel zu } N_1 = -b\gamma_w (0{,}67 b + h_1 + h_2) - k b \gamma\, (0{,}67 b + h_2) + Q b,$$

an der Horizontalachse zu

$$N_2 = -P a - 0{,}22\, (\gamma_w + \gamma) a b - 0{,}25\, W + Q a,$$

an der Sohle zu

$$N_3 = -b\gamma_w\, (1{,}33 b + h_1 + h_2) - k b \gamma\, (1{,}33 b + h_2) + Q b.$$

Für Ringträger lauten die genauen, von den durch HEWETT und JOHANNESSON angegebenen etwas abweichenden Formeln wie folgt

$$N_1 = -a\gamma_w\, (0{,}604\, a + h_1 + h_2) - k a \gamma\, (0{,}625\, a + h_2) + 0{,}021\, a^2 \gamma + Q_a + 0{,}0133\, W;$$

$$N_2 = -P a - 0{,}215\, (\gamma_w + \gamma) a^2 - 0{,}25\, W + Q a;$$

$$N_3 = -a\gamma_w\, (1{,}396\, a + h_1 + h_2) - k a \cdot \gamma\, (1{,}375\, a + h_2) - 0{,}021\, a^2 \gamma + Q a - 0{,}0133\, W.$$

2. *Für feste wasserdurchlässige Böden* errechnet sich das Moment aus Gl. (145).

Ist

$$k = -\frac{n_1 \cdot \gamma_w \cdot a^2 + n_2\, [\gamma_w (h_1 + h_2) - Q]\, a + n_3 (\gamma_w + \gamma)\, a^2 + n_4 \cdot W + n_5 (P - Q)\, a}{n_1 \cdot \gamma \cdot a^2 + n_2 \cdot \gamma \cdot h_2 \cdot a},$$

wird $M = 0$.

Liegt der Wert von $k$ zwischen 1/2 und 2. braucht mit dem Auftreten eines Momentes nicht gerechnet zu werden. Die Druckkräfte lassen sich anhand der soeben angegebenen Formeln ermitteln.

3. *Bei weichen Fließböden* wird mit einem Wert von $k = 1$ gerechnet. Mit diesem nimmt (145) die Gestalt

$$M = a_1 a^2 n_1 (\gamma + \gamma_v) + a_1 a n_2 [\gamma h_2 + \gamma_w (h_1 + h_2)] + a_1 a^2 n_3 (\gamma + \gamma_w) - n_2 a_1 a Q + \\ + n_4 W a_1 + n_5 a_1 a (P - Q),$$

an, und führt man die Bezeichnungen

$$n_1 + n_3 = m_1, \quad n_4 = m_2 \quad n_2 + n_5 = m_3, \quad \gamma_w + \gamma = \gamma_0$$

ein, setzt man ferner

$$h_1 = 0 \quad \text{und} \quad (\gamma_w + \gamma) h_2 = P,$$

hat man schließlich die vereinfachte Formel

$$M = [a_1 m_1 \gamma_0 a^2 + m_2 W + m_3 (P - Q) a];$$

die Werte für $m_1$, $m_2$ und $m_3$ sind der Tab. 20 zu entnehmen.

*Tabelle 20*

| $b/a$ | Biegemoment am Scheitel $M_1$ | | | Biegemoment am Kämpfer $M_2$ | | | Biegemoment auf der Sohle $M_3$ | | |
|---|---|---|---|---|---|---|---|---|---|
| | $m_1$ | $m_2$ | $m_3$ | $m_1$ | $m_2$ | $m_3$ | $m_1$ | $m_2$ | $m_3$ |
| 0,70 | −0,05 | 0,05 | 0,12 | 0,06 | −0,06 | −0,14 | −0,06 | 0,05 | 0,12 |
| 0,75 | −0,06 | 0,05 | 0,11 | 0,08 | −0,06 | −0,11 | −0,08 | 0,05 | 0,11 |
| 0,80 | −0,08 | 0,05 | 0,09 | 0,10 | −0,06 | −0,09 | −0,11 | 0,05 | 0,09 |
| 0,85 | −0,10 | 0,05 | 0,07 | 0,12 | −0,06 | −0,07 | −0,14 | 0,06 | 0,07 |
| 0,90 | −0,12 | 0,05 | 0,05 | 0,14 | −0,06 | −0,05 | −0,17 | 0,06 | 0,05 |
| 0,95 | −0,15 | 0,05 | 0,03 | 0,17 | −0,06 | −0,02 | −0,21 | 0,06 | 0,03 |
| 1,00 | −0,18 | 0,05 | 0,00 | 0,21 | −0,06 | 0,00 | −0,25 | 0,06 | 0,00 |

Für den Ringträger vereinfacht sich die Formel — wegen $m_3 = 0$ — zu

$$m = a_1 [m_1 \cdot \gamma_0 a^2 + m_2 W].$$

HEWETT und JOHANNESSON erhalten, indem sie diesen Ausdruck auf den Durchmesser beziehen,

$$M = d(m_1' \cdot \gamma_0 D^2 + m_2' W),$$

worin $d$ den Durchmesser der Nullinie, $D$ hingegen dem äußeren Durchmesser der Auskleidung bedeutet, während

$$m_1' = \frac{m_1}{8} \quad \text{und} \quad m_2' = \frac{m_2}{2}.$$

Die Druckkraft im Scheitel schreibt sich in diesem Falle mit einer geringfügigeren Vernachlässigung zu

$$N_1 = -a\gamma_0(0{,}625a + h_2) + 0{,}0021 a^2 \gamma + + Qa + 0{,}0133 W.$$

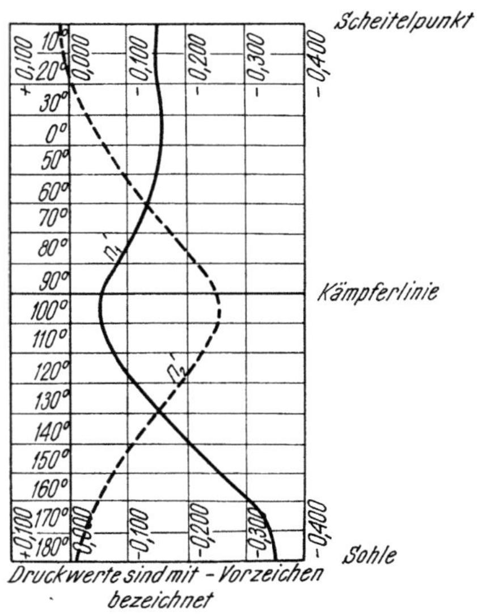


Abb. 222. Diagramme der $n_1'$- und $n_2'$-Werte

Schreibt man ähnlich auch die Werte für $N_2$ und $N_3$ auf, hat man für $N$ die Beziehung

$$N = n_1' \gamma_0 D^2 + n_2' W - \frac{1}{2} (P - Q) D.$$

Die Werte von $n_1'$ und $n_2'$ können vom Diagramm in Abb. 222 abgelesen werden.

Die Berechnung muß auch den *Zustand während der Bauarbeiten* berücksichtigen. Hierbei ist es besonders die Eigenlast, die in der seitlich noch nicht abgestützten Tunnelröhre erhebliche Beanspruchungen auszulösen vermag. Starke Beanspruchungen verursachen ferner die neuerdings zum Einsatz gelangenden Erektoren.

In ihren Untersuchungen über die Auswirkungen der Eigenlast während der Bauarbeiten gehen HEWETT und JOHANNESSON von der Voraussetzung aus, daß der Träger völlig frei steht und sich nur längs zweier Kanten abstützt, die mit der Lotrechten Winkel von 20° einschließen. Für diesen Belastungsfall, den die Abb. 223 veranschaulicht, gilt

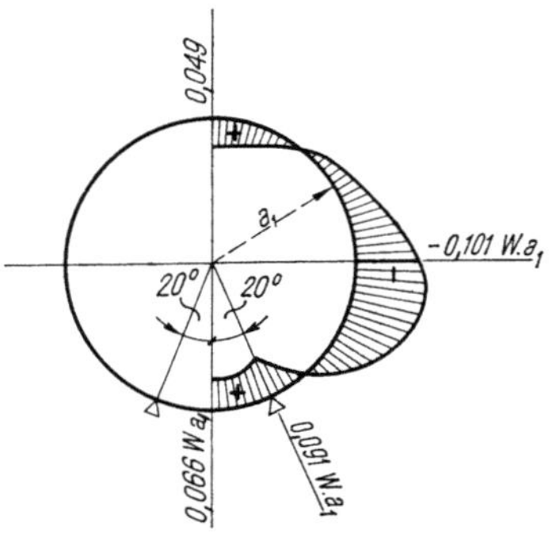


Abb. 223. Momentenbild von Eigenlast im Falle einer Kantenauflagerung

$$M = -\frac{W}{2} a_1(\alpha \sin \alpha + \cos \alpha - 1) -$$
$$- 0{,}0102\, W a_1 + 0{,}0595\, W a_1 \cos \alpha.$$

Das maximale Moment — und zwar sowohl das positive als auch das negative — schreibt sich mit guter Näherung zu

$$M_{\max} = \pm 0{,}10\, W a_1. \qquad (146)$$

In den praktisch vorkommenden Fällen ist es zumeist diese Formel, die den Höchstwert des Moments im Tunnelring angibt.

## 4.3.3. Bemessung des Tunnelringes als elastisch gebetteter Träger

Im Zuge der Projektierungsarbeiten für die Moskauer Untergrundbahn erfuhr die Theorie der Ringträgerbemessung im Streben nach erhöhter Wirtschaftlichkeit eine erhebliche Fortentwicklung. Die hierbei ausgearbeiteten exakteren Berechnungsmethoden betrachten den Tunnelring als elastisch gebettet.

Die Berechnung geht von der Annahme aus, daß der Boden, der den Ring umgibt, elastisch ist, daß also in ihm der Eindrückung proportionale Reaktionskräfte auftreten, weshalb im Sinne der Winkler-Schwedlerschen Annahme die Gleichheit

$$p = C \cdot y$$

vorliegt, wobei $p$ den senkrecht auf die Ringfläche wirkenden Einheits-Bettungsdruck, $y$ die radial gerichtete Bewegung des Trägers und $C$ eine konstante Bettungsziffer bedeutet.

Weiterhin ist angenommen, daß die Eindrückung in den einzelnen Punkten der Bettung lediglich die Folge des Bettungsdruckes im betreffenden Punkt ist. Die Abstützung der Bettung ist als Folge unabhängig voneinander wirkender elastischer Abstützungen gedacht.

Auf Grund dieser Ausgangsbedingungen werden die Tunnel als elastisch gebettete Träger bemessen.

Die erste dieser Annahmen enthält im allgemeinen eine geringfügigere Vernachlässigung als die zweite.

Aus der Reihe der Berechnungsverfahren sollen hier drei Methoden beschrieben werden. Die eine ist die von BODROW-GORELIK, bei der zweiten handelt es sich um ein Polygonketten-Verfahren, beim dritten hingegen um die Methode von BUGAJEWA.

### 4.3.3.1. Das Bemessungsverfahren Bodrow-Gorelik

Bei BODROW und GORELIK fußt die Bemessung des elastisch gebetteten Ringträgers auf dem Prinzip des Minimums der potentiellen Energie.

Es sei der in Abb. 224 dargestellte Ringträger gegeben, den bekannte äußere Kräfte angreifen und den annahmegemäß eine elastische Bettung umgibt.

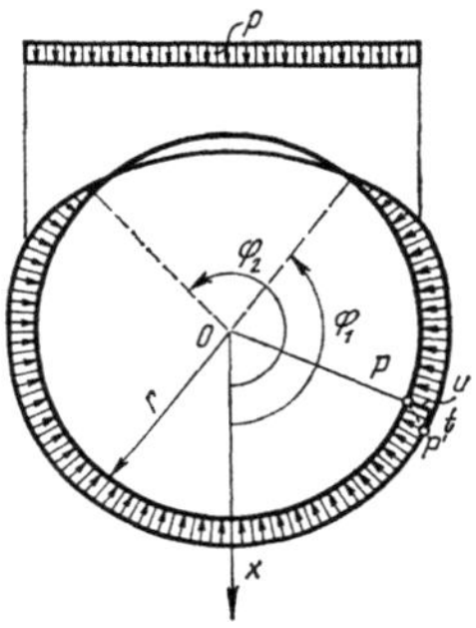


Abb. 224. Auf einen elastisch gebetteten Ringträger wirkende äußere Belastungen

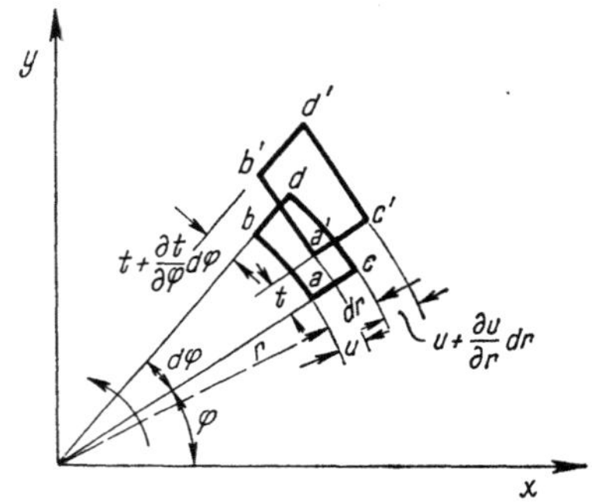


Abb. 225. Zusammenhang zwischen radialen und tangentialen Verschiebungen

Unter der Einwirkung dieser Lasten erleidet das Tragwerk eine Formänderung. An jenem Abschnitt, an dem es eine Verschiebung nach außen erfährt, treten elastische Reaktionskräfte auf, die als voneinander unabhängige Stützen der Verformung des Tragwerkes proportional sind. Die radiale Komponente der Verschiebung eines beliebigen Tragwerkpunktes soll mit $u$, ihre tangentiale Komponente mit $t$ bezeichnet werden.

Den Zusammenhang zwischen $u$ und $t$ beschreibt — sofern man die aus den Schub- und Normalkräften herrührenden Formänderungen vernachlässigt — die Beziehung

$$t = -\int u \, \mathrm{d}\varphi, \tag{147}$$

wie aus folgendem hervorgeht (Abb. 225).

Das Tragwerkelement $abcd$ gelangt infolge der Formänderung in die Lage $a'b'c'd'$, die spezifische Längenänderung in tangentialer Richtung beträgt mithin

$$\varepsilon_\varphi = \frac{\overline{a'b'} - \overline{ab}}{\overline{ab}} = \frac{\left[t + \dfrac{\partial t}{\partial \varphi} \mathrm{d}\varphi + (r + u)\,\mathrm{d}\varphi - t\right] - r\,\mathrm{d}\varphi}{r\,\mathrm{d}\varphi} = \frac{\mathrm{d}t + u\,\mathrm{d}\varphi}{r\,\mathrm{d}\varphi},$$

$$\varepsilon = \frac{1}{r}\,\frac{\mathrm{d}t}{\mathrm{d}\varphi} + \frac{u}{r},$$

Da angenommen war, daß die spezifische Längenveränderung $\varepsilon_\varphi = 0$ ist, schreibt sich die Beziehung zwischen $u$ und $t$ zu

$$\frac{1}{r}\,\frac{\mathrm{d}t}{\mathrm{d}\varphi} = -\,\frac{u}{r},$$

woraus

$$t = -\int u \, d\varphi,$$

was zu beweisen war.

BODROW und GORELIK beschreiben die radiale Verschiebung des Tragwerkes mit einer Fourierreihe in der Form

$$u = \sum_{m=0}^{m} (a_m \cos m\varphi = + b_m \sin m\varphi). \tag{148}$$

Hier bedeutet $\varphi$ den Winkel, den der dem fraglichen Punkt zugeordnete Halbmesser mit der Richtung $x$ einschließt, während $a_1, a_2 \ldots a_m$ und $b_1, b_2 \ldots b_m$ vorläufig unbekannte Konstanten bezeichnen.

Tragwerke und Kräfte, wie sie im Tunnel vorkommen, liegen bzw. wirken zumeist symmetrisch zur lotrechten Achse. In solchen Fällen wird das zweite Glied der Beziehung für $u$ gleich Null, so daß sich die radiale Verschiebung zu

$$u = \sum_{m=1}^{m} a_m \cos m\varphi, \tag{149}$$

die tangentiale Verschiebung hingegen zu

$$t = \int - \sum_{m=1}^{m} a_m \cdot \cos m\varphi \, \mathrm{d}\varphi = - \sum_{m=1}^{m} a_m \cdot \sin m\varphi. \tag{150}$$

schreibt. Die volle potentielle Energie $\Pi$ des Tragwerkes kann aus drei Teilen aufgeschrieben werden:

1. aus der Arbeit $T$ der äußeren Kräfte,
2. aus der Verformungsarbeit $V_1$ der inneren Kräfte,
3. aus der Arbeit $V_2$ der elastischen Reaktionskräfte:

$$\Pi = T - V_1 - V_2. \tag{151}$$

Für die Arbeit der äußeren Kräfte gilt

$$T = \int_{a_1}^{a_2} p_r u \, \mathrm{d}s + \int_{a_1}^{a_2} p_t t \, \mathrm{d}s,$$

wenn $p_r$ die radiale, $p_t$ die tangentiale Projektion der äußeren gleichmäßig verteilten Last bezeichnet. Mit den Ausdrücken für $u$ und $t$ hat man

$$T = \int_{a_1}^{a_2} p_r r \sum_{m=1}^{m} a_m \cos m\varphi \, \mathrm{d}\varphi + \int_{a_1}^{a_2} p_t r \sum_{m=1}^{m} \frac{1}{m} a_m \sin m\varphi \, \mathrm{d}\varphi \tag{152}$$

Das Vorzeichen der Arbeit richtet sich danach, ob die Verschiebung und die Kraft die gleichen oder entgegengesetzte Vorzeichen haben.

*Die Verformungsarbeit der inneren Kräfte* schreibt sich zu

$$V_1 = \frac{1}{2} \int_0^{2\pi} \frac{M^2}{EJ} \, \mathrm{d}s, \tag{153}$$

worin $M$ das am Tragwerk durch die Belastung bewirkte Moment bezeichnet, welches, durch die Formänderung des Tragwerkes ausgedrückt, in der Form

$$M = \frac{EJ}{r^2} \left( \frac{\mathrm{d}^2 u}{\mathrm{d}\varphi^2} + w \right). \tag{154}$$

geschrieben werden kann. Mit diesem Wert und unter Berücksichtigung der Tatsache, daß $ds = r\,d\varphi$, nimmt (153) die Gestalt

$$V_1 = \frac{EJ}{2r^3}\int_0^{2\pi}\left(\frac{\mathrm{d}^2u}{\mathrm{d}\varphi^2} + u\right)^2 \mathrm{d}\varphi,$$

an. Setzt man an die Stelle von $u$ die Gl. (149) ein, erhält man nach Integration

$$V_1 = \frac{EJ\pi}{2r^3}\sum_{m=1}^{m}(1 - m^2)^2 a_m^2. \tag{155}$$

*Die Arbeit der elastischen Reaktionskräfte* ist

$$V_2 = -\frac{1}{2}\int_{\varphi_2}^{\varphi_1} C u^2 \,\mathrm{d}s \tag{156}$$

bzw. mit dem $u$-Wert gemäß (4.69)

$$V_2 = -\frac{Cr}{2}\int_{\varphi_1}^{\varphi_2}\left[\sum_{m=1}^{m}(a_m \cos m\varphi)\right]^2 \mathrm{d}\varphi. \tag{157}$$

Hierin sind die Grenzen des Integrals $\varphi_1$ und $\varphi_2$ unbekannt, da es im voraus nicht feststeht, von wo aus sich das Tragwerk nach außen verschieben wird.

In der Berechnung sind die Stellen von $\varphi_1$ und $\varphi_2$ mit geschätzten Werten vorweg anzunehmen. Anhand der Ergebnisse überprüft man, ob die Verschiebung an den Stellen $\varphi_1$ und $\varphi_2$ tatsächlich gleich Null sein werden; ergeben sich erhebliche Abweichungen, muß die Berechnung mit neu angenommenen Integrationsgrenzen wiederholt werden.

Auf Grund der obigen Ausführungen wurde der Ausdruck für die potentielle Energie des Tragwerkes so aufgeschrieben, daß bloß die Konstanten $a_1, a_2 \ldots a_m$ unbekannt blieben. Diese Konstanten lassen sich nach dem Prinzip des Minimums der potentiellen Energie ermitteln. Durch partielle Ableitung des Ausdrucks der potentiellen Energie nach $a_1, a_2 \ldots a_m$ und durch Gleichsetzung der Differentialquotienten mit Null erhält man $m$ Gleichungen

$$\frac{\partial \Pi}{\partial a_1} = 0, \qquad \frac{\partial \Pi}{\partial a_2} = 0, \qquad \frac{\partial \Pi}{\partial a_m} = 0, \tag{158}$$

aus denen sich die Konstanten $a_1, a_2 \ldots a_m$ rechnerisch bestimmen lassen.

Die Berechnung kann mit beliebig großer Genauigkeit durchgeführt werden. Je mehr Glieder man berücksichtigt, um so genauere Ergebnisse wird man erzielen können. In der Regel wird man jedoch mit mindestens 5 bis 6 Gliedern rechnen müssen. Mit den so rechnerisch ermittelten Konstanten $a_1, a_2 \ldots a_m$ kann die Verschiebung des Tragwerkes in jedem beliebigen Punkt anhand der Gleichungen (149) und (150) bestimmt werden.

Die Reaktionskräfte, die das Tragwerk je lfd. Meter angreifen, errechnen sich aus der Beziehung

$$q = -Cu = -C\sum_{m=1}^{m} a_m \cos m\varphi. \tag{159}$$

Das Moment in einem beliebigen Querschnitt schreibt sich zu

$$M = \frac{EJ}{r^2}\left(\frac{\mathrm{d}^2u}{\mathrm{d}\varphi^2} + u\right),$$

bzw. mit $-\sum_{m=1}^{m} m^2 a_m \cos m\varphi$ für $\frac{\mathrm{d}^2u}{\mathrm{d}\varphi^2}$ und nach Ordnung zu

$$M = \frac{EJ}{r^2}\sum (1 - m^2)\, a_m \cos m\varphi. \tag{160}$$

*Die Schubkraft* wird aus der Beziehung

$$Q = \frac{dM}{ds} = \frac{EJ}{r^2} \cdot \frac{d}{r\,d\varphi} \left[ \sum (1 - m^2)\, a_m \cdot \cos m\varphi \right] =$$

$$= -\frac{EJ}{r^3} \sum_{m=1}^{m} m(1 - m^2)\, a_m \cdot \sin m\varphi = +\frac{EJ}{r^3} \sum_{m=1}^{m} m(m^2 - 1)\, a_m \cdot \sin m\varphi. \quad (161)$$

ermittelt.

*Die Normalkraft* bestimmt man, indem man die am Bogenelement $ds$ angreifende äußere und die Reaktionskraft zu $P\,ds$ und deren radiale Projektion zu $R\,ds$ ansetzt und für das

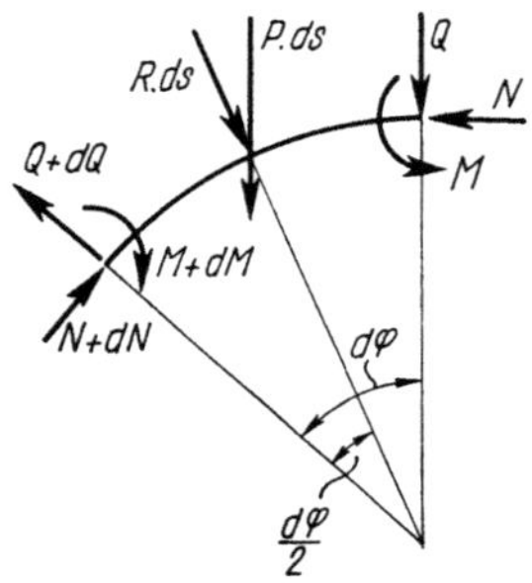


Abb. 226. Gleichgewichtsbild der äußeren Kräfte

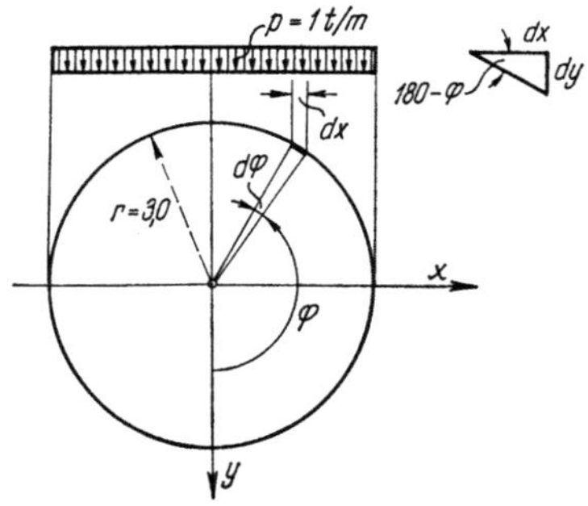


Abb. 227. In numerischem Beispiel benützte Bezeichnungen

Bogenelement $ds$ das Gleichgewicht der Radialprojektionen sämtlicher äußerer Kräfte (Abb. 226) aufschreibt:

$$R\,ds - N \left(\sin \frac{d\varphi}{2}\right) 2 - dQ \cdot \cos \frac{d\varphi}{2} = 0,$$

$$\sin \frac{d\varphi}{2} \cong \frac{d\varphi}{2}, \qquad \cos \frac{d\varphi}{2} \cong 1, \qquad ds = r\,d\varphi,$$

$$Rr\,d\varphi - M\,d\varphi - dQ = 0,$$

$$N = Rr - \frac{dQ}{d\varphi},$$

weiter mit konkreten Werten für $Q$

$$N = Rr - \frac{EJ}{r^3} \sum_{m=1}^{m} m^2(m^2 - 1)\, a_m \cdot \cos m\varphi. \quad (162)$$

In dieser Formel bezeichnet $R$ den auf 1 lfd. Meter Bogenlänge bezogenen Wert der radialen Komponente der äußeren und der Reaktionskräfte.

*Die praktische Anwendung dieses Berechnungsverfahrens* soll hier an einem Beispiel demonstriert werden.

Gegeben ist der in Abb. 227 dargestellte Ringträger, den eine lotrechte, gleichmäßig verteilte Last angreift. Der Träger ist aus Gußeisen-Tübbings zusammengesetzt und hat einen Elastizitätsmodul von $E = 10\,000\,000\ \mathrm{t/m^2}$, ein Trägheitsmoment $J = 0{,}000144\ \mathrm{m^4}$. Die Bettungsziffer des Bodens ist $C = 10\,000\ \mathrm{t/m^3}$.

1. Die Arbeit der äußeren Kräfte schreibt sich zu

$$T = \int \left[ p_r r \sum_{m=1}^{m} a_m \cos m\varphi \right] d\varphi + \int \left[ p_t r\, \Sigma \frac{1}{m}\, a_m \sin m\varphi \right] d\varphi.$$

In die Berechnung werden $m = 5$ Glieder einbezogen.

$$p\,\mathrm{d}x = p\,\mathrm{d}s\cos(180^\circ - \varphi),$$

$$\mathrm{d}s\,p_r = p\,\mathrm{d}x\cos(180^\circ - \varphi) = p\,\mathrm{d}s\cos^2\varphi,$$

$$\mathrm{d}s\,p_t = p\,\mathrm{d}x\sin(180^\circ - \varphi) = -p\,\mathrm{d}s\sin\varphi\cos\varphi.$$

Das Vorzeichen des Ausdrucks für die Arbeit ist positiv oder negativ, je nachdem, ob die Verschiebung und die Kraft gleiche oder entgegengesetzte Vorzeichen haben.

$$T = -\int\limits_{\varphi=\pi/2}^{3\pi/2} p\cos^2\varphi\, r(a_1\cos\varphi + a_2\cos 2\varphi + a_3\cos 3\varphi + a_4\cos 4\varphi + a_5\cos 5\varphi)\,\mathrm{d}\varphi -$$

$$-\int p\cos\varphi\sin\varphi\, r\left(a_1\sin\varphi + \frac{1}{2}a_2\sin 2\varphi + \frac{1}{3}a_3\sin 3\varphi + \frac{1}{4}a_4\sin 4\varphi + \frac{1}{5}a_5\sin 5\varphi\right)\mathrm{d}\varphi.$$

$$T_1 = -pr\int\limits_{\pi/2}^{3\pi/2}(a_1\cos^3\varphi + a_2\cos^2\varphi\cos 2\varphi + a_3\cos^2\varphi\cos 3\varphi + a_4\cos^2\varphi\cos 4\varphi +$$

$$+ a_5\cos^2\varphi\cos 5\varphi)\,\mathrm{d}\varphi - pr\int\limits_{\pi/2}^{3\pi/2}\left(a_1\cos\varphi\sin^2\varphi + \frac{a_2}{2}\cos\varphi\sin\varphi\sin 2\varphi +\right.$$

$$\left.+ \frac{a_3}{3}\cos\varphi\sin\varphi\sin 3\varphi + \frac{a_4}{4}\cos\varphi\sin\varphi\sin 4\varphi + \frac{a_5}{5}\cos\varphi\sin\varphi\sin 5\varphi\right)\mathrm{d}\varphi.$$

Die Integration erfolgt getrennt:

$$\int\limits_{\pi/2}^{3\pi/2}\cos^3\varphi\,\mathrm{d}\varphi = \frac{\sin\varphi\cos^2\varphi}{3} + \frac{2}{3}\int\cos\varphi\,\mathrm{d}\varphi = \left[\frac{\sin\varphi\cos^2\varphi}{3} + \frac{2}{3}\sin\varphi\right]_{\pi/2}^{3\pi/2} =$$

$$= -\frac{4}{3}\int\limits_{\pi/2}^{3\pi/2}\cos^2\varphi\cos 2\varphi\,\mathrm{d}\varphi = \int\cos^4\varphi\,\mathrm{d}\varphi - \int\cos^2\varphi\sin^2\varphi\,\mathrm{d}\varphi =$$

$$= \frac{\sin\varphi\cos^3\varphi}{4} + \frac{3}{4}\int\cos^2\varphi\,\mathrm{d}\varphi - \frac{\sin^3\varphi\cos\varphi}{4} - \frac{1}{4}\int\sin^2\varphi\,\mathrm{d}\varphi =$$

$$= \left[\frac{\sin\varphi\cos^3\varphi}{4} + \frac{3}{16}\sin 2\varphi + \frac{3}{8}\varphi - \frac{\sin^3\varphi\cos\varphi}{4} + \frac{1}{16}\sin 2\varphi - \frac{\varphi}{8}\right]_{\pi/2}^{3\pi/2} = +\frac{\pi}{4},$$

$$\int\limits_{\pi/2}^{3\pi/2}\cos^2\varphi\cos 3\varphi\,\mathrm{d}\varphi = \int 4\cos^5\varphi\,\mathrm{d}\varphi - 3\int\cos^3\varphi\,\mathrm{d}\varphi = \frac{4\sin\varphi\sin^4\varphi}{5} + \frac{16}{5}\int\cos^3\varphi\,d\varphi -$$

$$-3\int\cos^3\varphi\,\mathrm{d}\varphi = \left[\frac{4\sin\varphi\cos^4\varphi}{5} + \frac{1}{15}\sin\varphi\cos^2\varphi + \frac{2}{15}\sin\varphi\right]_{\pi/2}^{3\pi/2} = -\frac{4}{15}$$

$$\int\limits_{\pi/2}^{3\pi/2}\cos^2\varphi\cos 4\varphi\,\mathrm{d}\varphi = \int\cos^6\varphi\,\mathrm{d}\varphi - 6\int\sin^2\varphi\cos^4\varphi\,\mathrm{d}\varphi + \int\cos^2\varphi\sin^4\varphi\,\mathrm{d}\varphi =$$

$$= \left[\frac{\sin\varphi\cos^5\varphi}{6} + \frac{5\sin\varphi\cos^3\varphi}{24} + \frac{15\sin 2\varphi}{96} + \frac{15}{48}\varphi - \sin^3\varphi\cos^3\varphi -\right.$$

$$\left.-3\int\sin^2\varphi\cos^2\varphi\,\mathrm{d}\varphi + \frac{\sin 5\varphi\cos\varphi}{6} + \frac{1}{6}\int\sin^4\varphi\,\mathrm{d}\varphi\right] = \left[\frac{\sin\varphi\cos^5\varphi}{6} +\right.$$

$$+ \frac{5\sin\varphi\cos^3\varphi}{24} + \frac{15\sin 2\varphi}{96} + \frac{15}{48}\varphi - \sin^3\varphi\cos^3\varphi - \frac{3}{4}\sin^3\varphi\cos\varphi +$$

$$+\frac{3}{16}\sin 2\varphi - \frac{3}{8}\varphi + \frac{\sin 5\varphi\cos\varphi}{6} - \frac{1}{24}\cos\varphi\sin^3\varphi -$$

$$-\frac{3}{96}\sin 2\varphi + \frac{3}{48}\varphi\Big]_{\pi/2}^{3\pi/2} = \frac{15}{48}\pi - \frac{3}{8}\pi + \frac{\pi}{16} = 0$$

$$\int_{\pi/2}^{3/\pi 2}\cos^2\varphi\cos 5\varphi\,d\varphi = \int\cos^7\varphi\,d\varphi - 10\int\cos^5\varphi\sin^2\varphi\,d\varphi + 5\int\sin^4\varphi\cos^3\varphi\,d\varphi =$$

$$= \frac{\sin\varphi\cos^6\varphi}{7} + \frac{6}{7}\cdot\frac{\sin\varphi\cos^4\varphi}{5} + \frac{24\sin\varphi\cos^2\varphi}{35\cdot 3} + \frac{48}{105}\sin\varphi - \frac{10}{7}\sin^3\varphi\cos^4\varphi -$$

$$-\frac{40}{7}\int\sin^2\varphi\cos^3\varphi\,d\varphi + 5\,\frac{\sin^5\varphi\cos^2\varphi}{7} + \frac{10}{7}\int\sin^4\varphi\cos\varphi\,d\varphi = \Big[\frac{\sin\varphi\cos^6\varphi}{7} +$$

$$+\frac{6}{35}\sin\varphi\cos^4\varphi + \frac{24}{3\cdot 35}\sin\varphi\cos^2\varphi + \frac{48}{105}\sin\varphi - \frac{10}{7}\sin^3\varphi\cos^4\varphi -$$

$$-\frac{40}{7}\cdot\frac{\sin^3\varphi\cos^2\varphi}{5} - \frac{40\cdot 2}{7\cdot 5}\cdot\frac{\sin^3\varphi}{3} + \frac{5}{7}\sin^2\varphi\cos^2\varphi + \frac{10}{7}\,\frac{\sin^5\varphi}{5}\Big]_{\pi/2}^{3\pi/2} =$$

$$= -\frac{96}{105} + \frac{160}{105} - \frac{20}{35} = +\frac{4}{105}$$

$$\int_{\pi/2}^{3\pi/2}\sin^2\varphi\cos\varphi\,d\varphi = \left[\frac{\sin^3\varphi}{3}\right]_{\pi/2}^{3\pi/2} = -\frac{2}{3}$$

$$\int_{\pi/2}^{3\pi/2}\cos\varphi\sin\varphi\sin 2\varphi\,d\varphi = 2\int\sin^2\varphi\cos^2\varphi\,d\varphi =$$

$$= \left[2\,\frac{\sin^3\varphi\cos\varphi}{4} - \frac{2}{4}\cdot\frac{1}{4}\sin 2\varphi + \frac{\varphi}{4}\right]_{\pi/2}^{3\pi/2} = \frac{3\pi}{8} - \frac{\pi}{8} = +\frac{\pi}{4}$$

$$\int_{\pi/2}^{3\pi/2}\cos\varphi\sin\varphi\sin 3\varphi\,d\varphi = 3\int\sin^2\varphi\cos\varphi\,d\varphi -$$

$$-\int 4\sin^4\varphi\cos\varphi\,d\varphi = \left[\sin^3\varphi - \frac{4\sin^5\varphi}{5}\right]_{\pi/2}^{3\pi/2} = -2 + \frac{4\cdot 2}{5} = -\frac{2}{5}$$

$$\int_{\pi/2}^{3\pi/2}\cos\varphi\sin\varphi\sin 4\varphi\,d\varphi = \int 4\sin^2\varphi\cos^4\varphi\,d\varphi - 4\int\sin^4\varphi\cos^2\varphi\,d\varphi = \frac{4}{6}\sin^3\varphi\cos\varphi +$$

$$+\frac{12}{6}\int\sin^2\varphi\cos^2\varphi\,d\varphi - 4\,\frac{\sin^5\varphi\cos\varphi}{6} - \frac{4}{6}\int\sin^4\varphi\,d\varphi = \Big[\frac{2}{3}\sin^3\varphi\cos^3\varphi +$$

$$+2\,\frac{\sin^3\varphi\cos\varphi}{4} - \frac{2}{16}\sin 2\varphi + \frac{\varphi}{4} - \frac{2}{3}\sin^5\varphi\cos\varphi + \frac{2}{3}\,\frac{\cos\varphi\sin^3\varphi}{4} -$$

$$-\frac{4}{6}\cdot\frac{3}{4}\left(-\frac{1}{4}\sin^2\varphi + \frac{\varphi}{2}\right)\Big] = \frac{3\pi}{8} - \frac{\pi}{8} - \frac{1}{2}\cdot\frac{3\pi}{4} + \frac{1}{2}\cdot\frac{\pi}{4} = 0$$

$$\int_{\pi/2}^{3\pi/2}\cos\varphi\sin\varphi\sin 5\varphi\,d\varphi = \int 5\sin^2\varphi\cos^5\varphi\,d\varphi - 10\int\sin^4\varphi\cos^3\varphi\,d\varphi +$$

$$+\int\sin^6\varphi\cos\varphi\,d\varphi = \Big[\frac{5\sin^3\varphi\cos^4\varphi}{7} + \frac{5\cdot 4}{7}\cdot\frac{\sin^3\varphi\cos^2\varphi}{5} + \frac{20}{7}\cdot\frac{2}{5}\cdot\frac{\sin^3\varphi}{3} -$$

$$- 10 \frac{\sin^5 \varphi \cos^2 \varphi}{7} - \frac{10 \cdot 2}{7} - \frac{\sin^5 \varphi}{5} + \frac{\sin^2 \varphi}{7} \Big]_{\pi/2}^{3\pi/2} =$$

$$= - \frac{40}{105} - \frac{40}{105} + \frac{20}{35} + \frac{20}{35} - \frac{2}{7} = + \frac{10}{105}.$$

Die Zusammenfassung der Resultate ergibt für die Arbeit der äußeren Kräfte:

$$T_1 = - pr \left[ - \frac{4}{3} a_1 + \frac{\pi}{4} a_2 - \frac{4}{15} a_3 + 0 \cdot a_4 + \frac{4}{105} a_5 \right] - pr \left[ - \frac{2}{3} a_1 + \frac{\pi}{8} a_2 - \right.$$

$$\left. - \frac{2}{15} a_3 + 0 \cdot a_4 + \frac{2}{105} a_5 \right] = + pr \left( 2 a_1 \frac{3\pi}{8} a_2 + \frac{2}{5} a_3 - \frac{2}{35} a_5 \right).$$

2. *Die Verformungsarbeit der inneren Kräfte* ist

$$V_1 = - \frac{EJ\pi}{2 \cdot r^3} \left[ \sum_{m=1}^{m} (1 - m^2)^2 a_m^2 \right],$$

d. h. mit den konkreten Werten

$$V_1 = - \frac{EJ\pi}{2 r^3} (9 a_2^2 + 64 a_3^2 + 225 a_4^2 + 576 a_5^2).$$

3. *Die Arbeit der Reaktionskräfte* errechnet sich zu:

$$V_2 = - \frac{Cr}{2} \int_{\varphi_1}^{\varphi_2} \left[ \sum_{m=1}^{m} (a_m \cos m\varphi) \right]^2 \mathrm{d}\varphi,$$

$$V_2 = - \frac{Cr}{2} \left[ \int_{\varphi_1}^{\varphi_2} a_1^2 \cos^2 \varphi \, \mathrm{d}\varphi + 2 a_1 a_2 \int_{\varphi_1}^{\varphi_2} \cos \varphi \cos 2\varphi \, \mathrm{d}\varphi + 2 a_1 a_3 \int_{\varphi_1}^{\varphi_2} \cos \varphi \cos 3\varphi \, \mathrm{d}\varphi + \right.$$

$$+ 2 a_1 a_4 \int_{\varphi_1}^{\varphi_2} \cos \varphi \cos 4\varphi \, \mathrm{d}\varphi + 2 a_1 a_5 \int_{\varphi_1}^{\varphi_2} \cos \varphi \cos 5\varphi \, \mathrm{d}\varphi + a_2^2 \int_{\varphi_1}^{\varphi_2} \cos 2\varphi \, \mathrm{d}\varphi +$$

$$+ 2 a_2 a_3 \int \cos 2\varphi \cos 3\varphi \, \mathrm{d}\varphi + 2 a_2 a_4 \int \cos 2\varphi \cos 4\varphi \, \mathrm{d}\varphi + 2 a_2 a_5 \int \cos 2\varphi \cos 5\varphi \, \mathrm{d}\varphi +$$

$$+ a_3^2 \int \cos^2 3\varphi \, \mathrm{d}\varphi + 2 a_3 a_4 \int \cos 3\varphi \cos 4\varphi \, \mathrm{d}\varphi + 2 a_3 a_5 \int \cos 3\varphi \cos 5\varphi \, \mathrm{d}\varphi +$$

$$\left. + a_4^2 \int \cos^2 4\varphi \, \mathrm{d}\varphi + 2 a_4 a_5 \int \cos 4\varphi \cos 5\varphi \, \mathrm{d}\varphi + a_5^2 \int \cos^2 5\varphi \, \mathrm{d}\varphi \right];$$

und nach Integration

$$V_2 = - \frac{Cr}{2} \left[ a_1^2 \left( \frac{\varphi}{2} + \frac{\sin^2 \varphi}{2} \right) + 2 a_1 a_2 \left( \frac{\sin \varphi}{2} + \frac{\sin 3\varphi}{6} + \right. \right.$$

$$+ 2 a_1 a_3 \left( \frac{\sin 2\varphi}{4} + \frac{\sin 4\varphi}{8} \right) + 2 a_1 a_4 \left( \frac{\sin 3\varphi}{6} + \frac{\sin 5\varphi}{10} \right) +$$

$$+ 2 a_1 a_5 \left( \frac{\sin 4\varphi}{8} + \frac{\sin 6\varphi}{12} \right) + a_2^2 \left( \frac{\varphi}{2} + \frac{\sin 4\varphi}{8} \right) +$$

$$+ 2 a_2 a_3 \left( \frac{\sin \varphi}{2} + \frac{\sin 5\varphi}{10} \right) + 2 a_2 a_4 \left( \frac{\sin 2\varphi}{4} + \frac{\sin 6\varphi}{12} \right) +$$

$$+ 2 a_2 a_5 \left( \frac{\sin 3\varphi}{6} + \frac{\sin 7\varphi}{14} \right) + a_3^2 \left( \frac{\varphi}{2} + \frac{\sin 6\varphi}{12} \right) +$$

$$+ 2a_3a_4\left(\frac{\sin\varphi}{2} + \frac{\sin 7\varphi}{14}\right) + 2a_3a_5\left(\frac{\sin 2\varphi}{4} + \frac{\sin 8\varphi}{16}\right) +$$

$$+ a_4^2\left(\frac{\varphi}{2} + \frac{\sin 8\varphi}{16}\right) + 2a_4a_5\left(\frac{\sin\varphi}{2} + \frac{\sin 9\varphi}{18}\right) + a_5^2\left(\frac{\varphi}{2} + \frac{\sin 10\varphi}{20}\right)\Bigg]_{\varphi_1}^{\varphi_2}.$$

Nun wird angenommen, daß die Verformung des Tragwerkes an den Stellen $\varphi_2 = +3\pi/4$, $\varphi_1 = -3\pi/4$ gleich Null, daß also

$$\varphi_2 - \varphi_1 = +3\pi/2,$$

ist. Mit diesen Grenzen wird

$$V_2 = -\frac{Cr}{2}\,(1{,}8562\,a_1^2 + 1{,}8856\,a_1a_2 - a_1a_3 + 0{,}18856\,a_1a_4 +$$

$$+ 0{,}3333\,a_1a_5 + 2{,}35619\,a_2^2 + 1{,}13137\,a_2a_3 -$$

$$- 0{,}6667\,a_2a_4 + 0{,}26937\,a_2a_5 + 2{,}52286\,a_3^2 +$$

$$+ 1{,}21218\,a_3a_4 - a_3a_5 + 2{,}35619\,a_4^2 + 1{,}57135\,a_4a_5 + 2{,}2561\,a_5^2).$$

Sodann wird der Ausdruck für die potentielle Energie angeschrieben

$$\Pi = pr\left(2a_1 - \frac{3\pi}{8}\,a_2 + \frac{2}{5}\,a_3 - \frac{2}{35}\,a_5\right) - \frac{EJ\pi}{2r^3}\left(9a_2^2 + 64a_3^2 + 225a_4^2 + 576a_5^2\right) -$$

$$- \frac{Cr}{2}\,(1{,}8562a_1^2 + 1{,}88562a_1a_2 - a_1a_3 + 0{,}18836a_1a_4 + 0{,}3333a_1a_5 + 2{,}35619a_2^2 +$$

$$+ 1{,}13137a_2a_3 - 0{,}6667a_2a_4 + 0{,}26937a_2a_5 + 2{,}52286a_3^2 + 1{,}21218a_3a_4 - a_3a_5 +$$

$$+ 2{,}35619a_4^2 + 1{,}57135a_4a_5 + 2{,}2562a_5^2),$$

und schließlich setzt man die partiellen Ableitungen der potentiellen Energie $\Pi$ gleich Null:

$$\frac{\partial\Pi}{\partial a_1} = 2pr - \frac{Cr}{2}\,(2\cdot 1{,}85619a_1 + 1{,}88562a_2 - a_3 + 0{,}18856a_4 + 0{,}3333a_5) = 0;$$

$$\frac{\partial\Pi}{\partial a_2} = -\,pr\cdot 1{,}17809 - \frac{EJ\pi}{r^3}\,9a_2 - \frac{Cr}{2}\,(1{,}88562a_1 + 4{,}71239a_2 + 1{,}13137a_3 -$$

$$- 0{,}66667a_4 + 0{,}26937a_5) = 0;$$

$$\frac{\partial\Pi}{\partial a_3} = 0{,}4\,pr - \frac{EJ\pi}{r^3}\,64a_3 - \frac{Cr}{2}\,(-\,a_1 + 1{,}13137a_2 + 5{,}0457a_3 +$$

$$+ 1{,}21218\,a_4 - a_5) = 0;$$

$$\frac{\partial\Pi}{\partial a_4} = -\frac{EJ\pi}{r^3}\,225\,a_4 - \frac{Cr}{2}\,(0{,}18856\,a_1 - 0{,}6667\,a_2 + 1{,}21218\,a_3 +$$

$$+ 4{,}71239\,a_4 + 1{,}571348\,a_5) = 0;$$

$$\frac{\partial\Pi}{\partial a_5} = -\,pr\cdot 0{,}05714 - \frac{EJ\pi}{r^3}\,576\,a_5 - \frac{Cr}{2}\,(0{,}3333\,a_1 + 0{,}26937\,a_2 - a_3 +$$

$$+ 1{,}57135a_4 + 4{,}51239a_5) = 0.$$

Bezeichnet man nun $\frac{EJ}{Cr^4}$ mit $D$, dann hat man mit $p = 1$ t/m nach Ordnung die 5 Gleichungen

$$-3{,}7124\,a_1 - 1{,}8856\,a_2 + a_3 - 0{,}18856\,a_4 - 0{,}3333\,a_5 + \frac{4}{C} = 0;$$

$$-1{,}88562\,a_1 - (4{,}71289 + 18D)\,a_2 - 1{,}13137\,a_3 + 0{,}6667\,a_4 - 0{,}26937\,a_5 - \frac{2{,}3562}{C} = 0;$$

$$+a_1 - 1{,}13137\,a_2 - (5{,}0457 + 128D)\,a_3 - 1{,}21218\,a_4 + a_5 + \frac{0{,}8}{C} = 0;$$

$$-0{,}18856\,a_1 + 0{,}66667\,a_2 - 1{,}21216\,a_3 - (4{,}71289 + 450D)\,a_4 - 1{,}57135\,a_5 = 0;$$

$$-0{,}3333\,a_1 - 0{,}26987\,a_2 + a_3 - 1{,}57135\,a_4 - (4{,}51239 + 1152D)\,a_5 - \frac{0{,}11428}{C} = 0$$

und aus diesen die Werte $a_1, a_2 \ldots a_5$, denn es ist

$$D = \frac{\pi EJ}{Cr^4} = \frac{3{,}1416 \cdot 10000000 \cdot 0{,}000144}{10000 \cdot 9^2} = 0{,}005585$$

und $$\frac{1}{C} = 0{,}0001,$$

so daß man zahlenmäßig

$$-37124a_1 - 1{,}8856a_2 + a_3 - 0{,}18856a_4 - 0{,}3333a_5 + 0{,}00040 = 0;$$

$$-1{,}8856a_1 - 4{,}81292a_2 - 1{,}13137a_3 + 0{,}66667a_4 - 0{,}26937a_5 - 0{,}0002356 = 0;$$

$$+a_1 - 1{,}13137a_2 - 5{,}76061a_3 - 1{,}21218a_4 + a_5 + 0{,}000080 = 0;$$

$$-0{,}18856a_1 + 0{,}66667a_2 - 1{,}21218a_3 - 7{,}22366a_4 - 1{,}57135a_5 + 0 = 0;$$

$$-0{,}3333a_1 - 0{,}26937a_2 + a_3 - 1{,}57135a_4 - 10{,}94638a_5 - 0{,}00001142 = 0$$

erhält.

Dieses Gleichungssystem wird nach der Gaußschen Eliminationsmethode gelöst (Tab. 21), wobei man zu folgenden Resultaten gelangt:

$$a_1 = +0{,}00021561 \qquad a_2 = -0{,}00016114$$

$$a_3 = +0{,}00009282 \qquad a_4 = -0{,}000038319$$

$$a_5 = +0{,}00001036.$$

Die Berechnung der am Tragwerk angreifenden Momente und Reaktionskräfte verursacht nun keine Schwierigkeiten mehr.

Die Werte der Reaktionskräfte, ermittelt aus der Formel

$$q = -\sum_{m=1}^{m} a_m \cos m\varphi = -2{,}156\cos\varphi + 1{,}611\cos 2\varphi - 0{,}928\cos 3\varphi +$$

$$+ 0{,}3832\cos 4\varphi - 0{,}1036\cos 5\varphi,$$

*Tabelle 21*

| | $a_1$ | $a_2$ | $a_3$ | $a_4$ | $a_5$ | Additive Werte | Multiplikationsbeiwerte |
|---|---|---|---|---|---|---|---|
| I. | −3,71240 | −1,88562 | +1,00000 | −0,18856 | −0,33333 | +0,00040 | |
| 2 | −1,88562 | −4,81292 | −1,13137 | +0,66667 | −0,26937 | −0,0002356 | |
| $\alpha_1 \cdot$ I | +1,88562 | +0,95775 | −0,50792 | +0,095776 | +0,16931 | −0,0002032 | $\alpha_1 = -0{,}50792$ |
| II. | | −3,85516 | −1,63929 | +0,76244 | −0,100066 | −0,0004382 | |
| 3 | +1,00000 | −1,13137 | −5,76061 | −1,212184 | +1,00000 | +0,000080 | |
| $\alpha_2 \cdot$ I | −1,00000 | −0,50792 | +0,26937 | −0,05079 | −0,089789 | +0,000108 | $\alpha_2 = +0{,}269368$ |
| $\beta_1 \cdot$ II | | +1,63929 | +0,69706 | −0,32421 | +0,042550 | +0,000186 | $\beta_1 = 0{,}42522$ |
| III. | | | −4,794178 | −1,587184 | +0,952761 | +0,0003743 | |
| 4 | −0,188562 | +0,66667 | −1,21218 | −7,225667 | −1,57135 | 0 | |
| $\alpha_3 \cdot$ I | +0,188562 | +0,095776 | −0,050793 | +0,009578 | +0,016931 | −0,00002032 | $\alpha_3 = -0{,}050792$ |
| $\beta_2 \cdot$ II | | −0,762443 | −0,324207 | +0,130790 | −0,019790 | −0,00008678 | $\beta_2 = 0{,}19777$ |
| $\gamma_1 \cdot$ III | | | +1,587184 | +0,525461 | −0,315426 | −0,0001239 | $\gamma_1 = -0{,}33106$ |
| IV. | | | | −6,539837 | −1,889663 | −0,00023102 | |
| 5 | −0,33333 | −0,26937 | +1,00000 | −1,517348 | −10,94638 | −0,00001143 | |
| $\alpha_4 \cdot$ I | +0,33333 | +0,169308 | −0,089789 | +0,016931 | +0,029930 | −0,00003591 | $\alpha_4 = -0{,}08979$ |
| $\beta_3 \cdot$ II | | +0,100066 | +0,042550 | −0,019790 | +0,002597 | +0,00001139 | $\beta_3 = -0{,}025956$ |
| $\gamma_2 \cdot$ III | | | −0,952761 | −0,315426 | +0,189345 | +0,00007439 | $\gamma_2 = 0{,}198733$ |
| $\delta_1 \cdot$ IV | | | | +1,889633 | +0,545994 | +0,00006675 | $\delta_1 = -0{,}288942$ |
| V. | | | | | −10,17851 | +0,0001052 | |

Die Werte von $a_1, a_2 \ldots a_5$ sind von den Gleichungen I, II ... V durch nacheinanderfolgendes Einsetzen der vorher bestimmten Werte zu erhalten

V. $-10{,}178\,51 a_5 + 0{,}000\,105\,2 = 0.$
IV. $-6{,}539\,847 a_4 - 1{,}889\,663 a_5 - 0{,}000\,231\,02 = 0.$

sind in Abb. 228 aufgetragen. Da die Werte der Radialverschiebungen der Reaktion proportional sind, konnten sie auch an jenen Stellen eingesetzt werden, an denen keine Reaktionskraft auftritt. Sie sind gestrichelt eingezeichnet.

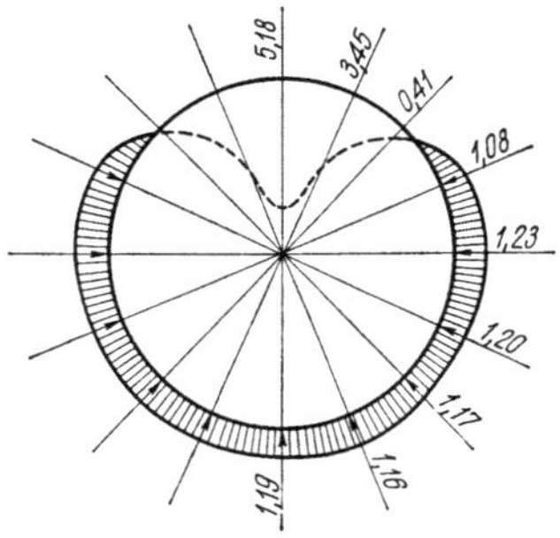


Abb. 228. Die berechnete Verteilung der Bettungsreaktionen

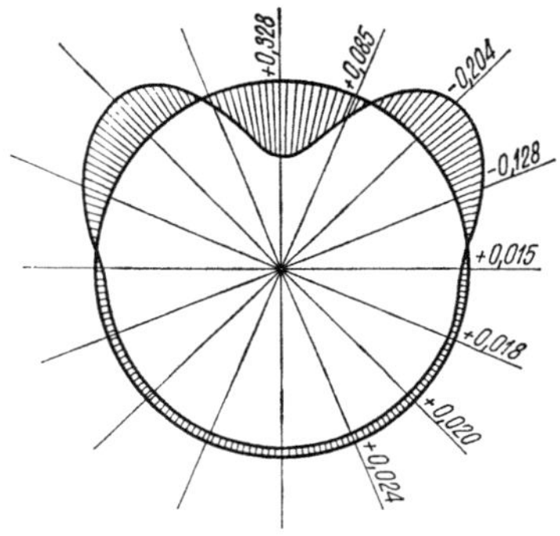


Abb. 229. Momentenbild des elastisch gebetteten Ringträgers

Das Moment errechnet sich aus der Beziehung

$$M = \frac{EJ}{r^2} \sum_{m=1}^{m} (1 - m^2)\, a_m \cos m\varphi,$$

woraus man mit den ziffernmäßigen Werten den Ausdruck

$$M = 0{,}07735 \cos 2\varphi - 0{,}11882 \cos 3\varphi + 0{,}09196 \cos 4\varphi + 0{,}03977 \cos 5\varphi$$

erhält. Die hieraus rechnerisch ermittelten Werte sind in Abb. 229 eingetragen.

Prüft man nun, ob die Verschiebung

$$u = a_1 \cos \varphi + a_2 \cos 2\varphi + a_3 \cos 3\varphi + a_4 \cos 4\varphi + a_5 \cos 5\varphi$$

an der Stelle

$$\varphi = \frac{3}{4}\pi = 135^\circ$$

gleich Null ist, erhält man einen Wert von

$$u = -0{,}0041 \text{ cm},$$

d. h. nicht den geforderten Nullwert. Die so erhaltenen Resultate sind also nur annähernd genau. Die Genauigkeit der Berechnung läßt sich erhöhen, wenn man eine größere Zahl von Gliedern berücksichtigt und die willkürliche Annahme, der Verschiebungs-Nullpunkt liege am 135gradigen Halbmesser, entsprechend berichtigt.

### 4.3.3.2. Das Polygonketten-Verfahren

Ein anderes Verfahren zur Berechnung des elastisch gebetteten Ringtragwerkes ersetzt den Ring durch ein regelmäßiges Vieleck mit starren Eckpunkten und die elastische Bettung durch an den Eckpunkten angenommene elastische

Druckstäbe. Dieser regelmäßig vieleckige Träger wird als mehrfach statisch unbestimmtes Tragwerk berechnet.

Die am Tragwerk angreifenden äußeren Kräfte werden, auf die Eckpunkte des Polygons reduziert, als konzentrierte Kräfte betrachtet. Die elastische Stützwirkung des Bodens wird durch radial gerichtete Stäbe ersetzt, die man sich mit dem Tragwerk gelenkig verbunden denkt und deren elastische Kenngrößen so angesetzt werden, daß sie das gleiche Verhalten zeigen wie der stützende Boden.

Offenbar wird das Vieleck den Kreis um so näher kommen, je größer die Zahl seiner Seiten, mit zunehmender Erhöhung der Seitenzahl werden sich also die Lösungen für den Vieleckträger immer mehr denjenigen für den Ringträger nähern. Für gewöhnlich pflegt man der Berechnung ein 16seitiges Vieleck zugrunde zulegen.

*a*) Einen Vieleckträger als Ersatz für den Ringträger veranschaulicht die Abb. 230; annahmegemäß *ist er an seinem ganzen Umfang abgestützt.* In einem Teil der Stützstäbe treten, wie sich bei der Berechnung zeigt, Zugkräfte auf. Da jedoch der Boden nur Druck auszuüben vermag, wird man das so gewonnene Ergebnis in dem Sinne berichtigen müssen, daß man nur in jenen Abschnitten mit einer Abstützung zu rechnen braucht, in denen die verformungsbedingten Bodenreaktionen Druckkräfte wecken.

Die Berechnung erfolgt mithin in zwei Hauptschritten. Zunächst wird der Träger als am vollen Umfang abgestütztes Tragwerk bemessen, worauf man im nächsten Schritt auf das an seinem Umfang teilweise abgestützte Tragwerk übergeht. Diese Art der Berechnung führt in allen Fällen zu eindeutigen und richtigen Lösungen.

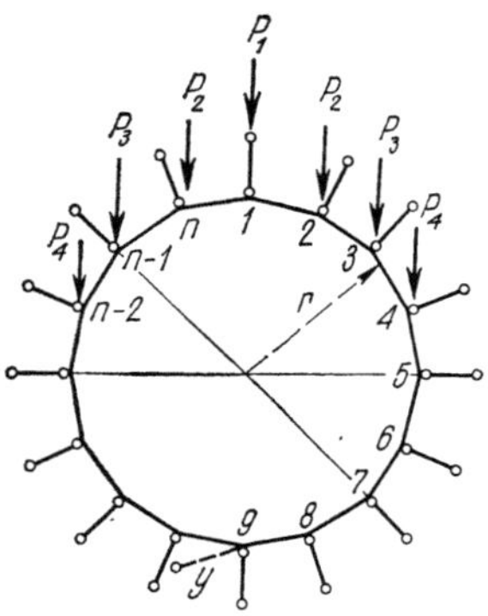


Abb. 230. Den Ringträger ersetzender Vieleckträger

In der Praxis bedient man sich jedoch an Stelle dieses langwierigen Verfahrens eines einfacheren überall dort, wo sich jener Teil des Tragwerks gut abschätzen läßt, an dem stützende Reaktionskräfte nicht auftreten, an dem sich also das Tragwerk von der Bettung ablöst. Auf diese Weise wird die Berechnung sogleich für einen an seinem Umfang nur teilweise abgestützten Träger vorgenommen. Selbstverständlich bedürfen die so gewonnenen Resultate am Ende einer Überprüfung, und stellt sich hierbei heraus, daß die Annahme über die Grenzen der Abstützung unrichtig war, muß die Berechnung mit verbesserten Werten wiederholt werden. In der hier folgenden ausführlichen Beschreibung der Berechnung wird zuerst die erste der erwähnten Lösungen behandelt.

Im ersten Schritt dieser *ersten Lösungsart* wird das Kräftespiel in dem an seinem ganzen Umfang elastisch abgestützten Ringträger bestimmt. Unter einer beliebigen Last ist ein regelmäßig vieleckiges Tragwerk in der in Abb. 230 dargestellten Form nur dann nicht labil, wenn es in einem seiner Eckpunkte auch eine tangential gerichtete Abstützung ($y$) erhält. In diesem Ersatzstab entstehen unter einer symmetrischen Last keinerlei Beanspruchungen, so daß er bei der Berechnung zumeist unberücksichtigt bleiben kann.

Das zu bemessende polygonale Tragwerk ist $(n + 1)$-fach statisch unbestimmt, wenn $n$ die Zahl der Polygonseiten bezeichnet. Das Hauptsystem, das man zur Lösung benötigt, erhält man, indem man an jedem Knickpunkt ein Gelenk einschaltet und an einem der Stützstäbe einen Schnitt anordnet (Abb. 231).

An den so eingeschalteten Gelenken läßt man nun die Momente $M_1 - M_1'$, $M_2 - M_2' \ldots M_n - M_n'$, im durchtrennten Stab hingegen eine Kraft $X_1 - X_1'$ angreifen, und zwar so, daß unter der Einwirkung der äußeren und der soeben

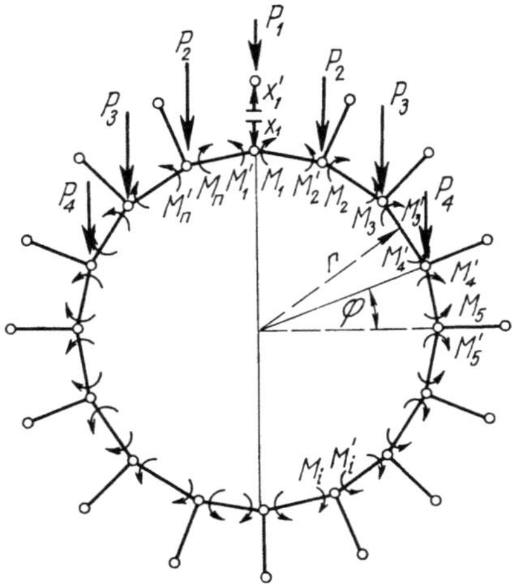

Abb. 231. Statisch bestimmtes Grundsystem des vieleckigen Kettenringes

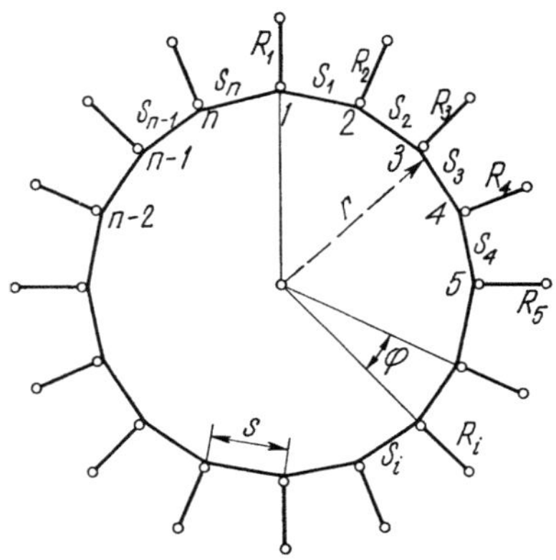

Abb. 232. Die in der Berechnung benützten Bezeichnungen

erwähnten inneren Kräfte die Relativbewegungen in den Punkten $1, 2 \ldots n$ gleich Null werden. Auf diese Weise erhält man $n + 1$ Gleichungen, aus denen sich die Kräfte bzw. Momente $X_1$, $M_1$, $M_2 \ldots M_n$ errechnen lassen. Hat man es mit verteilten äußeren Kräften zu tun, müssen diese zu konzentrierten Kräften reduziert werden, damit Kräfte bloß an Knotenpunkten angreifen.

Die Lösung erfolgt zweckmäßig in zwei Schritten. Zunächst läßt man im durchtrennten Stab die Kraft $X_1 - X_1'$ wirken und bestimmt so die Kräfte, die im einfach statisch unbestimmten, aus einer gelenkig verbundenen Stabkette bestehenden Träger auftreten, um sodann aus diesen den $(n + 1)$-fach statisch unbestimmten Träger zu berechnen.

Die Verformungen, die im Ringträger durch die axial gerichteten Druckkräfte der Stabkette ausgelöst werden, bleiben in dieser Berechnung meist vernachlässigt, wogegen die Verformungen in den Stützstäben selbstredend berücksichtigt werden müssen, da diese die elastische Stützwirkung des Bodens vertreten.

In der Berechnung werden die Bezeichnungen der Abb. 232 benützt, und zwar bedeuten

$S_1, \ldots S_i$ die im $(n + 1)$-fach statisch unbestimmten Ringträger auftretenden Stabkräfte,

$R_1, \ldots R_i$ die Stabkräfte in den Stützstäben an dem $(n + 1)$-fach statisch unbestimmten Träger.

Für die aus den äußeren Lasten herrührenden Stabkräfte am Ersatzbalken erhalten die Bezeichnungen den Index 0, z. B. $S_{01}$, $S_{0i}$, $R_{0i}$.

Bei den am Hauptsystem aus der Last $X_1 = 1$ t herrührenden Stabkräften wird neben den die Stelle anzeigenden Index zusätzlich der Index 1 gesetzt: $S_{11}$, $S_{1i}$, $S_{1n}$. Hierbei zeigt der erste Index die Stelle, der zweite die die Wirkung auslösende Kraft an.

Die Bezeichnungen für die Stabkräfte, die am einfach statisch unbestimmten Träger auftreten, erhalten oben einen waagerechten Strich: $\bar{S}_{10}, \ldots \bar{R}_{11} \ldots$

Die Querschnittfläche der Stäbe wird mit $F$, ihr Elastizitätsmodul mit $E$ bezeichnet.

Die Elastizität der Stützstäbe kennzeichnet der Faktor $D$. Da der Stützstab einen $s$ breiten Bodenstreifen vertritt, gilt

$$D = C \cdot s, \tag{163}$$

worin $C$ die Bettungsziffer ist, so daß $D$ einen dem $s$ breiten Streifen entsprechenden Bettungsfaktor darstellt

Die Relativbewegungen werden, wie üblich, mit $a_{01}$, $a_{11}$, $a_{ik}$ bezeichnet.

Die Stabkraft $X_1$ im einfach statisch unbestimmten Tragwerk errechnet sich zu

$$X_1 = -\frac{a_{01}}{a_{11}}, \tag{164}$$

worin

$$a_{01} = \sum_1^n \frac{S_{0i} S_{1i}}{E F_i} s_i + \sum_1^n \frac{R_{0i} R_{1i}}{D}, \tag{165}$$

und

$$a_{11} = \sum_1^n \frac{S_{1i}^2}{E F_i} s + \sum_1^n \frac{R_{1i}^2}{D}. \tag{166}$$

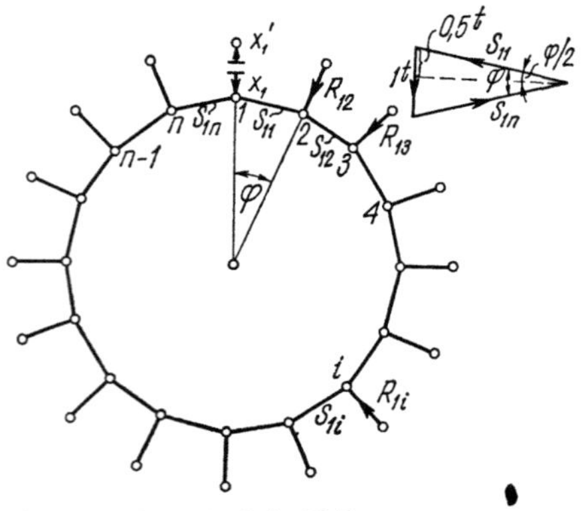


Abb. 233. Polygonkräfte im Kettenzug eines einfach statisch unbestimmten Kettenzuges

Unter der Last $X_1 = 1$ t treten am Hauptsystem folgende Stabkräfte auf (Abb 233):

Im Knotenpunkt 1 halten der Kraft $X_1 = 1$ t die Kräfte $S_{11}$ und $S_{1n}$ das Gleichgewicht

$$S_{11} = \frac{1}{2 \sin \varphi/2}.$$

In den Knotenpunkten 2 bis $i$ werden sämtliche Stabkräfte $\bar{S}_{1i}$ im Hinblick auf die Tatsache, daß $\bar{S}_{12}$ und die einzelnen Vieleckseiten gegeneinander im gleichen Winkel $\varphi$ geknickt sind, offenbar gleich groß sein. Ebenso muß wegen des Gleichgewichts der Knotenpunkt jede stützende Stabkraft $R_{1i}$ 1 t betragen

$$\bar{S}_{1i} = \frac{1}{2 \sin \varphi/2}; \tag{167}$$

$$\bar{R}_{1i} = 1 \text{ t}. \tag{168}$$

Unter Vernachlässigung der Wirkung aus den in der Achse des Stabzuges angreifenden Druckkräften $S_{1i}$ ist

$$a_{11} = \sum_1^n \frac{\bar{R}_{1i}^2}{D} \sum_1^n \frac{1}{D} = \frac{n}{D}. \tag{169}$$

Die Bestimmung der durch die äußere Belastung $P$ geweckten Stabkräfte geht gleichfalls vom 1. Knotenpunkt aus. Greifen den Träger lotrechte Kräfte an, errechnen sich die Stabkräfte zu

$$\bar{S}_{01} = \frac{P_1}{2 \sin \varphi/2}.$$

Zur Bestimmung der Stabkräfte im $i$-ten Knotenpunkt werden die radial und die tangential gerichteten Projektionen der im Knotenpunkt $i$ wirksamen Kräfte aufgeschrieben und auf Grund des Gleichgewichts der Kräfte gleich Null gesetzt.

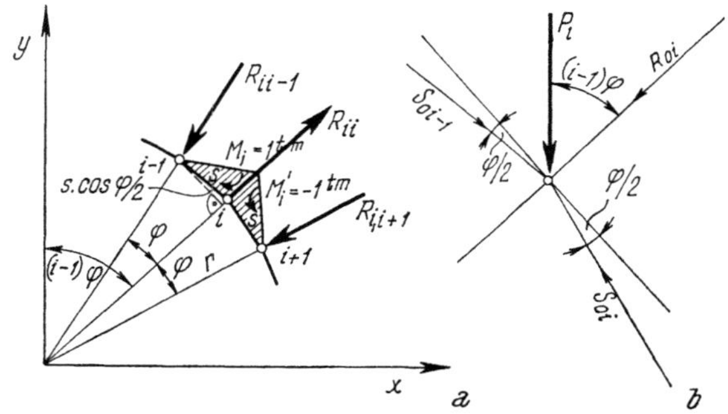


Abb. 234. Infolge eines auf ein Gelenk wirksamen Einheitsmoments hervorgerufene Reaktionskräfte

Die radial gerichtete Projektion schreibt sich gemäß Abb 234b zu

$$-\bar{R_0} - P_i \cos(i-1)\,\varphi + \sin \varphi/2 \left(\bar{S}_{0i-1} + \bar{S}_{0i}\right) = 0, \tag{170a}$$

die tangential gerichtete hingegen zu

$$P_i \sin(i-1)\varphi + \cos \varphi/2 \left(\bar{S}_{0i-1} - \bar{S}_{0i}\right) = 0. \tag{170b}$$

Aus (170b) erhält man

$$S_{0i} = P_i \frac{\sin(i-1)\,\varphi}{\cos \varphi/2} + S_{0i-1}. \tag{171}$$

Anhand dieser Formel lassen sich somit, ausgehend vom Knotenpunkt 1, die Stabkräfte des Ringes ermitteln.

In den Stützstäben beträgt die Stabkraft im allgemeinen

$$R_{0i} = -P_i \cos(i-1)\,\varphi + \sin \varphi/2\,(S_{0i-1} + S_{0i}). \tag{172}$$

Mit den nunmehr bekannten Stabkräften und mit der bereits erwähnten Vernachlässigung hat man

$$a_{01} = \sum_1^n \frac{R_{0i}}{D}, \tag{173}$$

während man $X_1$ nach Ermittlung von $a_{01}$ und $a_{11}$ aus (164) erhält.

Die Stabkräfte in dem einfach statisch unbestimmten Träger errechnen sich also zu

$$\bar{S}_i = S_{01} + X_1 S_{1i} \tag{174}$$

$$\bar{R}_i = R_{0i} + X_1 R_{1i}. \tag{175}$$

Es folgt nun die Bemessung des $(n + 1)$-fach statisch unbestimmten Trägers. Die Eckmomente $M_1, M_2, \ldots M_n$ erhält man aus folgenden Grundgleichungen:

$$\left.\begin{aligned} a_{01} + a_{11} \cdot M_1 + a_{21} \cdot M_2 + \cdots + a_{n1} \cdot M_n = 0; \\ a_{02} + a_{12} \cdot M_1 + a_{22} \cdot M_2 + \cdots + a_{n2} \cdot M_n = 0; \\ a_{0n} + a_{1n} \cdot M_1 + a_{2n} \cdot M_2 + \cdots + a_{nn} \cdot M_n = 0; \end{aligned}\right\} \tag{176}$$

$$a_{0k} = \frac{1}{D} \sum_{i=1}^{n} \bar{R}_{0i} \bar{R}_{ki} + \frac{1}{EJ} \sum_{i=1}^{n} \int \bar{M}_{0i} \bar{M}_{ki} \, \mathrm{d}s; \tag{177}$$

$$a_{km} = \frac{1}{D} \sum_{i=1}^{n} \bar{R}_{ki} \bar{R}_{mi} + \frac{1}{EJ} \sum_{i=1}^{n} \int \bar{M}_{ki} \bar{M}_{mi} \, \mathrm{d}s. \tag{178}$$

Zur Bestimmung der Einheitsfaktoren $a_{km}$ müssen jene inneren Kräfte bekannt sein, die am einfach statisch unbestimmten Träger unter der Beanspruchung durch das Einheitsmoment an den Eckpunkten auftreten. Zu ihrer Ermittlung werden zunächst die am Hauptsystem wirksamen Kräfte bestimmt

An diesem weckt das 1 t/m große, am Knotenpunkt $i$ angreifende Momentenpaar folgende Kräfte (Abb 234a):

Die vom Momentenpaar $M_i$ im Ringträger herrührenden Stabkräfte $S_1, \ldots S_n$ sind gleich Null, weil unter dem Einfluß einer Knotenpunktverdrehung stützende Reaktionskräfte nur an den beiden benachbarten Gelenkpunkten auftreten werden. Dies leuchtet ein, wenn man vom Gleichgewicht des Knotenpunktes 1 ausgeht. Faßt man die einzelnen Stäbe je für sich als frei aufliegende Träger auf, dann treten unter der Einwirkung eines im Gelenkpunkt $i$ angenommenen Moments von 1 tm die Reaktionen

$$R_{ii-1} = R_{ii+1} = -\frac{1}{s \cdot \cos \varphi/2} = -\frac{1}{r \cdot \sin \varphi}; \tag{179}$$

$$R_{ii} = -2 R_{ii+1} \cdot \cos \varphi = \frac{2 \cos \varphi}{r \cdot \sin \varphi} \tag{180}$$

auf. In den übrigen Stützstäben wird die aus dem gleichen Moment herrührende Stabkraft gleich Null sein.

Aus den Krafteinwirkungen, die die Belastung $M_i = 1$ t/m am einfach statisch unbestimmten Träger weckt, wird zuerst $X_1$ bestimmt

$$\begin{aligned} X_1 &= \frac{a_{01}}{a_{11}}; \\ a_{01} &= (R_{ii-1} + R_{ii} + R_{ii+1}) \cdot 1 \cdot \frac{1}{D}; \\ a_{11} &= \frac{n}{D}. \end{aligned} \tag{181}$$

Mit (179) und (180) wird

$$X_1 = -\frac{1}{n} \left( \frac{2 \cos \varphi}{r \cdot \sin \varphi} - \frac{2}{r \cdot \sin \varphi} \right) = \frac{2}{nr \cdot \sin \varphi} (1 - \cos \varphi). \tag{182}$$

Mit dem nunmehr bekannten $X_i$ errechnen sich die Stützkräfte in dem einfach statisch unbestimmten Träger zu

$$\bar{R}_{ii} = R_{0i} + X_1 \cdot 1 = \frac{2 \cos \varphi}{r \cdot \sin \varphi} + \frac{2}{nr \cdot \sin \varphi} (1 - \cos \varphi) =$$

$$= \frac{2}{nr \cdot \sin \varphi} [1 + (n - 1) \cos \varphi]; \tag{183}$$

$$\bar{R}_{ii-1} = \bar{R}_{ii+1} = - \frac{1}{r \cdot \sin \varphi} + \frac{2}{nr \cdot \sin \varphi} (1 - \cos \varphi) =$$

$$= \frac{1}{nr \cdot \sin \varphi} [2 (1 - \cos \varphi) - n];$$

d. h. in allen anderen Stützstäben tritt eine Wirkung nur aus $X_1$ auf

$$\bar{R}_{im} = \frac{2}{nr \cdot \sin \varphi} (1 - \cos \varphi). \tag{184}$$

Die Stabkräfte aus dem Einheits-Eckmoment sind stets gleich, in welchem Knotenpunkt auch immer das Moment wirksam wird (vgl Abb 234a).

Unter den Faktoren $a_{km}$ enthalten jene, bei denen $m = k + 2$ oder $m = k - 2$, kein aus dem Moment herrührendes Glied, weil es zu einer Winkelverdrehung nur durch eine Verdrehung kommen kann, die durch die von der Auflagerkraft in den Punkten $(k + 1)$ und $(k - 1)$ ausgelöste Auflagersenkung verursacht wird (vgl. hierzu: elastisch gebettete Durchlaufträger und die erläuternde Abb. 235). Es wird demnach

$$a_{kk} = \frac{1}{D} \left[\bar{R}_{kk}^2 + 2 \bar{R}_{kk-1}^2 + (n - 3) \bar{R}_{ki}^2\right] + \frac{1}{EJ} \cdot \frac{2s}{3}; \tag{185}$$

$$a_{k,k+1} = a_{k,k-1} = \frac{1}{D} \left[2 \bar{R}_{kk} \bar{R}_{kk+1} + 2 \bar{R}_{kk-1} \bar{R}_{ki} + (n - 4) \bar{R}_{ki}^2\right] + \frac{s}{6EJ}; \tag{186}$$

$$a_{k,k+2} = a_{k,k-2} = \frac{1}{D} \left[\bar{R}_{kk-1}^2 + 2 \bar{R}_{kk} \bar{R}_{ki} + 2 \bar{R}_{kk-1} \bar{R}_{ki} + (n - 5) \bar{R}_{ki}^2\right]. \tag{187}$$

Die Gleichung für die Glieder $a_{0k}$ aus der Last $P$ hat die Form

$$a_{0k} = \frac{1}{D} \left[\bar{R}_{0k} \bar{R}_{kk} + \left(\bar{R}_{0k-1} + \bar{R}_{0k+1}\right) \bar{R}_{kk-1} + \bar{R}_{ki} \sum_{n-3} \bar{R}_{0i}\right]. \tag{188}$$

Diese Formeln bieten die Möglichkeit zur rechnerischen Ermittlung der Faktoren $a_{0k}$, $a_{ik}$ und durch Lösung des Gleichungssystems (176) auch zur Bestimmung der Eckmomente.

Dieser Teil der Berechnung bildet eingentlich bloß deren *ersten Schritt*. Bisher war nämlich die elastische Bettung am vollen Kreisumfang vorausgesetzt, da jedoch die Bettung keinen Zugwiderstand hat, müssen die Resultate im zweiten Schritt so berichtigt werden, daß in den Zugstäben nirgends Zugspannungen auftreten können.

Es wird eine Beanspruchung des Trägers durch die Lasten I, II, III usw. angenommen, unter deren Einwirkung an jenen Punkten 1, 2, 3, 2′, 3′, . . . usw., an

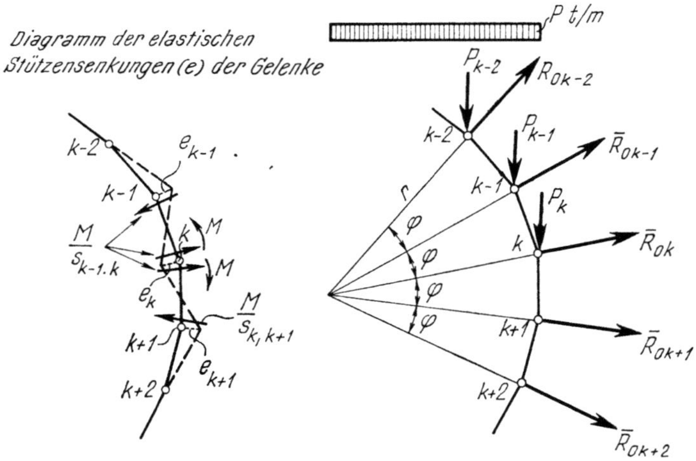


Abb. 235. Infolge der äußeren Kräfte und der elastischen Gelenkverschiebungen hervorgerufene Reaktionskräfte

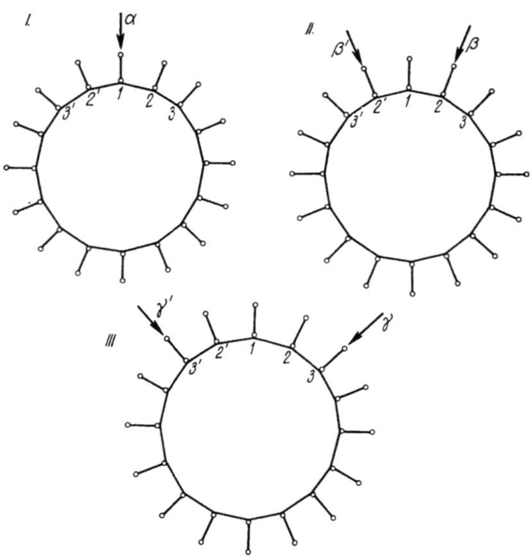


Abb. 236. Virtuelle Kräfte, die den im Scheitelabschnitt auftretenden Reaktionen entgegenwirken ($\alpha$, $\beta$, $\gamma$)

denen in den Stützstäben Zugkräfte auftreten, die konzentrierten Kräfte $\alpha$, $\beta - \beta'$, $\gamma - \gamma'$ in einer Größe angreifen, die die Auflagerkräfte in den genannten Punkten 1, 2, 3, . . . usw. zu Null werden läßt (Abb. 236). Die Zahl der Gleichungen, die man aus dieser Bedingung erhält, stimmt mit der Zahl jener Stützstäbe überein, in denen Zugkräfte auftraten. Aus diesen Gleichungen lassen sich die Kräfte $\alpha, \beta, \gamma$, usw. bestimmen. Die richtige Lösung erhält man schließlich durch Berechnung des an seinem ganzen Umfang abgestützten Trägers.

Die Gleichung, die den Nullwert der Stabkraft zum Ausdruck bringt, schreibt sich für den 1. Stützstab zu

$$R_1 + (R_{\alpha 1} - 1)\,\alpha + R_{\beta 1}\beta + R_{\gamma 1}\gamma = 0, \tag{189}$$

für den 2. Stützstab zu

$$R_2 + R_{\alpha 2}\alpha + (R_{\beta 2} - 1)\beta + R_{\gamma 2}\gamma = 0,$$

für den 3. Stützstab schließlich zu

$$R_3 + R_{\alpha 3}\alpha + R_{\beta 3}\beta + (R_{\gamma 3} - 1)\gamma = 0. \tag{190}$$

In diesen Gleichungen bezeichnen $R_1$, $R_2$ und $R_3$ die Stützkräfte in den Stäben 1, 2 bzw. 3 des Ringes bei Abstützung an dessen vollem Umfang, $R_{\alpha 1}$, $R_{\alpha 2}$ und $R_{\alpha 3}$ die unter der Last $\alpha = 1$ t auftretende, $R_{\beta 1}$, $R_{\beta 2}$ und $R_{\beta 3}$ die unter der Belastung $\beta = \beta' = 1$ t auftretende und $R_{\gamma 1}$, $R_{\gamma 2}$, $R_{\gamma 3}$ die unter der Last von $\gamma = \gamma' = 1$ t geweckte Stützkraft.

Anhand der Gleichungen (189) und (190) können die Werte von $\alpha$, $\beta$ und $\gamma$ ermittelt werden.

Zur Berechnung sei noch bemerkt, daß der $D$-Wert des letzten gedrückten Stützstabes, d. h. jenes Stabes, der neben dem Ablösungsabschnitt liegt, einer Korrektur bedarf. Hier wird nämlich der $s$-Wert in der Beziehung $D = C \cdot s$ kleiner, weil der Stab eine kürzere Bettungslänge hat. Das $D$ setzt man in die Rechnung entweder mit einem geschätzten niedrigeren Wert, etwa mit $D/2$, ein oder man berichtigt das Resultat nachträglich durch eine gesonderte Berechnung.

*b) In der Praxis* greift man häufig zu dem Verfahren, jenen Abschnitt des Tragwerkes, an dem es sich von der Bettung ablöst, vorweg schätzungsweise anzunehmen und *das Kräftespiel sogleich für die teilweise abgestützte Ringkette zu bestimmen.* Auf diese Weise erhält man die Lösung für das Tragwerk in einem Schritt. Erweist sich die Schätzung nach Durchführung der Berechnung als unrichtig, muß diese wiederholt werden.

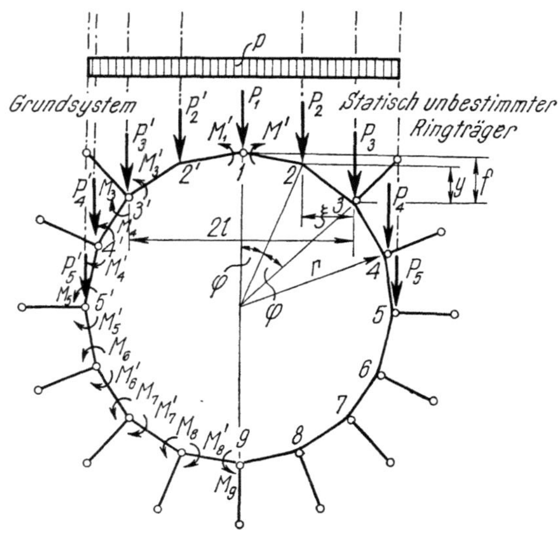

Abb 237. Der partiell eingebettete Vieleckträger und sein statisch bestimmtes Grundsystem

Der Ringträger, der durch eine gleichmäßig verteilte lotrechte Last beansprucht ist, wird durch eine Polygonkette, etwa durch den in Abb. 237 dargestellten Träger mit 16seitigem regelmäßigem Vieleckquerschnitt ersetzt. Dieser Träger ist 14fach statisch unbestimmt, da jedoch sowohl die Last als auch der Träger völlig symmetrisch sind, brauchen bloß 8 Unbekannte bestimmt zu werden. Das Hauptsystem erhält man durch Einschaltung von Gelenken an 14 Eckpunkten. Annahmegemäß beanspruchen es die — auch an den symmetrisch zur lotrechten Achse gelegenen Knotenpunkten angreifenden — Momente $M_1 - M_1'$, $M_2 - M_2'$, … $M_9 - M_9'$, und zwar so, daß die Relativbewegungen an den zwischengeschalteten Gelenken gleich Null werden (Abb. 237 links). Schreibt man diese Bedingung für jeden Knotenpunkt auf, erhält man 8 Gleichungen, aus denen sich die 8 Unbekannten bestimmen lassen. In der Berechnung pflegt man den $D$-Wert am äußeren Stützstab mit $D/2$ anzusetzen.

Der Berechnungsgang soll an einem Beispiel erörtert werden, welches für den aus Abb. 237 ersichtlichen Träger unter Annahme einer gleichmäßig verteilten lotrechten Last $p = 1$ t/m ausgearbeitet wurde.

Vorausgesetzt ist, daß der Ringträger eine Verformung erleidet, die ihn längs des oberen Kreisviertels vom Boden löst. Der Träger wird statisch bestimmt, indem man an den Knotenpunkten 1, 3, 4, 5, 6, 7, 8, 9 und an den gegenüberliegenden, mit einem Strich bezeichneten Knotenpunkten je ein Gelenk einschaltet. Zur Bestimmung der Relativbewegungen müssen die am Hauptsystem auftretenden inneren Kräfte, die äußere Last und die Einheits-Momentenpaare bekannt sein, die an den Stellen der Gelenkzwischenschaltung angreifen. Die weiteren Voraussetzungen sind:

$r = 3{,}0$ m; $J = 0{,}000144$ m$^4$; $E = 10\,000\,000$ t/m$^2$; $C = 10$ kg/cm$^3$ $= 10\,000$ t/m$^3$; die Breite des untersuchten Ringes ist 1 m; $\varphi = 22°30'$; $s = 2r \sin \varphi/2 = 1{,}17$ m; $b = r \sin 45°$ $= 2{,}12$ m; $f = r(1 - \cos 45°) = 0{,}88$ m; $y = r(\cos\varphi - \cos 2\varphi) = 0{,}65$ m; $\xi = r(\sin 2\varphi -$ $- \sin\varphi) = 0{,}97$ m.

Die äußeren Kräfte werden auf die Eckpunkte des Vielecks reduziert:

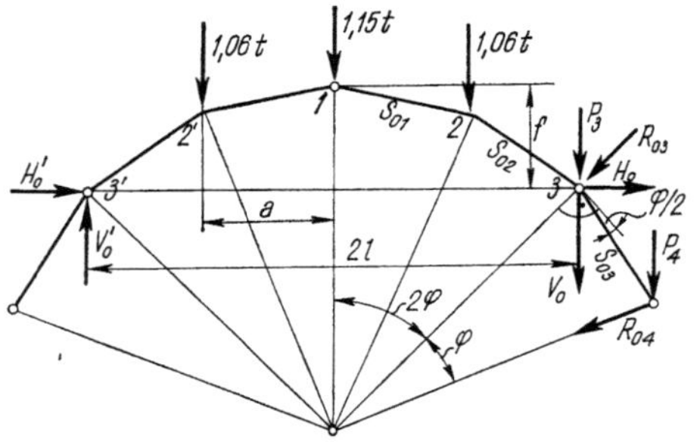


Abb. 238. Der dreigelenkige Scheitelabschnitt des Vieleckträgers

$$P_1 = 1 \cdot s \cdot \cos\varphi/2 = 1{,}15 \text{ t};$$

$$P_2 = \frac{s}{2}\left(\cos\varphi/2 + \cos\frac{3\varphi}{2}\right) = 1{,}06 \text{ t};$$

$$P_3 = \frac{s}{2}\left(\cos\frac{3\varphi}{2} + \cos\frac{5\varphi}{2}\right) = 0{,}81 \text{ t};$$

$$P_4 = \frac{s}{2}\left(\cos\frac{5\varphi}{2} + \cos\frac{7\varphi}{2}\right) = 0{,}44 \text{ t};$$

$$P_5 = \frac{s}{2}\left(\cos\frac{7\varphi}{2}\right) = 0{,}11 \text{ t}.$$

Die Berechnung der Stabkräfte geht von der Bemessung des oberen Teiles als Dreigelenkbogen (Abb. 238) aus

$$V_0 = \frac{P_1}{2} + P_2 = 1{,}63 \text{ t}.$$

Das Moment im Punkt 1 errechnet sich zu

$$- V_0 l + H_0 f + P_2 a = 0; \qquad H_0 = \frac{1}{f}(V_0 l - P_2 a) = 2{,}56 \text{ t};$$

$$S_{01} = -H_0 \cdot \cos\varphi/2 - (V_0 - P_2)\sin\varphi/2 = -2{,}62 \text{ t};$$

$$S_{02} = -H_0 \cdot \cos 1{,}5\varphi - V_0 \cdot \sin 1{,}5\varphi = -3{,}04 \text{ t};$$

$$M_{02} = -2{,}56^{\text{t}} \cdot 0{,}65 + 1{,}63^{\text{t}} \cdot 0{,}973 = -0{,}075 \text{ t/m}.$$

Es folgt die Bestimmung der gelenkigen Stabkette.

Zunächst wird *die Gleichgewichtsgleichung für die tangentiale Projektion* der in Punkt 3 angreifenden Kräfte (vgl. Abb. 238) aufgeschrieben:

$$-(P_3 + V_0)\sin 2\varphi - H_0 \cdot \cos 2\varphi = S_{03} \cdot \cos\varphi/2;$$

$$S_{03} = -\frac{1}{\cos\varphi/2}\left[(P_3 + V_0)\sin 2\varphi + H_0 \cdot \cos 2\varphi\right] = -3{,}62 \text{ t}.$$

*Die Radialprojektion* wird

$$R_{03} = (P_3 + V_0)\cos 2\varphi - H_0 \sin 2\varphi - S_{03} \sin \varphi/2 = -0{,}787 \text{ t}.$$

Ähnlich werden auf Grund des Gleichgewichts der Projektionen sämtlicher in den einzelnen Knotenpunkten angreifender Kräfte auch die anderen Stabkräfte ermittelt.

$$S_{04} = -4{,}03 \text{ t}; \qquad R_{04} = -1{,}32 \text{ t};$$
$$S_{05} = -4{,}15 \text{ t}; \qquad R_{05} = -1{,}59 \text{ t}.$$

In den übrigen Stäben sind die Stabkräfte gleich groß:

$$S_{06} = S_{07} = S_{08} = -4{,}15 \text{ t};$$
$$R_{06} = R_{07} = R_{08} = R_{09} = 2 S_{06} \sin \varphi/2 = -1{,}62 \text{ t}.$$

Zusammenfassend erhält man für die durch die äußeren Kräfte geweckten Stabkräfte bzw. Momente (Abb. 239)

$$S_{01} = -2{,}62 \text{ t},$$
$$S_{02} = -3{,}04 \text{ t},$$
$$S_{03} = -3{,}62 \text{ t},$$
$$S_{04} = -4{,}03 \text{ t},$$
$$S_{05} = -4{,}15 \text{ t},$$
$$S_{06} = S_{07} = S_{08} = -4{,}15 \text{ t},$$
$$R_{03} = -0{,}787 \text{ t},$$
$$R_{04} = -1{,}32 \text{ t},$$
$$R_{05} = -1{,}59 \text{ t},$$
$$R_{06} = R_{07} = R_{08} = R_{09} = -1{,}62 \text{ t}.$$

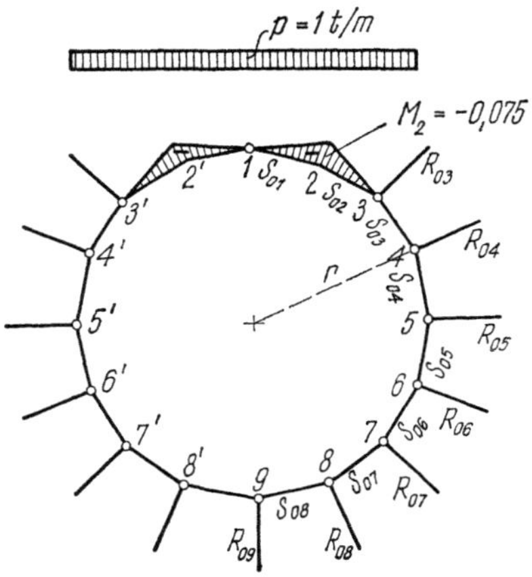

Abb. 239. Innere Kräfte im Kettenzug und in den virtuellen Stützstäben

*Aus den Einheits-Momenten herrührende innere Kräfte*:

Zunächst wird der obere Dreigelenkbogen berechnet

$$V = 0; \quad H = \frac{1}{f} = 1{,}14 \text{ t}; \quad S_{11} = H \cdot \cos \varphi/2 = +1{,}12 \text{ t}; \quad S_{12} = H \cdot \cos 1{,}5\,\varphi = +0{,}95 \text{ t};$$
$$M_2 = Hy = +1{,}14 \cdot 0{,}65 = +0{,}74 \text{ t/m}.$$

*Die Berechnung der gelenkigen Stabkette* nimmt folgenden Verlauf:

Die tangentiale Projektion der am Punkt 3 angreifenden Kräfte ist

$$H \cdot \cos 2\varphi - S_{13} \cdot \cos \varphi/2 = 0;$$
$$S_{13} = \frac{H \cdot \cos 2\varphi}{\cos \varphi/2} = +0{,}821 \text{ t},$$

die radiale Projektion derselben Kräfte hingegen

$$H \cdot \sin 2\varphi + S_{13} \cdot \sin \varphi/2 - R_2 = 0,$$
$$R_2 = H \cdot \sin 2\varphi + S_{13} \cdot \sin \varphi/2 = +0{,}965 \text{ t},$$
$$S_{14} = S_{15} = S_{16} = S_{17} = S_{18} = +0{,}821 \text{ t}.$$
$$R_4 = 2 S_{13} \cdot \sin \varphi/2 = +0{,}32 \text{ t},$$
$$R_1 = R_5 = R_6 = R_7 = R_8 = +0{,}32 \text{ t}.$$

Die inneren Kräfte, die die Einheits-Momentenpaare in den Knotenpunkten 3, 4, 5, 6, 7, 8 und 9 wecken, lassen sich auf ähnliche Weise ermitteln. Die Ergebnisse gehen aus den Abb. 240a bis d hervor.

Für die Momentenpaare $M_6$, $M_7$ und $M_8$ erhält man dieselben Werte wie für das Moment $M_5$. Sodann werden die Faktoren $a_{ik}$ und $a_{0k}$ bestimmt:

$$a_{ik} = \int \frac{M_i M_k}{EJ}\, \mathrm{d}s + \Sigma \frac{S_i S_k}{EF}\, s + \Sigma \frac{R_i R_k}{D};$$

$$D = C \cdot s = 10000 \cdot 1{,}17 = 11700 \text{ t/m}^2.$$

$$EJ = 10000000 \text{ t/m}^2 \cdot 0{,}000144 \text{ m}^4 = 1440 \text{ t/m}^2.$$

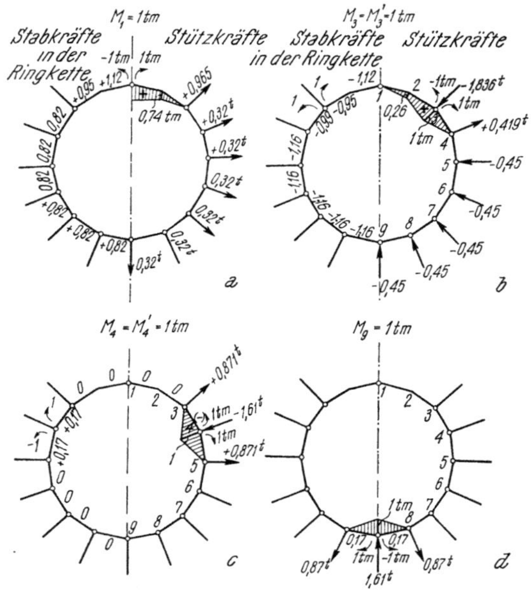


Abb. 240. Innere Kräfte und Reaktionen, hervorgerufen durch die auf die einzelnen Gelenke wirksamen Einheitsmomente

Die Verformungen durch die Normalkräfte werden vernachlässigt, und der Einfachheit halber die Werte für $EJ\,a_{ik}$ ermittelt. Es wird

$$a'_{ik} = \int M_i M_k\, \mathrm{d}s + \Sigma R_i R_k \cdot \frac{EJ}{D};$$

$$a'_{0k} = \int M_0 M_k\, \mathrm{d}s + \Sigma R_0 R_k \frac{EJ}{D};$$

$$\frac{EJ}{D} = \frac{1440}{11700} = 0{,}123;$$

Beim ersten 45gradigen Stützstab wird $D$ mit seinem halben Wert eingesetzt, es gilt demnach

$$\frac{EJ}{D'} = 0{,}246.$$

*Die Berechnung von* $a_{11}$ nimmt folgenden Gang (vgl. hierzu die in Abb. 239 angegebenen Momenten- und Stabkräfte-Werte):

Die Werte für $m_1^2$ gehen aus der Momentenfläche in Abb. 241 hervor.

$$a_{11} = \frac{2s}{3} \cdot m_{12}^2 + \frac{2s}{6}\left[1 + 4\left(\frac{m_{11} + m_{12}}{2}\right)^2 + m_{12}^2\right] + \frac{EJ}{D'} \cdot 2R_{13}^2 + \frac{EJ}{D} \cdot 11\,R_{12}^2 =$$

$$= \frac{2s}{3} \cdot 0{,}548 + \frac{2s}{6}(1 + 4 \cdot 0{,}756 + 0{,}548) + 0{,}246 \cdot 2 \cdot 0{,}965^2 + 0{,}123 \cdot 11 \cdot 0{,}32^2 = 2{,}81.$$

Die Momentenflächen $m_1$ und $m_2$ zur Berechnung des Wertes von $a_{13}$ enthält die Abb. 242. Ermittelt man die Größe der Momentenflächen $m_1$ und $m_3$ und addiert man mit ihnen das Produkt $\Sigma\, R_i R_k \frac{EJ}{D}$, dann erhält man

$$a_{13} = \frac{2s}{6} \cdot F_0 - \frac{EJ}{D'} \cdot 2R_{13}R_{33} + \frac{EJ}{D} \cdot 2R_{14}R_{34} - \frac{EJ}{D} \cdot 9R_{15}R_{35} = \frac{2s}{6}(0 + 4 \cdot 0{,}113 +$$

$$+ 0{,}192 + 0{,}192 + 4 \cdot 0{,}233) - 0{,}246 \cdot 2 \cdot 0{,}965 \cdot 1{,}836 + 0{,}32 \cdot 0{,}419 - 0{,}123 \cdot 2 -$$

$$- 0{,}32 \cdot 4{,}53 \cdot 0{,}123 \cdot 9 = 0{,}309;$$

$$a_{14} = 2 \cdot 0{,}965 \cdot 0{,}871 \cdot 0{,}246 \cdot 2 \cdot 1{,}61 \cdot 0{,}32 \cdot 0{,}123 + 2 \cdot 0{,}871 \cdot 0{,}32 \cdot 0{,}123 = +0{,}355;$$

$$a_{15} = 0{,}123 \cdot 2 \cdot 0{,}32 \cdot (0{,}871 \cdot 2 - 1{,}61) = +0{,}0104;$$

$$a_{16} = a_{17} = a_{18} = +0{,}0104; \qquad a_{19} = +0{,}005.$$

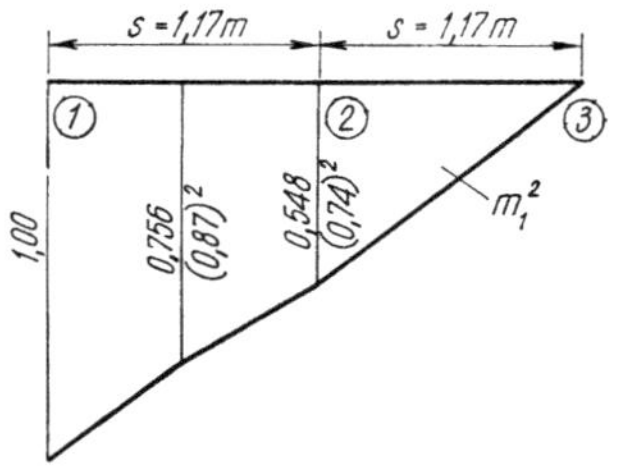


Abb. 241. Von der Verdrehung eines Dreigelenkbogens abhängiges Arbeitsdiagramm (für die Berechnung von $a_{11}$)

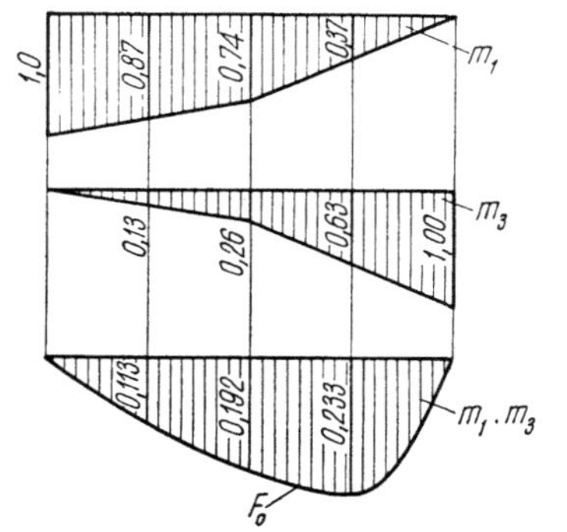


Abb. 242. Momentenbilder für die Berechnung eines Verformungsfaktors mit gemischtem Index $a_{13}$

Die weiteren Faktoren $a_{ik}$, $a_{0k}$ errechnen sich auf ähnliche Weise. Es ergeben sich hierbei folgende Werte:

| | | | |
|---|---|---|---|
| $a_{11} = +2{,}81$ | $a_{33} = +3{,}797$ | $a_{44} = +2{,}758$ | $a_{55} = +2{,}571$ |
| $a_{12} = -0{,}309$ | $a_{34} = -0{,}658$ | $a_{45} = -0{,}298$ | $a_{56} = -0{,}298$ |
| $a_{14} = +0{,}355$ | $a_{35} = +0{,}1725$ | $a_{46} = +0{,}187$ | $a_{57} = +0{,}187$ |
| $a_{15} = +0{,}0104$ | $a_{36} = -0{,}0145$ | $a_{47} = 0$ | $a_{58} = 0$ |
| $a_{16} = +0{,}0104$ | $a_{37} = -0{,}0145$ | $a_{48} = 0$ | $a_{59} = 0$ |
| $a_{17} = +0{,}0104$ | $a_{38} = -0{,}0145$ | $a_{49} = 0$ | |
| $a_{18} = +0{,}0104$ | $a_{39} = -0{,}007$ | | |
| $a_{19} = +0{,}0052$ | | | |
| $a_{66} = +2{,}571$ | $a_{77} = +2{,}571$ | $a_{88} = +2{,}758$ | $a_{99} = +1{,}285$ |
| $a_{67} = -0{,}298$ | $a_{78} = -0{,}298$ | $a_{89} = -0{,}298$ | |
| $a_{68} = +0{,}187$ | $a_{79} = +0{,}187$ | | |
| $a_{69} = 0$ | | | |
| $a_{01} = -1{,}165$ | $a_{03} = +1{,}325$ | $a_{04} = -0{,}154$ | $a_{05} = 0$ |
| $a_{06} = -0{,}0465$ | $a_{07} = -0{,}0525$ | $a_{08} = -0{,}0525$ | $a_{09} = -0{,}0262$ |

Zur Berechnung der Momente dient folgendes Gleichungssystem:

$$\begin{aligned}
a_{11}M_1 + a_{13}M_3 + a_{14}M_4 + a_{15}M_5 + a_{16}M_6 + a_{17}M_7 + a_{18}M_8 + a_{19}M_9 + a_{01} &= 0\\
a_{31}M_1 + a_{23}M_3 + a_{34}M_4 + x_{35}M_5 + a_{36}M_6 + a_{37}M_7 + a_{38}M_8 + a_{39}M_9 + a_{03} &= 0\\
a_{41}M_1 + a_{43}M_3 + a_{44}M_4 + a_{45}M_5 + a_{46}M_6 + a_{47}M_7 + a_{48}M_8 + a_{49}M_9 + a_{04} &= 0\\
a_{51}M_1 + a_{53}M_3 + a_{54}M_4 + a_{55}M_5 + a_{56}M_6 + a_{57}M_7 + a_{58}M_8 + a_{59}M_9 + a_{05} &= 0\\
a_{61}M_1 + a_{63}M_3 + a_{64}M_4 + a_{65}M_5 + a_{66}M_6 + a_{66}M_6 + a_{66}M_6 + a_{66}M_6 + a_{06} &= 0\\
a_{71}M_1 + a_{73}M_3 + a_{74}M_4 + a_{75}M_5 + a_{76}M_6 + a_{77}M_7 + a_{78}M_8 + a_{79}M_9 + a_{07} &= 0\\
a_{81}M_1 + a_{83}M_3 + a_{84}M_4 + a_{85}M_5 + a_{86}M_6 + a_{87}M_7 + a_{88}M_8 + a_{89}M_9 + a_{08} &= 0\\
a_{91}M_1 + a_{93}M_3 + a_{94}M_4 + a_{95}M_5 + a_{96}M_6 + a_{97}M_7 + a_{98}M_8 + a_{99}M_9 + a_{09} &= 0
\end{aligned}$$

*Tabelle 22*

| | $M_1$ | $M_3$ | $M_4$ | $M_5$ | $M_6$ | $M_7$ | $M_8$ | $M_9$ | $P$ | $\Sigma$ | |
|---|---|---|---|---|---|---|---|---|---|---|---|
| I | +2,810 | −0,309 | +0,355 | +0,010 | +0,010 | +0,010 | +0,010 | +0,005 | −1,165 | +1,736 | |
| 2 | −0,309 | +3,797 | −0,658 | +0,172 | −0,014 | −0,014 | −0,014 | −0,007 | +1,325 | +4,278 | |
| αI | +0,309 | −0,037 | +0,039 | +0,001 | +0,001 | +0,001 | +0,001 | +0,001 | −0,128 | +0,191 | $\alpha = +0{,}1100$ |
| II | | +3,763 | −0,619 | +0,173 | −0,013 | −0,013 | −0,013 | −0,006 | +1,197 | +4,469 | |
| 3 | +0,355 | −0,658 | +2,758 | −0,298 | +0,187 | 0 | 0 | 0 | −0,154 | +2,190 | |
| αI | −0,355 | +0,039 | −0,045 | −0,001 | −0,001 | −0,001 | −0,001 | −0,001 | +0,147 | −0,219 | $\alpha = -0{,}1262$ |
| αII | | +0,620 | −0,102 | +0,028 | −0,002 | −0,002 | −0,002 | −0,001 | +0,198 | +0,739 | $\alpha = +0{,}165$ |
| III | | | +2,611 | −0,271 | +0,184 | −0,003 | −0,003 | −0,002 | +0,191 | +2,710 | |
| 4 | +0,010 | +0,172 | −0,298 | +2,571 | −0,298 | +0,187 | 0 | 0 | 0 | +2,344 | |
| αI | −0,010 | +0,010 | −0,001 | 0 | 0 | 0 | 0 | 0 | +0,004 | −0,006 | $\alpha = -0{,}00356$ |
| αII | | −0,173 | +0,028 | −0,008 | +0,001 | +0,001 | +0,001 | 0 | −0,055 | −0,206 | $\alpha = -0{,}046$ |
| αIII | | | +0,271 | −0,028 | +0,019 | 0 | 0 | 0 | +0,020 | +0,282 | $\alpha = \phantom{-}0{,}104$ |
| IV | | | | +2,535 | −0,278 | +0,188 | +0,001 | 0 | −0,031 | +2,414 | |
| 5 | +0,010 | −0,014 | +0,167 | −0,298 | +2,571 | −0,298 | +0,187 | 0 | −0,046 | +2,298 | |
| αI | −0,010 | +0,001 | −0,001 | 0 | 0 | 0 | 0 | 0 | +0,004 | −0,006 | $\alpha = -0{,}00356$ |
| αII | | +0,013 | −0,002 | +0,001 | 0 | 0 | 0 | 0 | +0,004 | +0,016 | $\alpha = +0{,}00346$ |
| αIII | | | −0,184 | +0,019 | −0,013 | 0 | 0 | 0 | −0,014 | −0,192 | $\alpha = -0{,}0705$ |
| αIV | | | | +0,278 | −0,031 | +0,021 | 0 | 0 | −0,002 | +0,264 | $\alpha = \phantom{-}0{,}1096$ |
| V | | | | | +2,527 | −0,277 | +0,0187 | 0 | −0,055 | +2,381 | |

| | | | | | | | | | | | |
|---|---|---|---|---|---|---|---|---|---|---|---|
| 6 | +0,010 | −0,014 | 0 | +0,187 | −0,298 | +2,571 | −0,298 | +0,187 | −0,052 | +2,293 | |
| αI | −0,010 | +0,001 | −0,001 | 0 | 0 | 0 | 0 | 0 | +0,004 | −0,006 | α = −0,00356 |
| αII | | +0,013 | −0,002 | +0,001 | 0 | 0 | 0 | 0 | +0,004 | +0,016 | α = +0,00346 |
| αIII | | | +0,003 | 0 | 0 | 0 | 0 | 0 | 0 | +0,003 | α = +0,00115 |
| αIV | | | | −0,189 | +0,021 | −0,014 | 0 | 0 | +0,002 | −0,179 | α = −0,0745 |
| αV | | | | | +0,277 | −0,030 | +0,020 | 0 | −0,006 | +0,261 | α = +0,1096 |
| VI | | | | | | +2,527 | −0,278 | +0,187 | −0,048 | +2,388 | |
| 7 | +0,010 | −0,014 | 0 | 0 | +0,187 | −0,298 | +2,758 | −0,296 | −0,052 | +2,293 | |
| αI | −0,010 | +0,001 | −0,001 | 0 | 0 | 0 | 0 | 0 | +0,004 | −0,006 | α = −0,00356 |
| αII | | +0,013 | −0,002 | +0,001 | 0 | 0 | 0 | 0 | +0,084 | +0,016 | α = +0,00346 |
| αIII | | | +0,003 | 0 | 0 | 0 | 0 | 0 | 0 | +0,003 | α = +0,00115 |
| αIV | | | | −0,001 | 0 | 0 | 0 | 0 | 0 | −0,001 | |
| αV | | | | | −0,187 | +0,031 | −0,014 | 0 | +0,004 | −0,176 | |
| αVI | | | | | | +0,277 | −0,031 | +0,021 | −0,005 | +0,263 | |
| VII | | | | | | | +2,713 | −0,277 | −0,045 | +2,392 | |
| 8 | +0,005 | −0,007 | 0 | 0 | 0 | +0,187 | −0,298 | +1,285 | −0,0262 | +1,146 | |
| αI | −0,005 | 0 | 0 | 0 | 0 | 0 | 0 | 0 | 0 | −0,003 | α = −0,00178 |
| αII | | +0,007 | −0,001 | 0 | 0 | 0 | 0 | 0 | 0 | +0,008 | α = +0,00173 |
| αIII | | | +0,002 | 0 | 0 | 0 | 0 | 0 | 0 | +0,002 | α = 0,00076 |
| αIV | | | | 0 | 0 | 0 | 0 | 0 | 0 | 0 | α = 0 |
| αV | | | | | 0 | 0 | 0 | 0 | 0 | 0 | α = 0 |
| αVI | | | | | | −0,187 | +0,021 | −0,014 | +0,004 | −0,177 | α = −0,074 |
| αVII | | | | | | | +0,277 | −0,028 | −0,005 | +0,245 | α = +0,1023 |
| VIII | | | | | | | | +1,243 | −0,023 | +1,221 | |

Die $M_1, M_2, \ldots, M_3$ Werte sind aus den Gl I, II, ..., VIII durch nacheinanderfolgendes Einsetzen der vorangehend ermittelten Werte erhältlich

VIII. $1{,}243\, M_2 - 0{,}023 = 0$; VII. $2{,}713\, M_8 - 0{,}277\, M_9 - 0{,}045 = 0$.

VI. $2{,}527\, M_7 - 0{,}278\, M_8 + 0{,}187\, M_9 - 0{,}048 = 0$; V. $2{,}527\, M_6 - 0{,}277\, M_7 + 0{,}0187\, M_8 - 0{,}055 = 0$;

IV. $2{,}535\, M_5 - 0{,}278\, M_6 + 0{,}188\, M_7 + 0{,}001\, M_8 - 0{,}031 = 0$;

III. $2{,}611\, M_4 - 0{,}271\, M_5 + 0{,}184\, M_6 - 0{,}003\, M_7 - 0{,}003\, M_8 - 0{,}002\, M_9 + 0{,}191 = 0$;

II. $3{,}763\, M_3 - 0{,}619\, M_4 + 0{,}173\, M_5 - 0{,}013\, M_6 - 0{,}013\, M_7 - 0{,}013\, M_8 - 0{,}06\, M_9 + 1{,}197 = 0$;

I. $2{,}810\, M_1 - 0{,}309\, M_3 + 0{,}355\, M_4 + 0{,}010\, M_5 + 0{,}010\, M_6 + 0{,}010\, M_7 + 0{,}010\, M_8 + 0{,}005\, M_9 - 1{,}165 = 0$.

Dieses Gleichungssystem wird tabellarisch auf Grund des Gaußschen Eliminationsverfahrens gelöst (Tab. 22), wobei man folgende Werte erhält:

$M_9 = +0{,}0185$ $M_6 = +0{,}0225$ $M_3 = -0{,}331$

$M_8 = +0{,}0185$ $M_5 = +0{,}0133$ $M_1 = +0{,}388$

$M_7 = +0{,}0197$ $M_4 + -0{,}0735$ $M_2 = +0{,}1265$

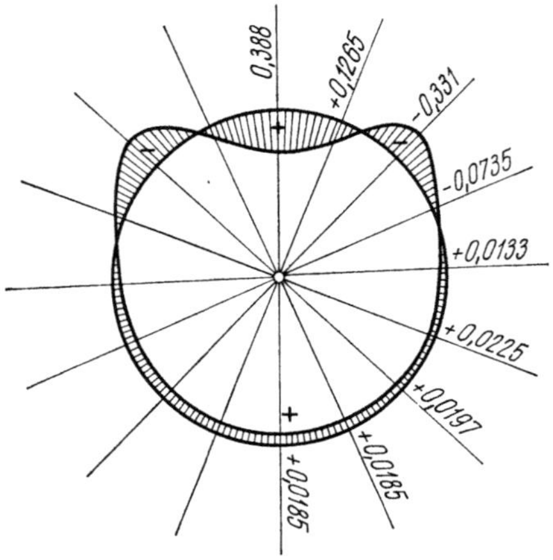


Die Momentenfläche für den Ringträger ist aus Abb. 243 ersichtlich. Wie sich zeigt, weichen die Resultate von den Ergebnissen, die das Verfahren Bodrow-Gorelik liefert, erheblich ab. Lediglich in ihrem Charakter sind die Momentenflächen einander gleich, und eine gute Übereinstimmung zeigen auch die maximalen Momente im Scheitel (vgl. Abb. 229).

**Abb. 243. Momentenbild des Ringträgers (geschlossener Vieleckträger)**

### 4.3.3.3. Das Verfahren nach Bugajewa

Ein einfacheres Näherungsverfahren zur Berechnung elastisch gebetteter Ringtragwerke hat Bugajewa ausgearbeitet. Es hat den Vorzug, weit rascher brauchbare Ergebnisse zu liefern [76].

In der Berücksichtigung der elastischen Bettung geht das Berechnungsverfahren von der *willkürlichen Annahme einer empirisch gefundenen Verteilungskurve* aus, die es gestattet, die Werte der Reaktionskräfte so festzulegen, daß sie sowohl der Gleichgewichts- als auch jener anderen Bedingung genügen, derzufolge die waagerechte Verschiebung des Trägers an den am waagerechten Trägerdurchmesser gelegenen Punkten der Bettungsverschiebung gleich sein muß. Im Grunde genommen berücksichtigt also diese Bedingung die elastische Bettung in exakter Weise nur an zwei am waagrechten Durchmesser einander gegenüberliegenden Punkten. An allen anderen Punkten werden in die Rechnung bloß willkürlich angenommene Reaktionen einbezogen, die allerdings den exakten Werten der elastischen Bettung mit guter Näherung folgen.

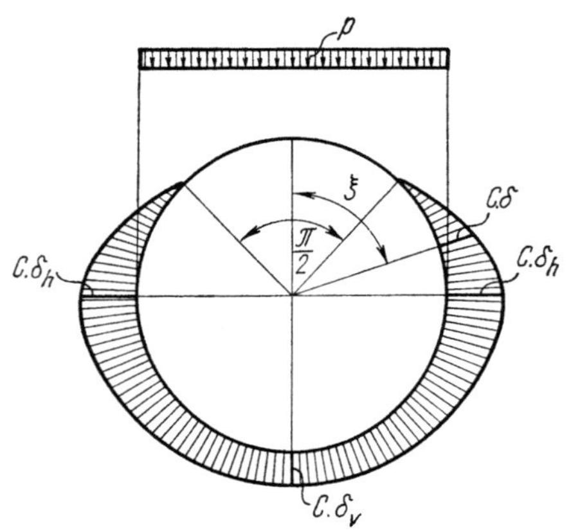


**Abb. 244. Angenommene Verteilung der Bettungsreaktionen nach Bugajewa**

Unter der von oben her wirksamen gleichmäßig verteilten lotrechten Last zeigen die Bodenreaktionen die in Abb. 244 dargestellte Verteilung. Die Verteilung fußt nach Bugajewa auf folgenden Zusammenhängen:

ist $\xi < 45°$, dann ist die Reaktion gleich Null;

$$\text{bei } 45° < \xi < 90° \text{ gilt } C\delta = C\delta_h \cos 2\xi;$$

$$\text{bei } 90° < \xi < 180° \text{ ist } C\delta = C\delta_h \sin^2\xi + C\delta_v \cos^2\xi.$$

Das Tragwerk wird als dreifach statisch unbestimmte Konstruktion berechnet, wobei man die unbekannten Kräfte $C\delta_h$ und $C\delta_v$ aus zwei weiteren Gleichungen zu ermitteln hat, und zwar einesteils aus der Kräftegleichgewichtsgleichung, anderenteils aus der Gleichung der Horizontalverschiebung am waagrechten Durchmesser, die man der Zusammendrückung des Bodens gleichsetzt.

Bei der in Abb. 245 dargestellten symmetrischen Belastung erhält man das Hauptsystem, indem man den Ring oben in der Mitte durchtrennt. Durch die Kräfte- bzw. Momentenpaare $X_1$, $X_2$ und $X_3$ läßt sich erreichen, daß sich das Hauptsystem ebenso verhält wie ein statisch unbestimmter Durchlaufträger.

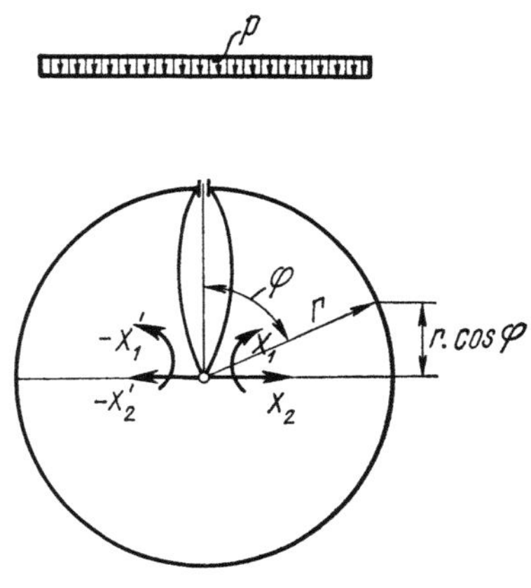

Abb. 245. Statisch bestimmtes Grundsystem des Ringträgers

Wegen der Symmetrie wird die Kraft $X_3$ gleich Null sein. Die Kräfte $X_1$ und $X_2$ ergeben sich wieder aus der Bedingung, daß die Relativverschiebung an der Schnittstelle gleich Null sein muß:

$$X_1 a_{11} + a_{01} = 0; \qquad (191)$$

$$X_2 a_{22} + a_{02} = 0. \qquad (192)$$

Die Verschiebungs- und Einheitsfaktoren brauchen im Hinblick auf die Symmetrie bloß für den Halbträger ermittelt werden zu

$$a_{11} = \int_0^\pi \frac{m_1^2\, \mathrm{d}s}{EJ} = \frac{\pi r}{EJ},$$

$$a_{22} = \int_0^\pi \frac{m_2^2\, \mathrm{d}s}{EJ} = 2\int_0^\pi \frac{r^3 \cdot \cos^2\varphi \cdot \mathrm{d}\varphi}{EJ} = \frac{\pi \cdot r^3}{2EJ}.$$

Die Faktoren $a_{01}$, $a_{02}$ werden als Funktionen von $C$, $\delta_h$ und $\delta_v$ ausgedrückt.

Zunächst wird die Momentenfläche aufgetragen, wie sie sich aus den Beanspruchungen durch die äußeren Kräfte am Hauptsystem ergibt. Das Moment wird für den in drei Abschnitte unterteilten Träger je Abschnitt gesondert ermittelt (Abb. 246).

Im Abschnitt $0 < \varphi < \pi/4$ treten keine Reaktionskräfte auf.

$$M'_0 = -\int_0^\varphi p r_k \cdot \cos\xi\,(r \cdot \sin\xi - r_k \cdot \sin\varphi)\,\mathrm{d}\xi = -\frac{1}{2}\,p r_k r\left(2 - \frac{r_k}{r}\right)\sin^2\varphi,$$

woraus mit $\alpha = 2 - \frac{r_k}{r}$

$$M'_0 = -\frac{1}{2}\,p \cdot r_k \cdot r \cdot \alpha \cdot \sin^2\varphi. \qquad (193)$$

Im Abschnitt $\pi/4 < \varphi < \pi/2$ (Abb. 246) schreibt sich das Moment zu

$$M_0'' = -\frac{1}{2} p r_k \alpha \cdot \sin^2\varphi - \int_{\pi/4}^{\varphi} C\delta r \cdot \sin(\varphi - \xi)\, r_k \,\mathrm{d}\xi = -\frac{1}{2} p r_k r \alpha \cdot \sin^2\varphi +$$

$$+ C\delta_h r_k r \int_{\pi/4}^{\varphi} \cos 2\xi \sin(\varphi - \xi)\,\mathrm{d}\xi = -\frac{1}{2} p r_k r \alpha \cdot \sin^2\varphi -$$

$$- C\delta_h r_k r \left[\frac{1}{3} \cos 2\varphi + 0{,}4714(\sin\varphi - \cos\varphi)\right]. \tag{194}$$

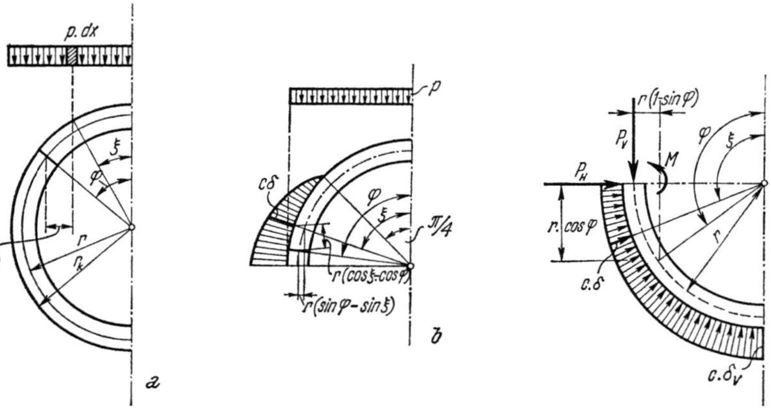


Abb. 246. Die Berechnung der inneren Kräfte des Ringträgers in den kennzeichnenden Querschnitten

Im dritten, unteren Abschnitt des Trägers [Abb. 246c), in welchem

$$\pi/2 < \varphi < \pi,$$

errechnet sich das Moment wie folgt:

Die von der oberen Trägerhälfte herrührenden Kräfte werden durch ihre Resultierende ersetzt, worauf mit den horizontal und vertikalen Projektionen und dem Moment

$$M_0''' = M + P_V r(1 - \sin\varphi) + P_H r \cdot \cos\varphi - \int_{\pi/2}^{\pi} C\delta r \cdot \sin(\varphi - \xi)\, r_k \,\mathrm{d}\xi.$$

Hierin ist

$$M = -\frac{1}{2} p r_k r \alpha - 0{,}1381\, C\delta_h r_k r;$$

$$P_V = p r_k + \int_{\pi/4}^{\pi/2} C\delta \cdot \cos\xi r_k \,\mathrm{d}\xi = r_k(p + 0{,}1381\, C\delta_v);$$

$$P_H = \int_{\pi/4}^{\pi/2} C\delta \cdot \sin\xi \cdot r_k \,\mathrm{d}\xi = 0{,}4714\, C\delta_h r_k.$$

Nach Substitution dieser Werte in den Ausdruck für $M_0''$ und nach Integration hat man

$$M_0''' = -r_k r[p(\sin\varphi + 0{,}5\alpha - 1) + C\delta_v(-0{,}4714 \cdot \cos\varphi - 0{,}1953 \cdot \sin\varphi +$$

$$+ \frac{1}{6} \cos 2\varphi + 0{,}5) + C\delta_v(0{,}5 - 0{,}1667 \cos 2\varphi - 0{,}6667 \cdot \sin\varphi)]. \tag{195}$$

Sodann werden die Beziehungen für $a_{01}$ und $a_{02}$ in der Form

$$a_{01} = \int \frac{M_0 m_1}{EJ} \, \mathrm{d}s = \int \frac{M_0}{EJ} \, \mathrm{d}s \qquad a_{02} = \int \frac{M_0 m_2}{EJ} \, \mathrm{d}s = \int \frac{M_0 y \, \mathrm{d}s}{EJ};$$

$$a_{01} = \frac{r}{EJ} \left[ \int_0^{\pi/4} M_0' \, \mathrm{d}\varphi + \int_{\pi/4}^{\pi/2} M_0'' \, \mathrm{d}\varphi + \int_{\pi/2}^{\pi} M_0''' \, \mathrm{d}\varphi \right]$$

aufgeschrieben, woraus mit den nötigen Substitutionen

$$a_{01} = -\frac{r_k r^2}{EJ} [p(1{,}1781\,\alpha - 0{,}5708) + 1{,}0899\, C\delta_h + 0{,}11875\, C\delta_v];$$

$$a_{02} = -\frac{r^2}{EJ} \int M_0 \cos\varphi \, \mathrm{d}\varphi = -\frac{r^2}{EJ} \left[ \int_0^{\pi/4} M_0' \cos\varphi \, \mathrm{d}\varphi + \int_{\pi/4}^{\pi/2} M_0'' \cos\varphi \, \mathrm{d}\varphi + \right.$$

$$\left. + \int_{\pi/2}^{0} M_0''' \cos\varphi \, \mathrm{d}\varphi \right];$$

$$a_{02} = -\frac{r_k r^3}{EJ} \left[ p \left( 0{,}5 - \frac{\alpha}{3} \right) - 0{,}82352\, C\delta_h - 0{,}11111\, C\delta_v \right].$$

Mit den so ermittelten Werten von $a_{01}$, $a_{02}$, $a_{11}$ und $a_{22}$ gehen die Gleichungen (191) und (192) in die Form

$$X_1 = r_k r [p(0{,}375\,\alpha - 0{,}18169) + 0{,}34694\, C\delta_h + 0{,}03778\, C\delta_v]; \tag{196}$$

$$X_2 = r_k [p(0{,}21221\,\alpha - 0{,}31831) + 0{,}52427\, C\delta_h + 0{,}07073\, C\delta_v]. \tag{197}$$

über.

Zur Bestimmung von $\delta_h$ und $\delta_v$ dienen zwei weitere Gleichungen

$$\delta_h = \delta_{0h} + X_1 \delta_{1h} + X_2 \delta_{2h}. \tag{198}$$

Ferner gilt

$$Y = 0, \tag{199}$$

d. h. die senkrechte Projektion der Kräfte ist gleich Null.

In (198) bezeichnet $\delta_{0h}$ die waagrechte Verschiebung eines am Hauptsystem in der Höhe des horizontalen Durchmessers gelegenen Punktes unter der äußeren Beanspruchung, $\delta_{1h}$ bzw. $\delta_{2h}$ die unter der Belastung von $X_1 = 1$ t/m bzw. $X_2 = 1$ t an derselben Stelle eintretende waagrechte Verschiebung:

$$\delta_{1h} = \frac{1}{EJ} \int M_h m_1 \, \mathrm{d}s, \quad \text{worin} \quad m_1 = 1 \text{ t/m}, \quad M_h = -r \cdot \cos\varphi;$$

$$\delta_{1h} = \frac{-1}{EJ} r^2 \int_{\pi/2} \cos\varphi \, \mathrm{d}\varphi = + \frac{r^2}{EJ};$$

$$\delta_{2h} = \frac{1}{EJ} \int M_h m_2 \, \mathrm{d}s; \qquad m_2 = -r \cdot \cos\varphi;$$

$$\delta_{2h} = + \frac{1}{EJ} \int_{\pi/2}^{\pi} r^3 \cdot \cos^2\varphi \, \mathrm{d}\varphi = \frac{\pi r^3}{4EJ};$$

$$\delta_{0h} = \frac{1}{EJ} \int M_0 M_h \, ds = -\frac{r^2}{EJ} \int\limits_{\pi/2}^{\pi} M_0''' \cdot \cos\varphi \, d\varphi =$$

$$= \frac{r_k r^3}{EJ} [0{,}5p(1-\alpha) - 0{,}82907 \, C\delta_h - 0{,}11111 \, C\delta_v].$$

Mit diesen Werten nimmt (198) die Form an:

$$C\delta_h \left(\frac{EJ}{r^3 r_k \cdot C} + 0{,}06937\right) = p(0{,}06831 + 0{,}04167\alpha) - 0{,}01778 \, C\delta_v \quad (200)$$

Die Projektionsgleichung (199) geht in die Form

$$p r_k + 0{,}1381 \, C\delta_h r_k + \int\limits_{\pi/2}^{\pi} C r_k (\delta_h \sin^2\xi + \delta_v \cos^2\xi) \cos\xi \, d\xi = 0;$$

$$p - 0{,}1933 \, C\delta_h - \frac{2}{3} C\delta_v = 0$$

über, und mit diesem Ausdruck hat man aus Gl. (200) — nach Ordnung —

$$C\delta_h = \frac{0{,}04167(1+\alpha)}{m + 0{,}06416} p; \quad C\delta_v = p\left[1{,}5 - \frac{0{,}0122(1+\alpha)}{m + 0{,}06416}\right].$$

Mit diesen Größen ergibt sich aus (196) bzw. (197) für $X_1$ und $X_2$

$$X_1 = p r_k r \left[0{,}375\alpha - 0{,}125 + \frac{0{,}014(1+\alpha)}{m + 0{,}06416}\right]; \quad (201)$$

$$X_2 = p r_k \left[0{,}21221(\alpha - 1) + \frac{0{,}021(1+\alpha)}{m + 0{,}06416}\right]. \quad (202)$$

Aus dem nunmehr bekannten $X_1$ und $X_2$ lassen sich die inneren Kräfte in jedem beliebigen Querschnitt bestimmen gemäß

$$M = M_0 + X_1 - X_2 r \cos\varphi; \quad (203)$$

$$N = N_0 + X_2 \cos\varphi. \quad (204)$$

Aus diesen beiden Gleichungen hat Bugajewa nach Substitution der Werte für $X_1$ und $X_2$ für die im stetigen Ringtragwerk auftretenden Momenten- und Normalkräfte die Beziehungen

$$M = p r_k r [A\alpha + B + C_1 n(1+\alpha)],$$

$$N = p r_k [D\alpha + F + Gn(1+\alpha)]$$

abgeleitet und die Werte für $A$, $B$, $C_1$, $D$, $F$, und $G$ in einer Tabelle zusammengefaßt, während

$$n = \frac{1}{m + 0{,}06416} \text{ und } m = \frac{EJ}{r_k r^3 C}.$$

Für das weiter oben bereits gelöste Zahlenbeispiel ergeben sich damit folgende Momente (Abb. 247):

$$r = 3{,}0\ \mathrm{m} = r_k, \qquad m = \frac{m = 10000000 \cdot 0{,}000144}{3^4 \cdot 10000 \cdot 1{,}0} = \frac{0{,}144}{81} = 0{,}00178,$$

$$J = 0{,}000144\ \mathrm{m}^4,$$

$$E = 10000000\ \mathrm{t/m}^2, \qquad n = \frac{1}{0{,}00178 + 0{,}06416} = 15{,}2,$$

$$C = 10000\ \mathrm{t/m}^3,$$

$$\alpha = 1, \qquad M = 9\,[A + B + 30{,}4\,C_1].$$

Wie sich zeigt, liefert das Verfahren ganz gute Näherungswerte und auch der Charakter der Momentenfläche ist identisch mit dem der Momentenflächen des Polygonketten- und des Bodrow-Gorelik-Verfahrens (vgl. Abb. 243 und 229). Die Ergebnisse für das obere Bogenviertel, den Scheitel, stimmen innerhalb eines Bereiches von 10% mit den Resultaten der Bodrow-Gorelik-Methode überein, während die Werte für die untere Ringhälfte auch hier vernachlässigbar klein bleiben. Wie weit die im Scheitel auftretenden Momente von der Bettungsziffer abhängen, sollen — für das angenommene Beispiel — die hier folgenden Werte veranschaulichen:

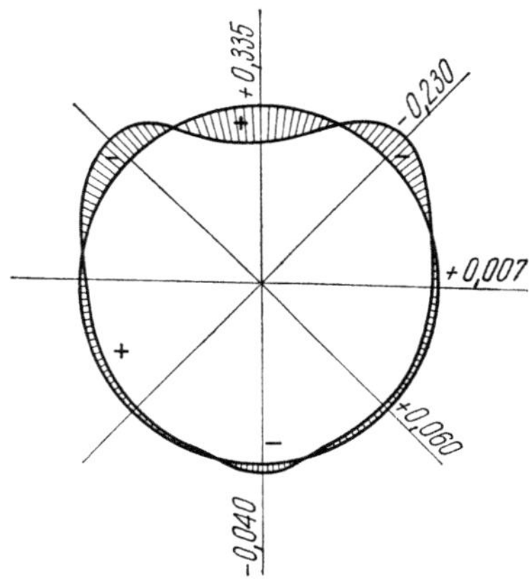

Abb. 247. Momentenbild des Ringträgers nach Bugajewa

$C = 50\ \mathrm{kg/cm}^3 \qquad M_{\max} = 0{,}033\, p r^2;$

$C = 10\ \mathrm{kg/cm}^3 \qquad M_{\max} = 0{,}034\, p r^2;$

$C = \ \ 1\ \mathrm{kg/cm}^3 \qquad M_{\max} = 0{,}079\, p r^2;$

$C = \ \ 0 \qquad\qquad\qquad M_{\max} = 0{,}250\, p r^2.$

Mit wachsender Bettungsziffer nimmt also das Moment ab, doch vermindert sich das Ausmaß dieser Abnahme von $C = 10\ \mathrm{kg/cm}^3$ ab auf ein Minimum.

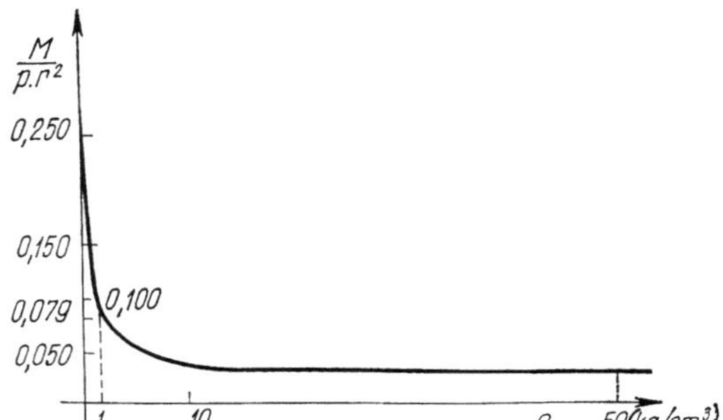

Abb. 248. Veränderung der Scheitelmomente in Abhängigkeit von der Bettungsziffer

Die ziffernmäßigen Angaben und besonders Abb. 248 verdeutlichen in anschaulicher Weise, daß im Vergleich zum Zustand ohne Seiten abstützung selbst eine niedrige Bettungsziffer die im Tragwerk auftretenden Beanspruchungen erheblich herabsetzt.

Vernachlässigt man die abweichende Größe des Außendurchmessers, hat man für das maximale Moment die Beziehung

$$M_{\max} = pr^2(A + B + C_1 \cdot 2n) \tag{205}$$

und nach Substitution der Konstanten

$$M_{\max} = pr^2\left[0{,}25 - 0{,}007 \cdot 2 \frac{1}{m + 0{,}06416}\right] = pr^2\left[0{,}25 \frac{0{,}014}{m + 0{,}06416}\right].$$

Den Zusammenhang zwischen dem Wert des Klammerausdrucks und $m$ veranschaulicht Abb. 249. (Zum Vergleich sind in dieser auch die Ergebnisse der Berechnung nach dem Verfahren von DAWIDOW aufgetragen, welches im folgenden Punkt erörtert werden soll.)

Aus Abb. 249 geht ferner hervor, daß das maximale Moment bei starrster Einbettung $0{,}032pr^2$, beim völlig frei stehenden Ring dagegen $0{,}25pr^2$ beträgt,

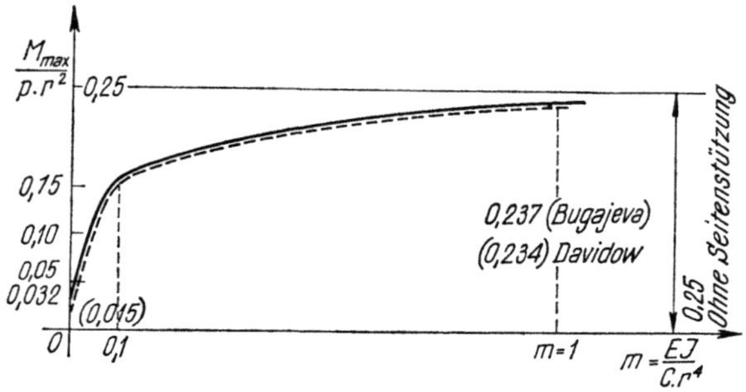


Abb. 249. Veränderung der Scheitelmomente in Abhängigkeit der relativen Veränderung der Bettungsziffer und der Steifigkeit des Ringträgers

d. h. auf das Sieben- bis Achtfache ansteigt. Während der Wert von $m = \frac{EJ}{Cr^4}$ von 0 bis 1 anwächst, nimmt das Moment erheblich zu, doch wird diese Zunahme immer kleiner, so daß sich das Moment bei einem Anwachsen des Wertes $\frac{EJ}{Cr^4}$ von 1 bis $\infty$ nur auf einen Wert von 0,237 bis 0,25 erhöht. Selbst eine niedrige Bettungsziffer setzt also das Moment bereits erheblich herab, während sie über einen gewissen Wert hinaus vergeblich ansteigt, das Moment nimmt dennoch kaum ab (vgl. Abb. 249).

*Für die Praxis gilt demnach die Feststellung, daß es sich nicht lohnt, die Auswirkungen der seitlichen Abstützung zu berücksichtigen, wenn der Wert von m größer ist als Eins.* Bei Tunneln mit Tübbingauskleidung sinkt aber der Wert von $m$ bei dem üblichen $C = 20$ kg/cm³ sogar auf unter 0,05 ab, bewegt sich also etwa an der unteren Grenze der in den Abb. 248 und 249 aufgetragenen Werte. Nach den bisher erörterten Berechnungsverfahren schwankt die Größe des maximalen Moments in diesem Falle zwischen $0{,}03\,pr^2$ und $0{,}05\,pr^2$.

Wie aus den Abb. 229, 243 und 247 erhellt, überschreiten die Momente im oberen Scheitelabschnitt von Ringträgern, die man unter Berücksichtigung einer seitlichen Abstützung bemißt, die Momente an den beiden Seiten und an der Sohle des Ringträgers sehr wesentlich. Dies folgt aus der Tatsache, daß der anliegende Boden keine Zugbeanspruchungen aufzunehmen vermag, weshalb in diesen Abschnitten eine elastische Erdabstützung nicht vorhanden ist. Für die Bemessung der Tunnelauskleidung wird also das im Scheitel auftretende Moment die maßgebende Größe sein, im Grunde genommen genügt es daher, die Auskleidung für das im Scheitelpunkt des Kreisringes auftretende Moment zu bemessen.

Diese Momente lassen sich — nach den bei der Budapester Untergrundbahn gemachten Erfahrungen — mit befriedigender Annäherung folgendermaßen bestimmen:

Der Kreisringträger sei durch einen beiderseitig eingespannten Bogenträger mit einem Zentriwinkel von 120° oder durch einen Zweigelenk-Bogenträger mit einem Zentriwinkel von 90° ersetzt (Abb. 250). In diesen Kreisbögenträger vom gleichen Radius wird die gleiche, gleichförmig verteilte Belastung $p$ ein Biegemoment von $0{,}03 \cdot p \cdot r^2$ hervorrufen, das dem Momentenwert des vollkommen starr eingebetteten Ringes nahekommt. Im Falle einer nachgiebigen Einbettung — solange bis die Bettungsziffer $C$ kleiner als $C = 20$ kg/cm³ bleibt — errechnet sich das Größtmoment aus folgender Formel:

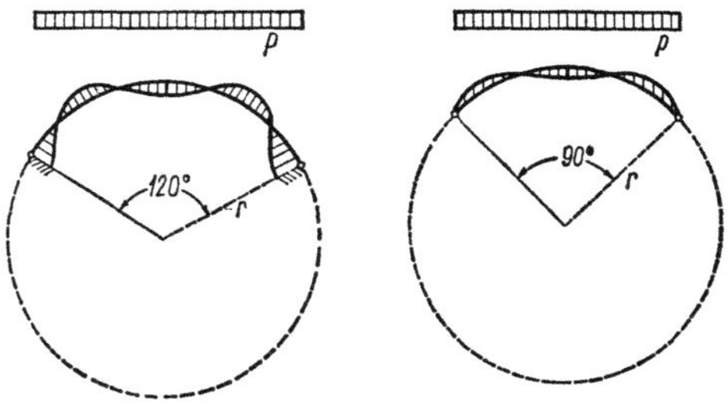

Abb. 250. Schema der gleichwertigen Bogenträger für die rasche Bestimmung des Biegemomentes

$$M_{\max} \cong p r^2 \left(0{,}25 - \frac{0{,}014}{m + 0{,}0642}\right) = p r^2 \left(0{,}25 - \frac{0{,}014}{0{,}1172}\right) \cong 0{,}127 p r^2, \quad (206)$$

worin $m$ den gleichen Ausdruck bezeichnet wie in Bugajewas Methode

$$\left(m = \frac{E \cdot J}{r_k \cdot r^2 \cdot C}\right).$$

Es sei noch bemerkt, daß die beiden Verfahren 4.3.3.2. und 4.3.3.3. den eventuell auch wirksamen aktiven Seitendruck außer acht lassen und deshalb eine übertriebene Sicherheit ergeben, wenn neben dem Bettungsdruck auch dieser aktive Druck als wirksam angenommen wird.

## 4.3.3.4. Dawidows Methode

Für die Bemessung kreisquerschnittiger Tunnel hat Dawidow [73] ein Näherungsverfahren ausgearbeitet, dessen Bodenreaktionsannahme von ähnlichen Grundsätzen ausgeht wie die Methode von Zurabow und Bugajewa für die Berechnung von Tunnelauskleidungen mit Hufeisenquerschnitt (s. Kap. 4.2.2.1.).

Nach der Annahme Dawidows entspricht die Änderung des Erdwiderstandes, der den Tunnelring von den Ulmen her beansprucht, dem Verlauf einer quadratischen trigonometrischen Funktion, so daß die Bedingung der elastischen Bettung nur in je einem Punkt an der waagrechten Achse erfüllt zu sein braucht.

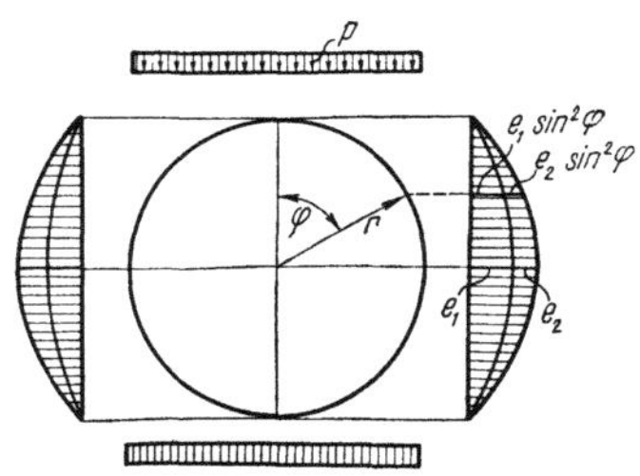

Abb. 251. Angenommene Verteilung der Bettungsreaktionen nach Dawidow

Die äußeren Kräfte, die den Kreisring bei der zumeist vorliegenden lotrechten, gleichmäßig verteilten Belastung beanspruchen, sind in Abb. 251 dargestellt.

Vom aktiven Erddruck ($e_1$) nimmt DAWIDOW an, seine Verteilung sei durch die gleiche Kurve bestimmt wie die des seitlichen Erdwiderstandes ($e_2$).

Die Berechnung nimmt folgenden Gang:

1. Zunächst wird das Kräftespiel im Ringträger bestimmt, wobei der seitlich auftretende Erdwiderstand außer acht gelassen und die seitliche Verschiebung $u_p$ des waagerechten Achsenpunktes aus der Beziehung

$$u_p = \int \frac{M_p M_H r \, \mathrm{d}\varphi}{EJ}$$

errechnet werden kann, in der $M_p$ das von den äußeren Kräften, $M_H$ hingegen das von der Last $H = 1$ t bewirkte Moment bezeichnet, so daß schließlich

$$u_p = \frac{p r^4}{12 EJ} \tag{207a}$$

2. Sodann berechnet man das Kräftespiel im Tragwerk unter dem angenommenen Seitendruck $e_2$, um aus dieser Belastung die Verschiebung $u_2$ des waagerechten Achsenpunktes anhand der Beziehung

$$u_2 = -\frac{101}{1440} \frac{r^4}{EJ}$$

zu berechnen.

3. Hierauf ermittelt man die horizontal gerichtete Zusammendrückung $u_t$ des Bodens in irgendeinem Punkt der waagerechten Achse unter dem Seitendruck $e$

$$u_t = \frac{e H_i}{E_0}. \tag{207b}$$

Hierin bezeichnet $e$ jenen Anfangswert des Druckes, bei dem die Zusammendrückung des Bodens einsetzt. Da

$$u_p + u_2 e = 0, \quad \text{ist} \quad e = -\frac{u_p}{u_2},$$

und mit den obigen Werten für $u_p$ und $u_2$ hat man

$$e = 1{,}19\, p.$$

4. Der Wert von $e_2$ ergibt sich aus dem Zusammenhang

$$u_p + e_2 u_2 = u_t e_2,$$

der die Gleichheit von Tragwerkverschiebung und Bodenzusammendrückung beschreibt, zu

$$e_2 = \frac{u_p}{u_i - u_2} = \frac{\frac{p r^4}{12}}{\frac{E J H_i}{E_0} + \frac{101}{1440} r^4}. \tag{208}$$

Mit dem gegebenen $e_2$ sind nunmehr sämtliche äußere Kräfte bekannt, so daß die am Träger auftretenden Momente und Druckkräfte ermittelt werden können.

Das Verfahren DAWIDOWS weicht von den üblichen Methoden der Bemessung elastisch gebetteter Träger auch insofern wesentlich ab, als es die Zusammendrückung des Bodens nicht anhand der Bettungsziffer, sondern auf die bei der Berechnung von Setzungen übliche Art und Weise bestimmt (vgl. 3. Schritt!).

Die Bodenzusammendrückung errechnet sich zu

$$u_t = \frac{e H_i}{E_0},$$

worin $e$ die Last, $H_i$ die Mächtigkeit der bei der Zusammendrückung in Betracht gezogenen Bodenschicht, $E_0$ hingegen den Zusammendrückungsmodul des Bodens bezeichnet.

Den Wert $H_i = \eta r$ bestimmt DAWIDOW, indem er eine Bodenschichtmächtigkeit annimmt, deren Grenze dort liegt, wo der Höchstwert der seitendruckbedingten Bodenspannungen den um 20% erhöhten Wert des geologischen Druckes erreicht:

$$\sigma_{\max} = 1{,}2\,\sigma_{\text{geol}} = A\,e. \tag{209}$$

Die einander zugeordneten Werte für $\eta$ und $A$ enthält eine von ihm zusammengestellte Tabelle.

Durch diese Berechnungsart umgeht DAWIDOW den Gebrauch der Bettungsziffer.

*Mit den ziffermäßigen Größen* ($r = 3$ m, $p = 1$ t/m) *des wiederholt durchgerechneten Beispieles* (vgl. Abb. 227) erhält man

$$\text{bei einem } \frac{EJ}{r^4}\,\frac{H_i}{E_0} = 1 \qquad \text{ein } e = \frac{0{,}0835}{1 + 0{,}07} = \frac{0{,}0835}{1{,}07} = 0{,}078,$$

$$\text{bei einem } \frac{EJ}{r^4}\,\frac{H_i}{E_0} = 0{,}1 \qquad \text{ein } e = \frac{0{,}0835}{0{,}1 + 0{,}07} = 0{,}49.$$

Ferner gilt

$$\text{für das Moment aus der Last } p\text{: } M_p = \frac{p\,r^4}{4}\,(1 - \sin^2\varphi),$$

$$\text{für das Moment aus der Last } e_2\text{: } M_e = \frac{e_2 r^2}{96}\,(21 - 48\cos^2\varphi + 8\cos^4\varphi),$$

und schließlich für das Moment im Scheitelpunkt unter der Einwirkung beider Kräfte

$$M = \frac{p\,r^2}{4} - \frac{19}{96}\,e_2 r^2 = r^2\left(\frac{p}{4} - \frac{19\,e_2}{96}\right),$$

woraus die ziffernmäßigen Werte

$$M = 0{,}234\,r^2 \text{ und } M' = 0{,}153\,r^2$$

errechnet werden können.

Ein Vergleich der so ermittelten Werte mit den Ergebnissen des Berechnungsverfahrens nach BUGAJEWA (vgl. Abb. 249) zeigte folgendes Bild:

| | Moment nach | |
|---|---|---|
| | BUGAJEWA | DAWIDOW |
| mit $\frac{EJ}{r^4 C} = 1,$ | $0{,}237\,r^2$ | $0{,}234\,r^2$ |
| $\frac{EJ}{r^4 C} = 0{,}1$ | $0{,}165\,r^2$ | $0{,}153\,r^2$ |
| $\frac{EJ}{r^4 C} = 0{,}01,$ | $0{,}062\,r^2$ | $0{,}044\,r^2$ |
| $\frac{EJ}{r^4 C} = 0,$ | $0{,}032\,r^2$ | $0{,}015\,r^2$ |

Die nach der Methode DAWIDOWS ermittelten Werte liegen etwas niedriger, was sich daraus erklärt, daß er von der seitlichen Abstützung annimmt, sie sei auf der ganzen Höhe wirksam, während sie das Verfahren von BUGAJEWA nur vom 45gradigen Winkel abwärts berücksichtigt. Der Unterschied nimmt mit wachsender Starrheit der Bettung zu.

Die Momentenfläche ist zu beiden Achsen symmetrisch, sie bringt also die Erfahrungstatsache, — daß nämlich im Scheitelbereich des Ringes größere Momente wirken als in dessen unterem Teil —, nicht zum Ausdruck, ein Grund mehr, warum das Verfahren weniger exakt ist als die Methode nach BUGAJEWA.

#### 4.3.3.5. Die Näherungsmethode von L. Varga

Eine weitere Vereinfachung erfuhren die Annahmen DAWIDOWS durch L. VARGA [77], der für die Bemessung seitlich elastisch abgestützter kreisquerschnittiger Tunnelauskleidungen einfache Näherungsformeln ableitete. VARGA ging hierbei von der Voraussetzung aus, daß die seitliche Abstützung auf die in Abb. 252 dargestellte Weise dreieckförmig verteilt ist, was der parabolischen Verteilung gegenüber seiner Berechnung nach nur eine Ungenauigkeit von 3 bis 4% bedeutet. In der Berechnung der seitlichen Verschiebungen figuriert bei VARGA nicht der Faktor der elastischen Bettung, vielmehr betrachtet er die zwei Dreieckslasten, die in den beiden lotrechten Tangentialebenen am Ringmantel angreifen, als lotrechte Oberflächenlasten. Auf dieser Grundlage bestimmt er die Horizontalspannungen und Zusammendrückungen, wobei er von dem besser erfaßbaren Zusammendrückungsmodul und von einer Grenztiefe $m_0 = 3{,}5\,r$ ausgeht.

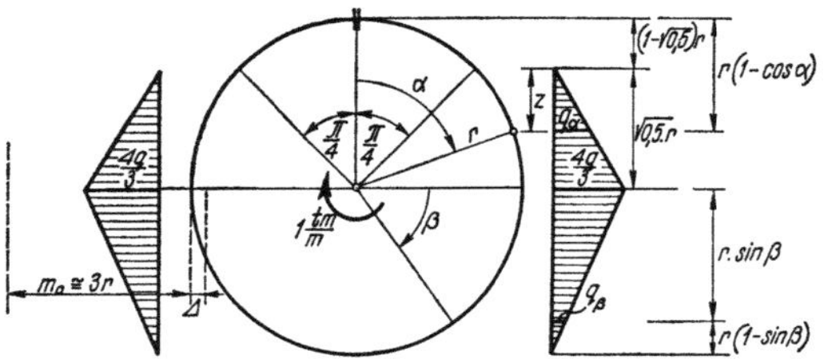


Abb. 252. Vereinfachte Verteilung der Bettungsreaktionen mit Seitenstützung nach VARGA

Die Ableitung der doppelten Dreieckslast lautet:

*In der oberen Hälfte* ist

bei $0 \leqq \alpha \leqq 35°$

das reduzierte Moment $\dfrac{M_\alpha}{q r^2} = \dfrac{4}{3}\,(0{,}248613 - 0{,}378155 \cos \alpha)$,

die reduzierte Druckkraft $\dfrac{N_\alpha}{q r} = \dfrac{4}{3} \cdot 0{,}378155 \cos \alpha$;

bei $45° \leqq \alpha \leqq 90°$ hingegen schreibt sich das reduzierte Moment zu

$$\frac{M'_\alpha}{q r^2} = \frac{4}{3}\, 0{,}16528 - 0{,}024601 \cos \alpha - \frac{\cos^2 \alpha}{2}\, 0{,}235702 \cos^3 \alpha \text{ und}$$

die reduzierte Druckkraft zu

$$\frac{N'_\alpha}{q r} = \frac{4}{3} \cos (0{,}024601 + \cos \alpha - \sqrt{0{,}5} \cos^2 \alpha).$$

*In der unteren Hälfte* errechnet sich das reduzierte Moment zu

$$\frac{M_\beta}{q r^2} = \frac{4}{3} \left(0{,}165280 + 0{,}024601 \sin \beta - \frac{\sin^2 \beta}{2} + 0{,}166667 \sin^3 \beta\right),$$

die reduzierte Druckkraft dagegen zu

$$\frac{N_\beta}{qr} = \frac{4}{3} \sin\beta \left(\sin\beta \frac{2 - \sin\beta}{2} - 0{,}024601.\right).$$

Die waagrechte Verschiebung beträgt

$$\Delta = -0{,}067408 \frac{qr^2}{E_b J},$$

der Verschiebungsfaktor

$$\delta = \frac{\Delta E_b v^3}{q r^4} = -0{,}808896,$$

wenn $v$ die Wanddicke bezeichnet.

Für die Zusammendrückung des Gesteins erhält VARGA den Näherungswert

$$y = 1{,}75\, q \frac{r}{E_t}$$

und aus diesem

$$q = \frac{E_t}{1{,}75\, r}\, y, \tag{210}$$

worin $E_t$ den Elastizitätsmodul des Bodens bedeutet.

Diese Berechnungsart gestattet es, auch die anfängliche Lücke ($h$), die die Ungenauigkeit der Ausmauerung oder der Hinterpressung ausdrückt, in die Rechnung einzubeziehen. Aus der Bedingung der Gleichheit der Verformungen resultiert

$$\Delta = \frac{r^4}{E_b v^3} \cdot \sum p_i \delta_i = h + 1{,}75 \cdot q \frac{r}{E_t},$$

worin $p_i$ den auf dem Ring lastenden äußeren Druck und $\delta_i$ den entsprechenden Verschiebungsfaktor, bezogen auf den waagrechten Durchmesser, bezeichnet. Beide Größen sind bekannt bzw. können rechnerisch ermittelt werden. Aus der Gleichung läßt sich demnach der $q$-Wert für eine gegebene Last $p$ errechnen, womit man die Möglichkeit hat, den Ringträger zu bemessen. Zur Erleichterung der Rechenarbeit hat VARGA auch Tabellenwerte für $M$ und $N$ angegeben.

### 4.3.3.6. Die Näherungsmethode von H. Meissner

Auf einer noch weitergehenden Vereinfachung der Annahmen hinsichtlich der Verteilung der Seitendrücke fußt das Verfahren von H. MEISSNER, der in seinem Aufsatz [78] die Bemessung biegsamer kreisquerschnittiger Tunnelverkleidungen aus gelenkig miteinander verbundenen Einbauelementen bei Einbringung im Schildvortrieb behandelt. Sein Näherungsverfahren fußt auf der Annahme, daß sowohl die lotrechten als auch die waagerechten Lasten, die den Ringträger beanspruchen, gleichmäßig verteilt und größenmäßig dem geostatischen bzw. dem Ruhedruck gleich sind. Infolge der Verformung des Ringes ändert sich jedoch die Intensität der Beanspruchung insofern, als sie in Richtung zu den Ulmen hin, durch die Verlängerung des Durchmessers bedingt, um einen Wert $p_{\max}$ wächst, während sie in lotrechter Richtung infolge der ausbruchsbedingten Lockerung um den gleichen Wert abnimmt. (Gegen diese letztere Annahme lassen sich berechtigte Einwände erheben.)

Die waagrechte Verschiebung beträgt

$$\Delta = \frac{\gamma z_A r^4}{12 E_b J} \left(1 - \lambda_n - \frac{2 p_{\max}}{\gamma z_A}\right) \cos 2\alpha,$$

das Moment in jedem beliebigen Querschnitt

$$M = -\frac{\gamma z_A r^2}{4} \left(1 - \lambda_n - \frac{2 p_{\max}}{\gamma z_A}\right) \cos 2\alpha$$

und der Druckunterschied schließlich

$$p_{\max} = \frac{\gamma z_A (1 - \lambda_n)}{2 + \dfrac{4EJ}{r^3} \dfrac{1+\mu}{E_t}}.$$

Hierin bezeichnet $\gamma$ das Raumgewicht des Bodens, $z_A$ die Tiefe der Tunnelachse unter Geländeoberfläche, $\lambda_n$ den Faktor des Ruhedruckes ($\cong 0{,}5$), $E_b$ den Elastizitätsmodul der Ausmauerung, $E_t$ den des Bodens, $r$ den Ringhalbmesser, $\mu$ die Poissonsche Zahl und $\alpha$ den Winkel, den der Halbmesser im untersuchten Querschnitt mit der Lotrechten einschließt.

Ein strengeres Verfahren auf Basis der Elastizitätstheorie hat A. Orlow ausgearbeitet [79].

Statt der Verschiebungen, wie sie sich im Sinne der auf der Bettungsziffer fußenden Winklerschen Hypothese ergeben, bestimmt Orlow die radialen und tangentialen Verschiebungen des Ringes, von dem er annimmt, er liege in einem als elastisch zu betrachtenden unendlichen Medium. Die Druckverteilung bestimmt er abschnittsweise mit Hilfe von Fourierreihen. Unter Beibehaltung seiner Gedankengänge und Annahmen haben G. Kovács und L. Rózsa das Verfahren in geschlossene Gestalt gebracht [80] und hierbei auch den günstigen Einfluß der verschiebungsbedingten Reibung mitberücksichtigt. Das ziemlich komplizierte Verfahren dürfte eher theoretisches Interesse beanspruchen, für praktische Bemessungen eignet es sich kaum.

### *Zusammenfassung*

Hinsichtlich der Verwendbarkeit der hier erörterten verschiedenen Verfahren zur Bemessung von Ringträgern wird man sich folgende Gesichtspunkte vor Augen halten müssen:

*Vor allem wird man zwischen biegsamen und starren Ringen sowie zwischen weichen und festen Böden zu unterscheiden haben.* Übersteigt der Wert $m = \frac{EJ}{C r^4}$ die Einheit, lohnt es sich keineswegs, die Wirkung der seitlichen Abstützung mit zu berücksichtigen; von Werten ab $m > 0{,}1$ hingegen kann der Ringträger als frei stehendes Tragsystem im Sinne von Kap. 4.3.2.2. bemessen werden, welches von der konkreten Last und von den durch diese ausgelösten Bodenreaktionskräften beansprucht wird. (In sehr weichen, flüssigen Böden wird die Verteilung der Belastung rings um den Ringträger der hydrostatischen nahe kommen!)

Bleibt der $m$-Wert unter der Einheit, muß die Wirkung der seitlichen Abstützung in die Rechnung mit einbezogen werden. Für annähernde Berechnungen genügt es, den oberen, über einem Zentriwinkel von 120° stehenden Teil des Ringes als eingespannten Bogenträger nach dem Näherungsverfahren von DAWIDOW oder von L. VARGA zu berechnen.

*Bei Tunneln mit Tübbingsauskleidung,* deren Ringausbau als überaus biegsame gelenkige Ringkette aufgefaßt werden kann, liefert das Berechnungsverfahren gute Näherungswerte. Weit exakter sind die Ergebnisse des Moskauer Polygonketten-Verfahrens.

Für den monolithischen Ringausbau liefert im allgemeinen die Methode BUGAJEWA genaue Resultate, exaktere sind hingegen von dem Verfahren von BODROW-GORELIK bzw. von der Polygonketten-Methode zu erwarten. Es muß jedoch nochmals betont werden, daß diese Methoden die gegebenenfalls wirksamen aktiven Seitendrücke nicht beachten und dadurch eine übertriebene Sicherheit ergeben.

Sowohl das Polygon- als auch das Bodrow-Gorelik-Verfahren erfordert jedoch überaus langwierige und ermüdende Rechenarbeiten, weshalb man sich ihrer nur dann bedienen wird, wenn es sich um den Bau eines Tunnels in völlig homogenem Boden und mit einer Auskleidung handelt, die über lange Strecken gleich bleibt, um ein Vorhaben also, bei dem sich selbst geringfügige Abweichungen in den Ausmaßen wirtschaftlich fühlbar auswirken können.

## 4.3.4. Bemessung doppelwandiger Tunnel und Stollen

Insbesondere im Zusammenhang mit der Aufgabe, das Tunnelprofil wasserdicht zu bekommen, kommt es vor, daß die Sperrschicht gegen den Wasserandrang die Tunnelauskleidung in zwei Schichten unterteilt oder daß es zweckmäßig erscheint, die Festigkeit der angewandten Sperrschicht zur statischen Mitwirkung an der Lastübernahme heranzuziehen (vgl. die Kap. 4.6.2.2. und 4.6.2.6.), wobei die Sperrschicht selbst den einen Teil der Doppelschale bilden wird. Überdies werden die Lasten bei Stollen, die unter Innendruck stehen, oder bei unterirdischen Gasbehältern teilweise vom umliegenden Gebirge aufgenommen, so daß dieses als die zweite Schale angesehen werden kann. Da es sich bei den doppelwandigen Tunneln und Stollen in der überwiegenden Mehrzahl um kreisquerschnittige Hohlgänge handelt, soll hier nur diese Art der Ausführung behandelt werden.

Die Bemessungsverfahren fußen auf der Elastizitätstheorie. Sie setzen elastisches Gebirge und elastische Tunnelröhren voraus und sind den Anforderungen der Praxis entsprechend auf die Erfassung des radial gleichmäßig verteilten Innendruckes abgestellt [35, 81].

### 4.3.4.1. Sowjetische Bemessungsvorschriften auf Grund der Theorie von Galerkin [82]

Bei Druckstollen, die standfestes Gebirge durchhörtern, genügt eine Spritzbetonauskleidung oder Torkretierung der Felswände. Wirkt in einem kreisquerschnittigen, in elastischem, isotropem und homogenem Gestein aufgefahrenen Hohlraum ein Innendruck $p$, dann erleidet der Halbmesser $r$ eine Verlängerung um

$$u = \frac{pr}{E_k} (1 + \mu_k).$$

Führt man im Sinne der sowjetischen Norm für das Produkt $\frac{E_k}{r} \frac{1}{1 + \mu_k}$ die Bezeichnung $k$ (Faktor des elastischen Gesteinswiderstandes) ein, nimmt obige Beziehung die Form $u = \frac{p}{k}$ an. Weiterhin wird $k$ auf einen Halbmesser von 1 m bezogen und mit $k_0$ bezeichnet. Damit wird $k_0 = \frac{E_k}{1} \frac{1}{1 + \mu_k}$, es hängt also in der Tat nur noch von den Elastizitätskennwerten des Gebirges ab.

Die erforderliche Dicke einer *monolithischen*, von nacktem Fels umschlossenen und unter einem radial gleichmäßig verteilten Druck $p$ stehenden *Betonauskleidung* errechnet sich zu

$$v = r_b \left[ \sqrt{A \cdot \frac{\sigma_{bz} + p}{\sigma_{bz} - p}} - 1 \right], \tag{211}$$

worin $r_b$ den inneren Halbmesser des Betonringes, $\sigma_{bz}$ die zulässige reine Zugspannung im Beton bezeichnet, während

$$A = \frac{0{,}01\, E_b - (1 + \mu_b)\, k_0}{0{,}01\, E_b + (1 + \mu_b)\,(1 - 2\mu_b)\, k_0}.$$

Hier steht $E_b$ für den Elastizitätsmodul, $\mu_b$ hingegen für die Poissonsche Zahl des Betons. (Ergibt sich für $v$ ein negativer Wert, so bedeutet dies, daß die Betonfestigkeit nicht ausgenützt ist, daß also die Wanddicke auf Grund des Einbauminimums (15 bis 20 cm) angenommen werden muß).

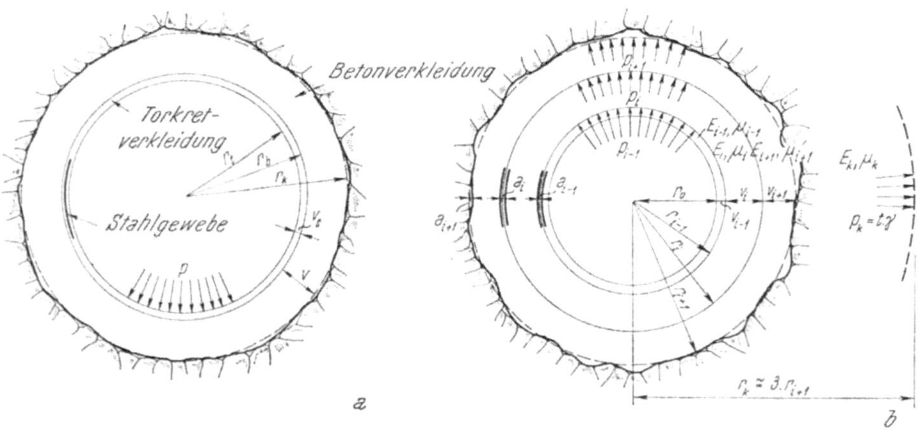


Abb. 253. Doppelter Ringwandquerschnitt (Torkretschicht auf Beton) bei innerer Belastung (a), bei mehrschichtiger Tunnelauskleidung (b)

Die Ringzugspannungen, die in der Auskleidung auftreten, betragen an der inneren Mantelwand

$$\sigma_b = p \cdot \frac{\left(\frac{r_k}{r_b}\right)^2 + A}{\left(\frac{r_k}{r_b}\right)^2 - A}, \tag{212}$$

an der äußeren Mantelfläche

$$\sigma_k = p \cdot \frac{1 + A}{\left(\frac{r_k}{r_b}\right)^2 - A}. \tag{213}$$

Bei Betonauskleidungen, die an ihrer inneren Mantelfläche zusätzlich eine $v_t$ dicke, bewehrte Torkretschale erhalten (Abb. 253a), unterscheidet die sowjetische Norm drei Fälle:

1. Ist $\frac{k_0}{p} > \frac{0{,}01\,E_t}{\sigma_t}$ — wobei $E_t$ den Elastizitätsmodul des Torkretbetons ($\cong$ 240000 kg/cm²) und $\sigma_t$ dessen zulässige Ringzugspannung ($\cong$ 30 kg/cm²) bedeutet —, können die gewählten zulässigen Spannungen nicht ausgenützt werden, weshalb für die Betonquerschnitte $v$ und $v_t$ sowie für den Bewehrungsquerschnitt $f_v$ bloß die konstruktionsbedingten Mindestwerte anzusetzen sind.

2. Ist $\frac{0{,}01\,E_t}{\sigma_t} > \frac{k_0}{p} > \frac{0{,}01\,E}{\sigma_v}$, sind $v$ und $f_v$ mit den konstruktionsbedingten Mindestwerten, die Dicke der Torkretschale hingegen zu

$$v_t = 0{,}92\, r_t \left[\frac{p}{\sigma_t} - \frac{k_0}{0{,}01\,E_t}\right],$$

in die Rechnung aufzunehmen. Der Wert von $v_t$ liegt zwischen 5 und 10 cm.

3. Ist $\frac{k_0}{p} < \frac{0{,}01\,E_v}{\sigma_t}$, ist für die Betondicke das konstruktionsbedingte Minimum zu wählen, während sich die Dicke der torkretierten Innenschale zu

$$v_t = 0{,}92\, r_t \left[\frac{p}{\sigma_t} - \frac{k_0}{0{,}01\,E_t}\right], \tag{214}$$

der erforderliche Bewehrungsquerschnitt hingegen zu

$$f_v = r_t \left[\frac{100\,p}{\sigma_v} - \frac{k_0}{0{,}0001\,E_v}\right] \tag{215}$$

errechnet.

### 4.3.4.2. Bemessung von Druckstollenauskleidungen mit Stahlblechpanzerung (Mühlhofer)

Die Bemessung der Stahlpanzerung und ihrer Betonbettung kann davon ausgehen, daß das $\delta$ dicke Panzerungsblech und der $v$ dicke Betonring an ihrer Kontaktfläche in Richtung des Durchmessers ebenso die gleichen Verformungen erleiden wie der $v$ dicke Betonring und das anliegende Gebirge an ihrer Berührungsfläche. Mühlhofer [83] hat das Problem für Auskleidungsschalen unterschiedlicher Beschaffenheit (Beton, Stahlbeton, Spritzbeton und Stahlblech) eingehend untersucht, wobei er ein mit Beton ummanteltes stahlblechgepanzertes Rohr voraussetzte, welches im Gebirge annahmegemäß elastisch gebettet sein sollte. Er prüfte zugleich die Frage, wie sich radiale Risse in der Betonbettung der Stahlpanzerung auswirken, da ja die Bettung durch solche Risse ihre Fähigkeit zur Aufnahme von Zugbeanspruchungen verliert.

Bei unversehrter Betonbettung tritt in der *Stahlblechpanzerung* (vgl. Abb. 254a) eine Ringzugspannung von

$$\sigma_{tst} = \frac{V}{V+1} \cdot \frac{r_1}{\delta}\, p, \tag{216}$$

worin

$$V = \frac{E_{st}}{E_b} \cdot \frac{\delta}{r_2} \left[ \frac{Q-2}{(k_2^2 - 1)\frac{Q}{2} + 1} + \frac{m_b + 1}{m} \right];$$

$$Q = \frac{E_b}{C} \cdot \frac{1}{r_3} \cdot \frac{m_b - 1}{m_b} \quad \text{und} \quad k_2 = \frac{r_3}{r_2}.$$

auf, während die radiale Normalspannung an der Innenfläche der Panzerung $\sigma_{rst} = -p$, an ihrer Außenfläche dagegen $\sigma'_{rst} = \left[\frac{1}{V+1}\right] \frac{r_1}{\delta}\, p$ beträgt.

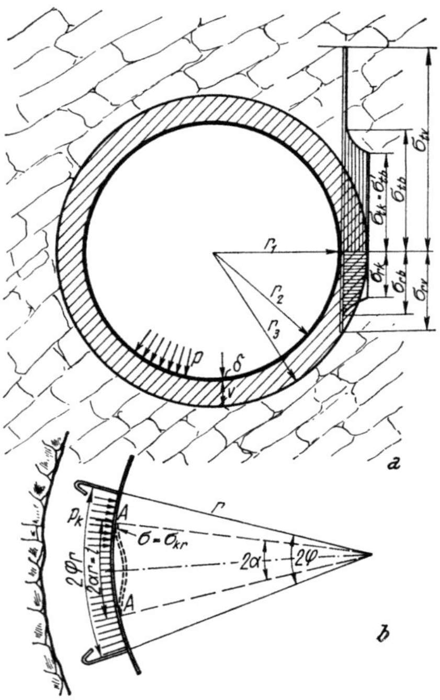


Abb. 254. In der inneren Stahlblechauskleidung auftretende Spannungen

In diesen Formeln bedeuten $\delta$ die Dicke des Panzerbleches, $E_{st}$ und $E_b$ die Elastizitätsmoduln des Stahls bzw. des Betons, $m_b$ die Poissonsche Zahl des Betons und $C$ die Bettungsziffer des Gebirges. Die sonstigen Bezeichnungen sind der Abbildung zu entnehmen.

Die Ringspannung in der *Betonbettung* der Panzerung errechnet sich:

an der Berührungsfläche mit dem Stahlblech zu

$$\sigma_{tb} = \frac{1}{V+1} \cdot \frac{1}{k_1} \cdot \frac{(k_2^2 + 1)\frac{Q}{2} - 1}{(k_2^2 - 1)\frac{Q}{2} + 1} \cdot p, \tag{217}$$

an der Kontaktfläche mit dem Gebirge zu

$$\sigma'_{tb} = \frac{1}{V+1} \cdot \frac{1}{k_1} \cdot \frac{Q-1}{(k_2^2 - 1)\frac{Q}{2} + 1} \cdot p,$$

wobei $k_1 = \frac{r_2}{r_1}$.

Die radialen Normalspannungen haben die Größe

$$\sigma_{rb} = -\frac{1}{V+1} \cdot \frac{1}{k_1} \cdot p \quad \text{und} \quad \sigma'_{rb} = -\frac{1}{V+1} \cdot \frac{1}{k_1} \cdot \frac{1}{(k_2^2 - 1)\frac{Q}{2} + 1} \cdot p,$$

während im Gebirge Normalspannungen in Höhe von

$$\sigma_{rg} = -\frac{1}{V+1} \cdot \frac{1}{k_1} \cdot \frac{1}{(k_2^2 - 1)\frac{Q}{2} + 1} \cdot p; \quad \sigma_{tg} = 0$$

auftreten.

Nimmt man an, *der Betonring habe Risse*, d. h. die Ringspannungen hätte das Panzerblech allein aufzunehmen, dann wird

$$\sigma_{tst} = \frac{W}{W-1} \cdot \frac{r_1}{\delta} \cdot p \tag{218}$$

und

$$\sigma_{rst} = -p, \quad \text{wobei} \quad W = E_{st} \cdot \frac{\delta}{r_2}\left[\frac{1}{C} \cdot \frac{1}{r_3} + \frac{1}{E_b} \ln k_2\right],$$

die Ringspannungen werden also auf ein Vielfaches jener Werte ansteigen, die sich für den Fall der statischen Mitwirkung der Betonbettung errechnen. Zu erheblich größeren Spannungswerten gelangt man — wie bereits erwähnt —, wenn man von der Annahme ausgeht, daß auch das Gebirge imstande ist, Zugspannungen, d. h. Ringspannungen aufzunehmen, und ebenso, wenn die Panzerung durch Hinterpressung eine Vorspannung erhält.

In diesem Falle wird in der Stahlpanzerung eine Spannung

$$\sigma_{tst} = p \, \frac{(1-\lambda-\varepsilon)}{\delta} \, r_1, \tag{219}$$

auftreten. Hierin bezeichnet $\varepsilon$ den vom Beton und vom Gebirge übernommenen Spannungsanteil in Prozenten, $\lambda$ dagegen in Prozenten des Innendrucks jenen Teil des Außendruckes, den die vorspannende Zementeinpressung ausübt.

Für $\varepsilon$ gibt KNAPP [84] den Zusammenhang

$$\varepsilon = \frac{\sigma_{tst}}{p} \cdot \frac{1}{\frac{E_{st}}{E_b} \cdot \ln \frac{r_3}{r_2} + \frac{E_{st}}{E_g}\left[\ln \frac{R}{r_3} \, \frac{m_g+1}{m_g}\right]} - \lambda$$

an, in dem $R$ den bis zur Grenze zwischen unversehrtem und zerklüftetem Gebirge verlängerten Halbmesser, $m_g$ hingegen die Poissonsche Zahl des Gebirges bedeutet, die mit 6 anzusetzen ist. Die Größe $R$ wird durch Probieren aus dem Ausdruck

$$R = (\lambda + \varepsilon) \frac{p r_1}{\sigma_t}$$

bestimmt. Hier steht $\sigma_t$ für die Zugfestigkeit des Gebirges.

Auf den ersten Blick scheint es unmöglich, auf das anliegende Gebirge erhebliche Zugspannungen zu übertragen. Bedenkt man jedoch, daß im Gebirge vorweg beachtliche, von der geostatischen Belastung herrührende Druck-Vorspannungen vorhanden sind, leuchtet es ohne weiteres ein, daß bis zu deren Höhe Zugbeanspruchungen selbst das an sich über keinerlei Zugfestigkeit verfügende Gebirge aufzunehmen vermag. Spannungsmessungen in situ haben bewiesen, daß es eben das Gebirge ist, das den überwiegenden Teil der durch den Innendruck geweckten Spannungen übernimmt, und daß in der Stahlpanzerung selbst dann bloß geringe Zugspannungen auftreten, wenn sie eine geringe Wandstärke ($\delta$) haben. Mit wachsendem Durchmesser und steigendem Druck werden auch die Spannungen in der Stahlblechpanzerung anwachsen.

*Einer kritischeren Belastung ist die Panzerung ausgesetzt, wenn der noch nicht gefüllte oder der entleerte Druckstollen durch Gebirgswasserdruck von außen be-*

*ansprucht wird.* Bei einer Einbeulung gemäß Abb. 254b erreicht die Spannung im Panzerblech im Punkt $A$ die Fließgrenze, und bei gegebener Ankeraufteilung errechnet sich der kritische Wasserdruck nach DUBAS [85] zu

$$p_{kr} = \sigma_f \cdot \frac{\delta^2}{2\alpha^2 r^2}. \tag{220}$$

Die Größe $\alpha$ (Abb. 254b) erhält man aus der Beziehung

$$\alpha^3 = \frac{6pr}{\delta E} \cdot \varphi,$$

während $\sigma_f$ die Fließgrenze des Stahls, $r$ den Halbmesser der Panzerung und $\delta$ die Dicke des Panzerungsbleches bezeichnet [86].

#### 4.3.4.3. Bemessung mehrschichtiger Tunnel- bzw. Stollenauskleidungen [35, 87]

Besteht die Tunnel- bzw. Stollenauskleidung aus mehreren unterschiedlich dicken, auch im Material verschiedenen Schichten, die sich aufeinander abstützen und die durch keine Radialrisse unterteilt sind, dann treten im Ring — er soll mit $i$ bezeichnet werden — im Abstand $r$

a) Radialspannungen in Höhe von

$$\sigma_r = \frac{p_{i-1} r_{i-1}^2 - p_i r_i^2}{r_i^2 - r_{i-1}^2} - \frac{p_{i-1} - p_i}{r^2} \cdot \frac{r_{i-1}^2 r_i^2}{r_i^2 - r_{i-1}^2}; \tag{221a}$$

b) Tangentialspannungen von

$$\sigma_t = \frac{p_{i-1} r_{i-1}^2 - p_i r_i^2}{r_i^2 - r_{i-1}^2} + \frac{p_{i-1} - p_i}{r^2} \cdot \frac{r_{i-1}^2 r^2}{r_i^2 - r_{i-1}^2}; \tag{221b}$$

c) Längsspannungen von

$$\sigma_l = 2\mu_i \cdot \frac{p_{i-1} r_{i-1}^2 - p_i r_i^2}{r_i^2 - r_{i-1}^2}. \tag{221c}$$

auf.

Die unbekannten Drücke $p_i$ lassen sich aus der Verschiedenheit der Verformungen an den Ringkontaktflächen ermitteln. Hier kann auch noch in Betracht gezogen werden, daß sich zwischen den einzelnen Ringen infolge Schwindens oder Isolierung in Abständen von $a_{i-1}$, $a_i$, $a_{i+1}$, gleichmäßig verteilt, auch Spalten befinden. Gemäß Abb. 253b lauten die Gleichungen, die die Bestimmung ermöglichen, für eine dreischichtige $(i - 1 = 1, \quad i = 2, \quad i + 1 = 3)$ Auskleidung:

$$\frac{1}{E_1} \cdot \frac{r_1}{r_1^2 - r_0^2} [(1 - \mu_1 - \mu_1^2)(p_0 r_0^2 - p_1 r_1^2) + (1 + \mu_1)(p_0 - p_1) r_0^2] = a_1 +$$

$$+ \frac{1}{E_2} \cdot \frac{r_1}{r_2^2 - r_1^2} [(1 - \mu_2 - \mu_2^2)(p_1 r_1^2 - p_2 r_2^2) + (1 + \mu_2)(p_1 - p_2) r_2^2]; \tag{222}$$

$$\frac{1}{E_2} \cdot \frac{r_2}{r_2^2 - r_1^2} [(1 - \mu_2 - 2\mu_2^2)(p_1 r_1^2 - p_2 r_2^2) + (1 + \mu_2)(p_1 - p_2) r_1^2] = a_2 +$$

$$+ \frac{1}{E_3} \cdot \frac{r_2}{r_3^2 - r_2^2} [(1 - \mu_3 - 2\mu_3^2)(p_2 r_2^2 - p_3 r_3^2) + (1 + \mu_3)(p_2 - p_3) r_3^2]; \quad (223)$$

$$\frac{1}{E_3} \cdot \frac{r_3}{r_3^2 - r_2^2} [(1 - \mu_3 - 2\mu_3^2)(p_2 r_2^2 - p_3 r_3^2) + (1 + \mu_3)(p_2 - p_3) r_2^2] = a_3 +$$

$$+ \frac{1}{E_g} \cdot \frac{r_3}{r_g^2 - r_3^2} [(1 - \mu_g - 2\mu_g^2)(p_3 r_3^2 - p_g r_g^2) + (1 + \mu_g)(p_3 - p_g) r_g^2]. \quad (224)$$

In der letzten Gleichung ist für $p_g$ die im Gebirge ursprünglich herrschende Spannung (der geostatische Druck), eventuell die Zugfestigkeit des Gebirges, für $r_g$ hingegen das Dreifache des Stollenhalbmessers einzusetzen. Da $\mu_g$ und $E_g$ als Kenngrößen des anliegenden Gebirges bekannt sind, lassen sich aus den Gl. (222) bis (224) die Unbekannten $p_1$, $p_2$ und $p_3$ und aus den Gl. (221 a) bis (221 c) auch die in den einzelnen Ringen auftretenden Spannungen ermitteln. Die Größe der mit $a$ bezeichneten Spalten kann erfahrungsgemäß mit 0,15 bis 0,4‰ des Durchmessers angenommen werden.

Liegt am Ausbruchsrand des Gebirges eine einzige Betonschicht satt, d. h. ohne Hohlraum auf, gilt für die in der Auskleidung auftretende Zugspannung annähernd die Beziehung

$$\sigma_t = \frac{p_0}{2} \cdot \frac{r_1 + r_0}{r_1 - r_0} \cdot \frac{1}{1 + \frac{E_g}{E_b} \frac{r_1 + r_0}{2(r_1 - r_0)}}. \quad (225)$$

Welche Rolle die Größe der Hohlräume vor allem in der Beanspruchung der innersten Schale spielt, veranschaulicht am besten der Spannungsverlauf, den eine Druckprobe in einem unterirdischen Gasbehälter ermittelt hat [88, 89]. Wie aus Abb. 255 ersichtlich, verliefen die Tangentialspannungen im Stahlblechpanzerring, solange die Verformung die Größe der Hohlräume nicht erreicht hatte, die infolge ungenauer Bauausführung entstanden waren, ebenso wie in einem ohne Abstützung frei stehenden zylindrischen Hohlkörper (Phase *a*). Sodann nahm das Anwachsen der Spannungen mit der fortschreitenden Abstützwirkung des Gebirges allmählich ab. In interessanter Weise zeigte sich auch hier, daß im Firstbereich, wo die Hinterpressung nur unvollkommen ausgeführt werden konnte, die größten Spannungen auftreten. Die geringsten Spannungen ergaben sich in den Widerlagern, weil der Elastizitätsmodul in der waagrechten Richtung niedriger ist als in der lotrechten. *Letzten Endes ist also die Spannung im Kreisquerschnitt selbst bei gleichmäßiger Verteilung des radialen Innendruckes ungleichmäßig verteilt* (vgl. Abb. 152).

Eine bestimmende Rolle spielen auch radiale Risse in einer der Auskleidungsschalen, weil die äußeren unversehrten Ringe über die größere Beanspruchung hinaus auch stärkere Innendrücke aufzunehmen haben (vgl. TALOBRE, S. 261). Eine Beziehung, die es gestattet, die Beeinflussung der Mitwirkung des anliegenden rissigen Gesteins zu erfassen, hat KOVÁCSHÁZY abgeleitet [88].

Es sei hier ferner bemerkt, daß die Bemessungsfragen von doppelwandigen Druckstollen einschließlich der Anwendbarkeit des Vorspannverfahrens in den Arbeiten von KASTNER [35] und KIESER [87] ausführlicher behandelt werden.

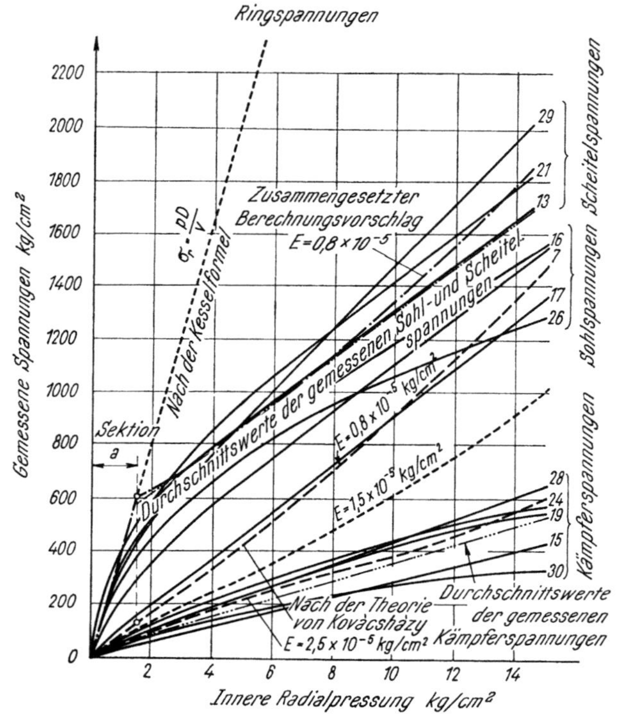


Abb. 255. In der inneren Stahlblechverkleidung eines Gasbehälters gemessene und berechnete Tangentialspannungen

### 4.3.4.4. Die Bemessung mehrschichtiger Auskleidungen für nicht radiale (äußere) Beanspruchungen

Die nicht gleichmäßig verteilten radialen und die sonstigen Beanspruchungen wecken in den Ringen außer den Normalspannungen auch Biegemomente, deren Mitberücksichtigung zu komplizierteren Lösungen führt [90].

Die äußeren Kräfte sind in der Regel ungleichmäßig verteilt, sie bewirken somit unbedingt auch Momente. Üblicherweise wird der zuerst eingezogene (für gewöhnlich also der äußere) Ring für einen Teil der Beanspruchung als selbständiges Tragsystem gesondert bemessen, während man beim Einziehen des folgenden Ringes (unter Annahme eines bestimmten konstanten Spaltes) bereits die Auflagerung auf den schon eingebauten Ring — etwa gemäß Punkt 4.3.3.1. — berücksichtigen kann. Wollte man die Belastung beispielsweise auf einen *doppelwandigen Ring* übertragen, dann ließen sich die Normalspannungen einfach im Verhältnis der Querschnitte, die Biegebeanspruchungen hingegen auf Grund jener Werte annähernd auf die beiden Ringe aufteilen, die man erhält, indem man die Steifigkeiten bzw. die Kräfte gesondert ermittelt, die die einheitliche Verschiebung auslösen.

Als Beispiel bestimmt *Verfasser* im folgenden *die Beanspruchungen, die in der äußeren und der inneren Schale einer doppelwandigen kreisquerschnittigen Tunnelauskleidung auftreten,* wenn auf dieser sowohl von oben als auch von unten gleichmäßig verteilte Lasten der Intensität $p$ angreifen. Es seien $p_1$ und $p_2$ die auf die einzelnen Ringe entfallenden, gleichfalls als gleichmäßig verteilt angenom-

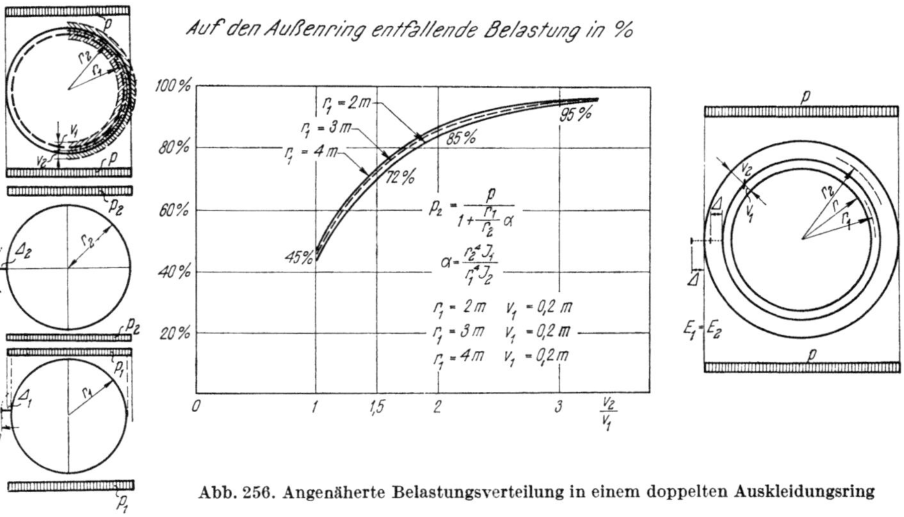


Abb. 256. Angenäherte Belastungsverteilung in einem doppelten Auskleidungsring

menen Lastanteile, $r_1$ und $r_2$ die Halbmesser der beiden Ringe, gemessen bis zu ihrer Mittellinie, $v_1$ und $v_2$ die Dicken der beiden Schalen, $E_1$ und $E_2$ ihre Elastizitätsmoduln und schließlich $J_1$ und $J_2$ ihre Flächenträgheitsmomente (Abb. 256).

Annahmegemäß gilt

$$p_2 + p_1 = p. \tag{226}$$

Auf die beiden Ringträger verteilt sich die Belastung so, daß ihre Verschiebungen in horizontaler und vertikaler Richtung einander gleich bleiben

$$\Delta_1 = \Delta_2 = \Delta = \frac{p_1 r_1^4}{12 E J_2} = \frac{p_2 r_2^4}{12 E J_2};$$

hieraus folgt, daß

$$p_1 = p_2 \cdot \frac{r_2^4}{r_1^4} \cdot \frac{J_1}{J_2} = \alpha p_2 \quad \left(\text{wenn } \frac{r_2^4}{r_1^4} \cdot \frac{J_1}{J_2} = \alpha\right),$$

sofern die beiden Ringe aus gleichem Material bestehen.

Mit diesem Ausdruck nimmt die Gleichgewichtsgleichung (226) die Form $p_2 + \alpha p_2 = p$ an, woraus

$$p_2 = \frac{p}{1+\alpha} \quad \text{und} \quad p_1 = \frac{p\alpha}{1+\alpha}. \tag{227}$$

Aus den so ermittelten Lasten ergeben sich die Momente zu

$$M_1 = \frac{p_1 r_1^2}{4} = \frac{p \alpha r_1^2}{4(1+\alpha)} \quad \text{und} \quad M_2 = \frac{p_2 r_2^2}{4} = \frac{p r_2^2}{4(1+\alpha)}.$$

Die Spannungen in den unter ausmittigem Druck stehenden Querschnitten schreiben sich

im inneren Ring zu

$$\sigma_1 = \frac{N_1}{F_1} \pm \frac{M_1}{K_1} = \frac{p_1 r_1}{v_1} \pm \frac{M_1 \cdot 6}{v_1^2} = \frac{p \alpha r_1}{(1+\alpha) v_1} \pm$$

$$\pm \frac{p \alpha r_1^2 \cdot 6}{4(1+\alpha) v_1^2} = \frac{p \alpha r_1}{(1+\alpha) v_1} \left(1 \pm \frac{3 r_1}{2 v_1}\right),$$

im äußeren Ring hingegen zu

$$\sigma_2 = \frac{N_2}{F_2} \pm \frac{M_2}{K_2} = \frac{p r_2}{(1+\alpha) v_2} \pm \frac{p r_2^2 \cdot 6}{4(1+\alpha) v_2^2} = \frac{p r_2}{(1+\alpha) v_2} \left(1 \pm \frac{3 r_2}{2 v_2}\right). \qquad (228)$$

Geht man jedoch von der Annahme aus, daß sich zwischen den beiden Ringen von Anfang an auch ein $a$ großer Spalt (Dichtungsschicht, Hohlraum, Ungenauigkeiten der Bauausführung) befindet, geht die Grundgleichung in die Gestalt $\Delta_2 = \Delta_1 + a$ über, und nach dem geschilderten Gedankengang hat man

$$p_1 = \frac{(p+q)\alpha}{1+\alpha} - q; \qquad (229)$$

$$p_2 = \frac{p+q}{1+\alpha}, \quad \text{worin} \quad q = \frac{12 E J_1}{r_1^4} \cdot a$$

und ein Moment von

$$M_1 = \frac{(p+q)\alpha r_1^2}{4(1+\alpha)} - \frac{q r_1^2}{4}$$

sowie

$$M_2 = \frac{(p+q) r_2^2}{4(1+\alpha)}. \qquad (230)$$

Hieraus können die Spannungen nun wieder auf ähnliche Weise ermittelt werden ($N_1 = p_1 r_1$ und $N_2 = p_2 r_2$).

Die Abb. 256b zeigt für konkrete Zahlenwerte in anschaulicher Weise, wie viele Prozent der äußeren Kraft $p$ bei Änderungen des Verhältnisses von Ringradius zu Auskleidungsdicke auf den äußeren Ring entfallen werden. Wie aus der Kurve hervorgeht, übt der Halbmesser bei einem Wanddicken-Basiswert von 0,20 m einen relativ geringen Einfluß auf die Verhältnisse aus, wogegen sich der Lastanteil mit relativem Anwachsen der Wanddicke $v_2$ anfänglich stürmisch, im weiteren aber in immer geringerem Maße erhöht, so daß bei einem Verhältnis von $v_2/v_1 = 3$ auf die Innenschale kaum noch eine Belastung entfällt. Wird dagegen $v_2/v_1 < 1$, wird der Außenring seine entlastende Rolle in zunehmendem Maße einbüßen. Da sich die Ausbildung der Gebirgsdrücke häufig über eine längere Zeitspanne hinzieht, vermittelt die Abbildung eine Vorstellung von der Größe der Entlastung, die das Einziehen des Innenringes der zuvor eingezogenen Außenschale zu bieten vermag.

## 4.4. Bemessung von Rohrdurchlässen und Dükern

Für die Bemessung von Rohrdurchlässen und Dükern wurden Verfahren entwickelt, die von den bisher erörterten in gewissem Umfang abweichen, doch können die letzteren natürlich grundsätzlich auch auf diese Sonderfälle unterirdischer Bauwerke angewendet werden. Die Unterschiede ergeben sich teils aus der abweichenden Ausführungsart, teils aus der Profilform sowie aus den Abweichungen in den Längs- und Querbeanspruchungen und schließlich aus dem größeren Einfluß der Bettungs- und Auflagerungsart. Da es sich in der Regel um oberflächennahe Bauwerke handelt, muß bei ihrer Bemessung auch der Nutz- und der Eigenlast eine größere Rolle eingeräumt werden. Besonders augenfällig weicht von den üblichen Methoden die Bemessung der Rohrdurchlässe ab, was sich daraus erklärt, daß zahlreiche Risse und Brüche an derartigen Bauwerken in den letzten zwei Jahrzehnten Veranlassung zu regelmäßigen experimentellen Messungen und zu theoretischen Überlegungen gegeben haben, die die genauere Erfassung des Problems ermöglichen sollen. Schon die Ausführungen über die Bemessung von Tunnelauskleidungen haben gezeigt, wie weitgehend die Stützwirkung der seitlich anliegenden Bodenmassen und die Biegsamkeit des Systems das Kräftespiel in der Konstruktion beeinflussen. Eine wesentliche Rolle spielt bei Rohrdurchlässen und Dükern auch die Art und Weise der Auflagerung sowie der Aufschüttung bzw. der Hinterfüllung. Meyerhof hat z. B. nachgewiesen, daß eine richtig gewählte und gut verdichtete Hinterfüllung als Teil einer Verbundkonstruktion mit dem biegsamen stählernen Rohrdurchlaß statisch mitwirkt (Armco). Dem Stahlrohr fällt lediglich die Rolle der Bewehrung zur Aufnahme der Zugbeanspruchungen zu (vgl. Punkt 4.4.4). Zudem sind derartige Objekte nicht mehr als langgestreckte Hohlgangbauten anzusehen, deren Bemessung in Längsrichtung vernachlässigt werden könnte.

### 4.4.1. Bemessung kreisquerschnittiger Rohrdurchlässe

#### 4.4.1.1. Bestimmung der lotrechten Erdlast nach Jaroschenko

Nach Jaroschenko [91] sind Rohrdurchlässe als Tragsysteme anzusehen, die mit dem umgebenden Boden statisch zusammenwirken und die so zu entwerfen und zu berechnen sind, daß sich für sie vom Boden her minimale Beanspruchungen ergeben. Entsprechend sollen die Rohrdurchlässe im Querschnitt elastisch und biegsam, ihre Mundlöcher keinem Böschungsdruck ausgesetzt sein. Auch soll die Konstruktion nicht auf einem starren Grundkörper, sondern auf einer elastischen Bettung aufliegen und schließlich sollen die Deformationen der einzelnen Elemente, wie etwa die eigene Durchbiegung der Durchlässe, die Zusammendrückung der Ausgleichsbettung oder das Aufgehen der Längsverbindungen die zulässigen Grenzen nicht überschreiten.

Von der Wechselwirkung zwischen Durchlaßquerschnitt und Aufschüttung entwickelt Jaroschenko folgende Vorstellungen: Unter der Last der Erdüberlagerung erleidet der Profilscheitel eine bestimmte — $h$ große — Setzung, und zwar teils infolge seiner Eigenverformung, teils durch die Zusammendrückung des Bodens, auf dem er aufliegt. Dieser Setzung zu folgen, ist auch die überlagerte

Erdsäule bestrebt, doch wird ihre Bewegung durch die Reibungskräfte ($\tau$) verhindert, die zwischen ihr und den seitlich von ihr anstehenden Erdmassen der Aufschüttung auftreten würden. Durch diese Reibung überträgt die Erdsäule über dem Durchlaß einen Teil ihres Gewichtes auf den benachbarten Boden (Abb. 257a), wodurch der Durchlaß entlastet wird, d. h. seine Belastung sinkt unter den Wert $\gamma H$ des geostatischen Druckes ab. Es kommt jedoch vor, daß die Verschiebung des Rohres nicht das Ausmaß jener Setzung erreicht, die sich aus der Konsolidation der benachbarten Aufschüttung und aus der Zusammendrückung des belasteten Bodens unter dem Rohr ergibt, daß somit das Rohr

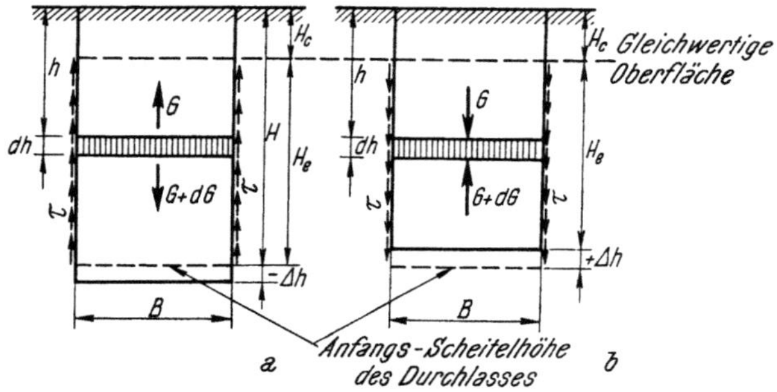


Abb. 257. Auf einen Durchlaß wirkende Kräfte

im Vergleich zu dieser Setzung um einen Relativwert $+\Delta h$ höher hängen bleibt. In solchen Fällen wird sich eine genau entgegengesetzte Situation ergeben (vgl. Abb. 257b), d. h. die seitlich anstehenden Erdmassen, die eine größere Setzung mitmachen, werden durch die Reibung auf den Durchlaß eine zusätzliche Last übertragen, seine Belastung wird also den Wert des geostatischen Druckes übersteigen.

Die Kräfte, die die Reibung auslöst, wären nur dann gleichmäßig über die volle Höhe $H$ der Überlagerung über dem Durchlaß verteilt, wenn diese selbst sich nicht zusammendrücken würde. Da sie aber eine Zusammendrückung erleidet, tritt die Reibung nur auf jener Länge auf, auf der die Verschiebung von der Bewegung der seitlich anstehenden Erdmassen abweicht. Die betreffende Erdsäule wird eine Höhe haben, bei der ihre Zusammendrückung eben den der Verschiebungsdifferenz entsprechenden Wert erreicht. Bezeichnet man diese Höhe mit $H_e$, verbleibt über ihr ein $H_c$ hoher Abschnitt, in welchem es keine Unterschiede in den Relativverschiebungen zwischen den Erdmassen und folglich auch reibungsbedingt weder eine Über- noch eine Entlastung geben wird. Dieses in der Tiefe $H_c$ sich hinziehende Niveau wird *als äquivalentes oder als Geländeniveau gleicher Setzungen bezeichnet.*

Hieraus leuchtet ohne weiteres ein, daß die seitlich anstehenden Erdmassen bei Rohrdurchlässen mit *starrer* Wandung und Bettung (Stein, Beton, Gußeisen usw.) eine größere Setzung erleiden, daß also der Erddruck, der diese Art von Durchlässen beansprucht, höher sein wird als der geostatische, während er bei Rohrdurchlässen mit biegsamer Wandung und nachgiebiger Bettung unter dem geostatischen Druck bleiben wird. Versuche in der Sowjetunion haben auch den Nachweis erbracht, daß sich die Drücke erst nach Ablauf einer gewissen Zeit (4 bis 5 Monate) ausbilden. Die Einbeulung des Scheitels selbst hängt u. a. auch von der Starrheit der seitlichen Abstützung ab, weshalb PECK [92] empfiehlt, Rohrdurchlässe in Dämme, sofern sie unter solchen hinwegführen, auf die in Abb. 258 dargestellte Art und Weise einzubauen. Demnach ist

1. unter dem Rohrdurchlaß ein relativ nicht zu dichtes, aber gleichmäßiges sandiges Kiesbett ($A$) anzulegen, das als Sickerschicht auch die Entwässerung der Bettung fördert, sodann

2. der Rohrdurchlaß einzubauen, wobei man

3. an beiden Seiten des Rohres einen stark verdichteten, festen und nur wenig zusammendrückbaren Erdmantel ($B$) aus Lehmsand als dem geeignetsten Material einbringt,

4. ist um diesen Erdmantel an beiden Seiten bis zur Scheitelhöhe normales Aufschüttungsmaterial einzubringen, das ebenso stark verdichtet wird wie der Dammkörper selbst ($A_2$),

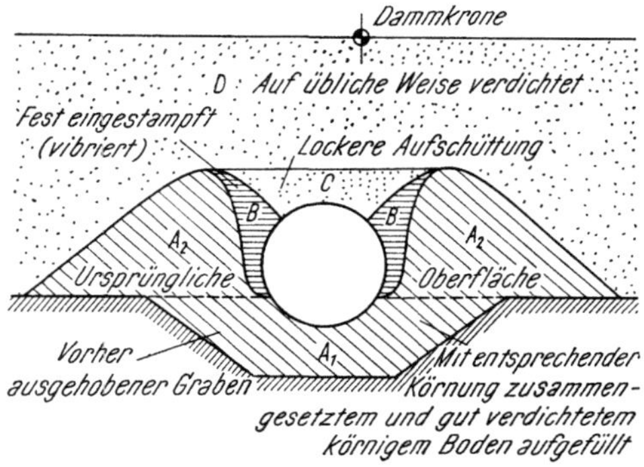


Abb. 258. Die von PECK vorgeschlagene Aufbauweise des Erddammes um einen Durchlaß

5. Über den Scheitelbereich des Rohres ist wieder eine Deckschicht ($C$) aus locker körnigem Material aufzutragen,

6. erst danach wird der Damm bis zur Krone aufgeschüttet ($D$).

Bei der Bestimmung der Höhe der zusätzlichen Belastung bzw. der Entlastung geht JAROSCHENKO von folgenden Gedankengängen aus:

Von den Reibungskräften setzt er zunächst voraus, daß sie dem aktiven Erddruck proportional sind. Entsprechend hat die Reibungskraft in einer beliebigen Tiefe $z$ den Wert

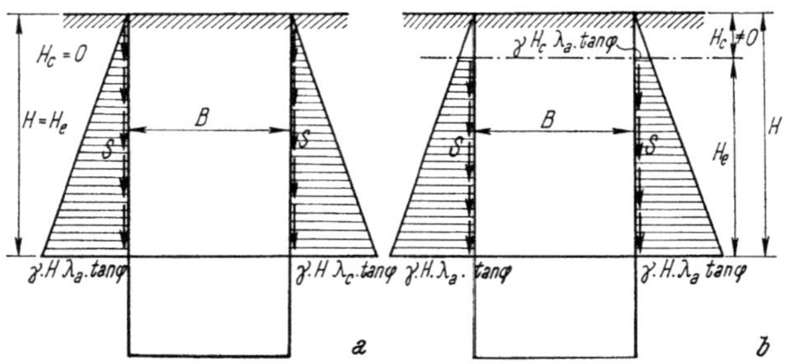


Abb. 259. Auf einen starren Durchlaß wirkende Kräfte

$\gamma \cdot z \cdot \lambda_a \cdot \tan \varphi$, wenn $\lambda_a$ die Erddruckziffer, $\varphi$ hingegen den Bodenreibungswinkel bezeichnet. Auf Grund dieser Annahme errechnet sich der Erddruck, der auf einem *starren* Rohr lastet (Abb. 259) wie folgt:

$a$) Ist $H_c = 0$ (Abb. 259a), wird

$$G = \gamma H B + 2S;$$

$$S = \gamma H \lambda_a \cdot \tan \varphi \frac{H}{2},$$

wobei

$$G = \gamma \cdot H B + \gamma \cdot H^2 \cdot \lambda_a \cdot \tan \varphi; \tag{231}$$

hebt man aus diesem Ausdruck $\gamma B^2$ heraus, wird

$$G = \gamma B^2 \left[\frac{H}{B} + \frac{H^2}{B^2} \lambda_a \cdot \tan\varphi\right];$$

und führt man die Bezeichnung

$$C_t = \frac{H}{B}\left[1 + \frac{H}{B}\lambda_a \cdot \tan\varphi\right]$$

ein, erhält man

$$G = \gamma \cdot B^2 \cdot C_t; \tag{232}$$

*b*) ist dagegen $H_e > 0$ (Abb. 259b), hat man

$$G = \gamma H B + 2S;$$

$$S = \gamma H \lambda_a \cdot \tan\varphi \cdot \frac{H}{2} - \gamma H_e \lambda_a \cdot \tan\varphi \cdot \frac{H_e}{2};$$

$$G = \gamma H B + \gamma \cdot H^2 \cdot \lambda_a \cdot \tan\varphi - \gamma H_e^2 \cdot \lambda_a \cdot \tan\varphi;$$

$$G = \gamma B^2 \left[\frac{H}{B} + \frac{H^2}{B^2}\lambda_a \cdot \tan\varphi - \frac{H_e^2}{B^2}\lambda_a \cdot \tan\varphi\right];$$

und mit der Bezeichnung

$$C_t' = \frac{H}{B}\left[1 + \lambda_a \cdot \tan\varphi\left(\frac{H}{B} - \frac{H_e^2}{BH}\right)\right]$$

schließlich

$$G = C_t' \gamma B^2. \tag{233}$$

In diesem letzteren Fall muß gesondert auch noch der Wert von $H_e$ ermittelt werden. Er ergibt sich aus der Bedingung, daß es eine $H_e$ hohe Erdsäule geben muß, die unter der zusätzlichen Belastung durch die Reibungskräfte die gleiche Setzung erleidet, wie sie zwischen Auffüllung und Rohrdurchlaß in der oberen waagerechten Ebene am Rohr eintritt.

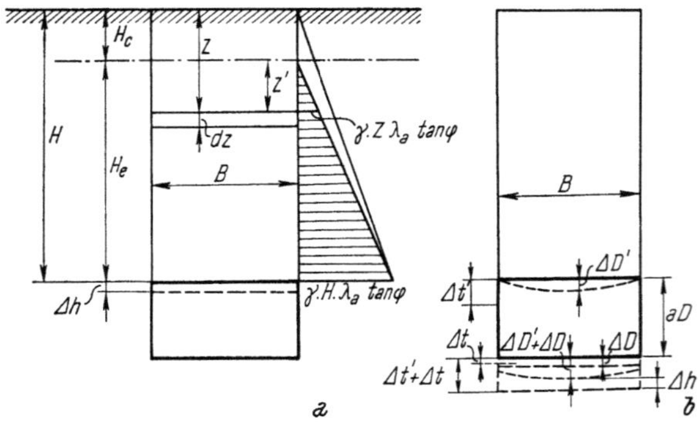


Abb. 260. Die Berechnung der Ebene der gleichwertigen Setzung

Es bezeichne $\Delta h$ diesen Setzungsunterschied.

Die Zusammendrückung einer Elementarschicht in der Tiefe $z$ läßt sich folgendermaßen ermitteln (Abb. 260a):

Die Belastung des Elementes d$z$ aus den Reibungskräften ist

$$P = \gamma z \lambda_a \tan\varphi \, \frac{z'}{2} \cdot 2,$$

die elementare Zusammendrückung hingegen

$$\mathrm{d}h = \frac{P}{EB}\,\mathrm{d}z,$$

worin $E$ den Elastizitätsmodul des Bodens bezeichnet.

$$\mathrm{d}h = \frac{\gamma z \lambda_a \cdot \tan \varphi z'}{2EB}\,\mathrm{d}z \cdot 2;$$

$$\frac{z'}{z} = \frac{H_e}{H}; \qquad \text{hieraus ist } z' = z\,\frac{H_e}{H};$$

$$\mathrm{d}h = \frac{\gamma \lambda_a \cdot \tan \varphi z^2 H_e}{2EBH}\,\mathrm{d}z \cdot 2.$$

$$\Delta h = \int_0^H \mathrm{d}h = \frac{\gamma \cdot \lambda_a \cdot \tan \varphi \cdot H_e}{EBH} \int_0^H z^2\,\mathrm{d}z =$$

$$= \frac{\gamma \cdot \lambda_a \cdot \tan \varphi H_e}{EBH}\left[\frac{z^3}{3}\right]_{z=0}^{H} = \frac{\gamma \cdot \lambda_a \cdot \tan \varphi \cdot H_e H^2}{3EB}. \tag{234}$$

Führt man die Bezeichnung

$$\alpha = \frac{\Delta h \cdot 3EB}{\gamma \lambda_a \cdot \tan \varphi}$$

ein, wird

$$\alpha = H_e H^2; \qquad H_e = H - H_c;$$

$$\alpha = (H - H_c) H^2 = H^3 - H_c H^2;$$

und daraus

$$\frac{H_c}{H} = 1 - \frac{\alpha}{H^3}.$$

Zur Bestimmung von $H_c$ muß bekannt sein, welcher Unterschied $\Delta h$ zwischen der Setzung der Auffüllung und der des Rohrdurchlasses in der Scheitellinie des letzteren besteht.
Für $\Delta h$ kann (nach Abb. 260b) geschrieben werden:

$$\Delta h = \Delta t' + \Delta t - \Delta D' - \Delta D.$$

worin $\Delta t'$ die Setzung der Auffüllung in Höhe des Rohrdurchlasses,
$\Delta t$ die Setzung des Untergrundes unter der Auffüllung
$\Delta D'$ die Durchbiegung des Rohrdurchlasses,
$\Delta D$ die Setzung des Bodens unter dem Rohrdurchlaß bezeichnet; führt man die Größe $s = \Delta h / \Delta t'$ ein, wird

$$\Delta h = s\,\Delta t',$$

$$\Delta t' = \frac{\sigma}{E}\,aD,$$

wenn $a \cdot D$ die aus dem gewachsenen Boden hinausragende Höhe des Rohrdurchlasses bedeutet, während

$$\sigma = \gamma H; \qquad \Delta t' = \frac{\gamma \cdot H}{E}\,aD;$$

$$\Delta h = as \cdot \frac{\gamma HD}{E}. \tag{235}$$

Mit diesem Ausdruck erhält man für

$$\alpha = \frac{\Delta h \cdot 3ED}{\lambda_a \gamma \tan\varphi} = as\frac{\gamma HB \cdot 3ED}{E\lambda_a \gamma \cdot \tan\varphi} = as\,\frac{3BDH}{\lambda_a \cdot \tan\varphi};$$

und für den kreisquerschnittigen Rohrdurchlaß

$$\alpha = as\,\frac{3D^2H}{\lambda_a \tan\varphi}. \qquad (236)$$

In dieser Formel ist nur noch die Größe $s$ unbekannt. Sie wird auf empirischer Grundlage mit folgenden Werten eingesetzt:

| | |
|---|---|
| starres Bauwerk in Felsboden | $s = 1{,}0$ |
| starres Bauwerk in dichtem Boden | $s = 0{,}7$ |
| starres Bauwerk in zusammendrückbarem Boden | $s = 0{,}3$ |
| biegsames Bauwerk in beliebigem Boden | $s = 0.$ |

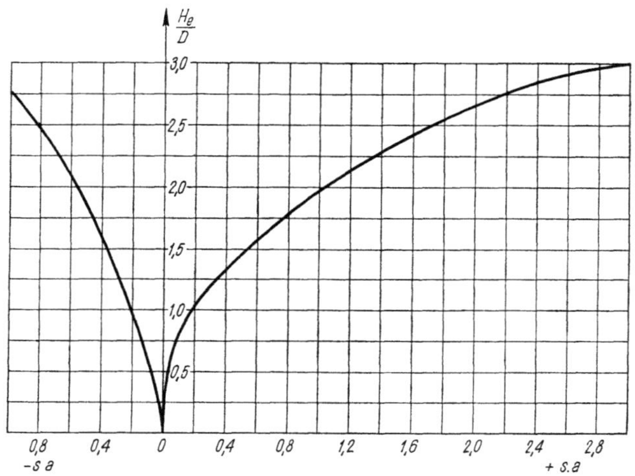


Abb. 261. Graphische Lösung für die Bestimmung der Ebene der gleichwertigen Setzung für $\varphi = 30°$ und $\tan\varphi \cdot \lambda_a = 0{,}192$ (nach JAROSCHENKO)

Aus dem bekannten $\alpha$ läßt sich $H_a$, aus diesem $H_c$ und somit auch $C_t'$ bestimmen. (Im übrigen gibt JAROSCHENKO für den Zusammenhang zwischen dem Produkt $a \cdot s$ und dem Quotienten $H_e/D$ bei einem auch für die Praxis annehmbaren $\tan\varphi \cdot \lambda_a = 0{,}192$, d. h. bei einem $\varphi = 30°$ auch ein Schaubild; s. Abb. 261).

Schließlich hat man also

$$G = \gamma B^2 \left\{\frac{H}{B}\left[(1 - \lambda_a \cdot \tan\varphi\left(\frac{H}{B} - \frac{H_c^2}{HB}\right)\right]\right\}. \qquad (237)$$

Eine einfachere Näherungsformel zur Bestimmung der zusätzlichen, dem geostatischen Wert hinzuzurechnenden Belastung des Rohrdurchlasses hat KLEIN [93] in der Form

$$\Delta q = \gamma t_2 \left[\frac{H_e + t_2}{t_2}\left(\frac{H + t_2}{t_2} - \frac{H_c + t_2}{2\,t_2}\right) - \frac{H + t_2}{t_2} + \frac{1}{2}\right], \qquad (238)$$

angegeben. Hier bezeichnet $t_2$ jenen von der Oberkante des Rohrdurchlasses gemessenen Abstand, in welchem die Steifigkeit, d. h. die Zusammendrückung der Bodenschichten unter dem Rohrdurchlaß derjenigen unter der Aufschüttung gleich ist, in welchem also der Unterschied der Relativbewegungen zwischen dem Streifen unter dem Rohrdurchlaß und den seitlich von diesem gelegenen Streifen verschwindet. Der Wert von $H_e$ aber läßt sich auch aus der bekannten Formel von POKROWSKIJ (s. SZÉCHY: Der Grundbau I, S. 294)

$$H_e = H \sqrt{\frac{E_t \gamma_a}{E_a \gamma_t}} \tag{239}$$

ermitteln, in der $E_t$ den Zusammendrückungsmodul des Bodens unter der Aufschüttung, $E_a$ denjenigen des Bodens unter dem Rohrdurchlaß bedeutet.

Mit einer ähnlich einfachen Annahme hat PRUŠKA den auf den Durchlaß wirkenden Mehrdruck ermittelt [24]. Er hatte angenommen, daß der Setzungsunterschied, der sich entweder an der Dammkrone oder auf der zurückgeschütteten Terrain-Oberkante nach der Vollendung der Aufschüttarbeiten zwischen den seitlich liegenden und den unmittelbar oberhalb des Durchlasses liegenden Strecken theoretisch ergibt, als Maß der Mehrbelastung betrachtet werden darf (s. Abb. 262). Mit einem konstanten Zusammendrückungsmodul und einer auf Grund der Elastizitätslehre ausgearbeiteten Spannungsausbreitung in den unendlichen Halbraum gibt er für die Höchstbelastung folgende Formel an

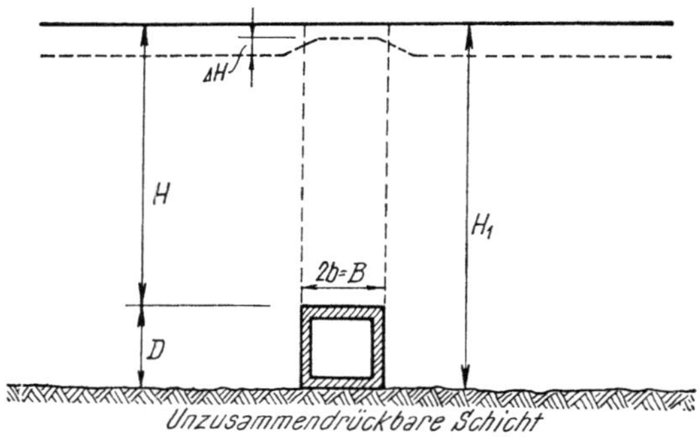


Abb. 262. Bestimmung der auf einen Rohrdurchlaß wirkenden Vertikaldrücke nach PRUŠKA

$$p = q + p_1 = \gamma \cdot H + \frac{1}{2} \frac{\gamma \cdot \pi \cdot b (H_1^2 - H^2)}{H \cdot \operatorname{arc\,cotg} \dfrac{H}{b} + b \cdot \ln \dfrac{b^2 + H^2}{b^2}}. \tag{240}$$

Hierin bedeutet das zweite Glied die Mehrbelastung, die zum geostatischen Druck dazu gerechnet werden muß. Die Bezeichnungen sind der Abb. 262 zu entnehmen; die Formel trifft zu, wenn die Überschüttungshöhe mindestens viermal so groß wie die Durchlaßhöhe ist ($H \geqq 4D$).

Es soll auch erwähnt werden, daß auf Grund verschiedener Versuche und praktischer Beobachtungen von GUERIN festgestellt wurde, daß der Mehrdruck die geostatische Last höchstens um 50% übertreffen kann.

Die Mehrbelastung vermindert sich, wenn der Durchlaß nicht auf starrem, sondern auf zusammendrückbarem Untergrund aufliegt; sie kann durch Einbau von stark verdichteten seitlichen Zuschüttmassen auch künstlich herabgesetzt werden.

Wird der Rohrdurchlaß also *nicht auf gewachsenen Boden gestellt* und der Dammkörper auf diesen aufgeschüttet, sondern eine $B$ breite Baugrube ausgehoben, so daß der Rohrboden unter das Niveau des gewachsenen Bodens zu liegen kommt, steht man vor einer wesentlich günstigeren Situation. Aus dem

Gewicht der auf das Gelände aufgetragenen Aufschüttung ergibt sich für den Rohrdurchlaß keinerlei Mehrbelastung, weil sich der gewachsene Boden, der die Seitenwände der Baugrube bildet, weit weniger stark zusammendrücken wird als die Aufschüttung über dem Rohrdurchlaß, weil also dieser das Gewicht der Aufschüttung und — infolge ihrer stärkeren Zusammendrükkung — auch sein Eigengewicht teilweise auf die Seitenwände übertragen wird.

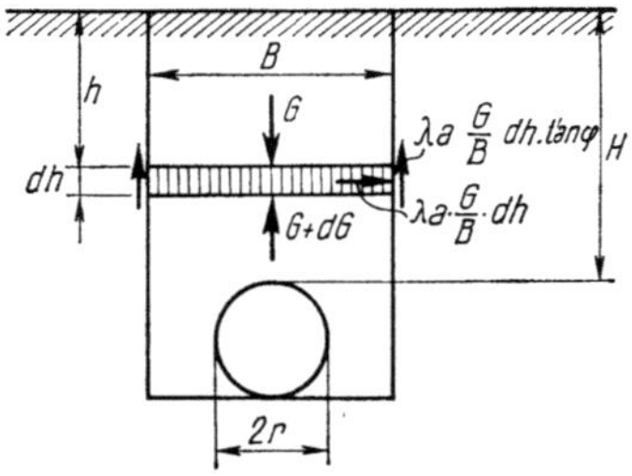

Abb. 263. Auf ein in einem Graben verlegtes Rohr wirkende Kräfte

Damit ergeben sich Erddruckverhältnisse, die genau jenen bei Abwässerkanälen entsprechen [95]. Die Rückfüllung im Arbeitsgraben müßte den Abwässerkanal mit ihrer ganzen, der vollen Grabenbreite entsprechenden Masse belasten, da sie sich jedoch setzt und hierbei an den Grabenwänden Reibungskräfte weckt, die die Last der Rückfüllung teilweise auf den benachbarten Boden übertragen, ergibt sich für den Kanal folgende Belastung:

Im Sinne der Abb. 263 erfordert es das Gleichgewicht des Erdstreifens d$h$, daß

$$G + \mathrm{d}G + 2\lambda_a \frac{G}{B} \tan\delta \, \mathrm{d}h = G + \gamma B \, \mathrm{d}h \qquad (241\text{a})$$

sei, daß also die nach oben wirksamen Kräfte den nach unten wirkenden das Gleichgewicht halten.

Die Lösung dieser linearen Differentialgleichung schreibt sich zu

$$G = \gamma B^2 \frac{1 - e^{-\varkappa H}}{2\lambda_a \cdot \tan\delta}, \quad \text{worin} \quad \varkappa = \frac{2\lambda_a \cdot \tan\delta}{B};$$

ist $\tan\delta = \tan\varphi$ und $p = G/B$, erhält man

$$p = \frac{\gamma B}{2\lambda_a \cdot \tan\varphi} \cdot \left(1 - e^{-2\lambda_a \cdot \tan\varphi \cdot \frac{H}{B}}\right),$$

d. h. man erhält einen dem Terzaghischen Gebirgsdruck ähnlichen Wert. Setzt man nun

$$C_F = \frac{1 - e^{-2\lambda_a \cdot \tan\varphi \cdot \frac{H}{B}}}{2\lambda_a \cdot \tan\varphi},$$

hat man

$$p = \gamma B C_F$$

und

$$G = Bp = \gamma B^2 C_F. \qquad (241\text{b})$$

Erreicht die Höhe das Neunfache der Breite, steigt der Wert $C_F$ nicht mehr an. Bei räumlicher Wirkung wird er schon von einer der dreifachen Breite entsprechenden Tiefe an nicht mehr wachsen. Zur annähernden Bestimmung dürfen die Werte von $C_F$ aus der Tab. 23 entnommen werden Unter der Breite $B$ ist stets die Grabenbreite in Höhe der Scheitellinie zu verstehen.

Tabelle 23. *Werte von $C_F$*

| Nr. | Verhältnis H/B = Überdeckungshöhe zu Grabenbreite | Bodenart | | | | |
|---|---|---|---|---|---|---|
| | | Körnige kohäsionslose Überschüttung vor dem Konsolidations- und Verdichtungsvorgang | Trockener erdfeuchter Lehm | Nasser Lehm | Feuchter Ton | Nasser Ton |
| | | Druckbeiwert: $\lambda_a f$ | | | | |
| | | 0,1924 | 0,165 | 0,150 | 0,130 | 0,100 |
| 1 | 0,5 | 0,455 | 0,461 | 0,464 | 0,469 | 0,474 |
| 2 | 1,0 | 0,830 | 0,852 | 0,864 | 0,861 | 0,898 |
| 3 | 1,5 | 1,140 | 1,183 | 1,208 | 1,242 | 1,278 |
| 4 | 2,0 | 1,395 | 1,464 | 1,504 | 1,560 | 1,618 |
| 5 | 2,5 | 1,606 | 1,702 | 1,764 | 1,838 | 1,923 |
| 6 | 3,0 | 1,780 | 1,904 | 1,978 | 2,083 | 2,196 |
| 7 | 3,5 | 1,923 | 2,075 | 2,167 | 2,298 | 2,441 |
| 8 | 4,0 | 2,041 | 2,221 | 2,329 | 2,487 | 2,660 |
| 9 | 4,5 | 2,136 | 2,344 | 2,469 | 2,650 | 2,856 |
| 10 | 5,0 | 2,219 | 2,448 | 2,590 | 2,798 | 3,032 |
| 11 | 5,5 | 2,286 | 2,537 | 2,693 | 2,926 | 3,190 |
| 12 | 6,0 | 2,340 | 2,612 | 2,782 | 3,038 | 3,331 |
| 13 | 6,5 | 2,386 | 2,675 | 2,859 | 3,137 | 3,458 |
| 14 | 7,0 | 2,423 | 2,729 | 2,925 | 3,223 | 3,571 |
| 15 | 7,5 | 2,454 | 2,775 | 2,982 | 3,299 | 3,673 |
| 16 | 8,0 | 2,479 | 2,814 | 3,031 | 3,366 | 3,764 |
| 17 | 8,5 | 2,500 | 2,847 | 3,073 | 3,424 | 3,845 |
| 18 | 9,0 | 2,518 | 2,875 | 3,109 | 3,476 | 3,918 |
| 19 | 9,5 | 2,532 | 2,898 | 3,141 | 3,521 | 3,983 |
| 20 | 10,0 | 2,543 | 2,918 | 3,167 | 3,560 | 4,042 |
| 21 | 11,0 | 2,561 | 2,950 | 3,210 | 3,626 | 4,141 |
| 22 | 12,0 | 2,573 | 2,972 | 3,242 | 3,676 | 4,221 |
| 23 | 13,0 | 2,581 | 2,989 | 3,266 | 3,715 | 4,285 |
| 24 | 14,0 | 2,587 | 3,000 | 3,283 | 3,745 | 4,336 |
| 25 | 15,0 | 2,591 | 3,009 | 3,296 | 3,768 | 4,378 |
| 26 | mehr | 2,599 | 3,030 | 3,333 | 3,846 | 4,545 |

mit $\lambda_a = \tan^2 (45° - \varphi/2)$, worin $\varphi$ Winkel der inneren Reibung und $f = \tan \varphi$ Reibungswert

Ein ähnlicher Zusammenhang wurde auch von VOELLMY [95] abgeleitet

$$p = \gamma \frac{B^2 - B_0^2}{8r} \cot \varphi + \frac{B^2 \gamma}{4r} \frac{1 - e^{-2\lambda \tan \varphi H'/B}}{\lambda_a \tan \varphi}, \tag{242}$$

worin

$$B_0 = \frac{D\pi}{4} \quad \text{und} \quad H' = H - \frac{B_0}{2} - \frac{B - B_0}{2} \cot \varphi.$$

#### 4.4.1.2. Bestimmung der Beanspruchungen durch Verkehrslasten

Die Beanspruchungen des unterirdischen Rohres durch Verkehrs- oder Oberflächenlasten lassen sich folgendermaßen ermitteln:

Unter der Flächenlast $q$ gilt nach der Gebirgsdrucktheorie Terzaghis (vgl. Kap. 3.2.3.1.4.)

$$G = e^{-2\lambda_a \tan\varphi H/B} q B = C_p q B, \tag{243}$$

für den Fall konzentrierter Lasten hingegen

$$G = C_p' P k,$$

worin $k$ einen dynamischen Beiwert bezeichnet, der von der Größe des $H$-Wertes abhängt. (Ist $H = 0$, wird $k = 1{,}5$, während $k = 1$, sobald $H/B > 1{,}5$ wird). Die Werte von $C_p'$ sind nach der Boussinesqschen Theorie zu ermitteln. Ausgerechnete Werte enthält die Tab. 24.

*Tabelle 24*

| H/B | Werte von $C_p$ | | |
|---|---|---|---|
| | Kies und nasser Lehm | Ton | Nasser Ton |
| 0,0 | 1,00 | 1,00 | 1,00 |
| 0,5 | 0,77 | 0,79 | 0,81 |
| 1,0 | 0,59 | 0,63 | 0,66 |
| 1,5 | 0,46 | 0,61 | 0,54 |
| 2,0 | 0,35 | 0,40 | 0,44 |
| 2,5 | 0,27 | 0,32 | 0,35 |
| 3,0 | 0,25 | 0,25 | 0,29 |
| 4,0 | 0,12 | 0,16 | 0,19 |
| 5,0 | 0,07 | 0,10 | 0,13 |
| 6,0 | 0,04 | 0,06 | 0,08 |
| 8,0 | 0,02 | 0,03 | 0,04 |
| 10,0 | 0,01 | 0,01 | 0,02 |

Die sowjetischen Bemessungsvorschriften geben für den Druck, dem *Rohrdurchlässe* in Dämmen aus konzentrierten Oberflächenlasten ausgesetzt sind, die Beziehung

$$q_m = \frac{K}{0{,}5 H + 1{,}25}$$

an, in der $K$ das konzentrierte, über dem Rohrdurchlaß stehende Gewicht (je nach der Belastungsklasse zu wählen), $H$ hingegen die Überlagerungshöhe bezeichnet.

#### 4.4.1.3. Die Auswirkung von Bettung und Rohrauflagerung

Nach den weiter oben erwähnten sowjetischen experimentellen Untersuchungen hängt die Höhe der radialen und tangentialen Erddrücke rings um das Rohr von dessen Starrheit sowie von der physikalisch-mechanischen Beschaffenheit des Bodens und hierbei weitgehend auch von der Art seiner Einbringung und Verdichtung ab. Wird z. B. das Rohr ohne eigenen Grundkörper und ohne profilartige Ausbildung des Auflagerbodens einfach auf die ebene Bodenfläche verlegt, wird sich am Rohrboden eine sehr ungleichmäßige und ungünstige Sohldruckverteilung ergeben. Während der Radialdruck beim kreisquerschnittigen Rohr an der Grenze der Rohrauflagerung auf den Untergrund gleich Null ist, wächst er in der lotrechten Mittelachse der Auflagerung auf einen erheblichen Wert an. Bei Kantenrohren hingegen ist der Bodendruck ähnlich wie bei Flachgründungen — mit Höchstwerten unter den Rändern — sattelförmig verteilt.

Je gleichmäßiger sich der Bodendruck verteilt und je größer die Rohrfläche, über die sich die Sohlspannung verteilt, um so größer ist die Tragfähigkeit des Rohres. Dem Anhang zum ungarischen Normblatt MSz 15300 (S. 85) ist zu entnehmen, wie sich die Tragfähigkeit eines an seiner Längskante in der Mittelachse aufliegenden und auf konzentrierte Kantenbelastung beanspruchten Rohres mit kreisrundem oder eiförmigem Querschnitt in Abhängigkeit von der Bettung erhöht. (Bei einer 180gradigen Bettung kann die Tragfähigkeit auf das 2,5fache ansteigen. Vgl. Kap. 4.3.4.2.)

Das Verhältnis $\lambda = e/q$ der waagerechten zu den lotrechten Drücken schwankt je nach dem Rohrverlegungsverfahren, der physikalischen und mechanischen Beschaffenheit des Bodens und je nach dem Grad seiner Verdichtung zwischen 0,2 und 0,5, kann aber bei elastischen, biegsamen Rohren selbst einen Wert von $\lambda = 1$ erreichen. Auf diesem stabilisiert es sich jedoch erst dann, wenn die lotrechte Eindrückung des Rohres im Boden beendet ist und wenn sich dieses in waagerechter Richtung so weit verflacht hat, daß es sich an die seitlich anstehenden Erdwände fest genug anpreßt. Aus diesem Grunde stellt bei biegsamen Rohren

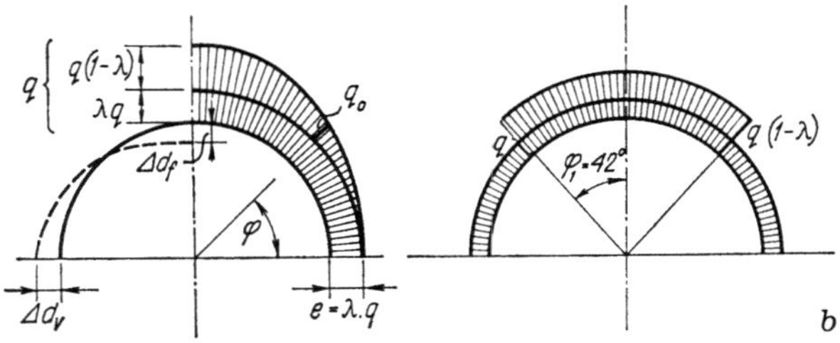


Abb. 264. Auf ein biegsames Rohr wirkende Druckpressungen a) nach JAROSCHENKO, b) nach HÁROSY

nicht der endgültig zustande gekommene, sondern jener anfängliche den ungünstigsten Belastungsfall dar, der die Verkürzung des vertikalen und die Verlängerung des horizontalen Durchmessers und damit die Verflachung und das Anpressen des Rohres an die Seitenwände auslöst.

Von der *Druckverteilung rings um* das kreisquerschnittige biegsame Rohr stellt JAROSCHENKO fest, daß sich der waagrechte Erdwiderstand mit der Verlängerung des waagrechten Rohrdurchmessers linear erhöht (Abb. 264a), es ist also

$$e = \lambda_a q + C \Delta d_v, \tag{244}$$

wobei sich die Bettungsziffer $C$ mit der Bodenart ändert.

Mit der Verformung von

$$\Delta d_v = 0{,}18 \frac{r^4 q (1 - \lambda)}{E J},$$

die das Rohr in Richtung des Durchmessers erleidet, nimmt Gl. (244) die Form

$$e = \lambda_a q + C \cdot 0{,}18 \frac{q r^4}{E J} (1 - \lambda)$$

an, und da $\lambda = e/q$, hat man mit diesem Wert

$$\lambda_a = \frac{\lambda_a + \dfrac{C}{E J} \cdot 0{,}18 r^4}{1 + \dfrac{C}{E J} \cdot 018 r^4}. \tag{245}$$

Die dieser Formel entsprechende Druckverteilung ist graphisch in Abb. 264a dargestellt. Die Werte für $C$ und $\lambda_a$ sind der nächstfolgenden Tabelle 25 zu entnehmen.

In seiner Annahme über die Druckverteilung rings um den Rohrdurchlaß geht HÁROSY [47] von dem aus Abb. 264b ersichtlichen Schema aus, das nach seinen Darlegungen von den Auswirkungen des Partialdruckes zur Auslösung des maximalen Moments nicht wesentlich abweicht. Unter Berücksichtigung eines anfänglichen, aus der nicht ganz satten Anmauerung herrührenden Spaltes $\Delta_0$ leitet er für $\lambda$ die Beziehung

$$\lambda q = \frac{p}{1+\Omega} - C\Delta_0 \cdot \frac{\Omega}{1+\Omega} \tag{246}$$

ab, in der $\Omega = EJ/0{,}068\, r^4 C$, während $C$ die Bettungsziffer des Bodens ist.

*Bei starren Rohren* muß entweder die Rankinesche Verhältniszahl ($\lambda_a$) oder die durch den Poissonschen Beiwert $\frac{\mu}{1-\mu} = \lambda$ bestimmten Querdehnungszahl akzeptiert werden, und zwar in beiden Fällen unter Vernachlässigung der Eigenverformung des Rohres.

#### 4.4.1.4. Bemessung von Rohrdurchlässen für die Querbeanspruchung

Geht man davon aus, daß sich der Wert $q$ rings um das Rohr nach dem in der Beziehung $q_0 = q(1-\lambda)\,\frac{4\varphi^2}{\pi^2}$ ändert, wird man sowohl starre als auch biegsame Rohre anhand der hier folgenden Formeln bemessen können.
Im Scheitel ist

$$M_{\pi/2} = -0{,}144 r^2 q(1-\lambda \quad \text{und} \quad N_{\pi/2} = rq\left[1 - \frac{8}{\pi^2}(1-\lambda)\right].$$

Der Durchmesser verlängert sich um

$$\Delta d_v = -\Delta f_f = 0{,}18\,\frac{r^4 q(1-\lambda)}{EJ}.$$

Die Biegebeanspruchung ergibt sich aus der Formel

$$M_{\pi/2} = 0{,}15\, r^2 q(1-\lambda)$$

annähernd zu

$$\sigma_h = \frac{0{,}15\, r^2 q\,(1-\lambda)}{W}. \tag{247}$$

Diesem Wert ist die axiale Druckbeanspruchung

$$\sigma_n = \frac{N}{F} = \frac{rq\left[1 - \frac{8}{\pi^2}(1-\lambda)\right]}{F} \tag{248}$$

hinzuzurechnen.

Nach dem zitierten Aufsatz von HÁROSY und nach der gemäß Abb. 264b angenommenen annähernd äquivalenten Druckverteilung gilt für die Beanspruchung links von der Abstützung

$$M_1 = \left[\left(\frac{2\,\varphi_0}{\pi} - 1\right) + \cos\varphi_0 \cdot \cos\varphi\right] q(1-\lambda)r^2;$$

$$N_1 = (1 - \cos\varphi_0 \cdot \cos\varphi)\, q(1-\lambda)\, r + \lambda q r;$$

$$T_1 = \cos\varphi_0 \cdot \sin\varphi \cdot q(1-\lambda) r,$$

und rechts von der Abstützung

$$M_{\text{II}} = \left[\frac{2\,\varphi_0}{\pi} - \sin\varphi_0 \cdot \sin\varphi\right] q(1-\lambda)r^2;$$

$$N_{\text{II}} = \sin\varphi_0 \cdot \sin\varphi \cdot q(1-\lambda)r + \lambda q r;$$

$$T_{\text{II}} = \sin\varphi_0 \cdot \cos\varphi \cdot q(1-\lambda)r.$$

Auf Grund dieser Feststellungen und anhand praktischer Versuche wurde in der Sowjetunion der Bau *gelenkiger Rohrdurchlässe* in die Praxis eingeführt. Bei diesen handelt es sich um Konstruktionen mit Gelenken in Scheitel und Boden sowie in den Kämpfern, insgesamt also an vier Querschnittsstellen, die zu diesem Zweck verdünnt werden (Abb. 265). Die Versuche führten nämlich zu der Erkenntnis, daß die Verformung des gelenkigen Ringes unter der Dammlast anfänglich rascher zunimmt als die der starren Ringe. Während aber die Verformung der gelenkigen Ringe mit wachsender Belastung zum Stehen kommt, steigert sie sich bei den starren so sehr, daß diese — bei gleichen Abmessungen und Wandstärken — schon unter der Hälfte jener Belastung zu Bruch gehen, der die elastischen Rohrringe noch gewachsen sind. Die Erklärung hierfür liegt auf der Hand: Der stützende Seitendruck ist bei den gelenkigen Ringen von Anfang an größer als bei den starren und reicht, von einem $\lambda = 0{,}18$ ausgehend, nahe an die Einheit heran. Demgegenüber liegt der $\lambda$-Wert bei starren Rohren nahe bei Null und wächst erst an, sobald sich in den Kämpfern sowie im Scheitel- und im Fußpunkt infolge biegungsbedingter Bruch- und Fließerscheinungen Bruchgelenke ausgebildet haben.

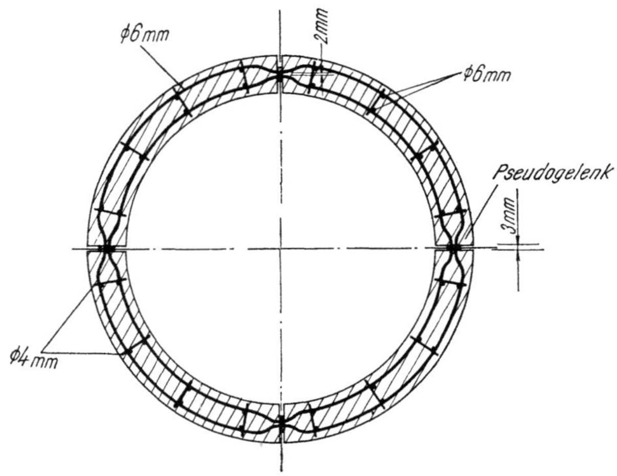

Abb. 265. Schnitt eines mit Pseudogelenken ausgebildeten Stahlbeton-Rohrdurchlasse

Aus diesen Darlegungen folgt, daß der Erdwiderstand bei starren Rohren, solange sie nur geringfügige Verformungen erleiden (d. h. also bis zur Ausbildung der Bruchgelenke), eine untergeordnete Rolle spielt, so daß sie der lotrechten Belastung gegenüber keinerlei seitliche Abstützung erhalten und erhebliche Biegemomente auftreten. Andererseits bewirkt die Tatsache, daß die gelenkigen Rohre von Anfang an vier plastische Pseudogelenke besitzen, die sofortige Auslösung eines erheblichen seitlichen Erdwiderstandes und damit eine Verminderung der Biegemomente auf ein unerhebliches Maß.

Der Entwurf *gelenkiger Rohre* wird die Konstruktion nicht nur auf ihre Festigkeit, sondern auch auf ihre Knicksicherheit zu prüfen haben. Die Knickgrenzlast beträgt nach LEVI

$$q_{kr} = \frac{3EJ}{r^3}. \tag{249}$$

Der Bemessung der Stahlbewehrung in den Gelenken hat auf Grund der Fließgrenze zu erfolgen, während sich der Betonquerschnitt zur sicheren Aufnahme der Normalkräfte eignen muß. Die Bemessung kann in folgenden Schritten erfolgen:

1. Im plastischen Gelenk wird die Profilfläche so zu bemessen sein, daß sie zur Übertragung der auftretenden Normalkräfte $N$ geeignet ist und daß sich ein Widerstandsmoment ergibt, bei dem das Gelenk die beim Transport entstehenden Biegemomente mit einem Sicherheitsbeiwert von 1,5 aufzunehmen vermag, daß also die Bedingung $1{,}5\, M_{\text{Transp}} \leqq W_g \sigma_{sF}$ erfüllt ist. ($\sigma_{sF}$ bezeichnet hier die vermutliche Fließgrenze.)

2. Es wird zu prüfen sein, ob die zusammengezogene Bewehrung das Moment, welches auf die Gelenke entfällt, mit Sicherheit aufzunehmen vermag, ob also

$$M_{ge} = \sigma_{sF} W_g.$$

3. Schließlich muß auf Grund der Beziehung $\Delta d = \frac{q(\lambda - \lambda_a)}{C}$ die maximale Verformung des Rohrringes geprüft werden. Die Werte für $\lambda_a$ und $C$ sind der Tab. 25 zu entnehmen, wogegen $\lambda$ mit den als Höchstwert anzusehenden 0,9 eingesetzt wird, so daß sich die Drücke am Ringmantel ausgleichen.

*Tabelle 25*

| Bodenart | | $\lambda_a$ | Bettungsziffer $C$ (kg/cm³) |
|---|---|---|---|
| Sand, sandiger Ton | verdichtet | 0,35 | 2—5 |
| | dicht | 0,25 | 5—8 |
| Toniger Sand | bildsam | 0,70 | 2—5 |
| | steif | 0,50 | 5—8 |
| Ton | bildsam | 0,75 | 2—5 |
| | hart | 0,70 | 5—8 |

In dem Fließgrenzzustand, der sich im Pseudogelenk einstellt, erleidet das Rohr eine Verformung von

$$\Delta dr = \frac{2M_{ge} \cdot a}{E_l J_l} + 1{,}2\, \frac{M_{ge} \cdot r^2}{E_{re} J_{re}}. \tag{250}$$

Hierin bezeichnet $a$ die Länge des Pseudogelenks in cm $E_{re}$ und $J_{re}$ den reduzierten Elastizitätsmodul bzw. das Trägheitsmoment des Ringsquerschnittes, $E_l$ und $J_l$ hingegen die in Längsrichtung gemessenen Steifigkeitselemente des Gelenkquerschnitts.

Unter normalen Betriebsverhältnissen darf diese Ringdeformation des Rohrdurchlasses $^1/_{100}$ des Rohrdurchmessers nicht überschreiten.

#### 4.4.1.5. Bemessung des Rohrdurchlasses für die Längsbeanspruchung

Aus der Grundbaulehre (vgl. SZÉCHY: Der Grundbau I, S. 388) ist bekannt, daß es sich bei den Rohrdurchlässen um Bauwerke handelt, die eine besondere Neigung zu ungleichmäßigen Setzungen zeigen und dies sowohl wegen der Ungleichmäßigkeit ihrer Beanspruchung von oben her als auch wegen der Ungleichheit der Spannungsüberlagerungen in dem unter ihnen anstehenden Boden.

Um den unter solchen Umständen häufigen Rohrbrüchen vorzubeugen, pflegt man — besonders längere — Rohrdurchlässe aus vorgefertigten Elementen oder aus Ortbeton in kürzeren Teilstücken zusammenzubauen und durch deren entsprechend feste und wasserdichte Verbindung die bestimmungsgemäße Funktion des Bauwerkes zu sichern.

Infolge der ungleichmäßigen Setzungen trachtet der Rohrdurchlaß unter dem Damm eine muldenartig durchbogene Form anzunehmen, wobei in der oberen Faser axiale Druck-, in der unteren Faser hingegen ebensolche Zugspannungen auftreten.

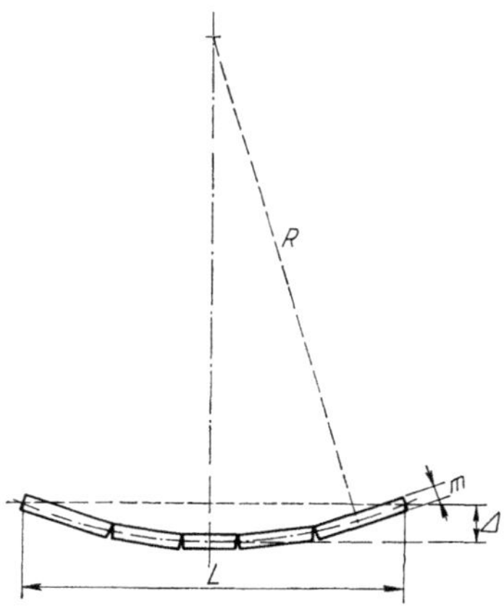


Abb. 266. Vereinfachte Methode für die Bemessung der Durchlässe in der Längsrichtung (nach TSCHEBOTARIOFF)

Nimmt man mit TSCHEBOTARIOFF [92] an, die Achse des durchbogenen Rohrdurchlasses (Abb. 266) könne durch einen Kreisbogen mit dem Halbmesser $R$ ersetzt werden, dann wird man nach der grundlegenden Hypothese von NAVIER mit einem Biegemoment von $M = -\frac{EJ}{R}$ zu rechnen haben. Nun ist aber $\sigma = \frac{Mm}{2J} = \frac{Em}{2R}$, und ist $R = \frac{L^2}{8\Delta}$, worin $\Delta$ die tiefste Setzung in der Mitte des Durchlasses (die Segmenthöhe) bezeichnet, dann wird $\sigma = 4\,\frac{Em}{L^2}$. Es besteht jedoch auch die Möglichkeit, den Arm der Zug-Druckkraft, die das Moment aufnimmt, zwei Dritteln der Rohrdurchlaßhöhe $m$ gleichzusetzen, wobei $M = -\frac{EJ}{R} = \frac{2}{3}\,mH$; hieraus ergibt sich die Zugkraft, für die der Rohrdurchlaß in seiner Längsrichtung zu bemessen ist, zu

$$H = -\frac{EJ}{Rm} = \frac{12\,EJ\Delta}{L^2 m}\,. \qquad (251\,\mathrm{a})$$

RENDULIČ setzt die axiale Zugkraft dem durch das Dammgewicht als Normalkraft gesicherten Reibungswiderstand gleich:

$$H_{\max} = \frac{1}{2}\,\gamma h^2 \cdot B \cdot \tan^2(45^\circ - \varphi/2). \qquad (251\,\mathrm{b})$$

Hierin bezeichnet $h$ die Höhe der Aufschüttung über dem Durchlaß, $B$ die Breite des Durchlasses, $\gamma$ das Raumgewicht und $\varphi$ den Reibungswinkel des Dammmaterials.

In der Sowjetunion rechnet man auf Grund der dortigen Forschungsergebnisse für die in kleineren Rohrdurchlässen auftretenden Längsspannungen mit folgenden empirischen Werten (Tab. 26):

*Tabelle 26*

| Rohrdurchmesser (m) | Dammhöhe (m) | | | | |
|---|---|---|---|---|---|
| | 3 | 5 | 10 | 15 | 20 |
| | *H* Zugkraft (t) | | | | |
| 1,00 | 0,4 | 1,0 | 4,0 | 8,0 | 13,0 |
| 1,25 | 0,5 | 1,5 | 6,0 | 12,0 | 20,0 |
| 1,50 | 0,7 | 2,0 | 8,0 | 17,0 | 30,0 |

Die Kenntnis der Kraft $H$ gibt die Handhabe zur Berechnung der Längsbewehrung des Rohrdurchlasses bzw. zur Bemessung der Verbindungselemente von Rohrdurchlässen aus Fertigteilen.

Ein verhältnismäßig einfaches und exaktes Verfahren zur Bemessung von *Rohrsielen* für Längsbeanspruchungen hat A. SIKÓ [96] ausgearbeitet, der hierbei das Rohrsiel als elastisch gebetteten Träger betrachtet. Die Methode eignet sich auch zur Bemessung von Rohrdurchlässen. Nach der Winklerschen Beziehung für die elastische Bettung ist $y = \frac{p}{C}$; aus der Festigkeitslehre ist bekannt, daß das Krümmungsmaß $y'' = -\frac{M}{EJ}$, d. h. daß $\frac{d^2y}{dx^2} = -\frac{M}{EJ}$ und $M = -EJ\,\frac{d^2y}{dx^2}$. Von der umständlich lösbaren Differentialgleichung geht SIKÓ unter Anwendung des *Gold- und Levinschen Näherungsverfahrens* auf Differenzengleichungen zweiter Ordnung (vgl. Abb. 267b) über:

Die ersten Differenzenquotienten schreiben sich zu

$$\left.\frac{\Delta y}{\Delta x}\right|_{x_i} = \frac{y_i - y_{i-1}}{\Delta x} \quad \text{und} \quad \left.\frac{\Delta y}{\Delta x}\right|_{x_i+1} = \frac{y_{i+1} - y_i}{\Delta x}.$$

der zweite Differenzenquotient zu

$$\left.\frac{\Delta^2 y}{\Delta x^2}\right|_{x_i} = \frac{\left.\frac{\Delta y}{\Delta x}\right|_{x_i+1} - \left.\frac{\Delta y}{\Delta x}\right|_{x_i}}{\Delta x} = \frac{y_{i+1} - 2y_i + y_{i-1}}{\Delta x^2},$$

und nach Einsetzen in obige Gleichung hat man

$$M = \frac{EJ\Delta^2 p}{C\,\Delta x^2} = \frac{EJ}{C\,\Delta x^2}\,(p_{i+1} - 2p_i + p_{i-1}).$$

Unterteilt man also das $L$ lange Rohrsiel in $n$ Streifen der Breite $\Delta x$, wird $\Delta x = \frac{L}{n}$, d. h. in jeder Teilungslotrechten und an den beiden Enden des Rohrsiels werden Bodenspannungen unbekannter Höhe auftreten. Für jede einzelne Teilungslotrechte kann jedoch

$$M_i = \frac{EJ}{C\,\Delta x^2}(p_{i+1} - 2\,p_i + p_{i-1}) = M_i^k \tag{252}$$

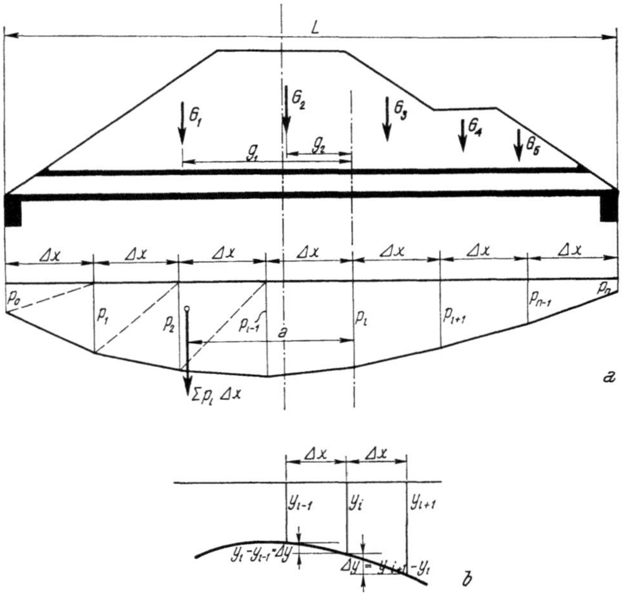


Abb. 267. Bemessung des Durchlasses in der Längsrichtung (nach A. Sikó)

geschrieben werden. Hierin bezeichnet $M_i^k$ das gemeinsame, auf die Lotrechte $i$ bezogene Moment der äußeren Kräfte und der unbekannten Bodenspannungen $p_i$. Es müssen somit das Moment, wie es sich aus der obigen Differenzengleichung errechnet, und die Momente aus sämtlichen äußeren Kräften (Aufschüttungsgewicht $G$ + Sohlspannungen $p$) in jeder Lotrechten einander gleich, d. h. es muß (vgl. Abb. 267a)

$$M_i = \frac{EJ}{C\,\Delta x^2}(p_{i+1} - 2\,p_i + p_{i-1}) = \sum G' g - p_0 \frac{\Delta x}{2}(i\,\Delta x - 2/3\,\Delta x) - p_1 \frac{\Delta x}{2}\left(i\,\Delta x - \frac{\Delta x}{3}\right) - p_1 \frac{\Delta x}{2}[(i-1)\,\Delta x - 2/3\,\Delta x] - \dots - p_{i-1}\,\Delta x \cdot 2/3\,\Delta x - \frac{p_i\,\Delta x^2}{2}\cdot\frac{\Delta x}{3} \tag{253}$$

sein. Ähnlich kann für jede der weiteren Lotrechten eine Gleichung aufgeschrieben werden, doch hat man so zur Bestimmung von $n+1$ Unbekannten bloß $n-1$ Gleichungen. Ist Symmetrie nicht vorhanden, liefert die Statik die fehlenden zwei Gleichungen, denn für die lotrechte Projektion der Kräfte gilt $\sum p\,\Delta x -$

$-\sum G = 0$ und ebenso muß das auf einen beliebigen Punkt bezogene Moment $(\sum p\, \Delta x) a - \sum G g = 0$ sein.

Nachdem die Druckordinaten $p_i$ ermittelt sind, können die Kräftepolygone für die Kräfte $G$ und $p$ aufgetragen werden, aus deren Differenz man die maßgebenden Momente erhält. Eine andere Lösungsmöglichkeit besteht darin, in die Gleichung $M_i = \frac{EJ}{C \Delta x^2} (p_{i+1} - 2p_i + p_{i-1})$ unmittelbar die in der beschriebenen Weise ermittelten Werte für $p_{i+1}$, $p_i$ und $p_{i-1}$ einzusetzen womit die Momente in sämtlichen Lotrechten gegeben sind. Die Exaktheit des Verfahrens läßt sich durch Verkleinerung der Teilungsintervalle steigern.

### 4.4.2. Bemessung kreisquerschnittiger Düker

Die Düker unterscheiden sich von den Rohrdurchlässen und Rohrsielen vor allem in der Lastaufnahme sowie in ihren Bettungs- und Unterstützungsbedingungen. Gleichviel, ob es sich um Düker handelt, die unter Flußläufen, oder um solche, die unter Stadtstraßen oder sonstigen Bauwerken hinwegführen, als lotrechte Erdlast wird stets nur *der geostatische Druck* in Betracht gezogen. Verkehrslasten ergeben sich kaum, dagegen spielt der äußere bzw. der innere Wasserdruck eine wichtige Rolle. Ihre Werte müssen auf Grund der vollen hydrostatischen Druckhöhe in die Rechnung einbezogen werden. Als untere Bettung kommen in der Regel die Kantenauflagerung und die Unterstützung auf Grund

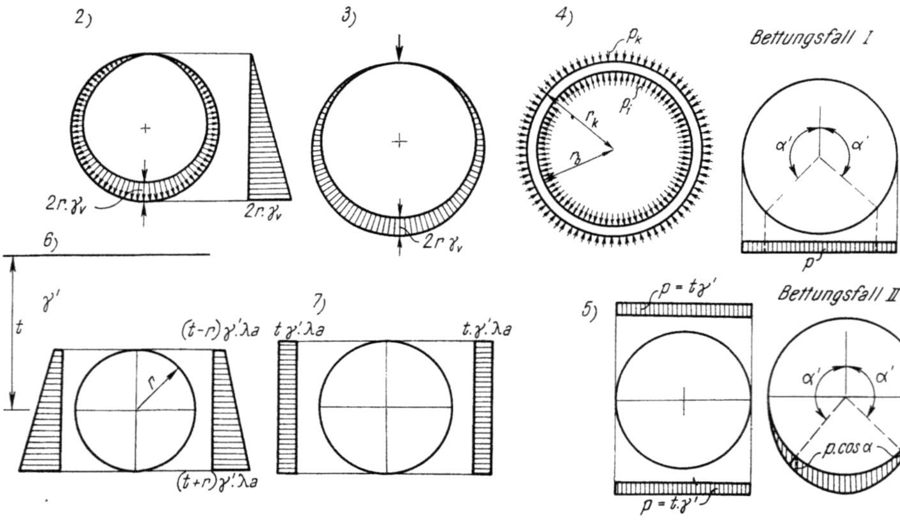


Abb. 268. Belastungs- und Bettungsannahmen von E. MARQUARDT

eines Sohldruckes in Frage, der über eine gewisse Breite gleichmäßig oder gegen die Kanten hin abnehmend verteilt ist. Sehr eingehend und gründlich befaßt sich mit dem Problem E. MARQUARDT [74], der auf Grund der allgemeinen Berechnungsgrundsätze, wie sie in Kap. 4.3.3.1. für Ringträger erörtert wurden, auch detaillierte Vergleichstabellen für unterschiedliche Belastungsfälle und Bettungsverhältnisse publiziert hat. Die in Tab. 27 zusammengefaßten Belastungs- und Bettungsfälle sind in Abb. 268 graphisch dargestellt. Die Tabelle

Tabelle 27. *Vergleichswerte der Schnittkräfte die in einem kreisförmigen entlang seiner unteren Hälfte eingebetteten* ($\alpha' = 90°$) *Rohr wirksam sind* (nach MARQUARDT)

| Nr. | Belastungsart | Biegemoment $M$ / Axialkraft $N$ | $\alpha = 0$ Scheitel, Bettungsart I. | $\alpha = 0$ Scheitel, Bettungsart II. | $\alpha = 45°$ (Viertelpunkt), Bettungsart I. | $\alpha = 45°$ (Viertelpunkt), Bettungsart II. | $\alpha = 90°$ (Kämpfer), Bettungsart I. | $\alpha = 90°$ (Kämpfer), Bettungsart II. | $\alpha = 135°$ (Viertelpunkt), Bettungsart I. | $\alpha = 135°$ (Viertelpunkt), Bettungsart II. | $\alpha = 180°$ (Sohle), Bettungsart I. | $\alpha = 180°$ (Sohle), Bettungsart II. |
|---|---|---|---|---|---|---|---|---|---|---|---|---|
| 1 | Eigengewicht | $M/gr^2$<br>$N/gr$ | +0,3448<br>−0,1667 | +0,2725<br>0 | +0,0335<br>+0,4375 | +0,0100<br>+0,5554 | −0,3927<br>+1,5708 | −0,2983<br>+1,5708 | −0,0355<br>+1,1334 | +0,0100<br>+1,9696 | +0,4406<br>+1,1667 | +0,2725<br>+2,0000 |
| 2 | Innerer Wasserdruck | $M/\gamma_w r^3$<br>$N/\gamma_w r^2$ | +0,1724<br>−0,5833 | −0,1363<br>−0,5000 | +0,0168<br>−0,4277 | +0,0050<br>−0,3687 | −0,1964<br>−0,2146 | −0,1492<br>−0,2146 | −0,0168<br>−0,7868 | +0,1363<br>−0,3687 | +0,0050<br>−1,4147 | +0,1363<br>−0,5000 |
| 3 | Äußerer Wasserdruck | $M/\gamma_w r^3$<br>$N/\gamma_w r^2$ | +0,2203<br>+0,5833 | +0,1363<br>+1,5000 | −0,0168<br>+1,2131 | +0,0050<br>+1,6313 | −0,1964<br>−1,7854 | −0,1492<br>+1,7854 | +0,0168<br>+1,5723 | +0,0050<br>+1,6313 | +0,1724<br>+1,4167 | +0,1363<br>+1,5000 |
| 4 | Überdruck vom Wasser im Rohr | $\frac{M}{N}$ | $(p_b - p_k) r_b r_k \left[1/2 - \frac{r_b r_k}{r_k^2 - r_b^2} \ln \frac{r_k}{r_b}\right]$ Entlang dem ganzen Ringe<br>$-p_b r_b$ or $+ p_k r_k$ Entlang dem ganzen Ringe | | | | | | | | | |
| 5 | Gleichmäßig verteilter lotrechter Erddruck | $M/\gamma' t r^2$<br>$N/\gamma' r t$ | 0,2500<br>0 | 0,2273<br>0,0530 | 0<br>0,500 | −0,0072<br>0,5375 | −0,2500<br>1,000 | −0,2197<br>1,00 | 0<br>0,500 | 0,0141<br>0,7662 | 0,2500<br>0 | 0,1967<br>0,5836 |
| 6 | Trapezförmig verteilter waagrechter Erddruck | $M/\gamma' \lambda_a r^2$<br>$N/\gamma' \lambda_a r$ | $(-0{,}2500t +$<br>$+ 0{,}00417r)$<br>$(rt - 0{,}375r)$ | | $(0 - 0{,}295r)$<br>$(0{,}5\,t - 0{,}0884r)$ | | $(0{,}2500\,t + 0)$<br>0 | | $(0 + 0{,}0295r)$<br>$(0{,}500t + 0{,}884r)$ | | $(-0{,}2500t -$<br>$- 0{,}0417r)$<br>$(t + 0{,}3750r)$ | |
| 7 | Gleichmäßig verteilter waagrechter Erddruck | $M/\gamma \lambda_a r^2 t$<br>$N/\gamma \lambda_a r t$ | 0,25<br>1,00 | 0,25<br>1,00 | 0<br>0,50 | 0<br>0,50 | 0,25<br>0 | 0,25<br>0 | 0<br>0,50 | 0<br>0,50 | −0,25<br>1,00 | −0,25<br>1,0 |

Bemerkung: MARQUARDT hat ähnliche Formeln für beide Bettungsarten auch für partielle Auflagerungen abgeleitet enthält Angaben zu den Bettungen I und II nur für den Spezialfall, daß sie auf den ganzen waagerechten Durchmesser projiziert gegeben sind (daß also $\alpha' = \pi/2$). MARQUARDT hat jedoch Formeln auch für partielle Bettungsverteilungen abgeleitet. Überdies wurden von ihm die Fälle der Auflagerung längs einer unteren Mittelkante sowie längs der beiden symmetrisch angeordneten Seitenkanten ausgearbeitet. Da jedoch derartige Bemessungsaufgaben eher zum Themenkreis des Kanalbaues gehören, soll auf sie hier nicht näher eingegangen werden.

### 4.4.3. Halbgraphisches Verfahren zur Bemessung von Rohrdurchlässen mit Korbbogenquerschnitt

Nach diesen eingehenden Darlegungen über die neuesten Theorien zur Berechnung der Querbeanspruchung kreisquerschnittiger starrer und elastischer Rohre soll nun die Bemessung von Rohre mit Korbbogen- (Froschmaul- oder Oval-) Querschnitt erörtert werden. Bemessungsformeln für derartige Profile unmittelbar aus mathematischen Zusammenhängen ableiten zu wollen, wäre ein schwieriges Unterfangen, weshalb denn auch die Praxis derartige Konstruktionen als dreifach statisch unbestimmte Ringträger betrachtet und diese zweckmäßig entweder auf rein graphischem oder — mit Messungen kombiniert — auf rechnerischem Wege bemißt. Die Belastung $q$ wird nach den in Kap. 4.3.4.1.4. dargelegten Grundsätzen ermittelt und genau aufgetragen. Danach unterteilt man die Achse des Halbprofils in $\Delta s$ lange elementare Teile und bestimmt die elastischen Lasten $\frac{\Delta s}{EJ}$.

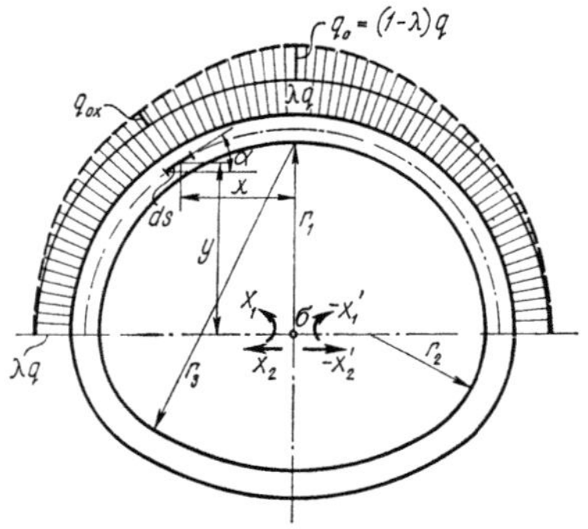


Abb. 269. Halbgraphische Lösung für froschmaulförmige Durchlaßquerschnitte

Aus dem Kräftepolygon der waagrechten und lotrechten Kräfte, das man auf die elastischen Lasten als Kräfteplan aufträgt, erhält man den Schwerpunkt $\sigma$ der elastischen Kräfte. Ist dieser bekannt, läßt man an dem im Scheitel durchgeschnittenen Ring als Hauptsystem das Einheitsmoment $X_1 = \pm 1$ t/m sowie die waagrechte Einheitskraft $X_2 = \pm 1$ t angreifen, womit man die Möglichkeit hat, die Einheitsfaktoren $a_{11}$ und $a_{22}$ zu bestimmen. Das Verfahren läßt sich beschleunigen, wenn man die Bogenlänge $\Delta s$ und die Abstände $y$ von einer in geeignetem Maßstab gehaltenen Zeichnung abmißt.

Damit hat man $a_{11} = \sum \frac{\Delta s}{EJ}$, während $a_{01}$ die Verschiebung des Punktes $\sigma$ am Hauptsystem bedeutet, die von dem vom äußeren Kräftesystem geweckten Moment bewirkt wird, d. h. am ganzen Hauptsystem entlang sind die Produkte $\frac{\Delta s}{EJ}\, p \cdot x$ zu summieren (Abb 269).

Der Quotient $\frac{a_{01}}{a_{11}}$, d. h. der Zusammenhang $\sum \frac{\Delta s}{EJ}\, p x\, \Delta x : \sum \frac{\Delta s}{EJ} = X_1$ ergibt das konstante Moment $M_1$, wie es unter der Einwirkung der äußeren Flächenlast $p$ auftritt. Auf die gleiche Weise läßt sich der Einheitsfaktor $a_{22}$ als die auf

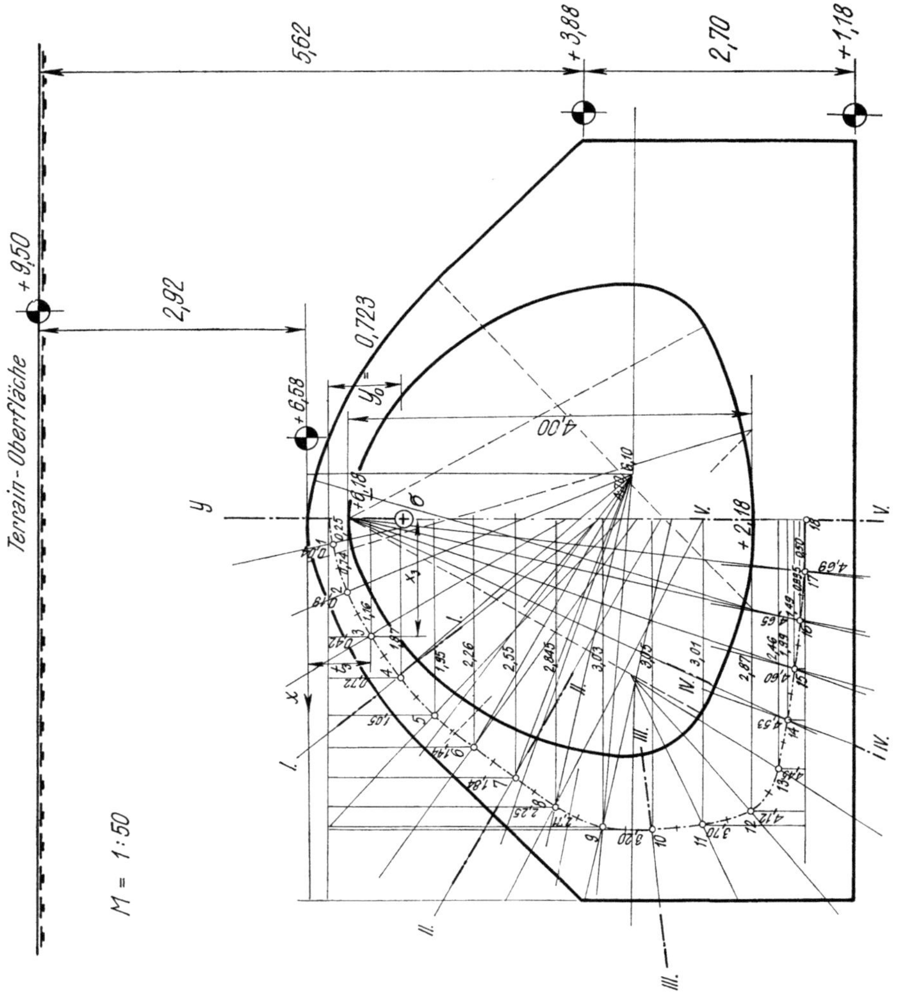


Abb. 270. Querschnitt des Abwasser-Dükers als Rechnungsbeispiel

| | x | t |
|---|---|---|
| 1 | 0,25 | 0,04 |
| 2 | 0,74 | 0,19 |
| 3 | 1,16 | 0,42 |
| 4 | 1,57 | 0,72 |
| 5 | 1,95 | 1,05 |
| 6 | 2,26 | 1,44 |
| 7 | 2,55 | 1,84 |
| 8 | 2,845 | 2,25 |
| 9 | 3,03 | 2,71 |
| 10 | 3,05 | 3,20 |
| 11 | 3,01 | 3,70 |
| 12 | 2,87 | 4,17 |
| 13 | 2,46 | 4,45 |
| 14 | 1,99 | 4,53 |
| 15 | 1,49 | 4,60 |
| 16 | 0,995 | 4,65 |
| 17 | 0,50 | 4,69 |

die waagrechte Gerade im Punkt $\sigma$ bezogene Horizontalverschiebung infolge der in diesem Punkt wirksamen horizontalen Einheitskraft $X_2 = 1$ t und der Faktor $a_{02}$ als die durch das äußere Kräftesystem hervorgerufene, auf dieselbe waagrechte Achse bezogene Horizontalverschiebung am Hauptsystem bestimmen. Die Kraft $X_2 = H$ erhält man aus dem Quotienten $a_{02}/a_{22}$. Liegen bzw. wirken Querschnitt resp. Belastung symmetrisch zur lotrechten Achse,

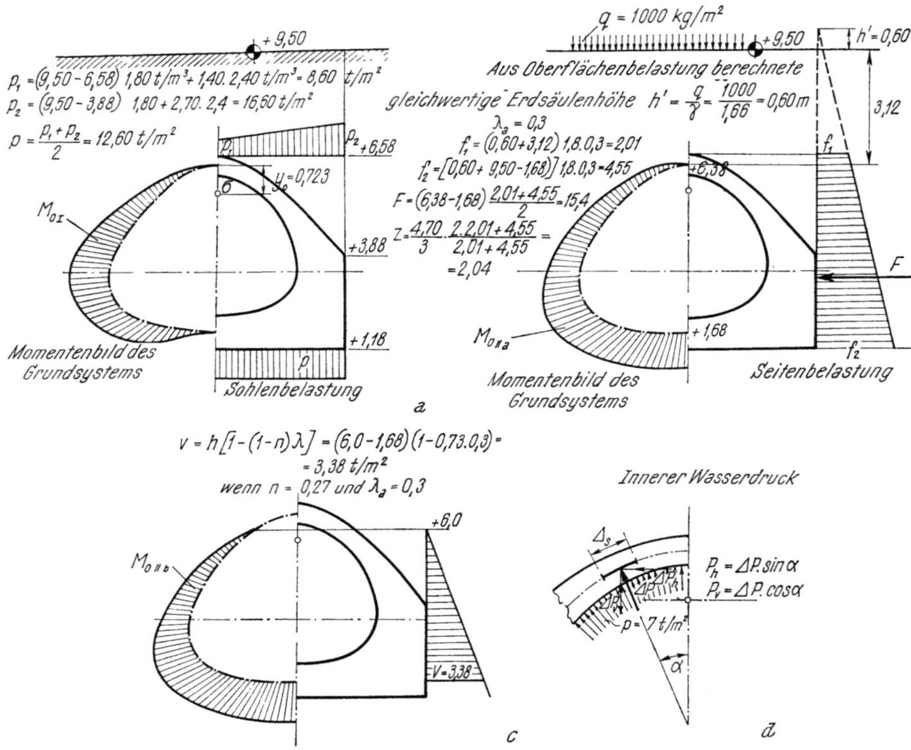


Abb. 271. Belastungs- und Biegemoment-Bilder

wird die lotrechte innere Kraft $X_3 = V$ gleich Null, zur Bestimmung der inneren Kräfte, die die einzelnen Schnitte des Froschmaulprofils beanspruchen, brauchen also in die Rechnung nur die Momente $M = M_0 - X_1 - X_2 y$ und die Druckkräfte $N = N_0 - X_2 \cos\alpha$ eingesetzt zu werden.

*Zahlenbeispiel*

Gegeben sei der in Abb. 270 skizzierte Abwasser-Ausfallsammler, seine Höhenlage und seine lichten Querschnittabmessungen. Zu berechnen ist die Bewehrung. Hierbei wird man von der Annahme folgender Belastungskombinationen ausgehen:

I. Eigenlast sowie lotrechte Erdlast (Abb. 271a),
IIa. Von den Seiten her angreifender Erddruck (s. Abb. 271b),
IIb. Außenwasserdruck aus dem bis + 6,0 ansteigenden Grundwasser als zusätzliche Belastung, von der jedoch die Erdlastverminderung infolge des Auftriebs in Abzug zu bringen ist (s. Abb. 271c),
III. Innenwasserdruck in Höhe von 7,0 t/m² (s. Abb. 271d).

Das froschmaulförmige symmetrische Profil wurde in zwei Teile, die Mittellinie in 18 Streifen $\Delta s$ von je 50 cm Breite graphisch unterteilt. Die Abstände der Streifenschwerpunkte

Tabelle 28a. *Verschiebungsbeiwerte für die Längeneinheit (1 m)*

| Lamelle Nr. | Querschnitthöhe (m) | $J$ | $J_0$ | $\frac{J}{J_0} = \tau$ | $\Delta s$ cm | $\frac{\Delta s}{\tau}$ | $t$ | $\frac{\Delta s}{\tau} t$ | $y = y_0 - t$ | $y^2$ | $\frac{\Delta s}{\tau} y^2$ | $\Sigma \frac{\Delta s}{\tau} y^2$ |
|---|---|---|---|---|---|---|---|---|---|---|---|---|
| 1 | 0,40 | 0,00534 | 0,010 | 0,534 | 50 | 93,7 | 0,04 | 3,75 | 0,683 | 0,467 | 43,75 | 43,75 |
| 2 | 0,41 | 0,00576 | 0,010 | 0,576 | 50 | 86,7 | 0,19 | 16,49 | 0,533 | 0,285 | 24,72 | 68,47 |
| 3 | 0,44 | 0,00715 | 0,010 | 0,715 | 50 | 69,9 | 0,42 | 29,38 | 0,303 | 0,092 | 6,43 | 74,90 |
| 4 | 0,49 | 0,00984 | 0,010 | 0,984 | 50 | 50,8 | 0,72 | 36,60 | 0,003 | 0,00 | 0,00 | 74,90 |
| 5 | 0,56 | 0,01470 | 0,010 | 1,47 | 50 | 34,0 | 1,05 | 35,70 | −0,327 | 0,107 | 3,64 | 78,54 |
| 6 | 0,66 | 0,02410 | 0,010 | 2,41 | 50 | 20,75 | 1,44 | 29,90 | −0,717 | 0,515 | 10,68 | 89,22 |
| 7 | 0,84 | 0,04975 | 0,010 | 4,975 | 50 | 10,05 | 1,84 | 18,50 | −1,117 | 1,247 | 12,52 | 101,74 |
| 8 | 1,10 | 0,1114 | 0,010 | 11,14 | 50 | 4,49 | 2,25 | 10,12 | −1,527 | 2,335 | 10,48 | 112,22 |
| 9 | 1,45 | 0,2545 | 0,010 | 25,45 | 50 | 1,963 | 2,71 | 5,32 | −1,987 | 3,95 | 7,76 | 119,98 |
| 10 | 1,41 | 0,2342 | 0,010 | 23,42 | 50 | 2,135 | 3,20 | 6,83 | −2,477 | 6,12 | 13,07 | 133,05 |
| 11 | 1,63 | 0,3620 | 0,010 | 36,20 | 50 | 1,38 | 3,70 | 5,10 | −2,977 | 8,86 | 12,22 | 145,27 |
| 12 | 2,10 | 0,7750 | 0,010 | 77,50 | 50 | 0,645 | 4,17 | 2,69 | −3,447 | 11,93 | 7,70 | 152,97 |
| 13 | 1,80 | 0,4875 | 0,010 | 48,75 | 50 | 1,025 | 4,45 | 4,56 | −3,727 | 14,00 | 14,37 | 167,34 |
| 14 | 1,50 | 0,2820 | 0,010 | 28,20 | 50 | 1,772 | 4,53 | 8,02 | −3,807 | 14,55 | 25,80 | 193,14 |
| 15 | 1,26 | 0,1675 | 0,010 | 16,75 | 50 | 2,983 | 4,60 | 13,72 | −3,877 | 15,02 | 44,78 | 237,92 |
| 16 | 1,12 | 0,1175 | 0,010 | 11,75 | 50 | 4,25 | 4,65 | 19,77 | −3,927 | 15,44 | 65,60 | 303,52 |
| 17 | 1,04 | 0,0941 | 0,010 | 9,41 | 50 | 5,31 | 4,69 | 24,90 | −3,967 | 15,76 | 83,65 | 387,17 |
| 18/2 | 1,00 | 0,0833 | 0,010 | 8,33 | 25 | 3,00 | 4,70 | 14,10 | −3,977 | 15,82 | 47,46 | 434,63 |
| | | | | | | $\Sigma = 394{,}853$ | | $\Sigma = 284{,}45$ | | | | |

Lage des Punktes $\sigma$: $y_0 = \frac{285{,}45}{394{,}853} = 0{,}723$ $\quad \Sigma \frac{\Delta s}{\tau} = a_{11} = 2 \times 394{,}853 = 789{,}706$ $\quad \Sigma \frac{\Delta s}{\tau} = a_{22} = 2 \times 434{,}63 = 869{,}26$

Tabelle 28b. *Verschiebungsbeiwerte für äußere Belastung: I. Eigengewicht + Bodenlast*

$$p_1 = (9{,}50 - 6{,}58)\ 1{,}80^{t/m^3} + 1{,}40 \times 2{,}4^{t/m^3} = 8{,}60\ t/m$$
$$p_2 = (9{,}50 - 3{,}88)\ 1{,}80^{t/m^3} + 2{,}70 \times 2{,}4^{t/m^3} = 16{,}60\ t/m$$

Sohlpressung als gleichmäßig verteilt angenommen

| Lamelle Nr. | $\Delta x$ | $p$ | $P$ | $x$ | $M_0$ | $\frac{\Delta s}{\tau}$ | $M_0 \frac{\Delta s}{\tau}$ | $\Sigma M_0 \frac{\Delta s}{\tau}$ | $y$ | $M_0 \frac{\Delta s}{\tau} y$ | $\Sigma M_0 \frac{\Delta s}{\tau} y$ |
|---|---|---|---|---|---|---|---|---|---|---|---|
| | 0,0 | 8,60 | | | | | | | | | |
| 1 | | | 4,58 | 0,25 | 0,29 | 93,7 | 27,2 | 27,2 | 0,683 | 18,57 | 18,57 |
| | 0,495 | 9,90 | | | | | | | | | |
| 2 | | | 4,76 | 0,74 | 2,25 | 86,7 | 19,5 | 46,7 | 0,523 | 10,40 | 28,97 |
| | 0,455 | 11,09 | | | | | | | | | |
| 3 | | | 4,89 | 1,16 | 6,16 | 69,9 | 431,0 | 477,0 | 0,303 | 130,7 | 159,67 |
| | 0,420 | 12,20 | | | | | | | | | |
| 4 | | | 4,96 | 1,57 | 12,00 | 50,8 | 609,3 | 1087,3 | 0,003 | 1,84 | 161,51 |
| | 0,39 | 13,21 | | | | | | | | | |
| 5 | | | 4,8 | 1,95 | 19,31 | 34,0 | 656,0 | 1743,3 | −0,327 | −214,5 | − 52,90 |
| | 0,35 | 14,13 | | | | | | | | | |
| 6 | | | 4,35 | 2,26 | 26,88 | 20,75 | 558,0 | 2301,3 | −0,717 | −400,0 | − 452,99 |
| | 0,30 | 14,92 | | | | | | | | | |
| 7 | | | 4,44 | 2,55 | 35,22 | 10,05 | 354,0 | 2655,3 | −1,117 | −395,5 | − 848,49 |
| | 0,29 | 15,69 | | | | | | | | | |
| 8 | | | 4,16 | 2,845 | 45,04 | 4,49 | 202,2 | 2857,5 | −1,527 | −309,0 | −1157,49 |
| | 0,26 | 16,36 | | | | | | | | | |
| 9 | | | 1,48 | 3,03 | 51,98 | 1,963 | 102,1 | 2959,6 | −1,987 | −202,6 | −1360,09 |
| | 0,09 | 16,60 | | | | | | | | | |
| 10 | | 12,60 | −0,13 | 3,05 | 52,74 | 2,135 | 112,5 | 3072,1 | −2,477 | −278,2 | −1638,29 |
| | −0,01 | 12,60 | | | | | | | | | |
| 11 | | | −1,01 | 3,01 | 51,50 | 1,38 | 71,05 | 3143,15 | −2,977 | −211,3 | −1849,59 |
| | −0,08 | 12,60 | | | | | | | | | |
| 12 | | | −3,28 | 2,87 | 46,21 | 0,645 | 29,82 | 3172,97 | −3,447 | −102,9 | −1952,49 |
| | −0,26 | 12,60 | | | | | | | | | |
| 13 | | | −6,05 | 2,46 | 32,03 | 1,025 | 32,84 | 3205,81 | −3,727 | −122,3 | −2074,79 |
| | −0,38 | 12,60 | | | | | | | | | |
| 14 | | | −6,17 | 1,99 | 18,69 | 1,772 | 33,10 | 3238,91 | −3,807 | −126,0 | −2200,79 |
| | −0,49 | 12,60 | | | | | | | | | |
| 15 | | | −6,17 | 1,49 | 7,54 | 2,983 | 22,50 | 3261,41 | −3,877 | − 87,2 | −2287,99 |
| | −0,49 | 12,00 | | | | | | | | | |
| 16 | | | −6,24 | 0,995 | − 0,43 | 4,25 | − 1,83 | 3259,58 | −3,927 | + 7,20 | −2280,79 |
| | −0,495 | 12,60 | | | | | | | | | |
| 17 | | | −6,24 | 0,50 | − 5,21 | 5,31 | − 27,65 | 3231,93 | −3,967 | +109,90 | −2170,89 |
| | −0,495 | 12,60 | | | | | | | | | |
| 18/2 | | | −3,15 | 0,125 | − 6,69 | 3,00 | − 20,07 | 3211,86 | −3,977 | + 79,90 | −2090,99 |

$a_{01} = 2 \times +3211{,}86 = 6423{,}72$; $a_{02} = 2 \times -2090{,}99 = -4181{,}98$

$M_1 = \frac{6423{,}72}{789{,}706} = 8{,}14\ t/m$; $H_1 = \frac{-4181{,}98}{869{,}26} = -4{,}81$

Tabelle 28b. *Verschiebungsbeiwerte für äußere Belastung: IIa. Seitlicher Erddruck*

Eine Oberflächenlast von 1000 kg/m² ist angenommen und durch die Einwirkung einer zusätzlichen Erdsäule von der Höhe $h' = \frac{1000}{1,8} = 0,60$ m betrachtet. Seitlicher Erddruckbeiwert $\lambda_a = 0,3$.

$$f_1 = (0,60 + 3,12)\,1,8 \times 0,3 = 2,01 \qquad f_2 = (0,60 + 9,50 - 1,68)\,1,8 \times 0,3 = 4,55$$

$$F = 4,70\,\frac{2,01 + 4,55}{2} = 15,4; \qquad z = \frac{4,70}{3}\,\frac{2 \times 2,01 + 4,55}{2,01 + 4,55} = 2,04 \text{ m}$$

| | $\Delta y$ | $f$ | $F$ | $t$ | $M_0$ | $\frac{\Delta s}{\tau}$ | $M_0 \frac{\Delta s}{\tau}$ | $\Sigma M_0 \frac{\Delta s}{\tau}$ | $y$ | $M_0 \frac{\Delta s}{\tau} y$ | $\Sigma M_0 \frac{\Delta s}{\tau} y$ |
|---|---|---|---|---|---|---|---|---|---|---|---|
| 1 | 0 | 2,01 | 0,204 | 0,04 | 0,0 | 93,7 | 0 | | 0,683 | 0 | |
| 2 | 0,10 | 2,06 | 0,423 | 0,19 | 0,031 | 86,7 | 2,68 | 2,68 | 0,523 | 1,40 | 1,40 |
| 3 | 0,30 | 2,17 | 0,582 | 0,42 | 0,175 | 69,9 | 12,22 | 14,90 | 0,303 | 3,70 | 5,10 |
| 4 | 0,56 | 2,31 | 0,792 | 0,72 | 0,558 | 50,8 | 28,35 | 43,25 | 0,003 | 0,09 | 5,19 |
| 5 | 0,89 | 2,49 | 0,930 | 1,05 | 1,198 | 34,0 | 40,65 | 83,90 | −0,327 | − 13,31 | − 8,12 |
| 6 | 1,25 | 2,685 | 1,088 | 1,44 | 2,341 | 20,75 | 48,60 | 132,50 | −0,717 | − 34,85 | − 42,97 |
| 7 | 1,64 | 2,895 | 1,11 | 1,84 | 3,95 | 10,05 | 39,70 | 172,20 | −1,117 | − 44,30 | − 87,27 |
| 8 | 2,05 | 3,12 | 1,357 | 2,25 | 6,052 | 4,49 | 27,20 | 199,40 | −1,527 | − 41,50 | − 128,77 |
| 9 | 2,47 | 3,34 | 1,702 | 2,71 | 9,034 | 1,963 | 17,73 | 217,13 | −1,987 | − 35,20 | − 163,97 |
| 10 | 2,95 | 3,61 | 1,873 | 3,20 | 13,051 | 2,135 | 27,83 | 244,96 | −2,477 | − 68,90 | − 232,87 |
| 11 | 3,46 | 3,88 | 2,008 | 3,70 | 18,083 | 1,38 | 24,95 | 269,91 | −2,977 | − 74,15 | − 307,02 |
| 12 | 3,96 | 4,15 | 2,13 | 4,15 | 23,751 | 0,645 | 15,32 | 285,23 | −3,447 | − 52,85 | − 359,87 |
| 13 | 4,36 | 4,37 | 0,617 | 4,45 | 27,73 | 1,025 | 28,40 | 313,63 | −3,727 | −106,0 | − 465,87 |
| 14 | 4,50 | 4,44 | 0,312 | 4,53 | 28,923 | 1,772 | 51,22 | 364,85 | −3,807 | −195,1 | − 660,97 |
| 15 | 4,57 | 4,48 | 0,270 | 4,60 | 29,967 | 2,983 | 89,40 | 454,25 | −3,877 | −346,2 | −1007,17 |
| 16 | 4,63 | 4,51 | 0,126 | 4,65 | 30,745 | 4,25 | 130,70 | 584,95 | −3,927 | −513,0 | −1520,17 |
| 17 | 4,68 | 4,54 | 0,090 | 4,69 | 31,356 | 5,31 | 166,30 | 751,25 | −3,967 | −660,0 | −2180,17 |
| 18/2 | 4,70 | 4,55 | 0 | 4,70 | 31,471 | 3,00 | 94,41 | 845,66 | −3,977 | −375,3 | −2555,47 |

$$a_{0\,\text{II.1.}} = 2 \times 845,66 = 1691,32; \qquad a_{0\,\text{II.2.}} = 2 \times -2555,48 = -5110,94$$

$$M_{\text{II}/a} = \frac{169,132}{789,706} = 2,14 \text{ t/m}; \qquad H_{\text{II}/a} = \frac{-5110,94}{869,26} = -5,89 \text{ t/m}.$$

Tabelle 28b. *Verschiebungsbeiwerte für äußere Belastung: IIb. Zusatzbelastung von äußerem Wasserdruck*

Auftriebsdruck außer acht gelassen, nur Überdruck betrachtet. Porengehalt $n = 27\%$
Seitlicher Erddruckbeiwert $\lambda_a = 0{,}3$

$$1 - n = 1 - 0{,}27 = 0{,}73;\ v = (6{,}0 - 1{,}68) \times (1 - 0{,}73 \cdot 0{,}3) = 3{,}38.$$

Damit die Druckzunahme je 1 m Länge: 0,781 t.

| | $\Delta y$ | $v$ | $V$ | $t$ | $M_0$ | $\frac{\Delta s}{\tau}$ | $M \frac{\Delta s}{\tau}$ | $\Sigma M_0 \frac{\Delta s}{\tau}$ | $y$ | $M_0 \frac{\Delta s}{\tau} y$ | $\Sigma M_0 \frac{\Delta s}{\tau} y$ |
|---|---|---|---|---|---|---|---|---|---|---|---|
| 1 | 0 | | 0 | | | | | | | | |
| 2 | 0 | | 0 | | | | | | | | |
| 3 | 0,38 | 0 | 0,013 | 0,42 | 0 | 69,9 | 0 | 0 | | | |
| 4 | 0,56 | 0,14 | 0,089 | 0,72 | 0,004 | 50,8 | 0,203 | 0,203 | 0,003 | 0,001 | |
| 5 | 0,89 | 0,40 | 0,195 | 1,05 | 0,037 | 34,0 | 1,26 | 1,463 | −0,327 | − 0,412 | − 0,411 |
| 6 | 1,25 | 0,68 | 0,326 | 1,44 | 0,153 | 20,75 | 3,18 | 4,643 | −0,717 | − 2,28 | − 2,691 |
| 7 | 1,64 | 0,99 | 0,470 | 1,84 | 0,402 | 10,05 | 4,04 | 8,683 | −1,117 | − 4,51 | − 7,201 |
| 8 | 2,05 | 1,30 | 0,620 | 2,25 | 0,851 | 4,49 | 3,82 | 12,503 | −1,527 | − 5,83 | − 13,031 |
| 9 | 2,47 | 1,65 | 0,900 | 2,71 | 1,639 | 1,963 | 3,22 | 15,723 | −1,987 | − 6,40 | − 19,431 |
| 10 | 2,96 | 2,02 | 1,105 | 3,20 | 2,918 | 2,135 | 6,22 | 21,943 | −2,477 | − 15,40 | − 34,831 |
| 11 | 3,46 | 2,40 | 1,30 | 3,70 | 4,774 | 1,38 | 6,60 | 28,543 | −2,977 | − 19,63 | − 54,461 |
| 12 | 3,96 | 2,80 | 1,18 | 4,17 | 7,133 | 0,645 | 4,60 | 33,143 | −3,447 | − 15,87 | − 70,331 |
| 13 | 4,36 | 3,11 | 0,443 | 4,45 | 8,871 | 1,025 | 9,10 | 42,243 | −3,727 | − 33,94 | −104,271 |
| 14 | 4,50 | 3,22 | 0,227 | 4,53 | 9,402 | 1,772 | 16,68 | 58,923 | −3,807 | − 63,50 | −167,771 |
| 15 | 4,57 | 3,27 | 0,198 | 4,60 | 9,884 | 2,983 | 29,50 | 88,423 | −3,877 | −114,20 | −281,971 |
| 16 | 4,63 | 3,32 | 0,167 | 4,65 | 10,237 | 4,25 | 43,50 | 131,923 | −3,927 | −171,0 | −452,971 |
| 17 | 4,68 | 3,36 | 0,067 | 4,69 | 10,531 | 5,31 | 56,0 | 187,923 | −3,967 | −222,2 | −675,171 |
| 18/2 | 4,70 | 3,38 | 0 | 4,70 | 10,600 | 3,00 | 31,80 | 219,723 | −3,977 | −126,3 | −801,471 |

$a''_{0\,\mathrm{II.1.}} = 2 \times 219{,}723 = 439{,}446$  $a''_{0\,\mathrm{II.2.}} = 2 \times -801{,}471 = -1602{,}942;$

$$M_{\mathrm{II}b} = \frac{439{,}446}{789{,}706} = 0{,}556 \text{ t/m} \qquad H_{\mathrm{II}b} = \frac{-1602{,}942}{+869{,}26} = -1{,}85 \text{ t}.$$

Tabelle 28b. *Verschiebungsbeiwerte für äußere Belastung: III. Innerer Wasserdruck*

Die normal wirkenden Kräfte sind auf Horizontal- und Vertikalkomponente aufgelöst (s. Abb. 271d) und die Werte von $\alpha$ von der Zeichnung abgemessen

$$P_h = P \sin\alpha \qquad P_v = P \cos\alpha$$

| | $\Delta s'$ | $p$ t/m³ | $P$ | $\alpha$ | sin $\alpha$ | cos $\alpha$ | $P_h$ | $P_v$ | $y'$ | $x'$ | $\frac{P_h}{t}$ |
|---|---|---|---|---|---|---|---|---|---|---|---|
| 1 | 0,44 | 7,0 | 3,08 | 12° | 0,20791 | 0,97815 | 0,64 | 0,32 | 0,235 | 0,20 | 0,64 |
| 2 | 0,455 | 7,0 | 3,18 | 23°30′ | 0,38268 | 0,92388 | 1,20 | 2,89 | 0,39 | 0,645 | 1,20 |
| 3 | 0,46 | 7,0 | 3,22 | 31°40′ | 0,52498 | 0,85112 | 1,69 | 2,74 | 0,60 | 1,05 | 1,69 |
| 4 | 0,465 | 7,0 | 3,26 | 40°50′ | 0,65386 | 0,75661 | 2,13 | 2,47 | 0,89 | 1,40 | 2,13 |
| 5 | 0,455 | 7,0 | 3,18 | 50°30′ | 0,77162 | 0,63608 | 2,46 | 2,02 | 1,23 | 1,74 | 2,46 |
| 6 | 0,445 | 7,0 | 3,12 | 60°00′ | 0,86603 | 0,50000 | 2,70 | 1,56 | 1,61 | 1,97 | 2,70 |
| 7 | 0,425 | 7,0 | 2,98 | 68°30′ | 0,93042 | 0,3665 | 2,77 | 1,09 | 2,00 | 2,15 | 2,77 |
| 8 | 0,405 | 7,0 | 2,84 | 76°30′ | 0,97237 | 0,23345 | 2,76 | 0,66 | 2,37 | 2,27 | 2,76 |
| 9 | 0,37 | 7,0 | 2.59 | 84°50′ | 0,99594 | 0,09005 | 2,58 | 0,23 | 2,77 | 2,335 | 2,58 |
| 10 | 0,295 | 7,0 | 2,06 | 96°50′ | 0,99290 | —0,11898 | 2,04 | 0,245 | 3,11 | 2,35 | 2,04 |
| 11 | 0,245 | 7,0 | 1,72 | 114°20′ | 0,91116 | —0,41204 | 1,57 | —0,71 | 3,34 | 2,27 | 1,57 |
| 12 | 0,235 | 7,0 | 1,64 | 130°40′ | 0,75851 | —0,65166 | 1,24 | —1,07 | 3,54 | 2,15 | 1,24 |
| 13 | 0,23 | 7,0 | 1,61 | 147°00′ | 0,54464 | —0,83867 | 0,875 | —1,35 | 3,69 | 1.98 | 0,875 |
| 14 | 0,29 | 7,0 | 2.03 | 155°25′ | 0,4160 | —0,90935 | 0,845 | —1,845 | 3,84 | 1,67 | 0,845 |
| 15 | 0,38 | 7,0 | 2,66 | 161°30′ | 0,31730 | —0,94832 | 0,844 | —2,52 | 4,00 | 1,28 | 0,844 |
| 16 | 0,42 | 7,0 | 2,94 | 167°35′ | 0,21502 | —0,97661 | 0,632 | —2,875 | 4,10 | 0,88 | 0,632 |
| 17 | 0,44 | 7,0 | 3,08 | 173°45′ | 0,10987 | —0,99406 | 0,338 | —3,06 | 4,17 | 0,46 | 0,338 |
| 18/2 | 0,255 | 7,0 | 1,58 | 180°00′ | 0 | —1,00000 | 0 | —1,58 | 4,20 | 0 | 0 |

*Tabelle 28b. III.* (Fortsetzung)

| | $y'$ m | $M_0'$ t/m | $P_v$ | $x'$ | $M_0''$ t/m | $M_0 = M_0' + M_0''$ | $\frac{\Delta s}{\tau}$ | $M_0 \frac{\Delta s}{\tau}$ | $\Sigma M_0' \frac{\Delta s}{\tau}$ | $y$ | $M \frac{\Delta s}{\tau} y$ | $\Sigma M \frac{\Delta s}{\tau} y$ |
|---|---|---|---|---|---|---|---|---|---|---|---|---|
| 1 | 0,235 | 0, | 3,02 | 0,20 | − 0,151 | − 0,151 | 93,7 | − 14,15 | − 14,15 | 0,683 | − 9,67 | − 9,67 |
| 2 | 0,39 | − 0,099 | 2,89 | 0,645 | − 1,343 | − 1,442 | 86,7 | −125,00 | − 139,15 | 0,533 | − 66,6 | − 76,27 |
| 3 | 0,60 | − 0,486 | 2,74 | 1,05 | − 3,735 | − 4,221 | 69,9 | −295,60 | − 434,75 | 0,303 | − 89,5 | − 165,77 |
| 4 | 0,89 | − 1,509 | 2,47 | 1,40 | − 6,763 | − 8,272 | 50,8 | −420,0 | − 854,75 | 0,003 | − 1,26 | − 167,03 |
| 5 | 1,23 | − 3,438 | 2,02 | 1,73 | −10,437 | −13,875 | 34,0 | −471,0 | −1325,75 | −0,327 | +154,2 | − 12,83 |
| 6 | 1,61 | − 7,751 | 1,56 | 1,97 | −13,595 | −19,346 | 20,75 | −401,0 | −1726,75 | −0,717 | +288,0 | + 275,17 |
| 7 | 2,00 | −10,729 | 1,09 | 2,15 | −16,231 | −26,960 | 10,05 | −271,0 | −1997,75 | −1,117 | +302,4 | 577,57 |
| 8 | 2,37 | −15,757 | 0,66 | 2,27 | −18,115 | −33,872 | 4,49 | −152,0 | −2149,75 | −1,527 | +232,0 | 809,57 |
| 9 | 2,77 | −22,304 | 0,23 | 2,335 | −19,186 | −41,491 | 1,963 | − 81,50 | −2231,25 | −1,987 | +161,9 | 917,47 |
| 10 | 3,11 | −28,736 | 0,245 | 2,35 | −19,433 | −48,169 | 2,135 | −102,80 | −2334,05 | −2,477 | +254,4 | 1225,87 |
| 11 | 3,34 | −33,567 | −0,71 | 2,27 | −18,101 | −51,668 | 1,38 | − 71,40 | −2405,45 | −2,977 | +212,2 | 1438,07 |
| 12 | 3,54 | −38,063 | −1,07 | 2,15 | −16,146 | −54,209 | 0,645 | − 35,0 | −2440,45 | −3,447 | +120,7 | 1558,77 |
| 13 | 3,69 | −41,628 | −1,35 | 1,98 | −13,585 | −55,213 | 1,025 | − 56,6 | −2497,05 | −3,727 | +211,0 | 1769,9 |
| 14 | 3,84 | −45,328 | −1,824 | 1,67 | − 9,299 | −54,627 | 1,772 | − 96,9 | −2593,95 | −3,807 | +369,0 | 2138,77 |
| 15 | 4,00 | −49,415 | −2,52 | 1,28 | − 4,610 | −54,025 | 2,983 | −161,3 | −2755,25 | −3,877 | +624,0 | 2762,77 |
| 16 | 4,10 | −52,040 | −2,875 | 0,88 | − 0,877 | −52,917 | 4,25 | −224,6 | −2979,85 | −3,927 | +883,0 | 3645,77 |
| 17 | 4,17 | −53,933 | −3,06 | 0,46 | + 1,870 | −52,063 | 5,31 | −276,0 | −3255,85 | −3,967 | +1097,0 | 4742,77 |
| 18/2 | 4,20 | −54,774 | −1,58 | 0,115 | + 3,086 | −51,688 | 3,00 | −155,06 | −3410,91 | −3,977 | +616,0 | 5358,77 |

$a_{0\,\mathrm{III.1.}} = 2 \times -3410{,}91 = -6821{,}82;$ $\quad a_{0\,\mathrm{III.3.}} = 2 \times 5358{,}77 = 10717{,}54;$

$$M_{\mathrm{III}} = \frac{-6821{,}82}{789{,}706} = -8{,}65\ \mathrm{t/m}; \qquad H_{\mathrm{III}} = \frac{10717{,}54}{869{,}26} = 12{,}33\ \mathrm{t}.$$

Tabelle 29. *Zusammenstellung der maßgebenden Momenten- und Normalkraftwerte in den kritischen Querschnitten*

$$N = P \sin\alpha + H \cdot \cos\alpha;\; H = 4{,}81;\; M = -8{,}14.$$

| Querschnitt | $y$ | $M_0$ | $-M_I$ | $-Hy$ | $M$ | $P$ | $H$ | $\alpha$ | $\sin\alpha$ | $\cos\alpha$ | $N$ |
|---|---|---|---|---|---|---|---|---|---|---|---|
| **Belastung I (Eigengewicht + Bodenauflast)** | | | | | | | | | | | |
| 0 | 0,683 | 0 | −8,14 | + 3,28 | − 4,86 | 0 | 4,81 | 0° | 0 | 1,00000 | 4,81 |
| 4 | 0,003 | +12,0 | −8,14 | + 0,014 | + 3,874 | 19,19 | 4,81 | 38° 20′ | 0,62024 | 0,78443 | 15,69 |
| 7 | −1,117 | +35,22 | −8,14 | − 5,36 | +21,72 | 33,27 | 4,81 | 60° 00′ | 0,86603 | 0,50000 | 31,06 |
| 10 | −2,477 | +52,74 | −8,14 | −11,90 | +32,70 | 38,78 | 4,81 | 93° 00′ | 0,99863 | 0,05334 | 38,95 |
| 14 | −3,807 | +18,69 | −8,14 | −18,30 | − 7,75 | 22,27 | 4,81 | 171° 00′ | 0,15643 | 0,98769 | 8,24 |
| 18 | −3,997 | + 6,69 | −8,14 | −19,10 | −33,93 | 0 | 4,81 | 180° 00′ | 0 | 1,00000 | 4,81 |
| **Belastung II/a (seitlicher Erddruck)** | | | | | | | | | | | |
| 0 | 0,683 | 0 | −2,14 | 4,02 | 1,75 | 0 | 5,89 | 0° | | 1,00000 | 5,89 |
| 4 | 0,003 | 0,558 | −2,14 | 0,18 | −1,43 | 3,88 | — | 38° 20′ | | 0,78442 | 3,04 |
| 7 | −1,117 | 3,95 | −2,14 | − 6,58 | −4,90 | 0,75 | — | 60° 00′ | | 0,500 | 0,375 |
| 10 | −2,477 | 13,051 | −2,14 | −14,60 | −3,82 | −4,18 | — | 93° 00′ | | 0,05234 | −2,00 |
| 14 | −3,807 | 28,923 | −2,14 | −22,44 | +4,21 | −9,23 | — | 171° 00′ | | 0,98769 | −9,11 |
| 18 | −3,977 | 31,471 | −2,14 | −23,40 | +5,80 | −9,71 | — | 180° 00′ | | 1,00000 | −9,71 |
| **Belastung II/b (äußerer Wasserdruck)** | | | | | | | | | | | |
| 0 | 0,683 | 0 | −0,556 | +1,262 | 0,706 | 0 | 1,85 | 0° | | 1,00000 | 1,85 |
| 4 | 0,003 | 0,004 | −0,556 | +0,006 | −0,546 | — | 1,75 | 38° 20′ | | 0,78442 | 1,372 |
| 7 | −1,117 | 0,402 | −0,556 | −2,162 | −2,316 | — | 0,76 | 60° 00′ | | 0,500 | 0,38 |
| 10 | −2,477 | 2,918 | −0,556 | −4,575 | −2,213 | — | −1,87 | 93° 00′ | | 0,05234 | −0,10 |
| 14 | −3,807 | 9,402 | −0,556 | −7,05 | +1,796 | — | −5,02 | 171° 00′ | | 0,98769 | −4,96 |
| 18 | −3,977 | 10,600 | −0,556 | −7,35 | +2,694 | — | −5,45 | 180° 00′ | | 1,00000 | −5,45 |
| **Belastung III (innerer Wasserdruck)** | | | | | | | | | | | |
| 0 | 0,683 | 0 | 8,65 | −8,43 | +0,22 | | −12,33 | 0° | 0 | 1,00000 | −12,33 |
| 4 | 0,03 | − 8,272 | 8,65 | −0,04 | +0,338 | 11,12 | − 6,67 | 38° 20′ | 0,62042 | 0,78442 | 1,66 |
| 7 | −1,117 | −26,96 | 8,65 | 13,78 | −4,53 | 15,79 | + 1,26 | 60° 00′ | 0,86603 | 0,500 | 14,30 |
| 10 | −2,477 | −48,169 | 8,65 | 30,54 | −8,98 | 16,925 | + 8,64 | 93° 00′ | 0,99863 | 0,05234 | 17,37 |
| 14 | −3,807 | −54,627 | 8,65 | 47,00 | +1,03 | 12,07 | +13,17 | 171° 00′ | 0,15643 | 0,98769 | 14,89 |
| 18 | −3,977 | −51,688 | 8,65 | 49,00 | +5,96 | 2,03 | +15,98 | 180° 00′ | 0 | 1,00000 | 15,98 |

von der Symmetrieachse sowie von der im höchsten Punkt des Bogenrückens gezogenen Waagrechten wurden gleichfalls gemessen und in die Tabelle neben der Figur eingetragen. Auch die Mauerdicke ($v$) der einzelnen Streifen wurde durch Messen ermittelt.

Die Bemessung des Profils erfolgte auf Grund dieser durch Messung ermittelten Daten tabellarisch, wobei zunächst die Stelle des Punktes $\sigma$ und die Einheitsfaktoren $a_{11}$ und $a_{22}$ bestimmt wurden.

Es folgte die Berechnung der Belastungsfaktoren $a_{01}$ und $a_{02}$ für jede der obigen äußeren Kräfte und schließlich die der unbekannten inneren Reaktionen $X_1(M)$ und $X_2(H)$ für jeden der oben genannten Belastungsfälle (Tab. 28a bis e).

In der Tab. 29 schließlich sind sämtliche am Hauptsystem angreifende, auf Grund der Formeln

$$M = M_0 - X_1 - X_2 y \text{ bzw.}$$

$$N = P \sin\alpha + X_2 \cos\alpha$$

ermittelte Kräfte sowie die Beanspruchungen des Froschmaulprofils zusammengefaßt.

Einmal so weit, konnten, den vorgeschriebenen Belastungskombinationen entsprechend, die für die einzelnen Querschnitte ermittelten $M$- und $N$-Werte addiert und auf dieser Grundlage die Stahlbetonprofile für die ausmittige Druck- bzw. Zugbeanspruchung bemessen werden. Da sich für jeden Querschnitt eine besondere kritische Kombination ergibt, können die Kombinationen nicht vorweg festgelegt werden. Bei den Annahmen ist jedenfalls darauf zu achten, daß es sich jeweils um physikalisch mögliche Kombinationen handeln muß. Wie aus den Tabellen hervorgeht, waren es im Beispiel in der Regel die lotrechte Erd- und die Eigenlast, die die größten Momente lieferten, während sich die größten Normalkräfte aus dem inneren Wasserdruck ergaben. Relativ geringer ist die Beanspruchung durch den seitlichen Erd- und durch den äußeren Wasserdruck. Das hier erörterte Berechnungsverfahren läßt den passiven Widerstand der seitlich anstehenden Bodenschichten außer acht, doch kann in die Berechnung zumindest die aktive Wirkung einbezogen werden, wenn man die Belastungen I und IIa gemeinsam untersucht.

### 4.4.4. Biegsame Rohrdurchlässe aus Wellblech

Die Darlegungen über die Verfahren zur Ringträgerbemessung enthielten bereits Hinweise darauf, daß die seitliche Abstützung die in kreisquerschnittigen Hohlgängen auftretenden Beanspruchungen — vor allem die Momente — wesentlich herabsetzt. Das Ausmaß der seitlichen Abstützung hängt von der Festigkeit — dem passiven Widerstand — des Bodens ab, der das Rohr umgibt, ihre Größe wird also weitgehend durch die Biegsamkeit des Profils bestimmt. Je größer nämlich die Querdehnung des Rohres, um so größer ist auch der Erdwiderstand, d. h. der Seitendruck [vgl. die Formel (244) und Abb. 258].

Diese Erscheinung nutzen weitgehend die *biegsamen Rohrdurchlässe* (Wellblech System „*Armco*“) (Abb. 272) aus. Eine gleichmäßige Abstützung durch den Boden, die sich durch richtigen Einbau erzielen läßt, setzt die in der Rohrwandung auftretenden Biegespannungen auf einen im Verhältnis zu den Normalspannungen vernachlässigbar niedrigen Wert herab. Bei einem kreisquerschnittigen Rohrdurchlaß z. B. errechnet sich die Radialverformung zu

$$\Delta r = \frac{0{,}167\, p \cdot r^4}{EJ + 0{,}061\, C \cdot r^4}. \tag{254a}$$

Da der Wert von $EJ$ wegen der geringen Wandstärke vernachlässigt werden kann, vereinfacht sich dieser Ausdruck zu der Näherungsformel

$$\Delta r = 2{,}7\, \frac{p}{C}, \tag{254b}$$

wobei $p$ die am Scheitel des Rohrdurchlasses gleichmäßig verteilt wirkende durchschnittliche lotrechte Last bezeichnet, während $C$ die Bettungsziffer ist. In-situ-Versuche mit derartigen Rohrdurchlässen aus Wellblech [98] haben gezeigt, daß die wirksame lotrechte Last bei Sand-, Schluff- oder Tonaufschüttungen, deren Höhe die Länge des Rohrdurchmessers überstieg, zwischen 50 und

Abb. 272. Ansicht eines biegsamen Rohrdurchlasses „Armco-Multiplate"

90% des geostatischen Druckes schwankte. Demgegenüber waren die waagrechten Drücke im allgemeinen größer als die lotrechten, ja in einzelnen Fällen lagen sie sogar über dem geostatischen Werten. Allgemein machte man die Erfahrung, daß die Art und Weise der Hinterfüllung, ihre Verdichtung und die Gründungsverhältnisse die Größe der Beanspruchung erheblich beeinflußten. Auf Grund der Untersuchungen von Meyerhof stellt White [99] fest, daß sich eine nachgiebige Gründung unter dem Bauwerk im Verein mit einer gut verdichteten Abstützung an beiden Rohrseiten im Sinne einer Herabsetzung der Belastung des Bauwerkes auswirkt, wogegen eine starre Gründung und lockere seitliche Hinterfüllung die Beanspruchung über den Wert des geostatischen Druckes + Nutzlast anzuheben vermag. Jene Überlagerungshöhe, bei der sich aus Verkehrslasten keine zusätzliche Beanspruchung des Rohrdurchlasses mehr ergibt, liegt bei Straßendämmen bei 3,0 m, bei Eisenbahndämmen hingegen bei 9,0 m [100].

Der Biegesteifigkeit bedürfen die Rohrdurchlässe aus Wellblech in erster Linie während des Einbaues und während der seitlichen Bodenverdichtung, wogegen nach dem endgültigen Einbau nur noch ihre Druckfestigkeit genutzt wird.

Nach Meyerhof [101] kann die Verteilung des Erddruckes rings um das Rohr auf Grund des Satzes von der Stetigkeit des Produktes aus Halbmesser und zugehörigem Druck (Kesselformel) angenommen werden. Auf dieser Grundlage erhält man anhand der Formel

$$p = p_0 \cdot r_t/r$$

die in Abb. 273 für verschiedene Profilformen angedeuteten Druckverteilungen.

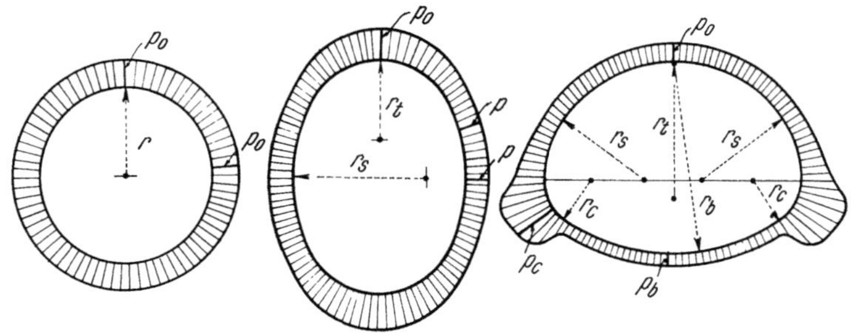


Abb. 273. Druckverteilungsbilder um verschiedenartig geformte biegsame Durchlässe aus Wellblech

Anhand derselben Gleichung wird der Axialdruck bei Röhren mit kreisrundem oder elliptischem Querschnitt gemäß Abb. 274, bei solchen mit Froschmaulprofil gemäß Abb. 275 bestimmt. Für gewöhnlich ist also $N = p_0 \dfrac{D}{2}$, worin $D$ den lichten Rohrdurchmesser, $p_0$ dagegen den als gleichmäßig verteilt angenommenen,

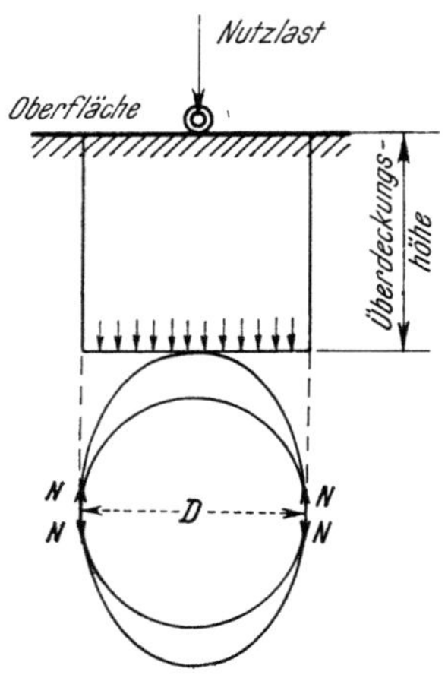


Abb. 274. Einfache Bestimmung der Axialkraft $N$

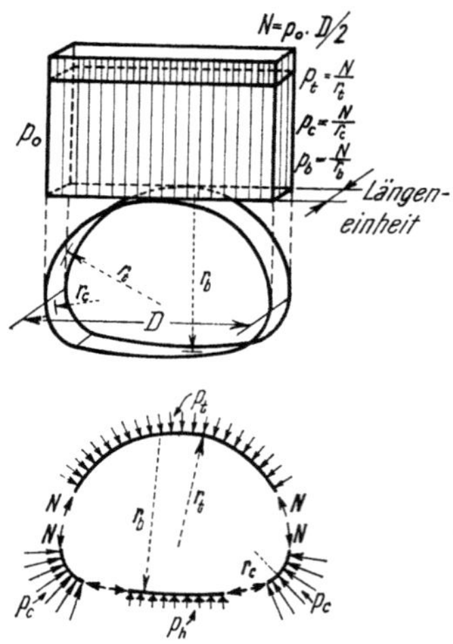


Abb. 275. Belastungsannahmen für ein Froschmaul-Profil

aus Aufschüttung und Nutzlast herrührenden lotrechten Druck im Scheitelpunkt bedeutet.

Die aus der Normalkraft $N$ resultierenden Druckspannungen dürfen den hinsichtlich der Knickfestigkeit kritischen Wert nicht überschreiten. Denkt man auch an eine gewisse zufällige Ausmittigkeit und an Ungleichmäßigkeiten in der Ausführung, wird man die kritische Spannung des Rohrdurchlasses mit MEYER-

HOF aus der Formel

$$\sigma_{kr} = \frac{\sigma_f}{1 + \sigma_f/\sigma_k} \tag{255a}$$

berechnen, in der $\sigma_f$ die Fließgrenze des Rohrwerkstoffes, $\sigma_k$ hingegen die nach der Elastizitätstheorie ermittelte Knickfestigkeit gebogener, in Erdreich gebetteter Stahlbleche gemäß

$$\sigma_k = \frac{2}{F} \sqrt{\frac{C E J}{1 - \mu^2}} \tag{255b}$$

bezeichnet. Außer den bereits bekannten Bezeichnungen bedeutet in dieser Formel $F$ die Querschnittfläche, $EJ$ die Steifigkeit und $\mu$ die Poissonsche Zahl des Stahlbleches. In diesem Zusammenhang ist $\sigma_k$ unabhängig vom Radius des Rohrdurchlasses, was jedoch nur für den Fall zutrifft, daß die Verhältniszahl $r/L$ größer ist als 2. $\left(\text{Hier ist } L = \sqrt[4]{\frac{E J}{(1 - \mu^2) C}}\right)$. Unter Ausschluß des praktisch nicht vorkommenden Falles, daß $r/L < 2$, kann somit nach Substitution der für $\sigma_k$ und für $L$ aufgeschriebenen Beziehungen für kreisquerschnittige Rohrdurchlässe

$$\sigma_{kr} = \frac{\sigma_f}{1 + (\sigma_f \cdot F/2) \sqrt{(1 - \mu^2)/C E J}} \tag{255c}$$

geschrieben werden, sofern das Rohr gleichmäßig starr gebettet ist und die Aufschüttungshöhe die Länge des Rohrdurchmessers überschreitet.

Neuere Versuche [101] haben gezeigt, daß Rohrdurchlässe aus glattem Stahlblech durch Knickbrüche zerstört wurden, und zwar bei $^1/_6$ der Spannung, die der Fließgrenze des verwendeten Stahles entsprach. Rohrdurchlässe aus Wellblech hingegen erlitten bei einer der Fließgrenze entsprechenden Spannung durch Druck verursachte Brüche.

Im Hinblick auf die Schwächungen, die das Rohr beim Zusammenbau erleidet, wird seine Steifigkeit bei der Bemessung üblicherweise nur mit 50% des rechnerisch ermittelten Wertes berücksichtigt. Ebenso pflegt man die Verformungseigenschaften der Dammaufschüttung eher mit der Steifezahl ($E_s$), die durch triaxiale Kompressionsversuche bestimmt werden kann, als mit der Bettungsziffer ($C$) auszudrücken. Näherungsweise gilt hierbei

$$C = \frac{E_s}{2(1 - \mu_t^2) \cdot r} \cong \frac{E_s}{1{,}5 r}, \tag{256}$$

wenn $\mu_t$ die Poissonsche Zahl des Bodens (0,5) bedeutet. Den Versuchen zufolge können die Kennzahlen ($C$, $E_s$) der Verformung lockerer Aufschüttung mit etwa der Hälfte jener angesetzt werden, die sich für verdichtete Aufschüttungen ergeben.

Neuerdings wird die Stützwirkung des Bodens, wie sie bei biegsamen unterirdischen Hohlgangauskleidungen mit bogenförmig gekrümmtem Querschnitt in Betracht gezogen wird, auch beim Entwurf von Verbundkonstruktionen benützt, die auf der gegenseitigen tragenden Mitwirkung von Teilen aus verschiedenen Baustoffen beruhen (vgl. [101]).

## 4.5. Bemessung der Auskleidung von Tunneln und Stollen mit Rechteckquerschnitt

Wie schon in den Ausführungen über die kennzeichnenden Querschnittformen von Tunneln dargelegt wurde (vgl. Kap. 2.2.3.), sind es zumeist die in offener Baugrube hergestellten Unterpflasterhohlgänge für Fußgänger und städtische Versorgungsleitungen sowie die oberflächennahen Untergrundbahntunnel, denen man bevorzugt Rechteckquerschnitte und Auskleidungen aus Stahlbeton gibt. Abgesehen davon, daß diese Bauweise eine günstige Lichtraumausnützung erlaubt, erscheint sie auch wegen ihres minimalen Baustoffbedarfs begründet. Neuerdings führt ferner das Streben nach Beschleunigung der Bauausführung auch zur zunehmenden Verbreitung des Bauens mit Fertigteilen (vgl. Kap. 6.4.4.), welches eine erhebliche Verminderung der Zahl von Bauelementen und weitere Baustoffeinsparungen ermöglicht und zusätzliche gewichtige Gründe für die Begünstigung des Rechteckquerschnitts liefert.

Bei den hierbei in Frage kommenden Konstruktionen handelt es sich um Stahlbetonrahmen, deren Bemessung in den Aufgabenkreis des Massivbaues und nicht in den des Tunnelbaues im engeren Sinne gehört. Trotzdem sollen im Hinblick auf die besonderen Auflagerungs- und Abstützungsverhältnisse bei diesen Rahmen der Vollständigkeit halber hier kurz auch die Grundlagen der statischen Berechnung für die beiden häufigsten Bauarten, d. h. für starr gebettete, relativ schmale einschiffige Hohlgänge (Fußgänger- und Leitungstunnel) und für elastisch gebettete, breite und flache doppelschiffige Hohlgänge (Untergrundbahntunnel) erörtert werden.

### 4.5.1. Starr gebettete einschiffige Hohlgänge

Der Einfachheit halber sei vorausgesetzt, daß Sohlbalken und Dachriegel des geschlossenen Rahmens gemäß Abb. 276 die gleiche Biegesteifigkeit ($J$) haben. Gleiche, jedoch von $J$ abweichende Biegesteifigkeit ($J_0$) haben auch die Pfosten des Rahmens. Wegen der gleichen Elastizität können mithin die an der Verformung des geschlossenen Rahmens beteiligten elastischen Kräfte $\frac{\Delta s}{EJ}$ über den Reduzierbeiwert $\tau = \frac{J}{J_0}$ auf gleichen Nenner gebracht werden.

Zufolge der symmetrischen Biegesteifigkeitsverhältnisse kommt auch der Elastizitätshauptpunkt $\sigma$ des Rahmens in den Schnittpunkt der Halbierenden der Seiten $a$ und $b$ zu liegen, was die Berechnung für den Fall symmetrischer Belastung von außen wesentlich vereinfacht. Nach dem bereits gut bekannten Verfahren erhält man das Hauptsystem für den dreifach statisch unbestimmten Rahmenträger, indem man in der Mitte des Dachriegels einen Schnitt anordnet, womit man die Möglichkeit hat, die Verschiebungen des Punktes $\sigma$ zu untersuchen, der wieder als starr mit dem frei gemachten Stabende verbunden gedacht ist. Unter der gemeinsamen Beanspruchung durch die äußeren und die unbekannten inneren Kräfte müssen die Verschiebungen gleich Null sein.

Die Momentenflächen für verschiedene Belastungsfälle sind aus Abb. 276 ersichtlich. Aus ihnen ergeben sich für die Einheitsfaktoren $a_{ii}$ und für die Verschiebungsfaktoren $a_{0i}$ die Arbeitsgleichungen

$$a_{ii} = \frac{1}{EJ}\int m_i^2 \mathrm{d}s \quad \text{und} \quad a_{0i} = \frac{1}{EJ}\int M_0\, m_i \mathrm{d}s,$$

aus denen sich die Einheitsfaktoren zu

(s. Abb. 276c) $$a_{11} = \int m_1^2 \frac{\mathrm{d}s}{\tau} = \frac{a \cdot 1^2}{\tau} \cdot 2 + ab \cdot 2 = 2\left(\frac{a}{\tau} + b\right);$$

(s. Abb. 276d) $$a_{22} = \int m_2^2 \frac{\mathrm{d}s}{\tau} = 2\,\frac{b}{2} \cdot \frac{\left(\frac{b}{2}\right)^2}{3} \cdot 2 + 2 \cdot \frac{\left(\frac{b}{2}\right)^2_a}{\tau} =$$

$$= \frac{b^3}{6} + \frac{b^2 a}{2\tau} = \frac{b^2}{2}\left(\frac{b}{3} + \frac{a}{\tau}\right);$$

(s. Abb. 276e) $$a_{33} = \int m_3^2 \frac{\mathrm{d}s}{\tau} = 4\,\frac{a^3}{24\tau} + 2\,\frac{a^2 b}{4} = \frac{a^2}{2}\left(\frac{a}{3\tau} + b\right)$$

errechnen.

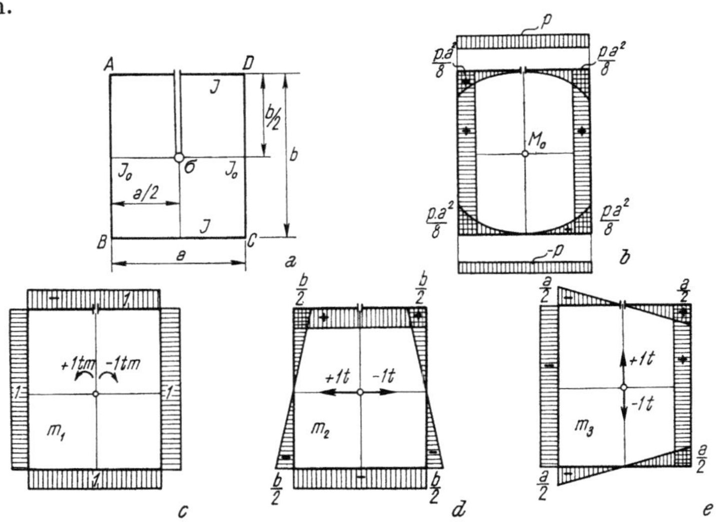


Abb. 276. Belastungs- und Momentenbilder eines einschiffigen starr aufliegenden geschlossenen Rahmens und dessen statisch bestimmtes Grundsystem

Wieder soll der Einfachheit halber nur ein einziger Fall der Beanspruchung durch eine äußere Kraft, und zwar der Fall einer auf den geschlossenen Rahmen von außen wirkenden, gleichmäßig verteilten Last $p$ (vgl. Abb. 276b) untersucht werden. Dieser Last hält eine am Sohlenriegel angreifende gleich große und gleichfalls gleichmäßig verteilte Last $p$ das Gleichgewicht. Die Summe der Belastungsfaktoren

$$a_{01} = \int M_0 m_1 \frac{\mathrm{d}s}{\tau} = -\left(p\,\frac{a^2}{8} \cdot 1\,\frac{a}{6\tau} \cdot 4 + \frac{pa^2}{8} \cdot 1b \cdot 2\right) = -\,\frac{pa^2}{12}\left(\frac{a}{\tau} + 3b\right),$$

$$a_{02} = \int M_0\, m_2 \cdot \frac{\mathrm{d}s}{\tau} = 0$$

wird wegen der symmetrisch entgegengesetzten Vorzeichen in der Momentenfläche $m_2$ gleich Null sein.

Aus dem gleichen Grunde ist

$$a_{03} = \int M_0 m_3 \frac{ds}{\tau} = 0.$$

Demnach bleibt als einzige Elastizitätsgleichung

$$a_{11} X_1 + a_{01} = 0, \quad \text{und daraus} \quad X_1 = -\frac{a_{01}}{a_{11}} = +\frac{p a^2 \left(\frac{a}{\tau} + 3b\right)}{24 \left(\frac{a}{\tau} + b\right)}.$$

Für die Eckmomente in den Punkten $A$, $B$, $C$ und $D$ gilt somit

$$M_A = M_B = M_C = M_D = M_0 + X_1.$$

In diesem Fall muß $M_0$ negativ gedeutet sein, weil es eine dem positiven Drehsinn entgegengesetzte Drehung bewirkt, wobei dieser seinerseits annahmegemäß dem Uhrzeigersinn entgegengerichtet ist. Man hat demnach

$$M_A = -\frac{p a^2}{8} + \frac{p a^2 \left(\frac{a}{\tau} + 3b\right)}{24 \left(\frac{a}{\tau} + b\right)} = -\frac{p a^3}{12(a + b\tau)}. \qquad (257\,\text{a})$$

Für die axialen Normalkräfte in den Seitenstäben gilt $N_0 = \frac{pa}{2}$, in der Sohlplatte und im Dachriegel hingegen ist $N = 0$. Das Moment in der Mitte der beiden letzteren errechnet sich zu

$$+M = \frac{p a^2}{8} - \frac{p a^3}{12(a + b\tau)}, \qquad (257\,\text{b})$$

während es an den Seitenwänden durchwegs $M_A$ beträgt.

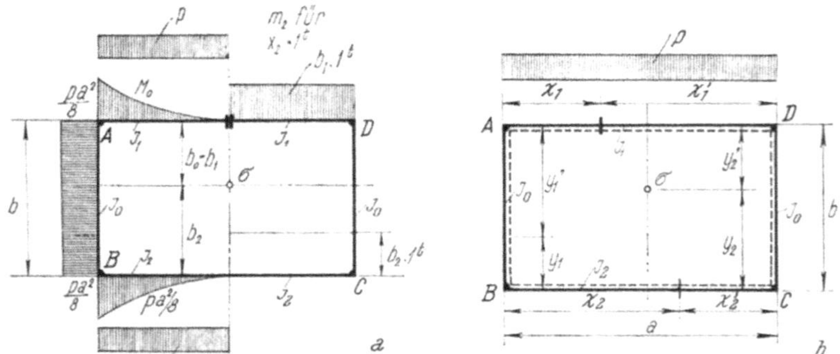

Abb. 277. Elastisches Hauptsystem und KLEINLOGELs Bezeichnungen für die Berechnung eines im Querschnitt nicht symmetrischen geschlossenen Rahmens

*Bei dem zweiten praktischen Belastungsfall,* dem von den Seiten her wirksamen Erd- und Wasserdruck, handelt es sich eigentlich um eine Trapezlast, bei der $a_{22}$ und folglich auch $X_2$ nicht mehr Null ist. Gemessen am Grad der bisherigen

Näherungen, begeht man keinen zu großen Fehler mit der Annahme, diese Last sei dem Durchschnittsdruck gleich und auch gleichmäßig verteilt. Die obigen Formeln können dann sinngemäß auch für diesen Belastungsfall angewendet werden.

Es ist dagegen ein häufiger Fall, daß die Steifigkeit der Deckplatte sich von der der Sohlplatte unterscheidet. Dies hat wieder zur Folge, daß $X_2$ nicht gleich 0 wird, weil der Punkt $\sigma$ nicht in der horizontalen Symmetrieachse zu liegen kommt. Man soll wieder die Verschiebungswerte $a_{11}$, $a_{01}$, $a_{22}$ und $a_{02}$ durch die Arbeitsgleichungen ermitteln und damit die Werte von $X_1$ und $X_2$ berechnen. Nach Abb. 277 und mit den folgenden Bezeichnungen

$$\tau_1 = \frac{J_1}{J_0}, \quad \tau_2 = \frac{J_2}{J_0} \quad \text{und} \quad \tau_0 = \frac{J_0}{J_0} = 1$$

errechnet man zuerst die Höhenlage des $\sigma$-Punktes

$$b_0 = \frac{\dfrac{a}{\tau_2} b + 2\dfrac{b^2}{2}}{\dfrac{a}{\tau_2} + 2b + \dfrac{a}{\tau_1}} \quad \text{und} \quad b_1 = b_0 \quad \text{und} \quad b_2 = b - b_0$$

$$a_{11} = \sum m_1^2 \frac{\Delta s}{\tau} = \frac{a}{\tau_1} + \frac{a}{\tau_2} + 2b = a\left(\frac{1}{\tau_1} + \frac{1}{\tau_2} + \frac{2b}{a}\right)$$

$$a_{01} = \sum M_0 m_1 \frac{\Delta s}{\tau} = 2\frac{pa^2}{8}\frac{a}{6\tau_1} + 2\frac{pa^2 b}{8\tau_0} + 2\frac{pa^2}{8}\frac{a}{6\tau_2} =$$

$$= \frac{pa^2}{4}\left(\frac{a}{6\tau_1} + \frac{b}{\tau_0} + \frac{a}{6\tau_2}\right) = \frac{pa^3}{4}\left(\frac{1}{6\tau_1} + \frac{1}{6\tau_2} + \frac{b}{a}\right)$$

$$a_{22} = \sum m_2^2 \frac{\Delta s}{\tau} = \frac{b_1^2 a}{\tau_1} + \frac{b_1^3}{3\tau_0} - \frac{b_2^3}{3\tau_0} - b_2^2\frac{a}{\tau_2} =$$

$$= b_1^2\left(\frac{a}{\tau_1} + \frac{b_1}{3\tau_0}\right) - b_2^2\left(\frac{a}{\tau_2} + \frac{b_2}{3\tau_0}\right)$$

$$a_{02} = \frac{pa^2}{4}\left(\frac{ab_1}{6\tau_1} + \frac{b_1^2}{2\tau_0} - \frac{b_2^2}{2\tau_0} - \frac{ab_2}{6\tau_2}\right).$$

Damit erhält man die Überzähligen

$$X_1 = -\frac{a_{01}}{a_{11}} = -\frac{pa^2\left(\dfrac{1}{6\tau_1} + \dfrac{1}{6\tau_2} + \dfrac{b}{a}\right)}{4a\left(\dfrac{1}{\tau_1} + \dfrac{1}{\tau_2} + \dfrac{2b}{a}\right)}$$

und

$$X_2 = -\frac{a_{02}}{a_{22}} = \frac{pa^2\left(\dfrac{ab_1}{6\tau_1} + \dfrac{b_1^2}{2\tau_0} - \dfrac{b_2^2}{2\tau_0} - \dfrac{ab_2}{6\tau_0}\right)}{4b_1^2\left(\dfrac{a}{\tau_1} + \dfrac{b_1}{3\tau_0}\right) - 4b_2^2\left(\dfrac{a}{\tau_2} + \dfrac{b_2}{3\tau_2}\right)}.$$

Gebrauchsfertige Formeln sind von KLEINLOGEL [102] für diesen Fall gegeben worden, und zwar für die Eckmomente:

$$M_A = M_D = -\frac{p a^2}{4 F_1} (K_2 - k_1 k_2)$$

$$M_B = M_C = -\frac{p a^2}{4 F_1} (K_1 k_1 - k_2)$$

und für einen beliebigen Querschnitt am oberen bzw. am unteren Riegel

$$M_{x_1} = p \frac{x_1 x_1'}{2} + M_A \quad \text{bzw.} \quad M_{x_2} = p \frac{x_2 x_2'}{2} + M_B,$$

dagegen am Stiel

$$M_y = \frac{y}{b} M_A + \frac{y}{b} M_B \tag{258a}$$

$$\max M_1 = \frac{p a^2}{8} + M_A \qquad \max M_2 = \frac{p a^2}{8} + M_B$$

$$N_1 = -N_2 = \frac{M_A - M_B}{b} \quad \text{und} \quad N_0 = \frac{p\,a}{2}, \tag{258b}$$

worin

$$k_1 = \frac{J_1}{J_2}; \quad k_2 = \frac{J_1}{J_0} \frac{b}{a}; \quad K_1 = 2 k_2 + 3; \quad K_2 = 3 k_1 + 2 k_2$$

$$K_3 = 3 k_2 + 1 - \frac{k_1}{5}; \qquad K_4 = \frac{6 k_1}{5} + 3 k_2;$$

$$F_1 = K_1 K_2 - k_2^2; \qquad F_2 = 1 + k_1 + 6 k_2.$$

### 4.5.2. Elastisch gebettete geschlossene Zwillingsrahmen

Am häufigsten gelangt die in Abb. 278 schematisch dargestellte geschlossene Rahmenkonstruktion zum Einbau, wobei die Abstützung zwischen den beiden Hohlgangteilen durchbrochen, d. h. aus Pfeilern bestehen oder vollwandig ausgeführt sein kann.

Da diese Konstruktionen im Vergleich zu ihrer Größe sehr geringe Wandstärken haben und deshalb überaus biegsam sind, ist es begründet, sie statisch als elastisch gebettete Rahmenträger zu bemessen. Hierbei wird vorausgesetzt, daß der Boden den Tragkörper so abstützt, als läge dieser auf voneinander unabhängigen elastischen Stützen auf.

Die Elastizität des Bodens ist mit den üblichen Bezeichnungen durch die Winklersche Annahme

$$p = C \cdot y$$

gekennzeichnet. Der Berechnung wird also das Prinzipschema der Abb. 278b zugrunde gelegt.

Die Tatsache, daß die waagerechte Sohlplatte der Rahmen elastisch gebettet ist, kompliziert die Berechnung der Konstruktionen. Bevor also auf die Bemessung des ganzen Rahmens eingegangen wird, sollen zunächst die von PASTERNAK [103] abgeleiteten Grundsätze des auf Biegung beanspruchten elastisch gebetteten Balkens dargelegt werden.

Die *Momenten-Grundgleichung* für den elastisch gebetteten Balkenträger lautet

$$\frac{L^4}{4}\frac{\mathrm{d}^4 M}{\mathrm{d}x^4} + M = 0, \quad (259\,\mathrm{a})$$

wobei

$$L = \sqrt[4]{\frac{4EJ}{bC}}. \quad (259\,\mathrm{b})$$

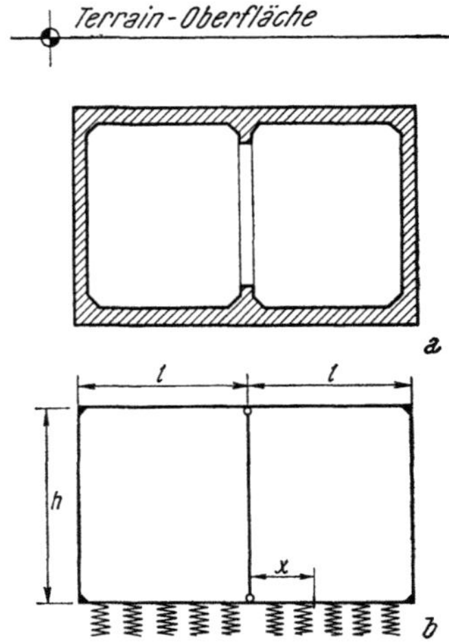

Abb. 278. Elastisch aufliegende zweischiffige Tunnelkonstruktion

Hier bezeichnet $E$ den Elastizitätsmodul, $J$ das Trägheitsmoment des Trägers, $C$ die Bettungsziffer, $M$ das Moment an der Stelle $x$ des Trägers und $b$ dessen Breite.

Die Lösung der Differentialgleichung lautet

$$M = C_1 \cos\xi \operatorname{ch}\xi + C_2 \sin\xi \operatorname{sh}\xi + C_3 \cos\xi \operatorname{sh}\xi + C_4 \sin\xi \operatorname{ch}\xi, \quad (260)$$

worin

$$\xi = \frac{x}{L},$$

während es sich bei $C_1$, $C_2$, $C_3$ und $C_5$ um Konstanten handelt, deren Größe von den Randbedingungen abhängt.

Aus dem Moment kann die Schubkraft als dessen Differentialquotient in der Form

$$Q = \frac{1}{L}[-C_1(\sin\xi \operatorname{ch}\xi - \cos\xi \operatorname{ch}\xi) + C_2(\sin\xi \operatorname{ch}\xi + \cos\xi \operatorname{sh}\xi) + C_3(\cos\xi \operatorname{ch}\xi - \sin\xi \operatorname{sh}\xi) + C_4(\cos\xi \operatorname{ch}\xi + \sin\xi \operatorname{sh}\xi)] \quad (261)$$

geschrieben werden.

Die Bodenreaktion ergibt sich aus der Schubkraft durch neuerliche Differentiation zu

$$q = \frac{2}{L^2}[-C_1 \sin\xi \operatorname{sh}\xi + C_2 \cos\xi \operatorname{ch}\xi - C_3 \sin\xi \operatorname{ch}\xi + C_4 \cos\xi \operatorname{sh}\xi]. \quad (262)$$

Da $q$ der Verschiebung proportional ist, erhält man den Wert der äußeren Verdrehungen als Quotienten des obigen Differentials, es gilt mithin

$$\varkappa = \frac{2}{L^3}[-C_1 \cdot (\sin\xi \operatorname{ch}\xi + \cos\xi \operatorname{sh}\xi) - C_2(\sin\xi \operatorname{ch}\xi - \cos\xi \operatorname{sh}\xi) - C_3(\sin\xi \operatorname{sh}\xi + \cos\xi \operatorname{ch}\xi) + C_4(\cos\xi \operatorname{ch}\xi - \sin\xi \operatorname{sh}\xi)]. \quad (263)$$

Die verschiedenen Belastungsfälle lassen sich auf jenen einfachen Fall zurückführen, in welchem am Trägerrand eine Einzelkraft $P_1$ und ein Einzelmoment $M_1$ angreift. In erster Linie muß also die Lösung für ein solches Tragwerk bekannt sein (Abb. 279). Mit den Randbedingungen für diesen Träger und mit den auf ihm ruhenden Lasten hat man zunächst im Null-Punkt

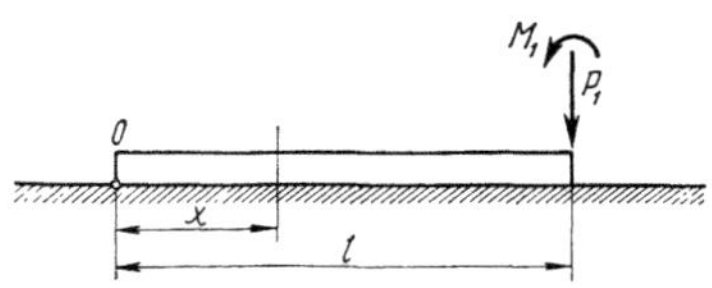

Abb. 279. Elastisch aufliegender und am einen Ende belasteter Balken

aus der Bedingung $M = 0$ ein $C_1 = 0$,

aus der Bedingung $Q = 0$ hingegen $C_3 + C_4 = 0$.

*Tabelle 30*

| $\xi$ | $y_1$ $\sin\xi \sinh\xi$ | Diff. | $y_2$ $\sin\xi\cosh\xi -$ $-\cos\xi\sinh\xi$ | Diff. | $y_3$ $\sin\xi\cosh\xi +$ $+\cos\xi\sinh\xi$ | Diff. | $y_4$ $\cos\xi\cosh\xi$ | Diff. |
|---|---|---|---|---|---|---|---|---|
| 0,00 | 0,0000 | 25 | 0,0000 | 0 | 0,0000 | 1000 | 1,0000 | 0 |
| 0,05 | 0,0025 | 75 | 0,0000 | 6 | 0,1000 | 1000 | 1,0000 | 0 |
| 0,10 | 0,0100 | 125 | 0,0006 | 16 | 0,2000 | 1000 | 1,0000 | 1 |
| 0,15 | 0,0225 | 175 | 0,0022 | 32 | 0,3000 | 1000 | 0,9999 | 2 |
| 0,20 | 0,0400 | 225 | 0,0054 | 50 | 0,4000 | 1000 | 0,9997 | 4 |
| 0,25 | 0,0625 | 275 | 0,0104 | 76 | 0,5000 | 998 | 0,9993 | 6 |
| 0,30 | 0,0900 | 325 | 0,0180 | 106 | 0,5998 | 998 | 0,9987 | 12 |
| 0,35 | 0,1225 | 375 | 0,0286 | 141 | 0,6996 | 997 | 0,9975 | 18 |
| 0,40 | 0,1600 | 424 | 0,0427 | 181 | 0,7993 | 995 | 0,9957 | 25 |
| 0,45 | 0,2024 | 474 | 0,0608 | 225 | 0,8988 | 991 | 0,9932 | 37 |
| 0,50 | 0,2498 | 524 | 0,0833 | 276 | 0,9979 | 988 | 0,9895 | 48 |
| 0,55 | 0,3022 | 573 | 0,1109 | 330 | 1,0967 | 982 | 0,9847 | 63 |
| 0,60 | 0,3595 | 622 | 0,1439 | 390 | 1,1949 | 974 | 0,9784 | 81 |
| 0,65 | 0,4217 | 670 | 0,1829 | 445 | 1,2923 | 965 | 0,9703 | 103 |
| 0,70 | 0,4887 | 718 | 0,2284 | 524 | 1,3888 | 954 | 0,9600 | 127 |
| 0,75 | 0,5606 | 766 | 0,2808 | 598 | 1,4842 | 940 | 0,9473 | 155 |
| 0,80 | 0,6371 | 812 | 0,3406 | 678 | 1,5782 | 922 | 0,9318 | 187 |
| 0,85 | 0,7183 | 858 | 0,4084 | 761 | 1,6704 | 903 | 0,9131 | 223 |
| 0,90 | 0,8041 | 902 | 0,4845 | 849 | 1,7607 | 877 | 0,8908 | 263 |
| 0,95 | 0,8943 | 946 | 0,5694 | 941 | 1,8484 | 851 | 0,8645 | 308 |
| 1,00 | 0,9889 | 987 | 0,6635 | 1038 | 1,9335 | 816 | 0,8337 | 357 |
| 1,05 | 1,0876 | 1027 | 0,7673 | 1138 | 2,0151 | 778 | 0,7980 | 412 |
| 1,10 | 1,1903 | 1065 | 0,8811 | 1243 | 2,0929 | 733 | 0,7568 | 471 |
| 1,15 | 1,2968 | 1101 | 1,0054 | 1352 | 2,1662 | 684 | 0,7097 | 536 |
| 1,20 | 1,4096 | 1133 | 1,1406 | 1464 | 2,2346 | 626 | 0,6561 | 606 |
| 1,25 | 1,5202 | 1163 | 1,2870 | 1578 | 2,2972 | 562 | 0,5955 | 683 |
| 1,30 | 1,6365 | 1189 | 1,4448 | 1696 | 2,3534 | 490 | 0,5272 | 764 |
| 1,35 | 1,7554 | 1212 | 1,6144 | 1815 | 2,4024 | 409 | 0,4508 | 852 |
| 1,40 | 1,8766 | 1230 | 1,7959 | 1938 | 2,4423 | 318 | 0,3646 | 946 |
| 1,45 | 1,9996 | 1243 | 1,9897 | 2062 | 2,4751 | 220 | 0,2710 | 1064 |
| 1,50 | 2,1239 | 1252 | 2,1959 | 2186 | 2,4971 | 110 | 0,1664 | 1152 |
| 1,55 | 2,2491 | 1254 | 2,4145 | 2313 | 2,508 | 11 | 0,0512 | 1265 |
| 1,60 | 2,3745 | 1251 | 2,6458 | 2437 | 2,5070 | 143 | −0,0753 | 1383 |
| 1,65 | 2,4996 | 1240 | 2,8895 | 2561 | 2,4927 | 289 | −0,2136 | 1508 |
| 1,70 | 2,6236 | 1221 | 3,1456 | 2685 | 2,4638 | 445 | −0,3644 | 1640 |
| 1,75 | 2,7457 | 1195 | 3,4141 | 2806 | 2,4198 | 606 | −0,5284 | 1776 |
| 1,80 | 2,8652 | 1160 | 3,6947 | 2924 | 2,3577 | 800 | −0,7060 | 1920 |
| 1,85 | 2,9812 | 1115 | 3,9871 | 3037 | 2,2777 | 1001 | −0,8980 | 2069 |
| 1,90 | 3,0927 | 1059 | 4,2908 | 3146 | 2,1776 | 1214 | −1,1049 | 2224 |
| 1,95 | 3,1986 | 993 | 4,6054 | 3247 | 2,0562 | 1457 | −1,3273 | 2383 |
| 2,00 | 3,2979 | 914 | 4,9301 | 3346 | 1,9115 | 1690 | −1,5656 | 2549 |
| 2,05 | 3,3893 | 824 | 5,2647 | 3431 | 1,7425 | 1955 | −1,8205 | 2718 |
| 2,10 | 3,4717 | 719 | 5,6078 | 3509 | 1,5470 | 2225 | −2,0923 | 2891 |
| 2,15 | 3,5436 | 600 | 5,9587 | 3585 | 1,3245 | 2543 | −2,3814 | 3068 |
| 2,20 | 3,6036 | 465 | 6,3162 | 3638 | 1,0702 | 2850 | −2,6882 | 3249 |
| 2,25 | 3,6501 | 314 | 6,6790 | 3667 | 0,7852 | 3183 | −3,0131 | 3431 |
| 2,30 | 3,6815 | 147 | 7,0457 | 3689 | 0,4669 | 3535 | −3,3562 | 3615 |
| 2,35 | 3,6962 | 40 | 7,4146 | 3696 | 0,1134 | 3906 | −3,7177 | 3799 |
| 2,40 | 3,6922 | 244 | 7,7842 | 3682 | −0,2772 | 4296 | −4.0976 | 3985 |
| 2,45 | 3,6678 | 469 | 8,4524 | 3646 | −0,7068 | 4702 | −4,4961 | 4167 |
| 2,50 | 3,6209 | 715 | 8,5170 | 3587 | −1,1770 | 5130 | −4,9128 | 4349 |

*Tabelle 30* (Fortsetzung)

| $\xi$ | $y_1$ sin $\xi$ sinh $\xi$ | Diff. | $y_2$ sin $\xi$ cosh $\xi$ − − cos $\xi$ sinh $\xi$ | Diff. | $y_3$ sin $\xi$ cosh $\xi$ + + cos $\xi$ sinh $\xi$ | Diff. | $y_4$ cos $\xi$ cosh $\xi$ | Diff. |
|---|---|---|---|---|---|---|---|---|
| 2,55 | 3,5494 | 983 | 8,8757 | 3503 | −1,6900 | 5572 | −5,3477 | 4526 |
| 2,60 | 3,4511 | 1272 | 9,2260 | 3390 | −2,2472 | 6034 | −5,8003 | 4698 |
| 2,65 | 3,3239 | 1586 | 9,5650 | 3248 | −2,8506 | 6512 | −6,2701 | 4864 |
| 2,50 | 3,1653 | 1924 | 9,8898 | 3072 | −3,5018 | 7006 | −6,7565 | 5023 |
| 2,75 | 2,9729 | 2287 | 10,1970 | 2862 | −4,2024 | 7516 | −7,2588 | 5271 |
| 2,80 | 2,7442 | 2676 | 10,4832 | 2614 | −4,9540 | 8040 | −7,7759 | 5308 |
| 2,85 | 2,4766 | 3091 | 10,7446 | 2326 | −5,7580 | 8578 | −8,3067 | 5404 |
| 2,90 | 2,1675 | 3524 | 10,9772 | 1994 | −6,6158 | 9126 | −8,8471 | 5568 |
| 2,95 | 1,8141 | 4004 | 11,1766 | 1617 | −7,5284 | 9685 | −9,4039 | 5630 |
| 3,00 | 1,4137 | | 11,3383 | | −8,4969 | | −9,9669 | |

Führt man sodann die Bezeichnungen $C_2 = A_1$ und $C_3 = -C_4 = A_2$ ein, gehen die Gl. (260) bis (263) in die Form

$$M = A_1 \sin\xi \operatorname{sh}\xi - A_2 (\sin\xi \operatorname{ch}\xi - \cos\xi \operatorname{sh}\xi) = A_1 y_1 - A_2 y_2; \tag{264a}$$

$$Q = \frac{1}{L} [A_1 (\sin\xi \operatorname{ch}\xi + \cos\xi \operatorname{sh}\xi) - 2A_2 \sin\xi \operatorname{sh}\xi)] = (A_1 y_3 - 2A_2 y_1) \frac{1}{L}; \tag{264b}$$

$$q = \frac{2}{L^2} [A_1 \cos\xi \operatorname{ch}\xi - A_2 (\sin\xi \operatorname{ch}\xi + \cos\xi \operatorname{sh}\xi)] = \frac{2}{L^2} [A_1 y_4 - A_2 y_3]; \tag{264c}$$

$$\varkappa = \frac{2}{L^3} A_1 (\sin\xi \operatorname{ch}\xi - \cos\xi \operatorname{sh}\xi) - 2A_2 \cos\xi \operatorname{ch}\xi)] = \frac{2}{L^3} [-A_1 y_2 - 2A_2 y_4]. \tag{264d}$$

über.

Die Konstanten $A_1$ und $A_2$ werden aus den Randbedingungen bestimmt, während die in Abhängigkeit von $\xi$ rechnerisch ermittelten Werte für $y_1$, $y_2$, $y_3$ und $y_4$ der Tab. 30 zu entnehmen sind.

Das Moment an der Stelle $\xi = l/L$ muß dem $M_1$, der Wert von $Q$ hingegen dem $P_1$ gleich sein. Bezeichnet man den Quotienten $l/L$ mit $\lambda$, lassen sich die Gleichungen

$$A_1 \sin\lambda \operatorname{sh}\lambda - A_2 (\sin\lambda \operatorname{ch}\lambda - \cos\lambda \operatorname{sh}\lambda) = M_1,$$

$$A_1 (\sin\lambda \operatorname{ch}\lambda + \cos\lambda \operatorname{sh}\lambda) - 2A_2 \sin\lambda \operatorname{sh}\lambda = LP_1$$

schreiben, aus denen

$$A_1 = 4\,\frac{\sin\lambda \operatorname{sh}\lambda}{\operatorname{ch}2\lambda + \cos 2\lambda - 2} M_1 - 2\,\frac{\sin\lambda \operatorname{ch}\lambda - \cos\lambda \operatorname{sh}\lambda}{\operatorname{ch}2\lambda + \cos 2\lambda - 2} LP_1 = 4\varrho_4 M_1 - 2\varrho_5 LP_1, \tag{265a}$$

$$A_2 = 2\,\frac{\sin\lambda \operatorname{ch}\lambda + \cos\lambda \operatorname{sh}\lambda}{\operatorname{ch}2\lambda + \cos 2\lambda - 2} M_1 - 2\,\frac{\sin\lambda \operatorname{sh}\lambda}{\operatorname{ch}2\lambda + \cos 2\lambda - 2} LP_1 = 2(\varrho_0 M_1 - \varrho_4 LP_1). \tag{265b}$$

Die Winkelverdrehungen und Bodenreaktionen am Trägerrand betragen an der Stelle $x = 0$

$$\varkappa_0 = -\frac{4}{L^3} \cdot A_2; \qquad q_0 = \frac{2}{L^2} \cdot A_1, \tag{266}$$

und am Ende des Trägers, an der Stelle $x = l$

$$\varkappa_l = \frac{4}{L^3} \cdot \frac{\operatorname{sh} 2\lambda + \sin 2\lambda}{\operatorname{ch} 2\lambda + \cos 2\lambda - 2} \cdot M_1 - \frac{2}{L^3} \cdot \frac{\operatorname{ch} 2\lambda - \cos 2\lambda}{\operatorname{ch} 2\lambda + \cos 2\lambda - 2} \cdot P_1 =$$

$$= \frac{4}{L^3} \cdot \varrho_1 M_1 - \frac{2}{L^2} \cdot \varrho_1 P_1, \tag{267}$$

$$q_l = -\frac{2}{L^2} \cdot \frac{\operatorname{ch} 2\lambda - \cos 2\lambda}{\operatorname{ch} 2\lambda + \cos 2\lambda - 2} \cdot M_1 + \frac{2}{L} \cdot \frac{\operatorname{sh} 2\lambda - \sin 2\lambda}{\operatorname{ch} 2\lambda + \cos 2\lambda - 2} \cdot P_1 =$$

$$= -\frac{2}{L^2} \cdot \varrho_2 M_1 + \frac{2}{L} \cdot \varrho_3 P_1. \tag{268}$$

Für $\varrho_1, \varrho_2, \varrho_3, \varrho_4, \varrho_5$ und $\varrho_6$ gibt PASTERNAK in Abhängigkeit von $\lambda$ Tabellenwerte an (Tab. 31), die die ziffernmäßige Lösung der Gl. (264) bis (268) ermöglichen. Die Tabellen enthalten nur Werte für $\lambda = 0{,}5$ bis $2{,}75$.

Ist nämlich $\lambda < \pi/4$, kann die Verformung des Trägers vernachlässigt, d. h. er darf als unendlich starr berechnet werden. Ist dagegen $\pi/4 < \lambda < \pi$, dann gehören diese Träger in die Gruppe der sogenannten kurzen Träger. Sie können aus den Tab. 30 und 31 berechnet werden. Bei $\lambda > \pi$ sind die Tragwerke als sogenannte lange Träger zu berechnen.

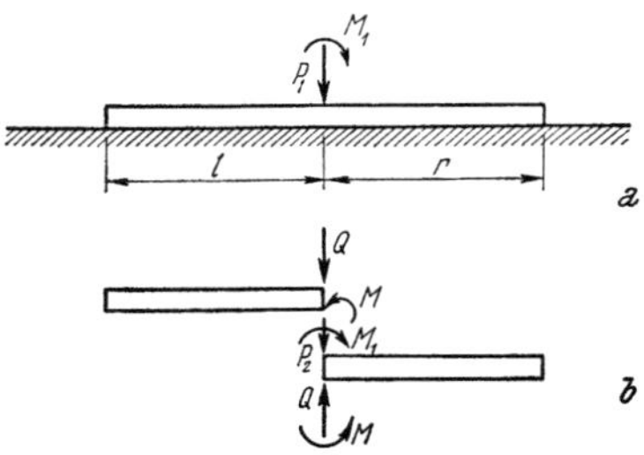


Abb. 280. Elastisch aufliegender und auf seinem Mittelpunkt belasteter Balken mit der gleichwertigen Ersatzbelastung

Für den Fall des sogenannten *kurzen Trägers* soll nun jene Alternative untersucht werden, bei der der Balken nicht an seinen Enden, sondern irgendwo mittig belastet ist (Abb. 280). Dieser Träger läßt sich auf einen an seinen Enden belasteten Balken zurückführen, indem man ihn am Angriffspunkt der Kraft durchschneidet. Die beiden Balkenteile sind dann nur an ihren Enden belastet (Abb. 280b).

Die annahmegemäß an der Schnittstelle angreifenden Kräfte $Q$ und $M$ ergeben sich aus der Bedingung, daß die Verschiebungen und Winkelverdrehungen an den Enden der beiden Balkenhälften einander gleich sein müssen.

Bezeichnen $a_{11}$ bzw. $a_{21}$ die Winkelverdrehungen aus $M_1 = 1$ t/m an der Stelle 1 bzw. aus $P_1 = 1$ t, ferner $a_{12}$ bzw. $a_{22}$ die aus $M_1 = 1$ t/m bzw. aus $P_2 = 1$ t herrührenden Verschiebungen, dann gilt

$$\left.\begin{aligned} (a_{11} + a'_{11})\, M - (a^l_{12} - a'_{12})\, Q - a^r_{12} P_2 + a^r_{11} M_1 &= 0, \\ (a^l_{21} - a'_{21})\, M + (a^l_{22} + a'_{22})\, Q - a^r_{22} P_2 + a^r_{12} M_1 &= 0. \end{aligned}\right\} \tag{269}$$

Mit diesen Gleichungen, aus denen sich $M$ und $Q$ rechnerisch ermitteln lassen, ist die Lösung auf den Fall eines an seinen Enden belasteten Trägers zurückgeführt.

Zur Berechnung der Rahmenkonstruktion müssen die an den beiden Trägerenden auftretenden, aus den ebendort wirksamen Einheitsmomenten und -kräften herrührenden Winkelverdrehungen und Verschiebungen bekannt sein (vgl. hierzu Abb. 279 für den Fall, daß $M_1 = 1$ t/m und $P_1 = 1$ t). Mit den Bezeichnungen $a_{11}$, $a_{12}$ für die Winkelverdrehungen bzw. $a_{21}$ und $a_{22}$ für die Verschiebungen hat man aus (267) und (268)

$$a_{11} = \frac{4}{L^3} \cdot \varrho_1; \qquad a_{12} = -\frac{2}{L^2} \cdot \varrho_2; \qquad a_{22} = \frac{2}{L} \cdot \varrho_3.$$

Für $\lambda < \pi/4$, d. h. für den Fall, daß der Träger als unendlich starr angesehen werden kann, wird

$$a_{11} = \frac{12}{l^3}; \qquad a_{12} = -\frac{6}{l^2}; \qquad a_{22} = \frac{4}{l}.$$

*Tabelle 31*

| λ | $\varrho_1$ | Diff. | $\varrho_2$ | Diff. | $\varrho_3$ | Diff. | $\varrho_4$ | Diff. | $\varrho_5$ | Diff. | $\varrho_6$ | Diff. |
|---|---|---|---|---|---|---|---|---|---|---|---|---|
| 0,50 | 24,18661 | 5,95160 | 12,02662 | 2,07805 | 4,00252 | 0,36315 | 2,99592 | 0,52131 | 0,99904 | 0,09092 | 11,96809 | 2,98758 |
| 0,55 | 18,23501 | 4,12393 | 9,94857 | 1,57786 | 3,63937 | 30190 | 2,47461 | 39682 | 0,90812 | 7743 | 8,98051 | 2,07437 |
| 0,60 | 14,11108 | 2,94570 | 8,37071 | 1,22584 | 3,33747 | 25530 | 2,07779 | 30999 | 0,83169 | 6453 | 6,90614 | 1,48565 |
| 0,65 | 11,16538 | 2,15940 | 7,14487 | 0,97125 | 3,08217 | 21855 | 1,76880 | 24575 | 0,76716 | 5635 | 5,42049 | 1,09222 |
| 0,70 | 9,00598 | 1,61671 | 6,17362 | 78152 | 2,86362 | 18894 | 1,52305 | 19846 | 0,71181 | 4822 | 4,32827 | 0,82077 |
| 0,75 | 7,38927 | 1,22318 | 5,39210 | 63750 | 2,67468 | 16492 | 1,32459 | 16255 | 0,66359 | 4235 | 3,50750 | 62894 |
| 0,80 | 6,15609 | 0,95610 | 4,75460 | 52537 | 2,50976 | 14519 | 1,16204 | 13514 | 0,62124 | 3748 | 2,87856 | 49050 |
| 0,85 | 5,19999 | 75133 | 4,22923 | 44100 | 2,36457 | 12853 | 1,02690 | 11343 | 0,58386 | 3347 | 2,38806 | 39014 |
| 0,90 | 4,44866 | 59787 | 3,78823 | 37012 | 2,23604 | 11454 | 0,91347 | 0,09634 | 0,55039 | 3012 | 1,99792 | 30902 |
| 0,95 | 3,85079 | 48081 | 3,41811 | 31396 | 2,12150 | 10259 | 0,81713 | 8246 | 0,52027 | 2735 | 1,68890 | 25248 |
| 1,00 | 3,36998 | 39030 | 3,10415 | 26836 | 2,01891 | 0,09227 | 0,73467 | 7128 | 0,49292 | 2490 | 1,43642 | 20730 |
| 1,05 | 2,97968 | 31949 | 2,83579 | 23077 | 1,92664 | 8336 | 0,66339 | 6205 | 0,46802 | 2289 | 1,22912 | 17179 |
| 1,10 | 2,66019 | 26339 | 2,60502 | 19944 | 1,84328 | 7552 | 0,60134 | 5438 | 0,44513 | 2108 | 1,05733 | 14369 |
| 1,15 | 2,39680 | 21856 | 2,40558 | 17320 | 1,76776 | 6864 | 0,54696 | 4798 | 0,42405 | 1952 | 0,91364 | 12111 |
| 1,20 | 2,17824 | 18233 | 2,23238 | 15099 | 1,69912 | 6253 | 0,49898 | 4262 | 0,40453 | 1818 | 0,79253 | 10292 |
| 1,25 | 1,99591 | 15286 | 2,08139 | 13209 | 1,63659 | 5708 | 0,45636 | 3805 | 0,38635 | 1704 | 0,68961 | 0,08805 |
| 1,30 | 1,84305 | 12868 | 1,94930 | 11590 | 1,57951 | 5220 | 0,41831 | 3415 | 0,36931 | 1600 | 0,60156 | 7580 |
| 1,35 | 1,71437 | 10871 | 1,83340 | 10194 | 1,52731 | 4781 | 0,38416 | 3079 | 0,35331 | 1513 | 0,52576 | 6567 |
| 1,40 | 1,60566 | 0,09209 | 1,73146 | 0,08983 | 1,47950 | 4381 | 0,35337 | 2790 | 0,33818 | 1433 | 0,46009 | 5722 |
| 1,45 | 1,51357 | 8821 | 1,64163 | 7930 | 1,43569 | 4021 | 0,32547 | 2539 | 0,32385 | 1359 | 0,40287 | 5006 |
| 1,50 | 1,43536 | 6654 | 1,56233 | 7008 | 1,39548 | 3690 | 0,30008 | 2318 | 0,31026 | 1300 | 0,35281 | 4402 |
| 1,55 | 1,36882 | 5669 | 1,49225 | 6197 | 1,35858 | 3389 | 0,27690 | 2126 | 0,29726 | 1241 | 0,20879 | 3888 |
| 1,60 | 1,31213 | 4834 | 1,43028 | 5484 | 1,32469 | 3110 | 0,25564 | 1955 | 0,28485 | 1193 | 0,26991 | 3447 |
| 1,65 | 1,26379 | 4123 | 1,37544 | 4852 | 1,29359 | 2855 | 0,23609 | 1804 | 0,27292 | 1148 | 0,23544 | 3067 |
| 1,70 | 1,22256 | 3516 | 1,32692 | 4291 | 1,26504 | 2619 | 0,21805 | 1670 | 0,26144 | 1107 | 0,20477 | 2743 |
| 1,75 | 1,18740 | 2997 | 1,28401 | 3794 | 1,23885 | 2401 | 0,20135 | 1549 | 0,25037 | 1071 | 0,17734 | 2440 |
| 1,80 | 1,15743 | 2553 | 1,24607 | 3355 | 1,21484 | 2199 | 0,18586 | 1441 | 0,23966 | 1036 | 0,15294 | 2195 |
| 1,85 | 1,13190 | 2170 | 1,21257 | 2955 | 1,19285 | 2012 | 0,17145 | 1342 | 0,22930 | 1006 | 0,13099 | 1972 |
| 1,90 | 1,11020 | 1891 | 1,18302 | 2654 | 1,17273 | 1890 | 0,15803 | 1261 | 0,21924 | 0,00986 | 0,11127 | 1779 |
| 1,95 | 1,09129 | 1510 | 1,15648 | 2234 | 1,15383 | 1624 | 0,14542 | 1166 | 0,20938 | 941 | 0,09348 | 1595 |
| 2,00 | 1,07619 | 1316 | 1,13414 | 2004 | 1,13759 | 1527 | 0,13376 | 1088 | 0,19997 | 925 | 0,07753 | 1440 |

*Tabelle 31* (Fortsetzung)

| $\lambda$ | $\varrho_1$ | Diff. | $\varrho_2$ | Diff. | $\varrho_3$ | Diff. | $\varrho_4$ | Diff. | $\varrho_5$ | Diff. | $\varrho_6$ | Diff. |
|---|---|---|---|---|---|---|---|---|---|---|---|---|
| 2,05 | 1,06303 | 0,01107 | 1,11410 | 0,01752 | 1,12232 | 0,01387 | 0,12278 | 0,01028 | 0,19072 | 901 | 0,06313 | 0,01300 |
| 2,10 | 1,05196 | 0,00927 | 1,09658 | 1527 | 1,10845 | 1258 | 0,11250 | 966 | 0,18171 | 887 | 0,05013 | 1169 |
| 2,15 | 1,04269 | 773 | 1,08131 | 1326 | 1,09587 | 1138 | 0,10284 | 906 | 0,17294 | 856 | 0,03844 | 0,01059 |
| 2,20 | 1,03496 | 641 | 1,06805 | 1148 | 1,08449 | 1026 | 0,09378 | 850 | 0,16438 | 834 | 0,02785 | 951 |
| 2,25 | 1,02855 | 528 | 1,05658 | 0,00988 | 1,07423 | 0,00924 | 0,08528 | 800 | 0,15604 | 813 | 0,01834 | 854 |
| 2,30 | 1,02327 | 433 | 1,04669 | 846 | 1,06499 | 829 | 0,07728 | 750 | 0,14791 | 792 | 0,00980 | 766 |
| 2,35 | 1,01894 | 351 | 1,03823 | 722 | 1,05670 | 741 | 0,06978 | 704 | 0,13999 | 771 | 0,00214 | 685 |
| 2,40 | 1,01543 | 283 | 1,03101 | 611 | 1,04929 | 661 | 0,06274 | 660 | 0,13228 | 750 | −0,00471 | 611 |
| 2,45 | 1,01260 | 225 | 1,02490 | 514 | 1,04268 | 587 | 0,05614 | 619 | 0,12478 | 729 | −0,01082 | 542 |
| 2,50 | 1,01035 | 177 | 1,01976 | 429 | 1,03681 | 519 | 0,04995 | 580 | 0,11749 | 708 | −0,01624 | 478 |
| 2,55 | 1,00858 | 137 | 1,01547 | 354 | 1,03162 | 459 | 0,04415 | 542 | 0,11041 | 687 | −0,02102 | 420 |
| 2,60 | 1,00721 | 105 | 1,01193 | 290 | 1,02703 | 410 | 0,03873 | 506 | 0,10354 | 666 | −0,02522 | 365 |
| 2,65 | 1,00616 | 79 | 1,00903 | 235 | 1,02302 | 351 | 0,03367 | 472 | 0,09688 | 643 | −0,02887 | 366 |
| 2,70 | 1,00537 | 57 | 1,00668 | 187 | 1,01951 | 305 | 0,02895 | 439 | 0,09045 | 622 | −0,03203 | 268 |
| 2,75 | 1,00480 | | 1,00481 | | 1,01646 | | 0,02456 | | 0,08423 | | −0,03471 | |

*Als unendlich langer Balken* kann der Träger bemessen werden, wenn $\lambda > \pi$. Hierbei wird $\lambda = \infty$ gesetzt, und wegen

$$C_1 = -C_3, \quad C_2 = -C_4$$

und

$$\operatorname{ch} \xi - \operatorname{sh} \xi = e^{-\xi}$$

nehmen die Gl. (259) bis (262) folgende Gestalt an:

$$M = C_1 e^{-\xi} \cos \xi + C_2 e^{-\xi} \sin \xi + C_1 \eta_1 + C_2 \eta_2;$$

$$Q = \frac{1}{L} [-C_1 \eta_3 + C_2 \eta_4];$$

$$q = \frac{2}{L^2} [C_1 \eta_2 - C_2 \eta_1];$$

$$\varkappa = \frac{2}{L^3} [C_1 \eta_4 + C_2 \eta_3]. \qquad (270)$$

(Die $\eta$-Werte sind der Tab. 32 zu entnehmen.)

Greift die Last an den Trägerenden an (vgl. Abb. 279), hat man mit den Randbedingungen

$$M_1 = C_1 \eta_1 + C_2 \eta_2 = C_1,$$

und da $\xi = 0$ und somit $\eta_1 = e^0 \cos 0^0 = 1$, ferner $\eta_2 = e^0 \sin 0^0 = 0$, wird

$$P_2 = \frac{1}{L} [-C_1 \eta_3 + C_2 \eta_4] = \frac{1}{L} [-M_1 + C_2].$$

Die beiden Konstanten haben somit die Werte

$$C_1 = M_1 \quad \text{und} \quad C_2 = M_1 + L P_2.$$

An den Rändern der Platte beträgt die Verdrehung

$$\varkappa_0 = -\frac{2}{L^2} P_2 + \frac{4}{L^3} M_1,$$

die Verschiebung hingegen

$$q = \frac{2 P_2}{L} - \frac{2 M_1}{L^2}.$$

*Tabelle 32*

| $\xi$ | $\eta_1$ | Diff. | $\eta_2$ | Diff. | $\eta_3$ | Diff. | $\eta_4$ | Diff. | $\xi$ | $\eta_1$ | $\eta_2$ | $\eta_3$ | $\eta_4$ |
|---|---|---|---|---|---|---|---|---|---|---|---|---|---|
| 0,0 | 1,0000 | 0,0996 | 0,0000 | 0,0903 | 1,0000 | 0,0093 | 1,0000 | 0,1900 | 3,6 | —0,0245 | —0,01209 | —0,03659 | —0,01241 |
| 0,1 | 0,9004 | 980 | 0,0903 | 724 | 0,9907 | 256 | 0,8100 | 1702 | 3,7 | —0,0210 | —0,01310 | —0,03407 | —0,00787 |
| 0,2 | 0,8024 | 946 | 0,1627 | 562 | 0,9651 | 384 | 0,6398 | 1510 | 3,8 | —0,0177 | —0,01369 | —0,03138 | —0,00401 |
| 0,3 | 0,7078 | 904 | 0,2189 | 412 | 0,9267 | 483 | 0,4888 | 1324 | 3,9 | —0,0147 | —0,01392 | —0,02862 | —0,00077 |
| 0,4 | 0,6174 | 851 | 0,2610 | 298 | 0,8784 | 553 | 0,3564 | 1149 | 4,0 | —0,01197 | —0,01386 | —0,02583 | 0,00189 |
| 0,5 | 0,5823 | 793 | 0,2908 | 191 | 0,8231 | 603 | 0,2415 | 984 | 4,1 | —0,00955 | —0,01356 | —0,02309 | 0,00403 |
| 0,6 | 0,4530 | 732 | 0,3099 | 100 | 0,7628 | 631 | 0,1431 | 832 | 4,2 | —0,00735 | —0,01307 | —0,02042 | 0,00572 |
| 0,7 | 0,3798 | 668 | 0,3199 | 23 | 0,6997 | 643 | 0,0599 | 692 | 4,3 | —0,00545 | —0,01243 | —0,01787 | 0,00699 |
| 0,8 | 0,3130 | 602 | 0,3223 | 38 | 0,6354 | 642 | —0,0093 | 564 | 4,4 | —0,00380 | —0,01168 | —0,01546 | 0,00791 |
| 0,9 | 0,2528 | 540 | 0,3185 | 89 | 0,5712 | 629 | —0,0657 | 451 | 4,5 | —0,00235 | —0,01086 | —0,01320 | 0,00886 |
| 1,0 | 0,1988 | 478 | 0,3096 | 129 | 0,5083 | 607 | —0,1108 | 349 | 4,6 | —0,0010 | —0,00999 | —0,01112 | 0,00886 |
| 1,1 | 0,1510 | 418 | 0,2967 | 160 | 0,4476 | 577 | —0,1457 | 259 | 4,7 | —0,0002 | —0,00909 | —0,00921 | 0,00898 |
| 1,2 | 0,1092 | 363 | 0,2807 | 181 | 0,3899 | 544 | —0,1716 | 181 | 4,8 | 0,0007 | —0,00820 | —0,00748 | 0,00892 |
| 1,3 | 0,0729 | 310 | 0,2626 | 196 | 0,3355 | 506 | —0,1897 | 114 | 4,9 | 0,0009 | —0,00732 | —0,00593 | 0,00870 |
| 1,4 | 0,0419 | 261 | 0,2430 | 204 | 0,2849 | 465 | —0,2011 | 57 | 5,0 | 0,0020 | —0,00646 | —0,00455 | —0,00837 |
| 1,5 | 0,0158 | 217 | 0,2226 | 208 | 0,2384 | 425 | —0,2068 | 9 | 5,1 | 0,00235 | —0,00564 | —0,00334 | 0,00795 |
| 1,6 | —0,0059 | 177 | 0,2018 | 206 | 0,1959 | 383 | —0,2077 | 30 | 5,2 | 0,00260 | —0,00487 | —0,00229 | 0,00746 |
| 1,7 | —0,0236 | 140 | 0,1812 | 202 | 0,1576 | 342 | —0,2047 | 62 | 5,3 | 0,00275 | —0,00415 | —0,00139 | 0,00692 |
| 1,8 | —0,0376 | 108 | 0,1610 | 195 | 0,1234 | 302 | —0,1985 | 86 | 5,4 | 0,00290 | —0,00349 | —0,00063 | 0,00636 |
| 1,9 | —0,0484 | 80 | 0,1415 | 184 | 0,0932 | 265 | —0,1899 | 105 | 5,5 | 0,0029 | —0,00288 | 0,00001 | 0,00578 |
| 2,0 | —0,0564 | 54 | 0,1231 | 174 | 0,0667 | 228 | —0,1794 | 119 | 5,6 | 0,0029 | —0,00233 | 0,00053 | 0,00520 |
| 2,1 | —0,0618 | 34 | 0,1057 | 161 | 0,0439 | 195 | —0,1675 | 127 | 5,7 | 0,0028 | —0,00184 | 0,00095 | 0,00464 |
| 2,2 | —0,0652 | 16 | 0,0896 | 148 | 0,0244 | 164 | —0,1548 | 132 | 5,8 | 0,0027 | —0,00141 | 0,00127 | 0,00409 |
| 2,3 | —0,0668 | 1 | 0,0748 | 135 | 0,0080 | 136 | —0,1416 | 134 | 5,9 | 0,00255 | —0,00102 | 0,00152 | 0,00356 |
| 2,4 | —0,0669 | 11 | 0,0613 | 122 | 0,0056 | 110 | —0,1282 | 133 | 6,0 | 0,0024 | —0,00069 | 0,00169 | 0,00307 |
| 2,5 | —0,0658 | 22 | 0,0491 | 108 | 0,0166 | 88 | —0,1149 | 130 | 6,1 | 0,0022 | —0,00041 | 0,00180 | 0,00261 |
| 2,6 | —0,0636 | 28 | 0,0383 | 96 | 0,0254 | 66 | —0,1019 | 124 | 6,2 | 0,0020 | —0,00017 | 0,00185 | 0,00219 |
| 2,7 | —0,0608 | 35 | 0,0287 | 83 | —0,00320 | 49 | —0,0895 | 118 | 6,3 | 0,00185 | 0,00003 | 0,00187 | 0,00181 |
| 2,8 | —0,0573 | 38 | 0,0204 | 71 | —0,0369 | 34 | —0,0777 | 111 | 6,4 | 0,00165 | 0,00019 | 0,00184 | 0,00146 |
| 2,9 | —0,0535 | 42 | —0,01330 | 63 | —0,0403 | 20 | —0,0666 | 103 | 6,5 | 0,00150 | 0,00032 | 0,00179 | 0,00115 |
| 3,0 | —0,0493 | | —0,00703 | | —0,04226 | | —0,0563 | | 6,6 | 0,0013 | 0,00042 | 0,00172 | 0,00087 |
| 3,1 | —0,0450 | | —0,00187 | | —0,04314 | | —0,04688 | | 6,7 | 0,0012 | 0,00050 | 0,00162 | 0,00063 |
| 3,2 | —0,0407 | | —0,00238 | | —0,04307 | | —0,03831 | | 6,8 | 0,00095 | 0,00055 | 0,00152 | 0,00042 |
| 3,3 | —0,0364 | | —0,00582 | | —0,04224 | | —0,03060 | | 6,9 | 0,0008 | 0,00058 | 0,00141 | 0,00024 |
| 3,4 | —0,0322 | | —0,00853 | | —0,04079 | | —0,02374 | | 7,0 | 0,0007 | 0,00060 | 0,00129 | 0,00009 |
| 3,5 | —0,0283 | | —0,01059 | | —0,03887 | | —0,01769 | | | | | | |

Auf dieser Grundlage errechnen sich die aus $M_1 = 1$ t/m und aus $P_2 = 1$ t herrührenden Verdrehungen und Verschiebungen zu

$$a_{11} = \frac{4}{L^3}, \qquad a_{12} = \frac{2}{L^2}, \qquad a_{22} = \frac{2}{L}.$$

*Die Berechnung des Rahmentragwerkes soll nun hier an einem Beispiel demonstriert werden:*

Gegeben ist ein in der Mitte durch einen Stiel gestützter Rahmen, der von oben her durch eine gleichmäßig verteilte lotrechte Last, von den Seiten her durch die Trapezlast des Erddruckes beansprucht ist (Abb. 281). Ferner sei $J_0 = 10^{-3}\,\text{m}^4$; $E = 2{,}4 \cdot 10^4\,\text{t/m}^6$, $C = 500\,\text{t/m}^3$ und $b = 1$ m. Es gilt zunächst

$$L = \sqrt[4]{\frac{4EJ}{Cb}} = \sqrt[4]{\frac{4 \cdot 2{,}4 \cdot 10^6 \cdot 18 \cdot 10^{-3}}{500}} = 4{,}31\,\text{m},$$

und damit

$$\lambda = \frac{l}{L} = \frac{4{,}60}{4{,}31} = 1{,}0672.$$

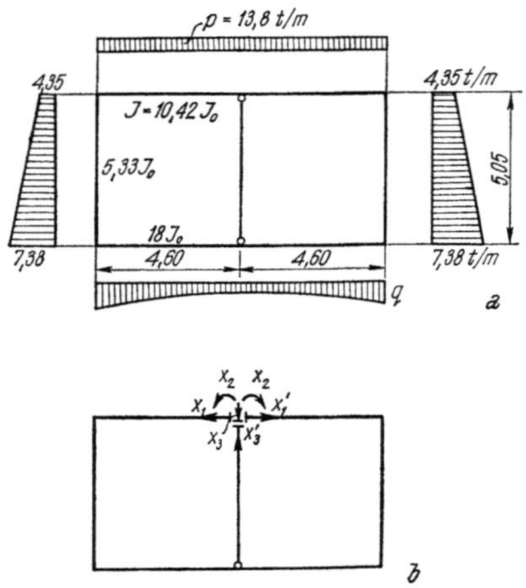


Abb. 281. Zweischiffiger elastisch aufliegender Rahmen des Rechnungsbeispiels a) Belastungsfigur, b) statisch bestimmte Grundform

Das Tragwerkssystem, dessen unterer Riegel zur Gruppe der kurzen Balken gehört, kann wegen der vorhandenen Symmetrie als dreifach statisch unbestimmte Konstruktion berechnet werden (Abb. 281b).

Das Hauptsystem erhält man, indem man am Träger oben in der Mitte einen Schnitt anordnet.

Die Elastizitätsgleichungen lauten:

$$\left.\begin{aligned} a_{11}X_1 + a_{12}X_2 + a_{13}X_3 + a_{01} &= 0,\\ a_{21}X_1 + a_{22}X_2 + a_{23}X_3 + a_{02} &= 0,\\ a_{31}X_1 + a_{32}X_2 + a_{33}X_3 + a_{03} &= 0, \end{aligned}\right\} \tag{271}$$

Aus ihnen lassen sich $X_1$, $X_2$ und $X_3$ berechnen. Die Berechnung der Verschiebungs- sowie der Einheitsfaktoren muß nun auch die aus der elastischen Bettung herrührenden Verschiebungen berücksichtigen.

$$\left.\begin{aligned} a_{ik} &= \frac{m_i m_k}{EJ}\,\mathrm{d}s - q_i y_k\,\mathrm{d}s,\\ a_{0k} &= \frac{m_k M_0}{EJ}\,\mathrm{d}s - y_0 q_k\,\mathrm{d}s. \end{aligned}\right\} \tag{272}$$

In diesen Beziehungen stellen die zweiten Glieder das Produkt aus dem an der Sohlplatte wirksamen Druck ($q$) und aus der Verschiebung ($y$) dar, wie sie durch die in die Richtung der Sohlplatte fallende Einheitskraft ausgelöst wird.

Zunächst wird diese Sohlplatte für die in Abb. 282 dargestellten Belastungen als elastisch gebetteten Träger berechnet. Unter den an den Enden angreifenden symmetrischen Belastungen werden die Faktoren $C_3$ und $C_4$ — sofern man die Mitte des Trägers als Bezugspunkt wählt — in der Momenten-Grundgleichung gleich Null sein. (Für derartige Belastungsfälle hat übrigens PASTERNAK eine eigene Tabelle ausgearbeitet.) Unter Berücksichtigung dieser Tatsache wird

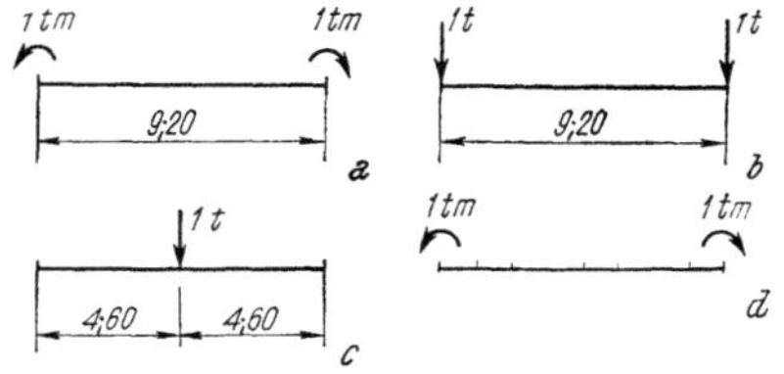

Abb. 282. Belastungsfälle des elastisch gebetteten Balkens

$$M = C_1 \cos\xi \operatorname{ch}\xi + C_2 \sin\xi \operatorname{sh}\xi = C_1 y_4 + C_2 y_1;$$

$$Q = \frac{1}{L}(-C_1 y_2 + C_2 y_3);$$

$$q = \frac{2}{L^2}(-C_1 \sin\xi \operatorname{sh}\xi + C_2 \cos\xi \operatorname{ch}\xi) =$$

$$= -C_1 y_1 + C_4 y_4;$$

$$\varkappa = \frac{2}{L^3}(-C_1 y_3 - C_2 y_2).$$

Aus den äußeren Randbedingungen hat man schließlich

$$C_1 = 2\varrho_4 M_1 \quad \text{und} \quad C_2 = 2\varrho_6 M_1.$$

Auf das Beispiel angewendet, ist

$$C_1 = 2 \cdot 0{,}4073 = 0{,}81466;$$

$$C_2 = 2 \cdot 0{,}16060 = 0{,}32120;$$

$$M = 0{,}81466 y_4 + 0{,}32120 y_1.$$

(Die Werte $y_1 \ldots y_4$ werden der Tabelle entnommen.)

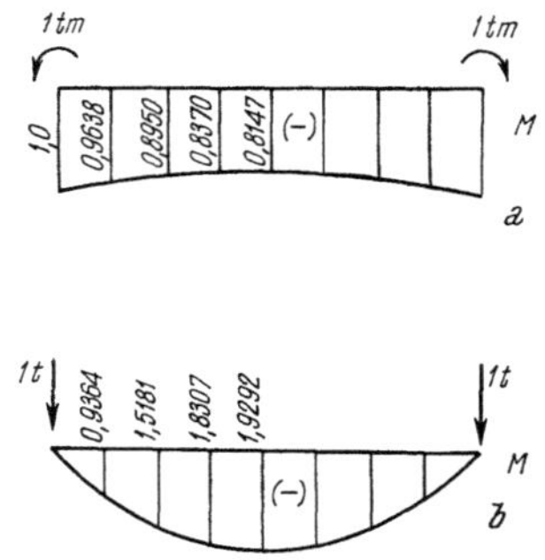

Abb. 283. Momentenbilder infolge Einheits-Randlasten und -Randmomenten (nach PASTERNAK)

Mit den der Achtelteilung (Abb. 282d) entsprechenden $y$-Werten erhält man die aus Abb. 283a ersichtliche Momentenfläche.

Ähnlich läßt sich die Momentenfläche für den Fall zweier auf den Enden lastender Drücke von je 1 t auftragen. Für diesen Fall gilt

$$C_1 = -2\varrho_5 PL; \qquad C_2 = 2\varrho_1 PL;$$

$$C_1 = -2 \cdot 4{,}31 \cdot 0{,}22381 = -1{,}92924;$$

$$C_2 = 2 \cdot 4{,}31 \cdot 0{,}15660 = 1{,}34989;$$

$$M = -1{,}92924\, y_4 + 1{,}34989\, y_1.$$

Mit den Tabellenwerten für $y$ erhält man die in Abb. 283b dargestellte Momentenfläche.

Die Einflußlinie für den mittleren Querschnitt setzt sich aus der Momentenfläche der an den beiden Trägerhälften angreifenden Kräfte von je 0,5 t und aus derjenigen des Endmomentes zusammen (Abb. 284)

$$\lambda = \frac{l}{L} = \frac{4{,}60}{4{,}31} = 1{,}0672; \qquad Q = \frac{P}{2} = 0{,}5\ \text{t};$$

$$M = \frac{1}{2} \cdot \frac{L}{2} \cdot \frac{\varrho_2}{\varrho_1} \cdot P = \frac{4{,}31}{4} \cdot \frac{2{,}7564}{2{,}8698} = 1{,}035\ \text{t/m}.$$

Im allgemeinen ist auf Grund der Gl. (263a) $M = A_1 y_1 - A_2 \gamma_2$.

Aus (267) hat man $A_1 = 4\varrho_4 M_1 - 2\varrho_5 L P_1$,

aus (268) hingegen $A_2 = 2\varrho_6 M_1 - \varrho_4 L P_1$.

Bei einer Last von $Q = 0{,}5$ t ist $M_1 = 0$, folglich wird

$$A_1 = -2\varrho_5 L P_1 = -2 \cdot 0{,}4602 \cdot 4 \cdot 31 \cdot 0{,}5 = -1{,}9835$$

und

$$A_2 = -2\varrho_4 L P_1 = -2 \cdot 0{,}6421 \cdot 4{,}31 \cdot 0{,}5 = -2{,}7675.$$

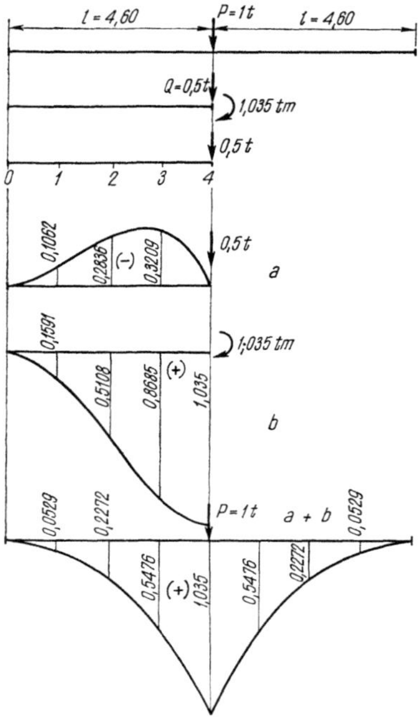


Abb. 284. Zusammensetzung des Momenteneinfluß-diagrammes für den Querschnitt unter dem Mittelstützpfosten

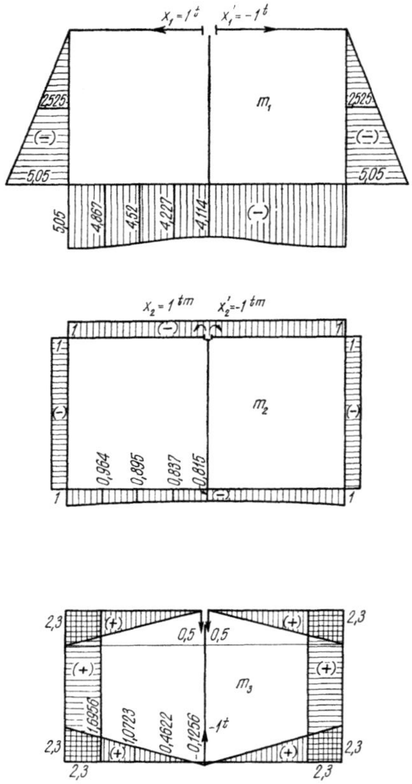


Abb. 285. Momentenbilder des statisch bestimmten Grundsystems bei Einheitsbelastung

Die Werte für $y_1$ und $y_2$ sind wieder der Tab. 30, die $\varrho$-Werte der Tab. 31 zu entnehmen.

$$M_0 = 0 \quad \text{und} \quad M_4 = 0,$$

$$M_1 = -0{,}14221 + 0{,}0360 = -0{,}1062 \text{ t/m},$$

$$M_2 = -0{,}5653 + 0{,}2817 = -0{,}2836 \text{ t/m},$$

$$M_3 = -1{,}2649 + 0{,}9440 = -0{,}3209.$$

Bei einer Belastung $M = 1{,}035$ t/m ist $P_1 = 0$, es wird mithin

$$A_1 = 4 \cdot \varrho_4 M = 4 \cdot 0{,}6421 \cdot 1{,}035 = 2{,}658;$$

$$A_2 = 2 \cdot \varrho_6 M = 2 \cdot 1{,}1707 \cdot 1{,}035 = 2{,}4231.$$

Greift man wieder auf die Gl. (263) zurück, erhält man $M_0 = 0$ und $M_4 = 1{,}035$;

$$M_1 = +0{,}19058 - 0{,}0315 = 0{,}15908; \quad M_2 = 0{,}7575 - 0{,}2467 = 0{,}5108;$$

$$M_3 = 1{,}6950 - 0{,}8265 = 0{,}8685.$$

Durch Vereinigung der beiden Einwirkungen erhält man die in Abb. 284 unten aufgetragene Einflußlinie.

In der nun folgenden Berechnung der Verschiebungen des Rahmenträgers hat man von der Annahme auszugehen, daß dieser elastisch gebettet ist. Zunächst sind die Einheitsfaktoren für die Lasten $X_1 = 1$ t, $X_2 = 1$ t/m und $X_3 = 1$ t, sowie die Verschiebungsfaktoren für die gleichmäßig verteilten äußeren Lasten $p$ zu ermitteln. Die Momentenfläche aus der Belastung $X_1 = 1$ t geht aus Abb. 285 hervor. Die Momentenfläche an der Sohlplatte ergibt sich als Produkt aus dem Eckmoment (5,05 t) und den Einflußzahlen gemäß Abb. 283b. Da $E =$ konst. und nur $J$ veränderlich ist, ergibt sich der Wert von $\tau$ aus dem Quotienten $J/J_0$, indem man die Fläche der Momentenfigur aus der Beziehung $a_{11} = \int \frac{m_1\,\mathrm{d}s}{\tau}$ bestimmt, wie beispielsweise

$$a_{11} = \frac{5{,}05^2 \cdot 5{,}05}{3 \cdot 5{,}33} \cdot 2 + \frac{5{,}05^2 + 4{,}867^2}{2 \cdot 18} \cdot 1{,}15 \cdot 2 + \frac{4{,}867^2 + 4{,}52^2}{2 \cdot 18} \cdot 1{,}15 \cdot 2 +$$

$$+ \frac{4{,}52^2 + 4{,}226^2}{2 \cdot 18} \cdot 1{,}15 \cdot 2 + \frac{4{,}226^2 + 4{,}114^2}{2 \cdot 18} \cdot 1{,}15 \cdot 2 = 26{,}739.$$

Die Momentenfläche aus der Last $X_2 = 1$ t/m ist demgegenüber aus Abb. 285b ersichtlich. Auch hier ergibt sich die Momentenfläche an der Sohlplatte auf Grund der Abb. 283a. Aus der Momentenfläche lassen sich durch Multiplikation von $a_{22} = \int \frac{m_2^2\,\mathrm{d}s}{\tau}$ mit den entsprechenden Ordinaten der Momentenfläche $m_1$ die Einheitsfaktoren $a_{12} = \int \frac{m_1 m_2\,\mathrm{d}s}{\tau}$ unmittelbar bestimmen. Unter Umgehung der Einzelheiten steht hier bloß das Ergebnis:

$$a_{22} = +3{,}233 \quad \text{und} \quad a_{12} = +6{,}889.$$

Die Momentenfläche aus der Last $X_3 = 1$ t ist gleichfalls aus Abb. 285 ersichtlich. Ihr auf die Sohlplatte entfallender Teil setzt sich aus der Gesamtwirkung der eingetragenen dreierlei Lasten zusammen (vgl. Abb. 283a bis b und 284a bis b). Aus der Momentenfläche $m_3$ ergeben sich die Einheitsfaktoren $a_{13}$, $a_{23}$ und $a_{33}$ zu

$$a_{13} = \int \frac{m_1 m_3\,\mathrm{d}s}{\tau} = -13{,}631, \quad a_{23} = \int \frac{m_2 m_3\,\mathrm{d}s}{\tau} = -5{,}895, \quad a_{33} = \int m_3^2\,\mathrm{d}s = +12{,}462.$$

Die Momentenfläche aus den *äußeren Lasten* gemäß Abb. 281 ist für das Hauptsystem aus Abb. 286 ersichtlich, die für die Sohlplatte setzt sich hingegen wieder aus zwei Krafteinwirkungen, aus der durch die Seitenwände übertragenen Reaktionskraft und aus der Einwirkung des Moments zusammen (vgl. Abb. 286a und 286b).

Die Belastungsfiguren errechnen sich anhand der allgemeinen Beziehung $a_{0i} = \int \frac{M_0\, m_i}{\tau}$ aus dem Flächeninhalt jener Momentenfigur, die man als Produkt aus der Momentenfläche $M_0$ einerseits und den entsprechenden Ordinaten der Momentenfläche $m$ andererseits erhält, welch letztere man zur Ermittlung des Einheitsfaktors der gesuchten Verschiebung zu konstruieren hat. Die Momentenflächen zur Darstellung der einzelnen Produkte $M_0 m_i$ veranschaulicht die Abb. 287. Aus der Addition der Flächeninhalte erhält man die gesuchten Werte zu

$$a_{01} = -1148{,}43, \quad a_{02} = -418{,}72 \quad \text{und} \quad a_{03} = 911{,}41$$

und aus diesen die Elastizitätsgleichungen zu

$$a_{11}X_1 + a_{12}X_2 + a_{13}X_3 + a_{01} = 0,$$

$$a_{21}X_1 + a_{22}X_2 + a_{23}X_3 + a_{02} = 0,$$

$$a_{31}X_1 + a_{32}X_2 + a_{33}X_3 + a_{03} = 0,$$

$$26{,}74X_1 + 6{,}89X_2 - 13{,}63X_3 - 1148{,}43 = 0,$$

$$6{,}89X_1 + 3{,}23X_2 - 5{,}90X_3 - 418{,}72 = 0,$$

$$-13{,}63X_1 - 5{,}90X_2 + 12{,}46X_3 + 911{,}41 = 0.$$

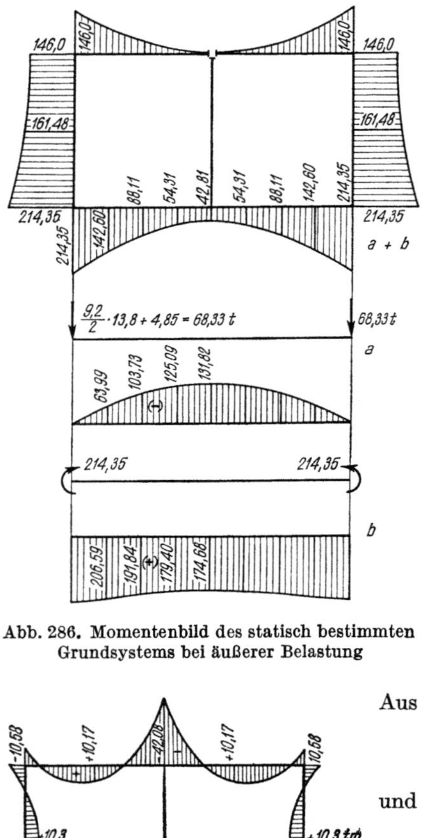


Abb. 286. Momentenbild des statisch bestimmten Grundsystems bei äußerer Belastung

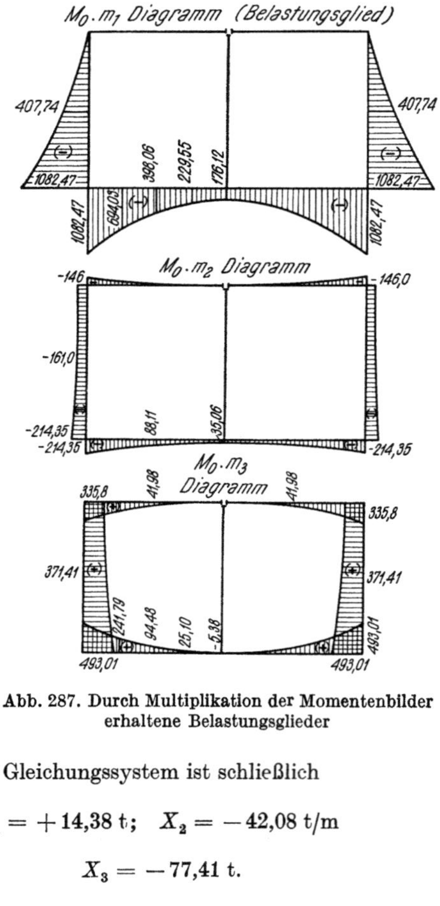


Abb. 287. Durch Multiplikation der Momentenbilder erhaltene Belastungsglieder

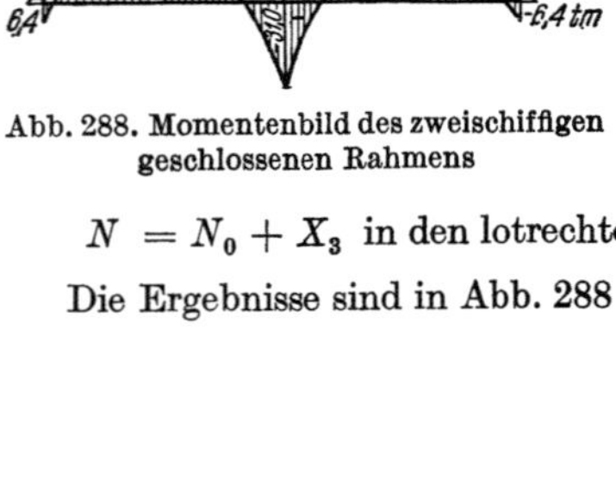


Abb. 288. Momentenbild des zweischiffigen geschlossenen Rahmens

Aus diesem Gleichungssystem ist schließlich

$$X_1 = +14{,}38 \text{ t}; \quad X_2 = -42{,}08 \text{ t/m}$$

und $$X_3 = -77{,}41 \text{ t}.$$

Anhand der nunmehr bekannten inneren Kräfte lassen sich die Momente und Normalkräfte auf Grund der allgemeinen Beziehungen

$$M = M_0 + X_2 + X_1 y + X_3 x$$

bzw. $N = N_0 + X_1$ in den waagrechten Riegel und

$N = N_0 + X_3$ in den lotrechten Pfosten für jeden beliebigen Querschnitt bestimmen. Die Ergebnisse sind in Abb. 288 dargestellt.

## 4.6. Richtlinien für den Entwurf der zusätzlichen Arbeiten und Sondereinrichtungen

In diesem Abschnitt sollen kurz die Einzelheiten des Entwurfs jener zusätzlichen Arbeiten und Sondereinrichtungen behandelt werden, die über die Bestimmung von Form und Größe des Profils hinaus anfallen und die unmittelbar der Ausführung, ferner der Sicherung von Standfestigkeit und Dauerhaftigkeit des Bauwerkes sowie der Befriedigung der Betriebsanforderungen dienen.

Diese zusätzlichen Arbeiten in allen ihren Einzelheiten zu erörtern, ginge weit über den Rahmen dieses Buches hinaus, weshalb sich die Darlegung darauf beschränken wird, gewissermaßen als Richtlinien lediglich Hinweise auf ihre Anwendung im Tunnelbau und auf jene besonderen Anforderungen zu geben, die sich hieraus sowohl im Entwurf als auch in der Ausführung ergeben und denen sie genügen müssen.

### 4.6.1. Konstruktiver Aufbau und Ausbildung der Tunnelmauerung

Zur Auskleidung von Tunneln verwendet man Ringe aus Gußeisen oder Stahl, ferner Beton, Stahlbeton, Ziegel und Natursteine [104]. Jede Tunnelauskleidung ist dadurch charakterisiert, daß sie die rechnerisch ermittelten Lasten grundsätzlich ständig zu tragen hat, daß sie also durch Belastungen überwiegend statischer Natur beansprucht wird, zum Unterschied von vielen anderen Tragwerken, wie etwa von Brücken, auf die zum Großteil nur fallweise auftretende und dynamische Beanspruchungen wirken. Bei Verwendung von Beton oder Stahl muß der Entwurf aus diesem Grunde *deren dauernde Formänderung unbedingt berücksichtigen.* Diese Formänderung kann um so größere Werte annehmen, als Beton- oder Stahlauskleidungen in der Regel keine monolithischen Konstruktionen darstellen, sondern aus Teilelementen bestehen, deren Verbindungen an sich zu Verformungen neigen, die — dem zeitlichen Verlauf der Gebirgsdruckausbildung entsprechend — überdies noch Änderungen erfahren können. Allgemein gesehen, wirkt sich die Formänderung auf die Beanspruchung günstig aus, weil sie die Anpassung der Tragwerksform an die zustande kommende Stützlinie erleichtert. Andererseits birgt sie jedoch auch Gefahren in sich, weil sie im Laufe der Jahrzehnte Größen von mehreren Dezimetern erreichen kann, was die Freihaltung des lichten Profils und die Betriebssicherheit gefährdet (vgl. Kap. 7.2.3.3.1.).

Für die Auskleidung müssen deshalb Fugen und Verbindungen entworfen werden, die keinerlei *nachträgliche Verformungen* zulassen. So müssen z. B. die Fugen der gemauerten Bögen von Gewölbeprofilen genau radial gerichtet und die Steinverbände sorgfältig ausgeführt sein. Eine eventuelle Dichtung oder Mörtelschicht zwischen den Mauerverbänden darf höchstens wenige Millimeter stark sein. Die Kanten der unter hohem Druck aneinandergepreßten Beton-, Stahlbeton- oder Natursteinelemente sollen abgerundet, Schraubenverbindungen nachziehbar ausgeführt sein.

Entwurf und Organisation des Hochziehens eines Mauerwerks aus Naturquadersteinen werden stets darauf zu achten haben, daß der Schlußstein *vor Kopf eingeschoben werden kann.* Andernfalls muß für besondere Schlußsteine gesorgt werden, deren Fugen nicht radial verlaufen, sondern sich nach innen ausweiten, so daß die Möglichkeit besteht, sie auch von innen einzuschieben. (Diese Lösung muß allerdings als nachteilig bezeichnet werden, weil der Schlußstein ohne eigene Befestigung zum Herausfallen neigt.) Ein Schlußstein mit radial gerichteter Fugenausbildung läßt sich nämlich von innen keineswegs einbringen, der Verschluß der offen gebliebenen Fuge durch Verpacken und Dichten an Ort und Stelle aber bedeutet wegen des Zeitverlustes, den das Abwarten des Abbindens verursacht, beispielsweise beim Schildvortrieb einen untragbaren Nachteil, abgesehen von der Deformationsgefahr, die ein solches Verfahren in sich birgt. Ähnlich sind in den Entwürfen unter unseren Verhältnissen lotrechte Seitenwände entweder zu vermeiden oder so zu bemessen, daß sie auch Seitendrücken gewachsen sind.

Der Entwurf von Mauerungselementen aus Beton oder Natursteinquadern wird sich stets auch die Erfordernisse der vorgesehenen Bauweise vor Augen zu halten und ihr Gewicht sowie ihre Ausmaße mit den vorhandenen Transport- und Einbringungsgeräten in Einklang zu bringen haben. Im Hinblick auf die Enge und auf die für gewöhnlich schwache Beleuchtung der Baustellen bilden Transport und Einbringung auch sonst eines der schwierigsten, aber auch wichtigsten Probleme der Organisationsplanung. Der neuere Tunnelbau bedient sich ebendeshalb bevorzugt des *Pumpbetons*, der vom Mischer *durch Rohre mit einer Betonpumpe* zur Verarbeitungsstelle befördert wird [105]. Der Raumbedarf einer solchen Anlage ist minimal (vgl. Abb. 637). Sie ermöglicht die Förderung des Betons über Entfernungen von mehreren hundert Metern bei Förderhöhen von 15 bis 20 m. Der Nachteil gegenüber den Betonformsteinen besteht darin, daß das Verfahren einer festen Schalung bedarf und daß der Beton die Lasten nicht sofort übernehmen kann. Durch Einsatz geeigneter fahrbarer Schalungsgerüste (vgl. Abb. 644) und durch Zusatz von Erhärtungsbeschleunigern lassen sich jedoch diese Nachteile unschwer beheben. Bemerkt sei hier, daß die Auskleidung des *Kemano*-Druckwasserstollens, einer der größten derartigen Anlage der Welt, nach dem Prepakt-Verfahren eingebracht wurde [106].

Beim Ausbau mit gußeisernen oder Stahlbetonringen genügt die Verwendung eines formhaltigen Lehrbogens zur Kontrolle der Einhaltung der vorgesehenen Querschnittform. Stahlbetonplatten und Betonformsteine benötigen bei der Einbringung auch eine Unterstützung durch ein Lehrgerüst, während Auskleidungen aus Stampfbeton nur gegen ein (vorzüglich fahrbares) Schalungsgerüst eingebracht werden können. Bei den zur Unterstützung von Mauerungselementen dienenden Lehrgerüsten handelt es sich um zerlegbare, starre Ringe aus Stahlschienen oder Formstahl; sie werden in Abständen voneinander aufgestellt, die der Breite der Mauerungselemente entsprechen, worauf man 4 bis 5 dieser Rahmen durch starre Längsgurte gegeneinander zu einer festen Einheit abriegelt (vgl. Abb. (644).

## 4.6.2. Die Wasserabdichtung von Tunneln

Die Abdichtung im Verein mit der Wasserabführung gehört mit zu den wichtigsten zusätzlichen Arbeiten des Tunnelbaues. Einer einwandfreien Dichtung bedarf es nicht nur zur Sicherung des Betriebes im Tunnel, sondern auch zum Schutz des Mauerwerks und zur Verhütung der Verwitterung des Nachbargesteins. Wasserzudrang in den Hohlraum *stört* nämlich *den Betrieb und damit die bestimmungsgemäße Nutzung des Bauwerkes,* handelt es sich dagegen um Wasserstollen oder um Schiffahrtstunnel, werden Sickerwasserverluste den Wirkungsgrad des Betriebes beeinträchtigen. Das Durchsickern von Wasser durch die Auskleidung und deren Fugen bildet in der Mehrzahl der Fälle den Ausgangspunkt der Zerstörung von Tunneln (vgl. Abb. 627).

Aus diesen Überlegungen folgt, daß eine einwandfreie Dichtung nicht nur den Zudrang von Grundwasser in den Hohlgang bzw. Sickerverluste aus Wasserstollen zu verhindern, sondern auch Sickerbewegungen im benachbarten Gebirge in Grenzen zu halten hat, die eine schädliche Durchnässung oder Auswaschung des Bodens unwahrscheinlich machen. *Die Dichtung muß also mit einer sorgfältigen Wasserabführung verbunden werden* [107].

Grundsätzlich ist zwischen *Außen- und Innendichtung* zu unterscheiden, wobei sogleich festgehalten werden soll, daß erstere die konstruktiv günstigere ist (Abb. 289). Die *Außendichtung* hat den Vorzug, das Wasser von sämtlichen

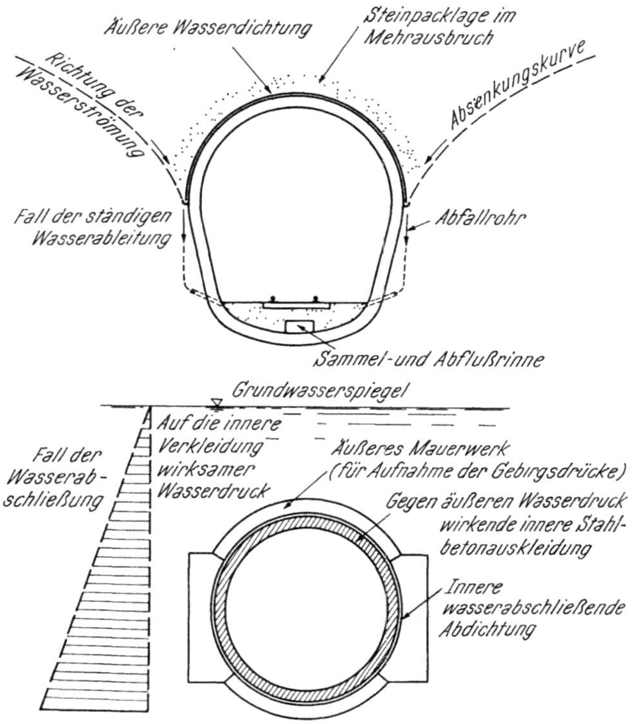


Abb. 289. Grundlage der äußeren und der inneren Wasserabdichtung (Isolierung)

Schichten der Auskleidung fernzuhalten und den eventuellen Wasserdruck auf die volle Wandstärke zu übertragen. Dem steht der Nachteil gegenüber, daß sie bei einzelnen Bauweisen schwer eingebracht und noch schwerer repariert werden kann (vgl. Kap. 7.2.2.1.). Bei den klassischen Verfahren erfordert der Einbau der bitumenverklebten Außendichtung einen erheblichen, über die Begrenzungslinien der Mauerung hinausreichenden, parallel zu dieser verlaufenden Mehrausausbruch, wobei man die Dichtung überdies nur unter denkbar ungünstigsten

Arbeitsbedingungen und mit Unterbrechungen aufzutragen vermag; beim Schildvortrieb vollends ist die Einbringung einer geklebten Außendichtungshaut ganz unmöglich. Allfällige Reparaturen stoßen auf noch größere Schwierigkeiten, weil der Gewölberücken nur durch eigens zu diesem Zweck angelegte Stollen freigelegt werden kann (vgl. Kap. 7.2.3.2.). Das ideale Dichtungsverfahren für Tunnel, die nach diesen Bauweisen aufgefahren werden, bildet die Verpressung durch Injektionen, die vom Hohlraum aus vorgenommen und wann immer ergänzt oder ausgebessert werden kann. Allerdings ist sie nicht unbedingt verläßlich.

Die *Innendichtung* läßt sich demgegenüber auf die fertiggestellte, für die Übernahme des Gebirgsdruckes bemessene Auskleidung von innen aufbringen, gerade deshalb aber bietet sie keinen Schutz gegen die Durchnässung der Mauerung und ist alleinstehend dem Wasserdruck nicht gewachsen. Eine Möglichkeit hierzu besteht nur dann, wenn die Sperrschicht entweder so gut haftet oder durch entsprechende Maßnahmen so gut verankert ist, daß sie den Krafteinwirkungen aus dem Wasserdruck die nötige Festigkeit entgegenhalten kann (wie etwa mit der Pistole aufgebrachte Glasfaser-Plastsperrschichten oder mit Rippen und Ankern eingebundene Metallfolien). Nicht wasserdruckhaltende Sperrschichten müssen im übrigen durch eine eigene feste innere Schale abgestützt werden, so daß die Auskleidung schließlich aus zwei Schalen besteht (vgl. Abb. 205 und 289), von denen die äußere den Gebirgsdruck, die innere den Wasserdruck aufnimmt. Erhält der Tunnel eine Auskleidung aus an sich wasserdichten Elementen (gußeiserne oder Stahlbetontübbings, Betonformsteine usw.), dann reduzieren sich die Maßnahmen auf die Dichtung der Verbindungs-(Stoß-)Stellen und der Fugen,die in Kap. 6.3.2.3. behandelt werden sollen.

Als Isolierschichten kommen in Frage:

1. isolierender (wasserdichter) Putz,
2. verlötete Bleifolienbahnen oder eingestemmte Bleiausfüllungen,
3. geklebte Bitumenpappe oder Pappe mit Metallfolieneinlage,
4. geklebte Thermoplast-(PVC-)Folien,
5. geschweißtes Stahlblech,
6. durch Injektionen verschiedener Art eingebrachte Sperrschichten.

(Die unter 2. bis 5. genannten Schichten können auch als elastische oder *biegsame* die unter 1. und 6. auch als *spröde* Abdichtungsschichten bezeichnet werden.)

Bei den ältesten Tunneln bestand die Dichtung entweder aus einem einfachen Außenputz oder — sofern ein erhöhter Schutz gegen Wasserzudrang gefordert war — aus gleichfalls außen aufgelegten Bleifolien. Der einschichtige, im engen Arbeitsraum nur schwer aufgetragene Putz zeigte alsbald Risse und verwitterte in kurzer Zeit, womit er seine Dichtungsfähigkeit verlor, während die Bleibahnen wegen der außerordentlich hohen Kosten nur auf kleinen Flächen angewendet werden konnten. Praktisch kommt indes heute keine dieser Dichtungsarten mehr in Frage, weshalb von ihrer näheren Erörterung hier abgesehen werden darf.

### 4.6.2.1. Mehrschichtiger wasserdichter Verputz aus Zementmörtel

Auch heute bilden jedoch *die mehrlagige Aufbringung wasserdichten sowie die Aufbringung gespritzten (torkretierten) Putzes* häufig angewandte innere Abdichtungsverfahren. Der mehrlagige Putz wird hierbei durch sorgfältiges Auftragen der genau festgesetzten Mörtelmischung auf die ebenso sorgfältig vorbereitete Wandfläche hergestellt. Ein Wasserdrücken von 1,5 bis 2,0 at gewachsener wasserdichter Putz besteht aus folgenden nach den angegebenen Regeln aufzutragenden Lagen:

a) *Grundschicht (angeworfene Lage)*. Auf die vorbereitete Betonfläche wird eine 7 bis 8 mm dicke Mörtelschicht mit der abgerundeten Kelle scharf angeworfen und nicht abgezogen, sondern rauh belassen (Mischungsverhältnis 1:4, Wasserzementfaktor 0,55, $D_{max} = 5$ mm).

Die Schichten sind nach Beginn des Abbindens durch einen schrägen, geradlinigen Schnitt zu begrenzen, von der über den Schnitt hinausreichenden Fläche ist der Mörtel abzukratzen, so daß eine reine Trägerfläche verbleibt.

b) *Grobschicht*, 5 bis 6 mm dick. Sie wird 24 Stunden später auf die Grundschicht aufgetragen, zu einem Zeitpunkt also, da diese mit dem Fingernagel noch angekratzt werden kann. Zwei Stunden nach der Auftragung — sobald sie also schon angezogen hat — wird die Schicht mit dem Reibebrett glatt ausgerieben (Mischungsverhältnis 1:3, Wasserzementfaktor 0,45, $D_{max} = 2{,}5$ mm).

c) *Schwitzschicht*. Sie ist gleichfalls nach 20 bis 22 Stunden aufzutragen und nach weiteren 6 bis 8 Stunden mit dem Reibebrett glattzureiben (Mischungsverhältnis 1:2, Wasserzementfaktor 0,35, $D_{max} = 0{,}8$ bis 1,5 mm).

d) *Zementbreischicht*, 1 Teil Zement, 1 Teil Wasser. Sie wird nach 48 Stunden aufgetragen und mit dem Reibebrett glattgestrichen. Nach weiteren 8 Stunden folgt ein nochmaliger Glattstrich mit einem feineren kleineren Reibebrett, der nach weiteren 3 Stunden wiederholt wird. Schließlich trägt man mit dem Tünchpinsel eine 0,5 mm dicke Zementbreilage auf und reibt sie nach einer Stunde mit dem Streicheisen glatt.

Der Oberputz kann auch einschichtig sein; man bringt hierbei die Zementbreilage unmittelbar auf die Schicht c) — sobald diese angezogen hat, solange sie jedoch noch weich ist — mit dem Tünchpinsel auf und glättet sie mit dem Streicheisen. Auf Flächen, die oft von freier Luft bestrichen werden, kommt auch die Auftragung einer 3 bis 4 mm dicken Deckschicht aus Zementmilch (Mischungsverhältnis 1:1) in Frage, die zunächst mit dem Reibebrett und sodann mit dem Streicheisen abgezogen wird. (Beim Auftragen der einzelnen Lagen kann die einzuschaltende Abbindezeit unter günstigen Umständen eventuell auf die Hälfte verkürzt werden.) Überaus wichtig ist die Nachbehandlung. Der Putz ist 14 Tage lang durch Besprühen feucht zu halten. Der fertige Putz kann als geeignet bezeichnet werden, wenn er in 24 Stunden je $m^2$ höchstens 0,15 l Wasser durchläßt.

Außer diesen Herstellungsvorschriften sind noch folgende Regeln zu beachten:

1. Es darf nur Zement hoher Zugfestigkeit mit geringem Schwindmaß verwendet werden.
2. Die Höchsttemperatur des zur Mörtelmischung verwendeten Zements und Wassers soll um $+25$ °C liegen.
3. Der zur Verwendung gelangende Sand soll gleichmäßig gekörnt sein.

Die prozentualen Anteile der Korngrößen in den Zuschlägen sollen betragen:

*a*) bei einem $D_{max} = 5$ mm

| | |
|---|---|
| Korngröße 0,0 bis 0,2 mm | 10 bis 15% |
| Korngröße 0,2 bis 1,0 mm | 25 bis 30% |
| Korngröße 1,0 bis 2,5 mm | 25 bis 30% |
| Korngröße 2,5 bis 5,0 mm | 40 bis 25% |

*b*) bei einem $D_{max} = 2{,}5$ mm

| | |
|---|---|
| Korngröße 0,0 bis 0,2 mm | 10 bis 15% |
| Korngröße 0,2 bis 1,0 mm | 25 bis 30% |
| Korngröße 1,0 bis 2,5 mm | 65 bis 55% |

4. Ein wasserdichter Putz darf nur auf unbewegliche und bereits unter Belastung stehende Konstruktionen aufgebracht werden.
5. Die Glättung darf nur in Räumen mit konstanter Temperatur und Luftfeuchtigkeit vorgenommen werden, die vor Sonnenbestrahlung geschützt und praktisch zugluftfrei sein müssen. (Wärmeausdehnung und Schwinden sind minimal zu halten!)

6. Der Unterschied zwischen Betonwand- und Putztemperatur soll 20 °C nicht übersteigen, weil im Putz sonst Risse auftreten.

7. Zum Auftragen des Putzes eignet sich am besten eine Umgebungstemperatur von + 10 bis 20 °C.

8. Auf neu errichtete Betonwände darf mit dem Auftragen des Putzes nicht vor dem 8., 12. oder 16. Tag nach der Ausschalung (20°, 10 bis 20° und 5 bis 10°) begonnen werden. Ganz zu unterlassen ist sie bei Temperaturen von unter 5 °C.

9. Die Betonträgerfläche ist von jeder Verunreinigung (Staub, Öl, Ruß usw.) — einschließlich der Kalkausscheidungen — gründlich zu säubern. Die Wand ist aufzurauhen und nach Entfernung des Staubes mit einem Wasserstrahl unter Druck so weit anzufeuchten, daß der Beton dem aufzutragenden Putz kein Wasser zu entziehen vermag.

10. Kiesnester müssen ausgemeißelt und mit einem Beton ausgefüllt werden, der um 100 bis 150 kg mehr Zement enthält als je 1 m³ Fertigbeton der Wand (kleinere Überdeckungen mit Mörtel im Mischungsverhältnis von 1:3).

Die *häufigsten Fehler* beim Auftragen des Putzes werden begangen

durch unzureichende Säuberung der Trägerfläche;

durch Vorbehandlung der Trägerfläche mit Zementmilch, was das Festhaften des Putzes an der Betonwand verhindert;

durch Überziehen der Trägerfläche mit Zementpulver, was sich nachteilig auswirkt, weil die richtig angerührte Mörtelmischung zu wenig freies Wasser enthält, als daß sie das Zementpulver an der Wand binden könnte (Entstehen von Haarrissen!);

durch übertriebenes Glätten mit dem Streicheisen, das die feinen Zementkörner an die Oberfläche zieht, so daß beim Schwinden Haarrisse auftreten;

durch unsachgemäße Nachbehandlung;

durch Einsatz nicht genügend hoch qualifizierter Arbeiter.

Im allgemeinen ist es überflüssig, den Putz in mehr als drei Lagen aufzutragen. Im dickeren Putz beeinflussen sich die unterschiedlichen Wärmeausdehnungseigenschaften und Schwindmaße der einzelnen in verschiedenen Mischungsverhältnissen angerührten Lagen wechselseitig in ungünstiger Weise.

#### 4.6.2.2. Torkretverputz

Für Zwecke der Innendichtung wird häufig auch vom *torkretierten Spritzbeton* [108] Gebrauch gemacht, bei dem es sich im Grunde genommen um einen mit Preßluft unter hohem Druck auf die Trägerfläche aufgespritzten Putz handelt. Gemischt und aufgespritzt wird er auf zwei verschiedene Arten: 1. Sand und ganz kleinkörniger Kies (Korngröße unter 5 mm) werden in einer unter Druck stehenden Trommel (vgl. Abb. 499) trocken gemischt und durch eine feste Rohrleitung hindurch mit Preßluft in die metallene sogenannte Mischpistole befördert, die am Ende der Rohrleitung an einen Gummischlauch angesetzt ist. In diese Mischpistole mündet auch der von der Leitung kommende Wasserschlauch. Durch Regeln des Mischhahnes kann der trockenen Mischung Wasser in beliebigen Verhältnis zugesetzt werden. Die Wasserzugabe muß so reichlich bemessen sein, daß von der Wand möglichst wenig Mörtel zurückprallt und herabfällt. 2. Nach dem zweiten, dem „Naßverfahren" werden Zement und Sand in der oberen Trommel eines Doppelmischers (Abb. 290) zunächst trocken und sodann in der unteren Trommel mit Wasser gemischt, so daß der Mörtel unter hohem Druck schon in nassem Zustand in die Rohrleitung und aus dieser in die Spritzpistole gelangt.

Auch der Torkretputz kann ein- oder mehrlagig sein. Die einzelnen Schichten dürfen nicht zu dick ausfallen, bei ihrer Auftragung muß jeweils eine Pause von 8 Stunden eingeschaltet werden. Vor dem Aufspritzen der nächsten Lage ist die

Zementhaut von der vorangegangenen Schicht mit trockenem Sand aus einem Sandstrahlgebläse zu entfernen. Bei Gesamtputzdicken von mehr als 2 mm muß auf der Wand als Putzträger ein Drahtnetz befestigt werden, welches das Festhaften des dickeren frischen Putzes ermöglicht und zugleich das Auftreten von Schwindrissen verhindert. Auf waagrechte Deckflächen kann ein Spritzbetonputz nicht aufgetragen werden, weil der aufgespritzte Mörtel zum Großteil abprallt. Da der Spritzdruck die einzelnen Lagen gut verdichtet, hat der Spritzbetonputz für gewöhnlich gute Dichtungseigenschaften, die noch verbessert werden können, wenn die oberste Lage „im eigenen Saft" geglättet wird. Da etwa 30% des Mörtelmaterials von der Wand abprallen, hat der an dieser festhaftende Putz einen wesentlich höheren Zementgehalt als das ursprüngliche Mörtelgemisch, was seine Neigung zum Schwinden erhöht. Die Drahtnetzeinlage erweist sich also auch aus diesem Grunde als vorteilhaft. Sie verleiht übrigens dem Spritzbetonputz auch eine gewisse Elastizität, eine sehr erwünschte Eigenschaft also, da der Putz auf nachträgliche Bewegungen oder Verformungen des Mauerwerks überaus empfindlich reagiert und leicht rissig wird. Neuerdings werden als Innendichtung auch gespritzte Glasfaser-Plastsperrschichten auf die Innenflächen des Mauerwerks aufgebracht (vgl. Kap. 7.2.2.1.1.). Im übrigen hat der Spritzbetonring nicht nur Dichtungsaufgaben, vielmehr hat er — besonders in Druckstollen — auch Lasten zu übernehmen (vgl. Kap. 4.3.3.).

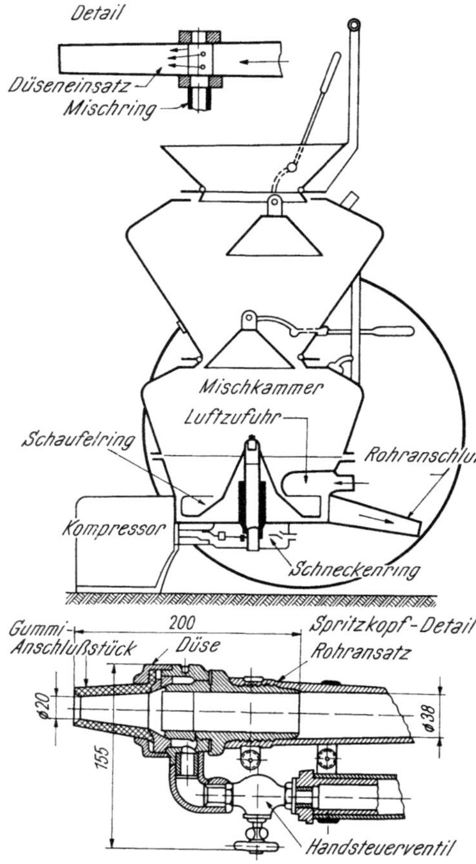


Abb. 290. Schnitt und Detail einer Torkret-Kanone

## 4.6.2.3. Mit heißem Bitumen aufgeklebte Pappenisolierungen

*Die heiß aufzuklebenden Sperrschichten* lassen sich als Innendichtungen gleichfalls besser auftragen, als wenn sie außen hergestellt werden müssen. Teils sind in diesem Falle die Arbeitsbedingungen wesentlich günstiger, teils läßt sich die Trocknung und Adjustierung der Sperrschicht (Wandflächenreinigung, Glättung und Trocknung) innen weit verläßlicher und besser durchführen. Dies aber ist, wie getrost festgestellt werden kann, die unerläßliche Voraussetzung jeder Schutzmaßnahme gegen Feuchtigkeit. Eine ungenügend gedichtete Tunnelwand durchnässen nicht nur die eventuell durchsickernden Wässer, sie wird vielmehr wegen der in Tunneln unvermeidlichen Kondensatbildung stets auch schwitzen. Das Bitumen aber, der Klebstoff derartiger Dichtungen, haftet nur an trockenen Wandflächen. Um die Tunnelmauerung trocken zu halten, muß an ihrer Außenfläche ein Netz von Wasserableitungsrinnen ausgebrochen werden, welches die Gesamtfläche überzieht und das Sicker- oder das Schwitzwasser einem Entwässerungskanal in der Sohle zuleitet (vgl. Abb. 629). Danach wird die abzudichtende Fläche mit Infrarotstrahlern, mit Benzinlampen oder Flammenwerfern getrocknet, und erst dann darf der erste Bitumenanstrich aufgetragen und auf diesen der Dachpappenbelag aufgeklebt werden. Das Trocknen erübrigt sich eventuell bei Verwendung einer kalten wasserabstoßenden Bitumenemulsion als Grundanstrich, da an diesem das heiße Bitumen festhaftet.

Die Entwürfe sehen in der Regel eine Sperrschicht aus vier Lagen Pappe 120 (Teerpappe oder Wollfilzpappe) vor, die — sofern sie als Innendichtung aufgebracht wird — durch eine ausreichend feste Stützmauerung abgestützt werden muß. Sobald diese abgebunden hat, wird das Netz von Wassersammelrinnen mit heißem Bitumen oder mit einem mit Bentonit angerührten Zementmörtel verpreßt. Die erforderlichen Injektionsrohre müssen jedenfalls schon vorweg in die Sperrschicht bzw. in die Stützmauerung eingebaut werden. Ihre Durchführung durch die Sperrschicht kann zu Dichtungsmängeln führen, weshalb Entwurf, Aufteilung und Einbau der Rohre größter Sorgfalt bedürfen.

Die Anbringung von Sperrschichten mit Bitumenanstrich auf dem Gewölberücken stellt die Wasserabführung, die Trocknung der Wandfläche und die Aufbringung des Anstrichs vor weit schwierigere Probleme. Besondere Schwierigkeiten bereitet die Glättung der Unebenheiten an der Außenfläche der Mauerung, die aber unerläßlich ist, weil die an sich wenig feste Sperrschicht infolge der Biegebeanspruchung durch ein ungleichmäßiges Aufliegen leicht reißt und damit jeden Wert verliert.

#### 4.6.2.4. Aufgeklebte Metallfolie-Isolierungen

Eben das Streben nach Erhöhung der Biegefestigkeit führte zur Anwendung von *Bitumenpappen mit Metall-* (Aluminium- oder Zink-)*Folieneinlage*. Im Tunnelbau haben sie sich jedoch nicht bewährt, weil sie wegen ihrer geringen Dehnungsfähigkeit den Bewegungen, die die langsam fortschreitende Gebirgsdruckausbildung auslöst, nicht folgen können und rissig werden. Überdies kann auch der Bitumenüberzug der Metallfolien niemals so biegsam und vollkommen sein, daß er vollen Schutz gegen die Korrosion der Metallfolie zu bieten vermöchte.

#### 4.6.2.5. Kunststoff-Isolierungen

Weit wirksamer scheint sich das Tunnelmauerwerk mit *Plastfolien* (*PVC-Folien*) dichten zu lassen. Die außerordentliche Dehnbarkeit dieser thermoplastischen Stoffe (Oppanol, Dynogen, Isofol usw.), die mehrere hundert Prozent erreichen kann, macht sie geeignet, die durch nachträgliche Gebirgsbewegungen ausgelösten Überbeanspruchungen oder die mangels hinreichender Abstützung auftretenden Spannungsspitzen auszugleichen. Die Zugfestigkeit der Isofol-Folie

z. B. schwankt zwischen 190 und 250 kg/cm$^2$, ihre Dehnungsfähigkeit zwischen 380 und 240%.

Zur Dichtung von Tunnelmauerwerk verwendet man z. B. in der Tschechoslowakei seit geraumer Zeit mit Erfolg plastifizierte Weich-PVC-Folien [109]. Ihren Grundstoff bildet PVC-Pulver, dem zur Erhöhung der Wasserdichtheit sowie der Wärme- und Korrosionsbeständigkeit, aber auch zur Verbilligung verschiedene Zusätze (Weichmacher, Stabilisatoren, Streichmasse) und Füllstoffe beigemengt werden. Die Folien, die sich durch hohe Korrosionsfestigkeit und Chemikalienbeständigkeit auszeichnen, sind 1 bis 2 mm stark. Empfindlich sind sie jedoch gegen Benzin, Erdöl, Öl, Azeton und Äther. Auch empfiehlt es sich nicht, sie mehrere Stunden lang der direkten Sonnenbestrahlung auszusetzen.

Die PVC-Folien haften weder am abgebundenen noch am frischen Beton, das abzudichtende Objekt läßt sich somit in sie gewissermaßen „einpacken" (Abb. 291). Läßt sich ein solches „Einpacken" bewerkstelligen, kann selbst die vorangehende

Abb. 291. Auf den Extrados des Tunnels verlegte Kunststoffisolierung

Glättung, Entwässerung oder Trocknung der abzudichtenden Fläche unterbleiben, d. h. auch nachträgliche Dichtungen können auf diese Weise verläßlich hergestellt werden. Unebenheiten überbrückt die Folie dank ihrer großen Dehnungsfestigkeit, ohne Schaden zu erleiden. Ein weiterer Vorzug vor den Pappbahnen mit Bitumenanstrich besteht darin, daß die PVC-Folien nicht vermodern und ihre Dehnungsfähigkeit auch später nicht einbüßen. Zur Erzielung verläßlicherer Arbeitsergebnisse pflegt man trotzdem auch die Plastfolien mit irgendeinem Kalt- oder Heißkleberanstrich auf die Mauerflächen aufzukleben. Hierfür kommen heißer Asphalt oder verschiedene Kunstharzkleber in Frage, doch gibt es für diesen Zweck auch Spezial-Kaltkleber. Die zu schützende Fläche muß in solchen Fällen von Staub und sonstigem Schmutz sorgfältig gereinigt werden, weil harte Staubteilchen in den verhältnismäßig weichen Plaststoff leicht eindringen und diesen beschädigen.

Die Folienstöße können gleichfalls kalt oder heiß hergestellt werden. Das Kaltverfahren ist dem des Klebens von Kautschukbahnen ähnlich, und auch die Klebstoffe sind auf Kautschukbasis aufgebaut. Beim Heißverfahren werden die Bahnen entweder heiß gebügelt oder mit Hochfrequenzstrom nach dem dielektrischen Verfahren bei Temperaturen von 180 bis 200°C verschweißt. Die Bahnen brauchen hierbei nur aneinanderzustoßen, doch sind auch einige Zentimeter breite Überlappungen üblich. Dieses letztere Verfahren scheint sich am besten bewährt zu haben, und auch bei der Herstellung von örtlichen Stoßverbindungen bedient man sich dieser Methode.

Eine andere Gruppe der Kunststoffisolierungen stellen die *Kunstharz*-Isolierungen dar. Diese werden meist in Form eines Spritz-Verputzes, nicht als Dichtungsbahnen oder Platten angewendet. Das vorbereitete Kunstharzmaterial wird meistens in mehreren dünnen Lagen auf die Innenfläche der Tunnelwand mit einer Torkretkanone aufgespritzt, wobei die mittlere Lage durch die Beimischung von Asbest- oder Glasfasern auch gegen Zug- oder Biegebeanspruchungen widerstandsfähiger gemacht werden kann. Nach Literaturangaben besitzen diese Kunstharzverputze eine derart große Haftfestigkeit, daß sie den wirksamen äußeren Wasserdruck auf die wasserdurchlässige, jedoch tragende äußere Betonauskleidung übergeben können — ähnlich wie es bei der inneren Stahlblech-Isolierung (s. Abb. 293) der Fall ist.

Dadurch erübrigt sich die Anwendung eines inneren monolithischen und die Dichtungshaut stützenden Stahlbetonringes, der nach Auftragung der Dichtung einzuziehen wäre. Weitere Vorteile stellen die Möglichkeit einer nachträglich von innen zu errichtenden Isolierung und die geringe Empfindlichkeit gegen die etwaige Nässe der Auftragungsflächen dar.

Nach Literaturangaben sollen sich die von Torkret GmbH entwickelten Kunstharz-(Polyester-)Glasfaser-Verfahren, das Aquarex-Verfahren und das in der Sowjetunion entwickelte „Arisol"-Material (mit bituminösen Stoffen vermengt) in der Praxis bzw. auf Versuchsstrecken gut bewährt haben. Die Verälterungseigenschaften der Kunststoffe sind jedoch noch nicht befriedigend geklärt und infolgedessen kann man die Dauerhaftigkeit der Kunststoffisolierungen noch nicht genügend eindeutig beurteilen.

### 4.6.2.6. Stahlblech-Isolierungen

Obgleich die Dichtung mit Thermoplastfolien bisher vielversprechende Ergebnisse gezeitigt hat, lassen die bisher vorliegenden Erfahrungen von einigen Jahren ein beruhigendes abschließendes Urteil über ihre Haltbarkeit und Zeitbeständigkeit noch nicht zu. *Eine vollkommene Abdichtung, eine absolut beruhigende Lösung* vermag beim heutigen Stand der Dinge nur die *geschweißte Stahlblechpanzerung* zu bieten. Wegen ihrer hohen Kosten und wegen des großen Stahlaufwandes, den sie erfordert, wird sie jedoch nur selten angewendet. Als unbedingt begründet erweist sie sich beispielsweise in Druckstollen, ferner in unterirdischen Gasbehältern sowie in den Maschinensälen und Schaltwarten von Kavernenkraftwerken und überall dort, wo eine hochgradige Trockenheit der unterirdischen Räumlichkeiten unerläßlich ist. Eine Stahlpanzerung kommt meistens als Innendichtung in Frage, obwohl sie bei den neuerdings in den Vordergrund getretenen Absenkverfahren auch als wasserdichte Außenhaut der Senkkastenelemente mit Vorteil angewendet wird [107]. Zuerst sollen zwei beim Bau der Budapester Untergrundbahn angewendete Innendichtungen vorgeführt werden [110].

Bei der ersten Lösung wurde eine dünne, 3 bis 4 mm starke Stahlblechhaut angewendet, die stellenweise in der äußeren Betonverkleidung mit Flachstahl-Pratzen (30 bis 8 mm) verankert ist. Die Verankerungspratzen sind auf die Innen-

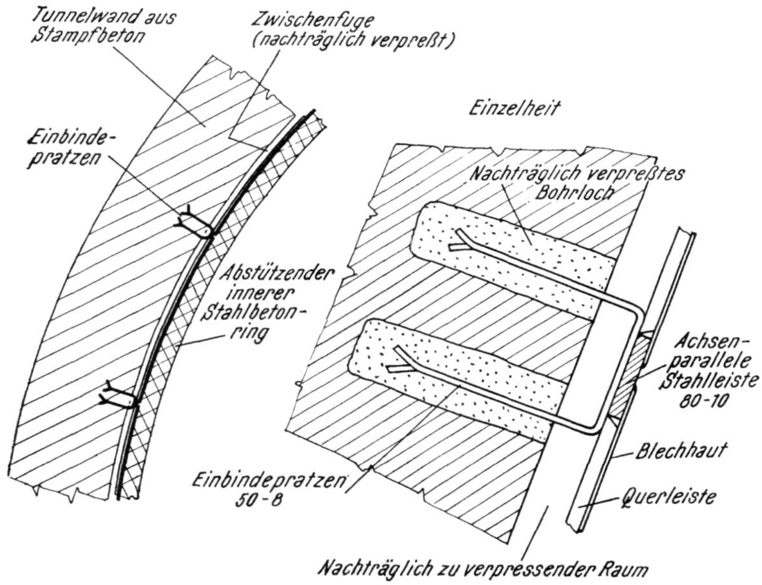


Abb. 292. Nachträglich aufgebrachte Stahlblechisolierung

flächen axialgerichteter Flachstahlleisten (80 bis 10 mm) angeschweißt, während die Außenflächen derselben Leisten für das Anschweißen der Blechhautstöße geeignete Stellen bieten. Da diese Dichtung *erst nachträglich* in fertigen Tunnelstrecken angewendet wurde, wurde zuerst das Leistennetz mit den angeschweißten Verankerungslöchern in 5 cm Abstand von der Wandfläche in Teilstücken verlegt, die Löcher wurden mit Mörtel ausgegossen. Dann wurde die Blechhaut in Tafeln auf die Leisten angeschweißt und der Zwischenraum durch Injektionslöcher mit Zementmörtel verpreßt. Die fertiggestellte Stahlblechisolierung wurde dann durch einen — nachfolgend eingebauten — Stahlbetonringmantel gegen Wasserdruck gestützt (Abb. 292). Dies bedeutet, daß die beträchtliche Tragfähigkeit der Blechhaut nicht ausgenützt wurde.

Bei der zweiten Lösung dagegen ist die Blechhaut neben der Isolierung auch zur Aufnahme des äußeren Wasserdruckes bestimmt. Diese Konstruktion besteht aus achsenparallel in Abständen von 500 bis 520 mm laufenden Formstahl-Leisten aus T-Stahl (50 × 50 × 5), die durch jeweils dicht nebeneinander angeschweißte

Flachstahl-Einbindepratzen in der Betonwand kräftig verankert sind. Diese Leisten sind auf der Innenschalung der Betonauskleidung verlegt und gleichzeitig mit deren Verfertigung einbetoniert. Nach Ausschalung der Wandflächen werden jetzt 4 bis 5 mm starke gewölbte Tonnenblechstreifen auf die Außenflächen der T-Stahl-Leisten angeschweißt; nach Fertigstellung werden die leeren Wölbungen durch Mörtelverpressung satt ausgefüllt. Die trogartige Form der Blechhaut bedingt, daß darin nur Zugspannungen auftreten dürfen und der darauf wirksame äußere Wasserdruck durch die kräftige Verankerung auf die Betonwand zurück geleitet wird (Abb. 293).

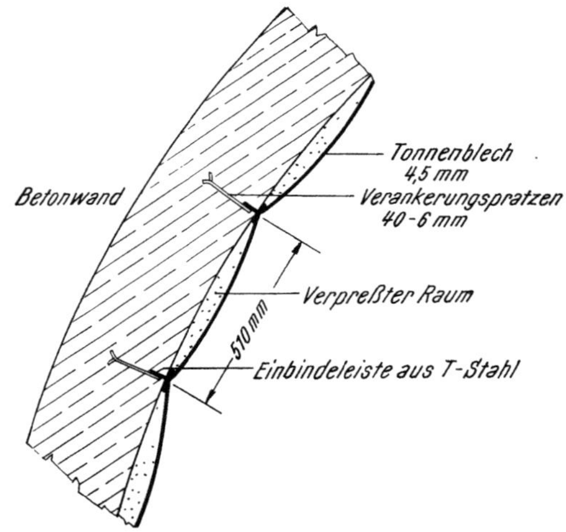


Abb. 293. Gleichzeitig aufgebrachte Stahlblechisolierung

Es gibt noch eine günstigere Alternative, die äußeren Aussteifungsrippen in der Betonaußenschale der Auskleidung so weit zu verankern, daß sich daraus eine Verbundkonstruktion ergibt, in der Stahlpanzerung und Mauerwerk zusammen wirken und jene als Teil der Bewehrung der äußeren Betonwand am Kräftespiel teilnimmt (s. Abb. 524). Einer Verrippung bedarf es zum Einbau der Stahlblechpanzerung in jedem Fall, weil sich die zugeschnittenen und entsprechend gebogenen Stahlplatten am einfachsten auf T-, L- oder [-Profile anschweißen lassen, die man zuvor schon in die Betonaußenschale eingebaut hat (s. z. B. Abb. 295). Teilt man die Rippen dicht auf und bindet man sie so in die Betonwand ein, daß ihr Zusammenwirken mit dieser gewährleistet ist, hat man die Möglichkeit, wesentliche Einsparungen an Mauerwerk und Bewehrung zu erzielen, muß doch die Stärke der Panzerungsbleche im Hinblick auf den Korrosionsschutz mindestens mit 5 mm angesetzt werden, was je lfd. m einer Bewehrungsstahlmenge von $F_v = 50$ cm² entspricht. Es muß jedoch beachtet werden, daß durch eine gitterartige Verrippung die unentbehrliche Verpressung wesentlich erschwert und ohne Zweifel auch die Vollkommenheit der Hohlraumverfüllung beeinträchtigt wird.

Als Beispiel für eine auf der Außenfläche der Tunnelwand verlegte Stahlblechabdichtung kann das Mittelstück des *Straßentunnels Rendsburg* erwähnt werden [111]. Diese 20 m breite doppelröhrige Stahlbetonkonstruktion wurde am Ufer in einer vorher ausgehobenen und entwässerten Baugrube in 140 m Länge fertiggestellt und eingeschwommen. Die Herstellung der Stahlbetonkonstruktion wurde mit der Verlegung einer 6 mm starken Sohlplatte begonnen, an deren beiden Rändern gleich die lotrechten Seitenplatten aufgeschweißt waren, die gleichzeitig als Außenschalung für die innen verfertigte Stahlbetonkonstruktion benützt wurden (Abb. 294). Die nach Herstellung der Stahlbetonkonstruktion aufgebrachten Deckenbleche wurden nach dem Aufschweißen mit Zementmörtel unterpreßt. Diese Blechisolierung wurde statisch nicht mit herangezogen und daher auch nicht mit vollem Verbund angeschlossen. Zur Haftung dienten angeschweißte und in den Beton eingreifende Pratzen. Diese Stahlisolierung sollte neben der vollkommenen Wasserausschließung auch einen wirksamen Schutz gegen beim Einschwimmen und Absenken zu befürchtende mechanische Beanspruchungen gewährleisten. Der Querschnitt des Doppeltunnels ist aus Abb. 295 zu entnehmen, (wo auf der linken Seite der Anschluß zu der herkömmlichen und auf der Rampenstrecke angewendeten Bitumenabdichtung dargestellt ist).

Abb. 294. Ansicht der Stahlblechhaut mit Isolierungsband des Straßentunnels Rendsburg

*Besondere Bedeutung kommt der Stahlbetonpanzerung bei den Druckstollen der Triebwasserleitungen von Hochdruck-Wasserkraftwerken zu.* Eine einwandfreie und lückenlose Dichtung herzustellen, ist hier besonders deshalb wichtig, weil sie Wasserverluste unbedingt verhindern und darüber hinaus auch außerordentlich hohen Drücken gewachsen sein muß. Die Innendrücke hat die Blechpanzerung hierbei nicht allein, sondern im Zusammenwirken mit der äußeren Betonschale und dem Gebirge aufzunehmen. Um die dünne Stahlblechpanzerung vor Zerstörung durch

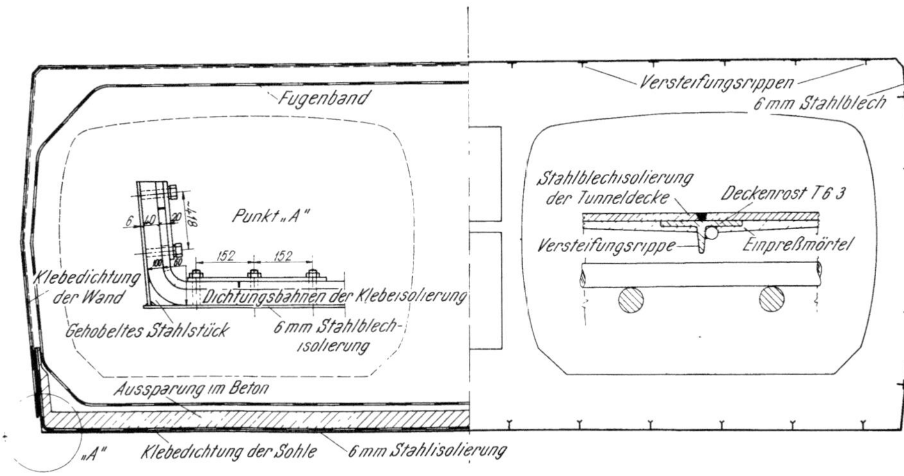


Abb. 295. Anordnung der Stahlblechisolierung (rechts) und der gemischten Isolierung (links) des Straßentunnels Rendsburg

die gewaltigen Drücke bewahren zu können, wird man sie so auszubilden haben, daß sie nicht nur unmittelbar Lasten aufnehmen, sondern solche zum größten Teil auch auf die umhüllende Betonschale und durch diese auf das Gebirge übertragen kann. Dies aber wird sich nur dann erreichen lassen, wenn sich die einzelnen Elemente satt und lückenlos aufeinander abstützen, d. h. wenn sie satt aufeinander aufliegen. Erfahrungsgemäß ist das absolut lückenlose Aufliegen der Blechpanzerung auf seiner Betonbettung von so überragender Wichtigkeit, daß vielfach selbst die Weglassung jener Rippen und Haken empfohlen wird, mit denen die Panzerung sonst in die Betonschale eingebunden zu werden pflegt, weil sie die Einbringung eines dichten Betons und besonders die Verpressung der Hohlräume verhindern können. (Als vorteilhaft erweist sich in solchen Fällen die Verwendung von Quellzement!)

Aus der Wichtigkeit des gegenseitigen satten Aufliegens der einzelnen Auskleidungsschichten aufeinander folgt, daß als ergänzende Dichtungsmaßnahme fast immer auch eine Verpressung durch Zementinjektionen vorgenommen werden muß, gleichviel, welches Tunnelabdichtungsverfahren man wählt. Selbstverständlich kommt aber *die Injektion auch als selbständige Dichtungsmaßnahme* in Betracht. Die wichtige Rolle, die sie beim Schildvortrieb und allgemein im Tunnelbau spielt, wird in Kap. 6.3.2.2.5. behandelt werden. An der gleichen Stelle finden sich auch die Erörterungen über die maschinellen Ausrüstungen zu ihrer Einbringung und über die Vornahme der ersten und der zweiten Verpressung sowie über die Rolle, die diese zu spielen haben. Wie aus den dortigen Darlegungen hervorgeht, dient die unter geringerem Druck einzubringende erste Injektion vor allem der Ausfüllung von Hohlräumen und erst die folgende unter hohem Druck eingebrachte zweite Injektion den eigentlichen Abdichtungszwecken. Als Injektionsmaterial eignen sich am besten Zement-Betonit-Suspensionen oder heißes Bitumen.

## 4.6.3. Die Wasserabführung aus dem Tunnel

Das Entwässerungssystem für Tunnel besteht im Grunde genommen aus zwei Hauptteilen, aus dem über den Tunnelquerschnitt verteilten Sammelnetz und den in Achsrichtung angeordneten Ableitungsrinnen. Grundlegend unterscheidet sich ferner die Entwässerung in Gebirgstunneln mit ihren Möglichkeiten zur Ableitung des Wassers im natürlichen Gefälle von derjenigen in Unterwassertunneln oder in Hohlgängen unter bebauten Stadtteilen, aus denen das Wasser durch ständiges oder periodisches Pumpen entfernt werden muß.

Es wurde schon in Kap. 3.7. erwähnt, daß Tunnel eigentlich mächtige Drainröhren bilden, die das Wasser aus dem durchörterten Gebirge bzw. Boden gewissermaßen an sich ziehen, förmlich ansaugen (vgl. Abb. 159). Läßt sich der Weg des sickernden Wassers nicht beeinflussen und nicht voraussehen, muß es vom Tunnel ferngehalten werden. Dies kann durch absolut wasserdichte Ausführung des Tunnels oder durch Sammeln des zusickernden Wassers in einem eigens zu diesem Zweck rings um die Tunnelröhre angelegten Entwässerungsnetz geschehen, welches der Auswaschung, Aufweichung und Auflockerung widersteht. Aus diesem Netz hinter der Tunnelmauerung muß daß Wasser auf tunlichst kurzem Wege in die ins Freie führende Entwässerungsrinne geleitet werden. Früher mauerte man das Gewölbe zu diesem Zweck nicht satt an das Gebirge an, sondern trug auf den Gewölberücken eine 3 bis 5 cm starke wasserdichte Mörtelschicht auf, die man sorgfältig glättete. In den verbleibenden 20 bis 30 cm weiten Hohlraum brachte man trocken eine dichte Packung aus harten, frostbeständigen Steinen ein. Auf diese Weise erreichte das zudringende Wasser das Mauerwerk nicht, sondern floß an dessen glatter Außenfläche oder schon durch die trockene Steinpackung hindurch nach den Gewölbekämpfern hin ab. Hier wurde es abschnittsweise in 8 bis 20 m langen Längsrinnen zusammengefaßt und durch die im Mauerwerk oder hinter den Widerlagern ausgesparten Kanäle auf bestimmten Wegen oder durch geschlossene Rohrleitungen in einen inneren Längskanal abgeleitet. Nach den Erfahrungen bei der Instandhaltung von Tunneln hat sich jedoch diese Lösung nicht bewährt (vgl. Kap. 7.2.2.2.1.). Selbstverständlich bietet die Mörtelschicht auf dem Gewölberücken keine vollwertige Abdichtung. Sie vermag die Zerstörung des Mauerwerks nur hinauszuzögern und auf die nächste Umgebung von Rissen zu lokalisieren, keineswegs aber ganz zu verhindern. Der Zudrang des Wassers zur Tunnelröhre wäscht aber das Gebirge ständig aus und schwächt es damit. In Gebirgstunneln muß im allgemeinen mit einem Wasserzudrang gerechnet werden, der den auf der Oberfläche niedergehenden und in das Gestein einsickernden Niederschlagsmengen proportional und somit auch jahreszeitlichen Schwankungen unterworfen ist (vgl. BENDEL: Ingenieurgeologie, II. S. 521ff.).

Das angesammelte Wasser pflegt man in einem Längskanal — auch Rinne genannt — aus dem Tunnel abzuleiten. Der Kanal wird hierbei entweder

1. in der Tunnelachse unter dem Sohlenbelag oder dem Gleis oder
2. neben den Widerlagern

geführt.

Im ersteren Falle baut man über das Sohlgewölbe eine Beton- oder Natursteinrinne ein. Diese Anordnungsart ist insofern nachteilig, als eventuelle Ausbesserungen und etwaige Reinigungen nicht ohne Störung des Tunnelbetriebes und ohne Aufreißen des Gleises vorgenommen werden können. Bei seitlicher Führung des Kanals wird dieser aus dem Widerlager selbst ausgebildet. Die Reinhaltung verursacht hier weniger Störungen, dagegen schwächt der Kanal den gefährlichen Querschnitt. Ein konsolartig angebauter Kanal wiederum kann leicht abreißen, wobei durch die Risse austretendes Wasser unmittelbar unter das Widerlager sickert und den Boden unter diesem durchnäßt. Dies aber kann zu Setzungen, zum Kippen des Widerlagers und in weiterer Folge zu Rissen im Firstgewölbe führen. Steht dagegen das Widerlager auf wasserdurchlässigem Gestein, das nicht erweicht, sind aus der seitlichen Anordnung keine besonderen Gefahren zu befürchten. Trotzdem sollte diese Anordnung, sofern hierzu eine Möglichkeit besteht, vermieden werden (Abb. 296).

Im Längskanal wird das Wasser im natürlichen Gefälle entweder nach außen abgeleitet, oder man führt es Pumpenschächten zu, aus denen es — in kontinuierlichem oder periodischem Betrieb — ausgepumpt werden muß.

Strömen dem Tunnel große Wassermengen zu, läßt er sich mit so einfachen Mitteln keineswegs trocken halten, vielmehr wird man zur Aufnahme und Ableitung des zudringenden Wassers parallel mit dem Tunnel eigene Entwässerungsstollen auffahren müssen (vgl. Punkt 7.2.3.3.3.). Nicht selten sinkt der Wasserzudrang zum Tunnel unter der Einwirkung solcher durchgreifender Maßnahmen wesentlich ab, ja selbst völliges Auslaufen des Gebirges wird beobachtet, so daß die Parallelstollen den Tunnel völlig austrocknen. Im voraus pflegen derartige

Entwässerungsstollen mangels gründlicher Kenntnis der geologischen Verhältnisse selten schon im Entwurf vorgesehen zu sein. In der Regel zwingen erst außergewöhnliche Schwierigkeiten und Wassereinbrüche während des Vortriebs (vgl. Tanna-, Mont d'Or-, Apennintunnel usw.) und vielfach auch die Schwierigkeiten der späteren Instandhaltung zum Auffahren solcher Stollen, weshalb sie denn auch eingehender in Kap. 7 behandelt werden sollen (vgl. Abb. 634 und 647).

*Bei Untergrundbahn- oder Unterwassertunneln muß jeder Wasserzudrang in den Lichtraum der Röhren grundsätzlich ausgeschlossen werden*, weil in die ständig unter dem Grundwasserspiegel bzw. unter offenen Gewässern liegenden Tunnel mangels

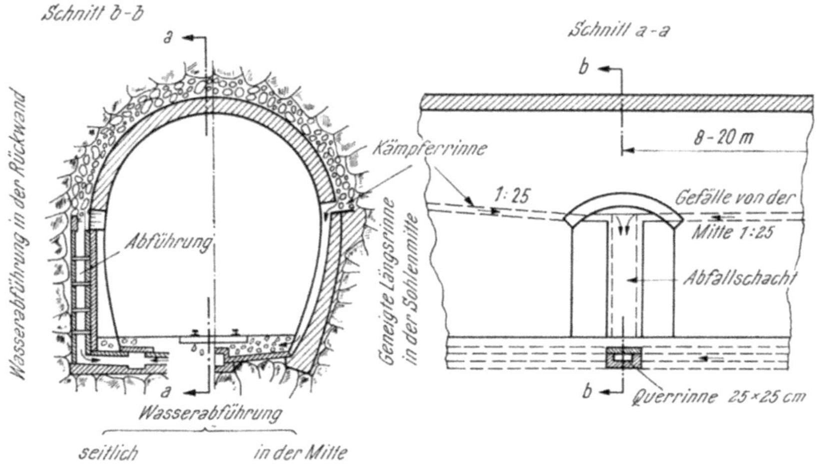


Abb. 296. Entwässerungssystem eines Gebirgstunnels

völliger Abdichtung ununterbrochen große Wassermengen einsickern würden, was einerseits einen ständigen großen Aufwand an Pumpenergie erforderte, ohne daß sich damit Störungen des Verkehrs im Tunnel gänzlich ausschalten ließen, andererseits zur frühzeitigen Zerstörung des Tunnelmauerwerks führen würde. Hier fällt also das Sammel- und Drännetz rings um die Röhre weg, doch müssen auch in Tunneln dieser Art Vorkehrungen für eine gewisse Wasserableitung getroffen werden.

Als Anhaltspunkte hierfür mögen einige Daten vom Bau der Budapester Untergrundbahn dienen. Während der vorübergehenden Unterbrechung der Bauarbeiten sickerten in die mit einfachem Stampfbeton ausgekleideten, jedoch noch nicht abgedichteten, 20 bis 30 m unter dem Grundwasserspiegel im tortonischen Ton des Pester Bauloses aufgefahrenen Strecken 20 bis 25 $l/m^2$/Tag, in die mit einer ersten Injektion gedichteten, mit Gußstahlringen ausgekleideten Strecken 1,3 bis 1,5 $l/m^2$/Tag, in die Betonröhren im Kisceller Ton des Bauloses in Buda 0,9 bis 3,5 $l/m^2$/Tag und schließlich im wasserreichen zerklüfteten Mergel 48,5 $l/m^2$/Tag ein. Nach Verpressung gingen diese Sickerwassermengen auf 2 bis 5, 0,2 bis 0,6, 0,02 bis 0,5 und auf 14,8 $l/m^2$/Tag zurück. Durch Abdichtung der mit Beton ausgekleideten Strecken konnte eine weitere Herabminderung um 50 bis 80% erzielt werden. Selbstverständlich wird auch eine noch so sorgfältige Ausführung der endgültigen Auskleidung die Lockerung einzelner Verbindungen und damit den zeitweiligen Wasserzutritt nicht verhindern können; auch aus der Kondensation des unvermeidlichen Dunstes wird trotz ständiger Belüftung stets eine gewisse Wassermenge anfallen, doch läßt sich diese größenmäßig nicht erfassen. Die Entwässerungsanlagen der Budapester Untergrundbahntunnel in ihrem endgültigen Ausbau müssen für jene Wassermengen bemessen werden, die bei der Entstaubung und Reinigung der Tunnelwände durch Besprengen mit dem Wasserstrahl anfallen. Sie erreichen nach den Unterlagen der Moskauer Metro je m² und Woche 1,0 bis 1,5 l.

Die als genormt zu bezeichnenden Entwässerungskanäle werden bei der Budapester Untergrundbahn als Rinnen in der Betonbettung der Gleise ausgespart, bei Unterwasser-Straßentunneln hingegen entweder in der Tunnelachse oder unter den Bordsteinen der Fahrbahndecke geführt. Die Rinnen leiten das Wasser mit entsprechendem Längsgefälle in die in den U-Bahn-Stationen bzw. in den Belüftungsschächten an den Ufern abgeteuften Sammelschächte ab (vgl. Abb. 588 bzw. 308). Sind die Entfernungen zu groß, als daß das Wasser im natürlichen Gefälle bis zur nächsten Station bzw. bis zum Belüftungsschacht abfließen könnte, müssen in die Entwässerungsrinnen Schächte mit Ablaufpumpen zwischengeschaltet werden.

Im Hinblick auf den hohen Schlammgehalt des von außen einsickernden Grundwassers sowie auf den hohen Staubgehalt des Sprengwassers steht zu befürchten, daß sich der vom Wasser mitgeführte Schlamm infolge der ständigen Schwankung von Wassermenge und Fließgeschwindigkeit absetzt und die Zuleitungsrinnen verstopft. Man wird sie deshalb mit größter Sorgfalt bemessen und so ausbilden müssen, daß sie leicht zugänglich sind und ebenso leicht gereinigt und instand gehalten werden können.

Die U-Bahn-Stationen müssen auch mit Waschgelegenheiten für das Betriebspersonal sowie mit Toiletten für das Publikum ausgestattet sein. Das hier anfallende Abwasser muß über eine eigene Abwasserkanalisation den gleichfalls in den Stationen anzulegenden Abwasserschächten zugeleitet werden (vgl. Kap. 6.3.3.4.2.). Die hierbei in Frage kommende, durch Pumpen zu entfernende Abwassermenge kann mit je 50 l pro Kopf, d. h. mit rund 1000 l/Tag angesetzt werden. Sie wird mit Ejektorpumpen unmittelbar in das städtische Abwassernetz hochgeleitet.

## 4.6.4. Korrosionsschutz

Die größte Gefahr droht unterirdischen Bauwerken — außer von den bereits erwähnten verwitternden Einflüssen von Wasser, Atmosphärilien und Frost — von der *Korrosion*, wobei als korrodierendes Element *nicht nur das Wasser*, *sondern auch der Boden auftritt* und in beiden Formen *sowohl die Stahlkonstruktionen als auch der Beton* angegriffen werden. Da der Korrosion in unterirdischen Bauwerken vor allem deren äußere, mit dem Boden und dem Grundwasser in Berührung stehende Flächen ausgesetzt sind, die am fertigen Bauwerk nur *schwer unter Kontrolle gehalten werden können*, muß für ihren wirksamen Schutz gegen die Korrosion schon vorweg gesorgt werden. Dieser Schutz muß so beschaffen sein, daß die Notwendigkeit späterer Ausbesserungen oder größerer Instandhaltungsarbeiten während des Betriebes tunlichst ausgeschaltet bleibt. Zugleich soll der Korrosionsschutz auch an der Fernhaltung von Wasser, d. h. an der Trockenhaltung des Tunnels mitwirken.

### 4.6.4.1. Elektrische Bodenkorrosion

Zum Problem der *Korrosion durch den Boden* sei zunächst festgehalten, daß sie eine Art der elektrochemischen Korrosion darstellt, bei der es der Gegenwart von Wasser gar nicht bedarf, bei der also dieses höchstens den Ionenaustausch fördert, den die im Boden auftretenden Potentialdifferenzen auslösen [112]. Die einzelnen Bodenarten weisen spezifische elektrische Widerstände und elektrische Potentiale unterschiedlicher Größe auf. Diesen natürlichen Unterschied in der Zusammensetzung der Böden erhöht zusätzlich die Veränderlichkeit ihres Sauerstoff- und Wassergehaltes. *Die bodenbedingte Korrosion rührt also von den natürlichen Eigenschaften des Bodens her und wird durch andere Faktoren bloß beschleunigt oder verzögert.* Die Korrosion durch den Boden gefährdet vor allem Metalle, weil es zwischen ihren verschiedenen, mit Bodenarten unterschiedlichen elektrochemischen Potentials in Berührung stehenden — leitenden — Teilen bei Gegenwart eines Elektrolyten zu elektrochemischen Prozessen kommt. Gibt beispielsweise ein Eisenatom ein negativ geladenes Elektron ab, wandern die auf diese Weise ionisierten Eisenmoleküle von jenem Teil der Eisenoberfläche, der mit dem als Anode wirkenden Boden in Berührung steht, zu dem Teil, der an dem als Kathode wirkenden Boden liegt. Es spielt sich also hierbei folgender chemischer Vorgang ab:

| | |
|---|---|
| Reaktion an der Anode | $Fe + 2OH^- = Fe(OH)_2 + 2e^-$; |
| Reaktion an der Kathode | $2H_2O + 2e^- = H_2 + 2OH^-$; |
| und die Gesamtreaktion | $Fe + 2H_2O = Fe(OH)_2 + H_2$. |

Korrosive Böden *sind durch geringen Kohlensäuregehalt, hohen Säuregrad, durch gute elektrische Leitfähigkeit sowie durch hohen Salz- und Feuchtigkeitsgehalt gekennzeichnet.* Mit Kohlensäure gut gesättigte Böden sind im allgemeinen nicht korrosiv,

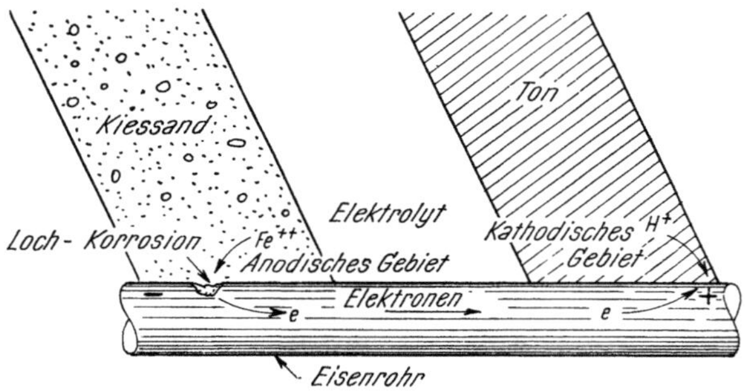


Abb. 297. Schema des Bodenkorrosionsvorganges

während Unterschiede im Gehalt an Sauerstoff oder Luft die Potentialdifferenz erhöhen und damit die Korrosivität des Bodens wesentlich steigern. (Diese unterschiedlich hohe Sättigung mit Sauerstoff wird *differentielle Lüftung* genannt.) Der Sauerstoffgehalt der über dem Tunnel anstehenden Bodenschichten, d. h. ihre Struktur und Porosität übt auf die Korrosion einen entscheidenden Einfluß aus. Stehen nämlich die einzelnen Teile der Metallummantelung der Tunnelröhre mit Böden unterschiedlichen Sauerstoffgehalts in Kontakt, wird sich längs der Tunnelröhre ein Potentialgefälle und damit ein elektrochemisches (galvanisches) Lokalelement ausbilden, in welchem korrosiv wirkender Strom fließt. An den anodischen, d. h. an den Stellen, an denen der Strom austritt, setzt die Zerstörung der Metallummantelung der Tunnelröhre ein (Abb. 297). Wegen der differentiellen Lüftung erweisen sich z. B. die *lotrechten Schächte* als gefährliche Schwächestellen, weil die von ihnen durchsunkenen oberflächennahen Schichten besser durchlüftet sind als die tiefer unten gelegenen, selbst wenn sich die Bodenart nicht ändert, weil es also in ihnen unbedingt zur Korrosion kommt. Eine Rolle spielt beim Auftreten von Korrosion auch die *Körnung* des Bodens. Wo nämlich auf der Tunnelröhre größere Schollen aufliegen, ist der Zustrom von Sauerstoff unterbunden, während er zwischen den kleineren Körnern vorhanden ist. Die Folge ist erfahrungsgemäß das Entstehen korrosiver *Anfressungen* und Vertiefungen unter derartigen größeren Schollen.

Unter den Salzen sind es die *Chloride* und die *Sulfate* sowie die *Sulfide*, die eine erhöhte Korrosionswirkung ausüben, und groß ist die Korrosionsgefahr auch infolge der Tätigkeit der *Bodenbakterien*. Ähnlich wie die Unterschiede im Sauerstoffgehalt wirken sich auch die Unterschiede im Feuchtigkeitsgehalt des Bodens aus, da auch bei diesen letzteren Potentialdifferenzen entstehen. Der Sauerstoffgehalt des Wassers fördert die Korrosion. In Böden mit hohem Feuchtigkeitsgehalt bildet sich der sogenannte *schwarze Rost*, in weniger feuchten Böden hingegen der sogenannte *rote Rost.*

In erheblichem Maße begünstigen die Korrosion ferner die (aeroben und anaeroben) *Bakterien*, deren Tätigkeit sich in unterschiedlichen Wirkungen manifestiert:

*a*) sie beeinflussen die Geschwindigkeit der anodischen oder kathodischen Reaktion,

*b*) durch ihre Stoffwechselprodukte vermögen sie den anfänglichen *Widerstand* der Metallfläche *herabzusetzen*,

*c*) sie schaffen im Boden ein korrosives Milieu,

*d*) ihr Wachstum und ihre hohe Fertilität vermag elektrolytische Konzentrationselemente (Lokalelemente) entstehen zu lassen.

*Ganz besonders beschleunigen die Korrosion die sulfatreduzierenden Bakterien.* Die von ihnen ausgelöste Reaktion spielt sich folgendermaßen ab:

$$4\,Fe\;2\,H_2SO_4 + 2\,H_2O = 3\,Fe(OH)_2 + FeS.$$

Unterschiedlich hoch ist ferner die Korrosionsbeständigkeit der einzelnen *Eisen- und Stahlsorten.* So ist beispielsweise *Gußeisen weit korrosionsbeständiger* als legierter Stahl, was darauf zurückzuführen ist, daß zwischen den Körnern des edlen Legierungs- und des Grundmetalls Eisen eine lokale Potentialdifferenz und damit ein galvanischer Strom entsteht, wobei die elektrochemisch edleren Elemente der Legierung als Kathoden, das Eisen hingegen als Anode fungiert. Entscheidend wird indessen nicht die Eisen- oder Stahlsorte, sondern die Bodenart das Ausmaß und die Geschwindigkeit der Korrosion bestimmen. Genaugenommen müßte der Zunder, der Stahl und Gußeisen stets bedeckt, einen ausreichenden Korrosionsschutz bieten. Da er jedoch nicht gleichmäßig die Gesamtfläche deckt, tritt zwischen dem großflächigen Zunder als Kathode und dem Eisen oder Stahl an den Zunderrißstellen als Anode wieder eine Potentialdifferenz auf. Wegen der unterschiedlich hohen Widerstandsfähigkeit der Oberflächen *konzentrieren sich große Stromstärken an kleinen Anodenflächen,* die im Eisen oder Stahl tiefe Anfressungen (*Lochfraßkorrosion*) verursachen. (An Schweißstellen z. B. kommt es im

Gefolge der Potentialdifferenz zwischen den den unterschiedlichen Wärmeeinwirkungen ausgesetzten Teilen gleichfalls zur Bildung von Lokalelementen.)

*Die Korrosivität von Böden mißt man an ihrem elektrischen Widerstand* (Ohm cm). Entsprechend unterscheidet man

| lfd. Nr. | Aggressivität | Widerstand (Ohm cm) |
|---|---|---|
| 1. | gering | ≧ 10000 |
| 2. | normal | 2000 bis 10000 |
| 3. | erhöht | 1000 bis 2000 |
| 4. | hoch | 500 bis 1000 |
| 5. | sehr hoch | 0 bis 500 |

Kennzeichnende Größe für die Intensität der Korrosion ist jene Zeitspanne, in der sie durch ein 10 mm starkes glattes Stahlblech St. 37 h ndurchdringt:

| lfd. Nr. | Aggressivität des Bodens | Dauer der Korrosion in Jahren |
|---|---|---|
| 1. | gering | mehr als 25 Jahre |
| 2. | normal | 10 bis 25 |
| 3. | erhöht | 5 bis 10 |
| 4. | hoch | 3 bis 5 |
| 5. | sehr hoch | 1 bis 2 |

In der bodenbedingten elektrischen Korrosion vollzieht sich im Grunde genommen der gleiche Ionenaustausch wie bei der elektrochemischen Bodenverfestigung, bildet er aber in dem einen Falle das *Ziel*, wird er im anderen zum *Schaden*.

*Gegen die korrodierende Wirkung* des Bodens pflegt man die Bauteile durch Überzüge zu schützen. Teer ist hierzu ungeeignet, ja — wegen seines Phenolgehaltes — häufig sogar geradezu schädlich. Bewährt hat sich eine Mischung von Talk mit Bitumen, die auf einen Grundanstrich von *Ferrofixol* aufgetragen wird.

Wesentlich vermögen das Ausmaß und die Gefährlichkeit der Korrosion die *vagabundierenden Erdströme* zu erhöhen, die schlecht isolierten Erdkabeln, ferner Starkstromanlagen mit geerdetem Nulleiter oder Straßenbahn- und Untergrundbahnanlagen entstammen, wenn sie die Schienen als Rückleitung benutzen. Direkt oder über die Tübbings gelangen diese Ströme in den Boden, wo sie überaus große Potentialdifferenzen und damit überaus rasch voranschreitende Korrosionen verursachen können.

Der Strom tritt durch die Tunnelringe in den Boden aus, fließt in diesem weiter, um nach Zurücklegung einer gewissen Entfernung wieder in die Tunnelwandung zurückzufließen. An der Austrittsstelle, der Anode, kommt es zu starker Korrosion, während die als Kathode fungierende Eintrittsstelle unversehrt bleibt (Abb. 298). Nach zahlreichen Literaturangaben gefährden die vagabundierenden Erdströme *selbst den Bewehrungsstahl im Beton*, ja die korrosionsbedingte *Vergrößerung des Bewehrungsstahlvolumens vermag selbst die Betonhülle zu sprengen und zu zerstören.* Es sind Beispiele dafür bekannt, daß die Schwellung infolge Verrostung im Beton Spannungen von 180 kg/cm² ausgelöst hat.

*Die korrodierende Wirkung der vagabundierenden Erdströme* hängt nicht vom Sauerstoff- bzw. vom Feuchtigkeitsgehalt des Bodens oder von der Bodenart, sondern von der Stromstärke ab. Es hat Wasserleitungsrohre gegeben, die einen

Strom von 70 A geleitet haben. Die korrodierende Wirkung des Stromes greift die einzelnen Metalle unterschiedlich stark an. So zerstört der Strom im Verlaufe eines Jahres

| | |
|---|---|
| 9,128 kg $Fe^{++}$ | 33,866 kg $Pb^{++}$ |
| 20,770 kg $Cu^{++}$ | 10,665 kg $Zn^{++}$ |
| 10,390 kg $Cu^{+}$ | 40,000 kg $Mg^{++}$. |

*Zur Abwendung der Korrosion durch vagabundierende Erdströme* hat sich der *kathodische Schutz* bewährt [113]. Aus dem zu schützenden Bauteil bildet man eine Kathode, indem man an der Stelle des Stromaustritts aus einem elektrochemisch

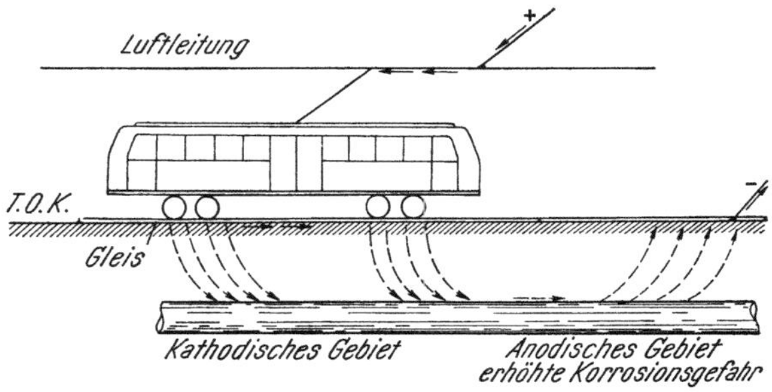


Abb. 298. Durch vagabundierenden Strom hervorgerufene Bodenkorrosion

edleren Metall eine Elektrode in den Boden einführt. Als derartige Stoffe kommen Aluminium, Zink, Kohle oder Magnesium in Frage, zumeist benützt man jedoch Magnesiumanoden. Diese selbstverzehrende Schutzanode löst sich mit der Zeit selbstverständlich auf, doch bietet sie dem Bauteil einen wirksamen Schutz vor der Korrosion. In der Tat ist es überraschend, daß schon die so auftretenden außerordentlich geringfügigen Potentialdifferenzen (die nicht einmal die Spannung einer elektrischen Klingel übersteigen) ausreichen, um eine kilometerlange Eisenrohrleitung vor Korrosion zu schützen. Die Schutzanode kann im Boden auch in größerem Abstand von der Rohrleitung untergebracht sein, sofern sie mit dieser durch Kabel leitend verbunden ist. Dem Wesen

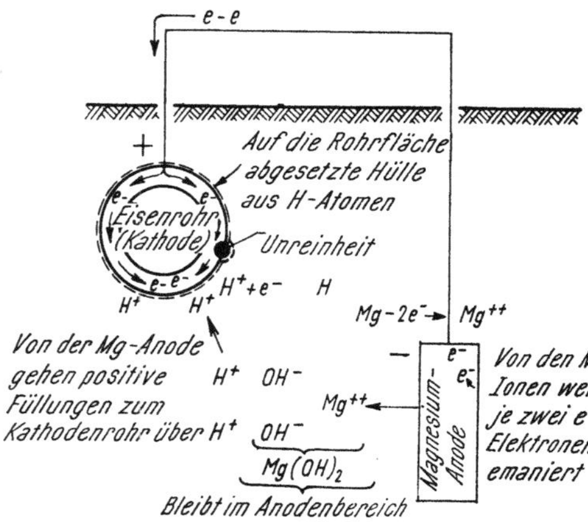


Abb. 299. Grundsatz des kathodischen Korrosionsschutzes

nach handelt es sich mithin um ein Verfahren, bei dem der beim Korrosionsvorgang in den galvanischen Elementen, den sogenannten Lokalelementen, fließende Strom kompensiert wird. Wie aus Abb. 299 ersichtlich, wandern die Wasserstoffionen $H^{+}$, die infolge der Reaktionen im Umkreis um die Magnesium-Schutzanode frei werden, zu dem als Kathode ausgebildeten Rohr und überziehen dieses mit einer Schutzschicht. An der Schutzanode kommt es zugleich zu einer Oxydation.

Ist in der Rohrwand eine Verunreinigung eingeschlossen, verhindert der kathodische Schutz auch die schädliche Auswirkung der hieraus entstammenden Lokalkorrosion.

Um die Schutzanoden vor einer zu raschen Zerstörung zu bewahren und ihre gleichmäßige Abnützung zu sichern, pflegt man sie in sogenannte *Anodenbetten* einzuschließen. Das Anodenbett ist eine aus körnigem Koks sowie aus Kohle- und Graphitkörnern bestehende Schicht, die auch basisch reagierende Stoffe, wie etwa Kalk enthält. Diese basisch reagierenden Stoffe *setzen die Geschwindigkeit des elektrochemischen Angriffs herab*, sind also überaus nützlich, weil sie

1. den elektrischen Widerstand zwischen Boden und Anode verkleinern,
2. die Lebensdauer der Anode verlängern, indem sie von der Anode die elektrochemische Aggression übernehmen, und weil sie
3. eine größere Stromaufnahmefähigkeit sichern, ohne daß sich die Lebensdauer der Anode verkürzen würde.

Gegen die Aggressivität der vagabundierenden Erdströme können aber auch *vorbeugende Schutzmaßnahmen* getroffen werden, und zwar in erster Linie durch tunliche Ausschaltung der Stromaustrittsmöglichkeiten und durch Verminderung der Zahl der Austrittsstellen. An Maßnahmen dieser Art kommen in Frage:

*a*) *Die Anlage von Gleisstößen als Vollquerschnitt-Stumpfstöße*, d. h. das Verschweißen der Schienenstränge, weil Strom aus den Schienen vor allem an den miteinander schlecht verlaschten Stößen austritt.

*b*) *Die leitende Verbindung der gußeisernen oder stählernen Tunnelauskleidungselemente* oder der stählernen Abdichtungsbleche sowie eine Ausführung, die zur Verhinderung des Stromaustritts in den Boden geeignet ist (wie etwa die leitende Verbindung der an die Betonschildkammer beiderseitig anschließenden Tübbingabschnitte).

*c*) *Die sorgfältige Isolierung der Schienen gegen Erde* und die Rückleitung des gesamten Stromes durch die Schienen.

*d*) *Schaltung der zu schützenden Bauteile als Kathoden* und Ausbildung der Anodenstellen aus korrosionsbeständigen Stoffen.

*e*) *Tägliches Umpolen* und damit tägliche Umkehrung der Stromrichtung.

*Die Korrosionswirkung des Bodens vermag auch das Betonmauerwerk anzugreifen*, dies jedoch nur dann, wenn die Betonbauteile ständig mit Grundwasser, und zwar mit häufig steigendem und sinkendem oder mit fließendem Grundwasser in Berührung stehen. Enthält nämlich der Boden Bestandteile, aus denen das Grundwasser Calcium- oder Magnesiumsulfate zu lösen vermag, die sich auf Beton schädlich auswirken, dann werden diese Salze — sei es durch das versickernde Niederschlagswasser, sei es durch das bewegte Grundwasser — aus dem Boden ausgewaschen und am Betonmauerwerk abgesetzt. Unter der Einwirkung dieser Sulfate entsteht der bekannte Zementbazillus (Gipstreiber), der zur fortschreitenden Korrosion des Betons führt. Sehr häufig trifft man auf diese Erscheinung an Kanälen, besonders wenn sie in stark schwankendem Grundwasser liegen, weil die Betonwand in solchen Fällen bei einem bestimmten Wasserstand die Salze wiederholt ausscheiden läßt und an der Wandung schichtweise absetzt. Beim Ansteigen des Grundwasserspiegels gehen diese abgelagerten Salze in hochkonzentrierte Lösung, die die Betonfläche in höchst gefährlicher Weise angreifen.

Abgesehen von den Sulfaten — die das Wasser übrigens nicht nur aus der unmittelbaren Umgebung, sondern im Strömen auch von weit her heranschaffen kann — gefährden den Beton in hohem Maße auch die sogenannten *kalkarmen, weichen Wässer*, die den Kalk im Beton lösen und damit dessen Bindemittel allmählich zerstören. Als besonders gefährlich erweisen sie sich, wenn das Wasser durch Arbeitsfugen oder bei porösem Gefüge durch den Beton selbst hindurchzusickern vermag, weil sie hierbei nicht nur die äußere Berührungsfläche angreifen — die sie nur einige Zentimeter tief zersetzen können —, sondern im Hindurchsickern aus dem Betonmauerwerk immer neuere Kalkmengen auswaschen und es damit in seiner vollen Stärke auslaugen. Wässer mit einem pH um 6,5 bis 6,7, d. h. mit einer kaum etwas unter dem neutralen Punkt (pH = 7) gelegenen Wasserstoffionenkonzentration, sind in dieser Hinsicht schon als gefährlich anzusehen. Gegen diese Art der zersetzenden Wirkung schützt man sich am besten durch Einbau dichten Betons und eventuell durch Zugabe von Traß und anderen Betonverdichtungsmitteln. Wurden derartige Maßnahmen versäumt, muß eine absolut wasserdichte Sperrschicht eingebaut werden, die den Ein- und Austritt des Wassers verhindert.

Indes können nicht nur weiche Wässer Nachteile verursachen, sondern auch die Zersetzung des Pyrits in Tonböden. Diese Zersetzung tritt ein, wenn sickerndes Grundwasser mit dem nach Luftzutritt abgebauten Pyrit reagiert und hierbei Sulfat bildet, welches den Beton angreift. Aus diesem Grunde dürfen Strecken in pyrithaltigen Tonböden keineswegs längere Zeit offen belassen werden, vielmehr wird man sie tunlichst rasch dicht vermauern müssen. Die Luft fördert im übrigen auch die Vermehrungs- und Aggressionsfähigkeit der Bakterien und anderer für den Beton schädlicher Mikroorganismen, die lange Offenhaltung unterirdischer Strecken ist also auch aus diesem Grunde zu vermeiden.

#### 4.6.4.2. Korrosion des Wassers

Eine weitere Art der *grundwasserbedingten Korrosion* ist das bekannte *Rosten* von Eisen- und Stahlkonstruktionen im Boden, d. h. die Bildung von Eisenhydroxyd an diesen Bauteilen. Sie wird durch den Kohlensäure-($CO_2$-)Gehalt des Wassers besonders begünstigt. In die Einzelheiten dieses bekannten Vorganges soll jedoch hier nicht näher eingegangen werden.

### 4.6.5. Lüftung der Tunnel

Im Tunnelbau unterscheidet man zwischen Arbeitsstellenlüftung und Lüftung des fertigen Tunnels. Diese letztere wieder kann eine natürliche oder eine künstliche sein.

#### 4.6.5.1. Arbeitsstellenlüftung [114]

Die Möglichkeit einer Erneuerung der Luft auf natürlichem Wege ist im geschlossenen Arbeitsraum unter Tage selten gegeben, weil Gestein und Bodenschichten eine minimale Luftdurchlässigkeit besitzen und weil die Frischluftmengen, die der Temperaturunterschied den Arbeitsstellen auf natürlichem Wege zuführt, selbst dann nicht ausreichen, wenn sie zusätzlich durch jene ergänzt werden, die den Preßluftmaschinen entweichen, oder durch jene, die dem Arbeitsplatz mit der Zugluft infolge des Zugverkehrs zuströmen. An der Arbeitsstelle ist zunächst mit dem natürlichen Luftverbrauch der Arbeitsmannschaften, sodann mit der Verunreinigung der Luft durch Schießschwaden, Staub, Rauch- und anderweitige Gase zu rechnen, aber auch damit, daß die häufig unerträgliche Erwärmung der Luft gleichfalls durch Lüftung gelindert werden muß. Einen gesteigerten Luftverbrauch verursacht ferner die aus dem natürlichen Streben nach raschem Baufortschritt durchaus verständliche und deshalb häufig forcierte Beschleunigung des Arbeitstempos. Die ständige und ungestörte Versorgung der einzelnen Arbeitsstellen mit guter und ausreichender Frischluft erfordern in erster Linie die Erhaltung von Gesundheit, Arbeits- und Leistungsfähigkeit der Arbeiter, aber auch die Gesichtspunkte einer tunlichen Senkung der Tunnel- bzw. Stollenbaukosten. Sinkt der Sauerstoffgehalt der Luft von 21% auf unter 20%, treten Mattigkeit und Kopfschmerzen auf, und ein längerer Aufenthalt in Luft mit weniger als 17% Sauerstoff führt unbedingt zur Ohnmacht.

Zur Ermittlung des Luftbedarfs der Arbeitsstellenlüftung müssen jene Faktoren berücksichtigt werden, die die Verunreinigung und den Verbrauch der Luft verursachen. Es sind dies

1. die Zahl der je Schicht an der Arbeitsstelle eingesetzten Personen,
2. der Betrieb der Schutterzüge und sonstigen Fördereinrichtungen,
3. die Menge und Art der verwendeten Sprengstoffe,
4. der Baufortschritt,
5. die geologischen Verhältnisse und der Gasgehalt des Gesteins bzw. dessen Fähigkeit, schädliche Gase zu entwickeln.

zu 1. Setzt man die untere Grenze des Sauerstoffgehalts der Luft gleich 20%, dann ist in ihr ein $CO_2$-Gehalt von 0,9% zulässig. Da die ausgeatmete Luft 4% $CO_2$ enthält, muß für eine Frischluftmenge gesorgt werden, die $\frac{4,0}{0,9} = 4,5$mal größer ist als die ausgeatmete Luftmenge. Im Hinblick auf die Verluste und zur Erzielung einer günstigeren Verdünnung pflegt man jedoch mit dem Zehnfachen dieser Menge zu rechnen. Der natürliche Atemluftbedarf eines Menschen beläuft sich auf 30 l/min. Bei Karbidlampenbeleuchtung pflegt man dem Entwurf mit Rücksicht auf den Lampenrauch, die Grubengase und anderweitige Verunreinigungen einen wesentlich höheren Frischluftbedarf, und zwar je Kopf rund 2 m³/min zugrunde zulegen. Zusätzliche Luftmengen erfordert bei größeren Tunnellängen noch der Kühlbedarf, der je Schichtwechsel gleichfalls pro Kopf der Belegschaft ermittelt zu werden pflegt. In der Praxis ist es üblich, den gesamten Luftbedarf der Belüftung eines längeren Tunnels oder Stollens mit 60 m³/min anzusetzen.

zu 2. Der Betrieb der *Schutterungseinrichtungen* beeinflußt den Luftbedarf selbst dann, wenn die Förderzüge von Menschen oder Pferden fortbewegt werden. (Der Atemluftbedarf eines Pferdes entspricht dem von 4 Menschen.) Die Beförderung der Schutterzüge mit Elektro- oder Druckluftlokomotiven bedingt keinen zusätzlichen Luftbedarf. Bei Dieselmotor-Traktion rechnet Rabcewicz mit einem zusätzlichen Frischluftbedarf von 1,2 m³/min je PS. Die Auspuffgase von Verbrennungsmotoren können — besonders wenn das Kraftstoff-Luftgemisch unrichtig eingestellt ist — während des Betriebes bis zu 3%, im Leerlauf bis zu 7% CO enthalten.

zu 3. Entscheidend beeinflussen den Luftbedarf die *Sprengschüsse* und die Entfernung und Verdünnung der Schießschwaden vor Ort. Die Sprengstoffe entwickeln giftige Gase, die in erheblichen, aber veränderlichen Mengen hauptsächlich CO, $CO_2$ und $NO_2$ enthalten. Die zur Belüftung erforderlichen Frischluftmengen werden auf Grund der zulässigen maximalen Giftgaskonzentration ermittelt. Bezieht man sie z. B. auf Kohlenmonoxyd (CO) und liegt dessen noch unschädlicher Anteil bei 0,02%, errechnet sich die minutlich erforderliche Frischluftmenge in m³ zu

$$Q = 5\,\frac{A\,b}{t},$$

wenn $A$ die Menge des verwendeten Sprengstoffes in kg, $b$ die CO-Menge in Litern bezeichnet, die sich aus 1 kg Sprengstoff entwickelt, und $t$ schließlich die Dauer der Belüftung in Minuten. Die Annahme des richtigen Wertes für $b$ stößt auf mancherlei Ungewißheiten, weil er außer von der Sprengstoffart auch vom Ausbruch- und vom Schießverfahren abhängt (Dichte der Bohrlochverteilung, überladene Schüsse usw.) Im allgemeinen kann er mit 100 l angesetzt werden. (Beim Schießen mit 1 kg Dynamit entstehen 0,6 m³ Sprenggase, die zu 22 bis 42% aus $CO_2$, zu 46 bis 28% aus CO, zu 17 bis 25% aus N und zu 15 bis 5% aus H bestehen.)

Für die Praxis kann das hier folgende Verfahren empfohlen werden. Erfahrungsgemäß wird die Luft im Stollen- oder Tunnelvortrieb durch Schießschwaden während der sicherheitshalber vorgeschriebenen Pause bis zu einer Tiefe von höchstens 20 m verunreinigt. (Nach ROMANOW errechnet sich die Verunreinigungstiefe zu $l = 2{,}4\,A + 10$ m.) Entsprechend genügt es vollauf, die Luft während der bergpolizeilich vorgeschriebenen Wartezeit von 10 Minuten fünfmal zu erneuern, was einem Frischluftbedarf von

$$Q = \frac{20\,F \cdot 5}{t} = \frac{100\,F}{10} = 10\,F\ \text{m}^3/\text{min} = \frac{F}{6}\ \text{m}^3/\text{s}$$

gleichkommt. $F$ bezeichnet hier die Querschnittfläche des Stollens oder Tunnels in Quadratmetern.

Aus den beim Bau des Simplon-Tunnels gewonnenen Erfahrungswerten hat ANDREAE die empirische Formel $Q = 0{,}5\,N + 0{,}104\,A$ in m³/min abgeleitet, in der $N$ die Zahl der Arbeiter und $A$ das Gewicht des stündlich verbrauchten Sprengstoffes in Kilogramm bezeichnet.

zu 4. und 5. Den vom Baufortschritt und von den geologischen Verhältnissen abhängigen Teil des Firschluftbedarfs wird man stets nach den konkreten Gegebenheiten, d. h. nach der Intensität der Schutterung, nach der Dichte der Aufeinanderfolge der Schüsse, nach der Menge und Art der schädlichen Gebirgsgase usw. zu bestimmen haben. Hierbei darf nicht übersehen werden, daß z. B. beim Verbrennen von 1 m³ Holz gelegentlich kleinerer Brände bis zu 570 m³ CO anfallen und daß sich beim Faulen organischer Stoffe und beim Vermodern von Holz gleichfalls CO und $H_2S$ in erheblichen Mengen entwickeln. (Mit starker Verunreinigung der Luft durch CO und $H_2S$ muß besonders bei der Erschließung alter, aufgelassener Entwässerungsstollen oder versetzter Schläge gerechnet werden.) Die hohen Temperaturen in den Zylindern der Kompressoren bringen auch das Schmieröl zum Vergasen. Die hierbei entstehenden CO- und $CH_2$-Gase gelangen durch die Preßluftwerkzeuge gleichfalls in den Arbeitsraum.

Mit Erfolg läßt sich der Arbeitsraum nur dann belüften, wenn ihm die Frischluft unter Druck zugeleitet wird. Da die Frischluft durch Röhren eingepreßt wird, kann die Druckhöhe aus den während der Strömung im Rohr auftretenden Widerständen berechnet werden (Abb. 300).

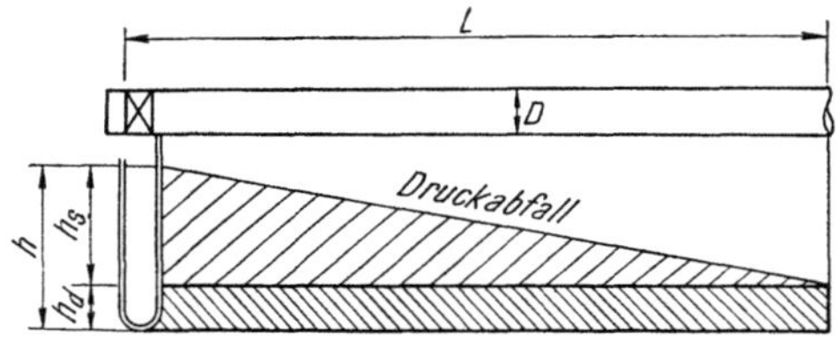

Abb. 300. Druckverluste bei einer künstlichen Belüftung

Die erforderliche Druckhöhe setzt sich aus drei Teilen zusammen: Zu überwinden ist die Reibung in der Rohrleitung, der Widerstand von Krümmern und Absperrvorrichtungen, und überdies muß eine konstante Fördergeschwindigkeit ($v$) aufrechterhalten werden. Für kreisquerschnittige Rohre benötigt man demnach eine Druckhöhe:

$$h = h_s + h_d + h_h = \frac{v^2}{2g}\,\gamma\left[\frac{\lambda L}{D} + 1 + \xi\right], \tag{273}$$

wobei $\lambda = \left(0{,}026 + \frac{0{,}028}{\sqrt{D}}\right)$ den Reibungskoeffizienten, $\gamma$ die Luftwichte (1,125 kg/m³), $L$ die Länge, $D$ den Durchmesser des geraden Rohrstranges, $\xi$ hingegen jenen Erfahrungsbeiwert bezeichnet, der die relative Mehrlänge aus sämtlichen lokalen Widerständen (Krümmern usw.) zum Ausdruck bringt.

Muß beispielsweise eine Frischluftmenge $Q$ befördert werden, ist

$$v = \frac{Q}{F} = \frac{Q}{\frac{D^2\pi}{4}} \quad \text{und} \quad v^2 = \frac{16\,Q^2}{\pi^2 D^4},$$

während der reibungsbedingte Druckhöhenverlust

$$h_s = \lambda\gamma\,\frac{L}{D}\,\frac{v^2}{2g} = \frac{16\lambda\gamma L Q^2}{\pi^2 g D^5} \tag{274}$$

beträgt, d. h. mit dem Quadrat der Luftmenge wächst bzw. verhältnisgleich mit der fünften Potenz des Rohrdurchmessers abnimmt.

Káposztás z. B. hat nachgewiesen, welcher Saugdruck $h_n$ am Eingang eines $L = 300$ m langen Rohres mit dem Durchmesser $D = 0{,}5$ m gegeben sein muß, wenn bei einer Luftfördermenge von 6 m³/s, einem $\lambda = 0{,}014$ und bei $\gamma = 1{,}2$ kg/m³ am Rohrausgang noch ein Druck von 300 mm WS vorhanden sein soll. Aus

$$v = \frac{Q}{F} = \frac{6{,}0 \cdot 4}{0{,}5^2\pi} = 30{,}6 \text{ m/s}$$

und aus

$$h = \lambda\gamma\,\frac{L}{D}\,\frac{v^2}{2g} = 0{,}014 \cdot 1{,}22\,\frac{300}{0{,}5}\,\frac{30{,}6^2}{19{,}62} = 471 \text{ mm}$$

erhält er für die am Rohreingang nötige Druckhöhe

$$471 + 300 = 771 \text{ mm WS}.$$

Für die künstliche Lüftung der Arbeitsstelle kommen drei Verfahren in Frage: *a*) die Druck-, *b*) die Saug- und *c*) die Verbundlüftung.

*a*) Die *Drucklüftung* bläst die Frischluft unmittelbar zur Arbeitsbrust ein und drängt die verbrauchte Luft über den ganzen Querschnitt und die ganze Länge des Tunnels ins Freie hinaus. Beim Zurückdrängen der verbrauchten Luft lassen die Sprenggaswolken den Verunreinigungsgrad rasch ansteigen, während sich der hierauf folgende Verdünnungsprozeß wesentlich langsamer abspielt. Von der Arbeitsstelle entfernt demgegenüber die eingeblasene Luft die verbrauchte Luft verhältnismäßig schnell, und vor Ort macht sich besonders auch die Kühlwirkung der Frischluft günstig bemerkbar, so daß die Leistungsfähigkeit der Arbeiter steigt. Nachteilig wirkt sich bei der Drucklüftung die Tatsache aus, daß sich die verbrauchte Luft mit den schädlichen Gasen und dem aufgewirbelten Staub über den ganzen Tunnelquerschnitt verteilt, wobei sie wegen der Vergrößerung des Strömungsquerschnitts nur langsam nach dem Mundloch hin zurückweicht, so daß geraume Zeit vergeht, bis die Luft im Tunnel wieder völlig gereinigt ist. Inzwischen müssen die Arbeiten an der Zimmerung und Ausmauerung des Ausbruchs in verbrauchter, erwärmter Luft verrichtet werden.

*b*) Die *Sauglüftung* verursacht Strömungen in entgegengesetzter Richtung. Die verbrauchte Luft wird durch eine Saugleitung unmittelbar von der Arbeitsstelle abgesaugt, während durch den Tunnel Frischluft nachströmt, die die abgesaugte Luft ersetzt. Bei diesem Verfahren gelangen die Schieß- und Staubschwaden nicht in die weiter hinten gelegenen Tunnelstrecken, dagegen erneuert sich die Luft vor Ort langsamer und mit weniger gleichförmiger Intensität als bei der Einblaslüftung. Aus diesem Grunde baut man provisorisch Rohrstutzen ein, womit man jedoch größere Luftverluste hinnehmen muß. Da die Frischluft die im Endausbau begriffenen Strecken durchstreicht, gelangt sie schon einigermaßen verbraucht und erwärmt in den Arbeitsraum vor Ort. Der Wirkungsgrad der Sauglüftung läßt sich erheblich verbessern, wenn man aushilfsweise durch eine zweite bis vor Ort herangeführte Luttenleitung Frischluft einbläst, womit der Luftaustausch im Arbeitsraum wesentlich beschleunigt werden kann.

*c*) Die *Verbundlüftung* belüftet den Arbeitsraum an der Arbeitsbrust durch Einblasen von Frischluft, während sie zugleich die weiter hinten gelegenen Arbeitsstellen durch eine Saugleitung entlüftet. Das Verfahren empfiehlt sich besonders für lange Tunnel.

Diese moderne kombinierte Lüftung vereinigt die Vorteile der Be- und Entlüftung und bedient sich je nach dem Zeitpunkt und je nach der Arbeitsstelle des jeweils bestgeeigneten Lüftungsverfahrens. Die Methode arbeitet mit einer gemeinsamen Rohrleitung für beide Lüftungsarten, wobei

1. unmittelbar nach dem Abtun eines Schusses Frischluft vor Ort eingeblasen wird, die die Schießschwaden nach hinten drängt,

2. die Schießschwaden aus den verunreinigten Strecken mit geringerer Saugwirkung durch die gleiche Rohrleitung ins Freie befördert und schließlich

3. der Arbeitsbrust durch neuerliches Einblasen neue Frischluftmengen zugeführt werden.

Die Umschaltung ist überaus einfach. Es bedarf nicht einmal einer Änderung der Drehrichtung des Kompressors, vielmehr genügt es, in die Rohrleitung einen

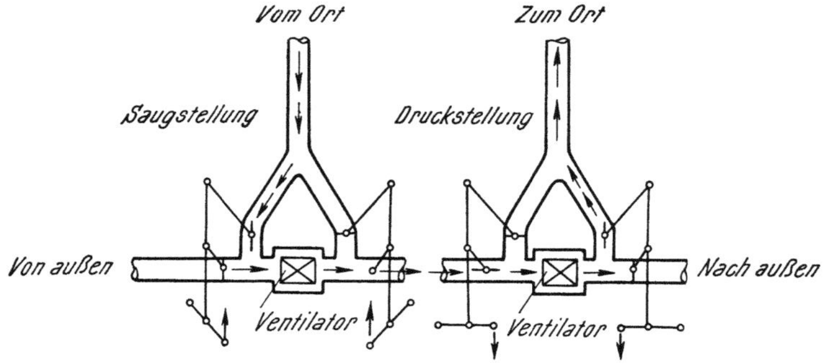


Abb. 301. Steuerungsprinzip der kombinierten „Druck-Sog"-Belüftung

Doppel-Rohranschluß sowie geeignete Absperr- und Öffnungsvorrichtungen einzubauen. Eine der einfachsten Anordnungsarten zeigt schematisch die Abb. 301.

### 4.6.5.2. Natürliche Lüftung

Die Ausnützung der Möglichkeiten der natürlichen Lüftung ist so wichtig, daß man gut tut, auf sie schon bei der Trassenwahl Bedacht zu nehmen, d. h. die Tunnelachse, wenn irgend möglich, in die vorherrschende Windrichtung zu legen und die Röhre weder in starken Krümmungen noch im Gegengefälle zu führen. Die Portale aber und die Voreinschnitte sollen keinesfalls in den Windschatten zu liegen kommen. Zweckmäßig wird man auch meteorologische Gesichtspunkte berücksichtigen und Tunnel möglichst an Stellen mit ständigem starkem Windgang auffahren.

Die natürliche Lüftung erleichtert die Instandhaltungsarbeiten am Tunnel sehr wesentlich, weil sie mit ihrem trocknenden Effekt der Durchnässung entgegenwirkt der die Auskleidungsflächen infolge des Niederschlages von Dunst und infolge kleinerer Wasserzutritte stets ausgesetzt sind. Die Durchnässung aber schafft bekanntlich — besonders wenn sich ihr auch Rauchgase hinzugesellen — die günstigsten Voraussetzungen für das Auftreten von Korrosion, wie etwa von Rost an Auskleidungselementen und Beleuchtungsanlagen, für Verwitterung und Frostschäden am Mauerwerk u. a. m.

Die natürliche Lüftung beruht teils auf der übertägigen, nach dem Tunnel hin gerichteten Luftbewegung, d. h. auf den Winden, teils auf dem Druckgefälle, das sich aus den Unterschieden in Temperatur und Wichte der Innen- und Außenluft ergibt. Nach ANDREAE [115] setzt sich der Druckunterschied infolge der Einwirkung natürlicher Faktoren aus drei Teilen zusammen, d. h. es ist

$$h_n = \pm h_t \pm h_b \pm h_w.$$

Hierin ist $h_t = \gamma H \dfrac{\alpha(t_1 - t_2)}{1 + \alpha t_2}$ [mm WS] die Druckhöhe infolge des Temperaturunterschiedes mit $H$ [m] für den Höhenunterschied zwischen den Mundlöchern, $\gamma$ [kg/m³] für die Luftwichte, $t_1$ bzw $t_2$ [°C] für die Temperatur der Innen- bzw. der Außenluft, während $\alpha = \frac{1}{273}$; ferner bedeutet $h_b = 13{,}6\,b$ [mm WS] die Wirkung der barometrischen Druckunterschiede, $h_b$ den äußeren barometrischen Druckunterschied an den beiden Mundlöchern, und schließlich ist $h_w = \sin^2\varphi\,\frac{\gamma w^2}{2g}$ [mm WS] die Windwirkung mit $w$ [m/s] für die Windgeschwindigkeit und $\varphi$ für den Winkel, den die Windrichtung mit der Tunnelachse einschließt.

Da die Berechnung der Luftströmungsgeschwindigkeit im Tunnel auch die Reibungsverluste berücksichtigen muß, erhält man für die Geschwindigkeit der natürlichen Luftbewegung im Tunnel

$$v_n = \sqrt{\frac{2gh_n}{\left(1 + \xi\,\frac{\lambda L}{R}\right)}}, \tag{275}$$

wenn $\lambda$ den Reibungskoeffizienten der Mauerung (bei Naturstein- und Ziegelmauerung 0,007, bei glatter Wandung 0,006), $L$ die Tunnellänge [m], $\gamma$ die Luftwichte [kg/m³] und $R = \frac{F}{U}$ den hydraulischen Profilradius (mit $F$ für die Fläche und $U$ für den Umfang des Querschnitts) bezeichnet.

Unter bestimmten Voraussetzungen vermag die natürliche Lüftung einen sehr erheblichen Luftaustausch zu bewirken, trotzdem rät Andreae davon ab, sie beim Entwurf der Anlage für die künstliche Lüftung zu berücksichtigen, weil man mit ihr nicht ständig rechnen kann. Kürzere Tunnel machen die Lüftung allerdings entbehrlich, sofern die Tunnelachse gerade und in gleichmäßigem Gefälle verläuft. Ohne Zweifel kommt man ferner ohne künstliche Lüftung in Einbahntunneln mit Verkehr in einer Richtung auf einer größeren Länge aus als bei Tunneln mit Gegenverkehr, und maßgeblich spielen hier auch die Verkehrsdichte und die Art der Traktion mit. So können beispielsweise Eisenbahntunnel mit elektrischer Zugförderung die künstliche Lüftung selbst über mehrere Kilometer hinweg entbehren. Hier sei auch wiederholt bemerkt, daß *die Vergrößerung des Tunnelquerschnitts nach den Mundlöchern hin* gleichfalls geeignet ist, die Intensität der Lüftung zu erhöhen, weil sich aus ihr Unterschiede in der Luftströmungsgeschwindigkeit ergeben (vgl. Straßentunnel unter dem Festungsberg in Budapest (Abb. 46).

Nach Kress [116] darf jene Grenzlänge eines Automobiltunnels, bis zu der es noch keiner künstlichen Lüftung bedarf, keineswegs auf Grund der freien natürlichen Lüftung bestimmt werden. Diese Grenzlänge hängt nach seiner Auffassung von der Querschnittfläche $F$ und vom Gesamtrauminhalt des Tunnels, von der durchschnittlichen Fahrzeuggeschwindigkeit $v$ [km/h], von der Leistungsfähigkeit des Tunnels und von seiner Fahrzeugsättigung, vom Grad der Verunreinigungen durch CO und von der zulässigen Kohlenoxydkonzentration in der Luft ab. Beträgt der Fahrzeugabstand (mit Bremsweg) $a$, bezeichnet ferner $f$ den zulässigen CO-Gehalt der Luft, $z$ die Zahl der gleichzeitig den Tunnel befahrenden Fahrzeuge gemäß $z = 2000\left(\frac{L}{a}\right)$, $q$ die je Wagen minutlich anfallende CO-Menge in Litern und schließlich $t = 3600\,\frac{L}{v}$ [s] die Durchfahrtszeit, dann hat man für die maximal erforderliche Länge eines solchen Tunnels $L = \frac{fFav}{120q}$ (woraus Kress z. B. für einen konkreten Fall mit $f = 0{,}22\%$, $v = 15$ km/h, $F = 61{,}77$ m², $q = 60$ (min und $a = 9{,}9$ m ein $L = 0{,}28$ km errechnet).

Neuerdings trachtet man, die Möglichkeiten der natürlichen Lüftung in der Weise nutzbar zu machen, daß man die Anlagen für die künstliche Lüftung abstellt, sobald die Windstärke den der Berechnung zugrunde gelegten Wert erreicht hat, womit man wenigstens an Betriebskosten sparen kann [117].

### 4.6.5.3. Künstliche Lüftung

Im fertigen Zustand bedürfen der künstlichen Lüftung vor allem Straßentunnel, sodann aber auch Untergrundbahn- und in Sonderfällen Eisenbahntunnel, sofern sie nämlich Dampflokomotivenbetrieb aufweisen und ihre Länge mehrere Kilometer erreicht.

Die Grundlage für die Berechnung der erforderlichen Luftmengen bilden auch bei der künstlichen Lüftung der zulässige Verunreinigungsgrad und der Bedarf an Frischluft zur Abkühlung der jeweils entstehenden Wärmemengen.

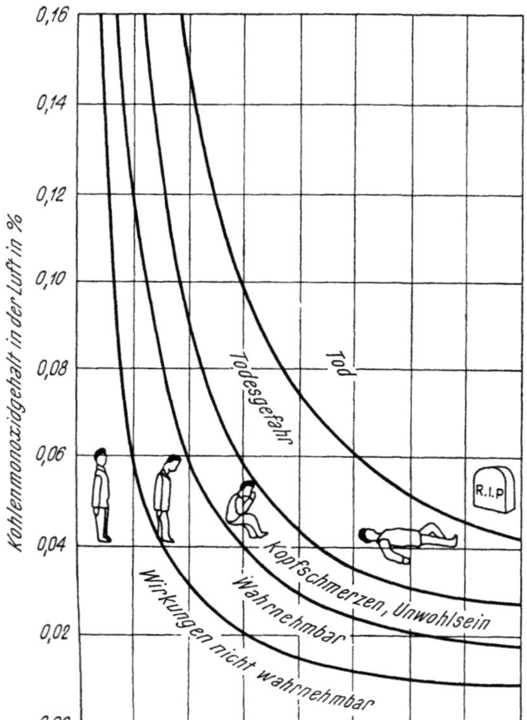


Abb. 302. Darstellung des Gefahrengrades der CO-Gehalte in Abhängigkeit der Aufenthaltsdauer

Bei Bestimmung der erforderlichen Frischluftmengen muß beachtet werden, daß sich die für die einzelnen schädlichen Gase festgesetzten höchstzulässigen Konzentrationswerte nach der Dauer des Aufenthaltes im Tunnel richten. Je kürzer die Dauer des Aufenthaltes in der verunreinigten Luft, um so höher darf die Konzentration sein (Abb. 302). Muß also bei Berechnung des Frischluftbedarfs auch darauf Bedacht genommen werden, daß sich Personen zur Instandhaltung bzw. Überprüfung eventuell längere Zeit im Tunnel aufhalten werden, wird man die zur Lüftung erforderliche Luftmenge entsprechend höher anzusetzen haben.

Einen maßgebenden Einfluß auf die Höhe des Frischluftbedarfes hat nebst der Art der Fahrzeuge auch die Verkehrsdichte. So war man bei mehreren Tunneln nach ihrer Fertigstellung längere Zeit ohne Lüftungsanlage ausgekommen, und erst das Anwachsen des Verkehrs zwang zum nachträglichen Einbau einer solchen (Straßentunnel unter den Festungsberg in Budapest vgl. Abb. 635).

Die Bemessung des Frischluftbedarfs der künstlichen Lüftung wird ferner zu berücksichtigen haben, daß die erforderlichen Frischluftmengen häufig selbst dann durch die künstliche Lüftungsanlage beigestellt werden müssen, wenn die Faktoren, die die natürliche Lüftung in Gang bringen — Unterschiede in den barometrischen Druckhöhen und in den Temperaturen, Winddruck usw. —, vorhanden sind, ja nicht selten trotz des Wirksamwerdens dieser Faktoren.

Zu berücksichtigen ist bei den Berechnungen auch die durch die Fahrzeugbewegung hervorgerufene Luftströmung, der *Sog*.

Schließlich wird man zu beachten haben, daß eine Vorbehandlung, d. h. Reinigung, Erwärmung, Kühlung usw. der Frischluft im Hinblick auf die Größe des Bedarfs nur in Ausnahmefällen in Frage kommt.

*4.6.5.3.1. Künstliche Lüftung von Straßentunneln.* Im Zusammenhang mit dem Bau des Holland-Tunnels in New York wurden in der Bergbaulichen Versuchsanstalt, Pittsburgh, umfangreiche Untersuchungen über die Zusammensetzung der Auspuffgase von Kraftfahrzeugen angestellt. Hand in Hand mit diesen Arbeiten liefen an der Universität Yale Untersuchungen über die physiologischen Auswirkungen der Auspuffgase und über das zu ihrer Unschädlichmachung nötige Verdünnungsverhältnis an, während die Universität Chicago den Kraftbedarf und die zweckmäßige Anordnung der Lüftung prüfte. Die Versuche erbrachten den Beweis, daß die Auspuffgase von Benzinmotoren erhebliche, die von Dieselmotoren dagegen bloß unbedeutende Mengen von CO enthalten. (Nach neueren Untersuchungen findet sich jedoch in den Auspuffgasen von Dieselmotoren das gleichfalls überaus schädliche *Akrolein.*) Wieviel CO die Auspuffgase von Benzinmotoren jeweils enthalten, hängt außer vom Treibstoffverbrauch auch davon ab, ob sich das Fahrzeug auf ebener, geneigter oder steigender Fahrbahn bewegt, aber auch davon, ob der Vergaser richtig eingestellt, d. h. eine vollkommene Verbrennung des Kraftstoffes gewährleistet ist.

Tabelle 33. *CO-Gehalt in Auspuffgasen (lt/min)*

| Geschwindigkeit (km/Std.) | PKW von durchschnittlicher Größe und Beleuchtung | | | LKW mit 2 t durchschn. Gewicht + Beleuchtung | | | LKW von 2 t bis 5 t Gewicht + Beleuchtung | | | LKW über 5 t Gewicht mit Beleuchtung | | |
|---|---|---|---|---|---|---|---|---|---|---|---|---|
| | Steigende Spur | Fallende Spur | Horizontal | Steigende Spur | Fallende Spur | Horizontal | Steigende Spur | Fallende Spur | Horizontal | Steigende Spur | Fallende Spur | Horizontal |
| *a)* | | | | | | | | | | | | |
| 16 | 40 | 18,3 | 29 | 40,6 | | 31,6 | 80,0 | 38,0 | 62,3 | 85,6 | | 71,6 |
| 24 | 56 | 27 | 41 | 52,0 | 26,3 | 40,0 | 83,0 | 44,7 | 56,4 | · | 42,5 | 54,0 |
| Anfahren | 52 | | 46,5 | 26,4 | | 21,0 | 97,0 | | 48,0 | | | |
| Touren | | 21 | | | 19,4 | | | 24,6 | | | 23,8 | |
| Fahrt | | 39,5 | | | 32,0 | | | 61,0 | | | 49,6 | |
| *b)* | | | | | | | | | | | | |
| 5 km | 35 | 15,20 | | 29 | 15 | | 53,5 | 25 | | 65 | 33 | |
| 15 km | 43 | 10,8 | | 40 | 12 | | 74,0 | 34 | | 90 | 45 | |
| 20 km | 51,5 | 14,35 | | | | | | | | | | |
| Anfahren | 55,6 | | | 32,70 | | | 60,5 | | | 40,0 | | |
| *c)* | | | | | | | | | | | | |
| 16 km | 0,150 | 0,067 | 0,108 | 0,150 | 0,071 | 0,120 | 0,300 | 0,142 | 0,225 | 0,322 | 0,150 | 0,268 |
| 24 km | 0,150 | 0,067 | 0,100 | 0,125 | 0,065 | 0,100 | 0,200 | 0,115 | 0,140 | — | 0,045 | 0,135 |

Die minutlich anfallenden CO-Mengen in Litern zeigt die Tab. 33 unter *a*), dieselben Werte, auf 1 lfd. m Tunnellänge bezogen, unter *c*). Die Angaben sind für eine Neigung bzw. Steigung von jeweils 3,5% berechnet. Die von Kress im Zusammenhang mit dem Entwurf für den Stuttgarter Wagenburg-Tunnel für eine Neigung und Steigung von jeweils 5% ermittelten Werte finden sich in der Tabelle unter *b*). Wie aus der Gegenüberstellung hervorgeht, läßt eine Erhöhung des Steigungsverhältnisses von 3% auf 5% den Anfall von CO um 13% anwachsen. Schlaepper (Zürich) prüfte die Auswirkungen der Vergasereinstellung (Tab. 34) und stellte fest, daß sie die Entwicklung von CO stärker beeinflußt als die Steigungsverhältnisse. Die amerikanische Praxis rechnet je Wagen mit 60 l/min CO, während Kress einen Wert von 32,8 l/min angibt.

Tabelle 34. *Von verschiedenen Kraftfahrzeugen entwickelte CO-Mengen (pro lfd m Strecke)*

| Karburator-Einstellung | PKW mit Brennstoffverbrauch von 15 l/100 km | LKW | |
|---|---|---|---|
| | | 30 l/100 km | 50 l/100 km |
| | | Brennstoffverbrauch | |
| Gut | 0,023 | 0,046 | 0,077 |
| Annehmbar | 0,060 | 0,120 | 0,200 |
| Fehlerhaft | 0,096 | 0,192 | 0,312 |

Nach den Ergebnissen der erwähnten medizinischen Untersuchungen ist der menschliche Organismus gegen Luftverunreinigungen durch weniger als 0,4‰ CO unempfindlich, doch schon ein CO-Gehalt der Luft von über 0,25‰ verursacht schon beträchtliche Sichttrübung, so daß die maximal zulässige Verunreinigung der Luft durch Kohlenoxyd bei 0,20 bis 0,25‰ liegen dürfte. Wie schon erwähnt, enthalten die Auspuffgase von Dieselmotoren wesentlich geringere Mengen von CO, weil die Explosion in den Zylindern dieser Motoren stets in Gegenwart überschüssiger Luft vor sich geht, weil also in ihnen eine vollkommene Verbrennung stattfindet. Das Sehvermögen beeinträchtigen indessen auch die Dieselmotor-Auspuffgase, und da sie andererseits wegen ihres Akroleingehaltes sehr schädlich sind, müssen auch sie durch künstliche Lüftung entfernt werden.

Die stärkste Verunreinigung der Luft in einem Tunnel wird sich bei der minimalen Geschwindigkeit und beim minimalen Wagenabstand ergeben[1], die Lüftungsanlage wird demnach für diese zu bemessen sein! In Straßentunneln spielt zwar auch die Kühlung durch die Belüftung eine wichtige Rolle, da jedoch die Ableitung der Wärme weniger Luft benötigt als die Säuberung der Luft von Verunreinigungen, wird beim Entwurf diese Frage in der Regel nicht gesondert geprüft (vgl. Kap. 4.6.5.3.2.).

---

[1] Wegen einer Verkehrsbehinderung am Eingang zum Liberty-Tunnel in Pittsburgh staute sich die Wagenkolonne über dessen ganze Länge. Die Luft im Tunnel, der damals nur auf natürlichem Wege belüftet wurde, war in kurzer Zeit so verdorben, daß Fahrer und Wageninsassen ohnmächtig wurden und eine Panik ausbrach. Der Vorfall gab die Veranlassung zum Einbau einer künstlichen Lüftung.

Nach KRESS beläuft sich die Leistungsfähigkeit einer Spur (unter Vernachlässigung der Behinderung durch Kreuzungen am Eingang) auf

$$C = \frac{1000\,V}{a} = \frac{3600\,V}{a_1 + 0{,}5v + 0{,}166v^2}$$

Wagen je Stunde, wobei $V$ die durchschnittliche Stundengeschwindigkeit in km, $v$ -- m/s, $a$ den Wagenabstand [m] und $a_1$ die Wagenlänge [m] bezeichnet. Hieraus ergibt sich die Zahl der Wagen, die sich im Tunnel gleichzeitig aufhalten, zu

$$z = 2C\,\frac{L}{V} = 2000\,\frac{L}{a}.$$

Sie entwickeln eine CO-Menge von $\mathrm{CO} = \frac{1}{6}\,0{,}0001 \cdot q \cdot z$ [m³/s],

der Frischluftbedarf errechnet sich also zu

$$Q = \frac{\mathrm{CO} \cdot 1000}{f} = \frac{0{,}01667 \cdot q \cdot z}{f}\ [\mathrm{m^3/s}], \qquad (276)$$

woraus sich stündlich eine $n = \frac{3{,}6\,Q}{Lf}$-fache Lufterneuerung ergibt.

Für eine genauere Berechnung der erforderlichen Frischluftmengen sei hier auf die Fachliteratur [118] verwiesen. Für Überschlagsrechnungen kann angenommen werden, daß für eine zweispurige Tunnelröhre 1000 bis 2000 m³ Frischluft pro Stunde und pro m Tunnellänge benötigt werden [119].

Das bereits erwähnte *Akroleingas* ($C_3H_4O$) findet sich vornehmlich in den Auspuffgasen von Dieselmotoren, und zwar in einer Menge von

$$G = 15B\,\frac{A}{100}\ [\mathrm{kg/h}]; \qquad (277)$$

hier bezeichnet $B$ den Kraftstoffbedarf [kg/h] und $A$ den prozentualen Akroleingehalt des Auspuffgases (0,13—0,15).

Zulässig ist in der Luft ein Akroleingehalt von 2 mg/m³ (an CO ein Gehalt von 20 mg/m³). Nach GUERIN [120] gefährdet schon ein 10 Minuten langer Aufenthalt mit beispielsweise 11 mg Akrolein je m³ Luft das Leben.

*Bei den Methoden der definitiven Lüftung* unterscheidet man zwischen (Abb. 303)

*a*) Längslüftung,

(wozu sich als eine neue Abart in Straßentunneln die Längslüftung mit Strahlenventilatoren gesellt)

*b*) Querlüftung,

*c*) halb quergerichteter, kombinierter Lüftung.

*a*) *Bei der Längslüftung* bildet der Tunnel selbst von Portal zu Portal bzw. bis zum Lüftungsschacht den Lüftungskanal.

Die Richtung der Luftströmung liegt in der Längsachse des Tunnels. Die Methode hat den Vorzug niedriger Anlagekosten, weil die Kosten des Baues eigener Lüftungsleitungen nicht die Investition belasten (vgl. Abb. 45).

Die erforderlichen Frischluftmengen können auf verschiedene Weise in Strömung gehalten werden. Die meistgebräuchliche Methode besteht darin, vom Tunnel aus je nach seiner Länge einen oder mehrere Lüftungsschächte anzulegen, durch die Ventilatoren die benötigten Luftmengen in den Tunnel drücken bzw. aus diesem absaugen. Wo mehrere Schächte vorhanden sind, werden sie abwechselnd als Druck- bzw. Saugschächte ausgebildet (Abb. 304).

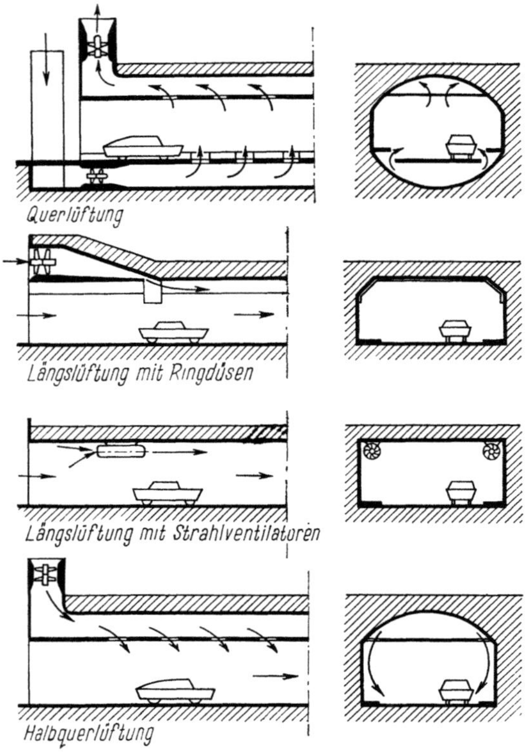

Abb. 303. Verschiedene Belüftungsarten

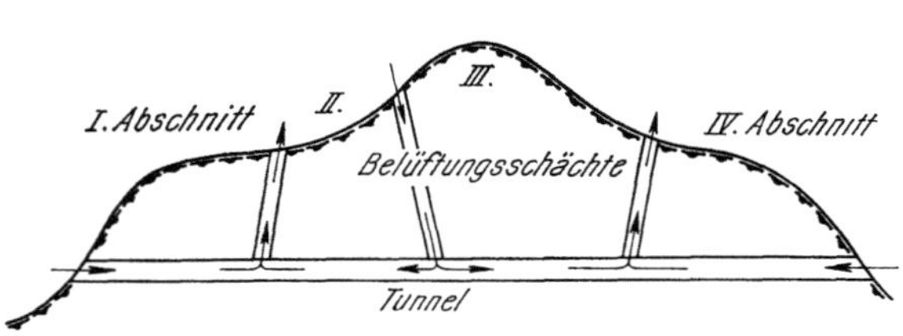

Abb. 304. Abschnittschema einer Belüftung in der Längsrichtung

Um ein gleichmäßiges Bestreichen des Tunnels mit Frischluft erreichen zu können, müssen die Schächte über die Tunnellänge entsprechend verteilt werden.

Als nachteilig erweist es sich bei dieser Lüftungsart, daß äußere Einflußfaktoren (Gegenwind u. dgl. m.) selbst bei sorgfältigster Aufteilung der Schächte die Lüftung in großen Teilen des Tunnels zum Erliegen bringen können.

Eine Abart der Längslüftung in Eisenbahntunnel: die *Ein-* bzw. *Zweitorlüftung* eignet sich nur für Tunnel mit geringem Verkehr (Simplon). Die Maschinenanlage wird bei dieser Lüftungsart an das eine Ende des Tunnels verlegt, womit sich der Bau eines eventuell sehr hohen Schachtes in der Mitte des Tunnels einsparen läßt.

Das Portal an jenem Ende des Tunnels, an dem die Maschinenanlage eingebaut wird, erhält ein Tor, damit die Frischluft nicht durch die Ventilatoren hindurch in Richtung des geringsten Widerstandes, d. h. durch das offene Mundloch hindurch unmittelbar ins Freie entweichen kann. Beim Zweitorsystem befinden sich an beiden Mundlöchern Maschinenanlagen, während die Abluft durch einen in der Mitte angeordneten Schacht entweicht. Vor anfahrenden Fahrzeugen wird das Tor für die Dauer der Durchfahrt geöffnet, und zwar manuell oder mechanisch, eventuell auch vollautomatisch.

Weit verbreitet ist für Zwecke der Längslüftung das *Saccardo*-Verfahren, dessen Arbeitsprinzip auf der *Injektorwirkung* beruht.

Die um das eine Mundloch angeordneten Ventilatoren drücken einen Teil (25 bis 40%) der Frischluft mit der hohen Geschwindigkeit von 15 bis 25 m/s in den Tunnel, und zwar in eine Richtung, die mit dessen Längsachse einen Winkel von etwa 15° einschließt (Abb. 305). Die starke Luftströmung läßt ein Vakuum entstehen, das die Außenluft ansaugt, womit die Längsströmung der vollen Frischluftmenge einsetzt.

Ein ähnliches Prinzip nützt die sogenannte *Sänger*sche Lüftung. Sie ist bei langen Tunneln gebräuchlich, bei denen die soeben beschriebene Injektoranlage an dem einen Tunnelende nicht ausreicht, um den Widerstand des Tunnels zu

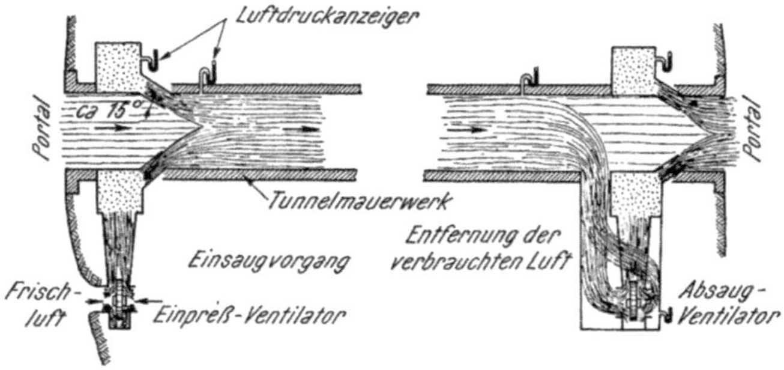


Abb. 305. Grundschema der künstlichen Belüftungsmethode (nach SACCARDO)

überwinden. Es werden deshalb in den Tunnel weitere ähnliche Ventilatorgruppen eingebaut, die aus den hinter ihnen gelegenen Tunnelstrecken einen kleineren Teil der Frischluft ansaugen und mit hoher Geschwindigkeit im gleichen Winkel wieder in den Tunnel drücken, womit die Strömung aufrechterhalten wird.

Diese Art der Lüftung empfiehlt sich besonders dort, wo die Anlage eines Abzugsschachtes unverhältnismäßig hohe Kosten beanspruchen würde.

Nachteilig wirkt es sich bei der Längslüftung aus, daß die durch den Verkehr oder auch die durch die natürliche Lüftung herbeigeführte Luftströmung der künstlich erzeugten entgegengerichtet sein kann, was deren Wirkungsgrad wesentlich verschlechtert und den Kraftbedarf erhöht, abgesehen davon, daß es auch den Luftwiderstand der Fahrzeuge bzw. Züge und deren Kraftaufwand ungünstig beeinflußt. Besonders hohe Verluste können sich hieraus in langen Tunneln ergeben, in denen die Frischluft am Eingang eine hohe Geschwindigkeit erhalten muß, damit sie den ganzen Tunnel entlangströmen kann. Auch aus diesem Grunde ist es vorteilhaft, den Tunnel in zwei oder mehrere Abschnitte zu unterteilen. Hierbei wird in der Mitte je eines Abschnittes ein Doppelschacht zwischengeschaltet. Der Ausziehschacht saugt die am Tunnelanfang in die Röhre gepreßte und auf dem Weg bis zum Schachtmund verbrauchte Luft ab, während durch den Einziehschacht in Richtung zum Tunnelausgang hin Frischluft gedrückt wird, die den folgenden Abschnitt belüftet. Die Ausnützung der natürlichen und der verkehrsbedingten Lüftung ermöglicht eine Sonderanordnung, bei der an beiden Mundlöchern Druckventilatoren eingebaut werden, von denen jeweils jene in Betrieb sind, die die Frischluft in Richtung der natürlichen Lüftung einblasen [117]. *Straßentunnel wurden bis zu den neuesten Zeiten selten mit Längslüftung versehen, während Eisenbahn- und Untergrundbahntunnel fast ausschließ-*

*lich nach dieser Methode belüftet werden.* Jedenfalls haften ihr in Tunneln mit Gegenverkehr bestimmte Mängel an.

Für die Belüftung kürzerer Autotunnel soll angeblich die *Längslüftung mit Strahlgebläsen* eine wirtschaftliche und genügend wirkungsvolle Lösung anbieten (Abb. 306). Es wird nicht mehr wie bei der Saccardo-Lüftung frische Luft von außen eingeführt, vielmehr halten regelmäßig entlang der Tunnelröhre verteilte Strahlgebläse die Luft im Verkehrsraum in Bewegung. Die Mitwirkung der durchfahrenden Wagen durch ihre Kolbenwirkung bei der Luftbewegung und beim Luftaustausch wird als Hilfsmittel benutzt. Ein Vorteil des Verfahrens besteht darin, daß es auch nachträglich ohne besondere Schwierigkeiten installiert werden kann [121].

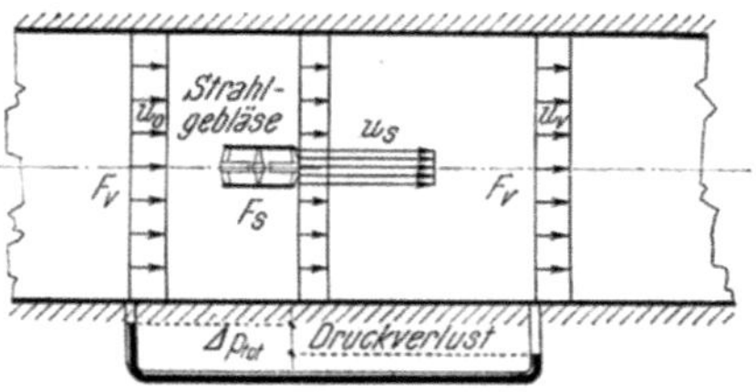


Abb. 306. Geschwindigkeitsunterschiede bei der Längslüftung mit Strahlgebläsen

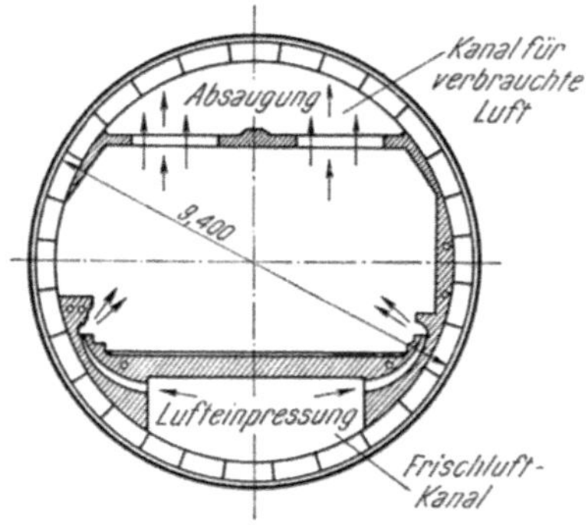


Abb. 307. Querbelüftungsvorgang in einem Unterwasser-Straßentunnel

*b) Bei der Querlüftung* wird durch ein Segment unter der Tunnelsohle Frischluft eingeblasen, die verbrauchte Luft hingegen durch ein weiteres Segment im Firstteil des Querschnitts abgesaugt (Abb. 307). Mehrere Einblas- und Absaugöffnungen bilden gemeinsam je einen Lüftungsabschnitt. Die Frischluft strömt im Tunnel durch eigene, vom unteren Raum abgetrennte Kanäle und wird in

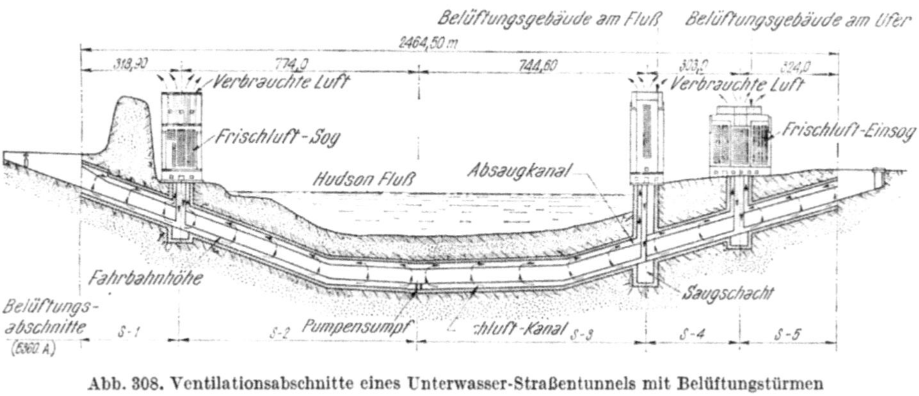


Abb. 308. Ventilationsabschnitte eines Unterwasser-Straßentunnels mit Belüftungstürmen

getrennten Lüftungsabschnitten bestimmter Länge in den Verkehrsraum geleitet (Abb. 308). Die verbrauchte Luft hingegen wird in den gleichen abgetrennten Abschnitten durch besondere Hauptsaugleitungen hindurch abgesaugt und ins Freie geleitet. Da die verbrauchte Luft leichter ist, liegen Absaugschlitze- und Kanäle in oberen Teil des Röhrenquerschnitts, die Einblasschlitze und der Zuleitungskanal dagegen im Segment im unteren Teil des Tunnelquerschnitts bzw.

unter der Fahrbahn. Diese Anordnungsart bietet gegenüber der Lüftung von oben nach unten auch insofern Vorteile, als eine solche die Sichtverhältnisse eben im unteren Teil des Verkehrsraumes verschlechtern würde, wo klare Sicht besonders wichtig ist. Die Einblasschlitze werden jeweils seitlich verlegt, und zwar ordnet man sie in Tunneln, die ausschließlich dem Kraftwagenverkehr dienen, zweckmäßig unter der Kerbkante, in Tunneln für gemischten Kraftwagen- und Fußgängerverkehr dagegen über Kopfhöhe an, während die Saugschlitze nahe an die obere Abschlußdecke zu liegen kommen. (Sie sind $15 \times 100$ bis 200 cm groß und in Abständen von 3 bis 6 m über die ganze Tunnellänge verteilt.)

Die Querlüftung stellt sich ohne Zweifel teurer als die Längslüftung. Wirksam läßt sich jedoch die Luft in langen Tunnelröhren ohne Störung des Verkehrs nur durch die Querlüftung reinhalten. Ihr großer Vorzug liegt darin, daß *sie den Verkehrsablauf in keiner Weise stört* und die leichtere verbrauchte Luft auf kürzestem Wege entfernt. (So geriet beispielsweise in einem Tunnel mit Querlüftung ein Lastkraftwagen mit einer Chemikalienladung ($CS_2$) in Brand. Die Lüftungsanlage vermochte die Rauchgase bis zur Löschung des Brandes aus der Tunnelmitte mit Erfolg abzusaugen, so daß es zu keinerlei Unfällen kam!)

Die zur Lüftung erforderlichen Frischluftmengen werden dem Tunnel sowohl bei der Längs- als auch bei der Querlüftung durch Lüftungsschächte bzw. -türme zugeleitet bzw. aus ihm abgesaugt. Um die Länge der einzelnen Lüftungsabschnitte (und damit die Energieverluste) möglichst niedrig zu halten, bemüht man sich, zwischen die einzelnen Lüftungsschächte nicht zu große Abstände einzuschalten. In kürzeren Tunneln kommt man mit je einem Schacht in Portalnähe aus, längere Tunnel benötigen jedoch auch weiter innen im Tunnel Schächte (vgl. Abb. 304 und 308). Bei Längslüftung entfalten diese zwischengelegenen Schächte, wie verschiedentlich festgestellt wurde, bloß eine unvollkommene Absaugwirkung, so daß ein Großteil der verbrauchten Luft zum Ausgang hin weiterströmt. Unterwassertunnel — in denen die Anlage eines solchen Schachtes von der Bettmitte aus auf große Schwierigkeiten stoßen würde — lüftet man in der Regel durch je einen an der Uferkante stehenden Lüftungsturm, ihre Auffahrten hingegen durch je einen weiteren Turm am Ein- und am Ausgang (vgl. Abb. 308).

In verkehrsreichen städtischen Straßenunterführungen, in denen sich der Platzbedarf der zentralen Lüftungsschächte und -anlagen schwer befriedigen ließe, greift man zur Querlüftung durch Ventilatoren niedriger Leistung, die in einzelnen Abschnitten an bestimmten Punkten eingebaut werden. In der 340 m langen Straßenunterführung unter der Avenue Louise in Brüssel z. B. saugen auf der einen Seite 17 Sauglüfter (mit je einem 2-PS-Motor und einer Leistung von 21000 $m^3/h$) die Frischluft von außen an und leiten sie in den Tunnel, während die auf der gegenüberliegenden Tunnelseite in Kämpferhöhe gleichfalls punktweise angeordneten kleinen Sauglüfter die verbrauchte Luft ansaugen und auf die Straßenoberfläche leiten (Abb. 309).

c) *Bei der Halbquerlüftung* wird die Frischluft ebenso eingeblasen wie bei der Querlüftung, die verbrauchte Luft jedoch nicht durch eine eigene Leitung, sondern nach Weiterströmen in Längsrichtung durch Lüftungsschächte hindurch abgeleitet.

Selbstverständlich vermag die Halbquerlüftung keineswegs eine gleich vollkommene Lüftung zu bieten wie die reine Querlüftung, jedoch kann sie in bestimmten Tunneln mit höherem, hufeisenförmigem Querschnitt gute Dienste leisten, weil die verbrauchte Luft in den Firstquerschnitt hochsteigt, in dem sie,

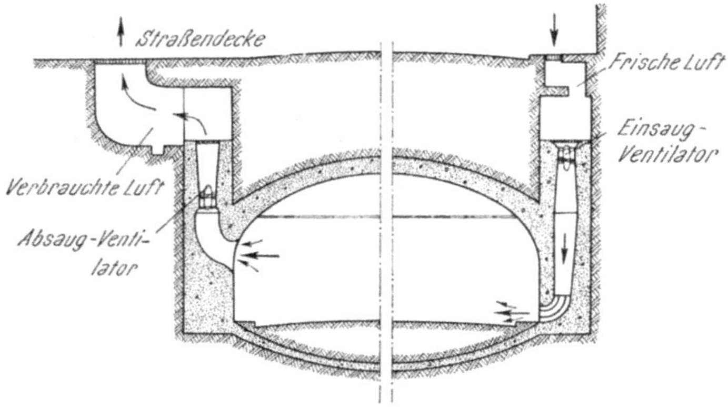


Abb. 309. Quergerichtete Belüftung mit abschnittweise, gesondert eingebauten Ventilatoranlagen

ohne größere Unannehmlichkeiten zu verursachen, den Ausgängen bzw. Abzugschächten zuströmen kann (vgl. Abb. 46).

Die Berechnung des Kraftbedarfs der Querlüftung hat die Überwindung folgender Widerstände zu berücksichtigen:

*a) beim Einblasen*

1. beim Ansaugen der Außenluft in den Ventilatorraum die Verluste in den Luftfiltern,
2. die Verluste in den Zuleitungskanälen und in deren Bogen und Krümmern,
3. die Verluste, die beim Hindurchströmen der aus den Haupt-Luftförderkanälen kommenden Luft durch die Öffnungen im Straßenkörper entstehen;

*b) beim Absaugen*

1. die Verluste beim Hindurchströmen der verbrauchten Luft durch die Ableitungsschlitze in der Decke,
2. die Verluste beim Ausströmen der Luft durch den Haupt-Saugkanal und durch dessen Bogen und Krümmer.
3. die Verluste in den Lüftern und beim Hindurchströmen durch die Ableitungsschlitze.

Soll am Ende der Einblasleitung annahmegemäß das Absinken der Geschwindigkeit auf Null zulässig sein, dann beträgt der zur Fortleitung der Luft erforderliche Druckhöhenverlust nach ANDREAE (vgl. Abb. 300)

$$h_c = \frac{\gamma v_1^2 \lambda L}{6 g R} + \frac{\gamma w^2}{2g}\left(1 + \frac{\lambda L_0}{R_0}\right) \tag{278}$$

wenn $v_1$ die Luftgeschwindigkeit beim Eintritt in die Hauptleitung, $w$ diejenige an den Einblasöffnungen in der Straßendecke, $\gamma$ die Luftwichte, $L$ die Länge der Hauptleitung, $L_0$ die der Einblasöffnungen, $R = \frac{F}{U}$ den hydraulischen Radius der Hauptleitung, $R_0 = \frac{F_0}{U}$ denjenigen der Einblasöffnungen und schließlich den Koeffizienten der Reibung zwischen

Luft und Rohrwandung ($\lambda = 0{,}006$) bezeichnet. Die Austrittsgeschwindigkeit $w$ errechnet sich aus dem Zusammenhang $w = \frac{q}{f k c}$, in der $q$ die an den einzelnen Austrittsöffnungen hindurchströmende Luftmenge, $f$ die Querschnittfläche der Austrittsöffnungen, $k$ den Kontraktions- und $c$ den Geschwindigkeitsbeiwert (0,97) bedeutet. O. SINGSTAD gibt für die Druckhöhe, die erforderlich ist, um die Luft von der Einblasstelle in eine Entfernung $x$ drücken zu können, die etwas kompliziertere Beziehung

$$h_{cx} = \gamma \left\{\frac{v_1^2}{2g}\left[\frac{a L z^3}{3R} - \frac{1}{2}(1-k) z^2\right] + \frac{b L z}{2 g R^3}\right\} + \frac{\gamma w^2}{2g}\left(1 + \frac{\lambda L_0}{R_0}\right) \tag{279}$$

an, wobei $z = \frac{L - x}{L}$ den relativen Abstand, $k = 0{,}615$ den Kontraktionsbeiwert bezeichnet, während $a = 0{,}0035$ und $b = 0{,}0001236$ ist.

Das Absaugen der verunreinigten Luft benötigt demgegenüber nach ANDREAE eine Druckhöhe von

$$h_s = \frac{\gamma v_1^2}{2g}\left(1{,}36 + \frac{\lambda L}{3R}\right) + \frac{\gamma w^2}{2g}\left(1 + \frac{\lambda L_0'}{R_0'}\right). \tag{280}$$

Im ersten Klammerglied steht statt der 1 in Gl. (278) ein Beiwert von 1,36, weil das Absaugen mit schlechterem Wirkungsgrad arbeitet als das Einblasen.

Ähnlich hat man nach O. SINGSTAD

$$h_{sx} = \gamma \left\{\frac{v_1^2}{2g}\left[\frac{a L z^2}{(3+c) R} + \frac{3 z^2}{2 + c}\right] + \frac{b L z}{2 g R^3 (1 + c)}\right\} + \frac{\gamma w^2}{2g} \cdot 0{,}87.$$

Hier hat der Geschwindigkeitskoeffizient $c$ wieder den Wert von 0,3 m³ Luft je sec und lfd. m.

Die in den einzelnen Abschnitten auftretenden Verluste sind anhand dieser Formeln gesondert zu ermitteln, die Teilergebnisse zur Errechnung der erforderlichen Gesamtdruckhöhe zu addieren. Dieser ist überdies die zur Fortleitung der Luft im Lüftungsschacht erforderliche Druckhöhe

$$h_a = \frac{\gamma w^2}{2g}\left(1 + \frac{\lambda' H}{R}\right)$$

hinzuzurechnen, $H$ bezeichnet hier die Schachtlänge. Hinzu kommt ferner die Druckhöhe aus dem Unterschied in den Temperaturen am unteren und am oberen Ende des Schachtes, die den Gesamtwert je nach der Jahreszeit erhöhen oder auch senken kann, und zwar.

$$h_t = \pm \gamma H \frac{a(t_1 - t_2)}{1 + \alpha t_1}. \tag{281}$$

Da schließlich die Lüftung durch die Schächte hindurch in der Regel nach beiden Richtungen wirksam ist, muß die Geschwindigkeit $w$ in die Berechnung mit ihrem doppelten Wert eingesetzt werden.

Die Gesamtdruckhöhe errechnet sich mithin zu

$$h = h_c + h_s + 2(h_a + h_t) + h_d,$$

worin $h_d$ die dynamische Druckhöhe gemäß

$$h_d = \frac{v_1^2 + v_2^2}{2g} - \gamma$$

bezeichnet, wie sie der in den Leitungen gesicherten Endgeschwindigkeit entspricht.

Der Kraftbedarf der Lüfter ergibt sich zu

$$N = \frac{Q h}{\eta \cdot 0{,}75}\ (\mathrm{PS}),$$

wobei der Wirkungsgrad $\eta$ mit 0,6 angesetzt werden kann.

Der Kraftbedarf der Längslüftung läßt sich einfacher ermitteln, weil bei dieser — ähnlich wie bei der provisorischen Belüftung der Vortriebsstrecken — nur die Verluste aus der Reibung zwischen Luft und Rohrwandung sowie die Krümmer- und die dynamischen Geschwindigkeitsverluste berücksichtigt zu werden brauchen. Es gilt demnach

$$h = h_e + h_a + h_d = \frac{\gamma v^2}{2g}\left(1 + \frac{\lambda L}{R} + \zeta\right) + \frac{\gamma w^2}{2g}\left(1 + \frac{H\lambda}{R}\right) + \gamma H \frac{(t_1 - t_2)a}{1 + \alpha \cdot t_1}, \qquad (282)$$

wobei $t_1$ und $t_2$ die Lufttemperatur am unteren bzw. am oberen Ende des Schachtes bezeichnet.

Die Bemessung und der Kraftbedarf von Strahlventilatoren wurden von HERZKE [119] und von MEIDINGER [121] ausführlich angegeben.

*4.6.5.3.2. Besonderheiten der künstlichen Lüftung von Untergrundbahntunneln.* Während sich bei Straßentunneln das Ausmaß der Lüftung nach dem Kohlenoxydgehalt der Luft richtet, wird der Lüftungsbedarf von Eisenbahntunneln durch den Rauchgasgehalt der Luft und durch die Temperatur, jener von Untergrundbahntunneln hingegen vor allem durch die Temperatur und sodann durch den Staub- und Feuchtigkeitsgehalt der Luft bestimmt. Grundlegende Unterschiede bestehen auch in den Lüftungssystemen, und zwar insofern, als Straßentunnel vorwiegend Querlüftung haben, während im Eisenbahn- und Schnellbahntunnelbau die Längslüftung dominiert. Unterschiede ergeben sich ferner daraus, daß in Straßentunneln sämtliche in ihnen verkehrenden Personen während der ganzen Dauer ihres Aufenthaltes im Tunnel, in Eisenbahntunneln nur wenige Reisende, in Schnellbahntunneln dagegen nur die auf den Stationen sich aufhaltenden Fahrgäste unmittelbar mit der Tunneluft in Berührung kommen.

*Die Lüftung von Schnellbahntunneln* besteht im Grunde genommen aus zwei Systemen [122], und zwar

aus der *Hauptlüftung* zur Abkühlung, Entfeuchtung und Entstaubung der Luft in den Tunnelröhren, Stationen und Zugsgarnituren, die ständig durch Maschinen, Fahrgäste und Beleuchtung erwärmt, durch Grundwasser und Atemluft mit Wasserdampf gesättigt und durch den von den Zügen aufgewirbelten Staub verunreinigt wird, sowie aus der

*Nebenlüftung* zur Erneuerung der Luft in den unterirdischen Maschinensälen und Diensträumen.

Die als Längslüftung angelegte Hauptlüftung erfolgt durch Lüftungsschächte (Abb. 310), die in jeder Station und jeweils zwischen je zwei Stationen einzubauen sind. Die Luft wird durch diese Schächte und durch anschließende Luftstollen mit Ventilatoren — für gewöhnlich Axiallüftern — in den Tunnel gedrückt bzw. aus diesem abgesaugt.

Die Richtung der Hauptlüftung kann je nach der Jahreszeit umgekehrt werden. Die Fahrgäste gelangen im Vorraum, auf der Rolltreppe und in den Stationen in den von der Lüftung bestrichenen Luftraum. Im Sommer wünscht der von außen kommende Fahrgast vor allem kühlere Luft anzutreffen, weshalb diese durch die Stationsschächte angesaugt, in den Luftraum der Stationen und aus diesem in die Tunnelröhren gedrückt und schließlich, nachdem sie deren Luft abgekühlt hat, durch die halbwegs zwischen den Stationen angelegten Schächte wieder ins Freie befördert wird. Im Winter ist die Strömungsrichtung umgekehrt, d. h., die Luft wird von außen durch die Tunnelschächte angesaugt, damit sie sich im Durchströmen der Tunnelröhren zunächst erwärmt und erst dann in die Stationsräume gelangt, aus denen sie durch die Stationsschächte hindurch ins Freie abgesaugt wird. In der Regel liegen zwei Ventilatoren nebeneinander, so daß man die Möglichkeit hat, die Leistung dem jeweiligen Bedarf anzugleichen. Sie sind für gewöhnlich nicht in die lotrechten Schächte, sondern in waagerechte, zu den Tunnelröhren abzweigende sogenannte „Lüftungsstollen" eingebaut (vgl. Abb. 310).

*In Schnellbahntunneln bestimmt den Frischluftbedarf der Lüftung vor allem die abzuleitende Wärmemenge.* Die Wärmeentwicklung steht in annähernd geradem Verhältnis zur Verkehrsdichte, d. h., bei laufendem Betrieb fallen im Tunnel-

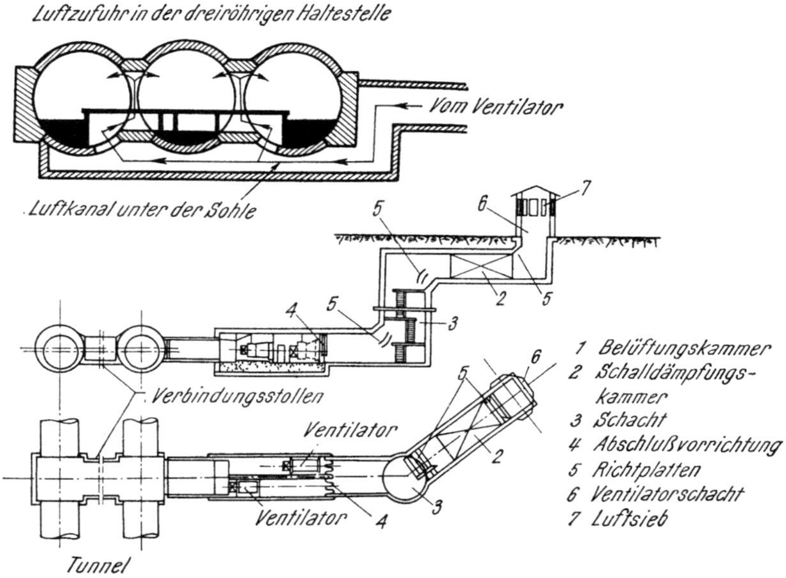


Abb. 310. Belüftungsschema einer Untergrundbahnstrecke

system ständig zunehmende Wärmemengen an. Übersteigt der Grad der Wärme entwicklung die Wärmedurchlässigkeit der Tunnelauskleidung, wächst also die im Tunnel vorhandene Wärmemenge ständig an, muß dieser aus diesem Grunde allein künstlich belüftet werden. Durch die Verkleidung hindurch können auf den Boden nur geringe Wärmemengen ($Q$) übertragen werden. Sie errechnen sich mit guter Annäherung zu

$$Q = F(t_a - t_t)\,k, \tag{283}$$

wenn $F$ die mit dem Boden in Berührung stehende Fläche der Tunnelummantelung, $t_a$ die Tunnelluft, $t_t$ dagegen die Bodentemperatur in Celsius-Graden und schließlich $k$ die Wärmedurchlässigkeitsziffer bedeutet, die mit guter Annäherung zu 1,2 bis 1,5 cal/m²/°C angesetzt werden kann. Die Wärmeübertragungsfähigkeit kann bei Berechnung des Kühlluftbedarfs nicht ernstlich in Betracht gezogen werden, weil die Wärmeleitung im Boden mit geringerer Geschwindigkeit vor sich geht als die Anhäufung der im Tunnel erzeugten Wärmemengen, so daß auch im Boden eine Wärmespeicherung in Gestalt eines Wärmemantels zustande kommt, in dem sich die Richtung der Wärmeübertragung zwischen Tunnel und Boden von Zeit zu Zeit ändert. Bei höherer Außenlufttemperatur speichert der Boden Wärme, die er beim Sinken der Außentemperatur an den Tunnel zurückleitet (Tag- und Nacht-, Sommer- und Winterperioden!).

Letzten Endes muß also die Wärmemenge, die sich im Tunnel ansammelt, zum Großteil durch künstliche Belüftung des Tunnels entfernt werden, die im übrigen aus Gründen des Gesundheitsschutzes ohnehin unvermeidlich ist. Jene Art der Längslüftung, bei der die Züge die verbrauchte Luft gewissermaßen als Kolben vor sich vorantreiben und ins Freie drängen, ist allein fast nirgends mehr anzutreffen, weil der durch die Züge bewirkte Druck hierzu keineswegs genügt, weil also die künstlich erzeugte Luftströmung nicht umgangen werden kann.

Berücksichtigt man, daß die Züge eine Wärmemenge von 800 kW = = 688000 cal, die Fahrgäste bei einer Frequenz von 48000 Fahrgästen je Stunde eine solche von 120000 cal erzeugen, erreicht die aus einem 1 km langen Tunnelabschnitt einer modernen Hochleistungs-Untergrundbahn (einschließlich des Stationsluftraumes) abzuleitende Wärmemenge rund 1 Million Kalorien. Da 1 m³ Luft je 1 °C bloß 0,3 cal abzuleiten vermag, erfordert die Entfernung dieser Wärmemenge, wenn man den Unterschied zwischen Außen- und Innenlufttemperatur mit 10 °C bzw. 20 °C ansetzt, eine stündliche Frischluftzufuhr von 333000 bzw. 167000 m³ [122]. Eine Zusammenstellung über die aus den verschiedenen städtischen Tunneln abzuleitenden Wärmemengen enthält im übrigen die Tab. 35.

Tabelle 35. *Entwickelte Wärmemengen in städtischen Tunneln je km Länge*

| Benennung | Verkehrsdichte | Wärmemenge (cal) | Gesamtleistung der Kraftfahrzeuge | Von den Hilfsgeräten entwickelte Wärmemenge | | | Gesamtmenge der entwickelten Wärme pro Stunde (cal) |
|---|---|---|---|---|---|---|---|
| | | | | Traktion (cal) | Leistung (kW) | Entwickelte Wärme (cal) | |
| Leichter Straßenverkehr | 20 Fahrzeuge gleichzeitig | — | 200 HP | 126400 | 5 (Beleuchtung) | 4300 | 131000 |
| Starker Straßenverkehr 4 Spuren | 200 Fahrzeuge gleichzeitig | — | 2000 HP | 1264000 | 30 (Beleuchtung) | 25800 | 1290000 |
| Alte Unterpflasterbahn | 9600 Reisende pro Stunde | 30000 | 200 kW | 172000 | 14 | 12000 | 214000 |
| Moderne tiefliegende U-Bahn | 38000 Reisende pro Stunde | 120000 | 800 kW | 688000 | 210 | 180000 | 988000 |

In Tunnelbauten mit Schnellbahn-Betrieb genügen die zur Abkühlung benötigten Frischluftmengen meist auch zur Reinigung und Entstaubung der Tunnelluft [123].

Zur Belüftung des Tunnelsystems von Untergrundbahnen können die während der Bauarbeiten angelegten Lüftungsschächte und -stollen benützt werden (vgl.

Abb. 565). Das Schema der Lüftungsanlage ist aus Abb. 310 ersichtlich. In den Luftraum der Stationen gelangt die Frischluft durch den Lüftungsstollen unter der Sohle der Tunnelröhre, weiter durch die unter den Bahnsteigen ausgesparten axialen Lüftungskanäle und schließlich durch Rohre hindurch, die in der Konstruktion des Stationsraumes hochgeführt sind. Auf dem gleichen Wege, jedoch in umgekehrter Richtung wird die verbrauchte Luft abgesaugt. Die Verteilung der Frischluft, die durch die Schächte zwischen den Stationen in den Tunnel einströmt, bedarf weniger komplizierter Maßnahmen, es genügt vielmehr die Umleitung durch Quergänge hindurch.

## 4.6.6. Beleuchtung und Lärmschutz im Tunnel

### 4.6.6.1. Tunnelbeleuchtung

Die Ansprüche an die Tunnelbeleuchtung sind sehr verschieden je nachdem, ob die Beleuchtung den Zwecken der Instandhaltung oder der Verkehrssicherheit dienen soll. Eine Gruppierung nach Umfang und Art der erforderlichen Beleuchtung ergibt folgendes Bild: Eisenbahntunnel z. B. benötigen Lichtsignale, Stollen für Versorgungsleitungen und Schiffahrtskanäle überdies auch eine Beleuchtung, die die Instandhaltung und die Orientierung ermöglichen, Straßentunnel eine solche, die einen ungestörten Verkehrsablauf, und Hallen für untertägige Betriebe, Lagerräume u. dgl. sowie für Untergrundbahnstationen schließlich eine künstliche Beleuchtung, die ein regelrechtes Arbeiten gestattet. In diesem letzteren Fall beläuft sich die erforderliche Beleuchtungsstärke auf 1000 bis 1500 lx, wogegen Straßentunnel mit 500 bis 150 lx auskommen. In beiden Fällen, besonders aber im Tunnelbereich, ist die *indirekte Beleuchtung die günstigere*, weil direktes Licht den Fahrer stört. Ebenso muß an den Ein- und Ausgängen von Straßentunneln für einen allmählichen Ausgleich der bei Tage bestehenden großen Beleuchtungsunterschiede gesorgt werden. Die Beleuchtungsintensität bei Tage liegt nämlich im Freien bei 90000 bis 100000 lx, bei einem Wert also, der künstlich so gut wie überhaupt nicht und auch annähernd nur mit untragbar hohen Kosten erreicht werden kann. Experimentell [124] wurde festgestellt, wie der Übergang beschaffen sein muß, damit er vom Kraftfahrer nicht lästig empfunden wird (Abb. 311). Zur wirt-

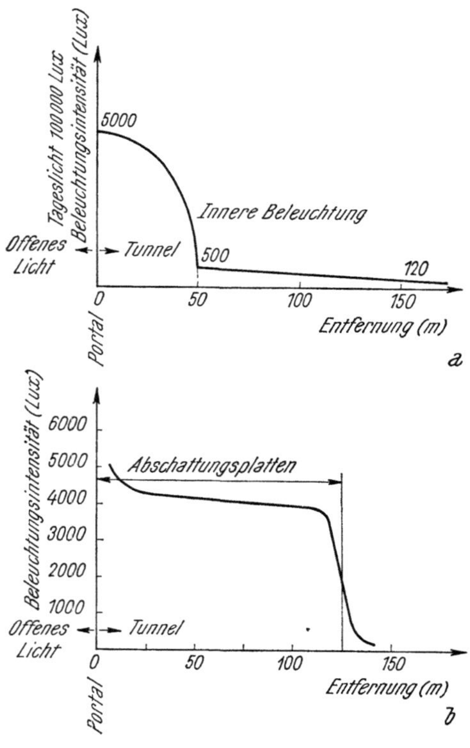


Abb. 311. Richtige Abminderung der Beleuchtungsintensität am Eingang eines Straßentunnels

schaftlichen Lösung bieten sich zwei Möglichkeiten. Die eine besteht darin, das Tageslicht durch trichterförmige Ausgestaltung des Mundloches möglichst weit in den Tunnel hineinzuleiten. [Ein gutes Beispiel hierfür bietet der neue Doppel-Straßentunnel in Le Havre, der durch eine nach außen hin sich erweiternde Schale in Form eines parabolischen Hyperboloids verlängert wurde (Le Monde Souterrain, April 1960, S. 62).] Im geraden Gegensatz hierzu sieht die andere Lösungsmöglichkeit vor, das Tageslicht durch verstellbare künstliche Blenden aus dem Tunnel tunlichst fernzuhalten, wie dies in der 350 m langen, zum Flughafen Orly führenden breiten Unterführung geschehen ist [124]. Die Beleuchtungsstärke von 90000 lx im Freien wird hier im Portalabschnitt stufenweise auf 5000 lx vermindert, sodann auf einer weiteren Strecke von 40 m um 20% und schließlich auf den folgenden 10 m um weitere 90% herabgesetzt.

Neuerdings ist es schon üblich geworden, über den offenen Ein- und Ausfahrtstrecken der Unterwasser-Straßentunneln verschiedenartige lichtreflektierende Gitterdecken aus Leichtmetallplatten aufzuhängen um diesen Übergang zu sichern. (Benelux-Tunnel, Schelde-Tunnel, Tingstad-Tunnel usw.)

Größte Wichtigkeit kommt der Sicherheit der Tunnelbeleuchtung zu, weshalb z. B. in den Anlagen von Untergrundbahntunneln und in Untertagebetrieben für eine jederzeit einsatzbereite Notbeleuchtung vorgesorgt werden muß. (Bei der Instandhaltung älterer Eisenbahntunnel hat man wegen der zunehmenden Korrosion der frei verlegten Beleuchtungskabel mit ernsten Schwierigkeiten zu kämpfen.)

Eine weitergehende Behandlung von Einzelheiten der Tunnelbeleuchtung würde im übrigen den Rahmen dieses Buches weit überschreiten.

#### 4.6.6.2. Lärmbekämpfung im Tunnel

In verkehrsreichen Straßentunneln und neuerdings auch an den Haltestellen der Untergrundbahnen erweist sich nebst der Lüftung auch die Lärmbekämpfung als nötig. Vorderhand wurden Maßnahmen zu diesem Zweck nur in Straßentunneln ergriffen, die außer von Kraftwagen auch von Fußgängern und Radfahrern benützt werden. Nach eingehenden, in Frankreich angestellten Beobachtungen [124] vermag sich der anhaltende Lärm infolge Reflexion der Verkehrsgeräusche auf Fußgänger oder auf Personen, die sich im Tunnel aufhalten, überaus unangenehm auszuwirken, sofern der Schallpegel den Wert von 100 bis 105 dB übersteigt. Zur Lärmdämpfung wurden im konkreten Fall *Resonatoren* eingebaut, deren Wirkung sich allerdings zahlenmäßig nicht erfassen läßt, weil sie nicht so sehr die Stärke des Lärms herabsetzen, als vielmehr dessen Natur verändern. Die Schallimpulse werden gewissermaßen voneinander getrennt, und zugleich wird auch ihre Reflexion verhindert. Die Geräusche hören sich ähnlich an wie der Lärm in einer Gasse zwischen hohen Häusern.

Als Resonatoren dienen $20 \times 30$ cm messende, 10 cm hohe Plastdosen mit Öffnungen von etwa 20 mm Durchmesser an den unteren Flächen. Die Dosen sind unter der Decke an Aluminium-Tragrippen so dicht nebeneinander eingehängt, daß z. B. für eine 350 m lange Unterführung 60000 Dosen benötigt wurden. Abgesehen von der Änderung der Natur des Lärms und von der Ausschaltung der Reflexion, konnte auch seine Intensität um 4 bis 14% vermindert werden.

## 4.6.7. Tunnel-Hilfsbauten

Außer den Sondereinrichtungen zum Betrieb, zur Entwässerung, Lüftung und Beleuchtung des Tunnels — die teils in den betreffenden Abschnitten berührt wurden, teils bei Behandlung der Untergrundbahnstationen erörtert werden sollen (vgl. Kap. 6.3.3.4.) — müssen in jedem Tunnel *Nischen* angelegt und an den Mundlöchern *Portale* errichtet werden.

### 4.6.7.1. Nischen und Kammern

Bei den Tunnelnischen handelt es sich um seitliche Einschnitte in den Widerlagern, in denen sich das Tunnelinstandhaltungs- und das Bahnerhaltungspersonal notfalls in Sicherheit bringen kann. Sie liegen in Abständen von maximal 50 m abwechselnd an den beiden Tunnelseiten. Häufig sind sie mit den wassereinleiten-

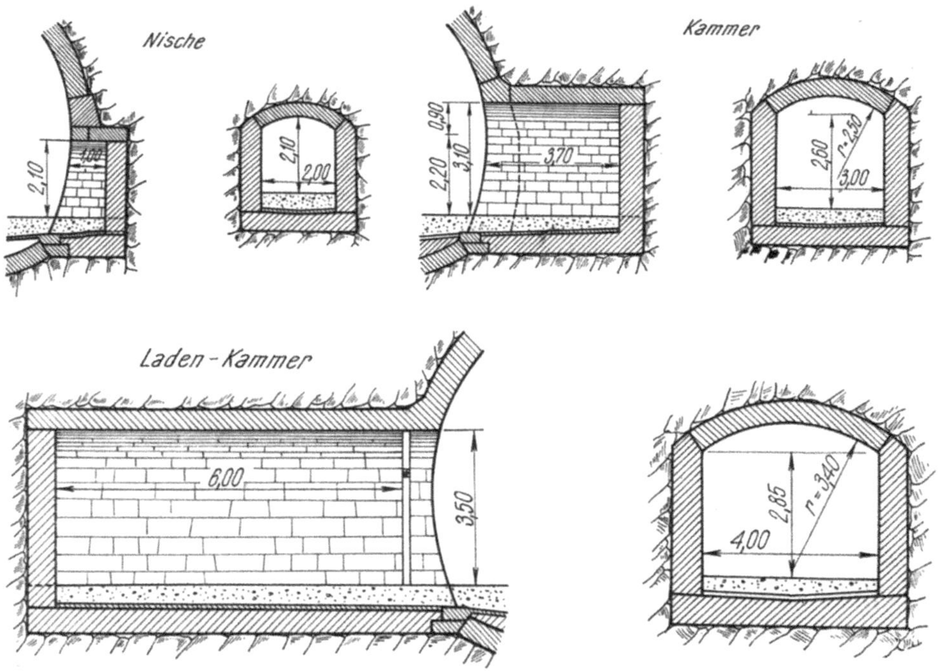


Abb. 312. Konstruktive Ausbildung der Nischen und Lagerkammer im Tunnel

den Abfallrohren verbunden, wobei dann unter ihnen auch Sammelschächte abgeteuft werden müssen. Die 2,0 bis 2,5 m breiten, 1,90 bis 2,25 m hohen und rund 1 m tiefen Nischen sind in der Regel in Form von Stichkappen ausgebildet (Abb. 312). In sehr standfestem Gebirge brauchen sie nicht einmal ausgemauert zu werden. In langen Tunneln werden außer diesen Nischen in Abständen von 1 bis 2 km auch *größere Kammern* angelegt, in welchen sich Bahnwärter sowie Strecken- und Bauarbeiter in Arbeitspausen aufhalten und in denen Geräte, Werkzeuge und Baumaterialien aufbewahrt werden. Diese Kammern sind für gewöhnlich 3 bis

4 m breit, 2,8 bis 3,0 m hoch und 3 bis 8 m tief. Häufig sind sie auch an die Fernsprechleitung angeschlossen. Die weiße Tünche, die sie vorschriftsmäßig erhalten müssen, erleichtert ihre Auffindung auch im Dunkeln.

### 4.6.7.2. Portalbauten

Ein wichtigeres Hilfsbauwerk bildet das *Tunnelhaupt oder Portal,* das als Teil des Tunneltragwerks anzusehen ist. Es hat die Aufgabe,

1. die Tunnelmündungen sowie die Voreinschnitte gegen ein Abrutschen von Gesteinsmassen von der Kopfböschung her zu schützen,
2. die von der Kopfböschung abfließenden Niederschlagwässer vom Tunnel fernzuhalten,
3. den Tunnelmündungen eine der Bedeutung des Bauwerkes angemessene architektonische Ausgestaltung zu geben.

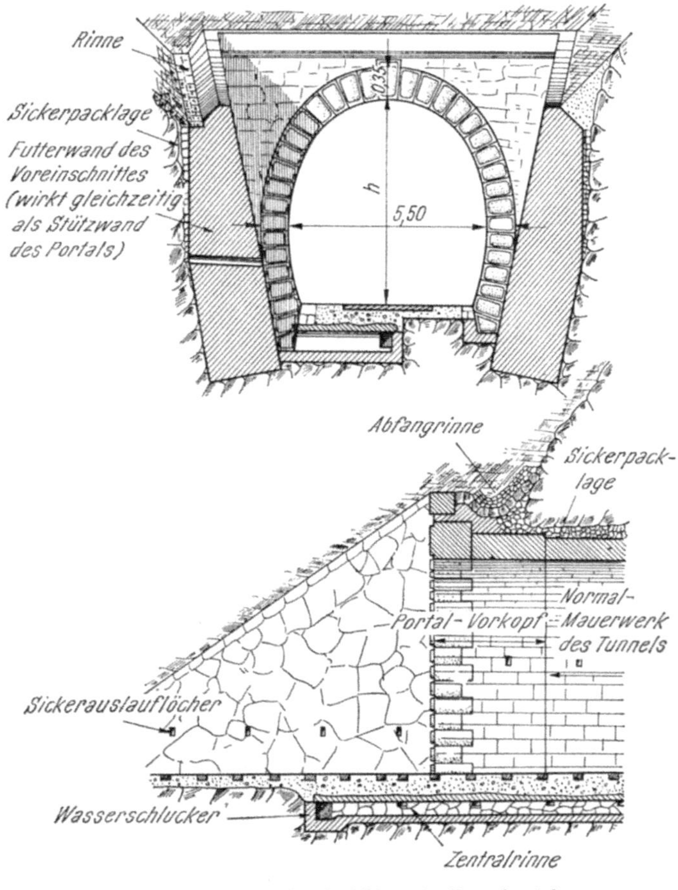


Abb. 313. Konstruktive Ausbildung des Tunnelportals

Konstruktiv unterscheidet man zwischen folgenden Ausbaustufen von Tunnelportalen:

*a*) In ganz standfestem Gebirge bleibt das Mundloch auch ohne eigene Portalmauer stehen, es genügt also, die Tunnelmauerung unverändert bis an den Voreinschnitt hinauszuführen.

*b*) Muß mit Gesteinsablösungen von der Berglehne und vor allem mit der Möglichkeit des Einsickerns von Niederschlägen gerechnet werden, muß das Mundloch mit einer normal auf die Tunnelachse stehenden Stirnmauer eingefaßt werden, die über das Mundloch hinaus hochzuführen ist (Abb. 313).

*c*) Besteht die Gefahr von Lehnenrutschungen, muß diese Mauer als Stützmauer ausgebildet werden, wobei man eventuell die senkrecht auf sie hochzuführenden Futtermauern des Voreinschnittes als Stützrippen in die Aufnahme des Lehnenschubs (bzw. Wanderdruckes) einbeziehen wird (vgl. Abb. 48).

Das Mauerwerk des Tunnelhauptes ist so auszugestalten, daß es die von der Kopfböschung über dem Tunnel abfließenden Niederschläge mit Sicherheit auffangen und vom Tunnel mit Sicherheit ableiten kann.

Da die Belastung des Tunnelhauptes ganz anders geartet ist als die eines normalen Tunnelabschnittes, da es ferner eher der Gefahr von Setzungen (Fundamentdurchnässung) und eines Umkippens nach vorn (Wanderdruck) ausgesetzt ist, wird man es von der eigentlichen Tunnelkonstruktion zweckmäßig durch eine Baufuge trennen.

## Allgemeine Literatur zu Kapitel 4

Andreae, C.: Problèmes du projet et de l'établissement de grands souterrains routiers transalpins. Zürich: Leemann. 1949.

— Der Bau langer, tiefliegender Gebirgstunnel. Berlin: Springer. 1926.

— Gebirgsdruck und Tunnelbau. Schweiz. Bauztg. **1956**, 107.

Beyer, K.: Die Statik im Eisenbetonbau I. Berlin: Springer. 1930.

Čabelka, J., u. J. Mencl: Hydrotechnische Stollen. (Hydrotechničke Štolne, tschech.) Bratislava: Slovenské Vydatelstvo Techn. Lit. 1960.

Christensen, N. H.: Rigid Pipes in Symmetrical and Unsymmetrical Trenches. Bull. 24 of the Danish Geotechnical Institute Copenhagen 1967.

Dandurow, M. I.: Tunnelbau. (Tonneli, russ.) Gos. Transp. Zhelesnodoroshnoje Izd. Moskau, 1952.

Dawidow, S. S.: Berechnung und Entwurf von unterirdischen Konstruktionen (Rastschot i Projektirowanie . . ., russ.) Gos. Izd. Stroit. Lit. Moskau, 1950.

Kleinlogel, A.: Rahmenformeln. Berlin: W. Ernst. 1925.

Kress: Richtlinien für die Entwurfsbearbeitung von Autotunneln. Diss. Techn. Hochsch. Stuttgart, 1936.

Lane, K. S.: Effect of Lining Stiffness on Tunnel Lining. Proc. IV. Int. Conf. Soil. Mech. London, Vol. II, S. 223.

Les installations de ventilation du tunnel du Saint-Bernard. Schweiz. techn. Zeitschr. **1963**, 472—473.

Maxwell-Cook, I. C.: Structural Waterproofing. London: Butterworth. 1967.

Panchaud, F., u. O. J. Rescher: Der Donnerbühl-Tunnel in Bern. Spannungsoptische Untersuchung des Tunnelquerschnittes. Schweiz. Bauztg. **1954**, H. 6.

Rózsa, L.: Die Bemessung kreisförmiger Tunnelwandungen aus präfabrizierten Stahlbetonelementen nach dem Verfahren der Grenzbelastungen. Bauingenieur **1963**, H. 11, 434.

Sansiew: Statische Berechnung der Tunnelauskleidungen. (Statitscheskie rastschot obdjelok tunnelej, russ.) Moskau: Gidroenergoprojekt. 1955.

SÁROSI, A., I. SOHA u. J. KELEMEN: Anwendbarkeit von Bentonit im Tiefbau. (Bentonit a mélyépitésben, ung.) Budapest: Müszaki Kiadó. 1960.

TEODORESCU, P.: Berechnung der Tunnelkonstruktionen. (Calculul tunelelor.) Editura Transporturilor si Telecommunicatiilor, Bucuresti, 1961.

WALCH, O.: Die Auskleidung von Druckstollen und Druckschächten. Berlin: Springer. 1926.

WARD, N. H., u. T. K. CHAPLIN: Existing Stresses in Several Old London Underground Tunnels. Proc. IV. Int. Konf. Soil Mech. London, Vol. II, S. 256.

WOLKOW, W. I.: Tunnelbau. (Tonneli, russ.) Moskau: Gostransscheldorizdat. 1945.

ZURABOW, T., u. O. BUGAJEWA: Hydraulische Tunnel ohne Wasserdruck. (Beznapornie gidromechanitscheskie Tonneli, russ.) Gos. Izd. Stroit. Lit. Moskau, 1962.

— — Tunnel für Wasserkraftwerke. (Gidrotekhnitscheskie Tonneli, russ.) Moskau: Gosenergizdat. 1962.

# 5. Die Absteckung von Tunneln

Die Absteckung von Tunneln, die von der Vermessungsarbeit ober Tage in mancher Hinsicht abweicht, gehört mit zu den schwierigsten Aufgaben der Ingenieurgeodäsie. Schwierigkeiten erwachsen vor allem daraus, daß sie einerseits erhöhte Genauigkeitsanforderungen stellt, andererseits während der Bauarbeiten in schwer begehbaren unterirdischen Räumen bei schlechter Sicht durchgeführt werden muß.

Die Vermessung erfordert die größte Sorgfalt, weil Tunnel stets anhand äußerst ungünstiger geometrischer Gebilde, d. h. von offenen, bestenfalls an einem Ende angeschlossenen Polygonzügen aus abgesteckt werden müssen.

Besonders erschwert ist die Vermessung dort, wo die Achsrichtung durch eine Luftschleuse hindurch in den Druckluftraum übertragen werden muß. Weitere Schwierigkeiten ergeben sich bei der Übertragung der Hauptrichtung in tief liegende Tunnel durch 30 bis 40 m tiefe Schächte hindurch mittels optischer oder mechanischer Lotverfahren, bei dem die Festpunkte zumindest für kurze Zeit in Bewegung geraten.

Auch die Fixierung der Festpunkte im Tunnel weicht von der über Tage ab, weil sie zumeist in die Gewölbefirste verlegt werden müssen, so daß der Theodolit nicht über, sondern unter dem Festpunkt aufgestellt werden muß.

Diese Faktoren beeinflussen den Richtungsfehler und die Maßgenauigkeit bei der Zusammenführung der Gegenörter des Richtstollens sehr erheblich, weshalb auch an die übertägige Triangulation als der Grundlage der Tunnelabsteckung erhöhte Genauigkeitsanforderungen gestellt werden müssen.

## 5.1. Absteckung von Tunneln beim Auffahren unmittelbar von der Erdoberfläche her

### 5.1.1. Horizontalabsteckung

Die Grundlage für die Absteckung von Tunneln, die von der Erdoberfläche aus aufgefahren werden, bildet das übertägige Festpunktnetz.

#### 5.1.1.1. Absteckung kurzer Tunnel

Kurze Tunnel werden am einfachsten so abgesteckt wie die Gerade zwischen zwei Punkten, von denen der eine vom anderen aus nicht sichtbar ist. Eine Darstellung der Aufgabe gibt Abb. 314.

Es seien $K$ und $V$ der Anfangs- und der Endpunkt der abzusteckenden Tunnelachse, die in die Gerade $AB$ zu verlegen ist. Zunächst wird mit Hilfe zweier Fluchtstäbe, die sowohl von $A$ als auch von $B$ aus sichtbar sein müssen, die Linie $A$ 2 1 abgesteckt. Danach wird vom Punkt $B$ aus der Punkt 3 in die Gerade $B$ 2, weiterhin der Punkt 4 in die Gerade $A$ 3 eingewiesen. Die Gerade $AB$ ist abgesteckt, wenn die beiden Fluchtstäbe auf dem Hügel sowohl vom Punkt $A$ als auch vom Punkt $B$ aus in einer Geraden liegen.

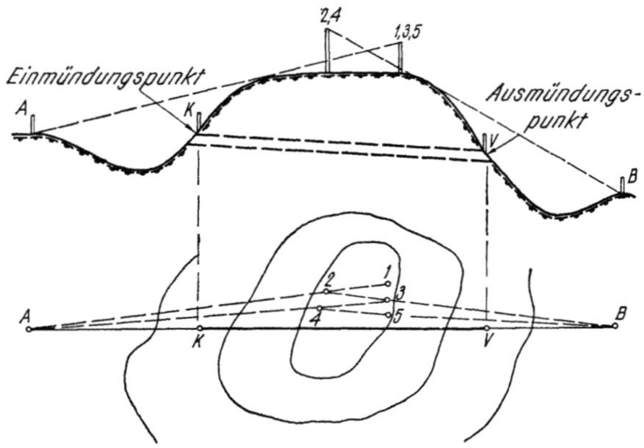


Abb. 314. Absteckung von kürzeren Tunneln durch sukzessive (fortschreitende) Annäherung

Können zwei Fluchtstäbe nicht so aufgestellt werden, daß sie sowohl von $A$ als auch von $B$ sichtbar sind, wird ein dritter Fluchtstab so aufgestellt, daß er von beiden Punkten aus anvisiert werden kann. Hierauf wird zuerst der Stab 1 so gesteckt (Abb. 315), daß man ihn sowohl von $A$ als auch von $B$ anvisieren kann, worauf man die Stäbe 2 bzw. 3 in die Geraden $A$ 1 bzw. $B$ 1 einweist. Es folgt die Einweisung des Stabes 1 in die Gerade 2 3 und die Wiederholung des beschriebenen Vorganges, und zwar so lange, bis jeder Stab in einer Geraden liegt. Danach wird in die Gerade $A$ 1 der Stab $J$, in die Gerade $B$ 1 hingegen der Stab $V$ eingewiesen. Die Punkte $A$, $B$, $K$ und $V$ müssen so fixiert werden, daß sich von ihnen aus während der Bauarbeiten die Tunnelachse festlegen läßt.

Abb. 315. Absteckung kürzerer Tunnel durch fortschreitende Annäherung und mit Hilfsfluchtstäben

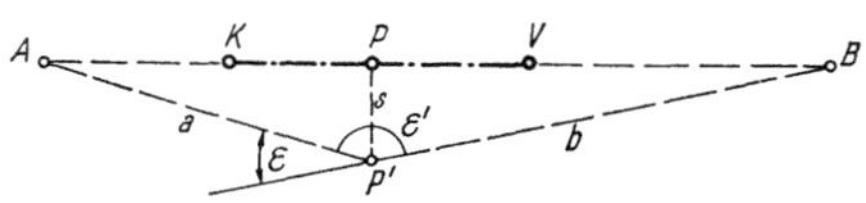


Abb. 316. Absteckung von kürzeren Tunneln durch Winkelmessung

Eine andere Handhabe zur Absteckung bildet die Strecken- und Winkelmessung. Gegeben seien die Punkte $A$ und $B$ der abzusteckenden Geraden (Abb. 316). Auf dieser Geraden ist wieder der Anfangs- und der Endpunkt $K$ bzw. $V$ des Tunnels zu bestimmen. Mißt man die Strecken $a$ und $b$ der Abb. 316 sowie den Winkel $\varepsilon$ in $P'$, dann erhält man die Strecke $s$ aus

$$s \cong \frac{ab}{a+b}\,\varepsilon. \tag{284}$$

Da es sich hierbei jedoch nur um eine Näherungsformel handelt, ist sie nur erfüllt, wenn $(a + b) \cong \overline{AB}$ und $\sin\varepsilon \cong \varepsilon$. Durch Wiederholung des Verfahrens hat man jedoch die Möglichkeit, $P$ genau abzustecken. Wegen der Streckenmessung, die man im übrigen am zweckmäßigsten optisch vornimmt, ist dieses Verfahren im allgemeinen umständlicher als die beiden zuvor beschriebenen.

### 5.1.1.2. Absteckung langer Tunnel

Es kommt vor, daß auch mehrere Kilometer lange Tunnel nach den im vorangegangenen Punkt beschriebenen Methoden abgesteckt werden können, doch bedarf es hierzu unbedingt eines Theodolits.

Für gewöhnlich bildet die Grundlage der Absteckung eines langen Tunnels das vorhandene Landes- oder ein eigens für die Zwecke des Bauvorhabens angelegtes lokales Festpunktnetz, doch kann die Absteckung auch auf Grund eines selbständigen Polygonzuges erfolgen.

*5.1.1.2.1. Absteckung eines langen Tunnels durch Anschluß an die Landestriangulation.* Es seien $K$ und $V$ zwei bekannte Geländepunkte in der abzusteckenden Tunnelachse (Abb. 317). Die Aufgabe besteht darin, vom Punkt $K$ aus die Gerade $KV$ und von $V$ aus die Gerade $VK$ abzustecken.

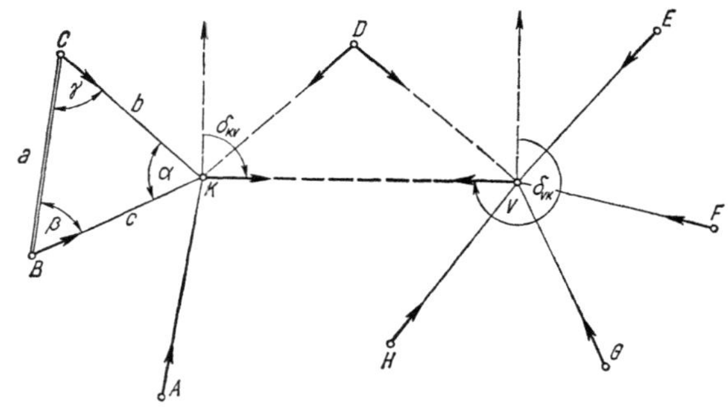


Abb. 317. Absteckung der Tunnelachse zwischen zwei Punkten auf der Geländeoberfläche

Zunächst sind die Koordinaten der Punkte $V$ und $K$ im Landes-Koordinatensystem durch Vorwärtseinschneiden von den gegebenen Punkten $A$, $B$, $C$, $D$ bzw. $E$, $F$, $G$ und $H$ zu ermitteln.

Die Winkel werden in zwei Kreisstellungen gemessen.

Für das Vorwärtseinschneiden kommen zwei Verfahren in Frage:

*a*) die Methode mit orientierten Richtungen oder

*b*) das Messen der Innenwinkel.

*a*) *Beim Vorwärtseinschneiden nach der Methode mit orientierten Richtungen* werden die Winkel zwischen den Richtungen von den bekannten Punkten $A$, $B$, $C$ und $D$ bzw. $E$, $F$, $G$ und $H$ zu den Punkten $K$ bzw. $V$ wie folgt ermittelt: Mit dem in Punkt $A$ aufgestellten Gerät wird die Richtung durch Anvisieren mindestens zweier bekannter Punkte ($S$, $Q$) und des Punktes $K$ bestimmt. Sind $\delta_{AS}$ und $\delta_{AQ}$ die Winkel zwischen den Richtungen zu dem bekannten Punkt, rechnerisch zu bestimmen aus den Koordinaten der Punkte $A$ und $S$ bzw. $Q$ gemäß

$$\delta_{AS} = \text{arc tan}\,\frac{Y_S - Y_A}{X_S - X_A} \quad \text{und} \quad \delta_{AQ} = \text{arc tan}\,\frac{Y_Q - Y_A}{X_Q - X_A},$$

sind ferner $l_{AS}$, $l_{AQ}$ und $l_K$ die den Richtungen zu den Punkten $S$, $Q$, und $K$ zugeordneten Richtungswerte, dann errechnen sich die Orientierungswinkel $z_{AS}$ und $z_{AQ}$ zu

$$\delta_{AS} - l_{AS} = z_{AS} \quad \text{und} \quad \delta_{AQ} - l_{AQ} = z_{AQ},$$

weiterhin der mittlere Orientierungswinkel zu

$$z_A = \frac{z_{AS} + z_{AQ}}{2}$$

und schließlich die orientierte Richtung zum Punkt $K$ zu

$$\delta_{AK} = l_{AK} + \bar{z}_A.$$

Ähnlich werden auch auf den weiteren Festpunkten die Orientierungswerte der Richtungen zu den Punkten $K$ bzw. $V$ berechnet. Erfolgte die Bestimmung von mehr als zwei Punkten aus, oder wurde die Richtung auch von den Punkten $K$ bzw. $V$ aus gemessen, dann hat man überschüssige Meßergebnisse, durch deren Ausgleichung sich die Punktkoordinaten genauer ermitteln lassen.

*b) Des Vorwärtseinschneidens mit Messung der Innenwinkel* bedient man sich dort, wo geringere Genauigkeitsanforderungen gestellt werden. In solchen Fällen beschränkt man sich auf das Vorwärtseinschneiden von zwei Punkten aus und auf die Messung der Winkel in den beiden bekannten Festpunkten, die zusammen mit dem Neupunkt ein Dreieck bestimmen. (In Abb. 317 sind es die Winkel $\beta$ und $\gamma$ in $B$ und $C$.) Da sich die Strecke $\overline{BC}$ aus den Koordinaten der Punkte rechnerisch ermitteln läßt, sind auch die beiden anderen Seiten des Dreiecks $BCK$ gegeben, d. h. es gilt

$$b = a\,\frac{\sin\beta}{\sin\alpha} \quad \text{und} \quad c = a\,\frac{\sin\gamma}{\sin\alpha};$$

rechnerisch können ferner die Richtungswinkel

$$\delta_{BK} = \delta_{BC} + \beta \quad \text{und} \quad \delta_{CK} = \delta_{CB} - \gamma$$

der Seiten $BK$ und $CK$ bestimmt werden, wobei

$$\delta_{BC} = \text{arc tan}\,\frac{Y_C - Y_B}{X_C - X_B} \quad \text{und} \quad \delta_{CB} = \delta_{BC} \pm 180°.$$

Der Punkt $K$ dagegen hat die Koordinaten

$$Y_K = Y_B + \overline{BK}\sin\delta_{BK} \quad \text{und} \quad X_K = X_B + \overline{BK}\cos\delta_{BK}.$$

Bei weniger hochgestellten Genauigkeitsanforderungen können die Punkte $K$ bzw. $V$ statt durch Vorwärts- auch durch Rückwärtseinschneiden festgelegt werden.

Aus den Punktekoordinaten werden die einzelnen Richtungswinkel von $KV$ berechnet. Man erhält

$$(KV) = \delta_{KV} = \text{arc tan}\,\frac{Y_V - Y_K}{X_V - X_K}$$

und

$$(VK) = \delta_{VK} = \delta_{KV} + 180° \tag{285}$$

Nach Aufstellung im Punkt $K$ steckt man schließlich auf Grund der Richtungen zu den bekannten Punkten den Richtungswinkel $\delta_{KV}$ und sodann auch von Punkt $V$ aus den Richtungswinkel $\delta_{VK}$ wie folgt ab:

Aus den Richtungen vom Punkt $K$ zu den Punkten $A$, $B$, $C$ und $D$ wird der mittlere Orientierungswinkel gebildet. Sind $l_A$, $l_B$, $l_C$ und $l_D$ die gemessenen Richtungswerte, dann hat man die Orientierungswinkel

$$\delta_{KA} - l_{KA} = z_A$$

$$\delta_{KB} - l_{KB} = z_B$$

$$\delta_{KC} - l_{KC} = z_C$$

$$\delta_{KD} - l_{KD} = z_D,$$

während sich der mittlere Orientierungswinkel in $K$ mit

$$\frac{z_A + z_B + z_C + z_D}{4} = z_K$$

und der abzusteckende Richtungswert $l_{KV}$ mit

$$\delta_{KV} - z_K = l_{KV}$$

errechnen läßt.

Ähnlich erhält man durch Bildung des mittleren Orientierungswinkels $z_V$ zum Richtungswinkel $\delta_{VK}$ in $V$ den Richtungswert $l_{VK}$ aus der Beziehung

$$\delta_{VK} - z_V = l_{VK}.$$

Da das Landes-Triangulationsnetz den hochgestellten Genauigkeitsanforderungen der Tunnelabsteckung häufig nicht genügt, muß es vor Benutzung sorgfältig überprüft werden. Auf das Problem wird in Kap. 5.1.1.4. noch eingegangen werden.

*5.1.1.2.2. Abstecken langer Tunnel auf Grund eines eigenen Festpunktnetzes.* Genügt die Genauigkeit des Landes-Triangulationsnetzes nicht, wird die Absteckung auf Grund einer selbständigen Triangulation vorgenommen. In einfacheren Fällen entspricht für diesen Zweck auch ein selbständiger Polygonzug.

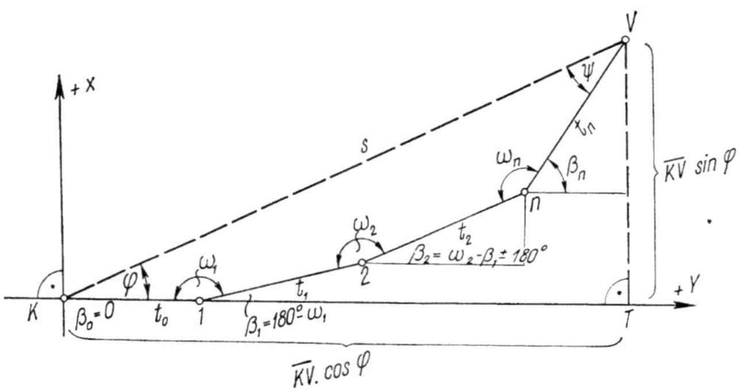


Abb. 318. Absteckung der Tunnelachse vom orientierten Polygonzug aus

Stützt man sich bei der Absteckung auf einen selbständigen Polygonzug, hat man die Wahl zwischen zwei Möglichkeiten. Die eine geht vom gegebenen Anfangspunkt $K$ und vom gegebenen Endpunkt $V$ des Tunnels aus und bestimmt die zur Tunnelabsteckung benötigten Winkel $\varphi$ und $\psi$ (Abb. 318), die zweite setzt den Anfangspunkt $K$ und den Winkel $\varphi$ als gegeben voraus und ermittelt die Stelle des

Punktes $V$ an der letzten Zugseite sowie den für die Absteckung des Tunnels nötigen Winkel $\psi$ (Abb. 319).

Im ersten Fall sind aus den Messungen die Zugseiten $t_0, t_1, t_2, \ldots t_n$ und die Polygonwinkel $\omega_1, \omega_2, \ldots \omega_n$ bekannt.

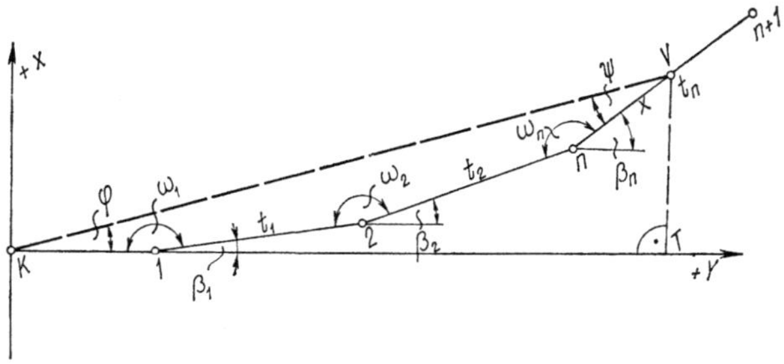


**Abb. 319. Absteckung des anderen Endpunktes mit Hilfe eines orientierten Polygonzuges**

Aus Abb. 318 kann abgeleitet werden, daß

$$\frac{\overline{KV} \cdot \sin\varphi}{\overline{KV} \cdot \cos\varphi} = \tan\varphi = \frac{\overline{VT}}{\overline{KT}} = \frac{[t_i \cdot \sin\beta_i]_{i=0}^{i=n}}{[t_i \cdot \cos\beta_i]_{i=0}^{i=n}} \tag{286}$$

wobei mit den Bezeichnungen dieser Abbildung $\beta_0 = 0$, $\beta_1 = 180° - \omega_1$, $\beta_2 = \omega_2 - \beta_1 \pm 180°$, $\beta_n = \omega_n - \beta_{n-1} \pm 180°$ und mit dem bekannten

$$\psi = n \cdot 180° - \varphi - [\omega_i]_{i=1}^{n} \text{ ist,} \tag{287}$$

und $n$ die Zahl der Zugpunkte bedeutet.

Auch im zweiten Fall werden die Zugseiten und die Polygonwinkel gemessen. Zunächst legt man die Stelle des Punktes $V$ an der Zugseite fest. Mit der gleichen Deutung der Winkel $\beta_0, \beta_1, \ldots \beta_n$ hat man auf Grund der Abb. 319 entsprechend der Gl. (286)

$$\tan\varphi = \frac{[t_i \cdot \sin\beta_i]_{i=0}^{i=n-1} + x \cdot \sin\beta_n}{[t_i \cdot \cos\beta_i]_{i=0}^{i=n-1} + x \cdot \cos\beta_n},$$

worin die einzige Unbekannte

$$x = \frac{[t_i \cdot \sin\beta_i]_{i=0}^{i=n-1} - \tan\varphi\, [t_i \cdot \cos\beta_i]_{i=0}^{i=n-1}}{\tan\varphi \cdot \cos\beta_n - \sin\beta_n}, \tag{288}$$

während sich der Winkel $\psi$ aus der der Gl. (287) ähnlichen Formel

$$\psi = (n-1)\, 180° - \varphi - [\omega_i]_{i=1}^{i=n-1} \tag{289}$$

errechnet. Zur Absteckung großer, 8 bis 10 km langer Tunnel muß ein selbständiges Dreiecksnetz angelegt werden, sofern die Genauigkeit des Landes-Triangulationsnetzes nicht ausreicht.

Auch die Selbständigkeit der Triangulation, die der Absteckung zugrunde gelegt werden soll, kann von zweierlei Natur sein.

Im ersten Fall sind mindestens zwei Punkte des anzulegenden Dreiecksnetzes zugleich auch Punkte des Landes-Triangulationsnetzes, so daß also die durch diese beiden Punkte bestimmte Seite aus dem Landesnetz übernommen wird. Auf diese Weise braucht keine eigene Basis gemessen zu werden, dagegen hat man sämtliche Winkel der Dreiecke zu messen. Zu den Messungen verwendet man Theodolite mit einer Ableseschärfe von 1″ in mindestens vier Kreisstellungen. Am zweckmäßigsten verfährt man, wenn man die Dreieckskette längs der Tunnelachse anlegt.

Es habe diese Dreieckskette die in Abb. 320 dargestellte Form. Die Punkte I und II seien auch Punkte des Landes-Triangulationsnetzes, die Punkte 1, 2, 3, ... 7 hingegen die Neupunkte der Kette. Die Koordinaten dieser Neupunkte werden in zwei Schritten bestimmt.

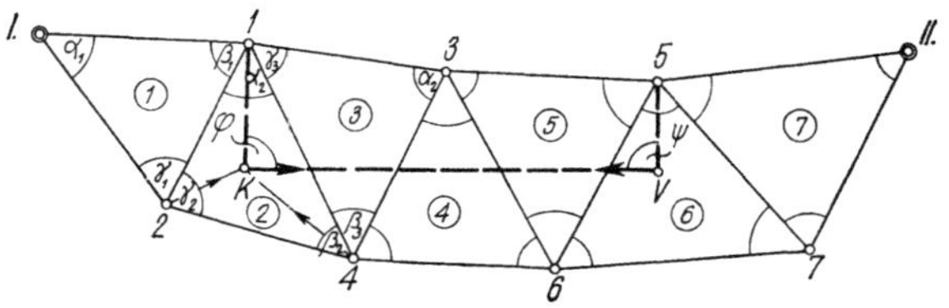


Abb. 320. Absteckung der Tunnelachse und der Endpunkte bei Benützung zweier Basispunkte eines existierenden höherwertigen Triangulationsnetzes durch Entwicklung eines lokalen Triangulationsnetzes

Zunächst geht die Berechnung von der Annahme aus, daß beispielsweise die Länge der Seite 1 durch eine runde Zahl ausgedrückt ist, sodann ermittelt man auf Grund der gemessenen und ausgeglichenen Winkel die Länge aller Seiten und schließlich die Koordinaten sämtlicher Punkte des Netzes. Setzt man für die Koordinaten des Punktes I $Y'_{\mathrm{I}} = 0$ und $X'_{\mathrm{I}} = 0$, hat man die provisorischen Koordinaten $Y'_{\mathrm{II}}$ und $X'_{\mathrm{II}}$ des Punktes II und die aller anderen Punkte. Zum Unterschied von den richtigen Koordinaten bezeichnet man sie jeweils mit einem Strich. Hierauf werden die Proportionalitätsfaktoren zwischen dem Netz mit provisorischen Seitenlängen und dem tatsächlichen Netz berechnet. Man erhält

$$c_y = \frac{Y_{\mathrm{II}} - Y_{\mathrm{I}}}{Y'_{\mathrm{II}}} \quad \text{und} \quad c_x = \frac{X_{\mathrm{II}} - X_{\mathrm{I}}}{X'_{\mathrm{II}}}. \tag{290}$$

Im zweiten Schritt berechnet man die definitiven Koordinaten der Punkte. Sie ergeben sich zu

$$\begin{aligned} y_1 &= y_{\mathrm{I}} + c_y y'_1 \quad \text{und} \quad x_1 = x_{\mathrm{I}} + c_x x'_1, \\ y_2 &= y_{\mathrm{I}} + c_y y'_2 \quad \text{und} \quad x_2 = x_{\mathrm{I}} + c_x x'_2, \\ &\cdots\cdots \qquad\qquad \cdots\cdots \\ y_n &= y_{\mathrm{I}} + c_y y'_n \quad \text{und} \quad x_n = x_{\mathrm{I}} + c_x x'_n. \end{aligned} \tag{291}$$

Da damit die Koordinaten sämtlicher Punkte des selbständigen Netzes bekannt sind, kann der Tunnel ebenso abgesteckt werden wie auf Grund des Landes-Triangulationsnetzes (vgl. Kap. 5.1.1.2.1.).

Im zweiten Falle, in dem auch eine Basislinie gemessen wird, tut man gleichfalls gut, die Koordinaten mindestens eines Punktes und die Richtung mindestens einer Dreiecksseite auch im Landes-Koordinatensystem zu bestimmen. Eine Seite des selbständigen Netzes leitet man in der Regel aus der gemessenen Basislinie anhand des Basisvergrößerungsnetzes ab. Sodann wird die Länge sämtlicher Seiten auf Grund der gemessenen und ausgeglichenen Winkel errechnet; weiterhin leitet man die Richtungswinkel aller Seiten aus der Seite mit dem gemessenen

Richtungswinkel ab, um schließlich auf rechnerischem Wege die Koordinaten der Punkte zu bestimmen, wobei diejenigen des im Landes-Koordinatensystem bestimmten Punktes zu berücksichtigen sind. In dem so angelegten Netz kann nunmehr der Tunnel auf die gleiche Art und Weise abgesteckt werden wie im Landes-Triangulationsnetz (vgl. Kap. 5.1.1.2.1.).

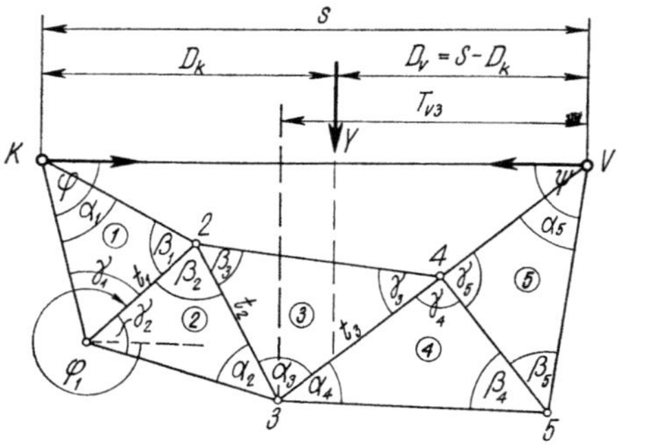


**Abb. 321. Absteckung durch Entwicklung eines selbständigen Triangulationsnetzes**

Bildet ein Dreiecksnetz die Grundlage der Absteckung, dann ergibt sich der Durchschlagfehler mit den Bezeichnungen der Abbildung 321 zu

$$\Delta y = [\varepsilon_\gamma (D - T)]_{i=1}^{n} + \\ + [\varepsilon_t \cdot \sin \varphi]_{i=1}^{n}, \qquad (292)$$

wenn $\varepsilon_\gamma$ und $\varepsilon_t$ den Fehler der Winkel $\varphi$, $t$ hingegen denjenigen der Seitenlängen und $n$ die Seitenzahl bezeichnet.

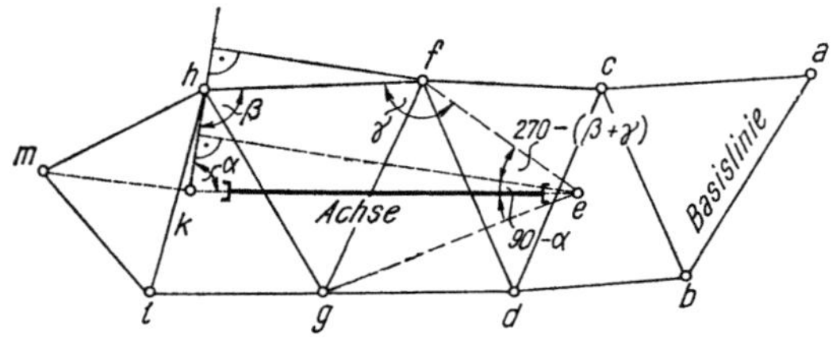


**Abb. 322. Absteckung durch lokale Triangulation mit eigener Basismessung**

Das Vorzeichen des ersten Gliedes ist positiv, wenn $\varphi_i$ den Winkel im Punkt 1 bezeichnet, dagegen negativ, wenn er dessen Ergänzung zu 360° darstellt.

Die Kette gemäß Abb. 321 läßt sich im übrigen genauso berechnen wie ein selbständiger Polygonzug, weil die Punkte $K$, 1, 2, 3, 4, 5 und $V$ auch hier als Punkte des Polygonzuges aufgefaßt werden können

Aus der selbständigen Dreieckskette läßt sich übrigens nach Abb. 322 der zur Absteckung der Tunnelachse $k - e$ nötige Winkel $\alpha$ bzw. die Tunnellänge $\overline{ke}$ auch unmittelbar ableiten:

$$\tan \alpha = \frac{hf \cdot \sin \beta - \overline{ef} \sin (\beta + \gamma)}{\overline{fe} \cdot \cos (\beta + \gamma) - \overline{hf} \cdot \cos \beta + \overline{kh}};$$

$$\overline{ke} = L = \sqrt{\left[\overline{hf} \cdot \sin \beta - \overline{fe} \cdot \sin (\beta + \gamma)\right]^2 + \left[\overline{fe} \cos (\beta + \gamma) - \overline{hf} \cos \beta + \overline{kh}\right]^2};$$

$$\overline{hf} = \overline{ab} \frac{\sin (bac) \cdot \sin (bca) \cdot \sin (def) \cdot \sin (gdf) \cdot \sin (kgf)}{\sin (acb) \cdot \sin (bdc) \cdot \sin (cfd) \cdot \sin (dgf) \cdot \sin (ghf)}. \qquad (293)$$

## 5.1.2. Markierung der Festpunkte

Die Bezeichnung der Festpunkte über Tage folgt im allgemeinen den Regeln der Geodäsie. Eine Ausnahme bilden die Achspunkte des Tunnels, die auch als Instrumentenaufstellungspunkte dienen. Zweckmäßig wird man sie als Pfeiler fixieren, ebenso jene Richtpunkte, die man in der Verlängerung der Tunnelachse zum Visieren benötigt. Hier bedarf es einer Vermarkung, in die die anzuvisierende

Marke, ein Metallstab, eingeschraubt werden kann. Beispiele für die Fixierung zeigt die Abb. 323, und zwar links die Lösung, die beim Bau des Simplontunnels gewählt wurde. Hat das Gelände eine feste Decke, kann der Festpunkt durch einen Bolzen fixiert werden, den man in einen Eisenkasten einbetoniert.

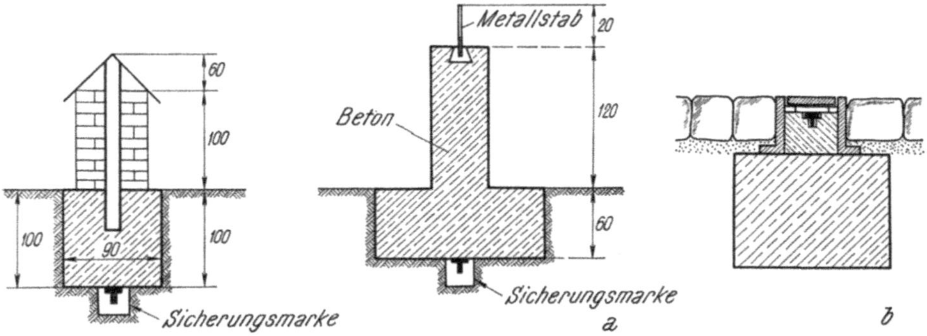


Abb. 323. Festpunktmarken für horizontale Vermessung

Im Tunnel pflegt man die Fixpunkte in die Firste zu verlegen. Von den vielen in Gebrauch stehenden Punktbezeichnungen bietet die Borchersche große Vorteile, weil sie sich bei der Linienabsteckung am besten bewährt. Der Borchersche U-Nagel ist in der Firste im voraus so zu befestigen, daß die Linie seinen waagrechten Teil schneidet. Die Bohrung zur Aufnahme der Lotschnur bringt man am Nagel erst nach Absteckung der Linie an (Abb. 324). Dem gleichen Zweck dient das links in der Abbildung dargestellte, auf einer Skala verschiebbare Lot.

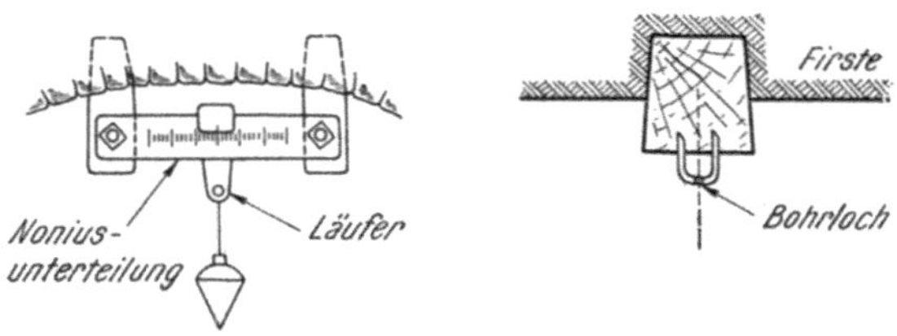


Abb. 324. Firstfestpunkte

## 5.1.3. Absteckung von Zwischenpunkten

In geraden Tunneln steckt man die Tunnelachse durch Richtungsmarken in Abständen von 20 bis 30 m ab, indem man den Theodolit auf dem letzten abgesteckten Punkt aufstellt und nach rückwärts jene Richtungsmarke anvisiert, die vom Instrument mindestens 3- bis 4mal weiter entfernt ist als der abzusteckende Punkt.

Danach schlägt man das Fernrohr um seine Horizontalachse durch und treibt in der gewünschten Entfernung und in der ungefähren Richtung in die Firste einen *Borcher*schen U-Nagel, an dem man den Punkt anzeichnet. Sodann zielt man in der gleichen Fernrohrlage nochmals den hinten gelegenen Punkt an, schlägt das Fernrohr wieder um seine Horizontalachse durch und zeichnet auch diesen Punkt am Nagel an. In der Mitte zwischen diesen durch zweimaliges Anvisieren bestimmten Punkten wird der Nagel durchbohrt. Die Bohrung bezeichnet den abgesteckten Punkt. Im Tunnel steckt man Achspunkte — dem Arbeitsfortschritt folgend — in Abständen von 20 bis 30 m ab. In der dunklen Arbeitsstrecke muß das Fadenkreuz des Theodolits beleuchtet sein.

Beim Anzielen über größere Entfernungen hinweg dienen zur Bezeichnung der genauen Punkte Metallplatten, die man in der Scheitellinie des Tunnels anbringt. Diese Platten haben eine kreuzförmige Lochung, hinter die man eine Lichtquelle stellt. Das helle Licht, das in dem schmalen Spalt erscheint, bildet einen vorzüglich anzielbaren Visierpunkt. Bewährt haben sich auch von hinten beleuchtete Mattglasscheiben, auf die ein schwarzes Kreuz oder eine andere gut anzielbare Figur mit gut erkennbarer Mittellinie aufgemalt ist (Abb. 325).

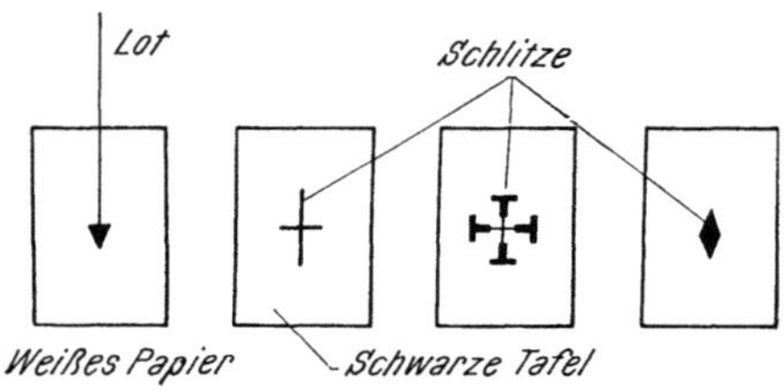


Abb. 325. Richtungsmarken aus Metall

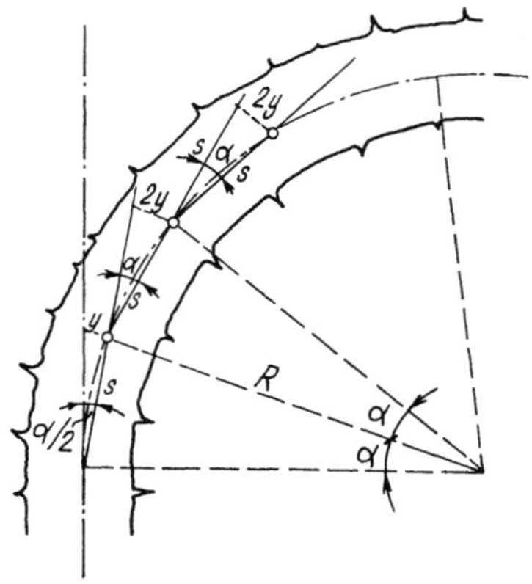


Abb. 326. Absteckung einer Tunnelkrümmung mit Sehnenwinkeln

Eine im Bogen verlaufende Tunnelachse steckt man von der verlängerten Sehne aus gemäß Abb. 326 anhand der Beziehungen

$$\sin\frac{\alpha}{2} = \frac{s}{2R}; \tag{294}$$

$$y = \frac{s^2}{2R} \tag{295}$$

ab, wobei man den Wert von $\alpha$ auf Grund der Sehnen-(Bandmaß-)Länge zu wählen pflegt.

## 5.1.4. Die Möglichkeiten zur Erhöhung der Absteckungsgenauigkeit

Die hohen Anforderungen an die Genauigkeit der Tunnelachsenabsteckung ergeben sich aus der Notwendigkeit, die Abweichung beim Durchschlag möglichst niedrig zu halten. Die Genauigkeit der Absteckung verbürgen vor allem

1. die Anlage eines einwandfreien übertägigen Festpunktnetzes,
2. sorgfältige, mehrfach wiederholte Messungen.

Die Verläßlichkeit der Festlegung einer Tunnelachse steigern beispielsweise

— der Vortrieb von Richtstollen kleineren Querschnitts,
— das Niederbringen von Bohrungen in der Tunnelachse (Abb. 327) und
— beim Bau parallel verlaufender Tunnelröhren der Ausbruch von Verbindungsstollen, weil man auf diese Weise einen zum Abstecken gut geeigneten geschlossenen Polygonzug erhält (Abb. 328).

1. Die Zuverlässigkeit des übertägigen Festpunktnetzes läßt sich — wie gezeigt — durch Anlage eines selbständigen Dreiecksnetzes steigern. Vom Netz wird

für gewöhnlich gefordert, daß der relative Seitenlängenfehler 1/50000 nicht übersteigt. Von der Verläßlichkeit kann man sich durch Kontroll-Richtungsmessungen von jenen Punkten aus überzeugen, die man zu benutzen gedenkt. Schlüsse auf die

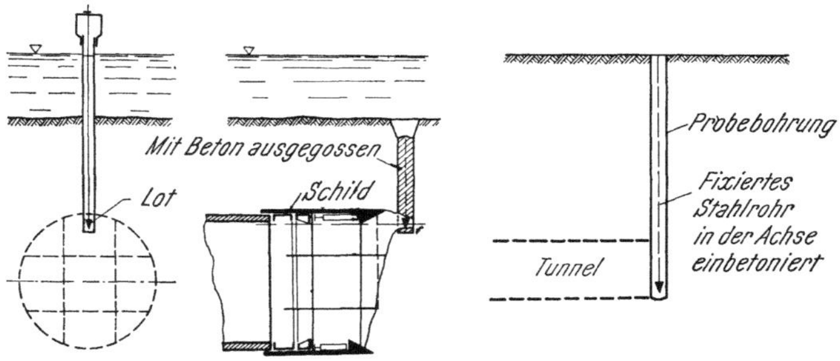


Abb. 327. Von der Oberfläche aus hergestellte Bohrungen mit Kontroll-Loten für die Tunnelauffahrung

Verläßlichkeit der Richtungen zu ziehen, ermöglichen der Orientierungswinkel $z_i$ der einzelnen Richtungen sowie das Mittel der Orientierungswinkel $\bar{z}$ aus den an den einzelnen Punkten durchgeführten Messungen. Es gilt.

$$\bar{z} = \frac{[z_i]_{i=1}^{n}}{i},$$

und ist

$$\zeta_1 = z_1 - \bar{z},$$

$$\zeta_2 = z_2 - \bar{z},$$

$$\zeta_n = z_n - \bar{z},$$

dann beträgt der mittlere Fehler der Orientierungswinkel

$$\mu_1 = \sqrt{\frac{[\zeta\zeta]}{i-1}}.$$

Bei langen Tunneln muß $\mu_1$ einen niedrigeren Wert haben als bei kurzen. So entsteht z. B. bei einem $\mu_1 = \pm 1''$ aus der Richtungsunsicherheit von $1''$ je Kilometer ein auf die Richtung senkrechter Fehler von $\pm 5$ mm, der im ungünstigen Fall selbst auf das Dreifache, d. h. auf $\pm 15$ mm ansteigen kann.

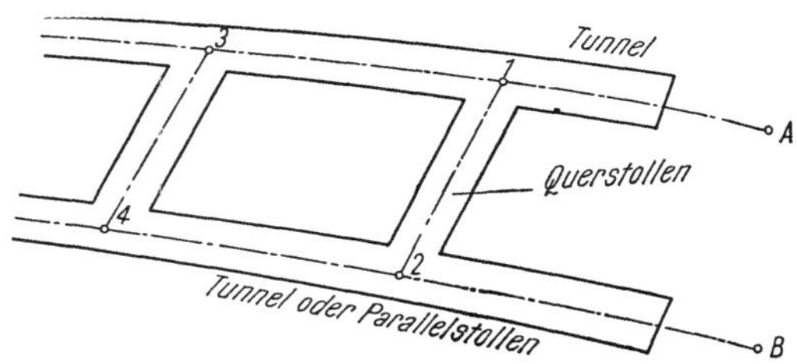


Abb. 328. Die Anlage „versteifender“ Querverbindungen zwischen Parallelstollen

2. Im Tunnelbau bedarf es *überaus sorgfältiger Messungen, und überaus wichtig ist es, sie mehrere Male zu wiederholen,* und dies nicht nur, weil damit die Wahrscheinlichkeit grober Meßfehler vermindert wird, sondern auch deshalb, weil man es durch mehrmal wiederholtes Anbringen von Richtmarken in der Hand hat, einen Teil der Meßfehler zu einer reinen Zufallssache zu machen und damit die Genauigkeit der Tunnelabsteckung zu erhöhen. Zweckmäßig wird man bei den

Messungen Theodolite mit einer Ablesegenauigkeit von 1″ und besonders bei kurzen Richtungen solche mit *Zwangszentrierung* benutzen. Ausführlicher soll hierauf weiter unten eingegangen werden. Beim Bau der bekannteren großen Tunnel haben sich die in Tab. 36 zusammengefaßten Durchschlagabweichungen ergeben.

Tabelle 36. *Durchstichfehler von bekannten Tunneln*

| Tunnel | | Horizontale | Vertikale |
|---|---|---|---|
| Name | Länge (km) | Durchstichfehler (mm) | |
| Gotthard | 14,9 | 250 | 100 |
| Simplon | 19,7 | 202 | 87 |
| Lötschberg | 14,5 | 257 | 102 |
| London (Untergrundbahn) | 2,5 | 63,5 | — |
| Mont-Blanc | 11,6 | 13,5 | 200 |
| Tauern | 5,55 | 550 | 56 |
| Hauenstein | 8,13 | 50 | 10 |
| Suramsk | 3,99 | 130 | 40 |
| Wasserfluth | 3,55 | 50 | 10 |

## 5.1.5. Höhenabsteckung

Die Höhenabsteckung von Tunneln, die unmittelbar von der Oberfläche aufgefahren werden, erfolgt ebenso wie ober Tage durch Festpunktnivellements. Eine Abweichung besteht nur in der Festlegung der Festpunkte.

Wesentlich ist es hierbei, die Höhe des Anfangspunktes ($K$) und des Endpunktes ($V$) des Tunnels auf ein und dasselbe Höhensystem zu beziehen oder von

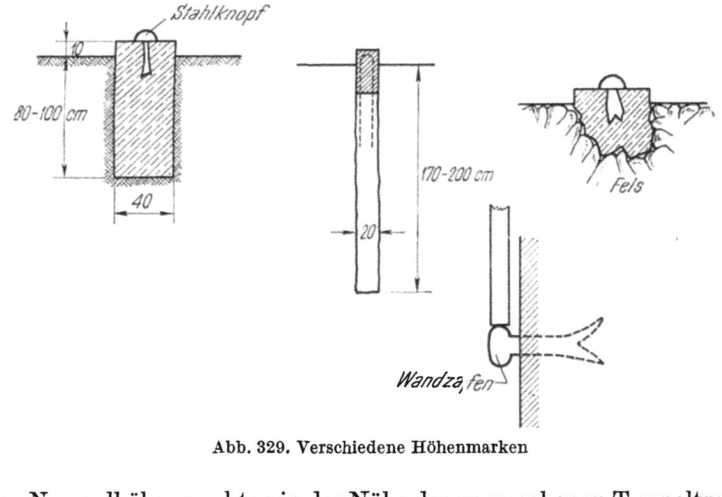


Abb. 329. Verschiedene Höhenmarken

amtlichen Normalhöhenpunkten in der Nähe der vorgesehenen Tunneltrasse auszugehen. Zur Kontrolle wird man die Höhenlage der Punkte $K$ und $V$ zweckmäßig selbst dann durch Gegennivellement bestimmen, wenn ihre Höhe bekannt ist. Diese Punkte sind sorgfältig und dauerhaft zu bezeichnen. Beispiele für Festlegungsarten zeigt die Abb. 329. Sehr gut bewähren sich in geeigneten Boden

Bohrpfähle, eventuell mit vorgefertigtem Kopfteil. Sie haben den Vorzug, wesentlich tiefer verlegt werden zu können als die vorgefertigten Nivelliersteine.

In der Vortriebsstrecke selbst werden zur provisorischen Bezeichnung in die Türstockstempel Nägel eingetrieben. Vor dem Hochführen der Widerlager müssen die Höhenverhältnisse in der Strecke nochmals überprüft werden. Die endgültigen Höhenfestpunkte werden durch Bolzen bezeichnet, die man in die fertigen Widerlager so einbetoniert (vgl. Abb. 329), daß man die Nivellierlatten auf sie aufstellen kann. Das Nivellement ist auf Millimeter genau durchzuführen. Die Latte wird durch eine geeignete Lichtquelle (Handreflektor) beleuchtet. Im Tunnelinneren kommt auch eine von hinten beleuchtete Nivellierlatte mit Glastafel in Frage, wie etwa die *Cséti*sche transparente Nivellierlatte entsprechend Abb. 330.

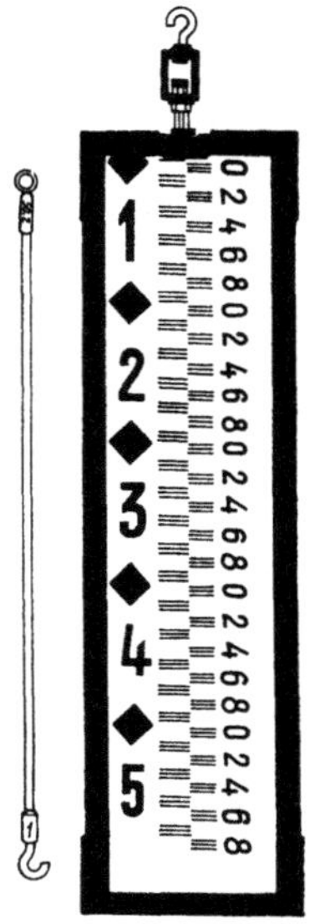

Abb. 330. Glas-Scheibe für Nivellement nach CSÉTI

Neuerdings sind auch Latten mit Leuchtziffern und Leuchtteilung erhältlich. Die Leuchtfarben werfen auftreffendes Licht auf die Stelle der Lichtquelle zurück. Im Licht einer auf das Fernrohr des Nivellierinstruments aufgesetzten gewöhnlichen Taschenlampe mit Stabbatterie lassen sich derartige Latten auch im Dunkeln sehr gut ablesen.

Der mittlere Durchstichfehler aus der Höhenabsteckung errechnet sich zu

$$\mu_{ds} = \pm \mu_{\text{km}} \sqrt{L}, \tag{296}$$

worin $\mu_{\text{km}}$ den mittleren Kilometerfehler des Nivellements, $L$ hingegen die Entfernung des Höhenfestpunktes von der Stelle des Zusammentreffens der Vortriebe in Kilometer bezeichnet. Ist der mittlere Fehler $\mu_a$ des Höhenfestpunktes bekannt, von dem die Höhenabsteckung ihren Ausgang nahm, dann beträgt die Gesamtabweichung des Durchstiches

$$\mu_{dsg} = \sqrt{\mu_{1y}^2 + \mu_a^2}. \tag{297}$$

## 5.2. Das Abstecken nicht unmittelbar von der Erdoberfläche aus aufzufahrender (Untergrundbahn-)Tunnel

### 5.2.1. Horizontalabsteckung

Nach ihrer Lage zur Erdoberfläche unterscheidet man zwischen zweierlei Arten von Untergrundbahnen:

a) unmittelbar unter der Fahrbahndecke geführte U-Bahnen, sogenannte Unterpflasterbahnen,

b) in tief gelegenen Tunneln geführte Tiefbahnen.

Der Bau von Tiefbahnen beginnt mit dem Abteufen lotrechter Schächte. Diese und die ganze Tunneltrasse werden auf Grund der in den Entwürfen angegebenen ziffernmäßigen (numerischen) geodätischen Daten (Koordinaten) abgesteckt.

Hieraus folgt, daß das geodätische Festpunktnetz schon vor Beginn der Entwurfsarbeiten vorliegen muß. Im Hinblick auf das Grundwasser werden die Schächte in der Regel unter Druckluft abgeteuft, wobei die Verbindung zwischen Baustelle (Außenluft) und Arbeitskammer (Druckluft) lediglich durch ein Schachtrohr von 90 bis 100 cm Durchmesser hindurch aufrechterhalten werden kann. Dieses Schachtrohr bietet die einzige Möglichkeit zum Ein- und Ausschleusen von Personen, Baustoffen und Aushubmassen und selbstverständlich auch zur Richtungsübertragung bis hinab auf die Schachtsohle.

Derartige Schächte, die im weiteren als Lüftungsschächte und für Instandhaltungszwecke verwendet werden, sind am U-Bahntunnel entlang in Abständen von 600 bis 1200 m erforderlich. Mit der eigentlichen Tunnelröhre bzw. mit der Schildkammer an den Anschlußstellen sind die Schächte durch 30 bis 40 m lange sogenannte Lüftungsstollen verbunden (vgl. Abb. 334 und 565). In diesem ersten Bauabschnitt bedürfen die Arbeiten — besonders bei Schildvortrieb — der ständigen vermessungstechnischen Überwachung und der sorgfältigsten Richtungs- und Höhenübertragung.

### 5.2.1.1. Das übertägige Festpunktnetz

*5.2.1.1.1. Arten von Festpunktnetzen.* An übertägigen horizontalen Festpunktnetzen für die Absteckung von U-Bahntunneln kommen in Frage:

*a*) der selbständige präzise Polygonzug,
*b*) die selbständige Dreieckskette und
*c*) ein das ganze Gebiet erfassendes präzises Dreiecksnetz.

*a*) *Absteckung auf Grund eines selbständigen präzisen Polygonzuges.* Geht man bei Absteckung einer Linie unter Tage von einem übertägigen präzisen Polygonzug aus, wird man besonders auf die Genauigkeit der Winkelmessung im Polygonzug zu achten haben. Bei der Übertragung der Linie kommen nämlich Fehler in der Messung der Polygonzugwinkel in vollem Umfang zur Geltung, während Fehler in der Bestimmung der Punktkoordinaten bzw. der Seitenlängen im untertägigen Raum bloß Verschiebungen verursachen (Abb. 331). Zur Absteckung von weniger als 1 km langen U-Bahn-Tunnelabschnitten kann auch der präzise Polygonzug genügen. Zur präzisen Polygonierung benutzt man einen Theodolit mit einer Ablesegenauigkeit von 1″ und eine Basislatte mit Invareinlage, die waagrecht gehalten wird. (Zu den selbständigen Polygonzügen vgl. auch noch Kap. 5.1.1.2.2.)

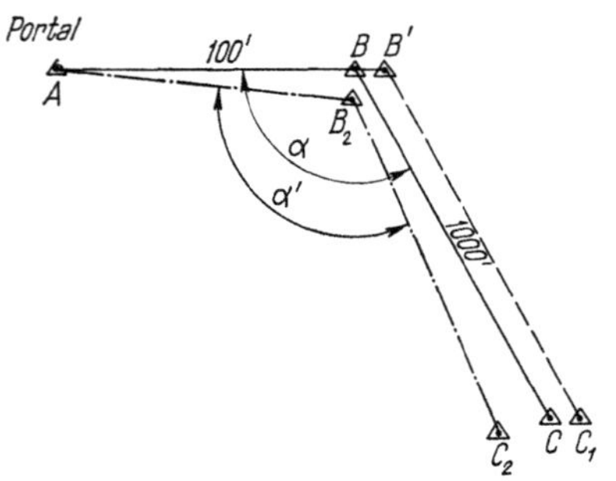


Abb. 331. Eckpunktverschiebungen im unterirdischen Polygonnetz durch Aufstellungs- und Winkelmeßfehler

*b*) *Absteckung auf Grund eines selbständigen Dreiecksnetzes.* Längere Tiefbahntunnel werden auf Grund selbständiger Dreiecksnetze abgesteckt. Diese sind in Kap. 5.1.1.2.2. bereits behandelt worden, hier soll lediglich jener Sonderfall kurz gestreift werden, in welchem der Tunnel nicht nur von seinen beiden Endpunkten, sondern im Gegenvortrieb von Schächten aus aufgefahren wird, die in zwischengelegenen Punkten, d. h. etwa in den Punkten $A$ und $B$ abgeteuft werden (Abb. 332). In solchen Fällen dürfen die Winkel $\varphi$ und $\psi$ stets nur auf Grund der betreffenden Netzteile und Polygonzüge berechnet werden. Im Beispiel ergibt sich also der Winkel $\varphi$ aus $\alpha_1$ und $\alpha_2$, der Winkel $\psi$ hingegen aus $\beta_1$ und $\beta_2$.

*c) Absteckung auf Grund eines das gesamte Baugelände umfassenden (städtischen) Dreiecksnetzes.* Nach den sowjetischen Bauvorschriften ist es gestattet, sich bei Absteckung von U-Bahntrassen auf die Punkte des städtischen Triangulationsnetzes I. und II. Ordnung zu stützen, aber auch auf Punkte des Netzes III. Ordnung, sofern dessen relativer Seitenfehler nicht größer ist als 1:50000.

In einer Abhandlung über die Vermessungsarbeiten beim Bau einer Untergrundbahn gelangte Z. Kowalczyk zu der Feststellung, daß sich das städtische Dreiecksnetz nur zur Absteckung von Unterpflasterbahnen eignet, die in offener Baugrube ausgeführt werden, während beim Bau von Tiefbahnen die Anlage eines selbständigen Dreiecksnetzes oder die selbständige präzise Polygonierung nicht zu umgehen ist. Ohne Zweifel befriedigt nicht jedes städtische Netz die schwierigen Anforderungen einer Vermessung von Tiefbahntrassen, weshalb städtische Netze vor ihrer Verwendung sorgfältig überprüft werden müssen. Geht man von den sowjetischen Bauvorschriften aus, wird man an das Netz die Anforderung stellen, daß der relative Seitenlängenfehler nicht größer sein darf als 1:50000. Beim Bau der Budapester Tiefbahn stützte sich die Absteckung auf das vorhandene städtische Dreiecksnetz, nachdem die genaue Überprüfung ergeben hatte, daß es der erwähnten Genauigkeitsanforderung genügt.

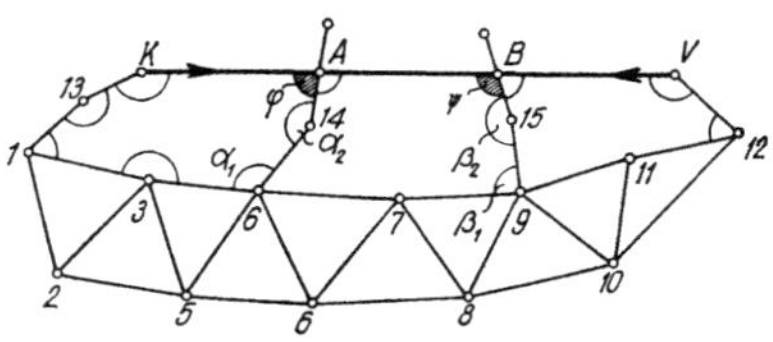


Abb. 332. Absteckung mit Hilfe eines selbständigen Triangulationsnetzes mit einem vom zwischenliegenden Schacht aus aufgefahrenen Hilfsstollen

Die Messungen, die zur Überprüfung der Verläßlichkeit der Punktbestimmung — von K. Oltay — vorgenommen wurden, führten zu dem Ergebnis, daß der relative Fehler der Seitenlängen zwischen zwei Triangulationspunkten der niedrigsten Ordnung rund 1:45000 beträgt, weshalb die Annahme berechtigt war, daß er bei den Punkten höherer Ordnung zwischen 1:45000 und 1:100000 liegt.

*5.2.1.1.2. Verdichtung des Festpunktnetzes.* Um die Richtungen bis hinab in den Tunnel übertragen zu können, benötigt man im Umkreis um jeden Schacht zwei bis drei Höhenpunkte und mindestens einen Geländepunkt in unmittelbarer Nähe des Schachtes.

Als Höhenpunkte kommen stets feste Bauwerke (auf Schornsteinköpfe aufgebaute, über den Dachfirst hinausragende Pfeiler, u. dgl.) in Frage, auf denen auch Instrumente aufgestellt werden können, während zur Bezeichnung der Geländepunkte in Pfeiler oder Eisenschränke einbetonierte Bolzen dienen (vgl. Abb. 324). Die Bodenpunkte unmittelbar am Schacht sind infolge des Verkehrs der Gefahr einer Verschiebung ausgesetzt, weshalb sie an solchen Stellen in Betonwürfel mit 1,0 m Kantenlänge zu verlegen sind. Besteht wegen der Bauarbeiten keine Möglichkeit, den Punkt durch einen Pfeiler zu sichern, führt man einen solchen zumindest für die Dauer der Schachtlotung über dem Eisenschrank hoch.

Die Höhen- und die Bodenpunkte um die Schächte werden nach folgenden Gesichtspunkten verlegt (Abb. 333 und 334).

1. Von jedem Höhenpunkt eines Schachtes sollen tunlichst viele Höhenpunkte der benachbarten Schächte angezielt werden können.
2. Die Bodenpunkte sollen in die durch die Höhenpunkte bestimmten Dreiecke zu liegen kommen.
3. Die Höhenpunkte sollen nahe an die Tunnelachse, mindestens einer von ihnen jedoch an eine Stelle außerhalb der Setzungszone verlegt werden.
4. Einer der Höhenpunkte soll in die Ausbruchsrichtung fallen.

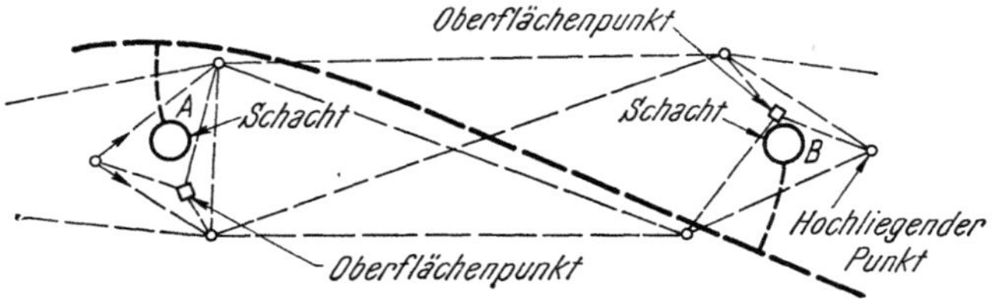


Abb. 333. Zweckmäßige Verlegung der Orientierungs-Basispunkte

Je ein Höhenpunkt wird durch mindestens 5 äußere Richtungen bestimmt. An den bekannten Punkten wählt man zumindest 4 gleichmäßig verteilte Orientierungsrichtungen. Zu den in vier Kreisstellungen durchzuführenden Messungen benutzt man Theodolite mit einer Ablesegenauigkeit von 1″. In 4 Kreisstellungen sind auch die Richtungsmessungen auf den Neupunkten selbst vorzunehmen, wobei man in den Satz außer den bekannten Punkten auch die Höhenpunkte der benachbarten Schächte einbezieht.

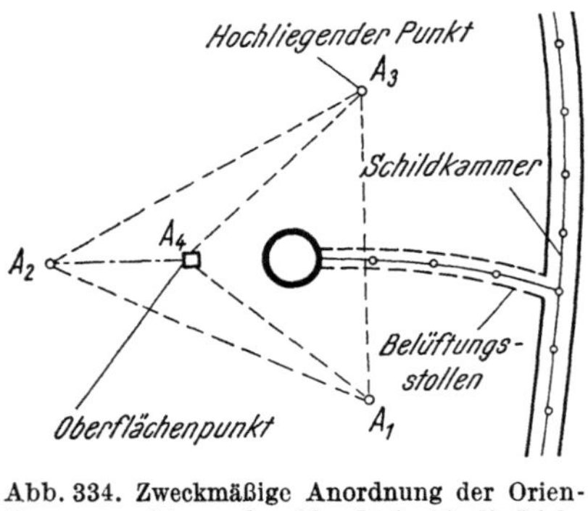


Abb. 334. Zweckmäßige Anordnung der Orientierungspunkte an der Oberfläche für die Richtungsübertragung nach unten

Führt man die in den einzelnen Kreisstellungen ermittelten Richtungswerte auf ein und dieselbe Ausgangsrichtung zurück, dürfen die für die einzelnen Richtungen ermittelten Werte voneinander um höchstens 3″ abweichen. Ergeben sich in einer der Kreisstellungen größere Abweichungen, muß der betreffende Satz wiederholt werden.

Die Messungen müssen in den frühen Morgen- oder in den späten Nachmittagsstunden durchgeführt werden, wobei man darauf zu achten hat, daß die Richtungen nicht nahe an sonnenbestrahlten und erhitzten Bauwerken vorbei oder über Schornsteine hinweg verlaufen, weil sich daraus erhebliche refraktionsbedingte Fehler ergeben können. Die Instrumente sollen tunlichst auf einen Pfeiler aufgestellt werden. Um das Instrument zentrisch aufstellen zu können und ein präziseres Anvisieren zu ermöglichen, bedient man sich einer *zwangszentrierten Sohlenplatte* mit drei Flügeln für die Fußschrauben des Geräts und mit Präzisions-Punktmarke, während man das Untergestell des Instrumentes durch Ausgießen mit Gips auf dem Pfeiler fixiert. Auf diesem pflegt man zusätzlich auch ein Dreifußgestell (Abb. 335) zu benutzen. (Die Zwangszentriervorrichtung wird in Kap. 5.2.1.3. noch näher behandelt werden.)

Die Berechnung der Höhenpunkte zur Ausgleichung erfolgt nach der Methode des Koordinatenausgleichs, und zwar gesondert je Ausgleichungsgruppe derart, daß die Höhenpunkte je zweier benachbarter Schächte zu einer Gruppe zusammengefaßt werden (Abb. 336).

Auf diese Weise erhält man für jeden Höhenpunkt zweierlei Koordinaten. Um die Möglichkeit von Fehlern aus dieser Tatsache auszuschalten, wird man in die schriftlichen Aufzeichnungen über die Punkte vermerken müssen, auf welche Ausgleichsgruppe bzw. auf welchen Tunnelabschnitt sich die einzelnen Koordinaten beziehen. Abgesehen davon, daß dieses Verfahren die verläßlichsten Ergebnisse liefert, weil es die absolute Einheitlichkeit der Absteckung jedes von zwei benachbarten Schächten begrenzten Tunnelabschnittes verbürgt, bietet es auch die Möglichkeit zur unmittelbaren Prüfung der Richtigkeit der Punkte; denn sind Netz, Messungen und Berechnung richtig, können sich zwischen den zweierlei Koordinaten nur geringfügige Abweichungen ergeben.

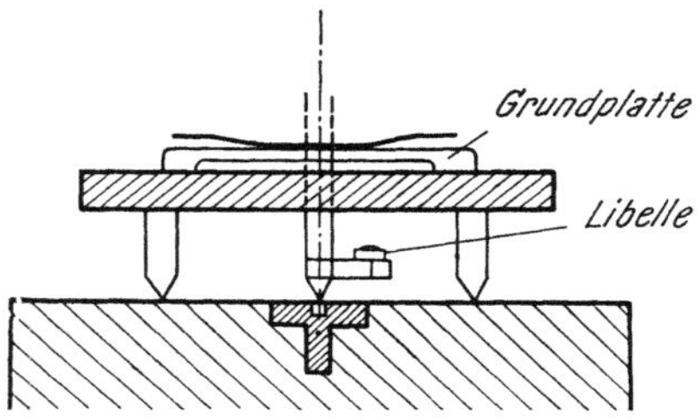


Abb. 335. Instrumentenuntersatz für die Präzisionssteigerung der zentrischen Aufstellung

Die ermittelten mittleren Fehler beziehen sich auf die in die Bestimmung einbezogenen Punkte. Aus ihnen kann man auch mit größerer Sicherheit auf die im betreffenden Tunnelabschnitt zu erwartende Abweichung beim Durchschlag folgern.

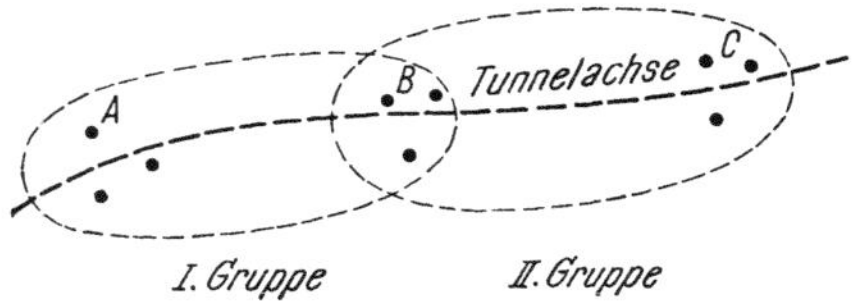


Abb. 336. Auswahl der Punktscharen für Ausgleichszwecke

Auf diese Weise läßt sie die Berechnung der benachbarten Ausgleichungssysteme durch Winkelmessungen an den Anschlußpunkten auch unmittelbar kontrollieren. Man verfährt hierbei wie folgt:

Es sei angenommen, daß vom Anschlußpunkt $B_1$ des Schachtes $B$ der Winkel gemessen wurde, den die Richtungen zu den Punkten $A_1$ und $C_1$ der Schächte $A$ und $C$ einschließen. Dieser Winkel muß mit den durch jene Richtungswinkel bestimmten Brechungswinkeln übereinstimmen, die sich mit den aus der gemeinsamen Ausgleichung der Punkte $A_1$ und $B_1$ sowie $B_1$ und $C_1$ resultierenden Koordinaten ergeben. Führt man die gleiche Messung und Berechnung auch für die weiteren Richtungen durch, dann erhält man als Mittel zwischen den gemessenen und den berechneten Winkelgrößen die vermessungstechnisch unvermeidliche Brechung der beiden Tunnelabschnitte. Am Schacht oder an der Schildkammer wird diese Brechung — es kann sich um einige Sekunden handeln — gar nicht auffallen, doch kann sie sich bei einem Vortrieb von beiden Seiten her eventuell bemerkbar machen. Deshalb ist es richtig, die Berechnungen je Tunnelabschnitt gesondert mit den für den betreffenden Abschnitt gültigen Koordinaten durchzuführen.

Bemerkt sei hierzu, daß es bei den weiteren Messungen und Berechnungen durchaus genügt, das arithmetische Mittel der beiden Koordinaten zu berücksichtigen, wenn die Koordinatendifferenz aus den zweierlei Ausgleichungen nicht mehr als wenige Millimeter beträgt. Bei den Anschlußpunkten der Budapester Untergrundbahn differierten die aus den zweierlei Ausgleichungen gewonnenen Koordinaten um maximal 7 mm, während der mittlere Fehler der Punktkoordinaten in keinem einzigen Fall mehr als 5 mm betrug. Die Abweichung zwischen den gemessenen und den rechnerisch ermittelten Brechungswinkelwerten dagegen lag um 5″. Die Festpunkte unmittelbar neben den Schächten müssen von den Anschlußpunkten aus mit Einpunkt-Ausgleichung selbständig bestimmt werden. Man mißt hierbei in zwei Kreisstellungen sowohl auf den in die Bestimmung einbezogenen Anschlußpunkten als auch auf dem Festpunkt am Schachtkranz. Die Anschlußpunkte rings um die Schächte sind nach einem einheitlichen Messungsplan und -programm jährlich mindestens einmal von neuem festzulegen, ein Vorgang, der sich deshalb als nötig erweist, weil er die Punkte auf eventuelle Bewegungen zu überprüfen gestattet und weil er die Genauigkeit erhöht.

Wie schon erwähnt, *bilden die durch die Bauarbeiten ausgelösten Bodenbewegungen eine häufige, nicht zu vernachlässigende Quelle von Fehlern in dem zum Bau von Untergrundbahnen erforderlichen übertägigen Festpunktnetz* (vgl. Kap. 7.3.2.).

Für Zwecke eines U-Bahnbaues verläuft nach den Mitteilungen von Kowalczyk [125] ein Polygonzug über bzw. nahe der Gleisachse, während zwei flankierende Züge jenseit der Setzungszone liegen. Der Abstand der Polygonzüge voneinander beträgt durchschnittlich 500 m, und in Abständen von je etwa 500 m sind sie durch Polygonzüge miteinander verbunden. Bei noch breiteren Setzungszonen im Baubereich muß ein Dreiecksnetz angelegt werden.

Dem Bau der Moskauer Metro liegen Polygonzüge zugrunde, die an Triangulationspunkte angeschlossen sind und die Setzungszone überziehen. Nach den dortigen Bauvorschriften wird angenommen, daß *die Breite der Setzungszone das Vierfache der Tunneltiefe erreichen kann*, d. h. sie ist in die Berechnungen mit diesem Wert einzuführen.

Vermessungstechnische Gesichtspunkte stellen an die Verlegung der Festpunkte für die Horizontalabsteckung einander widersprechende Anforderungen. Während es vermessungstechnisch begründet erscheint, die Festpunkte möglichst nahe an die Gleisachse heranzubringen, weil sich hierbei ein Punktkoordinatenfehler am wenigsten auswirken wird, muß man sich im Hinblick auf die unvermeidlichen Setzungen mit den Festpunkten von der Tunnelachse tunlichst weit entfernt halten.

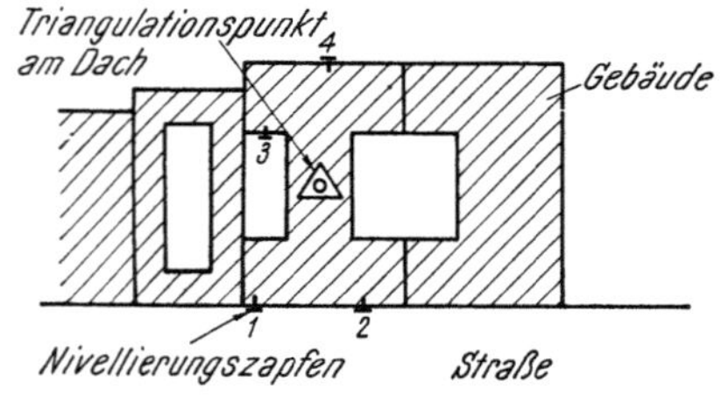

Abb. 337. Verlegung der Hochmarken an Gebäudegruppen

Mit Rücksicht auf das Gesagte wird bei der Festlegung der Höhenpunkte folgendes zu beachten sein:

1. *Ein* Höhenpunkt am Schacht soll stets außerhalb der Setzungszone (dem Vierfachen der Tunneltiefe) liegen.

2. Die Bewegung von Bauwerken, an denen sich Höhenpunkte befinden, müssen durch Feinnivellement ständig überwacht werden. An derartigen Bauwerken müssen mindestens 3 Höhenmarken derart angebracht werden, daß sie die Messung von Bewegungen des Gebäudes in zwei aufeinander senkrechten Ebenen gestatten (Abb. 337).

3. Jene Punkte, die nach den Ergebnissen dieser Messungen in Bewegung geraten sind, müssen von den Ausgangspunkten des Netzes aus als Neupunkte nochmals festgelegt werden. In der gemeinsamen Ausgleichung hat man bei der Gruppierung der Punkte darauf zu achten, daß bei jedem Schacht der außerhalb der Setzungszone gelegene Punkt in die Gruppe einbezogen wird. Damit läßt sich erreichen, daß sich bei den neueren Punktfestlegungen nur die Koordinaten des in Bewegung geratenen Punktes wesentlich ändern.

### 5.2.1.2. Richtungsübertragung in den Untertageraum durch den Schacht hindurch

Die Einfügung der unterirdischen Messungen in das übertägige Koordinatensystem und ihre Orientierung an diesem kann

durch mechanisches Schachtloten,
auf optischem Wege und
mit dem Meridianweiser

vorgenommen werden.

Magnetische, d. h. Messungen mit der Bussole kommen für die untertägige Orientierung beim Bau von Untergrundbahnen nicht in Frage, teils weil sie zu wenig genau sind (Richtungsfehler von 1′ bis 2′), teils weil das viele Eisenmaterial und die vielen elektrischen Leitungen ihre Anwendung ohnehin unmöglich machen.

5.2.1.2.1. *Mechanische Schachtlotung.* Beim Bau von Untergrundbahnen werden die Richtungen — sofern man äußerste Genauigkeit anstrebt — stets mit dem Lot übertragen. Das 10 bis 25 kg schwere Senklot hängt hierbei an einer hochfesten verzinkten Stahlsaite von 0,3 bis 0,5 mm Durchmesser, die auf eine Haspel aufgewickelt ist. Diese sitzt etwa 2 bis 3 m hoch über der Schachtöffnung auf einem Balken entsprechender Tragfähigkeit.

Bei der mechanischen Schachtlotung bestimmt man durch Absenken zweier Lote eine lotrechte Ebene, deren Richtung im Raum über Tage festgelegt wird und an der sich die untertägigen Messungen orientieren (Abb. 338).

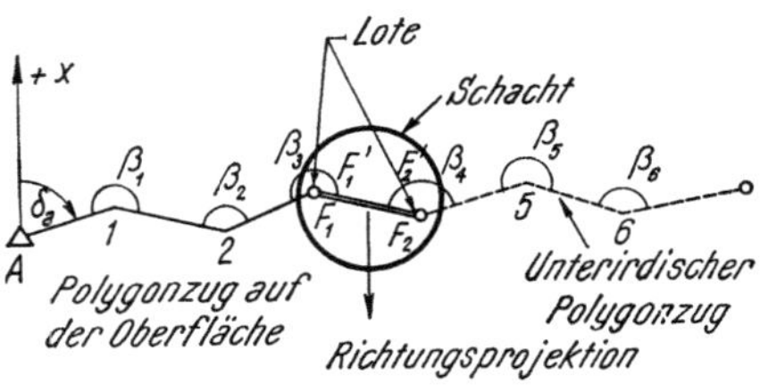


Abb. 338. Lage der Polygonzüge mit Richtungsprojektion in den Schacht

Die über- und die untertägigen Brechungswinkel in den Loten $F_1$ und $F_2$ werden bei zentrischer Lotung unmittelbar gemessen, bei exzentrischer Lotung hingegen indirekt, auf rechnerischem Wege ermittelt. Während des Messens dürfen sich die Senklote nicht bewegen, eine Bedingung, die nur über Tage erfüllt werden kann, weil sie dort fixiert sind.

Unter Tage hat man im allgemeinen zwei Möglichkeiten, das Pendeln des Lotes zum Stillstand zu bringen. Die eine Möglichkeit besteht im Dämpfen der Ausschläge durch einen dickflüssigen Stoff, die andere in der Bestimmung der Mittellage des Lotes durch Beobachtung seiner Ausschläge in zwei aufeinander senkrechten Ebenen sowie in seiner Fixierung in der durch die Messungen bestimmten Lage. Ein größeres Lotgewicht verkürzt zwar die Schwingungsdauer, doch macht ein zu großes Gewicht die Lotung umständlich, abgesehen davon, daß es einen weit stärkeren Aufhängedraht erfordert.

Zur Dämpfung bringt man am Lot dämpfende Flügel an und läßt es in ein Gefäß eintauchen, das mit einem dickflüssigen Stoff (etwa mit Altöl) gefüllt ist (Abb. 339).

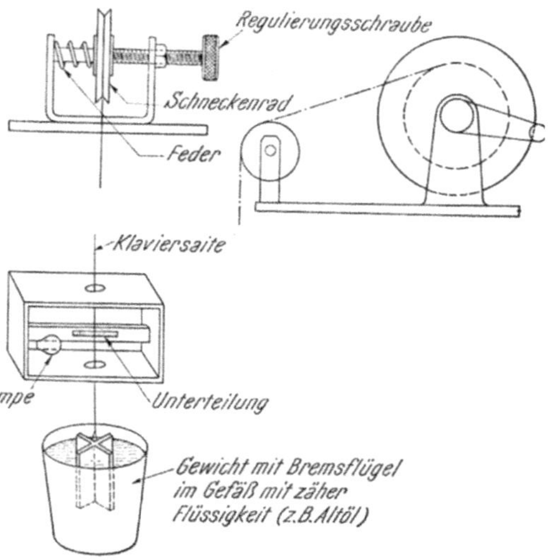


**Abb. 339. Schwingungsdämpfer für Schachtlot, Ablaßtrommel und Ableseskala**

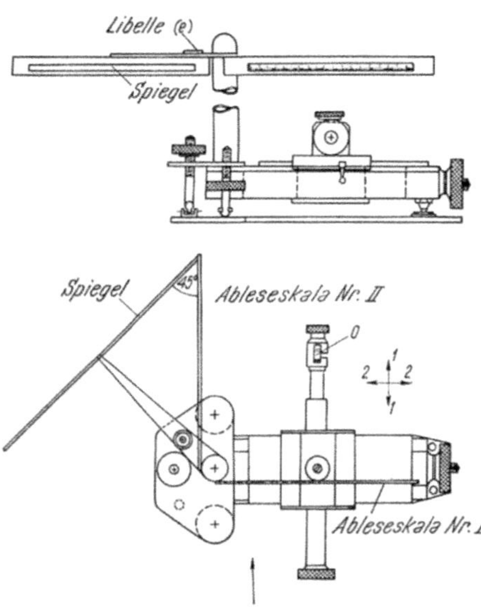


**Abb. 340. Die Schachtlotungsvorrichtung von Sopron**

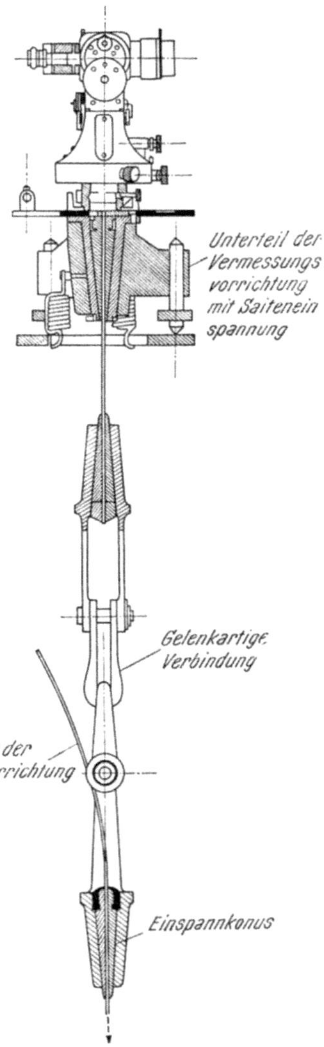


Abb. 341. Schachtlotungsvorrichtung von WILSKI-HORNOCH

Zur Lotung mit Beobachtung der Ausschläge benutzt man in Ungarn die Soproner Schachtlotungsvorrichtung (Abb. 340). Sie besteht aus zwei Glasplatten (I. und II.), die in aufeinander senkrechten Ebenen stehen, aus einem verstellbaren Spiegel sowie aus einer Drahtklaue (*o*), die an zwei senkrecht aufeinander verlaufenden Geraden entlang verstellbar ist. Die ganze Vorrichtung ruht auf einer Metallplatte mit drei Fußschrauben und mit einer Libelle (*e*) zur Horizontierung der Platte.

Der Lotaufhängedraht schwingt hinter den Skalen I und II. Die Größe der Ausschläge wird von der Skala I unmittelbar, von der Skala II mit einem in einen Winkel von 45° eingestellten Spiegel abgelesen. Auf der Skala I ist 30 die größte, auf der Skala II hingegen die kleinste Zahl, so daß die Ablesungen nicht verwechselt werden können.

Beim Messen läßt man das Lot zuerst parallel zur Skala I und sodann parallel zur Skala II pendeln, wobei man die Extremwerte von je 5 Ausschlägen nach links und nach rechts zunächst von der Skala I und sodann von der Skala II abliest. Zur Erhöhung der Meßgenauigkeit mißt man in mindestens 3, ausnahmsweise auch in 6 bis 10 Meßsätzen.

Bei der *zentrischen Schachtlotung* werden die Winkel im Lot, wie bereits erwähnt, über und unter Tage unmittelbar gemessen. Zum Messen der Winkel über Tage eignet sich die *Wilski-Hornoch*sche *Schachtlotungsvorrichtung* (Abb. 341) besonders gut. Die Abbildung zeigt die Drahteinspannvorrichtung am Geräteunterbau mit dem Doppelkonuspaar. Im Raum unter Tage wird die Ruhelage des Lotes durch Schwingungsbeobachtung bestimmt, wonach man das Lot entfernt und an seine Stelle eine Signalnadel setzt. Hierzu bedient man sich der in Abb. 342 gezeigten Vorrichtung, die sich auch zur Aufnahme des Theodolits eignet. Die Nadel wird durch Verschieben der Klemmplatte *e* und der Scheibe *g* auf der Scheibe *c* eingestellt. Hierbei genügt eine Einstellungsgenauigkeit von 1 bis 2 mm, weil die Nadel um 180° um ihre Vertikalachse gedreht werden kann, so daß man die Möglichkeit hat, aus der Differenz zwischen dem Mittel der Skalenablesungen in den beiden Stellungen einerseits und dem der richtigen Skalenstellung zugeordneten Skalenwert andererseits die nötige Richtungskorrektur rechnerisch zu ermitteln. Nach Abheben der Nadel kann der Theodolit an deren Stelle gesetzt werden, wobei Vertiefungen für dessen Dreifuß das zentrische Aufsitzen verbürgen.

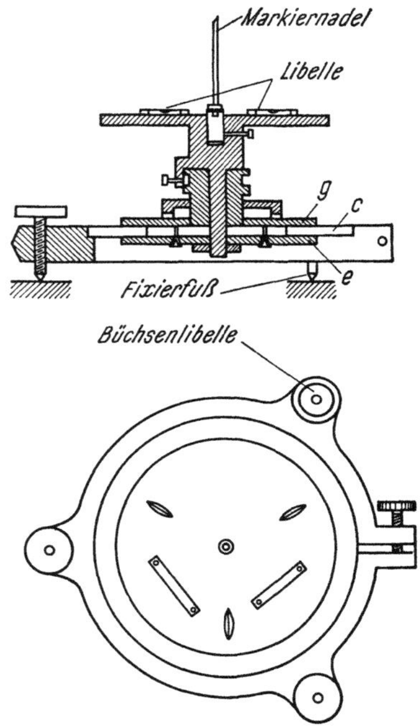

Abb. 342. Vorrichtung zum Einspannen der Markierungsnadel

Beim Bau der Budapester Untergrundbahn findet die *exzentrische Schachtlotung* Anwendung. Sie erfordert keinerlei Sondereinrichtungen und liefert unter allen bekannten Verfahren die präzisesten Ergebnisse. Auch bei dieser Lotungsart werden zwei Lote derart in den Schacht hinabgelassen, daß die Richtung der durch sie bestimmten Ebene möglichst genau in die Richtung der zugehörigen Polygonzugseite zu liegen kommt. Sodann bestimmt man sowohl über als auch unter Tage je einen Anschlußpunkt, der zusammen mit den zwei durch die Lote gegebenen Punkten das Anschlußdreieck bestimmt, das man zur exzentrischen Lotung benötigt. Die Lage der Anschlußpunkte hat man hierbei so zu wählen, daß die von ihnen zu den Loten verlaufenden Richtungen einen kleinen Winkel einschließen (Abb. 343) und daß der Höhenpunkt am Schacht vom übertägigen Anschlußpunkt aus angezielt werden kann. Zweckmäßig führt man die Messung durch, indem man während der Winkelermittlung am oberen Anschlußpunkt auch an dem dem Schacht zugehörigen Höhenpunkt den Richtungswinkel der Richtung zum Anschlußpunkt bestimmt. Diese Messung wird unabhängig davon, ob die Koordinaten des Punktes schon bekannt sind oder nicht, bei jeder Schachtlotung vorgenommen.

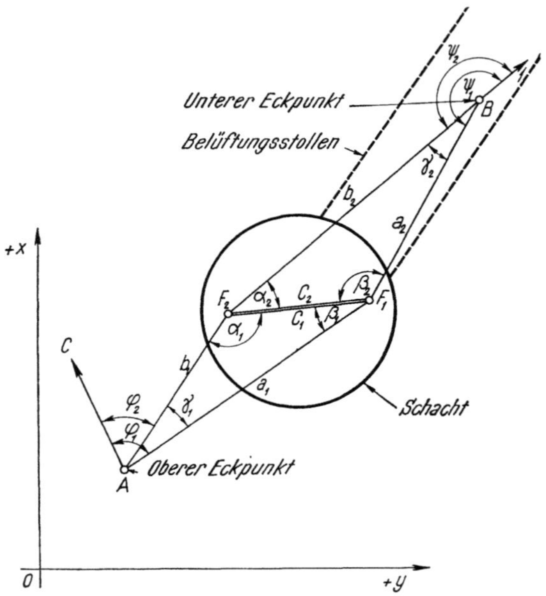


Abb. 343. Schema des exzentrischen Schachtlotungsvorganges

Es sei mit den Bezeichnungen der Abb. 343 $AF_1F_2$ das übertägige, $BF_1F_2$ das untertägige Dreieck, ferner seien durch Messungen die Winkel $\varphi_1$, $\varphi_2$, $\alpha_1$, $\beta_1$, $\gamma_1$, $\alpha_2$, $\beta_2$, $\gamma_2$, $\psi_1$ und $\psi_2$ sowie die Längen der übertägigen Strecken $a_1$, $b_1$, $c_1$ und der untertägigen Strecken $a_2$, $b_2$ und $c_2$ bestimmt und auch die Koordinaten der Punkte $A$ und $C$ bekannt. Zu berechnen sind der Richtungswinkel $(BD)$ und die Koordinaten des Punktes $B$. Es gilt zunächst

$$(B1) = (AC) + \varphi_1 + 180^\circ + \beta_1 + 180^\circ - \alpha_2 + 180^\circ + \psi_2 - n \cdot 180^\circ, \tag{298}$$

und weiterhin ist

$$\left.\begin{aligned} Y_B &= Y_A + a_1 \cdot \sin(AF_1) + c \cdot \sin(F_1F_2) + b_2 \cdot \sin(F_2B), \\ \text{und} \quad X_B &= X_A + a_1 \cdot \cos(AF_1) + c \cdot \cos(F_1F_2) + b_2 \cdot \mathrm{eos}(F_2B), \end{aligned}\right\} \tag{299}$$

$$\text{worin} \quad c = \frac{c_1 + c_2}{2}.$$

Zur Kontrolle berechnet man auf dem anderen Wege den Richtungswinkel $(B1)$ und die Koordinaten des Punktes $B$. Es gilt

$$(B1) = (AC) + \varphi_2 + 180^\circ - \alpha_1 + 180^\circ + \beta_2 + 180^\circ + \psi_1 - n \cdot 180^\circ, \tag{300}$$

ferner

$$\left.\begin{aligned} Y_B &= Y_A + b_1 \cdot \sin(AF_2) + c \cdot \sin(F_2F_1) + a_2 \cdot \sin(F_1B), \\ \text{und} \quad X_B &= X_A + b_1 \cdot \cos(AF_2) + c \cdot \cos(F_2F_1) + a_2 \cdot \cos(F_1B). \end{aligned}\right\} \tag{301}$$

Der Richtungsübertragungsfehler der mechanischen Schachtlotung mit zwei Loten liegt zwischen 8″ und 10″, doch läßt er sich durch Loten mit 3 oder 4 Loten vermindern. Mit 4 Loten erhält man 2 Anschlußdreiecke. Zur Schachtlotung benötigt man zwei Arbeitsgruppen. Die eine Gruppe (1 Techniker und 4 Hilfsarbeiter) mißt die Seitenlängen, die zweite Gruppe (bestehend aus 1 Ingenieur, den beiden Gruppenführern und 3 Hilfsarbeitern) dagegen die Winkel des Anschlußdreiecks.

Die Berechnung erfolgt in folgenden Schritten:

1. Berechnung der Anschlußwinkel:

$$\left.\begin{aligned} \alpha_1 &= \arcsin\left(\frac{a_1}{c}\cdot\sin\gamma_1\right);\\ \beta_1 &= \arcsin\left(\frac{b_1}{c}\cdot\sin\gamma_1\right);\\ \alpha_2 &= \arcsin\left(\frac{a_2}{c}\cdot\sin\gamma_2\right);\\ \beta_2 &= \arcsin\left(\frac{b_2}{c}\cdot\sin\gamma_2\right).\end{aligned}\right\}\quad(302)$$

2. Berechnung des Richtungswinkels $(B1)$ der Geraden $B1$ auf Grund von (298).

3. Berechnung der Koordinaten des Punktes $B$ anhand der Formel (299).

4. Kontrolle auf Grund der Formeln (300) bzw. (301).

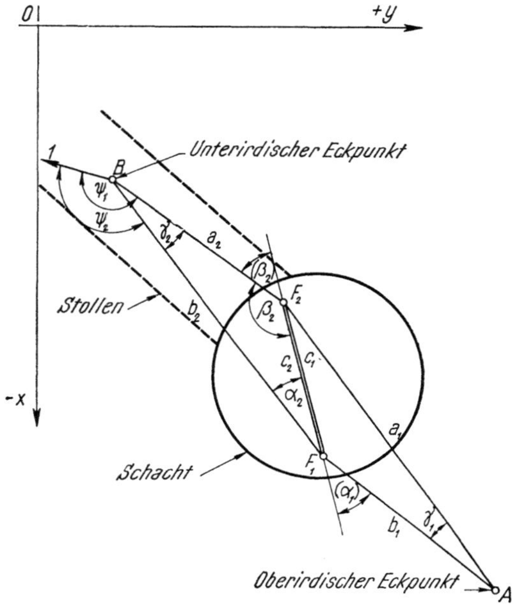


Abb. 344. Beispiel für eine exzentrische Schachtlotung

*Zahlenbeispiel:* Es seien in dem in Abb. 344 dargestellten Fall $Y_A = +184{,}092$ m und $X_A = -2038{,}258$ m die Koordinaten des Punktes $A$. Bekannt seien weiterhin aus Messungen die Richtungswinkel $(AF_1) = 316°\,41'\,02{,}5''$ und $(AF_2) = 316°\,39'\,46{,}9''$ der beiden Seiten des übertätigen Anschlußdreiecks sowie die Brechungswinkel in $B$ $\varphi_1 = 191°\,26'\,53{,}4''$ und $\varphi_2 = 191°\,19'\,32{,}4''$. Die weiteren Meßergebnisse sind:

$$a_1 = 12{,}3056\text{ m};\quad b_1 = 7{,}9217\text{ m};\quad c_1 = 4{,}3843\text{ m};\quad \gamma_1 = 1'\,15{,}6'';$$

$$a_2 = 7{,}4760\text{ m};\quad b_2 = 11{,}8602\text{ m};\quad c_2 = 4{,}3845\text{ m};\quad \gamma_2 = 7'\,21{,}0'';$$

$$c = \frac{c_1 + c_2}{2} = 4{,}3844\text{ m}.$$

Die Richtungswinkel $(AF_1)$ und $(AF_2)$ werden aus dem durch Richtungsmessungen im Punkt $A$ ermittelten mittleren Orientierungswinkel bestimmt.

1. Die Anschlußwinkel errechnen sich anhand der Formel (302) wie folgt:

$$(\alpha_1) = \arcsin\left(\frac{12{,}3056}{4{,}3844}\cdot\sin 0°\,01'\,15{,}6''\right) = \arcsin 0{,}0010290 = 0°\,3'\,32{,}2'',$$

$$\alpha_1 = 180° - 0'\,03'\,32{,}2'' = 179°\,56'\,27{,}8'';$$

$$\beta_1 = \arc\sin\left(\frac{7{,}9217}{4{,}3844} \cdot \sin 0^\circ\ 01'\ 15{,}6''\right) = \arc\sin 0{,}0000622 = 0;\ 02'\ 16{,}6'';$$

$$\alpha_1 + \beta_1 + \gamma_1 = 179^\circ\ 56'\ 27{,}8'' + 0^\circ\ 02'\ 16{,}6'' + 0^\circ\ 01'\ 15{,}6'' = 180^\circ\ 00'\ 00'';$$

$$\alpha_2 = \arc\sin\left(\frac{7{,}4760}{4{,}3844} \cdot \sin 0^\circ\ 07'\ 21{,}0''\right) = \arc\sin 0{,}0036456 = 0^\circ\ 12'\ 32{,}0'';$$

$$(\beta_2) = \arc\sin\left(\frac{11{,}8602}{4{,}3884} \cdot \sin 0^\circ\ 07'\ 21{,}0''\right) = \arc\sin 0{,}0057836 = 0^\circ\ 19'\ 53{,}0'',$$

$$\beta_2 = 180^\circ - 0^\circ\ 19'\ 53'' = 179^\circ\ 40'\ 07'';$$

$$\alpha_2 + \beta_2 + \gamma_2 = 0^\circ\ 12'\ 32'' + 179^\circ\ 40'\ 07'' + 0^\circ\ 07'\ 21{,}0'' = 180^\circ\ 00'\ 00''.$$

2. Der Richtungswinkel $(B1)$ der Geraden $BL$ ergibt sich aus Abb. 344 zu

| | |
|---|---|
| $(AF_1) =$ | $316^\circ\ 41'\ 02{,}5''$ |
| $-180^\circ =$ | $-180^\circ$ |
| $(F_1A) =$ | $136^\circ\ 41'\ 02{,}5''$ |
| $+\beta_1 =$ | $0^\circ\ 02'\ 16{,}6''$ |
| $(F_1F_2) =$ | $136^\circ\ 43'\ 19{,}1''$ |
| $+180^\circ =$ | $+180^\circ$ |
| $(F_2F_1) =$ | $316^\circ\ 43'\ 19{,}1''$ |
| $-\alpha_2 =$ | $12'\ 32{,}0''$ |
| $(F_2B) =$ | $316^\circ\ 30'\ 47{,}1''$ |
| $-180^\circ =$ | $-180^\circ$ |
| $(BF_2) =$ | $136^\circ\ 30'\ 47{,}1''$ |
| $+\psi_2 =$ | $+191^\circ\ 19'\ 32{,}4''$ |
| $(B1) =$ | $327^\circ\ 50'\ 19{,}5''$ |

3. Auf Grund der Formel (299) lassen sich die Koordinaten des Punktes $B$ errechnen:

$$Y_B = +184{,}092 + 12{,}3056 \sin (316^\circ\ 41'\ 02{,}5'') + 4{,}3844 \sin (136^\circ\ 43'\ 19{,}1'') + \\ + 11{,}8602 \sin (316^\circ\ 30'\ 47{,}2'') = +184{,}092 - 12{,}3056 \cdot 0{,}6860212 + 4{,}3844 \times \\ \times 0{,}6855392 - 11{,}8602 \cdot 0{,}6881886 = +170{,}494;$$

$$X_B = -2038{,}258 + 12{,}3056 \cos (316^\circ\ 41'\ 02{,}5'') + 4{,}3844 \cos (136^\circ\ 43'\ 19{,}1'') + \\ + 11{,}8602 \cos (316^\circ\ 30'\ 47{,}2'') = 2038{,}258 + 12{,}3056 \cdot 0{,}7275815 - 4{,}3844 \cdot 0{,}7280357 + \\ + 11{,}8602 \cdot 0{,}7255318 = -2023{,}892.$$

4. Die Kontrolle auf Grund der Formeln (300) bzw. (301) ergibt für den Richtungswinkel $(B1)$ auf Grund der Abb. 344 sowie für die Koordinaten von $B$:

$$\boxed{(AF_2) = 316^\circ\,39'\,46{,}9''}$$
$$+180^\circ = +180^\circ$$
$$(F_2A) = 136^\circ\,39'\,46{,}9''$$
$$-\alpha_1 = 179^\circ\,56'\,27{,}8''$$
$$\boxed{(F_2F_1) = 316^\circ\,43'\,19{,}1''}$$
$$-180^\circ = -180^\circ$$
$$(F_1F_2) = 136^\circ\,43'\,19{,}1''$$
$$+\beta_2 = +179^\circ\,40'\,07{,}0''$$
$$\boxed{(F_1B) = 316^\circ\,23'\,26{,}1''}$$
$$-180^\circ = -180^\circ$$
$$(BF_1) = 136^\circ\,23'\,26{,}1''$$
$$+\psi_1 = +191^\circ\,26'\,53{,}4''$$
$$\boxed{(B1) = 327^\circ\,50'\,19{,}5''}$$

$$Y_B = +184{,}092 + 7{,}9217 \cdot \sin(316^\circ\,39'\,46{,}8'') + 4{,}3844 \cdot \sin(316^\circ\,43'\,19{,}1'') + \\ + 7{,}4760 \cdot \sin(316^\circ\,23'\,26{,}0'') = +184{,}092 - 7{,}9217 \cdot 0{,}6862882 - 4{,}3844 \times \\ \times 0{,}6855392 - 7{,}4760 \cdot 0{,}6897389 = +170{,}494\ \text{m};$$

$$X_B = -2038{,}258 + 7{,}9217 \cos(316^\circ\,39'\,46{,}8'') + 4{,}3844 \cos(316^\circ\,43'\,19{,}1'') + \\ + 7{,}4760 \cos(316^\circ\,23'\,26'') = -2038{,}258 - 7{,}9217 \cdot 0{,}7273297 - 4{,}3844 \times \\ \times 0{,}7280357 - 7{,}4760 \cdot 0{,}7240582 = -2023{,}892\ \text{m}.$$

*5.2.1.2.2. Optische Richtungsübertragung. Optische Lotung.* Durch den Schacht kann der übertägige Punkt nach unter Tage auch auf optischem Wege projiziert werden. So einfach das Prinzip des Verfahrens auch scheinen mag — statt des Lotes wird ein Fernrohr mit lotrecht gerichteter Zielachse verwendet —, so schwierig erweist sich die Projektion in der Praxis. Teils liegt der Grund hierfür darin, daß sich das Fernrohr nur mit begrenzter Genauigkeit in die Lotrechte einstellen läßt, teils darin, daß Dunst und Dunkel im Schacht das Visieren sehr erschweren.

Für den Bau von Untergrundbahnen hat die optische Lotung nur untergeordnete Bedeutung, und dementsprechend kommt sie nur für provisorische Lotungen in Frage. Das erste Gerät für optische Lotungen wurde von NAGEL (Dresden) gebaut. Es gleicht einem Theodolit, doch kann sein Fernrohr auch in die Lotrechte geschwenkt werden, was in Verbindung mit der Spezialkonstruktion seines Unterbaues ein Zielen nach unten gestattet:

Mit dem Gerät stellt man sich auf die zu projizierenden Punkte zentrisch auf. Jeder der beiden Punkte muß gesondert für sich projiziert werden. Die so auf die Schachtsohle übertragenen Punkte werden dort vermarkt und bilden die Grundlage für den Anschluß von Dreiecken an die durch sie bestimmte Richtung. Das Verfahren ist umständlich und ungenau.

Eine bessere Lösung stellt der Zeisssche *Projektor* dar, dessen Fernrohr gleichfalls lotrecht nach unten eingestellt werden kann, der jedoch nach unter Tage nicht zwei Punkte, sondern eine Visierebene projiziert (Abb. 345). Den eigentlichen Projektor bildet auch in diesem Falle das lotrecht einstellbare Fernrohr. Zur Vertikalstellung dienen drei Fußschrauben und eine Libelle. Ein Prisma mit kleinem Brechungswinkel vor dem Objektiv des Fernrohres teilt dessen Blickfeld in zwei Teile. Das durch das Prisma hindurch sichtbare projizierte Bild erscheint um ein geringes verschoben.

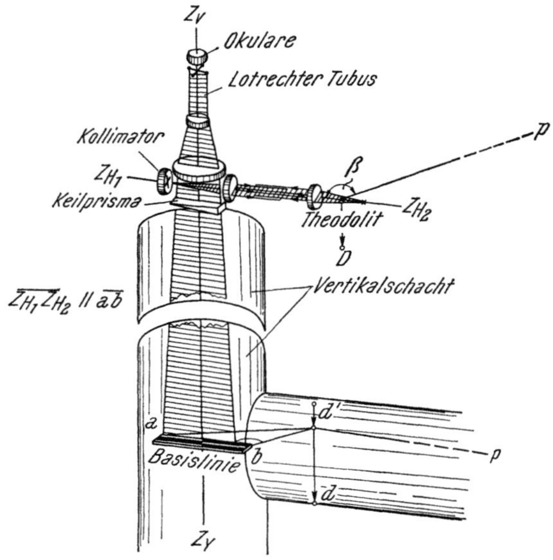


Abb. 345. Grundprinzip der optischen Schachtlotung

Diese Art der — nicht punktweisen — Projektion reagiert auf Fehler in der Vertikalstellung des Fernrohres weniger stark, weil ein Fehler in der Projektion bloß eine Parallelverschiebung bzw. eine geringfügige Verdrehung der Ebene zur Folge haben kann. Senkrecht auf die Zielachse des Fernrohres ist auf dieses ein Doppelkollimator aufgebaut. Zum Gerät gehört noch eine Leiste mit drei parallelen weißen Strichen und zwei weißen, die beiden Lote darstellenden Punkten auf schwarzem Untergrund.

Beim Messen wird die Leiste im untertägigen Raum — an der Stelle, auf die man die Richtung zu übertragen beabsichtigt — waagerecht so aufgelegt, daß die beiden weißen Leistenpunkte zwei Punkte des Anschlußdreiecks bilden.

Das Projektionsgerät wird auf einem festen Gerüst über dem Schacht so aufgestellt, daß seine Mittelachse ungefähr in die durch den Leistenmittelpunkt verlaufende Lotrechte zu liegen kommt. Dreht man das Prisma in den Strahlengang des Objektivs, erscheint im Blickfeld neben dem Spiegelbild der Leiste, dem Brechungswinkel des Prismas entsprechend, auch ein verschobenes Leistenbild. Koinzidiert die Brechungsfläche des Prismas mit der lotrechten Ebene durch die Leistenmittellinie, erleidet das vom Prisma erzeugte Bild der Doppellinie lediglich eine Parallelverschiebung zum Bild der Einzellinie im freien Objektiv hin, so daß diese zwischen die Doppellinie zu liegen kommt. Schneiden sich dagegen die beiden Ebenen, erscheint das Bild vor der Lichtaustrittsfläche des Prismas seitlich verschoben (Abb. 346).

Liegt eine solche Verschiebung vor, dreht man das Fernrohr mit der Stellschraube so lange um seine Achse, bis sich das Bild der Leistenstriche in die in Abb. 346 dargestellte Lage eingestellt hat. Danach stellt man im Punkt $D$ in die

Zielachse des waagerechten Kollimators, der sich zusammen mit dem lotrechten Fernrohr verrückt hat, einen anderen Theodolit so auf, daß sein Fadenkreuz in der Unendlich-Stellung seines Fernrohres mit dem des Kollimators koinzidiert. Durch Bestimmung des Aufstellungspunktes im übertägigen Netz sowie durch Messung des Winkels $\beta$ gemäß Abb. 345 hat man nun die Möglichkeit, die Leiste in der Schachtsohle zu orientieren und den Anschluß herzustellen.

Wie hieraus hervorgeht, muß also die Richtungsübertragung nach unter Tage auch bei der optischen Lotung in zwei Schritten durchgeführt werden. Der Projektion der beiden die Lote darstellenden Punkte folgen die Messungen zum Anschluß an das untertägige Polygonnetz.

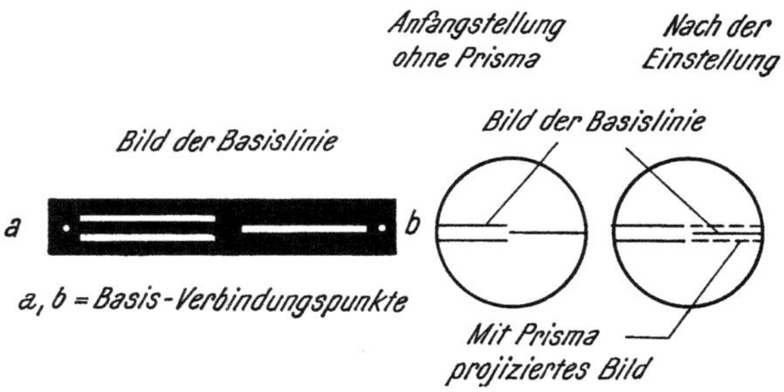

Abb. 346. Bei optischer Lotung erscheinende Bilder

Die Brechungsebene des Prismas und die Zielachse des Kollimators werden sich selbst bei sorgfältigster Einjustierung niemals völlig parallel einstellen lassen. Zur Ausschaltung des entstehenden Fehlers muß die Messung nach Drehung des Fernrohres um 180° wiederholt werden. Das arithmetische Mittel aus den in den beiden Fernrohrlagen gemessenen Richtungen enthält den Fehler nicht mehr. Dieses Lotungsverfahren liefert ohne Zweifel genauere Ergebnisse als das *Nagel*sche, trotzdem kommt es, obwohl es in der Sowjetunion eine Weiterentwicklung erfahren hat, beim Bau von Untergrundbahnen nur für Richtungsübertragungen von untergeordneter Bedeutung in Frage. Nach Untersuchungen von OGLOBBIN bildet nämlich die Refraktion im Schacht — eine Folge der Unterschiede in Temperatur und Feuchtigkeitsgehalt der Luft ober- und unter Tage — eine erhebliche Fehlerquelle, die sich kaum ausschalten läßt.

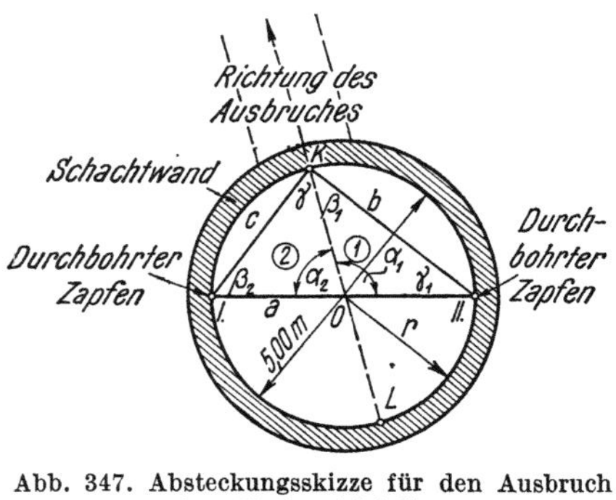

Abb. 347. Absteckungsskizze für den Ausbruch eines Horizontalstollens

*5.2.1.2.3. Anderweitige Orientierungsverfahren.* Für Messungen von untergeordneter Bedeutung, besonders im Anfangsstadium der Bauarbeiten (Schachtabteufung, Festlegung der Lage von Mundlöchern für Lüftungsstollen u. dgl.) kommen auch andere, einfachere und weniger genaue Verfahren in Frage.

1. *Geometrisches Verfahren.* Nachdem der Schacht abgeteuft ist, müssen an seiner Wand der Achspunkt des Ausbruchsstollens und dessen Ausgangsrichtung festgelegt werden, damit die eigentlichen Vortriebsarbeiten beginnen können.

Zunächst werden am Schachtrand zwei lotrechte, gelochte Bolzen (I und II) so angebracht, daß sie die Endpunkte jenes Schachtdurchmessers bilden, der mit der Achse des künftigen Ausbruchsstollens einen Winkel von etwa 70 bis 80° einschließt (Abb. 347).

Zu bestimmen ist die Stelle des Punktes $K$ an der einen sowie die Stelle des Punktes $L$ an der gegenüberliegenden Schachtwand, die den in die verlängerte Achse des Ausbruchsstollens fallenden Durchmesser $KL$ bestimmen.

Sodann wird über Tage der Richtungswinkel ($\delta$) der durch die Punkte I und II bestimmten Geraden ermittelt. Aus ihm und aus dem bekannten Richtungswinkel der Ausbruchsstollenachse ($\delta_{KL}$) errechnet sich der Neigungswinkel zwischen den beiden Richtungen zu

$$\alpha_1 = \delta - \delta_{KL}.$$

Auf Grund des Kosinussatzes hat man wegen $\overline{OA} = \overline{OK} = r$

$$b = \sqrt{2r^2 - 2r^2 \cos \alpha_1} = \sqrt{2} \cdot r \sqrt{1 - \cos \alpha_1}$$

und nach Umgestaltung

$$b = 2r \sin \frac{\alpha_1}{2}.$$

Ähnlich ist

$$c = 2r \sin \frac{\alpha_2}{2}. \tag{303}$$

Mit den Längen $b$ und $c$ lassen sich nun die Punkte $K$ und $L$ abstecken.

Nach einem geometrischen Verfahren läßt sich auch die Verdrehung der Schachtwandung während der Absenkung kontrollieren. Dieses Verfahren, das beim Bau der Moskauer Metro zur Anwendung gelangte, hat sich besonders *bei der Richtungsübertragung in Druckluftträume* bewährt. Beim Abteufen von Schächten nach dem Absenkverfahren werden über Tage die Achse des Ausbruchsstollens (Abb. 348) sowie zwei ihrer Punkte ($A$ und $B$), weiterhin die auf die Achse senkrechte Richtung und deren zwei Punkte ($C$ und $D$) abgesteckt. Die Punkte werden mit Stein- oder Bolzenmarken festgehalten. Hierauf markiert man mit dem Instrument an der Schachtwandung in den Geraden $AB$ und $CD$ die Punkte I, II bzw. III und IV sowie auf der Decke der Arbeitskammer die Lotungspunkte 1, 2 bzw. 3 und 4. Unmittelbar unter den Loten betoniert man in die Schachtwandung über den Schneidkanten konsolartig vorragende Eisenplatten mit einer freien Fläche von 15 × 15 cm ein, in die man die der richtigen Wandlage zugehörige Lage des Lotes einkörnt. Beim Absenken der Schachtwand hat man so jederzeit die Möglichkeit, ihre Lage in der Lotrechten zu überprüfen. Eine Verdrehung wird mit einem in Punkt $A$ aufgestellten Instrument durch Messung des Winkels $\alpha$ und der Strecke $c$ bestimmt (Abb. 349), während

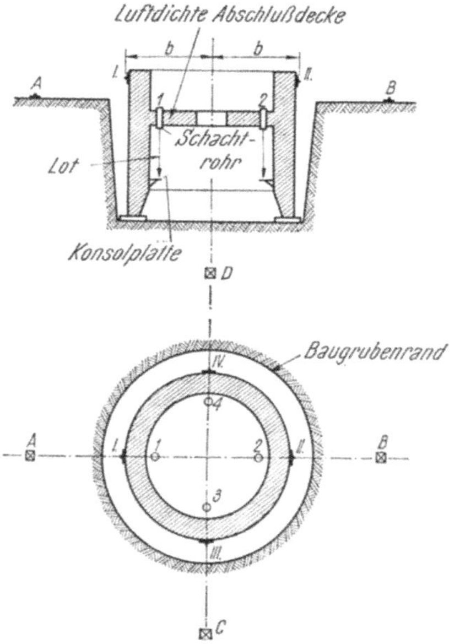


Abb. 348. Genauigkeitskontrolle der Schachtabsenkungsrichtung

$$a = c \sin \alpha,$$

$$\beta = \operatorname{arc} \tan \frac{a}{b}.$$

Beim Abstecken der Achsrichtung des Ausbruchsstollens ist die Richtung 1 bis 2 im Arbeitsraum um den Winkel $\beta$ zu berichtigen.

Liegen die Markierungen I bis IV infolge des fortschreitenden Niederbringens schon tief, wird man, nachdem man die Verdrehung auf Grund der alten Punkte bestimmt hat, an der Schachtwand neue Marken anbringen und bei Ermittlung der weiteren Verdrehungen auch die vorangegangenen berücksichtigen.

2. *Optisches Verfahren.* Eine annähernde Richtungsübertragung kann auch auf optischem Wege erfolgen. Man benötigt hierzu einen Theodolit, der sich zum steilen Nadirzielen eignet, also etwa einen Theodolit mit exzentrisch angebautem Fernrohr. Mit einem Vorsatzprisma

oder einem Spiegel, die sich um eine waagerechte Achse vor dem Objektiv drehen lassen, kann jedoch auch jeder andere Theodolit für diesem Zweck adaptiert werden (Abb. 350).

Man stellt das Instrument ungefähr über dem Mittelpunkt der Schachtscheibe auf. Da die lotrechte Lage der nach unten zu projizierenden Visierebene weitgehend davon abhängt, wie genau es gelingt, die Vertikalachse mit Hilfe der Libellen lotrecht einzustellen, wird man hierbei mit größter Sorgfalt vorgehen müssen. Bemerkt sei hier, daß ein Fehler in der Lotung auch in diesem Falle vor allem zu einer Parallelverschiebung der untertägigen Spurlinie der Visierebene führt.

Vor Beginn der Vermarkung muß über der Mitte der Schachtscheibe je ein eigenes, genügend standfestes Gerüst für das Instrument und für den Vermessungsingenieur errichtet werden. Mit dem in gewohnter Weise aufgestellten Instrument zielt man einen bekannten

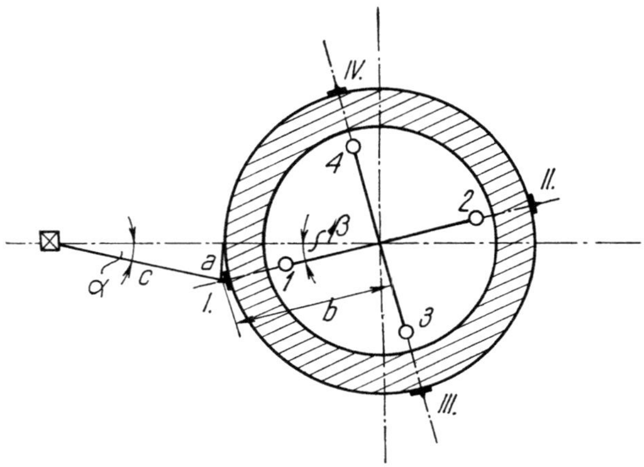


Abb. 349. Messung der Schachtverdrehung

Punkt an, und nachdem man die Koordinaten des Beobachtungspunktes im übertägigen Netz bestimmt hat, berechnet man die Orientierungsrichtung. Sodann stellt man den Theodolit durch Drehung in eine Richtung, die auch dem Anschlußdreieck entspricht, worauf man zwei Punkte so nach unter Tage projiziert, daß sie möglichst weit voneinander zu liegen kommen. Hierbei wird das exzentrische Fernrohr oder das Prisma — je nachdem, welches man benutzt — um seine waagerechte Achse gedreht.

Im ersteren Fall muß die waagerechte Theodolitachse — eventuell mit Hilfe einer Aufsatzlibelle —, im letzteren Fall die Prismenachse sorgfältig horizontiert werden. Selbstverständlich benötigt man hierzu ein Prisma mit justierbarer Fassung. Es wird ähnlich justiert wie der Kollimationsfehler des Theodolits.

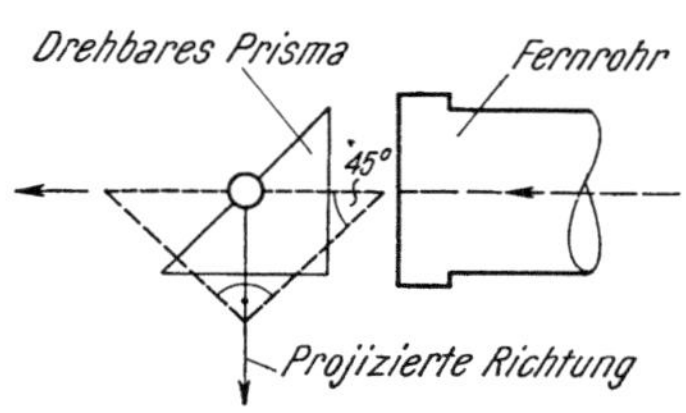


Abb. 350. Optische Richtungsprojektion mit Prismenansatz

Bei Druckluftabsenkung können diese Verfahren mit Vorteil auch im Schachtrohr angewendet werden. Im Anfangsstadium der Bauarbeiten reicht auch ihre Genauigkeit aus.

3. *Richtungsübertragung mit dem Meridianweiser.* Der Gedanke der Orientierung mit Hilfe des Kreisels ist mehr als 100 Jahre alt. Seine Theorie wurde von L. Foucault ausgearbeitet. Der Kreisel hat die Eigenschaft, seine Achse in die NS-Richtung einzustellen, wenn sie zur Drehung in der Horizontalebene der Beobachtungsstelle gezwungen wird.

In kardanischer Aufhängung behält ein mit freier Achse rotierender Kreisel seine Rotationsebene bei, wie immer sich auch die Lage der kardanischen Achsen ändert. Auf dieser Eigenschaft des Kreisels beruht seine Verwendung in der Seeschiffahrt, in Flugzeugen und auch zur Orientierung von Richtungen unter Tage.

In modernen Meridianweisern läuft der Kreisel mit 20000 U/min praktisch reibungslos, weil er in einer Kreiselkugel in Flüssigkeit schwimmt. Die neuesten Meridianweiser arbeiten mit einer Genauigkeit von ± 15″ bis 20″.

### 5.2.1.3. Absteckung von Linien unter Tage

Mit dem Ausbruchsstollen verbindet den fertigen Schacht eine Horizontalschleuse (Abb. 351). Für die Dauer der Vermessung wird in der Schleuse ein Pfeiler aufgestellt, der den Anschlußpunkt $B$ trägt. Während man die Winkel zur Bestimmung des Anschlußpolygons mißt, ist die Schleusentür II geschlossen. Danach schließt man die Tür I und schleust das Vermessungspersonal ein, wobei der Theodolit an seiner Stelle verbleibt. Das Einschleusen muß selbst dann langsam vor sich gehen, wenn sich in der Schleuse nur der Theodolit befindet, weil ein zu rascher Luftdruckanstieg im geschlossenen Fernrohr schädliche Spannungen und Deformationen verursachen kann. Sobald das Einschleusen beendet ist, wird der Punkt $A$ im Stollen angezielt und der Winkel $\psi$ gemessen.

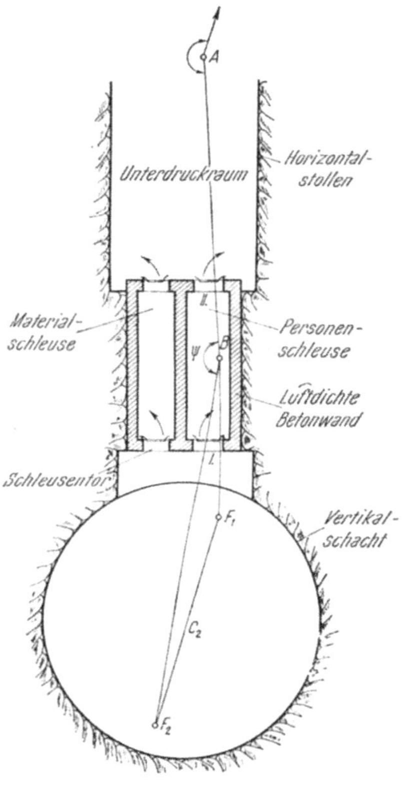


Abb. 351. Richtungsübermittlung vom Schacht aus durch die ortsfesten Eingangsschleusen des Horizontalstollens

Bei weniger strengen Genauigkeitsanforderungen kann die gerade Richtung durch die Schleuse hindurch unmittelbar übertragen werden. Zunächst verlängert man hierbei die durch die Punkte $A$ und $B$ bestimmte Gerade bis hinein in die Schleuse (Abb. 352), worauf man den Theodolit auf dem in der Schleuse festgelegten Punkt so in Stellung bringt, daß das Bild der Punkte $A$ und $B$ genau in das Fadenkreuz des Fernrohres zu stehen kommt. Nach erfolgtem Einschleusen und Öffnen der Tür zum Druckluftraum folgt das Anvisieren der Punkte $C$ und $D$ mit dem durchgeschlagenen Fernrohr. Um den Visierfehler tunlichst klein zu halten, wiederholt man die Messung, indem man nun in derselben Fernrohrlage den Teilkreis um 180° dreht und zuerst die Punkte $A$ und $B$ und sodann die Punkte $C$ und $D$ anvisiert. Der gesuchte Punkt liegt in der Mitte zwischen den durch die zweimalige Absteckung ermittelten Punkten.

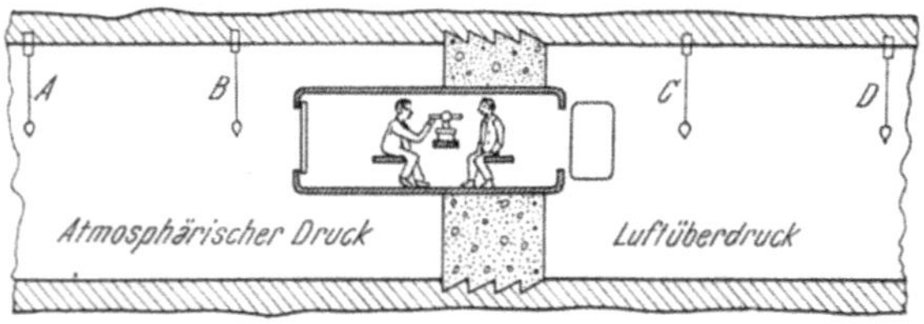


Abb. 352. Richtungsweitergabe durch eingebaute Kesselschleuse im Tunnel

Die Bezeichnung der Punkte erfolgt auf die in Abb. 324 gezeigte Weise zumeist durch Marken, die man in der Firste anbringt.

Eine genauere Punktbezeichnung ermöglicht das „Soproner Richtungsfixiergerät", das in der Firste verankert werden kann. Es trägt an seinem unteren Ende einen mit Teilung versehenen Metallstab, der sich um ein Gelenk fein einstellen läßt. Auf diese Weise kann die Bohrung zur Aufnahme der Lotschnur gleitend verstellt werden. Am waagerechten Stab erhält man aus zwei Fernrohrlagen zwei Ablesungen; stellt man den Schlitten in den durch das arithmetische Mittel aus den beiden Ablesungen bestimmten Punkt ein, dann liegt die Lotschnurbohrung in der gesuchten Richtung.

Untertägige Polygonzüge zeigen meist einen sehr ungünstigen, vielfach gebrochenen Verlauf mit abwechselnd kürzeren und längeren Zugseiten, abgesehen davon, daß es sich für gewöhnlich um offene oder bestenfalls um eingehängte Polygonzüge handelt. Aus diesem Grunde müssen die Winkel mit erhöhter Sorgfalt und Genauigkeit gemessen werden.

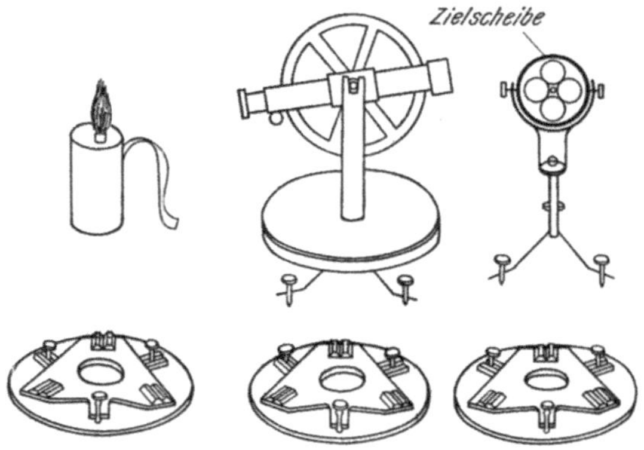

Abb. 353. Dreifuß-Untersatz für die Zwangszentrierung

Selbst bei sorgfältigster Punktbestimmung und genauester Aufstellung über den festgelegten Punkten wird man niemals eine völlige Eindeutigkeit der beiden Vermessungsphasen erzielen, d. h. niemals wird man erreichen, daß das Punktzeichen genau an jene Stelle zu liegen kommt, an der man sich danach mit dem Theodolit aufstellen wird. Bei kleinen Zugseiten können sich hieraus selbst bei geringfügigen Abweichungen erhebliche Winkeldifferenzen ergeben.

Der tunlichen Ausschaltung dieser Fehlerquelle sollen die verschiedenen *Zwangszentriervorrichtungen* dienen. Eine der einfachsten ist die dreiflügelige Zwangszentriervorrichtung gemäß Abb. 353, die als wesentliches Bauelement eine Aufspannplatte mit drei Vertiefungen enthält. In die Vertiefungen passen sich die drei Fußschrauben von Signalscheibe oder Theodolit derart ein, daß die Mittellinie der Signalscheibe bzw. die Vertikalachse des Theodolits beim Austausch stets in dieselbe Lotrechte zu stehen kommt (Abb. 353). Die präziseste Zwangszentrierung ermöglicht die Tárczysche Zwangszentriervorrichtung mit drehbarer Hülse, eine verbesserte Ausführung jener früheren Konstruktion, bei der die Stehachse des Theodolits aus der Buchse herausgehoben werden mußte, was den Nachteil hatte, daß die mit höchster Präzision geschliffenen Einzelteile der Gefahr der Verschmutzung ausgesetzt waren.

Bei der Tárczyschen Zwangszentriervorrichtung werden der Theodolit bzw. die Signalscheibe mit ihren Achsen zunächst in die Hülse und sodann zusammen mit dieser in die Stehachsenbüchse gesteckt (Abb. 354).

Mit dieser Vorrichtung lassen sich die Instrumente mit einer Genauigkeit von 0,01 mm zentrieren, weil das Anvisieren der Zielscheibe in zwei um 180° geschwenkten Fernrohrlagen den Fehler der Zielscheibenzentrierung aus dem arithmetischen Mittel der Richtungen eliminiert.

Einer Zwangszentriervorrichtung bedarf es im allgemeinen bei der exakten Polygonierung, sofern man mit kleinen Zugseiten arbeiten muß. Zur Vorrichtung gehören zwei Signalscheiben (vgl. Abb. 354). Da die Punktmarkierung im untertägigen Raum der Tunnelfirste angebracht ist, muß der Theodolit unter dem vom Punkt herabhängenden Lot aufgestellt werden.

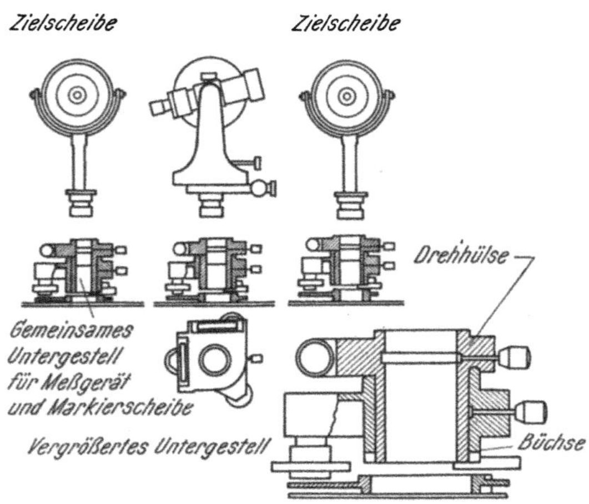


Abb. 354. Zwangszentrier-Ausrüstung von TÁRCZY-HORNOCH

Im übrigen *polygoniert man unter Tage* ebenso wie bei übertägigen Aufnahmen. Man benutzt hierbei Theodolite mit einer Ablesegenauigkeit von 1″ und beleuchtet die Punktmarkierungen von hinten. Die Strecken werden in der Horizontallage mit einem komparierten, eventuell mit einem Invar-Bandmaß von einem zuvor aufgestellten Gerüst aus gemessen. Im übrigen folgt die Absteckung den gleichen Regeln, wie sie in Kap. 5.1.3. für unmittelbar von der Erdoberfläche aus aufzufahrende Tunnel erörtert wurden.

### 5.2.1.4. Möglichkeiten zur Erhöhung der Absteckungsgenauigkeit

In Kap. 5.1.4. war bereits die Rede von der Erhöhung der Genauigkeit von Tunnelabsteckungen. Die dort gemachten Feststellungen gelten auch für Untergrundbahntunnel.

Ohne Zweifel läßt sich die Genauigkeit des übertägigen Netzes steigern, wenn man die Triangulationspunkte eines Tunnelabschnitts gemeinsam ausgleicht sowie durch Nivellement die Bewegungen von Gebäuden kontrolliert, auf denen sich Triangulationspunkte befinden, und wenn man schließlich sowohl bei den über- als auch bei den untertägigen Winkelmessungen eine Zwangszentriervorrichtung benutzt. Eine verläßlichere Richtungsübertragung erhält man ferner, wenn man sich bei Vermessung der angeschlossenen Polygonnetze nach den Höhenpunkten neben den Schächten orientiert.

## 5.2.2. Höhenabsteckung

In tief unter der Erdoberfläche liegenden Tunneln beginnt die Höhenabstekkung mit dem Messen der Schachtteufe. Hierzu benötigt man je zwei Nivellierinstrumente und Latten sowie je nach der Schachtteufe ein 20 oder 50 m langes Stahlmeßband.

Zunächst läßt man am Meßband auf die in Abb. 355 dargestellte Weise ein Gewicht von 5 bis 10 kg in den Schacht hinab. Sodann stellt man sich mit den Instrumenten über und unter Tage so auf, daß man sowohl das Band als auch die auf dem nächsten Höhenfestpunkt aufgehaltene Latte anvisieren kann. Sobald die Ausschläge des Bandes zur Ruhe gekommen sind, erfolgt die Ablesung an den Latten über und unter Tage. Nachdem man die Messungen zwei-, ja eventuell sogar dreimal wiederholt hat, ermittelt man das arithmetische Mittel aus den Meßergebnissen und damit den Höhenunterschied zwischen den horizontalen Zielstrahlen der beiden Instrumente.

Bezeichnet $l_{fi}$ die übertägigen, $l_{ai}$ die untertägigen Ablesungen, dann ist

$$l_f = \frac{[l_{fi}]}{i} \quad \text{und} \quad l_a = \frac{[l_{ai}]}{i},$$

wenn $i$ die Zahl der Ablesungen bedeutet. Der Höhenunterschied zwischen den beiden waagerechten Zielstrahlen dagegen errechnet sich zu

$$l = l_f - l_a.$$

Bei jeder Messung muß das Meßband teils wegen der Temperaturschwankungen, teils wegen der Dehnung kompariert werden. Während der Komparation ist es mit der gleichen Kraft zu spannen, mit der es durch das Gewicht beim Messen gezogen wird. Am zweckmäßigsten verfährt man, wenn man die effektive Bandlänge $l$ bestimmt.

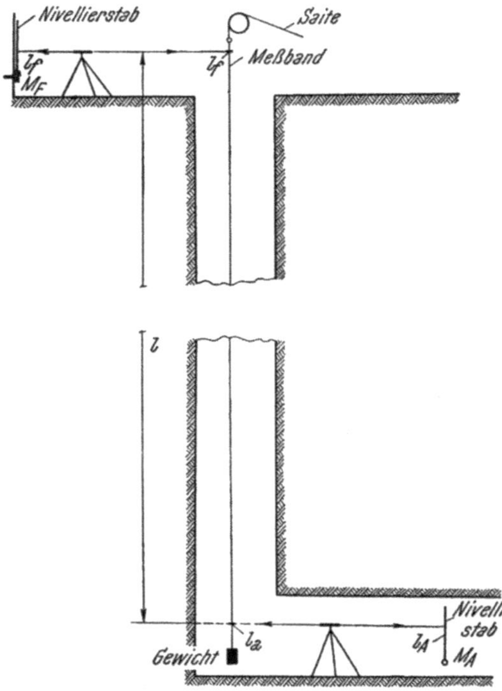

Abb. 355. Direkte Höhenmessung durch den Schacht

Die untertägigen Höhenfestpunkte sind auf Grund des Landeshöhennetzes abzustecken. Entwurf und Absteckung der ganzen U-Bahntrasse müssen konsequent auf einen einheitlichen Horizont bezogen werden.

Für die Höhenabsteckung benötigt man vor allem einen Höhenfestpunkt in Schachtnähe, der zunächst der Messung der Schachtteufe dient. Dieser Festpunkt muß jedoch, da er in der Setzungszone liegt, durch Nivellement überprüft werden.

Bezeichnet $F$ den übertägigen, $A$ den untertägigen fixierten Höhenfestpunkt und ist $M_F$ die Höhe des Punktes $F$ über dem Meeresspiegel $l_F$ die zugehörige Ablesung und $l_A$ schließlich die Ablesung an der im Punkt $A$ stehenden Latte, dann gilt

$$M_A = M_F + l_F - l - l_A, \tag{304}$$

worin $l$ den komparierten Wert des mit dem Band gemessenen Höhenunterschiedes bedeutet.

Das Nivellement im Stollen erfolgt mit Vor- und Rückblick, und da die Höhenmarken hoch in der Stollenwand angebracht sind, benützt man zweckmäßig die von hinten beleuchtbare Csétische Hängelatte (vgl. Abb. 330). Zur provisorischen Bezeichnung der Marken treibt man Nägel in die Stollenwand. Bevor das definitive Widerlager hochgeführt wird, müssen die Höhen nochmals überprüft werden. In die fertige Wand läßt man Bolzen derart ein, daß die Nivellierlatten auf ihnen lotrecht gehalten werden können. Zum Nivellement benützt man Instrumente mit einer Ablesegenauigkeit von 1 mm.

Im übrigen haben die Ausführungen in Kap. 5.1.2. auch hier Gültigkeit.

*Die Höhenabsteckung im Druckluftraum* wird folgendermaßen durchgeführt. In der Personenschleuse wird das Nivellierinstrument so aufgestellt, daß es ein Visieren nach beiden Richtungen gestattet. Die Meßanordnung muß es ferner ermöglichen, die in den Fest- bzw. in den Wechselpunkten aufgehaltenen Latten in beiden Richtungen direkt anzuzielen. Nachdem man die Messung in einer Richtung durchgeführt und die Schleusentür geschlossen hat, wird nach erfolgter Einschleusung die andere Tür geöffnet und die Messung nun auch in der anderen Richtung vorgenommen. Zur Ausschaltung grober Fehler bzw. zur Erhöhung der Genauigkeit empfiehlt es sich, die Messung in entgegengesetzter Reihenfolge zu wiederholen.

Im allgemeinen ergeben sich bei der Höhenabsteckung geringere Durchschlagabweichungen als bei der horizontalen Absteckung (vgl. Tab. 36).

## 5.2.3. Vermessung der Tunnelring- (Tübbing-) und der Schildlage

### 5.2.3.1. Vermessung der Tunnelringlage

Die Achse des Untergrundbahntunnels ist im geodätischen Koordinatensystem durch Gleichungen von Geraden und Kurven bestimmt; bekannt sind überdies die Koordinaten der je 20 oder 50 m angegebenen Achsenpunkte.

Während der Bauarbeiten muß der Verlauf des Tunnels und die Lage der eingebauten Tübbings ständig unter Kontrolle gehalten werden. Diese Kontrolle ihrerseits stützt sich auf die Absteckung der Tunnelachse. Den Zwecken der Absteckung dienen die im untertägigen Raum angebrachten Horizontal- und Höhenfestpunkte.

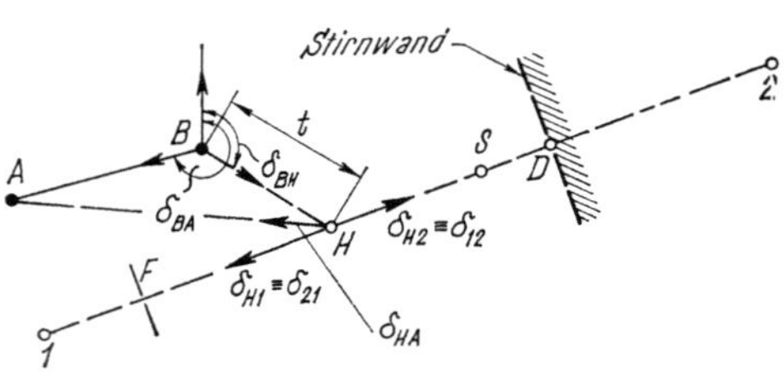


Abb. 356. Einmessungsskizze der Lage der Tübbingringe

Es sei gemäß Abb. 356 folgende Situation gegeben: die Punkte 1 und 2 der Tunnelachse fallen in den im Bau begriffenen Tunnelabschnitt. In der Nähe befinden sich die in horizontalem Sinne abgesteckten Festpunkte $A$ und $B$ des Vermessungsnetzes. Der Einfachheit halber sei angenommen, daß die Tunnelachse zwischen den Punkten 1 und 2 gerade verlaufe.

Unter solchen Gegebenheiten sind zwei Fälle möglich. In dem einen Fall kann der Punkt 1 unmittelbar von $A$ oder von $B$ aus abgesteckt werden, im zweiten Fall — und dies ist der übliche — hat man lediglich die Möglichkeit, einen zwischen 1 und 2 gelegenen Punkt $H$ der Geraden beispielsweise von $B$ aus abzustecken.

Zunächst soll der allgemeine Fall behandelt werden. Die Messungen — bei denen man einen Theodolit mit einer Ablesegenauigkeit von 1″ zu benützen hat —, sowie die Berechnungen nehmen folgenden Gang:

1. Auf rechnerischem Wege werden die Koordinaten des Hilfspunktes $H$ der Geraden $\overline{1\,2}$ bestimmt. Bedingung sei lediglich, daß $H$ vom Punkt $B$ (von dem aus er abgesteckt wird) nicht weiter als eine Meßbandlänge (20 m) entfernt sei, daß er etwa in der Halbierenden der Strecke $\overline{1D}$ liege und daß eine Möglichkeit bestehe, von $H$ aus auch den Punkt $A$ anzuzielen.

2. Aus den Koordinaten werden die Richtungenswinkel $\delta_{12}$, $\delta_{AB}$ und $\delta_{BH}$ sowie die Strecke $t = \overline{BH}$ berechnet.

3. Mit dem im Punkt $B$ aufgestellten Theodolit zielt man sodann den Punkt $A$ an und liest den Horizontalkreis ab. Das Ergebnis sei $l_A$. Danach wird der Theodolit auf die Horizontalkreisablesung von $(l_A + \delta_{BH} - \delta_{BA})$ eingestellt.

4. In die eingestellte Richtung wird die Marke der Zwangszentriervorrichtung so eingewiesen, daß ihre Entfernung vom Punkt $B$ genau $t$ betrage.

5. Sodann wird die Absteckung nacheinander in den Fernrohrlagen I und II wiederholt und die Marke der Zwangszentriervorrichtung in die Mitte zwischen den auf diese Weise bestimmten beiden Punkten eingestellt.

6. Nach Absteckung des Punktes $H$ wird der Theodolit an der Stelle der Marke der Zwangszentriervorrichtung und diese an die Stelle des Theodolits gestellt. Nachdem man den Punkt $B$ anvisiert hat, liest man vom Limbus den Richtungswert $l_B$ ab.

7. Da nun $l_B$ bekannt ist, stellt man den Theodolit auf die Ablesung $l_A = (l_B + \delta_{HA} - \delta_{HB})$ ein. Weicht dieser Wert vom richtigen um bloß 4″ bis 5″ ab, war die Berechnung und Absteckung des Punktes $H$ richtig, bei größerer Abweichung müssen Berechnung und Messung wiederholt werden.

8. Nach Durchführung der Kontrolle wird der Theodolit auf die Horizontalkreisablesung von $l_1 = l_B + \delta_{H1} - \delta_{HB}$ eingestellt und die in einem beliebigen Punkt $F$ aufgestellte, von hinten gut beleuchtete und gut anvisierbare Marke eingewiesen. Sodann dreht man das Instrument um 180°, so daß sich eine Ablesung $l_2 = l_1 + 180°$ ergibt, und weist das Diopter im Punkt $D$ ein. Um die weiteren Messungen möglichst genau durchführen zu können, nimmt man die Strecke $\overline{FD}$ etwa 50 m lang. Damit sind die Punkte $F$ und $D$ in der Fernrohrlage I abgesteckt. Es folgt das Anvisieren des Punktes $B$ in der Fernrohrlage II und das Ablesen des Horizontalkreises. Er zeige einen Wert von $l'_B$. Danach stellt man das Fernrohr auf einen Ablesewert von $l'_1 = l'_B + \delta_{H1} - \delta_{HB}$ ein. In dieser Fernrohrlage wird man für gewöhnlich nicht die zuvor abgesteckte Marke anzielen, weshalb man sich in die Mitte der Abweichung einstellen muß. Auf die gleiche Weise wird in der Fernrohrlage II auch der Punkt $D$ abgesteckt. Damit erscheint der in den Bauabschnitt fallende Teil der Strecke $\overline{1\,2}$ in sichtbarer Weise abgesteckt.

Kann der Punkt 1 von $A$ und $B$ aus direkt anvisiert werden, steckt man ihn ab. In diesem Falle berechnet man — sofern die Absteckung z. B. vom Punkt $B$ aus erfolgt — zunächst die Strecke $\overline{B1}$ und sodann aus den Punktkoordinaten die Richtungswinkel der Linien $\overline{AB}$ und $\overline{B1}$. Die Punktabsteckung nimmt man in zwei Fernrohrlagen vor, wobei man die Markierung in der Mitte zwischen den so ermittelten zwei Punkten anbringt.

Sodann stellt man den Theodolit in diesen Punkt, die Punktmarkierung dagegen in $B$ auf, stellt das Fernrohr in die Richtung $\overline{1\,2}$ ein, so daß man das Diopter $D$ einweisen kann. Damit ist die Gerade $\overline{1\,2}$ in sichtbarer Weise abgesteckt.

Es folgt nun *die Vermessung der Lage des letzten Tübbings*, die man in folgenden Schritten vornimmt:

1. Mit dem Theodolit in Punkt $H$ (Abb. 356) visiert man die in Punkt $D$ aufgestellte Marke an, worauf man etwa in der Mitte des letzten Tübbings mit der Zwangszentriervorrichtung den Hilfspunkt $S$ einweist. Nachdem man dessen Abstand von $H$ gemessen, die Marke der Zwangszentriervorrichtung in Punkt $H$, das Instrument dagegen in Punkt $S$ aufgestellt und von diesem $H$ anvisiert hat, liest man den Limbus ab.

2. Es sei der Wert dieser Ablesung $l_H$. Durch Drehung des Fernrohres um 90° wird nun der Theodolit auf die Horizontalkreisteilung $l_H + 90°$ eingestellt, womit man die auf die Linie $\overline{1\,2}$ senkrechte Richtung abgesteckt hat.

3. Sodann weist man mit dem Theodolit an der Tübbingrippe zwei im horizontalen Durchmesser einander gegenüberliegende Punkte ein und körnt sie an der Rippe an. Damit hat man die Schnittpunkte der in der lotrechten Ebene gelegenen Geraden mit dem Tübbing markiert.

4. Nun mißt man den Abstand der Körnungen von der Tübbingsvorderseite. Die so ermittelten Abstände $s_j$ und $s_b$ nennt man das rechts- bzw. linksseitige Voreilen des Tübbings. Die Differenz $s_j - s_b$ gibt das Voreilen der rechten Seite vor der linken an. Dieser Wert wird nach der Messung mit roter Farbe an der betreffenden Tübbingseite vermerkt. Ist *beispielsweise* $s_j = 435$ mm, $s_b = 446$ mm, vermerkt man an der linken Seite ein $+11$.

5. Hierauf wird der Mittelpunkt des Tübbings (in der Größenordnung von Zentimetern) sowie seine Horizontalabweichung von der Tunnelachse bestimmt. Zu diesem Zweck legt man das Meßband mit seinem Teilstrich 0 an die linksseitige Körnungsmarke des Horizontaldurchmessers und mißt mit entsprechend gespanntem Band den Abstand bis zur gegenüberliegenden (rechtsseitigen) Körnung. Am gespannten Meßband liest man noch die Stelle der zentrisch über dem Instrument gehaltenen Lotschnur ab. Es sei im vorliegenden Beispiel der Abstand zwischen den beiden Körnungen $d = 5{,}60$ m, der Abstand der Lotschnur von der linksseitigen Körnung hingegen 2,75 m. Da der Halbmesser 2,80 m beträgt, ist der Ringmittelpunkt von der Tunnelachse offenbar um 5 cm nach links verschoben.

6. Die Koordinaten des so ermittelten Mittelpunktes lassen sich nun rechnerisch bestimmen. Die Tunnelachse schneidet die durch die beiden Punkte eindeutig bestimmte lotrechte Ebene in einem Abstand von $18{,}45\text{ m} + 0{,}5 \cdot 11$ cm von Hilfspunkt $S$, während der Punkt $K$ von diesem Punkt nach links hin um 5 cm in horizontaler und vertikaler Richtung verschoben ist.

7. Die Richtung des Tübbingfortschritts läßt sich aus der Größe des Voreilens und aus dem Abstand zwischen den gekörnten Punktmarken ($d$) berechnen. Die Tübbingebene weicht von der auf die Richtung $\overline{1\,2}$ normal stehenden um einen Wert $\Delta\delta$ ab, der sich zu

$$\Delta\delta = \operatorname{arc\,tan} \frac{s_b - s_j}{d},$$

im vorliegenden Fall also zu

$$\Delta\delta = \operatorname{arc\,tan} \frac{11}{5600}$$

errechnet.

8. Die Schiefstellung des Tunnelringes wird in der in der Achse liegenden Ebene des lotrechten Durchmessers gemessen. Ihr Ausmaß bestimmt man, indem man an die obere Tübbingrippenkante ein Lot hält und den Abstand ($b$) der lotrechten Projektion der oberen Rippenkante vom unteren Endpunkt des lotrechten Durchmessers mißt.

In Prozenten erhält man die Neigung des Tübbings aus der Formel

$$e = \frac{a}{b} \quad [\%],$$

worin $e$ in Millimetern, $b$ (die Entfernung der Rippenkanten) in Metern einzusetzen ist.

Ist die Tübbingebene nach hinten geneigt (d. h. „steigend"), mißt man den Abstand $b$ am oberen Ende des Durchmessers, indem man das Lot über den Fußpunkt des lotrechten Durchmessers einstellt.

9. Die absolute Höhe des Ringmittelpunktes wird durch Nivellement bestimmt. Man wählt die drei tiefsten Punkte des Ringes, nivelliert sie ein und hat damit die Grundlage, aus der bekannten Absoluthöhe der drei tiefsten Punkte und dem bekannten Halbmesser des Ringes die absolute Höhe des Mittelpunktes zu berechnen.

### 5.2.3.2. Vermessung der Lage des Schildes

Während des Tunnelbaues liegen Schild- und Tunnelachse im allgemeinen in zwei voneinander abweichenden Geraden. Entsprechend ist der Achsenpunkt des Schildes im Verhältnis zu dem dem gleichen Querschnitt zugeordneten Tunnelachsenpunkt in waagerechten Sinne sowie der Höhe nach verschoben. Während des Vortriebs muß der Schild somit im horizontalen Sinne und der Höhe nach gelenkt werden, und ebenso bedarf es einer ständigen Überwachung seiner Verdrehung um die eigene Achse.

Zu bestimmen ist die Lage der Mittelpunkte $C_1$ und $C_3$ der 1. und 3. Schildrippe im Verhältnis zu den Punkten 1 und 2 der Tunnelachse im gleichen Querschnitt.

Zur Ermittlung der Höhenlage des Schildes genügt es — sofern man nur sein Fallen (oder Steigen) zu bestimmen wünscht — im oberen Teil des Schildes im Querschnitt zweier äußerer Versteifungsrippen den Höhenunterschied zwischen zwei in gleicher Lage befindlichen Punkten durch Nivellement zu messen. Teilt man diesen durch den Abstand zwischen den beiden Punkten und multipliziert man das Ergebnis mit 100, hat man das Gefälle des Schildes in Prozenten.

Auch in absolutem Sinne läßt sich die Höhenlage des Schildes durch einfaches Anschließen der Mittelpunkte an den nächstgelegenen Höhenfestpunkt bestimmen.

Beim Vorpressen des Schildes während der Bauarbeiten hat man die Möglichkeit, das Ausmaß bzw. die Änderungen in der Neigung des Schildes und seiner Drehung um die Längsachse mit Hilfe der folgenden einfachen Vorrichtung zu überwachen bzw. festzustellen.

Unter ein Lot, das man an einer beliebigen Stelle am oberen Teil des Schildes aufgehängt hat, legt man eine Platte mit quadratischer Teilung in Längs- und Querrichtung. Beträgt die Plattenteilungsgröße ein Tausendstel der Lotschnurlänge, dann ergibt die Lage des Lotes auf der Tafel in Tunnelachsrichtung unmittelbar die Neigung, in der auf die Tunnelachse senkrechten Richtung hingegen das Ausmaß der Schilddrehung in Tausendteilen. Vor der Vermessung muß die Platte genau eingestellt werden. Zu diesem Zweck wird der Schildmittelpunkt in waagrechtem Sinne und seiner Höhe nach bestimmt und die Platte mit Hilfe einer Aufsetzlibelle horizontiert. (Die Platte liegt waagrecht, wenn sie in zwei aufeinander senkrechten Richtungen mit der Libelle horizontiert ist.)

Die Abweichung des Ringmittelpunktes von der Tunnelachse sowie die Schildverdrehung pflegt man auch mit dem sogenannten Meßbogen zu bestimmen. Bei

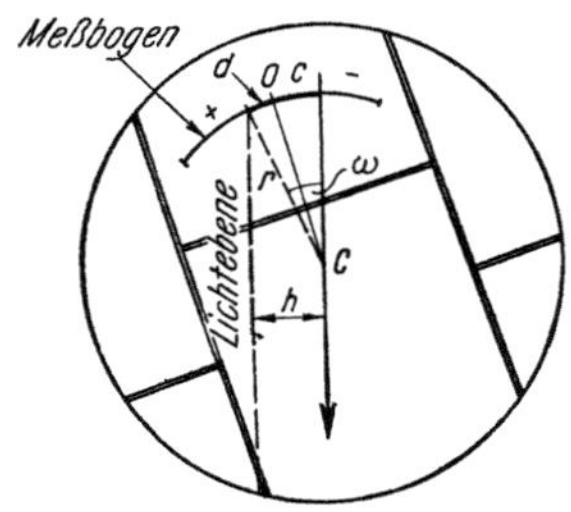


Abb. 357. Bestimmung der Exzentrizität des Mittelpunktes

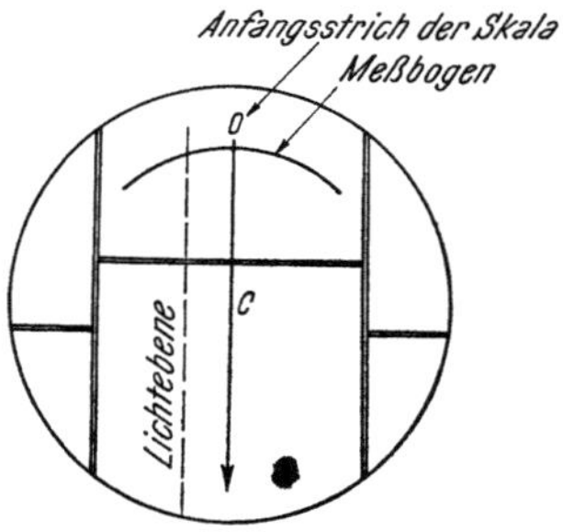


Abb. 358. Einmessung der Tübbingringverdrehung mittels eines Meßbogens

diesem handelt es sich um einen Kreisbogen mit einem Halbmesser von etwa 2 m und mit Millimeterteilung. Er ist konzentrisch zum Rippenmittelpunkt im oberen Teil des Schildes so befestigt, daß der Nullpunkt seiner Skala in die durch den Mittelpunkt verlaufende Lotrechte fällt (Abb. 357). Die Verdrehung ($c$) des Schildes ergibt sich aus der Projektion des Schildmittelpunktes $C$ auf den Bogen und aus der Ablesung der Lotschnurlage an der Skala (Abb. 358).

Die Exzentrizität des Schildmittelpunktes schreibt sich zu

$$h = d - c, \tag{305}$$

worin $d$, in Skaleneinheiten ausgedrückt, den Abstand bezeichnet, der zwischen dem Ausgangsstrich und dem Schnittpunkt der durch das Diopterinstrument in der Achse verlaufenden lotrechten Ebene (Lichtebene) mit dem Meßbogen besteht.

Bei Gl. (305) handelt es sich um eine Näherungsformel, da jedoch die Exzentrizität des Punktes $C$ in der Regel nur einige Zentimeter beträgt, kann statt der Bogenlänge ($c-d$) des Meßbogens vereinfachend das waagerechte Sehnenstück $h$ gesetzt werden.

Die Größe $h$ wird folgendermaßen bestimmt:

1. Im Schildmittelpunkt errichtet man das Lot auf den Meßbogen und liest an diesem den Wert $c$ ab (vom Nullpunkt nach rechts mit negativem, nach links mit positivem Vorzeichen).

2. Den durch die Kreuzscheibe kommenden Lichtstrahl projiziert man mit dem Lot auf den Meßbogen, an dessen Skala man den $d$-Wert abliest.

Die Wiederholung der Messungen an den Rippen 1 und 3 liefert die Werte für $c_1$, $c_3$, $d_1$, $d_3$ und $h_1$ bzw. $h_3$. Der Winkel ($\omega$) der Schildabweichung errechnet sich aus der Formel

$$\tan \omega = \frac{h_3 - h_1}{a},$$

in der $a$ den Abstand der Schildrippen voneinander bezeichnet (Abb. 359).

Die in Gl. (305) aufscheinende Größe $c$ kann übrigens auch mit Hilfe der Meßplatte ermittelt werden. Nach Abb. 360 ergibt sich nämlich aus dem Ausschlag ($h$)

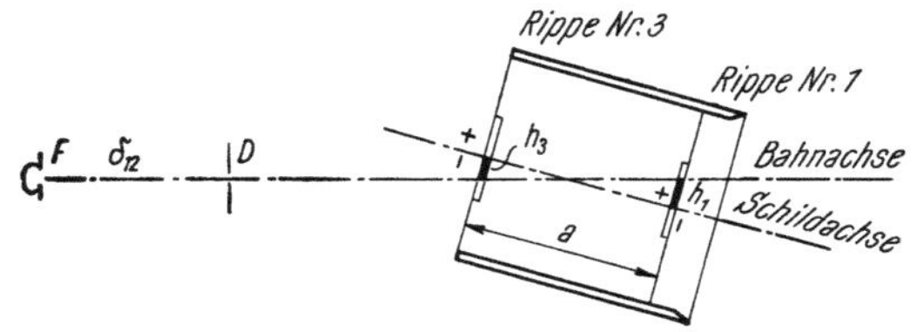


Abb. 359. Bestimmung des Schildabweichungswinkels

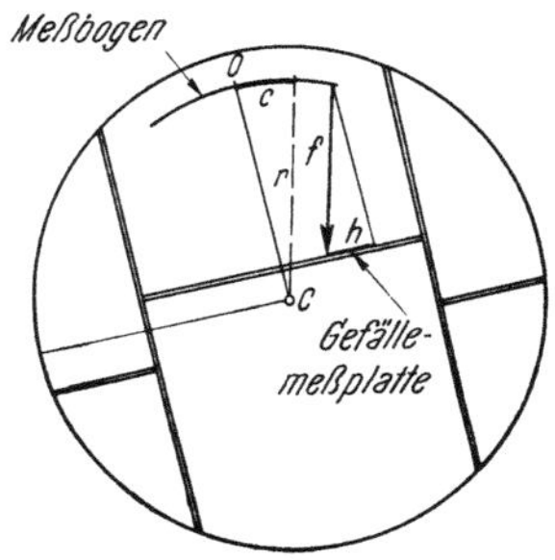


Abb. 360. Bestimmung der Schildverdrehung mittels eines Meßbogens

des Lotes in der Querschnittebene, wie er an der Meßplatte abgelesen werden kann, ferner aus der Länge ($f$) des Lotes sowie aus dem Halbmesser ($r$) des Meßbogens der $c$-Werte wegen $c : h = r : f$ zu

$$c = h \frac{r}{f}. \tag{306}$$

Die Bestimmung kann aber auch durch unmittelbare Messung vorgenommen werden. Zu diesem Zweck bezeichnet man auf dem horizontalen und auf dem vertikalen Durchmesser des Schildes je zwei Punkte und mißt deren Abstände vom Tübbing mit dem Meßstab. Sie sollen der Reihe nach $g_1$ und $g_2$ bzw. $g_3$ und $g_4$ betragen.

Verläuft die Schildachse parallel zur Tunnelachse, dann ist

$$g_1 = g_2 = g_3 = g_4,$$

verläuft sie dagegen nicht parallel zur Tunnelachse, dann beträgt die vertikale Winkelabweichung

$$\varphi - \operatorname{arc\,tan} \frac{g_1 - g_2}{v} \tag{307}$$

und die waagrechte Winkelabweichung

$$\varkappa = \operatorname{arc\,tan} \frac{g_3 - g_4}{h}, \tag{308}$$

worin $g_1$, $g_2$ den Abstand der Punkte auf dem vertikalen, $g_3$, $g_4$ denjenigen der Punkte auf dem horizontalen Durchmesser — jeweils vom Tübbing —, $v$ den Abstand der Punkte auf dem Vertikal-, $h$ denjenigen der Punkte auf dem Horizontaldurchmesser — jeweils voneinander — bezeichnet.

## Allgemeine Literatur zu Kapitel 5

BARANOW: Geodäsie im Tunnelbau. Moskau, 1952.

HEWETT, M., u. S. JOHANNESSON: Shield and Compressed Air Tunnelling. New York: McGraw Hill. 1922.

KONRÁD, O.: Orientierung der untertägigen Vermessungen im Berg- und Tunnelbau. (Földalatti mérések tájékozása . . ., ung.) Budapest: Közlekedési Kiadó. 1952.

KOWALCZYK, Z.: Durchbruch-Probleme im Bau der Untergrundbahnen in Warschau. Warschau, 1952.

OLTAY, K.: Die Genauigkeit der Längemessungen in der neuen Triangulation der Stadt Budapest. (A budapesti városmérés háromszögelésének . . ., ung.) Geodéziai Közlöny **1941**, H. 2.

— Geodätische Arbeiten im Zusammenhang mit der Wiederherstellung der Szabadság-Brücke. (A Szabadság-hid épitése alkalmából . . ., ung.) Geodéziai Közlöny, **1948**, H. 8 bis 10.

— Messungen mit Invar-Draht in Budapest. (A budapesti invárdrótmérés, ung.) Budapest: Akadémiai Kiadó. 1951.

TÁRCZY-HORNOCH, A.: Genauigkeitsnachweis der Tunnelabsteckungen mittels Polygonzügen. (Sokszögelési alagutkitüzések..., ung.) Magy. Mérn. és Ep. Egylet Közlönye, Budapest **1938**, H. 1.

— Zur Fehlertheorie der offenen Polygonzüge. Mitteilungen der Abt. für Bergbau und Hüttenwesen der Akademie, Budapest, 1943.

— Die Bedeutung der Zwangszentrierung und ihre Konstruktionslösungen. (A kényszerközpontositások geodéziai . . ., ung.) Mérnöki Továbbképző Intézet **1944**, M. 53.

— Die optimale Gewichtverteilung und ihre Bedeutung in geodätischen Messungen. (A legkedvezőbb sulyelosztás és jelentősége . . ., ung.) Mérnöki Továbbképző Intézet **1949**, M. 75.

— Durchbruchfehler der Tunnelabsteckungen mittels Triangulation. (Háromszögelési alagutkitüzések . . ., ung.) Budapest: Magyar Technika. 1949.

— Genauigkeitsanforderungen der Tunnelabsteckungen mit besonderer Rücksicht auf die obertägigen Messungen und auf die Übertragung der Richtungen. (Alagutkitüzés pontossági követelményei . . ., ung.) Budapest: Közlekedési Kiadó. 1952.

VINCZE, V.: Präzisionsarbeiten beim Bau der Untergrundbahnen in Budapest. (A budapesti földalatti vasut . . ., ung.) Földméréstani Közlemények, Budapest **1953**, H. 2.

— Präzisionsarbeiten beim Bau der Untergrundbahnen in Budapest. (A budapesti földalatti vasut . . ., ung.) Mérnöki Továbbképző Intézet **1955**, Nr. 3370.

# 6. Ausführung von Tunnelbauten – Tunnelausbau

Die mannigfaltigen Faktoren, die den Ausbau, die Belastung und Lage von Tunneln und die Möglichkeiten der Bauausführung beeinflussen, haben zur Entwicklung einer ganzen Reihe verschiedener Tunnelbauweisen geführt. Die Entscheidung über die Wahl der Bauweise richtet sich nach den geologischen und hydrologischen Verhältnissen, nach Form und Ausmaßen des Tunnelquerschnitts und nach der Bestimmung des Tunnels. Beim Bau jedes Tunnels fallen folgende Teilarbeiten an:

1. Ausbruch, 2. Aussteifung, 3. Schutterung, 4. Ausmauerung bzw. Verkleidung, Abdichtung gegen Wassereinbrüche, Entwässerung und Lüftung.

Wegen der soeben erwähnten Umstände greifen diese Arbeitsphasen auf verschiedene Weise ineinander und beeinflussen die Bauausführung in unterschiedlichem Maße. Ausbruch und Schutterung sind unvermeidliche Arbeiten, Unterschiede ergeben sich bei ihnen höchstens aus der Verschiedenheit der Arbeits- und Fördermittel, wogegen Wichtigkeit und Ausmaß der Abstützung des ausgebrochenen Hohlraumes innerhalb weiter Grenzen schwanken können. Das gleiche gilt für die unter 4. angeführten Arbeitsphasen. Je nach der Art der Teilarbeitsvorgänge kann also ein Tunnelbau nach verschiedenen Bauweisen aufgefahren werden, die sich in fünf Hauptgruppen zusammenfassen lassen. Es sind dies:

*A*) Vollvortrieb ohne oder mit vorübergehender Abstützung.

*B*) Bergmännische oder klassische Tunnelbauweisen.

*C*) Gemischte Bauweisen, kombiniert mit Herstellung in offener Baugrube.

*D*) Tunnelbau mit Senkkastenabsenkung.

*E*) Schildbauweise.

Diese Bauweisen sollen im weiteren gesondert für ihre Anwendung in standfestem bzw. in lockerem, rolligem Gebirge resp. in Lockerböden behandelt werden. Die Bauweise unter *A*) kommt nur für standfestes Gebirge in Frage; in diesem sind außerdem auch die in der Gruppe *B*) genannten Bauweisen mit ihren unterschiedlich weitgehenden Aussteifungen üblich. In lockerem, rolligem Gebirge und in bindigen oder körnigen Böden können alle oben genannten Baumethoden mit Ausnahme der unter *A*) genannten angewandt werden, wogegen in ganz lockeren und schwimmenden Böden nur die Bauweisen der beiden letzten Gruppen zum Erfolg führen.

Um mit den einfachsten zu beginnen, seien hier zunächst die für festes Gebirge in Frage kommenden Bauweisen erörtert.

# 6.1. Tunnelbau in festem Gebirge

## 6.1.1. Geräte für das Lösen festen Gesteins

Die hier folgenden kurzen Ausführungen über die Abbruchgeräte und -methoden sind lediglich als ergänzende Erörterungen gedacht, weil ihre eingehende Beschreibung nicht zum Themenkreis der Tunnelbaulehre allein gehört. Aus diesem Grunde werden sich die Darlegungen auf die mit der Gesteinsfestigkeit zusammenhängenden Teilfragen beschränken. Entsprechend werden behandelt:

*a*) das mechanische Bohren und Lösen,

*b*) die Technik der Sprengarbeit,

*c*) die Methoden der gemeinsamen Anwendung von Bohr- und Sprengarbeit.

### 6.1.1.1. Das mechanische Bohren und Lösen

Das mechanische Bohren und Lösen zielt darauf ab, die Minerale, aus denen sich das Gestein zusammensetzt, durch fortgesetztes Zerschlagen, d. h. durch die damit hervorgerufenen lokalen Bruchvorgänge oder mit anderen Worten durch Trennbrüche infolge Zugbeanspruchung zu lösen. Insofern unterscheidet sich demnach die Lösung von Gestein grundlegend von der Metallbearbeitung, die einheitlich auf dem plastischen Bruch oder auf dem Abscheren beruht.

Das Gestein wird durch Schlagen oder durch kombinierte Schlag- und Brecharbeit gelöst, wobei in den *Bohrwerkzeugen statische* bzw. in den *Schlagwerkzeugen dynamische* Kräfte wirksam sind.

Damit es zum Trennbruch kommt, muß mindestens örtlich die Bruchfestigkeit des Gesteins erreicht werden. Die Bruchfestigkeitswerte können der Tab. 37 entnommen werden.

*Tabelle 37 (nach Talobre)*

| Bodenart | Raumgewicht (t/m³) | Bruchfestigkeit (kg/cm²) | Zugfestigkeit (kg/cm²) | Schubfestigkeit (kg/cm²) | Widerstandsziffer $\delta = \left(\frac{4000}{R}\right)^{1/2}$ | Widerstandsziffer $\delta = \frac{5}{C_s^2}$ | Reibungswinkel ($\varphi$) |
|---|---|---|---|---|---|---|---|
| Kalkstein, hart | 2,65 | 700—1700 | 50 | 110 | 1,55—2,4 | 2,5 | 45—50 |
| Kalkstein, mittelhart | 2,5 | 300—550 | 30 | 30 | 2,7—3,6 | | 41 |
| Kalkstein, weich | 2 | 100 | 10 | 10 | 6,3 | | |
| Gneis | | | | | | 2,1 | |
| Granit, dicht | 2,76 | 1800—2500 | 80 | 100 | 1,3—1,5 | 2,1 | |
| Granit, klüftig | 2,8 | 750—860 | 80 | 100 | 2,2—2,3 | 2,5 | |
| Quarzit-Sandstein | | 680—1000 | | | 2,0—2,5 | | 50—70 |
| Mergel | | 35—180 | | | 4,8—10 | | 34 sandig |
| Porphyr | | 1360—2400 | | | 1,3—1,7 | | |
| Quarzite | 2,65 | 870—3600 | 30—50 | 100 | 1,1—2,1 | 1,9 | |
| Schiefer (Schieferton) | | 250—800 | | | 2,3—4 | | 45 |
| Schiefer (Schieferton), weich | | 200 | | | 4,5 | 5 | 30 |
| Sandstein, mittelhart | 2,3 | | 20 | 30 | | | |
| Basalt | 3 | | 80 | 200 | | | |

Die an der Angriffsfläche des Abbauwerkzeuges auftretende Bruchspannung errechnet sich demgegenüber nach HERTZ zu

$$\sigma_{\max} = 0{,}836 \sqrt[3]{\frac{p}{r^2} \frac{E_2^2}{\left(1 + \frac{E_2}{E_1}\right)^2}}, \tag{309}$$

wenn $p$ die Einheit der auf der Schnittfläche angreifenden Druckkraft, $r$ den Abrundungsradius des Abbauwerkzeuges, $E_1$ den Elastizitätsmodul des Werkzeugwerkstoffes und $E_2$ schließlich denjenigen des Gesteinsmaterials bezeichnet. Die spezifische Formänderung des dynamischen Schlages läßt sich, sofern von vollkommen elastischem Stoß die Rede sein kann, durch den Zusammenhang $\varepsilon = \frac{\Delta l}{l} = K \frac{v}{v_0}$ beschreiben, in dem $v$ die Geschwindigkeit des Stoßes, $v_0$ die Luftgeschwindigkeit im Abbauhammer bedeutet, während $K$ ein Beiwert ist, der von den Massen der aufeinandertreffenden Körper abhängt und dessen Größe zwischen 1 und 2 schwankt. Da $\sigma_{\text{dyn}} = E_2 \cdot \varepsilon$, hat man mit guter Annäherung

$$\sigma_{\text{dyn}} = E_2 K \frac{v}{v_0}.$$

Jedenfalls ist stets anzustreben, daß die kinetische Stoßenergie im Gestein tunlichst bleibende Formänderungen hervorruft, daß also dieses einen möglichst großen Teil der Energie verzehrt. Ein starker Rückstoß weist auf einen schlechten Wirkungsgrad hin.

Im Hinblick auf die bestehenden Unbestimmtheiten genügt es, vom Stoß festzuhalten, daß die Berührungsspannung einerseits der Stoßgeschwindigkeit, andererseits der Quadratwurzel aus dem Elastizitätsmodul der aufeinandertreffenden Massen und des Gesteins direkt proportional ist. Die Wirksamkeit der Lösung des Gesteins hängt von einer ganzen Reihe von Faktoren ab; es sind dies z. B. die Härte, Brüchigkeit, Ermüdungs-, Zug- und Bruchfestigkeit, der trockene oder nasse Zustand des Gesteins, aber auch die Härte, Festigkeitseigenschaften, weiterhin Zähigkeit, Form und Gewicht des Werkzeuges, Größe des angesetzten Druckes, Ansatzwinkel am Werkzeug, Zahl und Geschwindigkeit der Schläge u. a. m.

In Frage kommen *schlagende* Werkzeuge (leichte, mittelschwere und schwere Abbauhämmer mit Gewichten von $G = 18$ kg, 18 bis 27 kg, 27 bis 60 kg) und *rotierende* Werkzeuge (Kronenbohrer, Sternbohrer usw.). Sie werden bei Drücken von 6,5 at und Schlagzahlen von 200 bis 250/min bzw. bei Drehzahlen von 100 bis 650/Umin durch Druckluft angetrieben. In trockenem Gebirge muß mit höheren, in nassem Gestein mit niedrigeren Drehzahlen gearbeitet werden. Unter den Einrichtungen für den Aufbruch spielen — besonders beim Lösen weicherer Gesteine, wie sie im Bergbau vorkommen — die *Schräm-* und die *Gewinnungsmaschinen* eine bedeutsame Rolle. Sie leisten in geeigneten Bergarten auch beim Vortrieb von Tunnelröhren gute Dienste. Erwähnt zu werden verdient hier die ungarische Ajtai-Szilárdsche Gewinnungsmaschine Type $F_4$ mit Fräskopf, die sich in trockenen Tonböden auch im Tunnelbau bewährt hat. Neuerdings finden im Tunnel- und Stollenbau auch verschiedene automatisch wirkende Vortriebsmaschinen in langsam zunehmendem Maße Einsatz. Das Hauptproblem, das bei diesem sprengungslosen Vortrieb zu lösen ist, ist die Entwicklung geeigneter Bohrkopfwerkzeuge, die den Fels kontinuierlich lösen und in geeignete Stücke zertrümmern können.

Die rotierenden Bohrköpfe arbeiten entweder nach dem Keil-(Schräm-) oder nach dem Schneid-(Fräs-)Prinzip (Abb. 361) und sind auf eine rotierende Scheibe montiert (vgl. Abb. 370), sind also für die Herstellung kreisrunder Stollen (von

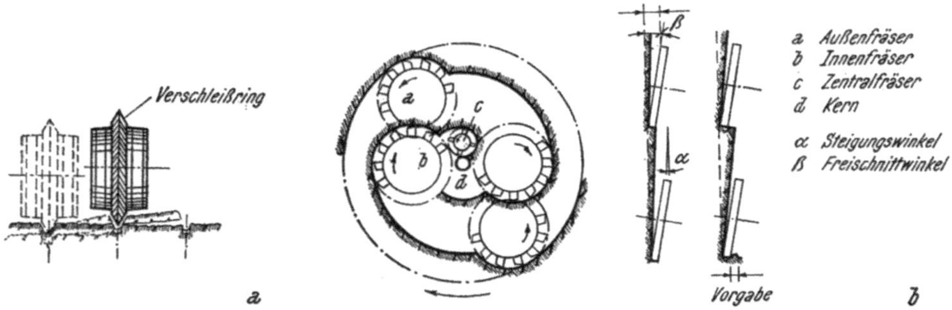


Abb. 361. Keil- und Schneidewirkung der Bohrköpfe

2,5 bis zu 6 m Durchmesser) in weichem und mittelhartem Gestein (zwischen 200 und 1000 kg/cm² Druckfestigkeit) geeignet. Eine nähere Beschreibung dieser Maschinen und ihres konstruktiven Aufbaues würde jedoch über den Rahmen dieses Buches hinausgehen, weshalb auf die einschlägige Literatur [126] verwiesen wird.

### 6.1.1.2. Die Verwendung von Sprengstoffen und die Technik der Sprengarbeit

Die Sprengarbeit beruht auf der Eigenschaft der Sprengstoffe, bei Zündung im engen Raum (Bohrloch) so große Gas- und Wärmemengen zu entwickeln, daß die Spannungen, die der außergewöhnlich hohe Druck erzeugt, die Gesteinsfestigkeit in einem bestimmten Umkreis übersteigen. Die Sprengung wirkt sich somit nur in einem Umkreis mit bestimmtem Radius und auch innerhalb dieses Umkreises mit einem wie folgt abnehmenden Wirkungsgrad aus (s. Abb. 362a):

*a*) Zertrümmerungszone,
*b*) Schleuderzone,
*c*) Zerstörungszone,
*d*) Erschütterungszone.

Die Größe des Umkreishalbmessers hängt außer von der Art und Menge des verwendeten Sprengstoffes und von der Reichweite des Abbruchs auch von der Art des gesprengten Gesteins ab, und jene äußerste Kugelschale, innerhalb welcher der Schuß noch Risse verursachen und Gestein anheben kann, ist durch die Entfernung bestimmt, über die die sprengungsbedingten Erschütterungswellen noch Spannungen auslösen, die die Zugfestigkeit des Gesteins überschreiten. Naturgemäß vermag auch diese Spannung nur dann Bewegungen im Gestein hervorzurufen, wenn in der Richtung der Erschütterungswellen *freie Flächen*, d. h. die Oberfläche, Lithoklasen oder durch früher abgetane Schüsse bereits gelockerte Gesteinsmassen liegen. Unter normalen Verhältnissen wird eine Sprengladung im Bohrloch aus dem Gestein einen Krater heraustreiben, dessen Seitenflächen einen Winkel von 45°

einschließen. Die Wahl der Bohrlochtiefe und die Anordnung der Bohrlöcher richtet sich nach folgenden theoretischen Erwägungen:

Der in ein $m$ tiefes Bohrloch eingebrachte Sprengstoff wird das Gesteinsmaterial aus einem Wurfkegel hinausschleudern, dessen Mantellinie mit der Vertikalen einen Winkel $\alpha$ einschließt. Der Kegel hat einen Rauminhalt von

$$V = \frac{m}{3} \pi r^2,$$

und da $r = m \cdot \tan \alpha$, wird $V = \frac{\pi}{3} m^3 \cdot \tan^2 \alpha$ (Abb. 362a).

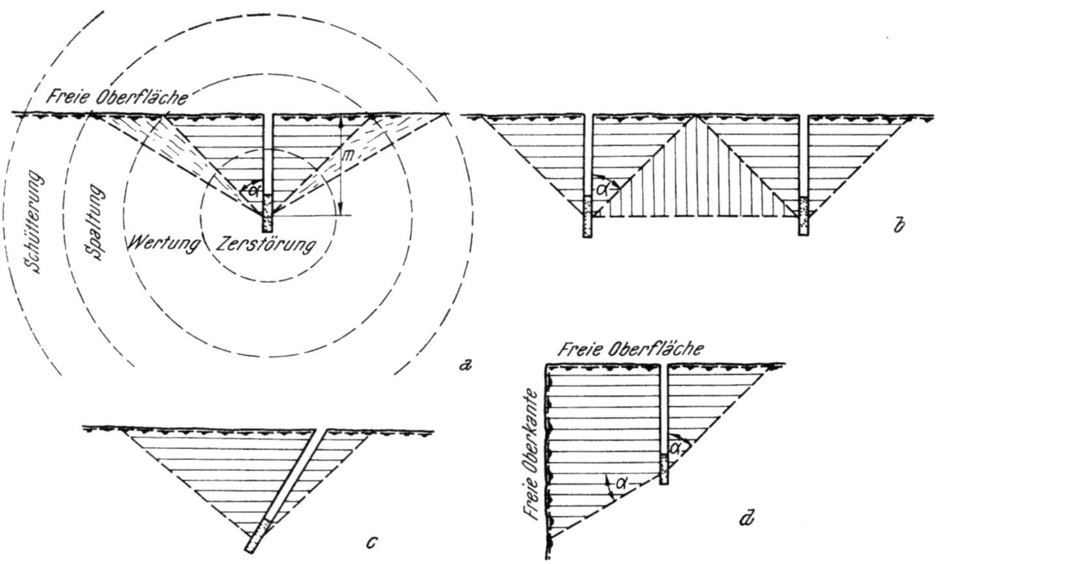


Abb. 362. Ausbildung der Sprengtrichter

Nach Lebrun besteht zwischen der Größe $L$ der Sprengstoffladung und der Bohrlochtiefe $m$ der Zusammenhang

$$L = C \frac{m^3}{\cos^3 \alpha}, \quad \text{woraus} \quad m^3 = \frac{L}{C} \cos^3 \alpha;$$

$C$ ist hier ein von der Gesteinsfestigkeit und von der Sprengstoffbeschaffenheit abhängiger Wert. Es gilt demnach $V = \frac{\pi}{3} \frac{L}{C} \cos^3 \alpha \cdot \tan^2 \alpha$, und bildet man die Extremwerte nach $\alpha$, hat man

$$\frac{dV}{d\alpha} = \frac{\pi}{3} \frac{L}{C} (2 \sin \alpha \cos^2 \alpha - \sin^3 \alpha).$$

Dieser Wert wird gleich Null sein, wenn $2 \cos^2 \alpha = \sin^2 \alpha$, wenn also $\tan \alpha = \sqrt{2}$; hieraus ist $\alpha = 54° 44'$, und daher die dem optimalen Wurfkegel entsprechende Bohrlochtiefe

$$m_0 = \frac{4}{7} \sqrt[3]{\frac{L}{C}}. \tag{310}$$

In der Praxis werden der Berechnung nur 70 bis 80% dieses Wertes zugrunde gelegt, weil der Schuß erfahrungsgemäß auch nach unten wirkt, weil also der Sprengtrichter von einem unter dem Bohrlochboden liegenden Punkt aus seinen Ausgang nehmen wird.

Nach verschiedenen Untersuchungen entfallen im übrigen nur etwa 20% der beim Schießen frei werdenden Energie auf die eigentliche Lösung des Gesteins.

*Die Sprengstoffe können in zwei Gruppen* unterteilt werden:

1. *Direkt und langsam wirkende (phlegmatische)* Schießstoffe, die — durch eine einfache, direkte Flamme entzündet — relativ langsam abbrennen, wobei sie das umliegende Gestein auseinandertreiben und durch den langsam sich entwickelnden Gasdruck aus dem Gesteinsverband herausschieben, ohne es zu zertrümmern. Schießstoffe dieser Art sind das Schieß- oder Schwarzpulver, Paxit usw.

2. *Plötzlich (heftig) wirkende (brisante)* Sprengstoffe, die nur bei Zündung durch eine wesentlich stärkere Stichflamme detonieren, sich dann aber sozusagen in einem einzigen Augenblick (mit einer Detonationsgeschwindigkeit von rund 6000 m/sec) völlig umsetzen und hierbei das Gestein in ihrem unmittelbaren Umkreis zermalmen, im weiteren Umkreis zertrümmern und schließlich abheben. Brisante Sprengstoffe sind das Nitrotoluol, Nitroglycerin, die Nitrocellulose, das Dynamit, das Ekrasit u. a. m.

3. Hier seien auch die *Initialsprengstoffe* (z. B. das Knallquecksilber, Bleiazid) genannt, die zur Herstellung von Zündhütchen und Sprengkapseln dienen.

Die Sprengarbeit im Tunnelbau bezweckt im allgemeinen die Lockerung tunlichst großer Gesteinsmassen mit einem möglichst geringen Aufwand an Sprengstoffen. Anzustreben ist ferner außer der Lockerung des Gesteins auch eine Zerkleinerung der Sprengtrümmer, weil sie die Schutterung wesentlich erleichtert.

Bei der richtigen Durchführung der Sprengarbeit spielt *auch die Anordnung der Bohrlöcher und die richtige Aufeinanderfolge der Sprengschüsse eine wichtige Rolle.* Ist der Abstand zwischen zwei Bohrlöchern nicht zu groß, schleudert die Sprengung das zwischen ihnen befindliche Material heraus (vgl. Abb. 362b). Schräge Bohrungen erweisen sich in der Praxis häufig als wirkungsvoller als senkrecht angesetzte, weil die Expansionskraft normal auf die Bohrlochachse wirkt und ein Ausschleudern des Besatzes weniger zu befürchten ist. Üblicherweise beträgt der Bohrlochwinkel 45° (Abb. 362c). Wird die Sprengladung zwischen zwei senkrecht aufeinander verlaufenden freien Flächen angesetzt, ergibt sich ein Sprengtrichter gemäß Abb. 362d. Die Wirkung erreicht hierbei das 2,5fache, bei drei aufeinander senkrecht stehenden Flächen sogar das 3,5fache, derjenigen des Sprengtrichters nach Abb. 362a.

In der Praxis schwankt der Durchmesser der Bohrlöcher für gewöhnlich zwischen 26 und 40 mm, ihre Länge zwischen 1,2 und 3,5 m. Im allgemeinen lohnt es sich nicht, über Bohrlochlängen von 2,5 m hinauszugehen, da die Fertigstellung eines 3,6 m tiefen Bohrloches die gleiche Zeit beansprucht wie die zweier Bohrlöcher von je 2,4 m. Bei längeren Bohrlöchern müssen die Bohrungen überdies mit Anfangsbohrern größeren Durchmessers angesetzt werden. Die Wahl der Bohrlochtiefe richtet sich weitgehend auch nach der Bergart. In gebrächem Gestein geringen Zusammenhaltes arbeitet man zweckmäßig mit kürzeren Bohrlöchern und kleineren Sprengladungen. Zu berücksichtigen ist auch, daß die Bohrlochlänge niemals größer sein darf als die Tunnelbreite und daß andererseits die Sprengung 30 bis 40 cm (im Durchschnitt um $^1/_{10}$ der Bohrlochlänge) oberhalb der Bohrlochsohle zu wirken beginnt. Zur Steigerung der Sprengwirkung empfiehlt es sich, die Bohrlochsohle mit brisanterem Sprengstoff zu besetzen. Nach RANDZIO [127] soll das Bohrloch eine Länge von

$$m = (f - 1)\,\alpha + 0{,}5 \tag{311}$$

haben. Hierin ist $f$ die Fläche der Stollenbrust, $\alpha$ hingegen ein vom Bohrungsdurchmesser ($\delta$) abhängiger Beiwert, für den RANDZIO folgende Werte angibt:

wenn $\delta = 60$ bis 80 mm, ist $\alpha = 0{,}20$,
wenn $\delta = 45$ bis 60 mm, ist $\alpha = 0{,}18$,
wenn $\delta = 20$ bis 30 mm, ist $\alpha = 0{,}10$.

*Die Bohrlöcher werden an der Arbeitsbrust nach einem gewissen Schema angesetzt, und auch das Abtun der Schüsse erfolgt in einer bestimmten Reihenfolge.* Die

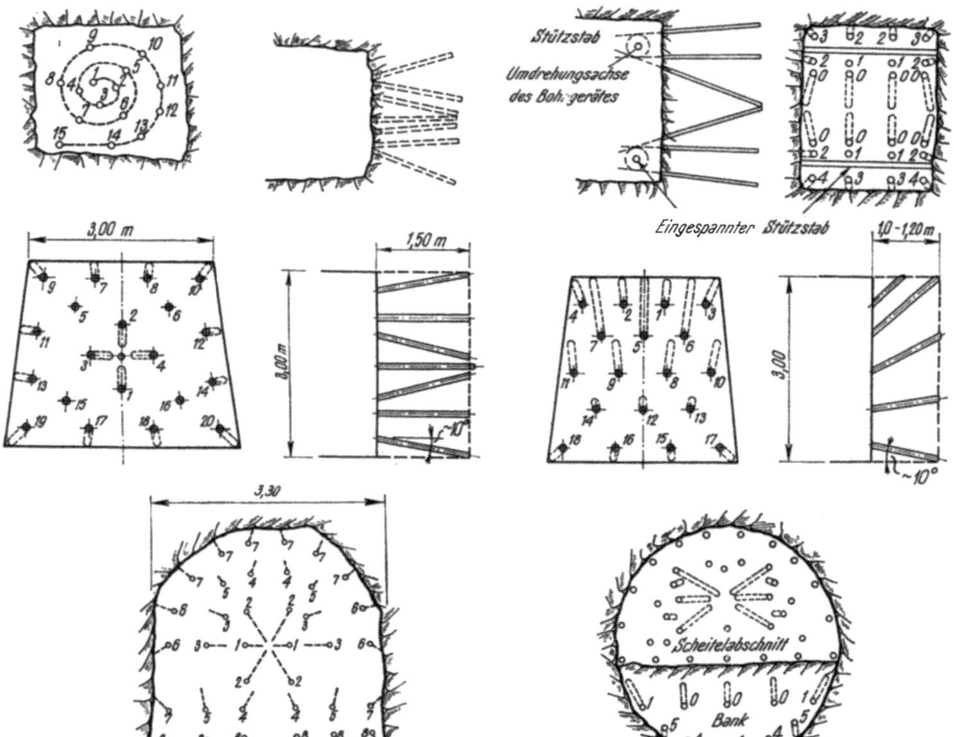


Abb. 363. Verschiedene Anordnungsweisen der Sprenglöcher

Anordnung der Bohrlöcher richtet sich nach ihrer Länge sowie nach der Schichtung und dem Gefüge des Gesteins. (Parallel zur Schichtung angesetzte Bohrlöcher sind unvorteilhaft!) Beim Einbruchschießen setzt man nach der herrschenden Praxis in der Mitte der Arbeitsbrust die nach innen zu in V-Form gegeneinander geneigten sogenannten *Herzbohrungen*, an den Querschnitträndern dagegen die flach nach außen gerichteten sogenannten *Kranzbohrungen* an. *Die Bohrlöcher können* hierbei in Reihen oder kranzförmig *angeordnet sein*. Neuerdings folgen sie auch einem spiralenförmigen Schema (Abb. 363). Die Schüsse selbst werden je nach der Gesteinsart, dem Arbeitsgang und dem Streckenverlauf in unterschiedlichst variierenden Reihenfolgen abgetan. Zweckmäßig wird man zuerst die in der Mitte eingebrachten Ladungen und dann erst die der Randbohrungen zünden, da die Schüsse hierbei ihre abhebende Wirkung schon gegen zwei freie Flächen entfalten können. Besondere Sorgfalt erfordern die Sohlbohrungen, aber auch die Randbohrungen an den Querschnitträndern, die zur Vermeidung des schwierigen Nachnehmens nach unten bzw. nach außen geneigt sind. Die Sprengung entwickelt nämlich hier wegen des großen Massenwiderstandes des stehenbleibenden Gebirges den geringsten Effekt, und das nachträgliche Nachnehmen der haftengebliebenen dünnen Deckschichten gehört mit zu den schwierigsten und unwirtschaftlichsten Arbeiten.

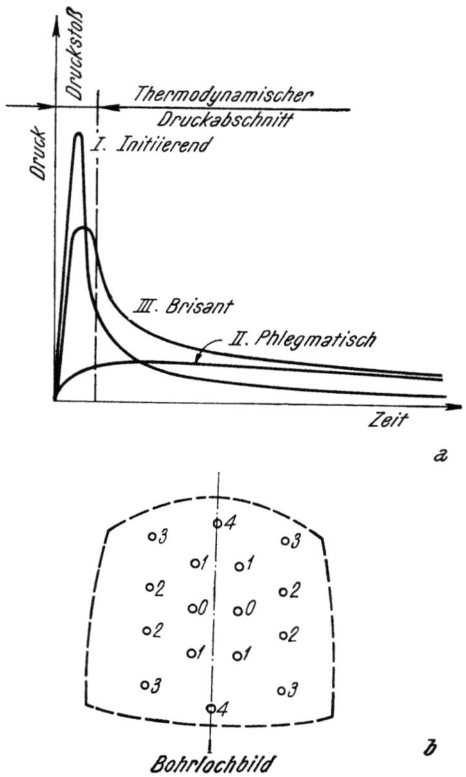

Abb. 364. Grundlage und Bohrlochschema der Millisekunden-Sprengung

Überaus günstig beeinflußt die Gesamtwirkung der Sprengung und besonders die Zerkleinerung des Sprengmaterials überdies die richtige Wahl des Zeitintervalls zwischen dem Abtun der Schüsse in den benachbarten Bohrlöchern (Verzögerungszeit) und auch die Reihenfolge der Verzögerung. Zündet man die Ladungen in den benachbarten Löchern schon zu einem Zeitpunkt, in dem die physikalischen Auswirkungen der vorangegangenen Sprengung noch nicht abgeklungen sind, überlagern sich die einzelnen Sprengwirkungen in günstiger Weise. Diese Überlagerung nutzt das *Millisekundenschießen*, bei dem die einzelnen Schüsse in Zeitintervallen von nur einigen Millisekunden gezündet werden [128].

Das Druckdiagramm der beim Schießen auftretenden Expansionskräfte zeigt hierbei den in Abb. 364a dargestellten Verlauf. (I. bezeichnet hier die typische Kennlinie der Initialsprengstoffe, II. die der verschiebend wirksamen, phlegmatischen und III. die der heftig wirkenden brisanten Sprengstoffe, wie sie im Tunnelbau zur Verwendung gelangen.) Wie die Kennlinie III. erkennen läßt, folgt dem Abschnitt des mit hoher Initialintensität ablaufenden schlagenden Druckes der Abschnitt des stufenweise absinkenden thermodynamischen Druckes. Beim Millisekundenschießen hält der Schußverlauf noch beim Abschnitt dieses thermodynamischen Druckes, während im benachbarten Bohrloch schon der Druckstoß auftritt, im Umkreis um die beiden Bohrungen summieren sich somit die beiden Wirkungen in vorteilhafter Weise, wogegen sich die in größerem Abstand auftretenden Erschütterungen bereits gegenseitig dämpfen. Das optimale Zeitintervall beim Millisekundenschießen ist der halben Phasendauer der für das gegebene Medium charakteristischen Erschütterungswelle proportional, d. h. also jener Zeit, die der Erschütterungsvektor zum Übergang vom positiven zum negativen Maximum benötigt. Die wichtigste Besonderheit der Millisekundenzündung gegenüber der Momentzündung liegt also darin, daß sie den Sprengeffekt in der unmittelbaren Umgebung der Sprengung erhöht, ihre Auswirkung auf entferntere Gebiete dagegen herabsetzt.

Als Bohrschema empfiehlt sich die in Abb. 364b dargestellte Anordnung in Reihen [129]. Zuerst werden die mit 0 bezeichneten zwei Schüsse in der Mitte abgetan, ihnen folgen im Abstand von je 0,5 m an den mit 1 und 2 bezeichneten Stellen der Reihe nach je vier weitere Schüsse, sodann in einem weiteren Abstand von 0,60 m in den mit 3 bezeichneten Bohrlöchern weitere vier und abschließend schließlich noch zwei ergänzende Schüsse an den mit 4 bezeichneten Stellen. Die ganze Anordnung ist beim Einbruchschießen üblich. Das Sprengen nach ihr wird auch Verfahren mit parallelen Bohrlöchern genannt, weil die Bohrungen parallel zueinander angelegt werden müssen. Theoretisch ist die sogenannte Zick-Zack-Anordnung (criss-cross-Anordnung), bei der die Schüsse nach einem sägezahnförmigen Schußbild gezündet werden, vorteilhafter, weshalb man für den schichtweisen Ausbruch neuerdings diese Schußfolge empfiehlt.

Die Millisekundenzündung hat nicht nur einen besseren Wirkungsgrad als die sogenannte „Mitzündung“ beim Momentschießen, sie verkürzt auch die Nebenzeiten im Vergleich zu jenen Verfahren, die die einzelnen Schüsse je Bohrloch nacheinander getrennt abtun.

Die Sprengarbeit im Tunnelbau gliedert sich in folgende Teilvorgänge:

*a) Einbruchschießen,*
*b) Vollausbruch,*
*c) Profilrandausbruch.*

*a)* Das *Einbruchschießen* soll in der Abbaubrust jenen ersten vorgetriebenen Schlag öffnen, von dem aus diese in ihrem vollen Umfang ausgebrochen werden kann. Es handelt sich also um jenen Teil der Sprengarbeit, zu dem der wirkungsvollste Sprengstoff, die relativ größten Ladungen und die längsten und am dichtesten angeordneten Bohrlöcher benötigt werden. Je nach den Ausmaßen des Profils muß der Schram eventuell in 3 bis 4 Arbeitsgängen gesprengt werden. Die Bohrungen müssen unbedingt mittig angeordnet und bei größeren Ausmaßen durch Blindbohrungen ergänzt werden, deren Durchmesser um so größer sein muß, je weicher das Gestein ist. In festem Granit darf der Abstand der einzelnen Bohrungen voneinander 20 cm kaum übersteigen. Sehr gut eignet sich zur Öffnung derartiger Schräme der *kanadische Einschnitt,* dessen Bohrschema aus Abb. 365 ersichtlich ist. Um die in der Mitte zuerst angelegte, mit größerem Durchmesser aufgeführte Blindbohrung werden in wachsenden, rhombenförmig angeordneten Abständen vier Sprenglöcher gebohrt, deren Ladung in der Reihenfolge der Numerierung nacheinander gesprengt wird.

*b*) Beim *Vollausbruch* ordnet man die Sprenglöcher zum Lösen des Gesteins entweder konzentrisch um den Schram oder reihenweise in Schichten an, die dem 0,7- bis 0,8fachen der Reichweite der Sprengwirkung entsprechen (vgl. Abb. 363). Der Abstand zwischen den Bohrlöchern ein und derselben Schicht soll das 1,2- bis 1,4fache dieser Reichweite nicht übersteigen. Die Schüsse je Schicht werden jeweils gleichzeitig abgetan. Um gute Ausbruchfortschritte erzielen zu können, wird man die *Länge der Sprengladung* richtig wählen und auch auf die ausreichende *Zerkleinerung* der Sprengtrümmer bedacht sein müssen. Bei kürzerer Zündungsverzögerung gebraucht man kürzere, bei längerer Zündungsverzögerung längere Sprengladungen. Das Ausmaß der Zerkleinerung hängt von der spezifischen Ladungsmenge ab, doch beeinflußt es auch die Verkürzung der Zündungszeitstufen in günstigem Sinne.

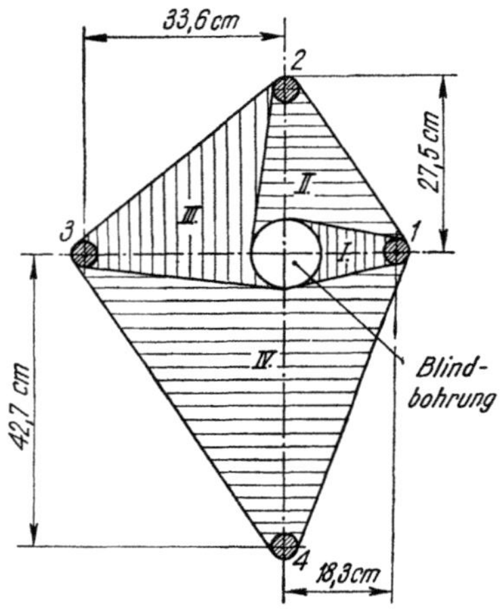


Abb. 365. Bohrlochschema: „Kanadischer Einschnitt"

*c*) Der *Profilrandausbruch* durch Sprengung wird stets nur mehr oder weniger genau ausfallen. Die Bohrungen sind unter einem Winkel von 10° schräg nach außen anzusetzen (vgl. Abb. 363), doch sollen sie höchstens um 10 cm über den theoretischen Profilumfang hinausreichen. Die zerreißende Wirkung reicht erfahrungsgemäß höchstens 20 cm weit. Zur Erzielung eines tunlichst genauen Profils empfiehlt es sich, die Bohrungen am Umfang entlang möglichst dicht nebeneinander aufzuteilen und kürzer zu halten als die beim Vollausbruch üblichen. Die Ladungen sollen mit Zwischenabständen eingebracht werden und besonders brisant sein.

Die Formeln zur Berechnung der *erforderlichen Sprengstoffmengen* lassen sich in drei Gruppen einteilen:

*a*) Formeln zur Berechnung der Ladungen für kegelförmige Ausbrüche. Sie werden in der Formel

$$L = e_1 f_1 d^3 \tag{312a}$$

vornehmlich beim Militär von technischen Einheiten benutzt. In dieser Formel bedeutet $L$ die Ladungsmenge in kg, $e_1$ den Qualitätsfaktor des Sprengstoffes, $f_1$ die Gesteinsfestigkeitszahl und $d$ die kleinste Sprenglänge, deren Wert dem 0,5- bis 0,75fachen der Bohrtiefe gleichzusetzen ist.

Ähnlich schreibt sich die Grimaudsche Formel

$$L = v e_1 f_1 b^2 m^2, \tag{312b}$$

in der $v$ ein von der Zahl der freien Flächen abhängiger Beiwert ist, der bei einer freien Fläche gleich 1, bei fünf freien Flächen gleich 0,25 zu setzen ist, während $m$ die Bohrtiefe bezeichnet, wogegen $b$ ein von der Bohrungsform abhängiger Faktor ist, dessen Wert zwischen 0,5 und 1,0 schwankt, wenn sich der Wert des Quotienten $\frac{m}{\delta}$ (Länge : Durchmesser) zwischen 50 und 33 bewegt.

*b*) Formeln für den Gebrauch *länglicher Patronen*, wie sie im Tunnelbau in erster Linie zur Verwendung gelangen. Auf Grund von Erfahrungen bei derartigen Bauten hat FRAENKEL die Formel

$$a = 0{,}02\, \varrho\, m^{0,3} h^{0,3} \delta^{0,3} \tag{312c}$$

aufgestellt, in der $a$ [m] die Reichweite der Sprengung, $m$ [m] die Bohrlochlänge, $h$ [m] die Ladungslänge und $\delta$ [mm] den Ladungsdurchmesser, $\varrho$ hingegen einen Widerstandsbeiwert bezeichnet, dessen Wert aus dem Zusammenhang $\varrho = \frac{4000}{R}$ berechnet werden kann, in dem $R$ die Zerreißfestigkeit des Gesteins bezeichnet (vgl. Tab. 37). Für 35%iges Dynamit, dessen Sprengkraft 10000 kg/cm² beträgt, gibt FRAENKEL $\varrho$-Werte zwischen 1,3 und 5,4 an, und zwar je nachdem, ob es sich um feste oder um weiche Gesteine handelt.

*c*) Die dritte Gruppe der Formeln bezieht sich auf das *parallele Reihenschießen*, bei dem die im gesprengten Querschnitt auftretende Sprengkraft die Zerreißfestigkeit im abzutrennenden Querschnitt zuzüglich der Scherfestigkeit an den Abscherflächen und des Reibungswiderstandes aus dem Gewicht des abzusprengenden Felsblockes überwinden muß. Eine eingehendere Behandlung dieser Formeln ginge jedoch über den Rahmen dieses Buches hinaus.

Zu erwähnen ist hier noch die von STINI angegebene, in der österreichischen Praxis gebräuchliche einfache Formel

$$L = m^2 \cdot e \cdot v \cdot f \cdot s, \tag{312d}$$

in der $m$ den kleinsten Abstand zwischen Bohrloch und freier Fläche, $e$ einen die Brisanz des Sprengstoffes ausdrückenden Faktor — bei Sprenggelatine gleich 0,8, bei Gelatinedonarit gleich 1,1 —, $v$ hingegen einen Spannungsbeiwert bezeichnet, der für Richtstollen, in denen es nur eine freie Fläche gibt, beim Einbruchschießen mit 1,6, bei den weiteren Sprengungen mit 1,4 und beim Ausbruch der Kalotte, bei dem zwei freie Flächen vorhanden sind, mit 1,2 angesetzt werden kann; weiterhin ist $f$ die Gesteinsfestigkeitszahl, deren Wert zwischen 0,6 (Kalkstein) und 1,5 (Quarzit) schwankt (die für andere Gesteinsarten gültigen Werte können durch Interpolation ermittelt werden), und schließlich ist $s$ ein von der Gesteinsschichtung abhängiger Beiwert, der den von der Bohrlochachse und der Schichtung eingeschlossenen Winkel, die Rissigkeit und Zerklüftung des Gesteins zum Ausdruck bringt. Sein Wert schwankt zwischen 0,6 und 2,0.

Noch einfacher ist die von LUCAS angegebene Formel

$$L^{(\mathrm{kg})} = k \cdot m^3, \tag{312e}$$

in der $k$ den Faktor des spezifischen Sprengstoffbedarfs bezeichnet, dessen Wert folgender Zusammenstellung entnommen werden kann:

| | Paxit | Dynamit |
|---|---|---|
| Leicht sprengbares Gestein | 0,25 bis 0,40 | 0,08 bis 0,10 |
| Mittelschwer sprengbares Gestein | 0,40 bis 0,60 | 0,10 bis 0,15 |
| Schwer sprengbares Gestein | 0,65 bis 0,80 | 0,15 bis 0,25 |

Beim Einbruchschießen ist der Sprengstoffbedarf stets höher als sonst.

Beim Vollausbruch in festem und homogenem Fels erfordert das Sprengen nach WALLIN die in Tab. 38 angegebenen spezifischen Sprengstoffmengen.

*Tabelle 38*

| | | | | | | |
|---|---|---|---|---|---|---|
| Querschnittsfläche des Tunnels ($m^2$) | 10 | 20 | 40 | 60 | 80 | 100 |
| Spezifischer Sprengstoffverbrauch ($kg/m^3$) | 2,5 | 1,8 | 1,1 | 1 | 0,8 | 0,7 |
| Geforderte spezifische Bohrloch-Länge ($m/m^2$) | 4 | 2,8 | 1,8 | 1,4 | 1,2 | 1 |
| Bohrlochzahl lt. Bohrschema | 32 | 42 | 60 | 75 | 84 | 100 |

## 6.1.2. Vollvortrieb ohne Abstützung

Nach den bisherigen Ausführungen kommt diese einfachste Vortriebsweise offenbar nur in standfestem, höchstens ganz geringfügig zerklüftetem Gestein in Frage. Es wird hierbei ein Unterschied gemacht werden müssen, ob der Hohlgang nur während des Vortriebs eine provisorische Abstützung erhält oder ob er endgültig ohne Auskleidung und Aussteifung stehenbleibt, d. h., ob von den in diesem Abschnitt eingangs erwähnten Teilarbeiten lediglich die unter 2 genannte Abstützung entfällt, oder ob auch die Ausmauerung gemäß Punkt 4 eine wesentliche Vereinfachung erfahren kann. Zu diesem Fall gehören auch jene Ausführungen, bei denen es einer Auskleidung nur aus Gründen der Herabsetzung des Reibungswiderstandes oder aus ästhetischen Gründen (Straßentunnel) oder zur Abdichtung, Isolierung, Wasserfassung und Entwässerung (Druckstollen und Schiffahrtstunnel) bedarf. Dieser letztere Fall ist jedoch bereits jenen im folgenden Punkt zu behandelnden Tunnelbauweisen zuzuteilen, die zwar im Vollvortrieb aufgefahren, aber abgestützt werden.

Das Auffahren von Tunneln ohne Abstützung besteht im Grunde genommen aus einer Kette folgender, sich zyklisch wiederholender Arbeitsgänge:

*a*) Bohren der Sprenglöcher in der Arbeitsbrust,
*b*) Besetzen der Bohrlöcher mit Sprengstoff und dessen Zündung,
*c*) Abschlußarbeiten (Nachnehmen des Profils, Abbrechen lockerer Teile und Einbringen der aus betrieblichen Gründen eventuell erforderlichen Auskleidung).

In den einzelnen Zyklen können entweder der ganze Querschnitt in seinem vollen Umfang oder je nach dem gewählten Arbeitsverfahren in veränderlicher Reihenfolge Teile desselben ausgebrochen werden. Das Arbeitsverfahren richtet sich vor allem nach Form und Ausmaßen des Querschnitts und nach der Gesteinsart, doch werden die Wahl auch andere Faktoren, wie beispielsweise die verfügbare maschinelle Ausrüstung, die Höhe der Arbeitslöhne und der Bautermin beeinflussen. Beim Vollausbruch bringt man üblicherweise sämtliche zum Absprengen der Arbeitsbrust auf ihrer vollen Fläche nötigen Bohrungen auf einmal an, und zwar nach einem Bohrschema, dessen Sprenglöcherzahl es ermöglicht, mit minimalem Sprengstoffaufwand auszukommen und auch die Zerkleinerung zu erzielen, die man zum leichten Schuttern braucht. Hierbei soll natürlich möglichst schonend und genau gesprengt werden, damit es weder zu Mehrausbrüchen kommt, noch ein übermäßiges Nachnehmen des Profils erforderlich wird. Wesentlich beschleunigt den Arbeitsfortschritt auch die rasche und wirksame Schutterung, d. h. die Verladung und Abbeförderung der Sprengtrümmer sowie die wirksame Lüftung und Entwässerung. Im Bau von Tunneln in standfestem Gebirge konnten in den letzten zwei bis drei Jahrzehnten *durch Verbesserung der Bohrstahlqualitäten, durch Vervollkommnung der Bohrtechnik sowie durch Einführung der fahrbaren Bohrgerüste, der verzögerten Sprengungen und leistungsfähiger, betriebssicherer Lade- und Fördergeräte erhebliche Fortschritte erzielt werden.* Als Beispiel zeigen die Abb. 366 das einfach auf einen Lastkraftwagen aufgebaute Bohrgerüst, das man beim Bau der in Granit aufgefahrenen Stockholmer Untergrundbahn in einem der Stationsquerschnitte verwendete, die Abb. 367 hingegen eine einfache, auf eine Arbeitsbühne aufgebaute Stützsäule mit aufmontierten Bohrmaschinen.

Abb. 366. Bohrgestell „Jumbo", auf Lastwagen montiert

Abb. 367. Einfache Bohrgeräte auf der Arbeitsbühne

Die älteren Bauweisen mit *Richtstollenvortrieb* fahren einen Stollen mit einer Querschnittfläche von 3,6 bis 4,5 m² auf und weiten diesen sodann auf den Endquerschnitt aus. Der Richtstollen kann zwar sowohl in der Firste als auch in der Mitte oder an der Sohle vorgetrieben werden. Am zweckmäßigsten wird man ihn jedoch in die Firste verlegen, weil sich der Vollausbruch aus dem Firststollen durch stufenweises Abtiefen bewerkstelligen läßt, was beim Bohren, Schießen und Schuttern bautechnisch Vorteile bietet (Abb. 368). Im aufgefahrenen *Firststollen* hat man die Möglichkeit, das Gestein durch senkrecht angesetzte Bohrungen von der treppenförmig ausgebildeten Arbeitsbrust abzutun, und der Umstand, daß die Fördermittel auf der Sohle des Stollens bis unmittelbar an die Brust herangebracht werden können, erleichtert auch die Förderung. Die kleine Lichtweite des Firststollens erlaubt es allerdings nicht, Bohrwagen zu verwenden, weshalb man zum Bohren zweckmäßig Bohrmaschinen mit Spannsäulen benützt (Abb. 369). Üblich ist auch der *Sohlstollenvortrieb*, den man vorzugsweise deshalb wählt, weil er rasche Baufortschritte zu erzielen gestattet. Vom Sohlstollen aus kann nämlich der Ausbruch bis zum vollen Endquerschnitt ohne Zwischenstufen auf einmal bewerkstelligt werden. Freilich hat diese Vortriebsweise den großen Nachteil, daß der Stollen zum Schutz der Förderung eine schützende Zimmerung erhalten muß. In sehr standfestem Gebirge beginnt man den Vortrieb von Tunneln großen Querschnitts mit Vorteil auch mit dem Auffahren eines *Mittelstollens* (Abb. 370), der durch Abbohren des Gesteins mit radial verlaufenden, bis an den Umfang des Endquerschnitts heranreichenden Sprenglöchern gleichfalls in einer Stufe auf das volle Profil ausgeweitet wird. In Frage kommt jedoch auch die Verwendung *waagrecht arbeitender Schrämmaschinen*, die das Gestein durch Einschnitte in mehrere Stufen trennen, die leicht abgetan werden können.

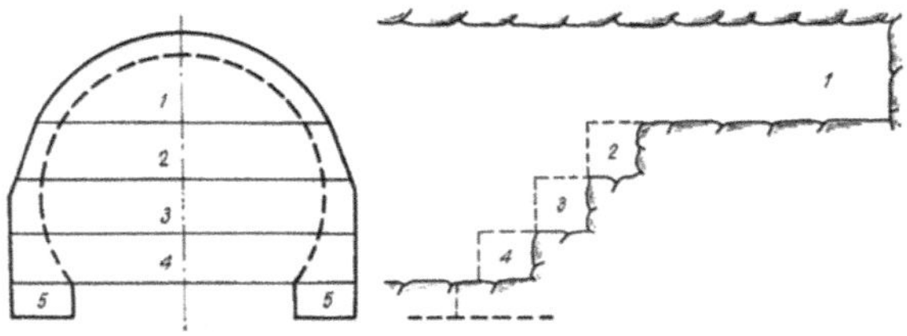

Abb. 368. Abgestufter Ausbruch im Freivorbau

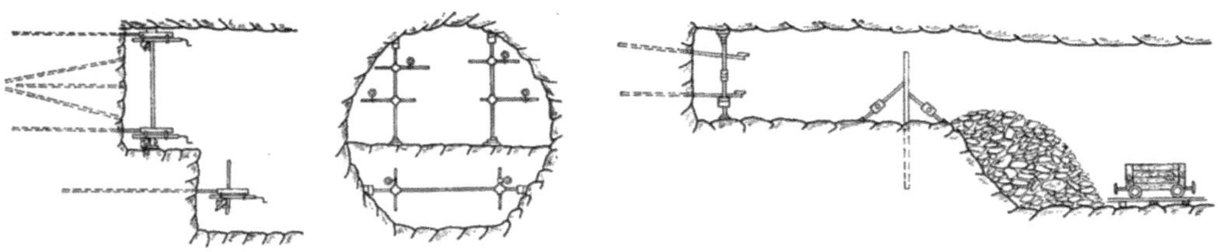
Abb. 369. Ausbruchvorgang mit Bankette

Nach einer neuerdings entwickelten Bauweise treibt man seitlich vom Richtstollen in einem Abstand von etwa 15 bis 25 m einen *Parallelstollen* von 2,40 × 2,40 m Lichtweite vor, der beim Bau langer Tunnel den Vorteil bietet, die Röhre

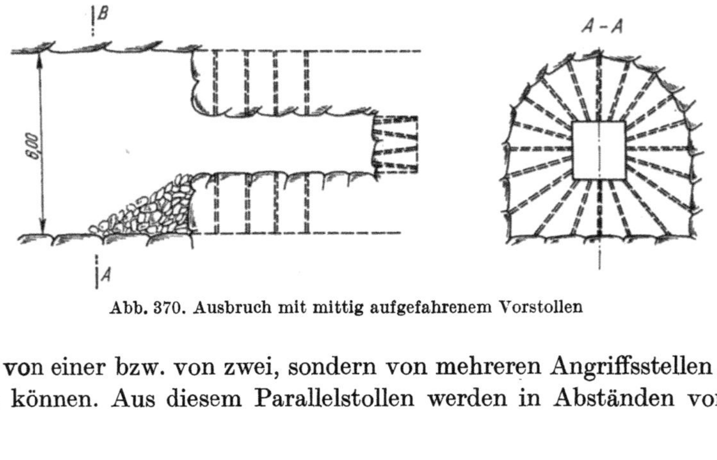

Abb. 370. Ausbruch mit mittig aufgefahrenem Vorstollen

nicht nur von einer bzw. von zwei, sondern von mehreren Angriffsstellen aus auffahren zu können. Aus diesem Parallelstollen werden in Abständen von je 500 bis 600 m Querschläge bis zur Tunnelachse vorgetrieben, von denen aus man nach der jeweils zweckmäßigsten Bauweise nach zwei Seiten neue Abbauabschnitte öffnet. Vorteilhaft ist die Kombination dieser Parallelstollenbauweise mit dem Mittelstollenvortrieb, weil nach dem Durchbruch der einzelnen Abbauabschnitte in der einen Richtung gesprengt und zugleich in der anderen ungestört und ohne Unterbrechung geschuttert werden kann, was die Bauarbeiten wesentlich beschleunigt.

Zuletzt sei noch erwähnt, daß die vorher schon angeführten Vortriebsmaschinen einen sogenannten *sprengungslosen Vortrieb* ermöglichen, dessen Vor- und Nachteile sich wie folgt zusammenfassen lassen:

Die Sprengungserschütterungen und Gesteinsauflockerungen können dadurch ebenso wie die Überprofile vermieden werden. Sowohl die Vortriebsleistungen als auch die Sicherheit lassen sich wesentlich erhöhen, die Vortriebsmannschaft läßt sich reduzieren.

Dagegen sind als Nachteile die außerordentlich hohen Anschaffungskosten derartiger Maschinen, die Schwierigkeiten bei der Beschaffung von Ersatz-

Abb. 371 (oben).
Bohrkopf der Tunnelvortriebmaschine „Robbins“

Abb. 372.
Innenansicht des mit der Robbinsschen Vortriebmaschine hergestellten Abwasserstollens in Fribourg (Fa. Prader, Zürich)

teilen und die Beschränkung ihrer Anwendbarkeit auf gewisse Felsarten zu bezeichnen.

Als bekannteste der Vortriebsmaschinen kann die von ROBBINS genannt werden, deren Bohrkopf auf Grund der Keilwirkung (vgl. Abb. 361) arbeitet und auf Abb. 371 ersichtlich ist. Das hergestellte kreisförmige Profil ist auch statisch sehr günstig; gewöhnlich kann auf eine künstliche innere Verkleidung derart hergestellter Stollen verzichtet werden (Abb. 372).

## 6.1.3. Vollvortrieb mit Abstützung

Zunächst eine gedrängte Übersicht über die Rolle, die die Abstützung spielt, und über die Ausmaße, die sie annehmen kann:

1. *Die Abstützung dient ausschließlich dem Schutz vor herabfallenden Gesteinsstücken,* ohne daß sie die Bewegungen der gestörten inneren Gesteinsmassen im geringsten zu verhindern hätte.
2. *Der Einbau hat die Aufgabe, die gesamte gelockerte Masse abzustützen,* ohne daß er weiteren Lockerungen Schranken zu setzen hätte.
3. *Die Abstützung hat den Hohlraum teilweise zu stabilisieren,* d. h. Bewegung über ein bestimmtes Ausmaß hinaus zu verhindern.
4. *Die Zimmerung hat den Hohlraum völlig stabil abzustützen,* d. h. jede Bewegung um den Hohlraum gänzlich auszuschalten.
5. *Die Abstützung soll den passiven Widerstand der Gesteinsmassen im Umkreis um den Hohlraum* im Interesse einer Entlastung der endgültigen Auskleidung *auslösen.*

Der Ausbruch des Querschnitts auf seiner vollen Fläche stellt ohne Zweifel die wirtschaftlichste Tunnelbauweise dar, und es sollte alles unternommen werden, um ihr Anwendungsgebiet mit allen verfügbaren Mitteln auszuweiten, d. h. auch auf Gebirge auszudehnen, in denen man auf eine Abstützung nicht mehr verzichten, ihren Einbau vielmehr höchstens einige Zeit lang hinauszögern kann, oder in denen es möglich ist, ihr durch gezielte Einbeziehung entfernter anstehender Schichten in die Lastübernahme eine leichtere Ausführung zu geben.

Im Grunde genommen kommt es also darauf an, den Tunnel in seinem vollen Querschnitt ohne jede die Einheit des Hohlraumes störende Innenabstützung auszubauen und so lange offenzuhalten, bis die Auskleidung eingebaut und damit das endgültige Gleichgewicht sichergestellt ist. Die Grundlage für die Entwicklung solcher Verfahren bildet die Erkenntnis, daß die Gebirgsdrücke ihren Maximalwert nicht unmittelbar nach erfolgtem Ausbruch des Hohlraumes erreichen, sondern sich erst allmählich ausbilden. Freilich wird man hierbei nicht übersehen dürfen, daß es eben der rechtzeitige Einbau der Abstützung ist, der die Größe der Gebirgsdrücke beeinflußt (vgl. Kap. 3.5.1.). Immerhin bedeutet schon die Tatsache allein, daß der Querschnitt auf einer bestimmten zulässigen Länge in seiner ganzen Größe auf einmal ausgebrochen und danach mit einer einheitlichen, das ganze Profil sichernden vorübergehenden Zimmerung abgestützt werden kann, einen nicht unerheblichen Vorteil für die Bauausführung. Eine Verschiebung der Abstützung bis zum endgültigen Ausbau hat in der Regel ein so starkes Ansteigen des Gebirgsdruckes zur Folge, daß man zu einer Überdimensionierung der endgültigen Ausmauerung, d. h. zu einer unwirtschaftlichen Lösung gezwungen wäre. Naturgemäß sind auch Ausnahmefälle denkbar, in denen der Gebirgsdruck so langsam ansteigt (stark plastisches Gebirge), der Einbau der tragfähigen Auskleidung hingegen dank ihrer Konstruktion (vorgefertigte Stahlbetonelemente, starres Stahlgerüst u. dgl. m.), dem Ausbruch so rasch nachfolgen kann, daß in der Zeitspanne, die zwischen provisorischer und endgültiger Abstützung vergehen würde, ein beachtlicher Gebirgsdruckanstieg nicht zu erwarten ist. In solchen Fällen wird man den vollen freien Querschnitt ohne Bedenken bis zum endgültigen Ausbau offen stehen lassen können.

Im folgenden sollen vier Verfahren beschrieben werden, deren jedes ernste Entwicklungsmöglichkeiten in sich bürgt.

*a*) Vorläufige Abstützung durch vorgefertigte Stahlrüstungen mit späterer, von ihr unabhängiger, bleibender Ausmauerung.

*b*) Vorübergehende Abstützung durch eine der Armierung ähnliche steife Stahlkonstruktion und deren schrittweises Einbetonieren.

*c*) Verankerung des Profils (der Firste) in weiter innen anstehenden tragfähigen Schichten (Firstverankerung) mit späterer dekorativer Verkleidung.

*d*) Rasche Verkleidung des Ausbruchprofils mit Spritzbeton.

### 6.1.3.1. Von der endgültigen Auskleidung unabhängige vorübergehende Abstützung

Vorübergehende Abstützungen dieser Art werden in *Holz, Stahl* oder aus *Betonelementen*, aber auch aus Kombinationen dieser Baustoffe ausgeführt.

Die Abstützung besteht aus *Stahlrippen* oder *Streckenbögen*, die sich dem vollen Tunnelprofil anschmiegen, aus den abstandhaltenden oder abspreizenden Elementen sowie aus dem auf den Bögen aufliegenden, die Lasten unmittelbar übernehmenden *Verzug*, der auch das Abbröckeln des Gesteins zu verhindern hat.

*6.1.3.1.1. Abstützung durch Stahlbögen.* An sogenannten *fixen* Stahlrahmen hat die amerikanische Praxis folgende Typen entwickelt (Abb. 373):

*a*) Durchlaufende Bogenrippen,
*b*) Bogenrippen mit Pfosten,
*c*) Stahlbögen mit Kämpfergurtträgern,
*d*) Stahlbögen mit Stempeln und Kämpferriegeln,
*e*) Vollkreisbögen oder Rippen mit Sohlschwelle.

Zum Vollausbruch eignet sich im Grunde genommen jedes dieser Systeme, die größten Vorteile bietet jedoch das *System mit durchlaufenden Bogenrippen.* Zu seiner Anwendung ist die Benützung eines fahrbaren Bohrgerüstes erforderlich, auch muß die Stehzeit (bridge action period) (vgl. Kap. 3.5.1.) außer dem Bohren, Schießen und Schuttern auch den Einbau der vorläufigen Abstützung ermöglichen. Die schnellste und wirtschaftlichste Arbeit gestattet die Ausführung der Rippen in zwei gleichen Hälften mit Stoß im Scheitel. Die Ausmaße des Profils oder das angewandte Ausbruch- und Schießverfahren können jedoch die Aufteilung des Rahmens in mehrere Teilstücke erforderlich machen. Im übrigen werden die Rippen aus I- oder H-Profilen, aber auch aus den im Bergbau üblichen hutförmigen Strecken-Profilen hergestellt (vgl. T. H.-Profile sowie

Abb. 380). U-Profile sind für diesen Zweck teils wegen der geringen Auflagerfläche für den Verzug, teils wegen ihrer Asymmetrie und ihrer Neigung zur Verdrehung ungeeignet.

Zeigt die Umgrenzungslinie des Tunnelprofils im Kämpfer beim Übergang von den Ulmen in das segmentbogenförmige Firstgewölbe einen Knick, oder handelt es sich um großquerschnittige, etwa um zweigleisige Eisenbahn- oder um

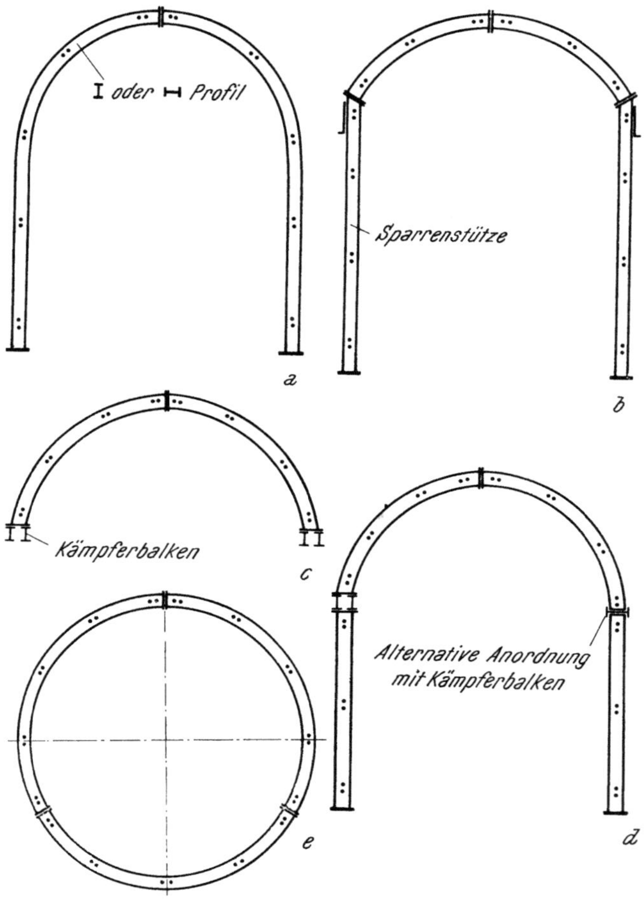


Abb. 373. Stählerne Unterfangungsrahmen (nach PROCTOR und WHITE)

zweispurige Straßentunnel, wendet man die *auf Stempel aufgesetzten Stützbögen* an, und dies schon deshalb, um die einzelnen Bogenteile kleiner und handlicher halten und leichter befördern zu können.

Gleichfalls für große, in relativ standfestem Fels aufzufahrende Tunnel sind die *Stützbögen mit Kämpfergurtträgern* gedacht. Sie sollen die von den Firstbögen übertragene Last über Unterlagsplatten oder Gurtträger in Kämpferhöhe unmittelbar auf den Fels übertragen und damit den sonst zur Unterbringung der Stempel erforderlichen Abbau bis hinab zur Sohlenebene überflüssig machen. Häufig kann diese Art der Abstützung auch dann verwendet werden, wenn sie nur zum Schutz gegen Gesteinsablösungen nötig ist, weil sich Gesteinsstücke in der Regel vor allem von der Firste ablösen. Gesteinsablösungen an den Ulmen sind an sich weniger stark und auch weniger gefährlich, und überdies vermindert der Felsvorsprung, den man zur Auflagerung der Gurtträger an den Kämpfer belassen muß, die Spannungen im größeren Querschnitt ohnehin in beachtlichem Maße. Demgegenüber versagt diese Abstützungsart unter schweren Lasten, in gebrächem oder ungünstig geschichtetem Gebirge, aber auch bei größeren Mehrausbrüchen. In solchen Fällen muß die Belastung unbedingt auf die Sohle übertragen werden. Soweit es die *Stehzeit* zuläßt, läßt sich dieses Verfahren in Tunneln mit hohen Ulmen auch mit der stellenweisen Abstützung der Kämpfergurte durch Stempel kombinieren. Hierbei können die Stempel weniger dicht aufgeteilt sein als die Bögen, die die Firste zu tragen haben. Dieses System erweist sich auch dann als vorteilhaft, wenn die Stempel wegen großer Drücke dichter angeordnet werden müssen, ja seine Kombination mit dem Vorschieben von Kronenbalken (siehe weiter unten) ermöglicht den Vollausbruch selbst dann, wenn man mit kurzer Stehzeit rechnen, die Firste also noch vor dem Wegräumen der Sprengtrümmer abstützen muß und diese Abstützung nur durch Unterfangung mit den Kämpfergurten bewerkstelligen kann. Bis zum Einziehen der Stempel nach erfolgter Schutterung können hierbei die Kämpfergurte vorübergehend auf Kragbolzen gestellt werden, die man in den Fels bohrt (Abb. 374).

In zermalmtem oder in Schwellgebirge ist die Anwendung der *Vollkreisrippen oder der Rippen mit Sohlschwelle* angebracht, die Drücke aus jeder beliebigen Richtung aufzunehmen vermögen (vgl. Abb. 373e). Diese Rüstungsart wird bei der Behandlung von Tunnelbauten in Lockerböden näher erörtert werden. Hier sei lediglich noch erwähnt, daß die Bogenrippen auf Stempeln bei Auftreten von Seitendruck gegeneinander mit Sohlbalken verspreizt werden. Tritt zusätzlich auch Sohlendruck auf, gibt man diesen Sohlbalken eine nach unten bogenförmig ausgebauchte Form.

Hierher gehört auch der *Bankvortrieb* (Heading and bench method; vgl. Abb. 369), obgleich er im Grunde genommen keine Möglichkeit bietet, den vollen Endquerschnitt auf einmal auszubrechen. Bis zur Einführung des fahrbaren Bohrgerüstes bediente man sich dieses Verfahrens ganz allgemein, weil es den Vortrieb des oberen Halbprofils vorauseilen läßt und damit eigentlich eine feste Arbeitsbühne zur Unterbringung der Werkzeuge für das Abbohren der oberen Arbeitsbrust schafft (Abb. 375). Heute hingegen arbeitet man nach diesem Vortriebsverfahren, wenn die *Stehzeit* zum Absprengen des vollen Querschnitts, zur Lüftung und zum Abräumen der Sprengtrümmer nicht genügt, wenn vielmehr die Firstabstützung nach dem Abtun der Schüsse und dem Lüften unverzüglich eingebaut werden muß. In solchen Fällen hat man den doppelten Vorteil,

*a*) von der Bank aus die eventuell lockere Firste sofort nach der Sprengung unmittelbar oder mit vorgeschobenen Kronenbalken unterstützen zu können, bevor man noch die Möglichkeit hat, mit der Montage der Stahlstützbögen zu beginnen, und

*b*) die Sprengtrümmer zugleich mit dem Einziehen der stählernen Stützbögen abzuräumen und damit den Arbeitsvorgang noch unter die relativ kurze Stehzeit zu verkürzen.

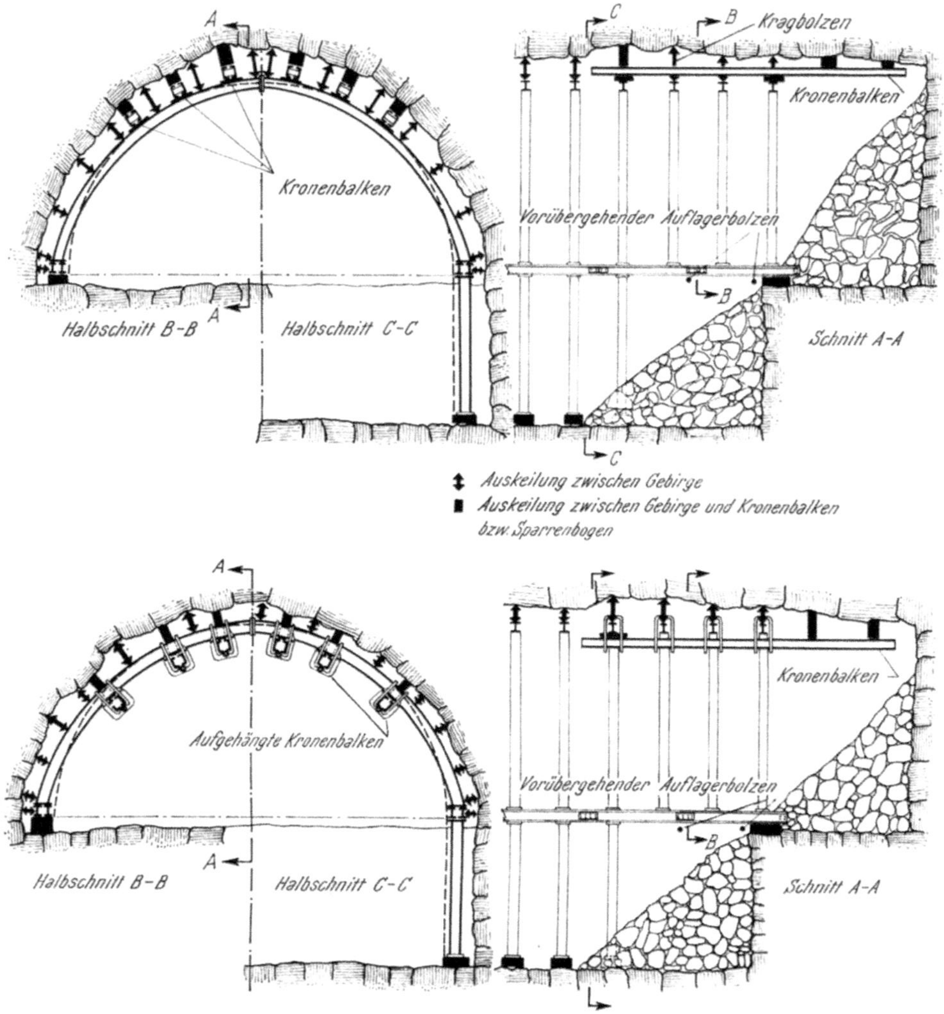


Abb. 374. Ausbruch mit konsolartig vorgeschobenem Kronenbalken (nach PROCTOR und WHITE)

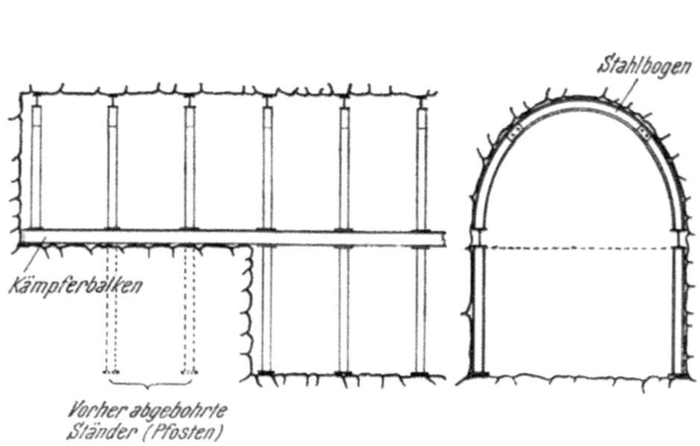


Abb. 375. Bankvortrieb mit vorher eingebohrtem Ständer

Im übrigen erfolgt die Abstützung bei diesem Verfahren in zwei Schritten, und zwar zunächst direkt oder über Kämpfergurte auf die Bank mit anschließender Übertragung auf die Sohle. Diese Abstützungsart hat deshalb größere Firstsenkungen und damit die Auslösung größerer Gebirgsdrücke zur Folge als die Abstützung in einem Arbeitsgang.

In jedem einzelnen Arbeitsgang wird sowohl die Arbeitsbrust als auch die Bank gesprengt (vgl. Abb. 370), und zwar jeweils zuerst die letztere. Auf diese Weise werden die Trümmer aus der Sprengung der Arbeitsbrust unter dem Schutz der Abstützungsrippen in der oberen Profilhälfte auf diejenigen der Bank geschleudert. Sofort nach dem Abtun der Schüsse werden die Kämpfergurte eingezogen und die Bogenrippen auf diese abgestützt. Die im Wege stehenden Sprengtrümmer werden auf die vor der Bank liegenden geschafft, von wo sie später die Schuttermaschine wegbefördert. Die Bank ist übrigens 2 bis 5 m breit.

Aus dieser Beschreibung des Arbeitsverlaufs geht hervor, daß für dieses System nur Stützbögen mit Kämpfergurten oder die mit Kämpfergurten und Stempeln in Frage kommen. Ändert sich der Gebirgsdruck etwa infolge Anfahrens von anders gelagerten Schichten oder von Verwerfungsstreifen, kann er auch durch vorgeschobene Kronenbalken oder durch Fachwerkträger als Kämpfergurte aufgefangen werden. Die Sicherheit beim Ausbruch großer Querschnitte erhöht es auch, wenn man vor die Arbeitsbrust, um die Kämpfergurte im voraus einziehen zu können, Seitenstollen vortreibt, ja nach einer weiteren Modifikation des Verfahrens treibt man, statt das volle Halbprofil oder die ganze Kalotte auszubrechen, nur einen Firststollen vor (vgl. Kap. 6.2.1.).

Als *Kronenbalken* verwendet man (vgl. Abb. 374) konsolartig nach vorn auskragende Träger aus zwei U-Stählen oder aus H-Stahl, eventuell auch aus Vierkantholz, die entweder auf dem äußeren Flansch der Stützbögen ruhen oder mit Bügeleisen von innen auf die Stützbögen aufgehängt bzw. an diese eingespannt sind. Ähnlich wie die Bergmannspfähle (vgl. Kap. 6.2.1.1.) haben sie die doppelte Aufgabe,

*a*) die Firste sogleich nach dem Abzug der Sprengschwaden zu unterfangen,

*b*) als zusätzliche Abstützung zu wirken bzw. die Kämpfergurtträger während des Absprengens der Bank zu entlasten.

(Treten plötzlich Drücke auf, kann es sich auch als nötig erweisen, provisorisch Kronenbalken sofort vorzuschieben. Derartige Notkronenbalken können gelegentlich auch bei anderen Vollausbruchsverfahren gute Dienste leisten.) Die Kronenbalken liegen mit ihren vorderen Enden auf den Kämpferbalken, mit ihrem rückwärtigen Ende dagegen auf den bereits endgültig unterfangenen Stützrippen auf. So nützlich die Kronenbalken auch sein mögen, ihre Anwendung verursacht doch viele zusätzliche Kleinarbeit — und zwar eben an der heikelsten Stelle, in der Firste — man wird sie also nur dann einziehen, wenn sich eine sofortige Abstützung als unausweichlich erweist. Sind jedoch auch die Kämpferbalken den auf sie übertragenen Lasten nicht gewachsen, bedient man sich einer anderen Hilfskonstruktion, die auch den Einsatz der Kronenbalken entbehrlich macht. Es handelt sich um den „*Hilfs-Fachwerkträger*“ (Abb. 376), der neben den Kämpferbalken vorgetrieben wird und der die Aufgabe hat, die Bank während des

Abtuns in entsprechender Länge zu überbrücken [130]. Er ist so lang, daß er in der Regel zwei oder auch mehrere Riegellagen überspannt, was den Baufortschritt beschleunigt. Der Hilfs-Fachwerkträger ist mit ein, zwei Schrauben an

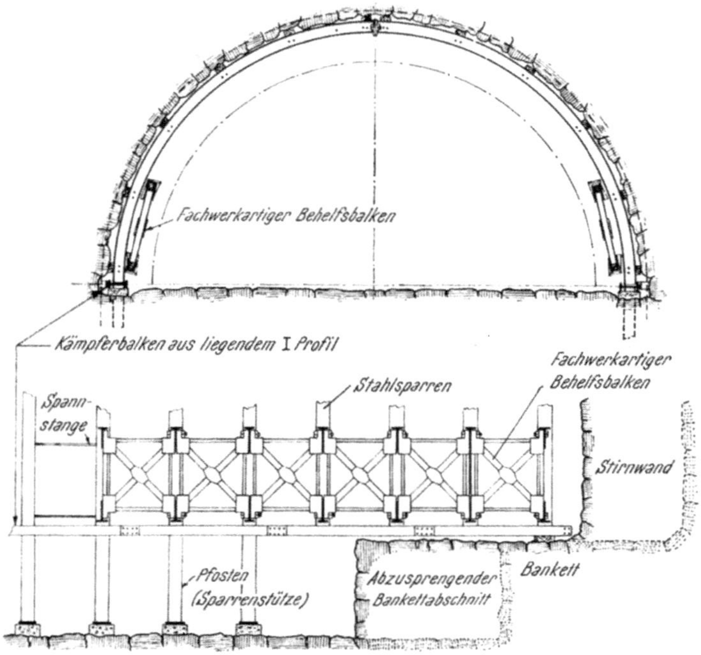


Abb. 376. Auf fachwerkartig ausgebildete Längsträger gestellte stählerne Unterfangungsbögen (nach PROCTOR und WHITE)

den Stützriegel befestigt, doch kann er auch so ausgebildet werden, daß die Firste auf ihm auflastet. Die Anschaffungskosten des Hilfs-Fachwerkträgers liegen niedriger als die des durchlaufenden Kämpferbalkens, und auch seine Fortbewegung erfordert weniger Arbeit als die des letzteren. (Im Prinzip gleicht er dem Mittelbaum nach Kap. 6.2.4.1.)

Der auf den Stahlrüstungen aufliegende Verzug kann aus Holz- oder Stahlpfählen bestehen. Für den *Holzverzug* benützt man für gewöhnlich 10, 15 oder 20 cm breite Hartholzbohlen, die sich zumeist auf die äußeren, seltener auf die inneren Gurtplatten der Stützriegel abstützen. Der *Stahlverzug* kann aus I- oder U-Stahl-Trägern bestehen, die in Abständen gesetzt werden (Abb. 377), aber auch aus gewölbtem oder aus Wellblech mit vierseitigen (Detail *A*) oder mit nur an zwei Seiten angebrachten Rippen (Detail *B*), die unmittelbar auf den Stützringflansch oder auf Pfetten (Abb. 378) aufliegen (vgl. auch Abb. 374). Häufig verwendet man auch trapezförmige gepreßte Platten, und zwar entweder in Verbindung mit Pfetten oder ohne solche. Die Pfetten dienen jedenfalls auch als abstandhaltende Elemente des Stützbogensystems (vgl. Abb. 378).

Die Stahlrüstungen haben ohne Zweifel den Nachteil, sich wechselnden Druckverhältnissen weniger gut anpassen zu können als Holzzimmerungen. Behält man bei verändertem Druck das Querprofil bei, müssen die Stützbögen dichter gesetzt und die Verzugselemente verstärkt werden, bleibt man hingegen beim ursprünglichen Stützbogenabstand, muß man kräftigere Konstruktionen einbauen. Dennoch ist diese letztere Lösung die übliche.

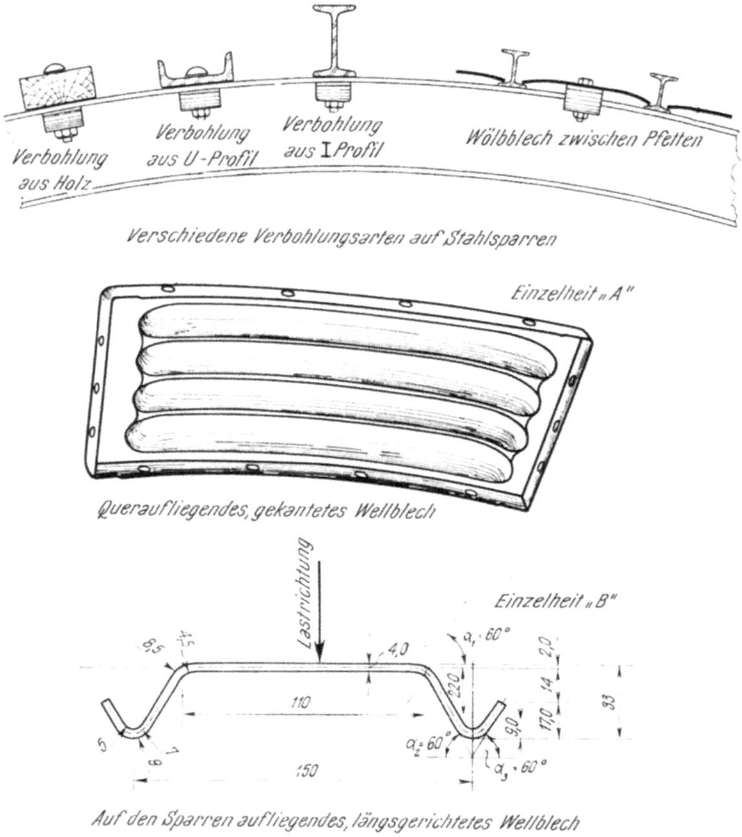


Abb. 377. Verschiedene stählerne Verbohlungselemente

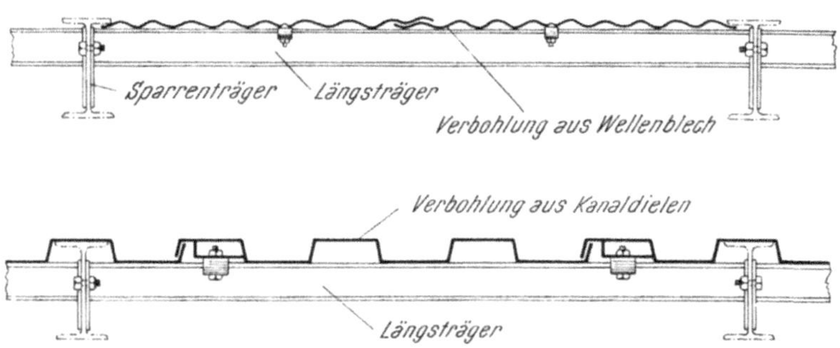


Abb. 378. Verbohlung mit Pfetten-Platten und mit Spundbohlen (nach PROCTOR und WHITE)

Es gibt jedoch auch Rüstungen, deren Stützbögen sich auf die veränderlichen Beanspruchungen selbst einstellen. An derartigen Abstützungen, die — im Gegensatz zu den bisher behandelten *unnachgiebigen Rüstungen* — als *nachgiebig* bezeichnet werden, sind *drei Typen* bekannt.

*a*) *Gleitrüstungen*, die ihre Gestalt während ihrer Verformung beibehalten, die also Biegemomenten einen großen, den Normalkräften hingegen einen geringen Widerstand entgegensetzen.

*b*) *Gelenkrüstungen*, nicht formhaltend, die Momenten gegenüber einen geringen, Normalkräften gegenüber einen großen Widerstand aufweisen.

*c*) *Kombinierte Rüstungen*, die unter der Wirkung der wachsenden Normalkräfte über eine gewisse Grenze hinaus eine Verschiebung, unter der Wirkung steigender Biegemomente hingegen eine Verdrehung erfahren. Sie übertragen damit einen erheblichen Teil der Beanspruchung auf das umgebende Gestein selbst.

In der europäischen Praxis — besonders im Bergbau — finden verbreitet die Toussaint-Heinzmannsche (*kurz T.-H.*) und die Mollsche Rüstung Anwendung.

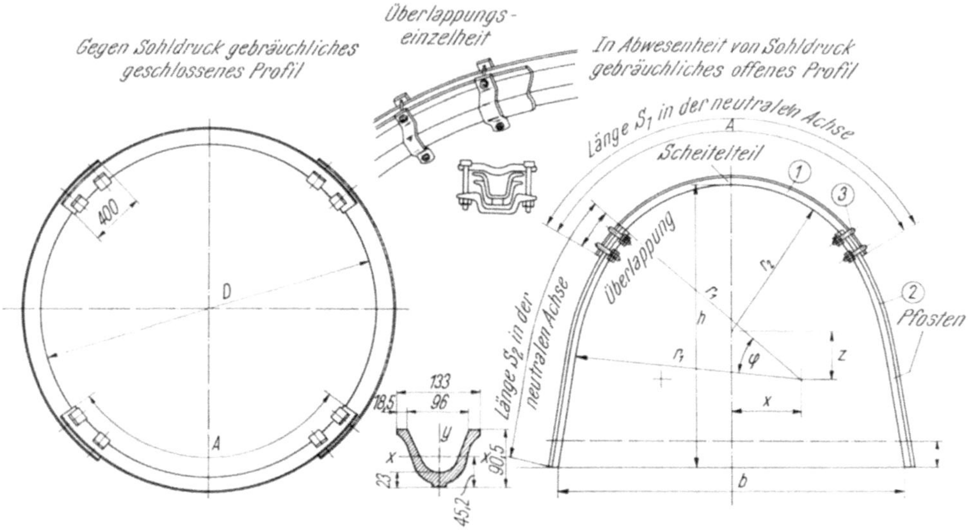


Abb. 379. Toussaint-Heinzmannsche Stützrippen

Bei den T. H.-Ringen handelt es sich um Gleitrüstungen. Ihr glockenförmiges, dem des Zoreseisens ähnlichen Profil verbürgt neben gutem Anliegen an das Gebirge auch eine große Horizontalsteifigkeit. Sie bestehen aus drei Teilen, dem Firstelement und zwei Pfosten, die mit ihren Enden aufeinander übergreifen und miteinander mit Schellen verschraubt sind. Je nach der Größe der Drücke gleiten die Elemente an diesen Flächen entlang, wobei ihre Bewegung durch Anziehen oder Lockern der zusammenhaltenden Klemmen geregelt werden kann. Die T. H.-Rüstung bietet somit eine nachgiebige Abstützung. Auch der Ringabstand ändert sich mit den Drücken und kann sich in Extremfällen bis auf 0,35 m verengen, wobei sich natürlich ein Verzug schon erübrigt. Da also die Gleitrüstung übermäßig großen Drücken nachgibt, verbürgt sie Brüchen gegenüber eine denkbar hohe Sicherheit, so daß sie sich besonders für länger stehenbleibende vorübergehende Abstützungen eignet. Im ungarischen Bergbau verwendet man die in Abb. 379 dargestellte Rüstung zur Sicherung der lange offenzuhaltenden, unter *allseitigem Druck stehenden Förderstrecken* usw. Die Stahlbögen des von der

Alpinen Montangesellschaft entwickelten Streckenausbaus bestehen gewöhnlich aus drei gegeneinander verschiebbaren Bogenteilen. Es wird jedoch empfohlen, die Bögen im plastischen Gebirge aus vier Teilen zusammenzusetzen. Da der Stahlrahmen mit seinem unten offenen Profil Sohlpressungen nicht aufzunehmen vermag, wird er bei Auftreten solcher Drücke als geschlossener Ring aus vier Teilen zusammengesetzt. Der profilgerechte Ausbruch und der Einbau der Stützbögen bzw. Rahmen sowie des Verzugs erfordern große Fachkenntnis und Sorgfalt. Ihre Rückgewinnung muß vor dem Auftreten des Auffahrungsdruckes beendet sein, weil sie sonst bleibende Verformungen erleiden, die nicht rückgängig gemacht werden können.

Ein Typ der *Gelenkrahmen* repräsentieren die *Mollschen Bogen*, die vornehmlich in Sprödgesteinen Verwendung finden. Im plastischen Gebirge läßt sich eine Verformung und damit eine Verdrehung oder ein Ausknicken kaum vermeiden. Die im ungarischen Bergbau übliche Mollsche Rüstung ist aus Abb. 380 ersicht-

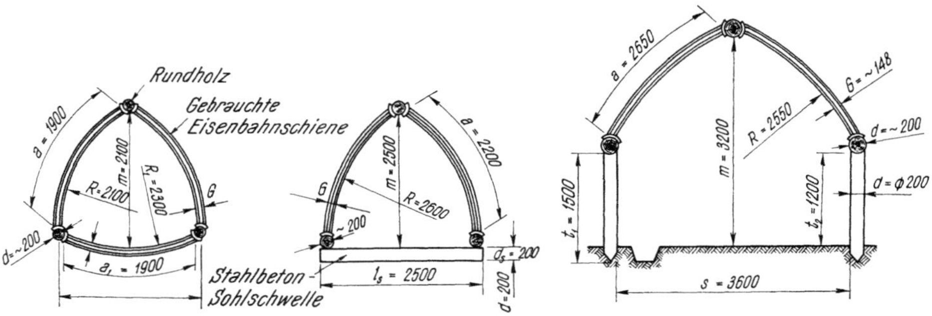


Abb. 380. Mollsche Stützrippen

lich. Sie wird aus gebrauchten Eisenbahnschienen oder aus Ausschußrohren hergestellt, an deren Enden konkave Auflagerplatten angeschweißt werden. Die Gelenkigkeit sichern die in der Firste und an den Seiten parallel zur Längsachse des Tunnels eingezogenen Rundklotzen aus Fichtenholz.

Auch dieses System wird zur Abstützung lang offenzuhaltender Förderstrecken verwendet, und zwar dort, wo sich *vornehmlich Firstdruck* äußert, Seiten- und Sohldrücke hingegen von untergeordneter Bedeutung sind. Die Stützbögen müssen gegeneinander gut verspannt und dicht verpfählt werden. Auch hier bedarf es eines profilgerechten Ausbruchs bzw. des Versatzes eventueller Mehrausbrüche. Der auch unten geschlossene, dreigelenkige Mollsche Bogen (Abb. 380 ganz links) wird benützt, wenn mit Sohlenschwellungen zu rechnen ist (vgl. Stollen).

Die *kombinierte* Rüstung bietet Möglichkeiten für beiderlei Bewegungen. Bei diesen Rahmen liegt das eigentliche Problem in der Sicherung der gelenkigen Bewegung, weil es schwierig ist, ihm die nötige Tragfähigkeit gegenüber den steigenden Drücken zu verleihen. Ein kombiniertes System ist der *Lorenzsche Stützbogen*.

Die Stahlrüstungen, die man später als starre Bewehrung in die Betonauskleidung einbindet, brauchen eigentlich nicht gesondert behandelt zu werden, weil jede der bisher beschriebenen festen oder nachgiebigen Konstruktionen geeignet ist, die anfänglichen geringeren Drücke als vorübergehende Abstützung aufzunehmen und im Endausbau gegen die erheblich größeren endgültigen Drücl als Teil des starren Stahlgerüstes in die Betonauskleidung eingebaut zu werde und zwar als Teil, der zuvor bereits eine gewisse nützliche Vorspannung erhalt hat (Abb. 381). Selbstverständlich muß in solchen Fällen zur Sicherung der gut Verbundwirkung mit dem Beton die Verwendung scharfkantiger Profile möglich vermieden bzw. durch geeignete Bügelbewehrung die Sprengwirkung derartig scharfkantiger Profile ausgeglichen werden. Auch sonst muß diese starre Stal bewehrung eine Ergänzung durch eine verteilende Bewehrung erhalten.

Abb. 381. Stählerne Stützrippen, als starre Bewehrung für die Tunnelauskleidung verwendet

*6.1.3.1.2. Abstützung durch Holzzimmerung.* Zu Abstützungen der soeben l schriebenen Art eignen sich natürlich auch Rüstungen aus Holz. Für die V wendung von Holz spricht im allgemeinen seine gute Formbarkeit, seine gute A passungsfähigkeit an die wechselnden Druckverhältnisse, sein relativ gerin Gewicht, das Knistern, das es bei Überlastung vernehmen läßt, und seine gı Verformungsfähigkeit (Stempeldruck). Gegen seine Verwendung sprechen Schwierigkeiten seiner Beschaffung, seine geringere Festigkeit, die größeı Abmessungen, seine Empfindlichkeit gegen Fäulnis und die Tatsache, daß nur wenige Male wiederverwendet werden kann. Im Endergebnis hat desh in den letzten Jahrzehnten die Verwendung von Stahlrüstungen im Vergle zu den Holzrüstungen eine stürmisch zunehmende Verbreitung gefunden.

Stahlrüstungen lassen sich weit schneller einbauen als Holzzimmerung und überdies kommt man dank ihrer größeren Festigkeit und dem geringe

Raumbedarf mit einem geringeren Mehrausbruch und geringeren Hinterfüllungen aus. Statt 200 mm starker Stahlträgerstützen beispielsweise würde man 300 bis 400 mm starkes Bauholz benötigen. Den Unterschied verdeutlicht in anschaulicher Weise die Abb. 382, aus der auch hervorgeht, daß Stahlstützen in der Regel in die Innenschale einbetoniert werden, wogegen die Holzzimmerung außerhalb des Auskleidungsprofils bleiben muß. Wasser und feuchte Luft, die vom Tunnel für gewöhnlich nicht fernzuhalten sind, gefährden das fäulnisanfällige Holz noch zusätzlich.

Holz verwendet man aus diesen Gründen beim Vollausbruch immer seltener; wo es doch zum Einsatz gelangt, erfolgt die Abstützung nach gleicher Art wie bei Stahlrüstungen. Lediglich die First- und Schulterkappen der Zimmerung müssen einer Polygonallinie folgen.

Für den Verzug kommt naturgemäß ausschließlich Holz in Frage. Ein weit ausgedehnteres Anwendungsgebiet haben Holzrüstungen, wenn der Hohlgang nicht in seinem vollen Querschnitt auf einmal ausgebrochen und abgestützt wird, wie dies bei Behandlung der klassischen (bergmännischen) Vortriebsweisen noch gezeigt werden wird (vgl. Kap. 6.2.1.1.).

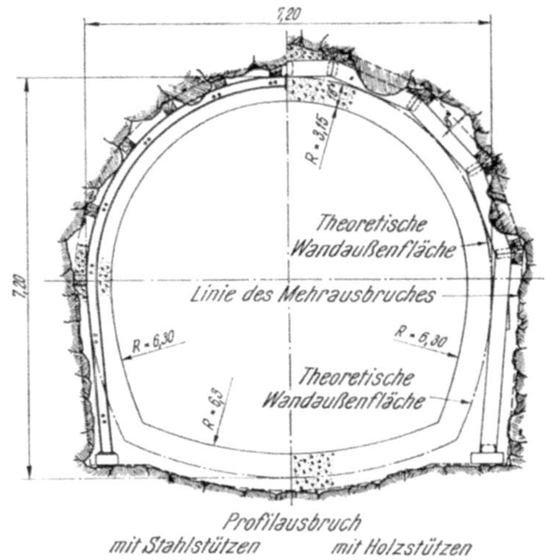


Abb. 382. Vergleich des Raumbedarfes der Stützbögen aus Stahl bzw. aus Holz (nach PROCTOR und WHITE)

*6.1.3.1.3. Abstützung durch Stahlbetonkonstruktionen.* Die zunehmende Verbreitung vorgefertigter und vor allem vorgespannter Stahlbetonteile hat dazu geführt, daß man sie heute auch zur zeitweiligen Abstützung unterirdischer Hohlräume verwendet, die im vollen Querschnitt aufgefahren werden. Maßgeblich bestimmt diese Entwicklung die Notwendigkeit, mit Stahl und Holz soweit wie nur irgend möglich zu sparen, doch *haben Stahlbetonelemente* zugleich auch *den* nicht zu unterschätzenden *Vorzug als wichtige Teile in die endgültige Mauerung einbezogen werden zu können.* Nachteilig wirken sich demgegenüber ihr großes Gewicht und die damit verbundenen Einbauschwierigkeiten aus. In Tunneln mit kleiner Lichtweite läßt sich ihre Tragfähigkeit nur zum Teil ausnützen, bei großen Spannweiten hingegen wächst das Gewicht der Stützbögen übermäßig an. Aus diesem Grunde bedarf es zum wirtschaftlichen Einsatz von Stahlbetonstützung unbedingt geeigneter maschineller Versatzgeräte. Zur Sicherung unterirdischer Hallenhohlräume wurden in Einzelfällen auch Stahlbeton-Firstbogen verwendet, doch hat sich ihre Verwendung wegen ihres großen Gewichtes und wegen der Schwierigkeiten des Versetzens in der Praxis nicht durchsetzen können.

*6.1.3.1.4. Firstverankerung.* Wesentlich größere Möglichkeiten für den Ausbruch des Hohlraumes in seinem vollen Querschnitt hat dem Tunnelbau die First- oder Felsverankerung erschlossen, die nicht nur als zeitweilige Abstützung während des Baues, sondern auch als eine Form des endgültigen Ausbaues in Frage kommt. Das Verfahren fußt nach RABCEWICZ [131] auf folgendem Prinzip (Abb. 383):

Treibt man den Vortrieb des Querschnitts auf eine einem Arbeitszyklus entsprechende Abschlaglänge $l_1$ vor, wird sich das Gebirge in diesem Abschnitt auflockern und ausdehnen, wodurch sich die unter Kap. 3.5.1. bereits beschriebene halbkuppelförmige doppelte Überwölbung ausbildet (vgl. Abb. 128 bis 130). Wie lange diese Überwölbung dem First eine feste Abstützung gewährt, d. h. wie

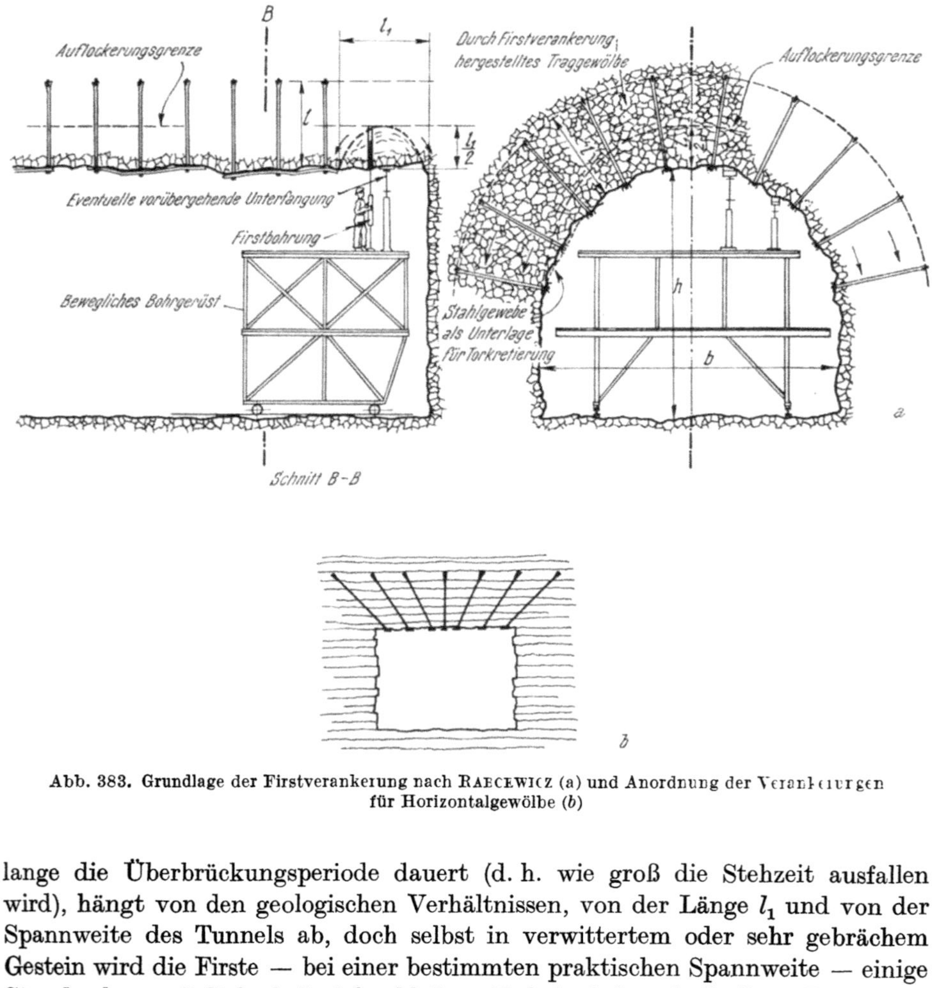


Abb. 383. Grundlage der Firstverankerung nach RABCEWICZ (a) und Anordnung der Verankerungen für Horizontalgewölbe (b)

lange die Überbrückungsperiode dauert (d. h. wie groß die Stehzeit ausfallen wird), hängt von den geologischen Verhältnissen, von der Länge $l_1$ und von der Spannweite des Tunnels ab, doch selbst in verwittertem oder sehr gebrächem Gestein wird die Firste — bei einer bestimmten praktischen Spannweite — einige Stunden lang mit Sicherheit stehenbleiben. Er hält sie innerhalb dieser Zeitspanne keine Abstützung, beginnen sich aus ihr Felsbrocken abzulösen, bis sie die Gestalt eines mit abnehmender Tragfähigkeit immer weniger weit gespannten, immer höher nach oben hinaufreichenden Gewölbes annimmt. Die Firstverankerung hat nun die Aufgabe, innerhalb der verfügbaren Zeit entsprechend lange, d. h. durch die Auflockerungszone hindurchreichende Anker in das ungestörte Gestein einzuführen und so dem Nachbrechen der Schichten vorzubeugen, indem sie einem entsprechend starken, gegenüber den auftretenden Firstdrücken durch Anziehen der Schrauben schon vorweg zur Mitwirkung gezwungenen Gesteinsgewölbe die nötige Tragfähigkeit sichert.

Erfahrungsgemäß überschreitet die Stärke des loslösungswilligen, im übrigen parabelförmigen Firstgewölbes im allgemeinen die Größe $l_1/2$ nicht, die Länge der Ankerstäbe muß also mindestens $l_1$ bzw. das Doppelte der angenommenen Stärke der Auflockerungszone betragen. Zur Sicherheit wählt man jedoch eine größere Ankerlänge $l$, und zwar soll $l > l_1$ bzw. $l > \frac{b}{3}$ bzw. $l > \frac{b}{4}$ sein, wenn man sie, wie dies zweckmäßig erscheint, auch mit der Hohlraumbreite in Zusammenhang bringt. Der so gesicherte schützende Gewölbegurt wird so lange wirksam bleiben, bis er sich nicht lockert, weshalb es wichtig ist, die Flächen zwischen den Ankern mit einem Drahtnetz zu überziehen und auf dieses ehestens Spritzbeton aufzutragen.

Die Anker bilden also aus dem Gestein selbst ein tragendes Gewölbe aus, in dem nicht nur Tangential-, sondern auch Radialdrücke wirksam sind, wobei letztere das Gleichgewicht des Gurtes äußerst günstig beeinflussen. TALOBRE [62] gibt für die Verankerung folgende Regeln an:

1. Die Art der Verankerung hängt von der Natur des Gesteins ab. In schwächeren Felsarten muß sie dichter angeordnet und kräftiger sein und auch tiefer reichen; in plastischem Gestein wird sie dagegen unwirksam sein.

2. Der durch die Verankerung zustande kommende tragende Gewölbegurt muß so dick sein, daß er die Lasten aufnehmen kann.

3. Die Länge der Ankerschrauben soll der um den durchschnittlichen Ankerabstand vergrößerten Dicke des Gewölbegurtes gleich sein (Abb. 384).

4. Die Anker sollen möglichst gleichmäßig ausgeteilt werden.

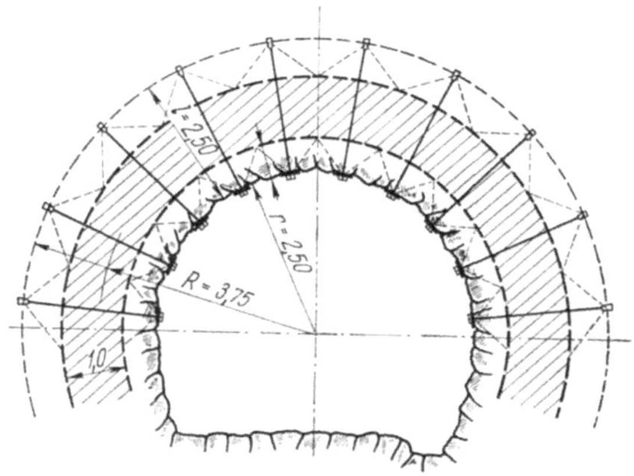

Abb. 384. Durch Verankerung hergestelltes Gewölbe in aufgelockertem Gestein

Die Berechnung der Verankerung muß mit derjenigen des Gewölbegurtes im Einklang stehen, d. h. zunächst wird man jene Gesteinsgewölbedicke zu ermitteln haben, die zur Aufnahme der Lasten erforderlich ist.

Es sei z. B. angenommen, auf einen kreisquerschnittigen Hohlgang mit dem lichten Durchmesser von 2,50 m wirke eine Last von 3 t/m². Mit 2,5 m langen Ankern werde rings um den Hohlgang ein 1 m dicker Gewölbering mit dem Halbmesser $R = r + \frac{l}{2} = 2{,}50 + \frac{2{,}50}{2} = 3{,}75$ m hergestellt. In diesem Ring wird die Normalkraft

$$N = 3{,}0\ \text{t/m}^2 \cdot 3{,}75 = 11{,}25\ \text{t}$$

betragen. Geht man davon aus, daß der Normalkraft von 11,25 t eine radial gerichtete Mindestkraft von 2 t/m² zugeordnet ist (vgl. Kap. 3.2.2.3.), wird auf jeden der aus konstruktiven Gründen in Abständen von 1,5 m gesetzten Anker eine Kraft von $1{,}5^2 \cdot 2 = 4{,}5$ t entfallen. Sicherheitshalber müssen also die Anker mit einer Kraft von $2 \cdot 4{,}5 = 9{,}0$ t gespannt werden.

In ihrer vollen Wirksamkeit läßt sich die verankerte Gewölbeform nur in Tunneln mit gewölbter Firste erzielen, was jedoch keineswegs besagen will, daß die Firstverankerung nicht auch in Tunneln mit ebener Firste Vorteile bietet. Obgleich hier das Zusammenwirken nur durch die Reibung zwischen den einzelnen Schichten gesichert wird, erhöhen die Anker diese Reibung sehr wesentlich; werden sie in der in Abb. 383b dargestellten Weise gesetzt, dann nehmen sie, ähnlich der aufgebogenen Schubbewehrung in Stahlbetonträgern, die aus dem Schub herrührenden Zugspannungen in wirksamer Weise auf.

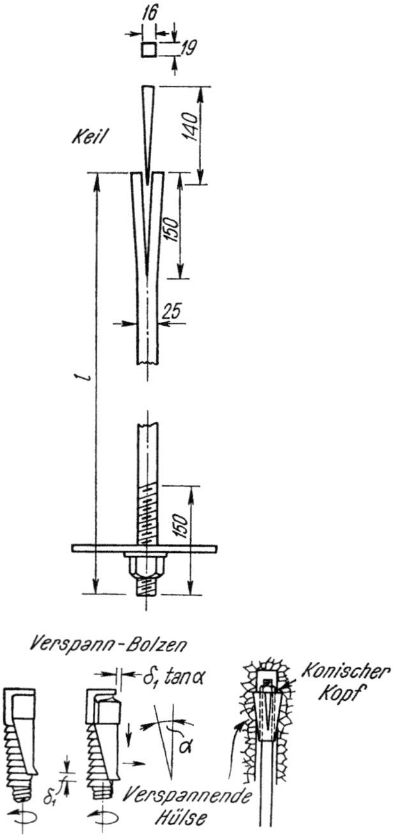


Abb. 385. Ankerkopfausbildungen für Ankerstangen

Den Abstand der Anker voneinander bestimmt das Verhältnis ihres Durchmessers zu ihrer Länge. Will man beispielsweise auf einen 2,50 m langen Anker mit einem Durchmesser von 25 mm mit Sicherheit eine Belastung von 12 t übertragen — die bei einem Raumgewicht von 2,65 t/m³ dem Gewicht einer Gesteinsmasse von 4,5 m³ entspricht —, wird jeder Anker, da das wirksame Gewölbe 2,5 m dick ist, eine Firstfläche von $\frac{12}{2{,}5 \cdot 2{,}65} = 1{,}8$ m² abstützen können. Bei schräg oder lotrecht einfallender Schichtung oder unter anderweitigen besonderen geologischen Verhältnissen werden die Mächtigkeit und das Streichen der Schichten sowie die Beschaffenheit des Gesteins maßgebend sein.

Je nach ihrem Verankerungssystem unterscheidet man Anker mit einem an ihrem vorderen Ende angebrachten Schlitz und einem in diesem sitzenden Keil (Keilschlitzanker) und solche, die mit einer „Expansionshülse" versehen sind (Abb. 385). Die Keilschlitzanker werden zusammen mit dem Keil in das Bohrloch eingeschoben und sodann gegen den Bohrlochgrund eingeschlagen, wodurch der Keil den geschlitzten Ankerteil auseinandertreibt. Beim Expansionsanker umgibt den Spindelkopf eine Hülse oder ein Doppelkeil, die beim Anziehen der Schraube auseinandergespreizt werden. Die Gewähr für das Gelingen der Verankerung besteht stets darin, eine Verformung sowohl des Ankers als auch des Gesteins zu verhindern. Gelänge es, das geringste Herausrieseln oder Absinken zu unterbinden, müßte es im Prinzip möglich sein, durch die Verankerung selbst aus reinem Sand ein tragfähiges Gewölbe auszubilden. Diese Art der Firstverankerung, d. h.

*die Herstellung eines natürlichen Gewölbes* kommt ihrem Wesen nach eigentlich der Vorspannung von Tragwerken gleich. Die andere Art der Verankerung besteht in der Aufhängung der unteren *lockeren Schichten* bzw. der nicht genügend tragfähigen Leibung *in dem über ihnen anstehenden ungestörten Gebirge*. Dieses letztere Verfahren hängt ausschließlich von der gegebenen geologischen Situation ab und kann als Maßnahme aufgefaßt werden, die darauf abzielt, durch die Verankerung die nicht genügend tragfähige Leibung oder die nicht genügend standfesten äußeren Gesteinsschichten an den Stellen der Verankerung abzustützen und damit ihre Biegebeanspruchung herabzusetzen.

Die vorangehenden Auffassungen betrachten die günstige Wirkung also entweder als Folge der Aufhängung der aufgelockerten unteren Schichten in dem überliegenden unversehrten, tragfähigen Gebirge oder behaupten, daß die aufgelockerten Schichten durch die Anker wie durch Bolzen zusammengepreßt werden, wodurch ihre Scherfestigkeit und Tragfähigkeit teils restauriert und dadurch ermöglicht wird, daß sie wieder als Trägerkonstruktion wirksam werden.

R. Richter [131] ist jedoch der Auffassung, daß die bedeutende Auswirkung der Firstverankerung darin besteht, daß durch das Anziehen der Ankerschrauben der innere Spannungszustand in der betreffenden Umgebung verändert wird, weil dadurch die inneren Deformationen verhindert und damit auch die Spannungen herabgesetzt werden müssen.

Diese Auffassung scheint durch die Versuche von Tincelin [132] unterstützt zu werden, insofern als dieser beobachtete, daß schräge Ankerschrauben wirksamer als die lotrechten sind.

Ein genaues, theoretisch einwandfrei untermauertes Bemessungsverfahren ist noch nicht vorhanden. Unter anderen hatte auch J. Straka ein Näherungsverfahren auf Grund der Auffassung einer Aufhängung auch für die Bemessung der schrägen Ankerschrauben angegeben [133].

Die verläßlichste und in der Praxis meist angewendete Methode ist die Probebelastung der Ankerschrauben, die auch in den Deutschen Richtlinien [134] vorgeschrieben ist.

Neuere Versuche mit den Spannschrauben haben gezeigt, daß die Lage der gesetzten und angezogenen Anker und damit das Maß der Verspannung zeitlich keineswegs konstant bleibt, daß sich vielmehr die Anker aus dem Fels langsam herauslösen. Dieses Herauslösen verläuft anfänglich rascher, um sich dann allmählich zu verlangsamen. In der ersten, d. h. in der Phase der plötzlichen Auswärtsbewegung spielt das eventuell vorhandene Spiel der Schraube infolge ihrer ungenügenden Fixierung, aber auch die beanspruchungsbedingte Verlängerung der Ankerstange selbst eine Rolle. Der folgende Abschnitt der ablaufenden Bewegung hingegen kennzeichnet bereits die typische bleibende Verformung des Gesteins. Jedenfalls beweist die Erscheinung, daß man in der Bemessung der Anker und in der Festlegung ihrer Zahl nicht bis zur Zugfestigkeit des verwendeten Stahls gehen darf, daß vielmehr nur weit geringere Beanspruchungen zulässig sind. Da nun die Versuche auch zeigen, daß das Maß der Auswärtsbewegung — d. h. die Entlastung — auch von der Beschaffenheit des Gesteins abhängt und daß auf die Anker mit zunehmender Weichheit des Gesteins wachsende Lasten übertragen werden können, ist das Maß der Bewegung letzten Endes eine Funktion der Gesteinsbeschaffenheit. Die Abb. 386 veranschaulicht die auf Versuchen fußenden

Vorschläge, die Rabcewicz hierzu gemacht hat. Die angegebenen Werte sind auf hochfeste Expansionsanker ∅ 22 mm bezogen. Wie aus dem Schaubild erhellt, kann die Zugfestigkeit des Stahls nur bei den ganz festen, ganz harten Gesteinen ausgenützt werden. Die Versuche lieferten auch das praktisch wertvolle Ergebnis, daß die Firstverankerung in Gesteinen, deren Tragfähigkeit unter jener der sandhaltigen Schiefergesteine liegt, *ergebnislos bleibt*. Aus diesem Grunde fußen die neueren Vorschläge zur Bemessung von Verankerungen — wie schon erwähnt — auf örtlichen Ankerzugversuchen sowie auf den Elastizitäts- und Festigkeitseigenschaften des Gesteins [135].

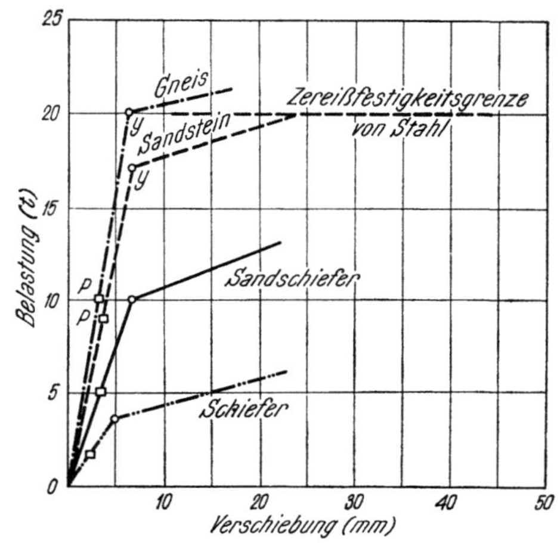


**Abb. 386. Last-Verschiebungs-Diagramme der Ankerstangen in Abhängigkeit des Gesteinsmaterials**

Je geringer also die Tragfähigkeit des Gesteins, um so schwierigere Probleme wirft die Verankerung auf. In solchen Gesteinen empfiehlt sich eher die Anwendung dünnerer Anker in dichterer Aufteilung, weil sich hierbei größere spezifische Haftflächen ergeben und ein Herausquellen des Gesteins zwischen den Ankern weniger befürchtet zu werden braucht.

Eine andere Möglichkeit zur Lösung des Problems bietet die Anwendung von *Stahlbetonankern*. Erstmalig wurden derartige Anker zur Behebung des Hochquellens der Betondecke von Straßen auf schwellendem Tonboden und sodann in verschiedenen, in Schwellgebirgen aufgefahrenen Tunneln eingesetzt. In Abb. 387 ist vergleichsweise links das Hereindrängen des Gebirges in einen ohne Verankerung belassenen kreisförmigen Hohlgang, rechts hingegen das Verhalten der gleichen Hohlgangleibung bei Einbindung durch Stahlbetonanker dargestellt. Der Unterschied ist — wie sich deutlich erkennen läßt — sehr groß. Er erklärt sich daraus, daß die spezifische Schwellung — gleichviel, ob das Hereindrängen des Gebirges auf Durchnässung oder auf Druckanstieg zurückzuführen ist — bergwärts stark abnimmt, so daß die Dicke der Schwellzone nur bis auf einen Abstand $R$ in den Berg hineinreicht. Greift also die Verankerung über diesen Abstand hinaus in das Gebirge ein, läßt sich seine Bewegung gegen den Hohlgang hin stark hemmen, ja gänzlich aufhalten. Diese Erfahrungstatsache ist für die Bewältigung des Schwelldruckes (vgl. Kap. 3.1.3.) von größter Bedeutung. Da sich dieser Druck vornehmlich an den Ulmen und an der Sohle äußert, erzielt man durch den Einsatz von Stahlbetonankern in erster Linie an den Ulmen und in der Sohle gute Ergebnisse. Nach Messungen, die in Gruben des Ruhrgebietes durchgeführt wurden, hob sich die 2,40 m breite mit Stahlbetonankern „festgenagelte" Sohle einer Strecke bloß um 10 cm, während die Hebungen in einem nicht verankerten Abschnitt 140 cm erreichten.

Überaus wichtig ist es, außer dem Setzen von Ankern die Ausbruchfläche auch mit einem Drahtnetz zu überziehen, das nicht nur sofortigen Schutz vor Gesteinsablösungen gewährt, sondern auch einen geeigneten Träger für die später aufzutragende Spritzbetonschicht oder eine nützliche Grundlage für die spätere Betonschale bildet.

Die Vorzüge der Firstverankerung lassen sich folgendermaßen zusammenfassen:

1. Sie ermöglicht den Ausbruch von Tunneln in ihrem vollen Querschnitt ohne Innenabstützung selbst in weniger festem Gebirge, d. h. den ungestörten Einsatz moderner, wirtschaftlicher Aushubmaschinen.

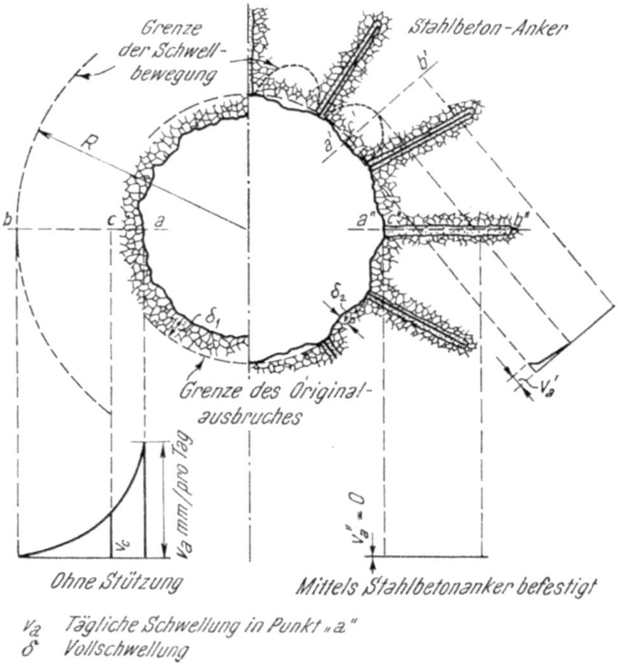


Abb. 387. Die Auswirkung der Stahlbetonanker auf das Eindringen des Bodens im schwellenden Gebirge

2. Sie schaltet die Verwendung von Holz im Tunnelbau weitgehend aus, was nicht nur angesichts der allgemeinen Holzknappheit von Bedeutung ist, sondern auch deshalb, weil die Mehrausbrüche, wie sie bei den bekanntlich nicht einbetonierbaren Holzeinbauten unvermeidlich sind, bei dieser Methode entfallen. Damit scheidet aber auch die schwierige Hinterfüllung der Mauerung aus.

3. Die Verankerung ist selbst der Abstützung durch eine Stahlrüstung überlegen, denn zum einen erfordert die Unterbringung der Stützsäulen an sich einen Mehrausbruch, zum anderen neigen die Mineure ohnehin dazu, schon vorweg einen größeren Querschnitt auszusprengen als nötig. Schließlich entfällt die Gefährdung der Einbauten durch die Sprengungstrümmer.

4. Obgleich wegen der Gleitwilligkeit der Anker auch bei dieser Bauweise Firstsenkungen niemals ganz verhindert werden können, halten sie sich doch stets in engeren Grenzen als die bei Unterfangung von unten her besonders dort unvermeidlichen Senkungen, wo der Vortrieb in mehreren Teilen mit mehrfachem Umbau der Zimmerung erfolgt (vgl. Kap. 6.2.1. und Abb. 391).

Aus einer von Rabcewicz veröffentlichten Gegenüberstellung der Wirtschaftlichkeit des Vortriebs in je einem mit Stahlrüstung bzw. mit Verankerng abgestützten Abschnitt eines New Yorker Wasserversorgungsstollens (vgl. Abb. 388) geht hervor, daß durch die Verankerung an Stahl 80%, am Ausbruch 10% und an Arbeitszeit 20% eingespart werden konnten. Auf die Verhältnisse in Schweden übertragen, ergibt sich im Endeffekt eine Gesamtkosteneinsparung von 30% (Tab. 39).

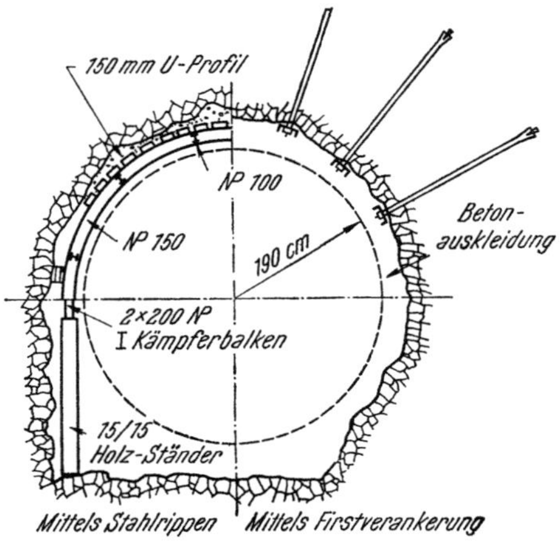


Abb. 388. Vergleich der Unterfangung mittels stählernem Stützbogen bzw. mittels Verankerung für einen ringförmigen Ausbruch

Schließlich sei bemerkt, daß die Firstverankerung nur ausnahmsweise und nur in sehr festem, wasserdichtem Gestein zugleich auch als Methode für die dauernde Sicherung des Hohlraumes in Frage kommt. Vor allem die Korrosion der Anker ist es, die sie als Ersatz der endgültigen Ausmauerung ungeeignet macht. Verhindert man jedoch die Ankerkorrosion (wasser- und luftdichter Überzug, Verwendung von korrosionsfestem Stahl usw.) und kann man den Prozeß der Gesteinsverformung als abgeschlossen betrachten, wird man vom Einbau einer eigenen abstützenden Mauerung endgültig Abstand nehmen können.

*Tabelle 39*

| Gegenstand | Einheit | Einheitspreis (Schwedische Kronen) | Stahl-Ausbau | | Fels-Anker | | Einsparung | |
|---|---|---|---|---|---|---|---|---|
| | | | Menge | Kosten | Menge | Kosten | Menge | Kosten |
| Stahl | kg | 1 | 520 | 520 | 75 | 75 | 445 | 445 |
| Zimmerholz | $m^3$ | 250 | 0,1 | 25 | — | — | 0,1 | 25 |
| Arbeitsstunden | h | 10 | 137 | 1370 | 108 | 1080 | 29 | 290 |
| Ausbruch | $m^3$ | 58 | 15,5 | 588 | 14 | 812 | 1,5 | 87 |
| Beton | $m^3$ | 87 | 4,1 | 356 | 2,6 | 226 | 1,5 | 130 |
| Schalung | $m^2$ | 7 | 12 | 84 | 12 | 84 | — | — |
| | Gesamtsumme | Schwedische Kronen | 3254 | | 2277 | | | 977 |

Ein neues und überaus wichtiges Anwendungsgebiet erschließt sich der Firstverankerung, wo es möglich ist, aus dem voraneilenden Richtstollen das umliegende Gestein mit so langen Löchern anzubohren, daß die in diese eingesetzten Anker über das endgültige Profil wesentlich hinausreichen und somit später auch dessen Sicherung übernehmen können [136] (vgl. Abb. 389). Da die Standfestigkeit der Firste ohne Unterfangung außer von der Gesteinsbeschaffenheit auch von der Spannweite und der Zeit abhängt, kann es in schwächerem Gestein von außerordentlich großem Vorteil sein, zunächst nur einen Hohlgang mit kleiner Spannweite aufzufahren, der ohne Abstützung längere Zeit stehen bleibt, und von diesem aus die Verankerung vorzunehmen, die dann auch dem endgültigen größeren Hohlraum die nötige Standfestigkeit sichert. Allgemeine Aufschlüsse über die zulässige Dauer des Offenhaltens von Hohlräumen ohne Abstützung bietet für die verschiedenen Gebirgsarten die Tab. 40 von H. LAUFFER [137].

*6.1.3.1.5. Hohlraumsicherung durch Spritzbeton* (vgl. Kap. 6.6.2. und Abb. 631). Eine der Rubriken in der Tab. 40 enthält auch Angaben über die Möglichkeiten der Sicherung des Hohlraumes durch Spritzbeton. Hierzu sei bemerkt (138], daß man neuerdings Hohlgänge nicht nur zu dem Zweck torkretiert, um auf die Leibung eine wasserdichte Mörtelschicht aufzutragen oder auflockerungsbedingte bzw. durch Druckverlagerung auftretende Gesteinsablösungen zu verhindern, sondern mit Erfolg auch dazu, um dem Hohlgang eine tragfähige Auskleidung zu geben. Die beachtlichen Fortschritte in der Entwicklung der Torkretiergeräte ermöglicht es heute, Zuschlagstoffe mit einem Größtkorn bis 25 mm zu verwenden und durch Zugabe geeigneter chemischer Zusatzmittel eine bessere Haftfähigkeit, ein rascheres Erhärten und größere Schichtdicken zu erzielen. Nach LAUFFER *wirkt sich die relativ dünne Spritzbetonschicht statisch* folgendermaßen aus:

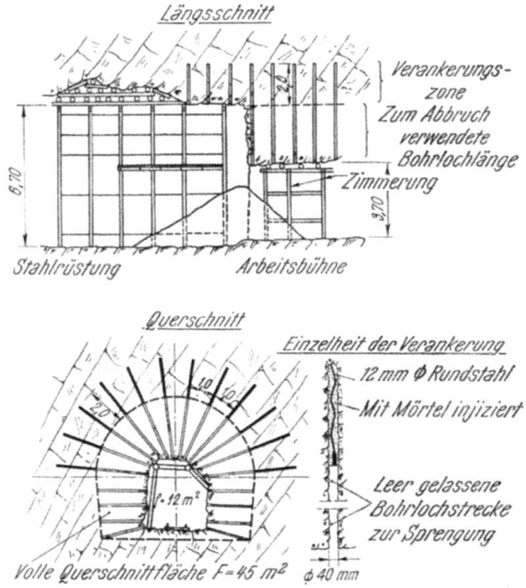

Abb. 389. Vom Sohlstollen aus vorgenommene Firstverankerung

1. Dank ihrer verhältnismäßig hohen Zugfestigkeit bildet die Spritzbetonschicht gewissermaßen die Bewehrung des begrenzt ausgebildeten „Gesteinsträgers", der nur über Druckfestigkeit verfügt und den sie so auch zur Aufnahme von Biege- und Zugbeanspruchungen geeignet macht. Das Einlegen eines Drahtnetzes oder eines Baustahlgewebes steigert diese Wirkung noch zusätzlich.

2. Ähnlich wie bei der Firstverankerung erhält das Gestein durch die Auftragung unter Druck eine gewisse Vorspannung, so daß sich in ihm eine Art Gewölbe ausbilden kann.

Eine wichtige — wenngleich nicht statische — Wirkung übt die Torkretierung insofern aus, als sie jedes unter dem Einfluß von Atmosphärilien, besonders von feuchter Luft zum Zerfall oder zum Schwellen neigende Gestein vor solchen Einflüssen sofort schützt und vor Verwitterung bewahrt.

3. Ein großer Vorzug des Verfahrens besteht ferner darin, daß es Risse und Spalte, die in der Schicht entstehen, leicht zu schließen und bei abschnittsweisem Ausbruch die bereits aufgefahrenen Teile des Hohlganges gesondert vorübergehend zu sichern gestattet.

Tabelle 40. *Übersicht gebräuchlicher*

| | Gebirgsklasse und zumeist angewandter Ausbau | Stehzeit und Wölbspanne des Gebirges | Spritzbeton |
|---|---|---|---|
| A | standfest | 20 Jahre 4,0 m | nicht notwendig |
| B | Allmähliche Aufklüftung (Firstabsicherung) | 6 Monate 3,0 m | In einer Schichtdicke von 2 bis 3 cm, aber nur in der Firstwölbung |
| C | schwach klüftig (Firste ausgebaut) | 1 Woche 3,0 m | In einer Schichtdicke von 3 bis 5 cm, aber nur in der Firstwölbung |
| D | klüftig (Einbringen eines leichten Ausbaus) | 5 Stunden 15 m | In einer Schichtdicke von 5 bis 7 cm, gespritzt auf Drahtmaschengewebe, hauptsächlich in der Firstwölbung |
| E | stark klüftig (Einbringen eines schweren Ausbaus) | 20 Minuten 0,8 m | In einer Schichtdicke von 7 bis 15 cm, gespritzt auf Drahtmaschengewebe |
| F | sich sofort äußernder Gebirgsdruck (Getriebezimmerung ohne Verwahrung der Ortsbrust) | 2 Minuten 0,4 m | In einer Schichtdicke von 15 bis 20 cm, gespritzt auf Drahtmaschengewebe, getragen von Stahlbögen (in besonderen Fällen ist auch die Ortsbrust mit Spritzbeton abzusichern |
| G | sich sofort äußernder schwerer Gebirgsdruck (Getriebezimmerung mit Verwahrung der Ortsbrust) | 10 Sekunden 0,15 m | Nicht den Vorzug geben |

Nach den in den erwähnten Quellen beschriebenen Erfahrungen bewährt sich die Spritzbetonschicht als Hohlraumsicherung auch in sehr gebrächem Gestein, ja selbst in Gesteinsschutt, aber auch in Tonböden, sofern sie über eine gewisse minimale Kohäsion verfügen (Tab. 40). Erfahrungen, die sich verallgemeinern ließen, fehlen jedoch noch.

*6.1.3.1.6. Wasserausschluß durch injizierte Ummantelung.* Hier soll schließlich noch das Tunnelbau-Verfahren erwähnt werden, das in stark zerklüfteten, wasserführenden Felsböden, so vor allem in verkarstetem Kalkgebirge, unter dem Schutz einer *injizierten Ummantelung* vor sich geht. Hier stellt sich vor allem die Aufgabe, das Baugelände von dem unter starkem Druck in großen Mengen zudrängenden Wasser freizuhalten, denn normalerweise besitzen diese Gebirgsarten eine ausreichende Standfestigkeit, so daß Tunnel in ihnen mit minimaler Abstützung in *moderner Ausbaumethoden*

| Felsanker | Stahlausbau, in dauerhafte Auskleidung eingebunden |
|---|---|
| nicht notwendig | nicht notwendig |
| Abstände 1,5 bis 2 m und Verwendung von Drahtmaschengewebe, aber nur in der Firstwölbung | unwirtschaftlich |
| Abstände 1,0 bis 1,5 m, nur in der Firste Verwendung entweder von Drahtmaschengewebe oder spätere Spritzbetonauflage von 2 cm Dicke | unwirtschaftlich |
| Abstände 0,7 bis 1,0 m, hauptsächlich in der Firstwölbung. Sowohl Verwendung von Drahtmaschengewebe, als auch spätere Spritzbetonauflage von 3 cm Dicke | gelegentlich, so wie unter *E* |
| Nur anzuwenden nach vorläufiger Auskleidung der Firste. Ausbau in Fällen, wo Felsankerabstände (0,5 bis 1,2 m) Ausbausicherheit bieten. Sofort folgender Spritzbetonauftrag von 3 bis 5 cm Dicke | Stahl- oder Betonplatten, hinter den Stahlbögen eingebaut |
| Nicht den Vorzug geben | Stahlplatten hinter verstrebten Stahlbögen, danach Aufbringung von Spritzbeton |
| Nicht den Vorzug geben | Stahlplatten hinter verstrebten Stahlbögen und sofortige Spritzbetonauflage |

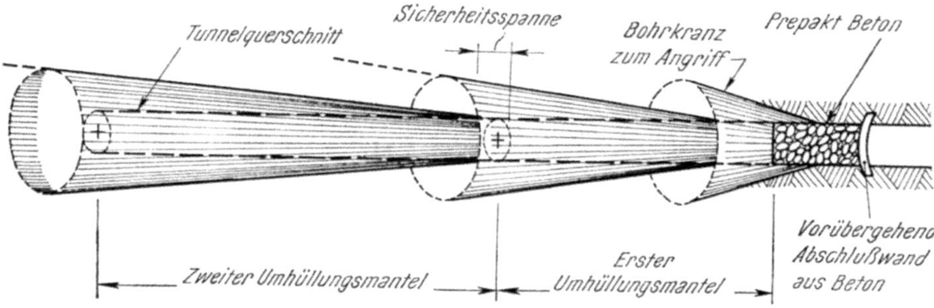


Abb. 390. Prinzip des Tunnelausbaus unter dem Schutz vorangeführter Injektionen

vollem Querschnitt frei vorgetrieben werden können. Das Wesen des Verfahrens [139] ist in Abb. 390 dargestellt. Danach erhält die Anfangsstrecke des wasserhaltigen Abschnitts zunächst eine Hinterpackung, worauf etwas weiter bergeinwärts eine kräftige Stahlbetondichtungswand eingezogen wird. Von ihr aus treibt man sodann etwas nach außen geneigte, über den Umfang des Tunnelprofils hinausreichende Bohrlochkränze in das Gebirge. Die Länge der Bohrlöcher wechselt je nach den örtlichen Gegebenheiten zwischen 5 und 20 m. Zur Injektion verwendet man Zement- und Bentonit-, in Lockerböden Wasserglassuspensionen, die man für gewöhnlich mit hohem Druck (bis 150 at) einbringt. Nachdem sich die Injektionen erhärtet haben, wird der Tunnelvortrieb fortgesetzt, doch bleibt man mit ihm sicherheitshalber einige Meter vor der Grenze der verpreßten Zonen (vor dem Ende der Bohrlochkränze) stehen und setzt hier den Kranz der nächsten, wieder nach außen strahlenförmig auseinanderstrebenden Bohrlöcher an.

## 6.2. Tunnelbau in Gesteinen mittlerer Festigkeit und in festgelagerten Bodenarten

### 6.2.1. Klassischer Tunnelbau mit abschnittsweisem Ausbruch des Querschnitts

Beim Auffahren eines unterirdischen Hohlraumes wird man, wie aus den bisherigen Ausführungen hervorgeht, mit um so geringeren Gefahren und mit einem um so längeren Standhalten der natürlichen Überwölbung rechnen können, je kleiner seine Ausmaße sind. Das früher im Tunnelbau geübte Verfahren, den Tunnelquerschnitt nicht in seiner vollen Fläche, sondern abschnittsweise auszubrechen und sich der Natur des Gesteins bzw. den Druckverhältnissen durch geeignete Kombination der Hohlraumlage mit den Arbeitsphasen von Ausbruch und Mauerung anzupassen, lag also auf der Hand.

Vorweg sei festgehalten, daß ein Ausbruch des Querschnitts in Teilangriffen nur bei Zug um Zug aufeinanderfolgendem Einbau der vorübergehenden Stützungen und bei ständigem Umsteifen der Pölzung möglich ist. Das aber erfordert nicht nur einen gewaltigen Mehraufwand an Arbeit, Zeit und Rüstungsmaterial, unvermeidlich verursacht es bei jedem Umsteifen auch neue Firstsenkungen und immer von neuem auch Nachbrüche des Hangenden und weitere Auflockerungen mit fortschreitendem Druckanstieg (Abb. 391).

Aus diesen Gründen *treten jene Tunnelbauweisen, die das Profil abschnittsweise ausbrechen* — und die man auch als die eigentlichen klassischen bezeichnen kann — *in der modernen Tunnelbaupraxis mehr und mehr in den Hintergrund.*

In einer neueren Studie [140] stellt RABCEWICZ einen Vergleich der klassischen (österreichischen) Sparrenbauweise mit den modernen Stahlrüstungs- und Firstverankerungsverfahren an. Vor allen Dingen hebt er die großen Vorteile des *Ausbruchs im vollen Querschnitt* hervor und vergleicht die während der beiden Ausbruchs- und Ausmauerungsvorgänge auftretenden Firstsenkungen und Gebirgsdrücke miteinander. Während bei der Sparrenbauweise mit Setzungen von 20 bis 80 cm gerechnet und somit die Mächtigkeit der auflastenden Gesteinsschicht der Hohlraumbreite gleichgesetzt werden muß, beträgt die Setzung beim Vollausbruch unter dem Schutz einer Stahlrüstung bloß einige Zentimeter, und der Gebirgsdruck wird dem Gewicht einer Gesteinsmasse gleich sein, deren Mächtigkeit der halben Hohlraumbreite oder der ohne Abstützung offen stehen bleibenden Ringlänge $l_1$ entspricht. Eine Erklärung hierfür ergibt sich u. a. auch aus der Tatsache, daß im letzteren Fall dank der Mechanisierung in einer bestimmten Zahl von Tagen der gleiche Arbeitsfortschritt erzielt werden kann wie früher in der gleichen Zahl von Wochen. Schließlich müssen die Firstsenkungen beim Vortrieb mit Firstverankerung noch geringer sein als beim soeben besprochenen, weil er zwischen Abstützung und Ausbruchprofil keine Lücke beläßt. Das Ausmaß der Auflocke-

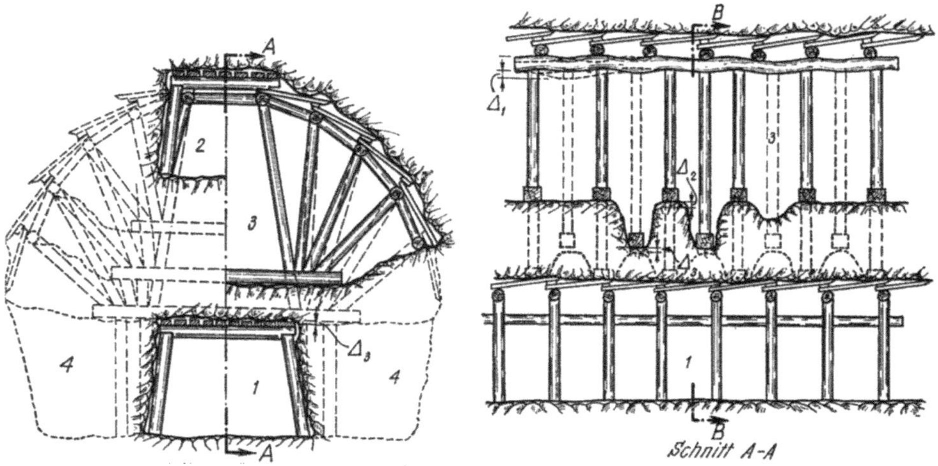


$\Delta_1$ Durchbiegung der Kronenbalken
$\Delta_2$ Absackungsmaß wegen lockerer Auskeilung oder ungenauer Unterstützung
$\Delta_3$ Einsenkung im Boden

1. Sohlstollen
2. Firststollen
3. Kalottenausbruch
4. Ausbruch des unteren Halbquerschnittes

Bemerkung: Die Werte $\Delta_2$ und $\Delta_3$ werden durch Sprengung und Durchnässung des Gesteins erhöht

Abb. 391. Überlagerung der Firstabsenkungen infolge wiederholter Ein- und Ausbauoperationen der vorübergehenden Unterfangungen bei der Österreichischen Bauweise

rung und somit auch der Auflockerungsdruck müssen sich also in engeren Grenzen halten als beim Vortrieb mit Stahlrüstung. Im allgemeinen kann die Auflockerung nicht größer sein als $l_1/2$, und ihr möglicher Höchstwert kann die Ankerlänge $l$ nicht überschreiten.

*Ein zweites Instrument* des modernen Tunnelbaues, das ihm vor den klassischen Bauweisen *entscheidende Vorteile sichert, ist die Verpressung der Hohlräume* zwischen Tunnelauskleidung und Gebirge *durch Injektionen*, die heute die früher übliche Hinterpackung ersetzt. Die Injektionen haben mehrfache Aufgaben. Einerseits verbürgen sie eine völlige Verfüllung der erwähnten Hohlräume und durch den allseitigen engen Kontakt mit dem Gebirge dessen Einbeziehung in die Abstützung, andererseits erhöht und konsolidiert sie durch die Ausfüllung von Rissen im Gesteinsinneren die eigene Tragfähigkeit und Festigkeit, die Gewölbebildungswilligkeit und den Elastizitätsmodul des Gebirges. Zudem verleiht sie ihm eine gewisse Wasserdichtigkeit und schließlich bei Freispiegel-Wasserleitungs- und Druckstollen zusätzlich eine nützliche Vorspannung. Heute ist man bestrebt, Tunneln eine konstruktive Ausbildung zu geben, die jede Eigenbewegung der Röhre verhindert und sowohl Bewegungen (s. hierzu die Kap. 4.2.3. und 4.3.3.) als auch Beanspruchungen nur unter voller Mitwirkung des Nachbargebirges zuläßt.

In seinem soeben erwähnten Aufsatz vergleicht RABCEWICZ an Hand eines Zahlenbeispieles die klassische österreichische und die verbesserten (mit der belgischen Bauweise kombinierten (s. Kap. 6.2.3.4.), d. h. die mit Teilausbrüchen arbeitenden Bauweisen mit den Stahlrüstungs- und Firstverankerungs-, d. h. mit den Vollausbruchs-Bauweisen. Das Tunnelprofil ist aus Abb. 392a, das Kostendiagramm aus Abb. 392b ersichtlich. Bei einer lichten Tunnelbreite von 9 m beträgt die zulässige Spannung der Auskleidung gegen Gebirgsdruck 50 kg/cm², gegen Verpressung 125 kg/cm². Die Tab. 41 und 42 enthalten die für ein Gestein mit dem Raumgewicht $\gamma = 2{,}5$ t/m³ berechneten Gewölbeschübe und Wandstärken bzw.

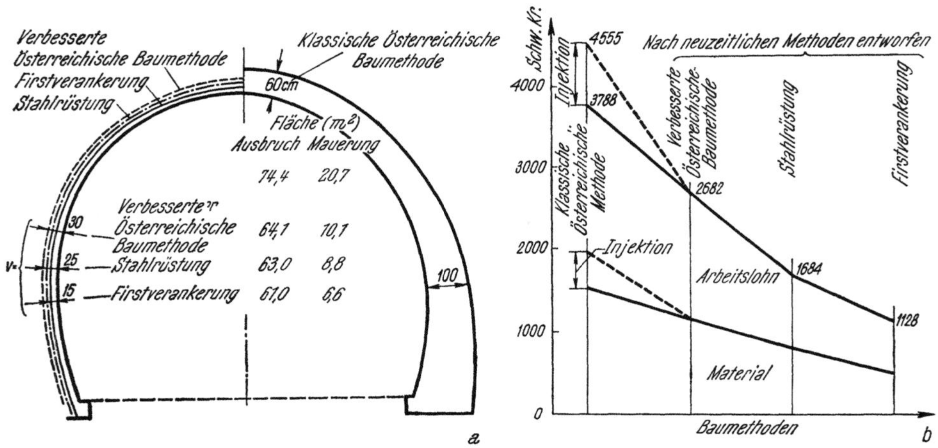


Abb. 392. Vergleichender Materialbedarf und Kostenangaben für ein gegebenes Beispiel (nach RABCEWICZ)

*Tabelle 41*

| | | Sparren-Bauweise (österreich. Methode) | | | Mit Ausbruch im vollen Querschnitt | | | | | |
|---|---|---|---|---|---|---|---|---|---|---|
| | | Druck | Mauer-Dicke | | stählerne Stützen und Unterfangungsrippen | | | Ankerausbau | | |
| | | Achsialkraft Q | theoretisch | praktisch | Q | theoretisch | praktisch | Q | theoretisch | praktisch |
| | | (t) | (cm) | | (t) | (cm) | | (t) | (cm) | |
| Kreisbogen | Senkrechter Gebirgsdruck | 137 | 27 | 27 | 75 | 25 | 15 | 42 | 8 | 15 |
| | Verpressung | 134 | 11 | | 134 | 11 | | 134 | 11 | |
| Kreisbogen | Schräg verlaufender Gebirgsdruck | 144 | 29 | 29 | 81 | 16 | 25 | 45 | 9 | 15 |
| | Verpressung | 134 | 11 | | 134 | 11 | | 134 | 11 | |
| Zusammengesetzte Bogenform | Senkrechter Gebirgsdruck | 175 | 35 | 35 | 93 | 19 | 25 | 52 | 10 | 16 |
| | Verpressung | 188 | 16 | | 198 | 16 | | 198 | 16 | |

*Tabelle 42*

| Methode | | | Österreichische Bauweise: Klassische | | Österreichische Bauweise: Verbesserte (mit belgischer kombiniert) | | Ausbau mit Stahlbogen | | Ankerausbau | |
|---|---|---|---|---|---|---|---|---|---|---|
| Gegenstand | Einheit | Kosten in schwed. Kronen | Menge | Einheitspreis | Menge | Einheitspreis | Menge | Einheitspreis | Menge | Einheitspreis |
| Arbeitsstunden | h | 6 | 379 | 2274 | 254 | 1524 | 149 | 894 | 106 | 636 |
| Verschalung | $m^2$ | 2,6* | 20 | 104 | 20 | 104 | 20 | 52 | 20 | 52 |
| Beton | $m^3$ | 5,2** 50,0 | 20,7 | 1035 | 10,1 | 505 | 8,8 | 440 | 6,6 | 330 |
| Verpressungsmaterial | $m^3$ | 110 | *** | | 4,2 | 462 | 2,2 | 242 | 1,0 | 110 |
| Mehrausbruch | $m^3$ | 28 | 13,4 | 375 | 3,1 | 87 | 2 | 56 | — | — |
| Arbeitslöhne | geschätzt | | | 2274 | | 1524 | | 894 | | 636 |
| Materialkosten | geschätzt | | | 1514 | | 1158 | | 790 | | 492 |
| Gesamtsumme Schwed. Kr. | | | | 3788 | | 2682 | | 1684 | | 1128 |

Anmerkung: * Stahlverbau, ** Holzverbau? *** Ohne Berechnung von Einpreß-Mörtel

den Arbeits- und Materialaufwand sowie die (in schwedischen Kronen berechneten) Baukosten, bezogen auf 1 lfd. m Tunnellänge. Wenngleich diese Daten Rabcewiczs keinen Anspruch auf Allgemeingültigkeit erheben können, lassen sie doch klar erkennen, daß sich der Vollausbruch mit sofortiger Abstützung wesentlich billiger stellt als die klassische Bauweise, ja selbst billiger als deren verbesserte, d. h. mit der belgischen Bauweise kombinierte moderne Abwandlung.

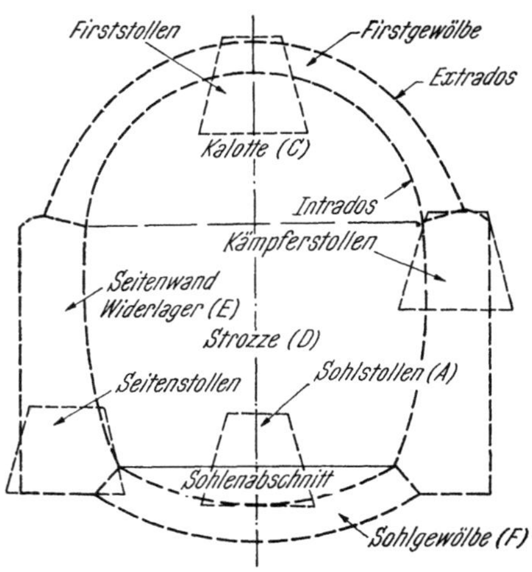

Abb. 393. Klassische Benennung der Tunnelteile

Vorläufige Hohlgänge mit einer Querschnittsfläche, die kleiner ist als die des Tunnels, heißen Stollen, sofern sie völlig geschlossen sind, und Schlitze, wenn sie keine obere Abdeckung haben. Zur Verbindung von Stollen untereinander dienen die Aufbrüche oder Kamine, die man — wenn sie von oben abgeteuft werden — Rollöcher nennt. Das Tunnelprofil gliedert sich in drei Hauptteile: das *Kappengewölbe* (die Kalotte), den *Kern* (die Strosse) und die *Sohle* (Abb. 393). In der Kalotte befindet sich der Firststollen und das Firstgewölbe, den Kern begrenzen die Ulmen, während den Sohlenteil, in dem der Sohlstollen aufgefahren wird, nach unten das Sohlgewölbe begrenzt.

Der Vortrieb eines Tunnels mit Hufeisenquerschnitt in Teilangriffen kann nach den in Abb. 394 skizzierten Ausbruchsweisen erfolgen. Je nachdem, ob die Mauerung in einem Zug oder in Teilen hergestellt wird, lassen sich die erwähnten

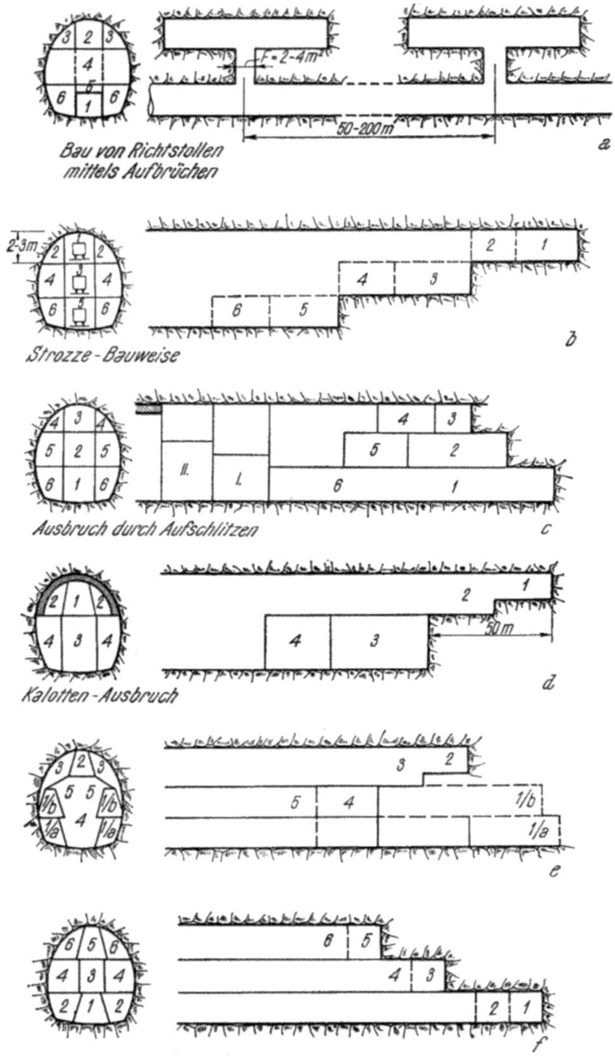


Abb. 394. Möglichkeiten des Tunnelausbaus mittels Teilausbrüchen

Verfahren in zwei Gruppen einteilen. In einem kann die Mauerung bei folgenden Ausbruchverfahren eingezogen werden:

*a*) Die häufigste Ausbruchsmethode besteht im Auffahren eines Sohlstollens mit zweckmäßig verteilten Aufbrüchen bis in die Kalotte, von der aus das Profil anschließend von oben nach unten in der in Abb. 394a dargestellten Reihenfolge abgebaut wird, und zwar jeweils in Ringen bestimmter Länge. Die Materialförderung (in Stollen 1) und der Ausbruch (von Stollen 2 aus) wickeln sich ständig unabhängig voneinander ab. Nach erfolgtem Vollausbruch in den geschilderten Teilangriffen wird die Mauerung über die ganze Ringlänge, von unten nach oben zusammenhängend in einem hergestellt.

Zur guten Lösung des Problems der Förderung gesellt sich bei diesen Bauweisen noch der weitere Vorteil, daß gleichzeitig an mehreren Angriffsstellen gearbeitet werden kann, was rasche Baufortschritte erzielen läßt, nachteilig wirkt sich dagegen die schlechte Bewetterung der Arbeitsstellen aus.

*b*) Eine weitere, gleichfalls häufige Methode unter Verwendung von Sparrenzimmerung (der Strossenbau), bricht den Hohlraum in der in Abb. 394b gezeigten Reihenfolge von oben nach unten aus. Die Ausmauerung erfolgt auch hier, beginnend von unten, zonenweise in zusammenhängenden Abschnitten. Dieses Verfahren gestattet keine völlige Trennung von Ausbruch und Förderung, im Gegenteil, sie erfordert mit fortschreitendem Ausbruch eine ständige Tieferverlegung der Fördergleise, bietet dagegen eine gute Bewetterung sowie die Möglichkeit zur Einrichtung übersichtlicher und zusammenhängender Arbeitsstellen.

*c*) Das dritte, die sogenannte *Schlitzbauweise*, geht vom Sohlstollen aus und bricht einen Schlitz nach oben bis zur Firste auf. Das Verfahren ist jedoch bloß auf hartes Felsgestein beschränkt, in dem es dann allerdings auch keiner zeitweiligen Abstützung bedarf (Abb. 394c). Auch bei dieser Methode wird die Auskleidung nach erfolgtem Ausbruch von unten nach oben als zusammenhängendes Ganzes hochgeführt.

Bei den Bauweisen der zweiten Gruppe folgen einander Ausbruch und Ausmauerung abwechselnd in Einzelteilen.

*d*) Die erste Variante dieser Gruppe, die *Unterfangungsbauweise*, baut — von einem Firststollen ausgehend — in bestimmten Ringlängen zunächst die Kalotte ab, und zieht dann das Firstgewölbe ein, welches sie auf den Fels oder auf parallel zur Tunnelachse verlegte Kämpferbalken abstützt. Schließlich wird ein in der Mitte des Profils ausgebrochener Schlitz nach den Seiten erweitert, worauf die Widerlager blockweise hergestellt werden können (Abb. 394d).

*e*) Erlaubt es die Gebirgsfestigkeit nicht, das Firstgewölbe auf dem Gebirge aufruhen zu lassen, muß man zur *Kernbauweise* greifen, wobei man als ersten Schritt an den Sohlenrändern Seitenstollen vortreibt, von denen aus fortlaufend die Widerlager hochgemauert werden. Dann folgt der Ausbruch eines Firststollens mit anschließendem Abbau der Kalotte und *das Einziehen des Firstgewölbes, das sich nun schon auf die fertigen Widerlager abzustützen vermag*. Unter dem Schutz von Firstgewölbe und Widerlagern, d. h. des völlig geschlossenen fertigen Profils, wird schließlich der Kern entfernt (Abb. 394e).

*f*) In ganz lockeren Böden endlich wird *zuerst* in schmalen Schlägen, die man vom Sohlstollen aus abbaut, das *Sohlgewölbe* mit den Widerlagerfüßen eingezogen. Dieser ersten Arbeitsphase folgt, stufenweise verschoben, der Vortrieb eines Mittelstollens und in dessen seitlichen Erweiterungen das Hochmauern der Widerlager bis zur Kämpferhöhe. Neuerlich stufig nach vorn verschoben, wird schließlich ein Firststollen aufgefahren, von dem aus die Kalotte beiderseitig fächerförmig abgebaut wird. Auf die fertigen Widerlager kann nun auch das Gewölbe eingezogen werden (Abb. 394f). Auch dieses Verfahren baut also mit fortlaufendem stufenweisem Ausbruch.

Der kurzen Erörterung der klassischen Tunnelbauweisen, wie sie sich aus diesen Hauptgrundsätzen entwickelt haben, sollen hier zunächst einige Ausführungen über Konstruktion und Ausführung von *Stollen*, *Aufbrüchen*, *Schachtabteufungen* und *Schlitzen* als Hilfsbauten des Tunnelbaues vorangestellt werden.

### 6.2.1.1. Bestimmung und konstruktiver Aufbau des Stollens

Stollen dienen der Abwicklung der Ausbruchsarbeiten und der Förderung (Arbeits- oder Förderstollen). Dieser Unterscheidung kommt auch für die Dauer der Offenhaltung eines Stollens und für die Festigkeit seiner Abstützung Bedeutung zu. Wichtige Aufgaben fallen jedoch dem Stollen auch in der geologischen Erkundung des Baugeländes, bei der Einhaltung der Richtung und Höhenlage des Tunnels sowie bei Unterbringung von Betriebsleitungen und bei der Entwässerung zu.

Der Bau eines Tunnels beginnt in der Regel mit dem Vortrieb zweier *Richtstollen* von den beiden Tunnelenden aus. Diese Richtstollen dienen jedoch nicht allein der Absteckung der Vortriebsrichtung sowie der Vorerkundung der Gesteins- und Wasserverhältnisse, sie bilden auch einen organischen Teil des Tunnelausbruchsystems. Durch den Richtstollen werden die Ausbruchmassen aus dem Tunnel hinausbefördert, und von ihm nehmen auch die Erweiterungsarbeiten zum Ausbruch des vollen Profils ihren Ausgang. Der Richtstollen erschließt den geologischen Querschnitt des Tunnels in seiner vollen Länge und ermöglicht den Beginn der Ausbruchs- und Ausmauerungsarbeiten an jedem beliebigen Punkt des Tunnels (auch an mehreren Stellen zugleich). In den Richtstollen werden ferner die Fördergleisanlagen, die Lüftungsrohre sowie die elektrischen und die Druckluftleitungen usw. verlegt. Sein Vortrieb setzt auch die Urspannungen im Umkreis um ihn herab. Der Richtstollen sammelt schließlich das Gebirgs- bzw. Grundwasser, das dem Hohlgang und dem Ort zusickert, und leitet es ab. Im Hinblick auf die wichtige Rolle, die der Richtstollen beim Auffahren eines Tunnels spielt, ist die richtige Wahl seiner Lage und seiner Abmessungen von entscheidender Bedeutung. Bei dieser Wahl wird man sich stets nach einer Vielzahl von Gesichtspunkten zu richten haben, in erster Linie wird sie aber — wie noch gezeigt werden wird — durch das anzuwendende System der Bauausführung bestimmt.

Grundsätzlich kann der Richtstollen als *Sohlstollen* oder als *Firststollen* aufgefahren werden. Aus betrieblichen Gründen ist es vorteilhafter, den Richtstollen auf die Querschnittsohle zu verlegen, d. h. einen Sohlstollen zu wählen. Für die Absteckung ist diese Wahl zwar belanglos, sie ermöglicht es jedoch, die Gleise für die Beförderung des Baumaterials und vor allem der Ausbruchmassen zweckmäßigerweise auf die Sohle zu verlegen, wo sie während des ganzen Bauablaufs verbleiben können und wohin man den größten Teil der Berge in die Förderwagen einfach abgleiten lassen kann. Ebenso vertieft man die für die Entwässerung wesentliche Seige (30 × 30 cm, in Lockerböden mit Bohlen ausgelegt) am zweckmäßisgten in die Sohle des Sohlstollens (Abb. 395).

Vom Stollen aus können ferner neue Angriffspunkte auch in zwischengelegenen Tunnelabschnitten eingerichtet werden, und zwar sowohl durch Erweiterung des

Abbaus nach den Seiten als auch durch Aufbruchschächte nach der Firste hin. In Lehnen- oder Hangtunneln hat man die Möglichkeit, den Ausbruch auch *von seitlich aufgefahrenen Querschlägen oder -stollen* aus zu beginnen. Eine Sonderstellung nehmen die in geringer Tiefe aufzufahrenden städtischen Tunnel ein. Sie

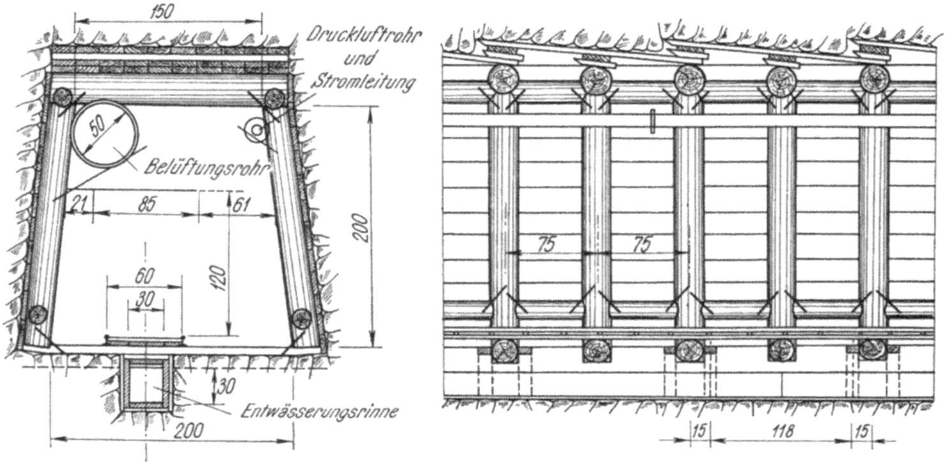


Abb. 395. Allgemeine Anordnung eines Sohlstollens mit Holzzimmerung

werden in der Regel von Schächten aus vorgetrieben. Bei diesem Bauverfahren liegen die Vortriebsleistungen niedriger als bei den von seitlichen Querstollen aus oder mit Längsstollen arbeitenden Baumethoden.

Die Festlegung des *Stollenprofils* richtet sich nach mehreren Gesichtspunkten. Einerseits muß berücksichtigt werden, welche zeitweilige Abstützung der Stollen erhalten soll (bei Holzzimmerung — trapezförmiger, bei Stahlblechringen — kreisförmiger, bei Abstützung durch Schienenrahmen mit Verpfählung — hufeisenförmiger, bei Verwendung von Stahlbetonelementen — spitzbogenförmiger Querschnitt), andererseits wird man zu bedenken haben, daß die leichte und billige Materialförderung sowie die gute Bewetterung Stollen mit tunlichst *großem*, der rasche Baufortschritt und die Abwendung der Gebirgsdrücke Stollen mit möglichst *kleinem* Querschnitt erfordert.

Die richtigen Abmessungen wird man stets auf Grund der sorgfältigen Abwägung aller örtlichen Gegebenheiten, der Gebirgsverhältnisse, der Tunnellänge, der verfügbaren Bauzeit und der Bauweise festlegen.

*6.2.1.1.1. Stollen mit Holzeinbau.* Stollen mit Holzeinbau haben in der Regel einen trapezförmigen Querschnitt, der sich zur Aufnahme von Vertikal- und Seitendrücken gleich gut eignen kann. Seine lichte Höhe schwankt zwischen 2,0 und 2,5 m, seine lichte Breite oben zwischen 2,0 und 2,2 m, unten zwischen 2,2 und 2,5 m. Die Zimmerung besteht aus Rahmen, die man in Abständen von 1,0 bis 1,5 m einbaut und über die man Bohlen (Bergmannpfähle) spannt.

Zur Zimmerung verwendet man für gewöhnlich Fichtenholz, das möglichst gerade gewachsen und astfrei sein soll. Die Bearbeitung und Verbindung der Hölzer muß einfach, d. h. so beschaffen sein, daß sie von den Zimmerern an Ort und Stelle leicht und rasch hergestellt werden kann (Abb. 396). Die einzelnen Hölzer stoßen in der Regel stumpf aneinander, doch werden sie — ohne Zapfen und dergleichen — häufig auch überblattet. Die Verbindungen sichert man mit Bauklammern. Genagelt wird nie, und auch Bauklammern können das der Holzrundung entsprechende Ausscharren der Rahmenpfosten sowie das straffe und für den festen Zusammenhalt unentbehrliche Verkeilen der Pfähle keinesfalls ersetzen.

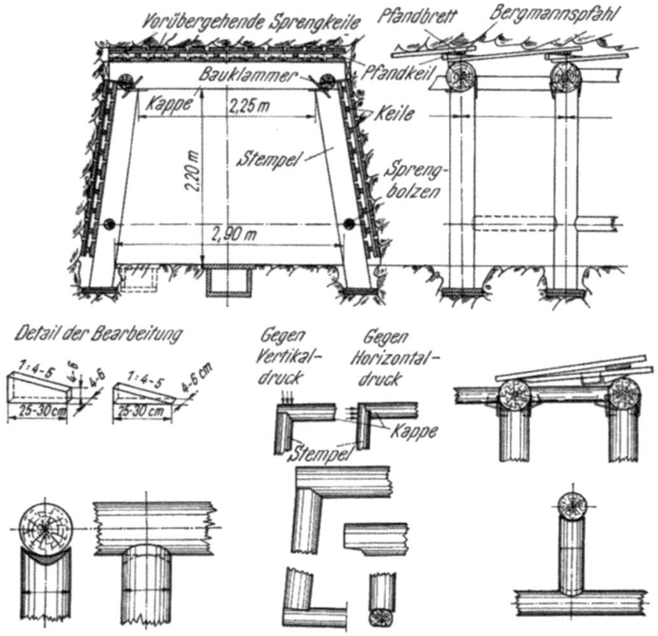


Abb. 396. Konstruktionsteile und Einzelheiten eines Stollens mit Holzzimmerung

Die einfachsten Zimmerungen zeigt die Abb. 397. Sie haben keine Gebirgsdrücke aufzunehmen, sondern lediglich die Belegschaft im Stollen vor abbröckelnden Gesteinsstücken zu schützen. Die Pfähle werden mit Zwischenräumen über die Kappen geschoben, worauf der Hohlraum zwischen Pfählen und Gebirge mit

Abb. 397. Teilweise Zimmerungen

Steinen ausgepackt (versetzt) wird. In rissigem Gebirge, in dem mit geringeren Drücken bereits gerechnet werden muß, baut man Türstöcke ein (Abb. 398), die aus je zwei Stempeln, Kappe und Sohlschwelle bestehen. Durch Sprengbolzen werden die einzelnen Türstöcke gegeneinander auch in Längsrichtung versteift. Ihr Abstand voneinander schwankt zwischen 1,0 und 2,0 m. Solange keine Drücke

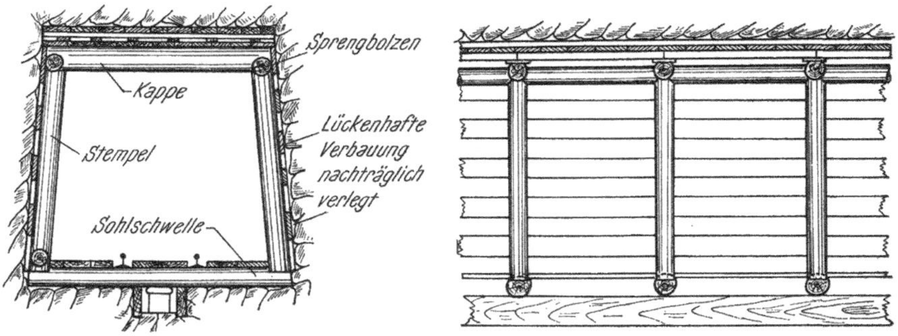


Abb. 398. Türstockzimmerung mit lückenhafter Verbohlung

auftreten, werden über die Kappen, sobald das Profil ohne Abstützung ausgebrochen ist, einfach Pfähle eingeschoben (*Firstverzug*); in schlechterem, aber noch wenig druckhaftem Gebirge dagegen müssen die Pfähle in dieses vorgetrieben werden. In kleineren Firstvortrieben werden die Pfähle nach erfolgtem Ausbruch zur Verhinderung von Firstnachbrüchen sofort vorgeschoben und mit ihrem vorderen Ende auf Kronenbalken oder auf Hilfskappen abgestützt, worauf auch die Vortriebsbrust einen Verzug erhält (Abb. 399). Nun setzt man den Ausbruch bis zum nächsten Türstock fort, schiebt weitere Pfähle vor und stützt sie auf den neu gesetzten Türstock ab.

In rolligem Gebirge ist es dagegen ohne Gefahr von Nachbrüchen nicht einmal auf kleinere Entfernungen — von etwa 50 cm — und nicht einmal bei kleineren Querschnitten möglich, die Arbeitsbrust vor den letzten unterfangenen Pfahl vorzuziehen. In solchen Fällen wird die *Verpfählung* angewendet (vgl. Abb. 396), bei der man zunächst die Pfähle in das Gebirge eintreibt und dieses sodann unter ihrem Schutz weiter ausräumt. Bei kleinen Türstockabständen können die Pfähle wegen der dicht aneinander liegenden Kappen nur schräg nach oben eingesetzt werden, so daß ihre Spitze über die Kappe des neu eingebauten nächsten Türstocks zu liegen kommt. Entweder müssen also die Pfähle zum Schnappen ge-

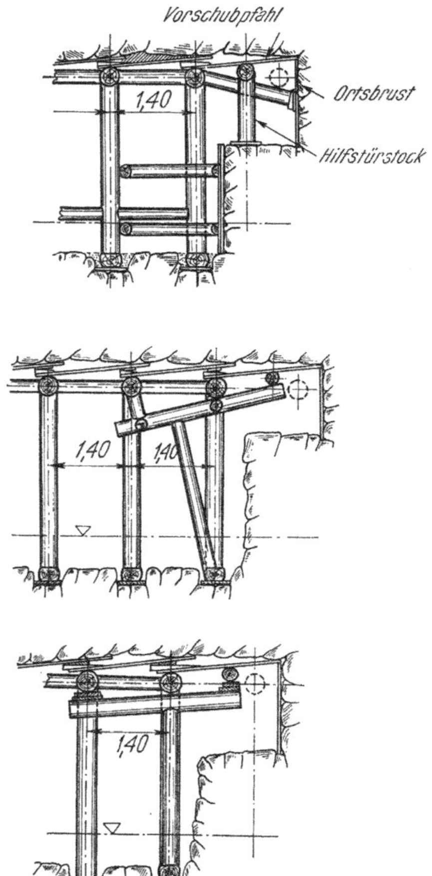


Abb. 399. Stollenvortrieb mit Bergmanns-Pfählen

bracht werden — was mit dem Herausbrechen von Gestein aus dem Raum zwischen Pfahl- und Kappenebene und mit Auflockerungen einhergeht — oder man muß für stufenförmige Abstützung auf den nächsten Pfahl sorgen (Abb. 400). Mit quer auf den Pfählen aufliegenden Pfandbrettern und mit größeren Pfandkeilen werden sodann die Pfähle gegen die Kappen verkeilt (vgl. Abb. 396). Durch die Zwischenräume zwischen je zwei Pfandkeilen können die nächsten Pfähle vorgetrieben werden, die man nun wieder mit kleineren Sprengkeilen an das Pfandbrett preßt. Hierauf werden die Pfandkeile gelockert und auch an ihre Stelle Pfähle

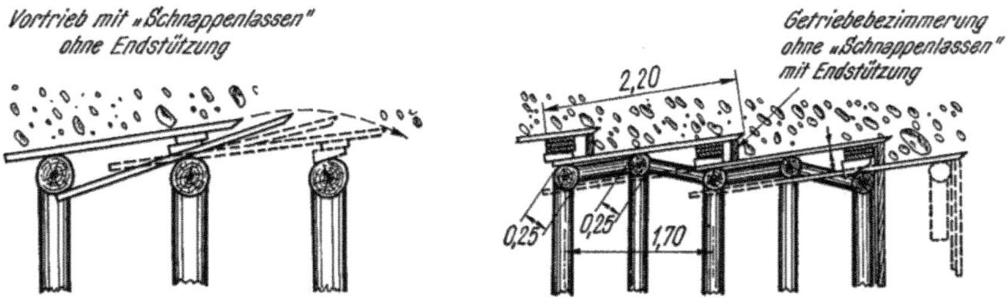


Abb. 400. Vortriebsweisen bei dicht nebeneinander angeordneten Türstockrahmen

eingezogen. (An der fertigen Verpfählung läßt sich an Ort und Stelle auch nachträglich feststellen, ob sie als Firstverzug eingeschoben oder als Teil einer Verpfählung vorgetrieben wurde, denn bei letzterer ist auch die Innenseite der Pfähle erdig und zerkratzt, die Pfahlspitzen sind zerschlagen und gesprungen.)

Bei Auftreten größerer Drücke verstärkt man die Türstockzimmerung durch Einziehen von Längshölzern. Man spricht dann von *verstärkter Türstockzimmerung* (Abb. 401a). Je nach den Druckverhältnissen erhalten die Längshölzer in Abständen von 2 m, bei größeren Drücken in solchen von 0,5 bis 1,0 m einen Unterzug.

*Noch größeren Drücken begegnet man mit der doppelten Türstockzimmerung* nach Abb. 401b, in die die Verstärkung nicht nachträglich eingezogen, sondern zugleich

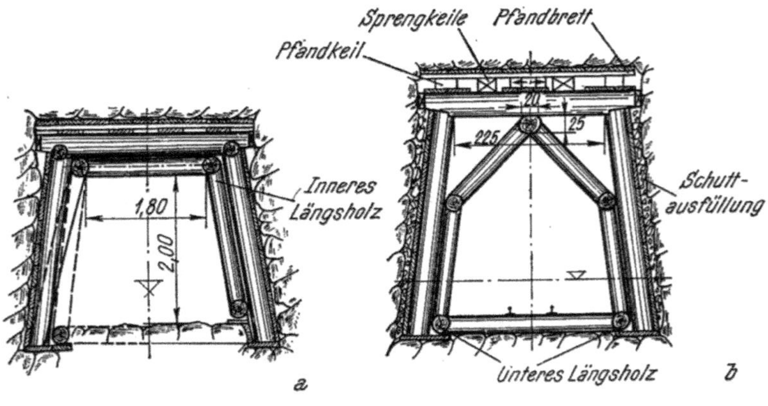


Abb. 401. Verstärkte und verdoppelte Türstockzimmerung

mit dem Türstock eingebaut wird. Einen wichtigen Teil der doppelten Türstockzimmerung bilden die unter die Kappen eingezogenen Längshölzer, die die Kappenstützweite halbieren. Die Längshölzer werden auf die Seitenstempel mit Schrägspreizen abgestützt.

Gegen Seitendruck verstärkt man die Zimmerung, indem man auch unten Langschwellen einzieht, die man gegeneinander absteift (Abb. 401b). Diese Verstärkungen verkleinern die Querschnittfläche in erheblichem Maße, so beispielsweise das etwa 3 × 2 m messende, in der Regel trapezförmige Profil auf etwa 2,2 × × 1,4 m. Naturgemäß erschwert dies die Förderung und die Arbeit im Stollen.

Die Bemessung einer derartigen Stollenzimmerung soll an dem hier folgenden Zahlenbeispiel gezeigt werden (Abb. 402).

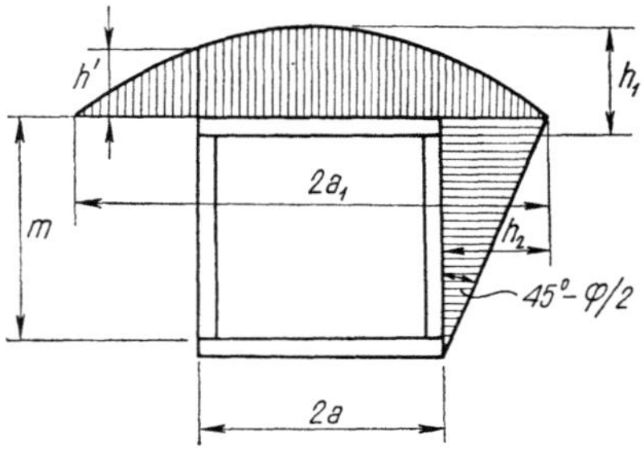


Abb. 402. Rechnungsbeispiel

Als Belastungsfigur für den lotrechten Gebirgsdruck nimmt Dawidow auch hier eine Druckparabel an, wobei

$$h_1 = \frac{a_1}{f_{kr}},$$

wenn $a_1 = a + h \cdot \tan(45° - \varphi/2)$. $f_{kr}$ ist in körnigen Böden gleich $\tan\varphi$, in Felsböden hingegen gleich 1% der Würfelfestigkeit (vgl. Kap. 3.2.2.2.2.).

Beträgt die Stollenbreite $2a = 1{,}8$ m, die Stollenhöhe $h = 2{,}2$ m, die Mächtigkeit der Überlagerung $H = 12$ m, ist ferner $\gamma = 1{,}6\ \mathrm{t/m^3}$, $\varphi = 35°$ und $\tan\varphi = 0{,}7$, dann hat man

$$a_1 = \frac{1{,}8}{2} + 2{,}2 \cdot \tan(45° - \varphi/2) = 2{,}09\ \mathrm{m}.$$

$$h_1 = \frac{2{,}09}{0{,}70} = 3{,}09\ \mathrm{m}.$$

Die Höhe der auf die Stollenseite wirkenden Erdsäule $h'$ errechnet sich zu

$$h' = h_1\left(1 - \frac{a^2}{a_1^2}\right) = 3{,}0\left(1 - \frac{0{,}9^2}{2{,}0^2}\right) = 2{,}445\ \mathrm{m},$$

der lotrechte Druck dagegen in der Entfernung $x$ zu

$$p = 1{,}6 \cdot 3{,}0\left(1 - \frac{x^2}{2{,}09^2}\right) = 4{,}8\,(1 - 0{,}228x^2).$$

Nimmt man einen durchschnittlichen Druck von $x = 0{,}3$ an, wird

$$p = 4{,}8\,(1 - 0{,}288 \cdot 0{,}3^2) = 4{,}7\ \mathrm{t/m^2}.$$

Mit einem angenommenen Türstockabstand von 0,8 m ergibt sich das an der Kappe wirksame Moment zu

$$0{,}8 \cdot 4{,}7\,\frac{1{,}0^2}{8} = 1{,}52\ \mathrm{tm} = 152\,000\ \mathrm{kgcm}.$$

Rechnet man mit einer zuläßigen Biegespannung in Holz von $\sigma = 100\ \mathrm{kg/cm^2}$, erhält man

$$K = \frac{M}{\sigma},\quad \text{d. h.}\quad \frac{d^3\pi}{32} = \frac{152\,000}{100}$$

und hieraus

$$d = 23{,}4\ \mathrm{cm} \cong 25\ \mathrm{cm}.$$

Steht z. B. Rundholz mit diesem Durchmesser nicht zur Verfügung, bietet das Einziehen eines Längsholzes unter die Kappe (Doppeltürstock) einen Ausweg. Damit wird die Spannweite auf die Hälfte, das Moment auf ein Viertel herabgesetzt, und man hätte

$$d_1 = \sqrt[3]{\frac{152000 \cdot 32}{4 \cdot 100}} = 15{,}7 \text{ cm}.$$

Den Stempel beansprucht ein Druck von

$$N = 4{,}7 \, \frac{1{,}8 \cdot 0{,}8}{2} = 3{,}4 \text{ t}.$$

Die Biegebeanspruchung aus dem Seitendruck beträgt

$$h_2 = h \cdot \tan (45^\circ - \varphi/2) = 2{,}20 \cdot 0{,}52 = 1{,}12 \text{ m},$$

$$p_2 = h_2 \gamma \tan^2 (45^\circ - \varphi/2) = 1{,}12 \cdot 1{,}06 \cdot 0{,}27 = 0{,}484 \text{ t/m}^2;$$

sie weckt in den in Abständen von 0,80 m stehenden Stempeln ein Moment von

$$M = 0{,}128 \, \frac{0{,}484 \cdot 0{,}8 \, (2{,}2 - 0{,}3)^2}{2} = 0{,}09 \text{ tm} = 900 \text{ kgcm}.$$

Schließlich ist

$$\frac{N}{F} + \frac{M}{K} = \frac{3400 \cdot 4}{d^2 \pi} + \frac{9000 \cdot 32}{\pi d^3} = \sigma_k \text{ kg/cm}^2,$$

worin $\sigma_k$ die der Knicklänge entsprechend reduzierte zulässige Biegebeanspruchung bedeutet. Ist beispielsweise $\sigma_k = 50$ kg/cm², dann ergibt die Lösung der gemischt kubischen Gleichung

$$d \cong 15 \text{ cm}.$$

Dieser Wert ist gegebenenfalls auf den im Vorrat vorhandenen nächsthöheren aufzurunden.

*6.2.1.1.2. Stollen mit Stahlausbau.* Die einfachste Möglichkeit zur Abstützung von Stollen durch eine Stahlrüstung bietet der Einbau der in Kap. 6.1.3.1.1. bereits erwähnten T. H.- oder der Mollschen Bogen als Türstockrahmen. Im ungarischen Bergbau verwendet man diese Konstruktionen zur Sicherung der nicht endgültig auszubauenden Förder- und Wetterstrecken, zur Verpfählung dagegen Holz- und neuerdings auch Stahl-, seltener Stahlbetonpfähle. Das Einsetzen, Vorschieben bzw. Vortreiben des Verzuges erfolgt auch hier wie in Stollen mit Holzverbau, wegen der größeren Rahmenabstände benötigt man jedoch kräftigere Pfähle. Der gleiche Verzug läßt sich naturgemäß auch für die Sicherung von Tunneln verwenden, wenn diese mit Stahlrüstungen abgestützt werden. Für den Ausbau ständig offen zu haltender Stollen finden zunehmend *hufeisenförmige Stahlbinder* Verbreitung, deren Rippen aus gebogenen Eisenbahnschienen bestehen, hinter die einfach Pfähle eingezogen werden (Abb. 403). Bei derartigen Stollen ist es überaus wichtig, den Schienenrippen ein sicheres Auflager zu geben. Die verhältnismäßig kleinquerschnittige Stahlrippe darf keineswegs unmittelbar auf die Sohle aufgesetzt werden, vielmehr muß man sie auf Betonklötze, Stahlbetonplatten oder auf bandstahlumspannte Hartholzplatten stellen.

Statt Eisenbahnschienen kann zur Herstellung der Rahmen natürlich auch Formstahl jeder Art verwendet werden; die wirtschaftlichste Lösung bieten jedoch die verbrauchten, abgenützten Kleinspurschienen. An Stelle von Holzpfählen benützt man auch Riffelblech, ja selbst vorgespannte Stahlbetonpfähle.

Ein Nachteil dieser Stollenabstützung mit Stahlrippen besteht in ihrer geringen Anpassungsfähigkeit an die wechselnden Stollenausmaße und darin, daß sie kein Warnvermögen besitzen, d. h. gefährliche Überdrücke nicht wie Holzstempel durch Knistern anzeigen. Äußerst vorteilhaft wirkt es sich dagegen aus, daß sie leicht zusammengebaut, öfter wiederverwendet und leicht versetzt werden kann.

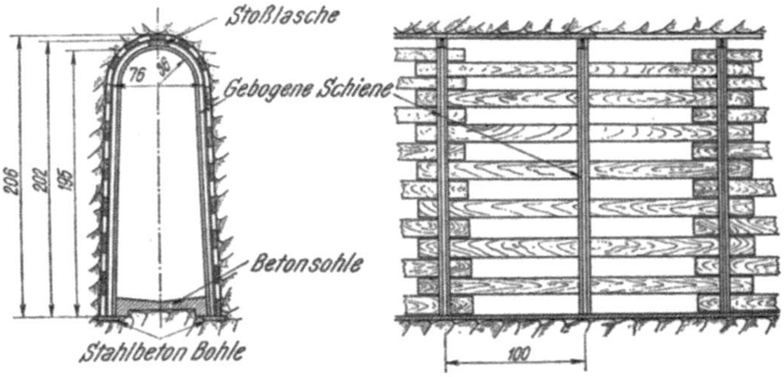


**Abb. 403. Aussteifungsrahmen aus gebogenen Schrott-Schienen**

Die bisher beschriebenen Stahlrüstungen für Stollen bestehen im Grunde genommen nicht aus Stahl allein, denn sie verwenden zumeist Pfähle aus Holz oder Stahlbeton. Ausschließlich Stahl benützt dagegen der kreisquerschnittige sogenannte *Kleintübbingverbau*, wie er in einzelnen nach bergmännischen Methoden aufgefahrenen Abschnitten der Budapester Untergrundbahn mit Vorteil angewendet wurde. Der Tübbingring setzt sich aus Bogenstücken mit Flanschen zusammen, die aus Stahlblech gepreßt und an diesen zum Ring zusammenge-

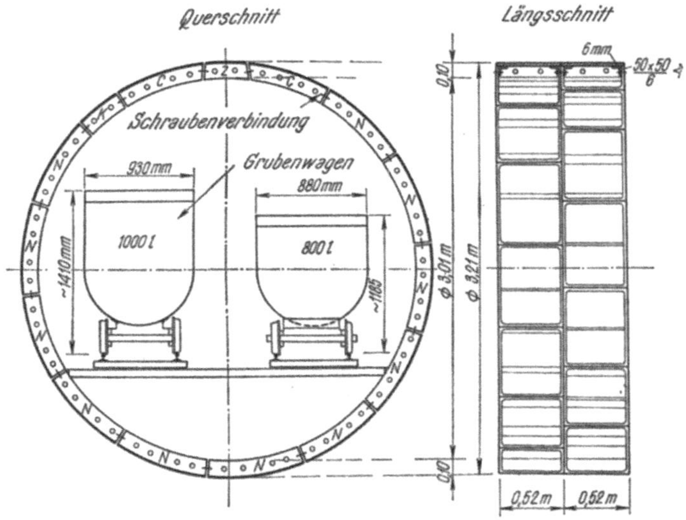


**Abb. 404. Stollen mit Blechtübbingausbau**

schraubt werden. Beim erwähnten Untergrundbahnbau wurde die Brust im Vollausbruch abgebaut und der Stollen jeweils mit Ringen abgestützt, die aus 6 bis 8 mm starken, 0,52 × 0,80 m messenden Blechplatten zusammengefügt wurden. Durch Verschrauben wurden diese Ringe schließlich zu einem geschlossenen Rohr aneinandergefügt. Wie aus Abb. 404 ersichtlich, liegen zwischen den einzelnen

Bogenstücken radial gerichtete Fugen. Um nun das letzte, das Verschlußbogenstück ($Z$) von innen in den Ring einschieben zu können, wurden die beiden vorletzten Bogenstücke ($C$), die sich an die normalen Stücke ($N$) anschließen, mit asymmetrisch angesetzten Fugenflanschen versehen, so daß das Bogenstück ($Z$), das sich nach innen öffnet, von innen unschwer eingefügt werden konnte. (Wegen der Biegsamkeit der Konstruktion ist es unerläßlich, die Zwischenräume zwischen Ringrohr und Boden unverzüglich, d. h. noch vor Ausbildung übermäßiger Auflockerungsdrücke, zu verpressen und damit den Boden in die abstützende und tragende Mitwirkung einzubeziehen.)

Diese Art der Stollenabstützung hat sich in den schluffigen Lockerböden des Baugeländes, in denen übrigens der Kreisquerschnitt ohnehin die günstigste Profilform darstellt, bestens bewährt. Stellenweise wurden die Bogenstücke im Zuge von Firstvortrieben, wie sie in Kap. 6.2.4.1. noch zu beschreiben sein werden (vgl. auch Abb. 432) bzw. bei Bankvortrieben gemäß Kap. 6.1.2., also nicht bei Vortrieben mit Vollausbruch verwendet. Hierbei begann ihr Einbau jeweils nicht unten, sondern an der Firste, das Verschlußelement $Z$ kam also in die Sohle zu liegen. Stollen mit Kleintübbingeinbau gelangten im übrigen auch beim Schildvortrieb zur Anwendung (Pilotverfahren), und zwar teils zur Stabilisierung der großflächigen Arbeitsbrust (vgl. Arbeitsbrustverankerung, Abb. 481 und 483), teils um den im Durchmesser 8,5 m messende großen Stationsschilden eine feste untere Führung zu geben (vgl. Abb. 484 und Kap. 6.3.2.).

*6.2.1.1.3. Stollenausbau mit Stahlbeton.* Die Notwendigkeit, mit Holz und Stahl sparsam umzugehen, rückt immer wieder die Verwendung von Stahlbetonelementen — allein oder mit Holzverpfählung kombiniert — auch zur vorübergehenden Abstützung von Stollen in den Vordergrund. Stahlbetonelemente haben den Vorteil der großen Zeitbeständigkeit und trotz geringen Stahlverbrauchs den einer verhältnismäßig großen Festigkeit, dagegen den Nachteil, schwer, spröde und gegen die rauhe Behandlung beim Transport und Einbau empfindlich sowie schwer formbar zu sein. Probleme verursacht wegen der Sprödigkeit des Betons auch die Verbindung der einzelnen Elemente und ihre Verkeilung. Abb. 405 zeigt den Querschnitt eines spitzbogenförmigen Stollenstützrahmensystems, das für den Bau der Budapester Untergrundbahn vorgeschlagen und im Bergbau auch schon eingeführt wurde, als Beispiel dafür, daß sich aus Stahlbeton auch spitzbogenförmige Konstruktionen mit guter Anpassungsfähigkeit an den Gebirgsdruck herstellen lassen.

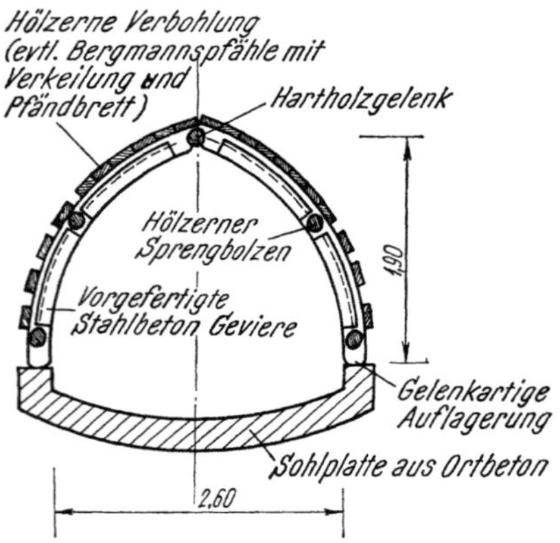


Abb. 405. Für Stollenausbau geeigneter Stahlbetonrahmen mit Holzverbohlung

Im Hinblick auf die Holzknappheit hat der ungarische Bergbau mit der Einführung vorgefertigter, den Holztürstöcken ähnlicher Stahlbetonrahmen begonnen (Abb. 406). Die Rahmen bestehen aus je einer Kappe und zwei schräg

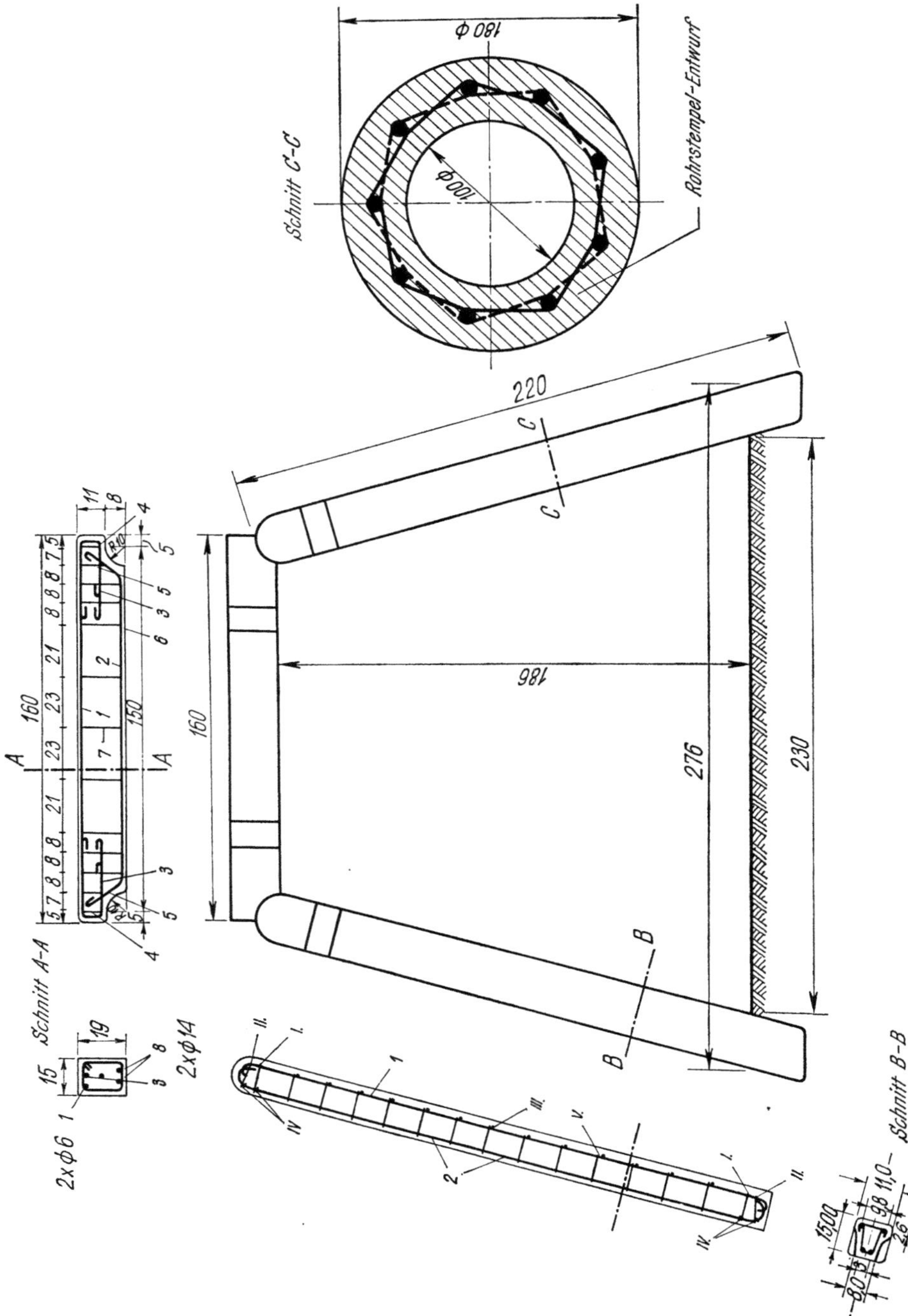


Abb. 406. Trapezförmiger Stahlbetonrahmen für Stollenausbau

gesetzten Stempeln. Wie ersichtlich, haben sie bogenförmig ausgebildete Auflagerungsflächen und zur Herabsetzung des Eigengewichtes wurden neuerdings auch Holzstempel eingeführt. Für den Verzug benützt man entweder Holzpfähle (vgl. Abb. 405) oder gleichfalls aus Stahlbeton hergestellte, 5 bis 6 cm starke,

11 bis 12 cm breite und 80 bis 120 cm lange Bohlen. Bei den Stahlbetonbohlen stehen wieder den Nachteilen des großen Eigengewichts und der Schwerfälligkeit der Montage die Vorteile der größeren Haltbarkeit und Festigkeit sowie der Holzeinsparung gegenüber. Tatsächlich wurden Stahlbetonbohlen beim Bau von Stollen verwendet, die für längeren Betrieb bestimmt und erhöhter Einwirkung des Wassers ausgesetzt sind (z. B. Entwässerungsstollen, Abb. 407).

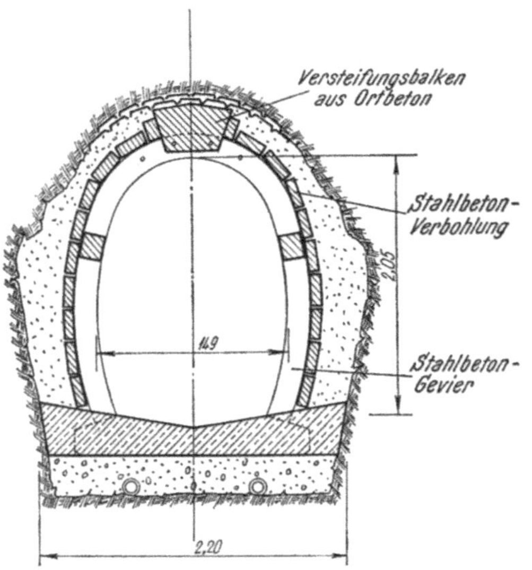


Abb. 407. Hufeisenförmiger Stahlbetonrahmen mit Sohlschwelle

Mit der stärkeren Verbreitung von Stahlbetonelementen zur vorübergehenden Stollenabstützung kann unter solchen Umständen wahrscheinlich erst dann gerechnet werden, wenn das Problem des mechanisierten Einbaues gelöst sein wird.

Die Vorspannung ermöglicht im übrigen in jüngster Zeit die Herstellung wesentlich leichterer Stahlbetonelemente. In den mit fixen Ausmaßen ausgebauten Förderstrecken ungarischer Grubenbaue ist die Verwendung vorgespannter Stahlbetonelemente in das Stadium der praktischen Verwirklichung getreten.

*6.2.1.1.4. Gemauerte Ringstollen.* Vielfach erweist es sich als wirtschaftlich oder sonst zweckmäßig, auch Stollen eine Auskleidung durch *geschlossenes Mauerwerk* zu geben, sei es, weil sie lange Zeit in Betrieb gehalten werden müssen, weil also eine standfeste Sicherung die günstigste Art der Instandhaltung darstellt, sei es, weil schon bei ihrem Vortrieb trotz ihres relativ kleinen Querschnitts so starke und von allen Seiten wirksame Gebirgsdrücke auftreten, daß sie in befriedigender Weise nur durch ein geschlossenes Mauerwerk gesichert werden können.

Die bisherige Praxis kennt zweierlei Stollenausmauerungen:

*a*) Die *starre Mauerung* aus Ziegeln oder Betonformsteinen vor allem zum Ausbau kreisquerschnittiger Stollen oder eventuell solcher mit Korbbogen- (Maul- oder Hufeisen-) oder mit stehendem Ellipsenprofil. Im ungarischen Bergbau benützt man sowohl zum Ausbau der für längere Zeit offenzuhaltenden Förder- und Wetterstollen als auch zur Herstellung kräftigen, auch starken Gebirgsdrucken gewachsenen Mauerwerks in zunehmendem Umfang Betonformsteine (Abb. 408). Statt dieser kommen naturgemäß auch einfache Mauerziegel in Frage, doch benötigt das Aufziehen der Mauerung mit Ziegeln längere Zeit, und auch die geringere Festigkeit schließt ihre Anwendung in vielen Fällen aus. (Wegen der geringeren Mörtelfestigkeit kann die Festigkeit der Mauer nur mit 30 bis 35% jener der Ziegel angesetzt werden.) Betonformsteine halten selbst gleichmäßig verteilten Außendrücken von 5 bis 15 kg/cm², Ziegelmauerwerke hingegen nur solchen von 3 bis 4 kg/cm² stand. Aus der Natur des Betonbaustoffes folgt, daß derartige Ringe als starre Abstützungskonstruktionen aufgefaßt werden können, die nicht zu Verformungen neigen und sich deshalb zur Verwendung in entsprechenden Gebirgsarten eignen. Zur Erhöhung ihrer Verformungswilligkeit können die einzelnen Blöcke eventuell mit stark abgekanteten Auflagerflächen ausgebildet oder in Ausnahmefällen in die Stoßfugen zwischen den einzelnen Formsteinen — besonders in den Kämpfern — Weichholzbohlen bzw. -unterlagen eingebaut werden.

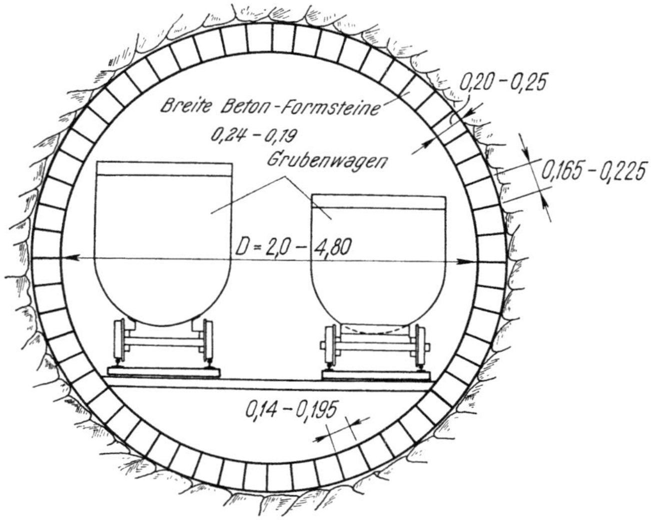


Abb. 408. Stollenausbau aus Beton-Formsteinen (Ziegeln)

*b) Mit biegsamer Mauerung* kleidet man Stollen aus, die nur kürzere Zeit offen bleiben sollen, jedoch starkem Gebirgsdruck ausgesetzt sind. Um eine derartige biegsame Auskleidung handelt es sich in erster Linie bei den kreisquerschnittigen Kleintübbingringen, die weiter oben bereits beschrieben wurden (siehe Abb. 404). Die Biegsamkeit und beispielsweise die bei Vorhandensein *von echtem Gebirgsdruck erforderliche Verformungsfähigkeit* verleiht hier der Konstruktion einesteils die geringe Wandstärke, andernteils die gelenkartige Schraubenverbindung der Ringelemente.

Eine andere derartige Konstruktion bildete jener *aus Hartholzklötzen erstellte kreisquerschnittige Einbau* (Abb. 409), der in einem Abschnitt des Großen Apenninentunnels im Sohlstollen gegen den dort aufgetretenen echten Gebirgsdruck angewendet wurde, nachdem es mit den verschiedenen üblichen Holzzimmerungen selbst in verstärkter Ausführung nicht gelungen war, den für Arbeit und Förderung nötigen Hohlraum frei zu halten. Der aus diesen Holzklötzen zusammengefügte Einbau hatte einen lichten Durchmesser von 3,25 m bei einer Wandstärke von 0,50 m und war abschnittsweise selbst Gebirgsdrücken gewachsen, unter denen Kronenbalken und Steher von 60 cm Durchmesser zu Bruch gegangen waren. Die Verformungsfähigkeit der geschlossenen Holzringe (die große Zusammendrückbarkeit und der — besonders in feuchtem Zustand und normal auf die Faserrichtung niedrige Elastizitätsmodul des Holzes) ermöglichte die bruchlose Verformung unter der Wirkung des echten Gebirgsdruckes.

Abb. 409. Stollenausbau aus Hartholzblöcken (Grand-Apennin-Tunnel)

### 6.2.1.2. Lotrechte Aufbrüche und Schlitze

Die Verbindung zwischen Sohl- und Firststollen, mitunter auch zwischen Kämpfer- und Sohlstollen, stellen *lotrechte Aufbrüche* (Kamine, Rollöcher) her. Durch diese Aufbrüche hindurch können die Ausbruchmassen in die im Sohlstollen bereitstehenden Förderwagen geschüttet und das Auskleidungs- und Aussteifungsmaterial, das im Förderstollen herangeführt wird, nach oben gehoben werden. Zu diesem Zweck pflegt man in diese Materialförderschächte auch einfache Flaschenzüge einzubauen. In jedem Aufbruchschacht müssen jedoch für die Begehung Leitern bereitstehen. In gegebenen Fällen können die Aufbrüche auch schräg nach oben geführt sein.

Die Aufbrüche haben quadratischen oder Kreisquerschnitt. In hartem, standfestem Gestein bedürfen sie keinerlei Aussteifung. Höchstens zum Schutz vor abbröckelndem Gestein wird man den Aufbruchschacht durch Einbau gezimmerter Holzrahmen (sogenannte Schachtgeviere) sichern müssen. Ein rechteckiges Profil gibt man dem Aufbruchschacht, wenn er mit Schachtgevieren und dem üblichen Pfahlverzug ausgekleidet wird, dagegen hat er kreisrunden Querschnitt, wenn man zur Verkleidung miteinander verschraubte Stahlblech-Schachtrohre verwendet. In Lockergestein bereitet das Setzen ganzer Rohre große Schwierigkeiten, ja selbst die Geviere müssen häufig dicht an dicht verlegt werden, wenn man nicht — soweit möglich — Pfähle nach oben vortreibt. Dieses Vortreiben der Pfähle in das Gebirge senkrecht nach oben ist eine äußerst umständliche Arbeit (Abb. 410).

Die Mindestabmessung eines Aufbruchschachtes beträgt 0,7 × 0,7 m, dient er auch dem Personenverkehr, macht man ihn 1,3 × 1,2 m groß. Rollöcher ausschließlich zum Schütten der Ausbruchmassen bricht man mit einem Querschnitt von 1,30 × 0,50 aus. Jedenfalls müssen jedoch die Abmessungen der Aufbruchschächte kleiner sein als die obere, d. h. die Firstbreite des Sohlstollens. Arten der Aufbruchschachtanordnung zeigt die Abb. 410.

Gleichfalls häufig findet sich bei den klassischen Tunnelbaumethoden das Ausschachten von *Schlitzen*. Ihre Herstellung und Aussteifung stimmt völlig mit jener von schmalen Baugruben überein. Ob man den Schlitz durch einfaches Einziehen von Pfählen hinter die Vergurtung oder durch Vortreiben der Pfähle aussteift, richtet sich nach der Festigkeit des Gebirges. Die Schlitze werden abschnittsweise nacheinander ausgebrochen, wobei man je einen ausgebrochenen Abschnitt auch aufzumauern pflegt, bevor man mit dem Ausbruch des nächsten beginnt. Dieses Verfahrens bedient man sich in der Regel zur Herstellung der Widerlager für die Mauerung (vgl. Abb. 575 und 576).

## 6.2.2. Verfahren mit ununterbrochener Aufmauerung

Stollen, Aufbrüche und Schlitze finden sich — wenn auch in bestimmten wechselnden Kombinationen — bei jeder klassischen, den Querschnitt abschnittsweise abbauenden Tunnelbauweise. Für den Ausbruch kann man den vollen Querschnitt in folgende Abschnitte unterteilen (vgl. Abb. 393): *A*) Sohlstollen, *B*) Firststollen, *C*) Gewölbeabschnitt (Kalotte), *D*) Kern (Strosse), *E*) Widerlager-raum, *F*) Sohlgewölbe. Bei den im folgenden zu erörternden Tunnelbauweisen wird der Querschnitt zwar abschnittsweise, aber in seiner vollen Größe abgebaut, bevor man an die Herstellung der Auskleidung herangehen würde, d. h. die Ausmauerung erfolgt zusammenhängend in einem unter dem Schutz der vorübergehenden Abstützungen. Um also die endgültige Auskleidung des Tunnels herstellen zu können, *muß man ihm zusammenhängende Zimmerungen geben, die den Gesamtquerschnitt* so *abstützen*, daß daneben auch die Aufmauerungsarbeiten ausgeführt werden können.

Alle diese Zimmerungen müssen starr und unbeweglich sein und auch eventuellen asymmetrischen seitlich gerichteten Beanspruchungen standhalten. Überdies dürfen sie weder große Zusammendrückungen noch Durchbiegungen erleiden, weil diese den Gebirgsdruck erhöhen, ja eventuell nicht einmal die Herstellung der nötigen Profilabmessungen erlauben. Die einzelnen Zimmerungselemente werden mit Keilen gegeneinandergepreßt, so daß man eventuell gelockerte Elemente jederzeit neuerlich verspannen kann. Welche Zusammendrückungen bzw. Firstsenkungen bei der sogenannten alten österreichischen (Sparren-)Zimmerung entstehen können, geht aus Abb. 391 hervor.

Der Vortrieb und die Herstellung der Tunnelmauerung in einem können nach den folgenden Bauweisen ausgeführt werden:

Englische oder *Längsträger- bzw. Jochzimmerungsbauweise*
Österreichische (*Sparren- oder Querträger-*)*Bauweise*
*Ringbauweisen*
*Mittelschlitzbauweisen*

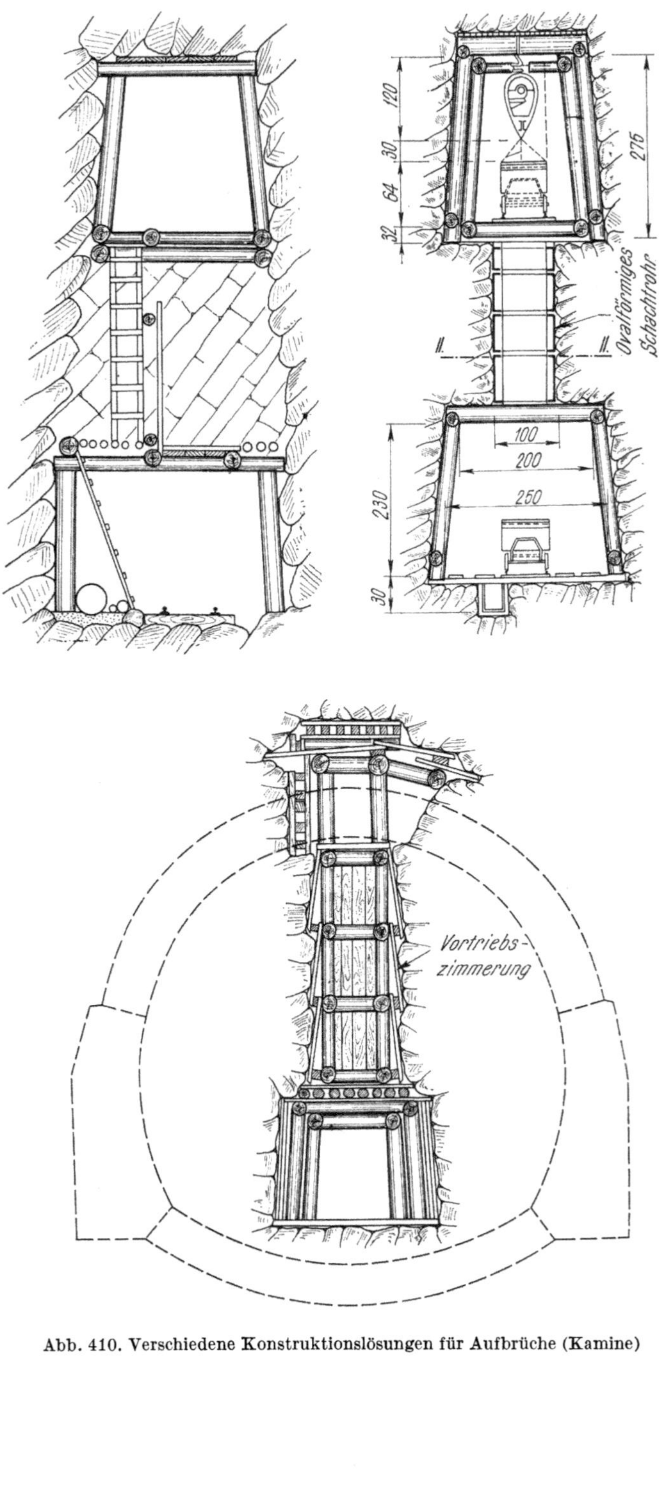


Abb. 410. Verschiedene Konstruktionslösungen für Aufbrüche (Kamine)

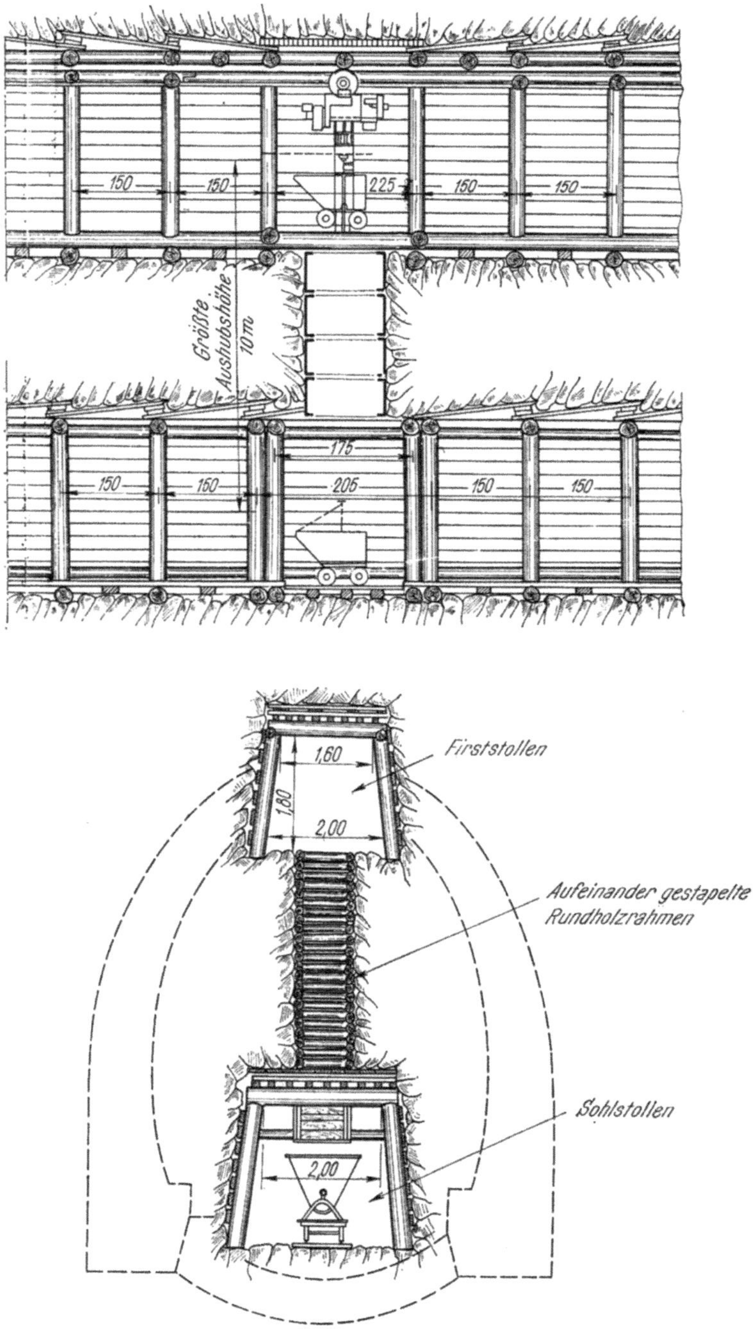


Abb. 410. Fortsetzung

### 6.2.2.1. Längsträger- bzw. Jochzimmerungsbauweise

Die *Englische oder Längsträgerbauweise* mauert den vollen Tunnelquerschnitt unmittelbar nach dessen Ausbruch in 3 bis 6 m langen Ringen aus. Der Aufbruch beginnt mit dem Auffahren eines Sohlstollens (des Förderstollens), von dem aus in

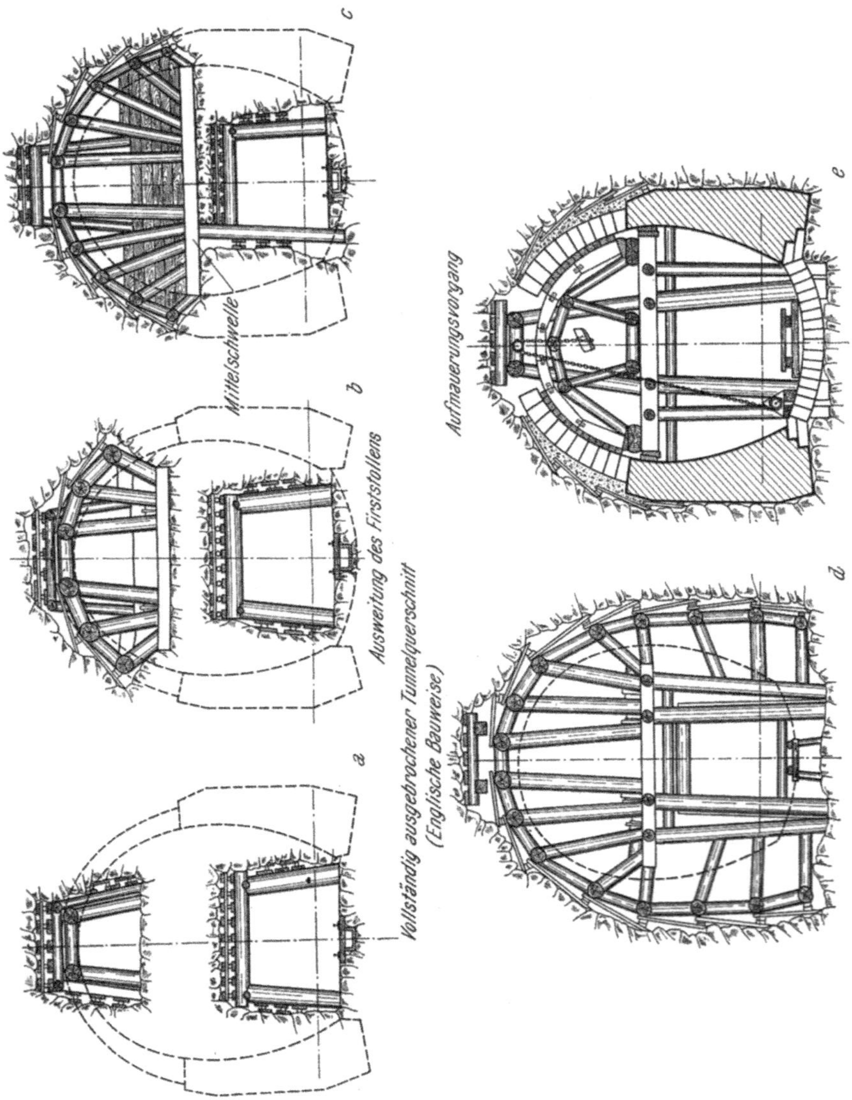


Abb. 411. Nacheinanderfolgende Arbeitsphasen der Englischen (Längsträger-) Bauweise

Abständen von 50 bis 60 m Aufbrüche zu einem Firststollen (Arbeitsstollen) ausgebrochen werden. Mit einer Breite von 1,5 m und einer Höhe von 1,8 m hat dieser Firststollen einen verhältnismäßig kleinen Querschnitt. Er verläuft so hoch, daß seine Innenkante oben in die Firstebene des auszubrechenden Tunnelprofils zu liegen kommt. First- und Sohlstollen erhalten übrigens die gleiche Zimmerung. Sie unterscheiden sich aber voneinander in der Länge, denn der Sohlstollen ist mehrere hundert Meter lang, während der Firststollen nur auf Längen von 20 bis 25 m abgebaut wird (vgl. Abb. 394a). Der weitere Abbau des Tunnelquerschnitts erfolgt vom Firststollen aus in Ringen, deren Länge je nach der Gesteinsbeschaffenheit zwischen 3 und 6 m wechselt. Je gebrächer das Gebirge, um so kürzere Ringe werden auf einmal ausgebrochen. Die Aufbrucharbeiten beginnen mit dem Einbau zweier im Durchmesser je 30 bis 40 cm starker *Kronenbalken* unter die Kappen in der Firste des Firststollens (Kappenunterzüge) (Abb. 411a). Auf diese Weise stützen die Kronenbalken alle Kappen des Stollens über die ganze Ringlänge ab, so daß die zwischenliegenden Türstockstempel unter den Kappen ausgebaut werden können. Hierauf folgt die Ausweitung (Ausfächerung) des Profils an den Stollenseiten senkrecht auf die Tunnelachse, und zwar nötigenfalls unter dem Schutz vorgetriebener Pfähle.

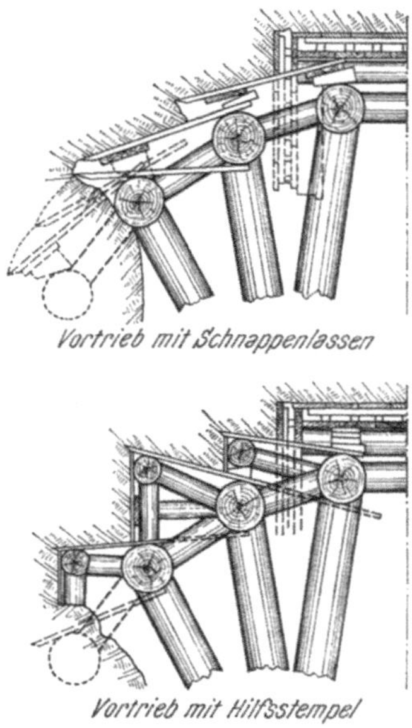

Abb. 412. Pfahlvortriebsweisen bei dicht angeordneten Stützstreben

Da die Streben in der Regel dicht nebeneinandergesetzt sind, verwendet man relativ kurze Pfähle, die man in ihre endgültige Lage schnappen läßt (Abb. 412). Muß jedwede Gebirgsauflockerung vermieden werden, treibt man die Pfähle in der Anfangsrichtung vor und unterfängt sie mit Hilfsstempeln (Abb. 412). Sonst werden zur Unterstützung der Pfähle mit fortschreitendem Abbau weitere Langhölzer eingezogen, die am Ende der Ausbruchsstrecke vor der Brust auf weiteren Streben aufliegen. Von der Gespärreebene verschoben, werden sie zunächst auf die Stollensohle und sodann auf Querschwellen gestellt, die man unter sie einzieht (Abb. 411b). Zugleich erhält auch die Ortsbrust einen Verzug. Der Abstand zwischen den Strebenzügen bzw. den Kronenbalken wird inzwischen durch Spannriegel gesichert. Während der Ausfächerung muß zugleich mit dem Einziehen der Kronenbalken und Streben auch die Firststollensohle immer tiefer abgebaut und verbreitert werden. Entsprechend werden die Stempel bei jeder Sohlenverlagerung durch längere ersetzt. Sobald der Abbau der Firststollensohle die Kämpferlinie erreicht hat, wird in Kämpferhöhe quer zur Stollenachse an beiden Enden der Ausbruchsstrecke in voller Breite die endgültige Mittelschwelle eingezogen, auf die man sämtliche Kronenbalken mit schräggestellten Streben abstützt (Abb. 411c). Den Profilausbruch setzt man nun vom Sohlstollen aus fort. Zuerst werden die Mittelschwellen an den beiden Enden der Ausbruchsstrecke mit starken Hauptständern unterfangen, worauf der weitere Ausbruch nun schon vom Sohlstollen aus erfolgt, und zwar durch Ausweitung nach den Ulmen hin von oben nach unten fortschreitend, bis der Raum für die Mauerung voll zur Verfügung steht. Die freigelegten Seitenflächen werden notfalls auch hier mit Langhölzern und Pfählen gesichert, wobei man jene gegen die Hauptständer mit Spreizen abstützt (Abb. 411d). Während des Vollabbaues der Ausbruchstrecke müssen naturgemäß auch beide Brustflächen einen Verzug erhalten, der durch quergerichtete Brustschwellen und schräggestellte Schubstreben auf die Tunnelsohle abgestützt wird (Abb. 413). Besonders in rolligem, gebrächem Gebirge hat man streng darauf zu achten, daß hinter dem Verzug keine Hohlräume verbleiben (vgl. Abb. 412), denn, nicht versetzt, können sie Gebirgsbewegungen und in weiterer Folge erhöhten Gebirgsdruck auslösen. Aus diesem Grunde müssen solche Hohlräume sofort sorgfältig mit Steinen oder vorübergehend selbst mit Holz verpackt werden.

Sogleich nach Abschluß des Vollausbruchs beginnt die Mauerung, und zwar von unten nach oben zunächst mit dem Einziehen des Sohlgewölbes bzw. — sofern ein solches nicht erforderlich ist — mit der Herstellung der Seitenwände. In die innere Mauerebene wird der Lehrbogen bzw. die Schalung aufgestellt und das Gewölbe hochgezogen, bis es sich in der Firste schließt (Abb. 411e). Die während des Ausbruchs nur provisorisch mit Versatz ausgefüllten Hohlräume erhalten während der Ausmauerung eine trockene Steinhinterpackung, die sorgfältig einzubringen ist.

Zum Vortrieb der folgenden Ausbruchstrecke können die Kronenbalken mit ihrem hinteren Ende nun schon auf den Gewölberücken des fertig ausgebauten Tunnelabschnitts aufgelagert werden (s. Abb. 413), wogegen sie mit ihrem vorderen

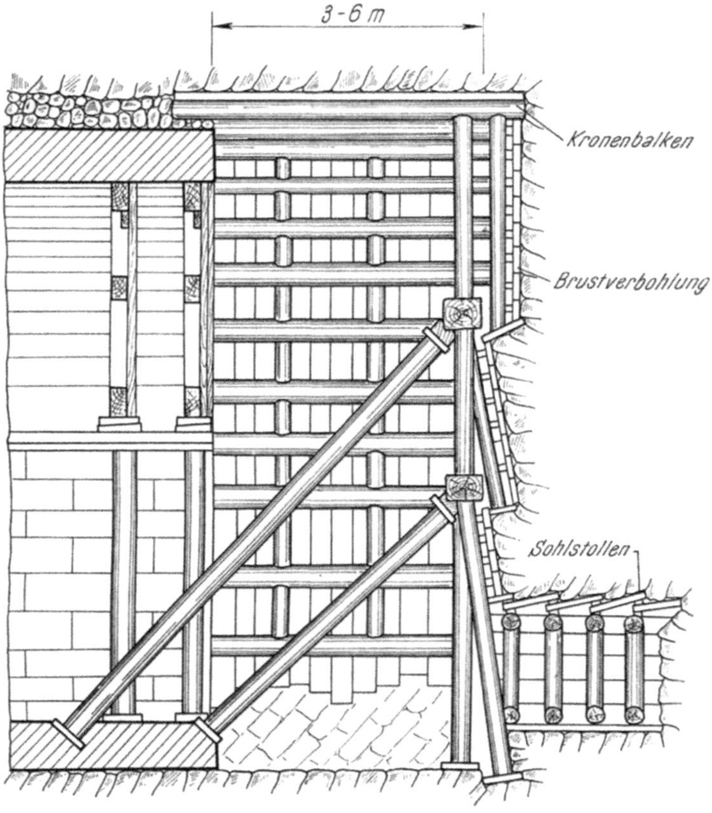


Abb. 413. Längsschnitt eines nach der Englischen Bauweise völlig ausgebrochenen Abschnittes mit schräger Brustabstützung

Ende auf einem vor der neuen Brust herzustellenden Bockgespärre ruhen (Abb. 414). Die einzelnen Gespärre bedürfen auch einer räumlichen Aussteifung durch Längshölzer und schräg gestellte Diagonalverbände.

Die *Englische Bauweise* bietet äußerst gute Arbeitsbedingungen und Möglichkeiten zu raschen Baufortschritten, *ihre Anwendung beschränkt sich jedoch in erster Linie auf festeres, wenig druckhaftes Gebirge*, denn größere Drücke vermögen die Kappenunterzüge ohne Zwischenabstützung nicht aufzunehmen. Entweder muß daher die Zahl der Kronenbalken erhöht oder die Länge der zu unterfangenden Ausbruchstrecke verkürzt werden. Die eventuellen Zwischenabstützungen und die Bocksäulen verschlingen aber angesichts der Höhe des voll ausgebrochenen Profils sehr viel Holz; ebenso steigert den Holzbedarf eine größere Zahl von Kronenbalken oder die Verkürzung der Angriffsstrecken.

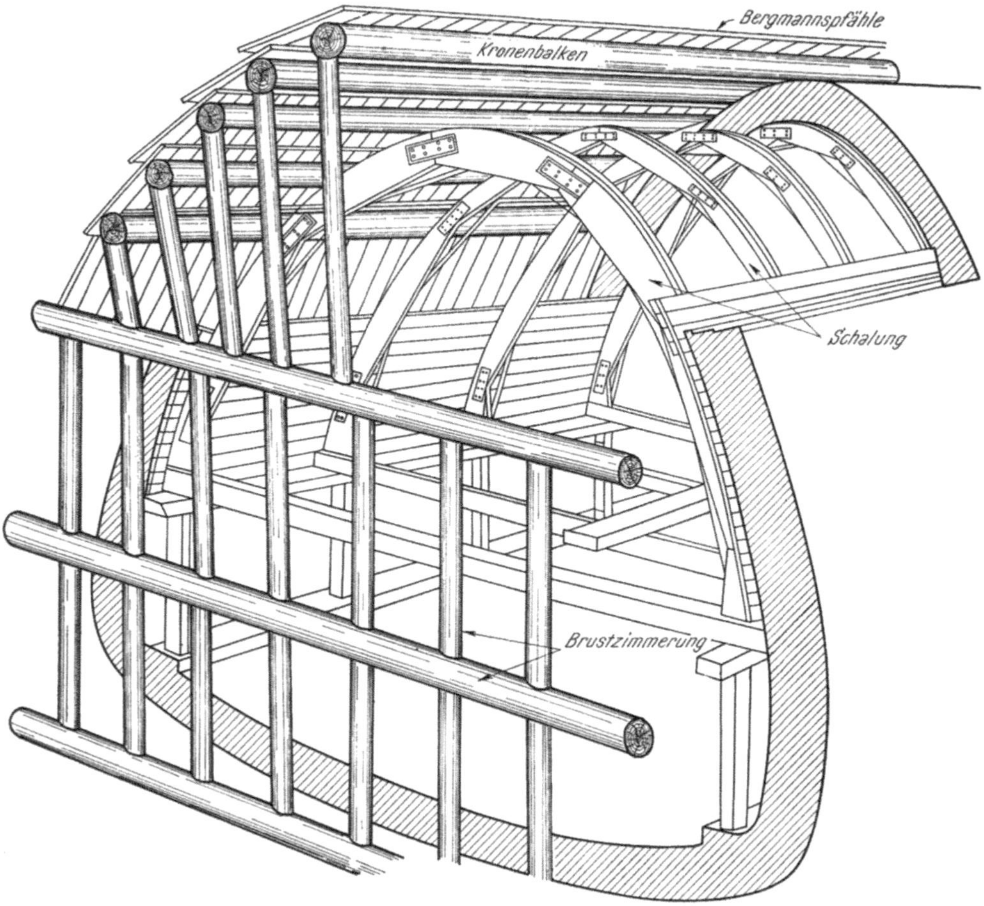


Abb. 414. Isometrische Ansicht der Englischen Bauweise

Die Kronenbalken pflegt man zwar mit fortschreitender Mauerung nach Möglichkeit in den nächsten Abbauabschnitt vorzuschieben, und grundsätzlich lassen sich die beim Aufziehen der Mauerung freiwerdenden Streben und Bocksäulen wieder verwenden. Treten jedoch stärkere Gebirgsdrücke auf, gelingt dies in der Regel nicht, vielmehr ist man nicht selten gezwungen, die Pfähle und Kronenbalken bzw. Wandruten in ihrer Stelle zu belassen und einzumauern. Die zum „Rauben" des Holzes nötigen Unterfangungen müssen durch Umsteifen auf die bereits fertige Mauerung stets vorsichtig und ohne Auslösung weiterer Gebirgsbewegungen vorgenommen werden.

Die Englische Bauweise hat den Vorteil, einen leichten Abbau und eine zügige Förderung der Ausbruchmassen zu ermöglichen. Bequem kann auch das Mauerwerk hochgeführt werden. Die einzelnen Arbeitsvorgänge stören sich gegenseitig weder zeitlich noch räumlich, und auch Lüftung und Wasserableitung lassen sich gut bewerkstelligen. Nachteilig wirkt es sich demgegenüber aus, daß *ein*

*Mehrausbruch über den entwurfsgemäßen Mauerquerschnitt hinaus wegen der Unterfangung durch Kronenbalken unvermeidlich ist* und daß die so entstehenden Hohlräume mit Steinen nur locker verpackt zu werden pflegen. Da die eventuell eingemauerten Kronenbalken, Pfähle usw. mit der Zeit verfaulen, muß mit Firstsenkungen und mit einem weiteren Anwachsen der Gebirgsdrücke gerechnet werden. Die Arbeitsbrust steht unter starkem Druck, ihre vorübergehende Abstützung ist umständlich, und *die ganze Rüstung benötigt sehr viel Holz.* Da die eventuell erforderliche nachträgliche Verstärkung der Zimmerung gleichfalls überaus umständlich ist, wendet man diese Bauweise immer seltener an.

### 6.2.2.2. Österreichische (Sparren- oder Querträger-)Bauweise

Der Längsträger- oder Englischen Bauweise steht die sogenannte Österreichische oder Querträgerbauweise gegenüber, deren Zimmerung in Abb. 415a dar-

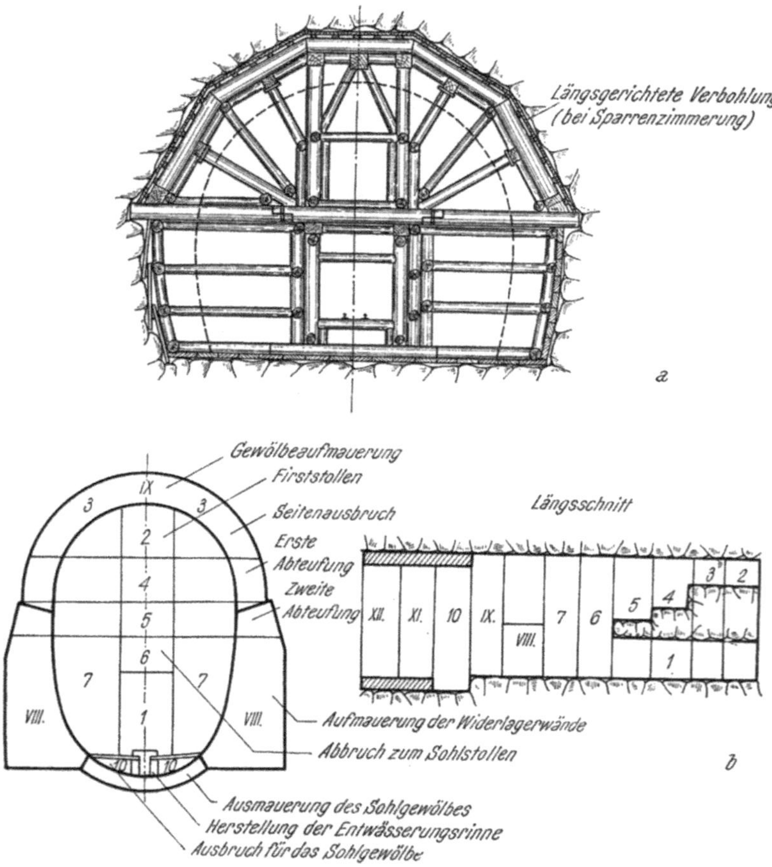


**Abb. 415.** Konstruktive Anordnung und Bauvorgang bei der Österreichischen (Querträger-) Bauweise

gestellt ist, während Abb. 415b den Bauvorgang veranschaulicht. Die Ausbruchsarbeiten beginnen auch hier mit dem Auffahren eines Sohlstollens, von dem in größeren (50 bis 100 m langen) Abschnitten Aufbrüche hochgetrieben werden, die

die Angriffspunkte für den Vortrieb der Firststollen bilden. Von diesem wird die Kalotte ebenso ausgebrochen wie bei der Englischen oder der Belgischen Bauweise, doch erhält sie keine Quer-, sondern eine Längsverpfählung. Die Bergmannspfähle stützen sich also nicht auf achsparallele Kronenbalken, sondern auf die quer zur Achse eingezogene Sparrenzimmerung, das Gespärre (vgl. Abb. 415a). (Aus diesem Grunde eignet sich diese Bauweise für das Vortreiben der Verpfählung im allgemeinen besser als die Längsträgerbauweise, bei der wegen des unvermeidlichen Schnappenlassens der Pfähle mit großen Mehrausbrüchen gerechnet werden muß, vgl. Abb. 412.) Die Abstände zwischen den einzelnen Gespärren wechseln je nach der Standfestigkeit des Gebirges zwischen 1,2 bis 1,5 und 2,0 m. Die Österreichische Bauweise eignet sich somit auch zum Auffahren von Hohlgängen in weniger standfestem Gebirge, weil sie es erlaubt, durch beliebig dichte Anordnung der Gespärre auch größere Drücke aufzunehmen. In sehr druckhaftem Gebirge bietet die quergerichtete Ausweitung der Kalotte größere Sicherheit. Hierbei zieht man zwischen die Sparren dicht nebeneinander kräftige waagerechte Hölzer, die Sparrenruten, als Längsverband ein. Hinter diese verhältnismäßig kurzen Längshölzer werden dann beim Ausbruch der Kalotte die Pfähle angesteckt und wieder quer zur Tunnelachse vorgetrieben (Abb. 416). (In standfesterem Gebirge kann die Verpfählung eventuell auch unterbleiben, weil die Sparren und die zwischen sie eingespannten Sparrenruten dem Gebirge eine ausreichende Abstützung bieten.)

Nachdem die Kalotte ausgeweitet ist, werden die Streben des Gespärres auch hier auf eine in Kämpferhöhe eingezogene Mittelschwelle gestellt, die sich ihrerseits auf die neben die Sohlstollenpfosten eingezogenen Bocksäulen abstützt. Der Ausbruch des Profils bleibt nämlich auch hier nicht bei den Kämpfern stehen, sondern *schreitet wie bei der Englischen Bauweise von oben nach unten fort, bis der Querschnitt in vollem Umfang ausgebrochen ist.* Außer der Mittelschwelle in Kämpferhöhe wird an der Profilsohle sehr häufig auch eine Sohlschwelle eingezogen (vgl. Abb. 416).

Dem Vollausbruch folgt auch bei dieser Bauweise der Einbau des Sohlgewölbes, die Aufstellung des Lehrgerüstes und die Einschalung, worauf — von unten nach oben fortschreitend —, die Ausmauerung des Profils in einem hochgeführt wird. Da der Abstand zwischen je zwei benachbarten Gespärren klein ist, werden die Ringe in kürzeren Lamellen oder mit dem — allerdings *beschwerlicheren — mehrfachen Auswechseln und Umsteifen der Zimmerung ausgemauert.* Die Österreichische Bauweise wickelt die soeben beschriebenen einzelnen Arbeitsphasen in unmittelbar aufeinanderfolgenden, gegeneinander versetzten Stufen ab, wodurch ein Bauablauf gesichert ist, der eine gute Übersicht über die ineinandergreifenden Arbeitsvorgänge bietet. (Diese Arbeitsweise erschwert es naturgemäß, von einem Sohlstollen aus mehrere Arbeitsstellen einzurichten und den Baufortschritt durch gleichzeitige Arbeit an mehreren Stellen zu beschleunigen.)

Der große Nachteil der Österreichischen Bauweise ergibt sich eben daraus, daß der empfindlichste Teil des Profils, die Firste, sehr lange nur durch eine provisorische Zimmerung abgestützt ist, die überdies mehrfach ausgewechselt werden muß, was jedesmal zu neuen Setzungen (vgl. Abb. 391 und 416) und damit zu einem Ansteigen des Gebirgsdruckes führt. Den großen Drücken, wie sie in Tunneln mit großer Spannweite auftreten, sind nur ganz starke und sehr dicht stehende Gespärre gewachsen, weshalb denn auch diese Bauweise über eine gewisse maximale Spannweite hinaus (z. B. beim Bau von Autobahntunneln) aus der Wahl ausscheidet.

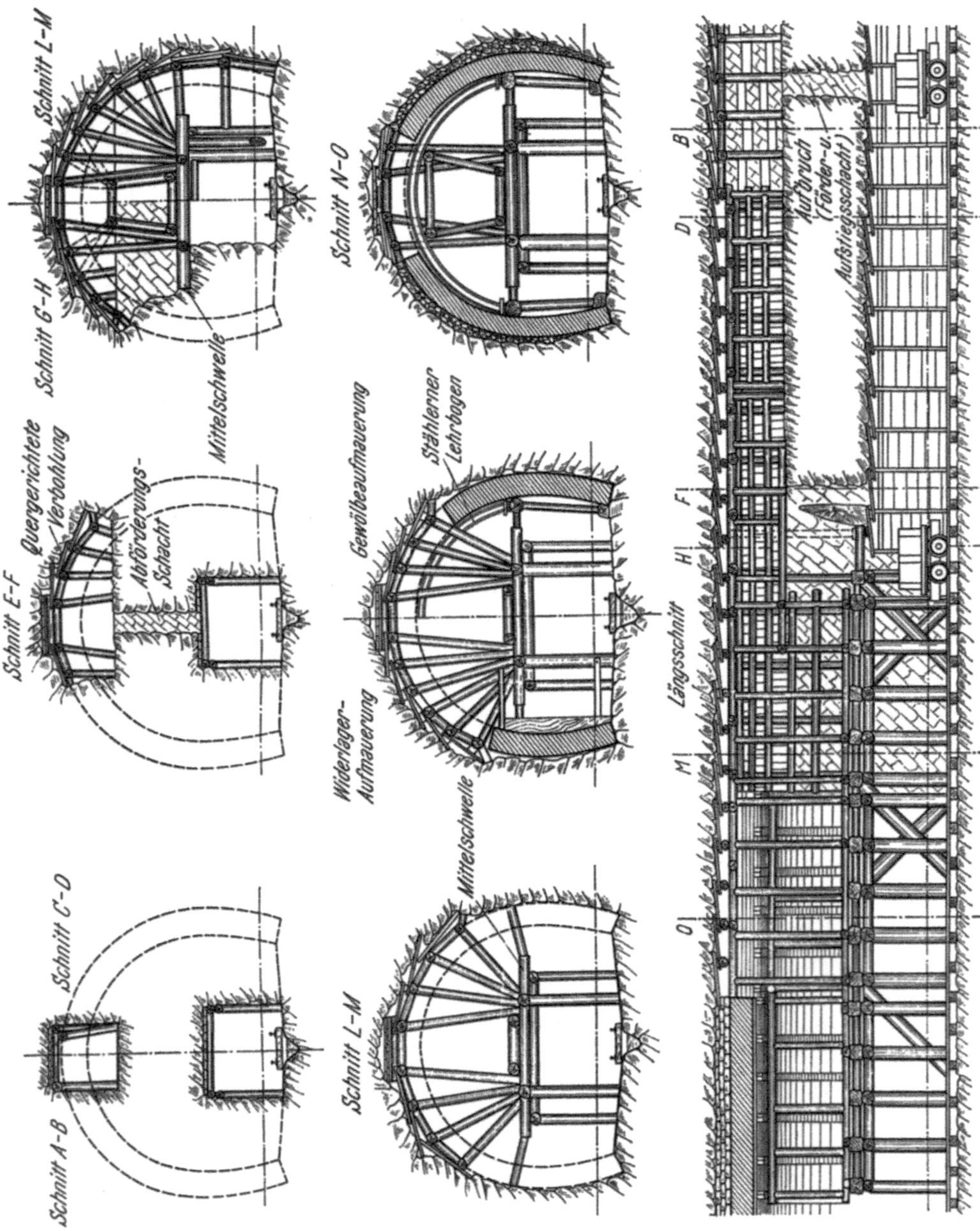


Abb. 416. Nacheinanderfolgende Arbeitsphasen der Österreichischen Bauweise mit Zentralstrebenzimmerung

Aus diesem Grunde kombiniert man die Österreichische Bauweise neuerdings mit der Englischen, und zwar so, daß man den Ausbruch unter Beibehaltung der Sparrenzimmerung nicht stufenförmig, kontinuierlich fortschreitend, sondern von Aufbrüchen aus in Ringen fertigstellt, die in dichter Aufeinanderfolge vom Sohlstollen aus hochgetrieben werden, um danach die Auskleidung hochzumauern. Auch hier wird das Sohlgewölbe erst nach der Ausmauerung und nach der endgültigen Unterfangung der Firste eingezogen. Als Regel muß bei dieser Arbeitsweise gelten, daß mit dem Ausbruch des nächsten Ringes erst dann begonnen werden darf, wenn die Ausmauerung des vorangegangenen Ringes in seinem vollen Umfang bis hinauf zur Firste schon beendet ist. Die Ringlänge wechselt übrigens bei dieser Bauweise je nach der Natur des Gesteins zwischen 1,5 m und 12 m. Die Ringe müssen einander nicht folgen, vielmehr können zwischen ihnen auch Zwischenzonen stehenbleiben. Die nachträglich in diesen auszubauenden Ringe lassen sich unter dem Schutz des endültigen Ausbaues der bereits fertiggestellten Ringe rascher und mit größerer Sicherheit ausbrechen und ausmauern als bei durchlaufendem Ausbruch.

Die Ausmauerung muß hinter der Arbeitsbrust in jedem Fall um mindestens 12 bis 15 m zurückbleiben, weil sonst bei den Sprengarbeiten auch die Verkleidung Schaden erleiden könnte.

Die Österreichische Bauweise hat somit den Vorzug, auch in weniger festem Gebirge ausreichende Sicherheit zu bieten, wegen ihres großen Holz- und Arbeitskräftebedarfs ist sie jedoch — wie dies auch gegenüber der Belgischen Bauweise aus dem Vergleich der erforderlichen Arbeitsstunden (Tab. 43) hervorgeht — überaus kostspielig.

*Tabelle 43*

| Methode | Mineure | Hilfsmineure | Schlepper | Maurer | Schichtarbeiter | Zimmerleute | Insgesamt |
|---|---|---|---|---|---|---|---|
| Belgisch | 294 | 185 | 361 | 152 | 293 | 20 | 1305 |
| Österreichisch | 297 | 353 | 665 | 126 | 61 | 54 | 1556 |

## 6.2.2.3. Die neue Österreichische Bauweise

Im Laufe der letzten zwei Jahrzehnte wurde unter Verwendung von modernen Bauelementen und mit weitgehender Rücksicht auf die Ausnützung der Stehzeit des Gebirges in Österreich die sogenannte „Neue Österreichische Bauweise" entwickelt, deren wichtigste Merkmale sich nach Rabcewicz [141] wie folgt zusammenfassen lassen.

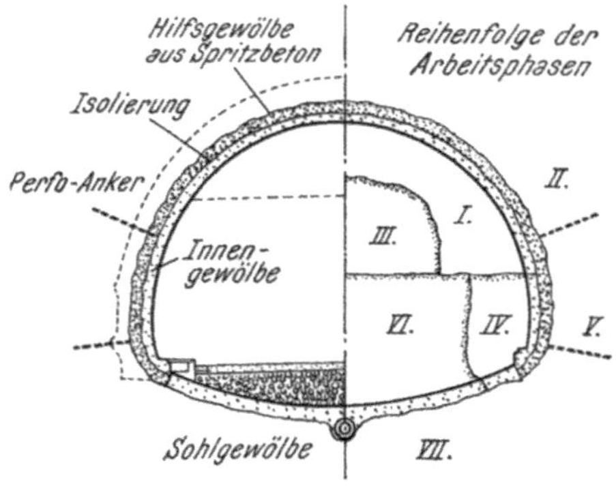


Abb. 417. Ausführungsschema der neuen Österreichischer Bauweise

Man verkleidet den frei ausgebrochenen Querschnitt so rasch wie möglich mit einer dünnen Gewölbeschale, 20 cm stark, aus Spritzbeton. Dies geschieht im ersten Schritt (Abb. 417) in der Kalotte (Bauphase I und II) auf eine Einbruchstiefe von 0,6 bis 1,3 m. Demnach wird der belassene Kern (III) bis auf Kämpferhöhe entfernt und an beiden Seiten werden Schlitze vertieft (IV), worin anschließend auch die Spritzbetonschale verlängert wird (V). Das hergestellte Hilfsgewölbe verlängert jetzt künstlich die Stehzeit, bis durch das ehestmögliche Einziehen des Sohlgewölbes (VI und VII) der volle Gewölbering geschlossen wird. Inzwischen beobachtet man durch geeignete Meßvorrichtungen die Deformationen des Hilfsgewölbes als Funktion der Zeit; zur Bekämpfung etwaiger übermäßiger

Bewegungen können die Schenkel der noch sohloffenen Schale im Fels durch Perfoanker gesichert werden. Es kann ferner nach Abklingen und gemäß der Größe der Bewegungen zur Erhöhung des Sicherheitsgrades gegebenfalls noch ein Innengewölbe eingebaut werden, wobei das Hilfsgewölbe als Isolierungsträger benützt werden kann.

### 6.2.2.4. Ringbauweisen

Als Ringbauweisen dürfen schon die soeben besprochenen neueren Österreichischen Bauweisen bezeichnet werden, ihrem Wesen nach sind aber als Ringbauweisen auch alle in Kap. 6.1. bereits behandelten Vollausbruchsverfahren anzusehen, bei denen das Gebirge vorübergehend auf einer einheitlichen Stahlrüstung steht. Bei dieser Bauweise wird der ganze Querschnitt ohne Auffahren eines Richtstollens in 1,20 m dicken Scheiben ausgebrochen und sogleich aufgemauert. Unter Auslassung eines gleich dicken Ringes wird der nächste Ring abgebaut und wieder aufgemauert. Durch den Verzicht auf den Vortrieb eines Richtstollens vermeidet die Ringbauweise die vorzeitige Auflockerung des Gebirges und damit die Auslösung von Gebirgsdrücken. In einer Stufe pflegt man den ganzen Querschnitt nur bei Profildurchmessern von höchstens 3,5 m auszubrechen, während man größere Querschnitte im stufenweisen, bankigen Vortrieb nach den Grundsätzen der weiter unten zu erörternden belgischen oder Unterfangungs- bzw. nach der deutschen oder Kernbauweise abbaut.

Zur vorübergehenden Abstützung des Gebirges bedient sich die Ringbauweise in der Regel stählerner Rüstungen (vgl. Kap. 6.2.4.4. und 6.2.4.5.), sie ermöglicht also erhebliche Holzeinsparungen. Vorteilhaft wirkt es sich weiterhin aus, daß das ganze Profil jeweils nur auf kurze Längen ausgebrochen wird und nach ganz kurzfristiger provisorischer Abstützung sogleich den endgültigen Ausbau erhält, daß also der Vortrieb den ursprünglichen Gleichgewichtszustand im Gebirge nur wenig stört. Auflockerung, Nachbrüche und Mehrausbruch halten sich in mäßigen Grenzen, die Rüstung bietet eine hohe Steifigkeit gegen Verschiebungen und eignet sich auch zur Wiederverwendung. Als Nachteil der Bauweise ist die wegen der Ausführungsschwierigkeiten manchmal unvermeidliche Unvollkommenheit der Verbindungen an den Stoßstellen mit den bereits fertigen Ringen zu vermerken, die mitunter insbesondere in den Gewölbeteilen kostspieligere Lösungen erforderlich macht. Wird dagegen der Ring schrittweise unterfangen, muß wegen der unumgänglichen Umsteifungen auch mit Firstsenkungen gerechnet werden. Andererseits stützen sich die zwischen den einzelnen Ringen stehengelassenen Abschnitte infolge Überwölbung auf die schon fertige Ausmauerung ab.

Genau genommen, gehören die Ringbauweisen nicht mehr zu den klassischen Tunnelbauverfahren, weshalb die ausführliche Behandlung der unter diesen Begriff fallenden verschiedenen Methoden dem Kap. 6.2.4. vorbehalten bleiben soll.

### 6.2.2.5. Mittelschlitzbauweise

In ausreichend festem Gebirge bietet der Aufbruch eines mittleren Schlitzes vom Sohlstollen aus bis zur vollen Profilhöhe mit nachfolgender seitlicher Erweiterung und Vollabbau des Querschnitts von oben nach unten manche Vorteile. Nach dem Vollausbruch wird hierbei das Mauerwerk von unten nach oben in durchlaufender Arbeit hochgeführt (vgl. Abb. 394c). Während des Ausbruches ruht das Gebirge je nach der Größe des Gebirgsdruckes auf einer Joch- oder einer Sparrenzimmerung. Der größte Vorzug dieser Bauweise besteht darin, daß sie es gestattet, die Firste sogleich auf die Sohle abzustützen. Da sie überdies das aufeinanderfolgende Umsteifen vermeidlich macht, beugt sie auch den sonst unausweichlichen immer neueren Firstsenkungen vor. Die zusammenhängenden und gut überblickbaren Baustellen lassen sich ohne Schwierigkeiten lüften, und unschwer kann auch das Holz der Zimmerungen ausgebaut und der neuerlichen Verwendung zugeführt werden.

Die Bauweise erlaubt es weiterhin, gleichzeitig mehrere Aufbrüche hochzuführen und den Ausbruch von mehreren Angriffspunkten aus voranzutreiben, wobei die Auskleidung in Ringen eingezogen wird, was den Baufortschritt wesentlich beschleunigt. In Strecken, die unter größerem Druck stehen, wird man die Ringlänge tunlichst kurz wählen, um die Mauerung so rasch wie möglich hochführen und dem Hohlgang die endgültige Abstützung geben zu können. Alles in allem gleicht das Mittelschlitzverfahren in mancher Hinsicht der im vorangegangenen Punkt behandelten Ringbauweise.

### 6.2.3. Klassische Bauweisen mit abschnittsweisem (unterbrochenem) Aufbau des Mauerwerkes

Zu diesen gehören folgende Tunnelbauverfahren:

die *Belgische* oder *Unterfangungsbauweise*,
die *Deutsche* oder *Kernbauweise*,
die *Italienische* oder *Versatzbauweise*
sowie die aus Einzelelementen dieser Verfahren zweckmäßig zusammengestellten *kombinierten Tunnelbauweisen*.

Im allgemeinen gelangen diese Tunnelbaumethoden in weniger standfesten Gebirgen zur Anwendung. Welche von ihnen man im konkreten Fall tatsächlich anwenden wird, richtet sich nach der Tragfähigkeit des Gebirges.

*a*) Reicht die Tragfähigkeit des *Gebirges* aus, um *in Kämpferhöhe die Last des fertigen Firstgewölbes* sowie den auf diesem lastenden Gebirgsdruck vorübergehend ohne Gefahr größerer Setzungen *aufnehmen zu können*, wird man die *Belgische* Bauweise wählen.

*b*) Genügt die Tragfähigkeit des Gebirges hierzu zwar nicht, scheint es jedoch sicher zu sein, daß es *das Gewicht von Firstgewölbe und Widerlagern* einschließlich des auf ihnen lastenden Gebirgsdruckes *über die breiteren Widerlagerfüße* in der Sohlenebene vorübergehend und ohne Gefahr größerer, für das Mauerwerk bedenklicher Setzungen aufnehmen kann, wird man sich für die *deutsche* Bauweise entscheiden. Ist schließlich

*c*) nicht einmal diese minimale Tragfähigkeit gegeben, *muß also zur Lastübertragung die ganze untere Profilfläche in Anspruch genommen werden*, dann ist die *Italienische Bauweise* angebracht.

Die Verfahren werden im weiteren in dieser Reihenfolge behandelt.

### 6.2.3.1. Die Belgische oder Unterfangungsbauweise

Die Belgische oder Unterfangungsbauweise ist ein der Englischen ähnliches, dieser jedoch an Wirtschaftlichkeit weit überlegenes Verfahren. Es eignet sich nur für Gebirge, die über eine gewisse größere Tragfähigkeit verfügen. Der grundlegende Unterschied zwischen den beiden Bauweisen besteht darin, daß die Englische den Querschnitt vor der Ausmauerung in seiner ganzen Tiefe abbaut, während die Belgische den Hohlgang in Teilangriffen abwechselnd ausbricht und ausmauert. Da sie verhältnismäßig wirtschaftlich arbeitet, ist die Unterfangungsbauweise weit verbreitet. Man unterscheidet bei ihr zweierlei Betriebsarten, und zwar die *mit Ein-* und die *mit Zweistollenvortrieb*. Den Richtstollen in der Firste aufzufahren, empfiehlt sich nur in trockenem Gebirge und bei kurzen Tunneln, sonst erweist sich der Sohlstollenbetrieb als vorteilhafter, wenngleich er den abstützenden Kern schwächt.

In ihrer ursprünglichen Form fußt die Belgische Bauweise auf dem Vortrieb eines Einzel-, und zwar eines *Firststollens* (Abb. 418), wobei sie folgendermaßen verfährt.

Der Einbruch beginnt mit dem Vortrieb eines Richtstollens in der Firste, den man zur Kalotte ausweitet. Dieser Teil des Bauvorganges entspricht genau dem bei der Englischen Bauweise üblichen Verfahren (vgl. Abb. 411). Zunächst

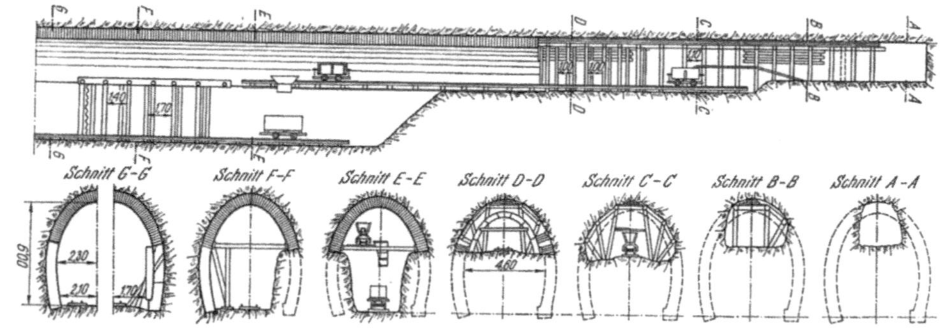


Abb. 418. Schema des Arbeitsvorganges der Belgischen (Unterfangungs-) Bauweise vom Firststollen aus

zieht man unter die Kappen der Stollenzimmerung Kronenbalken ein, worauf man den Stollen unter dem Schutz der quer zur Tunnelachse vorgetriebenen Pfähle nach den Seiten hin bogenförmig „ausfächert". Mit fortschreitendem Ausbruch unterfängt man die neu angesetzten Pfähle durch weitere Kronenbalken (Längshölzer) und stützt diese durch Streben auf die Bausohle der Kalotte, den *Kern,* bzw. auf eine Schwelle ab, die auf diesem Kern aufliegt und die mit dem weiteren Abbau Schritt um Schritt tiefer verlegt werden muß. Nachdem die Kalotte seitlich bis zur Kämpferhöhe abgebaut ist, werden in der auszumauernden 4 bis 9 m langen Strecke die Streben ausgebaut bzw. gegen entsprechend lange, an den Enden der Strecke fächerförmig angeordnete Stempel ausgewechselt, wonach der weitere Ausbruch natürlich eingestellt wird. Gegen den nunmehr eingezogenen Lehrbogen bzw. die Schalung beginnt man, von den Kämpfern ausgehend, auf beiden Seiten das Gewölbe bis zur Firste aufzumauern. Steht zu befürchten, daß die Gebirgsfestigkeit zur Aufnahme der Lasten nicht ausreicht oder daß das Gebirge Schwächestellen aufweist, wird der Gewölbefuß als zusammenhängender Stahlbeton-Tragbalken ausgebildet oder man zieht zur Unterfangung des Gewölbes einen Stahlbetonholm oder Langhölzer ein und mauert auf diesen das Gewölbe aus Form- oder Quadersteinen hoch (s. Abb. 422).

Die Herstellung des Gewölbes, das Vorziehen der Kronenbalken und die Verfüllung der verbliebenen Hohlräume folgen im übrigen den entsprechenden Arbeitsphasen der Englischen Bauweise. Sobald man mit der Ausmauerung Joche oder Streben erreicht, baut man diese aus und stützt die Firste vorübergehend auf Balken und Stempel ab. Ebenso werden die Kronenbalken ausgebaut und in die nächste Ausbruchsstrecke vorgezogen. Lockert sich der Boden während der Bauarbeiten so sehr, daß Setzungen befürchtet werden müssen, läßt man sämtliche Abstützungen stehen und betoniert sie ein.

*Fährt man als Richtstollen einen Sohlstollen auf,* hat man wie bei der Jochbauweise die Möglichkeit, die Abbauarbeiten gleichzeitig von mehreren Angriffspunkten aus voranzutreiben und den Tunnel in Ringen bestimmter Länge herzustellen. Der Vorteil dieser Betriebsweise liegt darin, daß die Förderung der Ausbruchsmassen von den Ausbruchs- und Einwölbungsarbeiten völlig getrennt werden kann, was den Baufortschritt wesentlich zu beschleunigen erlaubt. (Allerdings müssen Erschwernisse bei der Lüftung in Kauf genommen werden.) Den Unterschied im Bauvorgang der beiden Betriebsweisen veranschaulicht die Abbildung 419.

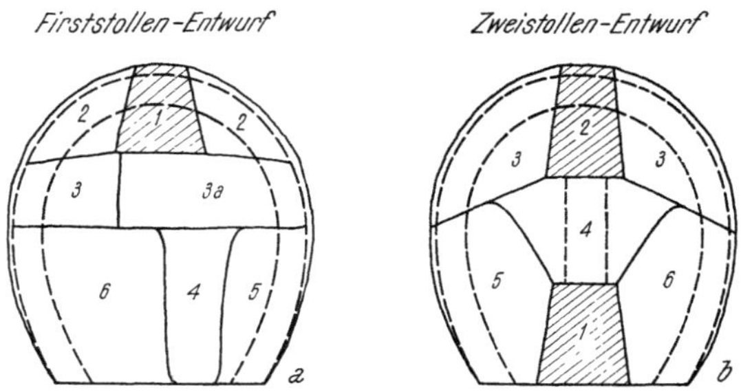

Abb. 419. Nacheinanderfolge der Teilausbrüche
(a) First-(Ein-)Stollen-Methode. (b) Zwei-Stollen-Bauweise

Nach dem Ausschalen des fertigen Gewölbes schreitet man zur Ausweitung des Querschnitts bis zur Sohle und zur Untermauerung des Gewölbes. Der Ausbruch des Kerns sowie des Raumes für die Widerlager und deren Hochmauern geht nun schon unter dem Schutze des tragfähigen Gewölbes vor sich.

1. An bestimmten Punkten werden 2 bis 3 m breite *schachtförmige* Vertiefungen ausgebrochen und von diesen Schächten aus die Gewölbekämpfer durch ein pfeilerartiges Mauerwerk unterfangen. Eine solche Lösung zeigt die Abb. 420a. Bei dieser Ausführungsart werden die Stützpfeiler unter den Stoßfugen zwischen je zwei Ausbruchsstrecken in der angegebenen Reihenfolge, schachbrettartig versetzt, eingezogen. Sorgfältig ist hierbei darauf zu achten, daß innerhalb einer Ausbruchsstrecke einander gegenüberliegende Widerlagerräume niemals gleichzeitig ausgebrochen sein dürfen.

In ganz lockerem, nachbrüchigem Gebirge werden die Widerlager auch in den Streckenteilen zwischen je zwei Pfeilern von dem für sie ausgebrochenen schachtartigen Schlitz aus hochgemauert, und der Kern erst dann ausgeräumt. In genügend festem Gebirge (Mergel, Festgesteine) läßt sich die Arbeit wesentlich beschleunigen, wenn man den Kern und die Streckenteile zwischen den einzelnen

Pfeilern auf einmal ausbricht und danach die noch fehlenden Widerlagerteile hochführt.

2. Die Förderung der Ausbruchsmassen erleichtert und den Baufortschritt beschleunigt es, wenn man von der Kalottenbausohle aus einen mittig gelegenen

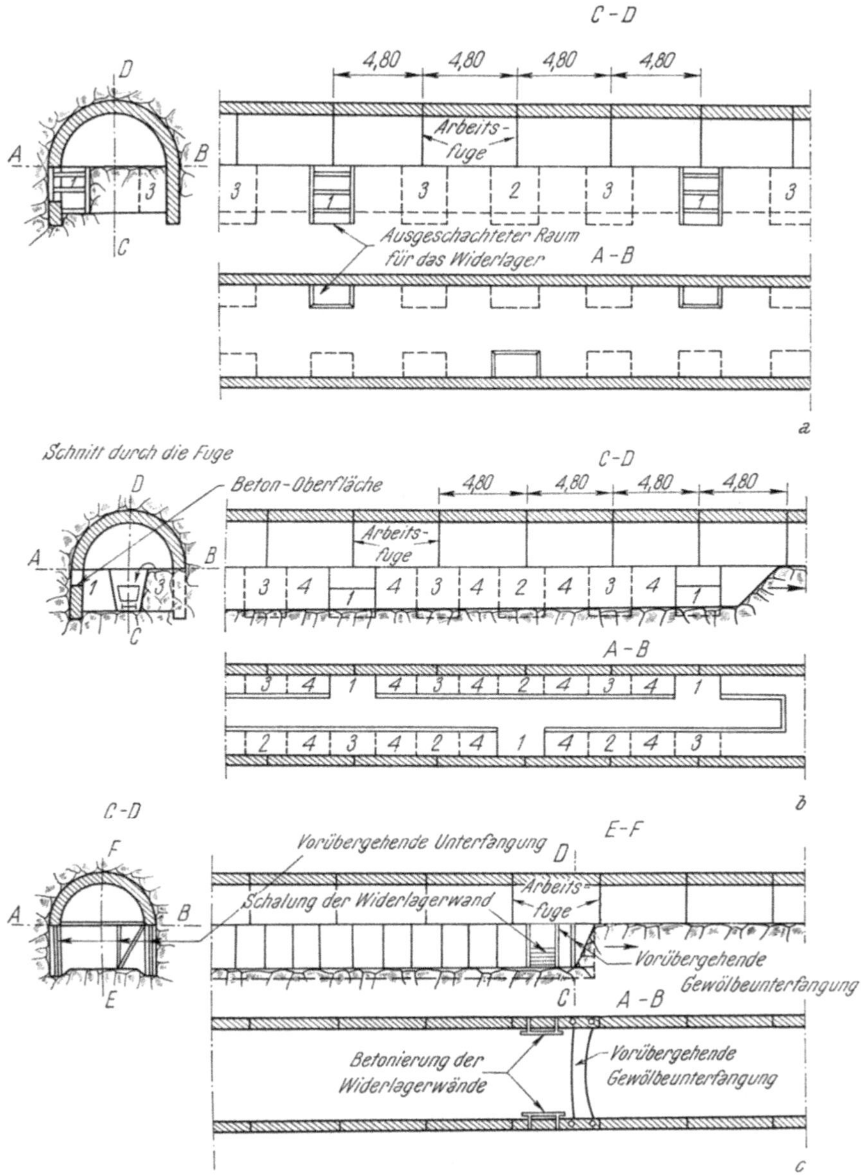


Abb. 420. Verschiedene Methoden im Ausbau der Seitenwände

*Schlitz* ausbricht und von diesem aus nach den Seiten hin gleichfalls schachbrettartig versetzte Ausbrüche macht, in denen man die Pfeiler zur Unterfangung des Gewölbes hochmauert. Beim Aufbrechen des steilböschig auszubildenden Schlitzes läßt man in Kämpferhöhe beiderseits 1,5 bis 2,0 m breite Gesteinsbankette stehen. Auf der Sohle des Schlitzes werden die Fördergleise verlegt, so daß die Ausbruchsmassen unmittelbar in die Förderwagen geschüttet werden können (vgl. Abb. 420b). Dieses Verfahren ist jedoch nur in härterem, mindestens mittelmäßig standfestem Gebirge anwendbar.

Die Untermauerung — eine außerordentlich heikle Arbeit — muß mit Auslassung von 2 bis 3 m breiten Strecken erfolgen. Besondere Sorgfalt bedarf die Herstellung der Verbindung zwischen Gewölbekämpfer und Widerlager. Da sich hier Beton nur schwer einstampfen läßt, pflegt man die Stoßfugen nachträglich durch Zementinjektionen direkt zu schließen. Der Fertigstellung der Widerlager folgt das Ausräumen des Kerns und eventuell das Einziehen des Sohlgewölbes.

3. Schließlich können die Widerlager auch fortlaufend hochgeführt werden, wobei man die einzelnen Arbeitsphasen zweckmäßig gegeneinander versetzt (Abb. 420c). Mit dem Betonieren der Widerlager folgt man dem Ausbruch in Abständen von 3 bis 4 m nach, wobei abwechselnd ausgebrochen und gemauert wird. Bei dieser Betriebsweise ist es besonders wichtig, entweder durchlaufende Kämpferträger zu benützen oder die Längssteifigkeit des Gewölbes zu nützen. Die freigelegten Längsträger oder Gewölbestrecken werden durch Schrägstreben in kurzen Abständen provisorisch unterfangen. Zur Verhinderung von Bewegungen des Gewölbes und der Widerlager werden für die Dauer der Bauarbeiten in der

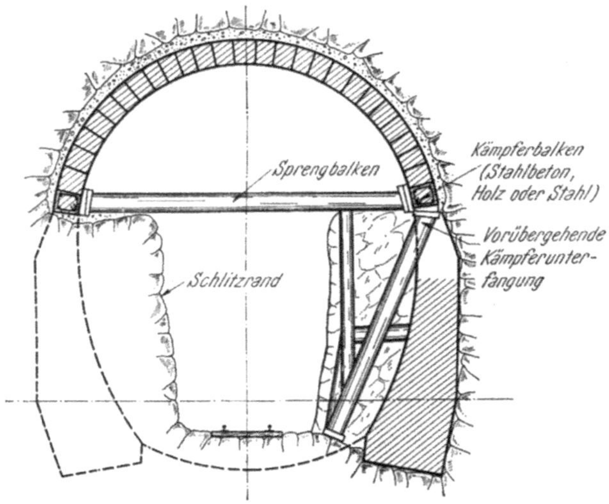


Abb. 421. Gewölbe-Unterfangung beim Ausbau der Seitenwände

Kämpferebene Horizontalspreizen eingezogen (Abb. 421). Das Ausbrechen der Räume für die Widerlager und das Aufmauern der Widerlager wird man zweckmäßig auch hier nicht an beiden Ulmen ein und derselben Ausbruchsstrecke gleichzeitig vorantreiben, sondern an den Ulmen gegeneinander versetzt ausführen. Dieses Verfahren ermöglicht es, das Sohlgewölbe — sofern es erforderlich ist —, sogleich nach Fertigstellung der Widerlager einzuziehen. Eines Sohlgewölbes bedarf es dort, wo mit der raschen Ausbildung von Seitendrücken gerechnet werden muß. (Dem ist allerdings hinzuzufügen, daß die belgische Bauweise in Gebirgen, die den Einbau eines Sohlgewölbes erfordern, kaum anwendbar ist!)

Mehr als 3 m hohe Widerlager werden in Stufen hochgemauert.

In festerem Gebirge hat man die Möglichkeit, die Gewölbefüße zu verbreitern und mit der Fläche *a* gemäß Abb. 422 über kürzere Ausbruchsstrecken auf das Gebirge selbst abzustützen, bis die Widerlager (in der Abbildung gestrichelt

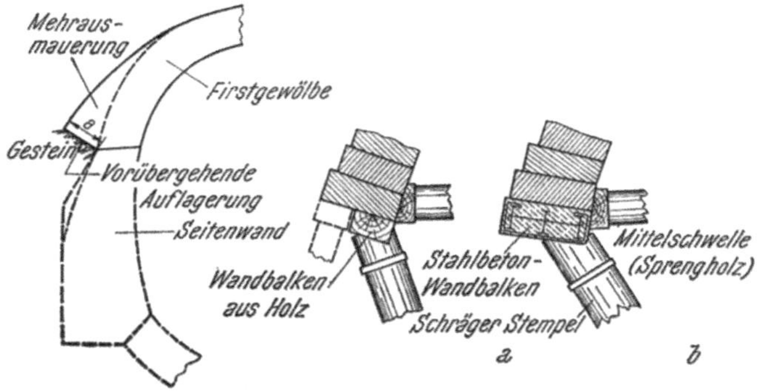


Abb. 422. Einzelheiten der verschiedenen Kämpferbalkenlösungen

eingezeichnet) fertiggestellt sind. Hierbei brauchen die für die Widerlager ausgebrochenen Schlitze lediglich eine Zimmerung zu erhalten, die vor abbröckelndem Gestein schützt.

Eine erst später entwickelte Variante der Unterfangungsbauweise, das *Zweistollen-Verfahren*, unterscheidet sich von dem soeben beschriebenen sogenannten „Einstollen-Verfahren" dem Wesen nach darin, daß es außer dem Firststollen auch einen Sohlstollen vortreibt, von dem aus der Ausbruch beginnt (Abb. 423).

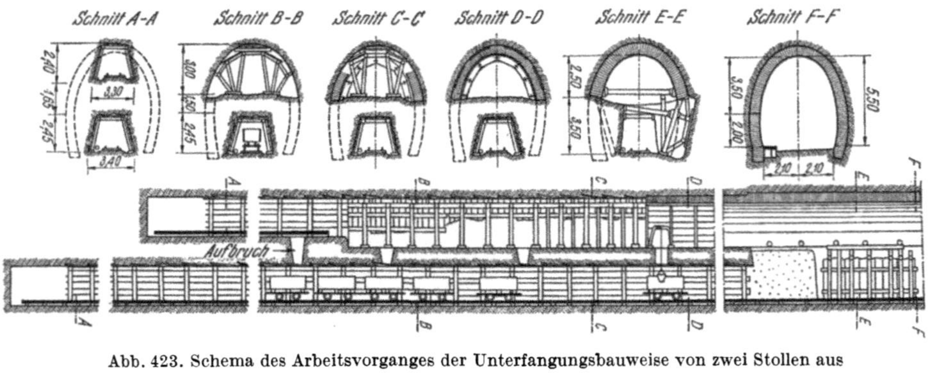


Abb. 423. Schema des Arbeitsvorganges der Unterfangungsbauweise von zwei Stollen aus

Der Sohlstollen, der dem Firststollen um etwa 25 bis 30 m voreilt, wird mit diesem durch Aufbrüche und Rollöcher verbunden. Die Sohlstollen-Betriebsart hat es ermöglicht, die Schwierigkeiten zu überwinden, die sich bei der belgischen Bauweise aus der Konzentration der Entwässerung, des Förderbetriebs und der Baustoffanlieferung auf einem einzigen Stollen ergeben hatten. Die Ausbruchs- und Aufmauerungsarbeiten gehen getrennt vor sich, ohne sich gegenseitig zu stören, andererseits erfährt jedoch der Gesteinskern, auf den der gesamte auf dem Profil lastende Gebirgsdruck während der Herstellung der Kalotte vorübergehend übertragen wird, eine erhebliche Schwächung durch den Sohlstollen. Während also beim Einstollenbetrieb die kritischste Arbeitsphase, der Ausbruch der Kalotte, im ganz ungestörten Gebirge vor sich geht, muß diese beim Zweistollenbetrieb in dem durch das Auffahren des Sohlstollens schon in Bewegung gebrachten Gebirge hergestellt werden. Aus diesem Grunde beschränkt sich der Anwendungsbereich dieser Betriebsart eher auf den Bau von Tunneln mit größerem Querschnitt, wenn sie in festerem Gebirge aufzufahren sind; auf Bauwerke also, bei denen die Stollenabmessungen im Verhältnis zur Breite und Höhe des Hohlganges klein sind und bei denen man ohnehin zum Zweistollenbetrieb gezwungen ist, um die anfallenden relativ größeren Ausbruchsmassen zügig wegschaffen und damit die Bauarbeiten beschleunigen zu können. Begründet ist der Zweistollenbetrieb weiterhin beim Bau von Tunneln, deren Länge 1 km übersteigt.

Wesentlich erleichtert der Sohlstollen das Ausbrechen und Ausräumen des Schlitzes nach Fertigstellung des Gewölbes (Schnitt $E - E$ in Abb. 423).

Beim Auffahren großquerschnittiger Tunnel nach der belgischen Bauweise beschränkt man sich mitunter nicht auf zwei Stollen, sondern treibt drei oder mehr vor.

*Unter den großen Vorzügen der Unterfangungsbauweise ragen vor allem die rasche endgültige Sicherung der Firste und das ebenso rasche Einziehen des Gewölbes hervor*, unter dessen Schutz sämtliche weiteren Arbeiten leichter und mit größerer Sicherheit ausgeführt werden können. Da auf diese Weise der Ausbildung größerer Gebirgsdrücke vorgebeugt wird, benötigt man weniger und vor allem kürzeres Holz; *die Ausbruchsarbeiten können* (besonders beim Zweistollenbetrieb) *gleichzeitig von mehreren Stellen aus in Angriff genommen werden, ohne daß sie sich gegenseitig stören würden*, und schließlich *läßt sich diese Bauweise sehr leicht und zweckmäßig auch mit anderen Verfahren kombinieren.* (So veranschaulicht die Abb. 424 ein Beispiel für die Kombination der Unterfangungsbauweise mit dem Kunzschen Verfahren, bei dem den Firststollen ein voreilender Kopfschnitt ersetzt, von dem aus die Kalotte unter dem Schutz von Stützbögen aus Eisenbahnschienen auf einmal in voller Fläche abgebaut wird. Die Widerlager mauert man hierbei nach Unterfangung des Gewölbes durch Pfeiler hoch.)

Neben ihren Vorzügen hat die belgische Bauweise auch einige *Schwächen, die in erster Linie in den heiklen und gefährlichen Arbeitsphasen der Gewölbeunterfangung und des Profilausbruchs nach unten zutage treten.* Die Schwierigkeiten beim Verfüllen der Stoßfugen zwischen Gewölbefuß und Widerlager mit Stampfbeton und die zur Freilegung der Räume für die Widerlager häufig erforderlichen Sprengungen führen nicht selten zu Rissen in dem bereits fertigen Gewölbe. Nachteilig wirkt es sich aus, daß die Mauerung nicht nur in den Kämpfern, sondern auch im Scheitel, d. h. eben an den empfindlichsten Stellen Stoßfugen aufweist. Überdies müssen die Fördergleise und die Entwässerungsrinnen bei der belgischen Bauweise mehrfach neu verlegt bzw. umgebaut werden, und schließlich läßt sich das ebentuell erforderliche Sohlgewölbe, das die Seitendrücke aufzunehmen hat, erst am Ende der Ausmauerungsarbeiten, d. h. nur sehr verspätet einziehen. Zusammenfassend stellt Stini fest, *daß die Unterfangungsbauweise mit Vorteil beim Bau kurzer oder mittellanger Tunnel in trockenem, gebrächem, mittelfestem Gebirge anwendbar ist.* In stark drückendem, rolligem oder schwimmendem Gebirge empfiehlt sie sich um so weniger, je größer die Spannweite des Profils und je stärker der Wasserzudrang ist.

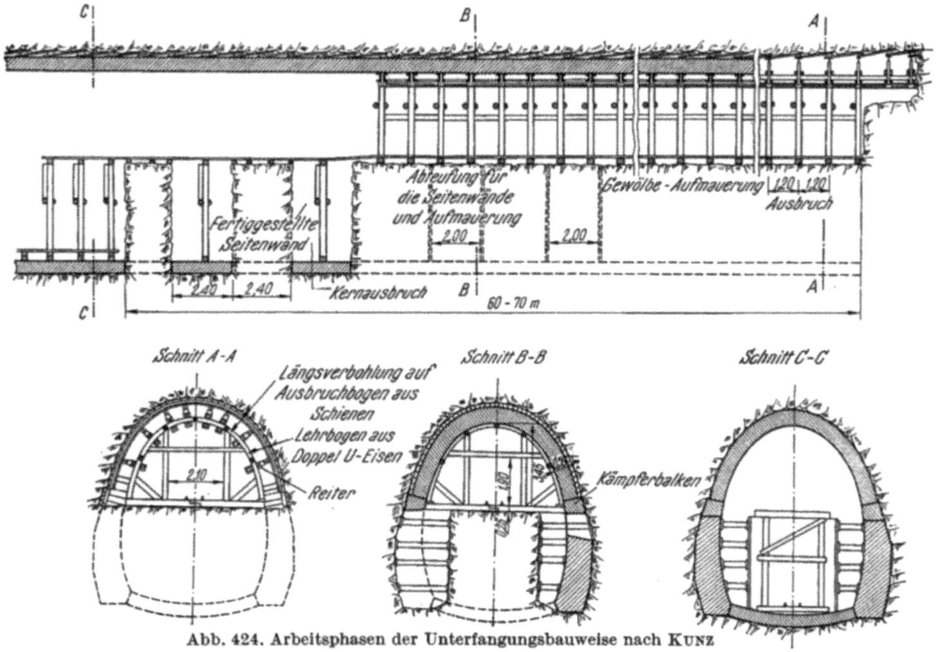


Abb. 424. Arbeitsphasen der Unterfangungsbauweise nach KUNZ

### 6.2.3.2. Die Deutsche oder Kernbauweise

Die Deutsche oder Kernbauweise wird angewendet, wenn die Tragfähigkeit des Gebirges nicht ausreicht, um die Gewölbekämpfer abzustützen, *wenn also die Herstellung der Widerlager allen anderen Bauvorgängen vorangehen muß.* Erst wenn diese stehen, wird die Kalotte ausgebrochen und das Gewölbe auf die Widerlager aufgemauert. Die Bauarbeiten beginnen bei dieser Bauweise mit dem Vortrieb zweier Sohlstollen in Höhe der Widerlagerfüße (*1* in Abb. 425). Diese Stollen treibt man jeweils über die gewählte Länge einer Arbeitsstrecke vor, wobei die Ausbruchsmassen aus jedem von ihnen getrennt herausbefördert werden. Danach werden die Widerlager von der Arbeitsbrust aus nach rückwärts schreitend hergestellt (III). An ihrer Außenseite werden sie möglichst satt an das Gebirge angemauert, während man den Zwischenraum zwischen der Innenseite der Widerlager und dem Kern mit Magerbeton oder Steinpackungen verfüllt, die später zusammen mit dem Kern ausgeräumt werden (Abb. 426). Sind die Widerlager

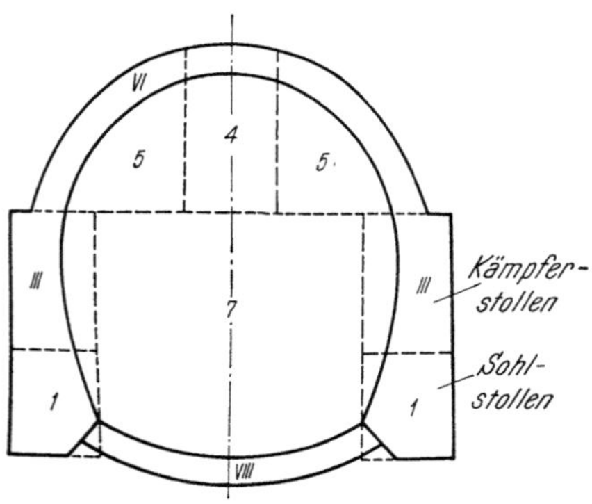


Abb. 425. Nacheinanderfolge der Teilausbrüche bei der Deutschen (Kern-)Bauweise

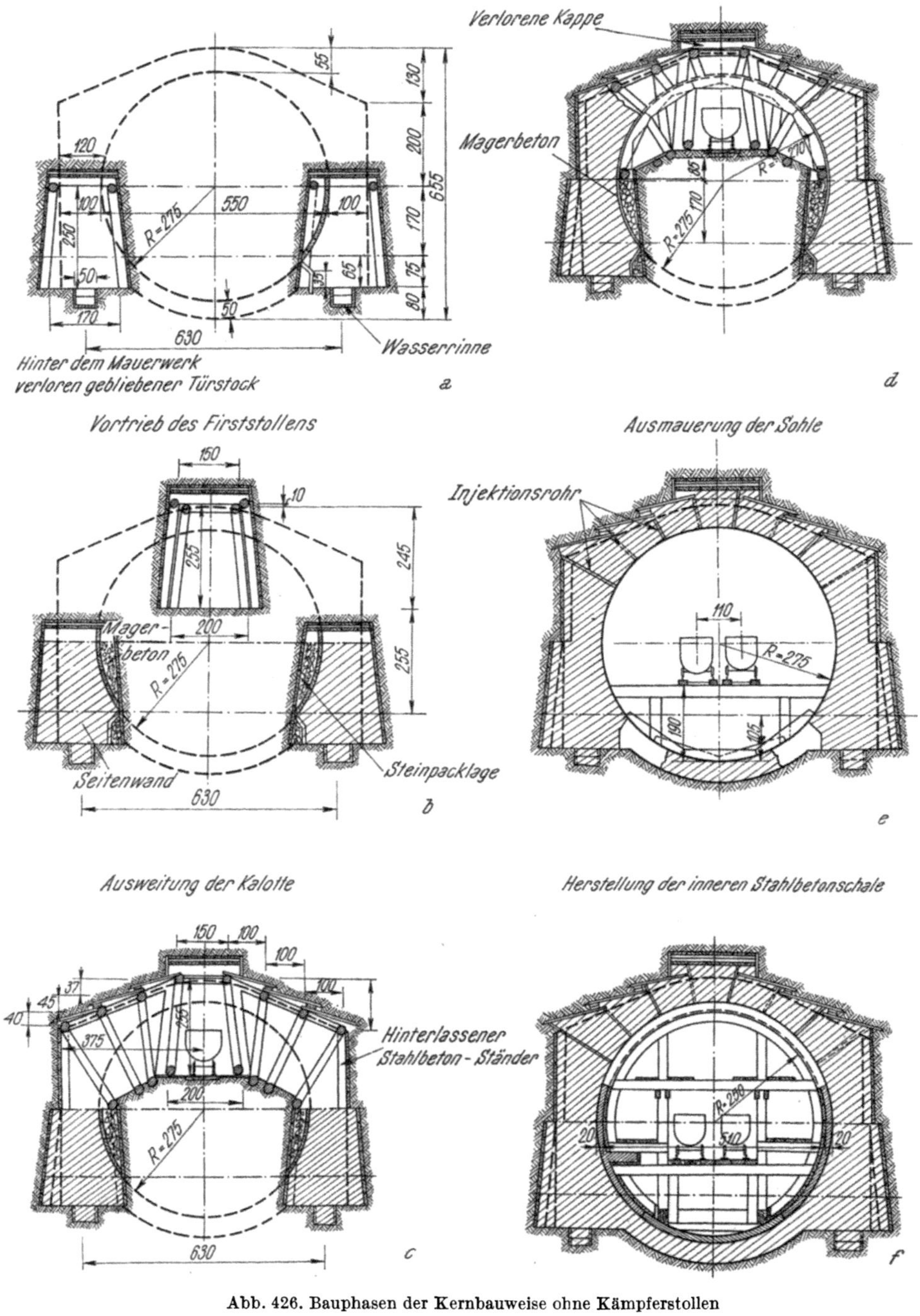


Abb. 426. Bauphasen der Kernbauweise ohne Kämpferstollen

hoch, treibt man in Kämpferhöhe zweckmäßig zwei weitere Stollen vor (vgl. *2* in Abb. 427 und Kap. 6.3.3.3.), die es ermöglichen, den Förderbetrieb getrennt von der Anlieferung der Baustoffe abzuwickeln. Auch in Fällen, in denen man auf die Kämpferstollen verzichtet, verbindet man die beiden Sohlstollen in bestimmten Abständen durch Querstollen, durch die man auch Raum zum Einbau von Gurten des Sohlgewölbes schon während der Herstellung der Widerlager gewinnt. Der so geschaffenen Abstützung der Widerlager gegeneinander kommt besonders in druckhaftem Gebirge große Bedeutung zu. Bei breiteren Tunneln fährt man mitunter Doppel-Sohlstollen auf. Durch die Trennung des Förderbetriebes von den Ausbruchsarbeiten und durch Konzentration der Förderung auf den Sohlstollen läßt sich die für das Hochmauern der Widerlager erforderliche Zeit auf etwa die Hälfte jener herabsetzen, die man benötigt, wenn man von der Arbeitsbrust aus rückwärts schreitend mauert. Aus dem gleichen Grunde wird man bei höheren Profilen zweckmäßiger nicht von Sohlstollen, sondern von Kämpferstollen ausgehen und von diesen aus für die Widerlager 3 bis 4 m breite Schlitze nach unten ausbrechen. In diesen Schlitzen hat man sodann die Möglichkeit, die Widerlager jeweils in Lamellen hochzumauern, ohne damit den in den Kämpferstollen vor sich gehenden Förderbetrieb und Verkehr zu stören. Der Fertigstellung je einer Lamelle folgt dann der Ausbruch und das Schließen der Ausmauerungslücken (vgl. Abb. 425).

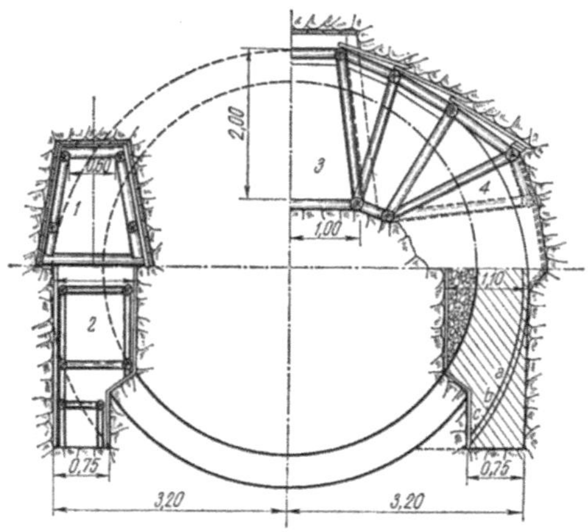

Abb. 427. Schnittanordnung der Kernbauweise mit Kämpferstollen

Sobald die Widerlager stehen, wird ein Firststollen (*4*) vorgetrieben und in üblicher Weise zur Kalotte (*5*) ausgeweitet, worauf man — auf die bereits fertigen Widerlager abgestützt — auch das Firstgewölbe einzieht (VI). Hierbei wird sowohl die zur Unterfangung des Gebirges während der Ausbruchsarbeiten erforderliche Zimmerung als auch das Lehrgerüst auf den stehengelassenen Kern gestellt. Sobald die Einwölbung beendet ist, räumt man den Kern aus (*7*) und zieht abschließend auch das Sohlgewölbe (VIII) ein (vgl. Abb. 425 und 426).

*Der große Vorzug der Kernbauweise liegt in ihrem gleichfalls relativ geringen Holzbedarf* für die Zimmerung, die während des Kalottenausbruchs auf den stehengebliebenen Kern abgestützt wird, vorausgesetzt natürlich, daß er genügend breit und fest ist, um dem Gewölbe eine unverschiebbare Abstützung zu bieten. Ein Nachgeben des Kerns unter der Last hätte nicht nur eine weitere Auflockerung der Gesteinsmassen über der Firste, sondern beispielsweise in einem in Erhärtung begriffenen Betongewölbe auch das Entstehen von Rissen zur Folge. Als Vorteil der Bauweise ist es weiterhin zu werten, daß jeweils nur kleinere Profilteile ausgebrochen und sogleich durch den endgültigen Einbau abgestützt werden. *Die Schwierigkeiten des Förderbetriebes — ein Nachteil dieser Bauweise —* haben dazu geführt, daß man neuerdings zunächst die Sohlstollen über die ganze Länge ausbricht und erst dann zu betonieren beginnt. Nachteilig wirkt es sich auch aus, *daß die Bauweise das Gebirge im Kalottenbereich im voraus lockert und daß das Sohlgewölbe nur spät eingezogen werden kann.*

Zur Ausschaltung der Förderungs- und Lüftungsschwierigkeiten pflegt man bei breiteren Tunneln auch einen mittig gelegenen Sohlstollen aufzufahren und von diesem aus Querschläge aufzubrechen. Diese bilden dann die Angriffspunkte zum abschnittsweisen Ausbrechen von Sohlstollen im Verlauf der Widerlager.

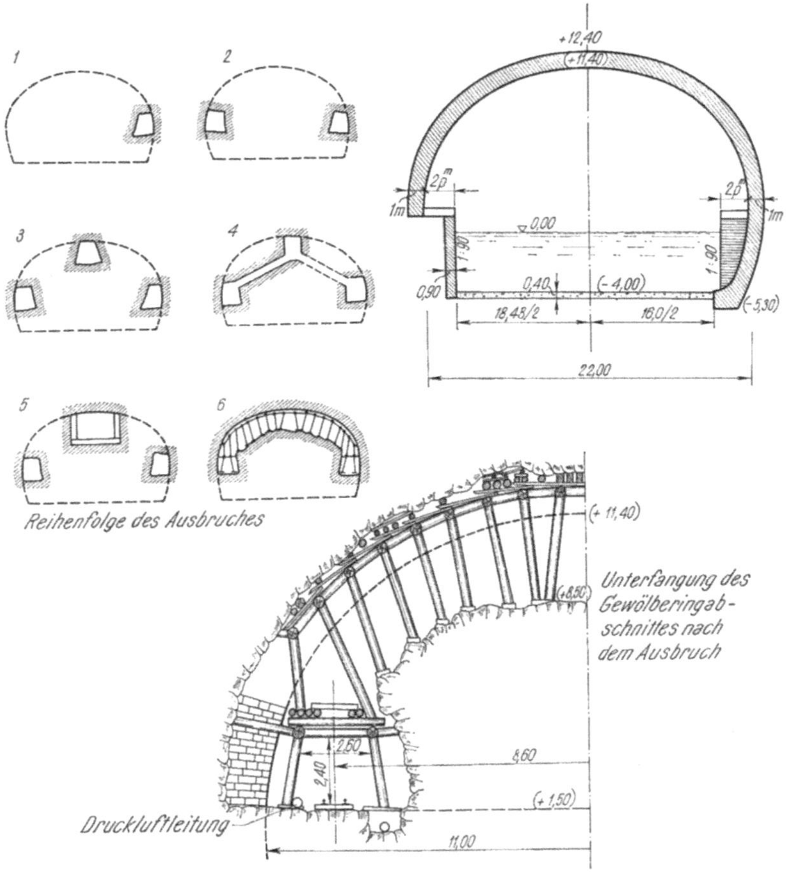


Abb. 428. Konstruktion des Rove-Tunnels von mehreren Vortriebsstollen aus

Ähnlich wie bei der Unterfangungsbauweise kann man jedoch die Bauarbeiten auch mit dem Vortrieb eines Firststollens beginnen, diesen nach beiden Seiten für die Kalotte erweitern und die Widerlager in Schlitzen hochmauern, die man von oben her ausbricht, während der Kern noch stehenbleibt. Die Kernbauweise bietet somit mannigfaltige Möglichkeiten zu Kombinationen mit anderen Verfahren.

Bei der deutschen Bauweise ist stets zu beachten, daß der Kern, auf den die Kalottenzimmerung abgestützt wird, durch die Seitenschlitze bzw. -schächte keineswegs übermäßig geschwächt werden darf. Seitenstollen wird man also eher in Tunneln mit großem Querschnitt anwenden. Sehr gut bewährt sich die Bauweise beispielsweise beim Bau unterirdischer Speicher, Hallen oder Schildkammern, da sie die größte Sicherheit gegenüber Gebirgsdruck gewährt. Steht zu befürchten, daß der Ausbruch der Kalotte wegen der Brüchigkeit des Gesteins auf die übliche Art und Weise — durch Ausfächern — nicht mit der nötigen Sicherheit durchgeführt werden kann, hat man beim Bau großquerschnittiger Tunnel die Möglichkeit, zwischen den Kämpfer- und den Firststollen weitere Stollen vorzutreiben, die durch diese freigelegten Gewölbeteile auszumauern und die Lücken zwischen ihnen vorübergehend mit Steinpackungen zu verfüllen. Auf diese Weise kann schrittweise von unten nach oben in Teilabschnitten auch das Gewölbe eingezogen werden (vgl. hierzu den Bau des Rovetunnels, Abb. 428). Die Kernbauweise bietet übrigens unter allen klassischen Verfahren *die größte Sicherheit auch gegenüber Oberflächensenkungen.*

Da die Kosten eines Tunnelbaues verhältnisgleich mit der Zahl von Stollen und Aufbrüchen wachsen, ist die deutsche Bauweise teuerer als die bisher behandelten anderweitigen Verfahren, wogegen sie aber, allgemein gesehen, auch eine größere Sicherheit gewährt.

### 6.2.3.3. Die Italienische oder Versatzbauweise

Die Italienische oder Versatzbauweise (Abb. 429) gelangt in sehr schwierigem Gebirge zur Anwendung, in dem mit großen Seitendrücken gerechnet werden muß. Aus diesem Grunde öffnet diese Bauweise stets nur kleine Hohlräume, die sie sofort durch eine vorübergehende, möglichst aber sogleich durch eine endgültige Mauerung abstützt. Grundsätzlich baut man deshalb bei dieser Bauweise das Profil in zwei oder drei voneinander durch waagerechte Ebenen getrennten Abschnitten aus.

Die Arbeit beginnt mit dem Einziehen des Sohlgewölbes (*1* bis *5*), weil die Last, die den Querschnitt beansprucht, über die Aufstandflächen der Widerlagerfüße allein auf den weichen Boden ohne Setzungsgefahr nicht übertragen werden kann. Die sofortige Herstellung des Sohlengewölbes erfordern also sowohl die Gesichtspunkte der zweckmäßigen Arbeitsabwicklung und der Lastübertragung als auch die Notwendigkeit einer sofortigen gegenseitigen Aussteifung der Widerlagerteile.

Das Grundgewölbe wird in schmalen Ringen von Seitenstollen aus gemauert, die von einem kurzen (3 bis 6 m langen), über dem Sohlgewölbe vorgetriebenen Sohlstollen her aufgefahren werden. Dieser muß eine außerordentlich kräftige Abstützung erhalten, weshalb man zu diesem Zweck häufig Stahlrüstungen verwendet (vgl. Abb. 429). Die Seitenstollen reichen bis an die äußeren Wandflächen heran, zunächst bricht man jedoch aus der Stollensohle Schlitze aus und stellt das Sohlgewölbe her, wonach auch die Widerlager bis zur Höhe der Stollenfirste hochgemauert werden (*6*). Der Ausbruchshohlraum zwischen Widerlager und Längsstollenwand wird hierauf mit trockener Steinpackung versetzt (*7*). Auf diese Weise verbleibt in dem trockenen Mauerwerk nur eine einzige Öffnung, der genügend groß bemessene Längstollen, in dem sich der Förderbetrieb abwickelt. Um eine Phase verschoben, folgt diesen Arbeiten der Ausbruch und die Ausmauerung der Kalotte nach, die (gleichfalls nur über die Länge einer Ringbreite) mit dem Vortrieb eines Firststollens beginnen (*7* bis *8*). Man stützt sich hierbei auf die bis zum Stollenscheitel hochgeführten Widerlager und den Streckenversatz und weitet so schrittweise die ganze Kalotte aus (*10*). Bei höheren Profilen treibt man zwischen den beiden Stollen noch einen Zwischenstollen vor, von dem aus man die Widerlager nach den gleichen Regeln mindestens bis zur Kämpferhöhe hochmauert. Auf diese Weise werden die Lasten bzw. die Krafteinwirkungen durch Vermittlung der Firstabsützungen und der festen Widerlager sowie des vorübergehenden Versatzes auf das bereits eingezogene

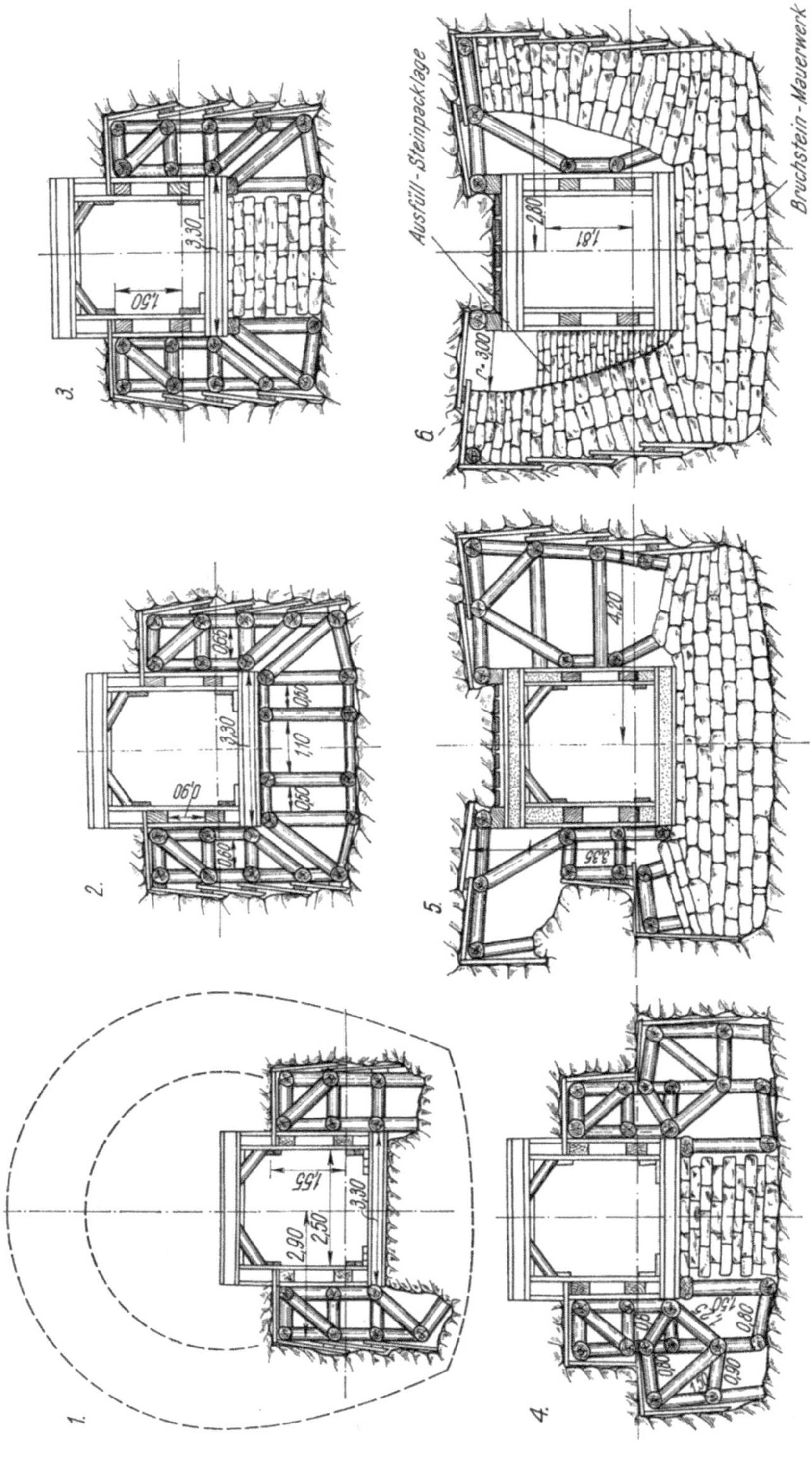


Abb. 429. Ausbau-Vorgang der Italienischen (Sohlgewölbe-)Bauweise

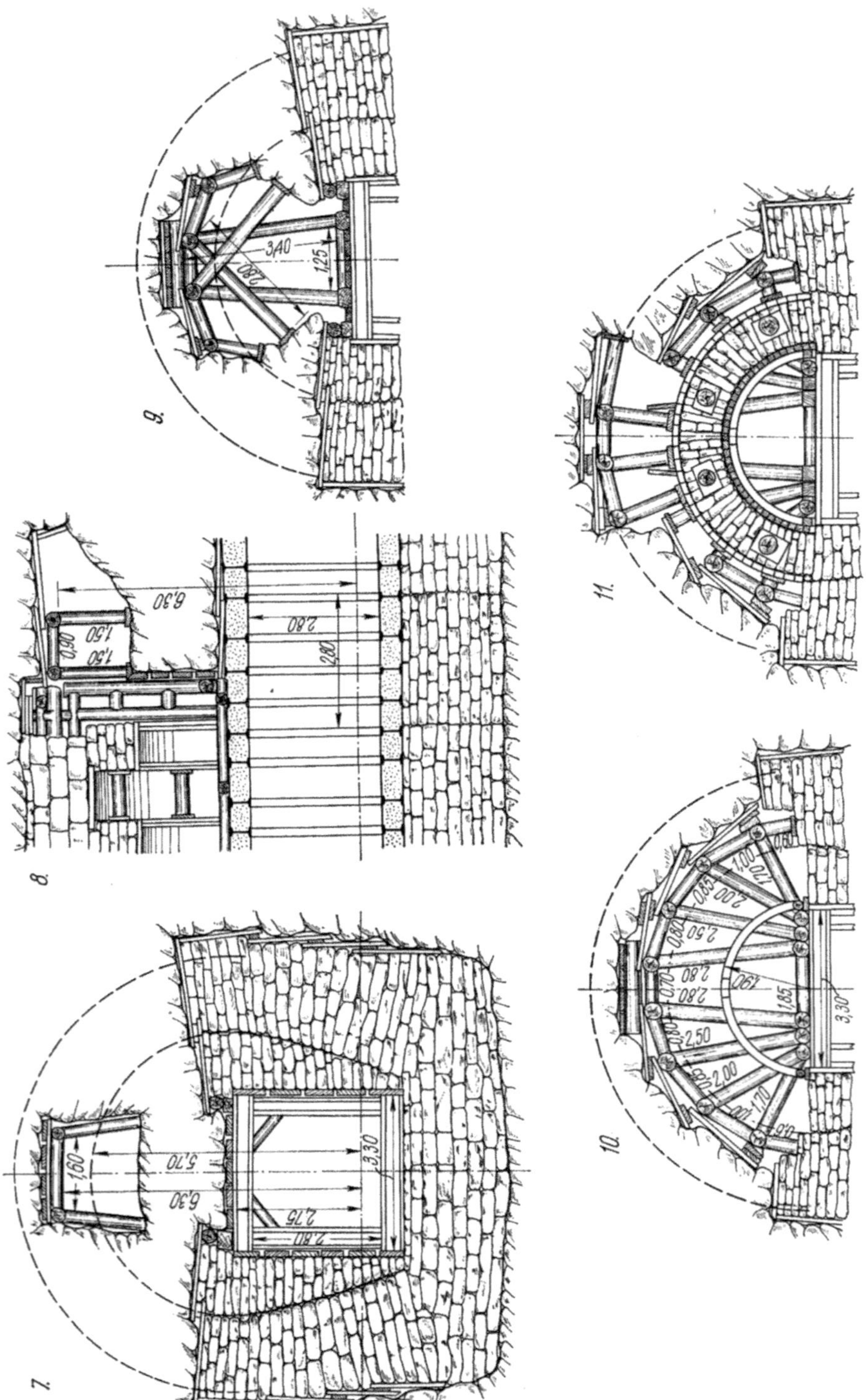


Abb. 429. Fortsetzung

endgültige Sohlgewölbe übertragen. Ganz lockeres, schwimmendes Gebirge zwingt jedoch mitunter sogar dazu, auch das Gewölbe von mehreren miteinander zusammenhängenden Stollen aus von den Kämpfern zur Firste hin aufzubauen. Unter besonders erschwerten Umständen ist man genötigt, über dem Sohlstollen zunächst ein gemauertes einstweiliges Hilfsgewölbe herzustellen, auf das sich die Zimmerung beim weiteren Kalottenausbruch abstützt und dessen Rücken als Lehrbogen für das endgültige Tunnelgewölbe dient. Zur Abstützung erhält die Kalotte in jedem Fall eine dichte quergerichtete Getriebezimmerung. Die Streben sind hierbei fächerförmig angeordnet (vgl. Abb. 429) und stützen sich auf eine Sohlschwelle ab, die ihrerseits unmittelbar oder über zwischengeschaltete Längsschwellen auf dem trockenen Mauerwerksversatz aufliegt.

Nachdem das Gewölbemauerwerk geschlossen ist, werden der Kern bzw. der vorübergehende Versatz ausgeräumt. Da es sich bei diesem nicht nur um eine trockene Steinpackung, sondern häufig um ein regelrechtes Magerbeton-Mauerwerk handeln kann, muß man nicht selten zur Sprengung greifen. Besteht also der Versatz aus Beton, muß er vom Widerlagermauerwerk durch eine isolierende Papierschicht getrennt werden.

Wegen der außerordentlich hohen Kosten und der sehr geringen Vortriebsgeschwindigkeit ist die Anwendung der italienischen Bauweise nur dort begründet, wo sich der Tunnelbauer schwierigsten Verhältnissen gegenübergestellt sieht, wie etwa in der Druckstrecke der Südseite des Simplontunnels, die nur nach dieser Bauweise überwunden werden konnte (vgl. Abb. 429).

### 6.2.3.4. Kombinierte Bauweisen

In ihrer ursprünglichen Reinheit gelangen die bisher beschriebenen Tunnelbauweisen selbst bei reinen Tunnelbauten nicht mehr zur Anwendung, weitgehend müssen aber die *verschiedenen Arbeitsgänge der einzelnen Bauweisen* bei Erstellung größerer unterirdischer Hallen, Schildkammern usw. *kombiniert werden.* Die üblichen Kombinationen setzen sich meist aus einzelnen Elementen der englischen und der österreichischen bzw. der belgischen und der deutschen Bauweise zusammen.

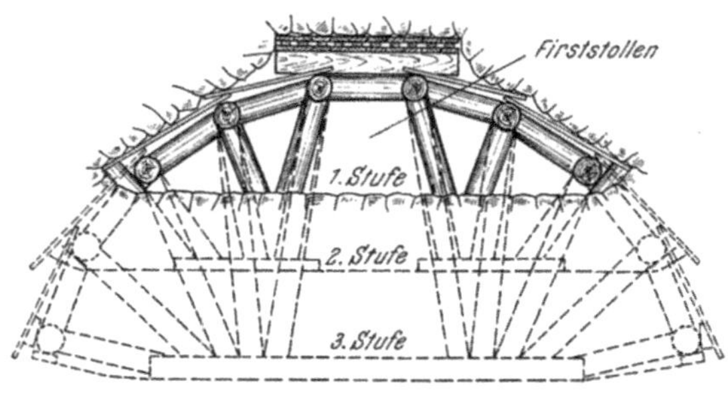

Abb. 430. Ausweitung der Kalotte mit Radialstreben

Einige der vielen möglichen Varianten dieser Kombinationen sind in den bisherigen Erörterungen der unterschiedlichen Bauweisen bereits erwähnt worden. Eines dieser Verfahren beispielsweise übernimmt die Vorzüge der englischen und der österreichischen Methode und bedient sich daneben beim Ausbruch der Kalotte des *Radialstrebensystems* (Abb. 430).

Die meisten Kombinationen befolgen den Grundsatz, den Ausbruch jeweils auf Ringlänge vorzunehmen, wie dies bei der englischen Bauweise üblich ist, wobei man in je einem Ring zur selben Zeit jeweils nur eine Art von Arbeit ausführt. Andererseits wird zur Beschleunigung des Baufortschrittes nicht nur an einer Stelle gearbeitet, vielmehr stellt man die Ringe von dem verlängerten voreilenden Sohlstollen her gleichzeitig von mehreren Angriffspunkten aus fertig. Auf diese Weise können die einzelnen Bauvorgänge — obwohl voneinander getrennt — fortlaufend abgewickelt werden, ohne daß der Ausbruchsquerschnitt — im Gegensatz zur österreichischen Bauweise mit ihren gegeneinander stufenweise verschobenen Arbeitsvorgängen — längere Zeit offen bleiben müßte. Andererseits übernimmt man von der österreichischen Bauweise die Sparrenzimmerung wegen ihrer guten Anpassungsfähigkeit an wechselnde Drücke, verstärkt sie aber in schwachen Gebirgen durch eine Querverpfählung. Stützt man das

Gebirge auf eine Zentralstrebenzimmerung, braucht die Kalotte nur bis zum Gewölberücken ausgebrochen zu werden, da diese Zimmerung die sonst außerhalb des Mauerungsquerschnitts verbleibenden Kronenbalken und den zu ihrer Unterbringung erforderlichen Mehrausbruch nicht

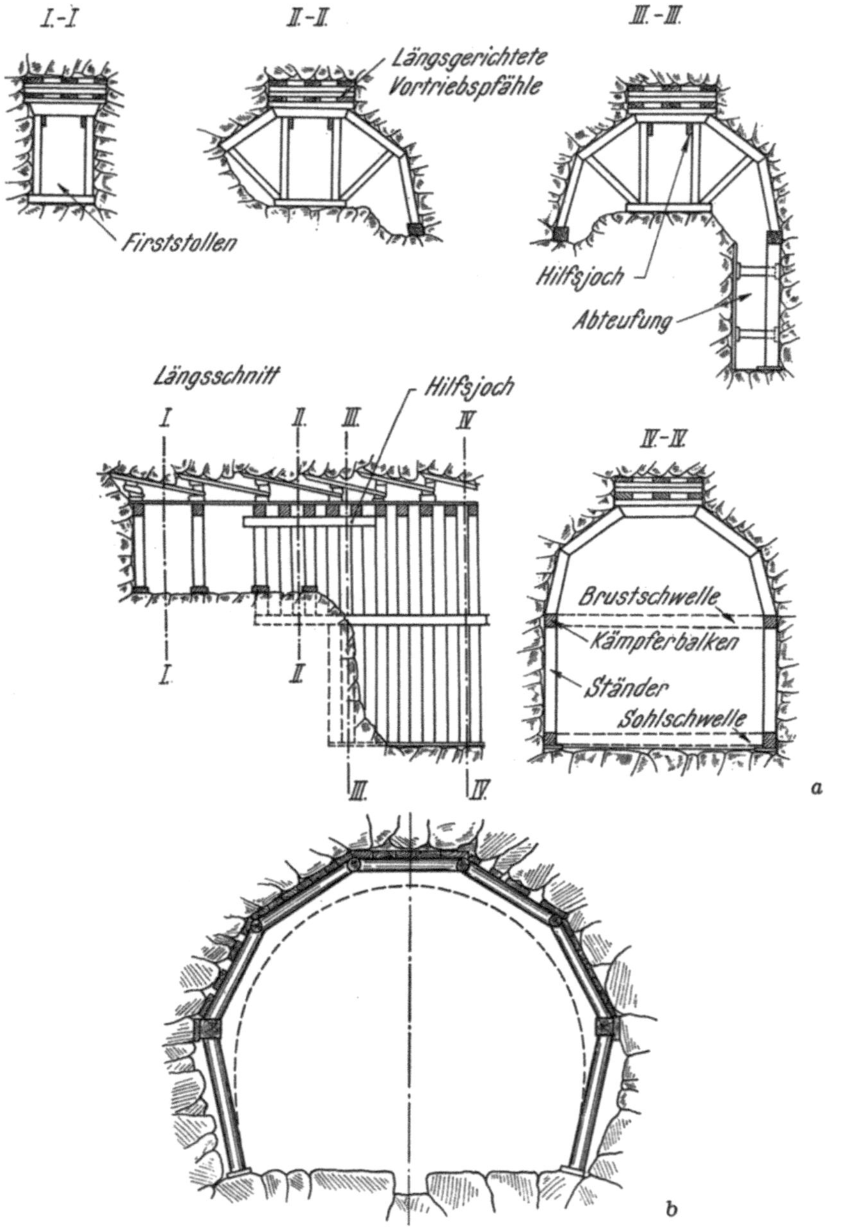


Abb. 431. Pentagonal- (Fünfeckige-) Zimmerung der Kalotte mit (a) lotrechten Streben, (b) schrägen Streben

benötigt. Die Zentralstrebenzimmerung erlaubt es, die einzelnen Elemente des Gespärres und die Verpfählung auf je einer kurzen Ringlänge für jene kurze Zeitspanne, während welcher das Gebirge sich selbst überlassen werden kann, knapp vor der nachgeführten Mauerung auszubauen.

Die konkreten praktischen Vorteile, die sich beim Bau größerer unterirdischer Hallen aus derartigen Kombinationen erarbeiten lassen, veranschaulicht das Beispiel der beim Bau der Schildkammern für die Budapester Untergrundbahn angewandten, auf Abb. 576 dargestellten Bauweise.

Zu den kombinierten Verfahren kann man schließlich auch die sogenannte *amerikanische Bauweise* zählen, die ihrem Wesen nach auf der Anwendung einer Vieleckzimmerung zur Abstützung der Kalotte beruht. Vor allem gibt man dem Firststollen bei dieser Bauweise nicht die Form eines Trapezes, sondern die eines stehenden Rechtecks (Abb. 431 a), der Sparrenzimmerung der Kalotte hingegen die eines Fünfecks. Die Streben des Sparrenzimmers stützt man hierbei auf eine zuvor verlegte Sohlschwelle ab. Die parallel zur Tunnelachse vorgetriebenen Pfähle reichen von Sparrenzimmer zu Sparrenzimmer, die Sparrenfüße hingegen stehen auf Wandruten, die in Kämpferhöhe eingezogen werden. Eine kräftige Auskeilung verspannt den Vieleckbogen so stark, daß die Streben ausgebaut werden können. Im weiteren geht der Ausbruch nach den Regeln des Einstollenbetriebes der Unterfangungsbauweise vor sich.

Die fünfeckige Firstzimmerung gelangt jedoch auch beim Vollausbruch der ganzen Querschnittfläche zur Anwendung, sofern man in standfesterem Gebirge das Gewölbe nicht unmittelbar nach dem Ausbruch der Kalotte einzieht, sondern die Zimmerung mit Ständern auf Sohlschwellen abstützt, die in seitlich an den Ulmen entlang ausgebrochene Vertiefungen verlegt werden. Schließlich werden die Sohlen- und Kämpferlanghölzer durch Brustschwellen gegeneinander verspreizt, worauf der Vollausbruch in stufenförmig versetzten Abschnitten nachfolgen kann. In standfesterem Fels genügt es, statt der Brustschwellen zwischen den Kämpferunterzügen einfach schräg nach außen stützende Ständer zu setzen (431 b).

Die Ausmauerung bzw. Betonierung des Profils schreitet naturgemäß von unten nach oben voran.

## 6.2.4. Neuere, mit Stahl- und mit gemischten Stützelementen arbeitende Tunnelbauweisen

Der Holzbedarf der bisher beschriebenen Tunnelbauweisen ist sehr groß. Wenngleich vom Zimmerungsholz in der Regel nur die Pfähle verlorengehen, weil die Sparren, die Langhölzer und Wandruten, die Kronenbalken und Streben mit fortschreitendem Vortrieb zumeist zurückgewonnen, „geraubt" werden können, erfordert ihre Wiederverwendung doch immer wieder einen erheblichen Holzverschnitt; dazu geht beim Ausbau viel Holz zu Bruch oder es wird sonstwie beschädigt, und auch die Verluste infolge Fäulnis an der feuchten Tunnelluft sind hoch, so daß sich das Holz nach und nach völlig verbraucht.

Da der Bau von Tunneln und Stollen in ständiger Wiederholung die Abstützung von Querschnitten gleichbleibender Ausmaße verlangt, ist es verständlich, daß man Rüstungselemente zu entwickeln trachtete, die sowohl für die Abstützung von Stollen als auch von ganzen Tunnelquerschnitten wiederholt verwendbar sein sollten. Diesen Bestrebungen sind die *Stahl- und neuerdings die Stahlbetonrüstungen* zu verdanken. Da weiter oben derartige Rüstungen bereits behandelt wurden, sollen sich die hier folgenden Ausführungen auf die gebräuchlichsten dieser Bauweisen beschränken.

Stahlrüstungen können in dreierlei Kombinationen angewendet werden:

*a*) Stahlverzugsplatten an Stelle der Holzpfähle, wobei zur Abstützung weiterhin Holzstreben verwendet werden.

*b*) Verwendung von Stahlgespärren mit Holzpfählen.

*c*) Gespärre und Pfähle bzw. Verkleidungsplatten sind aus Stahl.

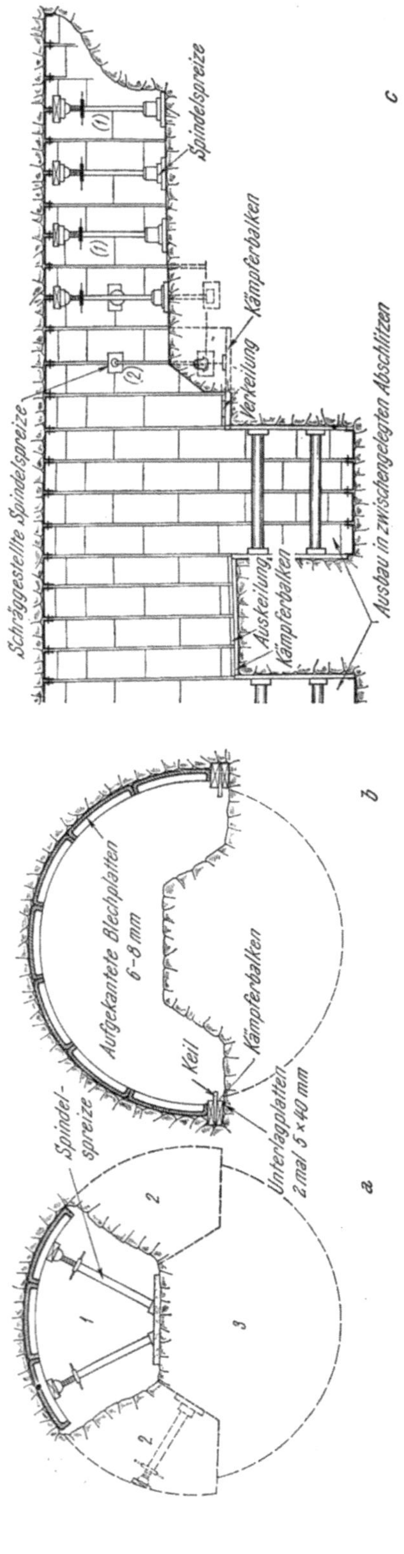


Abb. 432. Vortrieb mit Blechplattenverkleidung

### 6.2.4.1. Tunnelbau mit Stahlblech-Rippenplatten

Die Bauweise mit *Stahlblech-Rippenplatten* kommt im allgemeinen beim Auffahren von Tunneln kleinerer Lichtweite (∅ 2,5 bis 4,0 m) und von Stollen mit Stahlrüstung in Böden mittelguter Beschaffenheit in Frage. In Verbindung mit einer Druckluftentwässerung kann sie besonders beim Bau von Stollen kleineren Querschnitts auch in Lockerböden und in Schwimmgebirge angewendet werden. Die einfachste Art der Bauausführung veranschaulicht die Abb. 432. Als Firstverzug setzt man 0,40 bis 0,50 m breite, 0,90 bis 1,80 m lange, 3 bis 6 mm dicke Stahlplatten mit 40 bis 80 mm hohen gepreßten oder angeschweißten Rippenflanschen (vgl. Abb. 377), und zwar zunächst eine Firstplatte in einen 40 bis 50 cm breiten Ausbruch. An diese Firstplatte schraubt man rechts und links je eine weitere Platte an, wonach sämtliche Platten mit Winden oder aufgekeilten Holzstreben auf den Kern abgestützt werden (*a*). Das Profil wird nun bis zu den Gewölbekämpfern „ausgefächert", das so entstandene Plattengewölbe auf Unterlagsplatten (Kämpferruten) gestellt und durch Keile verspannt (*b*). Bei Hohlgängen kleineren Durchmessers in standfestem Gebirge läßt man dieses Stahlplattengewölbe für die Dauer der Ausmauerung des oberen Halbquerschnitts ohne Innenabstützung frei stehen. Das Gewölbe stützt sich hierbei ähnlich wie bei der belgischen Bauweise auf das Gebirge ab. Beim Betonieren werden die Verkleidungsplatten Zug um Zug „geraubt". Der Einwölbung folgen mit einer Verzögerung von 3 bis 4 Tagen Ausbruch und Ausmauerung der unteren Profilhälfte, die demnach — wie in der Abbildung (*c*) gezeigt —, auch in Ringen erfolgen können.

Eine andere Variante dieser Bauweise ist das *Mittelbaum-Verfahren* (Needle-beam method) gemäß Abb. 433, bei dem der Kreisquerschnitt in seiner ganzen Fläche in einem ausgebrochen wird, wobei man die Verkleidungsplatten mit radial angeordneten Winden auf einen in der Achse des Kreisquerschnitts eingezogenen sogenannten Mittelbaum stützt. Dieser besteht aus zwei schweren I-Trägern mit durchlaufender Hartholzzwischenlage. Die Länge der miteinander gut verschraubten Träger entspricht einem Tagesvortrieb zuzüglich etwa 1,0 bis 1,2 m. Mit

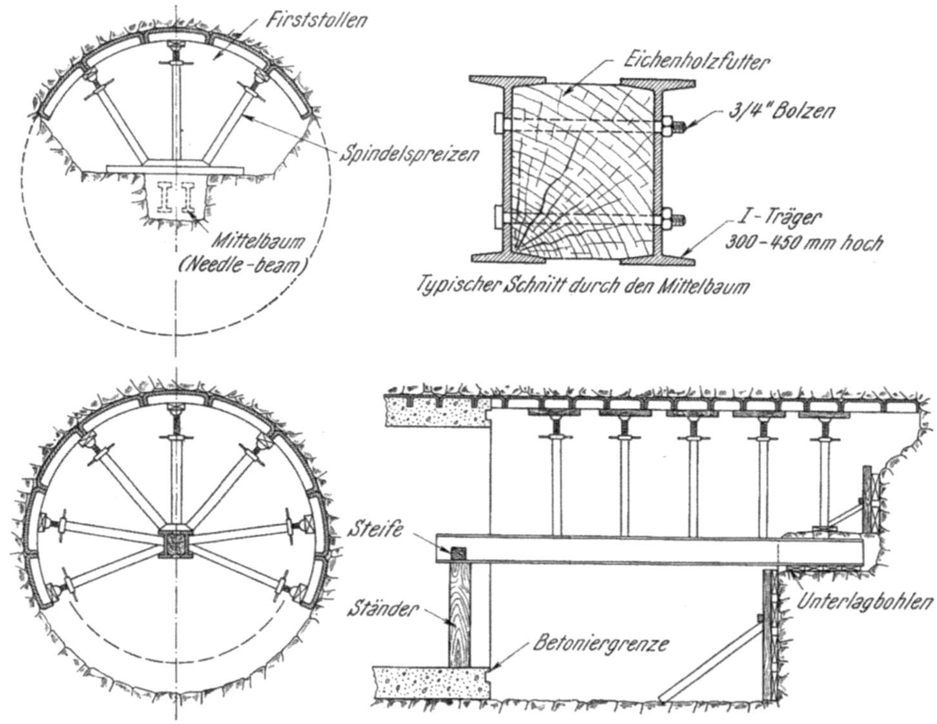


Abb. 433. Zentral-(Nadel-)Balken-Verfahren mit Blechplattenverkleidung

seinem vorderen Ende ruht der Mittelbaum auf der Bausohle der etwas voreilenden oberen Querschnitthälfte bzw. auf den beim Betonieren des Firstgewölbes an der Brust vorübergehend stehenbelassenen Kern, mit seinem hinteren Ende hingegen auf einem Pfosten, der auf der Betonsohle des bereits fertig gemauerten Ringes steht. Die Winden, die sich während des Aufbruchs vorübergehend auf den erwähnten Kern abstützen, werden, sobald der Mittelbaum eingezogen ist, durch unmittelbar auf diesem sitzende Winden umgesteift. Während die obere Profilhälfte auch durch radial gestellte Holzstreben abgestützt werden kann, muß die untere Querschnitthälfte — besonders in schwachem oder druckhaftem Gebirge — unbedingt mit Stahlwinden versteift werden, durch deren entsprechendes Anziehen einer übermäßigen Durchbiegung der Mittelschwelle entgegengewirkt werden kann. Dem Verfahren haften gewisse Schwächen an. Vor allem muß der schwere Mittelbaum von Hand vorgezogen werden, und überdies behindern die vielen Winden sowohl die Arbeit als auch den Förderbetrieb.

Die vorübergehende Auskleidung mit zusammengeschraubten Stahlrippenplatten ohne Abstützung scheint im übrigen gewagt und sollte — unter weitgehender Beachtung der Stehzeit, meistens nur Hohlgängen mit kleinem Durchmesser vorbehalten bleiben, sofern sie in genügend standfestem Gebirge aufgefahren werden. Ratsam ist es ferner, mit dem Ausbruch mit Bankvortrieb und jeweils höchstens um die Länge der täglichen Ausmauerung vorzueilen, da man sonst große Gebirgsdrücke auslösen kann. Zu beachten ist schließlich die erhöhte Gefahr des Abgleitens oder Abspringens der Stahlstützen von den Stahlplatten, und ebenso wird man für einen geeigneten Längsverband zwischen den einzelnen Stützenreihen sorgen müssen.

### 6.2.4.2. Verlegen der Auskleidungsringe durch Erektoren

Diese Variante der soeben beschriebenen Tunnelbauweise gelangt vor allem beim Bau kreisquerschnittiger Tunnel größeren Durchmessers, wie etwa beim Bau von Unterwasser-Straßen- und von Untergrundbahntunneln zur Anwendung. Der größere Durchmesser und die größeren Gebirgsdrücke zwingen zum Ausbau derartiger Hohlgänge mit schweren gußeisernen Tunnelringen oder mit Stahlbeton-, Spannbeton- bzw. Betonfertigteilen, die sich manuell oder mit handbetriebenen Werkzeugen nur unter größten Schwierigkeiten einbauen ließen. Aus diesem Grunde werden zur Verlegung der Bogenelemente Spezialmaschinen, und zwar in der Regel die im Schildvortrieb (s. Kap. 6.3.2.2.) üblichen fahrbaren *Erektoren* mit verstellbarem Dreharm verwendet (vgl. die Abb. 495 und 642). Im übrigen fährt man solche Hohlgänge nach den unter den Freivortriebsbauweisen beschriebenen Verfahren auf (Ausbruch mit freistehender Brust, Bankvortrieb, Kronenbalkenvortrieb).

Da derartig schwere Bogenstücke nur von unten nach oben eingebaut werden können, verlängert der bankartige Vortrieb bloß die Zeit zwischen Ausbruch und Abstützung, weshalb sich der Vollausbruch in der Regel als zweckmäßiger erweisen wird. Das Verfahren eignet sich übrigens nur für den Bau von Tunneln in trockenen, halbwegs standfesten Böden oder eventuell bei Kombination mit einer Firstverankerung. In durchnäßten oder in Lockerböden vermag die Druckluftentwässerung in wirksamer Weise mitzuwirken. Die Verlegung muß auch deshalb von unten nach oben fortschreiten, weil sich mit den auf genaues Maß vorgefertigten Formsteinen oder gußeisernen Tübbings ein gut schließender Ring nur dann einziehen läßt, wenn während des Verlegens jedes Absacken und jede Setzung ausgeschlossen und ihre Formgenauigkeit gewahrt bleibt.

### 6.2.4.3. Bauweise mit Stahlblechplatten und Stahlrippenabstützung

Für die vorübergehende Abstützung von Tunneln größeren Kreisquerschnitts kommt auch der *Stahlblechverzug* in Verbindung mit *Stahlrippenunterzug* in Frage.

*6.2.4.3.1.* Ein solches, äußerst zweckmäßiges, *beim Bau der Untergrundbahn in Chicago* bewährtes System veranschaulicht die Abb. 434. Die aus 150 mm hohen I-Trägern gebogenen Rippen wurden in Abständen von 0,60 bis 0,75 m gesetzt, wobei man die unmittelbar am Gebirge anliegenden Stahlblechplatten des Verzugs nicht an die Außenfläche, sondern an die Innenflächen der Flanschen anschraubte (vgl. Abb. 378). Die Rippen bestehen aus Bogenstücken, die miteinander verschraubt werden können, so daß das Profil auch in Teilausbrüchen abgebaut werden kann.

Der Vortrieb beginnt mit dem Auffahren eines Firststollens. Zunächst setzt man die Firstplatten und die obersten Rippenbogen, die man mit schräggestellten

Winden auf den Kern abstützt. Dann weitet man nach den Seiten hin aus und verbindet die bereits gesetzten mit neuen Platten bzw. Rippenbogen und unterfängt diese mit weiteren, auf dem Kern ruhenden Winden. Danach vertieft man den Ausbruch längs der Ulmen zur Sohle hin in stufigem Ausbruch, baut an beiden

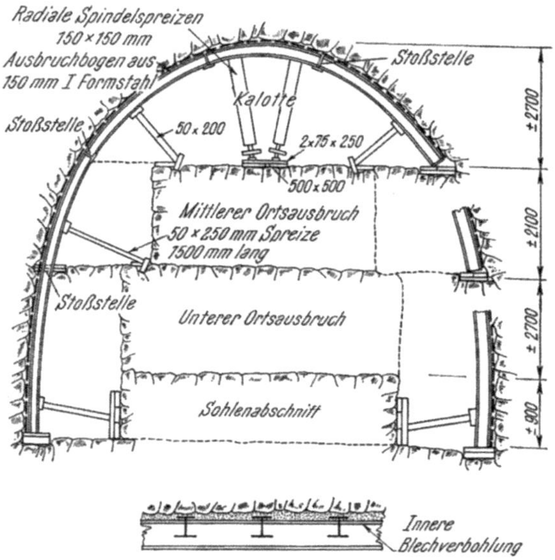


Abb. 434. Mit Stahlrippen versteifte Blechplattenverkleidung

Seiten weitere Platten und Rippenbogen ein, indem man sie auch weiterhin auf den stehengebliebenen Kern abstützt. Auf der Sohle werden die Rippen stets auf Sohlenplatten gestellt, deren Fläche groß genug sein muß, um eine sichere Übertragung der Sohlspannungen zu gewährleisten. Statt auf getrennten Sohlenplatten können die Rippenbogen auch auf Längsschwellen stehen. Nachdem die letzten, bis auf die Sohle hinabreichenden Teilstücke des Rippenbogens eingebaut sind, wird der im Hohlgang abgestuft stehengebliebene Kern ausgeräumt.

Ausgemauert wird von unten nach oben, und zwar in Längen, die jeweils einer Plattenreihenbreite oder einem Rippenabstand entsprechen. Vor Beginn der Aufmauerung werden aus der betreffenden Strecke sowohl die Platten des Verzugs als auch die Rippen entfernt, so daß der Ausbruch für die Dauer der Aufmauerung ohne Aussteifung sich selbst überlassen bleibt. Aus diesem Grunde wird man die Arbeit möglichst beschleunigen und die Auskleidung aus Betonfertigteilen, Quadersteinen oder Ziegeln herstellen. Um einen besseren Verband zu erzielen, pflegt man in einem Arbeitsgang auch auf die Breite zweier Rippenzüge zu mauern. Natürlich wickelt sich der Bauvorgang in Längsrichtung stufenweise versetzt ab. Zuvorderst eilt der Firststollen voran. Ihm führt man, nach den einzelnen Ausbruchsstufen versetzt, die seitliche Ausweitung und Abtiefung des Profils nach, um schließlich den Kern zu entfernen, das Sohlgewölbe einzuziehen und stufenweise die Mauerung hochzuführen (vgl. Abb. 656).

Das Lehrgerüst zur Aufnahme der Schalung für die Mauerung pflegt gleichfalls auf Stahlrüstungen zu stehen, die ihrerseits mit Streben und Winden gegen

Kern und Sohle bzw. gegen die gegenüberliegenden Seiten abgestützt werden. Schließlich steift man die Streben und Winden, die bis dahin das äußere Abstützungssystem unterfangen haben, auf die Lehrbogen um.

*6.2.4.3.2. Von Seitenstollen aus und unter dem Schutz von Stahlrüstungen* werden Tunnel größeren Querschnitts aufgefahren, wenn sie schlechte Felsböden durchörtern. In seinen Grundsätzen gleicht das Verfahren der Kernbauweise mit dem

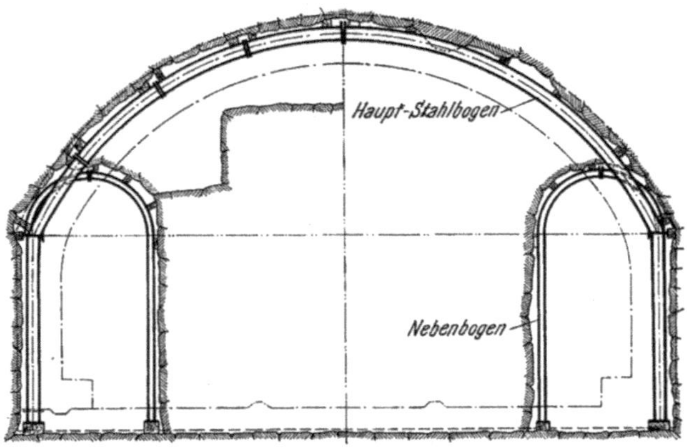


Abb. 435. Seitenstollen-Methode

Unterschied, daß es statt des endgültigen Mauerwerks — in der gleichen Reihenfolge — zunächst eine vorübergehende Stahlrüstung einzieht. Der Vortrieb beginnt mit dem Ausbruch je eines Seitenstollens an den beiden Ulmen, die man auf stählerne Stützrahmen (Stempel mit bogenförmigen Kappen) abstützt (Abb. 435). Sodann wird in treppenförmigem Abbau das volle Kalottenprofil ausgebrochen und mit Stahlrippen unterfangen, deren Einzelteile man miteinander verschraubt. Die Stahlrippen stellt man hierbei sogleich auf genügend starke waagrechte Längsträger, die schon beim Ausbruch der Seitenstollen auf die äußeren, gleichfalls genügend stark bemessenen Stempel der Stollen eingezogen werden. Unmittelbar vor dem Abschießen der Kalottenbrust in ihrer vollen Fläche werden die Bogenkappen und die inneren Stempel der Stollenrüstung auf der betreffenden Zonenlänge ausgebaut. (Gestatten es die Gesteinsverhältnisse nicht, das Kalottenprofil in voller Fläche auf einmal abzusprengen, wird von Aufbrüchen aus, die man von den Seitenstollen hochführt, auch ein Firststollen aufgefahren, wobei man die Firste vorübergehend unmittelbar auf dessen Bausohle oder mit vorgezogenen Kronenbalken abstützt.)

Sobald das Profil an seinem vollen Umfang entlang unterfangen ist, kann mit dem Betonieren der Auskleidung begonnen werden, wobei der Lehrbogen zweckmäßig auf den noch im Profil befindlichen Kern aufgestellt und dieser erst nach dem Erhärten des Betons entfernt wird. Erst nachdem dies geschehen ist, wird das Sohlgewölbe eingezogen.

Bei einer weiteren, der deutschen Bauweise noch näher stehenden Variante dieser Methode werden etwas breitere Seitenstollen vorgetrieben, in diesen die Widerlager bis in Kämpferhöhe hochgeführt und erst dann der Kalottenausbruch in Angriff genommen. Die Stahlrippen, die das Kalottenprofil unterfangen, werden sodann schon auf die fertigen Widerlager abgestützt.

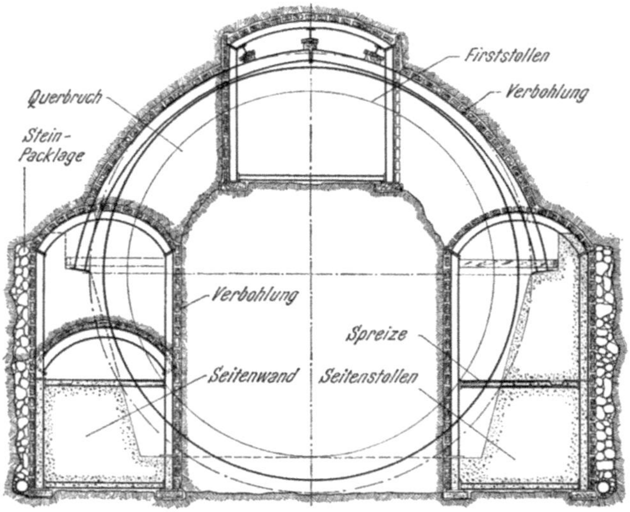


Abb. 436. Mehrstollen-Methode

Nach einer zweiten Abwandlung dieser Bauweise treibt man außer den Seitenstollen auch einen Firststollen vor. In Querschlägen, die man von diesem her ausbricht, werden die Stahlrippen auf die in den Seitenstollen hergestellten Widerlager gestellt (Abb. 436).

### 6.2.4.4. Kunzsche Bauweise

Weite Verbreitung hat in der Praxis die *Kunzsche Stahlrüstung* gefunden, die aus stählernen Ausbruchs- und ebensolchen Lehrbögen sowie aus den in Richtung der Tunnelachse einzuziehenden Holzpfählen und dem Holzstreben zum Aussteifen der Ringe besteht (Abb. 437 a). Bei dieser Bauweise wird die Kalotte stufenartig abgebaut und die Firste hierbei durch Kronenbalken unterstützt, die von der Ortsbrust konsolartig vorgetrieben werden. Es folgt die Ausweitung der Kalotte nach den Seiten hin, worauf man zunächst die aus Eisenbahnschienen zusammengesetzten Ausbruchsbogen und senkrecht auf diese die Holzverpfählung setzt. Die Brust erhält sowohl oberhalb als auch unterhalb der Stufe einen den Verhältnissen angepaßten Verzug, der gegen die stählernen Bogen oder „Ringe“ abgesteift wird. Die Ausbruchsbogen bestehen aus 3 bis 4 Bogenstücken, die mit fortschreitender Ausweitung des Profils mittels Laschen aneinandergeschraubt werden. Zugleich stellt man in den kreisringartig vorspringenden Ausbrüchen auch die inneren, d. h. die Lehrbögen, auf. Auf der Sohle des vollen kreisringförmigen Ausbruchsquerschnittes werden beide Bögen provisorisch auf Längsträger gestellt. Der Ausbruchsbogen, der den Gebirgsdruck unmittelbar aufzunehmen hat, wird auf den inneren Lehrbogen mit sogenannten „*Reitern*“, d. h. mit kleinen Stahlsprießen (vgl. Detail *A* in Abb. 437 a u. Abb. 437 b) abgesteift, die aus zwei U- oder aus vier Winkeleisen zusammengesetzt sind und die in die 100 bis 120 mm weiten

Zwischenfugen der aus Doppel-U-Profilen bestehenden Lehrbögen eingestellt werden. Durch Holzkeile preßt man die Reiter fest an die Flanschen der Lehrbögen an. Sodann wird die Kalotte ausgebrochen und der Lehrbogen auf eine Querschwelle abgestützt. In der auf diese Arbeitsphase folgenden Stufe werden an den

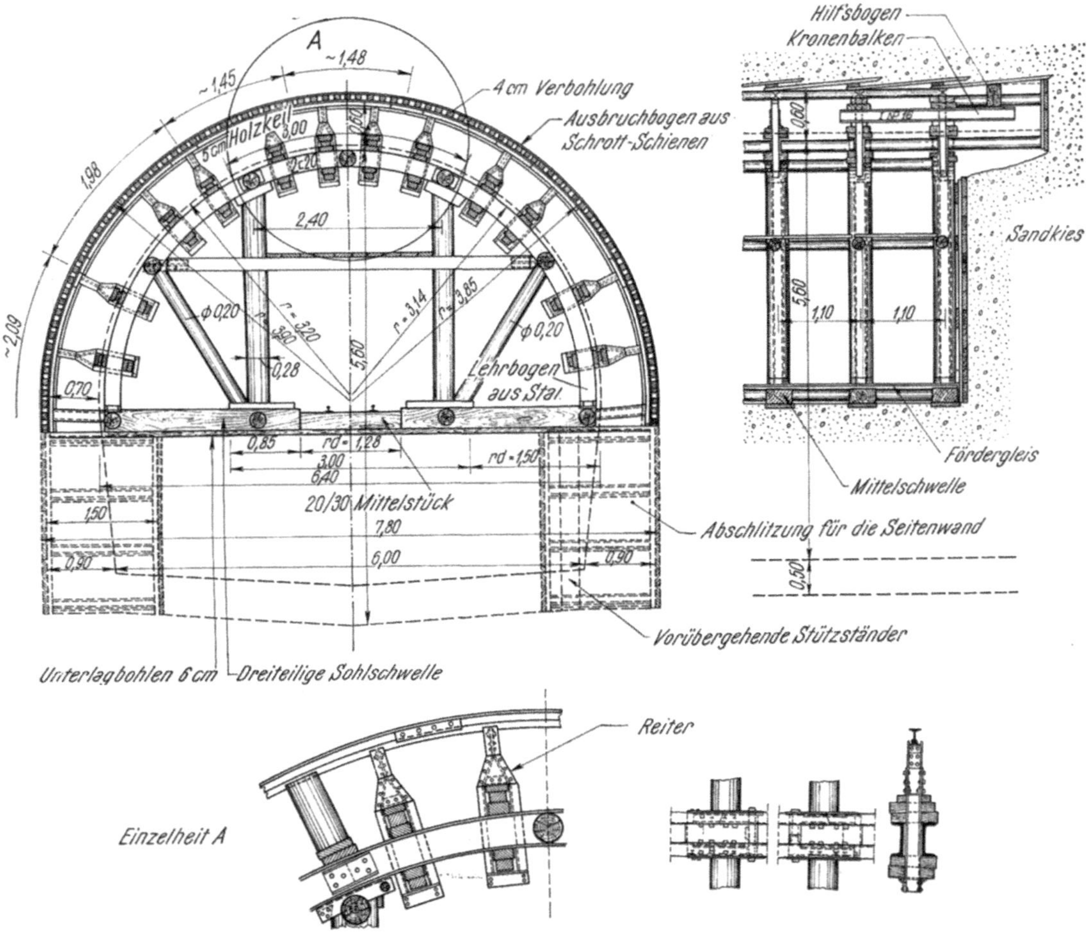


Abb. 437a. Kunzsche Unterfangungsbauweise

Ulmen Schlitze ausgebrochen und die Querschwellen auf die in diese Schlitze eingezogenen Ständer gestellt.

Die Ausmauerung beginnt mit dem Hochführen der Widerlager in den bereits erwähnten Ulmenschlitzen, die hierbei gegen den Kern ausgesteift werden. Sobald die Kämpferhöhe erreicht ist, ersetzt man den untersten Reiter durch einen kurzen, dicht neben ihn gestellten und mit Holzkeilen festgespreizten Holzstempel und mauert das Gewölbe bis zu diesem hoch. Der Vorgang wiederholt sich von Reiter zu Reiter, wobei auch die einzelnen Stücke des Ausbruchsbogens der Reihe nach gezogen werden. In lockerem, nachbrüchigem Gestein betoniert man jedoch sowohl die Verpfählung als auch den Ausbruchbogen ein. (Eben deshalb pflegt man die Ausbruchsbögen aus gebrauchten Kleinbahnschienen herzustellen.) Pfähle, Zimmerungsteile und Längsruten werden im übrigen in Lockergestein auch bei anderen Bauweisen einbetoniert. Das Holz verfault mit der Zeit und hinterläßt so Hohlräume, die zur Ursache späterer Oberflächen-

Abb. 437b. Ansicht der Reiter mit stählernem Lehrbogen und Schrottschienen-Führungsbogen

setzungen werden können. Bei den aus Eisenbahnschienen bestehenden Ausbruchbogen des Systems Kunz besteht diese Gefahr nicht, da die Verfaulung der an sich wenig voluminösen Holzpfähle ohne Auswirkung bleibt und somit ihre Einbetonierung unbedenklich ist.

### 6.2.4.5. Die Kölner Rüstung

Um späteren Setzungen noch wirksamer vorbeugen zu können, arbeitet die *Kölner Bauweise* vorweg mit verlorenem Stahlverzug. Wie aus Abb. 438 hervorgeht, verwendet dieses Verfahren gleichfalls stählerne Unterfangungsrippen, statt der hölzernen Pfähle jedoch Stahlbohlen, die mit Preßlufthammern Mann an Mann in die Brust vorgetrieben werden. Sie stützen sich hierbei auf die Ausbruchbogen ab und überlappen sich sowohl der Breite als auch der Länge nach, weil sie 1,80 m lang sind, während die Ausbruchbogen in Abständen von bloß 1,20 m gesetzt werden. Es ergibt sich solcherart ein geschlossener Verzug, der das Eindringen selbst stark gelockerten Bodens verhindert.

Die Arbeit beginnt mit dem Ausbruch der Kalotte, die dem weiteren Vortrieb stets um einen Ringabstand voreilt. In den von der Firste aus seitlich ausgeweiteten und vorübergehend mit Brustverzug und Streben gesicherten kreisrunden Ausbruch wird der Ausbruchbogen in Stücken eingebracht und zusammengebaut. Es folgt das Rammen der Stahlpfähle und unter Absteifung der Ortsbrust der Abbau der Kalotte auf ihrer vollen Fläche. In den nachgeführten Arbeitszonen werden gleichzeitig die Ausbruchbogen an den Widerlagern entlang nach unten verlängert bzw. die zur Unterfangung eingezogenen Mittelschwellen mit dem fortschreitenden Ausräumen des Kerns auf Ständer umgesteift, die sich nun schon auf die Sohle abstützen. Erst jetzt beginnt das Betonieren von unten nach oben gegen die Schalung, die sich auf einen unter gleichzeitigem Ausbau der inneren Verstrebung aufgestellten Lehrbogen

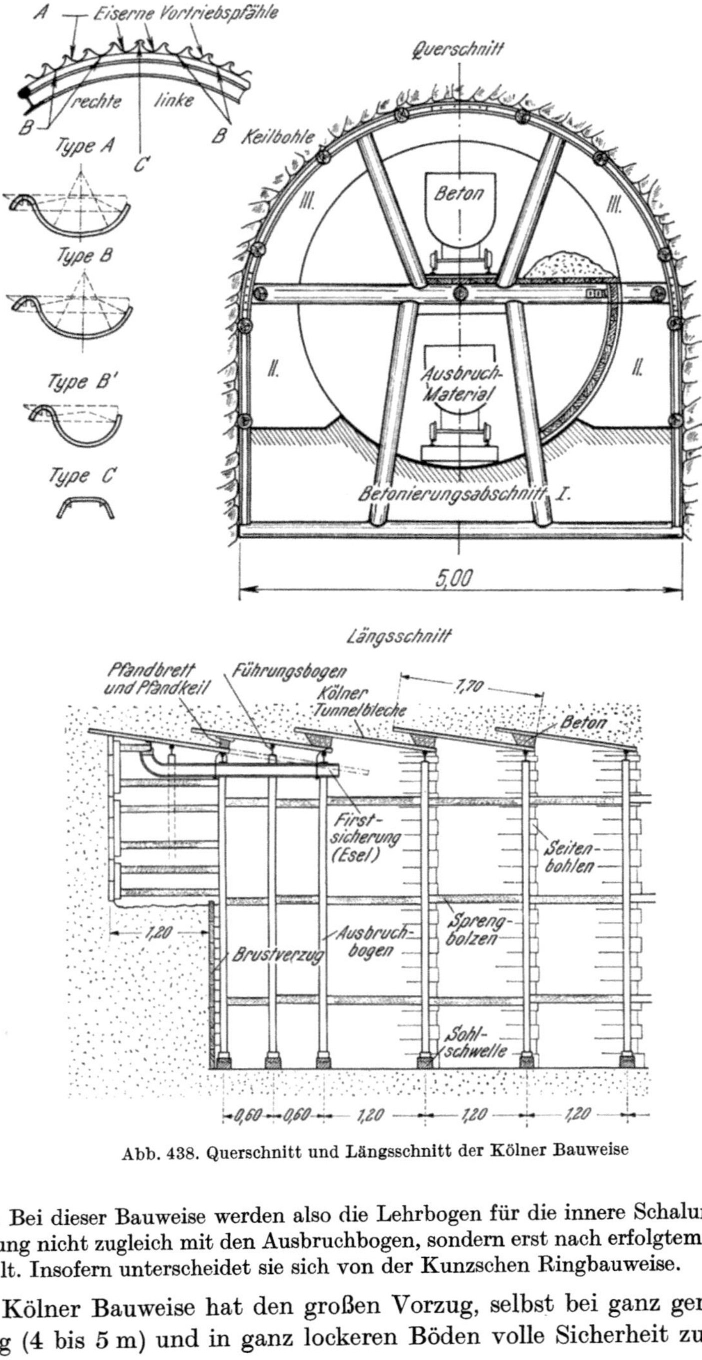


Abb. 438. Querschnitt und Längsschnitt der Kölner Bauweise

abstützt. Bei dieser Bauweise werden also die Lehrbogen für die innere Schalung der Betonauskleidung nicht zugleich mit den Ausbruchbogen, sondern erst nach erfolgtem Vollausbruch aufgestellt. Insofern unterscheidet sie sich von der Kunzschen Ringbauweise.

Die Kölner Bauweise hat den großen Vorzug, selbst bei ganz geringer Überlagerung (4 bis 5 m) und in ganz lockeren Böden volle Sicherheit zu bieten und

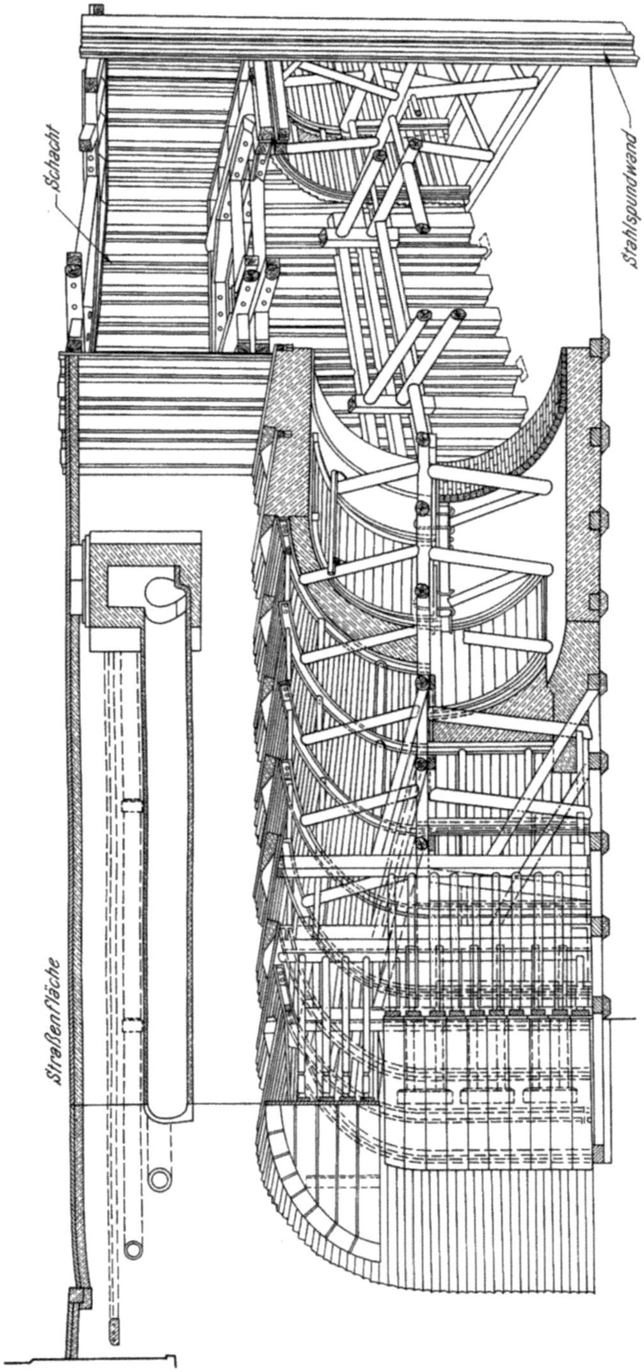


Abb. 439. Isometrische Ansicht von der Kölner Bauweise

Oberflächensetzungen auszuschließen. Ihr großer Nachteil dagegen liegt darin, daß durch das Einbetonieren sowohl die Ausbruchbogen als auch die Stahlpfähle verlorengehen. Abb. 439 veranschaulicht auch den Angriffsschacht mit Spundwandumschließung, von dem aus der Vortrieb durch eine aus der Spundwand ausgeschnittene, dem Tunnelprofil entsprechende Angriffsöffnung seinen Ausgang nimmt.

#### 6.2.4.6. Messervortrieb

Als Weiterentwicklung der Kölner Bauweise kann der sogenannte *Messervortrieb* betrachtet werden. Wie aus Abb. 440 ersichtlich, sind hier die Stahlbohlen wesentlich länger (3 bis 4 m). Sie werden über 3 bis 4 Ausbruchsbogen in horizontaler Richtung auf einmal vorgetrieben. Die Spezialbohlen liegen mit einer ziemlich wasserdichten Überlappung aufeinander auf, wodurch sich auch eine gewisse Wasserausschließung erzielen und eine eventuelle Oberflächensenkung in minimalen Grenzen halten läßt. Es gibt Messervortriebsmethoden (z. B. die von JENSEN), die manchmal als Ersatz für den Schildvortrieb benützt waren.

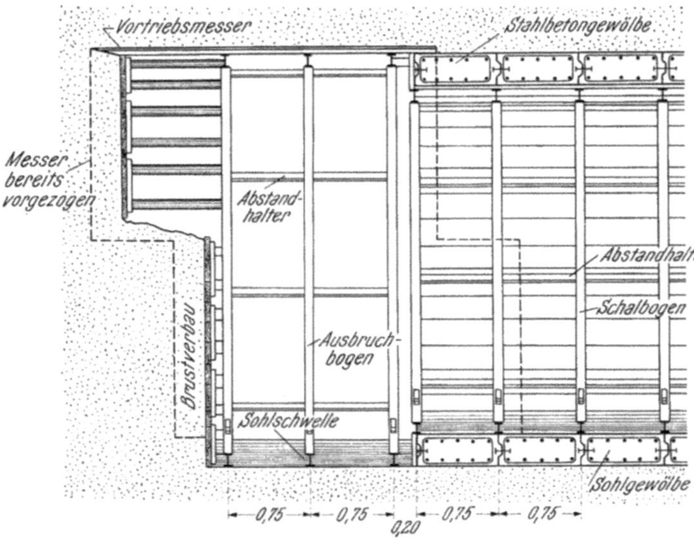


Abb. 440. Tunnelbau mittels „Messervortrieb“

Erwähnt sei hier, daß auch Stahlrüstungen im Verein mit großen Betonmauerfertigteilen (z. B. mit den Großbauelementen System B. VAJDA und P. KECSKÉS [142]) erhebliche Vorteile bieten können.

## 6.3. Tunnelbau in Oberflächennähe und in Lockerböden

Zu dieser Gruppe unterirdischer Bauwerke gehören vornehmlich Hohlgänge und Stollen für städtische Verkehrsunterführungen, Hallen, Versorgungsleitungen, Kanäle und Unterpflasterbahnen.

Alle diese Bauwerke sind durch die Tatsache gekennzeichnet, daß sowohl wegen der kleinen Überlagerungshöhe als auch wegen der geringen Tragfähigkeit der Deckschichten über dem Hohlraum keine Gewölbewirkung zustande kommen kann. Außerdem sind diese Tunnel und unterirdischen Bauwerke für Verkehrs-,

Förder- und Luftschutzzwecke von Großstädten bestimmt, die in der Regel auf Pleistozän- und Holozän-Ablagerungen der geologischen Neuzeit stehen, in denen in der Regel auch Grundwasser bekämpft werden muß. All dies beeinflußt nicht nur die Belastungsannahmen, sondern auch die anzuwendende Bauweise in ausschlaggebender Weise.

Im allgemeinen bewähren sich folgende zwei Bauweisen:

6.3.1. Das unterirdische Bauwerk wird — teilweise bis zur Fertigstellung — von der Oberfläche aus ausgeführt und danach zugeschüttet (Cut and cover method) oder man wendet

6.3.2. eine unterirdische Tunnelbauweise an, die bei Beschränkung der Oberflächensenkung auf ein Mindestmaß auch zur Anlage einer wirkungsvollen Entwässerung der Baustelle geeignet ist (z. B. Schildbauweise).

Die manchmal auch hier vorteilhaft anwendbaren Absenkungsverfahren werden eingehender im folgenden Kapitel (6.4.) behandelt.

## 6.3.1. Ausführung von der Oberfläche aus

### 6.3.1.1. Offene Baugrube

Die einfachste Bauweise besteht darin, den Boden aus einer entwässerten und ausgesteiften Baugrube auszuheben, das unterirdische Bauwerk in dieser herzustellen und die aufgerissene ursprüngliche Oberfläche (Straßendecke) nach dem Einbringen der nötigen Aufschüttung wieder herzustellen. Diese Ausführungsart unterscheidet sich von einer Gründung in offener Baugrube nur durch ihren Zweck. Sie wurde in meinem Buch ,,Grundbau“, Band II, ausführlich behandelt. Ihre Besonderheit kann nur darin bestehen, daß an den üblichen Baustellen dieser Bauwerke, d. h. auf den Straßen der Großstädte, der Verkehr auch während der Bauarbeiten möglichst wenig beeinträchtigt werden darf und die Bauausführung und Baumethode dieser Forderung angepaßt sein muß.

*6.3.1.1.1.* Am einfachsten *beschränkt man den Verkehr* entweder auf den verengten Straßenkörper oder man lenkt ihn auf parallellaufende Straßenzüge um, was keinerlei Sondermaßnahmen erfordert. Auf diese Weise wurde 1895/96 die erste Unterpflaster-U-Bahn-Linie in Budapest ausgeführt. Die Baugrube wurde hier einfach ausgesteift, der Baugrund durch Grundwasserabsenkung entwässert (Abb. 441 a).

In der zeitgemäßen Form dieser Methode wird der Bau zwischen Bentonit-Schlitzwänden (s. unten) ausgeführt, die den großen Vorzug haben, unzulässige und ungleichmäßige Setzungen zu verhindern, wie sie wegen des seitlichen Ausweichens zu befürchten sind. Dies ist vornehmlich der Fall, wenn die unterirdischen Bauwerke in engeren Straßen herzustellen sind, wo die Gründungsebenen der einander nahe gegenüberstehenden alten und schweren Gebäude weit höher liegen als die Tunnelsohle (441 b). Die Aufrechterhaltung des Verkehrs auf verkehrsreichen Straßen erfordert — wegen der Erschütterungseffekte — gleichfalls die Anwendung von Schlitzwänden. Zum Vergleich sei hier als Beispiel der Querschnitt einer Straßenunterführung des Londoner Park-Lane-Verkehrsknotenpunktes gezeigt (Abb. 442).

Abb. 441a. Bau der alten Unterpflaster-Bahn in Budapest in offener Baugrube

Abb. 441b. Ansicht einer Baugrube zwischen Schlitzwänden für eine Unterpflasterbahnstrecke in Wien

Die Schlitzwände dürfen — wenn aus Stahlbeton ausgeführt — gegebenenfalls als tragende Konstruktionsteile (Seitenwände) des endgültigen Ausbaues benützt werden (vgl. Abb. 452).

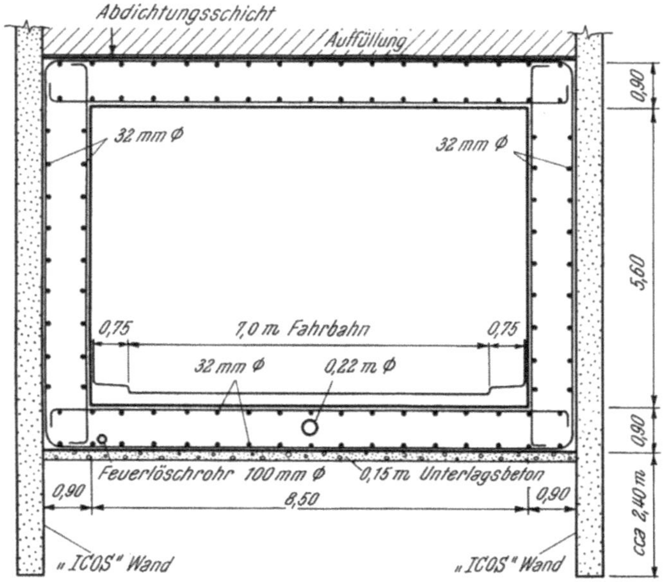


Abb. 442. Querschnitt einer zwischen Bentonit-Schlitzwänden jedoch in offener Baugrube hergestellten Straßenunterführung (London, Park-Lane)

Die Deckenkonstruktion derartiger Tunnelbauwerke wird in Schalungen, die sich auf ein unabhängiges Innengerüst oder auf das gegen Vertikalverschiebung gesicherte Steifensystem abstützen, aus Ortbeton oder aus Deckenfertigteilen hergestellt.

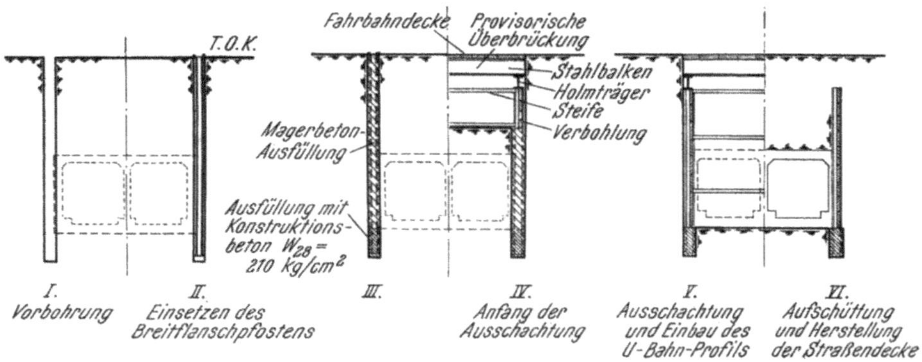


Abb. 443. Baugrubeaussteifung mit daraufgelegter provisorischer Straßendecke beim U-Bahnbau Toronto

Als anderes Beispiel für die Herstellung von verhältnismäßig tiefliegenden Tunnelbauwerken unter relativ engen Straßen ohne Beeinträchtigung des Straßenverkehrs sei die beim Bau einiger Strecken der Untergrundbahn Toronto angewandte, in Abb. 443 veranschaulichte Bauweise erwähnt [143]. Die lotrechten

Hauptträger der Baugrubenaussteifung wurden hier, um die für die naheliegenden Gebäudegründungen bedenklichen Erschütterungen durch das Rammen zu vermeiden, nicht auf diese Weise eingebracht. Zunächst wurden von der Oberfläche aus Bohrungen von 50 bis 90 cm Durchmesser bis zur gewünschten Tiefe in Abständen von 2 bis 3 m abgeteuft. In diese Bohrungen wurden dann die Breitflanschträger eingestellt und 30 bis 50 cm tief in den gewachsenen Boden eingerammt. Danach wurden die Bohrlöcher unten 1,80 m hoch mit Konstruktionsbeton B 200 und darüber mit Magerbeton ausgefüllt. Erst nachdem die Aussteifungspfosten auf diese Weise eingebracht waren, wurde mit dem Baugrubenaushub von der Oberfläche aus begonnen und die Grube bis zur Tiefe der ersten stählernen Quersteife (etwa 1,35 m) ausgeschachtet. Gleichzeitig mit dem Einbau dieser ersten Quersteifenreihe wurde auf die Pfahlköpfe ein längslaufender stählerner Gurtträger verlegt, worauf das Aufsetzen eines aus Stahlträger und Holzdecke bestehenden vorbereiteten Straßendeckenprovisoriums folgte.

Demnach konnte man die Vertiefung der Baugrube und den fortlaufenden Einbau sowohl des Holzverzuges zwischen die H-Träger als auch der weiteren Steifen mit anschließendem Aufbau der Tunnelkonstruktion aus Stahlbeton ohne Störung ununterbrochen ausführen. Nach Fertigstellung der Zwillingsröhre wurde die Baugrube zugeschüttet und der Ausbau der Quersteifen vorgenommen, bis zuletzt die provisorische Decke entfernt und die H-Träger in 1,35 m Tiefe abgeschnitten und verlorengegeben wurden. Die Wiederherstellung der Straßendecke erforderte nur einige Stunden Störung des Verkehrs ebenso wie das anfängliche Verlegen der vorbereiteten Provisoriums. Die Arbeit wurde in 100 bis 200 m langen Strecken, d. h. zwischen je zwei Querstraßen ausgeführt. Für diese Baumethode kann natürlich auch die Verwendung von Betonbohrpfählen in Frage kommen.

*6.3.1.1.2.* Der soeben beschriebene Vorgang sieht schon *eine Sondermaßnahme für die Aufrechterhaltung des Verkehrs* vor. Ein allgemein üblicheres Verfahren hält den Verkehr nur auf einigen Spuren des betreffenden Straßenzuges aufrecht und lenkt den größeren Teil auf Parallelstraßen um. Meist wird der schienengebundene Verkehr der Straßenbahnen und höchstens je eine Kraftwagenspur auf provisorischen Brückenkonstruktionen auf dem Straßenzug gehalten. Das unterirdische Bauwerk wird streifenweise hergestellt und die provisorische Brückenkonstruktion immer über den eben in Bau befindlichen Abschnitt verlegt, wie dies z. B. in Budapest beim Bau der beiden unterirdischen Verkehrshallen der U-Bahn Haltestellen „Astória" (Abb. 444) und der Haltestelle „Blaha-Lujza" (Abb. 445) der Fall war.

Von den in den zwei letzten Jahrzehnten erbauten zahlreichen Straßen- und Fußgängerunterführungen soll hier zuerst die in Wien an der Kreuzung von Kärntnerstraße und Ring in den Jahren 1955/56 erbaute Opernpassage erwähnt werden [144].

Nach den vorangegangenen Verkehrszählungen kreuzten diesen Verkehrsknotenpunkt in den Spitzenverkehrsstunden jeweils 10000 Fußgänger und gleichzeitig 3200 Fahrzeuge. Die Niveaukreuzung durch die Fußgänger bildete — abgesehen von den Zeitverlusten im Verkehr — auch die ständige Ursache zahlreicher Unfälle, so daß die Kreuzung z. B. 1954 mit 80 Unfällen an der Spitze der Statistik stand.

Zur Behebung dieser Unzulänglichkeiten wurde über einem elliptischen Grundriß mit Achsenlängen von 51 zu 56 m ein Stahlbetonbauwerk mit Stahlbeton-Flachdeckenkonstruktion erstellt, die auf ihrem äußeren Umfang und in der Mitte auf massiven Wänden, dazwischen hingegen auf je zwei zentrischen Pfeilerreihen ruht (Abb. 446). Die lichte Höhe der Halle

Abb. 444a bis b. Provisorische Überbrückung der Baugrube der unterirdischen Verkehrshalle „Astória" in Budapest (UVATERV)

selbst beträgt 2,90 m, die der Zugänge 2,57 m. Der gesamte Raum wird künstlich belüftet. Die Passage verbinden insgesamt sieben Rolltreppen teils mit den Straßenbahnhaltestellen, teils mit den Gehsteigen der sich kreuzenden Straßen. Der Innenraum der Passage hat eine überaus attraktive Ausstattung erhalten. Gaststättenbetriebe und Geschäftsläden üben eine zusätzliche Anziehungskraft auf das Publikum aus.

Die Passage wurde in offener Baugrube ausgeführt, über die man die Straßenbahngleise auf einem um 60 cm angehobenen Provisorium hinwegführte. Der übrige Straßenverkehr wurde

Abb. 445a bis b. Umlenkung der Straßenbahnlinie auf provisorischer Brückenkonstruktion über die Baugrube der unterirdischen Verkehrshalle „Blaha-Lujza", Budapest. (Mit dem für Absenkung fertiggestellten Senkkasten des Rolltreppentunnels im Vordergrund) (UVATERV)

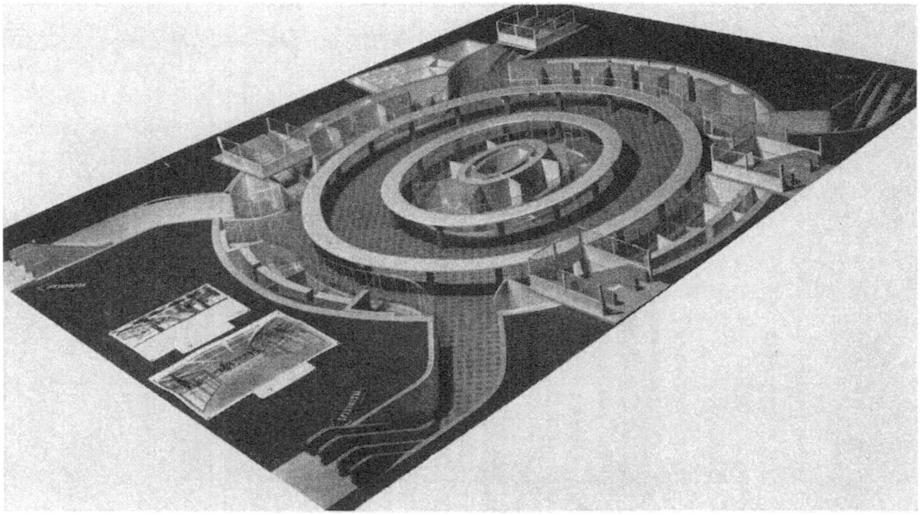

Abb. 446. Modelle der „Opernpassage" in Wien

Abb. 447. „Opernpassage" im Bau

umgeleitet (Abb. 447). Die Stahlbeton-Tragkonstruktion stellte man in rund siebenmonatiger Tagundnachtarbeit zusammen mit den Straßendecken fertig, um den Straßenverkehr auf der Oberfläche nicht länger als unbedingt erforderlich zu stören. Die Montage- und Ausstattungsarbeiten im Inneren der Passage wurden anschließend unter dem Schutz der Deckenkonstruktion mit künstlicher Trocknung fortgesetzt.

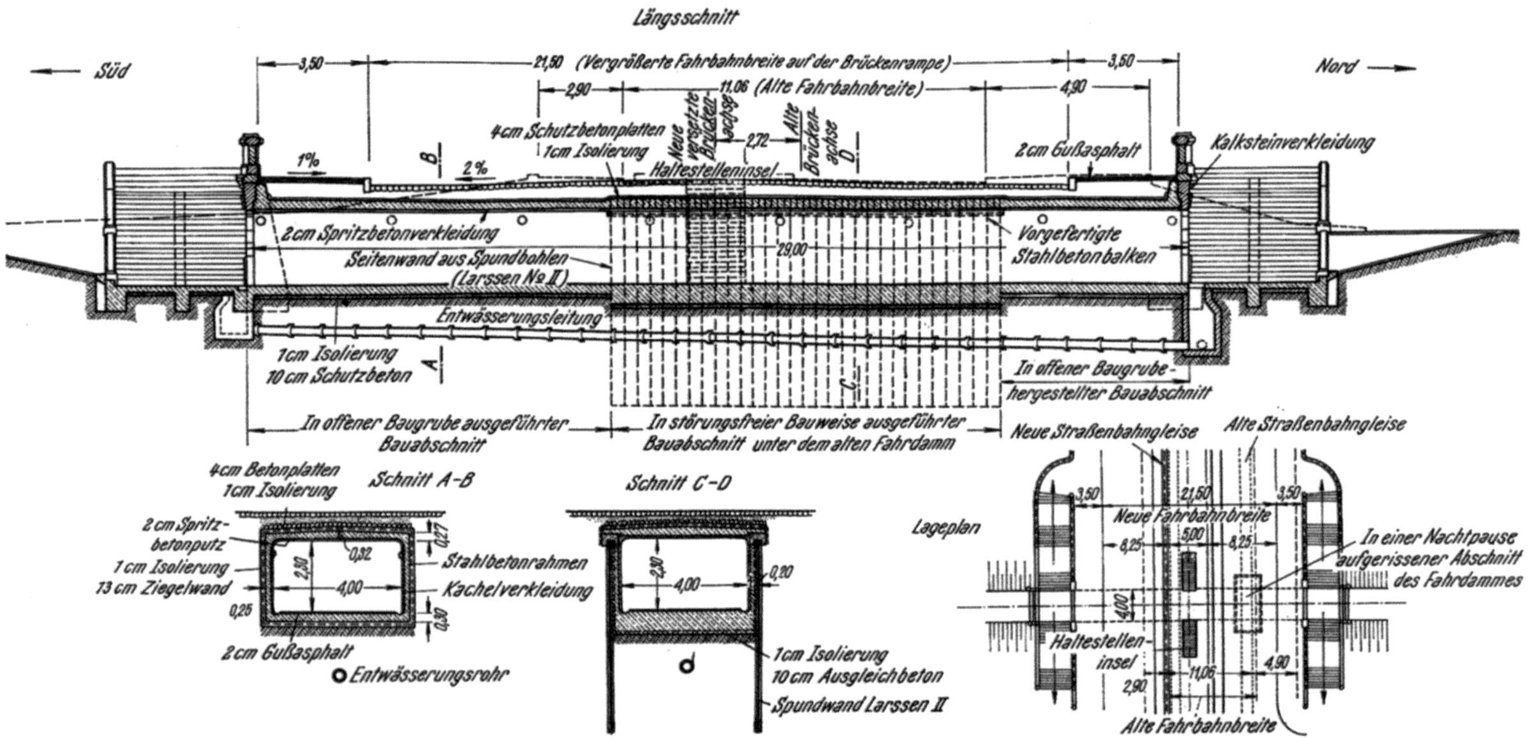


Abb. 448a. Allgemeiner Entwurf der Fußgängerunterführung unter der Margaretenbrückenrampe, Budapest

## 6.3.1.2. Baumethoden mit teilweiser oder zeitweiliger Störung des Oberflächenverkehrs

Die in den vorangehenden Punkten 6.3.1.1.1. und 6.3.1.1.2. beschriebenen Baumethoden haben den Oberflächenverkehr als zweitrangig betrachtet und ihn sehr empfindlich gestört. Um diese Störung auf ein Mindestmaß zu beschränken, sind besondere Baumethoden entwickelt worden, die es, obwohl sie den Angriff der Bauarbeiten von der Oberfläche aus vorsehen, ermöglichen, den überwiegenden Teil der Arbeit unterirdisch ohne Störung des Verkehrs auszuführen. Auch die anfängliche Störung darf sich nur auf schmalere Streifen der Straßendecke und auf kürzere Zeitperioden erstrecken.

Ein gemeinsames Merkmal dieser Baumethoden besteht darin, daß sowohl die Seitenwände als auch die Deckenkonstruktion von der Oberfläche aus nacheinander in schmalen Streifen gesondert hergestellt und unter dem Schutze dieses vorher eingebauten tragfähigen unterirdischen Rahmens die weiteren Arbeiten (Erdaushub, Sohlplatte, Innenauskleidung usw.) unterirdisch ausgeführt werden.

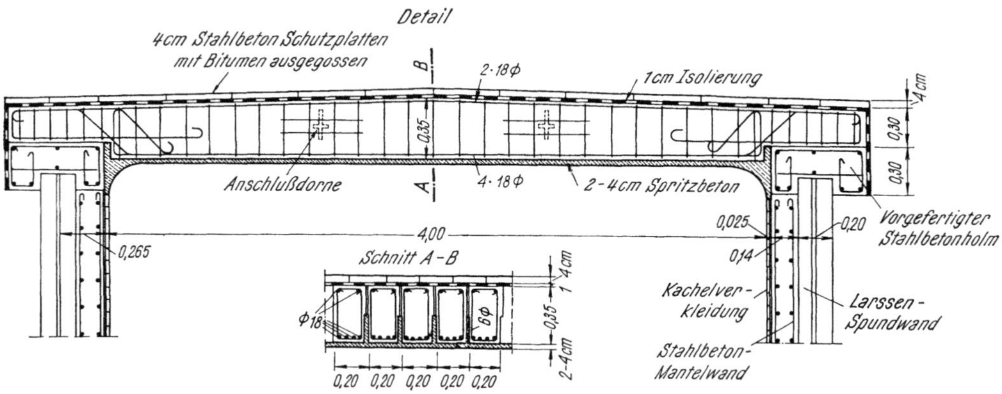


Abb. 448 b. Allgemeiner Entwurf der Fußgängerunterführung unter der Margaretenbrückenrampe, Budapest

*6.3.1.2.1.* Die älteste der zahlreichen Ausführungsarten stellte *die Seitenwände als eingerammte Spundwände oder Pfahlwände* in Streifen her, verlegte auf diese gleichfalls streifenweise die aus Stahlbetonfertigteilen ausgebildete Deckenkonstruktion und schüttete diese schließlich sogleich zu.

Als Beispiel dafür soll hier kurz der Bau der Fußgängerunterführungen unter den Anfahrtrampen der *Margaretenbrücke* in Budapest beschrieben werden, der im Jahre 1936 ohne Störung des Verkehrs ausgeführt wurde [145].

Mit den beiden Passagen verfolgte man das Ziel, einerseits die Behinderung des Verkehrs durch den dichten Fußgänger-Querverkehr auf den Brückenköpfen auszuschalten und den Fußgängern ein gefahrloses Passieren der Kreuzung zu ermöglichen, andererseits einen ungehinderten Zugang zu den Inselhaltestellen der Straßenbahn zu schaffen. Die Abb. 448 verdeutlicht den Entwurf der Unterführung in Pest zusammen mit den Einzelheiten der Deckenkonstruktion.

Die beiden äußeren Teile der Unterführung konnten unter den von der Verbreiterung erfaßten Abschnitten der Brückenauffahrt ohne Störung des Verkehrs in offenen Baugruben als volle monolithische Stahlbetonrahmen eingebaut werden. Um dagegen den Abschnitt unter der alten Auffahrt mit den Straßenbahngleisen und den mittig gelegenen Inselhaltestellen ohne Beeinträchtigung des Verkehrs herstellen zu können, konnten die Fahrbahn und auch die Gleise jeweils nur in der Zeit von 23 Uhr abends bis 5 Uhr früh in 2 bis 3 m breiten Zonen aufgebrochen werden. Hierbei wurden der Reihe nach die als tragende Seitenwände bestimmten Stahlspundbohlen eingerammt und auf diese die Kämpferbalken verlegt. Frühmorgens wurde die Baugrube zugeschüttet, die Gleisverbindung wieder hergestellt und die Baustelle gepflastert. In der darauffolgenden Nacht brach man das Pflaster von neuem auf und baute auch das Gleis wieder aus — diesmal jedoch nicht nur über die Breite der beiden Widerlagerstreifen, sondern über die ganze Breite zwischen den Widerlagern hinweg —, um die vorgefertigten Stahlbeton-Deckenbalken gleichfalls in 2 bis 3 m Breite nebeneinander auflegen zu können. Auf je 10 bis 12 endgültig eingebrachte Deckenbalken wurde eine bituminöse Sperrschicht aufgebracht, auf die man gleichfalls vorgefertigte Betonschutzplatten legte. Auf die so eingezogene Decke brachte man sodann das Erdreich und das Pflaster wieder auf. Nachdem die Überdeckung der ganzen Strecke Schritt um Schritt fertiggestellt war, konnte das Erdreich aus dem Unterführungsprofil nun schon unabhängig vom Verkehr auf der Oberfläche von den Seiten her ohne jede weitere Unterfangung ausgeräumt werden. Ebenso ungestört hatte man die Möglichkeit, die Innenisolierung aufzutragen, die endgültige Stahlbetoninnenauskleidung mit der Sohlplatte einzuziehen und die Seitenflächen mit Fliesen zu verkleiden. Ganz allgemein sollte auf die wasserdichte Isolierung von Unterführungen größte Sorgfalt aufgewendet werden, weil nicht nur die Standfestigkeit und der Korrosionsschutz des Bauwerkes, sondern auch ästhetische Gesichtspunkte und die Empfindlichkeit der Wandverkleidung eine Ausführung erfordern, die das Auftreten von *Feuchtigkeitsflecken ausschließt.* Außer der bereits erwähnten bituminösen Sperrschicht über der Decke erhielt diese Unterführung über ihre ganze Deckenfläche eine isolierende Torkretschicht von 2 cm Stärke.

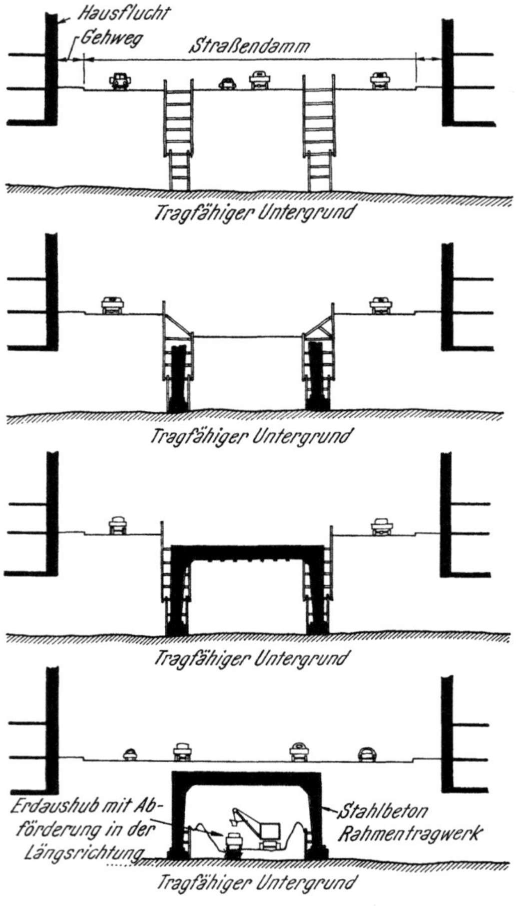


Abb. 449. Untergrundbahnbau nach modifizierter offener (Schlitz-)Bauweise (Stockholm)

*6.3.1.2.2.* Als Weiterentwicklung dieses Grundgedankens darf die Bauweise betrachtet werden, bei der man von der Oberfläche aus unter dem Schutz lotrechter Aussteifungen in genügende Tiefe zunächst *schmale Bodenschlitze* abteuft und in diesen *die Widerlager hochmauert* (Abb. 449). Danach schachtet man den Platz für die Decke aus und legt sie auf die Widerlager auf. Sobald sie erhärtet ist, kann die Straßendecke wieder hergestellt und der Verkehr zurückgeleitet werden. (Eine weitere Beschleunigung und eine Einsparung an Gerüst- und Schalungskosten läßt sich durch Verwendung von Stahlbetonfertigbalken erzielen.) Die Entfernung des eingeschlossenen Erdkerns und das Einziehen des

Sohlgewölbes geht dann schon unter dem Schutze des fertigen U-Rahmens gewöhnlich im Vollausbruch vor sich, und insofern kann dieses Verfahren als echte Tunnelbauweise angesehen werden (Abb. 450). Bei dieser Bauart ist also die Beeinträchtigung des Verkehrs auf ein Minimum, d. h. auf die Dauer der Herstellung der Deckenkonstruktion beschränkt, und auch die Verlegung der eventuell vom Querschnitt eingeschlossenen Versorgungsleitungen verursacht geringere Schwierigkeit. (Freilich wird man diese zweckmäßig schon vorher seitlich vom Profil umlegen.)

Abb. 450. Erdaushub unter einer von der Oberfläche aus hergestellten Stahlbetonrahmendecke

Die Wahl dieser Bauweise hat zur Voraussetzung, daß unter der Widerlagersohle eine Bodenschicht ansteht, deren Tragfähigkeit genügt, um die Eigenlast von Widerlagern und Decke sowie die Verkehrslasten auf dieser vorübergehend aufzunehmen. Das Verfahren kann auch sonst als wirtschaftlich bezeichnet werden, da es im Gegensatz zur Ausführung in offener Baugrube weder das Gerüst zur Abstützung der Deckenkonstruktion, noch das kostspielige Verbohlungs- und Steifenmaterial zur Abstützung und gegenseitigen Aussteifung der weit voneinander abstehender Baugrubenwände benötigt.

Die Grundsätze dieses Verfahrens wurden auch z. B. beim Bau der Straßenbahn-Unterführung unter dem Brückenkopf der *Freiheits-Brücke in Budapest* angewendet. Die Seitenwände wurden hier in den von der Oberfläche aus abgeteuften schmalen ausgesteiften Schlitzen streifenweise hochgemauert und in — senkrecht auf die Hauptverkehrsrichtung verlaufenden — schmalen Streifen mit kurzen Deckenkonstruktionen zur Neuaufnahme des ununterbrochenen Verkehrs überbrückt.

Die endgültige Deckenkonstruktion besteht hier bereits aus Spannbeton-Fertigbalken (Abb. 451). Diese konnten naturgemäß nicht ohne Aufbruch der Erdoberfläche verlegt werden, weshalb der Verkehr über die Brücke an zwei aufeinanderfolgenden arbeitsfreien Tagen gesperrt und an diesen die provisorischen Überbrückungen ausgebaut wurden. Hierauf wurden die bereitgehaltenen Deckenbalkenbunde zu je 9 bis 11 Stück eingezogen. Auf die Balken wurde auch hier eine Sperrschicht und ein Betonschutzplattenbelag aufgebracht. Die Balken je eines Bundes wurden mit quergerichteten Spannstählen aneinandergepreßt, ein Verfahren, welches einerseits die Verlegungsarbeit beschleunigte, andererseits und in erster Linie das Zusammenwirken der Balken der einzelnen Bunde und somit die *Verteilung* der Oberflächenlasten *auf mehrere Balken* verbürgte (das Verspannen der Balken miteinander ergab eine um 18% erhöhte Tragfähigkeit).

Dieser letztere Umstand spielt bei dieser Unterführungsbauweise ganz allgemein eine wichtige Rolle, weil es keineswegs rentabel wäre, je einen Balken so kräftig zu bemessen, daß er den Raddruck eines über ihn hinwegrollenden Fahrzeuges für sich allein aufzunehmen vermöchte. Kostspielig wäre auch der Einbau lastverteilender Querrippen oder eines Gittertragwerkes, abgesehen davon, daß sie wegen ihrer großen Bauhöhe auch Höhenverluste verursachen würden. Die Verspannung bietet zweifellos die beste Lösung. Das Zusammenwirken

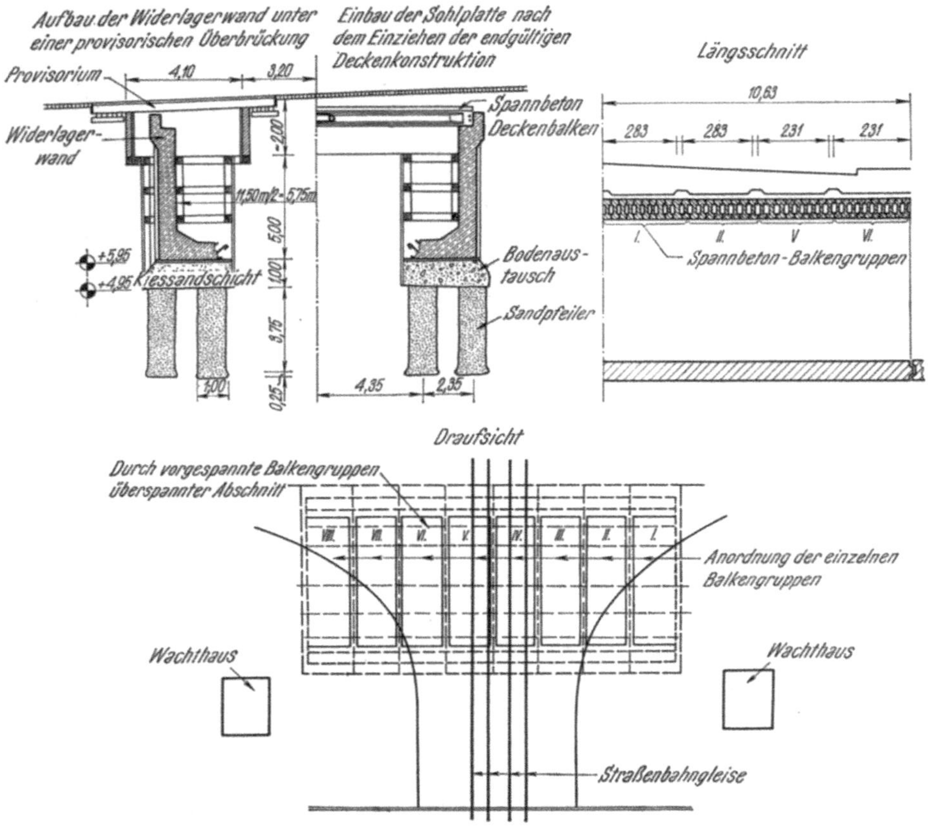


Abb. 451. Einzelheiten der Straßenbahn- und Fußgängerunterführung am Dimitrow-Platz, Budapest

der Balken wurde bei den Unterführungen an der Margaretenbrücke durch eine oben eingebrachte lastverteilende Betonschicht mit Stahlnetzbewehrung erzielt, doch sind auch Fälle bekannt, in denen die einzelnen Balken mit sägezahnartig ausgebildeten Nuten an ihren Seitenflächen ineinandergreifen. Bei Durchbiegung verspannen sich diese Nuten und nehmen so auch den Nachbarbalken mit. Naturgemäß bedarf es zu solchen Lösungen einer millimetergenauen Ausführung der Fertigteile.

Der große *Vorteil des Bauens mit Fertigbauteilen* manifestiert sich, abgesehen von der Ungestörtheit des Verkehrs und der Verkürzung der Bauzeit, vor allem in der niedrigen Bauhöhe, denn greift man beispielsweise zu bergmännischen Verfahren, wird man wegen der Zimmerung ebenso größere Höhen benötigen wie bei einer Umlegung des aufrechtzuerhaltenden Verkehrs auf vorweg eingebaute Provisorien. (Aus diesem Grunde mußten auch die Straßenbahngleise vor dem

Wiener Opernhaus provisorisch über das Straßenniveau hinauf angehoben werden; vgl. Abb. 447.)

*6.3.1.2.3.* Eine wesentliche Beschleunigung und wirkungsvolle Mechanisierung der Vorfertigung der Seitenwände wurde durch die Einführung der sogenannten *Schlitzwandverfahren* mittels Bentonit-Schlamm-Spülung erzielt. Zu diesem Zweck wurde zuerst das *Icos-Veder-Verfahren* beim Bau der *Untergrundbahn in Milano* verwendet [146]. Wie aus Abb. 452 hervorgeht, wird bei dieser Bauweise

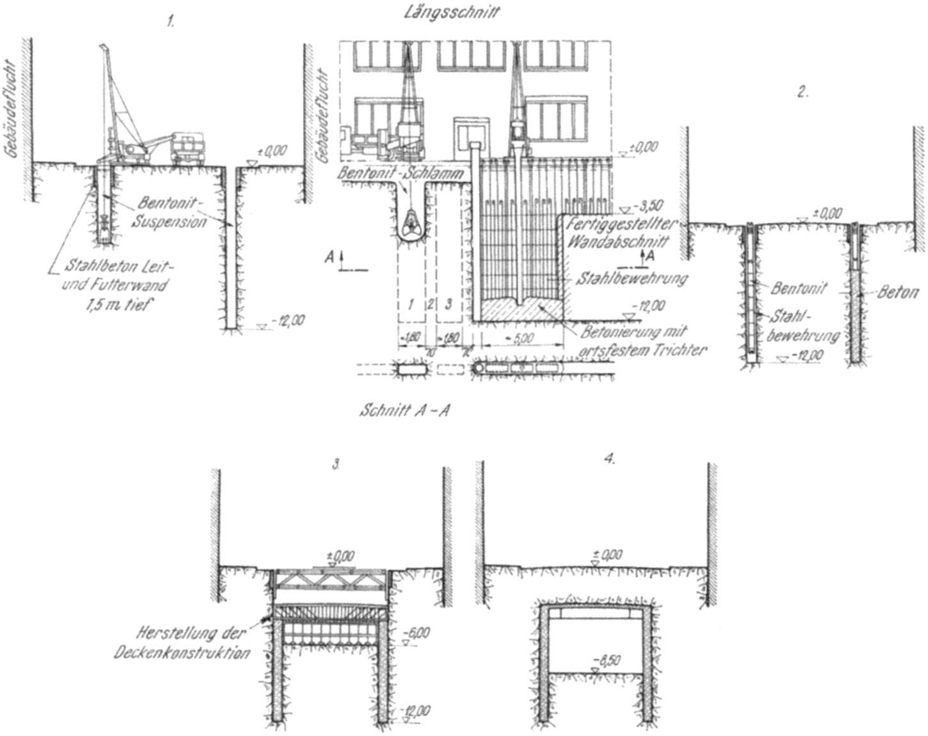


Abb. 452. Modifizierte offene Schlitz-Bauweise „Icos-Veder"

im ersten Schritt mit einem Spezial-Grabenbagger ein 1 m breiter und 1,5 m tiefer Graben ausgeschachtet, dessen Ränder man mit außen 25 cm, innen 15 cm dicken holmartigen Stahlbetonbalken einfaßt. Sodann wird mit dem Bagger ein 60 cm breiter Schlitz ausgehoben und in diesen fortlaufend ein schwerer Bentonitschlamm eingebracht, der die Grabenwand so wirksam vor dem Einsturz schützt, daß ohne Schwierigkeiten Grabentiefen bis zu 12 m erreicht werden können (*1*). Selbstverständlich darf mit der Erde nicht zu viel Bentonit ausgehoben werden, doch sorgt man der Sicherheit halber für ständiges Nachfüllen. In die so ausgeschachteten, noch mit dem Bentonitschlamm gefüllten Widerlagerschlitze werden nun die vorgefertigten Stahlbewehrungen in Längen von 5 m hinabgelassen, worauf man Betoniertrichter einsetzt und den Abschnitt nach den Regeln des Unterwasserbetonierens ausbetoniert. Der Bentonitschlamm wird hierbei durch den Beton verdrängt und fließt in den nächsten Abschnitt über (*2*). Nachdem die Widerlager bis zur Deckenunterkante hochbetoniert sind, wird das Erdreich zwischen ihnen bis zur Höhe der Deckenunterkante ausgehoben, wobei man die Grube gegen die im ersten Arbeitstakt eingezogenen Stahlbeton-Randwände aussteift (*3*). Es folgt schließlich das Einziehen der Stahlbeton-Deckenkonstruktion und nach deren Erhärtung die Ausräumung des eingeschlossenen Erdkerns in der Tunnellängsrichtung mit dem anschließenden endgültigen Innenausbau (*4*).

Abb. 442 veranschaulichte schon den Querschnitt einer zwischen Schlitzwänden hergestellten Straßenunterführung des neuen Park-Lane-Verkehrsknotenpunktes in London.

Die Leitwände des Schlitzgrabens bzw. der Beginn des Ausbaggerungsvorganges sind aus Abb. 453 bzw. Abb. 454 ersichtlich, während Abb. 455 die innere Ausräumung des von oben schon abgedeckten Hohlraumquerschnittes darstellt.

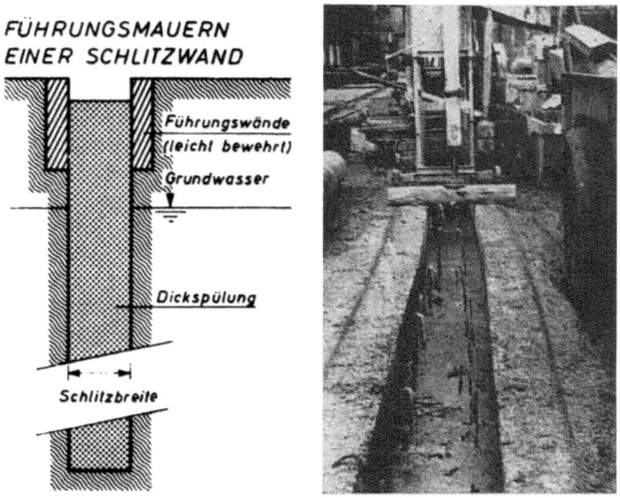


Abb. 453. Leitwände des Schlitzgrabens

Der Zeitaufwand der Bauarbeiten läßt sich durch weitgehende Anwendung von Fertigteilen auch hier wesentlich herabsetzen. Als Musterbeispiel soll der Querschnitt einer Fußgängerunterführung in London (Abb. 456) gezeigt werden. Hier wurden die Sohlplattenteile mit beiden Seitenwänden als U-förmige monolithische offene Rahmenkonstruktionen hergestellt und in 3 m langen Stücken nebeneinander in die offene Baugrube verlegt. Auch die Deckenkonstruktion besteht aus vorgespannten Fertigteilen, die gleichfalls in 3 m breiten Streifen auf die Schenkel der U-Rahmen verlegt wurden.

*6.3.1.2.4.* Ein anderes und zeitgemäß mechanisiertes Verfahren für die Herstellung der Seitenwände stellt die Bauweise mit *Pfahlwänden* dar. Diese bestehen aus je einer Reihe dicht nebeneinander niedergebrachter Betonpfähle von großem Durchmesser (50 bis 100 cm), die nach einem der modernen hochmechanisierten Bohrpfahlverfahren (Benoto, Bade, Icos-Veder, Salzgitter usw.) hergestellt werden [147]. Die nebeneinander abgebohrten Pfähle sollen sich mit ihren Mantelflächen überschneiden, damit eine mehr oder minder wasserdichte Tragwand entsteht, auf die die aus Fertigteilen bestehende Deckenkonstruktion auf die schon

*a*

*b*

Abb. 454a und b. Ausgrabungs- und Betoniervorgang einer Bentonit-Schlitzwand in Wien

Abb. 455. Ausräumung des Erdkerns vom Innenraum des Rahmenquerschnittes in Wien

beschriebene Weise aufgelegt werden kann (Abb. 457). Der Vorzug der Pfahlwände vor den Schlitzwänden besteht in ihrer größeren Tragfähigkeit und in der Möglichkeit, sie tiefer unter die Oberfläche niederbringen zu können. Allerdings halten sie weniger dicht als die Schlitzwände.

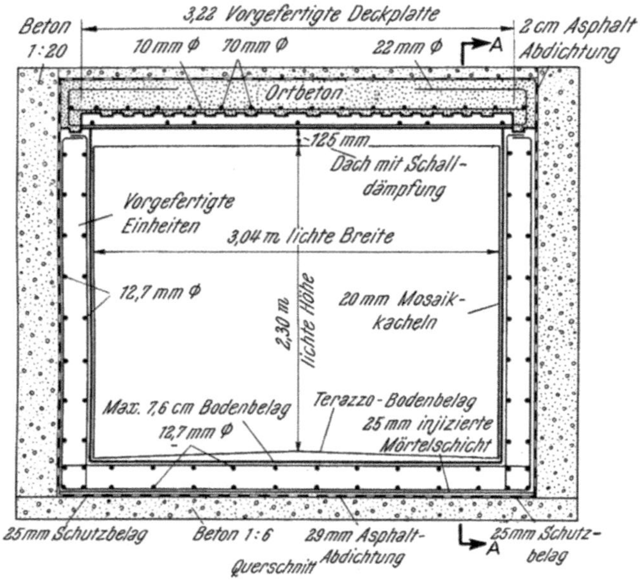


**Abb. 456.** Querschnitt einer Fußgängerunterführung in London (Park-Lane)

**Abb. 457.** Pfahlwand als Seitenwand einer Baugrubenumschließung (Universale A.G. Wien)

*6.3.1.2.5.* Oberflächenstörungen lassen sich weiter herabsetzen, wenn man *die Pfähle nicht dicht nebeneinander als Wände, sondern in bestimmten Abständen voneinander* als tragende Elemente der Deckenkonstruktion *niederbringt*. Als Beispiele dafür werden im folgenden zwei Alternativen kurz erörtert.

Nach dem ersten Verfahren werden die Pfähle in Abständen von 5 bis 8 m entweder in der Achse oder in der Linie des Außenrandes der Seitenwände niedergebracht (abgebohrt oder eingerammt). Danach wird längs ihrer Achse ein Schlitzgraben von entsprechender Breite und Tiefe von der Oberfläche aus ausgehoben und in ihm, auf die genügend tief abgemeißelten Pfahlköpfe aufliegend, ein Stahlbeton-Holmträger an Ort und Stelle hergestellt. Auf diese beiderseitig vorweg hergestellten Tragkonstruktionen werden dann die Fertigteile der Deckenkonstruktion verlegt und nach Isolierung und Zuschüttung, d. h. nach Fertigstellung wird die zeitweilig aufgerissene Straßendecke wieder hergestellt (Abb. 458).

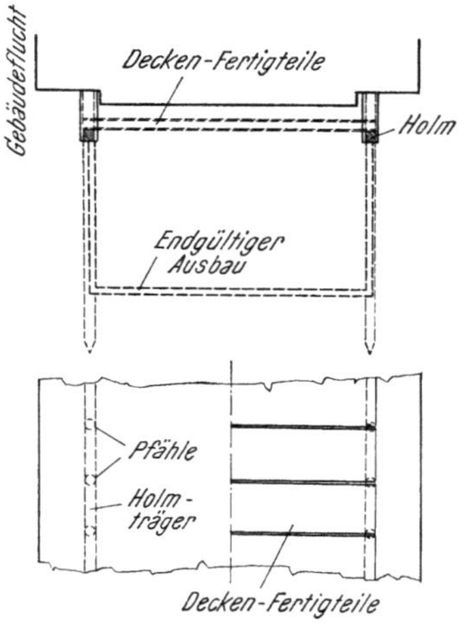


Abb. 458. Prinzipskizze des vorherigen Einbaues einer durch Einzelpfähle gestützten und auf Holmträger verlegten Deckenkonstruktion

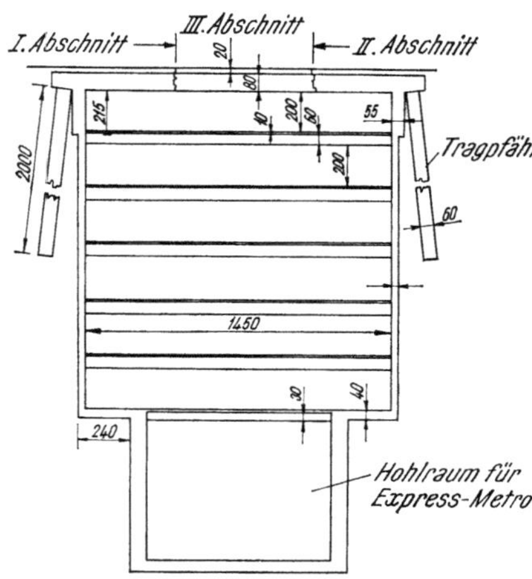


Abb. 459. Querschnitt einer unterirdischen Garage in Paris

Der Erdaushub aus dem Inneren des Hohlganges erfolgt dann schon unter dem Schutz dieser Tragkonstruktion in Längsrichtung (z. B. Wien: Straßenbahnunterführungen, Getreidemarkt—Museumstraße). Die zwischen die Pfähle einzubauenden Seitenwände werden jetzt nachträglich und zweckmäßig als mit der Sohlplatte monolithisch zusammenwirkende U-förmige umgekehrte Halbrahmen erstellt. Gegebenenfalls können die Seitenwände auch in die Pfahlschächte verankert werden.

Als zweites Verfahren soll der Bau einer *Tiefgarage* beschrieben werden, die unter einer der verkehrsreichsten Straßen von *Paris* (Boulevard Haussmann) unter Aufrechterhaltung des vollen Oberflächenverkehrs ausgeführt wurde [148].

Man brachte zuerst 20 m lange Betonbohrpfähle von 60 cm Durchmesser und 145 t Tragfähigkeit in 5 m Abständen von je 5 m nieder, die etwas nach außen geneigt waren (Abb. 459). Da sich das Niederbringen der Pfähle am Rand der Fahrbahn abspielte, wurde der fließende Verkehr kaum behindert.

Nachdem das Pfählesetzen auf der einen Straßenseite beendet war, wurde auf dieser Seite auf einer Breite von 5 m (etwa ein Drittel der Fahrbahnbreite) die alte Straßendecke in der ganzen Länge der Garage aufgebrochen und das Material bis zu 1 m tief maschinell abgeräumt. Dadurch entstand eine relativ schmale Baugrube, die zwar die Arbeiten behinderte, den Verkehr aber auf zwei Dritteln der Straße aufrechterhielt. Nach dem Flachbagger war ein Grabenbagger eingesetzt, der einen 2,15 m tiefen und 60 cm breiten Graben aushob. An den Aushub schloß sich das Einschalen der Garagen-Seitenwände mit Sperrholz-Schaltafeln an. Es wurde nur die innere Wandseite (d. h. die dem Garageninnern zugewandte Seite) verschalt.

Gleichzeitig mit den Seitenwänden wurde auch schon ein Stück der Decke eingeschalt. Um sich hier eine kostpielige Schalung zu ersparen, legte man auf den vorher geglätteten Untergrund eine Bitumenunterlage und in die Hohlräume zwischen den Balken der Decke eine verlorene Holzkastenschalung. Nach dem Einbringen der vorgefertigten Bewehrungskörbe für die Seitenwände und die Deckenbalken und deren Verflechtung miteinander wurde betoniert. Sobald der Beton erhärtet war, brachte man eine Asphaltdichtung auf. Auf diese konnte eine neue Straßendecke verlegt werden, die dann für den Verkehr wieder freigegeben wurde. Um einen möglichst raschen Arbeitsfortschritt zu erzielen, liefen diese einzelnen Vorgänge kontinuierlich hintereinander ab.

Anschließend wurden auf der anderen Straßenseite die Seitenwand und ein Teil der Decke in analoger Weise hergestellt. Nachdem dann auch dieses Stück für den Verkehr freigegeben worden war, begann man mit dem Mittelteil der Decke. Die Schalung bestand wiederum aus der Bitumenunterlage und in den Hohlräumen aus den Holzkästen. Zu dieser Deckenbauweise muß noch einmal betont werden, daß während der gesamten Bauzeit immer zwei Drittel der Fahrbahn für den fließenden Verkehr zur Verfügung stehen.

Nach vollständiger Fertigstellung der Decke, für die eine Bauzeit von drei Monaten notwendig war, begann, von den Seitenrampen ausgehend, der Aushub unter der Erde im Schutz der Decke. Während des Aushubs, bei dem ein Tunnelbagger, Raupenlader, Dumper und LKW eingesetzt waren, ruhte die Decke mit ihrer über die Seitenwände auskragenden Konsole auf den Betonpfählen. Es sollten jeweils zwei Etagen ausgehoben werden, so daß die dritte Decke in der oben beschriebenen Form wieder auf den Untergrund gegossen werden konnte, nachdem die Seitenwände eingezogen worden waren. Anschließend wurde dann die zweite Decke mit einer wandernden Stahlschalung betoniert. Der Ausbau der dritten und vierten bzw. fünften und sechsten Etage erfolgte in analoger Weise. Beim zukünftigen Ausbau des U-Bahn-Tunnels werden die Seitenwände unterfangen und dann die Grundplatten gelegt.

### 6.3.1.3. Absenkungsverfahren

Die verschiedenen Absenkungsverfahren stellen gleichfalls eine moderne und vielseitig anwendbare Art des Tunnelbaues von der Oberfläche aus dar. Ihr größter Vorzug besteht darin, daß sich die Konstruktion des unterirdischen Bauwerkes ganz über Tage, d. h. unter weit günstigeren Verhältnissen als unter Tage und infolgedessen in wesentlich besserer Qualität und mit genaueren Abmessungen herstellen läßt. Darüber hinaus kann die Absenkung selbst unter weitgehender Mechanisierung des Erdaushubs mit sehr leistungsfähigen Baggergeräten ausgeführt werden. Dazu kommt noch, daß die Unterwasserbaggerung die schwierigen und kostspieligen Entwässerungsarbeiten überflüssig macht. Die Absenkungsbauweise arbeitet nach den folgenden drei Methoden:

1. Mit offenen Brunnen oder Senkkästen.
2. Mit oben geschlossenen Senkkästen.
3. Mit ganz geschlossenen Senkkästen (Schwimmkästen).

Da man die letzte Methode ausschließlich beim Bau von Unterwassertunneln verwendet, wird sie erst in Kap. 6.4. eingehend behandelt.

*6.3.1.3.1. Offene Senkkästen oder Brunnen* finden in der Praxis vielfache Anwendung. Für die Anwendungsmöglichkeiten seien im folgenden einige Beispiele angeführt.

Eine einfache Anwendungsmöglichkeit, und zwar die Herstellung eines im wassergesättigten Fließsand liegenden Abwasserkanals mit Hilfe eines Senkkastens, veranschaulicht die Abb. 460. Die Senkkasteneinheiten wurden in einer bis zum Grundwasserspiegel ausgehobenen Baugrube in voller Höhe hochbetoniert und durch Unterwasserbaggerung bis zur Solltiefe abgesenkt. Gegen das Eindringen von Wasser von unten wurde der Senkkasten mit einer nachfolgend geschütteten Unterwasserbetonschicht abgedichtet. Die seitliche Abdichtung und die Abstützung der seitlichen Erdwände waren schon durch die Seitenwände des Kastens allein gegeben. Danach wurde der Kasten leergepumpt und das Kanalprofil im Innenraum unbehindert aufgebaut. Die Länge der Kasteneinheiten beträgt das 3,5- bis 5fache ihrer Breite, und ihre beiden Enden sind mit provisorischen wasserdichten Schottwänden abgeschlossen. Der wasserdichte Zusammenbau der Einheiten und der Abbruch der Schottwände kann z. B. auf die in Abb. 461 dargestellte Weise ausgeführt werden. Die Verwendung von Senkkästen kann sich in Fließsand und in Schluffböden als besonders vorteilhaft erweisen, wenn diese Schichten mit feinen Tonadern durchzogen sind, so daß die Grundwasserabsenkung auf große Schwierigkeiten stößt. Das Verfahren ist ferner in unbebautem Gelände gut anwendbar, wo die durch die Baggerarbeit hervorgerufenen Absenkungstrichter keine nachteiligen Auswirkungen auf die Umgebung haben können.

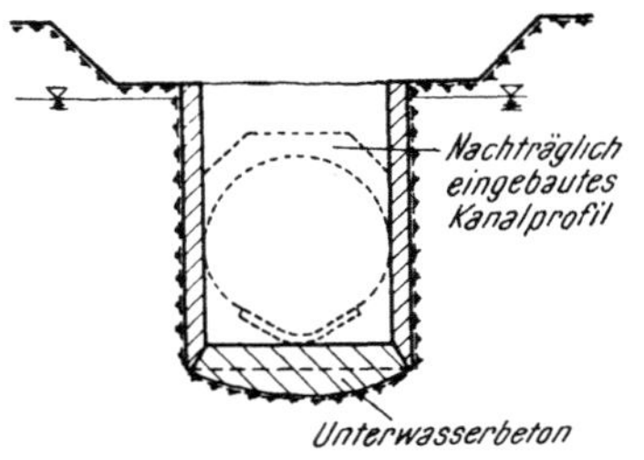


Abb. 460. Mit Hilfe eines offenen Senkkastens hergestellter unterirdischer Abwasserkanal

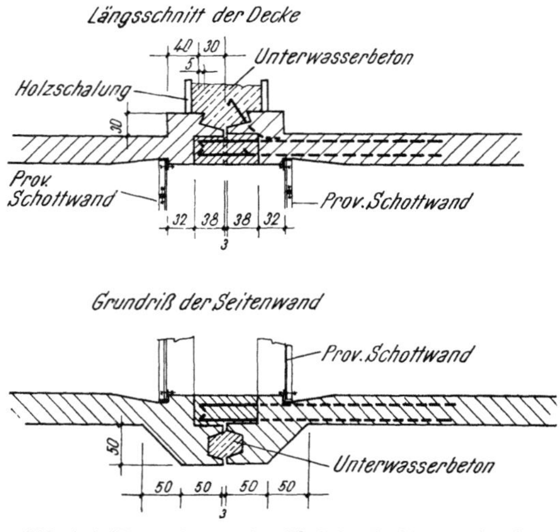


Abb. 461. Wasserdichter Anschluß der Senkkasteneinheiten

*Großräumige offene Senkkästen und Brunnen* eignen sich besonders zur Herstellung lotrechter Abstiegschächte, unterirdischer Garagen, Parkplätze und Lager. Ihre Konstruktion und der Absenkungsvorgang wurden in meinem Buch „Grundbau", Band II, Kap. II, eingehend behandelt, weshalb sich die Erörterung hier auf ein repräsentatives Beispiel, den Bau einer Großgarage in Genf [149], beschränken darf. Die im Grundriß kreisrunde, mehrere Tiefgeschosse umfassende, 25 m hohe Stahlbetonkonstruktion mit einem Durchmesser von 60 m wurde in einer bis zum Grundwasserspiegel (—3,50) abgeböschten Baugrube in zwei Etappen

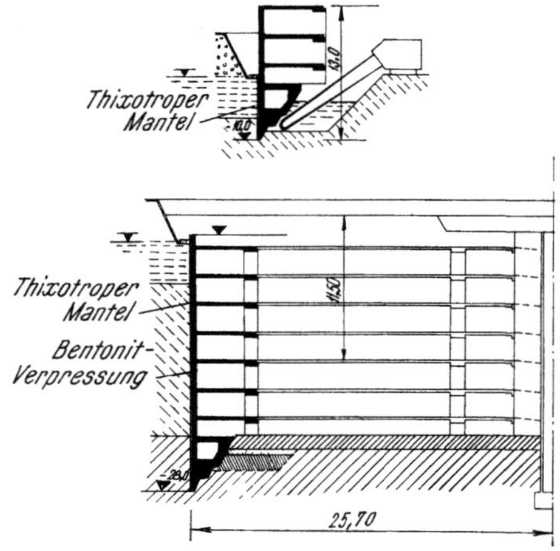


Abb. 462. Konstruktionsskizze des Senkkastens einer Großgarage in Genf

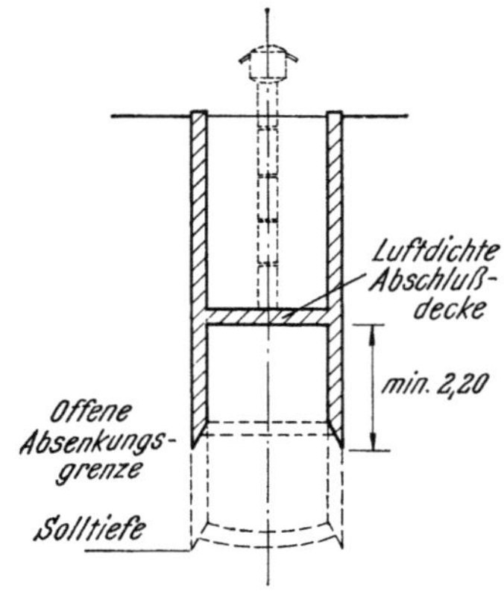


Abb. 463. Anordnung eines bis zu größerer Tiefe abzusenkenden Schachtes mit Abschlußdecke für Druckluftbetrieb

aufgebaut. Wie aus Abb. 462 ersichtlich, wurde die Absenkung mittels Raupenbagger ausgeführt, die auf der fortschreitend vertieften Bodensohle des Innenraumes und nicht, wie üblich, auf der Senkbrunnendecke aufgesetzt waren. Durch diese Anordnung konnte die Wirtschaftlichkeit und Wirksamkeit der Baggerarbeit erhöht werden (kürzere Baggerleiter, größere Genauigkeit in der Steuerung der Baggerarbeit und höhere Leistungsfähigkeit). Die Außenflächen der Brunnenwände wurden mit thixotroper Flüssigkeit ummantelt, die nicht nur den Reibungswiderstand wesentlich herabsetzte, sondern auch die Ausbildung größerer Absenkungstrichter verhinderte. Außerdem injizierte man durch vorher ringsum angelegte Injektionslöcher im die umgebenden körnigen Bodenschichten eine Betonitsuspension, die die Durchlässigkeit derselben und damit die einsickernde Wassermenge wesentlich herabsetzte und die gefahrlose Anwendung der offenen Wasserhaltung ermöglichte.

Erwähnt sei noch, daß auch mehrere unterirdische Parkplätze und Garagen mit rechteckigem Grundriß auf ähnliche Weise günstig und wirtschaftlich gebaut worden sind. Bei tieferen Schächten kommt es häufig vor, daß der Senkkasten trotz Verwendung die Reibung herabsetzender Mittel mit einfacher Absenkung nicht bis zur Solltiefe gebracht werden kann. In diesem Falle greift man zur Absenkung nach dem Druckluftverfahren. Zu diesem Zweck wird zuerst in einer Mindesthöhe von 2,20 m oberhalb der Schneide eine provisorische luftdichte Decke eingebaut, unter deren Schutz der Boden genau unter den Schneiden abgegraben (Herabsetzung des Schneidenwiderstandes) und auf die obere Fläche der Decke (als künstliches

Mehrbelastungsmaterial) aufgelastet werden kann (Abb. 463).

Das aufgelastete Aushubmaterial und die provisorische Decke können — nach erfolgter Absenkung — natürlich ausgeräumt bzw. ausgebaut werden. Die lotrechten Abstiegs- und Belüftungsschächte — die eine ähnliche Konstruktion haben — werden (wegen ihrer engen Beziehungen zur Schildbauweise) später unter Kap. 6.3.3.1. besprochen werden.

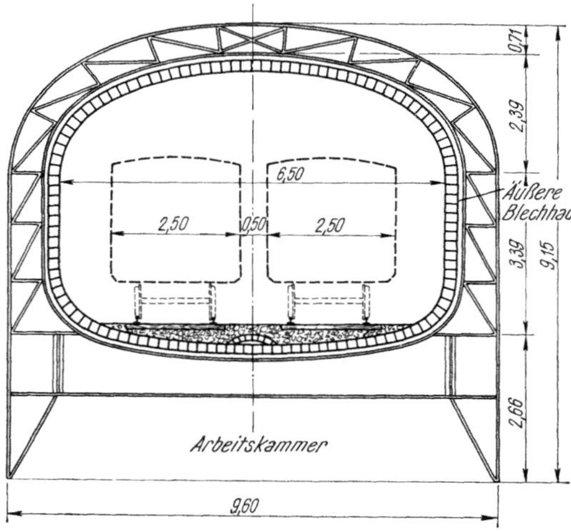


Abb. 464. Konstruktionsskizze des Senkkastens der alten „Metro" in Paris

*6.3.1.3.2.* Im Grunde genommen besteht das Verfahren aus der *Absenkung U-förmiger, auch oben durch eine Deckenkonstruktion abgeschlossener Senkkästen,* die, an ihren Stirnseiten mit provisorischen Abschlußwänden versehen, der Reihe nach nebeneinander abgesenkt werden. Sollen die Kästen in eine größere Tiefe abgesenkt werden, müssen die Seitenwände über die Decke hinauf verlängert werden, um den Einsturz der seitlich anliegenden Bodenmassen zu verhindern.

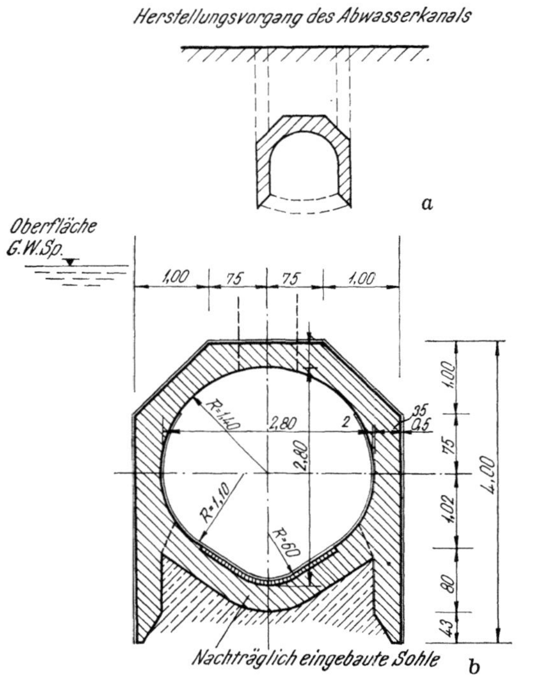


Abb. 465. Herstellungsvorgang (a) und Querschnitt (b) eines im Senkkasten hergestellten Abwasserkanals

Die oben geschlossenen Senkkästen für Tunnelbauzwecke können sowohl von der Oberfläche als auch von speziellen Absenkungsgerüsten aus abgesenkt werden. Die Tunnelröhren selbst werden entweder in dem von der verlängerten Seitenwand (Mantelwand) umschlossenen Raum über der Deckenkonstruktion der Arbeitskammer (z. B. einige hochgeführte und unter Wasser liegende Abschnitte der Pariser Untergrundbahn, Abb. 464) ausgebaut, oder man gibt der Arbeitskammer (dem oben geschlossenen Senkkasten) selbst schon vorweg eine solche Gestalt, daß sie nach erfolgter Absenkung zum gewünschten Tunnelquerschnitt leicht umgebaut werden kann.

Ein einfaches Beispiel für diese zweite Möglichkeit ist aus Abb. 465 ersichtlich. Sie stellt den Querschnitt eines Abwasserkanals dar, der unter Druckluft in der

Arbeitskammer ausgebaut wurde. Während des Absenkungsvorganges war der Senkkasten unten offen und seine beiden Seitenwände waren unten als Schneiden ausgebildet. Nach erfolgter Absenkung wurde die Sohle unten in Form eines Gegengewölbes eingezogen und die Innenauskleidung des Kanalprofils hochgebaut. Die provisorischen Abschlußwände waren hier als doppelte Holzschalungen ausgebildet, die eine abdichtende Zwischenlage aus Bitumenpappe besaßen und durch ein abschraubbares Stahlskelett abgestützt waren. Die miteinander zu verbindenden Enden der Kastenelemente waren ringsum mit auskragenden Rippen versehen. Die wasserdichte Verbindung zwischen den abgesenkten Elementen wurde ebenso ausgeführt, wie schon in Abb. 461 veranschaulicht. In die seitlichen Nuten waren Pfähle oder Spundbohlen eingerammt, gegebenenfalls kann aber das Erdmaterial auch ausgebaggert (ausgespült) und durch Unterwasserbeton ersetzt werden. Die obere Anschlußfuge dagegen muß mit einer Unterwasserbetonschleife abgedichtet werden. Schließlich wurden die Abschlußwände ausgebaut und die Verbindung durch den durchlaufenden Einbau der isolierten Innenauskleidung fertiggestellt.

Zahlreiche unterirdische Bauwerke (Verkehrstunnel, Belüftungsschächte, schräge Rolltreppentunnel usw.) wurden beim Bau der Budapester Untergrundbahn unter dem Schutz oben geschlossener Senkkästen erstellt. Sie zeigen als Beispiele die vielseitige Anwendungsmöglichkeiten dieses Verfahrens (s. Kap. 6.3.4.3.).

## 6.3.2. Schildbauweise

Nach welcher der verschiedenen bergmännischen Bauweisen man auch immer einen Tunnel ausführt, gewisse Nachteile wird man stets in Kauf nehmen müssen.

1. Der erste und eben für die Größe des Gebirgsdruckes maßgebende Nachteil dieser Bauweisen liegt darin, daß der Tunnel seinen endgültigen Ausbau erst nach Ablauf einer kürzeren oder längeren Zeitspanne erhält und daß der ausgebrochene Hohlraum bis dahin auf einer provisorischen Zimmerung steht, die — selbst bei fachkundigem und sorgfältigstem Einbau — gewisse Bewegungen und Setzungen nicht zu verhindern vermag, ein Umstand, der zur Ausweitung der Auflockerungszone führt.

2. Zwischen Brustvortrieb und Fertigstellung der endgültigen (starren) Ausmauerung vergeht viel Zeit, und häufig wird auch das Mauerwerk nicht als zusammenhängendes Ganzes auf einmal über den vollen Umfang, sondern in Teilabschnitten hochgeführt, was neuerliche Setzungen zur Folge hat.

3. Stufenweiser Ausbruch und Ausbau des Profils verlangsamen den Baufortschritt, stören die Einheitlichkeit der Arbeitsstellen und erschweren damit den Arbeitsablauf selbst.

Besonders nachteilig wirkt es sich aus, daß die Zimmerung mit fortschreitendem Ausbruch immer wieder neu ein- und ausgebaut werden muß.

5. Der Bau von Tunneln größeren Querschnitts und das Durchörtern lockerer, weicherer Gebirgsstrecken erfordern überaus dicht angeordnete und kräftige Zimmerungen, die die Arbeit weitgehend verzögern, den Verkehr im Hohlgang erschweren und den Holzverbrauch erhöhen.

Im Hinblick auf diese vielfältigen Nachteile ist man im Tunnelbau mehr und mehr bestrebt, in standfestem Gebirge den Freivortrieb ohne Abstützung anzuwenden, ja seinen Anwendungsbereich durch Firstverankerung und Vollausbruch — unter dem Schutz von Stahlrüstungen — in zunehmendem Maße auch auf wenige feste Gebirgsarten auszudehnen. Andererseits ermöglicht es die *Schildbauweise* auch in Locker- und Schwimmböden, in denen sich die Schwierigkeiten des bergmännischen Vortriebes vervielfachen, einen zusammenhängenden, einheitlichen Arbeitsraum zu schaffen.

Man kann sagen, daß die Schildbauweise ermöglicht, langgestreckte unterirdische Bauwerke (Tunnel, Stollen u. dgl.) auch bei kleinen Überdeckungshöhen

Abb. 466. Ansicht eines Schildes (verstärkte Ausführung nach Hallinger)

und in wenig tragfähigen Bodenarten ohne irgendwelche Störung der Oberfläche und bei meist nur unbeträchtlichen Oberflächensenkungen durch eine echte Tunnelbaumethode zu erstellen.

*Der Tunnelschild besteht dem Wesen nach aus einem innen versteiften, vorn und hinten offenen waagrechten zylindrischen Stahlrohr* (Abb. 466), an dessen offener Stirnfläche der Boden gelöst wird, während man im hinteren Ende den endgültigen Ausbau einzieht. Mit fortschreitendem Ausbruch wird der Schild in Richtung der Tunnelachse schrittweise so vorgepreßt, daß er den Ausbruchshohlraum so lange umschließt, bis die endgültige Auskleidung eingebaut ist. Der Schildvortrieb setzt sich also aus folgenden Arbeitszyklen zusammen (Abb. 467):

*a*) Abbau der Brust in entsprechender Länge und ihre Abstützung; *b*) Vorpressen des Schildes, der sich hierbei gegen den fertiggestellten Tunnelteil stemmt; *c*) Einbau eines neuen Tunnelringes in die durch den Vorschub freigemachte Spanne.

Während des Ausbruchs selbst hat also lediglich die Brust keine Abstützung, weshalb die Länge je eines Vorstoßes und die Größe der Brustfläche, die ohne Abstützung frei stehen bleiben kann, je nach den Boden- und Wasserverhältnissen sorgfältig erwogen werden muß.

Die Schildbauweise bietet vier nicht hoch genug einzuschätzende Vorteile:

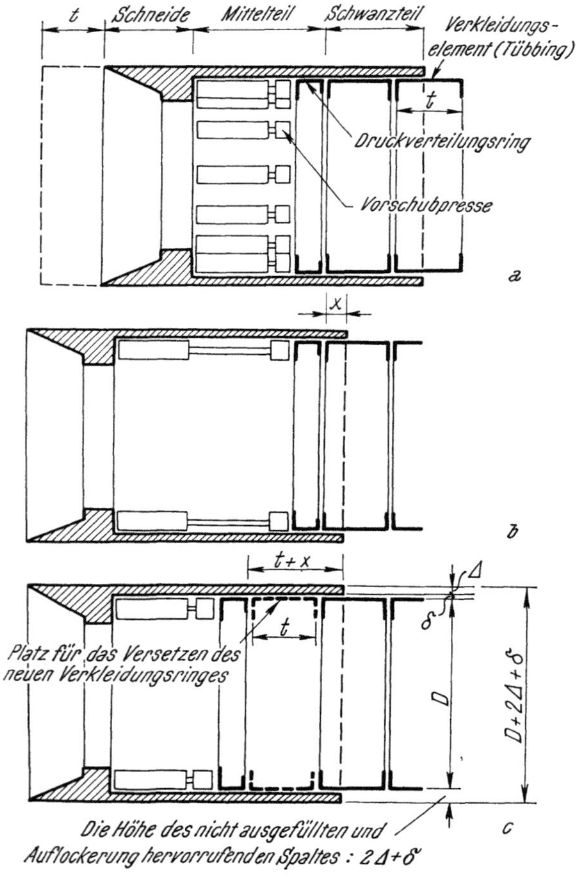


Abb. 467. Grundlegendes Schema der Schildbauweise

1. *Sie erlaubt es, den Tunnelquerschnitt auf einmal in seiner vollen Fläche auszubrechen.*

2. *Sie bietet dem Ausbruchshohlraum eine zwar bewegliche, aber stetige Abstützung.*

3. *Sie ermöglicht die sofortige Auskleidung des Tunnelprofils über seinen ganzen Umfang durch Einbauelemente, die ihm sogleich eine endgültige Abstützung geben.*

4. *Sie beschleunigt den Baufortschritt und setzt dem Anwachsen des Gebirgsdruckes Grenzen.*

In festem, nur durch Sprengung hereingewinnbarem Gebirge oder in mit Geröll und Findlingen vermengten Moränenablagerungen kann die Schildbauweise teils wegen der großen Empfindlichkeit der eingebauten maschinellen Ausrüstung gegen Sprengungen, teils wegen der den Vorschub und die Lenkbarkeit verhindernden örtlichen Hindernisse nicht oder nur mit großem Vorbehalt angewendet werden.

Schwierigkeiten gibt es beim Schildverfahren, auch unter Wasserläufen, wenn keine ausreichend luftdichte Deckschicht zwischen Schildscheitel und Strombett vorhanden ist und die Anwendung einer Druckluftentwässerung die Gefahr eines „Ausblasens" in sich birgt (vgl. Abb. 41 und 549).

### 6.3.2.1. Konstruktion und Abmessungen der Schilde

Jeder Schild besteht aus drei Hauptteilen (vgl. Abb. 466 bis 467).

1. Die *Schneide* ist der kräftigste Teil des Schildes. Sie umschließt den Arbeitsraum, mit ihr dringt der Schild in den Boden ein, und sie ist es, die sein tunlichst glattes vorformungsfreies Vorpressen ermöglicht, wobei sie die auftretenden

großen Drücke, sukzessive verteilt, auf den Schildkörper überträgt. Sie hat weiterhin die Aufgabe, den Ausbruchsarbeiten an der Brust und den hier beschäftigten Arbeitern den nötigen Schutz zu sichern und die Brust abzustützen.

2. Der *Rumpf* bietet den Raum zur Unterbringung der hydraulischen Pressen und der zu ihrer Betätigung erforderlichen Pumpen.

3. Im *Schwanzteil* werden die Auskleidungsringe verlegt. Von diesen Ringen gleitet der Schildmantel beim Vortrieb gleichsam ab.

4. Zu diesen Hauptteilen gesellen sich bei manchen Schilden Konstruktionen für die Brustabstützung, Aussteifungswände und Arbeitsbühnen sowie eine Reihe

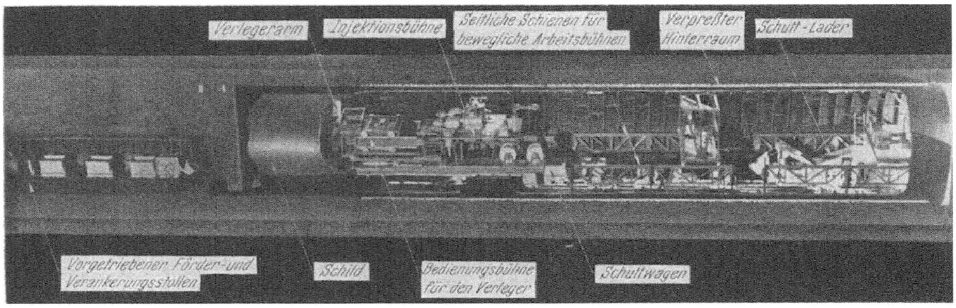


Abb. 468. Allgemeine Anordnung und zum Einsatz kommende maschinelle Einrichtungen bei der Schildbauweise

zusätzlicher, von der eigentlichen Schildkonstruktion unabhängiger Einrichtungen für Ausbruch und Förderung, für den Einbau der Ringelemente und für die Injektion (Abb. 468).

Für die Konstruktion der einzelnen Hauptteile sind folgende wichtigere Grundsätze maßgebend:

*ad 1.* Die *Schneide* ist der dem abzubauenden Boden, d. h. der Brust zugewendete Teil des Schildmantels. Nebst den bereits erwähnten hat sie die Aufgabe, die infolge der Ungenauigkeiten des Ausbruchs in das lichte Tunnelprofil hineinreichenden Bodenteile abzustechen, dem Schild beim Vorpressen die Richtung zu geben und einen Bodeneinbruch in das Innere des Schildes zu verhindern.

Beim Abstechen der Erdmassen muß die Schneide große Bodenwiderstände überwinden. Wenngleich es zur Herabsetzung dieser Widerstände wünschenswert wäre, die Brust in tunlichst großer Fläche im voraus abzugraben, erfordert es andererseits die sichere Führung des Schildes, daß er mit der Schneide auch genügend tief in den Boden „einschneide". Ein Schild, der in ein in voller Fläche ausgebrochenes Profil vorgepreßt wird, kann nämlich nicht mehr gesteuert werden, er wird labil, kippt und erleidet leicht Verdrehungen. Einen sicheren Halt hat er nur dann, wenn er an der Stirn mit der Schneide in den Boden gut eingreifen kann. Gesteuert wird nämlich der Schild durch ungleichmäßigen Pressendruck, doch bleibt dieser wirkungslos, wenn der Schild mit seinem Vorderende nicht den nötigen Halt im Boden findet. Vorteilhaft ist das Einschneiden auch deshalb, weil es das Eindringen der um den Schild anstehenden und durch den Vortrieb aufgelockerten Erdmassen verhindert. Besonders die den Schild überlagernden Bodenschichten neigen zum Einbrechen, und besonders diese Einbrüche sind es, die auch Setzungen auf der Oberfläche verursachen können. Aus diesem Grunde bietet es

Vorteile, das obere Drittel der Stirnschneide *schirmartig* vorspringend auszubilden, d. h. den Schildmantel oben nach vorn zu verlängern (s. hierzu Kap. 6.3.2.2.1., Bruststabilisierung).

Abb. 469. Modell eines Schirm-Schildes

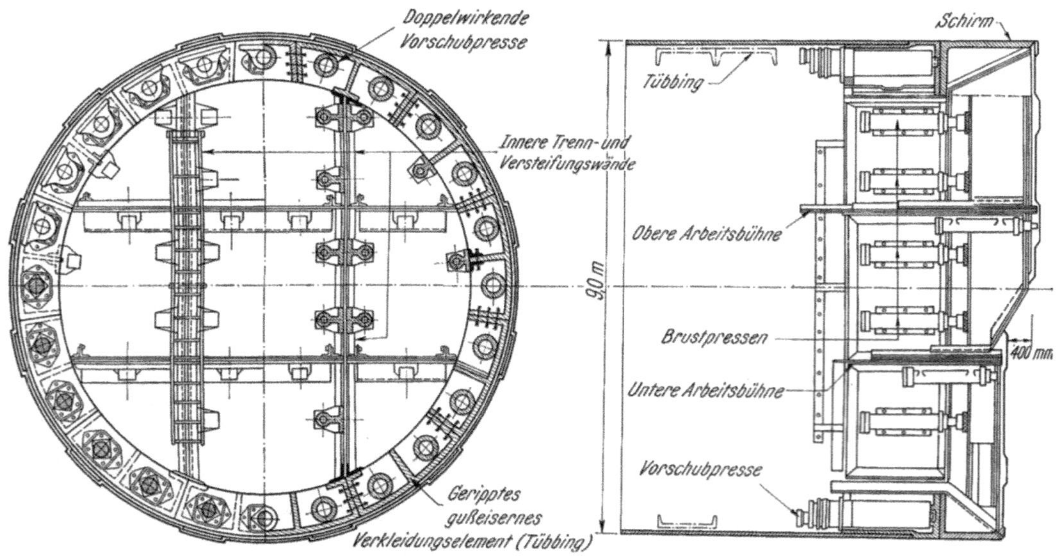


Abb. 470. Entwurf eines geschirmten Schildes

Der *Schirm*, eigentlich eine Vorkragung der Schneide, beschränkt sich auf einen Bogen über einem Zentriwinkel von 120 bis 150° am oberen Teil des Schildumfanges (Abb. 469). Die Vorkragung kann je nach dem Schilddurchmesser zwischen 10 und 50 cm betragen. Konstruktiv hat der Schirm die gleiche Ausbildung wie die Schneide selbst (Abb. 470). Lediglich in seinem oberen Drittel erfordert er eine der größeren Vorkragung entsprechende stärkere Versteifung.

Der Schirm erschwert die Steuerung des Schildes und macht es schwierig, ihn in der gewünschten Richtung zu halten, weshalb er abmontierbar sein muß, damit man ihn beim Anfahren lockerer, gebrächer Gebirgsabschnitte abnehmen kann.

Die Schneide hat weiterhin die Aufgabe, *den Pressendruck unmittelbar aufzunehmen* und auf den Schildmantel zu übertragen. Dieser ihrer Aufgabe muß sowohl bei ihrer Ausbildung als auch bei ihrer Versteifung Rechnung getragen werden, d. h. an den Stellen, gegen die die Pressen drücken, wird man versteifende Längsrippen einbauen müssen.

*Im Querschnitt hat die Schneide* zur Aufnahme der Schneiden- bzw. der Pressendrücke die Form eines ungleichschenkligen Winkeleisens. Der vorkragende waagrechte längere Schenkel schneidet in den Boden ein, während sich gegen den kürzeren senkrechten Schenkel die Pressen abstützen. Bei kleineren Schilden genügt es, die vorkragende Vorderkante des Schildmantels selbst durch geeignetes Zuschleifen und durch Überziehen mit einer verschleißfesten Karbidschicht als Schneidkante auszubilden. Naturgemäß bedarf sie auch einer Aussteifung durch Rippen bis zum ersten Versteifungsring (Abb. 471a). Bei früheren Schilden bestand die Schneide für gewöhnlich aus einer einfachen genieteten Eisenkonstruktion und nur die Schneidkante selbst aus legiertem festem Baustahl, womit einem zu raschen Verschleiß infolge der Reibung mit dem Boden vorgebeugt wurde (Abb. 471b). Erfahrungsgemäß stumpfen nämlich vornehmlich quarzhaltige Böden die Stahl- (insbesondere die Flußstahl-)Schneide sehr rasch ab. (Eine heikle Aufgabe bildet das feste Einbinden dieser Stahlgußeinsätze in die Schneide, weshalb man diese neuerdings sehr oft ganz aus Stahlguß herstellt und überaus kräftig ausbildet. Abb. 471c.) Der vorkragende Schenkel der Schneide erhält hierbei eine dicht ausgeteilte und kräftige Längsverrippung. Wichtig ist auch die sichere Verbindung zwischen Schildmantel und Schneide, zu der sich am besten ein innerer, durch Längsdiaphragmableche versteifter, zugleich auch aussteifender Ringträger eignet. Die Verbindung muß so beschaffen sein, daß sie sowohl ein Auskippen der Schneide nach außen als auch ihre Verbiegung nach innen verhindert. Beim Einschneiden in den Boden drückt der auf der inneren schiefen Ebene lastende Bodendruck die Schneide nach außen, weshalb man neuerdings statt massiver Schneiden schmale, mit Parallelflächen vorkragende Winkeleisenprofile verwendet (Abb. 471d). Andererseits muß auch damit gerechnet werden, daß die Schneide während des Vorschubs auf eine äußere harte Gesteinsschicht stößt, deren Widerstand im Verein mit dem Erddruck sie nach innen zu verbiegen sucht. Je länger die Schneide ist, um so größer ist die Gefahr einer Verbiegung nach außen oder nach innen, sie darf deshalb niemals zu lang gewählt werden.

Wie sehr die Schneidenneigung die Richtung und Form des Schildes beeinflußt, zeigt das Beispiel des ersten Schildes der Budapester U-Bahn. Am unteren Viertelbogen seiner Stirnschneide hatte der Stahlgußeinsatz nach innen eine Neigung von 1:20, die in dem als weich vermuteten Boden ein Kippen des Schildes nach unten verhindern sollte. Der Boden erwies sich jedoch nicht als weich, so daß der unten entlang seiner innen aufgebogenen Schneidkante nach oben gepreßte, sonst aber waagrecht vorwärtsgleitende Schild schon nach einem Vorschub von einigen Metern eine Zusammendrückung um 300 mm erlitt. (Ähnliche Erscheinungen wurden auch beim Bau der Torontoer Untergrundbahn beobachtet [150]).

Zur Herabsetzung der Mantelreibung gibt man der Schneide mitunter eine *nach außen ansteigende Neigung* (vgl. Abb. 471b). Eine solche Schneidkantenaus-

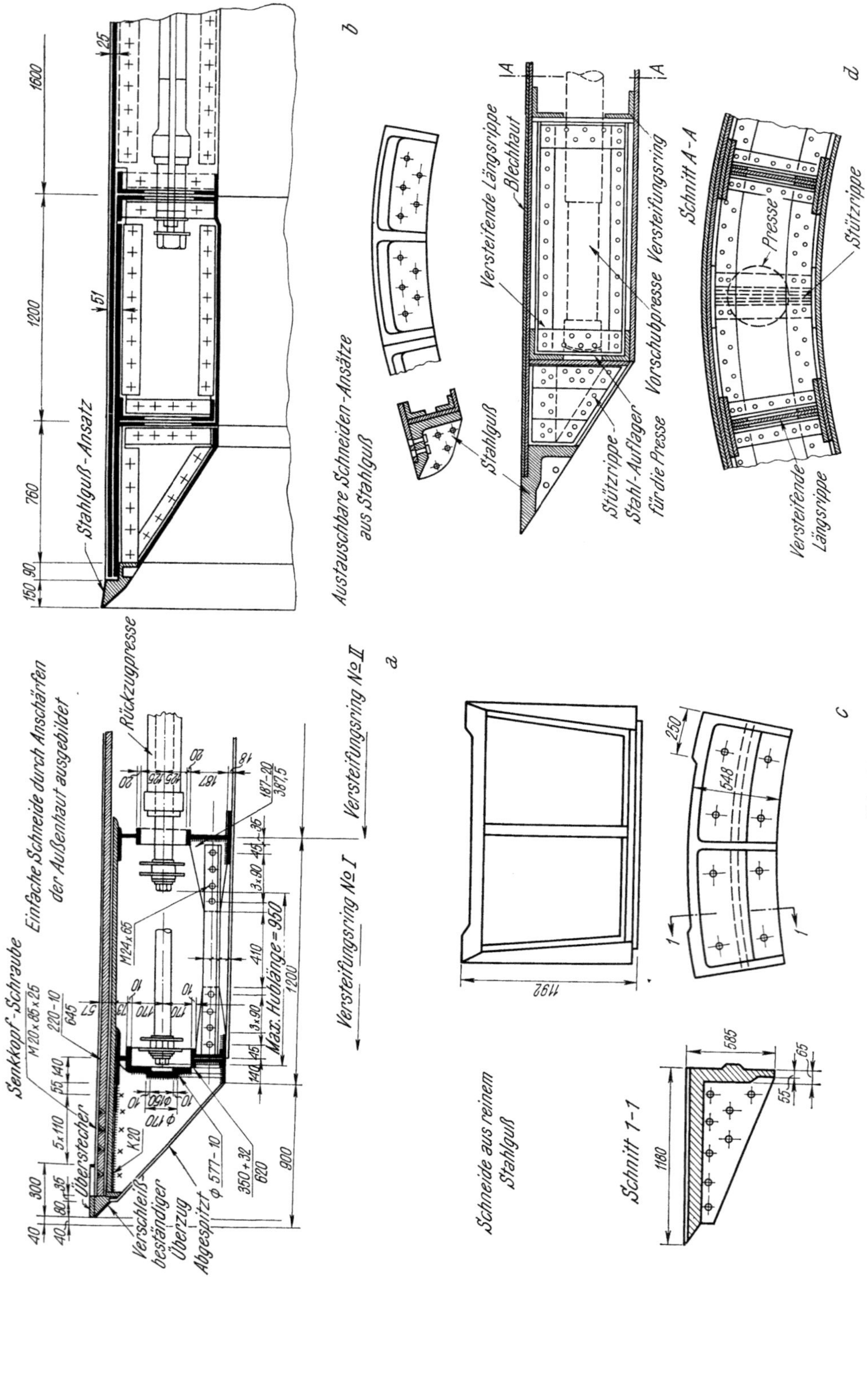


Abb. 471. Verschiedene Schneidenausbildungen

bildung wieder kann die Verbindungen sprengen und die Schneidkante selbst zum Auskippen bringen. Erfahrungsgemäß ist also bei ihrer Ausbildung größte Vorsicht geboten. Weitgehend beeinflußt die Form der Schneide und ihr Hinausragen über den Mantelumfang hinaus auch die Größe des Erddruckes, dem der Schild ausgesetzt ist, und damit auch den Kraftbedarf des Vorpressens. In festeren Böden bietet es Vorteile, auf die eigentliche Schneide eine *Vorschneide* aufzusetzen, die um etwa 1 bis 2 cm über den Mantelumfang hinausragt (vgl. Abb. 471a). Beim Vortrieb mit einem so ausgebildeten Schild legt sich die Erdwand des ausgebrochenen Hohlganges erst nach einer gewissen Auflockerung und Ausdehnung an den Schildmantel an. Dies löst aber den inneren Schubwiderstand aus, vermindert die Drücke bzw. die Reibung und erleichtert damit das Vorpressen und Steuern des Schildes.

*ad 2.* Die Verlängerung der Schneide nach rückwärts bildet den eigentlichen *Schildmantel,* der aus einer äußeren Blechhaut und aus den inneren Aussteifungsringen besteht. Die äußere Blechhaut hat stets die Profilform, die die Außenfläche der Tunnelwandung erhalten soll. Da der Schild an dieser Fläche entlanggleitet, darf er an seiner Außenfläche, wenn irgend möglich, weder Aufwölbungen noch Vertiefungen haben. Die Dicke der Blechhaut, die neuerdings in der Regel geschweißt ist, schwankt je nach dem Schilddurchmesser zwischen 15 und 70 mm. Dicke Schildmäntel werden zweckmäßig aus mehreren Lagen mit versetzten Stößen zusammengeschweißt. *Nietverbindungen müssen ohne Außenlaschen und mit Senknieten an der Außenfläche des Mantels* hergestellt werden, denn über diese Außenfläche hinausragende Nietköpfe unterliegen einem sehr raschen Verschleiß durch die Bodenreibung, abgesehen davon, daß sie den Vorpreßwiderstand überflüssig und in sehr hohem Maße erhöhen und um den Mantel auch größere unverfüllte Hohlräume hinterlassen. Aus dem gleichen Grunde muß ferner jede nach außen vorspringende stufenweise Verdickung der Mantelwand vermieden werden. Senknieten sind auch im Inneren des Schwanzteiles zu verwenden, damit die Ringelemente des Ausbaues ungehindert eingebaut werden können.

*Für die Aussteifung des Blechmantels* bieten sich verschiedene Möglichkeiten. Die zum Auffahren der Metro-Tunnel in der Sowjetunion gebauten, an mehreren Einsatzstellen wiederholt zur Verwendung gelangten Schilde hatten Gußstahlmäntel und Versteifungsrippen aus Gußstahl (s. Abb. 470). Einen Mantel aus verripptem Flußstahlblech für einen kleinen Kanalstollenschild veranschaulicht die Abb. 472. Die Mäntel größerer genieteter oder geschweißter Schilde pflegen durch innen angenietete oder angeschweißte Diaphragmaringe mit I-Profil ausgesteift zu werden (vgl. Abb. 471 und 487). Die Aussteifungsringe werden je nach der voraussichtlichen Beanspruchung und je nach der inneren Ausgestaltung des Schildes in ungleichen Abständen von 0,06 bis 1,80 m voneinander eingebaut. Ihre Zahl und Abmessung hängt von den Ausmaßen des Schildes, ihre Anordnung auch von der Bauart und Größe der vorhandenen Pressen ab. Bei sogenannten *doppeltwirkenden Pressen* genügen zwei Ringe, wobei die Pressen zwischen ihnen liegen. Bei Pressen hingegen, *die nur nach einer Richtung hin* wirken, sind *drei Ringe* erforderlich, weil sich die Vorschubpressen gegen den mittleren, die Rückzugpressen dagegen gegen den letzten Ring stemmen müssen. Der erste Ring erhält keinen Pressendruck, er dient ausschließlich der Aussteifung der Schneide. Um den Zwischenraum zwischen den einzelnen Aussteifungsringen rein halten zu können, gibt man dem unteren Schilddrittel in der Regel innen eine Bohlen- oder Blechverkleidung. Die Mäntel von Schilden großen Durchmessers können durch Ringe allein nicht fest genug ausgesteift werden, weshalb man die einzelnen Ringe

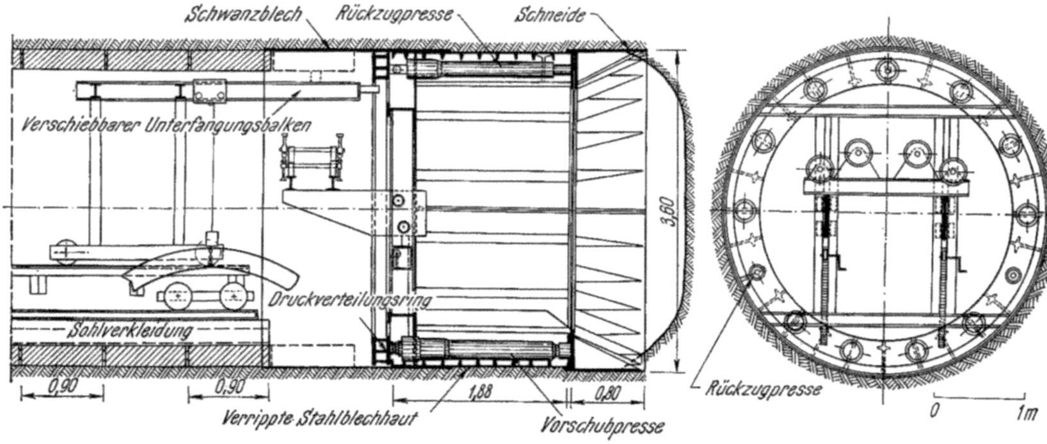


Abb. 472. Entwurf eines kleineren Schildes (Hauptsammler Essen)

Abb. 473. Montage eines Schildes (8,5 m Durchmesser) von der Schildmontagekammer aus

*zusätzlich noch lotrecht und waagrecht* durch Zwischenwände bzw. durch Trennplatten aussteift (vgl. die Abb. 470 und 473).

Die waagrechte Versteifung bildet zugleich auch die Arbeitsbühnen, so daß die Mineure, auf mehrere Geschosse und Kammern verteilt, auf mehreren Etagen gleichzeitig arbeiten können (vgl. Abb. 469). Die so entstehenden Kammern sollen mindestens 1,0 m breit und 1,80 m hoch sein. In Extremfällen kann der der Schneide unmittelbar banachbarte Aussteifungsring zu einer den vollen Schildquerschnitt ausfüllenden Querwand (Diaphragmawand) ausgebildet werden, in der nur Öffnungen für den Personenzutritt oder den Materialtransport ausgespart bleiben (vgl. hierzu Kap. 6.3.2.1.1.).

Die Aussteifung wird für die Höchstbeanspruchung des Schildes bemessen. Diese wird eintreten, wenn an den Ulmen ein Mehrausbruch vorhanden ist, wenn also der Schild von den Ulmen her keine Abstützung hat, und auf der Firste zugleich der volle geostatische Druck lastet, dem von unten her gleichwertige gleichmäßig verteilte Bodenreaktionen das Gleichgewicht halten. In einem solchen Belastungsfall entsteht im Sinne der Forchheimerschen Näherungsformel (vgl. Kap. 4.3.2.2.) in der Ringwand ein Moment von

$$M = \frac{p\,r^2}{4} \cos 2\varphi, \tag{313a}$$

während die Normalkraft

$$N = p\,r \sin^2 \varphi \tag{313b}$$

beträgt. Das Maximum des Moments wird in der Firste und in den Kämpfern mit einem Wert von $M_{\max} = \pm \frac{p r^2}{4}$, dasjenige der Normalkraft hingegen in den Kämpfern mit einem Wert von $N_{\max} = p r$ auftreten, während in der Firste $N_{\min} = 0$ sein wird.

Die Radialverformung des Ringes errechnet sich zu

$$\delta = \frac{1}{12} \frac{p r^4}{E J} \cos 2\varphi, \tag{314a}$$

und die Verkürzung des lotrechten Durchmessers zu

$$\Delta d = 2\delta_{\max} = \frac{1}{6} \frac{p r^4}{E J}. \tag{314b}$$

In diesen Formeln bezeichnet $p$ den lotrechten Druck, der im allgemeinen dem geostatischen Druck gleichzusetzen ist und bei dessen Festlegung sich die Berücksichtigung der vermindernden Auswirkung von Gewölbewirkungen nur ausnahmsweise, beim Vorliegen günstiger Gesteinsverhältnisse empfiehlt.

Im *mittleren*, zwischen den Aussteifungsrippen gelegenen *Teil des Schildes* sind die Vorschubpressen untergebracht. Vor ihnen sind die Stege der Aussteifungsringe durchbrochen. (Die Pressen müssen möglichst nahe an den Schildmantel verlegt werden, damit ihre Achsen tunlichst nahe an der Schwerpunktlinie der Tübbings und an der Schneide liegen und eine möglichst zentrische Kraftübertragung zustande kommt.)

*Als Vorschuborgane* sind *die Pressen* die wichtigsten Elemente des Schildbetriebes. Sie pressen gegen die im Schwanzteil des Schildes fertiggestellte Tunnelauskleidung und schieben so mit Hilfe der Schneide den ganzen Schild vor (vgl. Abb. 467). Beim Vorschub müssen sie folgende Widerstände überwinden:

1. die Reibung zwischen Außenfläche des Schildmantels und umgebendem Boden;

2. die Reibung zwischen der Innenfläche des Schwanzmantels und den bereits eingebauten Tunnelringen;

3. den passiven Widerstand gegen das Eindringen der Schneidkantenstirnfläche in den Boden;

4. den teilweisen Widerstand der von der Schneide umgrenzten Brustfläche, sofern diese auch während des Vorschubs durch Brustabstützungspressen oder durch eine Schottwand abgestützt ist.

Die Gesamtgröße der Widerstände läßt sich exakt nicht bestimmen, und zwar vor allem wegen der Ungewißheit über die Größe der an der Stirnwand auftretenden Widerstände. Unzweifelhaft sind aber diese wesentlich größer als etwa die Reibungswiderstände an der Mantelaußenfläche und ebendeshalb von entscheidendem Einfluß auf den Gesamtwiderstand.

Zur Berechnung der Größe der unter 1. bis 4. genannten Kräfte finden sich in der sowjetischen Fachliteratur folgende Zusammenhänge (Abb. 474):

Zur Berechnung der Kräfte unter 1.:

$$W_1 = \left[\left(\frac{p_x + p_y}{2}\right) L\pi D + G_P\right] f_1 \cong [p_y(1 + \lambda_a)2LD + G_P]\, f_1, \tag{315}$$

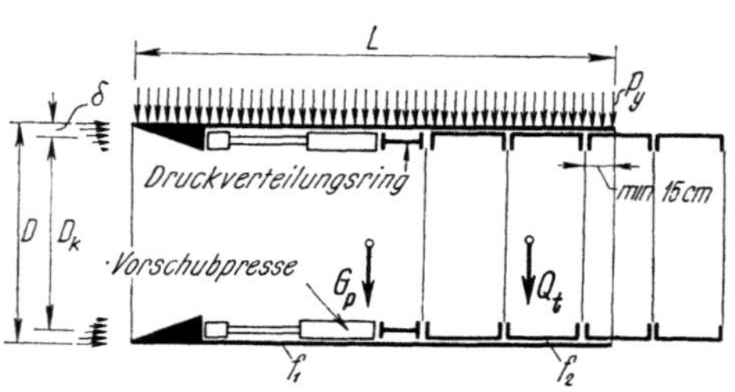


Abb. 474. Gegen Vorschub wirkende Kräfte

worin $p_y$ den lotrechten, $p_x$ den waagrechten Gebirgsdruck, $\lambda_a$ den Beiwert des aktiven Erddruckes, $G_P$ das Eigengewicht des Schildes und $f_1$ schließlich den Koeffizienten der Reibung zwischen Schildmantel und Boden bezeichnet.

Die Kraft unter 2. errechnet sich zu

$$W_2 = f_2 Q_t, \tag{316}$$

wenn $Q_t$ das Gewicht der in den Schildschwanz bereits eingebauten Auskleidungselemente, $f_2$ hingegen den Koeffizienten der Reibung zwischen diesen und der Mantelinnenfläche bedeutet.

Für die Kraft unter 3. gilt

$$W_3 = \pi D_k \delta p_y \lambda_p, \tag{317}$$

wobei $D_k$ den in der Halbierungslinie der Schneidkante gemessenen Schilddurchmesser, $\delta$ die Schneidkantendicke und $\lambda_p$ den Beiwert des passiven Erddrucks bezeichnet [151].

Für die unter 3. genannte Kraft (s. Gl. (317)) gibt Samojlow [151] den genaueren Zusammenhang

$$W_3 = \pi D_k \cdot \delta\, [(\sigma_t + k \cdot \cot\varphi)\, \lambda_p \cdot \exp \pi \cdot \tan\varphi + k \cdot \cot\varphi]$$

an, in welchem $k$ einen Formfaktor $\sigma_t$ dagegen den geostatischen Druck bezeichnet.

Die Kraft unter 4. schreibt sich zu

$$W_4 = p_y \lambda F, \tag{318}$$

worin $F$ für die Größe der durch Brustabstützungspressen oder der durch eine Schottwand gestützten Stirnfläche steht, während $\lambda$ je nach dem Ausmaß der Expansion bzw. der Kompression jeden zwischen den Beiwerten des Erddruckes und des Erdwiderstandes gelegenen Wert annehmen kann. Im Schnitt kann der Wert des Produktes $p_y \lambda$ zu 60 t/m² angesetzt werden. Die Zahl und Leistungsfähigkeit der Pressen muß dem aus obigen Formeln ermittelten Gesamtkraftbedarf $W$ entsprechend mit einer 1,5 bis 2fachen Sicherheit festgelegt werden. Dies verlangen in erster Linie die Betriebssicherheit, sodann aber auch die Unsicherheit der

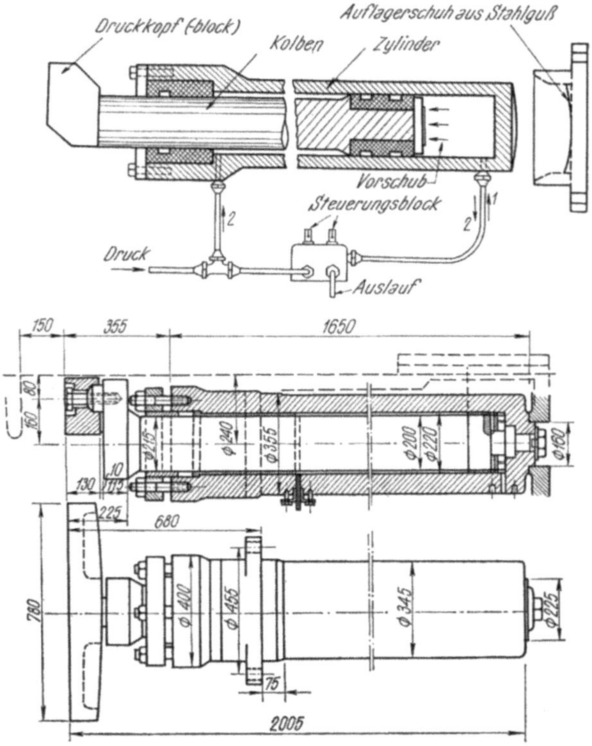


Abb. 475. Doppelt wirkende Vorschub-Pressen

Kräfteberechnung und vor allem die Forderung nach guter Lenkbarkeit des Schildes, die durch Überlastung je einer Gruppe von Pressen bei gleichzeitiger Entlastung der gegenüberliegenden Gruppe erfolgt.

Die Vorschubpressen haben die doppelte Aufgabe, den Schild durch Vorwärtsdrücken des Kolbens vorzuschieben, danach den Zylinder dem Kolben nachzuziehen und damit den Raum für den Einbau des nächsten Tübbingringes frei zu machen. In der Praxis haben zwei Bauarten von Pressen Verbreitung gefunden, die reversible, d. h. *doppeltwirkende Kolben-* und die *nur nach einer Richtung*, d. h. *die einfachwirkende Presse.*

Die doppeltwirkenden, reversiblen Pressen haben den großen Vorzug, daß der von der einen Seite her ausgeübte Wasserdruck auf die volle Kolbenfläche wirkt. Nach Umstellung des Steuerventils gelangt das Druckwasser in das Innere des Zylinders und übt dort auf die Fläche des engen Kreisringspaltes zwischen Zylinderwand und Kolbenstange einen zwar herabgeminderten, zur Rückführung des Kolbens jedoch durchaus genügenden Druck aus (Abb. 475). Die Zylinder solcher

Pressen müssen über die Hublänge innen genau geschliffen sein, was eine kostspielige und umständliche Bearbeitung erfordert.

Äußerst einfach lassen sich demgegenüber die einfachwirkenden Pressen herstellen, weil statt des Schleifens einer langen Fläche bloß zwei kleine Leitringe einer genauen Bearbeitung bedürfen und weil diese Ringe überdies auch nachträglich eingesetzt werden können (Abb. 476). Andererseits kann man den einmal vorgeschobenen Kolben nur mit Hilfe einer eigenen Vorrichtung zurückführen. Zumeist verwendet man hierzu eigene Rückzugpressen, eventuell auch Hilfskolben. Bei jenen handelt es sich um Pressen niedriger Leistung, die mit dem gleichen Kolbenhub wie die Vorschubpressen, jedoch in entgegengesetzter Richtung drücken. Um an Schildlänge zu sparen, ordnet man sie in einer Reihe mit den Vorschubpressen an, so daß sie die Zylinder über ein Zuggestänge und über Druckverteilungsringe an den vorgedrückten Schubpressenkolben zurückführen. Der Nachteil dieser Lösungsart tritt nicht darin allein zutage, daß sie separater Rückzugpressen bedarf, sondern auch darin, daß sie eine gewisse Verlängerung des Schildes unvermeidlich macht. Die verschiedenen Hilfskolbenkonstruktionen haben dem Wesen nach einen in den Vorschubkolben eingebauten weiteren Kolben. Bei derartigen Konstruktionen erübrigt sich selbstredend jede Schildverlängerung, doch sind sie komplizierter und teurer.

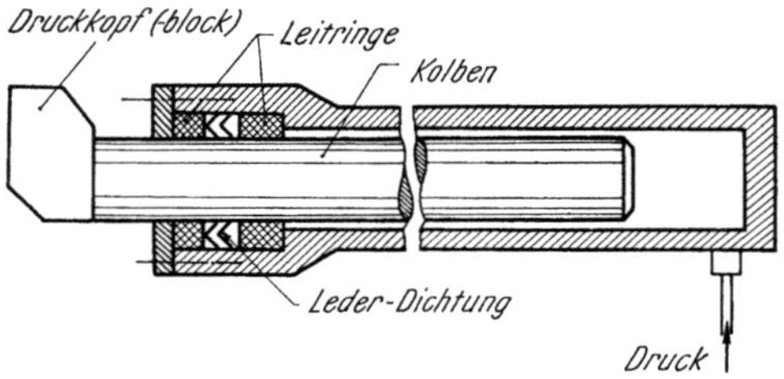


Abb. 476. Einfach wirkende Vorschub-Presse

Großer Sorgfalt bedarf auch die Ausbildung der Pressenauflager. Zur Abstützung gegen die Schneide baut man Pressenstühle aus Gußstahl ein (vgl. Abb. 475), gegen die Tunnelringe hingegen stützen sich die Pressen entweder mit geeignet ausgebildeten Sohlplatten oder mit *Druckringen* ab, die man zwischen die Tunnelringe und die Pressen legt. Bei der Übertragung der Vorschubkräfte auf die bereits fertiggestellten Tunnelringe sowie der aus dieser Übertragung resultierenden Zugkräfte auf den Schildmantel — auf dem Wege über die Schneidkante — soll der Pressendruck mit der kleinstmöglichen Ausmittigkeit wirken. Aus diesem Grunde sind sowohl die die Druckkraft übertragenden Pressensohlen als auch die Druckringe exzentrisch ausgebildet, damit die Kräfte auf der Schwerpunktlinie der Tunnelringe angreifen. Einen entsprechend ausgebildeten asymmetrischen Druckring mit U-Profil zeigt die Abb. 477.

Eine zweite Gruppe der im Schild verwendeten Pressen bilden die *Brustpressen,* die die Aufgabe haben, der Abbaubrust eine von den Schildbewegungen unabhängige ständige Abstützung zu geben. Sie sind mit waagrechter Achse an die im Inneren des Schildes eingebauten lotrechten Aussteifungswände so angebaut, daß ihre Kolben — ausgeschoben — bis zur äußeren Schneidenebene reichen, daß sie also dort den Brustverzug unmittelbar abzustützen vermögen. Es handelt sich um einfach wirkende Pressen, deren Hublänge mindestens einer Tunnelringbreite entspricht. Sind sie auf die beweglichen Arbeitsbühnen zwischen den Aussteifungswänden montiert, kann bei Wahl ihrer Hublänge auch diese Bewegungsmöglichkeit mit berücksichtigt werden. Sie sind ganz vorn im Rumpfteil des

Schildes, unmittelbar an der Schneide angebracht (vgl. die Abb. 469 und 470). Nach jedem Schildvorschub, beim Beginn des weiteren Abbaues sind die Pressen in zusammengedrücktem Zustand. Sodann wird die Brust in einer der Tübbingbreite entsprechenden Tiefe abgebaut. Es folgt das Vorpressen des Schildes, wobei die Brust durch die allmählich sich vorschiebenden Kolben ständig abgestützt bleibt. Der Schildvorschub drückt die Kolben in die Zylinder zurück, wobei das Druckwasser aus diesen entweder durch ein Überlaufventil abfließt oder in das System zurückgeleitet wird.

*Die Pressen werden hydraulisch betätigt* und hierbei von einem in die Rohrleitung zwischengeschalteten Verteilerblock aus gesteuert. Von der Hochdruck-

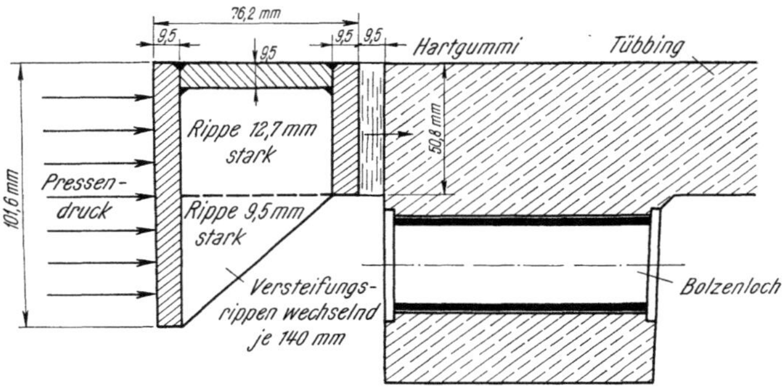


Abb. 477. Querschnitt und Auflagerung des Druckverteilungs-Ringes

pumpe kommend, mündet die Druckwasserleitung in die Hauptbohrung dieses Stahlblockes, und aus diesem zweigen die zu den einzelnen Pressen führenden Nebenbohrungen bzw. Druckrohre ab.

Jede der Vorschubpressen muß einen Druck von mehreren hundert Tonnen entwickeln, die Flüssigkeit zu ihrem Antrieb steht also unter einem Druck von mehreren hundert (250 bis 500) at. Die Flüssigkeit (in der Regel Wasser) wird hier den Pressen von den Pumpen in dickwandigen (10 bis 15 mm) Rohren zugeleitet. Die Pumpen selbst können auch außerhalb des Schildes in dem schon fertiggestellten Teil des Tunnels ja selbst über Tage untergebracht sein, der Steuerungsblock und die Abzweigleitungen dagegen haben ihren Platz unbedingt im Schild (Abb. 478) und s. auch Abb. 487. Sollten die Pumpen ausnahmsweise über Tage arbeiten, empfiehlt es sich, zu jeder Presse eine eigene Hochdruckleitung anzulegen.

Zur Betätigung der Brustpressen braucht es keiner so großen Kräfte, weshalb sie von einem eigenen, mit Drücken von bloß 30 bis 50 at arbeitenden Pumpensystem, Verteilungsblock und Rohrnetz gespeist werden.

Dieses der Betätigung der Brustpressen dienende Pumpen- und Rohrsystem pflegt in größeren Schilden auch zum Vor- und Rückwärtsbewegen der Arbeitsbühnen zwischen den lotrechten Aussteifungswänden benützt zu werden.

*ad 3.* Abgesehen von der Verbindung mit der Schneide bildet den gegen Verformungen empfindlichsten Teil des Schildes dessen dritter, hinterster Abschnitt, der sogenannte *Schwanzteil*, in dem die Auskleidungselemente (Tübbings) des endgültigen Ausbaues versetzt werden, was seine innere Aussteifung unmöglich macht. Wegen der Breite der Tübbings muß er aber dennoch eine ziemlich große, d. h. eine freie Länge haben, die mindestens dem Anderthalbfachen der Tunnelringbreite zuzüglich der Breite der eventuellen Druckringe entspricht. (Nach Auffassung einzelner Autoren [152] soll der Schildschwanz sogar zwei Ringe und einige Zentimeter des dritten Ringes aufnehmen können, weil man damit die Möglichkeit hat, einen während des Vorschubes eventuell zu Schaden gekommenen Ring noch innerhalb des Schildes durch einen neuen zu ersetzen. Außerdem gewinnt man damit auch den Raum für einen eventuellen Pressenwechsel.) Naturgemäß wird man stets zu beachten haben, daß ein zu langer Schwanzteil ohne innere Aussteifung unter dem

Innenansicht des Schildes

Druckverteilungs- und Regulationsblock mit Schieber und Rohranschlüssen

**Abb. 478. Anordnung der Druckflüssigkeit-Verteilungsblöcke im Schild**

äußeren Bodendruck eine Verflachung erleiden kann. Als Gegenmaßnahme kommt bei langen Schilden eine Verstärkung des Schildmantels im Schwanzteil in Frage, doch darf diese selbstverständlich nur von innen her erfolgen. Eine solche Verstärkung führt zur Vergrößerung des Hohlraumes hinter dem Schildmantel und damit zu einer stärkeren Auflockerung des anliegenden Bodens. Eine gewisse günstige Entlastung kann sich aus der größeren Starrheit des Schildrumpfes ergeben, weil sie die Belastung auf sich zieht.

Mitunter schneidet man aus dem Boden des Schwanzmantels auf einer der Ringbreite entsprechenden Länge über einem Zentriwinkel von 90 bis 120° ein Bogenstück aus, so daß die Tübbingelemente unten unmittelbar auf den Boden zu stehen kommen. Damit wird verhindert, daß sie sich beim Vorschub des Schildes vom Schwanzmantel mit dem ganzen Ring ruckartig absetzen oder sich gar schräg stellen und ausmittigen Druck erleiden (um das Maß „$\Delta$“, vgl. Abb. 467).

*ad 4.* Als eventuelle Sondereinrichtungen einzelner Schilde sind im Rumpfteil die bereits erörterten *lotrechten Zwischenwände mit den Arbeitsbühnen sowie die abschließenden Stirnwände und besonderen Sicherungsvorrichtungen* zu erwähnen.

Die *Zwischenwände* bestehen in der Regel aus zwei lotrechten und ein oder zwei waagrecht eingezogenen massiven Stahlplatten, die am Schildmantel über ihre ganze Länge mit winkeleisenartig gebogenen Profilen befestigt sind. Die lotrechten Wände haben Stege, die möglichst über die ganze Schildhöhe durchlaufen, während die waagrechten an diesen Stegen unterbrochen und an ihnen mit Winkeleisen befestigt sind. Die beweglich ausgebildeten Arbeitsbühnen liegen lose auf den waagrechten Querwänden auf. Sie werden — wie schon erwähnt — durch hydraulische Pressen bewegt und dienen u. a. dem Zweck, den Abbau der Brust auch über die Stirnschneidenebene hinaus erleichtern und ihr zugleich eine Abstützung geben zu können. Die Arbeitsbühnen kragen hierbei — besonders beim Arbeiten in weichen Böden mit sogenannten „Schirmschilden" (Abb. 479) — auch stufenartig vor.

Die *Stirnwand* des Schildes schließt diesen als versteifte Schottwand in der Schneidenebene ab. Zum Abgraben breiiger, weich plastischer Böden ist sie mit Einlaßschleusen versehen. Ihre Aussteifung erhält sie in erster Linie durch die lot-

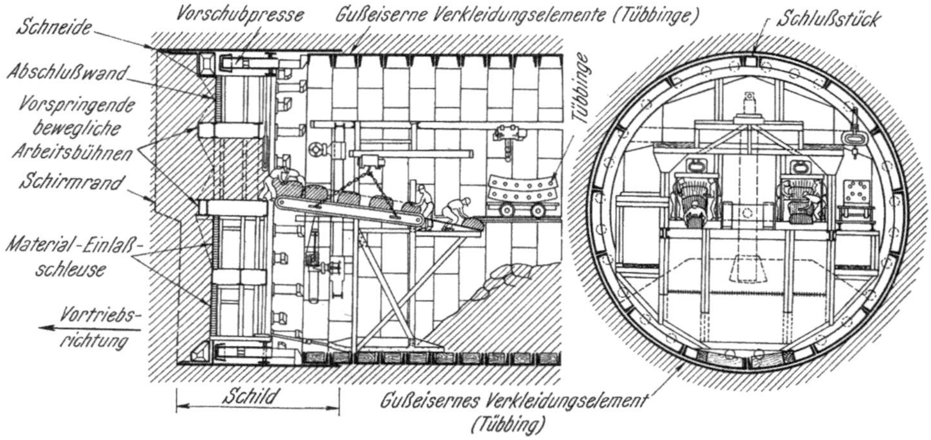


Abb. 479. Auffahren mit einem, an der Stirnfläche mit Abschlußwand versehenen (Blind-)Schild

rechten Zwischenwände, die in solchen Fällen bis an die äußere Schneidenebene heranreichen, während sie sonst nur bis zu ihrer inneren Ebene geführt sind (Abb. 479).

Den Abschluß der Stirnwand kombiniert man neuerdings auch mit *mechanischen Abbaugeräten*, die gleichzeitig eine wirksame Abstützung der Stirnfläche ermöglichen (vgl. Abb. 486—493).

Da nun die konstruktiven Einzelheiten des Schildes bekannt sind, können seine wichtigsten Querschnitt- und Längsabmessungen bestimmt werden.

Als *Querschnittform* pflegt man fast ausschließlich das *Vollkreisprofil* zu wählen. Es bietet vor allem die besten Voraussetzungen zur Aufnahme der Kräfte, bilden doch den Anwendungsbereich der Schildbauweise die jüngeren, häufig wassergesättigten lockeren, weichen Böden, in denen die lotrechten und waagrechten Drücke einander gleich sind. Das Kreisprofil erweist sich auch deshalb als vorteilhaft, weil in ihm die Tunnelringe genau aneinandergefügt werden können. Erfahrungsgemäß erleidet nämlich der Schild infolge der asymmetrischen Schneidkantenwiderstände — bedingt durch die asymmetrischen Gebirgsdrücke und durch den ungleichmäßigen Abbau — eine Drehung um seine Längsachse. Bei Schilden mit ovalem oder mit Rechteckquerschnitt würde aber eine solche Drehung selbst dann zu einer allmählichen Verzerrung der Profilform führen, wenn seine Achse genau in ihrer Richtung gehalten werden könnte, ja sie würde sogar das Aufeinanderpassen der Schraubenlöcher an den miteinander zu verschraubenden Tunnelringelementen und damit die Herstellung der Schraubenverbindungen vereiteln. (Der Kreis ist die einzige Kurve, die auf sich selbst verschoben werden kann, ohne sich zu ändern.) Früher baute man auch ovale und Schilde mit stehendem Rechteckquerschnitt (auch BRUNELs erster Schild war rechteckig), doch zeigte die Erfahrung über die erwähnten Nachteile hinaus sehr bald auch jenen weiteren, daß für ihren Vortrieb weit größere Kräfte erforderlich sind als für denjenigen kreisquerschnittiger Schilde, bei denen die Gewölbewirkung die auf dem Schild lastenden Erddrücke und somit auch den Reibungswiderstand nicht unwesentlich

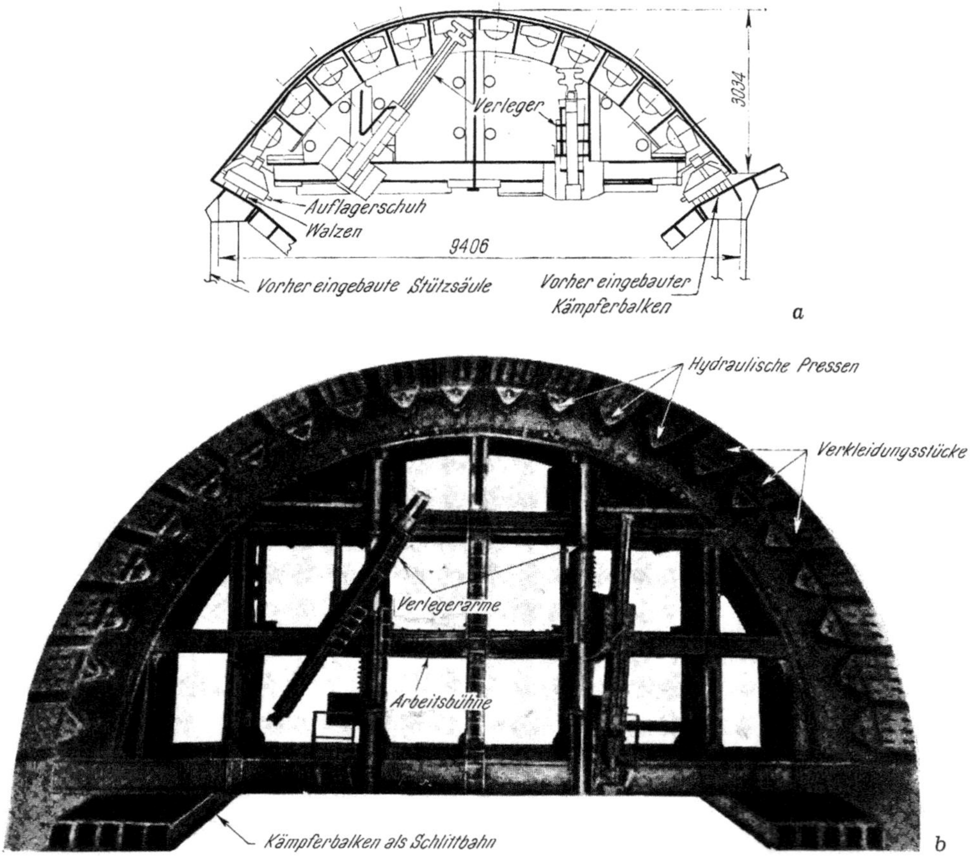


Abb. 480a und b. Schematische Darstellung (a) und Ansicht (b) eines segmentförmigen Schildes (Moskau)

herabsetzt. Nebst kreisquerschnittigen Schilden finden sich sehr selten auch solche mit *Kreissegmentquerschnitt* (Abb. 480), und zwar vornehmlich zum Bau sehr breiter Tunnel, deren Widerlager zuvor schon nach bergmännischen Verfahren hergestellt wurden und bei denen die waagrechten Kämpferreaktionen von einem festen, als standfest angenommenen Unterbau aufgenommen werden können (vgl. hierzu Abb. 581). Als standfeste Abstützungen dieser Art können die soeben genannten Widerlager des Tunnels oder die beiden fertiggestellten seitlichen Tunnelröhren einer U-Bahn-Station oder auch eine in Kämpferhöhe anstehende standfeste natürliche Gesteinsschicht in Frage kommen. Aber selbst unter solchen Umständen erleiden die segmentförmigen Halbschilde unter der lotrechten Belastung erfahrungsgemäß eine Abflachung, weshalb sie denn auch nur bei geringeren lotrechten Lasten, bei geringeren Überlagerungen angewendet werden dürfen.

Der *Schilddurchmesser* richtet sich nach dem Tunnelprofil, er ist somit eine vorgegebene Größe. Da im Schild der Abbau und die Materialbeförderung abgewickelt werden muß, da er ferner die Pressen, gegebenenfalls auch die Druckwasserpumpen sowie die Montagekräne (Erektoren) für das Verlegen der Tübbings aufnehmen muß, erfordert die Ausnützung des Innenraumes bei Tunneln kleinen Durchmessers größte Sorgfalt. Eine Entlastung bieten hierbei vornehmlich die Verminderung der Pressenanzahl, die Rückverlegung der Druckwasserpumpen in den fertigen Tunnel, die Weglassung der lotrechten und der waagrechten Aussteifungswände sowie der Arbeitsbühnen.

Das zweite grundlegende Problem bildet die Wahl der *Schildlänge*. Sie wird, wie weiter oben bereits gezeigt, maßgeblich und in erster Reihe durch die Abmessungen der Pressen und der Tunnelringelemente bestimmt. Besondere Bedeutung für den Betrieb des Schildes kommt der sogenannten *relativen Länge*, d. h. dem Verhältnis des Durchmessers zur Länge des Schildes zu, da sie das Einhalten der Richtung, seine Lenkbarkeit und auch seine Beweglichkeit entscheidend beeinflußt. Je kleiner seine relative Länge ist, um so schwieriger ist es, den Schild in der gewünschten Richtung zu halten, um so leichter aber auch, ihn (etwa in Krümmungen) zu steuern. Je größer hingegen die Länge des Schildes relativ zu seinem Durchmesser ist, um so stabiler hält er seine Richtung, um so schwerer wird man ihn aber aus Richtungsabweichungen zurückführen und um so schwerer wird man ihn — wegen der größeren Reibungsflächen — auch vorwärtspressen können. In ganz lockeren, leichten Böden und in langen, geraden Strecken wird es also vorteilhafter sein, mit dem stabileren längeren Schild zu arbeiten, während sich in schwereren Böden und in gekrümmten Strecken kürzere Schilde besser bewähren werden. Da der Schild zur Unterbringung der Einrichtungen unbedingt eine gewisse minimale Länge haben muß, ergibt sich für die relative Länge besonders bei Schilden mit kleinem Durchmesser ein ungünstiger Wert. Entsprechend lassen sich derartige kleinere Schilde in der Regel schlechter lenken. Zur Verbesserung ihrer Lenkbarkeit pflegt man sie auch aus zwei in ihrem lotrechten Querschnitt in der Mitte *gelenkig verbundenen Teilen* auszubilden (Patent der Fa. Hallinger). Mit Hilfe verstellbarer, an den Verbindungsstellen zwischengeschalteter Schrauben aus hochfestem Stahl kann dann die relative Lage der vorderen Schildhälfte geändert und dem Schild die gewünschte Richtung gegeben werden.

Die Verhältniszahl der relativen Länge ($L/D$) schwankt zwischen 0,4 und 1,4, soll aber nach neuerer Auffassung 0,70 bis 0,75 nicht überschreiten. Die relative Länge und einige andere wichtigere Daten für die Schilde bekannterer, in der Schildbauweise aufgefahrener Tunnel sind in Tab. 44 zusammengefaßt.

Zur annähernden Berechnung des Gewichtes stählerner Schilde geben RICHARDSON und MAYO die Formel

$$W = 15(D - 10) \tag{319}$$

an, in der $W$ das Gewicht in Tonnen, $D$ hingegen den Durchmesser des Schildes in Fuß bezeichnet. Angaben über das tatsächliche Gewicht ausgeführter Schilde enthält übrigens auch die obige Tabelle, aus der ferner hervorgeht, daß Schilde aus gußeisernen Elementen etwa doppelt soviel wiegen wie stählerne.

Tabelle 44. *Vergleich von Schildabmessungen*

| Name des Tunnels | Durchmesser $D$ (m) | Länge $L$ (m) | $\frac{L}{D}$ | Zahl der Vorschubpressen | Blechdicke (mm) | Gesamtdruckkraft (t) | Schildgewicht (t) | Bemerkungen |
|---|---|---|---|---|---|---|---|---|
| Antwerpen | 9,50 | 5,50 | 0,576 | 32 | 70 | 6400 | 275 | Gußstahl |
| London City | 3,86 | 2,13 | 0,55 | 6 | | 186 | — | |
| Rotherhite | 9,35 | 5,49 | 0,586 | 40 | | 6700 | — | |
| Moskau Metro | 9,50 | 4,73 | 0,50 | 36 | | 3500 | 340 | Gußstahl |
| Moskau Metro | 6,00 | 4,97 | 0,83 | 24 | | 1800 | 120 | Gußstahl |
| Budapest FAV | 5,50 | 6,00 | 1,09 | 20 | 20 (50) | 2500 | 80 | |
| Budapest FAV | 8,50 | 6,50 | 0,764 | 24 | 30 (60) | 6000 | 180 | |
| Queens-Midtown | 9,65 | 5,70 | 0,59 | 28 | | 5600 | | |
| Mersey (segmentförmig | 3,12 | 3,52 | 1,13 | 10 | 19 | 770 | — | |
| Blackwall | 8,61 | 5,78 | 0,67 | 34 | 63 | 5785 | 224 | |
| Holland Autotunnel | 9,17 | 5,73 | 0,63 | 30 | 70 | 6000 | 400 | |
| Detroit Dearborn | 6,54 | 4,26 | 0,65 | 20 | 55 | 3120 | — | |
| Lincoln | 9,63 | 4,17 | 0,49 | 28 | 63 (+ 12,7 im Schwanzteil) | 6440 | 304 | |
| Chicago | 7,68 | 5,93 | 0,77 | 24 | | 4800 | 225 | |
| Brooklyn-Battery | 9,63 | 4,71 | 0,49 | 28 | 63 (+ 12,7 im Schwanzteil) | 6440 | 315 | |

### 6.3.2.2. Die wichtigsten Arbeitsphasen der Schildbauweise

Beim Bau von Tunneln unter dem Schutz von Schilden fallen folgende Arbeiten an:

*Ausbruch* (6.3.2.2.1.).
*Ausräumen der Ausbruchsmassen* (6.3.2.2.2.)
*Schildvorschub* (6.3.2.2.3.)
*Einbau der Tunnelringe* (6.3.2.2.4.)
*Injektionen, Abdichtung der Tunnelringe, Entwässerung* (6.3.2.2.5.)

*6.3.2.2.1. Der Ausbruch* geht an der Stirnseite des Schildes in der von der Schneide umschlossenen Arbeitskammer, *dem am meisten gefährdeten Teil des Schildes*, vor sich. Die Natur der Schildbauweise erfordert es nämlich, die Brust im vollen Querschnitt auf einmal abzubauen, und da der Anwendungsbereich der Schildbauweise im allgemeinen in den weichen, lockeren Böden liegt, stellt die Erhaltung der Standfestigkeit der häufig großen, selbst 50 bis 70 m² überschreitenden Brustflächen eine keineswegs leichte Aufgabe dar.

Zum Abstützen, Festhalten[1] der Brust bieten sich folgende Möglichkeiten:

*a*) Beim Vortrieb mit einem *mit Schirm versehenen Schild*, wie er in Kap. 6.3.2.1. bereits beschrieben wurde, verschieben sich die Angriffsfläche der das Abgleiten auslösenden Horizontaldrücke ($p_h$) und die Gleitebene um die Kraglänge ($x$) des

[1] Zur Berechnung der an der Stirnwand einströmenden Wassermengen siehe Transportnoje Stroitelstwo *9*, 45 (1961).

Schirmes nach dem Inneren der Brust hin. Damit gewinnt man eine $x$ dicke Erdwand, die einen Teil der wirksamen Horizontalkräfte verzehrt, d. h. die auf die ursprüngliche innere Brustwand entfallenden Drücke werden sich verhältnisgleich mit der Größe der nicht abgeglittenen Erdmasse vermindern. Die Horizontaldrücke $p_h$ rühren nämlich von den Vertikaldrücken $p_v$ her, und deren auf die Länge $x$ entfallenden Teil wehrt der Schirm ab (vgl. Abb. 481 a).

Der Schirmschild erweist sich auch dann als vorteilhaft, wenn man in Lockerböden arbeitet und die Brust vor jedem Vorschub abstützen muß, denn die Brust-

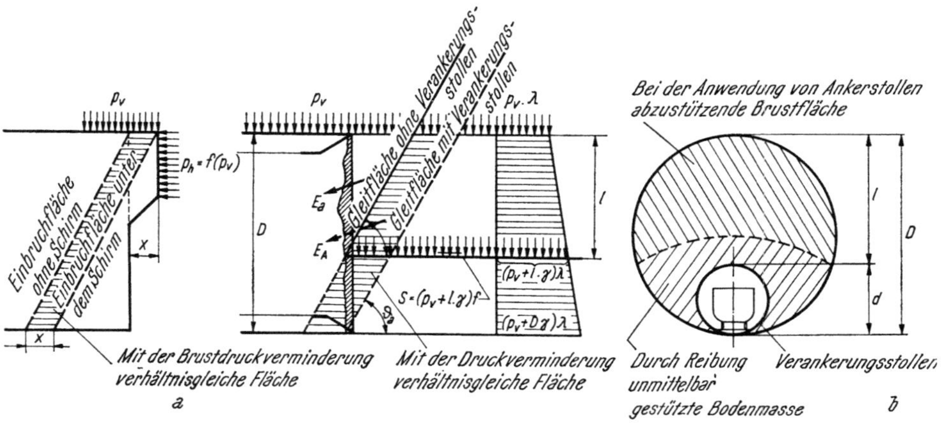


Abb. 481. Verminderung des auf die Ortsbrust wirkenden Erddruckes (a) bei einem Schirm-Schild, (b) bei einem Verankerungsstollen

abstützung kann in solchen Fällen so weit vorverlegt werden, daß man den Schild in einem Vorschub um eine volle Tunnelringbreite vorpressen kann.

*b) Abstützung der Brust durch* — eventuell nur teilweisen oder lückenhaft eingezogenen — *Verzug.* Die Pfähle werden hierbei entweder von hinten oder durch provisorische Holzsteifen gegen die Versteifungsrippen des Schildes abgestützt, eine Alternative, die ein Umsteifen der ganzen Abstützung bei jedem Vorschub erfordert. Schließlich kommt auch eine Abstützung durch eigene Brustpressen gegen die Arbeitsbühnen bzw. gegen die lotrechten Zwischenwände in Frage (vgl. Kap. 6.3.2.1., ad 2. und Abb. 469).

c) *Stabilisierung der Brust durch Druckluft* (bzw. Entwässerung), die bei Druckluftentwässerung angewendet wird. Sie hat insofern eine doppelte Wirkung, als sie eine der Intensität des Überdruckes entsprechende Stützpressung entwickelt und überdies durch das Verdrängen des Wassers aus den Bodenporen künstlich dessen Scherfestigkeit und damit auch die Standfestigkeit der Brust erhöht. Eine ähnliche stabilisierende Wirkung soll von der Brustentwässerung mittels horizontaler Vakuumbrunnen erzielt werden.

*d)* Erhöhung der Standfestigkeit der Brust durch *künstliche Bodenverfestigung* (vgl. Kap. 6.3.2.4.).

Die *unmittelbare* Verfestigung durch Bohrlöcher hindurch, die vom Schild aus fächerförmig auseinanderstrebend gebohrt werden (Abb. 482), ist ziemlich umständlich, weil der Boden abwechselnd verfestigt und abgegraben, weil also die für Bohren, Injektieren und Verfestigen erforderliche Zeit jeweils abgewartet werden muß (vgl. Bau der Express-Metro Paris). Aus diesem Grunde zieht man die indirekte Stabilisierung vor, bei der man nicht die Brust, sondern die über dem Schildscheitel anstehenden Schichten verfestigt, von denen der Druck herrührt, und damit auch die Brust selbst entlastet (vgl. Kap. 6.3.2.4.).

*e*) Eine äußerst interessante Art der Stabilisierung der Brust bildet deren Unterteilung bzw. Abstützung durch *verankernde Stollenausbrüche.* Zergliedert man die Brust durch den Vortrieb kleinerer Stollen, dann vermindern sich die freien Stützweiten in ihr, es bilden sich also günstigere Beanspruchungsverhältnisse aus, weil die Brust außer an ihrem eigenen auch am Umfang des Stollens eine Abstützung erhält. Der vorgetriebene Stollen ist nämlich im Verhältnis zu seiner Länge im Boden verankert und kann somit — durch den Reibungswiderstand seiner Reibungsfläche bedingt — erhebliche Umfangsreaktionen aufnehmen.

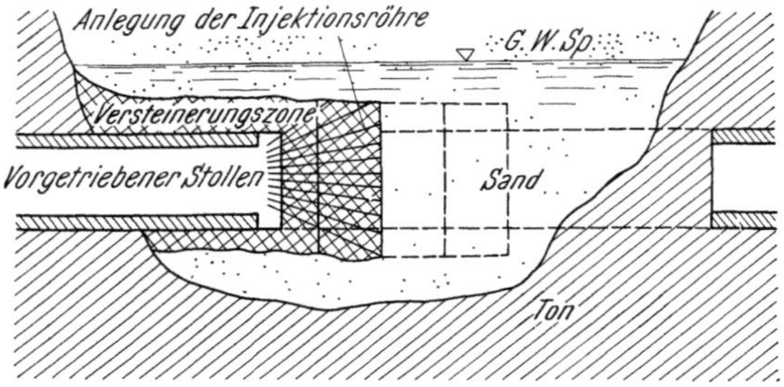


Abb. 482. Brustversteinerung durch das Joosten-Verfahren

Den an der Brust wirksamen Erddruck setzen aber diese Verankerungsstollen auch dadurch herab, daß sie die lotrechte Bodensäule vor der Brust unterteilen und einen Teil ihres Gewichtes unmittelbar aufnehmen, daß sie ferner die Länge der Gleitflächen verkürzen und so auch die Größe der gleitwilligen Erdmassen, d. h. die des Seitendruckes vermindern (vgl. Abb. 481b).

Als noch wirksamere Maßnahme hat sich der Vortrieb *dreier Stollen* erwiesen, wie er beim Bau der Budapester Untergrundbahn von Kintli und Fábián

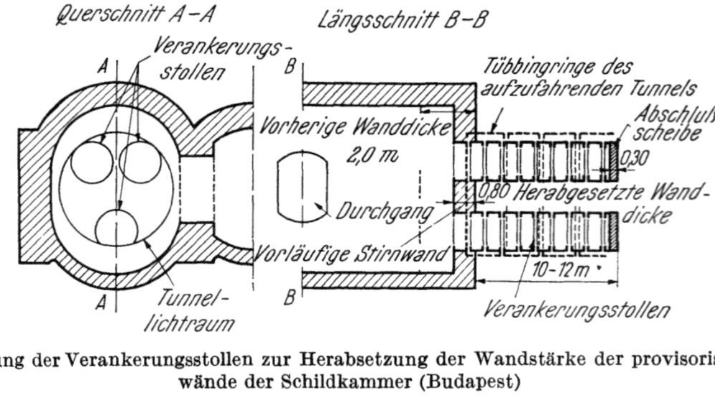


Abb. 483. Anwendung der Verankerungsstollen zur Herabsetzung der Wandstärke der provisorischen Abschlußwände der Schildkammer (Budapest)

für die Stabilisierung großflächiger Arbeitsbrüste (zum provisorischen Abschluß der Arbeitskammern von Schilden) vorgeschlagen wurde (Abb. 483), weil er der Brust eine noch bessere Abstützung bietet und den wirksamen Erddruck noch weiter herabsetzt. Diese Verankerungsstollen hatten lichte Durchmesser von 2,50 bis 3,0 m und erhielten nach der unter Kap. 6.2.4.1. beschriebenen Bauweise jeweils einen provisorischen Einbau aus gepreßtem Kantenblech (sogenannten „Kleintübbings"). Da sie längere Zeit in Betrieb standen, wurden sie auch hinterpreßt, womit einer während dieser Zeit über größere Flächen sich ausbildenden Auflockerung und der Ausbildung großer Gebirgsdrücke vorgebeugt wurde.

In der Praxis des Moskauer Untergrundbahnbaues wurde an vielen Baustellen in die Brust ein *Sohlstollen* vorgetrieben, durch den die Ausbruchsmassen ausgeräumt, in einen zuvor abgeteuften Arbeitsschacht und aus diesem nach über Tage gefördert wurden, was den Arbeitsraum des Schildes wesentlich entlastete (Abb. 484). Vorteile bietet ein solcher Sohlstollen für große Schilde auch insofern, als er ihr Vornübersinken verhindert und ihre Steuerung erleichtert. (In lockeren, weichen Böden sinkt der Vorderteil des Schildes unter den an der Brust stets

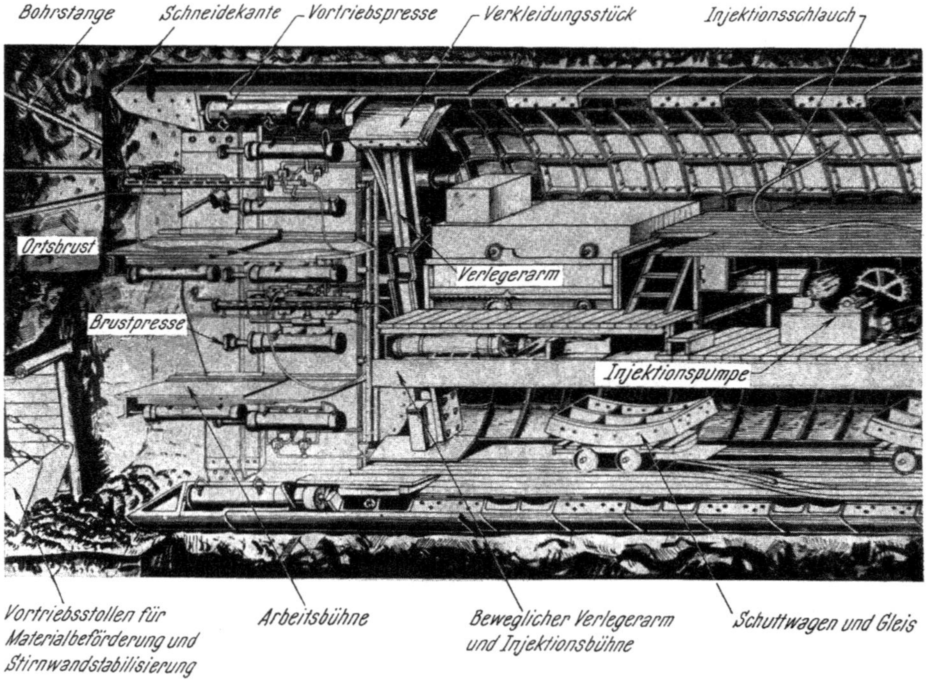


Abb. 484. Längsschnitt der Schildbauweise mit einem über der Stirnfläche vorangetriebenen Förderstollen

größeren Firstdrücken und -nachbrüchen tiefer in den Boden ein als der Schwanzteil, um den sich nach der Auflockerung alsbald eine gewisse Gleichgewichtslage und eine neue Überwölbung ausbildet.) Betoniert man nämlich die Stollensohle entsprechend der Wölbung des Schildumfanges aus und zieht man in den Beton Gleitschienen ein, dann hat man damit dem Schild nicht nur eine bessere Abstützung und eine feste Richtung gegeben, sondern auch günstigere Voraussetzungen für seinen Vorschub geschaffen.

*f*) In schwimmenden und rolligen Böden, in denen Einbrüche drohen und die bisher erörterten Methoden ausnahmslos versagen, in denen es aber die Konsistenz des anstehenden Bodens ermöglicht, ihn durch die einzelnen Abschlußwandöffnungen in den Tunnel hineinzuleiten, *erhält die Stirnwand einen vollständigen Abschluß* (vgl. Abb. 479). Die versteifte Stahlblech-Schottwand ist in solchen Fällen in der Regel in die innere Stirnschneidenebene eingebaut. Sie hat kleine

Einlaßöffnungen, durch die der Boden in das Innere des Schildes eingelassen werden kann; gewöhnlich hat jeder Teil der Arbeitskammer eine eigene derartige Öffnung, und von der Zusammendrückbarkeit und von der Natur des angefahrenen Bodens hängt es ab, welche Mengen in den Schild geleitet und welcher Anteil beim Schildvorschub durch Verdichtung des Bodens seitlich in das Anliegende abgedrängt wird. In ganz flüssigen Böden wurden bisher Schilde auch vorgetrieben, ohne daß man in sie vom Boden überhaupt etwas hineingeleitet hätte. Man spricht in solchen Fällen von „Blindvorschub" und bei teilweisem Einlassen des Bodens von „teilweise blindem" Vorschub. Beim Bau der südlichen Röhre des New Yorker Lincoln-Tunnels z. B. wurden in den Schild 20% der der Querschnittfläche des

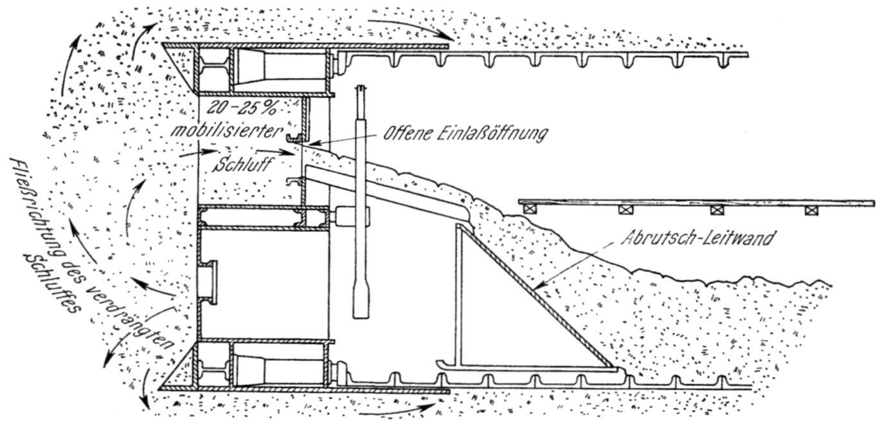


Abb. 485. Bodeneindringung in einem mit Abschlußwand versehenen Schild und Verdrängungsvorgang

Schildes entsprechenden schwebenden Schluffmengen aus dem Hudson-Bett eingelassen. Die Größe der Einlaßöffnungen am Schild belief sich auf 0,5% der Wandfläche. Maßgebend wird die Festlegung des einzulassenden Anteiles durch die Forderung bestimmt, daß die Standsicherheit der unter- und übertägigen Bauwerke in der Umgebung gewahrt bleiben muß. Oder, um ein anderes Beispiel zu nennen: Beim Bau der in weichem Tonboden in der Schildbauweise aufgefahrenen Abschnitte der U-Bahn von Chicago, die große und wichtige Bauwerke unterfährt, konnten Setzungen und Hebungen an der Oberfläche durch Öffnen und Schließen der Einlaßöffnungen in den zulässigen Grenzen gehalten werden. Hier kam es vor, daß die durch den vollen Schildquerschnitt angefahrenen Bodenmassen zu 100% in den Schild eingelassen wurden, wobei die Gesamtfläche der Einlaßöffnungen 5 bis 20% der vollen Stirnwandfläche erreichte.

Den Durchfluß durch die Einlaßöffnungen regeln hydraulisch betätigte Schützen (Abb. 485). Erwähnt sei noch, daß sich in solchen Schwimmböden sehr gute Baufortschritte — täglich z. B. 9 m gegenüber 2,2 m in Spatenböden und 1,0 m in Felsböden — erzielen lassen.

*g*) Sobald die Stirnwand des Schildes abgeschlossen ist, beginnt der mechanische Abbau der Brust mit in die Stirnwand eingebauten *Abbaugeräten, die auch den Einsturz der Brust verhindern.*

*α*) Das älteste derartige Gerät ist der in Abb. 486 dargestellte Pricesche *Bagger mit rotierenden Schürfeimern,* der sich zur Verwendung in mittelhartem Boden zum Bau von Tunneln kleineren Durchmessers eignet. Wie aus der Abbildung hervorgeht, stützt die Vorrichtung mit ihren um die Längswelle radial angeordneten Dreharmen und den auf diesen sitzenden Schürfeimern die Brust nicht auf ihrer vollen Fläche ab. Dieses System erfuhr eine Verbesserung durch Wolkow, der auf die Achse innerhalb des Schürfeimerkranzes noch eine Frässcheibe aufsetzte, so daß die Vorrichtung den Boden nun nicht mehr am Umfang allein, sondern auch in der Achse abträgt. Die von der Brust abgebauten Erdmassen schaufelte man anfänglich von Hand in den Schildrumpf, später baute man jedoch

Abb. 486. Pricescher Schild mit rotierendem Eimerketten-Bagger

unter die Schildachse eine Rutsche ein, aus der sie durch ein Band nach hinten gefördert wurden. Abgesehen davon, daß Vorrichtungen dieser Art der Abbaubrust die Abstützung nicht auf die erforderliche Weise zu geben vermögen, haben sie im Vergleich zu anderen Abbaugeräten auch einen überaus hohen Kraftbedarf.

$\beta$) Gleichfalls in mittelhartem Gebirge hat sich der Vortriebsschild mit Schürfkugel System Hallinger (Abb. 487 und 488) bewährt. Den Boden baut bei diesem Schild eine innerhalb des Schneidenkranzes eingebaute und etwas über dessen äußere Ebene vorkragende Schürfkugel ab. Die Halbkugel wird von einem hydraulisch angetriebenen, an die Welle exzentrisch angeschlossenen Kolben um ihre normal auf die Längsachse des Schildes liegende Achse über einem Winkel von 30 bis 45° auf und ab bewegt, wobei den Boden mehrere Reihen sternförmig in den Schlitzen des Stahlblechmantels sitzender Gußstahlmesser mit dem fortschreitenden Vorschub in 1 bis 2 cm dicken Schnitten abschälen. Die abgeschälten Bodenschnitten fallen durch die Öffnungen unter den Messerreihen in den Innenraum des Schildes, werden dort auf ein Becherwerk geschaufelt und von diesem nach hinten gefördert. Zwischen Schneidenkranz und Schürfkugelmantel liegt ein etwa 5 bis 10 cm breiter Spalt, und der diesem und der ganzen lotrechten Projektion der Schneidkante entsprechende äußere Bodenring muß beim Vorschub des Schildes von der Schneide abgeschnitten werden. Letzten Endes stellt also der Schürfkugelschild nach Hallinger ein Gegenstück zum Schirmschild dar, weil er den Einbruch in der Mitte der Brust ansetzt. Da er damit in körnigen

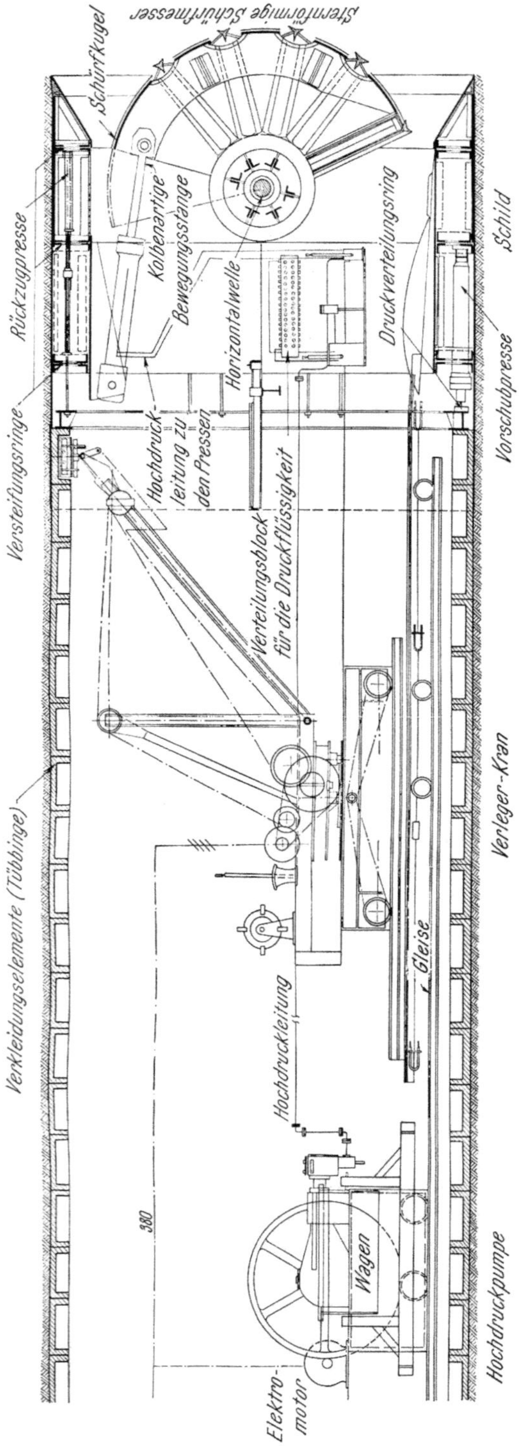


Abb. 487. Hallingerscher Schild mit Schürfkugel

Lockerböden eventuell auch die Firste zum Absturz bringen kann, steht zu befürchten, daß die hieraus resultierenden Mehrausbrüche einen zu großen Umfang annehmen können. In plastischen, durchnäßten Böden hingegen hat man damit zu rechnen, daß sich die Messerschlitze verstopfen, das Abschaben durch die Kugel somit schwer vorangeht und der Schild wegen des großen Widerstandes nicht vorgepreßt werden kann. Über eine gewisse Größe hinaus erfordert die Bewegung der Schürfkugel auch einen sehr großen Energieaufwand, weshalb seine Verwendung bei Durchmessern über 5,0 m als nicht mehr wirtschaftlich bezeichnet werden muß. Sehr gut bewährt sich dagegen die Konstruktion in weniger durchnäßten lehmigen, in gewissem Grade schon bindigen Böden sowie überall dort, wo eine ungleichmäßige Schichtung Firstbrüche unvorhersehbaren Umfanges erwarten läßt. Einwandfrei ist auch die Lenkbarkeit des Schildes sowohl der Höhe als auch der Richtung nach, die er dem Umstand zu verdanken hat, daß der Abbau am Rand durch die Schneide erfolgt, die solcherart im Boden den erforderlichen Halt besitzt.

$\gamma$) Den Vortrieb mit geschlossenem Schild in Fließböden wollte Makowski auch künstlich wirtschaftlicher gestalten. Er baute in die geschlossene Stirnwand des Schildes einen Wasserwerfer ein, mit dem auch festere, schluffige sowie Mehlsand- und Sandböden leicht in flüssigen Zustand überführt und durch unten in der Stirnwand angeordnete Einlaßöffnungen in den Schild geleitet werden konnten. Der durch die geschlossene Stirnwand hindurch völlig unkontrollierbare Abbau mittels Wasserwerfers barg jedoch so sehr die Gefahr

Abb. 488. Frontansicht der Schürfkugel

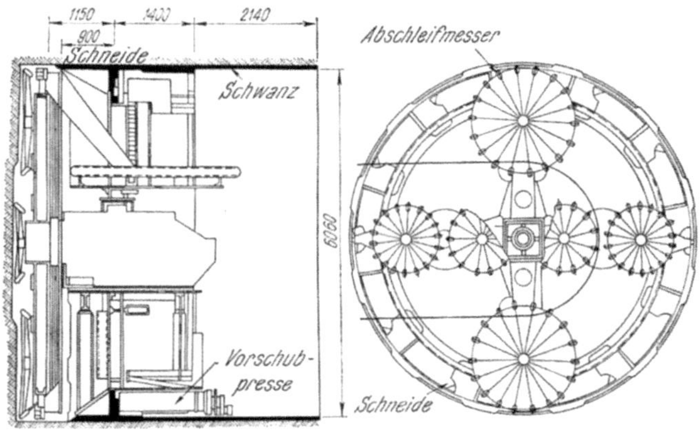


Abb. 489. Der Leningrader Frässcheiben-Bagger

unberechenbarer absackungsartiger Firstbrüche und eines unberechenbaren Ansteigens der wirksamen Außendrücke in sich, daß sich das Verfahren in der Praxis nicht durchzusetzen vermochte.

δ) Die entscheidende Wendung in der Entwicklung der Mechanisierung des Bodenabbaues brachte das Aufkommen des *sowjetischen Frässcheibenschildes.* Er gelangte erstmalig beim Bau der Leningrader Untergrundbahn in kambrischem Ton zur Anwendung. Wie aus der schematischen Darstellung in Abb. 489 ersichtlich, rotiert um eine zentrisch gelagerte Welle vor der äußeren Schneidenebene eine Scheibe, die ihrerseits sechs kleinere Frässcheiben trägt. Von diesen sind zwei größere einander gegenüber, vier kleinere hingegen in einer Reihe angeordnet, die senkrecht auf die Verbindungsgerade zwischen den beiden größeren Frässcheiben verläuft. Die Frässcheiben, die mit Bodenfräsmessern versehen sind, werden von der Zentralscheibe mitgenommen, wobei sie um ihre eigene Welle in entgegengesetztem Drehsinn rotieren und hierbei den Boden abgraben. Beim Bau der kreisquerschnittigen Röhren (∅ 6,0 m) der U-Bahn in Leningrad wurden mit derartigen Schilden im Durchschnitt tägliche Vortriebsleistungen von 12 bis 15 m erzielt.

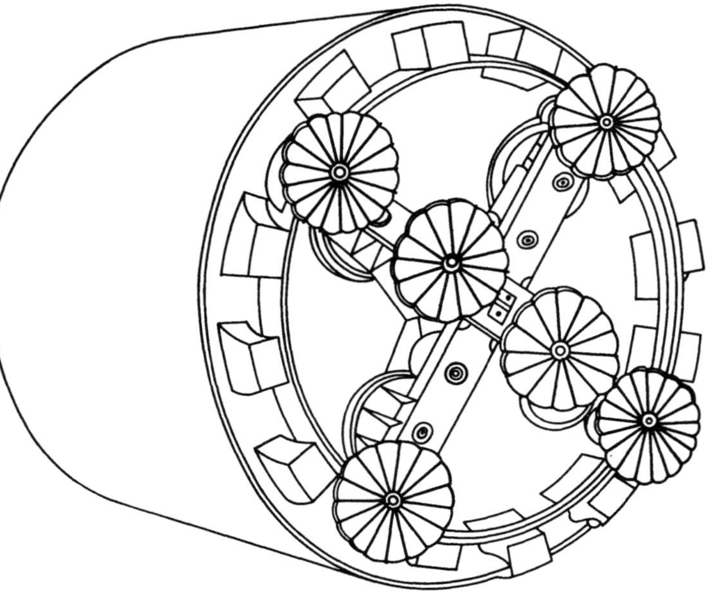

Abb. 490. Der Moskauer Frässcheiben-Bagger

Mit Erfolg setzte man die Frässcheibenschilde beim Bau der Moskauer Metro auch in Kalkstein mittlerer Festigkeit ein. Früher hatte man in dieser Gesteinsart mit Freivortrieb und mit Sprengungen gearbeitet, doch führten die Sprengungen zu erheblichen Mehrausbrüchen und in deren Gefolge zu starken Gesteinsauflockerungen mit entsprechendem Ansteigen der Gebirgsdrücke sowie mit einem wesentlichen Anwachsen des Injektionsgutverbrauchs und des Arbeitsaufwandes. Unter solchen Umständen erwies sich der Abbau mit Frässcheiben trotz des Verschleißes von 1 bis 2 Messern je lfd. m Tunnellänge als weit wirtschaftlicher. Zuerst verwendete man ähnliche Frässcheiben wie in Leningrad (Abb. 490). Später ging man jedoch auf eine andere Form über (Abb. 491a und b). In die Zentralscheibe waren hier nur zwei Frässcheiben eingebaut, deren Durchmesser fast die Länge des Halbmessers der Zentralscheibe erreichte (vgl. Abb. 491). Unter die Frässcheiben baute man Kratzenförderer ein, auf die der abgeschabte Boden aufgeschaufelt wurde, womit auch die Förderung der Abbruchsmassen nach hinten bestens gelöst war. Die maximale tägliche Vortriebsleistung überschritt auch hier die 10 m [153].

a

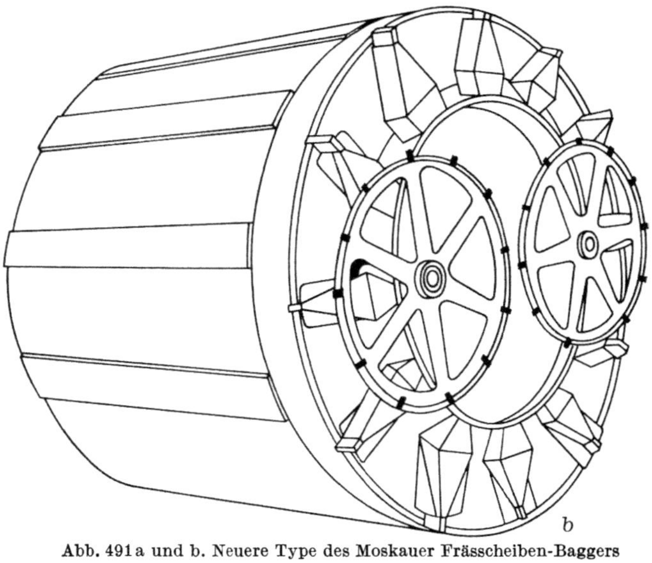

b

Abb. 491a und b. Neuere Type des Moskauer Frässcheiben-Baggers

Die Verwendung von Frässcheiben kommt im Tunnelbau im übrigen nicht nur bei Kombination mit einem Schild, sondern — sofern man den Tunnel in Gestein aufzufahren hat — auch ohne Schild in Frage [154] (vgl. hierzu Abb. 371—372). Die Einrichtung einer mit dem sogenannten kontinuierlichen Bohrer (Mole = Maulwurf) arbeitenden Baustelle veranschaulicht die Abb. 492. Wie aus dieser hervorgeht, bietet die Einrichtung auch Möglichkeiten, in dem vom Fräskopf aufgebrochenen kreisquerschnittigen Hohlgang zur Abstützung der Kalotte auch provisorisch oder endgültig einzubetonierende Stahlrippen zu verlegen. Mit den Goodman & Robbinsschen Frässcheibenbohrern lassen sich besonders in Gesteinen mittlerer Festigkeit (Kalk- und Sandsteine, Schiefer) gute Ergebnisse

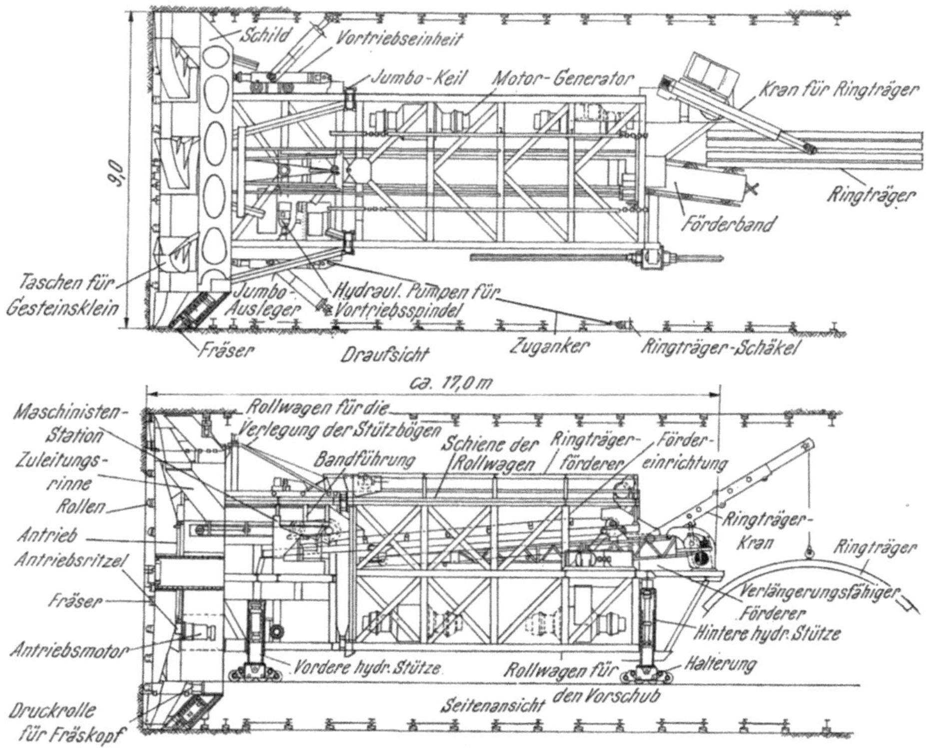


Abb. 492. Goodman-Robbins Tunnelbohrer-Satz

erzielen. Dagegen ist sie für Eruptiv- und Urgesteine ungeeignet, während sie in körnigen oder in Tonböden mit einer Schildhaut kombiniert werden muß.

In weicheren und in körnigen Böden muß der Frässcheibenschild naturgemäß versagen. Dies gilt übrigens allgemein für alle mechanischen Abbaugeräte, weil sie nur in wasserärmeren, spröderen bindigen Böden mit Erfolg eingesetzt werden können. Überdies steigen die Anschaffungskosten und der Kraftbedarf dieser Geräte mit wachsendem Durchmesser sprunghaft an. Nach vorliegenden sowjetischen Unterlagen beläuft sich der Stromverbrauch je Kubikmeter Boden auf 5 bis 8 kWh.

ε) Den neuesten Stand der Entwicklung repräsentieren die sogenannten *Drehtrommelschilde* (Abb. 493), die beim Bau der neuen Victoria-Strecke der Londoner Untergrundbahn eingeführt und auch beim Bau der Untergrundbahn in Toronto mit bestem Erfolg eingesetzt wurden.

Der Drehtrommelschild besteht aus zwei Zylindern, deren äußerer mit Schneidkanten ausgebildet ist und den Schildmantel selbst darstellt. In diesem äußeren Zylinder rotiert auf Rollen eine Trommel mit einem um 1,85 m kleineren Durchmesser, die an ihrer Vorderseite auf sechs radial angeordneten Armen Fräsköpfe trägt. Auf diesen sitzen die Fräsmesser. Die Arme schaben die Brustfläche zwischen Trommel und Schildmantel ab, während die Brustfläche vor der Trommel von den auf einem einzigen Durchmesserarm sitzenden Messern abgebaut wird. Austeilung, Form und Größe der Messer kann je Arm und je nach der Bodenart gewählt werden, die Messer sind also auswechselbar.

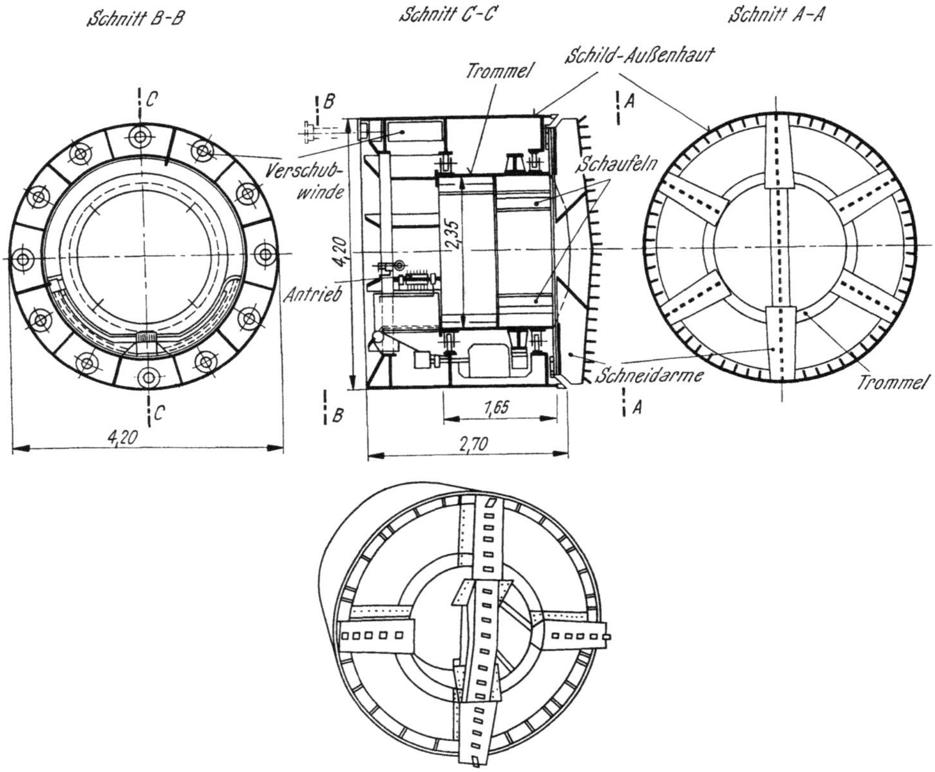


Abb. 493 a. Der „Trommel-Bagger“-Schild (Kinnear Moodie and McAlpine)

Die innere Trommel kann mit einer Umlaufgeschwindigkeit von 4 bis 6 U/min in beiden Richtungen gedreht werden, und zwar mit einem Kraftaufwand, der weit unter demjenigen für Frässcheiben mit zentrischer Antriebswelle liegt.

Eine weitere Neuerung — die den Kraftbedarf zusätzlich herabsetzt — besteht darin, daß der Schild keinen Schwanzteil hat. Das Fräsen auf genaues Maß ermöglicht es nämlich, in dem harten Tonboden die Tübbings unmittelbar auf die Erdleibung des aufgefahrenen Hohlganges zu verlegen und den Schild, gegen diese gedrückt, mit einem weit geringeren Kraftaufwand vorzupressen. Sofern es sich als nötig erweist, kann aber naturgemäß auch diesem Schild ein Schwanzteil angebaut werden.

Mit dem Drehtrommelschild (Baumuster Kinnear Moodie und McAlpine) wurden die bisher größten Vortriebsgeschwindigkeiten, und zwar bei einem Tunnel mit einem Außendurchmesser von 4,20 m pro Arbeitsstunde 1 m erzielt [155].

Diese Planetenbewegung erfaßt praktisch die ganze Brustfläche und die Schneidrippen schaben das Material von der ganzen Fläche ab. Der abgebaute Boden fällt in eine Rinne und gelangt aus dieser in das Innere des Schildes, aus dem er mit mechanischen Ladevorrichtungen in die Wagen verladen und abbefördert wird.

Die Drehbewegung wird sowohl auf das Wellenkreuz als auch auf die Drehscheiben durch ein zentrales Antriebswerk übertragen.

Abb. 493 b. Der Calweld-Smithsche Frässchild mit überneigender Schneide

Aus dem Bestreben mechanische Schilde auch in rolligen Bodenarten anwenden zu können, ist der Typ des Calweld-Smithschen Schildes entstanden (Abb. 493 b). In diesem Schild sind die Fräsarme auf zwei unmittelbar bei der Schildachse laufenden, parallelen Wellen montiert und bewegen sich wie Scheibenwischer hin und her. Der Schild ist für weiche und halbfeste Bodenarten (Sand und Kies inbegriffen) bestimmt; die vorwärts ragende Überneigung der Schneide hat auch eine ortstabilisierende Wirkung.

*Gegen die Vortriebsschilde mit mechanischen Abbauvorrichtungen kann — abgesehen von der stets vorhandenen Gefahr von Betriebsstörungen — in erster Linie eingewendet werden, daß sie nur in einer gegebenen und durchwegs homogenen Bodenart ungestört und mit befriedigender Leistung arbeiten werden.* Sobald sich die Bodenverhältnisse ändern oder der Schild beispielsweise Geröll oder wasserhaltige Sandlinsen anfährt, arbeiten sie nicht mehr reibungslos. Der dadurch bedingte wiederholte Aus- und Einbau der mechanischen Abbaugeräte aber verursacht empfindliche Zeitverluste.

$\xi$) RICHARDSON und MAYO empfehlen je nach Bodenart folgende Abbauverfahren:

*1. In flüssig-lockerem Schluff* verwendet man zweckmäßig Vortriebsschilde mit geschlossener Stirnwand. Der Schild wird unmittelbar an den Boden angepreßt, wobei man etwa 20 bis 25% der der vollen Querschnittfläche entsprechenden Bodenmenge — vornehmlich durch die oberen Öffnungen hindurch — in den Schild leitet. Hier wird das einfließende Material auf der Tunnelsohle als Ballast ausgebreitet, womit ein Hochsteigen des Tunnels unter der Auftriebswirkung der Druckluft verhindert werden soll.

*2. In weichen Böden* wird man mit Erfolg gleichfalls den geschlossenen Vortriebsschild anwenden, das verdrängte Material jedoch zweckmäßig fast in vollem Umfang in den Schild hereinnehmen. Bei hochliegenden städtischen Untergrundbahntunneln vermag zwar selbst diese Art des Schildvortriebs an der Erdoberfläche Anhebungen um einige Zentimeter zu verursachen, doch können deren Auswirkungen auf Bauwerke noch immer leichter hingenommen werden als jene von Setzungen. Auch so kann es gelegentlich vorkommen, daß der Schwimmboden durch den Druck auf die Brust nach hinten an den Schwanzteil des Schildes gedrängt wird und durch den Spalt zwischen Tunnelringen und Schildmantel von hinten in den Schild eindringt.

*3. In trockenem Material,* in Schiefer oder in zementiertem Kies etwa, d. h. in selbsttragenden Böden bewähren sich sowohl Schilde mit offener Stirnwand als auch die soeben beschriebenen mechanischen Vortriebsschilde. Der Boden wird hierbei entweder von der freistehenden oder nur geringfügig abgestützten Brust abgegraben, so daß die Schildschneide selbst nur den am Tunnelrand stehenbleibenden Bodenzwickel abzustechen hat.

*4.* In unangenehme Situationen kann der Vortriebsschild in *Böden mit wechselnder Schichtung* geraten. Günstiger ist die Lage, wenn zuoberst eine Schicht weichen, lockeren Bodens ansteht, weil sich in diesem mit Schirmschilden oder nach irgendeinem Bruststabilisierungsverfahren gute Ergebnisse erzielen lassen. Ist jedoch die untere Schicht felsig, muß der Fels gesprengt werden, was Gefahren in sich birgt. Steht dagegen die feste Schicht oben an, wird man sie zum Schutz des unter ihr erfolgenden Ausbruchs benützen und die Röhre nach vorangegangener sorgfältiger Abstützung (eventuell durch vorweg eingebaute Halbringe des endgültigen Ausbaues) durch Schießen mit kleinen Ladungen oder im freien Brustvortrieb auffahren.

*5. In Sand- und Kiesböden* bieten überaus wertvolle Hilfe ein Schirm, der Brustverzug und die Arbeitsbühnen, die es verhindern, daß das lockere Material bis in größere Tiefen abreißt und in den Schild hineinbricht, weil dieses Abreißen der Erdwand, selbst wenn sie keine Abstützung erhält, höchstens bis in eine Tiefe reichen kann, die dem Produkt aus dem Abstand zweier Arbeitsbühnen voneinander mit dem Kotangens des natürlichen Böschungswinkels entspricht (Abb. 494). Beim Vorpressen des Schildes wird man diese hereingeglittenen Böschungen zweckmäßig als Brustabstützung auf den Arbeitsbühnen liegen lassen und erst dann die überschüssigen Massen wegschaffen. Auch aus diesem Grunde ist es zweckmäßig, die Arbeitsbühnen als waagrechte Unterteilungswände nur lose einzulegen, damit sie, sobald man Boden besserer Beschaffenheit anfährt, aus dem Arbeitsraum leicht ausgebaut werden können. Da in lockeren Sand- und Kiesböden auch mit erheblichen Druckluftverlusten gerechnet werden muß, pflegt man in die Zwischenräume zwischen den Brustverzugsbohlen nassen Ton zu packen. Das untere Drittel der Brust bleibt gewöhnlich ohne Verzug sich selbst überlassen, weil es sich auf die natürliche Böschung selbst abstützen kann. Wichtig ist es auch,

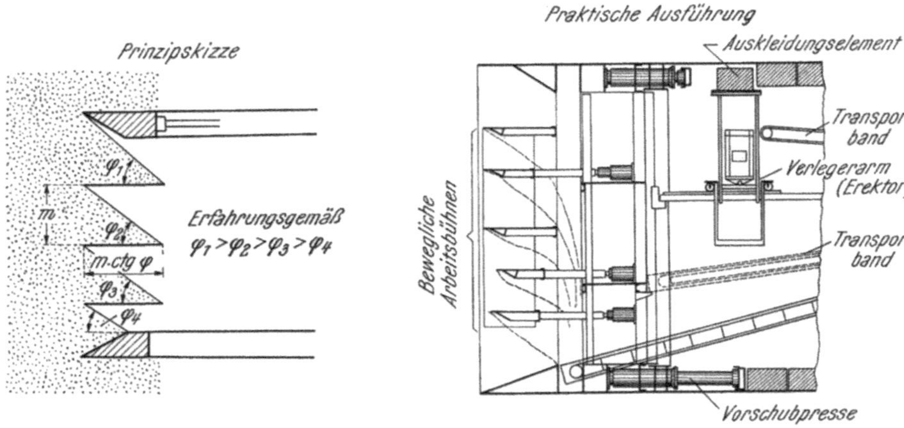


Abb. 494. Ortsbrust-Stützung mittels waagrechter Brustlamellen im rolligen Boden

die Injektion hinter dem Schwanzteil des Schildes fast gleichzeitig mit dem Vorpressen vorzunehmen, womit ein Nachbrechen des Anliegenden verhindert werden kann.

*6.3.2.2.2. Die Förderung zerfällt* bei der Schildbauweise *in zwei Teile. Im ersten Schritt müssen die Ausbruchsmassen vom Abbauort entfernt werden.* Den ohnehin beschränkten Raum darf man keineswegs durch Erdhaufen weiter verengen, weil dies die anderweitigen Arbeiten im Schild behindert, ihn sogar unpassierbar machen und die maschinellen Einrichtungen einer unnötigen Beschmutzung aussetzen könnte. Die Abbeförderung erfolgt meistens nach hinten oder — sofern ein Stirnwand-Förderstollen (vgl. Abb. 484) angelegt wurde — auch nach vorn. Zur Förderung nach hinten dienen Förderbänder, die das Haufwerk sogleich auch in die an der Mündung des fertigen Tunnels hinter dem Schild bereitstehenden Förderwagen *absetzen* (Abb. 468 und 487). Ist die Entfernung bis zu den Förderwagen zu groß oder müssen die Ausbruchsmassen aus irgendeinem anderen Grunde manuell nach hinten geschaufelt werden, wird man zum Beladen der Förderwagen zweckmäßig eigene Lademaschinen einsetzen.

*Im zweiten Schritt* folgt sodann der Abtransport der Ausbruchmassen durch den fertigen Tunnel bzw. Stollen mit *Förderwagen* auf Baugleisen. An diese Arbeitsphase schließt sich bei städtischen Tieftunneln eventuell das Hochfördern der gefüllten Wagen nach über Tage mit Aufzügen, ihre Entleerung in Bunker und der Abtransport aus diesen an die endgültige Ablagerungsstelle. Beim Bau von Gebirgstunneln kann der Ausbruch mit den Förderwagen auf dem Gelände sogleich bis zur Halde gefahren werden.

Zur Schutterung und Förderung im Tunnel eignen sich nur Maschinen und Geräte (Förderbänder, Ladegeräte usw. bzw. Förderwagen) mit minimalem Platzbedarf, weshalb denn auch nur steile, kurze und niedrige Förderbänder mit Sonderabmessungen und hochgebaute *Hunte* mit großem Fassungsvermögen zum Einsatz gelangen. Die Baugleise haben üblicherweise Spurweiten von 60 oder 70 cm. Da die Breite des beladenen Wagens für gewöhnlich der doppelten Spurweite entspricht, pflegt man als Spurweite — sofern man mit zwei Gleisen arbeitet — ein Viertel der Tunnel- bzw. Stollenbreite, bei eingleisigem Förderbetrieb hingegen die halbe Tunnel- oder Stollenbreite zu wählen. *Die Leistung im Tunnelbau bestimmen zwei Faktoren: die Vortriebsgeschwindigkeit und die Geschwindigkeit, mit der die Ausmauerung dem Ausbruch folgt. Der Förderbetrieb muß also so leistungsfähig sein, daß er dem Baufortschritt bei maximaler Leistung ohne Schwierigkeit folgen kann.*

Die Förderwagen werden zu Zügen zusammengestellt, die am besten von Fahrdraht- oder Akkumulatorlokomotiven gezogen werden. Lokomotiven mit Diesel- oder Benzinmotorantrieb kommen nur für Tunnel in Frage, die sich einwandfrei lüften lassen. Die Benzinmotorentraktion birgt wegen des CO-Gehaltes der Auspuffgase Gefahren in sich. Die Verwendung von Dampflokomotiven muß geradewegs als verboten bezeichnet werden.

Zum Einbringen des Betons für das Mauerwerk *bedient man sich mit Vorteil der Betonpumpen,* die den Beton von einer zentralen Mischanlage über Entfernungen von mehreren hundert Metern hinweg — ungeachtet kleinerer Höhenunterschiede — zur Verarbeitungsstelle fördern.

*6.3.2.2.3. Der Vorschub der Schilde* bildet jene Arbeitsphase der Schildbauweise, die die höchste Genauigkeit und die größte Sorgfalt in der Durchführung erfordert, weil es vom richtigen Vorschub abhängt, ob und inwieweit der Schild in der gewünschten Richtung und Höhenlage gehalten werden kann. Gelingt der richtige Vorschub innerhalb einer gewissen Toleranzgrenze, eines gewissen Fehlerbereiches nicht, kann die ganze Bauausführung scheitern, weil es die Abweichungen unmöglich machen, die auf ein Zehntelmillimeter genau bearbeiteten Auskleidungselemente miteinander wasserdicht und bruchfrei zu verbinden und die sich jeweils anschließenden Ausbauringe in den Schildmantel einzuziehen. Zum Vortrieb des Schildes dienen Vorschubpressen, es ist also klar, *daß vor allem die genaueste Zusammenarbeit aller am Umfang gleichmäßig verteilter Pressen gewährleistet sein muß.* Andererseits muß zur Korrektur von Abweichungen aus der gewünschten Richtung oder zum Vortrieb in flachen Krümmungen auch die Möglichkeit zu ungleichmäßigem Vorschub vor allem durch geeignete Gruppierung der Pressen gegeben sein.

Beim Vortrieb schneidet die Schneide des Schildes genau jenes Profil aus, in welches sich der Schildmantel streng, ohne Zwischenräume hineinschiebt, während der Mantel des Schwanzteiles allmählich vom vorletzten Tunnelring ganz, vom letzten hingegen nur teilweise oder gar nicht abgleitet (vgl. Abb. 467). Da die einzelnen Tunnelringe im Inneren des Schildschwanzes eingebaut werden, folgt der Tunnel genau der Lage des Schildes, *seinen Verlauf* bestimmt also schon die Lenkung des Schildes allein. Zwar ist es richtig, daß zwischen der Innenfläche des Schwanzmantels und der Außenfläche der Tunnelringe ein Spalt von einigen Zentimetern Breite verbleibt, doch erlaubt dieser nur ganz geringfügige Richtungsänderungen. Eine Häufung von Richtungsabweichungen aber zwingt zum Ausbau und zur Neuverlegung einer Vielzahl von Tunnelringen, es sei denn, man entschließt sich zur Einschaltung erzwungener Gegenkrümmungen, womit man jedoch das Lichtraumprofil leicht gefährden kann. Aus all dem geht klar hervor, welche Bedeutung der überaus heiklen Aufgabe des Schildvorschubs und der Pressenbedienung sowie ihrer sorgfältigen Durchführung beizumessen ist.

Hat der Schild eine so große Abweichung erlitten, daß er durch die Pressen allein nicht mehr in seine richtige Lage zurückgebracht werden kann, wird man zu Maßnahmen anderer Art greifen müssen. Als eine solche Maßnahme kommt vor allem eine *Mehrausbruch* auf der einen und ein *Stehenlassen der Brust* auf der anderen Seite in Frage. Der Mehrausbruch ist auf jener Seite erforderlich, von der der Schild abgelenkt werden soll. Ein anderes, drastischeres Verfahren stützt den Schild auf der Seite, von der man ihn abzulenken wünscht, gegen Spreizen ab, doch baut man zuweilen vor die Schneiden auch Hindernisse — in der Regel entsprechend gekrümmte Stahlträger — ein, die dem Schild eine direkte Ablenkung geben. Allerdings wecken derartige drastische Abspreizungen im Schildmantel erhebliche Biegebeanspruchungen, die leicht zur Verformung des Schildes führen können, wie etwa in einem weiter oben (Kap. 6.3.2.1. ad 1) bereits erwähnten konkreten Fall, in dem schon eine asymmetrisch ausgebildete untere Schneidkante in härterem Ton eine Zusammendrückung des Schildes um ganze Dezimeter verursachte.

Wirksame Hilfe vermag bei der *Lenkung des Schildes der Höhe nach* auch ein vor der Schildbrust vorgetriebener Sohlstollen zu leisten, der im weiteren die Förderung, aber auch die Stabilisierung der Abbaubrust erleichtert (vgl. Kap. 6.3.2.1.1.).

*Zur genauen Einhaltung der Richtung des Schildvortriebs* bedient man sich naturgemäß der Verfahren der Geodäsie. In der Regel benützt man hierzu ein im Scheitel des Schildschwanzes angebrachtes Fadenkreuz-Diopter mit horizontaler und vertikaler Feineinstellung auf einer bestimmten Skala. Bei jeder einzelnen Vorschubbewegung hat der Mineur, dem die Steuerung der Pressen obliegt, dieses Diopter zu beobachten und danach zu trachten, den Schild in der Richtung zu halten, die durch zwei in der Tunnelfirste aufgehängte Lote bestimmt ist. Beim Vortrieb in Krümmungen ergibt die entsprechende Verschiebung von Richtungsloten und Diopter die richtige Schnittrichtung (vgl. auch Kap. 5.3.3.).

*6.3.2.2.4.* Der Aufbau von Tunneln, die in der Schildbauweise aufgefahren werden, besteht aus hochfesten *Fertigbauteilen* mit genau gearbeiteten Anschlußflächen. (Es gibt neuerdings auch Einzelfälle mit frisch an Ort und Stelle eingebrachtem Stampfbeton, welche Art des Aubaues in allerjüngster Zeit größere Verbreitung zu finden beginnt.) Die Verlegung der Fertigbauteile nimmt unabhängig von deren Material und Form, ja selbst vom konstruktiven Aufbau und von der Arbeitsweise der Montageeinrichtungen stets folgenden Verlauf: Zunächst wird das unterste Bogenstück mittig auf die Schildsohle verlegt, worauf an den beiden Ulmen abwechselnd und symmetrisch die nächsten Bogenstücke aufgesetzt werden. Sobald die Kämpferhöhe überschritten ist, benötigen die einzelnen Stücke eine provisorische Abstützung oder Aufhängung. Bei Verwendung gußeiserner oder anderer verrippter Tübbings mag zu diesem Zweck als erster Schritt das provisorische Verschrauben der Ringe an ihren Flanschen genügen. Beim Ausbau mit plattenartigen Stahlbeton- oder mit Betonformsteinen müssen jedoch die oberen Ringteile in jedem Falle zumindest so lange eine provisorische Abstützung erhalten, bis die Ringe durch Einsetzen des Schlußsteins in Gewölbespannung gesetzt sind (vgl. Abb. 472).

Eine Ausnahme bilden die von Wayss u. Freytag neuerdings eingeführten Hexagonal- und Spiraltübbings (vgl. Abb. 538 bis 540).

*Die Verlegung der Ausbauringe*

Diese Manipulation erfolgt — im Hinblick auf ihr großes Gewicht — nur beim Bau ganz kleinquerschnittiger Stollen für Versorgungsleitungen manuell, in allen anderen Fällen maschinell. Die einfachste Einrichtung dieser Art ist *die von Hand bediente Seilwinde*, deren Seil man über mehrere an geeigneter Stelle angebrachte Ulmenkrollen legt, womit man die Möglichkeit hat, die Bogenstücke in jeder beliebigen Lage einzubauen. Die Ringteile werden hierbei unmittelbar vor die Einbaustelle gehoben und sodann von Hand genau in diese eingeschoben. Doch auch dieses Verfahren beschränkt sich mehr auf Stollen für Versorgungsleitungen. Bei Tunneln mit größerem Durchmesser müssen durch Einbau von Rollbahnen an den Ulmen Möglichkeiten zunächst zur Heranschaffung der Bogenstücke für die obere Profilhälfte und sodann zu ihrer Unterfangung durch verstellbare Ausleger geschaffen werden, die von einem fahrbaren Gerüstwagen auskragen.

Zur Verlegung der größeren und weit schwereren Auskleidungsstücke in größeren

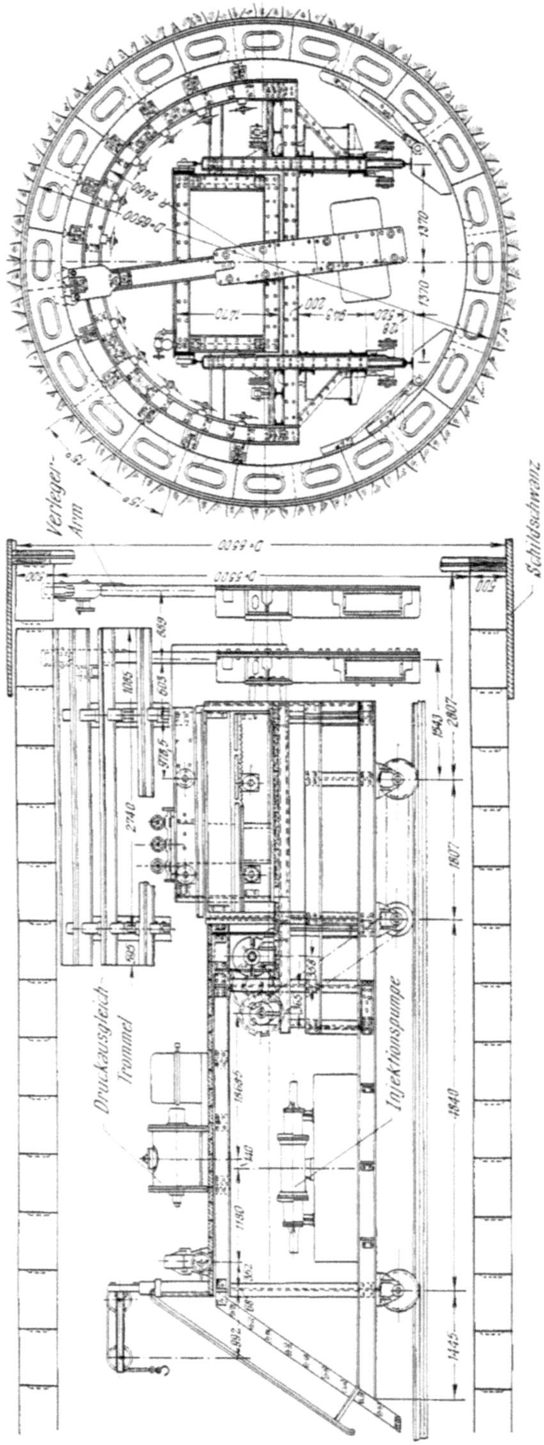


Abb. 495. Allgemeine Anordnung der fahrbaren Arbeitsbühne mit Verleger- (Erektor) und Injektionsgeräten

Tunneln verwendet man entweder auf Wagen aufgebaute, also fahrbare *Derrick-Kräne oder* häufiger sogenannte *Erektoren* mit drehbarem und ausschiebbarem Arm. Beide Arten von Verlegegeräten laufen auf Gleisen, folgen dem Schild unmittelbar nach und reichen mit ihren Auslegern in dessen Schwanzteil hinein. Die Lage eines derartigen Derrick-Kranes veranschaulicht die Abb. 487. Er wird jedoch neuerdings seltener verwendet, weil die Verlegung der Bogenstücke eine Vielfalt von Bewegungen, wie lotrechtes Anheben, Drehung um die Längsachse des Tunnels und Verschiebungen in genau radialer Richtung erfordert. Zur Ausführung solcher Bewegungen hat sich in der Praxis der *Erektor mit Dreharm* als weit besser geeignet erwiesen. Seine Anschaffungskosten liegen zwar weit höher als die des Derrick-Kranes, doch gleichen seine höhere Leistungsfähigkeit und die Vorteile der genauen Verlegung den Unterschied reichlich aus.

Dem Wesen nach handelt es sich beim *Erektor* um einen Arm, der um eine in der Tunnelachse liegende Welle rotiert und dessen Länge radial teleskopartig verlängert oder verkürzt werden kann, während seine horizontale Lage durch Vorschieben bzw. Zurückziehen seines fahrbaren Untergestells verändert wird (Abb. 495). Es gibt jedoch auch fest in den Schildschwanz eingebaute Erektoren, eine Bauart, die zwar konstruktiv einfacher, jedoch weniger wendig ist, da die jeweilige Lage des Erektors eine Funktion des Schildvortriebs bleibt. In diesem Fall muß also der Erektor auf eine in den Schild eingebaute Schiebebühne montiert werden, auf der man ihn relativ zum Schild um einige Zentimeter auch in Längsrichtung verschieben kann.

Die Drehbewegung und den Längsvorschub verleiht dem Erektor ein hydraulischer oder ein elektrischer Antrieb. Der Greiferkopf am Arm muß so ausgebildet sein, daß er die Bogenstücke leicht fassen und wieder freigeben kann (Abb. 496). Ebenso muß die Klemmzange der Form der Ringelemente angepaßt sein.

*6.3.2.2.5.* Der Verlegung der Ausbauelemente läßt man in den meisten Bodenarten unmittelbar *die Verpressung des Hohlraumes* nachfolgen, den der Schild beim Vorschub hinterläßt (vgl. Abb. 467), weil es sonst zu ernsten Setzungen auf der Erdoberfläche und zum Ansteigen der Drücke kommen kann. Ob jedoch Hohlräume entstehen, und in welcher Größe, hängt auch von der Bodenart und von der verwendeten Schildart ab. Grundsätzlich verbleibt zwischen dem äußeren Umfang des kreisquerschnittigen Schildes und der Außenfläche kleinerer Tunnelringe ein im Querschnitt sichelförmiger Hohlraum, dessen größte Dicke in der Firste der Summe aus der Wandstärke des Schildschwanzmantels (3 bis 6 cm) und aus der Sicherheitsfuge zwischen Ring-Außen- und Mantel-Innenfläche (3 bis 5 cm) gleich ist.

*In nur bedingt standfesten Böden* kann es unter dem lotrechten Druck wegen Fehlens der seitlichen Abstützung selbst zu Verkleidungsverbrüchen kommen, wenn die der Wanddicke des Schwanzmantels entsprechenden Hohlräume nach dem Abgleiten des Schildes nicht unverzüglich verfüllt werden; genaugenommen kann die Verpressung auch etwas später erfolgen, sie muß bloß dem Nachbrechen des Bodens zuvorkommen. Dem Verbruch kann man zwar auch durch Einbau horizontaler Zugbänder in Kämpferhöhe vorbeugen (vgl. Abb. 588), doch ist dieses Verfahren recht umständlich.

*In plastischen Böden* besteht die Möglichkeit, die verbliebenen Hohlräume auch durch geeigneten Vorschub des Schildes selbst zu verfüllen. So hat man es

*a*

*b*

Abb. 496 a und b. Hydraulisch betätigte Erektor-Arme, Tübbingstücke verlegend beispielsweise bei völlig geschlossener Schildbrust in der Hand, durch richtige Regelung der Einlaßöffnungen den Ton so nach hinten zurückzudrängen, daß er sich um den Schild anlegt und — mit Ausnahme höchstens vielleicht des Abschnitts über dem Scheitel — alle verbliebenen Hohlräume ausfüllt.

Mit ähnlichem Erfolg wird man auch in *wasserführenden Schluffböden* verfahren können, doch muß hierbei mit einem vorübergehenden Ansteigen der waagrechten Drücke über die lotrechten gerechnet werden.

Die schwierigsten Bodenarten bilden der *lockere Kies und Sand,* in denen sich Senkungen auf der Erdoberfläche kaum vermeiden lassen. Ein Zurückdrängen derartiger Böden zur Verfüllung der Hohlräume kommt vorweg nicht in Frage. Hier hilft einzig und allein eine so weitgehende Verlangsamung des Schildvortriebs, daß die Verpressung der Hohlräume durch Injektionen mit ihm Schritt halten kann.

*Injektierung*

Die Injektionen verfolgen im übrigen außer

*a)* der *Verpressung der Hohlräume* auch noch folgende anderweitige Ziele, und zwar

*b)* die *Abdichtung* sowie

*c)* die *Verfestigung des anliegenden Bodens* und mit ihr die Herabsetzung der auf dem Tunnel lastenden Gebirgsdrücke.

Naturgemäß lassen sich diese Ziele nicht mit jeder beliebigen Injektionsmischung und nicht mit gleich vollkommenem Effekt erreichen, vielmehr hängt der Erfolg teils von der Art des verwendeten Injektionsgutes, teils von der Bodenart ab.

Im allgemeinen wird es auch nicht möglich sein, die unterschiedlichen Aufgaben der Injektion mit einer einmaligen Verpressung zu erfüllen. Man unterscheidet deshalb zwischen den sogenannten *Erstinjektionen,* die die Ausbruchshohlräume hinter dem Gewölbe so rasch wie möglich ausfüllen sollen, und den sogenannten *nachträglichen Injektionen,* die vornehmlich Dichtungszwecken dienen.

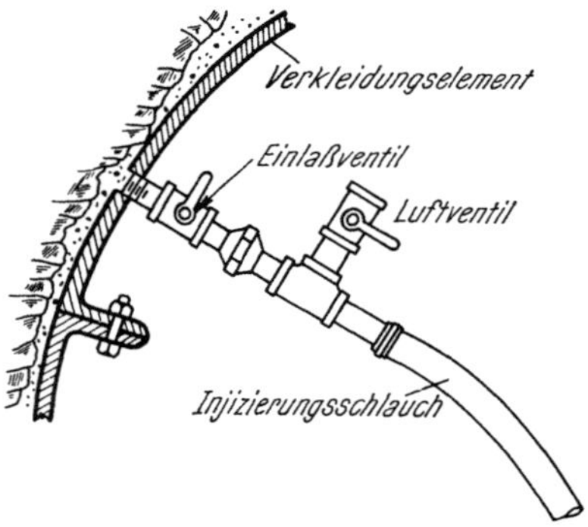

Abb. 497. Injektionsloch mit Schlauchanschluß

*Die Erstinjektion oder hohlraumverfüllende Verpressung* wird mit Niederdruck eingebracht, der bei etwa 5 bis 6 at liegt. Man verwendet bei ihr Mörtel oder Kies bzw. Grobsand. *Die zweite oder nachträgliche Injektion,* bei der der Einpreßdruck schon 10 bis 25 at beträgt, besteht aus wesentlich dünnflüssigerem, plastifiziertem Material, und zwar in der Regel aus einer Zement- oder Bentonitsuspenion, aus heißem Bitumen oder aus einer Bitumenemulsion. Zum Einpressen der Injektionsmischungen werden in den Ausbauelementen Einpreßlöcher von 4 bis 5 cm Durchmesser ausgespart, die Gewindestutzen erhalten und während der Verlegung der Tunnelringe mit Stopfen verschlossen bleiben (Abb. 497). Je Tunnelring sind mindestens vier, tunlichst aber mehr Einspritzlöcher vorzusehen, die zweckmäßig schachbrettartig über den Ring verteilt werden. In weniger durchlässigen und in Böden, die sich an den Schild stärker anschmiegen, empfiehlt es sich, einen engeren Lochabstand zu wählen.

*a) Zur hohlraumverfüllenden Injektion* verwendete man anfänglich ausschließlich Zementmörtel mit einem Zement-Sand-Mischungsverhältnis von 1:1 bis 1:3. Die Verpressung begann durch die Injektionslöcher am Sohlen-Bogenstück hindurch, sobald der Schildschwanz vom Ring abgeglitten war, und wurde so lange fortgesetzt, bis der Mörtel am seitlich nächsthöheren Einspritzloch austrat. Hierauf wurde die Injektionsleitung auf dieses höher gelegene Loch umgelegt und der Verschluß der unmittelbar über ihr gelegenen Löcher abgeschraubt, so daß die durch die Injektion verdrängte Luft entweichen konnte. Auf diese Weise verpreßte man, nach oben fortschreitend, die Hohlräume hinter dem ganzen Ring. Nachdem je ein Loch verpreßt war, schloß man an ihm das Absperrventil, schraubte den Schlauch ab und beließ das Ventil auf dem verpreßten Loch, bis der Mörtel abgebunden hatte.

Gegen das Verpressen der Ausbruchshohlräume mit Zementmörtel läßt sich vor allem einwenden, daß es wegen der Gleitfähigkeit der Mischung bei größeren Hohlräumen und in lockeren körnigen Böden einen hohen Materialaufwand erfordert und daß auch viel Mörtel verlorengeht, weil er hinter dem Tunnelring auch in den Hohlgang zurückfließen kann. Es sind auch Fälle bekannt, in denen sich der Mörtel sogar durch die Risse eines nahe gelegenen Abwasserkanals hindurch in diesen verlief. Derartige Verluste wirken sich schon im Hinblick auf die hohen Zementkosten überaus nachteilig aus. Dazu schließt das Verfahren das Entstehen von Luftblasen im Mörtel nicht aus, diese aber können zu nachträglichen Setzungen führen.

Wesentliche Zementeinsparungen lassen sich erzielen, wenn man die Hohlräume im ersten Durchgang zunächst mit Perlkies oder mit anderem ähnlich feinem gleichkörnigem Material ($D = 4$ bis 6 mm), wie etwa mit gesiebter Schlacke, eventuell auch mit Splitt oder Grus ausfüllt. Das Material wird gleichfalls mit Druckluft, und zwar über eine Leitung gleicher Abmessungen in der gleichen Reihenfolge und nach dem gleichen Prinzip eingebracht. Zwischen den eingepreßten Kieskörnern verbleibt ein Porenanteil von etwa 33%, und da der Kies nicht so gleitwillig ist wie der Mörtel, kann es sich leichter ergeben, daß sich das Material beim Einpressen verklemmt und hinter den Tunnelringen unzusammenhängende geschlossene Hohlräume verbleiben. Zu ihrer Verfüllung und zur Verdichtung der Kiesinjektion pflegt man dieser eine Verpressung mit dünnflüssigem Zementmörtel (Mischungsverhältnis 1:1) nachfolgen zu lassen, die nun außer der verfüllenden auch schon eine isolierende Wirkung hat. Die Verpressung erfordert ein hohes Maß von Übung und Geschicklichkeit in der Wahl der geeigneten Mörtelkonsistenz, der richtigen Korngröße für das Injektionsmaterial und der günstigsten, noch unbedenklichen Preßdruckwerte.

*Steigert man nämlich den Injektionsdruck, ohne damit weiteres Verpressungsmaterial einpressen zu können, dann wird er die fertigen Ausbauringe als örtliche Belastung beanspruchen.* Hieraus aber können sich erhebliche örtliche Überlastungen ergeben, die nicht nur die Ringverbindungen zu sprengen, sondern zum Bruch der Ausbauelemente zu führen vermögen.

Auch bei den Injektionsmaschinen unterscheidet man zwischen Geräten für die erste und solchen für die zweite Injektion.

Für die erste Injektion genügen im allgemeinen *pneumatische Verpressungsgeräte,* d. h. einfache Einrichtungen, die sich auch in der Baustellenwerkstatt herstellen lassen und die mit den von den üblichen Baustellenkompressoren gelieferten Drücken von 6 bis 7 at arbeiten. Die Höhe des Druckes ist somit begrenzt, und da sie nicht geregelt werden kann, vermag sie auch dem im Boden auftretenden Widerstand nicht zu folgen. Die wichtigeren Bauarten sind folgende:

*Einkammer-Verpressungsgerät* mit einer Stundenleistung von 150 bis 200 l (Abb. 498) bei intermittierendem Betrieb (Füllungs-Injektion). Die in den Be-

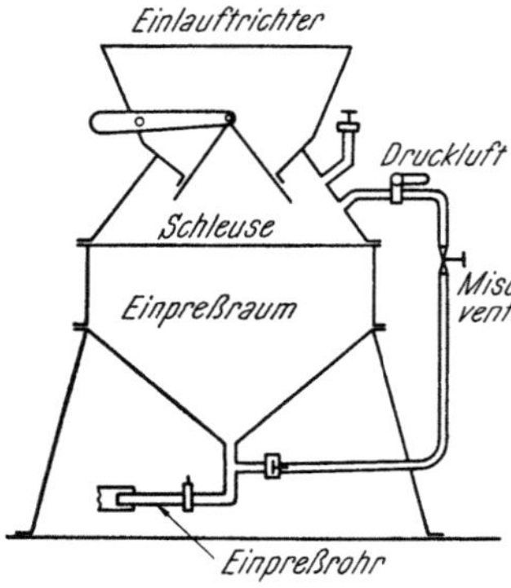


Abb. 498. Einzelkammer-Kasten — Injektionskasten

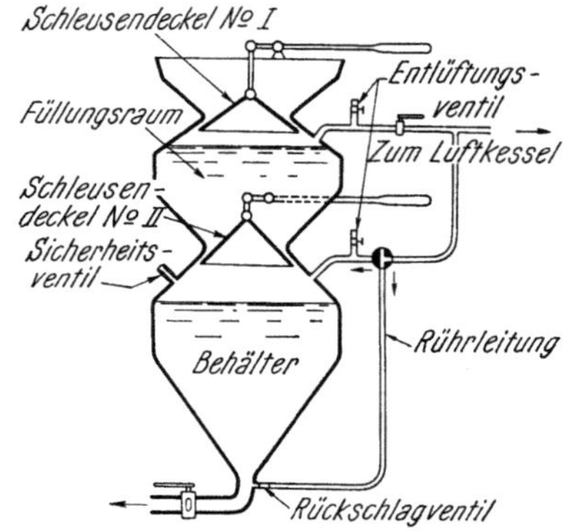


Abb. 499. Doppelkammer-Kasten — Injektionskasten

schickungstrichter eingebrachte Charge fällt durch einen Schleusendeckel in den Mischbehälter. Diesem wird sodann Wasser zugeführt, das von Preßluft mitgerissen wird, wobei ein Mischventil die Wassermenge regelt. Die Durchmischung des Zement-Sand-Gemisches mit Wasser besorgt die Preßluft, die die fertige homogene Mörtelmischung nach Öffnung eines Ventils auch in die Injektionsleitung drückt. Sobald der Behälter leer ist, beginnt das Arbeitsspiel von neuem.

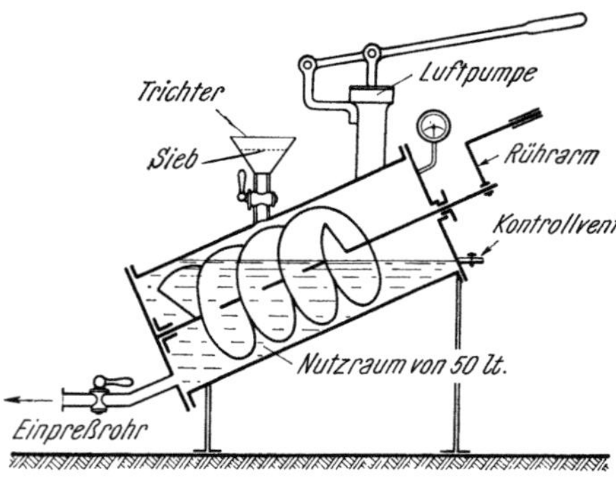


Abb. 500. Injektionsgerät mit Spiralmischer in schräger Trommel

*Die kontinuierlich arbeitende Zweikammer-Anlage* (Förderleistung 200 bis 300 l/h). ersetzt zwei Einkammer-Geräte und gestattet eine kontinuierliche Verpressung. In der oberen Kammer wird das Gemisch hergestellt, sodann durch eine Schleuse in die untere Kammer abgelassen und aus dieser in die Injektionsleitung gedrückt, während in der oberen Kammer schon die neue Charge gemischt wird (Abb. 499).

*Injektionsgerät mit schrägachsiger Mischtrommel* (Abb. 500). Es eignet sich auch zum Einpressen von Injektionsmörtel mit geringerem Zement- und Wassergehalt. Mischung und Einpressung sind voneinander getrennt, die stündliche Leistung beträgt 180 bis 200 l. Der Vorzug des Gerätes besteht darin, daß es den Einpreßmörtel mit seinen auf die schräg gelagerte Welle aufgekeilten Schaufeln bzw. mit einer umlaufenden Schnecke und nicht unter Druckluft mischt. Zum Einpressen des Mörtels verwendet man jedoch auch bei diesem Gerät Preßluft, die gesondert in die Trommel geleitet wird. Ursprünglich (*Wolfsholz*) verdichtete man hierbei die Luft mit einer gewöhnlichen von Hand bedienten Luftpumpe, während man die Trommel heute meist an einen Kompressor anschließt. Damit kann das Absinken des Innendruckes mit fortschreitender Entleerung der Trommel, welches sich bei manuellem Betrieb sehr unvorteilhaft auswirkte, hintangehalten werden.

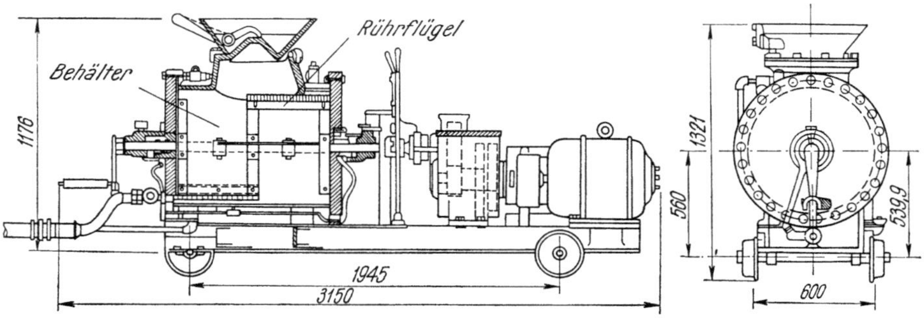


Abb. 501. Injektionsgerät mit Flügelmischer in waagrechter Trommel

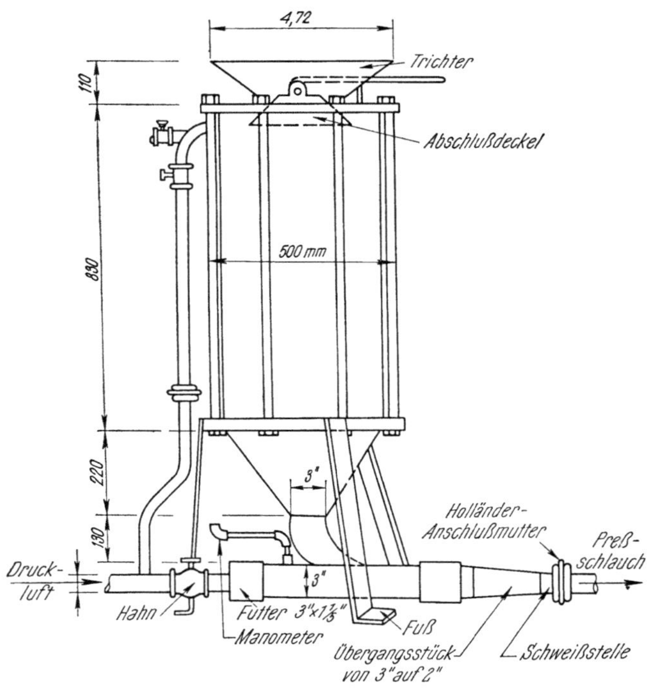


Abb. 502. Perlkiesschießer (Sowjet-Type)

*Injektionskessel mit maschinell angetriebenem Rührwerk.* Das Mischen erfolgt mit Drahtbürsten, die auf den kräftigen Speichen der Rührwerkswelle aufsitzen. Die Einrichtung eignet sich zum Einpressen selbst dichter, wasserarmer Mörtelmischungen (Abb. 501).

*Die Trockengut-Einpreßtrommel* (Abb. 502) dient zum Einbringen trockenen Sandes und Perlkieses unter einem Preßdruck von 6 bis 7 at. Das Einpreßgut gelangt unter Druck aus dem Behälter in die Injektionsleitung und wird von der dieser Leitung zugeführten Druckluft mitgerissen.

Will man mit der Injektion über die Verfüllung der Hohlräume hinter der Auskleidung hinaus auch ein Eindringen des Zementmörtels in die Poren des anliegenden Bodens und damit eine Verdichtung und ein künstliches Verbinden seiner Körnchen erreichen, wird man eine Mörtelzusammensetzung wählen müssen, die ein solches Eindringen bei den zulässigen Druckwerten ermöglichen.

Neueren amerikanischen Versuchen zufolge [156] darf der Korndurchmesser mit der Ordinate 85% ($d_{85}$) auf der Körnungskurve des Einpreßgutes höchstens ein Fünfundzwanzigstel des Wertes von $D_{15}$, d. h. jenes Wertes erreichen, der der 15%-Ordinate auf der Körnungskurve des aufnehmenden Bodens zugeordnet ist. Nach MAAG errechnet sich die Reichweite der sogenannten Durchtränkungsinjektion in homogenem Boden zu

$$r = \sqrt[3]{\frac{3r_1}{n} \cdot k \frac{h \cdot t}{2{,}5} + r_1^3}, \tag{320}$$

wenn $h$ die Druckhöhe, $t$ die Dauer der Injektion $n$ den Porenraumgehalt, $k$ den Durchlässigkeitsbeiwert und $r_1$ den Halbmesser des Injektionsrohres bezeichnet. Erfahrungsgemäß können Zementsuspensionen in Böden mit einem maßgebenden Korndurchmesser von weniger als 0,8 mm nicht eingepreßt werden.

*b) Für die nachträgliche oder abdichtende Injektion* kommen als Einpreßgut in Frage:

1. Zementmilch oder Zementsuspensionen,
2. dünnflüssige Mischungen verschiedener Zemente und Plastifizierungsmittel, Gleitmittel,
3. Bitumenemulsionen,
4. heißes Bitumen,
5. verschiedene Chemikalien (in erster Linie Bentonit- oder Zement-Bentonitsuspensionen).

Die Wahl des Injektionsgutes richtet sich nach der jeweiligen Bodenart und der Beschaffenheit des Grundwassers sowie nach der Natur des Untertagebauwerkes.

Die zweite Injektion pflegt *Monate nach der ersten* sozusagen ausschließlich zu Abdichtungszwecken vorgenommen zu werden. Während man also bei der *ersten Injektion* bestrebt ist, die Hohlräume *sofort* zu verpressen, wartet man mit der zweiten Hinterpressung jenen Zeitpunkt ab, zu dem das durch den Tunnelvortrieb gestörte Gebirge zur Ruhe gekommen ist, zu dem also seine Bewegungen abgeklungen sind. Solange nämlich die Gebirgsbewegungen anhalten, kann es auch in der Hinterpressung zu Rissen, ja zu ihrem gänzlichen Bruch kommen, so daß sie ihren Aufgaben nicht mehr gerecht werden kann. Wo sich also das gestörte Gebirge erst nach längerer Zeit beruhigt, wird man eventuell gezwungen sein, die Hinterpressung mehrmals zu wiederholen.

In der Praxis des ungarischen Untergrundbahnbaues werden für die Zwecke der Zweitinjektion drei verschiedene Mittel verwendet, und zwar reine Portlandzementmilch, ein Gemisch aus Portland- und Tonerdezementmilch (die sogenannte Schnellabbindungsmischung) oder Bentonit bzw. eine Bentonit-Zementmischung (vgl. Tab. 45).

Tabelle 45. *In Bauten der Untergrundbahn in Budapest verwendete Verpreß-Mörtelarten*

| Bodenart | Kies $d = 200-5$ mm | | kiesiger Sand $d = 200-0{,}2$ mm | | Sand und Mo $d = 2-0{,}02$ | | Schluff $w_p < 15\%$ | | Ton $w_p > 15\%$ | | Mergel | |
|---|---|---|---|---|---|---|---|---|---|---|---|---|
| | I | II | I | II | I | II | I | II | I | II | I | II |
| Bauwerk | Verpreßmaterial | | | | | | | | | | | |
| Schacht | Zement-mörtel | Zement-milch | Zement-mörtel | Zement-milch, Bento-nit Zement-milch | Zement-milch | Bento-nit | Zement-mörtel | Zement-milch | Zement-mörtel | Zement-milch | Zement-mörtel | Zement-milch |
| Betontunnel und große Untergrund-hallenbauten | Zement-mörtel | Zement-milch | Zement-milch | Zement-milch oder Bento-nit | Zement-milch, Bento-nit Zement-milch | Bento-nit | Zement-mörtel | Zement-milch | Zement-milch oder schnell erstar-rende Mi-schung | Zement-milch oder Perl-Kies | Zement-mörtel oder Perl-Kies | Zement-milch oder schnell erstar-rende Mi-schung |
| Tunnel mit Gußeisenaus-bau | Zement-mörtel | Zement-milch | Zement-mörtel | Zement-milch | Zement-milch | Bento-nit oder schnell erstar-rende Mi-schung | Zement-mörtel | Zement-milch oder schnell erstar-rende Mi-schung | Zement-mörtel oder Perl-Kies | Zement-milch oder schnell erstar-rende Mi-schung | Zement-mörtel oder Perl-Kies | Zement-milch oder schnell erstar-rende Mi-schung |

**Anmerkung:** In Fällen, wo zwei Arten vom Verpreßmaterial vorgesehen sind, soll die geeignete nach der zufließenden Wassermenge ausgewählt werden. Bei stärkerem Wasserandrang kommt die schnellbindende Mischung zur Anwendung (z. B. Portlandzement mit Tricosal, oder Sika)

Im allgemeinen benützt man zur Hinterpressung in feinkörnigeren Böden Bentonit-, in grobkörnigeren Böden hingegen Zementmilch. In strömendes Wasser muß unbedingt eine schnellbindende Zementmischung eingepreßt werden.

*Für die zweite Injektion* sind folgende allgemeingültige Regeln zu beachten:

1. Es dürfen nur Einpreßmaschinen verwendet werden, die mit Druckregistriergeräten ausgestattet sind.

2. Vor Beginn der Injektion muß in jedem Falle die spezifische Schluckfähigkeit des Bodens ermittelt und das Injektionsgut je nach dem Ergebnis gewählt werden. Die erforderlichen gestörten Bodenproben entnimmt man durch die Injektionslöcher hindurch.

3. Während des Einpressens ist der Verlauf von Druck und Materialverbrauch ständig zu beobachten. *Grundregel ist, daß die Einpressung bei steigendem Druck mit sinkendem Injektionsmittelverbrauch vor sich gehen muß.* Sinkt nämlich der Druck ab, so besagt dies, daß das Einpreßgut irgendwohin einen Abfluß findet oder in waagrechte Risse und Spalte bzw. unter eine membranartige Sperrschicht eindringt und die Erdoberfläche anhebt (Abb. 503).

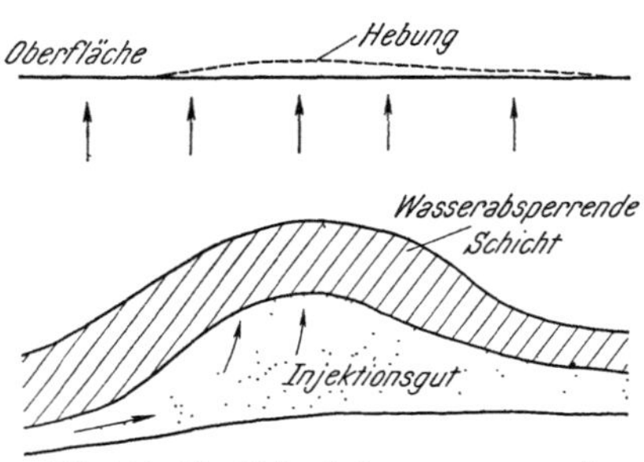

Abb. 503. Oberflächenhebungen erzeugende geologische Situation

4. Bei höheren Drücken müssen auch die Verformungen der Tunnelauskleidung im Umkreis um die Injektionsstelle und die in der Ausmauerung auftretenden Spannungen ständig gemessen werden.

Große Bedeutung kommt dem Wert des *höchstzulässigen Injektionsdruckes* zu. Je höher nämlich der angewandte Einpreßdruck ist, um so vollkommener wird der Kontakt zwischen Boden und Auskleidung sowie die Verdichtung und Verfestigung des anliegenden Bodens ausfallen. Andererseits kann ein über einen gewissen Grenzwert angehobener Druck das Gelände anheben, wenn das Injektionsgut zwischen zwei wasserundurchlässige Schichten oder in die Spalten einer solchen Schicht eindringt. Noch gefährlicher wirkt sich die Steigerung des Einpreßdruckes aus, *wenn die Tunnelauskleidung* wegen ungleichmäßiger Schichtung und Aushöhlung des anliegenden Bodens durch die *Injektion ungleichmäßige Druckbeanspruchungen erleidet.* Die Steigerung des Einpreßdruckes über einen bestimmten Grenzwert hinaus kann in solchen Fällen selbst zum Bruch der Ausmauerung führen. Aus diesem Grunde *darf es nicht versäumt werden,* im Umkreis um die Injektionsstelle auch *die Verformungen des Tunnels zu beobachten* bzw. die Spannungen im Tunnelmauerwerk zu messen.

Der zum Aufbruch führende kritische Druck ergibt sich auf Grund der Terzaghischen Gebirgsdrucktheorie (vgl. Punkt 3.2.3.1.4.)

*a) bei homogener Bodenschichtung* aus der Beziehung

$$p_k = \frac{4c + \gamma d}{4\lambda \cdot \tan\varphi} \left[ e^{\frac{4\lambda \cdot \tan\varphi}{d} \cdot h} - 1 \right], \qquad (321\,\text{a})$$

in der $c$ die Kohäsion (t/m²), $\gamma$ das Raumgewicht (t/m³), $\varphi$ der Reibungswinkel des Bodens, $h$ die Mächtigkeit der überlagernden Schicht und $\lambda$ den Rankineschen Erddruckbeiwert bezeichnet, während $d = 36\sqrt{A}$, wenn $A$ die Menge des tatsächlich eingepreßten Materials in m³ bedeutet (Abb. 504a).

Der Wert von $p_k$ kann jedoch das durch den Erdwiderstand bestimmte Maximum nicht überschreiten, es gilt demnach

$$p_{k\max} = \frac{\gamma h \lambda_p}{\lambda}, \text{ worin } \lambda_p = \tan^2(45^\circ + \varphi/2).$$

*b) Bei veränderlicher Bodenschichtung* muß die Berechnung von oben nach unten fortschreitend je Schicht getrennt vorgenommen werden. Zunächst ermittelt man den in der unteren Begrenzungsebene der obersten Schicht zulässigen Höchstdruck ($p_{k1}$). Sodann berechnet man den zuläßigen Höchstdruck ($p_{k2}$) für die nächstfolgende untere Schicht, wobei man zu berücksichtigen hat, daß in ihrer oberen Begrenzungsschicht dem Aufbruch der bereits bekannte Druck $p_{k1}$ entgegenwirkt. Für die $n$-te Schicht errechnet sich somit der zulässige maximale Druck mit dem bekannten zulässigen Druckhöchstwert für die ihr unmittelbar überlagerte ($n$ — 1)-te Schicht gemäß Abb. 504b zu

$$p_{kn} = \frac{4c + \gamma d}{4\lambda \cdot \tan\varphi}\left[e^{\frac{4\lambda \cdot \tan\varphi}{d} \cdot h_n} - 1\right] + p_{kn^{-1}} \cdot e^{\frac{4\lambda \cdot \tan\varphi}{d} \cdot h_n}. \quad (321\text{b})$$

Bei Berechnung des höchstzulässigen Druckes darf die Kohäsion wegen der durch den Tunnelvortrieb ausgelösten Nachbrüche, Setzungen und Auflockerungen in den über der Tunnelfirste bis zu einer Höhe von 10 m anstehenden Schichten höchstens mit einem Wert von $c_0 = 10$ t/m² angesetzt werden.

*Als bewährte Faustregel hält die Praxis das 2,5fache des geostatischen Druckes für jenen Höchstwert, den der zulässige Druck nirgends überschreiten darf.*

Die Höhe des Injektionsdruckes muß ständig sorgfältig überwacht werden, weil ein Anheben der Erdoberfläche bzw. übertägiger Bauwerke um einige Millimeter wiederholt — u. a. auch beim Bau der Budapester Untergrundbahn — tatsächlich beobachtet wurde (vgl. Abb. 503.)

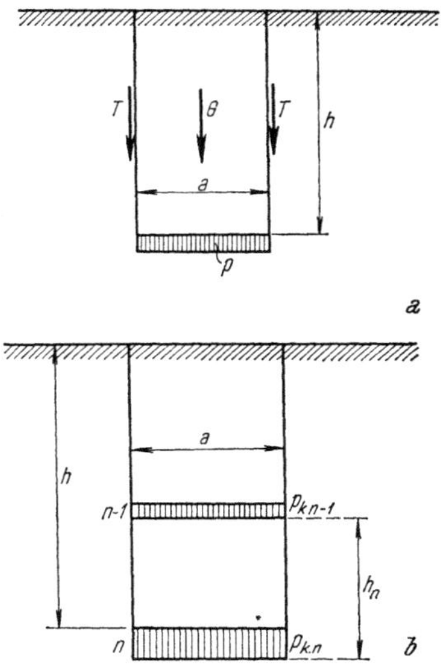


Abb. 504. Gegen Injektionsdruck wirkende Kräfte (a) in homogener Bodenschicht, (b) in mehrschichtigem Boden

zu 1. *Durch Verpressung mit Zementsuspensionen* lassen sich größere Hohlräume nicht verfüllen, weil solche Injektionen nur dann wirksam sind, wenn die Zementkörnchen — die disperse Phase — durch die Körnchen des Bodengerüstes aus der Flüssigkeit — dem Dispersionsmittel — gewissermaßen ausgefiltert werden und sich am Bodengerüst als gallertartiges Gel absetzen. Sobald die Geschwindigkeit des Wassers — nach Überwindung einer bestimmten Entfernung — unter einen gewissen kritischen Wert abgesunken ist, setzt es die Zementkörnchen ab. Die Grenze liegt um so weiter, je dünnflüssiger die Suspension ist. Hoher Wassergehalt beeinträchtigt die Verfestigung nicht, weil es zwischen den ausgefällten Zementkörnchen ohnehin weiterströmt, während sich das zurückbleibende Suspensionsgut zunehmend verdickt, so daß sich die Bodenzwischenräume, von der äußeren Grenze des Ausfällungsbereiches nach dem Injektionsrohr hin fortschreitend, mehr und mehr verstopfen werden. Zur Vergrößerung der Reichweite des Verpressens wird man also eine möglichst dünnflüssige Suspension verwenden, je dünnflüssiger sie aber ist, mit desto niedrigeren Injektionsdrücken kommt man aus, und desto geringer ist auch die Gefahr eines Ausbruches. Andererseits ist die Verfestigung der Gelhaut der ausgefällten Körnchen um so hochgradiger, je dünner die Wasserhülle ist, die sie umgibt. Der hohe Wassergehalt macht die entstandenen Zementsteine auch porös.

zu 2. Wesentlich läßt sich die Gleitfähigkeit der Zementsuspensionen verbessern und die Reichweite der Injektionen vergrößern, wenn man ihnen Plastifizierungsmittel (Plastiment, Bentonit, Intrusion-aid u. dgl.) zusetzt.

zu 3. Eine Art der Verpressung mit *Bitumen*, das Kalt- oder *Shellperm*-Verfahren, arbeitet mit ganz dünnflüssigen Bitumenemulsionen. Da die Teilchengröße im emulgierten Bitumen zwischen 1 und 2 $\mu$ schwankt, dringen diese Emulsionen selbst in ganz feinkörnige Böden leicht ein. Die Viskosität der Einpreßflüssigkeit, die zu 50% Bitumen enthält, beläuft sich auf das bloß 1,5- bis 2fache derjenigen des Wassers, so daß man beim Einpressen mit niedrigen Injektionsdrücken auskommt. Die Bitumenteilchen setzen sich im übrigen erst nach einer gewissen Zeit und unter der Einwirkung eines nachträglich eingepreßten Koagulators ab. (Das Verfahren hat in der Praxis nur geringe Verbreitung gefunden. Es wird neuerdings durch das Verpressen mit gleichfalls dünnflüssigen, aber wirksameren Kunststofflösungen abgelöst.)

zu 4. *Die Verpressung mit heißem Bitumen* ist ein in der Sowjetunion übliches Verfahren. Es bewährt sich besonders dort, wo Zement- oder Toninjektionen wegen starker Strömung oder wegen Aggressivität des Grundwassers wirkungslos bleiben, wo also die Gefahr der mechanischen oder chemischen Ausfällung des Zements droht. Ein weiterer Vorzug des Verfahrens besteht darin, daß die physikalischen Eigenschaften des Bitumens ein Entweichen des Injektionsgutes in den Gesteinsklüften vermindern. Auf diese Weise lassen sich einesteils erhebliche Materialeinsparungen erzielen, andernteils ist auch die Gefahr von Aufbrüchen im Anliegenden geringer. Demgegenüber hat das Bitumen den Nachteil, daß es sich unter höherem Druck verflüssigt bzw. plastisch wird, daß es nur über eine geringe Reichweite eingepreßt und beispielsweise in flüssigen tonhaltigen Schluffböden nicht verwendet werden kann. Vergleichsweise sei z. B. erwähnt, daß der Viskositätskoeffizient von Bitumen nach Erhitzung auf 140 bis 160 °C 8 cm²/s, derjenige von Wasser hingegen 0,01 cm²/s, beträgt. Dies besagt, daß die kritische Geschwindigkeit des Wassers etwa in einem Riß oder Spalt von 10 cm Durchmesser 0,023 m/s, diejenige von Bitumen dagegen 18,4 m/s erreicht. Mit fortschreitender Abkühlung setzt sich das Bitumen an den Wänden des Spaltes rasch ab, so daß sich dieser alsbald schließt. Da die Temperatur je lfd.m um annähernd 60°C sinkt, hat das auf 180°C erhitzte Bitumen praktisch eine Reichweite von kaum 1,5 bis 2 m.

*Der weitere Injektionsdruck* verzehrt sich nun schon *in der fortschreitenden plastischen Verformung* des bildsamen Bitumens und im plastischen Einpressen in die Spalte, Klüfte und Risse des Bodens. Wo das Bitumen mit strömendem Wasser in Berührung kommt, erstarrt es sogleich zu Fäden und Fadenknäueln, die das Wasser fortschwemmt, bis sie sich an Hindernissen zu größeren Klumpen zusammenballen und Querschnittverengungen zustande bringen. Beim Bau der Moskauer Untergrundbahn wurden die Hohlräume hinter der Auskleidung zunächst mit Wasser gespült, worauf das Einpressen von Zuschlagsstoffen gröberer

Körnung und schließlich das Verpressen mit Bitumen folgte. Diese Kombination hat sich als erfolgreich erwiesen und sich in stark strömendem Grundwasser, beispielsweise auch bei Instandhaltungsarbeiten bestens bewährt, weil sie neben einwandfreier Abdichtung und Isolierung auch einen guten Korrosionsschutz bietet.

zu 5. In jüngster Zeit finden zur Verpressung von Hohlräumen in wachsendem Maße auch *Zement-Ton-Gemische* Verwendung, weil sie folgende Vorteile bieten:

a) Bei sparsamem Zementverbrauch ermöglichen sie eine wasserdichte Verpressung.

b) Das wiederholte Durchstechen und Reinigen der Injektionsrohre läßt sich viel leichter bewältigen als bei Hinterpressungen mit Zementmörtel.

c) Stark tonhaltige Mörtel können auch zonenweise und zeitlich verschoben eingebracht werden. Da sich überdies der Zeitpunkt des Abbindens unschwer fixieren läßt, ergibt sich im verpreßten Boden eine geringere Verfestigung, die den weiteren Schacht- oder Stollenvortrieb erleichtert.

d) Das Zement-Ton-Gemisch versagt auch in aggressivem Boden und Grundwasser nicht.

e) Das Gemisch läßt sich unschwer pumpen, es beschädigt die Pumpen weniger stark, dringt dank seinen plastifizierenden Eigenschaften elastisch und leicht in die Hohlräume, Risse und Spalte ein und füllt diese gut und gleichmäßig aus.

Beim Bau der Budapester Untergrundbahn bewährten sich besonders gut *Zementsuspensionen mit Bentonitzusätzen.* Während ihres Eindringens in die feineren Bodenzwischenräume setzen sich nämlich aus der Zementmilch infolge der starken Wasserabscheidung die Zementkörnchen ab und klumpen sich zu relativ porösem „Zementstein" mit geringer Wasserdichtigkeit und Isolierungsfähigkeit zusammen. Das lockere Gefüge und die Porosität des entstandenen Zementsteines begünstigen nämlich auch das Auftreten von Korrosionserscheinungen, was sich insofern schädlich auszuwirken vermag, als weiches Wasser den Beton beim Durchsickern in gefährlicher Weise auslaugen kann (Kalkausscheidungen).

Liegt der Wasser-Zement-Faktor der Zementsuspension über 0,5 bis 0,6, setzt sich der Zement ab, und es bildet sich poröser Zementstein. Eine weitere Steigerung erfährt der Vorgang noch deshalb, weil die Suspension in Poren mit einem Durchmesser von weniger als 0,1 mm nicht mehr eindringt, so daß die Zementkörnchen aus der Suspension ausgefällt werden, womit auch die Reichweite der Injektion sinkt. Zur Herabsetzung der Wasserausscheidungsfähigkeit der Suspension werden ihr entweder Chemikalien zugesetzt, oder man verfeinert ihr Gefüge. Gegen die Ausfällung, das Absetzen der Körnchen muß die Suspension stabilisiert werden. Offenbar wird sich ein Stoff um so weniger absetzen, je feiner er ist, den Niederschlag der Teilchen behindert aber auch ihre *Oberflächenaktivität*[1], d. h. auch ihre elektrische Ladung bzw. ihre Adsorptionsschicht. *Eine grundlegende Voraussetzung der Stabilität bildet die Kontinuität in der Körnung der Suspensionsteilchen,* d. h. die Kornverteilung darf keine sprunghaften Abstufungen aufweisen. Die Stabilität der Suspension läßt sich demnach durch Zusetzen von Stoffen

[1] SKEMPTON gibt für die Aktivität von Kolloiden die Verhältniszahl $a_i = P_i/A$ an, in der $P_i$ ($= w_p$) den plastischen Index, $A$ den Tongehalt bezeichnet. In dieser Klassifikation gilt für inaktiven Ton $a_i < 0{,}75$, für normalen Ton $a_i = 0{,}75$ und für aktiven Ton $a_i > 0{,}75$.

erhöhen, die einen Übergang zwischen den Zementkörnchen und dem Dispersionsmittel bilden (Elektrolyte, Kolloide, Bentonite, Tone).

Unter den wichtigeren Tonmineralien haben die Kaolinitkörnchen zu fast 100% eine Korngröße von mehr als 0,2 $\mu$, während beim Montmorillonit nur 20% der Körner diese Größe überschreiten. Je größer die spezifische Oberfläche und je größer die Wasseraufnahmefähigkeit der Teilchen, um so stabiler ist die Suspension. *Die stabilste Suspension erhält man also durch Zusätze von montmorillonithaltigen Na-Bentoniten.* Bentonitzusätze üben eine plastifizierende Wirkung aus, verzögern das Abbinden und erhöhen die Wasserdichtigkeit der Injektion, setzen dagegen ihre Festigkeit herab (Abb. 505). Versuche, die beim Bau der Budapester Untergrundbahn angestellt wurden [157], haben übereinstimmend erwiesen, daß der Bentonitzusatz

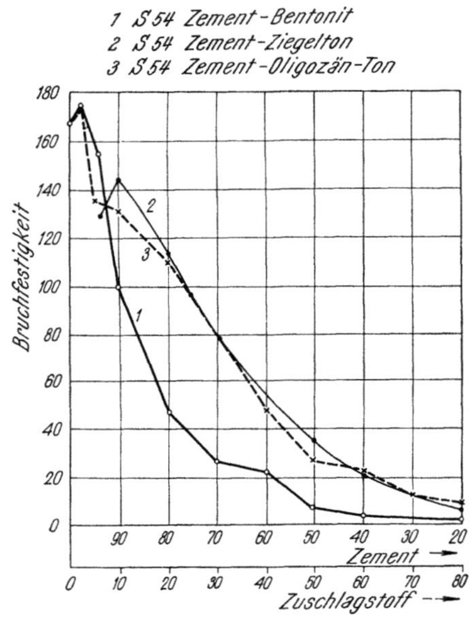


Abb. 505. Einfluß des Bentonit- oder Ton-Zusatzes auf die Bruchfestigkeit des Mörtels

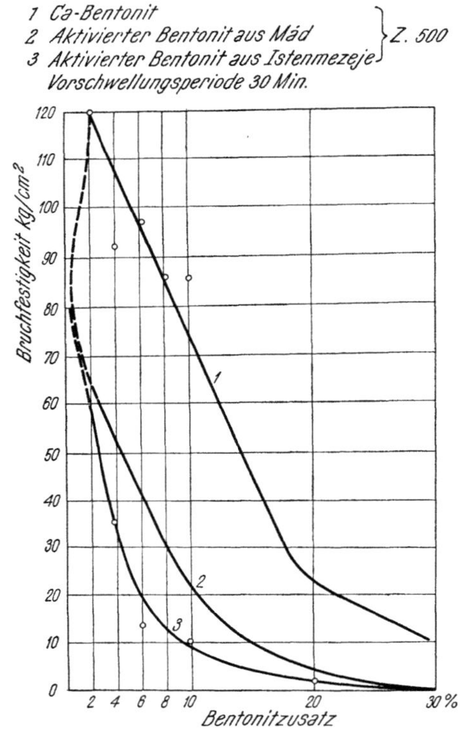


Abb. 506. Einfluß der Qualität des Bentonits auf die Bruchfestigkeit des Mörtels

1. die Ausfällung der Zementkörnchen vermindert;
2. die Bruchfestigkeitswerte herabsetzt;
3. den Mörtel wasserbeständig und weniger wasserdurchlässig und überdies gleitfähiger macht;
4. die Abbindezeit verlängert und
5. Zementeinsparungen ermöglicht.

Für die Praxis ist jede dieser Auswirkungen von Bedeutung. Ein besonders wichtiger Vorzug der Bentonit-Zement-Mörtel besteht darin, daß sie sich leichter, d. h. *mit geringerem Injektionsdruck einpressen lassen*, so daß auch die Gefahr von Aufbrüchen an der Erdoberfläche leichter abgewendet werden kann. Den Versuchen zufolge ergeben zwar Zusätze von Ca-Bentonit höhere Festigkeitswerte (Abb. 506), dagegen haben Injektionen mit Zementbrei, dem Na-Bentonit zugesetzt wird, eine weit größere Reichweite. Die Abb. 507 zeigt in höchst anschaulicher Weise, um wieviel größere Mengen man von Zementsuspensionen mit Bentonitzusatz bei gleichen Einpreßdrücken im Vergleich zur Verpressung mit reiner Zementsuspension einbringen kann.

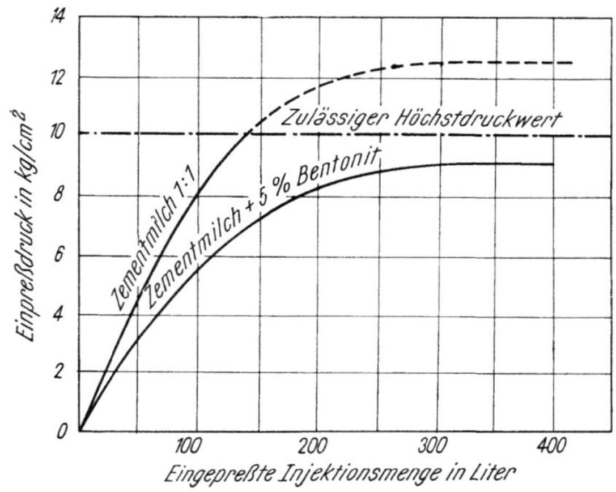


Abb. 507. Vergleich der injizierbaren Mörtelmengen in Abhängigkeit des Bentonit-Zusatzes

Neueste Versuche beim Bau der Budapester Untergrundbahnen haben erwiesen, daß sich als Injektionsgut das örtlich ausgehobene und tonhaltige Material sehr gut eignet. Durch Naßmahlen des Aushubgutes werden die Tonteilchen wirksam aktiviert, die Stabilität des Injektionsgutes erhöht und die Abbindezeit durch Wasserglaszusatz reguliert (eventuell beschleunigt). Dadurch ist es möglich, den Bentonitzusatz wesentlich herabzusetzen, gegebenenfalls kann sogar völlig darauf verzichtet werden.

Zusammenfassend kann festgestellt werden, daß die Verwendung von Zementmilch mit Bentonitzusatz gegenüber der Injektion mit reiner Zementmilch folgende Vorzüge aufweist:

1. Bessere Abdichtung gegen Wasser,
2. erleichtertes Einpressen und Möglichkeit zum Einbringen in größeren Mengen,
3. dank der verminderten Wasserabscheidungsfähigkeit vollkommenere Hohlraumverfüllung (mit geringer Korrosivität),
4. Zement- und Kosteneinsparungen bei größerer Sicherheit gegenüber Aufbrüchen.

*Zum Einbringen der zweiten Injektion* werden allgemein Hochdruck-Kolbenpumpen verwendet, die nach dem bekannten Prinzip der Druckpumpen sehr hohe Einpreßdrücke zu erzeugen gestatten.

Am besten hat sich in der Praxis die *Hänysche Einkolbenpumpe* bewährt, die mit Druckübertragung und mit getrenntem Mischen und Einpressen arbeitet (Abb. 508). Die eigentliche Kolbenpumpe ist mit einer Membran kombiniert. Die Preßluft gelangt zunächst in den Motorzylinder (*a*), aus dem der Kolben die Flüssigkeit (Öl) gegen die Membran (*M*) preßt, wodurch diese durchgedrückt wird. Beim Rückgang saugt der Kolben das Öl wieder an, so daß auch die Membran zurückschwingt und im Saugraum (*b*) ein Vakuum entsteht, welches die Zementmilch aus dem Vorratsbehälter (*t*) in den Arbeitsraum der Pumpe saugt. Im nächsten Hub wird die Zementmilch in die Druckleitung (*d*) gepreßt. Dieser Vorgang wiederholt sich, bis der Höchstdruck erreicht ist. An diesem Punkt schaltet sich die Pumpe automatisch ab, um gleichfalls selbsttätig sogleich wieder anzulaufen,

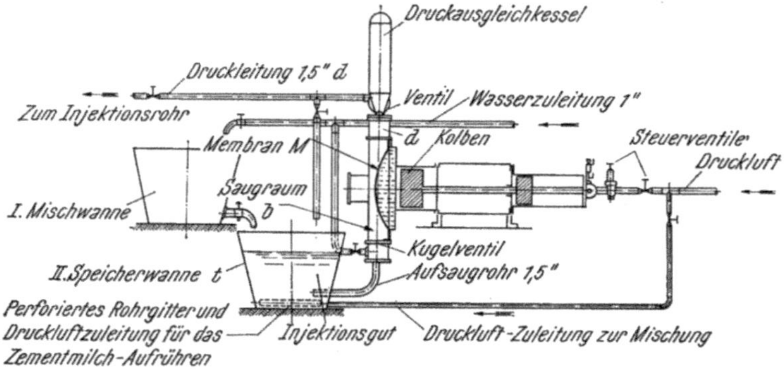


Abb. 508. Injektionspumpe „Häny"

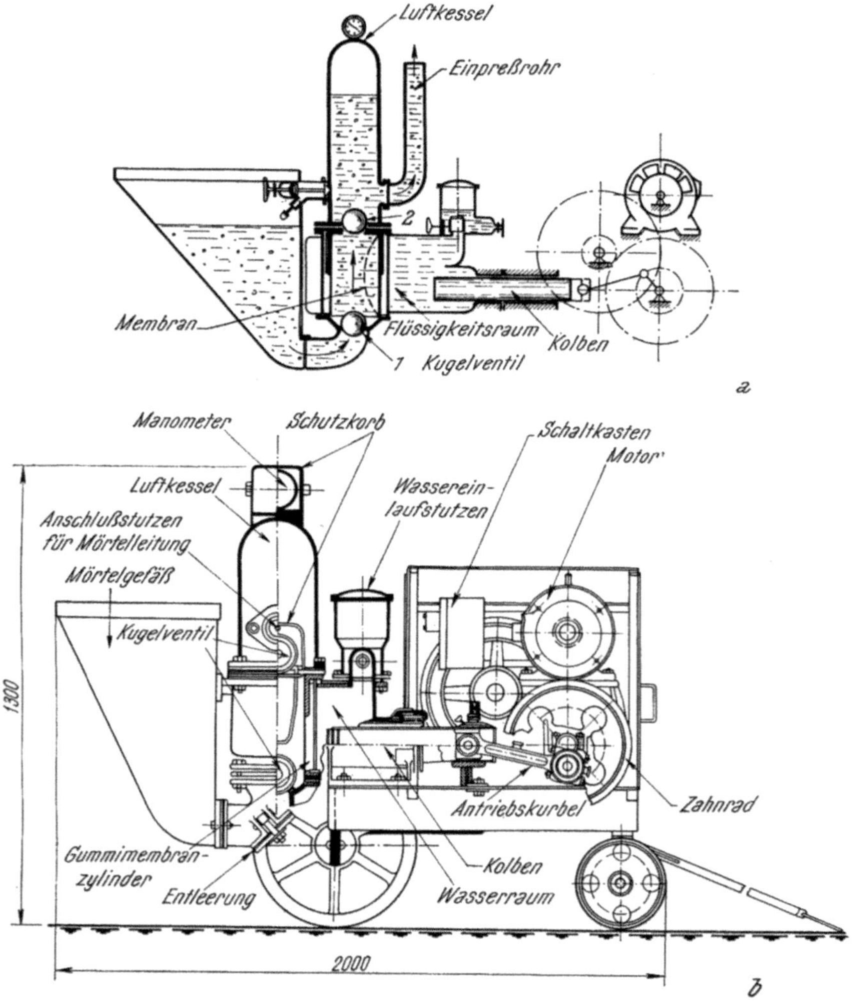


Abb. 509. Injektionspumpe „Mávag"

sobald der Druck infolge Abfließens des Fördergutes sinkt. Sie hält so den vorweg eingestellten Druck konstant. (Bei 18 at entwickelt die Pumpe eine Förderleistung von 25,8 l/min = 1,5 $m^3$/h.) Ihr großer Vorteil vor den früheren Kolben-Druckpumpen besteht darin, daß das Injektionsgut mit den empfindlichen öligen Zylinderflächen der Pumpe nicht in Berührung kommt und diese somit nicht korrodiert.

Nach dem Prinzip der Hänyschen Zementinjektionspumpe ist auch die *Mörteleinpreßpumpe* der Mávag (Ungarische Lokomotiven-, Waggon- und Maschinenfabrik) aufgebaut (Abb. 509). Das Arbeitsprinzip dieser Pumpe ist aus dem Bild-

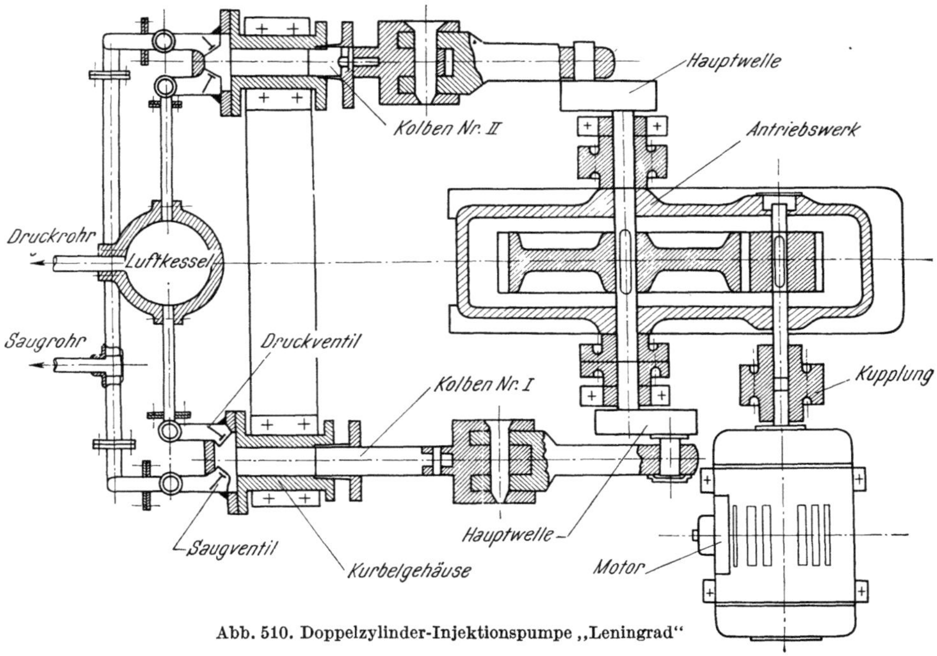


Abb. 510. Doppelzylinder-Injektionspumpe „Leningrad"

teil *a*) ersichtlich. Der Kolben dringt in den Flüssigkeitsraum ein und preßt damit die Membran in den Saugraum, in welchem sie beim Rückgang ein Vakuum erzeugt, so daß durch das Kugelventil *1* hindurch Mörtel in den Saugraum dringt. Beim nächsten Kolbenhub drückt die Membran dieses Fördergut durch das Kugelventil *2* in die mit einem Druckausgleichskessel verbundene Druckleitung. Der Vorgang wiederholt sich, wobei es der Ausgleichskessel ermöglicht, die beim Öffnen des Einpreßbahnes sonst unvermeidlichen Druckstöße auszuschalten, d. h. den Druck konstant zu halten. Diese Einkolben-Mörteleinpreßpumpe arbeitet mit einem maximalen Betriebsdruck von $p_{max} = 15$ at bei einer Förderleistung von 6 $m^3$/h. Auch bei ihr kommt das Einpreßgut mit dem empfindlichen Kolben und Zylinder nicht in Berührung.

Verwendung findet in Ungarn auch die beim Bau der Untergrundbahn in Leningrad entwickelte *Zweikolbenpumpe*, in der allerdings das Fördergut unmittelbar in den Zylindern fortbewegt wird. Den Grundriß dieser Pumpe veranschaulicht die Abb. 510. Die beiden Kolben bewegen sich in zueinander versetzter Stellung. Die Abbildung zeigt den Kolben *I* in Saugstellung zurückgezogen, wobei das

Injektionsgut durch das offene Saugventil und durch die Saugleitung hindurch in den Zylinder gelangt. Zugleich drückt der Kolben *II* im Druckhub durch das offene Druckventil und die Druckleitung hindurch die Injektionsflüssigkeit in einen mittig gelegenen, mit Luftkessel versehenen Druckbehälter bzw. durch die Druckleitung hindurch in die Injektionsrohre. Die Zweikolbenpumpe arbeitet also im kontinuierlichen Betrieb.

Äußerst wichtig ist die Reinhaltung der Maschine, ihre Säuberung nach Gebrauch, die Überprüfung der Verteilerarmaturen, Hähne und Schläuche auf ihre Betriebsfähigkeit sowie die sorgfältige Schmierung. Die einzelnen Chargen müssen auf dem 3-mm-Sieb auch gesiebt werden. Ohne Druckmesser oder mit fehlerhaftem Manometer dürfen Einpressungen keinesfalls vorgenommen werden. Pneumatische Anlagen bedürfen keines Sicherheitsventils, Kolbenmaschinen hingegen müssen mit einem solchen ausgestattet sein. Bei größeren Verpressungsarbeiten wird man zweckmäßig auch Druckregistriervorrichtungen einbauen. Besonderes Augenmerk ist ferner auf die Unfallverhütung zu richten (Arbeitsanzug, Brille, Handschuhe, Kopfbedeckung, feste Gerüste), da die Verpressung angesichts der hohen Drücke eine nicht ungefährliche Arbeit darstellt. Insbesondere vor eventuell zurückgeschleudertem Mörtel müssen Augen und Körper geschützt sein.

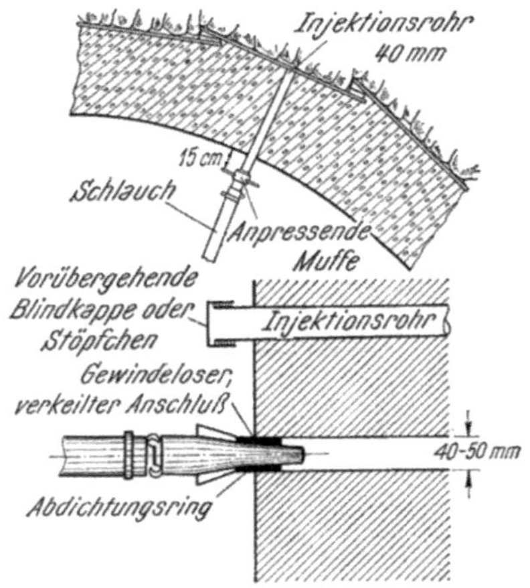


Abb. 511. Einzelheiten der Anschlüsse der Injektionshosen zu den Injektionslöchern

Die Verpressung der Hohlräume hinter der Auskleidung bildet somit eine sehr wichtige Arbeitsphase der Schildbauweise. Entsprechend wird man in der Baustellenanordnung unmittelbar hinter dem Erektor bzw. Montagekran zweckmäßig sogleich die Injektionsanlage folgen lassen, und zwar am besten gleichfalls auf einem fahrbaren Gerüst (vgl. die Abb. 468 und 495). (Erhält der Tunnel eine Betonauskleidung, müssen die Injektionsrohre vorweg in das Mauerwerk eingebaut und mit einem Stopfen verschlossen werden. Die Einzelheiten des Schlauchanschlusses verdeutlicht die Abb. 511.)

Die Verpressung spielt nicht nur bei Tunneln, die in der Schildbauweise aufgefahren werden, eine wichtige Rolle, sondern auch bei anderen Untertagebauwerken und sonstigen Tunneln und Stollen (s. Kap. 7.2.2.1.1.). Welche Verpressungsverfahren und Injektionsmittel beim Bau der Budapester U-Bahn zur Anwendung gelangen, geht aus Tab. 45 hervor. Grundsätzlich begann die Verpressung stets unten bzw. hinten und schritt nach oben bzw. nach vorn voran, wobei der Mörtel durch die einzelnen Injektionslöcher so lange eingepreßt wurde, bis er am nächst höheren bzw. nächst vorderen Einpreßloch austrat.

### 6.3.2.3. Konstruktiver Aufbau der Auskleidungselemente (Tübbings)

Zum Wesen der Schildbauweise gehört der endgültige Ausbau der Tunnelröhre mit Elementen, die leicht, rasch und wasserdicht verlegt werden können und sofort belastbar sind. Die Auskleidungselemente müssen demnach folgenden wichtigeren Anforderungen genügen:

1. Sie müssen geeignet sein, den äußeren Erd- und Wasserdruck sofort und ohne größere Verformung oder Wasserdurchlässigkeit aufzunehmen.

2. Sie müssen den häufig sehr unsanften Stoßbeanspruchungen bei der Anlieferung und beim Verlegen ohne Schädigung gewachsen sein.

3. Sie müssen die beim Schildvorschub auf sie übertragenen starken axialen Druckbeanspruchungen übernehmen können, ohne daß an ihnen Risse oder Absplitterungen auftreten.

4. Grundwasser und Feuchtigkeit gegenüber müssen sie in sich und an ihren Verbindungsstellen wasserdicht und gegen die korrodierende Wirkung des Bodens unempfindlich sein.

5. Sie müssen so beschaffen sein, daß sie eine tunlichst wirtschaftliche Bauausführung und im späteren eine wirtschaftliche Instandhaltung des Bauwerkes ermöglichen. (An diesem Punkt wird man zu überlegen haben, ob die Verwendung billigerer Baustoffe geringerer Festigkeit und entsprechend größerer Wandstärke vom Gesichtspunkt der Gesamtkosten aus tatsächlich günstiger ist als die Verwendung von Baustoffen höherer Festigkeit.)

Die Tunnelauskleidung kann *ein- oder auch mehrschichtig sein.* Zweischichtige Auskleidung ist erforderlich, wenn die soeben aufgezählten Aufgaben von der Grundschicht allein nicht bewältigt werden können, wenn also entweder zur Erhöhung ihrer Tragfähigkeit oder zur besseren Wasserabdichtung bzw. aus ästhetischen Gründen zusätzlich eine zweite Auskleidungsschicht eingezogen werden muß.

Die ersten in der Schildbauweise aufgefahrenen Tunnel hatten noch Ziegelausmauerung, die hohen Pressendrücke jedoch und das Bedürfnis nach Wasserdichtigkeit zwangen alsbald, zum Ausbau mit gußeisernen Ringen überzugehen. Erst später fanden Beton- und im weiteren genietete und geschweißte Flußeisen- und Gußstahlelemente größere Verbreitung, bis sich schließlich in jüngster Zeit Stahlbeton- bzw. Spannbeton- und Ortbetonauskleidungen durchzusetzen begannen. Ganz ausnahmsweise wurden auch hölzerne Auskleidungselemente sowie gegossener Basalt und behauene Natursteine verwendet. Diese letzteren haben sich jedoch als ebenso kostspielig wie unzweckmäßig erwiesen.

Allgemein *verwendet die Praxis heute zum endgültigen Ausbau von Eisenbahn- und Straßen-, d. h. von Röhrentunneln größerer Lichtweite vornehmlich Gußeisenringe, zur Auskleidung kleinerer Hohlgänge für Versorgungsleitungen und Kanalisation hingegen Betonformsteine. Statt dieser letzteren ist man jedoch — auch bei Tunneln größeren Durchmessers — neuerdings zunehmend bestrebt, Stahl- und Spannbetonelemente einzusetzen, und in der Tat setzen sie sich auch in diesem Sektor mehr und mehr durch.* Im einzelnen ist zu den verschiedenen Ausbauelementen folgendes zu bemerken.

*6.3.2.3.1. Bei den gußeisernen Ausbauelementen* (Tübbings) handelt es sich um schalenförmig gebogenen Platten, die durch Flanschen und eventuell auch durch eine Verrippung zwischen diesen versteift sind. Sowohl die Einzelstücke als auch die aus mehreren Segmentbogenstücken zusammengesetzten Ringe werden aneinandergeschraubt und bilden so die Tunnelröhre. Den gußeisernen Ring für eine Tunnelröhre von 6,0 m Außendurchmesser sowie die Detailzeichnung eines Tübbingelements veranschaulicht die Abb. 512. Die Ringbreiten schwanken zwischen 0,50 und 1,0 m. Die Horizontalfugen sind ringweise gegeneinander versetzt, so daß sich zwischen den Ringen ein fester Verband ergibt. Da die einzelnen Bogenstücke stets von unten nach oben und naturgemäß von innen verlegt werden (vgl. Abb. 506), kann das oberste Ringelement — welches in die Firste zu liegen kommt —, nur von unten in den noch offenen Zwischenraum eingeschoben werden. Aus diesem Grunde kann die Fugenrichtung bei diesem letzten Scheitelstück nicht mit der auch statisch richtigen radialen Richtung zusammenfallen, vielmehr müssen die beiden Flanschen von außen nach innen auseinanderstreben. Entsprechend erhalten auch die diesem Scheitelstück zugekehrten Flanschen der beiden benachbarten Anschlußelemente eine der üblichen entgegengesetzte Neigung. Ein Ring besteht dementsprechend, wie auch aus der Abbildung hervorgeht, aus 9 Normal- (*N*), 2 Anschluß- (Sz) und einem Scheitelstück (K), er setzt sich also aus drei verschiedenen Elementen zusammen. Die Seitenflächen der Tübbings müssen mit einer Genauigkeit von ± 0,5 mm bearbeitet sein, damit man einerseits genaue, sickerfreie Stöße erhält, die die nötige Wasserdichtigkeit verbürgen, und damit die Abweichungen aus der ungenauen Bearbeitung, die im weiteren Vortrieb zu Winkelverdrehungen vervielfachter Größe führen, die geringfügigen, durch die Innenabmessungen des Schildes bestimmten Toleranzen von 1 bis 2 cm nicht überschreiten; andererseits bedarf es genau passender Auflagerflächen auch deshalb, weil die spröden Gußeisenelemente sonst unter den beim Vorpressen auf ihnen lastenden gewaltigen Vorschubdrücken die Biegebeanspruchungen infolge ungleichmäßigen Aufliegens nicht ohne Risse aufnehmen würden.

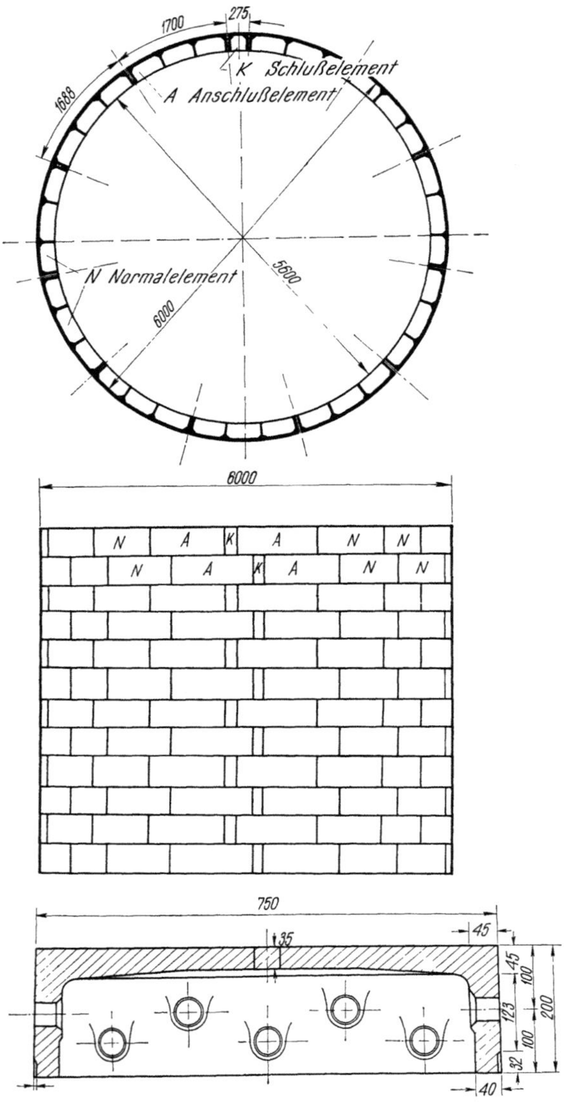


**Abb. 512. Gußeiserner Auskleidungsring mit Tübbing-Einheit**

Die Tübbings müssen stets so verlegt werden, daß ihre waagrechten Begrenzungsflanschen und ihre eventuellen Zwischenrippen in die Linie der Vorschub-

*a*

*b*

Abb. 513. Ansicht eines mit gußeisernen Tübbingen ausgekleideten Haltestellen- (a) und eines kleineren (b) Tunnels pressen zu liegen kommen und daß außerdem die jeweils benachbarten Ringe miteinander mit versetzten Fugen verschraubt werden können (Abb. 513 in ihrem oberen Abschnitt). Die Wahl der Ringbreite bestimmen mehrere Umstände:

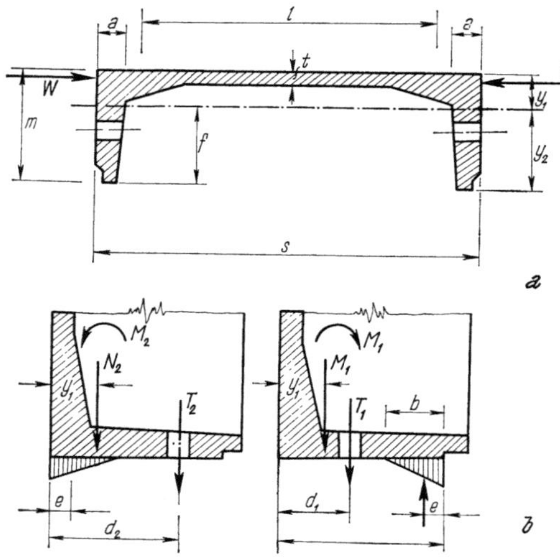

Abb. 514. Bestimmung der Hauptabmessungen eines gußeisernen Tübbinges (Wolkow)

1. die Tiefe je eines Ortsausbruchs im gegebenen Boden,
2. das praktisch als handlich anzusehende Gewicht der Bogenstücke,
3. die zulässige Länge des Schildschwanzraumes,
4. die Kapazität der Gießereien und der Fräsbänke, die die Teile zu bearbeiten haben.

Jeder dieser Faktoren spricht für eine tunlichst kleine Ringbreite. Zugunsten einer Verbreiterung der Ringe spricht demgegenüber der größere Fortschritt je Vorschub und die Verminderung der Zahl von Fugen und Schraubenverbindungsstellen, die für die Festigkeit und Wasserdichtigkeit der Auskleidung von Vorteil ist.

Was die Abmessungen der Tübbings anbelangt, empfehlen Richardson und Mayo, die Flanschen — je Meter des lichten Tunneldurchmessers — 42 mm hoch auszubilden, während die Hautstärke zwischen 25 und 40 mm liegen soll.

Nach Wolkow können die wichtigeren Abmessungen gußeisernen Tübbings wie folgt angenommen werden (Abb. 514a):

| | |
|---|---|
| Ringbreite | $s = 45$ bis 100 cm |
| Flanschenhöhe (nach Hewitt) | |
| in Tonböden | $m = 0{,}033\,D$ |
| in wasserführenden Böden | $m = 0{,}042\,D$ |
| Flanschenbreite | $a = 0{,}2\,f$ |
| Neigung der Flanscheninnenfläche | $i = 1/30$ bis $1/16$ |
| Durchmesser der Schraubenbolzenlöcher | $\varnothing = d + 6$ mm |

($d$ = Schraubendurchmesser).

Die Tübbinghautstärke läßt sich aus dem Kräftespiel in einem exzentrisch auf Druck beanspruchten Träger bestimmen, der an den Flanschen fix eingespannt und damit gegenüber der Biegebeanspruchung durch den Erd- und Wasserdruck ($p$) unterstützt ist und der überdies durch die Vorschubpresse auf den Druck $W$ beansprucht wird. Entsprechend schreibt sich die maximale Spannung für die Breiteneinheit gemäß Abb. 514a zu

$$\sigma = \frac{W}{t} + \frac{pl^3}{2t^2}. \tag{322}$$

Die Berechnung der Scherfestigkeit braucht den Pressendruck nicht zu berücksichtigen. Die ermittelte Hautstärke ($t$) wird nach oben aufgerundet. Eine solche Aufrundung wird die Trägheitsverhältnisse des Tübbings und die Randfaserabstände nur unwesentlich verändern.

Für die Wahl des Tübbingsquerschnittes sind die aus dem Ring ermittelten Biege- und Normalbeanspruchungen ($M$, $N$) maßgebend. Sie werden gemäß Abschnitt 4 berechnet. Die in den Randfasern auftretenden Spannungen erhält man wieder aus der Formel für den ausmittigen Druck

$$\sigma_1 = \frac{N}{F} \pm \frac{M y_1}{J} \quad \text{und} \quad \sigma_2 = \frac{N}{F} \pm \frac{M y_2}{J}.$$

Sodann müssen die Schraubenverbindungen bemessen werden (Abb. **514b**). Hierbei wird angenommen, daß sich die Fuge unter dem Einfluß des am Querschnitt angreifenden Moments öffnet, so daß die volle Druckkraft auf die Fläche von der verminderten Breite $b$ übertragen wird. Die im Querschnitt auftretende Zugkraft $T_2$ wird eine ganze Reihe von Verbindungsschrauben, am stärksten jedoch die vom Druckrand am weitesten entfernt angesetzten beanspruchen. Aus den auf die Mittellinie der Drücke wirkenden Momenten hat man

$$T_2 = \frac{M_2 - N_2(y_1 - b/3)}{d_2 - b/3}. \tag{323a}$$

Aus dem Moment mit entgegengesetztem Vorzeichen wird sich der Druck auf die am gegenüberliegenden Rand gelegene Fläche konzentrieren, die Zugkraft wird also die auf der entgegengesetzten Seite angesetzten Schrauben beanspruchen.

In Analogie zur obigen Beziehung erhält man somit

$$T_1 = \frac{M_1 - N_1(s - y_1 - b/3)}{s - d_1 - b/3}. \tag{323b}$$

(Den Wert von $b$ setzt die Praxis in der Sowjetunion mit 6 cm an.)

Mit den so ermittelten Kräften $T_1$ und $T_2$ erhält man für die Spannung in den Schrauben

$$\sigma = \frac{4T}{n\pi d^2}, \tag{324}$$

wenn $n$ die Zahl, $d$ hingegen den nützlichen Durchmesser der Schrauben bezeichnet.

So einfach und anschaulich auch dieses Berechnungsverfahren ist, so haften ihm doch auch gewisse Mängel insofern an, als es die Breite der Druckfläche willkürlich mit 6 cm ansetzt und die Wirkung der inneren Schraubenreihe vernachlässigt. Die Größe der Breite $b$ hängt in Wirklichkeit von zahlreichen Umständen ab, so vor allem von der spezifischen Formänderung des Gusses, von der Durchbiegung der Flanschen, von der Ausmittigkeit der Kräfte und von anderen Faktoren, die sich sehr schwer genau erfassen lassen.

Entlang ihrer Anschlußflanschen haben die Tübbingbogenstücke kleine Rillen aufzuweisen, die es ermöglichen, in die Fugen Dichtungen einzubringen. In die so entstehenden ring- und auch achsparallelen Rillen treibt man Bleidraht ein oder man verfüllt sie mit einer Packung aus bitumengetränkten Asbestschnüren. Sehr gut hat sich die Dichtung mit Quellzement bewährt, die beim Bau der Moskauer Metro eingeführt wurde.

Nach einem Bericht [158] dürfte eine absolute Wasserabdichtung durch die Anwendung von *Neopren-Ring-Bändern* erzielt werden. Beim Bau eines Abwasserkanals in New York befestigte man 65 mm breite und 6 mm starke Neopren-Bänder auf den quergerichteten Stirnflächen der anschließenden Tübbingelemente, die durch den Vorschubdruck zusammengepreßt worden waren und eine voll-

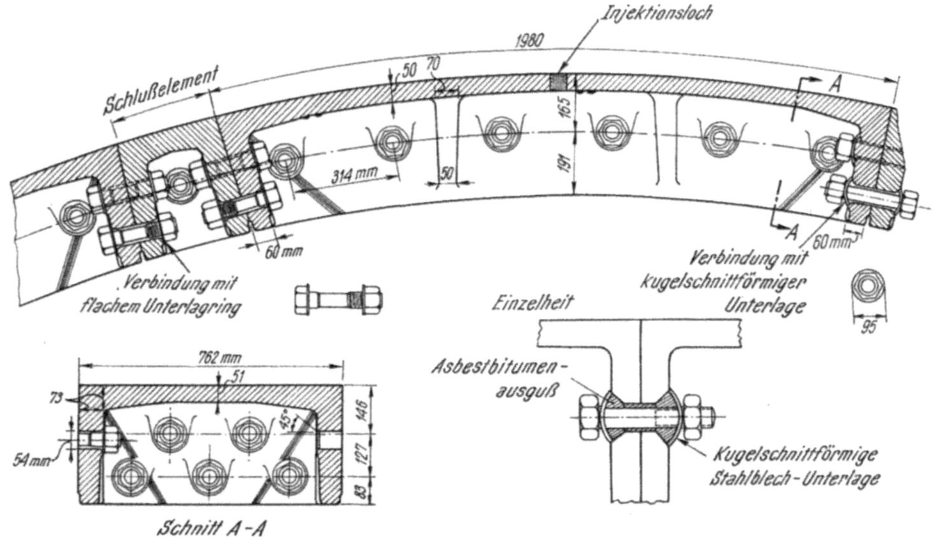


Abb. 515. Schraubenverbindung und Verdichtung der gußeisernen Tübbinge

ständige Wasserdichtheit ergeben hatten. Die Schraubenlöcher wurden auch durch Anwendung von Neopren-Bolzenunterlagscheiben wirksam verdichtet (siehe unten).

Mit einem wasserdichten Verschluß müssen weiterhin die Schraubenverbindungen versehen werden, wozu man die in Abb. 515 dargestellten mit Bitumen gefüllten Unterlagsringe verwendet. Wie aus dieser Abbildung hervorgeht, wird unter die Schraubenmutter auf den Schraubenbolzen eine linsenkopfförmige, stumpfkugelige Unterlagsscheibe aus 3 bis 4 mm starkem Stahlblech so aufgesetzt, daß die Kugelkappe der Schraubenmutter zugewendet ist. Innen hat die Kugelkappe eine auf einen Asbestring aufgetragene Füllung aus Hartbitumen. Beim Anziehen der Schraubenmutter wird die Unterlagsscheibe niedergedrückt und die Bitumenfüllung um die Schraubenbolze herum in das Bohrloch gepreßt, womit ein vollkommen wasserdichter Verschluß gewährleistet ist.

Die Schrauben werden mit verlängertem Schraubenschlüssel von Hand oder mit einer Schraubenanziehmaschine angezogen. (Nach der Verpressung sind die Schrauben stets nachzuziehen.)

*Gußeisen* befriedigt die an Tunnelausbauelemente zu stellenden wichtigen Anforderungen in ausreichendem Maße. Vor Korrosion empfiehlt es sich jedoch, die Gußeisenringe durch einen Anstrich mit Bitumen, Teer oder eventuell auch mit Ferrofixol zu schützen (vgl. Kap. 4.6.4.1.). Neben hoher Festigkeit und Unempfindlichkeit gegen die Beanspruchungen während der Behandlung und Montage bieten diese Anstriche auch einen verhältnismäßig guten Schutz vor Wasser- und Feuchtigkeitseinflüssen, ja selbst vor dem Verrosten.

Zu den Nachteilen des Ausbaues mit gußeisernen Ringen gehört vor allem der große Eisenverbrauch (bei 3,6 m Tunneldurchmesser 3,5 t/lfd.m, bei 6,0 m ∅ 7,6 t/lfd.m, bei 8,5 m ∅ 20 t/lfd.m und bei 9,5 bis 9,7 m ∅ 25 bis 28 t/lfd.m) sowie das große Stückgewicht der einzelnen Elemente (500 bis 1500 kg). Als Nachteil muß auch das häufig unästhetische Bild einer solchen Auskleidung angesehen werden. Gesteigert wird der unschöne Eindruck noch durch den Staub und die sonstigen Verunreinigungen, die sich sehr bald zwischen die Flanschen der Bogenstücke absetzen und dazu zwingen, beispielsweise den Gußeisenringen von Straßentunneln oder Untergrundbahnstationen zusätzlich eine Innenverkleidung zu geben.

Zur Ausnützung der wirtschaftlichen Vorteile einer biegsamen Auskleidung, zur Herabsetzung der Tübbingabmessungen und zur Ausschaltung der durch die Schraubenverbindungen bedingten Isolierungs- und anderen Schwierigkeiten, sowie zur Vermeidung eines Zeitverlustes wurden in einem Abschnitt der neuen Victoria-Linie der Londoner Untergrundbahn miteinander gelenkig, d. h. ohne

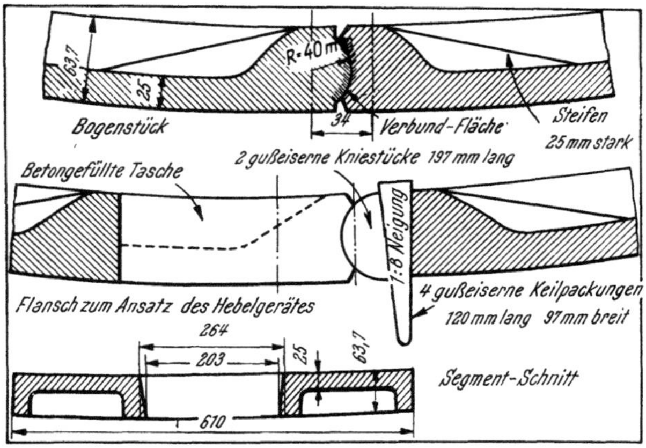


Abb. 516. Neuer gelenkartiger und verkeilter Anschluß der gußeisernen Tübbinge in London (Victoria-Linie)

Schrauben verbundene gußeiserne Tübbings erprobt (Abb. 516). Die Auskleidungsringe der 4,0 m-Durchmesser-Tunnelröhren setzen sich aus je 6 0,60 m breiten Bogenstücken mit einer Wandstärke von 2,5 cm zusammen.

Die Bogenstücke sind an ihrem einen Ende konvex, an ihrem anderen Ende hingegen konkav ausgebildet, so daß sie mit ihren Enden gelenkig ineinandergreifen. Der Einbau beginnt unten mit der Verlegung zweier Elemente und setzt sich nach oben fort. Die oberen Bogenelemente werden hierbei gegen die bereits verlegten mit provisorischen Steifen abgespreizt. An ihren Rändern haben die Tübbings niedrige Flanschen, die zum Ansetzen der Hebegeräte und zur Befestigung gewisser Armaturen für den Eisenbahnbetrieb (Signalanlagen) stellenweise durchlocht sind.

Im Hinblick auf die geringe Höhe dieser Seitenflanschen wurden zwischen die Berührungsflächen der einzelnen Ringe Holzplättchen eingelegt, die die hohen Pressendrücke beim Vorschub gleichmäßig zu verteilen hatten.

Die Einführung unverschraubter Tübbings ermöglichte nicht nur erhebliche Eiseneinsparungen, sondern auch eine Verkürzung der Einbauzeit um 50%.

Angesichts des großen Eisenbedarfs beim Ausbau mit Gußeisentübbings und im Streben nach Herabsetzung der Ausmaße tauchte der Gedanke an die Verwendung von Stahlsorten höherer Festigkeit auf. In erster Linie dachte man hierbei an — gleichfalls verrippte — Tübbings aus weit *festerem Stahlguß*, die weniger wiegen und geringere Abmessungen haben als Gußeisentübbings.

Gußstahltübbings pflegt man vor allem zum Ausbau der großen Stationshallen von U-Bahnen sowie zum Ausbau nahe neben- oder übereinander geführter Tunnel zu verwenden, bei denen später eventuell auch mit Drucküberlagerungen zu rechnen ist. Nicht zuletzt auch ihrer hohen Kosten wegen beschränkt sich jedoch der Gebrauch von Gußstahltübbings auf lokal eng begrenzte Stellen.

Bemerkt sei hier, daß zur Tunnelauskleidung in Krümmungen Ringe aus Bogenstücken erforderlich sind, die sich keilförmig verschmälern. Mit solchen keilartigen Ringen können auch Abweichungen von der horizontalen oder vertikalen Richtung korrigiert werden.

*6.3.2.3.2.* Neuerdings wurden auch Versuche zum Ausbau von Tunneln mit *geschweißten Konstruktionen aus hochfestem Stahl* unternommen, ja neuestens sind kleinere Hohlgänge bekannt geworden, die schon mit kaltgepreßten Stahlplatten ausgebaut wurden. Da sich diese Ausbauelemente beim Schweißen verziehen und verwerfen, ist man bestrebt, die Bogenstücke im Kaltpreßverfahren zu formen und das Schweißen auf ein Mindestmaß einzuschränken.

Ausbauelemente dieser Art werden hergestellt, indem man zunächst mit dem gewünschten Krümmungshalbmesser auf Pressen die Stahlplatten selbst biegt und an diesen sodann auf Abkantpressen die Flanschen abkantet. Zur Versteifung werden an die Flanschenwurzeln Stahlbänder, an die Flanschenseiten hingegen Platten angeschweißt, die nach dem gegebenen Krümmungsradius ausgeschnitten und den nötigen Schraubenverbindungen entsprechend gelocht sind. In diesen Rahmen werden sodann die abmessungsbedingten und in die Richtung des Vorschubpressendruckes fallenden Versteifungsrippen eingeschweißt. Bei größeren Profilen kommen als Versteifungsrippen auch Halbwinkeleisen, Schienen oder T-Eisen in Frage. (Vgl. hierzu die Abb. 517; sie zeigt im Schnitt jene Stahlausbauelemente mit vierseitig aufgeschweißtem Flansch, wie sie beim Ausbau eines Abschnitts des New Yorker *Queens-Midtown-Tunnels* verwendet wurden [159].)

Das Gewicht stählerner Ausbauelemente kann nach Richardson aus der empirischen Formel $W = 7{,}5\,D^2$ berechnet werden, in der $W$ das Gewicht der Tunnelauskleidung je ft Tunnellänge in lbs, $D$ hingegen den Außendurchmesser des Tunnelringes in ft bezeichnet. Erfahrungsgemäß läßt sich gegenüber den gußeisernen Ausbauelementen in trockenem Ton eine Gewichtseinsparung von 50%, in Schluffböden unter Wasser hingegen eine solche von 65% erzielen.

Außer der Gewichtsverminderung haben die stählernen Auskleidungselemente den großen Vorzug, daß sie nach Abklingen der Bodenbewegungen an den Fugen verschweißt werden können, womit man zu einem vollkommen wasserdichten

Ausbau gelangt. Eventuell kommt auch ein Ausfräsen von Rillen in den Ringflanschen und deren nachträgliches Verpacken mit Blei oder Schwellzement in Frage. Dank diesen Vorteilen kommen die stählernen Ausbauelemente sogar etwas billiger zu stehen als die gußeisernen.

Die Nachteile des endgültigen Ausbaues mit Stahlringen kommen jedoch in zwei Punkten zur Geltung. Zum einen ist Flußstahl außerordentlich korrosiv, es sei denn, man verwendet einen korrosionsfesten (kupferlegierten) Spezialstahl, zum anderen reicht ihre Herstellungsgenauigkeit keineswegs aus, die hohen Pressendrücke beim Vorschub unter hundertprozentiger Abwendung der Verformungsgefahr aufnehmen zu können. Die erforderliche Genauigkeit in der Größenord-

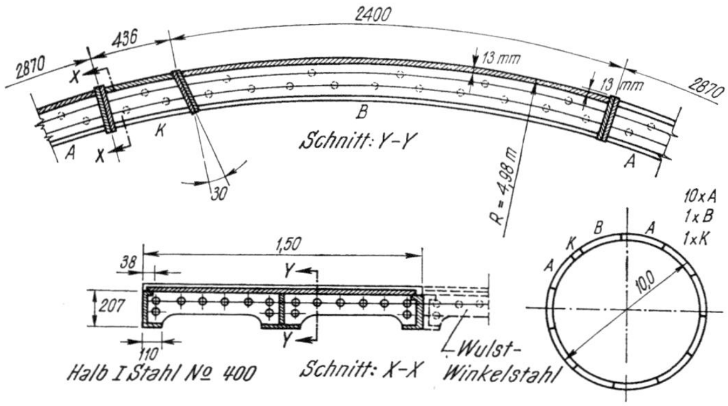


Abb. 517. Aus Flußstahl geschweißte Tübbinge des Queens-Midtown-Tunnels (New York)

nung von tausendstel Millimetern kann wegen des Verziehens und Verwerfens beim Schweißen selbst bei sorgsamstem Zuschneiden und Zusammenstellen nur um den Preis nachträglichen Zufräsens und Richtens gesichert werden. Solche nachträgliche Arbeiten und die höheren Materialpreise können aber die Kosten schon über diejenigen der Gußeisenringe anheben.

*6.3.2.3.3.* Im Hinblick auf die hohen Kosten der Stahltübbings sind seit langem Versuche zur Einführung *vorgefertigter Betonelemente* im Gange, die jedoch von Anfang an auf mancherlei Schwierigkeiten stießen. Am schwierigsten gestaltete es sich, *zwischen den einzelnen Auskleidungsringen genaue und wasserdichte Stöße herzustellen.* So präzis auch die einzelnen Betonblöcke gefertigt sein mochten, ihre haargenaue Verlegung im Schild erwies sich als eine fast unlösbare Aufgabe und Ungleichmäßigkeiten entstanden besonders in dem Augenblick, in dem der Schildschwanzmantel beim Vorschub vom Ring abgeglitten war (vgl. Abb. 467) und dieser in seiner Ebene eine Schiefstellung erlitt. Zusätzlich wecken die gewaltigen Pressendrücke schon bei der geringsten Ungleichmäßigkeit der Auflagerflächen so große Biegebeanspruchungen, daß in den Betonblöcken Risse entstehen. Abhilfe brachte später in diesem Punkt die Armierung der Betonformsteine, doch vermochte auch diese die Probleme der Stempeleinpressung, der Kantenabsplitterung und der Haarrisse nicht zu lösen.

Schwierigkeiten verursachte es anfänglich auch, beim Hochmauern des Ringes von unten nach oben die Bogenstücke oberhalb der Kämpferlinie durch irgendeine Art provisorischer Abstützung an ihrer Stelle festzuhalten, bis der Schlußstein eingeschoben und der Ring geschlossen war. Beim Ausbau mit Eisentübbings bedeutet dies kein Problem, da die oberen Bogenstücke mit den unteren als deren Auskragung fest verschraubt sind. Im übrigen konnte auch der Schlußstein nicht eben leicht verlegt werden, weil man ihn ursprünglich in die durch Auseinanderspreizen und mit Hilfe provisorischer Holzklötze offen gehaltene Fuge von der Seite her einschob, wozu jedoch der Schild zuvor um einen Ring vorgeschoben werden mußte.

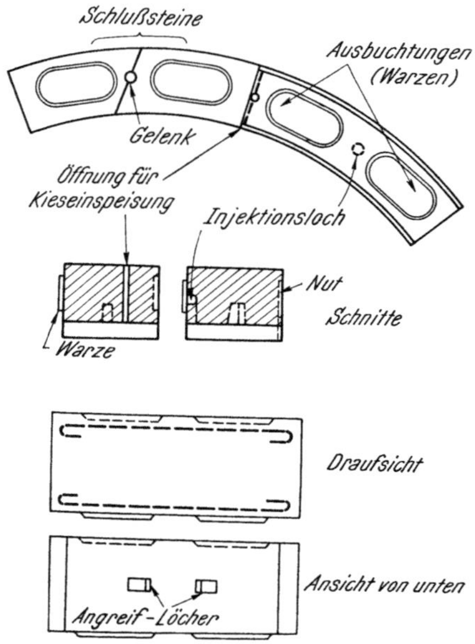


Abb. 518. Beton-Formstein-Verkleidung; Type O'Rourke

Den ersten Fortschritt in Richtung der praktischen Verwendbarkeit brachte die Einführung der *O'Rourkeschen Betonelemente* (Abb. 518). Die je 75 cm breiten und nahezu 200 cm langen Bogenstücke haben auf der einen ihrer den Nachbarringen zugewandten Flächen je zwei ovale Wülste, in der anderen hingegen je zwei entsprechende Vertiefungen. Die abgekanteten Wülste sind 38 mm hoch, die Vertiefungen 32 mm tief. Beim Anpressen verbürgt diese Lücke von 6 mm, daß die Pressendrücke nur an den ineinandergreifenden Flächen übertragen werden und daß sich die Formsteine, ohne Risse zu erleiden, richtig aneinander anlegen. Die Schlußelemente bestehen aus zwei Stücken halber Breite. Zur Verlegung der Bogenstücke dient ein Erektor auf einem eigenen Wagen, der an seinem vorderen Ende stählerne Lehrbogen trägt. Von diesen aus können in den Schwanzteil des Schildes Kronenbalken vorgeschoben werden, auf die sich die Bogenelemente oberhalb der Kämpferlinie während der Verlegung provisorisch abstützen lassen (vgl. Abb. 472).

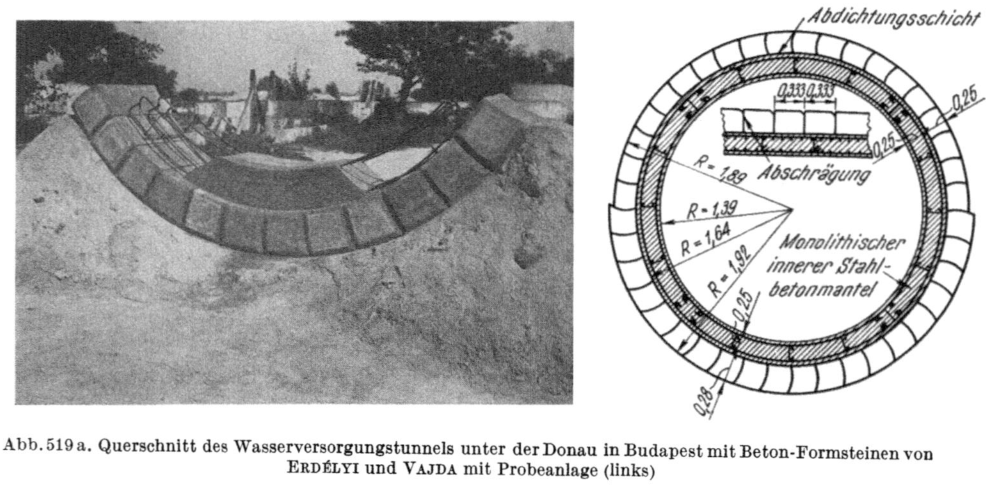


Abb. 519a. Querschnitt des Wasserversorgungstunnels unter der Donau in Budapest mit Beton-Formsteinen von ERDÉLYI und VAJDA mit Probeanlage (links)

Erwähnung verdienen hier auch die weit kleineren, *aufeinander gelenkartig sich abstützenden Betonformsteine System Erdélyi und Vajda* (Abb. 519a u. b), wie sie zur Auskleidung eines Unterwasserstollens der Budapester Wasserversorgungswerke in 1935 mit Erfolg angewendet wurden. Diese 25 bis 30 cm langen und 33 cm breiten Steine haben — wie aus der Abbildung ersichtlich — in Ringrichtung gekrümmte Auflagerflächen und 2,5 cm breit abgekantete Ränder. Auf der konvexen Seite hat die Abrundung einen kleineren Halbmesser als auf der konkaven, womit gelenkartige Bewegungen ermöglicht werden, so daß sich der Ring wie eine biegsame gelenkige Stabkette verhält. Die Abkantung hat den Zweck, der Absplitterung infolge der beim Vorschub auftretenden großen Rand-

Abb. 519 b. Innenansicht des fertigen Wasserversorgungs-Tunnels

drücke entgegenzuwirken. Die Formsteine wurden mit der größten Sorgfalt hergestellt. In den mit einer Genauigkeit von $\pm$ 0,25 mm bearbeiteten Gußeisenformen gelang es, eine Fertigungsgenauigkeit von $\pm$ 1,0 mm zu erreichen. Die gleichmäßige Verteilung der Pressendrücke auf die Stirnflächen konnte durch Zwischenschaltung eines in den Schild eingebauten starren Druckverteilungsringes aus I-Profilen und durch sorgfältige Verlegung der Steine (vgl. Abb. 487) erzielt werden.

Ähnliche Formsteine wurden neuerdings auch beim Bau eines Abwasser-Kanals in Budapest verwendet (Abb. 520a). Jedoch sind bei der Ausführung dieses Schildvortriebes einige Schwierigkeiten durch die Überbeanspruchung der untenliegenden Betonformsteine aufgetreten. Das Abgleiten dieser Formsteine vom Schildschwanz verursachte nämlich eine Schrägstellung derselben, die infolgedessen auf ausmittigen Vorschubdruck beansprucht und bei Kantenabprallungen sogar ernsteren Beschädigungen (Rissen, Brüchen usw.) ausgesetzt wurden (vgl. Abb. 521).

Von den vorgenommenen Behelfsmaßnahmen führte das Ausschneiden des unteren Viertels der Schwanzblechsohle zum besten Erfolg. Neuerdings baut man in den Schildschwanz einen umlaufenden Auflagerring ein, in den schon vorher Injektionsrohre eingebaut wurden (Abb. 521). Obwohl diese Maßnahme die Dicke des zurückbleibenden umlaufenden Hohlraumes von $\delta_0$ auf $\delta_0 + \delta_1$ (d. h. um

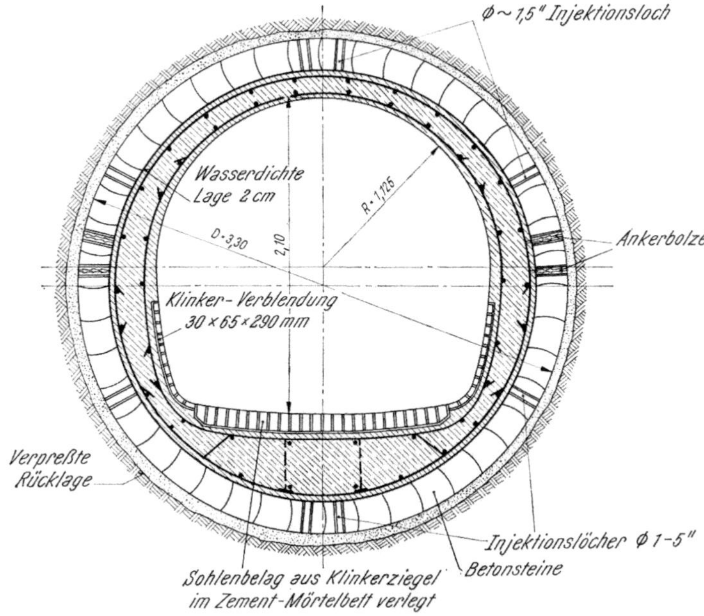


**Abb. 520a. Querschnitt eines Abwasser-Tunnels in Budapest**

**Abb. 520b. Innenansicht eines aus Keilsteinen hergestellten (Durchmesser 4,05 m) Tunnels (Fa. Hallinger und Prader)**

die Stärke $\delta_1$ des Auflagerbleches) vergrößert, ermöglicht sie gleichzeitig auch dessen — mit dem Vorschubvorgang des Schildes Schritt haltende — Verpressung. Das rechtzeitig eingepreßte dickflüssige Injektionsbett ermöglicht dann ein setzungs- und verdrehungsfreies Aufliegen der Formsteine, das neben der Beseitigung der Beschädigungsgefahr auch einen besseren Anschluß, d. h. eine bessere Wasserdichtigkeit der Fugen mit sich bringt.

Darüber hinaus mußte man auch die beträchtlichen Druckluftverluste, die infolge der geringen und luftdurchlässigen Deckschichten auftraten, bekämpfen. Dies erfolgte teils durch künstliche Bodenverdichtung, teils durch einfache Bewässerung der obenliegenden Schichten von der Oberfläche aus.

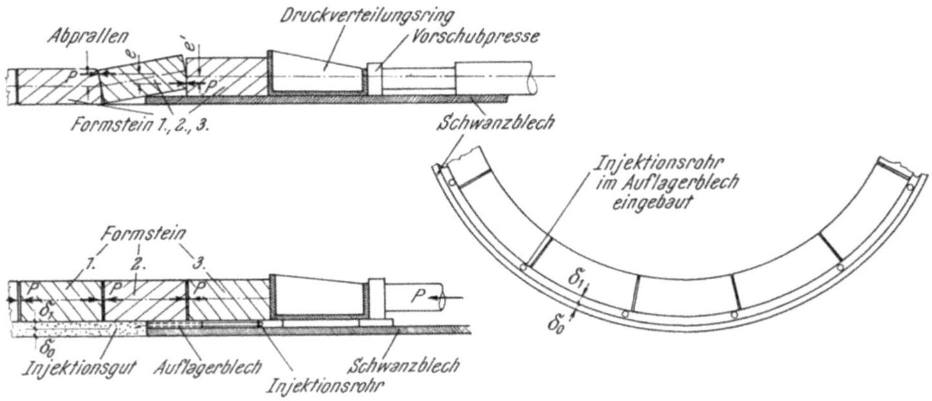


Abb. 521. Verhinderung des Formsteinabsackens durch eingebauten Auflagerring im Schildschwanz

Die Anwendung der Betonformsteine wird beträchtlich erleichtert in Bodenarten, wo keine Entwässerung und nachträgliche Dichtigkeit gegen Wasserdruck gewünscht wird. Ein Beispiel ist in Abb. 520b dargestellt, wo die Fugen einfach mit Zementmörtel ausgegossen sind.

Die gewaltigen Fortschritte, die die Betontechnologie in den letzten 20 Jahren im allgemeinen und — dank der sorgfältigen Wahl von Kornzusammensetzung und Wasserzementfaktor sowie dank dem Rüttelverfahren, der Dampfbehandlung usw. — besonders auch in der weitgehenden Erhöhung der Zementfestigkeit erzielt hat, ermöglichte eine Herabsetzung der Abmessungen und damit auch des Gewichtes der Betonformsteine. So schwankte die Dicke der soeben beschriebenen Formsteine 1935 noch zwischen 25 und 28 cm, wogegen man 1957 in London bei der Auskleidung eines Wasserversorgungsstollens ähnlichen Durchmessers und in ähnlichem Tonboden schon mit *15 cm* dicken Formsteinen auskam [160]. Im Grundriß hatten diese Ausmauerungselemente nach dem Muster der *T. M.-Elemente* die Form eines Trapezes (Abb. 522). Während jedoch diese letzteren auf allen vier Seiten ineinandergreifende Nut und Feder haben, waren die Londoner „Donseg"-Profile auf allen vier Seiten einfach von senkrechten bzw. lotrechten Flächen begrenzt. Bei der Verlegung wurden nur die mit *P* bezeichneten Steine fest an den vorangehenden Ring angeschlossen, die mit *F* bezeichneten hingegen bloß locker eingeschoben. Beim Schildvorschub schiebt dann entweder der Druckring mit seiner vollen Fläche auf einmal sämtliche *F*-Elemente an ihren Platz, oder es werden von den unmittelbar an ihnen angesetzten Pressen nur jene 1 bis 2 $F$-Elemente eingedrückt, die man hinten hervorstehen ließ, womit man gleichfalls für den ganzen Ring eine gute Verspannung in tangentialer Richtung erhält.

Seitdem sind schon Stollen erbaut worden, bei denen in einem Ring nicht alle Formsteine trapezförmig ausgebildet waren [161], sondern wo man nur unten einen keilförmigen Betonstein verwendete, der zuletzt eingeschoben wurde; dadurch wurde der Ring auf die Bodenwand angepreßt (Abb. 523). Dies verminderte jedoch die Anzahl der speziellen Formsteine wesentlich. Es ist interessant, zu bemerken, daß diese Ringe, die miteinander nicht verbunden waren, also in der Längsrichtung keine Steifigkeit besaßen, schon versagten, wenn im Stollenquerschnitt eine nicht vollständig einheitliche horizontale Bodenschichtung vorhanden war. In diesen wechselnden Schichtungen mußte man auf Stahlbeton Kassettentübbings übergehen, *deren Ringe durch Bolzen miteinander verbunden* waren. Jedoch machten die Baukosten dieser letzteren das Doppelte der Kosten von verkeilten Betonformsteinen aus.

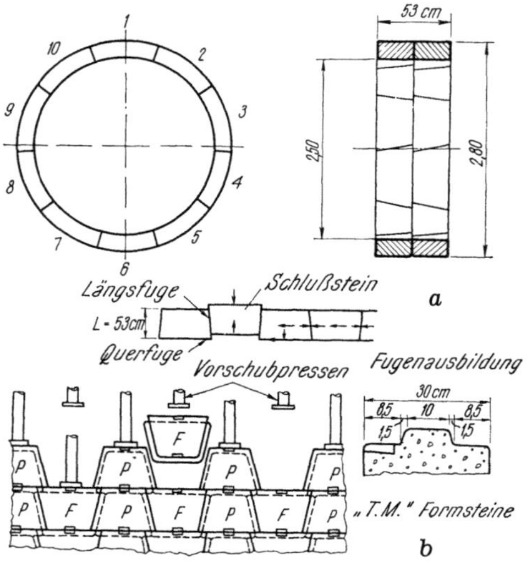


Abb. 522. Trapezförmige Betonformsteine (a) Type „Don-Seg" (England), (b) Type „T. M." (USA)

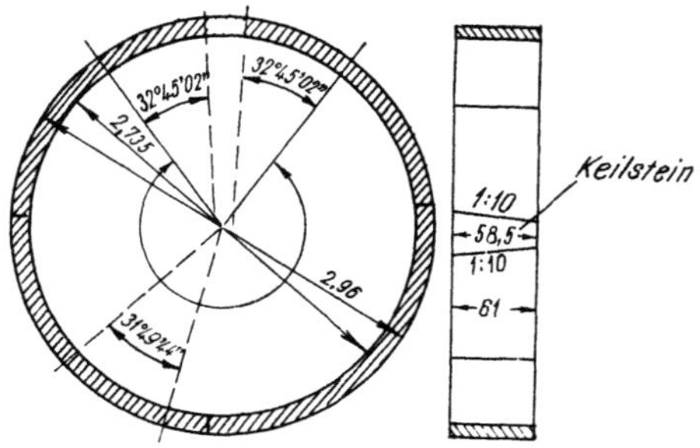


Abb. 523. Tunnelausbau aus verbesserten Don-Seg-Formsteinen (mit Keilstein)

Die Einführung trapezförmiger Elemente hat auch die Wasserdichtigkeit der Auskleidung — die übrigens eines der am wenigsten befriedigend gelösten Probleme der Verwendung von Betonformsteinen darstellt — wesentlich verbessert. Auch die *T. M.*-Elemente haben Nuten zur Verbesserung der Wasserdichtigkeit der Stöße, die nachträglich mit heißem Asphalt ausgegossen werden. Die Auskleidung trachtet man auch sonst durch Asphaltanstriche oder durch Sperreinlagen (Holzplatten oder Bitumenpappe neuerdings auch Kunststoff- oder Neoprenband) dichter zu halten. Höhere Isolierungsansprüche befriedigten allerdings die vorher angewendeten Verfahren nicht, weshalb die äußere Betonformsteinmauerung nachträglich zumeist eine zusätzliche wasserdichte Innenschale erhielt, die auch den Beanspruchungen durch den äußeren Wasserdruck gewachsen war. Diese Innenauskleidung konnte aus einer vollständigen, mit größter Sorgfalt aufgebrachten Sperrschicht aus Bitumenpappe- oder Folienbahnen und aus einer zur Aufnahme der Krafteinwirkungen geeigneten abstützenden monolithischen

Stahlbetonschale oder einer zweiten Formsteinausmauerung bestehen. Es kann aber auch eine selbsttragende isolierende Stahlblechschale genügen, die in geeigneter Weise in die äußeren Betonringe verankert wird (Abb. 524 u. vgl. Abb. 292, 293). Bei entsprechend fester und dichter Verankerung kann die äußere Beton- und die innere Stahlblechschale als Verbundkonstruktion zur gemeinsamen Aufnahme von Erd- und Wasserdruck bemessen werden.

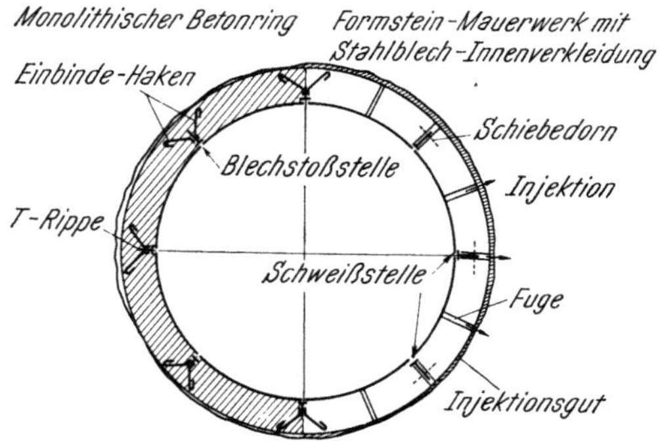


Abb. 524. Aus Ortbeton hergestellte Tunnelauskleidung mit verankerter Blechwand-Isolation

In Tunneln, die wasserundurchlässige, homogene Tonböden durchörtern, oder in Tunneln mit weniger hohen Ansprüchen an Wasserdichtigkeit, darf die zweite innere Schale eventuell auch wegfallen, da man sich bei ihnen mit den soeben erwähnten Fugendichtungsverfahren begnügen darf. Dies gilt besonders für Hohlgänge, deren Auskleidung nachträglich eine wirksame und zugleich abdichtende Hinterpressung erhalten kann.

Günstige Ergebnisse wurden neuerdings bei Herstellung von *Tunnelauskleidungen aus Ortbeton* erzielt [162]. Im Schild wird bei dieser Bauweise ein starres und genügend festes, zerlegbares Lehrgerüst aus Stahlbogen mit Holzverschalung so aufgestellt, daß es über eine bestimmte geringe Länge auch in den Schwanzraum hineinreicht. Die Schildpressen drücken sodann einen Druckkranz, der eine der Wandstärke entsprechende Kreisringfläche bedeckt, gegen den zwischen Schalung und freier Erdwand frisch eingebrachten Beton, der auf diese Weise beim Vortrieb zwischen Schalung und Erdwand gepreßt und verdichtet wird und damit ein wasserdichtes, die Hohlräume gut verfüllendes Betonmauerwerk ergibt. (Den Beton wird man im übrigen durch Löcher, die man in der Schalung ausgespart hat, zweckmäßig mit Betonpumpen einführen.) Zweckmäßig bringt man ferner den gröberen Zuschlag auf der Vorschublänge sogleich ein, während man den Mörtel nur in längeren Strecken auf einmal einpreßt (vgl. hierzu die Abb. 525).

Der Zeitbedarf der Aufstellung, des Ausbaues und der Weiterführung des Lehrgerüstes, die Länge und Zahl der angewandten Einheiten sowie die Länge der in den Schwanzteil hineinreichenden Überdeckung müssen mit der Erhärtungszeit genau abgestimmt werden. Die Bauweise erlaubt auch eine Verkürzung des Schwanzteiles, was auch den Reibungswiderstand beim Vorschub verringert.

Das ausreichend feste innere Lehrgerüst mit der zugehörigen Schalung, die beide leicht zerlegbar und transportierbar sind, bilden den zweiten wesentlichen Teil der Ausrüstung für dieses Verfahren, das sich neuerdings in Deutschland (Fa. G. Hallinger) vorzüglich bewährt hat. Es scheint jedoch sehr wahrscheinlich, daß es sich nur für in gewissem Umfang bindige Bodenarten eignet.

*6.3.2.3.4.* Der Erhöhung der Festigkeit von Auskleidungen mit Betonformsteinen sollte die Einführung von *Stahlbeton-Formsteinen* dienen [163]. Zwar konnte damit die Festigkeit bzw. der Durchmesser der mit Formsteinen auskleidbaren Tunnels tatsächlich erhöht und damit gleich eine Verminderung der Abmessungen und Gewichte erzielt werden, eine Lösung des Problems der Isolierung, der Ausbildung wasserdichter Fugen und der Entwicklung eines an sich wasserdichten Betons schritt jedoch ziemlich langsam vor.

Die Suche nach der optimalen Lösung bewegte sich in zwei Richtungen. Die neuen Möglichkeiten, die Betonfestigkeit weitgehend zu erhöhen, gestatteten es, in die Baupraxis zuerst verrippte, kassettenförmige *Stahlbeton-Auskleidungselemente einzuführen, die den gußeisernen Tübbings ähneln.* In größerem Umfang verwendete man derartige Stahlbeton-Tübbings auf der neueren *Ilford-Linie* der Londoner Untergrundbahn in einem 2,2 km langen Tunnelabschnitt mit einem

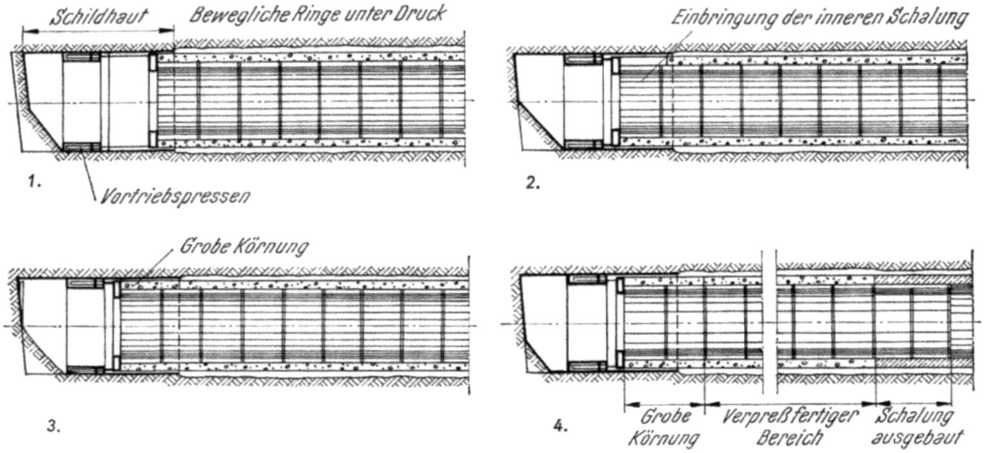


Abb. 525. Arbeitsphasen der mit Schildvortrieb hergestellten Ortbetonverkleidung

lichten Durchmesser von 3,68 m [164]. Form, Bewehrung und Abmessungen dieser Elemente sind in Abb. 526 wiedergegeben.

Zur Anwendung dieser Auskleidungselemente entschloß man sich ursprünglich wegen der Stahlknappheit während des zweiten Weltkrieges, doch wollte man sich zugleich auch von ihren wirtschaftlichen Vorteilen überzeugen. Die ersten Probestücke glichen weitgehend den bis dahin ausschließlich verwendeten gußeisernen Tübbings, d. h. sie waren wie diese 51 cm breit und rund 4 m lang, so daß ein Ring von etwa 4,0 m Außendurchmesser aus 6 Teilstücken und einem Schlußstein bestand. Der geringeren Festigkeit des Stahlbetons entsprechend hatten sie eine größere Wandstärke (51 mm statt 23 mm), wogegen die Flanschenhöhe mit 124 mm unverändert blieb. Ein Unterschied bestand noch insofern, als die Stahlbetonteile zwischen den Flanschen eine zusätzliche Versteifung durch fünf Quer- und eine Längsrippe erhielten. Eine solche innere Unterteilung hatten die Gußeisentübbings nicht. Die Bogenstücke waren mit 10-mm-Längsstäben und 5-mm-Bügeln bewehrt. Für den Beton war im Alter von 7 Tagen eine Würfelfestigkeit von 280 kg/cm², im Alter von 28 Tagen eine solche von 420 kg/cm² vorgeschrieben. Die Elemente wurden in starren Stahlformen auf dem Rütteltisch bei einem Wasserzementfaktor von 0,42 aus Zuschlagstoffen mit sorgfältig abgestufter Kornzusammensetzung (maximale Korngröße 20 mm) hergestellt. Da die effektiven Festigkeitswerte wesentlich über den vorgeschriebenen lagen

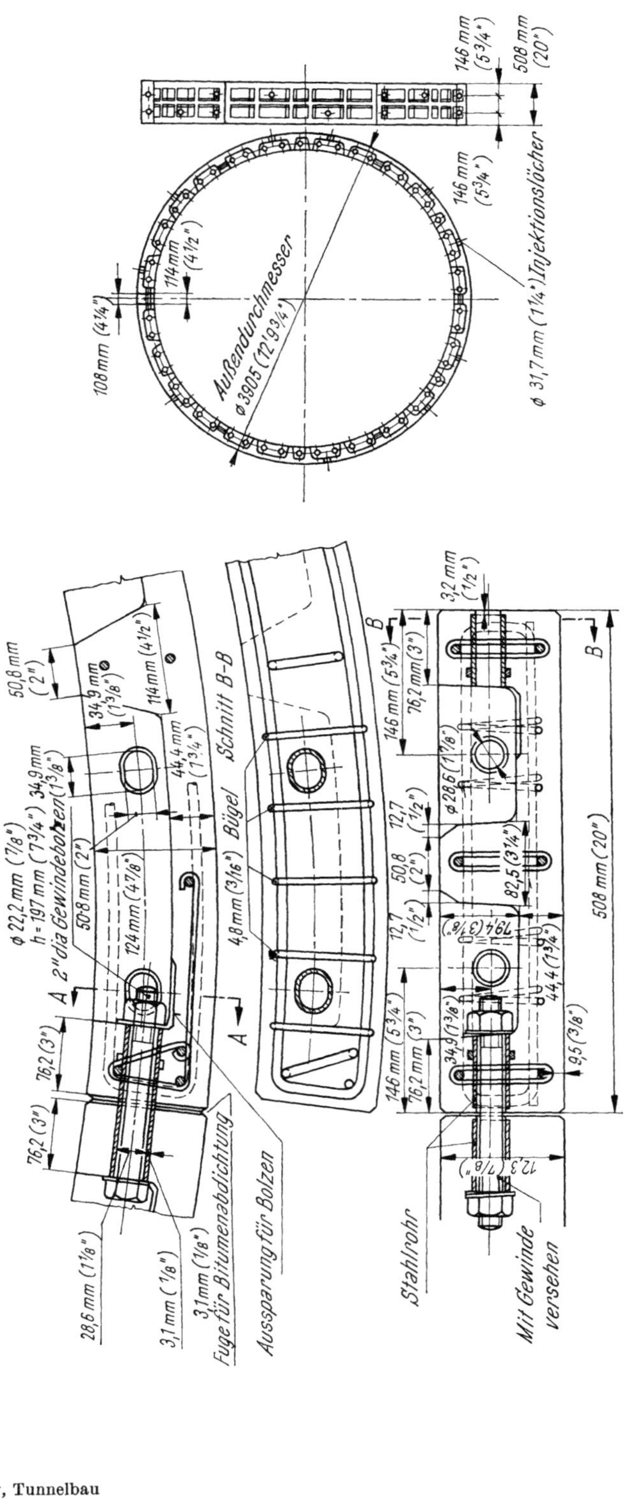


Abb. 526. Der auf der Ilford-Linie verwendete erste Stahlbetontübbing

und an der inneren Längsrippe auch ein fertigungsbedingter Riß aufgetreten war, wurde diese bei den tatsächlich zum Einbau gelangten Bogenstücken weggelassen.

Große Sorge bereitete die Lösung des Problems der festen und wasserdichten Verbindungen, trotzdem die Versuchsstrecke im guten Londoner blauen Ton liegt, den man für die Anwendung von Stahlbeton-Auskleidungselementen allein für geeignet hielt. Bei diesem ersten Baumuster übernahm man die von den gußeisernen Tübbings bekannte Bolzenverbindung, doch baute man in die Schraubenlöcher zunächst Stahlhülsenfutter ein, weil man befürchtete, daß die Löcher infolge des Zwängens beim Loch-an-Loch-Versetzen der benachbarten Bogenstücke und wegen der Überspannungen, die an den Lochrändern beim Anziehen der Schrauben auftreten, Schaden erleiden würden. Obgleich sich diese Lösung bewährte, ließ man sie später dennoch weg, weil sie sich als kostspielig erwies.

Die Längsfugen erhielten eine Dichtung aus 3 mm starker Bitumenpappe, die Radialfugen hingegen eine solche aus mehrere Millimeter starken geteerten Holzplatten, die allerdings nicht so sehr dichten, als vielmehr die hohen Pressendrücke beim Schildvortrieb gleichmäßig verteilen sollten. Es handelte sich im übrigen um die gleichen Holzplatten, die man auch zur Dichtung der Fugen zwischen den Gußeisentübbings benützt hatte. Diese Auskleidungselemente verwendete man nicht nur zum Ausbau des annähernd 2 km langen Abschnitts der Ilfordstrecke, sondern während des zweiten Weltkrieges auch zur Ausmauerung mehrerer unterirdischer Speicher und Betriebsräume. Wie die Erfahrung zeigte, kostete die Auskleidung mit Stahlbeton-Fertigbauteilen nur 60 % jener Summen, die man für den Ausbau mit gußeisernen Ringen aufzuwenden hatte, und auch im Gebrauch bewährten sie sich in dem nicht durchnäßten und standfesten Londoner blauen Ton vorzüglich.

Nach diesem Muster waren in Budapest schon 1951, unmittelbar nach Beginn der Bauarbeiten an der neuen Untergrundbahn, Versuche zur Entwicklung eines wasserdichten Stahlbeton-Kassetten-Tübbings, mit der Forderung daß er aufgenommen worden neben entsprechender Festigkeit auch eine beträchtliche Wasserdichtigkeit und Möglichkeiten zu geeignetem Zusammenbau bieten sollte. Im Zuge dieser Versuche, an deren Durchführung Dr. L. PALOTÁS, J. ILLÉSSY und *Verfasser* beteiligt waren [165], gelang es, mit Dampfbehandlung unter Hochdruck 50 cm breite und 2,19 m lange und im weiteren $1{,}0 \times 2{,}035$ m messende Formsteine herzustellen, deren Beton gegenüber einem Wasserdruck von 12 at dicht hielt und die eine auf Grund von Druckversuchen gewählte zweckmäßige Bewehrung hatten. Die Formsteine eigneten sich zur Auskleidung von $\varnothing$ 6 m-Tunneln mit den gleichen Bolzenverbindungen und Unterlagsscheiben, wie sie bei Gußeisentübbings üblich sind (Abb. 527), sie gelangten jedoch nur in Versuchsstrecken zum Einbau. Die Belastungsproben haben nachgewiesen, daß ihre quergerichteten Spannungen wesentlich unter den berechneten Werten lagen, weil sich der als gelenkig verbunden anzusehende Tübbingring teils infolge seiner bleibenden Verformung, teils wegen seiner Biegsamkeit an die Stützlinie anpaßte und die in der Berechnung angenommene Starrheit nicht beibehielt. Aus Abb. 528 geht hervor, um wieviel ausgeglichener und geringfügiger die tatsächlichen Verformungen waren, als die für einen monolithischen Ring berechneten, ein Umstand, der das gelenkige Verhalten und die statisch günstige Wirkung der gelenkigen Stabkette als biegsamen Ringes beweist. Andererseits haben jedoch

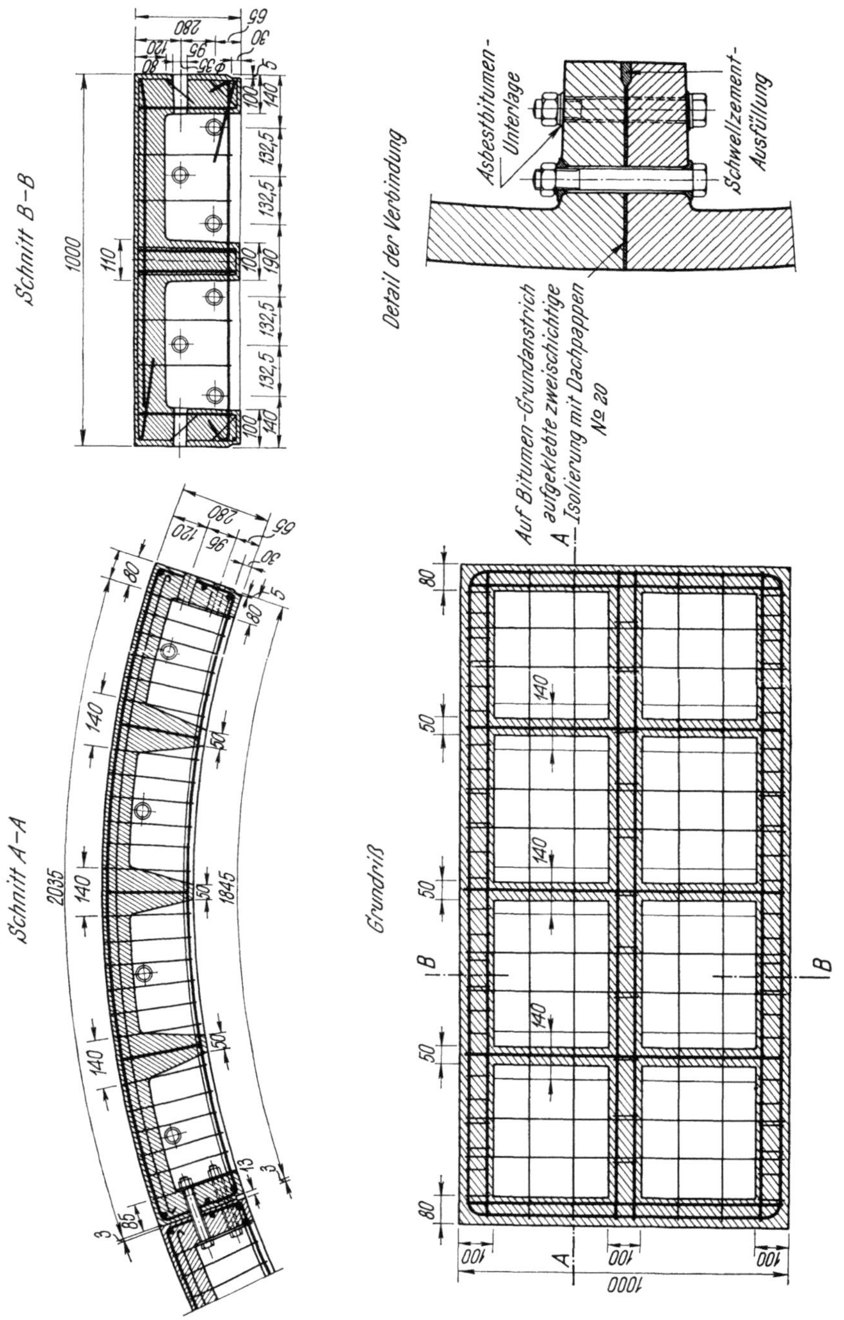


**Abb. 527. Entwurf eines Stahlbeton-Tübbinges für 6,0 m Durchmesser-Ring**

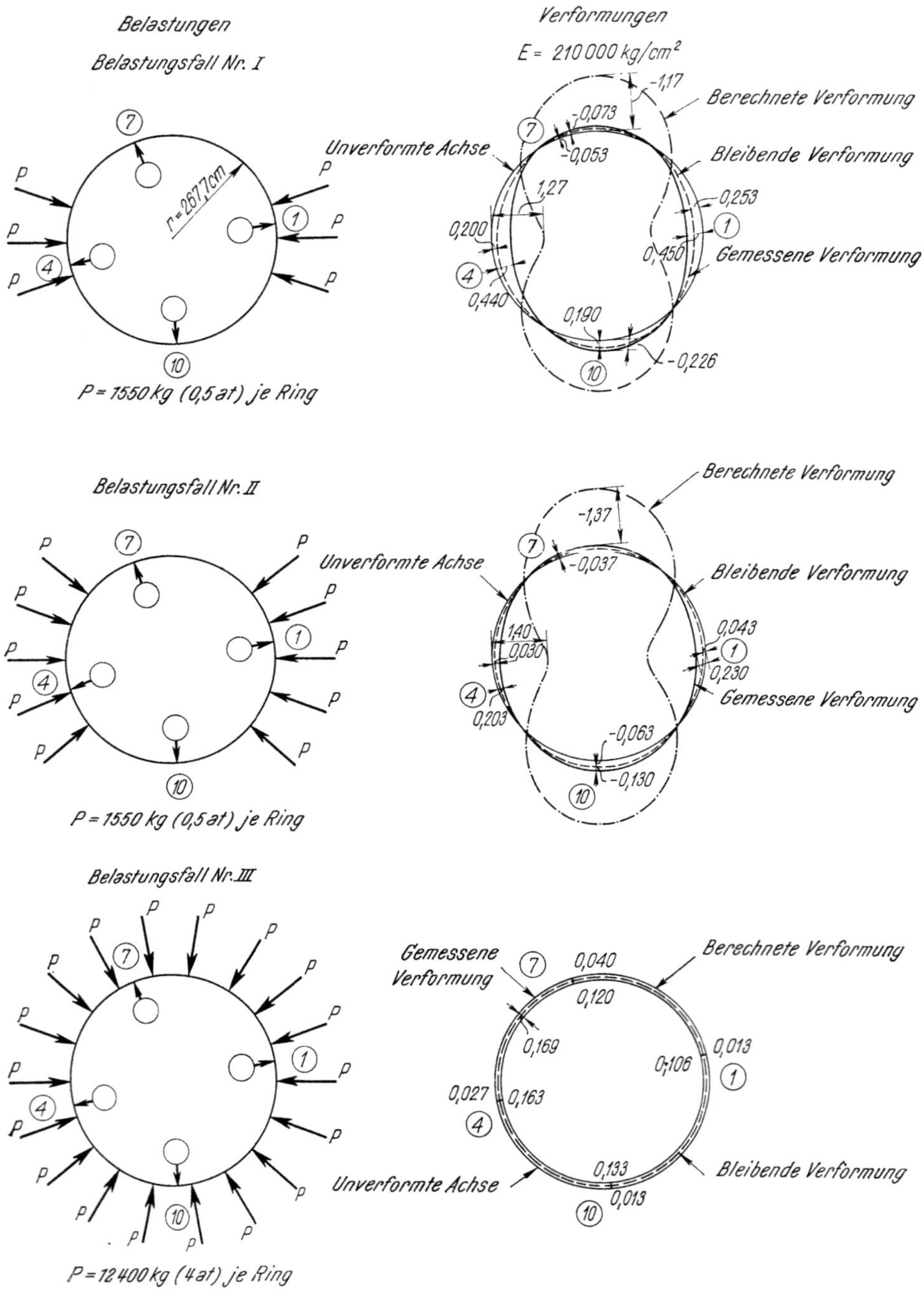


Abb. 528. Ergebnisse der Probebelastung an Stahlbeton-Tübbing-Ringen

die im Versuchsbrunnen und ergänzend in hydraulischen Preßgeräten durchgeführten unmittelbaren Druck-Versuche (Abb. 529) gezeigt, daß an den Ecken und Rückflächen der Tübbings unter dem achsparallelen Pressendruck (75 t/lfd.m = 25 kg/cm²) — trotz der bei der Herstellung erzielten Genauigkeit von ± 0,5 mm — Absplitterungen auftraten. *Einen unumstrittenen Vorzug dieser verrippten*

Abb. 529. Biegebelastung eines Stahlbeton-Tübbing-Probestückes

*kassettenförmigen* Stahlbeton-Tübbings bildet ihr leichtes Gewicht (rund 50% desjenigen der massiven Auskleidungsplatten) und die *durch die Bolzenverbindung erzielte Rohrsteifigkeit in Längsrichtung.*

Der Gedanke, Stahlbetonteile miteinander zu verschrauben, mutet jedoch tatsächlich etwas ungewöhnlich an, und dies selbst dann, wenn man die Schraubenlöcher zur Überbrückung der konstruktiven Schwierigkeiten mit einer Stahlhülse versieht und überdies die weiter oben beschriebenen mit Bitumen ausgegossenen und mit gepreßter Stahllinse geschützten Unterlagsringe ansetzt (vgl. Abb. 515). Die Herstellung der mit dünnen Rippen versteiften dünnwandigen Stahlbetonkonstruktion mit der nötigen Genauigkeit stößt auch auf manche Schwierigkeiten. Nachteilig wirkte sich auch aus, daß sich während der Beförderung und Verlegung Absplitterungen und sonstige Beschädigungen der Rippen und Kanten kaum vermeiden ließen. Dazu gesellen sich die Schwierigkeiten der wasserdichten Ausbildung der Anschlußfugen. Auch die großen axialen Drücke verursachen sehr bald Haarrisse an den Übergangsstellen zwischen Schale und Rippen, d. h. an den Stellen jäher Querschnittsänderungen. Dieser Vorgang wird auch dadurch begünstigt, daß die Zugseite der ringförmigen Auskleidung am Scheitel auf den dünnen und durch die Schraubenlöcher schwächer gewordenen Rippensteg fällt. Die Risse führen aber nicht nur zu einer Beeinträchtigung der Wasserdichtheit, sie können auch vorzeitige Korrosion verursachen. Schließlich ist es sehr schwierig und kostspielig, dünne Stahlbetonplatten herzustellen, die auch hohen Wasserdrücken gegenüber wasserdicht sind; in Budapest gelang dies nur unter Anwendung von Spezialverfahren (Dampfbehandlung unter Druck).

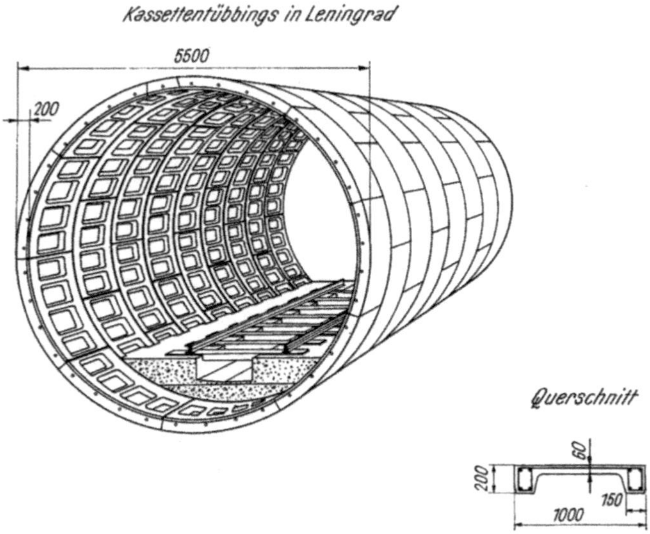


Abb. 530. Stahlbeton-Auskleidungsringe der Leningrader U-Bahn

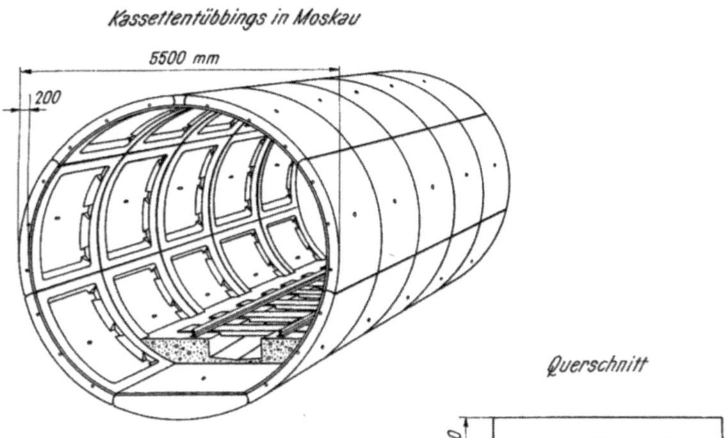


Abb. 531. Stahlbeton-Auskleidungsringe der Moskauer U-Bahn (Kassettentype)

Die kassettenförmigen Stahlbeton-Tübbings wurden neuerdings in der Sowjetunion beim Bau der Leningrader und Moskauer Untergrundbahnen bedeutend weiterentwickelt. Wie aus Abb. 530 und 531 ersichtlich ist, wurde dies vor allem durch die Vereinfachung und die kräftigere Ausbildung der Querschnitte erzielt. In Leningrad hatte man die zwischenliegenden Längsrippen aufgegeben (Abb. 530) und kräftigere Randrippen verwendet, in Moskau hingegen waren auch schon die zwischenliegenden Querrippen weggelassen und der rißempfindliche Übergang zwischen Schalenhaut und Randrippe durch eine Abschrägung verstärkt worden (Abb. 531). Die Randrippen sind damit bei gleichem Durchmesser noch etwas kräftiger und den Beanspruchungen beim Transport und Verlegen ohne Absplitterung gewachsen. Dies wurde durch die Herstellung eines äußerst hochwertigen Betons ($W_{28} \geqq 600$ kg/cm²) auf Rütteltisch noch unterstützt.

Um die an den Schraubenverbindungen zwischen den verrippten Bogenstücken erfahrungsgemäß ständig vorhandene Gefahr von Rissen — die nicht nur beim Anziehen der Schrauben, sondern auch beim *Vorpressen der Schilde* auftreten können — tunlichst abzuwenden und auch die für das Ansetzen der Schrauben erforderliche Zeit zu verkürzen, benützt die sowjetische Praxis an den achsparallelen Stoßstellen statt Schrauben einfache Stahldorne. Auch die radialen Schraubenverbindungen haben insofern eine gewisse Änderung erfahren, als man eine einzige, gegen die Innenkante der Rippen verschobene Schraubenreihe anwendet, so daß die Schrauben die schwalbenschwanzförmigen, zur Aufnahme der Dichtung dienenden Vertiefungen nicht durchqueren (Abb. 532). Im übrigen zeigt die Erfahrung, daß der zum wasserdichten Abschluß der Vertiefungen verwendete Quellzement unter dem Einfluß größerer Temperaturschwankungen und dynamischer Einwirkungen häufig herausrieselt. Aus diesem Grunde erprobt man neuerdings verschiedene Kunststoffdichtungen (Kunstharze, vor allem PVC und andere Polymere), und zwar nicht nur zur Ausfüllung der erwähnten Vertiefungen, sondern auch zur Dichtung der Stirnflächenfugen durch Einbau von Platten aus den genannten Stoffen. Diese Platten erweisen sich auch insofern als vorteilhaft, als sie an der gleichmäßigen Verteilung der Pressendrücke mitwirken.

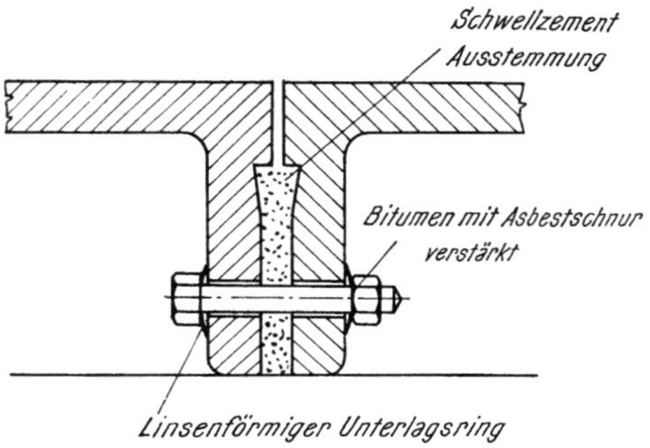

Abb. 532. Neuartige Bolzenverbindung der Kassettentübbinge in Moskau

Die Anwendung der oben erwähnten Neoprenband-Dichtung [158] dürfte sich auch hier als wirksam und vorteilhaft erweisen.

Es sei noch erwähnt, daß bei den Leningrader Untergrundbahnen nicht nur die Streckentunnel, sondern auch die 8,5 m-Durchmesser-Haltestellentunnel aus Stahlbeton-Kassettentübbings erbaut werden.

*Die zweite Richtung, nach der sich die Versuche bewegten, setzte sich die Entwicklung unverrippter, blockartiger Vollwand-Platten* für Auskleidungszwecke zum Ziel, die der Natur von Betonkonstruktionen zweifellos besser entsprechen.

Die vollwandigen Auskleidungselemente haben in radialer Richtung nicht ebene, sondern mit unterschiedlichen Krümmungshalbmessern konvex bzw. konkav ausgebildete Stoßflächen, die ineinandergreifen und so eine gelenkige Verbindung der Ringteile ermöglichen. Die Dichtung der Fugen erfolgt auch bei diesen Elementen durch Zwischenlagen von Kunststoffplatten zwischen den Stirnflächen und durch Verpacken der an den Innenflächen ausgesparten schwalbenschwanzförmigen Vertiefungen mit Kunststoff oder eventuell auch mit Schwellzement (s. Abb. 533). Um die Maßtoleranzen herabzusetzen und eine genauere Fertigung zu ermöglichen, sind Versuche zur Herstellung dieser Stahlbeton-Auskleidungselemente durch Pressen in Stahlformen im Gange.

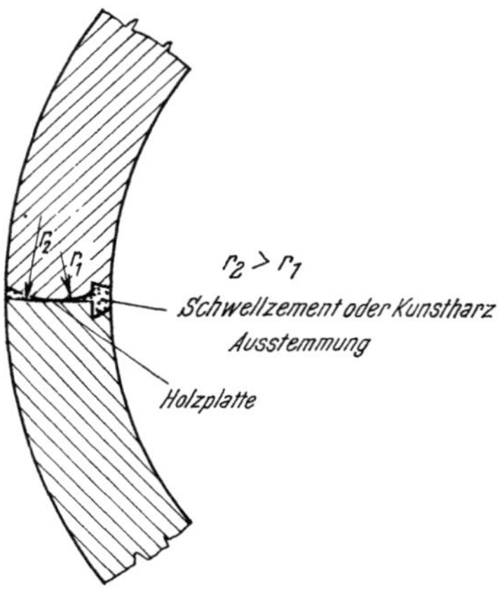


Abb. 533. Fugenausbildung der Blocktübbinge

Eine übliche Anordnung der mit Vollwand-(Block-)Tübbings ausgekleideten Tunnels zeigt Abb. 534, die die beim Moskauer Metrobau eingeführte Type darstellt. Die Vollwand-Segmente sind in der Querrichtung durch je zwei Stahldübel aneinander befestigt.

Dagegen wurde eine Strecke der neuen Victoria-Linie in London mit einem lichten Durchmesser von 3,80 m aus den schon oben erwähnten gelenkartig ausgebildeten Ringelementen erbaut. Aus den zunächst mit verschiedenen Wandstärken angestellten Versuchen ging hervor, daß man entweder mit einer Wandstärke von 15 cm auskommen würde, oder daß auf eine Stahlbewehrung bei 23 cm Wandstärke vollständig verzichtet werden konnte. Vom Schlußstein abgesehen, hatte keines der Bogenstücke eine Bewehrung, eine Tatsache, die dem Londoner Ton und den guten Festigkeitseigenschaften des verwendeten Betons, aber auch dem Umstand zuzuschreiben

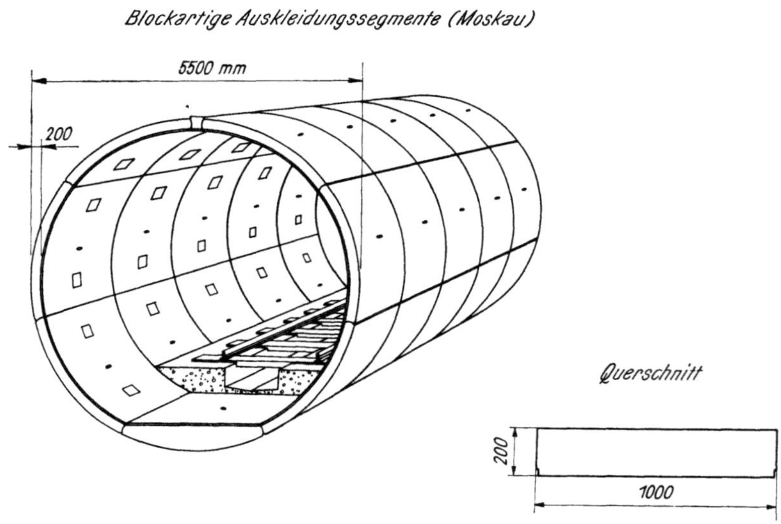


Abb. 534. Plattenartige (blockartige) Stahlbeton-Auskleidungsringe der Moskauer Untergrundbahn

ist, daß die Elemente weder wasserdicht, noch äußeren Wasserdrücken gewachsen sein mußten.

Jeder Tunnelring besteht aus 14 gleichen Elementen, die an ihrem einen Ende konvex, an ihrem anderen Ende konkav ausgebildet sind, so daß sie miteinander gelenkige Verbindungen ergeben (Abb. 535). Nach dem Versetzen der 14 Bogenstücke verbleibt im Scheitel ein Spalt von 18 cm. Er wird mit einem Paar Stahlbetonkeilen ausgefüllt, deren einander zugewendete Flächen eben ausgebildet sind, während die den Bogenstücken zugewendeten Flächen die gleiche konvexe bzw. konkave Form haben wie diese. Durch Einschieben des einen Keiles mit der Presse wird der ganze Ring verspannt.

Jedes Bogenstück hat vier in gleichen Abständen ausgesparte Löcher, die teils zum Versetzen, teils zur Befestigung der endgültigen Tunnelausrüstungsarmaturen dienen. Beim Verlegen werden die Bogenstücke an Dornen gehoben, die in diese Löcher eingesetzt werden. Im Hinblick auf die Genauigkeit des Ausbruchs mit dem Drehtrommelschild (vgl. Abb. 493) und auf die Verspannung mit Keilen, verzichtet man auf die Hinterpressung der Röhre, und ebenso auf eine Dichtung der Stoßfugen zwischen den einzelnen Bogenstücken. Dagegen werden zwischen die Stirnflächen der einzelnen Ringe Unterlagsscheiben aus Holz eingebaut, die der gleichmäßigen Verteilung der beim Vorschub auftretenden Pressendrücke dienen.

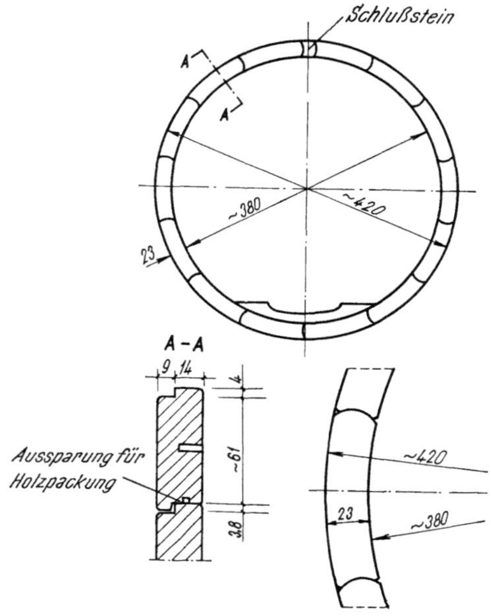


Abb. 535. Beton-Blocktübbings der Victoria-Linie (London)

Die ziemlich große Anzahl der Fugen spielte hier hinsichtlich der Wasserdichtheit keine Rolle, da der Tunnel in wasserdichtem blauem Londoner Ton lag; die dadurch erzielte Biegsamkeit des Querschnittes bildete einen zusätzlichen Vorteil. Dagegen ist das allgemeine Bestreben festzustellen, die Anzahl der Tübbings und damit die der Fugen möglichst zu vermindern und damit nicht nur die Wasserdichtheit, sondern auch die Querschnittsteifigkeit und die Vortriebsgeschwindigkeit zu erhöhen.

Als eine Spitzenleistung ist hier der Bau des *Donnerbühl-Tunnels* in Bern zu bezeichnen.

Es war in erster Linie der Steigerung der Tragfähigkeit der Hebe- und Versetzvorrichtungen zu verdanken, daß dieser Eisenbahntunnel [166] mit seinem Außendurchmesser von 10,10 m bereits mit 7,5 m langen, 0,5 m breiten und 0,55 m starken, d. h. je etwa 5 t wiegenden Stahlbetonschalen ausgebaut werden konnte (Abb. 536). Nach der in Abb. 537 dargestellten Anordnung besteht je ein Ring aus vier Hauptelementen und einem kurzen, gleichfalls vorgefertigten Schlußstein. Seine unten seitliche Lage innerhalb des Ringes ermöglicht es, ihn an leicht zugänglicher Stelle herzustellen. Die Stoßfugen der Viertelschalen liegen in den 45gradigen Hauptdiagonalen, d. h. an den Stellen der Momentennullpunkte. Die einzelnen Bogenstücke stützen sich mit Absätzen aufeinander ab, die an ihrer Außenfläche vorspringen. Eine sorgfältige Verpressung sofort nach erfolgter Verlegung verbürgt den satten Kontakt mit dem anliegenden Boden. Der Tunnel durchörtert eine Moränenformation, in der Schichten ganz feinen Sandes mit Kieslinsen durchsetzt sind, ein Umstand, der eine sehr gründliche und unverzügliche Hinterpressung der Ringe um so mehr erforderlich machte, als der Tunnel in geringer Tiefe ($H \cong D$) unter bebauten Stadtteilen hinwegführt, weshalb Ober-

Abb. 536. Ansicht der Baustelle des Donnerbühl-Tunnels (Fa. Hallinger u. Prader)

flächensetzungen auf ein Minimum beschränkt werden mußten. (Als interessant sei hier erwähnt, daß sich das Bauunternehmen in einer Vereinbarung mit seiner Versicherungsgesellschaft vertraglich verpflichtet hatte, für Schäden aus eventuellen Setzungen an der Oberfläche voll aufzukommen.) Zur unbedingten Verhinderung von Setzungen wurden nicht nur die Auskleidungsringe, sondern auch der Schildmantel selbst — dieser mit thixotropem Material — hinterpreßt, teils um den Tunnel gegen Wasser dicht abzuschließen, teils um den Boden zu verdichten

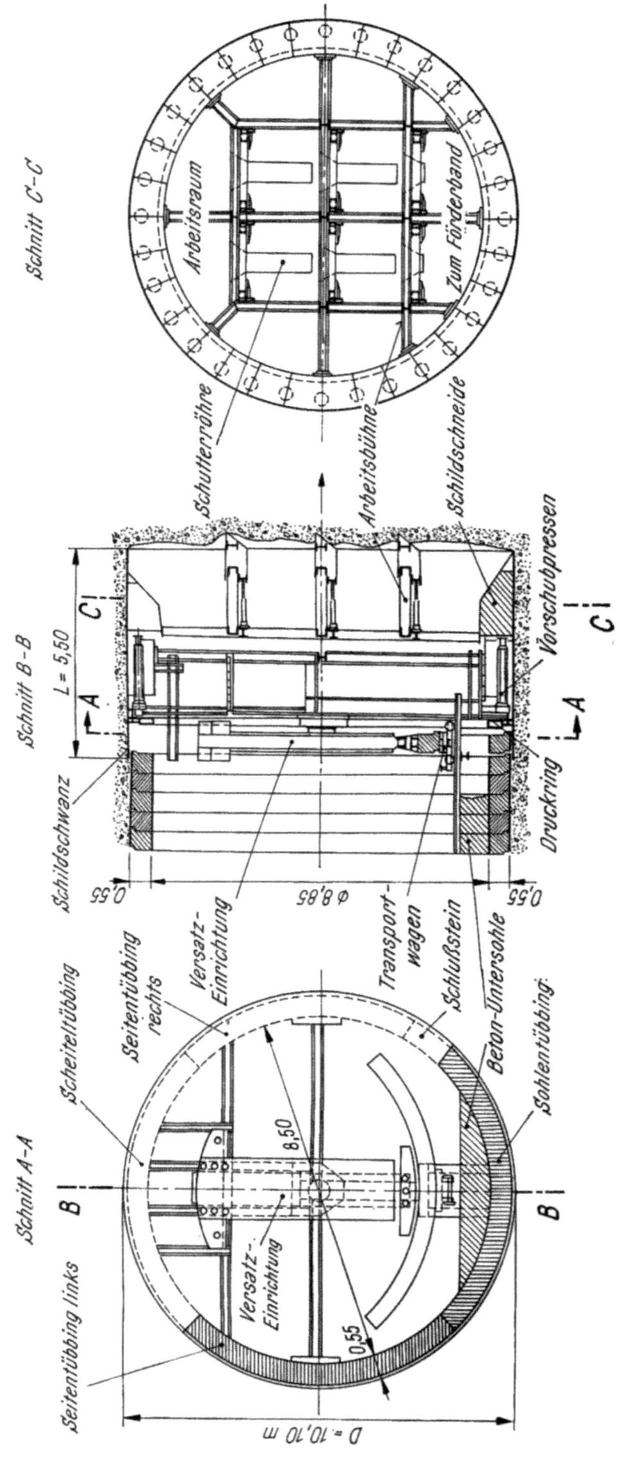


Abb. 537. Plattenartige Großelemente der Auskleidung des Donnerbühl-Tunnels in Bern

und zu verfestigen. Die Injektion mit thixotropen Flüssigkeiten schloß überdies die Gefahr einer Erhöhung der Reibung zwischen Boden und Schildmantel und damit der Erschwerung des Schildvortriebs aus.

Trotzdem der Tunnel in überaus wasserreichem Feinsand-Boden aufgefahren wurde, führte man ihn ohne Druckluftentwässerung, ausschließlich mit offenem Abpumpen der zuströmenden Wassermengen, d. h. auf eine Art und Weise aus, die erhöhte Oberflächensetzungsgefahren in sich barg!

Gleichfalls mit massiven Ringen aus je vier 35 cm starken, 90 cm breiten und mehr als 4 m langen Bogenstücken und einem Schlußstein wurde ein unter einer Eisenbahnstation hinwegführender Abschnitt der Hamburger U-Bahn ausgebaut. Der Außendurchmesser betrug hier 6,60 m, das Stückgewicht der Bogenstücke 15 t [167]. Die einzelnen Bogenstücke wurden in Querrichtung mit Stahlbolzen, die Ringe in Längsrichtung durch Rundstahlstäbe miteinander verbunden. Innen erhielten die Ringe eine Abdichtung einschließlich Abstützung durch eine monolithische Stahlbetonschale.

Als nächster Schritt ist die Entwicklung solcher Blocktübbings zu betrachten, die ohne Schlußstein in ununterbrochener Folge verlegt werden können. Zuerst wurden noch die Schlußsteine nach dem Muster der gußeisernen Tübbings im Scheitel verlegt. Beim Donnerbühl-Tunnel waren die Schlußsteine schon seitlich nach unten versetzt. Es gab anderswo auch Lösungen, bei denen, um die Schwierigkeiten des Einschiebens, des Einpressens oder der Einkeilung zu vermeiden, nur kurze Aussparungen im Ring gelassen wurden, in die vorübergehend Stahlblöcke oder Pressen eingestellt und die nachträglich dann mit Ortbeton ausgestampft wurden (vgl. Abb. 543). *Dem Schlußstein schreibt man folgende Nachteile zu*: sein schwieriges Versetzen unter provisorischem Festhalten des Nachbar-

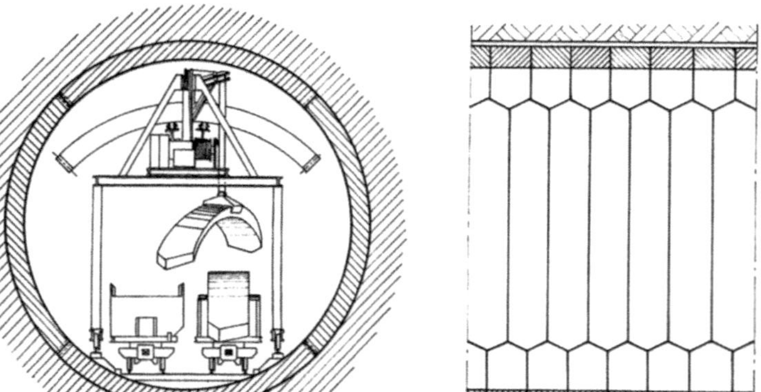

Abb. 538. Tunnelauskleidung mittels hexagonalförmigen Formsteinen „Happburg" (Wayss u. Freytag)

steines, seine schwierige Verdübelung in den Schlußsteinfugen, eine Mehrzahl von Steinformen und die Handhabung eines weiteren Steines.

Diese Nachteile wurden durch die von der Fa. Wayss u. Freytag entwickelten *hexagonalförmigen Auskleidungssteine „Happburg"* beseitigt (Abb. 538). Der Verlegungsvorgang ist aus Abb. 539 zu entnehmen [168]. Wie ersichtlich, bleiben die den Vollring schließenden und etwas vorkragenden Normalsteine auch oben nicht ohne Unterstützung. Weil damit die Endflächen des Vollringes nicht in eine Flucht fallen, bedarf es entweder eines speziellen Druckringes oder soll man beim Schildvortrieb nur die entsprechend liegende Gruppe der Vorschubpressen betätigen.

Abb. 539. Verlegen des Hexagonalformsteins

Ein weiterer Nachteil der hergebrachten Tübbingform liegt in der notwendigen Hintereinanderschaltung der Arbeitsgänge: „Schildvortrieb" und „Tübbingsversetzen bei stehendem Schild". Diese getrennten Phasen verlangsamten nicht nur den Arbeitsfortschritt, sondern gaben Anlaß zu einer gewissen Erhöhung des Reibungswiderstandes, da die spezifische Mantelreibung bei ununterbrochener Bewegung bekanntlich viel kleiner ist als nach einem Stillstand.

Dieser Nachteil wurde durch die Einführung der sogenannten „*Wendeltübbings*" *oder* „*Spiraltübbings*" aufgehoben [169]. Wie aus Abb. 540 ersichtlich, werden diese Formsteine in ununterbrochener, spiraliger Reihenfolge nacheinander verlegt und keiner von ihnen bleibt ohne Unterstützung. Die Vorschubpressen werden auch hier nur wechselnd und immer in einer der Viertelbreite (d. h. 19 cm) des Formsteines entsprechenden Länge betätigt bzw. vorgeschoben. Die Gelenke in der Längsfuge werden an der Auflagerfläche mit 200 × 160 × 80-mm-

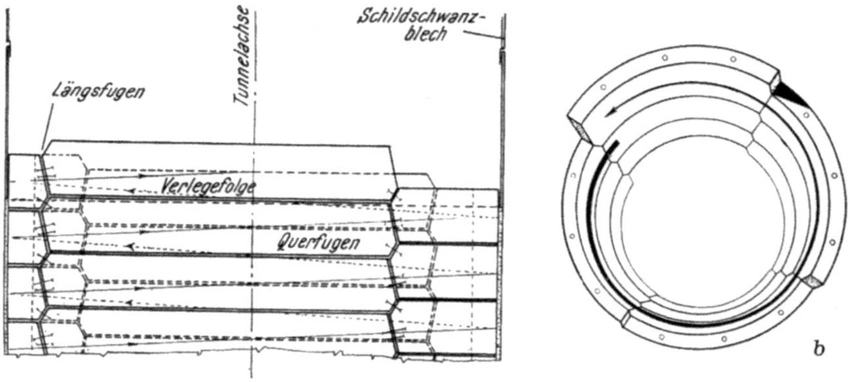


*a*

Abb. 540. Tunnelauskleidung mit dem „Wendeltübbing" (Draufsicht und Schema)

Stahlplatten versehen, um etwaige Absplitterungen zu vermeiden. Darüber hinaus ist in der Längsrichtung jeder Tübbing mit 3 hochwertigen Bolzen endlos verschraubt, die in einem ausgesparten Kanal laufen, der den Tübbing in der Längsrichtung durchdringt. Damit sollen das Zusammenwirken der Tübbingringe und die Steifigkeit des Rohres in der Längsrichtung erzielt werden. Diese Formsteine haben sich in Berlin und München beim Bau der neuen Untergrundbahnlinien sehr gut bewährt [169a].

Zwischen den kassettenförmigen (verrippten) und den vollwandigen (blockartigen) Stahlbetonformsteinen läßt sich zusammenfassend folgender Vergleich anstellen:

Die verrippten Elemente lassen sich genauer und leichter verlegen, auch sichert die Starrheit der achsparallelen Ringverbindungen in wechselnd geschichteten Böden eine größere axiale Steifigkeit Setzungsunterschieden gegenüber. Schwierigkeiten ergeben sich dagegen aus der unbefriedigenden Wasserdichtigkeit der Rippen und Verbindungen. Die Rippen sind nämlich sowohl am Übergang zur Schalenplatte als auch an den Rippenrändern und an den Kanten der Schraubenlöcher weitgehend rißanfällig. Risse treten entweder beim Einbau (Fugendichtung, Anziehen der Schrauben usw.) oder schon während der Fertigung auf (Stoßstellen unterschiedlich dicker Elemente). Auch die geringere Wandstärke der Schalenplatte beeinträchtigt die Sicherheit gegenüber dem Eindringen des Bodenwassers von außen.

Die Nachteile der Blocktübbings liegen in den Schwierigkeiten des Verlegens (Bedürfnis eventueller provisorischer Unterstützung des nicht vollkommen geschlossenen Ringes) und vor allem in ihrer mangelhaften Steifigkeit in der Längsrichtung und in den größeren Schwierigkeiten der Wasserabdichtung. Es wurde schon gezeigt, welche Maßnahmen im Laufe der Entwicklung zur Behebung dieser Mängel eingeführt werden konnten. Infolgedessen gibt man heutzutage den vollwandigen Blocktübbings den Vorrang [170]. Dies gilt als ziemlich unbestritten für den Ausbau von tiefliegenden, in homogenen und wasserundurchlässigen Schichten laufenden Tunnels von größerem Durchmesser. *Sonst empfiehlt man, die Röhren bei großen Überlagerungshöhen — wenn also mit gleichmäßiger Verteilung des Gebirgsdruckes gerechnet werden kann — eher mit vollwandigen, bei geringeren Überlagerungshöhen hingegen und in wassergesättigten Bodenarten, bei denen auch der Wasserdichtheit eine beträchtliche Bedeutung zukommt und nicht nur der Schichtwechsel, sondern auch der Wasserdruck und die Nutzlasten auf der Oberfläche und im Inneren des Tunnels stärker zur Wirkung kommen, mit den steiferen, kassettenförmigen (verrippten) Ringskonstruktionen auszukleiden.*

Ward [170] schlägt nach seinen langjährigen Versuchen zur Beurteilung der Vorteile verschiedener Stahlbetonauskleidungen von tief in weichem Boden liegenden Tunnels folgende Gesichtspunkte vor:

1. In Tonböden ist damit zu rechnen, daß mit der Zeit wahrscheinlich ein gleichmäßiger Achsialdruck auftreten wird, der der vollen Überdeckungsbelastung gleich ist. In anderen Ablagerungen ist der Achsialdruck auch gleichmäßig verteilt, aber kleiner.

2. Die Ringverformung ist grundsätzlich vom Verhalten des umliegenden Bodens abhängig, sowohl während der Bauperiode als auch nach erfolgtem Ausbau.

Das zu erwartende Verformungsausmaß kann nach der Erfahrung angenommen werden, was jedoch — mit Ausnahme von stark geschichteten oder gefalteten Ablagerungen — genügend ist.

3. In bezug auf die Biegsamkeit der Längsfugen wird die Größe der quergerichteten Biegung mit der Anzahl der Formsteine abnehmen; sie hängt von der Lage und Austeilung der Längsfugen ab.

4. Die von der Biegung ausgelösten Zugspannungen sollen durch die Verminderung der Segmentstärke und durch die Erhöhung der wirksamen Achsialkraft wesentlich herabgesetzt, gegebenenfalls sogar völlig aufgehoben werden.

5. Die aufeinanderliegenden Querflächen der Längsfugen sollen derart gestaltet werden, daß die Verformungen keine Absplitterungen hervorrufen können.

6. Die gegeneinanderliegenden Radialflächen der Querfugen müssen örtliche Überbeanspruchungen durch Vorschubdruck aufnehmen können.

WAGNER [163] unterscheidet zwischen *biegsamen* und *steifen Stahlbetonauskleidungen* und vermutet, daß eine biegsame Auskleidung (d. h. aus kürzeren Formsteinen und mit vielen Gelenken) in lockeren körnigen und trockenen Bodenarten Vorteile bieten würde; die steiferen Auskleidungen sind dagegen mehr in steiferen und unter dem Wasserspiegel liegenden Bodenarten geeignet.

In der *Sowjetunion* wurden für die Bemessung von Stahlbeton-Auskleidungselementen *provisorische Richtlinien* erlassen [171]. Nach diesen sind bei Bemessung derartiger Elemente folgende Untersuchungen anzustellen.

1. Die Bemessung ist für den ganzen Ring vorzunehmen, und zwar nicht nur für die Krafteinwirkungen von außen (wozu unter den die elastische Bettung des Ringes berücksichtigenden Bemessungsverfahren die Orlowsche oder die Polygonzugmethode empfohlen werden kann — s. Kap. 4.3.7.), sondern auch für das Kräftespiel während der Verlegung.

Die hierfür maßgebenden Zustände sind:

*a*) der Montagezustand vor Einbringung der Erstinjektion (Hinterpressung),

*b*) Untersuchung des fertigen Ringes nach der ersten Hinterpressung.

Für den Fall *a*) bestimmen die Richtlinien, daß das Stützungssystem des Ringes der Aufteilung und Lage jener Punkte (Unterlagen) entsprechend anzunehmen ist, an denen das Mauerwerk nach dem Versetzungsprogramm an seinem äußeren Umfang abgestützt ist. (Die im Schild vorhandenen Unterlagen dürfen hierbei nicht berücksichtigt werden.) Ist im Einbauplan bis zur Hinterpressung keine bestimmte (sichere) Abstützung vorgeschrieben, muß Kantenabstützung auf der Sohle angenommen werden. Hierzu geben die Richtlinien die aus dem Eigengewicht resultierenden Momentenfiguren an, deren Höchstwerte sich je nach der Zahl der Elemente, aus denen sich die gelenkig verbundenen Ringe zusammensetzen, ändern. Die betreffenden Werte können der Abb. 541 entnommen werden. Bei Berechnung der im Montagezustand auftretenden Belastungen hat man den Grundwert zu $\gamma_b = 2{,}5\ \mathrm{t/m^3}$ anzusetzen und nach Multiplikation mit dem Streuungsfaktor 1,1 in Rechnung zu stellen, während die Montagevorrichtung mit ihrem tatsächlichen Gewicht zu berücksichtigen und mit dem Faktor $\mu = 1{,}3$ zu multiplizieren ist. Der lotrechte Gebirgsdruck ist, auf den waagerechten Durchmesser, der Seitendruck, auf den lotrechten Durchmesser projiziert, als gleichmäßig verteilt anzunehmen.

Ringe, die mit ihren Nachbarringen in achsparalleler Richtung nicht verbunden sind, können gesondert für sich bemessen werden, sofern sie jedoch mit den benachbarten Ringen konstruktiv verbunden sind, muß auch die eventuelle zusätzliche Belastung aus diesen berücksichtigt werden.

2. Zu untersuchen sind die einzelnen Elemente auch auf die Beanspruchungen durch beginnende Spalte, wie sie infolge Mängel der Fertigung oder ungenauer Montage entstehen.

Die einschlägigen Gütevorschriften für die Fertigung besagen, daß auf den Innenflächen, gleichviel, ob die Mauerung eine Dichtung erhält oder nicht, Risse von höchstens 0,2 mm zulässig sind.

Außer aus den Ungenauigkeiten bei der Fertigung und Verlegung können sich anfängliche Fugen auch aus den konstruktionsbedingten und aus den Querverbindungen zwischen den einzelnen Ringen ergeben. Auf derartige Fugen reagieren die Stahlbeton-Auskleidungselemente — nach den Versuchen — sehr empfindlich, denn schon beim Auftreten geringer Spannungen

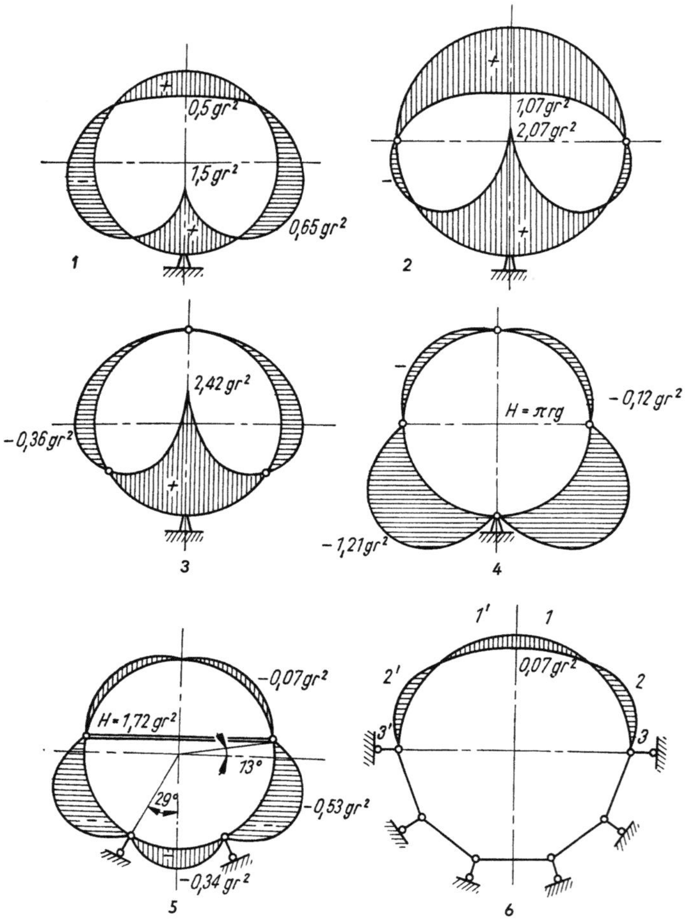


Abb. 541. Durch Eigengewicht hervorgerufene Biegemomentflächen nach den in den Sowjet-Vorschriften erforderten Auflagerungs- und gelenkartigen Anschluß-Annahmen

bröckelt der Beton ab, während die Ecken und Kanten abbrechen. Damit aber ändert sich das statische Verhalten der Ringe von Grund auf, da die Kräfte zwischen den einzelnen Elementen nicht auf den ganzen Flächen, sondern lediglich auf kleinen Teilen derselben übertragen werden. Bei derartigen Kräfteübertragungen hängt die Richtung des Biegemomentes (die Lage der Stützlinie) nicht von der Ungleichmäßigkeit der äußeren Belastung, sondern von der Lage der Fuge ab. Die Exzentrizität der Normalkraft ist von den an den Berührungsflächen auftretenden Höchstspannungen und von der Spannungsverteilung abhängig.

Auf Grund bestimmter Näherungsannahmen errechnet sich die in die Rechnung aufzunehmende anfängliche Exzentrizität (Abb. 542) mit

$$e_0 = d - \frac{N \cdot k_b}{2b \cdot \sigma_H}, \qquad (325\,a)$$

wenn $d$ den Abstand der äußeren Faser bzw. der Dichtungsrille von der Festigkeitsachse, $\sigma_H$ die Grenzspannung des Betons und $k_b$ einen Homogenitätsfaktor, ($k_b < 1$), $\sigma_H$ die Grenzspannung des Betons und $b$ schließlich die Breite des Elementes bezeichnet.

Dem so ermittelten Wert sind die effektiven Verlegungsfugen ($e_{sz}$) noch hinzuzurechnen, so daß sich das auftretende zusätzliche Moment mit

$$M = \pm (e_0 + e_{sz}) N \tag{325b}$$

ergibt.

3. Zu untersuchen ist schließlich die Verformung des gelenkigen Ringelements, und zwar daraufhin, ob sie den einen zulässigen Wert nicht übersteigt bzw. ob sie die Stabilität des Ringes nicht gefährdet.

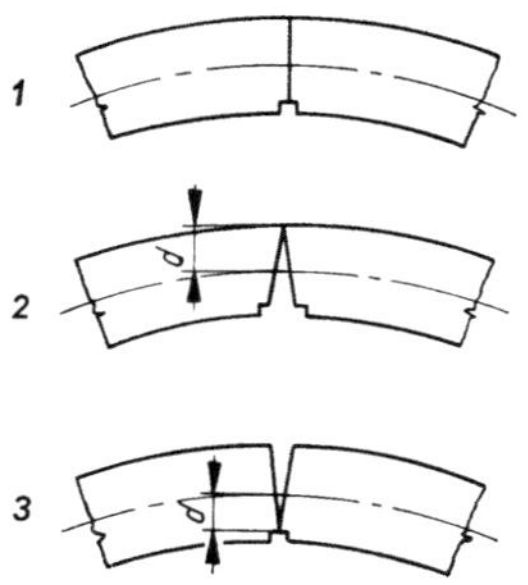


Abb. 542. Annahmen für mangelhafte Auflagerung

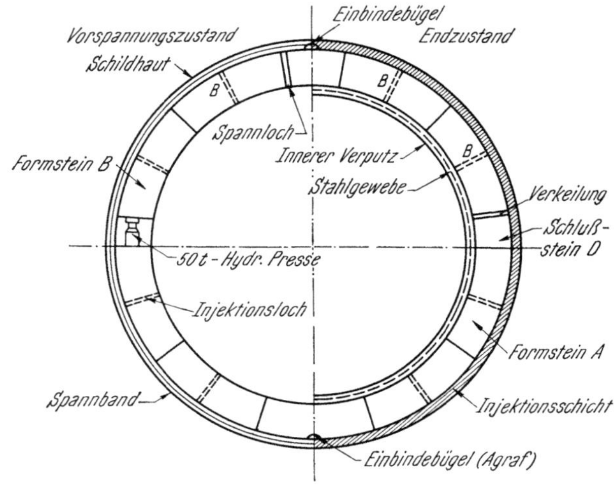


Abb. 543. Freyssinets Vorspannverfahren mit Stahlband-Umwickelung

*6.3.2.3.5.* Weitere Verbreitungsmöglichkeiten erschließen sich dem Ausbau mit Betonfertigteilen aus der neuerdings immer stärkeren Verbreitung der *Vorspannung.*

Die Vorspannung schaltet eine ganze Reihe von Mängeln der Tunnelauskleidung mit Betonfertigteilen aus und ermöglicht zusätzlich nicht unerhebliche Materialeinsparungen. Bei wesentlich besserer Wasserdichtheit verbürgt sie die monolithische Mitwirkung der einzelnen Ringe, und da sie schließlich durch Weckung starker axialer Anfangsspannungen aus den Ringen die Biegebeanspruchungen ausschaltet, verhindert sie auch, daß sich die Fugen öffnen. Neben der anfänglichen Vorspannung in radialer Richtung findet neuerdings auch eine solche in Richtung der Längsachse zunehmenden Eingang in die Baupraxis.

Erstmalig wurde eine radiale Vorspannung durch eine Außenumwicklung auf Vorschlag Freyssinets beim Bau zweier Abwasserkanäle unter der Seine vorgenommen [172]. Die beiden Kanalstollen mit Außendurchmessern von 4,15 bzw. 4,80 m wurden im Handvortrieb von einer unter Überdruck stehenden Arbeitskammer aus aufgefahren. Die hochpräzis (mit einer Genauigkeit von ± 0,5 mm) gearbeiteten, im Durchschnitt 1,45 m langen, 0,55 m breiten und 0,41 m starken Betonfertigteile wurden mit einem drehbaren Montagekran im Inneren des Schildes auf zuvor in Reifen verlegte hochfeste 270 bis 5 mm starke Stahlbänder versetzt (Abb. 543). Diese waren stets in zwei Bündeln angeordnet:

das eine kam um die Bogenstücke des zuletzt eingebauten Ringes, das andere hingegen um die des eben zu versetzenden Ringes zu liegen. In Kämpferhöhe wurden sodann zwischen die beiden Ringhälften zwei Pressen mit einer Hubkraft von 50 t eingeschoben. Mit diesen wurden die Ringhälften auseinandergespreizt, bis in den Stahlbandreifen die zur gewünschten Vorspannung erforderliche Dehnung erreicht war. Danach wurden die Ringhälften durch beiderseits der Pressen eingeschobene Betonklötze und Stahlkeile in ihrer Lage fixiert, die Pressen ausgebaut und die mit $D$ bezeichneten Fugen ausbetoniert. Die Vorspannung wurde in diesem Fall bis zu einem Druck von 30 kg/cm² gesteigert, der ungefähr dem Wert des äußeren Gebirgsdrucks entsprach. Es folgte schließlich die Dichtung der Stoßfugen zwischen den Bogenstücken, die Verpressung der Hohlräume um die Spannbänder und abschließend die Auftragung einer 3 bis 10 cm dicken Spritzbetonschicht auf die Innenfläche der Auskleidung. Die Quervorspannung durch Umwicklung konnte sich wegen der Umständlichkeit ihrer Durchführung und wegen der Schwierigkeiten, die Spannkräfte zu erfassen, in der Praxis nicht durchsetzen.

Der Gedanke an eine Längsvorspannung tauchte beim Bau von Unterwassertunneln im Einschwimmverfahren auf [173]. Nach bescheidenen Anfängen wurde dieses Verfahren beim Bau der Stockholmer Untergrundbahn so weit entwickelt, daß nun schon 140 m lange Einheiten zusammengespannt werden können [174]. In Stockholm ist vorgesehen, alle unter Wasser liegenden Linienabschnitte in derartigen im Trockenen hergestellten und im Einschwimmverfahren abgesenkten Tunneln zu führen (vgl. Kap. 6.4.2.).

Einen neuen Abschnitt der Entwicklung leitete jenes Vorspannverfahren ein, welches man beim Bau des aus vorgespanntem Beton hergestellten Abschnitts eines *in Düsseldorf unter dem Rhein hinwegführenden Abwasserdükers anwendete* [175]. Mit diesen Betonfertigteilen wurden hier nur die vor und hinter dem Flußlauf gelegenen Abschnitte der Röhre ausgebaut. Die im Außendurchmesser 4,80 m messenden Ringe bestanden auch hier aus je 4 Stück 25 cm starken und 69 cm breiten, je rund 1,3 t schweren unbewehrten Formsteinen, die aus hochfestem Beton (Würfelfestigkeit 600 kg/cm²) gefertigt waren. Zu jedem Ring gehörte ein seitlich etwas über der Kämpferlinie eingebauter Schlußstein. Die einzelnen Fertigteile hatten vor den Stoßfugen etwas nach innen zurücktretende Absätze. Von diesen gingen die Vorspannkanäle aus, in die die hochwertigen Vorspannstäbe ($\sigma_B = 90$ kg/mm²) verlegt wurden (*Finsterwalder-Verfahren*).

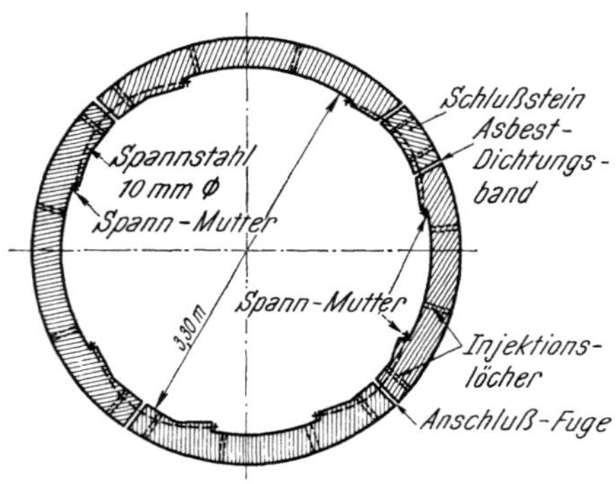


Abb. 544. Stahlbeton-Auskleidung nach der „Finsterwalder Methode" verspannt (Rheintunnel-Düsseldorf)

Das eine Ende des Rundstahles war mit einer Unterlagsscheibe und einer Schraubenmutter auf den Absatz des einen Formsteines gestützt, das andere Ende gleichfalls mit einer Mutter vom Absatz des nächsten Bogenstückes verspannt. Die Vorspannung erfolgte durch Anziehen dieser letzteren Schraube, so daß also jeweils nur je zwei einander unmittelbar benachbarte Bogenstücke miteinander verspannt wurden (Abb. 544). Als überaus vorteilhaft erwies es sich, daß man die Vorspannung bequem von der Röhre aus durchführen und hierbei die Spannkräfte sehr genau messen konnte. Die Stoßfugen wurden mit Asbestplatten gedichtet, für einen gleichmäßigen, festen Verbund mit dem anliegenden Boden sorgte eine kräftige Hinterpressung (Abb. 545).

Eine andere, wirtschaftliche Art, die aus Betonformsteinen aufgemauerten Ringe in Quervorspannung zu setzen, bildet die *Vorbelastung durch Hinterpressung* [176]. Sie hat neben der Vorspannung den weiteren Vorzug, auch das anliegende Gebirge zu verdichten und in die Mitwirkung mit dem Ring einzubeziehen. Als Beispiel mag das *Kiesersche Verfahren* [177] dienen, dessen Prinzip aus Abb. 546 ersichtlich ist. Im ersten Schritt erhält das Gebirge eine Auskleidung mit einem satt an den Ausbruch sich anschmiegenden ausgleichenden Betonring, der die Aufgabe hat, eine gleichmäßige Druckfläche und einen festen Anschluß an das anliegende Gebirge zu schaffen. Diesen letzteren fördern Vorinjektionen zur Verfüllung von Gesteinsrissen und Spalten, die zugleich auch die Festigkeitseigenschaften des Gesteins verbessern. Im Betonring wird sodann aus Betonformsteinen der tragende Kernring aufgemauert, wobei abstandhaltende Höcker an den Formsteinen die Aussparung eines 3 cm weiten Ringspaltes zwischen Beton- und Kernring ermöglichen. In diesen Ringspalt wird danach durch die in den Kernring eingebauten Injektionsrohre hindurch zunächst unter niedrigem Druck so lange Zementmörtel eingepreßt, bis dieser aus dem nächsten Injektionsloch hervortritt. Anschließend preßt man in die noch weiche Mörtelmasse mit einem dem Anderthalbfachen der nützlichen Betriebsbelastung des Ringes entsprechenden

Abb. 545. Innenansicht des Abwasser-Tunnels in Düsseldorf

Druck Zementmilch nach. Dieser Druck wird bis zum Erhärten der eingepreßten Suspension gehalten, womit man einer Entspannung entgegenwirkt.

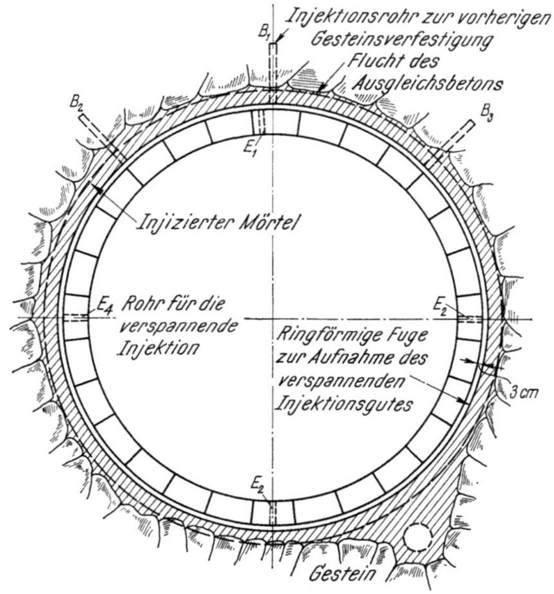


Abb. 546. Tunnelauskleidung mit Betonformsteinen, nach der Kieserschen Injektionsmethode verspannt

### 6.3.2.4. Die Anwendung von Druckluft und Bodenverfestigung beim Schildvortrieb

In der Schildbauweise werden zumeist Hohlgänge in jüngeren alluvialen Sedimentgesteinen, also vornehmlich in wasserdurchtränkten und in anderen Böden ganz geringer Tragfähigkeit, ferner Untertagebauwerke unter bebauten Flächen von Großstädten sowie Unterwassertunnel aufgefahren. Neben der Abstützung des Bodens und der Verhinderung seines Eindringens in den Schild bildet beim Schildvortrieb die Entwässerung eine der schwierigsten Aufgaben. Zur Entwässerung des Schildes gibt es zwei Möglichkeiten; entweder sammelt man offen das einsickernde Grundwasser unmittelbar in einem zentralen Schacht und pumpt es aus diesem ab oder man drängt es durch Druckluft in die Bodenporen zurück. Das Zusickern von Wasser in den Schild darf nur geduldet werden, wenn es keine Bodenkörnchen mit sich führt. Solche Fälle werden sich aber nur beim Zuströmen von Sickerwasser aus härteren Tonböden oder aus Gesteinsrissen, eventuell noch aus den Poren ganz grobkörniger Böden ergeben. Praktisch wird man in der Mehrzahl der Fälle die Entwässerung von Fein- und Mehlsand- oder Schluff- und weichplastischen Tonböden zu bewältigen haben. Am besten eignet sich hierzu die Druckluftentwässerung. Unter Überdruck steht hierbei der Arbeitsraum unmittelbar an der Ortsbrust und ein anschließender, tunlichst kurzer Bauabschnitt. Die Arbeitskammer unter Druckluft zu setzen, ermöglicht der Umstand, daß der nach der Schildbauweise aufgefahrene Tunnel sogleich einen endgültigen, tragfähigen und wasserdichten Ausbau erhält, der nach der ersten

Hinterpressung sogleich auch der vollen Belastung ausgesetzt werden kann. Man hat somit die Möglichkeit, durch eine luftdichte, mit Luftschleusen für die Personen- und Materialbeförderung versehene Trennwand, die man in tunlichst kleiner Entfernung vom Schild in den fertigen Tunnel einbaut, diesen vom Arbeits-

Abb. 547. Waagrechte Kesselschleusen, in die Diaphragmen-Trennungswand einbetoniert

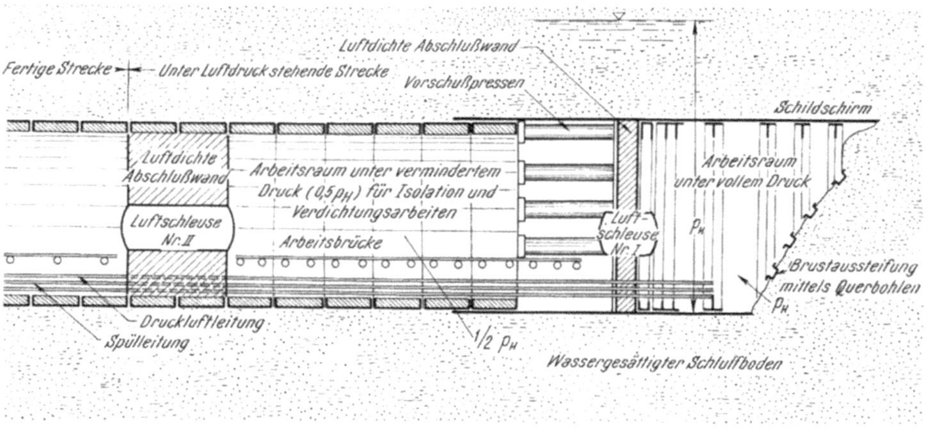


Abb. 548. Waagrecht getrennte Arbeitskammer unter abgestuftem Druck

raum an der Brust und vom Ausmauerungsraum abzutrennen (Abb. 547). Den unter Druckluft gesetzten Raum unterteilt man häufig in zwei Teile, weil die Bedürfnisse der Entwässerung beim Abbau an der Brust und diejenigen ihrer Stabilisierung weit strengere Anforderungen stellen als die Arbeiten an der Verlegung und Abdichtung der Ausbauelemente. Verschiedentlich (so beispielsweise auch beim Bau des Spreetunnels bei Berlin, Abb. 548) wurde aus diesem Grunde die Arbeitskammer des Schildes, der mit stark vorspringender Schneide versehen war, durch Einbau einer Trennwand gegen die übrigen Schildteile luftdicht abgeschlossen. Die Kammer stand hier unter einem Überdruck $p_H$, der dem vollen äußeren Wasserdruck $H$ das Gleichgewicht hielt. Im mittleren und im Schwanzteil des Schildes sowie in dem anschließenden, noch nicht völlig fertiggestellten oder vorübergehend noch geschlossenen Tunnelabschnitt hingegen war der Überdruck auf Werte von $1/2\ p_H$ oder $2/3\ p_H$ herabgesetzt, da in dem durch den Schildmantel oder die Mauerungselemente bereits abgestützten Abschnitt das teilweise Einsickern von Wasser keine Einbrüche mehr verursachen und auch kaum Bodenteile durch die noch nicht ganz abgedichteten Stoßfugen hindurch in den Schild einschwemmen konnte. Andererseits ermöglichte der niedrigere Luftdruck ein weniger gefährliches und ein ungestörteres, d. h. ein Arbeiten mit besserem Wirkungsgrad und auch die Schaffung gesundheitlich günstigerer Verhältnisse beim Ein- und Ausschleusen. Naturgemäß ist dieser Schildabschnitt von dem bereits fertigen Tunnel durch eine weitere provisorisch eingebaute Querwand mit waagrechter Luftschleuse für die Personen- und Materialbeförderung getrennt. In der Praxis findet sich jedoch diese Unterteilung des Schildes — vornehmlich wegen des Zeitverlustes infolge der zweimaligen Durchschleusung — verhältnismäßig selten vor. Das schwierigste Problem wirft bei der Durckluftentwässerung — abgesehen von ihrer Aufwendigkeit und vom langsamen Baufortschritt — die Gefahr der sogenannten „Luftausbrüche“ auf. Während nämlich die Luft bei Senkkastengründungen aus der unter Überdruck stehenden lotrechten Arbeitskammer nur unter den zutiefst liegenden Schneidkanten eventuell entweichen kann, d. h. überall den maximalen Bodenwiderstand und Wasserdruck überwinden muß, herrscht beim Schildvortrieb im Scheitel der horizontal gelegenen Überdruck-Arbeitskammer ein um die dem Schildaußendurchmesser entsprechende Höhe $m$ niedrigerer Wasserdruck und ebenso ein niedrigerer Bodenwiderstand als an der Sohle. Um also das Wasser von ihr völlig fern halten zu können, muß man in der ganzen Arbeitskammer einen Überdruck $p_H$ aufrechterhalten, der dem an ihrer Sohle wirksamen Wasserdruck $H$ entspricht. Hieraus aber wird im Schildscheitelpunkt unvermeidlich ein Überdruck der Größe $m$ auftreten, dem nur jener Widerstand das Gleichgewicht zu halten vermag, den die Bodenschichten zwischen Flußsohle und Schildscheitel dem Entweichen der Luft entgegensetzen (Abb. 549). Reicht dieser Widerstand, sei es wegen der geringen Mächtigkeit ($t$) der überdeckenden Schichten, sei es wegen ihrer geringen Luftdichtigkeit, nicht aus, wird die Druckluft aus dem Arbeitsraum explosionsartig ausbrechen (vgl. hierzu Abb. 41 Elbetunnel Hamburg). Dem Luftausbruch folgt eine erhebliche Verdünnung der Luft im Arbeitsraum mit entsprechendem Absinken des Druckes. Da der unter den Wert $p_H$ abgesunkene Druck demjenigen der äußeren Wassersäule $H$ nicht mehr standhalten kann, bricht das Wasser von außen durch die Stirnwand hindurch in den Arbeitsraum ein und reißt hierbei auch beträchtliche Bodenmassen mit, was in der Regel katastrophale Folgen hat. Aus diesen Gründen ist es beim Schildvortrieb unter Druckluft wesentlich, die Mächtigkeit der über dem Tunnelscheitel anstehenden Bodenschicht (Überdeckung) und ihre Luftdichtigkeit, d. h. ihren Widerstand gegen ein Entweichen der Luft, im voraus zu prüfen und notfalls künstlich zu verbessern bzw. zu steigern (etwa durch Auf-

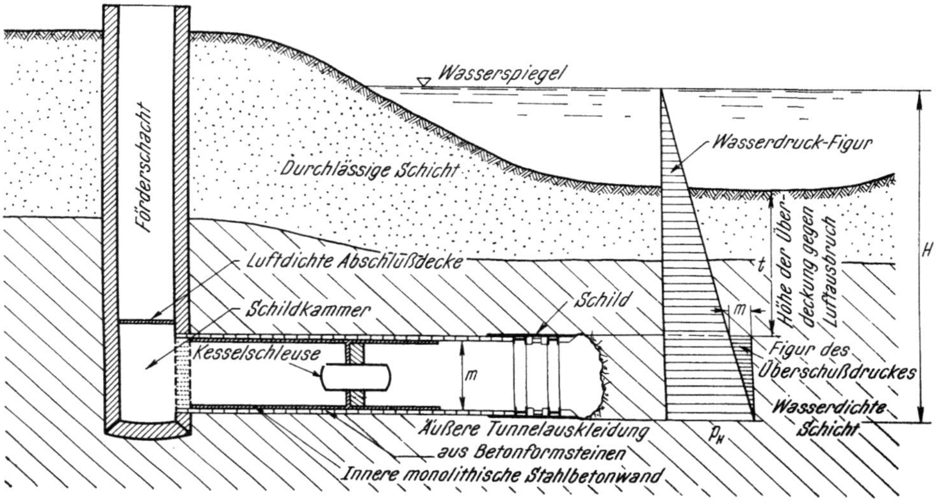


Abb. 549. Druckverhältnisse in einem unter Druckluft aufgefahrenen Tunnel

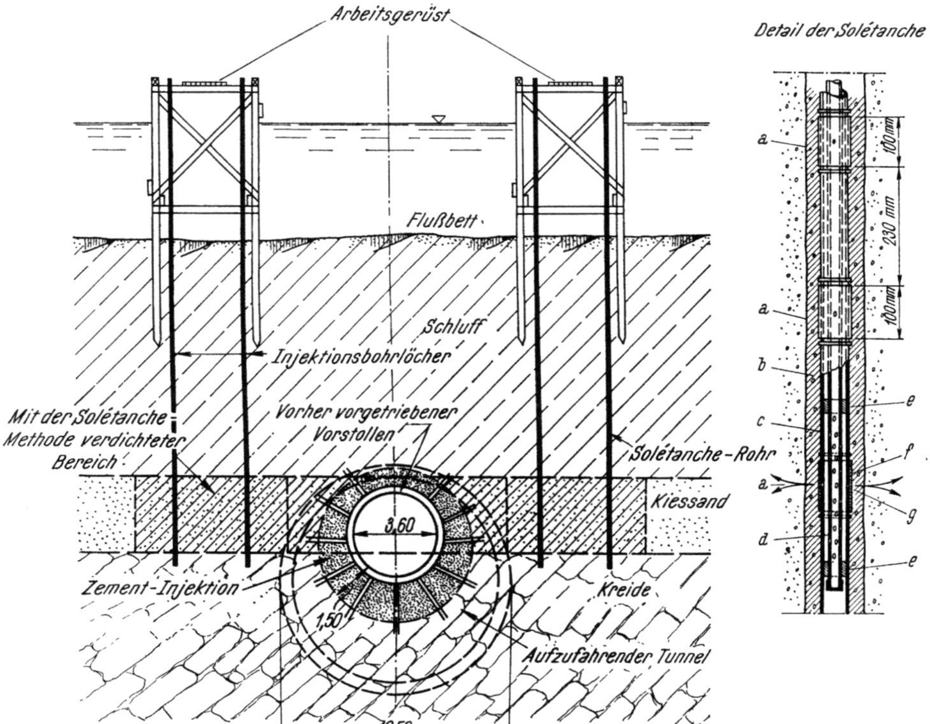


*a* Einspritzabschnitt
*b* Mörtelauffüllung
*c* Muffenrohr 1½ Φ
*d* Spritzrohr 1 Φ
*e* Abdichtpfropfen
*f* Gummimanschette am Muffenrohr
*g* Löcher 5 mm Φ

Abb. 550. Künstliche Verdichtung der Deckschichten mittels kombinierter Silikatisation und Bentonit-Einpressen (Dartford-Purfleet-Tunnel) füllen der Flußsohle mit abgesenktem Material oder durch künstliche Bodenverfestigung).

Ein Beispiel hierfür liefert der Bau des Queens-Midtown-Tunnels unter dem East River, bei dem der 9,1-m-Durchmesser-Schild eine natürliche Überdeckung von 3,1 m hatte. Da das Raumgewicht des Bodens unter Wasser 0,77 t/m³ betrug, der unausgeglichene Druck sich also auf 9,6 bis $3{,}1 \cdot 0{,}77 = 7{,}2$ t/m³ belief, mußte, um einem Luftausbruch vorbeugen zu können, von gut dichtendem Ton mit einem Unterwasser-Raumgewicht von 0,9 t/m³ eine im Durchschnitt $\frac{7{,}2}{0{,}9} = 8{,}0$ m mächtige Schicht auf die Bettsohle ausgebreitet werden (vgl. auch Abb. 564).

Als weiteres Beispiel für die künstliche Verbesserung der Wasserabdichtungseigenschaften der Überdeckung sei hier der neue Themse-Straßentunnel zwischen *Dartford* und *Purfleet* [178] erwähnt, dessen Querschnitt die Abb. 550 zeigt. Wie aus dieser ersichtlich, begann die Auffahrung des Tunnels, der mit gußeisernen Tübbingringen von 8,5 m Durchmesser ausgekleidet wurde, mit dem Vortrieb eines im Durchmesser 3,60 m messenden kreisquerschnittigen Firststollens, der zunächst der Bodenerkundung diente, von dem aus jedoch mittels Injektionen durch die in der Stollenwandung ausgesparten Einpreßlöcher auch die um die Firste anstehenden zerklüfteten Kalkstein- und Flußkiesschichten verfestigt und verdichtet werden sollten. Die Wasser- und Luftundurchlässigkeit der seitlich anstehenden, vom Stollen aus nicht erreichbaren, rasch wechselnden, stark wasserführenden Sandkiesschichten hingegen verbesserte man von oben her mit Injektionen durch zwei Reihen von Verpressungsrohren, die man von zwei parallelen Arbeitsgerüsten aus niederbrachte. Die seitlichen Verpressungsstreifen sind je 6 m breit. Sie wurden mit einer Ton-Zement-Suspension verfestigt, die man durch perforierte, mit Gummimanschetten versehene Spezialrohre in Abständen von je 3 m einspritzte.

Diese neuerdings mit Erfolg angewandte, unter dem Namen „Solétanche-Verfahren" bekannt gewordene Verpressungsmethode bringt zunächst mit einem 78 mm weiten Rohr eine Injektionsbohrung nieder und setzt sodann in diese ein Muffenrohr (⌀ 38 mm) ein, welches bis an die Bohrlochsohle reicht. Nun wird der Ringspalt zwischen den beiden Rohren mit der einzupressenden Bentonit-Zement-Suspension ausgefüllt und das äußere Rohr gezogen. Das Muffenrohr ist an seinem unteren Ende in zwei übereinanderliegenden Streifen perforiert, doch sind die Löcher durch eine dicht anliegende Gummimanschette verdeckt. In das Muffenrohr wird nun ein weiteres, bloß 26 mm weites, unten verschlossenes Injektionsrohr eingeführt, das oberhalb des Verschlusses in einem kleineren Streifen gleichfalls perforiert ist (s. Detail in Abb. 550). Mit der Druckpumpe wird sodann in das Injektionsrohr eine Suspension eingepreßt, die durch die Löcher in das Muffenrohr gelangt und durch dessen Perforation hindurch die Gummimanschette abhebt, worauf diese die im Bohrloch befindliche Injektionsflüssigkeit in die Poren des anliegenden Erdreichs drückt. Hebt man das Injektionsrohr höher, bringt man die obere Manschette in Bewegung und kann auf diese Weise, von unten nach oben fortschreitend, den durchlässigen Boden verdichten und verfestigen. In dem hier besprochenen Fall konnte die Bodendurchlässigkeit von $k = 0{,}1$ bis $0{,}3$ m/s auf Werte von $k = 0{,}1$ bis $5{,}0 \cdot 10^{-6}$ m/s herabgesetzt werden. Der große Vorzug des Verfahrens besteht darin, daß die mit der Bentonitsuspension verpreßten Bohrungen standfest bleiben, daß der Bentonit die Rohre nicht verstopft und daß die Injektionen je nach Bedarf wiederholt werden können.

Als ähnlich erfolgreich erwies sich die Anwendung des Solétanche-Verfahrens auch beim Bau der tief geführten *Expreßstrecke* der *Pariser Untergrundbahn*. Dieser zweigleisige Tunnel wird in einigen Strecken mit einem Schild von 10 m Durchmesser in holozänem Boden mit häufig wechselnder Schichtung aufgefahren.

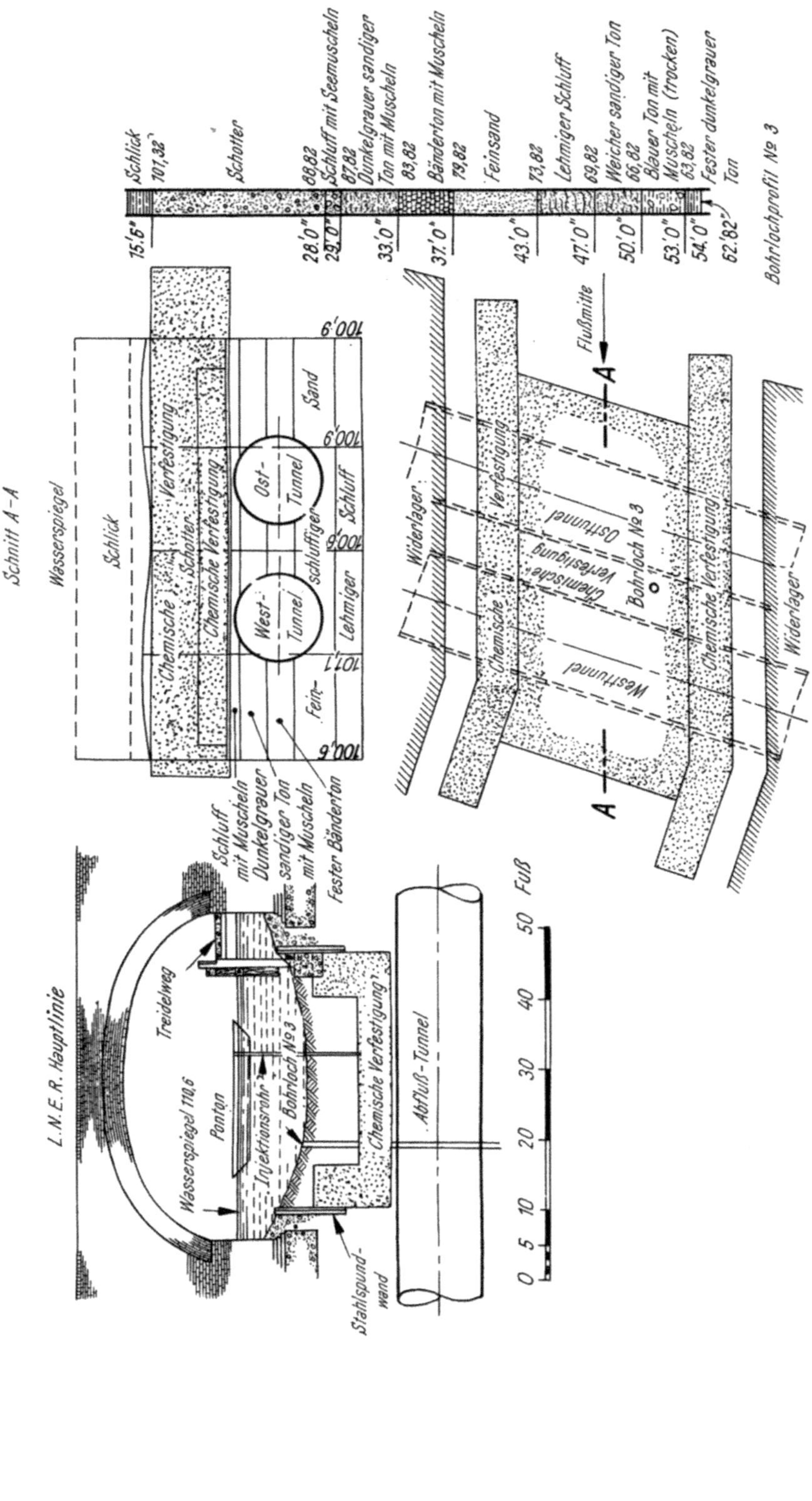


Abb. 551. Anwendung des Silikatisations-(Versteinerungs-)Verfahrens bei Ausweitungsarbeiten des Londoner Untergrundbahnnetzes

In der Nähe des Seine-Tales mußten bei allmählich abnehmender Überlagerungshöhe stark wassergesättigte und wasserdurchlässige lockere körnige Schichten durchörtert werden. Infolge des großen Schilddurchmessers trat im Scheitel ein Überdruck ($m$) von 1 at auf (s. Abb. 549), was zu einem starken Entweichen der Druckluft führte und den Druckluftbedarf erheblich ansteigen ließ. Um der Gefahr von Luftausbrüchen vorzubeugen und auch den unwirtschaftlich hohen Druckluftverbrauch herabzusetzen, verpreßte man die überlagerte Deckschicht mit einer Bentonit-Zementsuspension. Es gelang auch, sie so weit dicht zu be-

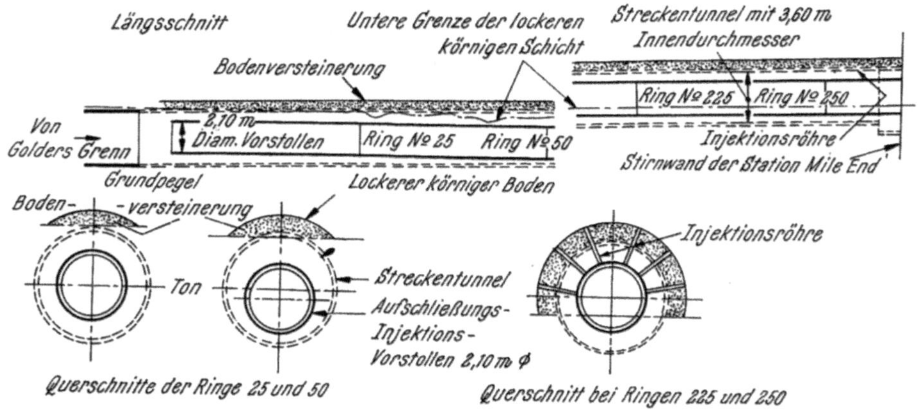


**Abb. 552. First-Verfestigung mittels Bodenversteinerung (London)**

kommen und die Bodenporen so weit zu verfüllen, daß die Arbeit auch auf diesem gefährlichen Abschnitt mit der nötigen Sicherheit und bei einem auf ein rationelles Maß herabgesetzten Druckluftverbrauch fortgesetzt werden konnte [179].

Beim Bau einer ganzen Reihe von Tunneln der Londoner Untergrundbahn wandte man in den letzten Jahrzehnten mit Erfolg das Bodenverfestigungsverfahren von Joosten an [180] (vgl. Kap. 6.3.2.2.1.). Es ermöglichte selbst bei ganz geringen Überlagerungshöhen und in stark wasser- und luftdurchlässigen Böden die Herstellung der Tunnel im Schildvortrieb mit Druckluftentwässerung (Abb. 551 und 552).

In anderen Fällen, in denen die Röhre in geringer Tiefe unter Bauwerken hinwegführte, gelang es, durch vorangehende sorgfältige Bodenverfestigung schädliche Setzungen dieser Bauwerke zu verhindern. Das Verfahren wird also nicht nur zur Abwendung von Luftausbrüchen, sondern mit Erfolg in erster Linie auch zur Stabilisierung der Abbaubrust und der Firste angewandt. Die unmittelbare Verfestigung der Brust erweist sich jedoch als umständlich, weshalb man sich des Verfahrens eher zur Stabilisierung der Firste bedient. Man verfestigt hierbei den Boden von einem *Richtstollen* aus oder — bei kleinen Überlagerungshöhen — *von oben her*. Einige Beispiele für diese letztere Methode sind auf Abb. 551 angegeben. Dagegen veranschaulicht Abb. 552 einen Fall, bei dem die geringe Überdeckungshöhe oder die geringe Tiefe der Röhre unter den Fundamenten von Bauwerken bzw. die geringe Tragfähigkeit und Rolligkeit des anstehenden körnigen Lockerbodens die Herstellung der Röhren von 3,60 m lichtem Durchmesser selbst im Schildvortrieb bedenklich erscheinen ließ. In solchen Fällen trieb man zunächst einen kleinen Richtstollen (∅ 2,10 m) vor, in dessen geflanschten Stahlblech-Auskleidungsringen peripher Injektionslöcher angeordnet waren (s. Abb. 552). Durch diese hindurch wurde der Boden um den Stollen so weit verfestigt, daß über dem nachfolgenden Schild überall eine mindestens 60 bis 90 cm starke feste, wasserdichte Schutzhülle vorhanden war. Überdies verpreßte man den Boden unter den Fundamenten der schwereren Bauwerke so weit, daß die aus zwei verschiedenen Richtungen her verfestigten Schichten ein zusammenhängendes Ganzes ergaben. Da die Röhre mit ihrer unteren Hälfte — der wechselnden Schichtgrenze entsprechend — unterschiedlich tief in gutem Tonboden verläuft, reichte die verfestigte Hülle auch unterschiedlich tief hinab, wie dies Abb. 552 deutlich erkennen läßt. Besonders wertvolle Hilfe leistet die Bodenverfestigung dort, wo im Schild wegen der unzureichend hohen oder stark durchlässigen Überlagerung, d. h. wegen der dadurch bedingten Gefahr von Luftausbrüchen nicht mit Druckluft gearbeitet werden kann (vgl. Abb. 551).

Erweist es sich aber als unmöglich, eine wasser- und luftundurchlässige Deckschicht herzustellen oder die über dem Hohlgang anstehenden durchlässigen Schichten zu verdichten, wird man mit einem weniger hohen *Druck im Arbeitsraum arbeiten müssen*, d. h. mit einem Druck, der nur dem in Scheitelhöhe oder dem in der Mitte bzw. im unteren Drittel des Schildes wirksamen Wasserdruck das Gleichgewicht hält. In der Regel entschließt man sich für diese letztere Alternative und nimmt es auf sich, jenen geringen Teil des Grundwassers, der unter dem der halben Schildhöhe entsprechenden unausgeglichenen Druck in den Arbeitsraum einsickert, aus diesem abpumpen zu müssen. Mitunter nutzt man jedoch den unausgeglichenen Wasserdruck bei Schilden mit geschlossener Stirnwand beispielsweise auch dazu, den wasserdurchtränkten Schluffboden durch Öffnungen in der Stirnwand einzulassen und gewissermaßen unter Druck im Schild nach hinten zu befördern.

Im übrigen zeigt die Erfahrung, *daß es überflüssig ist, zum Fernhalten des Wassers vom Arbeitsraum in diesem einen Überdruck zu halten, der dem vollen theoretischen Wassersäulendruck entspricht*, da sich ein Teil der statischen Druckhöhe infolge der Wasserbewegung in den Bodenporen während der Überwindung der Reibungswiderstände zu Strömungsdruck umwandelt, so daß der wirksame Druck in der Arbeitskammer — zumindest für die Dauer der Arbeiten — unter dem Wert des theoretischen hydrostatischen Druckes liegen wird. Nach einer in den USA gebräuchlichen praktischen Regel darf mit dem $\frac{0,227}{0,3} = 0,76$fachen des theoretischen hydrostatischen Druckes gerechnet werden. *Ausnahmsweise* kann man sich jedoch vor die Notwendigkeit gestellt sehen, *Außendrücke ausgleichen zu müssen, die über den theoretischen Werten liegen*. Ein solcher Fall tritt beispielsweise ein, wenn die durchlässige Schicht über dem Arbeitsraum nur von einer kuppelförmig aufgewölbten Deckschicht aus Ton oder einer anderen weitgehend luftundurchlässigen Bodenart überlagert ist, wenn sich also die durch die Stirnwand entweichende Druckluft unter dieser kuppelförmig aufgewölbten Membrane sammelt, weiter verdichtet und auf das Grundwasser einen Überdruck ausübt (vgl. Anhäufung von Injektionsdrücken in ähnlichen geologischen Formationen und Abb. 503).

Die unter Überdruck stehenden Schildabschnitte sind natürlich so kurz wie möglich zu halten, und dies schon, um den Druckluftverbrauch herabzusetzen.

Ihre Mindestlänge muß jedoch jener Vorschublänge gleich sein, die der Schild während der Dauer der Fugendichtung, der Hinterpressung und der Erhärtung von Mörtel und Beton zurücklegt.

Während der Erhärtungszeit wird im fertigen Tunnelteil bereits die nächste — aus Beton oder Ziegeln hochzumauernde — Trennwand samt der versetzbaren Kesselschleuse eingebaut (vgl. Abb. 547), diese neue Schleuse geschlossen und mit ihr der neue verkürzte Arbeitsraum abgegrenzt, worauf die frühere Trennwand ausgebaut werden kann.

Außer der entwässernden übt die Druckluft auch noch *beachtliche stützende und verfestigende Wirkungen aus.* Die stützende Wirkung ist darin begründet, daß der Wassergehalt des Bodens infolge der Verdrängung des Wasser zurückgeht, seine Scherfestigkeit also zunimmt. Je nach der Bodenart macht sich diese stützende Wirkung unterschiedlich geltend.

*a*) *Tonböden* sind so wasser- und luftdicht, daß ihnen der Überdruck im Schild eine Stabilität verleiht, die nicht selten selbst den Einbau provisorischer Zimmerungen überflüssig macht. Die stabilisierende Wirkung der Druckluft gewährt nämlich in solchen Fällen ausreichende Sicherheit bis zum Einbau der endgültigen Auskleidung (vgl. Stehzeit, Kap. 3.5.1.) selbst dann, wenn der Tunnel nicht in der Schildbauweise, sondern nach der Vollausbruchmethode oder nach einer der modernen Bauweisen mit Stahlrüstung aufgefahren wird. In guten Tonböden kann auch der unausgeglichene Überdruck im Schildscheitel (s. weiter oben) keinerlei Unzukömmlichkeiten verursachen. In gut dichtendem blauem Ton z. B. beliefe sich die höchste geostatische Belastung bei einer Überlagerung von 9 m und bei einem Raumgewicht von 1,77 t/m³ auf 1,61 kg/cm². Diese Belastung würde theoretische durch einen Überdruck von 1,61 at voll im Gleichgewicht gehalten werden. Praktisch reichen jedoch wegen der Überwölbung des Bodens auch 33 bis 50% dieses Wertes aus, sofern die endgültige Ausmauerung innerhalb 24 Stunden eingezogen wird.

*b*) *Schluffböden* verhalten sich unter der Einwirkung der Druckluft zunächst wie Tonböden. Selbst eine lotrechte Brust bleibt stehen und hält sich eine Zeitlang selbst. Da es sich jedoch beim Schluff um eine durchlässige Bodenart handelt, wird der unausgeglichene Luftdruck im Scheitel des Schildes das Wasser in die Poren des Bodens zurückdrängen, so daß dieser austrocknet, seine scheinbare Kohäsion sich vermindert und, nachdem sich in ihm Risse gebildet haben, in den Arbeitsraum hereinstürzt. Entspannt man dagegen den unausgeglichenen Druck, dringt Wasser in die Sohle ein, die es gänzlich durchnäßt und zu flüssigem Schlamm umwandelt. Die Regulierung des Luftdrucks stellt demnach ein heikles Problem dar, zumal er nicht selten den einzelnen Arbeitsphasen angepaßt werden muß (beim Lösen und Ausmauern der Firste niedrigere, beim Lösen und Ausmauern der Sohle höhere Werte). Jedenfalls ist die stabilisierende Wirkung nicht vollwertig und hält auch nur kürzere Zeit an.

*c*) *Mit Wasser gesättigte und Fließsandböden* sind absolut durchlässig, die Druckluft wird also die abgebaute Brust nicht wie in Tonböden unmittelbar abstützen, sondern nur bis zu einer gewissen Tiefe in den Boden eindringen, in dem sich in einem bestimmten Abstand an einer zusammenhängenden Fläche entlang ein Gleichgewichtszustand ausbilden wird (sofern die Sandschicht mächtig genug und ihre Durchlässigkeit relativ gering ist). Bis zu dieser Gleichgewichtsgrenzfläche werden die Sandmassen austrocknen (Abb. 553), ihre Tragfähigkeit wird sich vermindern und unmittelbar die Ortsbrust bzw. den Schild belasten. Wie oben gezeigt, birgt die Unausgeglichenheit des Druckes bei zu geringer Überlagerung Gefahren in sich, während andererseits eine Entspannung des Luftdrucks auf den über der Sohlenhöhe maßgebenden Wert zur Verflüssigung des Bodens und zu Einstürzen führen kann. (Wertvolle Hilfe können in solchen Fällen einige Grundwasser-Absenkbrunnen leisten, mit denen sich die Sohle entwässern läßt.) Der Sand bleibt auch nach der Verdrängung des Wassers aus seinen Poren feucht, was ihm eine scheinbare Kohäsion und auch eine gewisse Festigkeit und Stabilität gewährt.

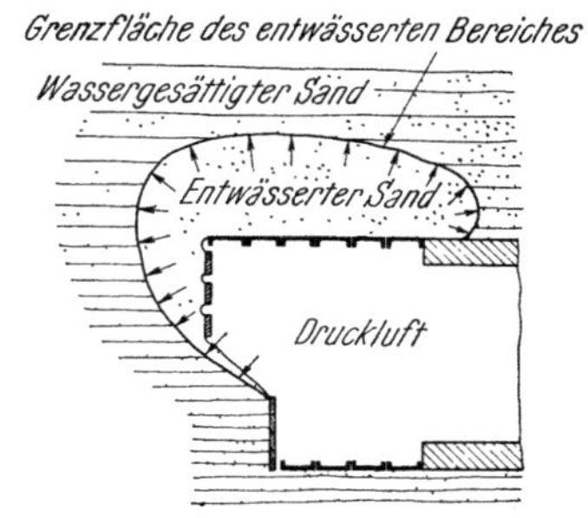

Abb. 553. Austrocknende Wirkung der Druckluft vor der Ortsbrust

*d) Der ganz trockene Sand verhält sich ebenso unangenehm wie der gröber gekörnte, wassergesättigte Kies.* Die starke Durchlässigkeit und die grobe Körnung nimmt der Druckluft jede abstützende oder stabilisierende Wirkung, ja wegen des starken Entweichens der Luft infolge des unausgeglichenen Luftdrucks stößt selbst der Abbau der Firste auf Schwierigkeiten. Da die entweichende Luft wegen der starken Durchlässigkeit keinerlei Reibungsverluste erleidet, bildet sich unter dem Grundwasserspiegel auch keine wie immer geartete Gleichgewichtsgrenzfläche aus, die dem Entweichen der Luft gewisse Schranken setzen würde. Im Gegenteil, findet die Luft größere zusammenhängende Bahnen und ist die vorhandene Kompressoranlage mangels genügender Kapazität außerstande, die erforderlichen großen Druckluftmengen ständig nachzuliefern, kann es auch zu Wassereinbrüchen der oben erwähnten katastrophalen Art kommen. Vor Luftausbrüchen wird man sich in derartigen Böden durch Ausgleich der Drücke sowie durch Verdichtung eventueller Spalte in der *Firste* und der Brustabstützung durch Verpacken mit *Ton* schützen müssen.

Jedenfalls wird man gut tun, die Brust in tunlichst kleinen Teilen abzubauen und sie hierbei wirksam abzustützen. Richtig ist es auch, in dem unter Überdruck stehenden Arbeitsraum den Abstand zwischen Abbaubrust und endgültiger Betonauskleidung (eventuell Schild) möglichst klein zu halten.

Die zur Aufrechterhaltung des erforderlichen Überdrucks nötige Luftmenge hängt von der Bodenporösität und von der Zahl der Ausschleusungen ab. Zur Bestimmung von Zahl und Leistungsfähigkeit der Kompressoren mag die Faustregel dienen, daß je Quadratmeter Brustfläche mit einem minutlichen Frischluftbedarf von 5,7 m³ gerechnet werden muß.

Mit den Problemen des Luftbedarfs und der Überlagerungshöhe sowie der Mächtigkeit und Breite der luftdichten Überdeckung haben sich in jüngster Zeit theoretisch SCHENCK und WAGNER [181] befaßt. In ihrer Abhandlung bestimmten sie zunächst jene Zeit ($T$), die unter der Einwirkung eines bestimmten $p_l$ hohen Luftdruckes zum Verdrängen einer $H$ dicken Bodenschicht mittels Druckluft erforderlich ist. Diese Zeit errechnet sich zu

$$T = \frac{1}{2} \frac{H^2}{k \cdot p_l}, \tag{326a}$$

bzw., sofern man auch den anfänglichen Widerstand des Kapillarwassers berücksichtigt, zu

$$T = \frac{1}{2} \frac{H^2}{k'(p_l - h_k)}, \tag{326b}$$

wenn $h_k$ die kapillare Höhe und $k'$ die tatsächliche Sickergeschwindigkeit bezeichnet.

Sodann behandeln die Verfasser die Abmessungen der gegen Luftausbrüche erforderlichen künstlichen Deckschicht, wobei sie zwischen luftdurchlässiger und luftdichter Schicht unterscheiden. Eine durchlässige Deckschicht kommt in Frage, wenn die Geschwindigkeit des Schild- und Ausbaufortschritts größer ist als die zur Ausgestaltung der Durchsickerungszone erforderliche Zeit (Abb. 554). Die Breite einer derartigen luftdurchlässigen Deckschicht muß mit mindestens $6D$, seine Mächtigkeit hingegen mit mindestens 1 m angesetzt werden. Weit wirksamer als eine derartige ist naturgemäß eine aus luftdurchlässigem Material eingebrachte Deckschicht, weil die Luft in diesem letzteren Fall nur über die Teppichränder hinweg an die Oberfläche gelangen kann (Abb. 555), weil sich also ihr Sickerweg verlängert und ihre Geschwindigkeit verlangsamt. Bringt man einen wasserdichten Teppich mit einem Raumgewicht von 1,5 t/m³ ein, dann ist seine Mächtigkeit mit $D/2$ (nach Hewett Johannesson mindestens 3 m), seine Breite hingegen mit $6D$ anzusetzen.

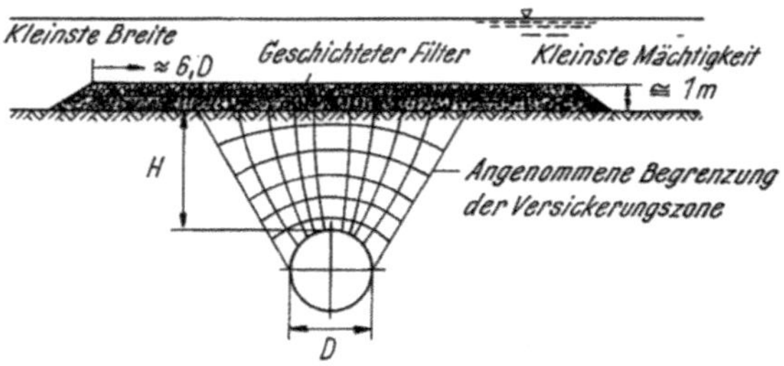


Abb. 554. Luftströmungsbild unter Anwendung einer luftdurchläßigen künstlichen Deckschicht (SCHENK u. WAGNER)

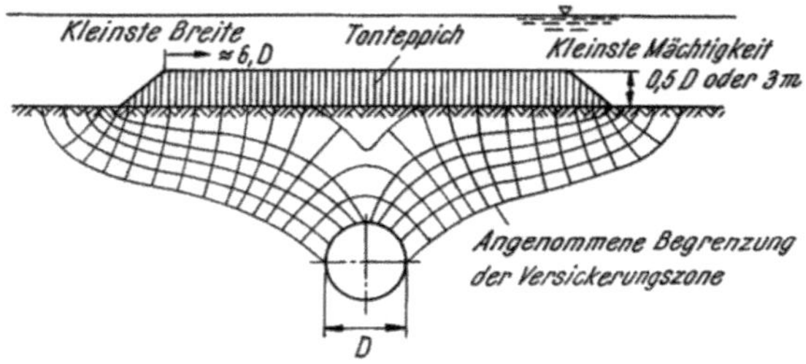


Abb. 555. Luftströmungsbild unter Anwendung einer luftdichten, künstlichen Abdeckschicht (SCHENK u. WAGNER)

Der Druckluftbedarf wird in erster Annäherung mit

$$Q = 70 \cdot k \cdot i \cdot F \tag{327a}$$

angegeben. (Hierin ist $F$ der Brustflächenquerschnitt, $i$ das hydraulische Gefälle und $70 \cdot k$ die Luftdurchlässigkeit des Bodens, d. h. das Siebzigfache seiner Wasserdurchlässigkeit [$k$]). Bei genaueren Annahmen nimmt (327a) die Form

$$Q = \omega \frac{k_l}{\gamma_w} \frac{p_1 - p_2}{H} \frac{p_1 + p_2}{2} \frac{F}{p_1} \frac{D - h_k}{D}, \ [\mathrm{m^3/sec}] \tag{327b}$$

an, worin neben den bereits erwähnten Bezeichnungen $\frac{p_1 + p_2}{H}$ das hydraulische Gefälle, $\frac{p_1 + p_2}{2}$ den durchschnittlichen Kapillardruck, $k_l$ ($\cong 70 k_w$) den Luftdurchlässigkeitsfaktor und $\omega$ einen Korrektionsbeiwert bedeutet.

Schließlich geben sie die einem Sohlenaufbruch gewachsene minimale Überdeckungsmächtigkeit mit $H \simeq D$ an, worin $D$ den Schilddurchmesser bezeichnet. Das Problem der Mächtigkeit jener Überdeckung, die vollen Schutz vor Luftausbrüchen gewährt, wird hingegen von den Verfassern nicht erörtert. Gewisse Aufschlüsse hierüber liefern lediglich die Gl. (326). Übersteigt nämlich der Wert von $T$ den Zeitbedarf des Schildvortriebes bis zur ausbruchsicheren Entfernung $6D$, dann braucht man mit der Gefahr von Luftausbrüchen wahrscheinlich nicht zu rechnen.

## 6.3.3. Das Vorpressen von Rohren und Durchlässen [182]

Das Vorpressen von Rohren darf als eine Abart des Schildvortriebes betrachtet werden, wobei die Auskleidungselemente schrittweise vorgeschoben werden und

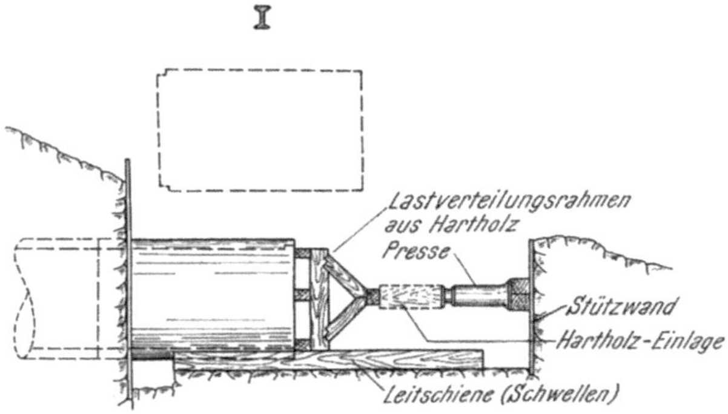


Abb. 556. Grundlage einer Rohrdurchpressung

Abb. 557. Draufsicht einer Druckkammer mit Vorschubpressen

die hydraulischen Pressen in ihrer ursprünglichen Lage, d. h. in einem Vertikalschacht in der sogenannten Druckkammer, bleiben. Die schematische Grundlage des Verfahrens ist aus Abb. 556, die Draufsicht der Druckkammer mit den Vorschubpressen aus Abb. 557 zu entnehmen.

Die bisherigen Erfahrungen haben gezeigt, daß man in der Lage ist, Rohre und auch andere Hohlkörper bis zu beachtlichen Größen und Längen hydraulisch vorzupressen. Das Wesentliche dabei ist, daß man das Verfahren bei fast allen Böden anwenden kann. Sowohl bei hohen Grundwasserständen als auch unter offenen Wasserläufen kann — mit verhältnismäßig geringem Aufwand — Druckluft angewendet werden, so daß man auch in ganz schwierigen Fällen eine einwandfreie und sichere Bauweise garantieren kann.

Bei dieser Arbeitsmethode sind natürlich einzelne wesentliche Dinge zu beachten. Im Nachfolgenden sollen die einzelnen Arbeitsvorgänge beschrieben werden.

### 6.3.3.1. Die Druckkammer

Die Druckkammer und das damit verbundene Widerlager für die Pressen ist der für das einwandfreie Gelingen der ganzen Arbeit wesentliche Teil. Im all-

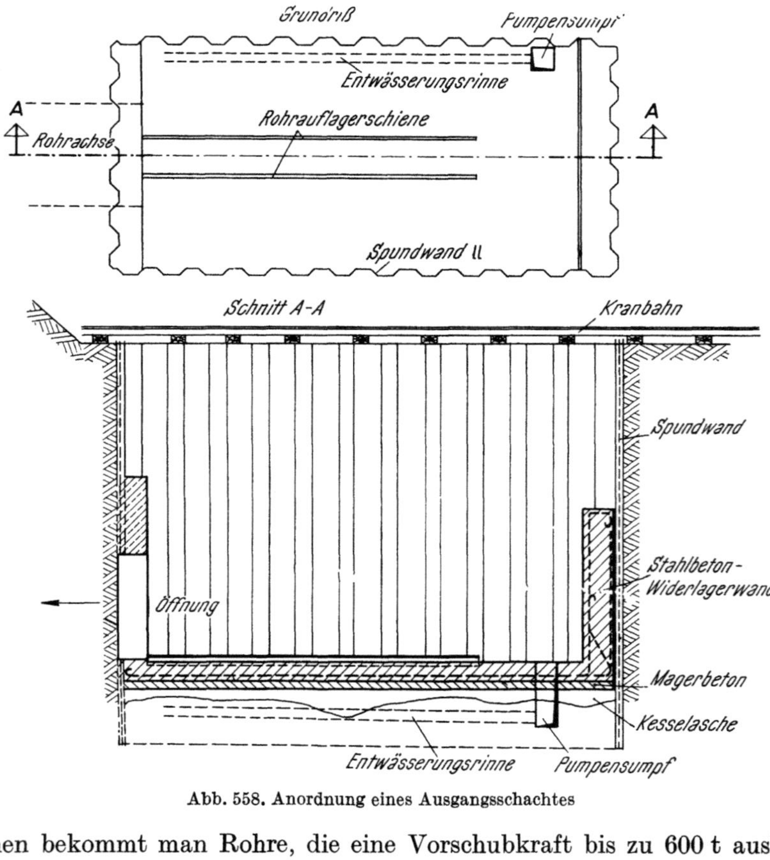


Abb. 558. Anordnung eines Ausgangsschachtes

gemeinen bekommt man Rohre, die eine Vorschubkraft bis zu 600 t aushalten. Man strebt natürlich an, diese Kraft nicht auszunutzen. Die Druckkammer dagegen soll zweckmäßigerweise dafür dimensioniert werden.

In tieferen Lagen ist dies meist leichter möglich, als wenn man im Bereich der Preßbaugrube nur eine geringe Bodenhöhe zur Verfügung hat. In jedem Fall aber muß eine einwandfreie Sohle geschaffen werden. Als zweckmäßig hat sich erwiesen, die vordere Begrenzung, die Sohle und das eigentliche Widerlager zusammen zu betonieren und so zu armieren, daß ein gemeinsamer Klotz entsteht. Dadurch werden das ganze Gewicht und die Reibung aus Sohle und seitlicher Begrenzung für das Widerlager wirksam (Abb. 558).

In den meisten Fällen muß die Baugrubenumrandung abgespundet werden. Wenn die Sohle nun genügend stark und armiert ist, erhält man durch die Verzahnung in den Tälern der Spundwand genügend Einspannung, um die Kräfte für das Vordrücken aufnehmen zu können.

Zur Führung des Rohres wird die vordere Begrenzungswand als Blende ausgeführt, durch die das Rohr gleitet. Diese Wand genügt dann auch für die Abdichtung gegen Grundwasser und Auslaufen der eventuell verwendeten thixotropen Flüssigkeit, wenn eine solche bei längeren Rohrstrecken verwendet wird.

In die Sohle werden die Führungsschienen für das Rohr, am besten Eisenbahnschienen, richtungs- und höhengenau einbetoniert. Der Pumpensumpf für Grund- und Tagwasser wird an leicht zugänglicher Stelle untergebracht.

### 6.3.3.2. Das Preßgerät

Zweckmäßig ist, vier hydraulische Pressen für Vor- und Rückzug zu verwenden. Es haben sich zwei Arten der Anordnung als zweckmäßig herausgestellt.

1. Pressen werden am Widerlager befestigt. Nach erfolgtem Vorschub werden die Stempel eingezogen und um den ersten Vorschub verlängert usw., bis die ganze Rohrlänge vorgeschoben ist.

Der Vorteil dabei ist, daß beim Rückziehen nicht die schweren Pressen bewegt werden müssen.

Der Nachteil sind die notwendigen Verlängerungen, die entsprechend stark sein müssen, ferner die Gefahr, daß bei längeren Vorschubrohren die Einspannung der Zwischenstücke zwischen Druckring und Pressen labil wird bzw. daß diese ausknicken wollen.

2. Die Pressen werden auf Gleitholmen befestigt. Diese Gleitholme ergeben ein verstellbares Widerlager. Beim Vorschub werden die Pressen ausgefahren. Dann wird das Pressengehäuse mit dem Klemmschuh nachgezogen. Der Klemmschuh wird am Holm verkeilt, so daß nun die Holme die Kräfte auf das Widerlager übertragen. Die Preßvorrichtung ist dabei nie labil.

Nachteil: Der Druckring und die Presse müssen beim Verlegen des neuen Rohres zurückgeholt werden. Letzteres ist durch die Führung in den Holmen zeitraubend. Ein wesentlicher Bestandteil ist der *Druckring*. Er soll absolut biegungssteif sein. Bei Rohren von 1 m aufwärts sind bereits Trägerprofile von 0,40 m Höhe notwendig.

Es empfiehlt sich, immer geschlossene Ringe anzulegen, auch wenn die Pressen nur seitwärts angreifen. Die Vorschubkräfte, die die Rohre aushalten, sind für den gesamten Querschnitt angegeben. Wenn kein geschlossener Ring vorhanden ist, besteht auch die Gefahr, daß die Rohre in Längsrichtung reißen.

Der Druckring muß eine Führung sowohl gegen das zu drückende Rohr als auch gegenüber den Pressen erhalten, damit ein Ausweichen mit Sicherheit vermieden wird. Zwischen dem

Druckring aus Stahl und dem Betonrohr muß ein elastischer Ring als Ausgleich für Unebenheiten eingelegt werden, am besten ein Ring aus Gummi mit Einlagen, wie er für Transportbänder verwendet wird.

Die hydraulische Pumpe, die die Kraft für das Vorschieben liefert, wird zweckmäßig über Tage aufgestellt. Bedient kann sie von dem Mann werden, der den Bodentransport

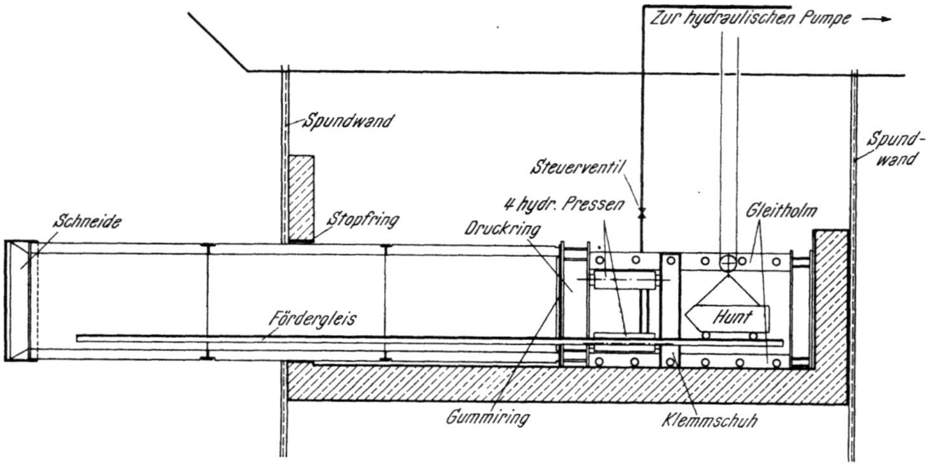


Abb. 559. Anordnung einer Vortriebsvorrichtung mit gleitendem Schlittenrahmen

durchführt. Als Betriebsmittel ist Wasser besser als Öl. Es kommt vor, daß Zuleitungen undicht werden usw. Ferner ist die Schaltung einfacher. Bei Wasser brauchen in die Leitungen keine Ventile eingebaut zu werden. Beim Wechsel von Vor- auf Rückzug werden lediglich die Leitungen umgeklemmt (Abb. 559).

### 6.3.3.3. Vorschubkraft und Steuerung der Rohre

Die durch die hydraulischen Pressen ausgeübte Kraft soll möglichst gleichmäßig auf das Rohr verteilt wirken. Trotzdem ist es zweckmäßig, wenn die einzelnen Pressen abgestellt werden können. Werden die Pressen mit Wasser betrieben, reguliert man den Druck mit einem Drosselventil, bei dem man das zuviel geförderte Wasser weglaufen lassen kann. Dadurch kann man dann den Druck beim Anfahren langsam einwirken lassen. Auf vollen Druck geht man erst, wenn das Rohr bereits in Bewegung ist. Dies ist wichtig, um die Rohre nicht beim Anfahren zu hoch zu belasten.

Die Steuerung der Rohre kann nur von der Schneide her erfolgen. Sie ist einfach, wenn gewissenhaft gefahren wird, und wird fast unmöglich, wenn nicht aufgepaßt wird. Alles hängt an der genauen Messung. Die Messung beginnt bereits beim Auflegen der Führungsschienen in der Druckbaugrube. Die ersten Rohre müssen ständig mit dem Instrument auf Höhe und Richtung geprüft werden.

Liegen die ersten Rohre einwandfrei, kann mit einfacheren Mitteln (z. B. mit dem auf Abb. 560 veranschaulichten Richtungskreuz) gearbeitet werden, aber es muß jeder Vorschub gemessen werden. Eine Abweichung von 1 cm kann durch Einklemmen eines Stempels, der gegen das Rohr aufläuft (Abb. 561), ohne weiteres korrigiert werden. Fehlt mehr, wird es sehr schwierig, weil die Steuerwirkung dadurch, daß das ganze Rohr eingespannt wird, nur über eine lange Strecke möglich ist und daher zwangsläufig ein ganzer Bogen ausgefahren werden muß. Ist also durch irgendwelche Gründe, sei es durch angefahrene Baumstämme oder sonstige Findlinge, eine größere Abweichung erfolgt, dann gibt es keine andere Hilfe mehr (wenn man auf einen bestimmten Punkt zukommen will), als bergmännisch vorzuminieren, die Rohrschneide freizumachen, das Rohr mit Winden in die richtige Lage zu bringen und die

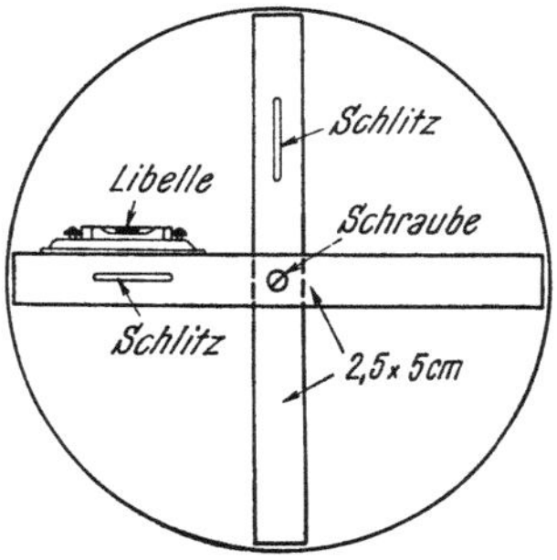


Abb. 560. Visierkreuz für die Kontrolle des Rohrvorpressens

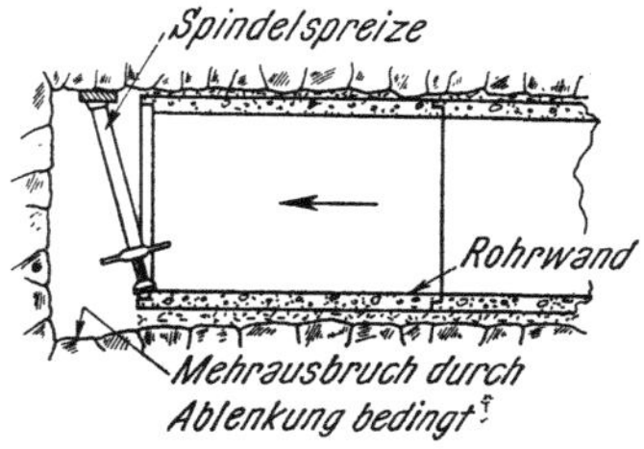


Abb. 561. Methode für Richtungskorrektion des Rohres

Hohlräume dann zu verpressen. Bei gewissenhaftem Arbeiten kommt dies selten vor und kann auch ganz vermieden werden.

Die Förderung vor Ort muß so erfolgen, daß keine Auflockerung vor der Brust entsteht. Je nach Standfestigkeit kann mehr oder weniger Boden herausgenommen werden. Die Schneide

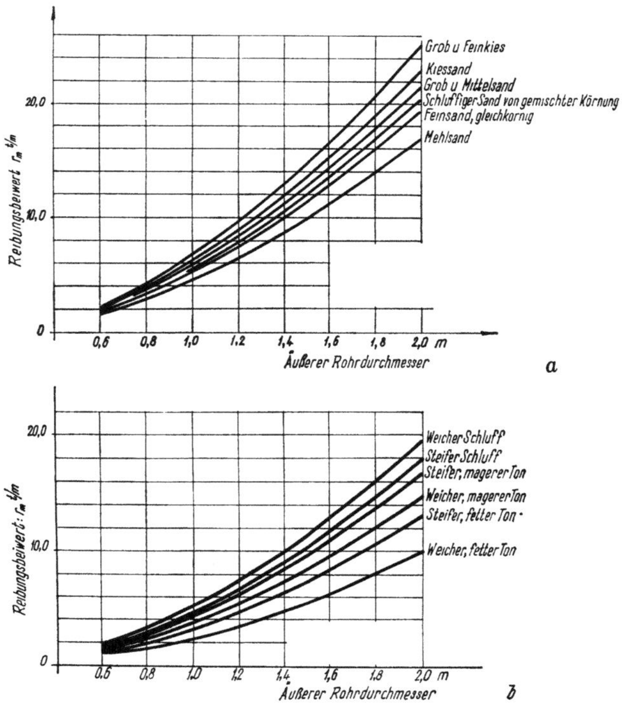


Abb. 562 a und b. Grafikon für die Bestimmung des spezifischen Reibungsbeiwertes in Abhängigkeit des Rohrdurchmessers für verschiedene Bodenarten. a) rollige Böden, b) bindige Böden

soll die Ränder abschneiden. In der Mitte des Rohres aber wird der Boden herausgenommen, damit die Spannung im Boden wegfällt.

Das Rohr in das volle Erdreich zu drücken, ist nur bedingt mit einer entsprechenden Stahlschneide möglich. Neigt der Boden zum Vorausbrechen, muß die Brust wie beim Schildvortrieb verbaut werden. Die Theorie, daß man im Rohr einen Erdkern stehenlassen soll, um rolliges Material zu stützen, ist falsch. Die Drücke steigen auf unkontrollierbare Größen an und jede Steuerung wird unmöglich.

Die *Vorausbestimmung des Kraftbedarfes für das Durchpressen* kann auf Grund der im Ungarischen Bauforschungsinstitut (ÉTI) ausgeführten Forschungen [183] nach folgender Formel erfolgen:

$$P_r = (l \cdot r_m + W_s)n \tag{328}$$

worin $l$ die Durchpreßlänge,
$r_m$ den spezifischen Reibungsbeiwert, der für Betonrohre in Abhängigkeit vom Rohrdurchmesser aus Abb. 562 zu entnehmen ist,
$n$ den Sicherheitsfaktor ($\simeq$ 1,5 bis 2,0), und
$W_s$ den Schneidenwiderstand bezeichnen, der sich aus folgender Gleichung bestimmen läßt:

$$W_s = \pi \cdot D_m \cdot \delta \cdot p_v \cdot \lambda_p, \tag{328a}$$

worin $D_m$ den mittleren Rohrdurchmesser, $\delta$ die Schneidendicke, $\lambda_p$ den passiven Erddruckbeiwert $[\tan^2(45° + \varphi/2)]$ und $p_v$ den auf den Rohrscheitel wirksamen lotrechten Gebirgsdruck bedeuten. Dieser letztere darf bei tiefliegenden Röhren nach Protodiakonow (Gl. 58b) und bei oberflächennahen Rohren aus Gl. (241 bis 242) bestimmt werden.

#### 6.3.3.4. Die Schmiermittel

Um längere Rohrstränge mit Sicherheit und ohne zu hohe Kräfte durchdrücken zu können, ist eine Schmierung derselben unerläßlich. Als Schmiermittel ist Bentonit am besten geeignet. Das Bentonit wird mit Wasser im Verhältnis 1:10 ge-

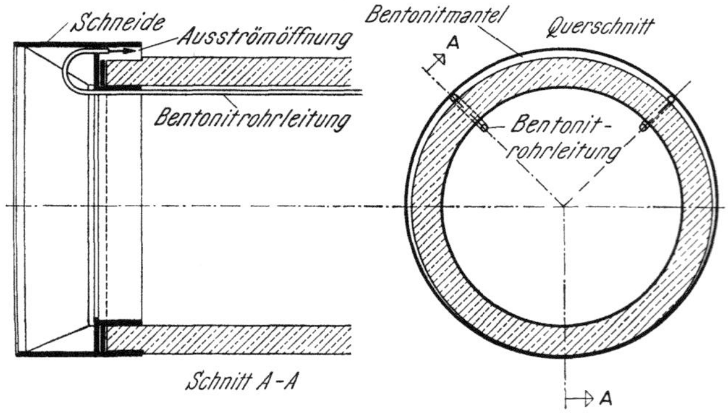


Abb. 563. Anordnung der Bentonit-Zuleitung

mischt. Dabei entsteht eine gallertartige Masse, die sich sehr leicht durch Rohrleitungen fördern läßt und jeden Hohlraum ausfüllt. Der besondere Vorteil dabei ist, daß die Masse im ruhenden Zustand steif genug wird, um das umstehende Gebirge zu stützen, sobald die Masse jedoch wieder erschüttert wird, wird sie flüssig und bleibt somit absolut gleitfähig.

Soll die Einbringung der Flüssigkeit sinnvoll sein, darf die Vorschubkraft bloß mit dem doppelten Eigengewicht der Rohre berechnet werden.

Zudem hat das Bentonit die Eigenschaft, die Rohre an den Stößen von außen zu dichten. Die Masse dringt in den engen Spalt zwischen Blechring und Rohrende ein und verhindert dann das Eindringen von Wasser. Nach erfolgtem Durchpressen des gesamten Rohres kann hinterher Zementmilch nachgepreßt werden, dadurch entsteht eine speckige Masse, die ungefähr der Festigkeit von feuchtem Lehm entspricht.

Das Einbringen von Bentonit soll auf folgende Art erfolgen.

Die Schneide aus Stahlblech wird um etwa 3 cm größer gemacht als der Außendurchmesser des Rohres. Sie wird exzentrisch auf das Rohr aufgesetzt, so daß die 3 cm oben überstehen, während die Sohle bündig bleibt.

Beiderseits, etwa unter 45° vom Mittelpunkt aus gesehen, werden in der oberen Hälfte der Schneide von vorne die Zuführungsleitungen angeschlossen (Abb. 563).

## 6.3.3.5. Entwässerung und Wasserabdichtung

Bei im Grundwasser liegenden Rohren soll man, sobald das Wasser den Scheitel des Rohres übersteigt, untersuchen, ob die Entwässerung mit Druckluft nicht besser und auch billiger ist als jede andere Wasserbeseitigung. Die Druckluft bietet gerade beim Rohrdrücken fast immer die sicherste und auch preislich günstigste Methode. Durch das relativ schnelle Vorwärtskommen trocknet der Boden vor Ort nicht aus, sondern bleibt erdfeucht und daher standfest. Die um den Rohrkopf entweichende Luft hält auch das Wasser um den Rohrschaft herum weg, so daß man genügend Zeit hat, die um das Rohr eventuell entstandenen Hohlräume zu verpressen. Dadurch kann man auch bei größeren Durchmessern garantieren, daß keine Setzungen auf der Oberfläche eintreten.

Die Schleuse für die Lufthaltung wird zwischen dem ersten und zweiten Rohrstoß gelegt. Die Wände der Schleuse und die Türen werden aus Stahlblech mit den nötigen Aussteifungen aus Profilstahl gemacht. Um bei den Bewegungen, die beim Vorschieben auftreten, an den Schleusenwänden keine Undichtigkeit zu bekommen, werden die beiden Wände und die Schneide des Rohres miteinander in Längsrichtung verankert, so daß die beiden vorderen Rohre starr verbunden sind. Die Anwendung der Druckluft bedarf jedoch eines Mindestdurchmessers von ungefähr 1,20 m.

Die andere Art der Entwässerung, die in Frage kommen kann, ist die durch waagerecht vorgetriebene Vakuumbrunnen um die Rohrbrust, oder durch lotrechte Vakuumbrunnen von der Oberfläche aus. Die erstere ist wegen des ständig notwendigen Nachtreibens der Vakuumbrunnen ziemlich schwierig durchführbar. Die zweite ist einfach, aber in der Tiefe begrenzt.

### *Abdichtung und Stoßausbildung*

Vorgeschoben werden können praktisch alle Rohre, deren Druckfestigkeit ausreicht und deren Außenflächen so gestaltet sind, daß an den Stößen nicht zu große Unebenheiten auftreten. Je länger die einzelnen Stöße sind, desto wirtschaftlicher werden die Arbeiten, da das Ablassen und Neuverbinden der Rohre zeitraubend ist. Die Verbindung der Rohre untereinander erfolgt mit einem Blechring von etwa 20 bis 25 cm Breite und 6 mm Stärke.

Zwischen dem Ring und dem Rohrschaft wird ein Tokband o. ä. eingelegt. Diese Bänder genügen, da es sich um einen sehr engen Spalt handelt. Zwischen

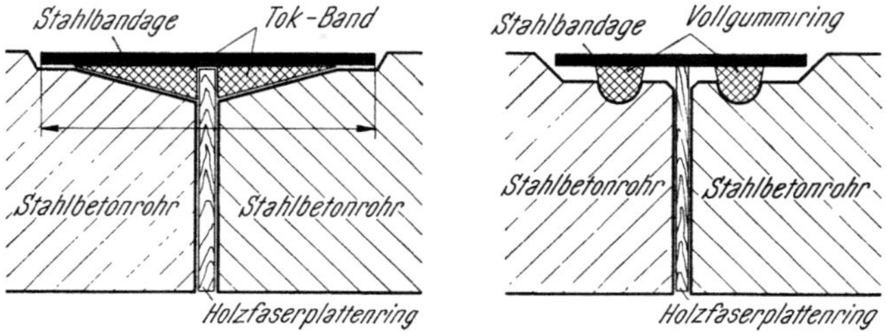


Abb. 564. Wasserdichte Ausbildungen der Rohranschlüsse

die beiden Rohre wird als Druckverteiler ein Ring aus Hartfaserplatte oder Weichholz eingelegt.

Beim Neuverlegen des Rohres wird erst der Blechring aufgelegt, dann das erste Tokband in der Ecke am Ring eingelegt, dann kommt der Hartfaserring. Zum Schluß wird der zweite Tokbandring eingelegt und dann das neue Rohr eingeschoben.

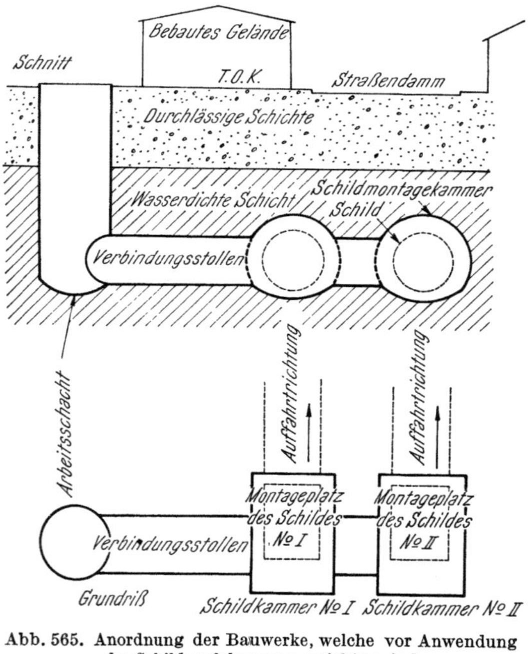


Abb. 565. Anordnung der Bauwerke, welche vor Anwendung des Schildverfahrens zu errichten sind

Liegt das Tokband richtig in der Ecke zwischen Blechring und Rohrschaft, dann wird es beim Zusammenpressen einwandfrei in den Spalt eingedrückt und dichtet vorzüglich (Abb. 564).

## 6.3.4. Besondere Bauwerke und Stationenausbau der Untergrundbahnen

Die Erstellung der in diesem Abschnitt zu behandelnden Bauwerke fällt zwar in der Regel im Zusammenhang mit dem Bau von Untergrundbahnen an, doch können sie auch anderen Zwecken dienen (Einsteigschächte, unterirdische Lager-, Werk- und Maschinenhallen u. dgl. m.).

Um unter Tage Bauwerke dieser Art erstellen zu können, müssen zur Abwicklung der Bauarbeiten zunächst — in der Regel lotrechte — Schächte abgeteuft und von diesen sodann in der erforderlichen Tiefe unterschiedlich lange und für gewöhnlich horizontal geführte Querstollen ausgebrochen werden. Erst von diesen letzteren aus kann der Bau der eigentlichen Untertagebauwerke (zuerst der Schildkammer) seinen Ausgang nehmen (Abb. 565). Im weiteren sollen diese Bauwerke in der beim Bau von Untergrundbahnen üblichen Reihenfolge erörtert werden, wo diese Bauwerke für die Herstellung der zur Montage und zum Ausfahren der Schilde erforderlichen Schildmontagekammern benötigt werden.

### 6.3.4.1. Einsteig-, Arbeits- oder Lüftungsschächte

Die im Tunnelbau üblichen Schächte können lotrecht oder schräg abgeteuft sein. Die häufigeren lotrechten Schächte werden je nach der Bodenart und je nach ihrer Tiefe in unterschiedlicher Weise niedergebracht (Abb. 566a bis f).

*a*) In festerem Gestein können Schächte auf beliebige, in mittelfesten Gesteinen oder in bindigen Böden hingegen auf kleinere Tiefen (d. h. auf 10 bis 12 m) mit Getriebezimmerung, mit nachgeschobener bzw. vorgetriebener Verpfählung frei abgeteuft und anschließend von unten nach oben ausgemauert werden (Abb. 566a).

*b*) In bindigen Böden sowie in feuchten, aber mit Grundwasser nicht gesättigten körnigen Böden, die sich in offener Wasserhaltung leicht trocken legen lassen, werden vorgefertigte Schachtringe aufeinandergestellt, sofern die in Abschnitten von 80 bis 100 cm in Kreisform abgegrabenen lotrechten Seitenwände für kürzere Zeit (5 bis 6 Stunden) stehen bleiben. Sind hingegen die lotrechten Schachtwände ohne Abstützung nicht standfähig, werden die einzelnen Ringe lamellenweise in Stampfbeton hochgeführt (Abb. 566b bis c).

*c*) In wassergesättigten körnigen oder in weichen, flüssigen Schluff- und Tonböden dagegen werden Schächte wie Brunnen oder offene Senkkästen niedergebracht, d. h. in einer von der Oberfläche aus bis zum Grundwasserspiegel abgeteuften Baugrube baut man auf einer dem Schachtgrundriß entsprechenden Schneide die Schachtwand auf und mauert diese mit fortschreitender Absenkung hoch (Abb. 566d).

Für die Abteufung von Schächten größeren Durchmessers eignet sich auch das neuerdings eingeführte Schlitzwandverfahren. Wie aus Abb. 567 ersichtlich, lassen sich damit Schächte beliebig gekrümmten Grundrisses ohne innere Aussteifung herstellen, unter der Voraussetzung, daß an der Sohle entweder eine natürliche oder eine künstliche Absperrschicht (z. B. Unterwasserbeton) ansteht. Auf diese Weise können die Schächte auch ohne Absenkungsschwierigkeiten und mit weitgehender Mechanisierung hergestellt werden.

d) Muß der Schacht tief in wasserführende Schichten niedergebracht werden, wird man sonst die Brunnenabsenkung mit der Druckluftentwässerung des Arbeitsraumes kombinieren müssen, um so die der Absenkung im Wege stehenden Hindernisse beseitigen und den Boden innerhalb der Schneide genau hereingewinnen zu können. Hierzu bieten sich wieder zwei Möglichkeiten. Entweder bildet man unter der Schachtsohle einen Arbeitsraum aus, der ausschließlich der Absenkung dient und nach deren Abschluß verloren gegeben wird, worauf man auf seiner Decke die wasserdichte und tragfähige Schachtwand hochführt (566*e*′), oder man zieht über den unteren Schachtraum eine luftdichte Decke und unter ihrem Schutz das Sohlgewölbe ein, wonach die Decke wieder abgebrochen wird (566*e*). Diese letztere Lösungsart hat den Vorzug, zum luftdichten Abschluß beim Ausbruch des Querstollens verwendet werden zu können. Nachteilig wirkt es sich

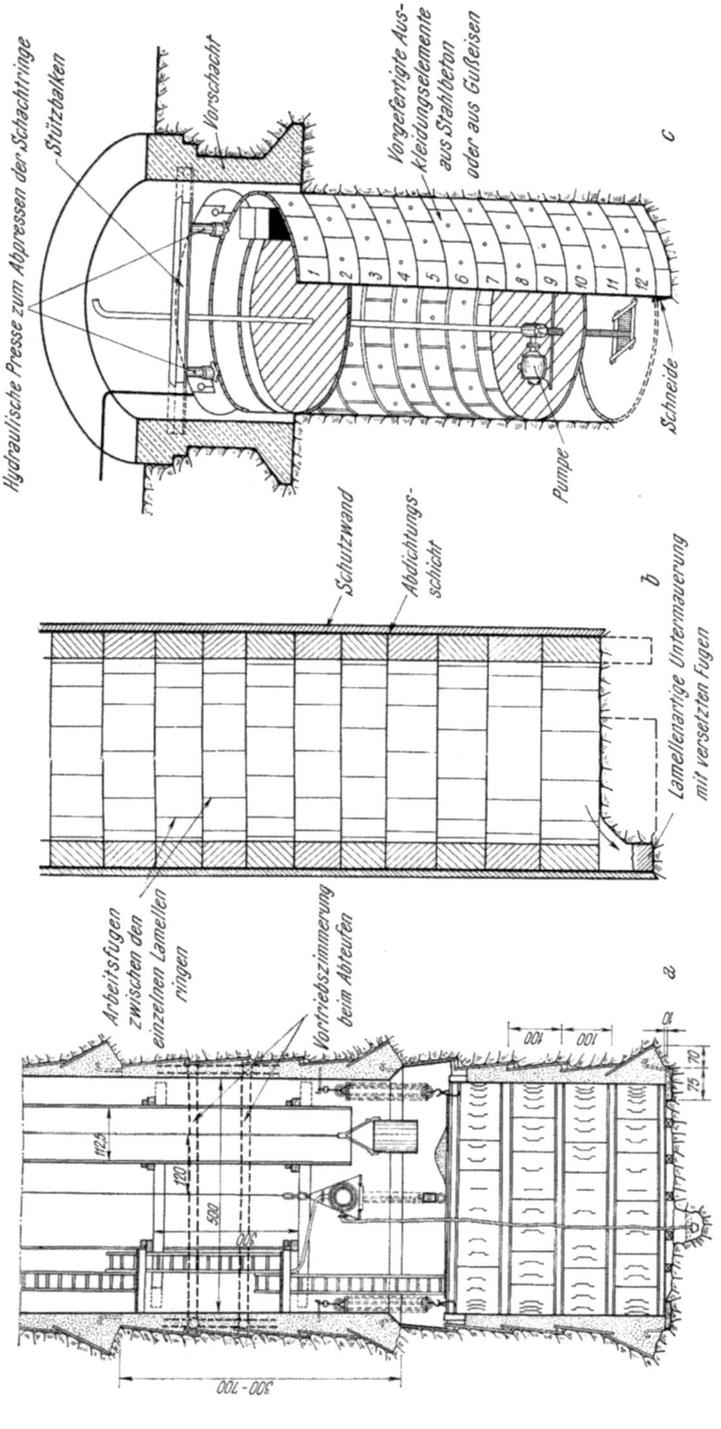
Hydraulische Presse zum Abpressen der Schachtringe
Stützbalken
Vorschacht
Vorgefertigte Aus-
kleidungselemente
aus Stahlbeton
oder aus Gußeisen
Pumpe
Schneide
c
Schutzwand
Abdichtungs-
schicht
b
Lamellenartige Untermauerung
mit versetzten Fugen
Arbeitsfugen
zwischen den
einzelnen Lamellen
ringen
Vortriebszimmerung
beim Abteufen
a
1125
120
500
300
300-700
100
100
75
70

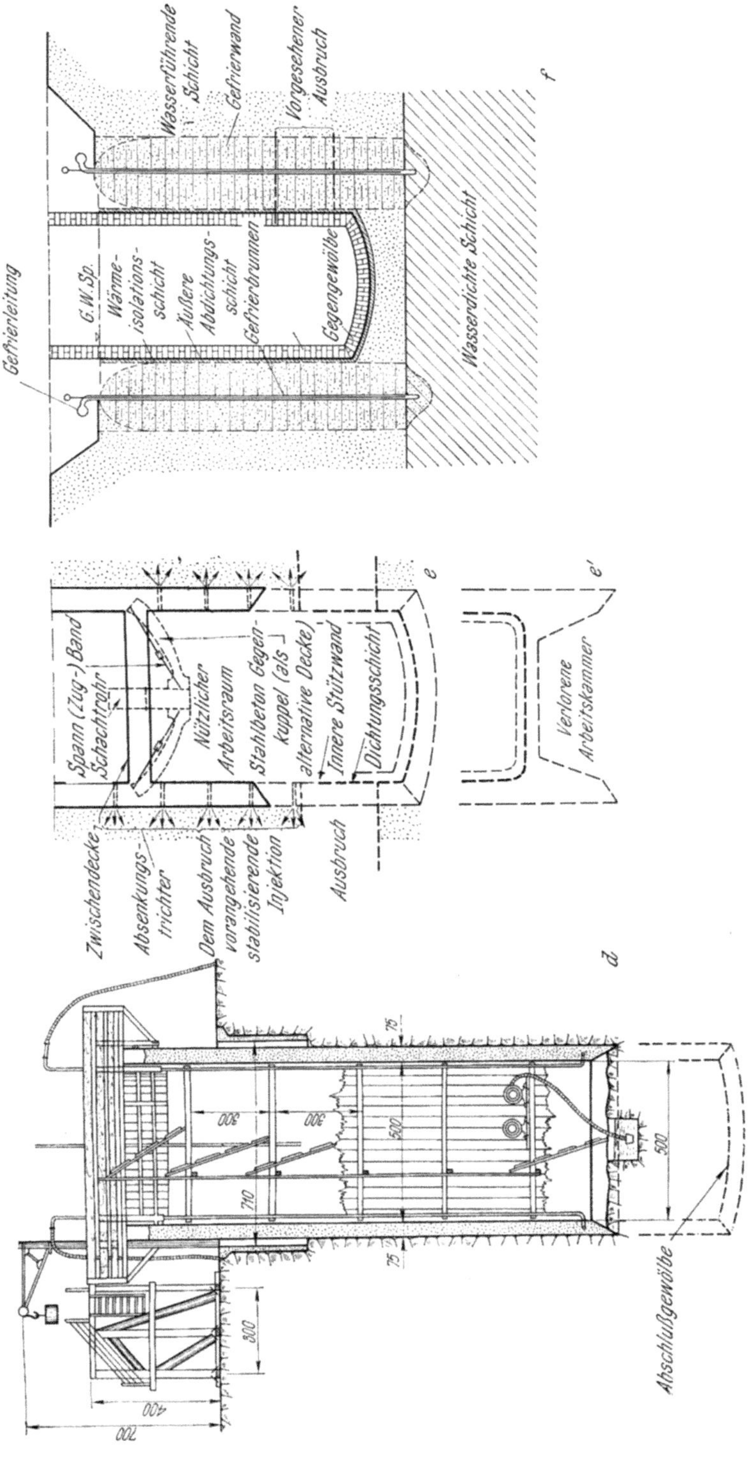


Abb. 566. Verschiedene Baumethoden zur Herstellung der Arbeits-(Belüftungs-)Schächte

andererseits aus, daß die Decke an ihrer Einbaustelle stehenbleiben und ständig ein hoher Arbeitsraum mit Druckluft versorgt werden muß (siehe auch weiter unten), wenn der Schacht nicht bis zur vorgesehenen Tiefe abgesenkt werden kann und der Bau mit Untermauerung fortgesetzt werden muß.

e) In großen Tiefen tritt schließlich in derartigen Böden statt der Brunnenabsenkung das Gefrierverfahren und das Hochführen von Dichtung und Mauerung in einem Arbeitsgang in den Vordergrund (Abb. 566f). Dieses Verfahrens bedient

Abb. 567. Ansicht eines mittels Schlitzwandverfahren hergestellten Großschachtes (Solétanche)

man sich vor allem im Bergbau. LINK beschreibt z. B. die Konstruktionsausbildung eines 320 m langen Gefrierabschnittes des Nordschachtes ($D = 7{,}3$ m) des Hüttenwerks Oberhausen, dessen innere Auskleidung aus zwei Stahlblechrohren mit Zwischenbeton ausgebildet wurde [184]. (LINK gibt dabei auch das entwickelte Bemessungsverfahren an.)

*Im Grundriß soll der Schacht möglichst kreisrund sein.* Der kreisförmige Grundriß gestattet zwar eine weniger günstige Raumausnützung als der Rechteckquerschnitt, dennoch ist er diesem überlegen, weil er eine bessere Erdwandstabilität und bessere Absenkungsmöglichkeiten bietet [185]. Um den Kreisumfang bildet sich nämlich während des Absenkens in den dem Schacht zugleitenden Erdmassen eine weit wirksamere äußere Überwölbung aus als um den Rechteckquerschnitt. Die Überwölbung trägt weitgehend dazu bei, daß die Erdwände beim Untermauern in der erforderlichen Höhe auch lotrecht sich selbst überlassen werden können, andererseits ergibt sich aus der Abnahme des äußeren Erddrucks letzten Endes auch eine wesentliche Verminderung der Reibung und hieraus eine

Erleichterung der Absenkung. Da aber Arbeitsschächte in der Regel so tief sind, daß ihre Niederbringung mit zu den schwersten Formen der Brunnen- oder Senkkastenbauart gehört, sprechen beide Gesichtspunkte entscheidend für den kreisförmigen Grundriß. Für Schachtabteufungsverfahren mit rahmenartiger Getriebezimmerung gemäß Punkt *a*) trifft diese Feststellung naturgemäß nicht zu, im Gegenteil, vom Gesichtspunkt der Zimmerung aus gesehen, ist der rechteckige Grundriß der günstigere.

Konstruktiver Aufbau und Material der Schachtwand richten sich außer nach der Bestimmung des Schachtes weitgehend auch nach den beschriebenen Baumethoden. In den Fällen *a*), *b*) und *f*) kann sie in Beton mit guter Abdichtung oder auch in qualitativ einwandfreiem Ziegelmauerwerk ausgeführt sein, sofern dessen Wasserdichtigkeit, Frostbeständigkeit und der Sohlenabschluß auch hinsichtlich der Festigkeit befriedigen. Im Falle *c*) kommen vorgefertigte Schachtringe aus Beton, Stahlbeton oder ausnahmsweise auch aus Gußeisen bzw. ein Ausbau mit Stampfbeton (beim Schlitzwandverfahren: Unterwasserbeton), in den Fällen *d*), *e*), *e'*) hingegen Stahlbetonkonstruktionen in Frage. Die Einzelheiten des Ausbaues läßt die Abb. 566a bis f erkennen.

Bei Absenkungen nach Art von Brunnen in lockeren, wasserreichen Fließböden, bei denen es nicht gelingt, in offener Wasserhaltung durch unmittelbares Ausschachten des Erdreichs vorwärtszukommen und den Boden durch genaues Abgraben unter den Schneidenunterkanten hereinzugewinnen, kommt es sehr häufig vor, daß der Schacht trotz künstlicher Herabsetzung der Mantelreibung (vgl. Abb. 571) nicht auf die gewünschte Tiefe niedergebracht werden kann. In solchen Fällen muß in geeigneter Höhe über der Schachtsohle eine luftdicht schließende Decke eingebühnt und aus dem unteren Brunnenabschnitt mit dem Schneidenkranz ein Arbeitsraum geschaffen werden. Dieser wird dann mit Druckluft völlig entwässert, so daß man die Möglichkeit hat, durch ständiges Untergraben der Schneiden sowie durch Aufbringen zusätzlicher Lasten auf die Arbeitsraumdecke die Absenkung zu vollenden. Die Schneidenwiderstände dürfen auch durch künstliche Wegspülung des abstützenden Bodenmaterials herabgesetzt werden. Eine derartige und beim Bau des *Clyde-Tunnels* (Glasgow) mit Erfolg benützte Schneideausbildung und Spülrohranordnung ist auf Abb. 572 angegeben.

Das Niederbringen eines Schachtes geht mit Bodensetzungen und mit der Ausbildung von Absenkungstrichtern einher. Die Zufuhr der Druckluft ist also auch insofern vorteilhaft, als sie das Eindringen des Grundwassers und des seitlich anstehenden Bodens unter den Schneiden verhindert und damit der Ausbildung großer Absenkungstrichter zuvorkommt. Da bei Beginn der Absenkung nicht mit Sicherheit vorauszusehen ist, ob ein Übergang zur Druckluftabsenkung erforderlich werden wird, wird man einen derartigen Schacht zweckmäßig vorweg mit den nötigen Anschlüssen für das Einziehen einer Decke ausrüsten, so daß man gegebenenfalls etwa durch Einbau einer vorgefertigten Gegenkuppel den luftdichten Abschluß herstellen kann[1] (vgl. gestrichelte Linie in Abb. 566e).

*Beansprucht wird die Schachtwand* im allgemeinen durch den äußeren Erd- und Wasserdruck, denen sich bei Aufbringung von Lasten auf die eventuell vorhandene luftdichte Abschlußdecke je nach der Art der Auflast (Erde, Wasser) auch von

[1] Siehe SZÉCHY: Der Grundbau, Band II, Abb. 618, S. 660.

innen wirkende Erd- und Wasserdrücke hinzugesellen können (Abb. 568). Während sich der Wasserdruck eindeutig aus der hydrostatischen Höhe bestimmen läßt, besteht hinsichtlich der Größe des Erddruckes und bezüglich der aus diesem reibungsbedingt entstehenden Zugbeanspruchungen auch heute noch keine völlige Klarheit.

Benützt man als innere Auflast *Wasser*, wird man dieses zwar sehr bequem zuführen und auch wieder entfernen können, bei großen Höhen ergeben sich je-

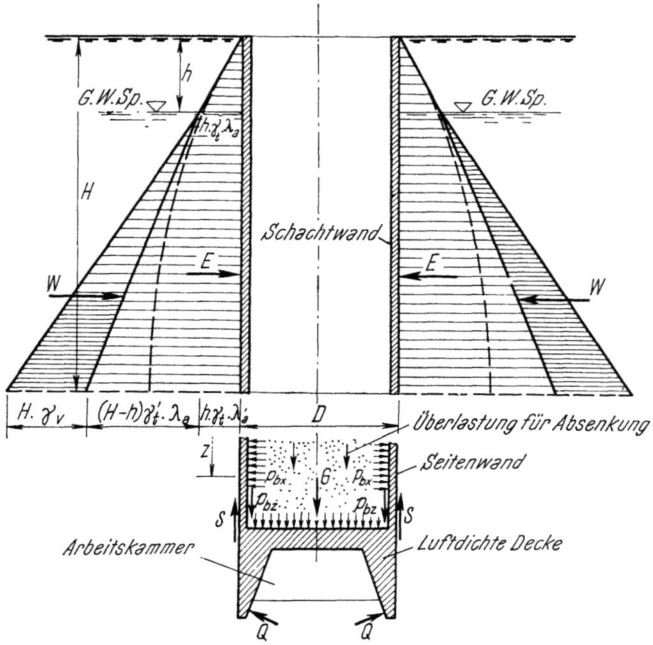


Abb. 568. Auf den Schachtmantel und auf die Arbeitskammerdecke wirksame Belastungen

doch aus ihm überaus hohe Innenbelastungswerte, es sei denn, äußerer Wasserdruck gleicht sie aus.

Demgegenüber werden sich aus einer Erdauflast im Schachtinneren auf die Decke und auf die Seitenwände verhältnismäßig geringe senkrechte Drücke ergeben, weil sich ein Großteil des Erdgewichtes ähnlich den Druckverhältnissen in Silos durch Reibung in lotrechtem Sinne auf die Schachtwand überträgt. Der waagrechte Seitendruck errechnet sich aus der Formel

$$p_{bx} = \frac{F\gamma}{U \tan\delta}\left(1 - e^{-\frac{K U z}{F}}\right), \qquad (329\,\mathrm{a})$$

der lotrechte Druck, auf den Querschnitt in der Tiefe $z$ hingegen zu

$$p_{bz} = \gamma\left[z + \frac{F}{U K}\left(e^{-\frac{K U z}{F}} - 1\right)\right], \qquad (329\,\mathrm{b})$$

wenn $F$ die Grundrißfläche, $U$ den Umfang des Schachtes, $\gamma$ das Raumgewicht des Bodens und schließlich $K = \tan^2(45° - \varphi/2)\tan\delta$ die Erddruckziffer (mit $\delta = \varphi/2$) bedeutet.

Da der waagerechte innere Erddruck gleichmäßig verteilt wirkt, weckt er im kreisquerschnittigen Schacht nur Ringspannungen und pflegt deshalb in die Berechnung der Wandabmessungen nicht als maßgebende Größe einzugehen. Maßgebend ist dagegen der lotrechte Druck als Auflast auf der luftdichten Abschlußdecke.

Weit kompliziertere Probleme wirft die Ermittlung des *Außendruckes* auf, wenngleich er für die Dimensionierung keine größere Bedeutung besitzt, weil man für horizontale Querschnitte auch ihn als ringförmig gleichmäßig verteilt anzunehmen pflegt. Dies besagt, daß im kreisquerschnittigen Schachtring auch diese Belastung bloß Normalspannungen und keine Biegebeanspruchungen hervorruft und daß diese vom Schachtmauerwerk mit seiner hohen Druckfestigkeit selbst bei den im Hinblick auf das Gewicht minimal zu haltenden Abmessungen mit Sicherheit aufgenommen werden können. Dem Problem kommt eher bei der Bemessung sehr tiefer Schächte für Zwecke des Bergbaues und bei den Vorschätzungen für den Absenkungswiderstand Bedeutung zu, da letzterer gleichfalls eine Funktion der von außen angreifenden Normalkräfte ist.

Nach der klassischen Coulombschen Erddrucktheorie wächst der Erddruck linear mit der Tiefe. Schon zu Beginn unseres Jahrhunderts hat man jedoch erkannt, daß dieser Satz nicht zutrifft, denn im Boden kommt eine Gewölbewirkung zustande, die die Druckverteilung ändert. Hieraus erklärt es sich, daß man bei Schächten im Bergbau selbst in Teufen von mehreren hundert Metern mit verhältnismäßig dünnwandigem Ausbau auskommt. Erstmalig waren es die Versuche TERZAGHIS, die uns einen tieferen Einblick in die Zusammenhänge erschlossen und zu der Erkenntnis geführt haben, daß die Größe des Erddruckes im Grunde genommen auch von der Bewegung und Verformung der abstützenden Wand abhängt. Bei Berechnung des Erddruckes um den Schacht berücksichtigte TERZAGHI die Tatsache, daß die Ausbildung des Erddrucks und die zu seiner Ausbildung erforderliche Verschiebung durch den Scherwiderstand gemindert wird, der am Mantel eines mitbewegten konzentrischen Kreiszylinders auftritt. Die Größe des Kreiszylinderhalbmessers hängt vom Verhältnis der auftretenden Scherspannungen zum radial wirksamen Druck ab.

Nach TERZAGHI kommt der niedrigste radial wirkende Außendruck [256]

$$\sigma_{r0} = \gamma\, r_0\, m_\sigma$$

$$m_\sigma = \frac{z}{r_0} \cdot \frac{\lambda_p + 1}{2\lambda_p} \cdot \frac{\lambda_p - (\lambda_p - 2)\, n_1^2}{\lambda_p + n_1{}^{\lambda_p + 1}} \tag{330}$$

und

$$n_1 r_0 = r$$

dem kritischen Halbmesser eines Kreiszylinders gleich, an dessen Mantel die druckvermindernden Scherspannungen auftreten, wobei $n_1 = \sqrt{\dfrac{\lambda_p}{\lambda_p - 2}}$,

wenn $z = 0$, $n_1 = 1$ und $m_\sigma = \dfrac{z}{\lambda_p r_0} = 0$,

$$\text{wenn } z = \infty,\quad n_1 = \sqrt{\frac{\lambda_p}{\lambda_p - 2}} \text{ und } \quad m_\sigma = 2\,\frac{(\lambda_p - 2)^{\frac{\lambda_p}{2} - 1}}{n_1{}^{\lambda_p/2} \cdot \tan\varphi_2}, \tag{331}$$

worin $\varphi_2 = \varphi - 5^\circ$ gesetzt werden kann.

Karafiáth [186] geht von folgender Annahme aus: Ist ein elementarer Keil des Erdreichs, das den Schacht umgibt, während der Absenkung bestrebt, gegen die Außenfläche der Schachtwand zu gleiten und drückt er hierbei auf diese, dann behindern ihn daran die Drücke $P$ der den Keil an beiden Seiten begrenzenden Erdmassen (Abb. 569b). Aus diesen

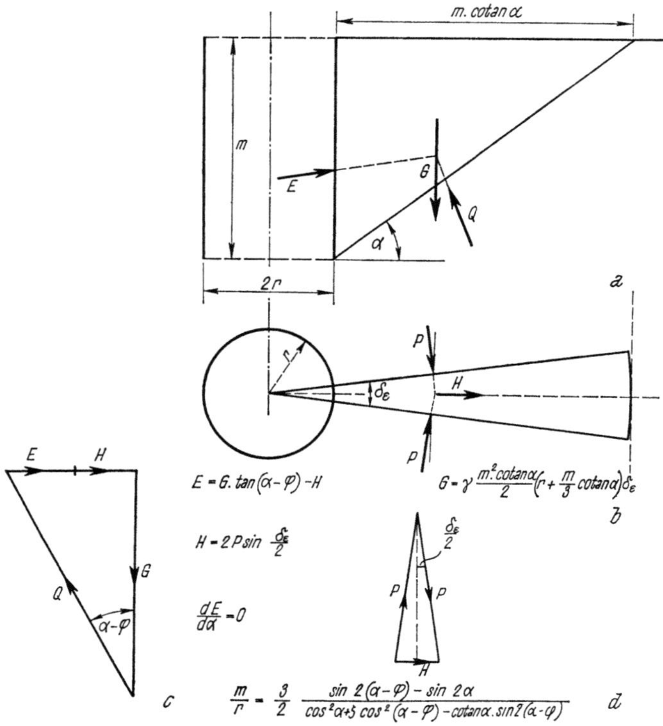


Abb. 569. Karafiáths Annahmen bei der Bestimmung der auf die Schachtwand wirkenden äußeren Erddrücke

Drücken resultiert infolge der unterschiedlichen Angriffsrichtungen eine Kraft $H$, die dem Erddruck entgegengerichtet ist, d. h. nach außen weist. Im Vektorpolygon (c) hält mithin den Kräften, die aus dem Eigengewicht ($G$) der abgleitenden Masse und aus dem auf der ebenen Gleitfläche auftretenden Reibungswiderstand ($Q$) resultieren, ein um den Kraftvektor $H$ verminderter Erddruck $E$ das Gleichgewicht (Abb. 569c). Von den zurückhaltenden Reibungskräften aus den seitlich gelegenen Erdkeilen nimmt Karafiáth an, sie seien verhältnisgleich mit dem in der Erdmasse herrschenden Ruhedruck. Seine Kraftannahme befriedigt die Bedingung des Momentengleichgewichts nicht. Mit diesen Näherungen gelangt er im Endresultat für den Außendruck zu der Formel

$$E = K_0 \frac{m^2 \gamma}{2}, \tag{332}$$

in der $K_0$ einen Faktor darstellt, dessen Werte er aus der Minimumbedingung für die Gleitflächenneigung bestimmt und in Abhängigkeit von einem sogenannten Silofaktor $m/r$ und vom Beiwert ($\xi$) des natürlichen Erddrucks in Tabellen zusammenfaßt. (Die Erfahrung hat die Richtigkeit seiner Annahmen nicht bestätigt.)

Die Annahmen Steinfelds [187] von der Gewölbebewirkung gleichen den Annahmen Karafiáths, doch gibt jener nach doppelter Integration die Formel für den Neigungswinkel $\alpha$ der Gleitebene bzw. der Stumpfkegelfläche, wie sie sich unter Berücksichtigung der Gewölbewirkung ausbildet (Abb. 570a), auch in der geschlossenen Form

$$\tan^3\alpha\left(\lambda_s\cdot\frac{m}{r}\cdot\tan\varphi-3\right)+\tan^2\alpha\left(2\lambda_s\cdot\frac{m}{r}+6\tan\varphi-2\frac{m}{r}\right)+$$

$$+\tan\alpha\left(3\frac{m}{r}\cdot\tan\varphi+3+\frac{\lambda_s-1}{\tan\varphi}\cdot\frac{m}{r}\right)+2\frac{m}{r}=0 \qquad (333\,\text{a})$$

an. Der Höchstdruck tritt in der Sohlebene des Schachtes (in der Tiefe $m$) auf, und zwar hat er dort den Wert $e=\gamma m\,\dfrac{\tan(\alpha-\varphi)}{\tan\alpha}$ ($m$ ergibt sich aus obiger kubischer Gleichung), während $\lambda_s$ den Erddruckbeiwert der seitlich anstehenden und durch ihre Reibung den Druck herabsetzenden Erdmassen bezeichnet. Er entspricht also dem Karafiáthschen Faktor $K_0$ und beeinflußt, wie dies Steinfeld nachgewiesen hat, den Wert des Erddrucks, der auf dem

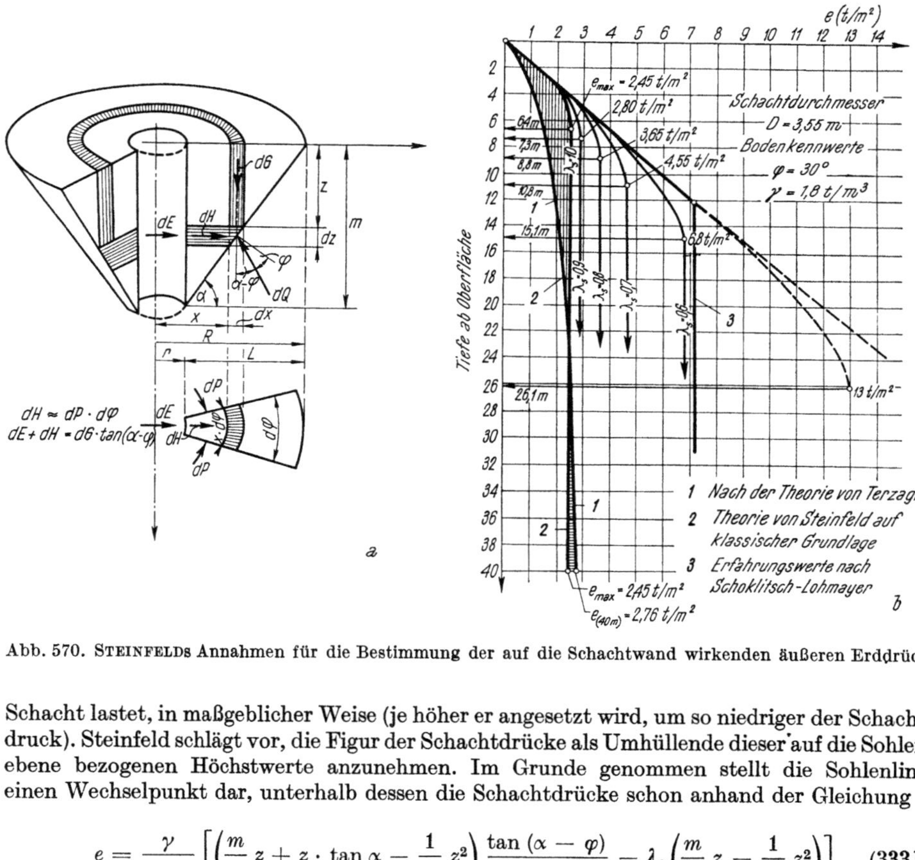


Abb. 570. STEINFELDS Annahmen für die Bestimmung der auf die Schachtwand wirkenden äußeren Erddrücke

Schacht lastet, in maßgeblicher Weise (je höher er angesetzt wird, um so niedriger der Schachtdruck). Steinfeld schlägt vor, die Figur der Schachtdrücke als Umhüllende dieser auf die Sohlenebene bezogenen Höchstwerte anzunehmen. Im Grunde genommen stellt die Sohlenlinie einen Wechselpunkt dar, unterhalb dessen die Schachtdrücke schon anhand der Gleichung

$$e=\frac{\gamma}{\tan\alpha}\left[\left(\frac{m}{r}z+z\cdot\tan\alpha-\frac{1}{r}z^2\right)\frac{\tan(\alpha-\varphi)}{\tan\alpha}-\lambda_s\left(\frac{m}{r}z-\frac{1}{r}z^2\right)\right] \qquad (333\,\text{b})$$

angenommen werden müßten.

Praktisch genügt es, den Erddruck unter dem Wechselpunkt als konstant anzunehmen. Die Größe des Seitendruckbeiwerts hängt nach Steinfeld auch von der Starrheit der Schachtwand und von der Bodendichte ab, und zwar derart, daß er bei starrer Wand und lockerem Boden niedrigere Werte ($0{,}5<\lambda_s=0{,}7$), bei biegsamer Wand und dichtem Boden hingegen hohe Werte ($\lambda_s\cong 1{,}0$) annehmen wird. Der Neigungswinkel $\alpha$ der Gleitebene wächst sowohl bei KARAFIÁTH als auch bei Steinfeld mit der Tiefe $m$.

Anhand eines Zahlenbeispiels gibt Steinfeld für verschiedene Seitendruckwerte (von $\lambda_s = 1$ bis $\lambda_s = 0{,}6$) eine anschauliche graphische Darstellung (Abb. 570b) der Außendruckwerte, wie sie sich auf Grund der Coulombschen Erddrucktheorie sowie der Terzaghischen und seiner als klassisch bezeichneten Theorie ergeben, um schließlich seine Resultate mit den Werten zu vergleichen, die LOHMEYER und SCHOKLITSCH auf Grund praktischer Beobachtungen angegeben haben (bis zu einer Tiefe von 10 bis 14 m die Coulombschen Werte und von da ab konstant!).

Hier soll noch kurz der von BERESANTZEW für den auf der kreiszylindrischen Mantelwand angreifenden Erddruck errechnete Wert angeführt werden

$$e = r \cdot \gamma \cdot \frac{\sqrt{\lambda_a}}{\lambda - 1} \left[1 - \left(\frac{r}{m}\right)^{\alpha - 1}\right] - q \left(\frac{r}{m}\right)^{\alpha} + \\ + c \cdot \operatorname{cotg} \varphi \left[\left(\frac{r}{m}\right)^{\alpha} \cdot \lambda_a - 1\right] \tag{334}$$

wobei $\alpha = 2 \tan \varphi \sqrt{\lambda_a}$; $m = r + z \sqrt{\lambda_a}$ und $\gamma$, $\varphi$, $c$, $\lambda_a$ die bekannten bodenphysikalischen Kennwerte bezeichnen[1].

Bei Bemessung der Ringwand gilt für den auf 1 lfd. m Ringlänge wirkenden spezifischen Druck $p = e + w$, wobei der $e$-Wert naturgemäß unter Berücksichtigung der Auftriebskraft und des Unterwasser-Raumgewichts angesetzt werden muß, während $w$ den hydrostatischen Wasserdruck bezeichnet und (nach der sogenannten Kesselformel)

$$p r = \sigma v, \quad v = \frac{p r}{\sigma}, \tag{335}$$

wenn $r$ den Halbmesser der Schachtmittellinie, $v$ die Ringwandstärke und $\sigma$ die zulässige Druckbeanspruchung bezeichnet.

Der Absenkung der Schachtbrunnen wirkt der Reibungswiderstand aus dem auf dem Mantel lastenden äußeren Erddruck entgegen. Der Wert der Mantelreibung und zugleich der äußere Druck auf den Mantel lassen sich weitgehend herabsetzen, wenn man zwischen diesen und den Boden eine thixotrope Flüssigkeit (Bentonit- oder Tonsuspension) einbringt und den Brunnen mit ihr ummantelt. Die thixotrope Flüssigkeit übt gegen den Erd- und Wasserdruck einen Gegendruck aus, hält den Boden vom Mantel fern, verhindert die Ausbildung eines übermäßigen Absenkungstrichters und vermindert die spezifische Reibung. Doch auch die Druckfigur selbst nimmt eine günstigere Gestalt an, wie dies die Abb. 571 für den konkreten Fall eines Schachtes der Budapester Untergrundbahn erkennen läßt. (Die waagerechten Sprünge in der Figur sind auf die Unterschiede in den physikalischen Kennwerten der einzelnen Bodenschichten zurückzuführen.) Die thixotrope Flüßigkeit wird laufend in den Spalt eingefüllt, der beim Absenken über einem 10 cm breiten Absatz am unteren Teil des Brunnens entsteht [188].

Eine sinnvolle und zweckmäßige Lösung wurde beim Absenken der 5,40-m-Durchmesser-Schächte des neuen Clyde-Straßentunnels in Glasgow angewendet [189]. Wie aus Abb. 572 ersichtlich, wurden die unter der gußeisernen Schneide anstehenden härteren Bodenschichten (eventuell auch Geröll-Hindernisse) durch zugeleitetes Druckwasser weggespült. Darüber hinaus ist auch bemerkenswert,

[1] Siehe SZÉCHY: Grundbau, Band II, S. 636.

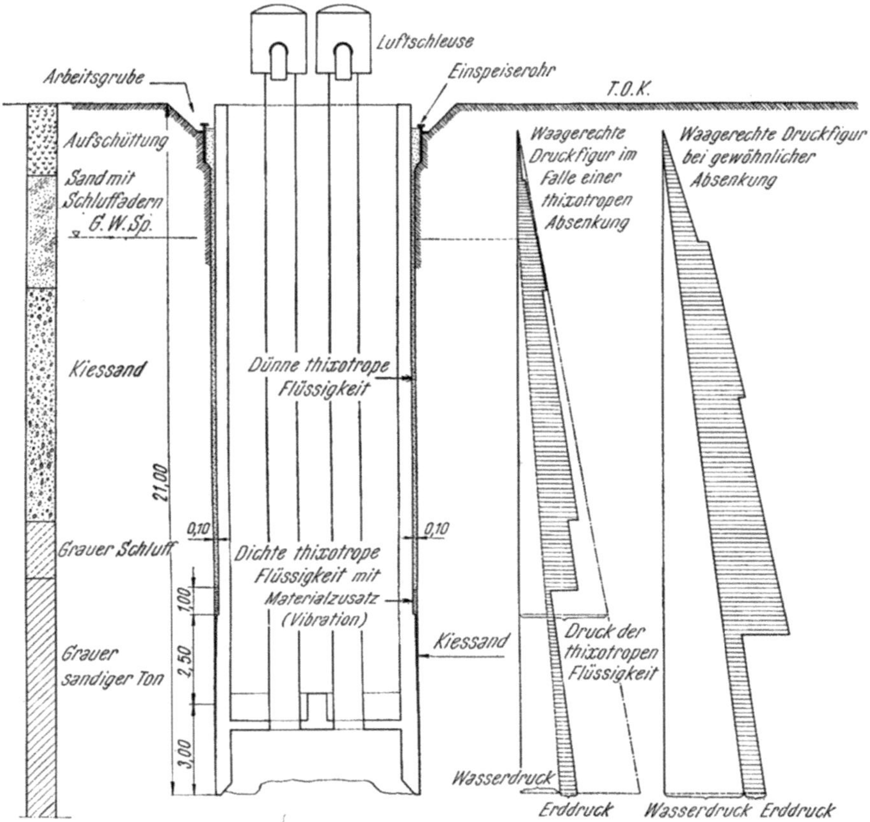


Abb. 571. Einfluß der thixotropen Flüssigkeit auf die Mantelreibung der Schachtwände

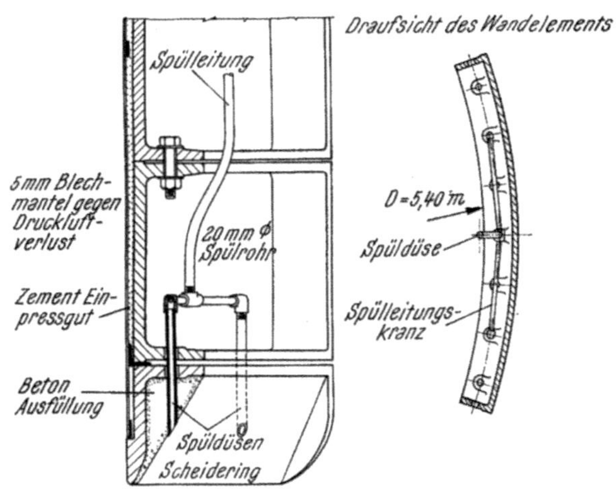


Abb. 572. Spülanordnung entlang der Schachtschneide (gußeiserne Wandung, Clyde Tunnel, Glasgow)

daß die Fugen der gußeisernen Auskleidung zur Verhinderung der Druckluftverluste (da für den Horizontalausbruch der unterste Teil des Schachtes später unter Luftdruck gesetzt werden sollte), durch eine ununterbrochene Stahlblechhülle von außen eine zusätzliche Ummantelung erhielten, die allerdings auch den spezifischen Reibungswiderstand herabsetzte.

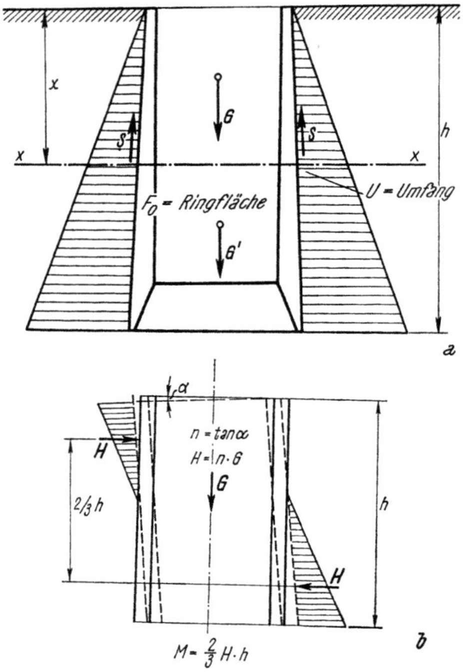


**Abb. 573. Angenäherte Bestimmung der in der Mantelwand auftretbaren Zug- und Biegebeanspruchungen (Széchy)**

*In Axialrichtung* werden die Schächte für Zug- und Biegebeanspruchungen bemessen. Diese werden durch jene inneren Kräfte bestimmt, die aus dem Abreißen und aus Verbiegungen infolge ungleichmäßiger Absenkung herrühren. Nach Auffassung des *Verfassers* ergibt sich die ungünstigste Zugbeanspruchung, wenn die am oberen Teil $x$ auftretende Mantelreibung eben noch ausreicht, um das Eigengewicht des Schachtes zu halten. Die ungünstigste Lage kann bei Fertigstellung des Schachtes in seiner vollen Länge während der letzten Absenkungsarbeiten eintreten (Abb. 573a).

Die Reibung errechnet sich in diesem Fall zu

$$S = U\gamma \tan^2 (45^\circ - \varphi/2) \frac{x^2}{2} \tan \delta.$$

Demgegenüber beträgt das Gesamtgewicht des Mantels

$$G' = F_0 h \cdot \gamma_b,$$

woraus

$$U\gamma \tan^2 (45^\circ - \varphi/2) \tan \delta \frac{x^2}{2} = F_0 h \cdot \gamma_b,$$

d. h.

$$U\gamma \tan^2 (45^\circ - \varphi/2) \tan \delta \frac{x^2}{2} - F_0 h \gamma_b = 0. \tag{336}$$

Auf Grund von Erfahrungen und Messungen bei Schachtabsenkungen des Budapester Untergrundbahnbaues gelangten Horn und Kovács [190] zu der Feststellung, daß die größten Zugkräfte im Mantel nicht im statischen Zustand, sondern während der Bewegung, und zwar in der Größe von

$$H = \sum_0^z S_c - [\Sigma G_z + G_f] \cdot \frac{g - a}{g} \tag{337}$$

auftreten. Hier bezeichnet $a$ die Beschleunigung $\Delta G/M$ der Absenkbewegung, wobei

$$\Delta G = \Sigma G - \Sigma S_c \text{ (die Resultierende der errechneten Mantelreibungen) und}$$

$$\sum_0^z S_c = [E_a \cdot \tan \varphi + hc]\, U \quad \text{und} \quad E_a = \frac{h^2 \gamma}{2} \cdot \tan^2 (45^\circ - \varphi/2 - 2\, ch \tan (45^\circ - \varphi/2).$$

Aus diesem Zusammenhang läßt sich auf Grund des Absenkungsprogramms der gefährliche Extremwert ermitteln. Daß man hierbei niedrigere Werte erhält als nach der vorangegangenen Berechnung, erklärt sich zum Teil auch aus der Berücksichtigung der Kohäsion.

*Die Biegebeanspruchungen infolge Schiefstellung des Brunnens* können gleichfalls nur auf Grund gewisser Annahmen bestimmt werden. Nimmt man an, die Schiefstellung werde ein Ausmaß von $\tan \alpha = \frac{1}{n}$ erreichen, wird man das Maximum der aus dem vollen Gewicht $G$ herrührenden horizontalen Komponente für den Fall des Schwebens (Schneidenreaktion gleich Null) mit einem Wert von $H = \frac{G}{n}$ anzusetzen haben. Denkt man sich diese Komponente in Richtung der Schiefstellung über die Mantelflächen linear abnehmend verteilt (Abb. 573b), erhält man ein Moment $M \geqq \frac{2}{3} H h = \frac{2}{3} G h \tan \alpha$. Die Brunnenwand wird also für die aus diesem Moment herrührende Biegung auch zu bemessen sein.

Aus Konstruktionsgründen pflegt man für die Wandstärke ($v$) höhere Werte zu nehmen, als sie sich aus den obigen Beanspruchungen ergeben. Praktisch nimmt man für sie einen Wert nicht unter 1/12 des lichten Schachtdurchmessers an $\left(v = \frac{D}{12}\right)$.

### 6.3.4.2. Rolltreppenschächte (mittels Freivorbau)[1]

*Schächte mit schräg geneigter Achse* kommen eher im Bergbau, seltener im Tunnelbau vor, jedoch stellen sie sehr wichtige Bauteile tief geführter Untergrundbahnen dar, da sie die Rolltreppen aufzunehmen haben.

Bei ihrer Ausschachtung greift man je nach der Boden- bzw. Gesteinsbeschaffenheit und der Neigung des Schachtes mithin zum Freivortrieb, zu den klassischen bergmännischen Verfahren oder zur Schildbauweise. Bei geringem Gefälle können diese Schächte gelegentlich mit lotrecht gestellten, gegeneinander stufig versetzten Ringen ausgemauert werden. In Förderschächten wird man im Hinblick auf die erhöhte Absturzgefahr für besondere Sicherheits- und Fördereinrichtungen (Wagenbremsen und -fangvorrichtungen, Seilscheiben, Aufzüge usw.) sorgen müssen. Geneigte Schächte werden, auch wenn man sie im Schildvortrieb niederbringt, zweckmäßig von oben nach unten hergestellt, vorzugsweise deshalb, weil man hierbei die Brustwand beim Vortrieb mit einer natürlichen Böschung abstützen kann. Ist jedoch der Boden standfest genug, wählt man statt des Schildvortriebs besser den Freivorbau und die Verlegung der Auskleidungselemente mit einem schrägachsigen Spezial-Erektor. Oft werden die Auskleidungselemente nicht in der üblichen Weise von der Sohle nach oben, sondern auch in der entgegengesetzten Richtung verlegt, sofern man sie auf eine genau abgebaute Brustwand abstützen kann.

Der Schildvortrieb gelangt vornehmlich bei der Ausführung der schrägen *Rolltreppenzugänge* zu den Stationen von Tiefbahnen zur Anwendung, und zwar in Verbindung mit einer Entwässerung der oberflächennahen lockeren, weichen wasserführenden Schichten oder mit Druckluftentwässerung oder auch unter Zu-

[1] Siehe noch dazu Kap. 6.3.4.6.

hilfenahme des Gefrierverfahrens, wie es beim Bau der Moskauer Untergrundbahn zur Herstellung einer schrägen vereisten Schachtummantelung [191] eingeführt wurde. Die gegen die Erdoberfläche um 30° geneigten und beträchtliche Längen erreichenden Gefrierrohre müssen hierbei mit größter Sorgfalt und mit genauester Führung eingebracht werden (vgl. Abb. 596). Einen Längsschnitt durch einen fertigen derartigen Rolltreppenschacht veranschaulicht im übrigen die Abb. 589.

### 6.3.4.3. Verbindungs-(Belüftungs-)Stollen

In ihrer Konstruktion unterscheiden sich diese Stollen in nichts von kreisquerschnittigen Tunneln. Wegen ihrer relativen Kürze zahlt sich der Aufbau eigener Schilde nicht aus, weshalb man derartige Hohlgänge entweder nach den klassischen bergmännischen Bauweisen oder unter dem Schutz beweglicher Stahl-

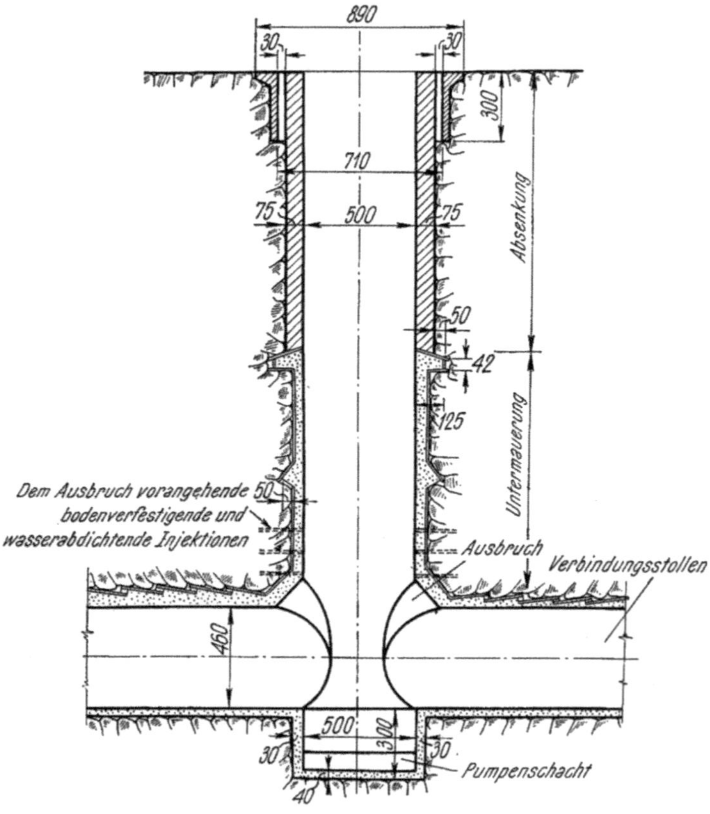


Abb. 574. Ausbruch eines Vertikalschachtes für die Horizontalstollen

rüstungen, eventuell auch mit Firstverankerung im Freivorbau herzustellen pflegt. Den Gang der Auffahrung eines Belüftungstunnels nach der deutschen oder Kernbauweise verdeutlichte die Abb. 427.

Einen heiklen Teil des Ausbaues von Verbindungsstollen bildet ihr *Ausbruch aus dem Schacht* und ihr *Anschluß* an das herzustellende unterirdische Bauwerk (Abb. 574). Bringt man den Schacht durch Absenkung nieder, wird man die Ausbruchsstelle schon vorweg mit Ziegeln oder Magerbeton ausmauern und provisorisch einen Stahlrahmen einbauen oder über die Ausbruchsstelle ein Unterfangungsgewölbe oder ein anderes Tragwerk einziehen, mit dem man das Ausbruchsprofil überbrückt. Die Bemessung des räumlichen Gewölbes bzw. des Ausbruchs ist ziemlich kompliziert [192]. Auch die Durchführung der Arbeiten selbst erfordert besondere Vorsicht und Sorgfalt, weil sich infolge der Absenkung an der Schachtwand entlang ein gelockerter Trichter ausbildet, in dem das Wasser auch von den oberen Stockwerken ungehindert nach unten sickern kann. Trifft man also nicht schon vorweg alle Maßnahmen zur Trockenhaltung und zur Unterstützung des aufgelockerten Trichters, wird man beim Durchstoßen der Schachtwand mit dem Hereinstürzen großer Mengen schluffigen Wassers und Lockerbodens in den Arbeitsraum rechnen müssen, was katastrophale Folgen haben kann [185]. Am vollkommensten läßt sich der Boden durch Druckluft entwässern, während sich zur Verfestigung des aufgelockerten Bodens am besten eine durch die Schachtwand hindurch vorweg eingebrachte Verpressung eignet. Besteht keine Möglichkeit zum Druckluftbetrieb, muß der Boden so weitgehend verpreßt werden, daß er auch wasserdicht hält (vgl. Abb. 566e und 574). Sobald nach dem Ausbruch aus dem Schacht die erste kurze waagrechte Stollenstrecke fertiggestellt ist, wird man in diese zweckmäßig eine luftdichte Trennwand mit liegender Kesselschleuse einziehen und die Abschlußdecke des Druckluftraumes im Schacht ausbauen (vgl. Abb. 549 und 547).

An der Einmündung des Horizontalstollens in den noch auszubrechenden Hohlraum (z. B. in die Schildkammer) muß zunächst ein räumliches Unterfangungsgewölbe eingezogen werden. Erst dann kann der Ausbau der Seitenwände und des Gewölbes für den eigentlichen Hohlraum folgen.

### 6.3.4.4. Unterirdische Hallen (Schildkammern, Lagerstätte usw.)

Die unterirdischen Hallen unterscheiden sich von Tunneln im Grunde genommen lediglich in ihrer Bestimmung, ihren Ausmaßen, im Grad der gewünschten Sicherheit und Trockenheit sowie in der Größe der von ihnen aufzunehmenden Lasten (Luftschutzräume). Sowohl Maschinenhallen, Kraftkavernen usw. als auch Schildkammern sind ziemlich breit, eine Tatsache, die im Verein mit der Notwendigkeit, dem Profil die statisch günstige Hufeisenform zu geben, auch eine ansehnliche Höhe bedingt. Da es sich bei derartigen Hallen um relativ kurze Bauwerke handelt, würden sich die hohen Kosten einer Schildmontage auch hier nicht bezahlt machen; es kommen also auch hier nur die klassischen bergmännischen oder die modernen Freivortriebs- und z. B. die Bauweisen mit Firstverankerung in Frage. Andererseits bietet der geschlossene Grundriß, vom Gesichtspunkt des Gebirgsdrucks aus gesehen, mancherlei Vorteile (vgl. Abb. 75).

Der Bau einer 13,0 m breiten und nahezu 20 m hohen in Kalkstein ausgebrochenen unterirdischen Halle ist aus Abb. 575 ersichtlich [193]. Hier wurden von Kämpfer- und Sohlstollen aus zuerst die Widerlager hochbetoniert (*1*), und zwar zonenweise in Schlitzen, die man von den Kämpferstollen aus schachartig nach unten ausgebrochen hatte (*2*). Die Anlieferung des Betons erfolgte durch die von über Tage bis in die Kämpferstollen niedergebrachten Abwurfschächte, während man die Ausbruchsmassen durch die Sohlstollen bzw. durch einen unten mittig aufgefahrenen Förderstollen ausräumte. Die beiden Arten der Förderung blieben also voneinander getrennt. Mit dem Ausbetonieren der Sohlstollen begann man erst nach erfolgtem Ausräumen des Ausbruchsmaterials, es konnte also ohne Störung des Verkehrs vollendet werden. Der Fertigstellung der Widerlager folgte die Herstellung des Firstgewölbes (*3*). Sie nahm ihren Ausgang von einem 6 bis 7 m langen Firststollen, der nach den Seiten hin ausgeweitet wurde, worauf man

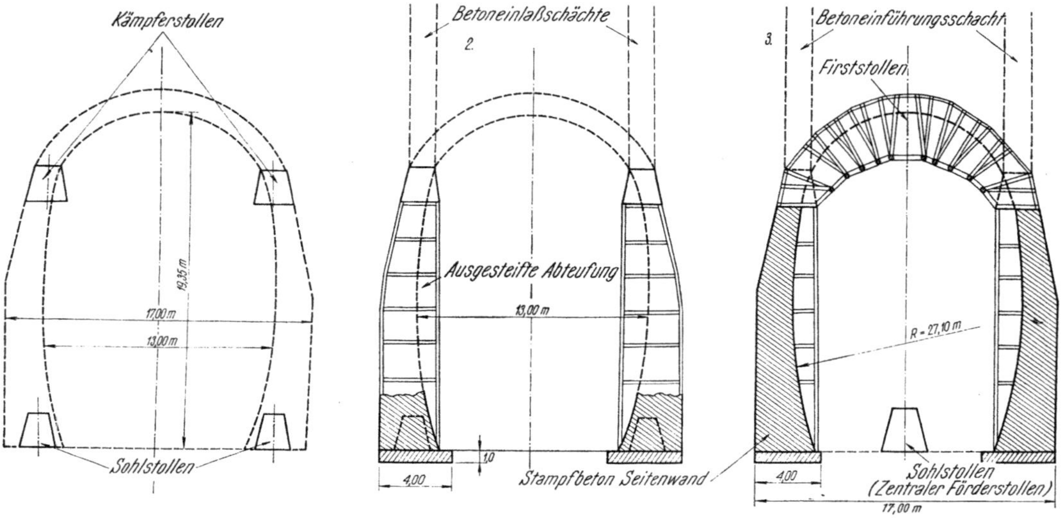


Abb. 575. Herstellungsweise einer unterirdischen Kaverne mittels bergmännischer Tunnelbaumethoden

auch das Gewölbe hochbetonierte. Die Ausbruchsmassen aus der Kalotte wurden durch Rollöcher in den mittleren Sohlstollen abgekippt, während man den Beton auch dem Firststollen durch Schächte von der Erdoberfläche aus zuleitete. Nach dem Abbinden des Gewölbebetons wurde der Kern ausgebrochen und durch den mittleren Sohlstollen bzw. den anschließenden Förderstollen ins Freie abbefördert. Dieser 500 m lange Förderstollen war schon vor Baubeginn zusammen mit einer im Berginneren untergebrachten Kraftzentrale fertiggestellt worden, die den Strombedarf für die Beleuchtung und für den Betrieb der Kompressoren und Arbeitsmaschinen zu decken hatte.

Mit kleineren Abmessungen, jedoch in schlechterem Boden wurden beim Bau der Budapester Untergrundbahn die *Schildmontagekammern* ausgebrochen. Es handelte sich um jeweils dreischiffige Hohlräume, wie in Abb. 576a bis c dargestellt, deren Seitenschiffe als Schildkammern dienten, während das mittlere als Transformatorkammer benützt wurde. Die Kammern waren 10 + 6 + 10 m breit, 8 bis 11,5 m hoch und 10 m lang. Ihr Ausbau begann mit dem Auffahren eines Systems umlaufender Sohl- und Kämpferstollen (*1*) an den Widerlagern entlang, von denen aus diese sowie die Stirnwände in zuvor ausgebrochenen Schlitzen bis in Kämpferhöhe hochbetoniert wurden (Bildteil a). Anschließend wurde ein etwas höher verlaufender zweiter Mittelstollen vorgetrieben (*2*), aus dem man Aufbruchschächte nach oben in die Kalotten der einzelnen Schiffe ausbrach. Hier wurden sodann Firststollen (*G*) aufgefahren, die man nach beiden Seiten

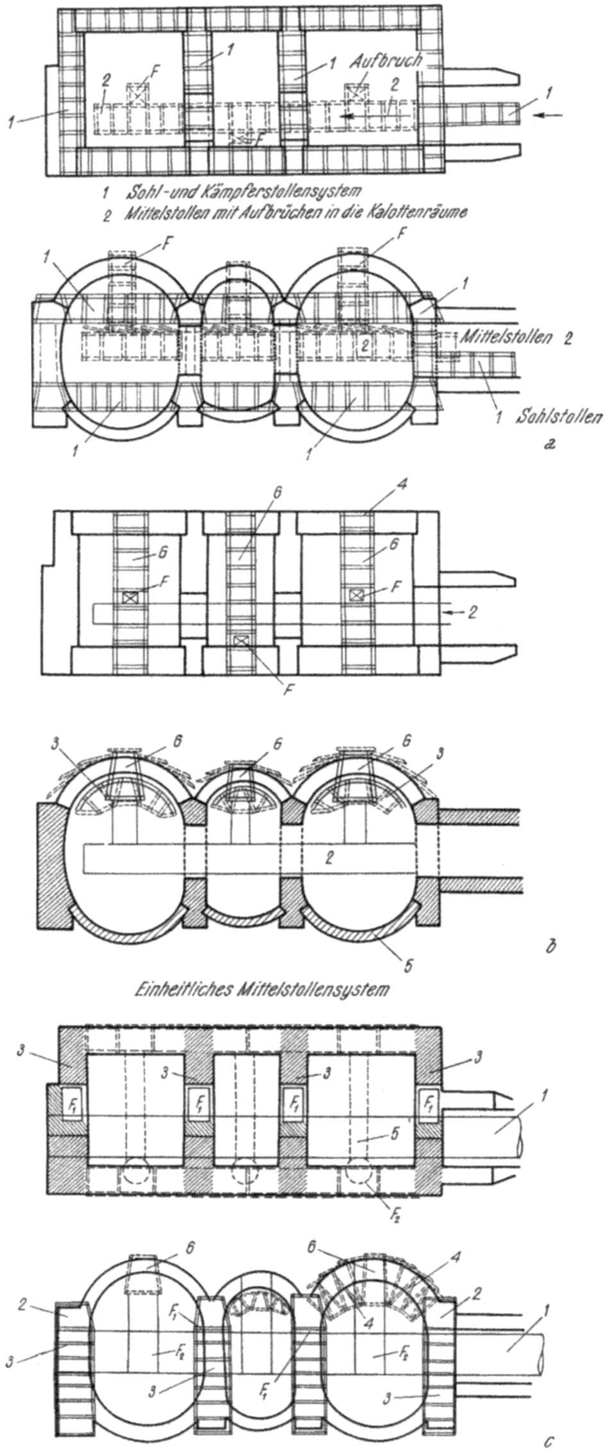


Abb. 576. Aufeinanderfolgende Arbeitsphasen beim Ausbau der Schildmontagekammer in Budapest

zum Kämpfer (*3*) ausweitete, worauf man abschließend auf die fertigen Widerlager auch die Firstgewölbe aufmauerte (Bildteil b).

*Die Bauweise mit zwei Sohlstollensystemen* und die Herstellung des Bauwerkes in zwei voneinander getrennten Stufen erwies sich jedoch als unwirtschaftlich und langwierig, abgesehen davon, daß sie auch den stehengelassenen Kern schwächte. Aus diesem Grunde entschloß man sich später, auf das im Bildteil c skizzierte Verfahren überzugehen, dessen Ausführung folgenden Gang nahm:

Etwas über der Sohlenhöhe wurde ein gerader, unter allen drei Raumteilen hinwegführender *mit Kleintübbings* (verkanteten Blechplatten vgl. Abb. 432) *ausgekleideter Stollen* (*2*) vorgetrieben. Von ihm aus brach man etwas ausmittig, gegen die Mittelachse hin verschoben, in den Trennwandebenen Aufbrüche ($F$, $F_1$) nach oben bis zur Kämpferhöhe aus, um von diesen aus ein System umlaufender Kämpferstollen aufzufahren (*2*). In Schlitzen, die man von hier aus nach unten zonenweise ausbrach, wurden anschließend zonenweise die Widerlager und die Trennwände hochbetoniert (*3*). In Phasen versetzt folgte diesen Arbeiten auf der gegenüberliegenden Seite des Sohlstollens der Ausbruch von Kaminen ($F_2$) bis hinauf zur Firststollenhöhe. Sie bildeten die Angriffsstellen zum Auffahren der Firststollen ($G$) und weiter zum Abbau des Kalottenprofils sowie zum Einziehen der Firstgewölbe (*4*). Die Sohlgewölbe wurden in beiden Fällen nach Entfernung des Kerns eingezogen. Dieses Verfahren ermöglichte es, die Bauzeit auf nahezu die Hälfte zu verkürzen [194].

Einige Schildkammern der Moskauer Untergrundbahn wurden durch eine Kombination der Unterfangungsbauweise mit gußeiserner Tübbingverkleidung ausgeführt [193]. Die obere Hälfte des Querschnittes durchquert eine trockene Lehm-, die untere dagegen eine trockene Sandschicht. Zuerst wurde ein Sohlstollen und von dem in der Kammermitte aufgebrochenen Kamin aus auch der Firststollen in der ganzen Länge der Kammer von 8,5 m Durchmesser im Holzausbau vorgetrieben. Die ersten zwei Ringe (2 · 0,75 m) wurden nach der Unterfangungsbauweise (vgl. Kap. 6.2.3.1.) mittels Querverpfählung hergestellt, und der Querschnitt wurde statt mit Stampfbeton aus gußeisernen Tübbings hochgemauert. Die folgenden Ringe wurden in der schon auf Abb. 577 veranschaulichten Weise gleich aus gußeisernen Tübbings — jedoch von oben nach unten fortschreitend — hergestellt. Dabei wurde die Ortsbrust von stählernen, in den Kassetten der vorherigen Tübbingringe verkeilten Querbalken aus versteift, und die Tübbings wurden mit einer 3-t-Winde verlegt. Dadurch wurde im weiteren ein abgestufter Vollausbruch ermöglicht.

Die Schilde müssen jedoch nicht nur montiert, sondern nach erfolgtem Auffahren der Strecke auch abmontiert werden. Deshalb sind nicht nur Montage-, sondern auch *Demontage-Kammern* notwendig. Beim Bau der Budapester Untergrundbahn hatte sich jedoch ergeben, daß es wirtschaftlicher war, die Stahlblechhülle des Schildes einfach am Ort zu lassen, nach dem schrittweise vorzunehmenden Ausbau der Versteifungsrippen und maschineller Einrichtungen (Vorschubpressen, Arbeitsbühnen, Trennwände, usw.) nach und nach mit einer inneren monolithischen Stahlbetonauskleidung und entsprechender Isolierung zu versehen und gegen endgültige Belastungen und deren Wirkungen widerstandsfähig zu machen. Abb. 578 stellt eine derartig versteifte Schildhaut mit der Bezeichnung der nacheinanderfolgenden Arbeitsschritte dar [196].

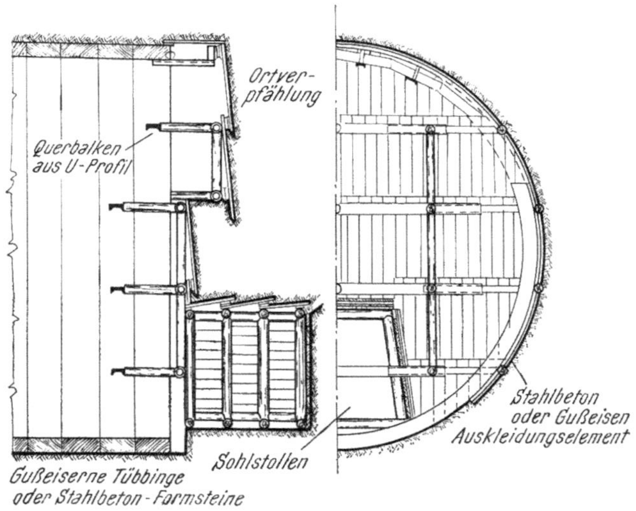


Abb. 577. Schildkammerausbau aus gußeisernen Tübbings mit abgestuftem Vollausbruch

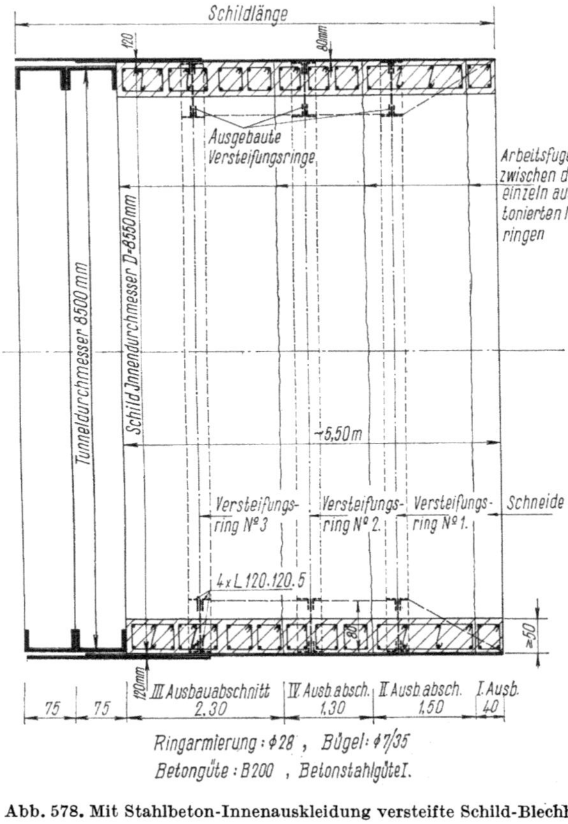


Abb. 578. Mit Stahlbeton-Innenauskleidung versteifte Schild-Blechhaut

### 6.3.4.5. Untergrundbahnstationen und Betriebsräume

Untergrundbahnstationen gehören gleichfalls zu den breiten und hohen unterirdischen Hohlraumbauten. Ihre Konstruktion und Form hängen von der Tiefenlage unter der Erdoberfläche, von den Bodenverhältnissen und der Bauweise, ihre Ausmaße von der voraussichtlichen Größe des Verkehrs ab. *Konstruktiv*

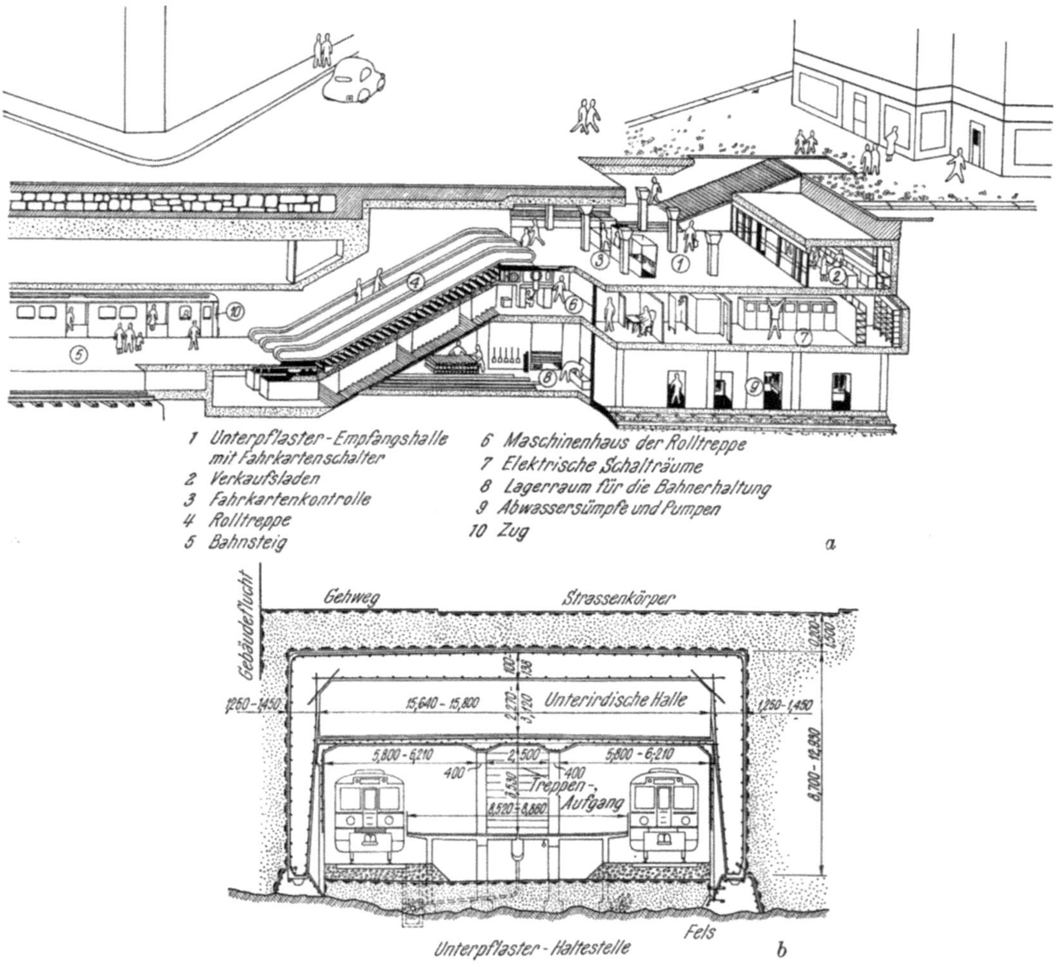


Abb. 579. Allgemeine Anordnung (a) und Querschnitt (b) einer Unterpflaster-Bahn-Haltestelle

*und bautechnisch richtet sich ihre Ausführung entscheidend danach, ob es sich um Unterpflaster- oder um Tiefbahnstationen handelt*, größenmäßig und verkehrstechnisch hingegen danach, ob man den Mittelbahnsteig oder seitliche Bahnsteige wählt. Die Entscheidung über die Tiefenlage fällt schon gelegentlich der Trassierung der Untergrundbahn und der Festlegung ihrer Verkehrsgrundsätze. Auf die hierfür maßgebenden Gesichtspunkte an dieser Stelle näher einzugehen, ginge über den Rahmen dieses Buches hinaus, weshalb hier lediglich festgestellt werden soll, daß die Stationen von Unterpflasterbahnen in der Regel in offener Baugrube, jene von Tiefbahnen hingegen nach einer der bekannten Tunnelbauweisen (Schild- oder Freivortrieb oder eines der klassischen bergmännischen Verfahren) erstellt werden.

*6.3.4.5.1.* Die Allgemeinanordnung und den konstruktiven Aufbau *einer Unterpflasterbahnstation* verdeutlicht die Abb. 579a und b. Die hier dargestellte Baukonstruktion wurde in offener Baugrube ausgeführt, die Beschreibung der

Abb. 580. Innenansicht einer im Granit mit Freivorbau aufgefahrenen Unterpflaster-Haltestelle (Stockholm)

Ausschachtung, Umschließung und Entwässerung gehört also eher zum Fachgebiet des „Grundbaues". Solcherart soll denn auch die Abbildung eher bloß eine Vorstellung von den Einzelheiten des Fahrgastflusses sowie von den erforderlichen Räumlichkeiten und Einrichtungen vermitteln, und zwar für den Fall, daß die Station keine übertägige Bahnhofshalle erhält, daß vielmehr auch diese nach unter Tage verlegt wird, also nur über Treppen erreicht werden kann. Die Abb. 579b zeigt den Stationsaufbau im Querschnitt.

Außergewöhnliche Untergrund- und Verkehrsverhältnisse ermöglichen es jedoch gelegentlich, auch die Hohlräume für Unterpflasterbahnstationen nach Tunnelbaumethoden auszubrechen. So konnten beispielsweise im Stockholmer Granituntergrund stellenweise auch die Stationshallen im Freivortrieb aufgefahren werden (Abb. 580). In Paris und Rom hingegen hatte man wegen des starken Verkehrs keine Möglichkeit, die Straßendecken aufzubrechen und die Stationen in offenen Baugruben einzubauen. Da es hier keinen standfesten Felsuntergrund gab und auch Setzungen an der Oberfläche drohten, entschloß man sich dazu, von Sohl- und Kämpferstollen aus, die man in den Widerlagerachsen vortrieb, in Analogie mit der deutschen (Kern-)Bauweise zunächst die Widerlager einzubauen, das Firstgewölbe hingegen unter dem Schutz segmentbogenförmiger, auf den Widerlagern als festen Abstützungen vorgeschobener Schilde einzuziehen. Dieses Verfahren bot denn auch — trotz der geringen Überdeckung — den angestrebten Schutz vor Setzungen an der Oberfläche (Abb. 581). In Lissabon, wo

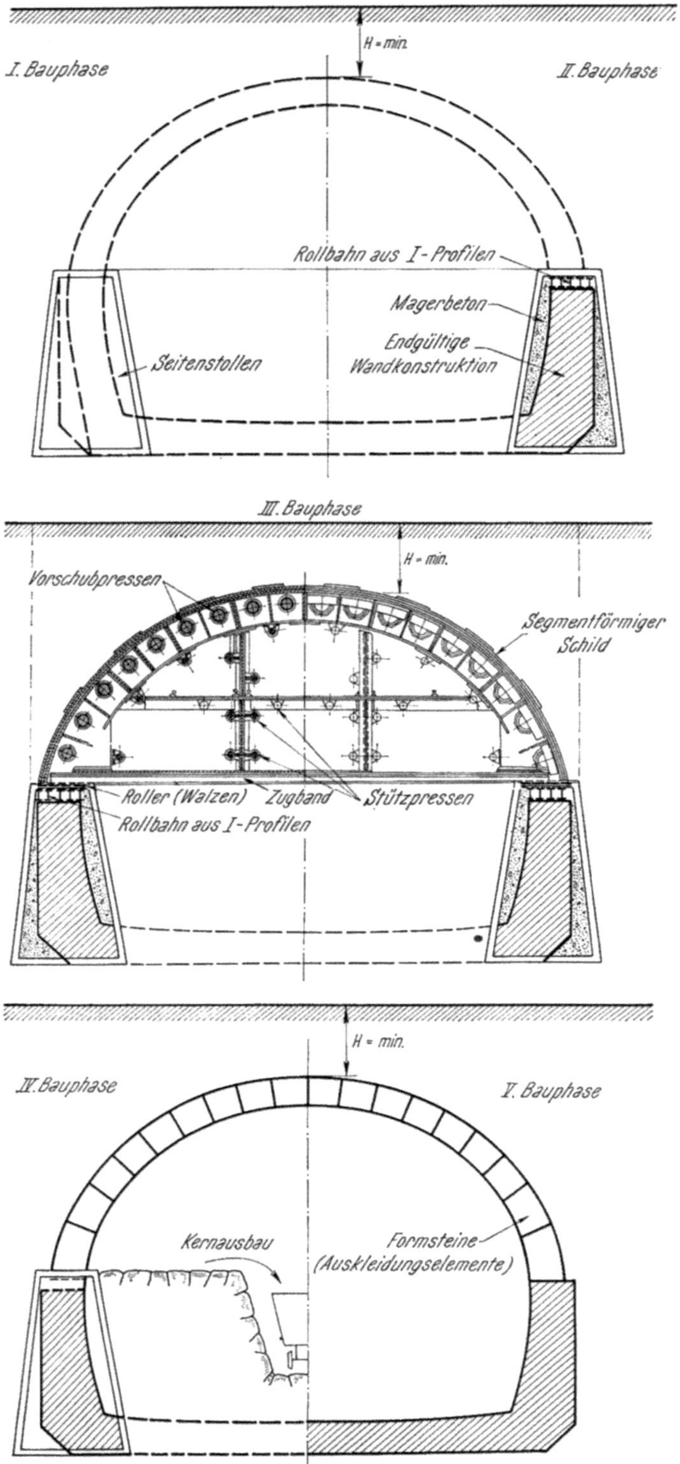


Abb. 581. Bauphasen einiger hochliegender Strecken der Metro in Paris

man in etwas tragfähigeren Tonböden und unter einer größeren Überdeckung arbeiten konnte, wurde die Kalotte über einer Rüstung ausgeweitet und schließlich das Firstgewölbe eingebaut (belgische Bauweise). Stationen, die so gebaut werden, haben in der Regel seitliche Bahnsteige, weil über diesen eine geringere

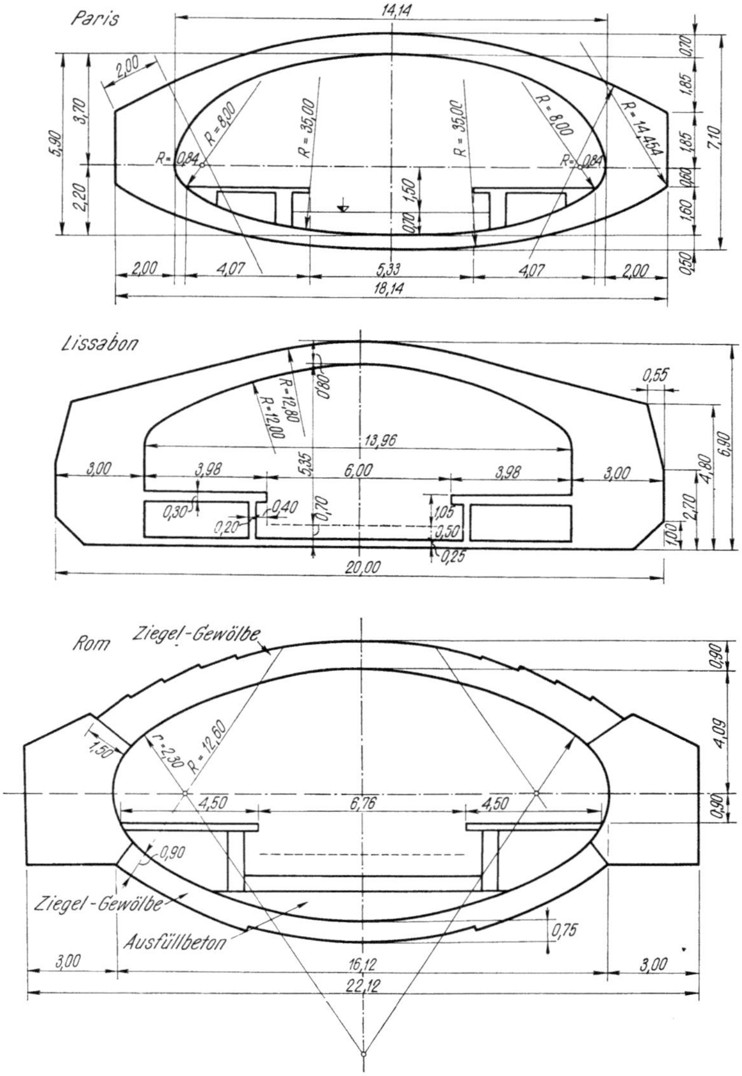

Abb. 582. Querschnitte der hochliegenden Haltestellen einiger Untergrundbahnen

lichte Höhe genügt, was günstige Voraussetzungen für die Ausgestaltung eines flach korbbogenförmigen Tonnengewölbes bietet (Abb. 582).

*6.3.4.5.2. Tiefbahnstationen* gliedern sich in zwei Teile, und zwar in den oberen Hallenteil unmittelbar unter Pflaster oder auch auf Straßenniveau mit den Fahrkartenschaltern und den Bahnsteigsperren, in jenen Teil also, der sämtliche

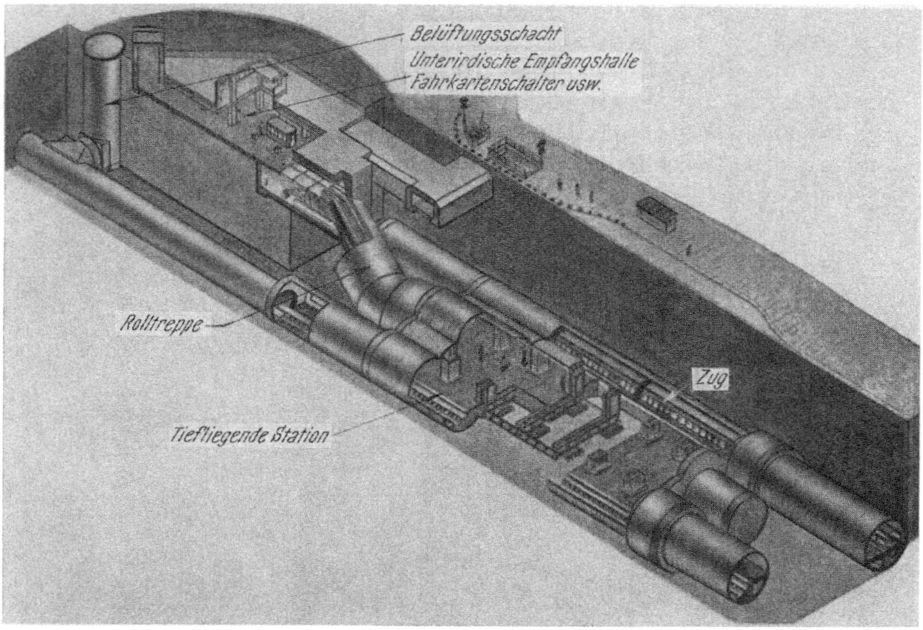


Abb. 583. Isometrische Darstellung einer tiefliegenden Haltestelle der Londoner Untergrundbahnen (Gants-Hill)

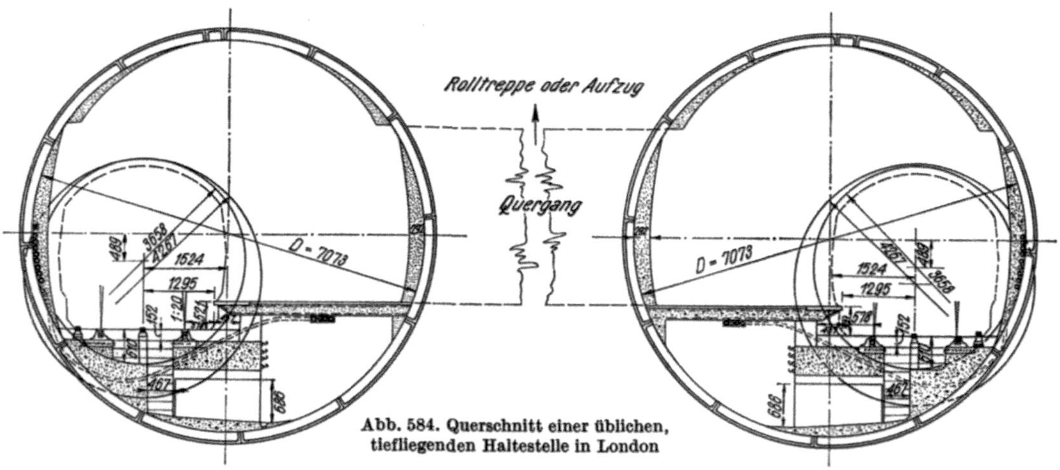


Abb. 584. Querschnitt einer üblichen, tiefliegenden Haltestelle in London

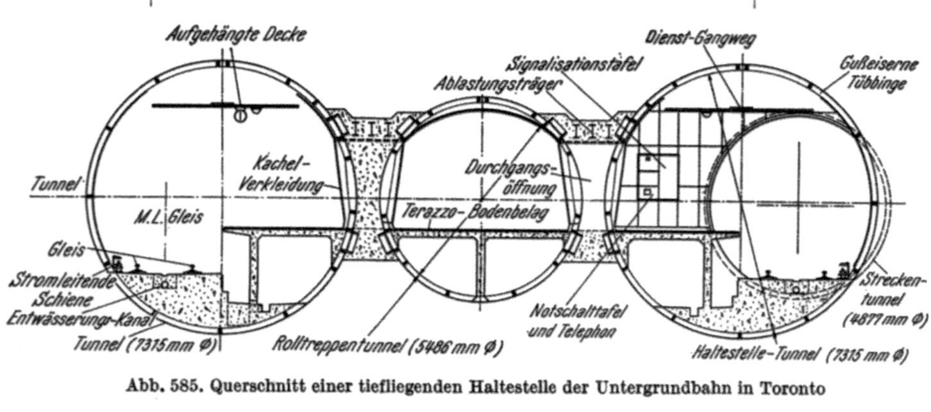


Abb. 585. Querschnitt einer tiefliegenden Haltestelle der Untergrundbahn in Toronto

Linien gemeinsam ist, und in die eigentliche Tiefenstation. Die Verbindung mit ihr vermitteln entweder eine einzige zusammenfassende oder mehrere nach Linien getrennte Rolltreppen oder Aufzüge. Sie umfaßt nur noch die Streckengleise, die Bahnsteige und die Fahrgastzugänge zu den Rolltreppen (Abb. 583). Die weiteren Ausführungen werden sich hauptsächlich mit diesem mittels wirklich unterirdischen Tunnelbaumethoden auszuführenden Teil befassen, der mit der nötigen Sicherheit fast ausschließlich in der Schildbauweise erstellt werden kann. Sein Profil ist deshalb das Ergebnis von Kombinationen verschiedener durch den Schildvortrieb bedingter Kreisquerschnitte.

*Die einfachste Ausführung ist die in London* gebräuchliche ältere Bauart, die aus *zwei* getrennten *Röhren größeren Durchmessers besteht* (Abb. 584). In diese münden die kleineren Streckenröhren so ein, daß sie die äußere Leibung der Stationsröhren berühren, daß also neben dem Lichtraumprofil für die Züge noch genügend Platz für die Bahnsteige verbleibt. Mit dem Zugang zu den Rolltreppen bzw. Aufzügen sind die beiden getrennt verlaufenden Stationsröhren durch zwei oder drei Durchstiche verbunden. Die gleiche Anordnung wurde auch in den tiefliegenden Strecken der Untergrundbahn in *Toronto* angewendet [106], jedoch mit der Änderung, daß für den Zwischen- und Ausgangsverkehr der Reisenden ein kleineres und kürzeres Zentralrohr eingeschaltet wurde (Abb. 585)

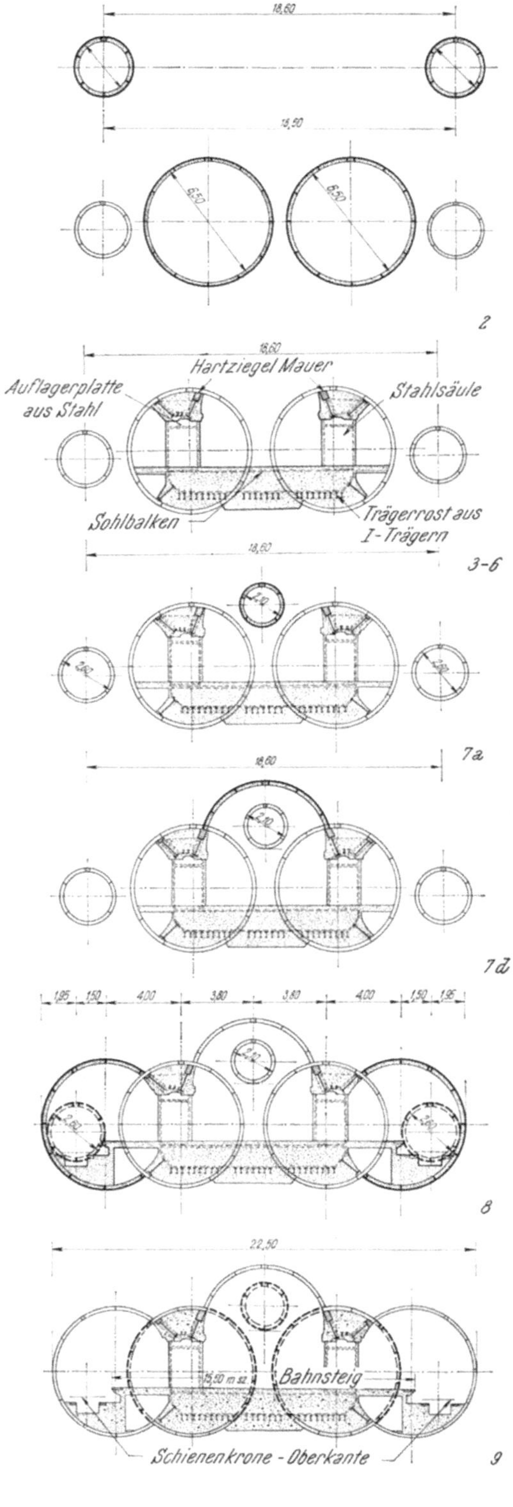


Abb. 586. Aufeinanderfolgende Bauphasen der tiefliegenden Haltestelle Gants-Hill in London

Eine einheitliche Raumwirkung und bessere Lüftung sollte die Station *Gants Hill* bieten, die 1950 im Zuge der Netzerweiterung in Gestalt einer Kombination aus mehreren Röhren erbaut wurde. Die einzelnen Arbeitsphasen sind aus Abb. 586 ersichtlich, aus der auch hervorgeht, daß zum Vollausbau ein Vortrieb mit drei Hilfsschilden kleinen und vier Stationsschilden großen Durchmessers sowie mit einem segmentbogenförmigen Halbschild erforderlich war, was die Bauarbeiten

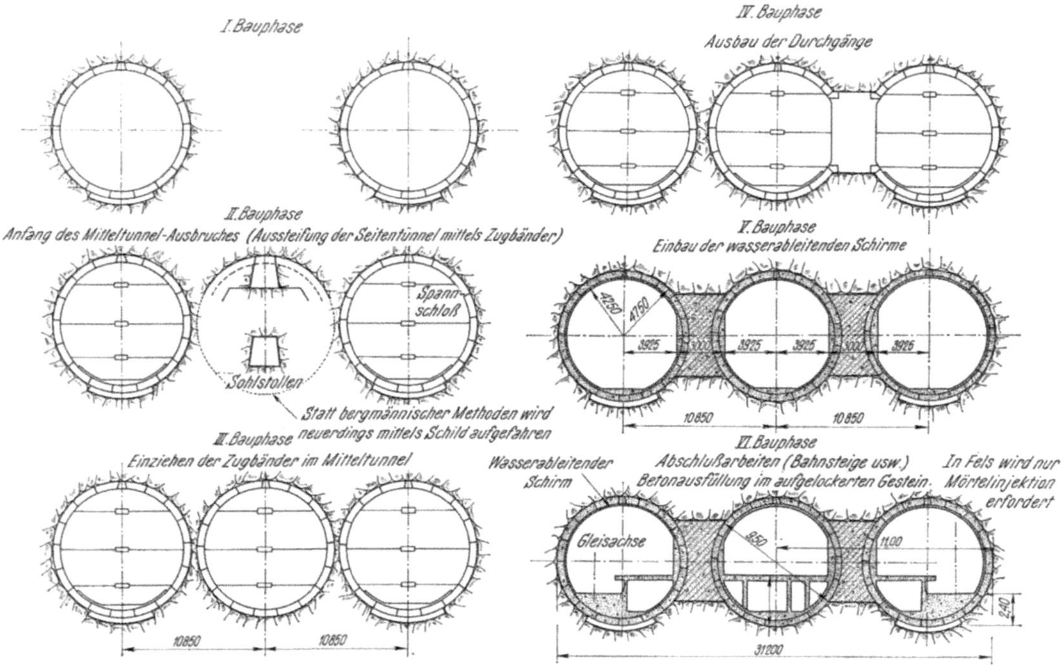


**Abb. 587. Aufeinanderfolgende Bauphasen einer tiefliegenden dreiröhrigen Haltestelle**

außerordentlich kompliziert und langwierig gestaltete. Die volle Breite der Station beträgt 22,5 m. Wegen der hohen Kosten und der langen Bauzeit wurden in London keine weiteren Stationen dieser Bauart errichtet, vielmehr hat man den früheren, weit einfacheren und billigeren in den Abb. 584 und 585 dargestellten Bautyp mit zwei getrennten Stationsröhren beibehalten.

*Eine bemerkenswerte Entwicklung nahm der Bau von Tiefbahnstationen in der Sowjetunion.* Die sowjetischen Metrobauer waren von Anfang an bestrebt, große, weite und lüftige Hallen mit einheitlicher Raumwirkung auszugestalten. Die erste Bauart sah für die *Moskauer Untergrundbahn eine dreischiffige Anordnung* vor, deren Querschnitt — einschließlich der Arbeitsfolge — die Abb. 587 veranschaulicht, während die Abb. 588a an einem Modell die Gesamtanordnung zeigt. Wie ersichtlich, sind in den beiden seitlichen, im Schildvortrieb aufgefahrenen Röhren von je 9,5 m (später von 8,5 m) Durchmesser auch hier die Gleise und die Bahnsteige untergebracht, während in der mittleren Röhre die Zugänge zu den Rolltreppen sowie die Verbindungswege für den Fahrgaststrom zusammengefaßt sind. L.. aber die mittlere Röhre über rund etwa die Hälfte der Stationslänge hinweg-

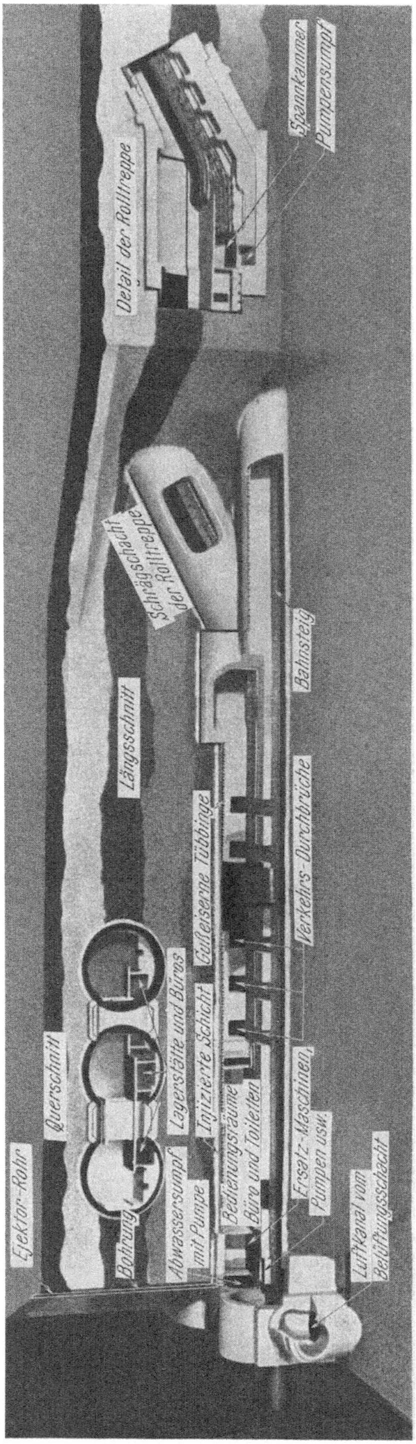


Abb. 588a. Modelle der Gesamtanordnung einer tiefliegenden dreiröhrigen Haltestelle

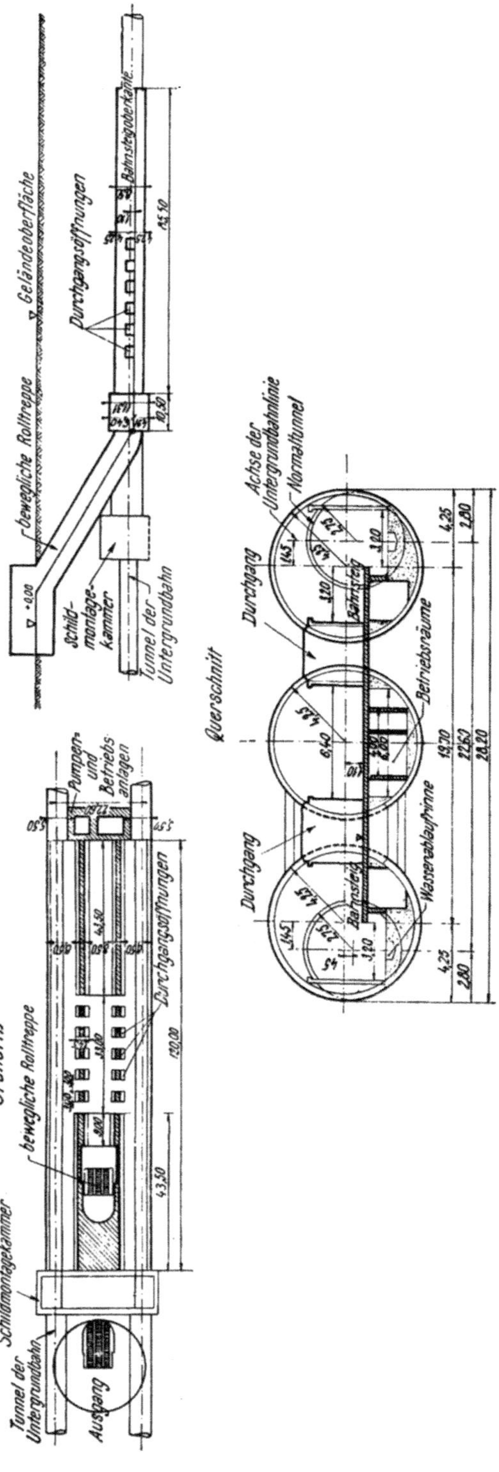


Abb. 588b. Grundrißanordnung einer tiefliegenden dreiröhrigen Haltestelle

reicht, bildet sie im Verein mit den weiten Durchbrüchen, die die engen Verbindungsgänge ersetzen, zusammen mit den Bahnsteigen der seitliche Röhren einen einheitlichen Raum. (Die Grundrißanordnung ist aus Abb. 588b zu entnehmen.) Der Einbau der mittleren Röhre verursachte in den bereits fertigen seitlichen Röhren Spannungshäufungen (vgl. Kap. 3.5.2. und Abb. 134 bis 135), zu deren Ausgleich man horizontale Zugbänder einspannen mußte, um eine Verflachung der äußeren Röhren zu verhindern (vgl. Abb. 587). Anfänglich wurde die mittlere Röhre nach klassischen bergmännischen Verfahren von Sohl- und Firststollen

Abb. 589. Sonderelemente rings um einen zukünftigen Durchgang zwischen zwei parallelen Tunnelröhren

aus ausgebrochen, erst später ging man auch hier zum Vortrieb mit einem Schild großen Durchmessers über. An den Durchbruchsstellen wurden in die Tübbingringe schon vorweg gußeiserne Spezial-Formstücke eingebaut, die über den Durchbrüchen die erforderliche Auslösung schon vorweg ermöglichten (Abb. 589). Diese Stationen sind 31,20 m breit, was jedenfalls auch darauf zurückzuführen ist, daß die Moskauer Metro an sich ein größeres Lichtraumprofil hat als die Londoner Untergrundbahn.

Da die große Breite der Stationen die Schwierigkeiten und Kosten der Bauausführung mit dem Quadrat ansteigen läßt und auch den Gebirgsdruck weitgehend erhöht, spielten die Bemühungen um Verminderung der Gesamtbreite der Stationen in der weiteren Entwicklung eine wichtige Rolle. Für die Moskauer Untergrundbahn wurde zuerst die sogenannte *Majakowskij*sche oder Pfeilerbauart entwickelt, deren einzelne Bauphasen die Abb. 590 verdeutlicht. Wie aus dieser hervorgeht, fährt man zunächst die beiden seitlichen Röhren mit größeren Durchmessern auf und stellt in diese am Rande der schmäler gehaltenen Bahnsteige vorweg

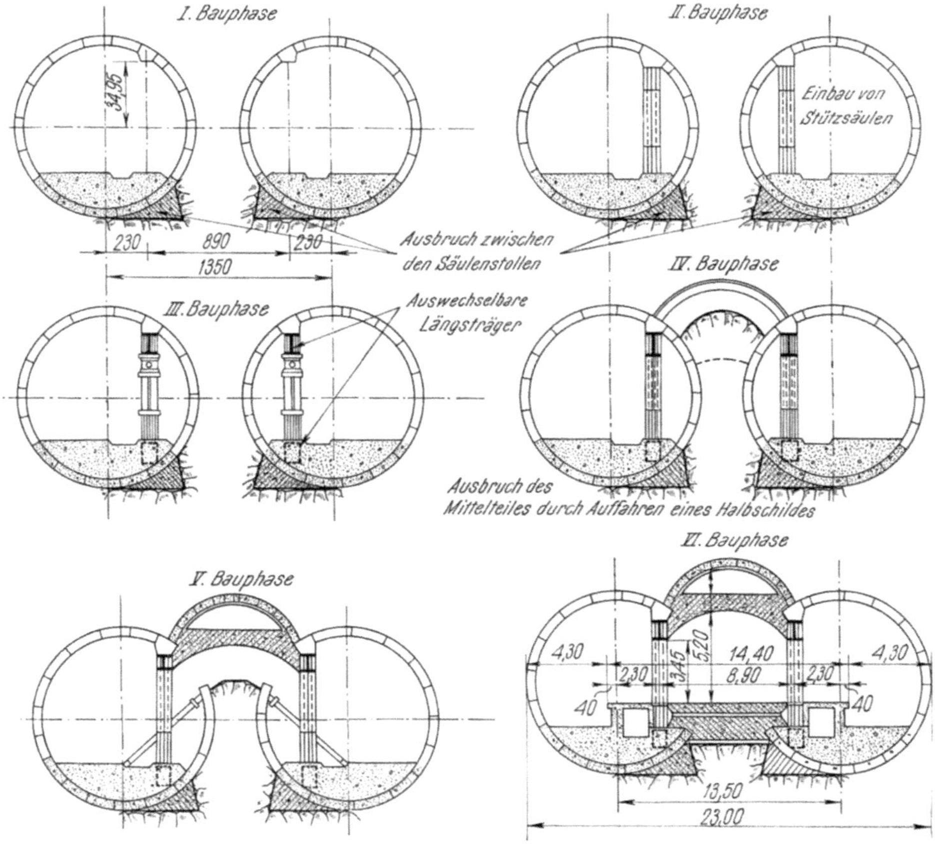


Abb. 590. Bauphasen der dreischiffigen säulenartigen tiefliegenden Haltestellentype (MAJAKOWSKIJ)

Stützpfeiler, die man (zur späteren Unterfangung des Firstgewölbes) mit aufgelegten Längsbalken verbindet. Nachfolgend setzt man über dem in der Mitte zwischen den beiden Röhren stehengebliebenen Raum einen oberen dritten, segmentbogenförmigen Halbschild an, unter dessen Schutz man das Firstgewölbe einzieht und auf die vorweg eingebauten Pfeilerreihen und Längsbalken stellt. Unter dem Firstgewölbe kann anschließend der Mittelgang zusammen mit den seitlich gelegenen Bahnsteigen zusammenhängend ausgebaut werden. Auf diese Weise schuf man einen ganz einheitlichen Stationsraum und setzte zusätzlich auch seine Breite auf 23,0 m herab.

Die Entwicklung blieb jedoch auch an diesem Punkt nicht stehen, weil sich der Vortrieb mit den segmentbogenförmigen Halbschilden als überaus umständlich und auch ungenau erwiesen hatte und weil überdies all jene Räume fehlten die bei der früheren Bauart in der mittleren Röhre unter der Bahnsteigplatte für Bürozwecke und zur Aufnahme von Geräten und Material für die Strecken- und Tunnelinstandhaltung zur Verfügung standen (vgl. Abb. 588). Diese Mängel behebt zum großen Teil die neuere Bauart, die sogenannte *Arbat*sche *Pfeilerstation* [198]. Wie aus Abb. 591 ersichtlich, zeigt sie in ihrem Grundgedanken und im konstruktiven Aufbau große Ähnlichkeit mit der soeben beschriebenen Pfeilerausführung. Auch hier beginnt der Ausbau mit dem Schildvortrieb der beiden äußeren Röhren und dem Einziehen der Pfeilerreihe. Zur Überwölbung der einzelnen Pfeileröffnungen dienen jedoch hier nicht durchlaufende Stahlbalken, sondern flache Gewölbe aus Gußeisenelementen. Zusätzlich werden zur Aufnahme

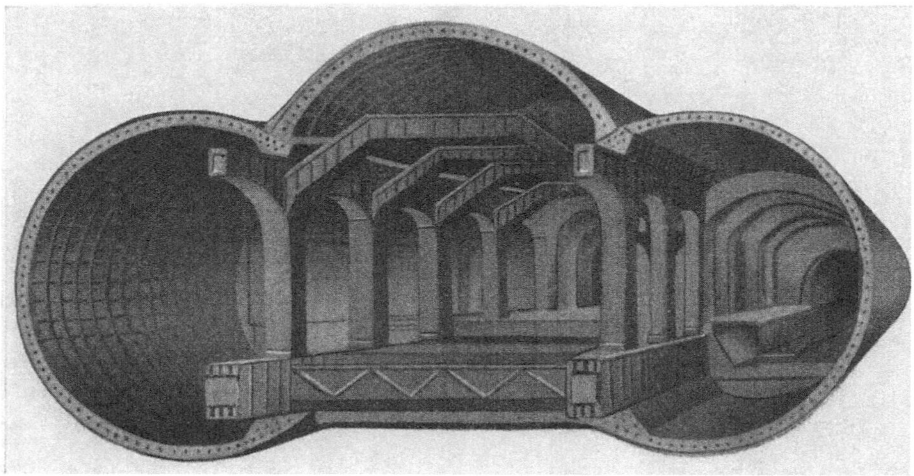

Abb. 591. Ansicht der veränderten Type der säulenartigen tiefliegenden Haltestelle (Moskau, Arbat)

des Horizontalschubs aus dem Firstgewölbe in die beiden Seitenröhren in Kämpferhöhe in den Pfeilerebenen auch waagrechte Streben eingezogen. (Diese erwiesen sich später als überflüssig, weil sich die Horizontalschübe der Nachbargewölbe durch geeignete Abänderung der Pfeilhöhe ausgleichen ließen.) Anschließend wurde das Firstgewölbe der mittleren Röhre, die nicht im Schild-, sondern im Freivortrieb aufgefahren worden war, mit einem etwas erhöhten, nahezu halbkreisförmigen Profil mit gußeisernen, von Erektoren verlegten Elementen ausgebaut. Sodann wurden die überflüssigen seitlichen Ringelemente aus den äußeren Röhren ausgebaut, der untere Bodenbelag auf einer geeigneten Bettung hergestellt, und schließlich eine an die Tübbings der Außenröhren angeschlossene Sperrschicht aufgebracht. Mit 24,68 m ist dieser Stationstyp zwar etwas breiter, in seinem konstruktiven Aufbau und in der Ausführung jedoch einfacher. Die an die Tübbings der Ablastungsbalken angeschlossenen Spezialtübbings bieten dazu eine einheitlichere Isolierung, und überdies stehen unter den Bahnsteigen auch die erforderlichen Räume für Instandhaltungsgeräte zur Verfügung.

*Bei den Stationen der Leningrader Untergrundbahn* nahm die Fortentwicklung der ursprünglichen Dreiröhren-Bauart eine von der geschilderten etwas abweichende Richtung, führte aber letzten Endes zur Ausgestaltung noch schmälerer

Stationstypen. Die erste Stufe der Fortentwicklung stellte die sogenannte *Kirowsche Pfeilerstation* dar, die im Vergleich zu den Moskauer Pfeilerstationen in umgekehrter Arbeitsfolge gebaut wurde (zuerst Auffahrung der mittleren Röhre und dann der Außenröhren), doch fand diese Ausführungsart wegen ihres hohen Stahlbedarfs (8000 bis 10000 t je Station) keine Verbreitung.

*Bei den neueren Leningrader Stationen* beginnt der Bau wieder mit dem Auffahren der Außenröhren im Schildvortrieb mit nachfolgendem Einbau entsprechender Spezialtübbings, Pfeiler und Längsträger bis in Kämpferhöhe (Abb. 592). Bei den äußeren Röhren handelt es sich jedoch nicht um Stations-, sondern um

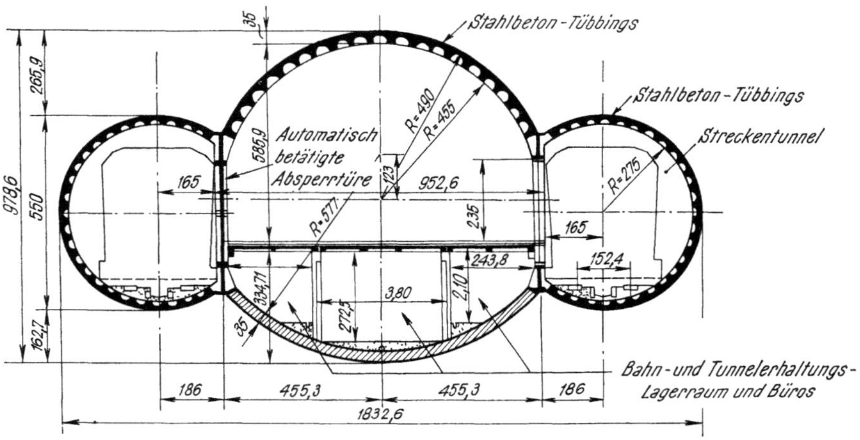


Abb. 592. Querschnitt der neuen verengten Haltestellen-Type der Leningrader Metro

einfache Streckenröhren mit einem Durchmesser von 5,50 m (statt 8,50 m). Über die Mittelröhre wird das auf einer Spezial-Tübbingreihe und auf Längsträgern bzw. auf Innenpfeilern ruhende Firstgewölbe mit seinem Krümmungshalbmesser von 4,90 m wieder unter dem Schutz eines kreissegmentförmigen Halbschildes eingebaut. Schließlich werden nunmehr schon unter dem Firstgewölbe die ineinanderschneidenden Teile der Streckenröhrenauskleidung abmontiert, worauf man in Stahlbeton auch die Sohleneinbauten einzieht, die unter den Bahnsteigen genügend Raum für Büros und zur Lagerung von Instandhaltungsmaterial belassen [198].

Außer diesen *Betriebsräumen* müssen in Höhe der Bahnsteige auch die Nischen für den Stationsvorstand und den Fahrdienstleiter, die Toiletten, ferner auf einem noch tieferen Niveau neben der Mündung des Lüftungsstollens der Zentral-Pumpensumpf mit dem Pumpenraum und schließlich neben diesem ein Fäkaliensammelschacht mit Fäkalienpumpe untergebracht werden. (Die Druckleitungen dieser letzteren werden am zweckmäßigsten durch eine von der Erdoberfläche aus direkt niedergebrachte Bohrung nach über Tage hochgeführt.) In vielen Stationen — bzw. in angeschlossenen eigenen Kavernen — müssen überdies Räume für die Umformerstationen, für Notaggregate und für Ventilatoren (vgl. Abb. 310) usw., ferner Aufenthalts- und hygienische Räume für das Dienstpersonal verfügbar sein. Zentral muß auch für seine Versorgung mit Wasser und für die Kanalisation gesorgt werden (s. Abb. 588). Bei derartigen Anordnungen bleibt zwischen

Pfeilerreihe und Lichtraumprofil kein Raum für den Fahrgastverkehr, weshalb die Züge automatisch so angehalten werden, daß die gleichfalls automatisch sich öffnenden Wagentüren jeweils zwischen zwei Pfeiler zu stehen kommen.

Wie schon gesagt wurde, wurden neuerdings die Stationen in Leningrad und Kiew in wasserdichten Kambrium-Ton-Ablagerungen auch aus kassettenförmigen Stahlbeton-Tübbings erbaut [199], mit einem Durchmesser von 8,5 m und in einer Gesamtbreite von 28,7 m.

Beim Bau der Tiefstationen der neuen Untergrundbahnlinie in Budapest wurde zuerst die aus 3 Rohren bestehende dreischiffige Anordnung der Moskauer

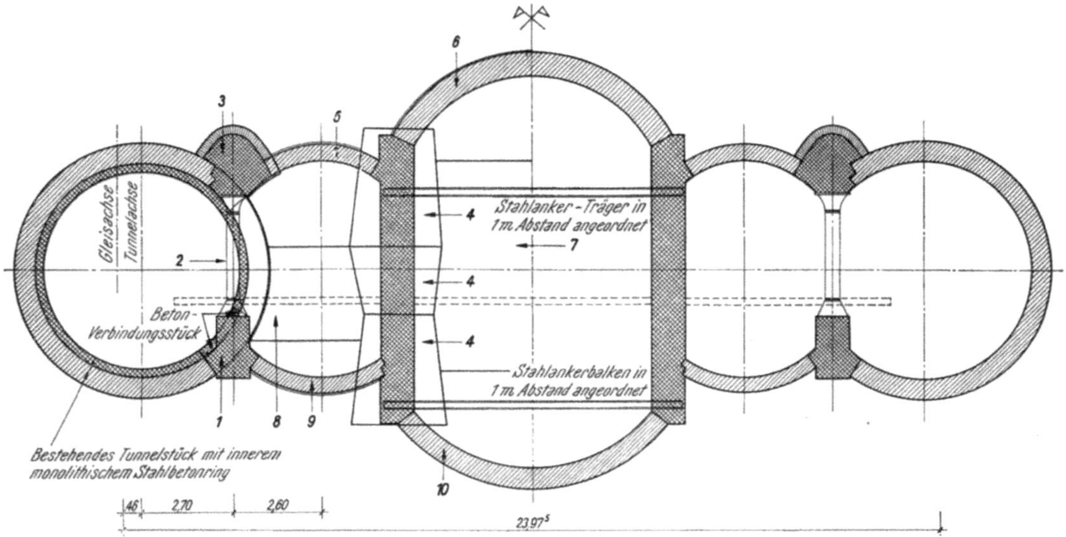


Abb. 593. Querschnittanordnung der neuen fünfschiffigen Haltestellentype der Budapester Untergrundbahnen (Patent von BERNWALLER, RÓZSA und ENYEDI)

Untergrundbahn angewendet (vgl. Abb. 587) — jedoch gleich mit der Abweichung, daß der Durchmesser der einzelnen Rohre statt zu 9,5 m zu 8,5 m gewählt und dadurch eine Breiteverminderung um 3 m erzielt wurde. Es wurde aber neuerdings eine neue fünfschiffige Anordnung entwickelt und patentiert, die nicht nur eine weitere Breiteverminderung um 4,22 m erzielte, sondern das ununterbrochene Durchfahren der seitlichen Streckenschilde (und damit die Einsparung der betreffenden Schildmontagekammer) und auch die Einsparung der Anwendung eines mittleren Schildes (die sich wegen der kurzen Auffahrstrecke besonders kostspielig gestaltete) ermöglichte. Die Prinzipskizze ist in Abb. 593 ersichtlich. Der Bau wurde in der numerierten Reihenfolge folgendermaßen ausgeführt.

1. Ausbruch der vorher fertiggestellten Auskleidung (Tübbings) der Seitenrohre an der Höhe der unteren Auflagerung der einzubauenden Stahlpfosten in je 4 m Abstand voneinander und Verfertigung des Stahlbeton-Auflagerbalkens (1).
2. Aufstellen und Einbau der Stahlpfosten in je 4 m Abstand (2).
3. Ausbruch der Auskleidung oben von den Seitenrohren aus und Vortrieb eines längsgerichteten Kämpferstollens, der eventuell aus Ziegelmauerwerk hergestellt wird (3).

4. Vortrieb der Sohl-Mittel und Kämpferstollen für das Mauerwerk mit anschließendem Ausbau der Trennwände des Zentralschiffes (3 × (4)) auch in 4 m langen, versetzten Abschnitten.

5. Ausbruch der Kalotte zwischen den oberen Kämpfern (3) und (4) und Einbau des Scheitelgewölbes mit Hilfe der Unterfangungs- oder der Kunzschen Bauweise (5).

6. Ausbruch der Kalotte und Einbau des Scheitelgewölbes oberhalb des Zentralschiffes, sonst wie vor (6).

7. Ausbau des Erdkerns vom Zentralschiff (7).

8. Ausbau des Erdkerns von den Bahnsteigschiffen (8).

9 bis 10. Erdaushub für die Sohlgewölbe und Verfertigung der Sohlgewölbe.

Die Bauarbeiten wurden in Budapest unter Druckluft in geschichtetem und mit Schluffadern durchwebtem Ton ausgeführt.

Als besondere Konstruktion soll hier die Tiefstation *Auber* der Pariser „Express Metro" noch kurz erwähnt werden (Abb. 594). Diese Station liegt im Kreuzungspunkt von sechs Linien und wird mit 39 m Breite und 19 m Höhe ungefähr 41 m unter der Oberfläche, 20 m unter dem Grundwasserspiegel und unter einer im Betrieb gehaltenen älteren Linie (Nr. 3) verlegt. Um die außerordentlich schweren Boden- und Grundwasserverhältnisse bewältigen zu können, ist eine sehr gründliche Bodenstabilisierung und Verdichtung der oberhalb der Kalksteinschicht liegenden jüngeren Ablagerungen und eine weitgehende Anwendung von unterirdischen Schlitzwänden vorgesehen [179]. In dem künstlich verfestigten Untergrund wird man mit modernen bergmännischen Methoden verfahren. Auch dann bedeutet die Herstellung des vorgesehenen unterirdischen Gewölbes von 24 m Spannweite eine ganz besondere Bauaufgabe. .

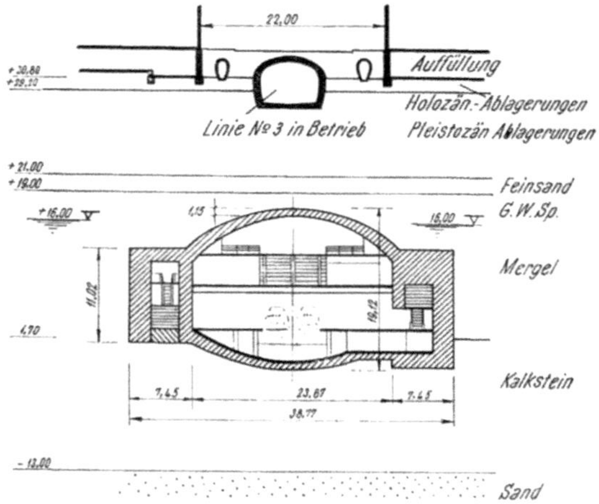


Abb. 594. Allgemeine Tiefenlage der Station „Auber" der Expreß-Metro Linie in Paris

## 6.3.4.6. Schräge Rolltreppentunnel

Wie aus dem Vorangehenden zu entnehmen ist, besteht jede tiefliegende Station grundsätzlich aus einer oberflächennahen Empfangshalle, aus dem tiefliegenden Teil, der die eigentliche Haltestelle umfaßt, und aus dem schrägen Verbindungsstollen mit der Rolltreppe. Aus den Abb. 583 und 588a ist die Lage dieses *schrägen Rolltreppentunnels* (vgl. Abb. 588b), aus Abb. 595 hingegen der konstruktive Aufbau einer Rolltreppe ersichtlich. An einem endlosen umlaufenden Gurt aus Gallschen Gelenkketten bewegen sich die an ihnen befestigten Rollenstühle auf den Obergurten einer schräg aufwärts gestellten Fachwerkkonstruktion. Die Treppe wird von einem *Maschinenraum* aus angetrieben, der *an ihrem oberen Ende* untergebracht ist. An ihrem unteren Ende befinden sich dagegen die sogenannte *Umlauf-* oder *Spannkammer*. Bei den hier üblichen Bodenverhältnissen wurde der obenliegende Teil — der in wassergesättigten alluvialen Kiessandablagerungen liegt — zuerst in offenen Baugruben mittels offener Was-

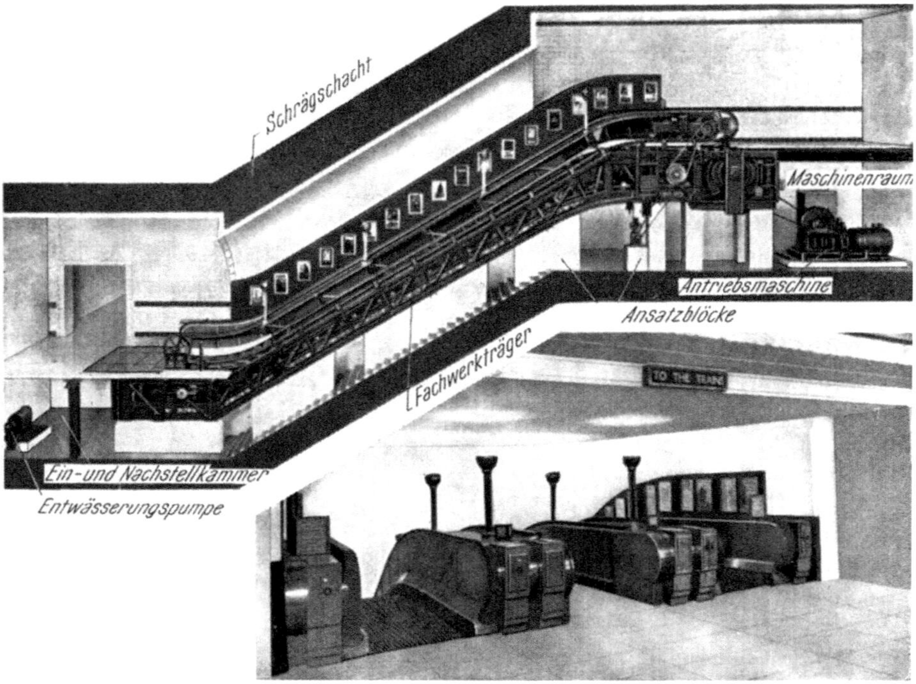


Abb. 595. Längsschnitt und Einrichtung eines Rolltreppentunnels

serhaltung oder Grundwasserabsenkung erbaut. Der tiefliegende Teil, der in mit feinen Sand- und Schluffadern durchgewebtem und geschichtetem Tonboden liegt, wurde in der oben erwähnten Bauweise mittels Schildvortriebs bzw. mit bergmännischen Tunnelbaumethoden zumeist unter dem Schutze einer Druckluftentwässerung ohne Schwierigkeiten hergestellt. Der Bau des dazwischen liegenden Verbindungsteiles, des schrägen Tunnels für die Rolltreppen — womit der Übergang von der wasserführenden Schichte und der unter atmosphärischem Druck stehenden oberen Baustelle zu der fast wasserdichten Schichte und unter Überdruck stehenden unteren Baustelle geschaffen werden sollte — hatte aber Anlaß zur Erprobung mehrerer Bauweisen gegeben.

Als erste wurde die in Moskau und Leningrad übliche Bauweise versucht, die um den Rolltreppentunnel eine schräge, wasserdichte und standfeste Hülle durch künstliche Bodenvereisung darstellt (Abb. 596). Nach Herstellung des schrägen Mantels konnte die gußeiserne Verkleidung mittels schrägen Vorrichtungen verlegt und der Tunnel in dieser Richtung leicht angefahren werden. Beim ersten Versuch ergaben sich aber Schwierigkeiten mit der vollkommen geradlinigen Durchführung der schrägen Spülbohrung mit den ziemlich dicht aneinander verlegten Gefrierbrunnen, und schließlich hatte sich das Gefrierverfahren als zu kostspielig erwiesen [196].

In weiterer Folge wurde daher der schräge Rolltreppentunnel von der Sohle der oberen, mit Spundwänden umschlossenen Baugrube aus begonnen. Dabei wurde praktisch eine Art Portal hergestellt, das an die Spundwände angeschlossen und in die Oberfläche der unten liegenden Tonschicht eingebunden wurde und worin feste Druckluftschleusen eingebaut

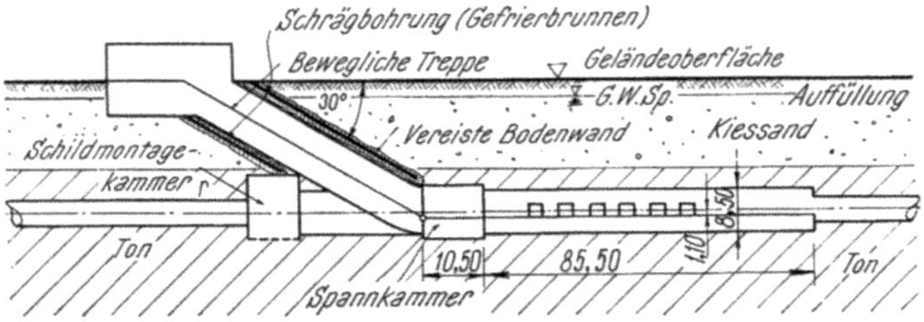


Abb. 596. Rolltreppentunnel hergestellt mittels künstlicher Bodenvereisung

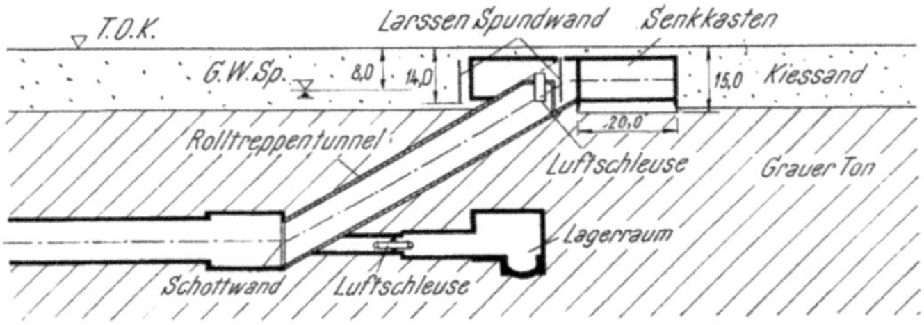


Abb. 597. Rolltreppentunnel hergestellt mittels Umspundung

waren (Abb. 597). Der Tunnelausbruch begann von unten und wurde mit Hilfe der stützenden Wirkung des Luftüberdruckes mit freiem Vorbau vorgenommen. Die gußeiserne Tübbingauskleidung wurde wieder schräg verlegt und an das vorher erwähnte Portal angeschlossen.

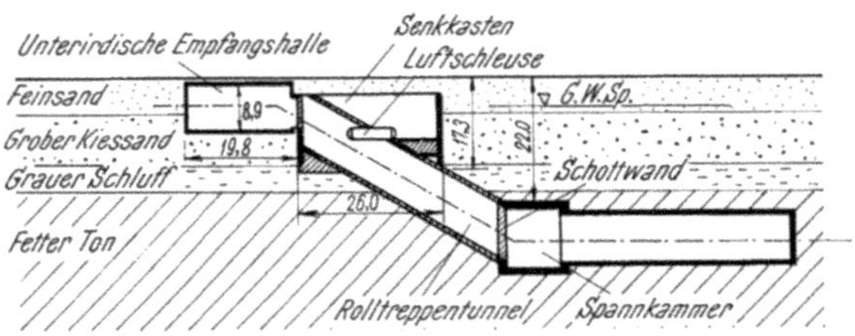


Abb. 598. Rolltreppentunnel, hergestellt durch Kombination mit Druckluftsenkkasten

Kürzlich wurde auch die kostspielige Spundwandumschließung aufgegeben und die Einmündung des schrägen Tunnels als Senkkasten ausgebildet, in den die horizontale Luftschleuse bereits eingebaut war (Abb. 598).

Als beste Lösung hatte sich aber die volle Absenkung des Portalkopfes erwiesen, bei der die Anschlußstellen im wasserdichten Tonboden verlegt wurden. Diese von G. Pozsgay entwickelte und als Patent angemeldete Methode sieht den schrägen Tunnel in seiner ganzen Länge in Form eines einheitlichen, vorgefertigten Senkkastens vor, der von oben her in lotrechter Richtung abgesenkt wird. Der Anschluß unten wird unter Druckluft zu einer dort vorher oder nachträglich erbauten Spannkammer, oben dagegen zur unterirdischen Empfangshalle in offener Baugrube hergestellt (Abb. 599). Die zur Verfügung stehenden freien Teile unterhalb des schrägen Tunnels können zum Einbau von verschiedenen elektrischen Umformer- und Schaltstationen und von anderweitigen maschinellen Einrichtungen vorteilhaft ausgenützt werden.

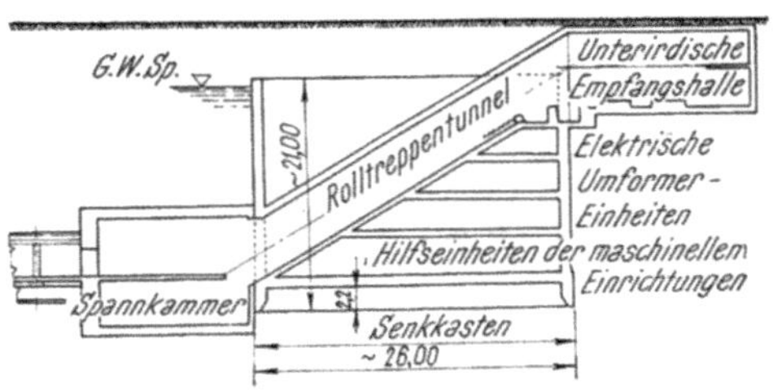


Abb. 599. Rolltreppentunnel, hergestellt völlig mittels Senkkasten (vgl. Abb. 444)

### 6.3.4.7. Ausbau des Untergrundbahntunnels von der Oberfläche aus mit vorgefertigten Großbauelementen

Ein sehr anschauliches Beispiel für die praktische Anwendung dieses Verfahrens bieten die neuesten Erweiterungen des Streckennetzes der *Moskauer Metro*, etwa auf der *Kaluga-Linie*. Dank der vorausschauenden Sorgfalt einer großzügigen Stadtplanung geht die Fertigstellung der Untergrundbahn in diesem Stadtteil dem gesamten übrigen Ausbau, also der Anlage der Straßen und der Versorgungsleitungen, ja sogar der Bebauung selbst voran, so daß der Einbau von der Oberfläche aus völlig frei, ohne jede Behinderung und ohne die geringste Gefährdung für die Umgebung in verböschten Baugruben erfolgen kann.

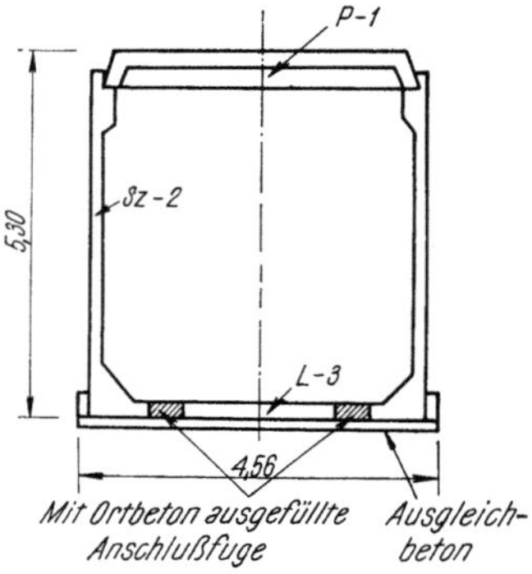


Abb. 600. Aus Fertigteilen hergestellter Querschnitt einer eingleisigen Unterpflasterbahn (Moskau)

Für die Metro errichtet man im allgemeinen zweigleisige Tunnel, die in ein gemeinsames rechteckiges Regelprofil zusammengefaßt sind und die sich lediglich vor jeder mit Mittelbahnsteig ausgebildeten Station in zwei Teile verzweigen [200].

Einen schematischen Querschnitt durch das 4,56 × 5,30 messende eingleisige Regelprofil zeigt die Abb. 600, während die isometrische Ansicht des zweigleisigen Tunnelprofils aus Abb. 601 ersichtlich ist. Die verböschten Profile der Gräben werden mit Eimerkettenbaggern ausgegraben, worauf die Verebnung der Grabensohle folgt. Um eine unbedingt ebene Auflagerfläche zu erhalten, zieht man auf die Grabensohle eine Beton-Ausgleichschicht ein, auf die man die Sperrschicht

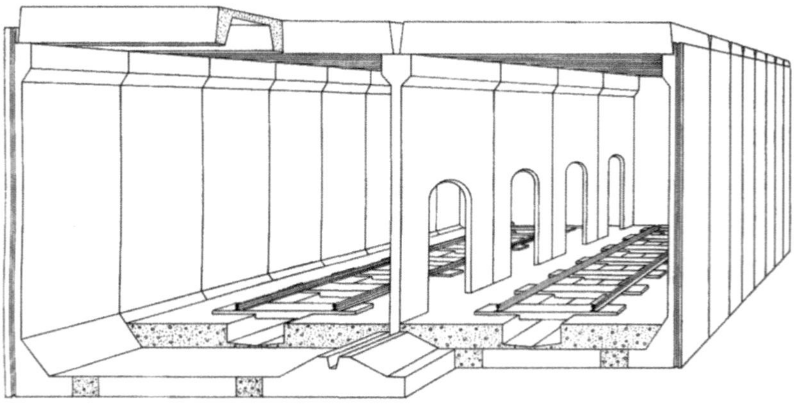

Abb. 601. Isometrische Ansicht einer doppelgleisigen und aus Fertigteilen zusammengestellten Unterpflasterbahn (Moskau)

aufklebt. Anschließend werden die mit *L*-3 bezeichneten Sohlen- und die beiden mit *Sz* bezeichneten Seitenbauteile verlegt. Sie sind je 3 m lang. Zwischen ihnen beläßt man eine 50 cm breite Stoßfuge, in der die aus den Fertigbauteilen hinausragenden Bewehrungsstähle nach der genauen Einstellung miteinander verschweißt werden, worauf man die Fugen mit Ortbeton verfüllt. Anschließend werden die je 1,50 m langen — in der Abbildung mit *P*-1 bezeichneten — trogförmigen, verrippten Deckenbauteile aufgesetzt und die Auflagerfugen geschlossen. Die Anordnung der zweigleisigen Profile weicht von der soeben beschriebenen nur insofern ab, als bei ihnen dem Fugenverschluß und dem Aufsetzen der gleichen Deckenbauteile noch das Einsetzen eines mittleren Sohlenstückes (*L*-5) und einer Trennwand (*Sz*-3) vorangeht. Schon jetzt übersteigt das Stückgewicht der einzelnen Bauteile die 10 Tonnen, mit zunehmender Erhöhung der Hubkraft der Hebegeräte soll es jedoch weiter erhöht werden, was die Arbeiten weiter beschleunigen wird.

Nach gleichen Grundsätzen — aber mit wesentlich kleineren Abmessungen — wurden auch in Ungarn einige *Versorgungsleitungsstollen* ausgeführt, und zwar vornehmlich, um eine einheitliche Verlegung der Versorgungsleitungen für neue

Abb. 602. Querschnitt der Fertigteile der Hamburger Untergrundbahn

Siedlungen mit guter Zugänglichkeit erzielen zu können. In trockenen, gut ausgesteiften offenen Baugruben mit lotrechten Wänden wurden die 2,0 × 1,9 m messenden, geschlossenen, 50 cm breiten, genuteten Rahmenfertigteile mit einer Wandstärke von 12 cm mit Autokränen auf eine 8 cm dicke Beton-Ausgleichschicht abgesetzt. Die Nuten zwischen den 1,3 t schweren Rahmen wurden nachträglich mit Zementmörtel verfüllt und von oben her mit einer Sperrschicht versehen.

Für die Anwendung des Verfahrens, das sich als vollmechanisierte Montagebauweise bestens bewährt hat, finden sich im übrigen auch sonst in Europa zahlreiche Beispiele [201]. So verwendet man während der gegenwärtig in Durchführung begriffenen Erweiterung des *Hamburger Schnellbahnnetzes* 5 m hohe, 8 m breite und 2 m lange, im Querschnitt durch Mittelpfosten abgestützte Spannbeton-Fertigteile für zweispurige Röhren, die man nach erfolgter Absenkung des Grundwasserspiegels in offene Baugruben verlegt (Abb. 602). In die Stoßfugen jedes der 37t wiegenden Elemente ist eine Stahlblechhaut eingebaut. Nachdem die Fertigbauteile auf die sorgfältig ausgeführte Betonbettung abgesetzt und auf Millimeter genau eingestellt sind, werden sie miteinander an dieser Außenhaut über den ganzen Umfang wasserdicht zusammengeschweißt.

## 6.4. Bau von Unterwassertunneln

Unterwassertunnel werden nur ausnahmsweise in Fels oder in wasserdichtem Ton ausgeführt, wo die klassischen Tunnelbaumethoden (Kap. 6.2.), ja selbst die Bauweisen mit Freivorbau (Kap. 6.1.) zum Ziele führen können. Derartige Bauwerke stellen typische Verkehrswege der auf holozäne oder auf pleistozäne Ablagerungen aufgebauten Groß- und Hafenstädte dar. Bis in die neueste Zeit wurden sie fast ausschließlich nach der weiter oben (Kap. 6.3.2.) beschriebenen Schildbauweise hergestellt, die sich als besonders vorteilhaft erwies, wenn wenig tragfähige, wechselnde und mit Wasser gesättigte Bodenschichten durchörtert werden mußten, deren Entwässerung mittels Druckluft bei dieser Bauweise leicht durchführbar war. Diese Entwässerungsart erforderte jedoch das Anstehen einer luftdichten Deckschicht entsprechender Mächtigkeit über dem Tunnelscheitel, die einen eventuellen Luftausbruch nach oben gegen die Bettsohle verhindern konnte. Den Luftausbruch begünstigt der im Scheitel des horizontalen Druckluftraumes gewöhnlich herrschende, der Wassersäule des Tunneldurchmessers entsprechende Überdruck (vgl. Abb. 549). Dies kann jedoch in vielen Fällen entweder durch die künstliche Verfestigung, durch die zusätzliche Abdeckung der obenliegenden und in sich ungenügend mächtigen Bodenschichten oder durch die Verminderung des Überdruckes bekämpft werden, was allerdings schwierige und kostspielige zusätzliche Arbeiten oder eine zusätzliche offene Wasserhaltung verlangt. Natürlich kann als Ausweg auch die Tieferlegung der Tunneltrasse in Betracht kommen, doch hat diese eine Erhöhung der „verlorenen Höhen" und damit der Betriebskosten zur Folge.

Diese Tatsachen erklären am besten, warum man sich heutzutage im Bau von Unterwassertunneln mehr und mehr des Absenkungsverfahrens bedient, gleichviel, ob es sich um Straßen-, Fußgänger- oder um Untergrundbahntunnel handelt.

Die hier anwendbaren Absenkungsverfahren können in zwei Gruppen unterteilt werden, und zwar

6.4.1. Absenkungsverfahren mit oben geschlossenen Senkkästen und
6.4.2. Absenkungsverfahren mit allseitig geschlossenen Schwimmkästen.

### 6.4.1. Unterwassertunnelbau mit oben geschlossenen Senkkästen

Grundsätzlich gestaltet sich dieses Verfahren ähnlich dem unter Kap. 6.3.1.3.2. beschriebenen, wobei man zwischen zwei Fällen unterscheiden kann:

*a)* Die Druckluftkammer ist nur für die Ausführung des Erdaushubs und für die Absenkungsarbeiten bestimmt, und der Tunnelabschnitt wird in dem oberhalb der Kammerdecke anstehenden freien Raum aufgebaut, der durch aufgezogene

Mantelwände umschlossen ist (vgl. Abb. 464). In diesem Fall wird die Arbeitskammer nach erfolgter Absenkung mit Magerbeton (Pumpbeton) ausgefüllt.

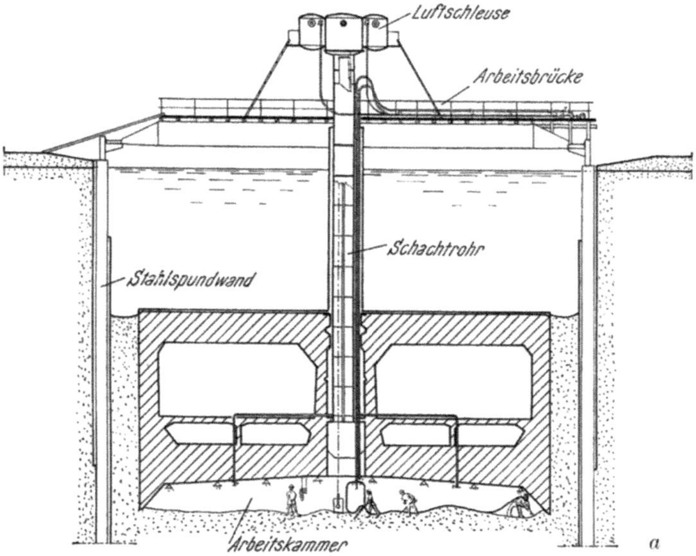


a

b

Abb. 603. Querschnitt und Ansicht des mittels Druckluftsenkkasten abgesenkten mittleren Abschnittes des Ij-Tunnels Amsterdam (Cobijt)

Als neueres Beispiel soll hier der Bau des 139 m langen Mittelstückes des Ij-Tunnels in Amsterdam erwähnt [202] und sein Querschnitt (Abb. 603) gezeigt werden. Die 32 m bis 40 m langen Senkkästen wurden in einer speziell umspundeten und besonders ausgesteiften 30 m breiten Baugrube (Abb. 604) aufgebaut und bis 25 m tief unter den Wasserspiegel abgesenkt.

*b*) Der andere Fall liegt vor, wenn die Arbeitskammer schon im voraus derart ausgestaltet ist, daß der Tunnelquerschnitt nach erfolgter Absenkung aus der

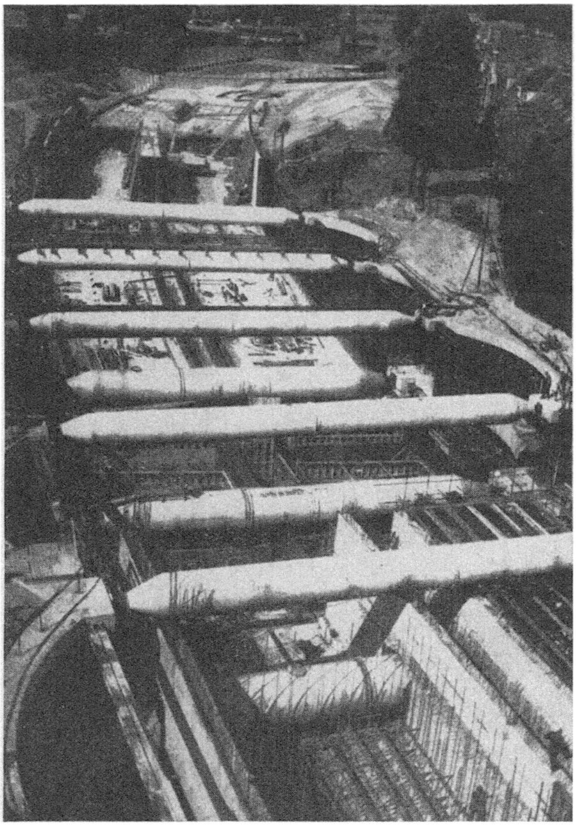

Abb. 604. Ansicht der umspundeten Baugrube mit den vorbereiteten Senkkästen

Arbeitskammer selbst ausgebildet werden kann. Als Beispiel sei hier der Bau des Abwasserdükers unter der Donau in Budapest erwähnt [203].

Wie aus Abb. 605 ersichtlich, besteht das Bauwerk aus 4,45 m breiten und 16,0 m langen Stahlbeton-Senkkasteneinheiten. Die Stahlbetonkonstruktionen wurden auf einem in das Flußbett eingerammten Absenkgerüst an Ort und Stelle betoniert und nach Erhärtung nebeneinander der Reihe nach abgesenkt. Für die Absenkung bedürfte es einer künstlichen Auflast aus Sandkies, die in den über der Senkkastendecke durch provisorisch aufgezogene wasserdichte und ausgesteifte Mantelwände umschlossenen Raum aufgeschüttet wurde (Abb. 606). Die Absenkung erfolgte bis in eine Tiefe, in der die Schneide in der anstehenden wasserdichten Tonschicht 1,0 bis 1,50 m tief eingebettet war. Danach wurde die etwas gewölbte Sohle des unten offenen und doppelt U-förmigen Querschnittes eingezogen und die Abdichtung der Fugen zwischen den einzelnen Elementen vorgenommen, die eigentlich die Anwendung besonderer Baumethoden erfor-

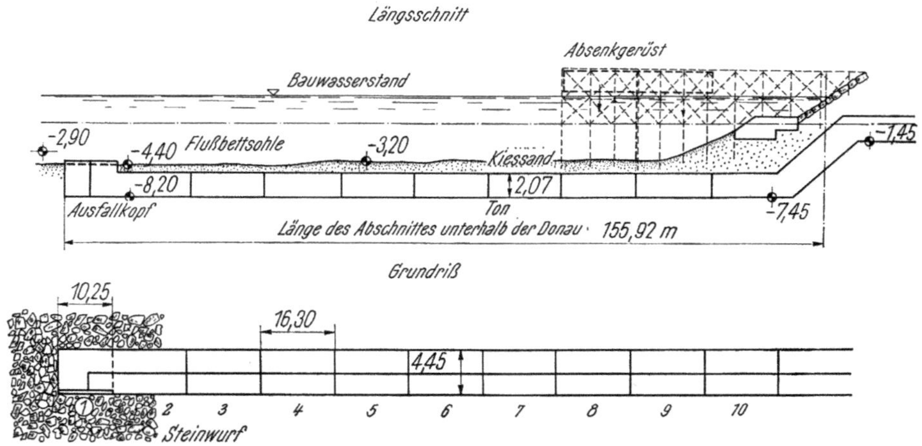


Abb. 605. Längsschnitt des Abwasser-Dükers unter der Donau in Budapest

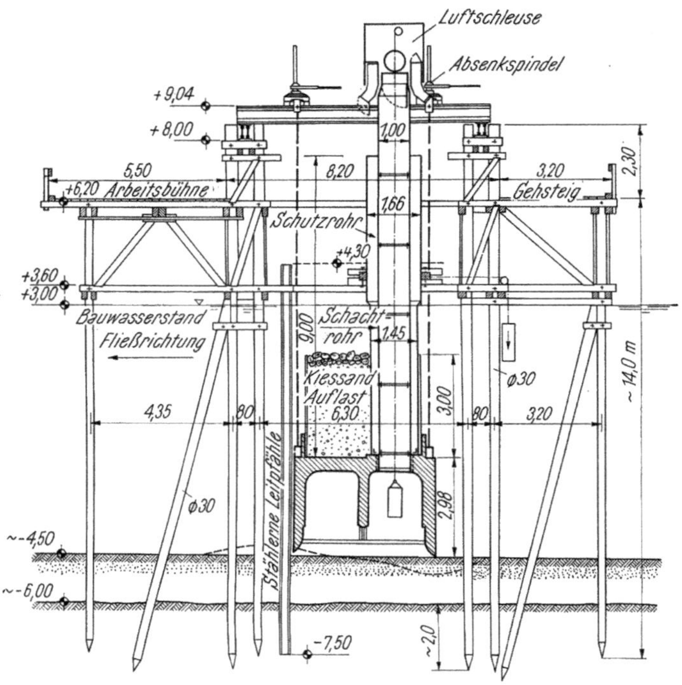


Abb. 606. Querschnitt des Abwasser-Dükers Budapest mit Absenkgerüst und Auflast

derte. Sie wurde in diesem Fall unter dem Schutz einer von oben in den Fluß abgesenkten Taucherglocke reibungslos durchgeführt. Der Arbeitsraum der Taucherglocke umfaßte nicht nur die oberen, sondern auch die seitlichen Fugen, so daß nach erfolgter Entwässerung die provisorischen Abschlußwände der benachbarten Einheiten ausgebrochen und der fehlende Anschluß von innen monolithisch ausgeführt werden konnte. Nach erfolgtem Anschluß wurde die Taucherglocke neuerlich eingeschwommen und die nächste Fuge abgedichtet (vgl. Abb. 618).

Erwähnt sei hierzu, daß die Baukosten eines derartigen pneumatischen Absenkverfahrens etwa das Doppelte des im folgenden Kapitel zu beschreibenden Bauverfahrens, der Ausführung mittels Schwimmkästen, ausmachen dürften.

## 6.4.2. Tunnelbau mittels Schwimmkästen

Neuerdings findet diese Bauweise zunehmend Anwendung. Nach ihr werden Unterwassertunnel für Kommunalleitungen, für den Straßenverkehr, ja selbst für Untergrundbahnen derart hergestellt, daß ihre Teilstücke in Einheiten von

Abb. 607. Stappellauf eines stählernen Tunnel-Schwimmkastens (Washburn)

Abb. 608. Schleppen einer Stahlbetoneinheit des Maas-Tunnels (Rotterdam)

beträchtlicher Länge (30 bis 50, ja selbst 90 bis 100 m) am Ufer vorgefertigt, schwimmfähig gemacht und von einer Helling im Stapellauf zu Wasser gelassen (Abb. 607) oder in einem Trockendock fertiggestellt, schwimmend an Ort und Stelle geschleppt (Abb. 608) und in einem vorher ausgebaggerten Leitgraben nacheinander abgesenkt und zugeschüttet werden. Der Anschluß zwischen den Einheiten bedarf besonderer Verfahren, die weiter unten noch beschrieben werden sollen.

Abgesenkte Tunnels benötigen nur eine ganz geringe Überdeckung, die sie gegen den Ankerwurf von Schiffen und gegen etwaige Auskolkungen des Strombettes ausreichend schützt. Hierfür genügen nach verschiedenen Versuchen 1,5 m vorausgesetzt, daß im Strombett keine Auskolkungsvorgänge (Erosion) zu erwarten sind. Dies besagt nach SIMONS [204], daß die Fahrbahn eines abgesenkten Tunnels um ungefähr 10 m höher zu liegen kommen kann, als die eines im Schildvortrieb vorgetriebenen Tunnels. Damit erscheint zum größten Teil die Wirtschaftlichkeit dieser Bauweise und auch die Vorliebe begründet, mit der sie in Großstädten mehr und mehr angewendet wird. Die durch sie ermöglichte Verkürzung der An- und Ausfahrtrampen vermindert ja nicht nur die Gesamtanlagekosten des Bauwerkes, sondern auch das Ausmaß der Störung des Stadtbildes und des anschließenden Straßennetzes. Auch läßt sie sich im allgemeinen den Erfordernissen des Städtebaus viel leichter anpassen.

Im Grunde genommen kann man eigentlich zwei Bauarten derartiger Tunnel unterscheiden, und zwar die mit kreisförmigem Querschnitt und Stahlausbau (in den USA) und die mit rechteckigem Querschnitt aus Stahlbeton (in Europa).

### 6.4.2.1. Kreisquerschnittige Tunnels aus Stahlkonstruktion mit Stahldichtung

Wie schon weiter oben gezeigt, stellt der Kreisquerschnitt für oberflächennahe oder in wenig tragfähigem, wassergesättigtem Untergrund liegende Tunnel die statisch günstigste Form dar. (Hinsichtlich der wirtschaftlichen Ausnützung des Tunnelprofils gilt dies jedoch bei mehrgleisigen oder mehrspurigen Tunneln nicht mehr. Der Vorzug ist bei solchen dem rechteckigen Querschnitt zu geben; vgl. Kap. 2.2.3.5.)

Überdies erleichtert die äußere Blechhaut — wie das später noch gezeigt wird — die Herstellung der wasserdichten Unterwasseranschlüsse zwischen den abgesenkten Einzelheiten sehr beträchtlich. Die Schwimmfähigkeit derartiger Konstruktionen ist schon bei verhältnismäßig kleinen Eintauchtiefen ($t = D/3$ bis $D/4$) erreicht, infolgedessen können sie nur durch künstliche Belastung (teilweises Fluten des Innenraumes oder vorheriger Einbau der Fahrbahndecke und Innenauskleidung) abgesenkt werden. In der Praxis sind diese Tunneleinheiten meist doppelwandig ausgeführt, und zwar sind sie außen von einer im Querschnitt achteckigen und innen von einer kreisförmigen, 6 mm bis 8 mm starken, zusammengeschweißten Stahlblechhaut umschlossen; die beiden Häute sind miteinander durch Stahlrippen in Abständen von je 3 bis 4 m (Abb. 609) versteift. Der Zwischenraum wird ausbetoniert, wodurch die Innenschale auch einen Korrosionsschutz erhält. Wird auf eine Außenschale verzichtet, so wird als Korrosionsschutz auf ein auf die Außenfläche der kreisquerschnittigen Innenschale angeschweißtes Drahtgewebe ein (2 bis 3 cm dicker) Torkretputz aufgetragen.

Das Schema des Vorganges beim Absenken derartiger Tunneleinheiten ist der Abb. 610 zu entnehmen. Aus dieser ist auch die einfache Lösung der Anschlüsse klar ersichtlich. Das Kopfstück des zuerst abgesenkten Tunnelendes ragt in der unteren Hälfte um etwa 1 m vor; entsprechend ist das Kopfende des nachfolgenden Tunnelendes in der oberen Hälfte um das gleiche Maß vorgezogen. Diese beiden Halbschalen werden beim Absenken aufeinandergesetzt und durch einen kräftigen Dorn festgehalten. Der Dorn wird von Tauchern durch die aufeinander

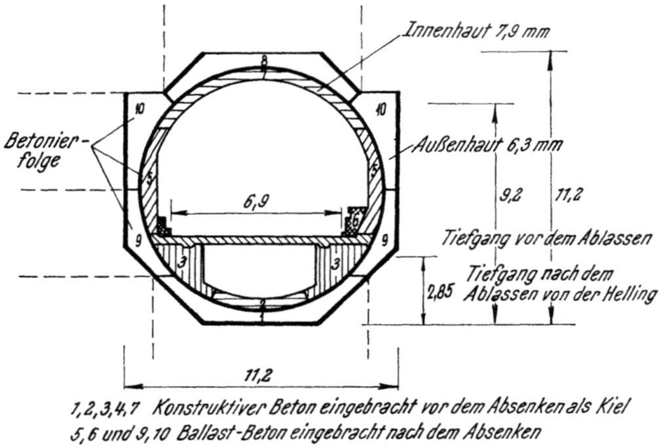


Abb. 609. Schematischer Querschnitt und Betoniervorgang eines doppelwandigen Stahlrohrtunnels (SIMONS)

zu ziehenden Löcher der zuvor angenieteten Auflagerstühle eingeschoben. Die Stücke müssen dabei durch seitliche Zugvorrichtungen entsprechend und fest zusammengezogen werden. Hinter diesen Kopfschalen haben die Stücke ein quadratisches Kragenblech mit Spundwandschlössern, in die seitlich Buckelbleche oder Spundbohlen eingerammt werden können. Dadurch entsteht ein Hohlraum um die Fuge der Tunnelstücke, der mit Unterwasserbeton ausgefüllt wird. Unter dem Schutz dieses vorläufigen Wulstes werden nun die Abschlußwände vorsichtig durchschnitten und die Halbschalen vom Tunnel aus zusammengeschweißt.

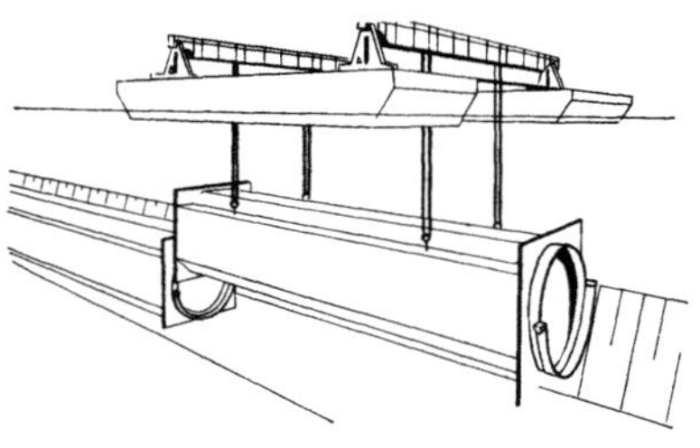

Abb. 610. Ablassen eines Tunnelstückes in der Chesapeake-Bay

Der große Vorzug der stählernen Schwimmkastentunnel liegt darin, daß ihre Stahlhülle und ihre Konstruktion in Schiffswerften sachgemäß und schnell ohne Schwierigkeiten hergestellt werden kann. Auch ihr Einschwimmen und Absenken bedeutet hier keine ungewöhnliche Arbeit. Dagegen haben sie einen weit größeren Stahlbedarf, und wegen ihrer Querschnittform benötigen sie auch die Ausbaggerung tieferer Leitungsgräben. Schließlich sind ihrer Breite auch wirtschaftliche Schranken gesetzt ($D_{max} \cong 13{,}4$ m).

Als bemerkenswerte Beispiele für derartige Tunnel seien die in $2 \times 1{,}7$ km Länge abgesenkten Tunnelstrecken des Verkehrsweges über die Chesapeake-Bay und der Bau des Unterwassertunnels zwischen San Francisco und Oakland erwähnt. In diesem letzteren wird man die Untergrundbahnlinie zwischen den beiden Städten in einer Länge von 5,8 km und 37,5 km tief unter dem Wasserspiegel führen.

### 6.4.2.2. Tunnel aus rechteckigen Stahlbeton-Schwimmkästen

Der erste derartige Tunnel wurde in Rotterdam unter der Maas-Mündung erbaut. Er konnte damals (1940) nur mit Hilfe vorübergehend angeschlossener stählerner Schwimmkörper schwimmfähig gemacht werden (Abb. 611). Die seitdem erzielten wesentlichen Fortschritte in der Erhöhung der Betonfestigkeit und die Verwendung von Spannbeton ermöglichten jedoch eine so weitgehende Herabsetzung der Wandstärken, daß das Einschwimmen ohne besondere Schwimm-

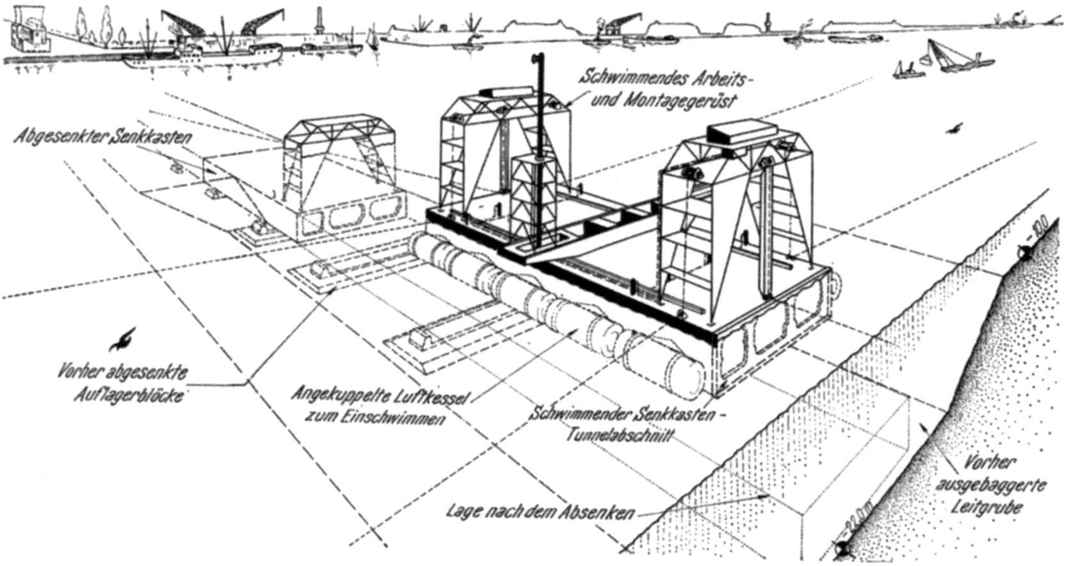


Abb. 611. Absenkungsvorgang der Senkkasteneinheiten für den Maas-Tunnel in Rotterdam

körper erfolgen kann. Heute kann man im allgemeinen damit rechnen, daß man bei Tunneln mit zwei Verkehrsspuren in jeder Richtung bei den üblichen Tiefenlagen mit schlaffer Bewehrung auskommt, doch ist die Vorspannung unvermeidlich, wenn der Querschnitt drei oder mehr Verkehrsspuren umfassen soll. Die Länge der eingeschwommenen Einzelstücke nimmt ständig zu, und heute sind schon Längen bis 100 m üblich. Zugleich haben die Abmessungen der Schwimmstücke auch in Querrichtung beträchtlich zugenommen, so daß schon 6- bis 8spurige Straßentunnelkörper mit Breiten über 40 m angewendet werden. Die spezifische Wirtschaftlichkeit des Verfahrens nimmt nämlich mit der Breite zu. Die Vorfertigung so gewaltiger Schwimmstücke aus Stahlbeton stellt an sich schon eine große und ernste Bauaufgabe dar, die zweckmäßig in einer am Ufer angelegten, besonders umschlossenen und entwässerten Baugrube ausgeführt wird (Abb. 612a, b und c). (Trockendocks kommen für diesen Zweck nur ganz ausnahmsweise in Frage.) Diese beinahe 100 m langen Stücke werden aus Teilstücken von 15 bis 30 m Länge zusammengesetzt und in Längsrichtung verspannt (z. B. Liljeholmen, Antwerpen [205]). Die dadurch entstehenden Zwischenfugen werden nämlich zweckmäßigerweise — zumindest vorübergehend — vor dem Einschwimmen und Absenken *gelenkig* ausgebildet.

Diese gelenkartige elastische Ausbildung soll eine gewisse Relativverdrehung ermöglichen, die die durch das eventuell ungleichmäßige Aufsetzen der langen Schwimmstücke hervorgerufenen Biegebeanspruchungen wesentlich herabsetzt. Während des Einschwimmvorganges selbst muß jedoch diese gelenkartige Wir-

Abb. 612a. Ansicht der Baugrube für die Herstellung der Schwimmstücke des Rendsburger Straßentunnels

kung durch vorübergehende Längsversteifungen (üblicherweise durch kurze Spannglieder) verhindert werden. Das eingeschwommene 140 m lange Mittelstück des Rendsburger Straßentunnels (vgl. Abb. 612a) wurde z. B. aus sieben 20 m langen Einheiten, dagegen der 500 m lange Stromabschnitt des neuen Scheldetunnels aus fünf 100 m langen Einheiten (vgl. Abb. 612c) zusammengesetzt [206]. Der Anschluß an die Uferstrecken derartiger Tunnels stellt eine besondere Bauaufgabe dar. Er kann — wie aus Abb. 612c ersichtlich — durch ein in das Strombett tiefer hineinragendes und in offener Baugrube hergestelltes

Abb. 612b. Herstellung der Schwimmkästen des neuen Schelde-Tunnels in Antwerpen (Arbeitsgemeinschaft Scheldetunnel)

Abb. 612c. Ansicht der 47 m breiten und 100 m langen Schwimmstücke des neuen Schelde-Tunnels in der entwässerten Baugrube (Christiani und Nielsen)

(s. Abb. 612d) oder durch ein in Form eines Druckluftsenkkastens hergestelltes Anschlußbauwerk erzielt werden. Gewöhnlich sind auf diese Bauwerke auch die Belüftungsgebäude aufgebaut (vgl. Abb. 616).

Zur Wasserabdichtung derartiger Tunnel diente bis in die neueste Zeit eine äußere Stahlblechhaut, die auch Schutz gegen eventuelle Beschädigungen bot. Die Herstellung der großen ebenen Flächen durch Zusammenschweißen von

Abb. 612 d. Ansicht der linksufrigen Baugrube des neuen Schelde-Tunnels mit anschließendem Belüftungsgebäude

Platten bereitet aber wegen der möglichen Verformung durch die Schweißspannungen nicht unbedeutende Schwierigkeiten. Die Stahldichtung wird daher immer häufiger — zumindest aber auf der Decke und an den Seitenflächen des Tunnels (wo eine nachträgliche schwierige Verpressung zwischen verformter Stahlhaut und Stahlbetonwand unvermeidlich wäre) durch eine bituminöse oder weiche Abdichtung ersetzt, die eventuell mit Glasfasern verstärkt wird.

Als neue hervorragende Beispiele für diese Bauweise dürfen in den Niederlanden der Benelux-Tunnel in Rotterdam, der Ij-Tunnel in Amsterdam, in Belgien der Schelde-Tunnel in Antwerpen und schließlich in Schweden der Tingstad-Tunnel in Göteborg und in Kanada der Lafontaine-Tunnel in Montreal erwähnt werden, die sich zur Zeit noch ausnahmslos im Bau befinden. Als vor kurzem vollendetes Beispiel wurde schon der Straßentunnel Rendsburg in Deutschland hervorgehoben. Bezüglich der Einzelheiten der Bauvorgänge soll aber hier nur auf die einschlägige Literatur hingewiesen werden.

### 6.4.2.3. Auflagerung und Fugenanschluß der abgesenkten Schwimmstücke

*6.4.2.3.1.* Die Schwimmstücke werden beim Absenken entweder auf zuvor hergestellte feste Auflagerblöcke oder auf eine Sandunterspülung aufgesetzt. Die *Auflagerblöcke* werden entweder vorher in der ausgebaggerten Leitrinne durch Unterwasserbetonierung hergestellt (vgl. Abb. 610) oder auf Pfahljochen erbaut (Abb. 613). Diese letztere Auflagerungsart stellt auch eine Möglichkeit für eine eventuelle Verankerung gegen Auftrieb und Sicherung gegen Abgleiten dar [207].

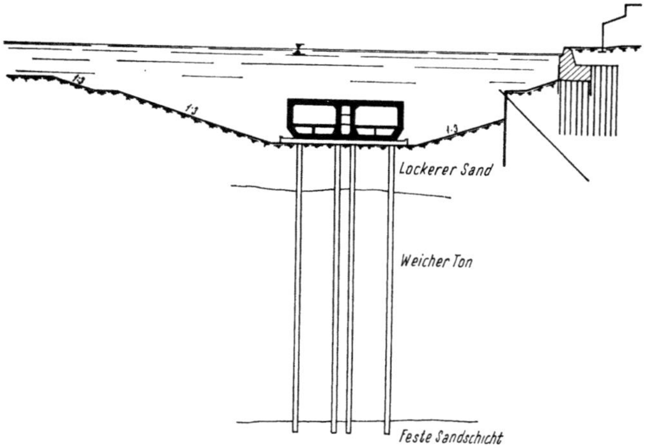


Abb. 613. Auflagerung auf Pfähle eines Abschnittes des Ij-Tunnels (Cobijt)

Eine sinnreiche Lösung zur Herstellung der Auflagerblöcke war in Kairo beim Bau eines Abwasserkanals verwirklicht [208]. Die Teilstücke des Abwasserstollens von 3,20 m Innendurchmesser wurden in Längen von 5 m auf dem Ufer hergestellt und dann zu 56 m langen Schwimmstücken verspannt. Auf diese

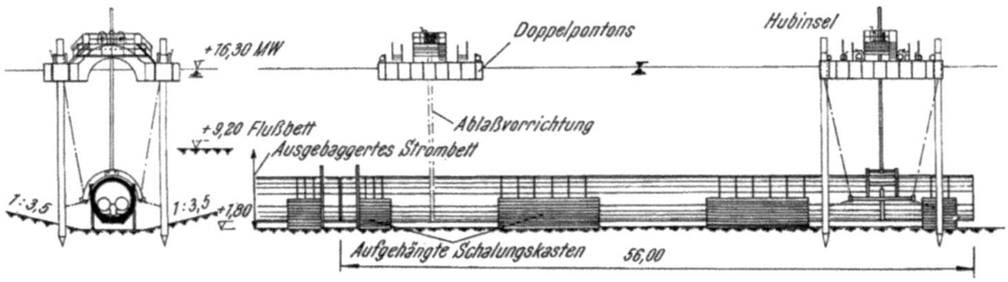


Abb. 614. Absenkvorrichtung des Abwasserstollens in Kairo (Hochtief)

Einheiten wurde — schon vor dem Stapellauf — die entsprechend versteifte Schalung der vorgesehenen je vier Auflagerblöcke aufgehängt. Nach erfolgtem Einschwimmen wurden die Schalungskasten mit dem großen Beton-Zuschlagstoff gefüllt und die auf Pontons bzw. Hubinseln aufgehängten Schwimmstücke in den zuvor ausgebaggerten Leitgraben abgesenkt (Abb. 614). Nach erfolgter Absenkung wurden die Schalungskasten der Auflagerblöcke unter dem Wasserspiegel mit Colcrete-Mörtel verpreßt; so wurde die Auflagerung hergestellt. Danach konnten die Anschlüsse zwischen den abgesenkten Schwimmstücken fertiggestellt, und zuletzt konnte die Ausfüllung mit einer gegen Auskolkung schützenden oberen Steinschüttung bis zur Bettsohle aufgebracht werden (Abb. 615).

Bei der Herstellung der festen Auflagerungen bieten die neuen hochtragfähigen Pfahlarten (Benoto, Bade, Salzgitter, usw.) eine wesentliche Erleich-

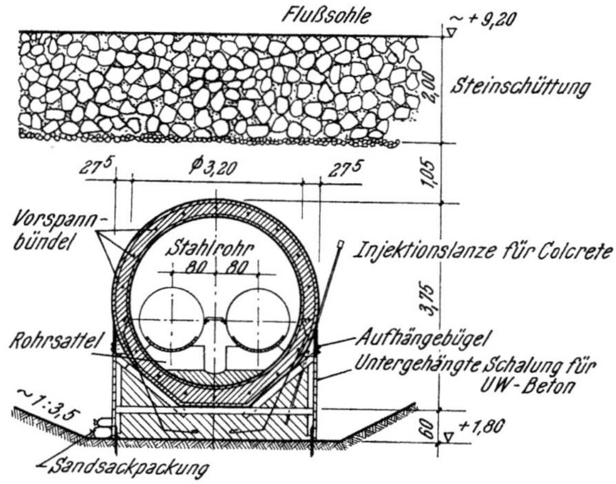


Abb. 615. Querschnitt des Abwasserstollens nach erfolgter Absenkung und Aufschüttung

terung, weil sie mit ihrer Tragfähigkeit von 500 bis 600 t schon in ganz geringer Zahl den erforderten Auflagerwiderstand leisten können. Den festen Auflagerungen kommt hauptsächlich in den schräg fallenden oder steigenden Tunnelabschnitten eine Bedeutung zu, in denen man auch die Abgleitungs- oder Verschiebungsgefahr im Kauf nehmen muß. So wurden die 35 m langen Schwimmstücke der Ij-Tunnels auf Pfahlblöcke aufgelagert (vgl. Abb. 613) und das Absenken mittels dazu verankerten mächtigen Flaschenzügen ausgeführt (Abb. 616).

In der Praxis hat sich jedoch erwiesen, daß die Tunnelstücke in den meisten Fällen (wenn also der Tunnel nicht eine ungewöhnlich hohe Steifigkeit besitzt, wie z. B. der Ij-Tunnel) biegsam genug sind, um etwaigen kleineren Ungleichmäßigkeiten einer elastischen Auflagerung (Bettung) ohne übermäßige Beanspruchung folgen zu können.

Deshalb liegen die meisten rechteckigen Tunnel auf einem unterspülten Sandbett. Der Unterspülvorgang ist schematisch in Abb. 617a dargestellt. Man begnügt sich manchmal mit einer vorherigen Ebnung der Sandbett-Oberfläche, die mittels sogenannter Planierpflüge (Abb. 617b) ausgeführt wird. Sie sind aber nur dann als wirklich wirksam zu betrachten, wenn sie nicht von Schwimmkörpern, sondern von einem festen Gerüst aus bewegt werden können, was jedoch nur ausnahmsweise der Fall ist.

*6.4.2.3.2.* Das andere Problem, das einer sorgfältigen Überlegung und Lösung bedarf, ist die *feste und wasserdichte Verbindung* der Schwimmstücke nach erfolgter

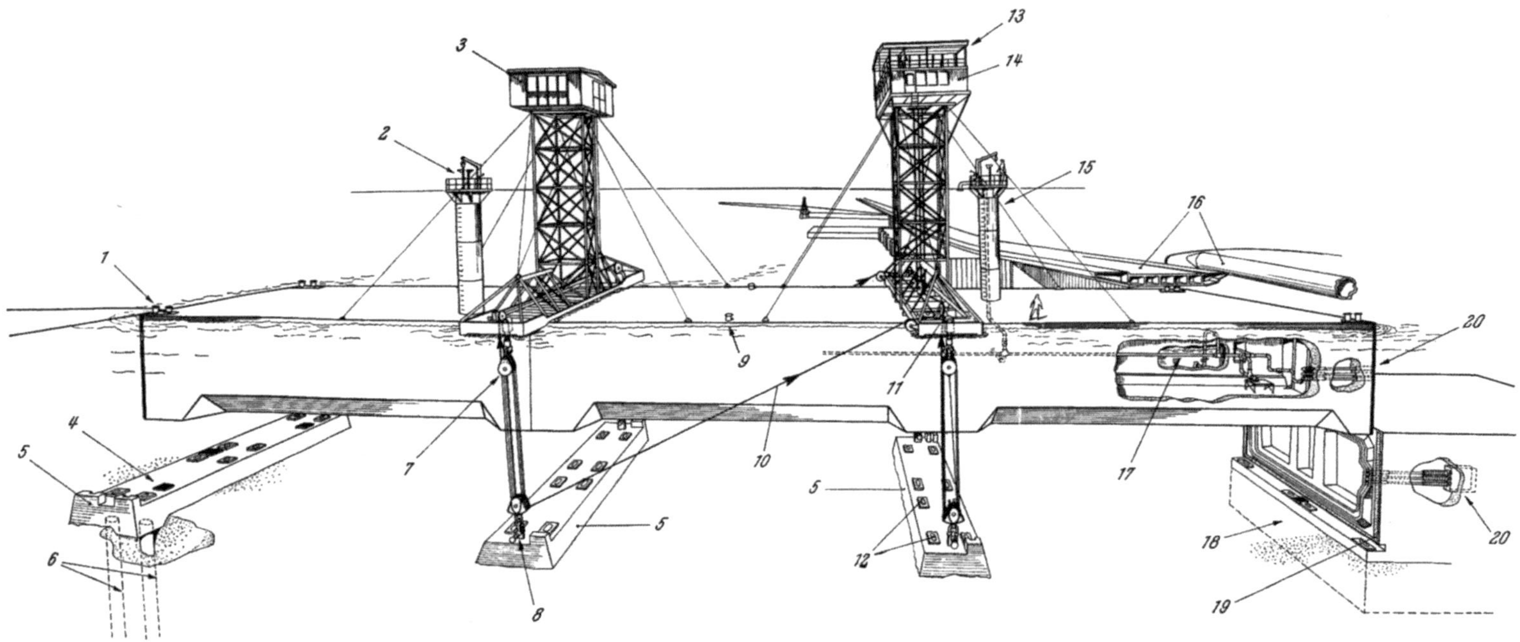


Abb. 616. Absenkungsvorgang und Ausbildung der vorher fertiggestellten Auflagerblöcke der 90 m langen Einheiten des Ij-Tunnels (Cobijt)

*1* Poller, *2* Einstiegschacht mit Arbeitsbühne, *3* Maschinenkammer, *4* Vorübergehende Auflager, *5* Stahlbeton-Auflagerholm, *6* Fundamentpfähle ⌀ 100 cm, *7* Flaschenzug, *8* Verankerung, *9* Poller, *10* Spannseil, *11* Zugseil, *12* Endgültige Auflagerblöcke, *13* Kommandostand, *14* Maschinenraum, *15* Einstiegschacht mit Arbeitsbühne, *16* Bedienungsbrücke, *17* Leitungssystem, *18* Schwimmkörper Nr. II, *19* Stahlblech-Anschluß, *20* Aussparung für Spannkabel

Absenkung und Auflagerung. Eine einfache Lösung wurde schon in Abb. 610 für stählerne Schwimmkästen gezeigt und dort auch beschrieben.

Der seitliche Anschluß der ersten Stahlbeton-Schwimmkörper (z. B. in Rotterdam) wurde auf ähnliche Weise durchgeführt. Zwischen die lotrechten Nutaus-

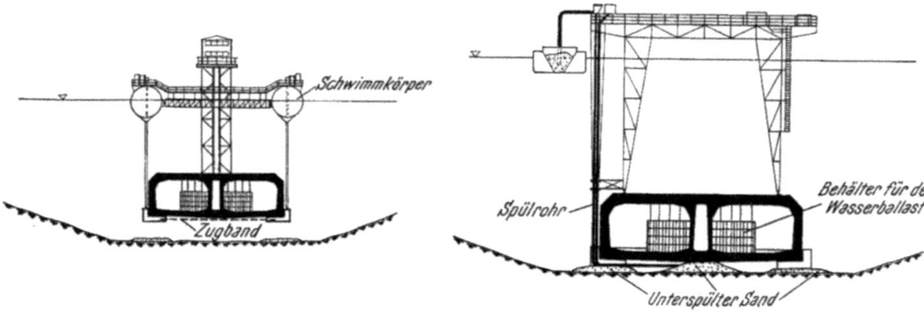


Abb. 617 a. Unterspülungsvorgang des Coen-Tunnels

sparungen der abgesenkten und nebeneinander liegenden Schwimmstücke wurde eine Doppelwand aus Stahl (außen Buckelblech und innen Spundbohlen) eingeschoben bzw. eingerammt, deren Zwischenraum mit Unterwasserbeton aus-

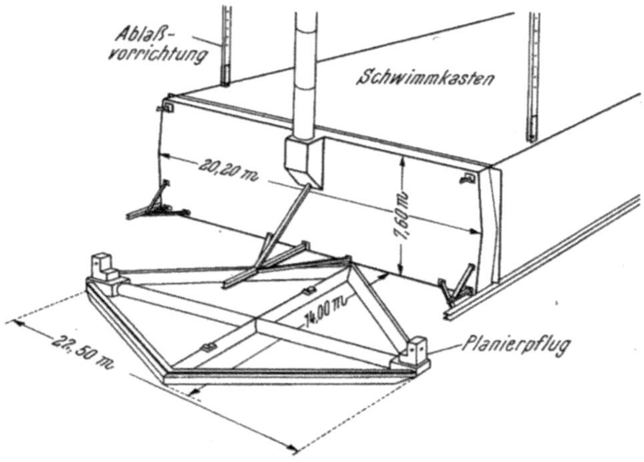


Abb. 617 b. Planierpflug des Rendsburger Tunnels

gefüllt wurde (Abb. 618). Hierauf wurde auf die Ränder der benachbarten Teilstücke — genau über die Fuge — eine Taucherglocke aufgesetzt. Unter Druckluft wurde der Arbeitsraum entwässert, die Decke über der Fuge eingezogen und sorgfältig in die Deckenkonstruktionen der beiden Teilstücke eingebunden. Unter dem Schutze einer Luftschleuse wurde schließlich vom Inneren des einen Teilstückes aus die der Fuge zugekehrte provisorische Abschlußwand durchbrochen (vgl. Abb. 618), das Wasser aus dem Fugenhohlraum völlig verdrängt und die Sohlplatte mit monolithischem Anschluß an die Seitenwandabschlüsse eingezogen.

Im weiteren wurden statt der stahlwandigen Anschlüsse mehr und mehr verschiedene, ringsum laufende Gummiring-Anschlüsse entwickelt und angewendet.

Die eine Lösung besteht darin, daß am Stirnrand des Kastenelementes ein an ihm befestigter Gummischlauch umläuft, der durch Einpumpen von Wasser an die Stirnwand des Nachbarelementes (möglichst in eine ausgesparte Nute dicht angepreßt wird. Um eine möglichst vollkommene Schließung zu erzielen, sind

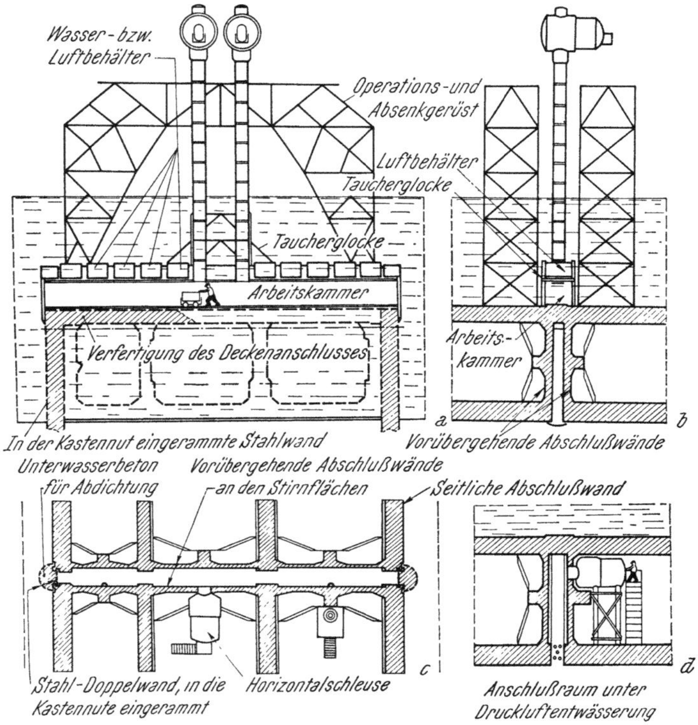


Abb. 618. Unterwasser-Anschlüsse der abgesunkenen Einheiten des Maas-Tunnels

in die einander gegenüberliegenden Stirnflächen der Kastenelemente Haken und Ösen einbetoniert, durch die mit Hilfe vorher angelegter und von Tauchern eingesetzter Zugvorrichtungen (eventuell durch vom Innenraum betätigte hydraulische Pressen) die Fugen zwischen den betreffenden Einheiten auf Maß herabgesetzt werden können, wobei die Dichtungsweite der Schlauchanordnung völlig ausreicht. Dann pumpt man aus diesem umschlossenen engen Zwischenraum das Wasser aus, wodurch der auf die freie Schottwand des neuabgesenkten Schwimmstückes wirkende Wasserdruck völlig zur Geltung kommt und die Dichtigkeit des Anschlusses noch erhöht. Abb. 619 zeigt eine Lösung, bei der die spezielle Gestaltung und die biegsamen Rippen des Gummischlauches das wasserdichte Anschließen gleichfalls begünstigen.

Danach werden die vorher eingebauten Mannlöcher in den Kopfschotten geöffnet, worauf man die Fuge durch Zusammenschweißen der eingebauten Stahldichtung und durch anschließendes Ausbetonieren endgültig schließt.

Im Prinzip bedient man sich auch heute dieser Lösung, jedoch mit der geringeren Abweichung, daß man statt des aufpumpbaren Schlauches aneinander anstoßende Vollgummibänder (GINA-Profil) benützt. Diese Dichtungsbänder sind aus mehreren Lagen (Abb. 620) zusammengesetzt, deren wechselnde Zusammendrückbarkeit nach Vorversuchen so gewählt wird, daß eine geeignete Dichtung sowohl bei anfänglichen kleinen Drücken als auch beim endgültigen Zusammenziehen ohne Beschädigung des Gummistreifens erzielt werden kann.

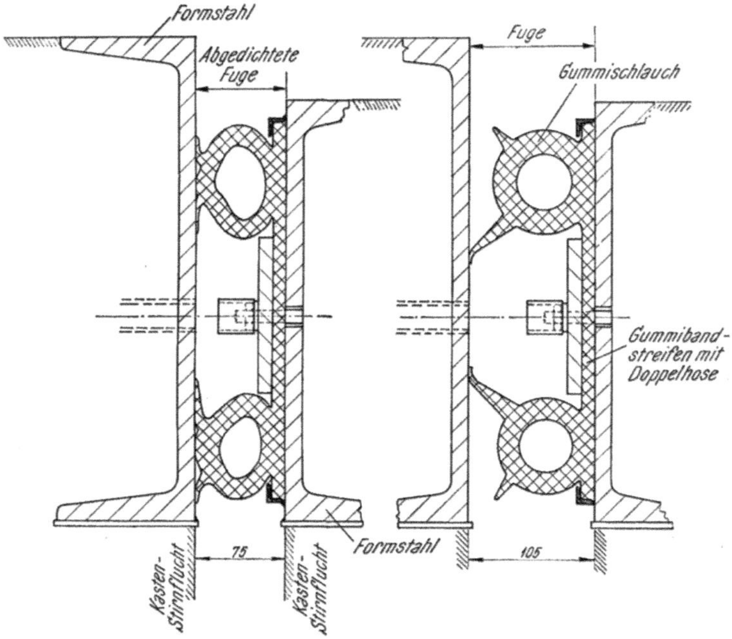


Abb. 619. Schlauchartige Gummibänder der Fugenabdichtung des Tingstad Tunnels

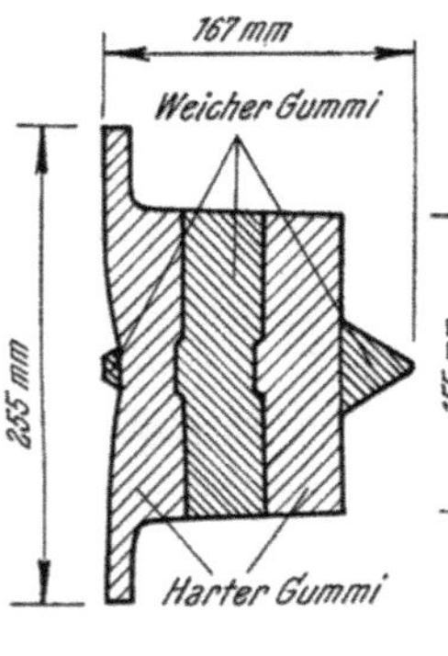


Abb. 620. Mehrschichtiges Vollgummiband für Fugenabdichtung (GINA-Profil)

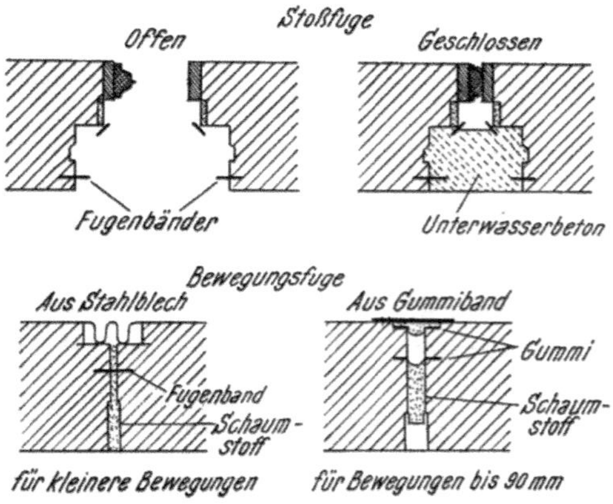


Abb. 621. Stoßfuge- und Bewegungsfuge-Ausbildungen des Ij-Tunnels

Diese aneinanderstoßenden Bänder sind an den Rändern der Schwimmstücke befestigt und umschließen die nach innen hin geordneten Nuten, die nach dem Zusammenschließen nicht nur ausbetoniert, sondern durch vorher eingebaute Kunststoff-Fugenbänder auch in sich wasserdicht gemacht werden können. Abb. 621 stellt sowohl eine derartige Lösung als auch Ausbildungsmöglichkeiten der zwischen den Einzelstücken anzuordnenden Bewegungsfugen dar. Wie schon erwähnt, können durch die Bewegungsfugen die vom ungleichmäßigen Aufliegen und darüber hinaus die von Temperaturunterschieden herrührenden Beanspruchungen wesentlich herabgesetzt werden.

Zum Schluß ist noch zu bemerken, daß neuerdings auch einige Unterwassertunnel für Schnellbahnen nach dem oben beschriebenen Einschwimmverfahren erstellt werden. Wegen der dynamischen Wirkungen müssen jedoch hier die Anschlüsse mit besonderer Sorgfalt ausgebildet werden. Als Beispiel sollen hier der Bau des Liljeholmen-Tunnels in Stockholm und einige Strecken der Metro Rotterdam erwähnt werden, bei denen die Tunnelstücke längs und quer vorgespannt waren. Dieses Verfahren hat sich bis jetzt in jeder Hinsicht als sehr günstig erwiesen [209].

## 6.5. Besonderheiten der Unfallverhütung und der Arbeitshygiene im Tunnelbau

### 6.5.1. Unfallverhütung

Seiner Natur nach gehört der Tunnelbau zu den besonders gefahrvollen Betrieben. Der enge Arbeitsraum in Stollen oder in den Arbeitskammern von Schilden, der feuchte und schlüpfrige Boden und Bodenbelag, die künstliche und oftmals ungenügende Beleuchtung, die nicht voraussehbare Lockerung des Firstgesteins, der Gebrauch von Sprengmitteln, das Beladen und Abschleppen der Hunte, das Entladen von Baustoffen, die Zugbildung und -zerlegung durch Kuppeln und Entkuppeln von Wagen, die Bedienung von Fördermaschinen und übertägige Maschinenräume können je für sich und allesamt zur Quelle von Unfällen werden. Trotzdem ist die Feststellung berechtigt, daß die Unfallverhütung in erster Linie eine Frage der Organisation ist, denn die Unfälle sind nur zu einem geringen Prozentsatz auf unabwendbare höhere Gewalt, wie etwa auf Einstürze, Verbrüche, Wassereinbrüche u. dgl. m. zurückzuführen, zum überwiegenden Teil bilden Fahrlässigkeit, Ordnungswidrigkeit und der Mangel an Reinlichkeit und Disziplin die Unfallsursachen.

Für jede Baustelle müssen von Anfang an strenge Sicherheitsvorschriften erlassen werden, die unbedingt einzuhalten sind und deren Einhaltung mit allen Mitteln durchgesetzt werden muß. Vor allen Dingen wird man folgende Gesichtspunkte zu beachten haben:

1. *Sämtliche Maschinen und Werkzeuge müssen in einwandfreiem Zustand* gehalten werden.

2. *Überflüssige Werkzeuge, Baustoffe* oder Maschinen *dürfen im Tunnel nicht gelagert werden.*

3. *Gehwege und Arbeitsbühnen müssen in gutem Zustand und sauber gehalten werden.*

4. *Sämtliche Arbeitsstellen sind gut zu beleuchten, die elektrischen Leitungen einwandfrei zu isolieren.*

5. Zwischen den einzelnen untertägigen Arbeitsstellen, Förderschächten, Maschinenräumen und Bauleitungen muß ein *gut funktionierendes und dichtes Fernsprechnetz* installiert werden.

6. Mit zahlreichen Unfallsmöglichkeiten muß *bei den Ausbruchsarbeiten selbst*, besonders bei den *Sprengarbeiten* [210] und beim *Abtransport der Ausbruchsmassen* gerechnet werden (sorgfältige Behandlung der Sprengstoffe). Die Ladung der Hunte darf das Lichtraumprofil keineswegs überschreiten. (Über die Wagen hinausragende Rohre, Maschinenteile u. dgl. können sich beim Fahren auf den ungleichmäßigen Gleisen leicht in der Rüstung verfangen!) Auch beim Kuppeln und Entkuppeln der Förderwagen oder bei der Zugtrennung können leicht Unfälle vorkommen.

7. Sämtliche *Aufzüge* und *Fördermaschinen* sind *mit höheren Sicherheitsgraden* auszulegen, damit sie gelegentlich auch überlastet werden können. Ihr Betrieb muß durch strenge Vorschriften geregelt werden. Besondere Sorgfalt wird man auf die automatische Fangvorrichtung (Reibgesperre) und auf *verläßliche Signalanlagen* zu verwenden haben. Wiederholt sind schwere Unfälle dadurch entstanden, daß der Förderkorb hochgezogen wurde, bevor noch der Förderwagen oder die anderweitige Ladung in ihm richtig festgemacht waren.

8. Die *Gesteinsabsplitterungen* bilden eine besondere Unfallsursache im Tunnelbau, weshalb Ulme und Firste zusammen mit der Zimmerung ständig sorgfältig überwacht werden müssen. Besonders wichtig ist es, *sogleich nach dem Abtun von Sprengschüssen das stehengebliebene Gebirge auf locker gewordene Gesteinsschichten zu untersuchen und diese vorsichtig hereinzunehmen* sowie die einzelnen Zimmerungsteile immer wieder sorgfältig auf Verformungen und Brüche zu überprüfen.

9. *Die gute Arbeitsschutzkleidung* (Schutzhelme aus Stahl, Gummistiefel, wasserfeste Anzüge, Schutzbrillen) sind unerläßliche Requisiten der Unfallverhütung. Besonders der gut sitzende Schutzhelm ist wichtig, da er nicht nur vor herabfallenden Gegenständen, sondern auch vor Kopfverletzungen durch Anstoßen an Steifen und Firstkappen schützt. Gegen Verletzungen durch herabfallende schwere Stücke und gegen Erkältung schützt den Arbeiter gutes, wasserfestes Schuhwerk.

10. Unerläßlich ist im Tunnelbau ein *gut organisierter Feuerlöschdienst* mit Schaumfeuerlöschapparaten usw. Besonders katastrophale Folgen hat ein Feuer in der Druckluft-Arbeitskammer.

## 6.5.2. Arbeitshygiene und Gesundheitsschutz

Die arbeitshygienischen Vorschriften regeln in erster Linie die ausreichende *Belüftung* der Arbeitsplätze, wie sie unter Punkt 4.6.5.1. bereits behandelt wurde. Ähnliche Bedeutung kommt der vor Erkältung schützenden Arbeitskleidung zu, d. h. dem guten Schuhwerk und der leichten, aber warmen Oberkleidung, die den Arbeiter vor der in der feuchten, dunstigen Tunnelluft besonders akuten Gefahr rheumatischer Erkrankungen bewahrt. Noch wichtiger aber ist es vielleicht, an den Baustellen Wasch- und Duschräume mit fließendem warmem Wasser und bequeme, reine Umkleide- und Ruheräume einzurichten und aufrechtzuerhalten.

An dieser Stelle wird es auch richtig sein, kurz auf die Bekämpfung der *Silikose*, der spezifischen Berufskrankheit von Mineuren, und der *Caissonkrankheit* einzugehen, die besonders bei der Druckluftentwässerung aufzutreten pflegt.

### 6.5.2.1. Silikose

Unter *Silikose* ist eine schwere Schädigung der Lungengewebe zu verstehen, die bei länger anhaltender Arbeit in der mit Quarzstaub verunreinigten Tunnelluft auftritt. Der Quarzstaub führt zu unheilbaren entzündlichen Veränderungen der Lungengewebe mit Schwielenbildung, die auch dann nicht saniert werden kann, wenn auf den Erkrankten kein Staub mehr einwirkt. Nach medizinischer Auffassung ist die Silikose eine Folge von chemischen Reaktionen, die Staubteilchen von weniger als 10 $\mu$ Teilchengröße mit der Lungenflüssigkeit eingehen. Selbst die Dauer der Expositionszeit ist noch ungeklärt — nach einzelnen Auffassungen beträgt sie 3 Jahre, wenngleich sich die Krankheit erst nach 5 bis 6 Jahren zu manifestieren pflegt —, offenbar hängt sie aber auch vom Gesundheitszustand der betreffenden Person und von ihrer Anfälligkeit für Lungenerkrankungen ab. Die Schwielen führen zu einer Einschränkung der Atmungsbreite und damit zu einer Überbeanspruchung des Herzens, der dieses schließlich nicht mehr gewachsen ist. Bisher ist weder die Ausschaltung der Entstehungsursachen noch die Heilung gelungen, die Krankheit nimmt ihren schicksalsgemäßen Verlauf, die Behandlung muß sich also auf die Linderung der Beschwerden beschränken.

Die Gefahr einer Erkrankung an Silikose ist in feuchter Luft — also im Tunnelbau — geringer als beispielsweise in Steinbrüchen oder bei Steinmetzarbeiten, d. h. in Betrieben, deren Luft schwebende Quarzstaubteilchen enthalten kann. In der Schweiz z. B. sind nach den dortigen behördlichen Vorschriften [211] zur Anmeldung ihrer Tätigkeit sämtliche Betriebe verpflichtet, in deren einatembarer Luft die infolge Transports oder Verwendung, Ausbruchs oder Bearbeitung vorhandenen festen Staubteilchen mehr als einen Monat lang mehr als 10% Quarz enthalten. Auf Grund dieser Anmeldung entscheidet sodann die Unfallsversicherungsanstalt, ob der betreffende Betrieb als silikosegefährdet anzusehen ist. Bejahendenfalls werden die Arbeiter der ständigen ärztlichen Kontrolle unterstellt, auch hat der Betrieb alle nötigen Arbeitsschutzmaßnahmen zu treffen (Beistellung von Arbeitskleidung und Atemschutzgeräten — Masken —, ferner Lüftung, Befeuchten, Besprengen, Naßbohren[1] usw.).

### 6.5.2.2. Druckluftkrankheiten

Mit der bei Arbeiten unter Druckluft auftretenden *Caissonkrankheit* sich besonders zu befassen, ist im Zusammenhang mit Tunnelbauten deshalb begründet, weil hier derartige Arbeiten in der Regel von weit längerer Dauer sind als bei Tiefgründungen. Während nämlich diese in 1 bis 2 Monaten beendet sind und sich selbst bei dichter Aufeinanderfolge kaum über einen Zeitraum von 1 bis 1,5 Jahren hinaus hinziehen — auch dann mit längeren Unterbrechungen und bei häufigem Wechsel zwischen niedrigeren und höheren Druckwerten —, halten sie beim Tunnelbau mehrere Jahre lang pausenlos an und müssen zudem in der Regel ständig unter hohem Druck verrichtet werden. Unter solchen Umständen scheint die

[1] Den wirksamsten Schutz bietet das Befeuchten der staubigen Luft und die Ummantelung der Abbaugeräte mit nassen Ledertaschen. Im Montblanc-Tunnel z. B. schlug sich der Staub im Arbeitsraum nur in Form eines feinen Schlammes nieder.

Befürchtung, der so andauernden Beanspruchungen ausgesetzte menschliche Organismus könne mit der Zeit ermüden und krankheitsanfälliger werden, durchaus begründet. Die Erfahrungen beim Bau der Budapester Untergrundbahn haben solche Befürchtungen *erst nach 10 Jahren bestätigt* (In einigen Fällen sind Gehirnstörungen und Knochenverdünnung aufgetreten). Demgegenüber konnte schon am Anfang festgestellt werden, daß die spezifische Erkrankungszahl (die Zahl der auf eine Ausschleusung entfallenden Erkrankungen) sprunghaft anstieg, sobald der Überdruck den Wert von 1,7 bis 1,8 at erreicht hatte. Dieser Grenzwert trat mit aller Schärfe etwa 1953 an der Baustelle 11 hervor, wo die Zahl der Erkrankungen (B) je Ausschleusung (K), der B/K-Wert, bei einem Überdruck von 1,8 at bei 1,8% lag und auf 0,2 bis 0,4% zurückging, nachdem man den Überdruck auf 1,5 at herabgesetzt hatte. Ein anderes Beispiel: Die Baustelle 9 hatte bei einem Überdruck von 0,7 at einen B/K-Wert von bloß 0,15% zu verzeichnen. Andererseits betrug der B/K-Wert im Durchschnitt des Jahres 1952 an sämtlichen Baustellen bei einem durchschnittlichen Überdruck von 1,7 at 0,84%. Aus diesem Grunde sollte der *Überdruck* beim Bau von Untergrundbahnen *nicht über 1,7 at angehoben werden*[1]. Eher sollte man sich damit abfinden, den Tunnel nicht mit dem der Sohlentiefe angepaßten Überdruck trocken zu halten — zumal hierbei auch Luftausbrüche aus dem Tunnelscheitel zu befürchten sind —, und es vorziehen, mit einem der Tunnelachsen- oder der Tunnelscheiteltiefe entsprechenden Überdruck zu arbeiten je nachdem, bei welchem Druckwert das einsickernde Wasser auch Bodenteilchen mitschwemmt. Bei Schilden mit größerem Durchmesser kommt man so mit Drücken aus, die um gut einige Zehntel niedriger liegen (vgl. Abb. 549).

Der Wechsel von Jahreszeit und Witterung läßt die Zahl der Erkrankungen — im großen und ganzen gesehen — unbeeinflußt. Nach amerikanischen Beobachtungen lagen dagegen die Erkrankungszahlen an den einzelenen Wochentagen unterschiedlich hoch. Beim Bau des Queens-Midtown-Tunnels [212] erreichten sie mit 0,4% den höchsten, an Montagen mit 0,12% den niedrigsten Stand, von dem sie bis Sonnabend wieder auf 0,2% anstiegen. Den Höchststand erklärt man sich aus der Ermüdung infolge der sonnabendlichen Vergnügungen, das neuerliche Ansteigen mit der Ermüdung infolge der anhaltenden Arbeit. Die amerikanischen Vorschriften begrenzen die Dauer der Arbeit im Überdruckraum auf höchstens 4 Stunden. Mit wachsenden Druckwerten sinkt diese Arbeitszeit, während die Ruhepausen länger werden, wie dies aus folgender Tabelle hervorgeht:

| Unter einem Überdruck (at) von | 0,00 bis 1,26 | 1,26 bis 1,84 | 1,84 bis 2,31 | 2,31 bis 2,66 | 2,66 bis 3,01 | 3,01 bis 3,36 | 3,36 bis 3,50 |
|---|---|---|---|---|---|---|---|
| Arbeitszeit (Std.) | 4,0 | 3,0 | 2,0 | 1,5 | 1,0 | 0,75 | 0,5 |
| Ruhepause (Std.) | 0,5 | 3,0 | 4,0 | 4,5 | 6,0 | 6,25 | 7,0 |
| Arbeitszeit (Std.) | 4,0 | 3,0 | 2,0 | 1,5 | 1,0 | 0,75 | 0,5 |

[1] Dieselben Zahlenwerte ergaben im Dartford-Tunnel bei einem Überdruck zwischen 1,5 und 2,1 at am Anfang der Arbeit 1,5%, in der Mitte der Arbeit 1% und am Ende 0,9%. Als Durchschnittswert wurde beim Bau des neuen Blackwall-Tunnels bei einem durchschnittlichen Überdruck von 1,8 at (Maximaldruck 2,5 at) 1,13% festgestellt [178, 189].

Vorteilhaft wirken sich auch veränderliche Ausschleusungsgeschwindigkeiten aus. Sie sollen zwischen 0 und 1,05 at bei 0,21 at/min, zwischen 1,05 und 1,4 at bei 0,14 at/min, zwischen 1,4 und 2,1 at bei 0,105 at/min und bei Drücken von mehr als 2,1 at bei 0,07 at/min liegen. Angewendet wurde auch das System der „stufenweisen Ausschleusung", d. h. auf den halben Wert senkte man den Überdruck mit größerer Geschwindigkeit (0,35 at/min), während man die andere Hälfte gleichmäßig und so langsam absenkte, daß damit die ganze, in obiger Tabelle angegebene Ausschleusungszeit ausgefüllt wurde.

Die Anwendung zweistufiger Ausschleusungskammern hat sich im allgemeinen als vorteilhaft erwiesen. Ärztliche Untersuchungen haben auch bestätigt, daß gesteigertes Einatmen von Oxygen während des Ausschleusungsvorganges die Ausscheidung des überschüssigen Nitrogens aus den Körperflüssigkeiten, Nerven und Muskel-Geweben beschleunigt. Außer mit Oxygen-Inhalationsversuchen wurden günstige Erfahrungen auch beim Queens-Midtown-Tunnel mit Oxygen-Helium-Gemischen gewonnen, die außerdem eine günstige Wirkung auf Gehörschwierigkeiten ausgeübt hatten. In der folgenden Tabelle ist die prozentuelle Verteilung der verschiedenen Beschwerden für drei verschiedene Städte angegeben. Die Beschwerden sind auf ziemlich gleiche Ursachen zurückzuführen. Daß zum größten Teil Schmerzen in den Gliedmaßen zu verzeichnen sind, rührt zweifellos davon her, daß die Luftporen aus den Gelenken sowie aus den Nerven und dem Muskelgewebe viel langsamer ausscheiden als aus den anderen Organen des menschlichen Körpers.

Die Verteilung nach Erkrankungsart zeigt in Budapest insofern ein ähnliches Bild, als zum überwiegenden Teil Schmerzen in den Gliedmaßen (Rheuma) auftraten (90%).

| | Budapest | New York Toronto | Glasgow (Clyde) |
|---|---|---|---|
| Schmerzen in den Gliedmaßen | 93% | 89,4% | 85% |
| Rumpfschmerzen | 1,7% | — | 0,2% |
| Zentralnervensystem, Kopf | — | 2,2% | 2,7% |
| Rückgrat | 5,2% | 7,3% | 8,0% |
| Atemnot | — | 0,9% | 0,1% |
| Bewußtlosigkeit mit Kollaps | 0,1% | 0,2% | 4,0% |

Im allgemeinen kann festgestellt werden, daß die Zahl der Erkrankungen beim Einsatz kleinerer, gut eingeübter und disziplinierter Arbeitergruppen wesentlich zurückgeht.

## Allgemeine Literatur zu Kapitel 6

Andreae, C.: Der Bau langer, tiefliegender Gebirgstunnel. Berlin: Springer. 1926.

Anonym: Leichtmetallschalungen für Stollen und Tunnelbauten. Schweiz. Bauztg. **1953**.

— Unterirdische Straßen und Parkierplätze. Zeitschr. des Ö. I. A. V. **1953**, H. 13–14.

— Technical Description of the Stockholm Underground Railway. Public Works Commission, 1958–1964.

— Das Bohren und Sprengen im Bergbau. (Furás és robbantás a bányászatban, ung.) Budapest: Müszaki Kiadó. 1961.

— Das Auffahren von Tunnels. (Prohodka Tunnelei, russ.) Leningradskij Inst. Inz. Zhel. Transp. Sbornik **1962**, 195.

Anonym: Tunnels und Untergrundbahnen. (Tonneli i Metropoliteni, russ.) Leningradskij Inst. Inz. Zhel. Transp. Sbornik **1963**, 302.

Bardout, G., u. P. Berny: La construction des tunnels, galeries et souterrains. Paris: Eyrolles. 1954.

Bassa, R., u. L. Kun: Handbuch der Sprengtechnik (Robbantástechnikai Kézikönyv ung.) Budapest: Müszaki Könyvkiadó. 1965.

Borch, H. I.: Luftverbrauch bei Schildvortrieben unter Druckluft. Bauingenieur **1967**, H. 2.

van Bruggen, J. P.: Der Maastunnel in Rotterdam. Bautechnik **1940**.

Caplan, I. B.: Lafontaine Tunnel Montreal. International Construction **1967**, März-April.

„Europe Goes Underground“ (Aufsatzreihe von Untergrundbahnen in Europa International Construction 1966 Nov. — 1967 Dez.)

Farber, M.: Le nouveau Tunnel d'Anvers. Revue Soc. Royale Belge des Ing. **1966**, H. 5.

Fink, E.: Der Ij-Tunnel in Amsterdam. VDI Zeitschrift **1955**, 119.

Havers, H. C. P.: Underground Railways at the World. London: Temple Press Books. 1966.

Herrmann, H. U.: Planung und Durchführung von Tunnelbauten in großen Profilen. Schweiz. Bauztg. **1964**, H. 50.

Hewett, B. H. M., u. S. Johanneson: Shield and Compressed Air Tunnelling. New York: McGraw Hill. 1922.

Hochtief Nachrichten: Tunnel und Stollenbau und Tunnelbauten. 1963.

— — Der Fußgängertunnel unter dem Nord-Ostseekanal in Rendsburg. **1966**, Febr.

Hugues, M.: Les Travaux de la ligne est-ouest du réseau express régional. Le Génie Civil **1965**, Apr. 15.

Kastner, H.: Einige beim Bau des Druckstollenabschnittes Lend gewonnene Erfahrungen. Öst. Zeitschr. für Elektrizitätswirtschaft **1959**, H. 2.

Kieser, A.: Druckstollenbau. Wien: Springer. 1960.

Kment, W., u. F. Parrer: Wiener Fußgängerpassagen. Der Aufbau **1966**, H. 1—2.

Lassen-Nielsen, M.: Der Deas-Island-Tunnel. Bautechnik **1960**, 394.

Limanow, Ju. A.: Untergrundbahnen. (Metropoliteni, russ.) Moskau: Zheldorizdat. 1960.

Linder, R.: Der vollmechanische kontinuierliche, profilgerechte Ausbruch unterirdischer Hohlräume. Bauingenieur **1967**, H. 4.

Mandel, A., u. H. Wagner: Verkehrstunnelbau, Bd. I. Berlin-München: W. Ernst u. Sohn. 1968.

Mencl, J., u. V. Mencl: Stollen und Tunnels. (Štolny a Tunely, tschech.) Bratislava-Praha: Statn. Vyd. Techn. Lit. 1962.

Meregalli, G.: La situazione attuale delle metropolitane nel mondo. Trasporti pubblici 1958.

Merkel, G., u. K. H. Schweichert: Die Verwendung des gußeisernen Tübbings im Tunnelbau. Bautechnik **1967**, H. 2.

Morgan, H. D., C. K. Haswell u. E. S. Pirie: Clyde Tunnel Design, Construction, Services. Proc. Inst. Civ. Eng. **1965**, Febr.

Niemann, H. J.: U-Bahnbau in Berlin. VDI Zeitschrift **1965**, H. 2.

Niewerth, F.: Unterirdische Verkehrsanlagen in Essen. Der Tiefbau **1967**, H. 2.

Patterson, W. H.: Subway Construction in Toronto. Toronto Transit Commission, 1963.

Péquignot, C. A.: Tunnels and Tunnelling. London: Hutchinson. 1963.

Pfahl- und Schlitzwände im Grund und Wasserbau. Wiss. Zeitschr. Hochschule für Bauwesen, Leipzig **1965**, H. 4.

Plantema, G.: Erkenntnisse beim Bau der Rotterdamer U-Bahn. Planung und Bau unterirdischer Verkehrswege, Wiesbaden **1964**, 208.

— Tunnelbau der U-Bahn Rotterdam. Revue de L'UITP **1966**, No. 3.

Prader, D.: Stollen- und Tunnelbau. Technik-Beilage „Der Bund“ **1965**, Sept. 15.

Proctor, R. V., u. T. L. White: Rock Tunneling with Steel Supports. Youngstown, Ohio: The Commercial Shearing and Stamping Co. 1946.

Rabcewicz, L.: Das Bohrproblem im modernen Tunnelbau. Schweiz. Bauztg. **1952**, 297.

Randzio, E.: Der Stollenbau. Berlin: Ernst. 1927.

RÓZSA, L., u. J. KELEMEN: Schwellzement zur Abdichtung von Tunnels aus gußeisernen Tübbings. Bautechnik **1962**, H. 5.

RUTSCHMANN, W.: Das Tunnelvortriebssystem Hughes für große Bohrdurchmesser. Schweiz. Bauztg. **1966**, Mai 19.

SÁROSI-SOHA-KELEMEN: Bentonit im Ingenieurbau. (Betonit az épitőiparban, ung.) Budapest: Müszaki Kiadó. 1960.

SCHENCK, W.: Grundbautechnische Fragen beim Unterwasser-Tunnelbau. VDI-Zeitschrift **1964**, 853.

SCHÖPPE, E.: Ein Beitrag zur Frage der Längsschnittgestaltung von Stadtschnellbahnen. Wiss. Zeitschr. T. U. Dresden **1965**, H. 6.

SCHULZE, H., u. H. DUDDECK: Spannungen in schildvorgetriebenen Tunneln. Beton u. Stahlbetonbau **1964**, H. 8, 169.

SEDLAČEK, J.: Stollen und Tunnels. (Štolny a Tunely, tschech.) Praha: Státní Nakladatelství Techn. Lit. 1954.

Senator für Bau- und Wohnungswesen, Berlin: Richtlinien für die Festigkeitsberechnung und bauliche Durchbildung der Baugrubenaussteifung und Abdeckung für Tunnelbauten der Städtischen Schnellbahn (RB); 1957. Innerdienstliche Anweisung.

SILL, O.: Parkbauten. Wiesbaden: Bauverlag. 1961.

SIMONS, H., u. H. WIND: Entwurf und Bau von zwei Unterwassertunneln unter dem Mittellandkanal. Bauingenieur **1967**, H. 4.

SINGSTAD, O., u. D. BAILLIE: Tunnels. Abbet's Am. Civ. Eng. Practice, Vol. I. New York: J. Wiley. 1956.

— Bau von Unterwassertunneln in den Vereinigten Staaten von Amerika. Zeitschr. VDI **1933**, 265.

STAMATELLO, M.: Unterirdische Bauwerke. (Budowe Podzemnie, poln.) Lodz, 1960.

Der Straßentunnel unter dem Nord-Ostseekanal bei Rendsburg. Festschrift, 1961.

Studien und Entwürfe für die Untergrundbahnen in Warschau. (Studia i projekty Metra w Warszawie 1928—1958, poln.) Warszawa: Wydanictwo „Arkady". 1962.

SWIDA, H.: Vorgespannte Druckstollen. Bautechnik **1959**, H. 4.

SZÉCHY, K.: Der Bau der neuen Budapester Untergrundbahn. Öst. Ing. Zeitschr. **1958**, H. 7.

— Besonderheiten im Bau der Budapester Untegrundbahnen. Öst. Ing. Zeitschr. **1967**, H. 4.

THOMSON, I. C.: Horizontal earth Boring. Proc. Inst. Civ. Eng. **1967**, April.

TIJSMANS, F.: De E-3, Antwerpen-Stad en Haven, E-Strade. Antwerpen, 1965, S. 31.

WAGNER, H.: Vortriebsmaschinen im Tunnelbau. Bautechnik **1963**, H. 7.

WIEDEMANN, R.: Stollenbauten in der neuzeitlichen Tunnelbautechnik. Berlin: Ernst. 1947.

ZANOSKAR, W.: Stollen- und Tunnelbau. Wien: Springer. 1947 und 1964.

# 7. Betrieb, Instandhaltung und Wiederherstellung von Tunneln

Tunnel sind Ingenieurbauten, die nicht nur an Entwurf und Ausführung besondere und heikle Anforderungen stellen, sondern wegen des beschränkten Lichtraumprofils, der schlechten Sichtverhältnisse und der unaufhörlichen zerstörenden Wirkung der Naturkräfte eine erhöhte Beobachtung der Betriebssicherheit, d. h. eine ständige Überwachung, größere und sorgfältigere Instandhaltungs- sowie häufigere, gründlichere und oftmals umfangreichere Instandsetzungs- und Wiederherstellungsarbeiten erforderlich machen, als sie bei Bauwerken anderer Art üblich sind.

## 7.1. Aufgaben und Organisation des Instandhaltungs- und Betriebsdienstes

Die Instandhaltung von Tunneln gliedert sich in zwei große Gruppen von Aufgaben, in die Erhaltung des Mauerwerks und in die der Verkehrswege im Tunnel. Mit ziemlicher Bestimmtheit kommt die Zweiteilung bei Eisenbahntunneln [213] zur Geltung, weniger ausgeprägt ist sie bei Straßentunneln, und vollends untrennbar voneinander sind die beiden Aufgabenkreise bei Schiffahrtstunneln bzw. bei Druck- und Förderstollen. Besonders scharf ist dagegen die Trennung bei den U-Bahntunneln.

Die Instandhaltung von *Eisenbahntunneln* richtet sich nach folgenden wichtigeren Gesichtspunkten:

1. Regelmäßige Überwachung und Kontrolle von Form, Ausmaßen und Lichtraumprofil des Tunnels.

2. Überwachung der Wirksamkeit und des Zustandes der Wasserableitung und Dichtung sowie der Gleiskörper und ihre Instandhaltung.

3. Systematische Beobachtung des Mauerwerks auf seinen Zustand (Frostschäden, Einfluß von Rauch und Wasser, Verwitterung, Durchsickern, Risse, örtliche Deformationen usw.) und entsprechende Messungen.

### 7.1.1. Tunnel-Überwachung

Die *Form des Tunnels* wird durch systematische Vermessung überwacht, die — auf die Gleisachse bezogen — entweder auf unmittelbarem mechanischem oder neuerdings auf optischem Wege vorgenommen wird.

Zur mechanischen Vermessung dient ein fahrbarer Meßwagen mit aufgebauter Meßbühne und Meßarmen. Zur Bestimmung der $x$- und $y$-Koordinaten eines

Punktes eignet sich z. B. der in Abb. 622 dargestellte Meßwagen, doch können zur Punktbestimmung auch die sonst zur Überprüfung des Tunnelmauerwerks dienenden fahrbaren Gerüste benützt werden (vgl. Abb. 633), sofern sie selbst genügend steif und die Gleise in gutem Zustand sind und ihre Lage in bezug auf die Tunnelachse als fix bzw. überall als genau bekannt angesehen werden kann.

In den fertiggestellten Tunnelabschnitten der Budapester Untergrundbahn verwendete man zur Profilmessung und -kontrolle Meßgestelle, die in Abständen

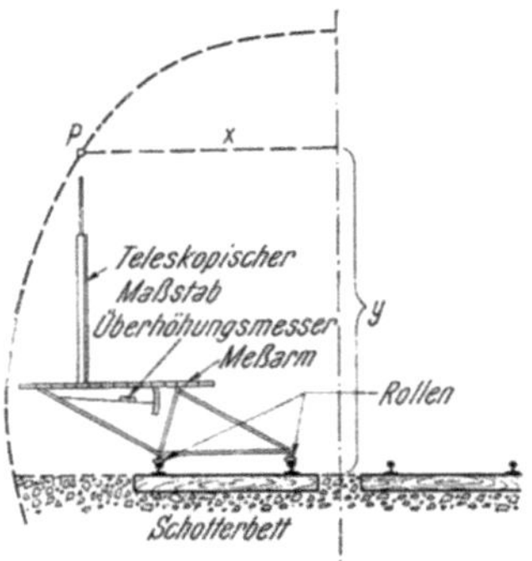


**Abb. 622. Fahrbarer Gleiswagen für die Einmessung der Tunnelfläche**

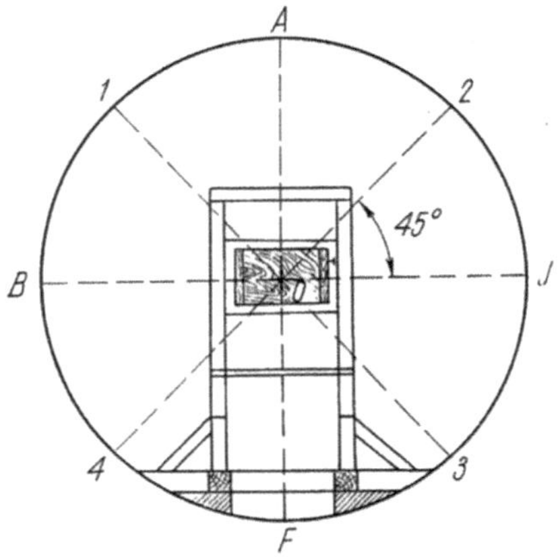


**Abb. 623. Skizze der Kontrolleinmessung bei den Budapester Untergrundbahnen**

von je 4 m aufgestellt waren. Zu bestimmen waren die Entfernungen der Endpunkte der lotrechten und waagrechten sowie der gegen diese um 45° geneigten Profildurchmesser vom Mittelpunkt. Durch maßstabgerechte Auftragung der Durchmesserendpunkte in bezug auf die Tunnelachse sowie durch Auftragung der entsprechenden Profilbegrenzungslinie läßt sich feststellen, ob der Tunnel richtig ausgeführt ist. Zur Messung selbst wird in dem zu vermessenden Profil ein Gestell gemäß Abb. 623 so in Position gebracht, daß die Fläche eines etwa $60 \times 80$ cm großen Reißbretts in die Profilebene zu liegen kommt. Diese wird abgesteckt, indem man zwischen die Endpunkte des waagrechten Profildurchmessers eine Schnur spannt und sodann das Reißbrett mit Hilfe einer einfachen Libelle senkrecht stellt.

Das Reißbrett mit dem aufgespannten Zeichenblatt muß so eingestellt werden, daß es von der entwurfsgemäßen Tunnelachse etwa in der Mitte geschnitten wird. Der entwurfsgemäße Profilmittelpunkt wird folgendermaßen bestimmt. Mit dem Theodolit stellt man sich im letzten Tunnelachsenpunkt auf und zielt nach rückwärts den vorletzten Achsenpunkt an. In dieser Lage wird die Alhidade festgeklemmt, das Fernrohr um die Horizontalachse durchgeschlagen und auf dem Zeichenblatt ein Punkt eingewiesen. Hierauf wird die Alhidade um ihre Vertikalachse gedreht, der rückwärts gelegene Punkt von neuem angezielt, die Alhidade neuerdings festgeklemmt und nach Durchschlagen des Fernrohrs um seine Horizontalachse auf dem Zeichenblatt ein weiterer Punkt eingewiesen. Fällt dieser mit dem zuvor eingewiesenen nicht zusammen, wird die endgültige Marke in den Halbierungspunkt zwischen den beiden eingewiesenen Marken eingezeichnet.

Sodann verlängert man die Marke mit Hilfe der Libelle mit dem Bleistift in senkrechter Richtung, um schließlich auf ihr mit Nivellierinstrument und Meßlatte die entwurfsgemäße Stelle (0) des Mittelpunktes anzuzeichnen.

Hat man auf diese Weise den Mittelpunkt auf dem Zeichenblatt fixiert, trägt man auf diesem die Richtung der waagrechten und lotrechten sowie der um 45° geneigten Durchmesser auf.

Schließlich hält man das eine Ende eines Meßbandes in den Mittelpunkt und mißt jeweils in der Verlängerung der aufgetragenen Durchmesser der Reihe nach

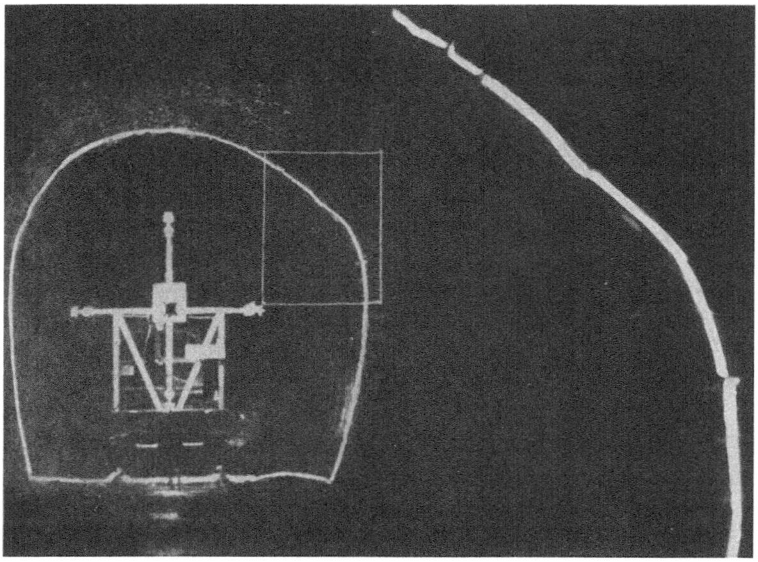

Abb. 624. Lichtraumprofil-Einmessung durch Lichteffekt

den Abstand der Durchmesserendpunkte *B*, *J*, *A*, *F*, *1*, *2*, *3* und *4* vom Mittelpunkt.

Bemerkt sei hier, daß der Tunnelinstandhaltungsdienst der Moskauer Metro und einzelner westeuropäischer Länder für die Profilmessung nicht feste Gerüste, sondern fahrbare Meßwagen mit aufmontierten *Meßfühlern* benützt [214].

Mit größerer Genauigkeit arbeiten die neuerdings in Gebrauch gekommenen *optischen Profilprojektoren* [215]. Dem Wesen nach projiziert die Einrichtung von einem beliebigen Projektionszylinder aus eine Strahlenscheibe der Breite *d* senkrecht auf die Tunnelwand, die die Strahlen reflektiert, so daß sich auf ihr der Umriß des Tunnelprofils scharf abzeichnet. Dieses Umrißbild wird auf der Platte eines in bestimmtem Abstand von der Projektorachse zentrisch fixierten Photoapparates festgehalten. Vergleichsweise wird auf die Platte auch eine Basislänge aufgenommen. In bezug auf diese und auf die Achse des Projektionszylinders kann also das Umrißbild sehr genau ausgewertet werden (Abb. 624). (Rechts im Bilde, von einem Rechteck eingeschlossen, ist die Vergrößerung des verformten Umrißteiles wiedergegeben). Die Breite *d* des Strahlenbündels soll 1/100 der Entfernung nicht überschreiten, da sonst das Bild unscharf wird. Ist die Lage des Gleises und des Projektionswagens in bezug auf den Tunnel fix und konstant, eignet sich das Verfahren, sofern man auf eine Platte fortgesetzt mehrere Profile aufnimmt, auch zu unmittelbaren Streckenaufnahmen bzw. Vergleichen. Die Meßgenauigkeit liegt erfahrungsgemäß innerhalb einer Fehlergrenze von 2 bis 3 mm, die Messungen selbst können außergewöhnlich rasch abgewickelt werden.

Ein in der Sowjetunion entwickeltes Spezialgerät gestattet die trigonometrische Bestimmung der einzelnen Umrißpunkte durch Leuchtpunktprojektion und Winkelmessung [216]. Bei dem Gerät handelt es sich um einen Theodolit mit einer horizontalen Kippachse, die in einer mit Fußschraube versehenen Alhidade drehbar gelagert ist. An dem einen Kippachsenende ist in lotrechter Ebene ein Fernrohr befestigt, in welchem sich auch eine Lichtquelle befindet. An dem anderen Ende der Kippachse befindet sich ein zweites Fernrohr, welches in einer zur erwähnten Vertikalebene parallelen Ebene um die horizontale Achse durchgeschlagen werden kann. Der feste Abstand zwischen den beiden Fernrohrachsen bildet die Basislänge ($A$) der Messung. Zielt man mit dem drehbaren Fernrohr die vom fixen Fernrohr auf die Mauer projizierte Lichtmarke an, erhält man die Höhenordinate (den Radiusvektor) des angezielten Punktes aus dem abgelesenen Höhenwinkel anhand der Formel $\varrho = A \cdot \tan \gamma$ (Abb. 625). Bei Messung des vollen Querschnitts wird die die Basis repräsentierende Achse in senkrechter Ebene geschwenkt, worauf der Radiusvektor jeden beliebigen Punktes, vom fixen Fernrohr gerechnet, aus den rechtwinkligen Dreiecken bestimmt werden kann. Stellt man sich also mit dem Gerät in der Tunnelachse auf, hat man die Möglichkeit, die auf sie bezogenen Polarkoordinaten sämtlicher Punkte zu ermitteln.

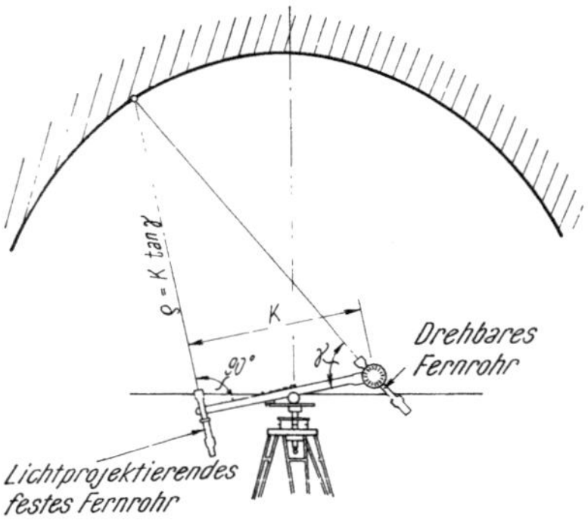


Abb. 625. Optischer Einmeßvorgang auf trigonometrischer Grundlage

Aus etwaigen Deformationen der Profilform, vornehmlich aber auf Grund fortgesetzter Beobachtungen ihres Verlaufs lassen sich wertvolle Rückschlüsse auf die das Profil beanspruchenden Kräfte und auf die Widerstandsfähigkeit des Profils ziehen, wenngleich sich die Tatsache, daß die Profile früherer Tunnel meist schon bei der ursprünglichen Ausführung ungenau ausgebildet waren, auf solche Rückschlüsse störend auswirken kann. Aus diesem Grunde müssen Verformungen sogleich nach Abschluß der Bauarbeiten festgestellt und von da ab ständig und längere Zeit hindurch beobachtet werden.

## 7.1.2. Die Einrichtungen für die Wasserableitung sowie die Dichtung

Die Einrichtungen für die Wasserableitung sowie die Dichtung bzw. ihr Zustand werden ebenso wie der des *Bahnkörpers* im Zuge regelmäßiger Begehungen überwacht, wobei man das Augenmerk in erster Linie auf die Wirksamkeit und den Zustand der Wasserableitung, auf Mauerflecken, auf Schwitzwasserbildung und eventuelles Perlen am Mauerwerk, auf das Eindringen von Wasser durch Mauerwerksfugen, auf Kalkausblühungen oder auf Korrosionsanzeichen zu richten hat. An diesem Punkt geht die Überwachung bereits in die ständige Beaufsichtigung des Mauerwerks über. Vor allem müssen jedoch die Entwässerungseinrichtungen, die Abflußrinnen sowie die Röschen innerhalb des Profils auf eventuelle Verstopfung, Verschlämmung oder auf Risse systematisch geprüft werden.

### 7.1.2.1. Die Überwachung des Bahnkörpers

Die Überwachung des Bahnkörpers hat sich auf die ständige Kontrolle des Oberbaues und der Bettung, insbesondere auf die Lage sowie auf eine eventuelle Durchbiegung und Verwerfungen der Gleise zu erstrecken. In Tunneln bedarf es einer besonders sorgfältigen Überwachung, einerseits weil Gleisanlagen und Schienen in Tunneln erfahrungsgemäß einer weit stärkeren Abnützung und leichteren Beschädigung ausgesetzt sind als auf freier Strecke (vgl. hierzu Kap. 7.2.1.8.), andererseits weil eventuelle Zugentgleisungen in Tunneln katastrophale Folgen haben. Besonders schwerwiegend können sich Schienenbrüche auswirken, weshalb auf die laufende Überprüfung der Schienenbefestigung, der Schienenstöße und des Zustandes der Schienen besondere Sorgfalt aufgewendet werden muß. Aus diesem Grunde und wegen der schlechten Sichtverhältnisse wird man den Zustand der Schienen bei den täglichen Gleisbegehungen über die üblichen Prüfungen hinaus auch durch Abklopfen und durch Unterspiegelung kontrollieren. Die Gleisanlagen von Untergrundbahnen werden zusätzlich monatlich zweimal mit Defektoskop-Wagen zur Überwachung der Gleise nach dem Magnetpulverprüfverfahren und mit Spurmeßdraisinen befahren. Selbstredend werden die Gleise regelmäßig auch auf ihre horizontale und auf ihre Höhenlage, auf Verwerfungen, Überhöhungen und Senkungen geprüft. Bei Untergrundbahnen erstreckt sich die Überwachung auch auf die Lage, den Zustand, die Befestigung und Isolierung der Stromschiene. Die Lage der Gleise in bezug auf das Festpunktnetz an der Tunnelmauerung muß gleichfalls regelmäßig überprüft werden, und zwar in Krümmungen häufiger als auf geraden Strecken.

### 7.1.2.2. Überwachungsvorschriften bei den Budapester Untergrundbahnen

*Bei der Budapester Untergrundbahn* richten sich die Verlegung der Gleise und die Überprüfung ihrer Lage nach folgendem Festpunktnetz:

Wie unter Kap. 5.2.1. bereits ausgeführt, muß das geodätische Festpunktnetz bzw. Koordinatensystem, das dem Entwurf und der Absteckung des Bauwerks zugrunde gelegt werden soll, schon vor Beginn der Entwurfsarbeiten für die Untergrundbahn vorliegen.

Im fertiggestellten Tunnel und ganz besonders in dessen Krümmungen müssen die Gleise mit höchster Genauigkeit verlegt werden, da bei den hohen Geschwindigkeiten des U-Bahnbetriebes der ruhige Gang der Fahrzeuge nicht zuletzt auch von der präzisen Gleisverlegung abhängt.

Naturgemäß wird das fertige Bauwerk gegenüber dem Entwurf selbst bei sorgfältigster Absteckung und Ausführung Abweichungen aufweisen, weshalb die Gleisachse erst nach präziser Vermessung des fertigen Tunnels (vgl. Kap. 7.1.1.) endgültig festgesetzt werden kann. Beim Entwurf werden die Gleichungen der Gleisachsengeraden und -bogen anhand des geodätischen Koordinatensystems aufgestellt.

Zugleich mit der Vermessung wird im Tunnel auch ein Festpunktnetz angelegt, welches die Grundlage für die einfache und präzise Absteckung der Gleisachsen bei der Gleisverlegung selbst und im weiteren für die regelmäßige Überprüfung der Gleislage nach Aufnahme des Betriebes bildet.

Zur Bezeichnung der Punkte dienen Bohrungen von etwa 2 mm Durchmesser in Eisenbolzen (Tyrefonds), die in Abständen von 15 bis 20 m an beiden Seiten des Tunnelmauerwerks an einander in gleicher Höhe gegenüberliegenden Stellen einbetoniert werden. Diese Punkte werden an den präzisen Polygonzug, der durch Anschluß an das Koordinatensystem des übertägigen Triangulationsnetzes im

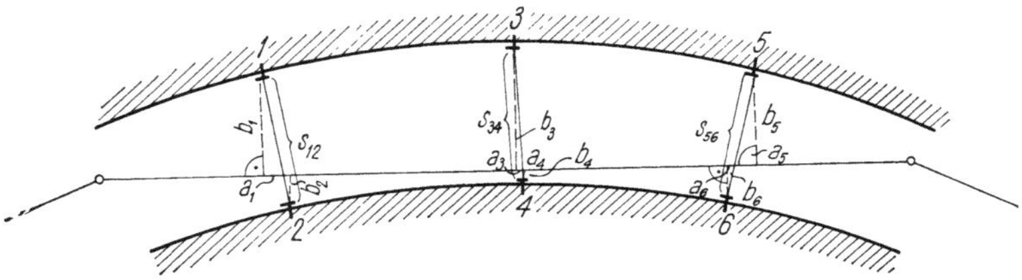


Abb. 626. Einmessung des fertigen Tunnels zum Zwecke der Gleisabsteckung

Tunnel angelegt wurde, durch präzise Messung rechtwinkliger Koordinaten angeschlossen (Abb. 626). Bei dieser Punktfestlegung werden mit dem in den Polygonpunkten aufgestellten und in die Richtung der Polygonseite eingestellten Gerät vom entsprechend gespannten Meßband die Ordinaten normal auf die Meßlinie abgelesen. Durch geringfügiges Hin- und Herbewegen des Meßbandes erhält man die der senkrechten Aufstellung zugeordneten kleinsten Ordinatenwerte.

Die Genauigkeit der Bestimmung läßt sich noch steigern, wenn man die Messung von zwei gegenüberliegenden Punkten aus vornimmt und bei unveränderter Beibehaltung der Ordinaten die Abszissen wie folgt korrigiert:

Es seien die Abszissen der Punkte 1, 2, 3 und 4 gemäß Abb. 626 der Reihe nach $a_1$, $a_2$, $a_3$ und $a_4$, ihre Ordinaten hingegen $b_1$, $b_2$, $b_3$ und $b_4$ und schließlich der Abstand zwischen den einander gegenüberliegenden Punkten $s_{12}$ und $s_{34}$. Dann ist

$$a_2 - a_1 = \sqrt{s_{12}^2 - (b_1 - b_2)^2}. \tag{338a}$$

Bezeichnet man die Meßergebnisse mit $(a_1)$ und $(a_2)$, dann gilt im allgemeinen

$$a_2 - a_1 \gtrless (a_2) - (a_1), \tag{338b}$$

und bezeichnet man die Differenz der Differenzen mit $\Delta a$, hat man für die korrigierten Abszissen

$$\left.\begin{aligned} a_1 &= (a_1) \pm \frac{\Delta a}{2} \\ \text{und} \quad a_2 &= (a_2) \mp \frac{\Delta a}{2} \end{aligned}\right\}. \tag{338c}$$

Im zweiten Glied der Gl. (338c) hat $a_1$ ein positives, $a_2$ ein negatives Vorzeichen, wenn — in dem in Abb. 626 dargestellten Fall —

$$(a_1) - (a_2) < a_1 - a_2,$$

und ein negatives bzw. positives Vorzeichen, wenn

$$(a_1) - (a_2) > a_1 - a_2.$$

Ermittelt man die Punktkoordinaten auf Grund der korrigierten Abszissen, dann stimmen die anhand der Koordinaten berechneten Entfernungen in jedem Falle mit den effektiv gemessenen Längen überein.

Aus den bekannten Punktkoordinaten lassen sich nun die durch die einander gegenüberliegenden Punkte bestimmten Geraden und ihre Schnittpunkte mit der Gleisachse rechnerisch ermitteln, so daß diese zwischen den Basispunkten präzise abgesteckt werden können.

Zugleich mit den Basispunkten kann auch die Lage der anderweitigen für den Entwurf nötigen Bauteile (Pfeiler, Bahnsteigkanten usw.) bestimmt werden, doch genügt bei diesen eine weniger hohe Genauigkeit als bei der Bestimmung der Basispunkte.

### 7.1.3. Der Zustand des Tunnelmauerwerks

Der Zustand des Tunnelmauerwerks wird im allgemeinen mit dem des Oberbaues überwacht, und auch die Instandhaltung der beiden Bauteile wird für gewöhnlich vom gleichen Dienst besorgt. Im Hinblick auf ihre große Bedeutung wurden jedoch die beiden Arten der Unterhaltungsarbeiten z. B. bei der Moskauer Untergrundbahn neuerdings voneinander getrennt. Die Aufgabe besteht in erster Linie in der ständigen Überwachung des Mauerwerks, in seiner Überprüfung auf Abblätterungen, auf das Ausrieseln des Mörtels aus den Fugen, auf das Auftreten und die Ausbreitung von Wasserflecken, Rissen und Wassereinbrüchen sowie auf die Registrierung von Verformungen, Verdrückungen usw. Sehr wesentlich ist es vom baulichen Gesichtspunkt aus, das Auftreten von Rissen systematisch zu beobachten. Risse wird man vor allem an Stellen antreffen, an denen zwischen zwei benachbarten Bauteilen Unterschiede, sei es in der Belastung, sei es in der Wandstärke, bestehen. Besondere Schwächestellen bilden auch von diesem Gesichtspunkt aus die Tunnelportale und die in die Widerlager eingelassenen Tunnelnischen, an denen sich auch ohne Belastungsänderungen Risse zu zeigen pflegen, die auf Ablösungen hinweisen. Belastungsänderungen ergeben sich im übrigen sowohl aus Änderungen in den Festigkeitseigenschaften der wechselnden Schichten als auch beispielsweise aus Änderungen in der Überlagerungshöhe (Höhenstufen!). *Risse infolge Belastungs- oder Querschnittsänderungen verlaufen* übrigens *senkrecht zur Tunnelachse,* doch entstehen solche Querrisse selbstverständlich auch dann, wenn aus dem Schichtwechsel auch in der längsgerichteten Auflagerung und Abstützung des Tunnelprofils Unterschiede resultieren (z. B. bei senkrecht auf das Streichen geführten Tunneln).

*Achsparallel verlaufende,* d. h. *Längsrisse bilden dagegen einen Beweis dafür, daß die Tragfähigkeit des Profils seiner Beanspruchung nicht mehr gewachsen ist.* Sie treten zumeist im Gewölbescheitel oder nahe an diesem sowie in den Kämpfern auf. Ihre unmittelbare Ursache haben sie entweder darin, daß die Beanspruchung von außen größer ist als berechnet, oder darin, daß das Profil nicht die angenommene Abstützung findet. So konnten beispielsweise die Widerlager eine Verschiebung nach außen erfahren haben, sei es wegen der niedrigen Bettungsziffer des anliegenden Bodens, sei es deshalb, weil sie nicht satt an das ausgebrochene Gebirge angemauert worden waren, so daß die Kämpfer vom Bogenschub nach außen gedrückt werden konnten. Zeigt ein Längsriß im Gewölbescheitel eine Verbreiterung nach der Gewölbeleibung hin, kann auf das Vorliegen dieser Ursache geschlossen werden. Verbreitert sich hingegen der Riß nach dem Gewölberücken hin, dann muß eine Widerlagerbewegung nach innen unter dem Einfluß großer Seitendrücke vorliegen, worauf übrigens auch an den Kämpfern auftretende, nach innen zu sich öffnende Risse hinweisen. (Häufig können aber diese letzteren auch beim Fehlen eines Sohlgewölbes entstehen.) Längsrisse am unteren Teil der Widerlager dagegen lassen auf Setzungen ihrer Fundamente schließen. Lotrechte Bewegungen verursachen im allgemeinen nur dann Risse, wenn es sich um ungleichmäßige Bewegungen handelt. Solche Risse verlaufen eventuell auch schräg und klaffen jedenfalls weniger stark.

Aus den genannten Gründen können auch zwei bis drei zur Gleisachse parallel laufende Risse vorkommen. Sind sie kurz, lassen sie sich auf lokale Überspannungen oder auf Mängel im Material der Mauerung, aber auch auf örtliche Fehler in der Ausführung zurückführen. Am Zustandekommen derartiger örtlicher und unregelmäßiger Risse können die verschiedensten Ursachen (Grund- oder Kluftwasser, Frost, Verkehrslasten, Rauch, Luftströmung u. a. m.) beteiligt sein.

Außerordentlich wichtig ist es, *sämtliche Risse daraufhin zu beobachten, ob sie sich fortsetzen und zunehmend klaffen oder unverändert bleiben.* Zu diesem Zweck zeichnet man ihre Enden an, während man die Zunahme ihrer Breite mit Hilfe von Marken (eingemauerten Metallplättchen, Gips- oder Mörtelaufstrichen) mißt, die man an den beiden Seiten der Risse einander gegenüber anbringt. In einfacheren Fällen werden sie mit Glasplättchen oder Gipspflaster überklebt. Die Messung des Abstandes zwischen den beiden Marken in regelmäßigen Zeitabständen gestattet es, das „Atmen“, das zunehmende Klaffen der Risse in Zeitdiagrammen darzustellen. Hat sich der Riß konsolidiert, wird man ihn, um das Eindringen von Wasser und Luft mit seinen schädlichen Auswirkungen zu verhindern, möglichst bald ausmeißeln und in gut einbindender Form (schwalbenschwanzförmige Aushöhlung, Drahtnetzverankerung usw.) mit Mörtel — eventuell mit Torkretputz — ausfüllen. Hört die Bewegung nicht auf, muß die Ursache des Risses unbedingt geklärt und der Schaden durch Ausschaltung der Ursache behoben werden.

Außer auf Deformationen und Bewegungen muß das Mauerwerk auch auf etwaige Hohlräume hinter der Tunnelwand untersucht werden. Hierzu genügt es bei geringeren Wandstärken, jeden einzelnen Stein, bei monolithischer Auskleidung hingegen jedes Quadratmeter abzuklopfen. Ein dumpf hohler Klang zeigt die Stelle eines Hohlraumes an. Hinter stärkerem Mauerwerk lassen sich Hohlräume durch einfaches Abklopfen nicht feststellen, hier benötigt man nach dem dynamischen oder dem elektrischen Prinzip arbeitende oder Geräte mit radioaktiven Isotopen, wie sie zur Bodenerkundung benützt werden, um aus Schwingungen bzw. anhand von Änderungen des elektrischen Widerstandes auf Hohlraumstellen schließen zu können. Die Lage der festgestellten Hohlräume wird zwecks weiterer Beobachtung und Ausbesserung auf der Tunnelwand mit Farbe angezeichnet. Hohlräume gefährden das Bauwerk bekanntlich nicht nur deshalb, weil sie die zweckmäßige Mitwirkung des Mauerwerks mit dem anstehenden

Gebirge verhindern, sondern weil sie auch die erodierende Wirkung des Gebirgswassers und die Ausbreitung des Verwitterungsprozesses erheblich begünstigen, und schließlich zur Ursache des Hereinbrechens ganzer Gesteinsblöcke auf die Rückfläche des Mauerwerks und zur Ursache einer zunehmenden Ausweitung des Hohlraumes werden können.

Bei Tunneln mit Tübbingausbau genügt zur Feststellung von Hohlräumen in der Regel gleichfalls das einfache Abklopfen, doch leisten zu diesem Zweck auch die Injektionslöcher gute Dienste. Schraubt man nämlich ihre Verschlüsse ab, gibt die aus dem Hohlraum abfließende Wassermenge Aufschluß über dessen Rauminhalt, und mit einem Draht lassen sich durch die Öffnung hindurch ungefähr auch die Richtung und die maximale Ausdehnung des Hohlraumes feststellen.

Eine Aufgabe für sich bildet die *Rein- und Instandhaltung* der Sichtflächen von Untergrundbahnstationen sowie der Streckenröhren. In Moskau werden die Sichtflächen in regelmäßigen Zeitabständen *gewaschen*, und zwar in den Streckentunneln mit dem Wasserstrahl, in den Stationen selbst mit Hilfe mechanischer Bürsten.

### 7.1.4. Organisation des Instandhaltungsdienstes

*Weit ausgedehnter* als bei einzelstehenden Eisenbahn- oder Straßentunneln ist bei Untergrundbahnen mit ihrem zusammenhängenden, häufig mehrere hundert Kilometer langen Röhrennetz auch *die Organisation des Instandhaltungsdienstes*, der bei jenen auf ganz selbstverständliche Weise im normalen Strecken- bzw. Straßenunterhaltungsdienst aufgeht, so daß die Spezialanforderungen der Tunnelerhaltung weniger ausgeprägt zur Geltung kommen. Auch bei Untergrundbahnen sind Tunnel- und Bahnunterhaltung in Abschnitte unterteilt, die jeweils einer Station bzw. einer Wagenschuppenanlage unterstehen. Auf den Stationen (in den Räumen unter den Bahnsteigen — s. Abb. 589 —) sind die kleineren Werkzeuge und die Ersatzteillager sowie kleinere Büroräume untergebracht, während den Wagenschuppen eigene Instandhaltungsstellen mit größeren Werkzeugen und Vorrichtungen für schwierigere Untersuchungen sowie Reparaturwerkstätten angeschlossen sind.

Besonders muß noch die Wichtigkeit eines gut organisierten *Feuerlöschdienstes* und der ständigen Bereithaltung leistungsfähiger Feuerlöschgeräte hervorgehoben werden. Die Funkenbildung an den Stromschienen der elektrisch betriebenen Untergrundbahnen im Verein mit der erheblichen Staubbildung, den in den Tunneln verlegten Kabeln sowie mit dem von herabtropfendem Öl durchtränkten und somit leicht entzündlichen Schwellen bildet eine ständige überaus ernste Brandgefahr, deren Anwendung erhöhte Sicherheits- und Vorbeugungsmaßnahmen erfordert.

### 7.1.5. Die Betriebs- und Instandhaltungsräume

Die Betriebs- und Instandhaltungsräume dienen teils zur Aufnahme von Werkzeugen, Geräten und Baumaterial (vgl. Kap. 4.6.7.), teils zur Unterbringung der Entwässerungseinrichtungen und Pumpen oder der Beleuchtungs-, Belüftungs- und Stromversorgungsanlagen usw. Eine eigene Gruppe bilden die der Verkehrsabwicklung dienenden sowie die zur Aufnahme der Signaleinrichtungen vorgesehenen Räume der einzelnen Stationen, von denen in Kap. 6.3.3.4. bereits die Rede war.

## 7.2. Schäden an Tunneln und ihre Behebung

Angesichts der beherrschenden Rolle, die die Eisenbahn im Verkehr spielt, und angesichts der Tatsache, daß sie nur sehr beschränkte maßgebende Steigungen zu überwinden vermag, ist es nachgerade selbstverständlich, daß es sich bei den in Betrieb stehenden Tunneln überwiegend um Eisenbahntunnel handelt, die in ihrer Mehrzahl zur Zeit des rapiden Ausbaues der Eisenbahnnetze, d. h. in der zweiten Hälfte des vergangenen Jahrhunderts, erstellt wurden. Zum größeren Teil sind also unsere Tunnel heute annähernd 100 Jahre alt. Nach Ablauf einer derart langen Zeit aber ist jeder Ingenieurbau zur vollständigen Erneuerung reif. Brücken, Hallen und anderweitige Tragkonstruktionen müssen für gewöhnlich wegen des Anwachsens der Verkehrsbedürfnisse und der Belastung umgebaut werden, doch sind es oftmals auch die Ermüdung, Verwitterung der verwendeten Baustoffe und Schäden sonstiger Natur, die eine Erneuerung unausweichlich machen. Bei Tunneln braucht weniger mit einem Ansteigen der Verkehrslasten, eher mit dem Bedürfnis nach Erweiterung des Lichtraumprofils (Elektrifizierung, Umbau auf zweigleisigen Betrieb) gerechnet zu werden. Häufiger kommt dagegen eine Zunahme der Beanspruchung durch natürliche Kräfte (Gebirgsdruck) vor; besonders ausgeprägt äußern sich jedoch die zerstörenden, verwitternden Einflüsse natürlicher Kräfte und die ungenügende Festigkeit und Widerstandsfähigkeit der früher zum Einbau gelangten Baustoffe.

Da der Ausbau des Eisenbahnnetzes in Europa und Nordamerika praktisch als abgeschlossen gelten kann und jedenfalls allenthalben auf der Welt rückläufige Tendenzen zeigt, ist die Feststellung berechtigt, daß sich heute das Schwergewicht der Aufgaben innerhalb der Eisenbahnnetze vom Tunnelneubau auf die Instandhaltung, Wiederherstellung oder auf den Umbau alter Tunnel verlagert hat. Anders liegen die Dinge auf dem Gebiet des Druck- und des Wasserleitungsstollenbaues, der gegenwärtig zunehmend an Bedeutung gewinnt, oder auf dem Gebiet des Straßen- und U-Bahn-Tunnelbaues, der erst in jüngster Zeit größeren Umfang angenommen und den Höhepunkt seiner Entwicklung noch bei weitem nicht erreicht hat. Hier werden auch weiterhin die Neubauten überwiegen, und dies um so sehr, als bei den jüngeren Tunnelbauten bereits wesentlich bessere und haltbarere Baustoffe verwendet und nicht zuletzt bei ihrer Herstellung auch die beim Bau früherer Eisenbahntunnel gewonnenen Erfahrungen verwertet werden konnten, Umstände, die das Tempo des Schadhaftwerdens unbedingt verlangsamen.

Demgegenüber gelangt Birkel [217] in einer Zusammenfassung zu der Feststellung, daß fast sämtliche Eisenbahntunnel der Deutschen Bundesbahn, soweit sie nicht bereits einmal gründlich instandgesetzt wurden, in mehr oder minder großem Umfang an Schäden leiden. Ähnlich verhält es sich in den meisten anderen Ländern. Aus all diesen Gründen wird in den hier folgenden Ausführungen vornehmlich von Eisenbahntunneln die Rede sein.

## 7.2.1. Die Ursachen von Schäden in Tunneln

Die Ursachen für derartige Schäden sind teils passiver Natur, d. h. darin zu suchen, daß die Tunnel ursprünglich mit ungeeignetem Material in nicht entsprechender Weise hergestellt wurden, teils jedoch aktiver Natur, d. h. auf das Auftreten äußerer Kräfte und Einflüsse zurückzuführen. Praktisch lassen sich die beiden Arten von Ursachen naturgemäß nicht so scharf gegeneinander abgrenzen, weil sich z. B. die aktiven Einflüsse auf das Mauerwerk auch verwitternd auswirken können und die Zerstörungen letzten Endes als Resultierende beider Ursachengruppen zustande kommen.

### 7.2.1.1. Fehlerhafte Arbeit, minderwertige Baustoffe

Unter den Ursachen ist vor allem *die unrichtige Art und Weise des Hohlraumausbruchs* hervorzuheben, die zur weitreichenden Auflockerung des anliegenden Gebirges und somit zu einer starken Hinauszögerung der Ausbildung des neuen Gleichgewichtszustandes sowie zur Erleichterung des Eindringens von Wasser mit seiner auswaschenden Wirkung führen mußte (überladene Schüsse, ungenügende Sorgfalt bei der provisorischen Abstützung usw.). Zu den Zerstörungsursachen gehören ferner die *geringere Festigkeit und Haltbarkeit der früher verwendeten Baustoffe*, die den schädlichen natürlichen Einflüssen weniger gut gewachsen waren. In erster Linie sind als derartige minderwertigere Mauerwerksstoffe Ziegelsteine, weicher Sandstein, Mergelkalkstein und die verschiedenen Schiefergesteine, unter den Bindemitteln der Roman-Zement und der Kalkmörtel bzw. unter den Sperrstoffen der unzureichend dichte Putz oder die verschiedenen, organische, moderne und fasrige Stoffe enthaltenden Dichtungspappen zu nennen. Diese Baustoffe waren gegen die Einflüsse von Wasser, Frost, Rauchgasen oder Atmosphärilien weit weniger widerstandsfähig, als es die heute zur Verwendung gelangenden hochfesten und dichten Betonarten, die Portlandzement-Mörtel, die wasserdichten Putzschichten sowie die Kunststoff- und Metallsperrstoffe sind. Es ist also ganz selbstverständlich, daß diese Einflüsse in älteren Tunneln in weit größerem Maße schadhaft werden als in den neueren. Als weitere Ursache läßt sich hierher auch die unrichtige Technologie einreihen. Der Fehler bestand vor allem darin, daß man die Auskleidung nicht satt an das Gebirge anmauerte, sondern hinter ihr Hohlräume beließ, die man mit einer lockeren trockenen oder in Mörtel verlegten Steinpackung ausfüllte. Schließlich muß auch die zu wenig sorgfältige Ausführung erwähnt werden, die sich besonders in der oberflächlichen Vermörtelung der Mauerwerkelemente äußerte, so daß diese nicht gehörig im Mörtel gebettet waren.

### 7.2.1.2. Schadhafte Wirkung des Wassers

Schwerwiegender als diese passiven Ursachen sind naturgemäß die *aktiven* und unter diesen in erster Linie die Einwirkungen des *Wassers*, das im Tunnel in den verschiedensten Formen Schäden anrichtet. Das *Gebirgswasser* im anliegenden Gestein drängt dem Tunnel als einem natürlichen Dränrohr zu und spült unterwegs durch seine mechanisch abtragende Wirkung den Mörtel aus den Fugen aus, verlegt mit dem mitgeführten Schlamm das Wasserableitungssystem des Tunnels, erweitert die Hohlräume hinter dem Mauerwerk und lockert damit das umliegende Gebirge. Die von ihm mitgeführten *chemisch aggressiven Stoffe*, vorwiegend freie Kohlensäure und Chlor, greifen den Beton und Eisenteile, seine Sulfate den Beton und den Zementmörtel der Mauerwerksfugen an, ja selbst chemisch nicht verunreinigtes Wasser löst aus dem Mörtel und aus dem Beton den Kalk. Schließlich aber ist es die physikalische Wirkung des Wassers, die die größten Schäden verursacht. Hier ist in erster Linie an die Zerstörungen durch

Abb. 627. Eiszapfenbildung in einem Tunnel

den *Frost* gedacht. Zur Sprengwirkung infolge Gefrierens des Sickerwassers, das durch die Fugen und die Mauerung in den Hohlraum eindringt (Abb. 627), gesellen sich hier die Frostwirkungen aus dem Anfrieren von Kondenswasser und Lokomotivdampf an der Mauerung, die beide zu erheblichen Zerstörungen führen. Selbstverständlich treten Frostschäden und Auswitterungen vornehmlich an kürzeren Tunneln und besonders an den Portalen sowie an der Mauerung in deren unmittelbarer Nähe auf. Beobachtungen zeigen, daß die Ost- und Nordportale von Tunneln durch Frost besonders gefährdet sind. Doch nicht nur die Mauerung greifen Frost und Eis an, sondern auch das Gleis. Durch Gefrieren des herabtropfenden Wassers bilden sich auf den Schienen „Eistropfsteine", die ebenso wie das Gefrieren des Wassers in der Kiesbettung zu Entgleisungen und Schienenbrüchen führen können. Da der so festgefrorene, starr gewordene Oberbau seine unerläßliche elastische Nachgiebigkeit verliert, können die Schienen bei der unberechenbar ungleichmäßig starren Auflagerung leicht Brüche erleiden.

Eine andere gefährliche physikalische Wirkung des Wassers äußert sich in der Umwandlung des Zustandes *anliegender bindiger Böden*, in ihrer Durchnässung, in der Herabsetzung ihrer Tragfähigkeit und in der Erhöhung ihrer Zusammendrückbarkeit. Das Nachgeben des aufgeweichten Bodens z. B. kann starke Setzungen der Widerlager auslösen und diese unter Rissebildung in den Firstgewölben nach innen kippen lassen. In Tunneln ohne Sohlgewölbe führt darüber hinaus eine solche Aufweichung u. U. auch dazu, daß der Auflagerdruck den völlig durchweichten Ton in die Gleisbettung preßt, was wieder deren elastische Nachgiebigkeit und Tragfähigkeit in gefährlicher Weise beeinträchtigt (Wassersack).

#### 7.2.1.3. Rauchgaswirkungen

Zum Wasser tritt als Schädling auch das *Rauchgas* (218], doch übt es eine wesentlich geringere Wirkung aus als das Wasser, und schädlich wird es erst bei dessen Anwesenheit. Das in den Rauchgasen enthaltene Schwefeldioxyd bildet sich beim Einleiten in Wasser zu schwefliger Säure um, die die Zement und Kalk enthaltenden Bindemittel angreift. Erfahrungsgemäß ist aber diese Wirkung durchaus nicht so gefährlich, weil sie nur oberflächliche Verwitterungen verursacht. Alter Kalkmörtel z. B. war nur wenige Zentimeter, Zementmörtel sogar bloß einige Millimeter tief zersetzt. An weichen Kalk- und Sandsteinen wurden bei experimentellen Beobachtungen etwas tiefere Abblätterungen, an Klinkern und an torkretierten Flächen hingegen nur bis zu Tiefen von 1 bis 2 mm Veränderungen am Gefüge beobachtet. In Gesteine mit dichtem Gefüge dringt die schweflige Säure kaum ein. Daß der Rauch verhältnismäßig geringe Schäden verursacht, erklärt sich zum Teil auch daraus, daß die Mehrzahl der Tunnel nur einige hundert Meter lang ist, so daß in ihnen die natürliche Lüftung sehr wirksam zur Geltung kommt. An nicht frostbeständigen Mauerwerksbaustoffen verursacht im Verein mit der Frostwirkung auch der Rauch größere Zerstörungen, zumal er durch Risse auch in größere Tiefen eindringt. Weit aggressiver wirken sich die Rauchgase an Eisenteilen aus, weil sie deren Korrosion in der feuchten Umgebung wesentlich beschleunigen. Sie greifen auch die Bewehrung von Stahlbetonkonstruktionen an, wenn die Betonumhüllung der Stähle Risse ausweist. Da die Korrosion der Bewehrung mit einer Volumvergrößerung einhergeht, hebt sich die äußere Betonhülle von ihr ab, was die Korrosion weiter beschleunigt.

#### 7.2.1.4. Verwitterungseinflüsse

Aktiv zerstörenden Einfluß üben ferner die atmosphärischen und thermischen Wirkungen aus. Außer den unter den Einflüssen des Wassers bereits erwähnte Frostwirkungen und der Kondensatbildung seien hier noch *die mechanische Wirkung der Luftströmung sowie die Sprengwirkung der Temperaturschwankungen* hervorgehoben. Sie können gemeinsam mit der Dunstschwadenbewegung zur Gruppe der *atmosphärischen verwitternden Wirkungen* zusammengefaßt werden. Die Verwitterungsanfälligkeit der im Mauerwerk von Tunneln zum Einbau gelangenden verschiedenen Steine ist je nach ihrem Kristallgefüge und je nach ihrer Empfindlichkeit gegen die mechanisch lösenden und chemisch aggressiven Wirkungen von Wasser und Gasen unterschiedlich groß.

#### 7.2.1.5. Dynamische Wirkung des Verkehrs

Zur Schädigung des Tunnels können auch die *verkehrsbedingten dynamischen Erschütterungen* beitragen. Bei diesen handelt es sich allerdings nicht so sehr um primäre Schadensursachen als vielmehr um Faktoren, die anderweitige Zerstörungsprozesse beschleunigen und ausweiten. Sie spielen besonders bei der Verbreitung der Risse, aber auch bei der Durchnässung, Durchknetung und beim Aufschwellen des feuchten Bodens eine ernste Rolle.

### 7.2.1.6. Gebirgsdruck

Ein weiterer zerstörender Faktor ist der *Gebirgsdruck,* der sich in den verschiedensten Formen äußern kann. Seine gefährlichste Art ist der *echte Gebirgsdruck*, unter dem vor allem die in großen Tiefen geführten sowie jene Tunnel leiden, die pseudofeste Gesteinsarten (vgl. Kap. 3.1.2) durchörtern [219]. Echten Gebirgsdruck — gepaart mit Schwelldruck — beobachtet man jedoch in weicheren Tonböden unter Umständen auch in geringeren Tiefen. Deformationen, Verdrückungen und Risse verursacht er vornehmlich in tertiärem, tonigem, schiefrigem Mergel, sowie in Kalksteinen.

Ein Ansteigen des Gebirgsdruckes vermag sodann auch *die aushöhlende, lockernde Wirkung von Gebirgswasser* auszulösen, das in den Hohlgang eingeleitet wird. Aus diesem Grunde *hat sich*, wie weiter unten noch zu zeigen sein wird, *in neuerem Tunnelbau der Grundsatz* durchgesetzt, *das Wasser im Zuge der Entwässerung des Tunnels möglichst nicht in diesen hineinzuleiten, sondern in den Berg zurückzudrängen.*

Mit einem nachträglichen Ansteigen des *Gebirgsdruckes* muß ferner gerechnet werden, wenn man — sei es durch Auffahren neuer Hohlräume neben bestehenden, sei es zum nachträglichen Aufbringen einer Außendichtung — die Gleichgewichtslage stört, die sich im Gebirge um das Tunnelprofil ausgebildet hat, wenn es also zur Überlagerung von Drücken bzw. zu zusätzlichen Auflockerungen kommt. Derartige Wirkungen sind besonders dort zu erwarten, wo man beim Vortrieb *mit zu starken Ladungen* oder mit zu tiefen Bohrungen gearbeitet hat.

Endlich trifft man häufig auf die Erscheinung, daß die *Tunnelportale* infolge zunehmender Verwitterung und Nachrutschens des abgestützten Hanges von erheblich größeren Lasten beansprucht werden als die an sie anschließenden Teile der Tunnelauskleidung, so daß sie sich von dieser loslösen. Derartige verwitterungsbedingte zusätzliche Belastungen können außer an den Portalen auch in den ganzen Eingangsstrecken nachträgliche Druckerhöhungen auslösen. Wie man sieht, führen Frostwirkung und Druckerhöhung die schwierigste Lage in den Eingangsstrecken von Tunneln herbei.

### 7.2.1.7. Druckwasser-Tunnel

Unter den besonderen Ursachen von *Schäden an Druckstollen* muß die Korrosion an der Stahlbewehrung der Betonauskleidung erwähnt werden. Sie tritt ein, wenn in der Stahlbetonauskleidung — bedingt durch die Zugspannungen infolge des Innenwasserdruckes — Risse entstehen, durch die das Wasser einen Weg nach außen findet. Außer den im Verhältnis zur Betonzugfestigkeit meist hoch gewählten Stahlspannungen können am Zustandekommen solcher Risse auch eine Reihe anderer Umstände beteiligt sein, wie etwa die *ungenügend satte Anbetonierung der Auskleidung* an das Gebirge, die unzureichende Verpressung vorhandener Spalte und Klüfte, ferner eine zu weit reichende Auflockerung des Gebirges während des Aufbruchs durch übermäßig große Ladungen sowie schließlich ein zu großer

Unterschied zwischen den Elastizitätsmoduln von Auskleidungsbeton und durchörtertem Gebirge. Die Wasserverluste aus dem Stollen erhöhen sich, wenn er nicht durch wasserführendes, sondern trockenes Gebirge führt.

#### 7.2.1.8. Eisenbahnoberbau im Tunnel

*Die Bahnkörper von Eisenbahntunneln sind teils wegen der erhöhten Korrosions- und Feuchtigkeitseinwirkungen, teils wegen der Schwierigkeiten bei ihrer Unterhaltung* einer besonders starken Abnützung ausgesetzt. Der Enge des Raumes, den schlechten Sichtverhältnissen und der Kürze der für Unterhaltungsarbeiten verfügbaren Zeit ist es zuzuschreiben, daß die Kosten der Gleisinstandhaltung in Tunneln etwa das Doppelte jener auf freier Strecke betragen. Die schnellere Abnützung der Schienen ist nicht nur eine Folge der Korrosion, sondern auch des Gleitens, Schleifens und Sandens auf der zumeist feuchten Schienenkopffläche. Die Verwendung eiserner Schwellen z. B. verbietet außer ihrer Korrosionsanfälligkeit auch der Lärm, den sie verursachen. All dies begründet das Streben nach tunlichster Herabsetzung des Bedarfs an Unterhaltungsarbeiten. In diesem Sinne verwendet man neuerdings kräftige Schienenprofile möglichst großer Länge, wobei man das Gleis mit der Betonsohle des Tunnels in möglichst feste Verbindung bringt. Diese Bestrebungen haben zur Entwicklung von Oberbau-Sondersystemen — besonders für Untergrundbahnen — geführt [143, 220].

#### 7.2.1.9. Leitungen im Tunnel

Besondere Unterhaltungsmaßnahmen erfordern schließlich wegen der erhöhten Korrosionsgefahr die *verschiedenen Leitungen*, Kabel, Beleuchtungskörper, Entwässerungskanäle usw. In Eisenbahntunneln mit Dampfbetrieb z. B. müssen die elektrischen Leitungen in Bleikabeln verlegt werden, während in den für elektrische Zugförderung eingerichteten Tunneln (Untergrundbahnen) die Gefahr des Auftretens vagabundierender Ströme und der damit verbundenen Bodenkorrosion die sorgfältige Isolierung sämtlicher metallischer Teile erforderlich macht.

### 7.2.2. Ausbesserung und Instandsetzung von Tunneln

Tunnel bedürfen einer Ausbesserung im allgemeinen aus folgenden Gründen [221]:

1. Ausbesserung der Entwässerung zur Verhinderung von Frost- und Vereisungsschäden.
2. Verstärkung oder Teilerneuerung nicht mehr genügend standfester Mauerungen.
3. Verkleidung oder Verstärkung einzelner durch den Betrieb unscheinbar gewordener Elemente in voller Länge oder in Teilabschnitten des Tunnels.
4. Eine notwendig gewordene Erweiterung des Profils, etwa wegen Umbaues eines eingleisigen Tunnels zu einem zweigleisigen.
5. Anlage von Innenräumen oder Einbau von Ausrüstungen (Tunnelnischen, Lüftungsanlagen, Kammern, Aufbewahrungsräume, Entwässerungskanäle, Röschen, Schächte, Ablaufpumpen u. dgl. m.).

Ausführlich sollen im weiteren jene Arbeiten erörtert werden, die aus den unter Punkt 1., 2. und 4. angeführten Gründen anfallen. Bei den Maßnahmen aus den sonstigen Gründen handelt es sich um Sonderaufgaben, die bei sinngemäßer Anwendung der hier zu besprechenden Arbeiten unschwer bewältigt werden können.

### 7.2.2.1. Verbesserung der Entwässerung

Wie weiter oben dargelegt, ist als größter Schädling das Wasser anzusehen, die Ausbesserungs- und Wiederherstellungsarbeiten zielen also in erster Linie auf die Sicherung der Bauwerke vor zuströmendem Bergwasser ab. Die Schutzmaßnahmen können zweierlei Art sein: entweder wird das Wasser nicht in den Tunnel eingeleitet, vielmehr durch Unterbindung der Sickerung von der Tunnelauskleidung ferngehalten, oder es wird in den Tunnel geleitet, jedoch dafür gesorgt, daß es durch das zu diesem Zweck angelegte Wasserabführungssystem abfließt. *Die erste dieser Lösungen hat den Nachteil,* daß die Tunnelauskleidung außer dem Gebirgsdruck *auch den äußeren Wasserdruck aufnehmen muß* und daß sie ein völlig geschlossenes Profil mit Sohlgewölbe erfordert; überaus umständlich und auch kostspielig ist ferner die Aufbringung der das Wasser zuverlässig fernhaltenden Dichtung, besonders wenn es sich um eine Rückendichtung handelt. Demgegenüber bleibt der ursprüngliche Gleichgewichtszustand des wasserführenden Gebirges ungestört, und es kommt keine ständige Wasserströmung zustande, die das Gebirge im Umkreis um den Hohlgang aushöhlen, lockern und durchnässen könnte. *Der Nachteil der zweiten Lösung* besteht darin, daß die Anlage eines Wassersammel- und -abführungssystems hinter dem Gewölberücken gleichfalls sehr kostspielig und verwickelt und seine Instandhaltung umständlich ist. Überdies vermag die dem Tunnel zugeleitete, erleichterte Wasserströmung Aushöhlungen, eine Auflockerung der anliegenden Gesteinsschichten und Druckerhöhungen zu verursachen. Nicht minder kostspielig ist die Herstellung eines eigenen Entwässerungssystems, abgesehen davon, daß ein solches die Gefahr von Auskolkungen und Auflockerungen keineswegs abwendet, sondern nur um eine zeitlich begrenzte Frist hinausschiebt. Aus diesem Grunde entscheidet sich heute der Tunnelbauer im allgemeinen für die Fernhaltung des Wassers, d. h. für die erste der beiden obigen Lösungsarten.

*7.2.2.1.1. Ausbesserung durch Ausschließung des Wassers.* In älteren Tunneln lag das Mauerwerk nicht satt am Gebirge an, vielmehr befand sich hinter der eigentlichen tragenden Wand eine entweder in qualitativ minderwertigen Mörtel verlegte oder lose eingebrachte verfüllende Hinterpackung, die das Wasser teils sammeln, teils ableiten sollte, deren Bindemittel aber durch eben dieses Wasser gelöst wurde, während es das anliegende Gestein wegspülte. Die Folge war ein Zusammenbrechen der Hinterpackung zu einem losen Haufwerk, in und hinter dem zahlreiche Hohlräume entstanden, ein Vorgang, der die Gebirgsdrücke ansteigen ließ. Die vollkommenste Art der Ausbesserung derartig geschädigter Tunnel — die zugleich auch das Problem der Entwässerung löst — besteht im zonenweisen Abbau des alten defekten Mauerwerks und in seinem Ersatz durch sorgfältigen Einbau einer dichten, wasserundurchlässigen neuen Betonauskleidung, die satt und wasserdicht an das Gebirge anbetoniert wird. Ist hingegen das innere tragende Mauerwerk in sonst gutem Zustand, kann ein Versuch zu seiner Erhaltung und zur gründlichen *Verpressung* der Hinterpackung gewagt werden. Die Injektion stellt im übrigen eine der wirtschaftlichsten Methoden nicht nur der Abdichtung, sondern auch der Verstärkung des Mauerwerks bzw. der Herabsetzung der Gebirgsdrücke dar. Mit Vorteil wird man sie bei Tunneln mit annähernd kreisrundem Profil anwenden. Hierbei erhält nämlich die kreisquerschnittige Auskleidung unter dem Druck des Injektionsgutes eine axial gerichtete Druckvorspannung, die um den Preis der Erhöhung der Druckspannungen eine Verlagerung der Stützlinie in das innere Drittel bewirken kann. Durch die Verfüllung der Hohlräume und Klüfte behebt die Verpressung die Auflockerung des Gebirges weitgehend; sie erhöht zugleich seine Festigkeit und seinen Elastizitätsmodul, vermindert die auf der Auskleidung lastenden Gebirgsdrücke und führt zu einer wesentlichen Verbesserung des Zusammenwirkens zwischen Gebirge und Mauerwerk (vgl. Kap. 6.3.2.2). Bei vollkommener Verpressung muß allerdings mit einer Erhöhung des äußeren Wasserdruckes unbedingt gerechnet werden. Das Injektionsgut muß dem Porengehalt und der Zerklüftung des anliegenden Gebirges angepaßt werden. Zur Verfüllung größerer Spalte verwendet man zweckmäßig einen mit scharfem Grobsand angerührten Zementmörtel, während man für feinkörnige Böden der Zementmilch zur Erhöhung der Gleitwilligkeit Bentonit oder Natriumsilikat (Wasserglas) beimengt. Die Injektionslöcher müssen in Abständen von 2 bis 3 m gleichmäßig über den Profilumfang verteilt werden. Die Injektionsbohrungen sollen bis zu einer Höchstreichweite von 5 bis 6 m unterschiedlich tief reichen. Für die Durchführung der Verpressung sind die Ausführungen in Kap. 6.3.2.2. maßgebend.

Hierzu sei bemerkt: Wird nicht das ganze Mauerwerk des Tunnels auf seiner vollen Länge hinterpreßt, beschränkt sich vielmehr die Ausbesserung nur auf die durchnäßten oder sonstwie beschädigten Mauerwerksteile, muß damit gerechnet werden, daß sich die durch die Injektionen verdrängten Bergwässer anderwärts Abflußwege bahnen und eventuell bis dahin trockene Mauerwerksteile zu durchdringen beginnen, daß also neue durchnäßte und frostgefährdete Stellen entstehen.

Außer der geschilderten Art, das Mauerwerk trockenzulegen, kommt für die Fernhaltung des Wassers vom Tunnel auch die Aufbringung *wasserdichter Sperrschichten* in Frage. Bei diesen unterscheidet man wieder zwischen zwei Arten, nämlich der *Außen-* und der *Innenabdichtung*. Für die Außen- oder Rückendichtung spricht der Umstand, daß sie das Mauerwerk auch gegen den äußeren Wasserdruck abstützt und somit den Einbau einer eigenen abstützenden Schale überflüssig macht und daß sie auch die Mauerwerkssubstanz selbst vor den eventuellen aggressiven Einwirkungen des Wassers schützt. Diesen Vorzügen stehen jedoch auch sehr erhebliche Nachteile gegenüber. Vor allem ist ihre Aufbringung überaus schwierig und außerordentlich kostspielig, abgesehen davon, daß ihre Herstellung in einwandfreier Qualität sozusagen unmöglich ist. Um sie aufbringen zu können, muß das Gebirge über dem Gewölbe zonenweise ausgebrochen werden (Abb. 628), was zu seiner neuerlichen Auflockerung und damit zu Gebirgsdruckerhöhungen führt. Die anschließende Hinterpackung bzw. Ausmauerung der so geschaffenen Hohlräume erfordert einen Baustoff- und Arbeitsaufwand, der denjenigen einer Stützmauer für eine Innendichtung unter Umständen wesentlich übersteigen kann. Der vielleicht größte Nachteil dieser Ausbesserungsart besteht jedoch darin, daß die Aufdeckung einer eventuell neuerlich undichten Stelle auf nahezu unüberwindliche Schwierigkeiten stößt und ihre Ausbesserung die nochmalige gänzliche Freilegung des Gewölberückens erforderlich macht.

Die Aufbringung einer nachträglichen Rückendichtung beginnt im übrigen mit dem Aufbrechen des Mauerwerks und dem Vortrieb eines Seiten- oder First-

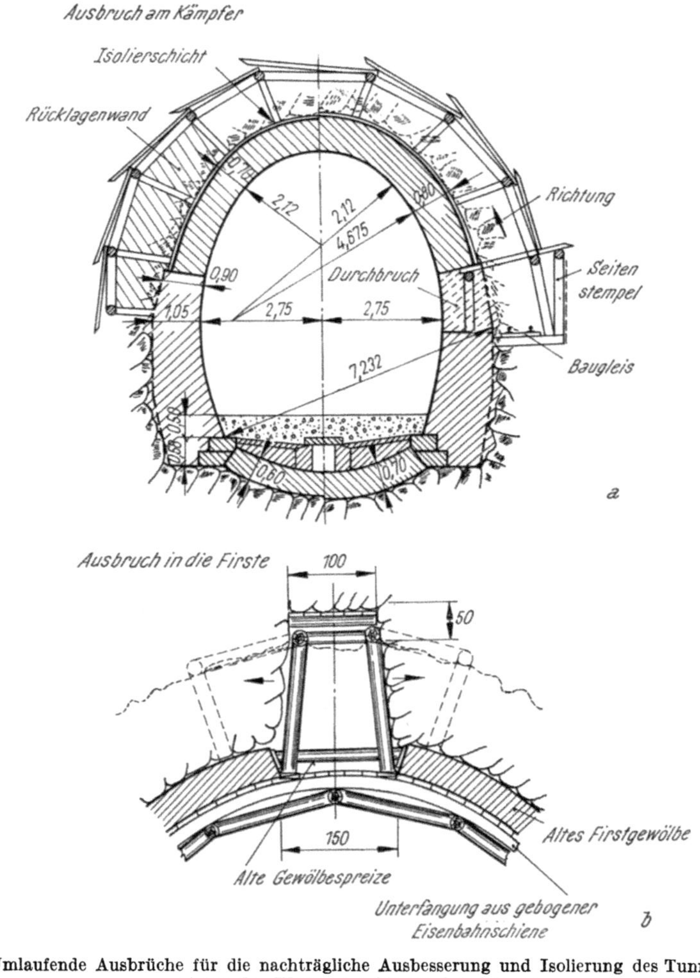


Abb. 628. Umlaufende Ausbrüche für die nachträgliche Ausbesserung und Isolierung des Tunnelmauerwerks a) von den Ulmen aus, b) vom Scheitel aus

stollens außerhalb des Gewölbes (vgl. Abb. 628). Günstiger ist der Vortrieb eines Seitenstollens, denn bei Ausbruch eines Firststollens muß das Gewölbe im Umkreis um den Aufbruch unbedingt eine Zimmerung erhalten, die aber im Verein mit der Zu- und Abbeförderung von Material und Ausbruchsmassen den Verkehr im Tunnel empfindlich stört. Vor Auftragung der Dichtung erhält der Gewölberücken eine Ausgleichsvermörtelung, die auf künstlichem Wege getrocknet wird. Zur Frage der Beschaffenheit und der Herstellung der Dichtung wird in Kap. 4.6.2. verwiesen.

Eine weit einfachere Art der Rückendichtung bildet die Einbringung einer zusammenhängenden wasserdichten Schicht mit Hilfe von Injektionen. Für Verpressungen dieser Art verwendet man Mischungen von Zementmörtel mit verschiedenen Plastifizierungsmitteln und Bentonit sowie Suspensionen, vornehmlich aber heißes Bitumen, und zwar häufig auch zum Ausbessern beschädigt gewordener Dichtungen.

Noch einfacher und weit weniger gefahrvoll ist die nachträgliche Herstellung einer Innendichtung. Freilich bietet diese dem Mauerwerk keinen Schutz vor zerstörenden Wirkungen, und überdies erfordert sie auch den Einbau einer eigenen

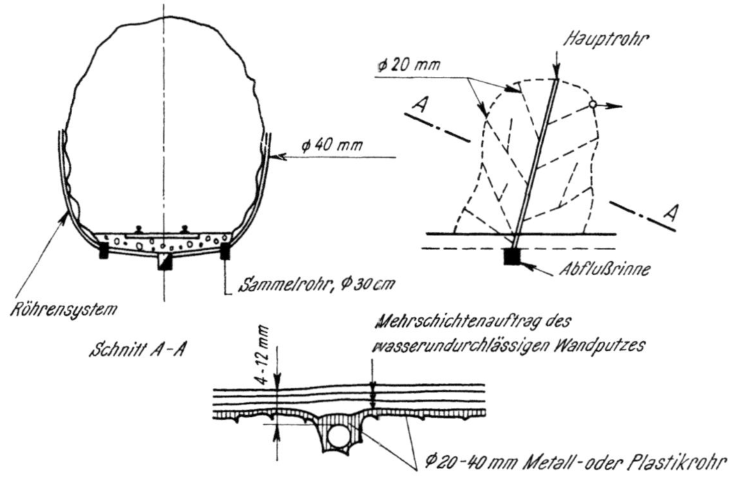


**Abb. 629. Nachträglich eingearbeitetes Flächensickerungsnetz (Oberhasli)**

Innenschale zur Abstützung gegen den äußeren Wasserdruck. Allgemein hat sich das Verfahren bewährt, die Fläche der Mauerwerks-Innenleibung zu glätten, eventuell mit Abflußschlitzen zu versehen (Abb. 629 „Oberhasli"-Verfahren!), eine zusammenhängende Dichtung aus Dachpappe mit Bitumenanstrich oder aus Kunststoffolien aufzubringen und diese von innen durch eine monolithische Stahlbetonschale abzustützen. In einfacher gelagerten Fällen genügt es, das in Abb. 629 dargestellte oberflächige Sammelschlitzsystem lediglich mit einem wasserdichten Flächenputz (Torkretschicht) zu überziehen· und auf die Abstützung gegen den Wasserdruck zu verzichten, weil das Sickersystem die zudrängenden geringen Wassermengen mit Sicherheit ableitet, so daß ein Druck gar nicht auftreten kann.

Eine Innenabdichtung darf nur auf ein bereits zur Ruhe gekommenes, unbewegliches Mauerwerk mit trockener Oberfläche aufgebracht werden. Aus diesem Grunde kommt es in erster Linie für Hohlgänge in hartem und standfestem Gebirge in Frage, an denen größere Verformungen nicht mehr zu befürchten sind. In druckhaftem Gebirge, in dem mit erheblichen Gebirgsdrücken gerechnet werden muß, darf die Dichtung erst aufgeklebt werden, nachdem die Gebirgsbewegungen abgeklungen sind. Fehler können sich auch aus dem Setzen und Schwinden der abstützenden Stahlbeton-Innenschale während des Abbindens ergeben. Die so entstehenden Ablösungen und Spalte pflegen durch Verpressung mit heißem Asphalt saniert zu werden. Schwierigkeiten verursacht es hierbei, zwischen Injektionsrohren und Dichtung einwandfreie Verbindungen herzustellen.

Mit Erfolg verwendet man neuerdings zur Innenabdichtung verschiedene *Kunststoffolien* (vgl. Kap. 4.6.2.). Zu ihrer Aufbringung genügt eine geringfügige Bearbeitung (Glätten und Trocknen) der Mauerwerksfläche, vor allem erübrigt sich die völlige Trockenlegung. Die völlig wasserdichte und absolut feste Verschweißung der einzelnen Kunststoffolien ermöglicht heute die Ausführung einwandfreier Stoßverbindungen zwischen den Dichtungsbahnen. Die auf die Innenfläche des bestehenden Mauerwerks aufgebrachte Kunststoffolienhaut wird mit einer Innenschale aus vorgefertigten Betonformsteinen geschützt bzw. abgestützt. Da äußerer Wasserdruck nicht aufgenommen zu werden braucht, genügt eine 15 bis 20 cm dicke Schutzausmauerung, die im Lichtraumprofil in der Regel noch untergebracht werden kann (Abb. 630). Drängen jedoch dem Tunnel ständig Bergwässer zu, wird man diese zweckmäßig in einem an der Mauerwerksfläche angelegten Wasserabführungsnetz gemäß Abb. 629 sammeln und in den in der Sohlenachse liegenden Entwässerungskanal ableiten.

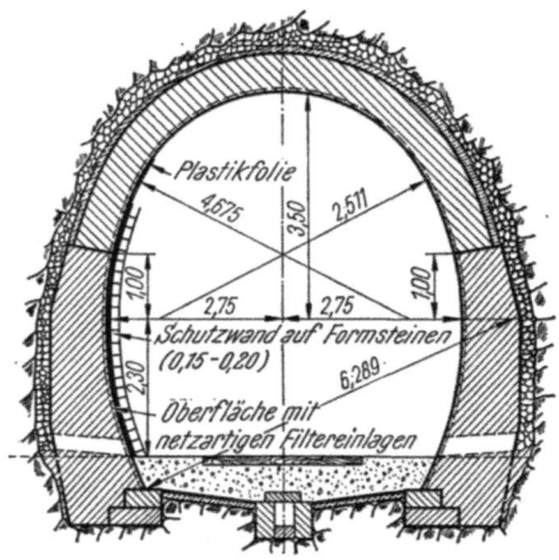


Abb. 630. Nachträglich eingebaute Innenisolierung mit Kunststoffolien

Ein einfacheres und wirtschaftlicheres Verfahren stellt die *Torkretierung* der zuvor aufgerauhten und sorgfältig gesäuberten Mauerwerksinnenfläche dar. Der Torkretputz kann durch Bewehrung eventuell auch zu einer selbsttragenden Schale ausgebildet werden. Man treibt zu diesem Zweck in das Mauerwerk Anker ein, auf die man ein Drahtgewebe befestigt, und überzieht nun die Mauerwerksfläche nach dem bekannten Verfahren mit einem mehrere Zentimeter, ja mehrere Dezimeter starken Torkretputz (vgl. Kap. 6.1.3.1.5.). Auf diese Weise erhält man eine hochfeste, wasserdichte, selbsttragende Schale, die über die Verankerung der Armierung auch das bestehende Mauerwerk in die Mitwirkung einbezieht (Abb. 631). Die Trockenlegung des bestehenden Mauerwerks oder die Anlage eines Wasserabführungsnetzes (System „Oberhasli") ist auch bei Torkretierungen erforderlich.

Eine weitere neuere, mit gutem Erfolg angewandte Dichtungsmethode ist unter dem Namen *Aerocem-Verfahren* [222] bekannt geworden. Sie verwendet gleichfalls ein Trockengemenge aus Sand und Zement, doch wird dem am Mischhahn zugeführten Wasser zuvor ein Schaummittel (Terpol) beigemischt, so daß sich der durch die Düse geschleuderte Spritzbeton mit Luftporen anreichert. Diese Luftporen machen den Torkretputz elastischer und geeigneter, die Flächen mit einem vollkommener zusammenhängenden Putz zu überziehen bzw. tief in die Fugen einzudringen (Abb. 631 b). Das Aerocem-Verfahren wurde bisher hauptsächlich zum Verfugen des Natur- oder Formsteinmauerwerkes benützt. Durch mehrere Versuche wurde auch das Verfugen mit Trockenspritzmörtel weitgehend verbessert; dadurch wurde die Entstehung eventueller Schwindrisse verhindert.

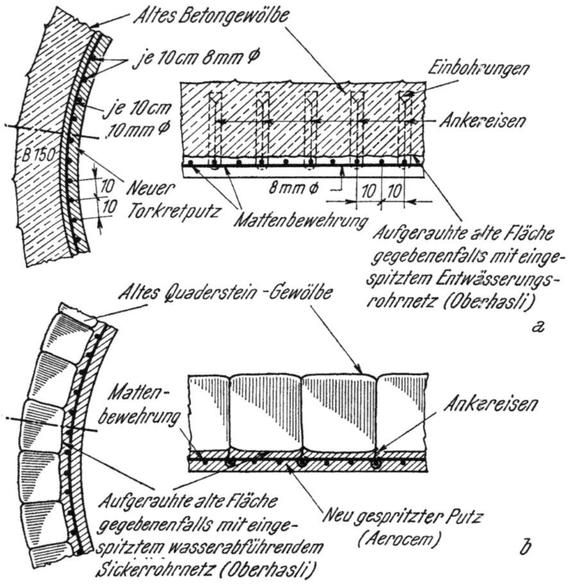


Abb. 631. Konstruktive Ausbildung und Verankerung der bewehrten Torkretauflage (Aerocem)

Noch einfacher ist es, auf die Innenfläche des Tunnelmauerwerks einen *wasserdichten Zementputz* aufzubringen. Seine Zusammensetzung und Herstellung wurde bereits in Kap. 6.6.2.1. beschrieben. Dem Verputzen alten Tunnelmauerwerks muß naturgemäß ein sorgfältiges Abschrämen altverwitterter Flächen, ein gründliches Ausräumen der Fugen, ein sorgfältiges Reinigen der Flächen mit dem Sandstrahlgebläse und die Verankerung einer tragenden Drahtgewebearmierung im Mauerwerk vorangehen.

In allerjüngster Zeit beginnt das Aufspritzen von Kunststoffüberzügen auf das Tunnelmauerwerk für Innenabdichtungszwecke Verbreitung zu finden. Nach dem Verfahren der *Torkret GmbH* wird auf das zuvor mit Infrarotstrahlern vorübergehend völlig getrocknete Mauerwerk unter Druck schichtweise ein Kunststoff-Glaswolle-Putz (Glasfaserverstärktes Polyesterharz mit Bitu-

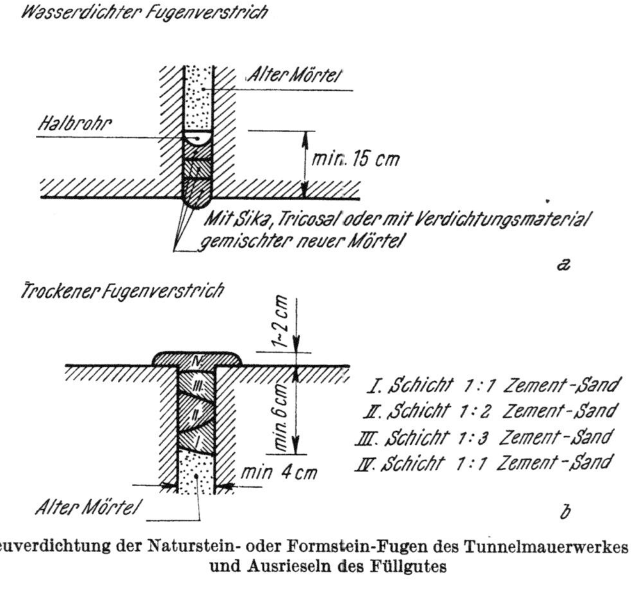


Abb. 632. Die Neuverdichtung der Naturstein- oder Formstein-Fugen des Tunnelmauerwerkes wegen Austrocknen und Ausrieseln des Füllgutes

menemulsionen) aufgetragen. Die Masse haftet auf dem Mauerwerk fest an. Bei einer Zugfestigkeit von 1500 kg/cm² ist sie laugen-, säure- und abriebfest. Die vollkommene Haftfähigkeit des Materials macht die Abstützung durch eine Innenschale entbehrlich. Genügende Erfahrungen mit dieser Methode stehen noch aus (vgl. auch das österreichische Dichtungsmaterial: Aquarex).

Bei kleinerem, auf die Mauerwerksfugen beschränktem Wasserzudrang (Perlen) besteht die Ausbesserungsarbeit im gründlichen Auskratzen und im anschließenden Verziehen der Fugen mit wasserdichtem Mörtel. In trockenem Mauerwerk werden hierbei mehrere Schichten von Mörtel unterschiedlichen Mischungsverhältnisses einfach übereinander aufgetragen, während man in die Fugen von nassem Mauerwerk unter die Mörtelschichten zunächst halbrunde Abflußrinnen einbaut (Abb. 632), die — zu einem Sammelnetz verbunden — das Wasser in den Sohl-

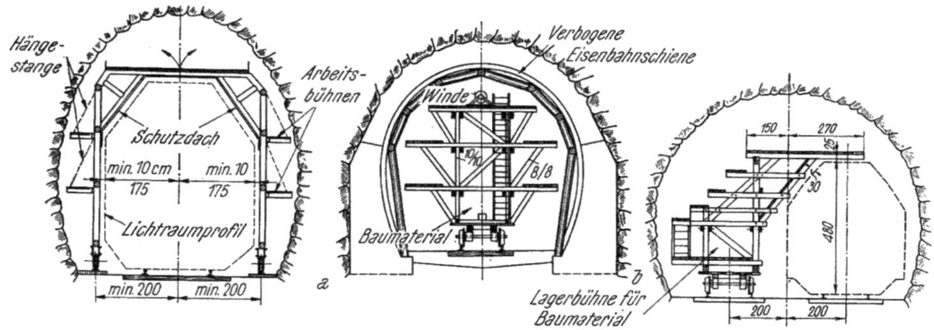


Abb. 633. Fahrbare Gerüsttypen für die Maueruntersuchung und -ausbesserung

kanal des Tunnels ableiten. Zum Schließen von Rissen und Fugen werden neuerdings auch Spachtelmassen aus Kunststoff verwendet, die auch wasserabdichtend wirken.

Sowohl zum Anbringen der Innendichtung als auch zum Fugenverziehen benötigt man *fahrbare Gerüstwagen*, die zuvor natürlich auch zur Überprüfung des Tunnelmauerwerks und zu Vermessungszwecken benützt werden können. Derartige Arbeitsgerüste sind in Abb. 633a bis c wiedergegeben. Ihre konstruktive Ausbildung, Beweglichkeit und vor allem ihr Raumbedarf müssen sorgfältig abgewogen werden, ergibt sich doch bei Ausbesserungsarbeiten im Tunnel eine der größten Schwierigkeiten daraus, daß sie ohne Unterbrechung des Zugverkehrs durchgeführt werden müssen und daß man auf einen äußerst engen Arbeitsraum oder auf ganz kurze Betriebspausen angewiesen ist.

*7.2.2.1.2. Ausbesserung durch Ableiten des Wassers.* Das zweite Verfahren gibt den der Tunnelröhre zusickernden Bergwässern eine bestimmte Ablenkung und Ableitung. Hierzu gibt es wieder zwei Möglichkeiten, je nachdem, ob man die Wässer durch ein gegen Auswaschungen schützendes System von Sammelschlitzen und Dränrohren hindurch in die innerhalb des Tunnelprofils angeordneten Entwässerungskanäle leitet oder parallel zum Tunnel einen *eigenen Entwässerungsstollen* auffährt. Selbstverständlich ist diese letztere Entwässerungsart die bessere, aber auch die kostspieligere Lösung. Im Bergbau ist sie schon seit Jahrhunderten bekannt; die erste derartige Anlage war der im 15. Jahrhundert aufgefahrene Bieber-Erbstollen in Selmecbánya (Schemnitz).

Das Sammeln der Gebirgswässer in außerhalb des Tunnels angelegten Sickerlinien und ihre Einleitung durch Rohre hindurch in die innerhalb des Tunnelprofils geführten Rinnen bildete im Eisenbahntunnelbau des vorigen Jahrhunderts die Regellösung.

Schon die auf den Gewölberücken eingebrachte Steinpackung, die — wie gezeigt — später zur Ursache unzähliger Unzulänglichkeiten, vor allem durch

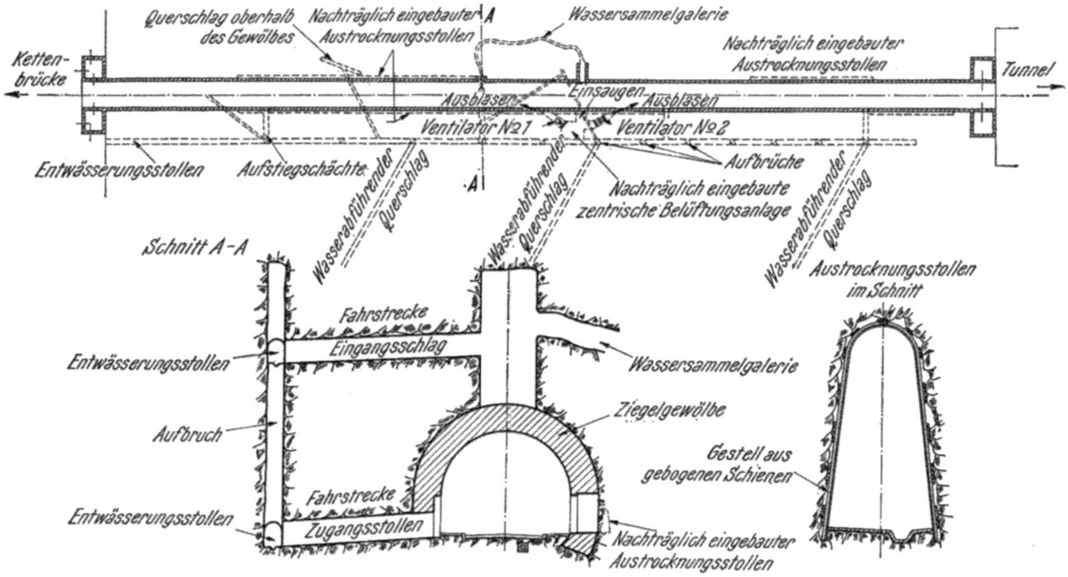


Abb. 634. Entwurf der nachträglich installierten Entwässerungs- und Trocknungsvorrichtungen des Tunnels unter der Budaer Festung

Erhöhung des Gebirgsdruckes wurde, diente dem Zweck, den dem Tunnel zuströmenden Bergwässern einen leichten Abfluß zu sichern und sie zunächst vom Gewölbe in die in Kämpferhöhe oder in Höhe der Wiederlagerfüße achsparallel geführten Rinnen zu leiten. Diese abgedichteten Rinnen hatten in Längsrichtung ein Gefälle von 3 bis 5% nach den das Mauerwerk in Kämpfer- oder Sohlenhöhe durchbrechenden sogenannten *Fallrohren* hin. Solche Rohre wurden in Abständen von 8 bis 20 m eingebaut (vgl. Abb. 296).

Statisch wirkt sich die Ableitung des Gebirgswassers sehr günstig aus, weil sie den Grundwasserspiegel senkt und damit das Profil keinen äußeren Wasserdruck aufzunehmen braucht. Für die Art und Weise der Wasserableitung sind im übrigen die Darlegungen in Kap. 4.6.3. maßgebend.

Radikalere Abhilfe schafft das Sammeln und Ableiten der dem Tunnel zufließenden Bergwässer in einem außerhalb der Tunnelröhre aufgefahrenen eigenen *Entwässerungsstollen*. Die Abb. 634 veranschaulicht Lage und Querschnitt jenes Entwässerungsstollens, der zur Trockenhaltung des Straßen- und Fußgängertunnels unter dem Festungshügel in Buda nachträglich aufgefahren wurde. Wie ersichtlich, bildete man ihn begehbar aus, um seine ständige Überwachung zu ermöglichen. Den Höhenverlauf des Entwässerungsstollens wählt man zweckmäßig so, daß seine Sohle tiefer zu liegen kommt als die des Tunnels. Er muß auf jener Seite des Tunnels aufgefahren werden, von der her die Schichtung einfällt, damit er die Wässer auffängt, bevor sie die Tunnelröhre erreichen. Vom Stollen aus bohrt man das Gestein nötigenfalls mit fühlerartig gegen das Berginnere und namentlich gegen die Röhre hin gerichteten Dränbohrungen an, um das Wasser von da jedenfalls abzuleiten. Zweckmäßig wird man dieses Dränsystem durch lotrechte, in bestimmten Abständen nach oben führende Aufbrüche ergänzen, von denen man die Sickerlinien strahlenförmig nach außen abzweigen läßt (vgl. Abb. 634).

Entwässerungsstollen wird man zur Ableitung sehr ergiebiger Wasserzuflüsse häufig schon während der Bauarbeiten am Tunnel benötigen. In gegebenen Fällen ist es also ratsam, diese zu provisorischen Zwecken aufgefahrenen Stollen zusammenhängend und derart auszubilden, daß sie in das endgültige Entwässerungssystem des Tunnels einbezogen werden können.

Der Längsschnitt eines Entwässerungsstollens ist so festzulegen, daß in ihm das angesammelte Wasser tunlichst im freien Gefälle nach über Tage abfließen kann. Wo dies nicht möglich ist, wird man in die Entwässerungslinie stellenweise Sammelschächte mit Ablaufpumpen einbauen (vgl. Kandevan-Tunnel, Abb. 645).

*7.2.2.1.3. Trockenlegung durch künstliche Belüftung.* Besonders soll hier hervorgehoben werden, daß sich eine künstliche Belüftung in jenen einfacheren Fällen, in denen im Tunnel nur mit Schwitzwasserbildung und mit dem Perlen von Wasser gerechnet werden muß, als überaus nützliche Hilfe erweisen kann. Die trocknende Wirkung der strömenden Luft kann durchaus genügen, um das durchnäßte Mauerwerk vor Frostschäden zu bewahren. Ein weiterer Vorzug der Durchlüftung besteht darin, daß sie den Qualm von Rauch- bzw. Auspuffgasen verdünnt und aus der Röhre entfernt. Sie verhütet damit nicht nur gesundheitliche Schäden, sondern verhindert auch das Entstehen schädlicher, für das Mauerwerk gefährlicher Verbindungen mit Wasser. Schon eine wirksame natürliche Lüftung allein leistet hier wertvolle Hilfe, die in stark belegten Tunneln zusätzlich auch durch die Luftbewegung infolge der Fahrzeugbewegung gesteigert wird. So braucht beispielsweise in U-Bahntunneln für die Entfernung von perlendem Wasser oder für die Trocknung von feuchten Mauerwerksstellen gar nicht besonders gesorgt zu werden, es sei denn, es handelt sich um aggressives Wasser.

## 7.2.2.2. Ausbesserungsarbeiten am Mauerwerk

Von der Ausbesserung kleinerer Schäden, wie Verwitterungen, Abblätterungen und Risse am Mauerwerk war schon gelegentlich der Erörterung des Unterhaltungsdienstes und der Tunnelüberwachung die Rede. Hierher gehört auch die Ausbesserung eventueller Abblätterungen, Verwitterungen und Absplitterungen an der Felsleibung von Tunneln, die in standfestem Gebirge aufgefahren und unverkleidet belassen wurden. Am zweckmäßigsten behebt man solche Schäden durch Reinigen mit dem Sandstrahlgebläse oder durch Torkretierung. In diesem Abschnitt sollen jedoch jene Wiederherstellungsverfahren behandelt werden, bei denen es nicht um die einfache Ausbesserung von Schäden an der Oberfläche, sondern um die Ausschaltung der Schadensursache durch bestimmte konstruktive Änderungen und Umbauten geht.

Um derartige Erneuerungsarbeiten handelt es sich vor allem beim Auswechseln gerissener oder geborstener Auskleidungselemente (Natur- oder Betonformsteine, Gußeisen- oder Stahlbetontübbings). Da es — schon wegen des radialen Fugenverlaufs — überaus schwierig ist, an die Stelle eines herausgemeißelten Elements ein neues vor Kopf einzuschieben, werden Mauerwerkssteine in der Regel durch Ausbetonierung, Gußeisenelemente hingegen entweder durch Stahlbetonblöcke ersetzt, die man an Ort und Stelle montiert, bzw. durch Einsätze aus gebogenen, nachträglich mit angeschweißten Rippen versteiften Stahlblechen. Für die Dauer der Ausbesserungsarbeiten müssen die Mauerwerkselemente über und unter der schadhaften Stelle durch Einbau von Stahlstützen an der Stelle des ausgemeißelten Elements gegeneinander abgestützt werden. Diese Stahlstützen können gegebenenfalls verloren gegeben, d. h. einbetoniert werden.

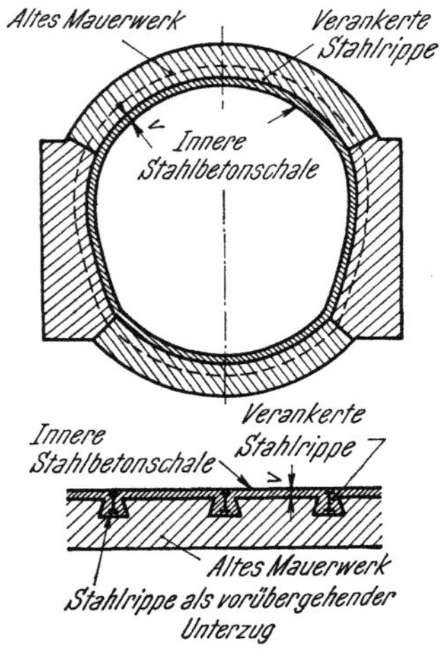


**Abb. 635. Anordnung von provisorischen Stahlrippen als Elemente der endgültigen Verstärkung**

Ganze Mauerwerksabschnitte können durch Einbau innerer Stützbogen oder eventuell einer durchlaufenden tragenden Innenschale ausgebessert werden. Dieses Verfahren bietet zugleich Möglichkeiten zur Aufbringung einer zusammenhängenden Dichtungshaut nach Trocknung des bestehenden Mauerwerks, wodurch auch die einzuziehende Innenschale eine Abdichtung erhält. In der Regel erlaubt jedoch die beschränkte Lichtweite des Tunnels eine solche weitere Verengung nicht. In solchen Fällen wird man zwischen Stahl- oder Stahlbetonrippen zweckmäßig eine Plattenwand einbauen, wobei man die Rippen in Schlitze verlegt, die man aus dem bestehenden Mauerwerk ausmeißelt, so daß das Lichtraumprofil nur um das der geringen Plattenwandstärke entsprechende Maß $v$ verengt wird (Abb. 635).

In Ausnahmefällen, etwa bei Verstärkung eines zweigleisigen Tunnels mit gleichzeitigem Umbau zu einem eingleisigen (vgl. Erneuerung des Semmeringtunnels, Kap. 7.2.3.3.1.), bleibt genügend Raum auch zum Einbau einer tragfähigen massiven Innenwand (vgl. Abb. 643). In solchen Fällen läßt sich auch das Problem der Dichtung zwischen den beiden Auskleidungsschalen unschwer lösen.

*Zeigt das sonst unbeschädigte Mauerwerk, durch äußere Einwirkungen bedingte große Verformungen,* und sind es offenkundig diese, die die Risse verursachen, erfolgt die Instandsetzung durch Verhinderung weiterer Bewegungen. Hierzu wird das Mauerwerk zunächst mit einer Rüstung aus stählernen Lehrbogen unterfangen, die man zweckmäßig aus Schienen, aus TH- oder I-Profilen herstellt und in Längsrichtung kräftig miteinander versteift. In Tunneln geraten vor allem die Widerlager in Bewegung. *Kippbewegungen der Widerlager um ihre unteren Kanten nach außen* werden durch Erhöhung der auf dem Gewölbe lastenden Drücke oder durch Hohlräume hinter den Widerlagern ausgelöst. Auf das Vorliegen solcher Bewegungen kann im übrigen aus der Setzung des Gewölbescheitels, aus Haarrissen an diesem, aus der Vergrößerung des Abstandes zwischen den Kämpfern und aus klaffenden Längsrissen an diesen geschlossen werden. Den ersten Schritt zur Instandsetzung solcher Mauerwerke bildet die Verpressung der Hohlräume hinter den Widerlagern und die künstliche Verfestigung der dort anliegenden weichen Bodenschichten sowie der auf dem Firstgewölbe lastenden Bodenschichten. Führen diese Maßnahmen nicht zum Erfolg oder droht das Firstgewölbe einzustürzen, wird man es zonenweise durch ein höheres und festeres Stahlbeton- oder Gußeisen Tübbinggewölbe ersetzen, den Kämpferquerschnitt der Widerlager hingegen von einem hinter diesen aufgefahrenen Parallelstollen aus wesentlich verstärken und satt an das Gebirge anmauern müssen. Der Stollen darf der Ausmauerung, die

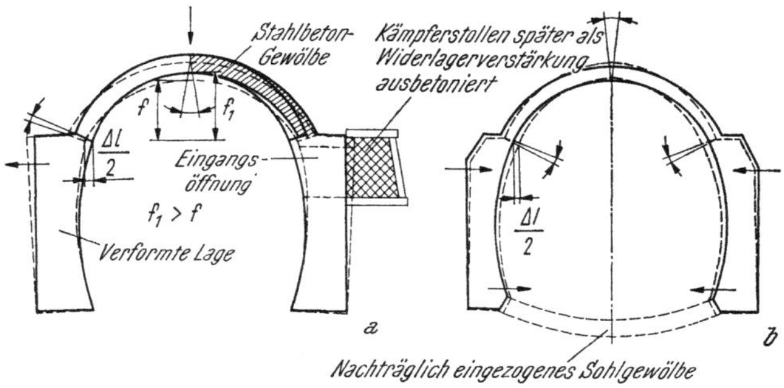


Abb. 636. Durch Seitenwandbewegung hervorgerufene Mauerrisse

unverzüglich hochgeführt werden muß, nur um einige Meter voreilen. Für die Baustoffanlieferung und die Abbeförderung der Ausbruchsmassen werden in Abständen von 5 bis 8 m nach dem Inneren des Tunnels hin „Fenster“ ausgebrochen (Abb. 636a).

In anderen Fällen erfahren die Widerlager eine Verdrückung nach innen durch erhöhten Seitendruck, und unter Umständen kippen sie auch um ihre untere Kante nach innen. Abhilfe schafft hier vor allem das Einziehen eines Sohlgewölbes sowie die Herabsetzung der Seitendrücke durch Verfestigung und Trockenlegung des Bodens (Abb. 636b). Das Sohlgewölbe zieht man hierbei zonenweise gurtartig unter Aufrechterhaltung des Tunnelbetriebes ein, d. h. man führt es zweckmäßig als starr bewehrte Stahlbetonkonstruktion aus. Haben die Bewegungen Ausmaße angenommen, die die Tragfähigkeit des Mauerwerks und vor allem des Gewölbes gefährden, wird man sich auch hier zum zonenweisen Einziehen einer dünneren und festeren Innenschale aus Stahlbeton oder Stahl entschließen müssen (vgl. Kap. 7.2.3.3.2.).

*Erscheint die Tragfähigkeit der Auskleidung*, sei es wegen der geschilderten Bewegungen, sei es wegen Wasser- und Frostschäden u. dgl., *in Frage gestellt* und kommt die Profilverstärkung durch eine Innenschale wegen der Beengtheit des Lichtraumprofils nicht in Frage, muß das bestehende Mauerwerk zonenweise abgerissen und durch ein neues ersetzt werden, wobei man neuerlich für gründliche Entwässerung sorgen und naturgemäß Baustoffe entsprechender Festigkeit benützen wird.

Abb. 637 veranschaulicht nach Dandurow [223] einen derartigen Umbau, bei dem an Stelle des ganz abgerissenen Tunnelmauerwerks ohne Störung des

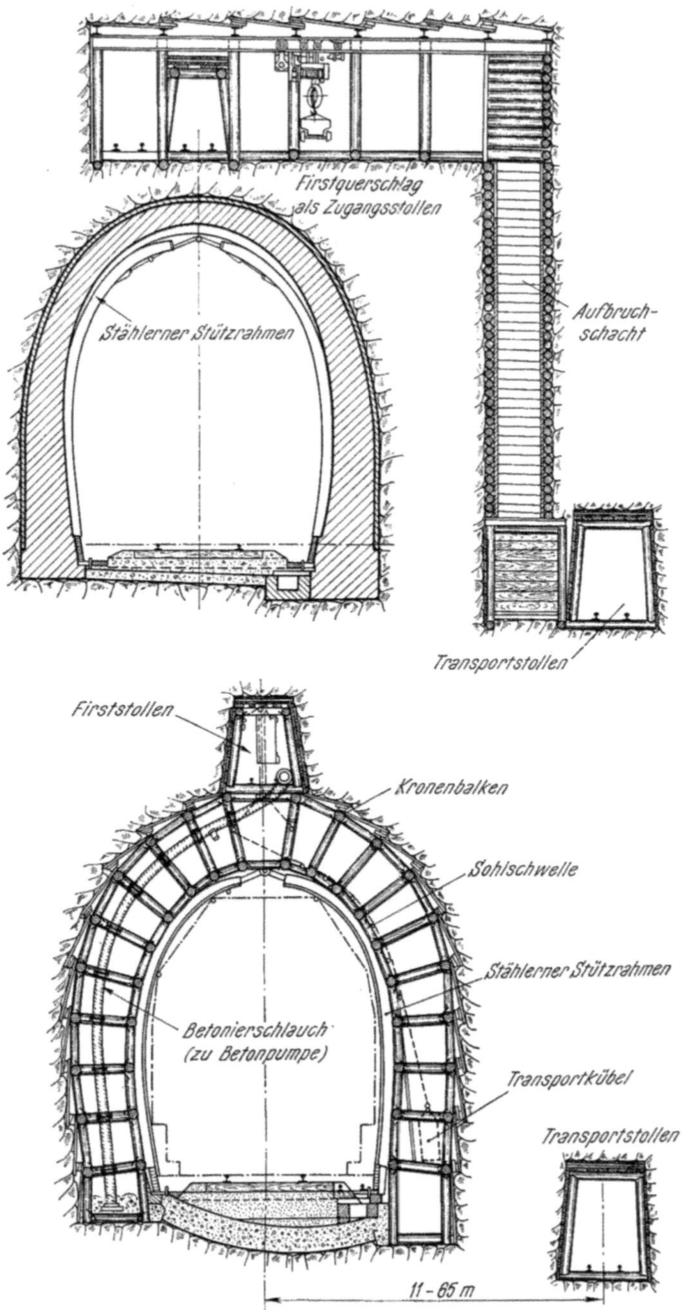


Abb. 637. Gänzlicher Umbau des alten Tunnelmauerwerkes bei Aufrechterhaltung des Verkehrs

Verkehrs ein neues Mauerwerk einbetoniert werden mußte. Die Arbeit begann man mit dem Auffahren eines seitlich gelegenen Förderstollens, von dem aus man in bestimmten Abständen Aufbrüche bis in die Höhe der Scheitellinie hochtrieb. Von dort aus wurden horizontale Querstollen bis zur Tunnelachse und schließlich in dieser über der Firste ein längsgerichteter Arbeitsstollen vorgetrieben. Vor Beginn des Stollenvortriebes war das Mauerwerk mit ganz leichten Stahlrahmen eingerüstet worden. Vom Firststollen aus brach man sodann das alte Mauerwerk unter dem Schutz einer auf Längsbalken abgestützten Querverpfählung ab und erweiterte das ganze Profil bis zur Sohle. Die Stempel der Längsbalken waren hierbei auf längsgerichtete Schwellen gestellt, die ihrerseits auf der Stahlrüstung ruhten. Nach dem Abbruch des alten Mauerwerks und des unmittelbar anschließenden Gebirgsprofils wurde die neue Auskleidung mit Pumpbeton hochbetoniert.

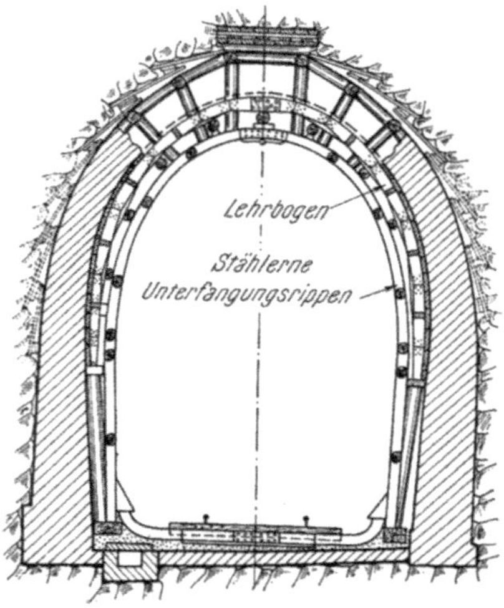

Abb. 638. Umbau des Firstgewölbes bei Aufrechterhaltung des Verkehrs

Häufig kommen auch Fälle vor, in denen nicht das ganze Profil, sondern beispielsweise nur das *Firstgewölbe* umgebaut werden muß. Solche Arbeiten können unter Umständen auch von innen her ausgeführt werden (Abb. 638). Man unterfängt hierbei das Gewölbe mit einem leichten Stahlgerüst und bricht die Kalotte von der Firste nach den Seiten so aus, daß man die Gebirgslast vorübergehend durch Stempel auf die Rüstungsbogen überträgt. Man benützt hierbei zweckmäßig ein fahrbares Gerüst, wobei man allerdings in Anpassung an den Verkehr längere Baupausen in Kauf nehmen muß.

## 7.2.3. Umbau und Erneuerung von Tunneln

Die Elektrifizierung von Eisenbahnlinien oder der Umbau eingleisiger Strecken zu zweigleisigen bilden den Anlaß zur Erweiterung des Lichtraumprofils eng gewordener alter Tunnel. Seltener sind jene Fälle, in denen Gebirgsbewegungen oder Sprengungen im Zuge von Kampfhandlungen zu Brüchen einzelner Tunnelabschnitte führen und zu deren Umbau zwingen.

### 7.2.3.1. Umbau aus Betriebsrücksichten

Die eine Möglichkeit zum *zweigleisigen Umbau* besteht darin, das Profil nach beiden Seiten hin zu erweitern und das bestehende Mauerwerk erst nach Fertigstellung der neuen Auskleidung abzubrechen (Abb. 639). Dieses Verfahren eignet sich für schwächere und stark druckhafte Gebirgsarten. Auch solche Umbauten können zweckmäßig von einem Firststollen aus ihren Ausgang nehmen, wobei man das Gebirge schrittweise nach unten hin ausräumt und die neue Auskleidung von unten nach oben in einem hochführt (Abb. 639a). Man kann aber auch seitlich gelegene Sohlstollen auffahren, die den Ausbruch und das Hochmauern der neuen Auskleidung in einzelnen, der Stollenhöhe entsprechenden Stufen ermög-

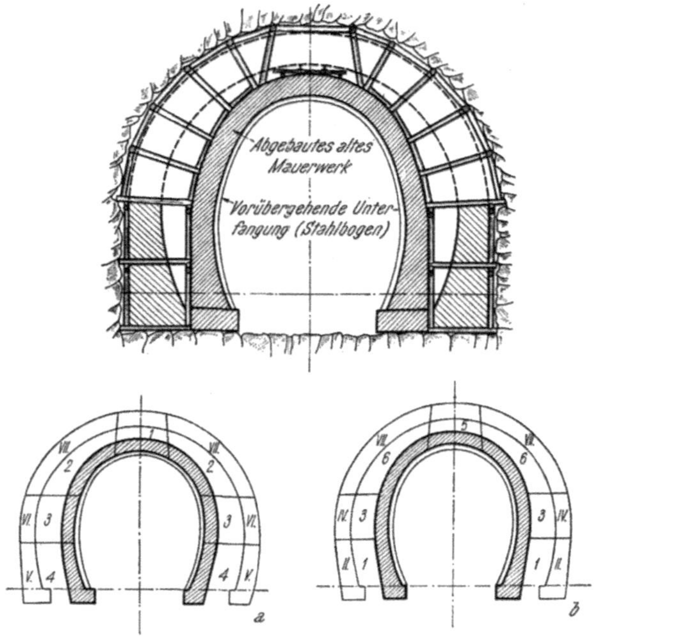


Abb. 639. Symmetrischer Umbau eines eingleisigen Eisenbahntunnels für zweigleisigen Verkehr

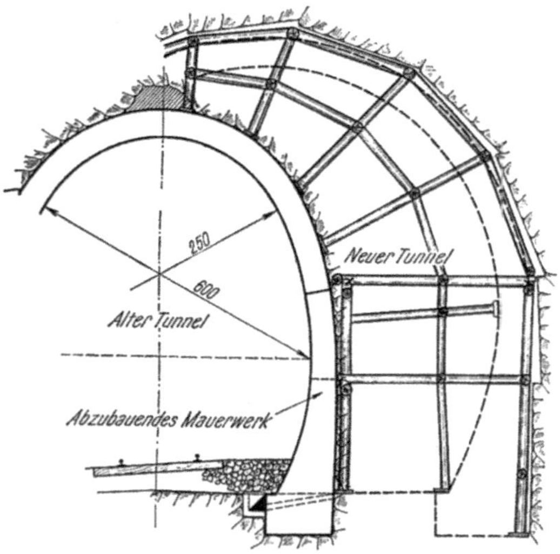


Abb. 640. Asymmetrischer Umbau eines eingleisigen Eisenbahntunnels für zweigleisigen Verkehr

lichen (Abb. 639b). Jene Methode empfiehlt sich für festere, diese für schwächere Gebirgsarten.

Ein anderes Erweiterungsverfahren läßt das eine Widerlager stehen und verbreitert die Röhre nur nach der einen Seite hin (Abb. 640). Diese Umbauart kommt jedoch nur in standfesteren Gebirgen in Frage. Bei Herstellung des Anschlusses der neuen Mauerung an die alte muß das bestehende Gewölbe vorübergehend unterfangen werden.

In vollkommen standfestem Fels können die Erweiterungsarbeiten auch gemäß Abb. 68 durchgeführt werden.

Der Umbau eines Tunnels für elektrischen Betrieb bedingt nicht nur die Ausweitung des Tunnelprofils für den erforderlichen größeren Lichtraum, sondern auch eine vollkommene Abdichtung gegen andringendes Bergwasser und Eisbildungen, die zu gefährlichen Kurzschlüssen und Beschädigung der Fahrleitungen führen könnten, sowie häufig eine Erhöhung des Profils durch Umbau des Firstgewölbes und durch Erhöhung der Widerlager. Der Arbeitsvorgang entspricht grundsätzlich dem in Abb. 639a dargestellten. Die Erhöhung wird die Tragfähigkeit des Profils nicht oder nur dann beeinträchtigen, wenn es große Seitendrücke

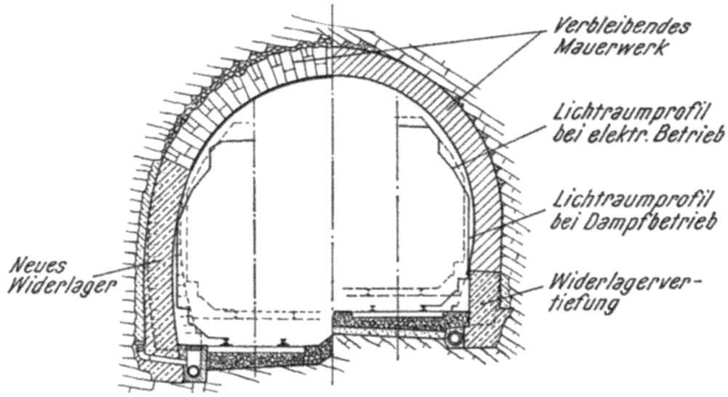


Abb. 641. Absenken der Gleise mit vollständigem Abbruch und Wiederaufbau des Widerlagers oder mit Vertiefen des Widerlagers

aufzunehmen hat, doch können diese gegebenenfalls durch Einbau aussteifender Rippen aufgenommen werden, ohne daß man in den Widerlagern größere Eingriffe vorzunehmen brauchte.

Die einfachste Lösung ist zweifellos das Absenken der Gleise durch das Tieferlegen der Tunnelsohle [224]. Dies kann auch mit vollständigem Abbruch und Wiederaufbau oder nur mit Vertiefen der Widerlager ausgeführt werden (Abb. 641). Der Vorgang ist natürlich nicht so einfach, wenn das Tunnelprofil auch ein Sohlgewölbe hat. Dann muß man viel vorsichtiger — nur lamellenweise — verfahren (vgl. Abb. 644).

### 7.2.3.2. Wiederaufbau wegen Zerstörung oder Schädigung durch äußere Einwirkungen

Wiederherstellungsarbeiten, die wegen Hereinbrechens von Gestein oder wegen Sprengung anfallen, stellen äußerst schwierige bauliche Aufgaben, weil es sich um das regelrechte Auffahren einer Röhre durch weitreichend aufgelockertes Gebirge und durch ein Konglomerat von Einbruchsmassen und Mauerresten handelt. Bei nicht zu großer Überlagerung wird die Anlage eines Einschnitts nicht selten billiger zu stehen kommen als die Wiederinstandsetzung des Tunnels.

Bei größeren Überlagerungshöhen besteht eher die Hoffnung, daß sich bei der Durchörterung der hereingebrochenen Gesteinsmassen eine Überwölbung ausbildet und daß man die Röhre etwa nach der italienischen oder nach der Kernbauweise bei vorsichtigem Vortrieb und mit kräftiger Zimmerung (eventuell unter Anwendung verlorener Stahlstützbogen gemäß Abb. 635) in einer Ausführung wieder instandsetzen kann, die den nunmehr unzweifelhaft angewachsenen Belastungen gewachsen ist. Von Nutzen wird es sein, vorweg mit Hilfe von Erkundungsstollen die Lage unversehrt gebliebener Sohlgewölbe- und Widerlagerteile aufzuklären und in die Abstützung des neu aufzufahrenden Profils auch diese mit einzubeziehen. Insofern zeigt das Verfahren gewisse Ähnlichkeiten mit dem Umbau eingleisiger Tunnel zu zweigleisigen.

Noch schwierigere Probleme wirft die *Instandsetzung von Unterwassertunneln* auf, wenn man es nicht vorzieht, auf sie zu verzichten und mit geringeren Kosten und auf einfachere Weise einen neuen Tunnel auf neuer Trasse zu bauen. Die Wiederherstellung von Unterwassertunneln, die in der Schildbauweise aufgefahren worden waren, muß unbedingt mit dem Ausfüllen des Sprengtrichters mit einer genügend mächtigen wasser- und luftundurchlässigen Tonschicht von oben her

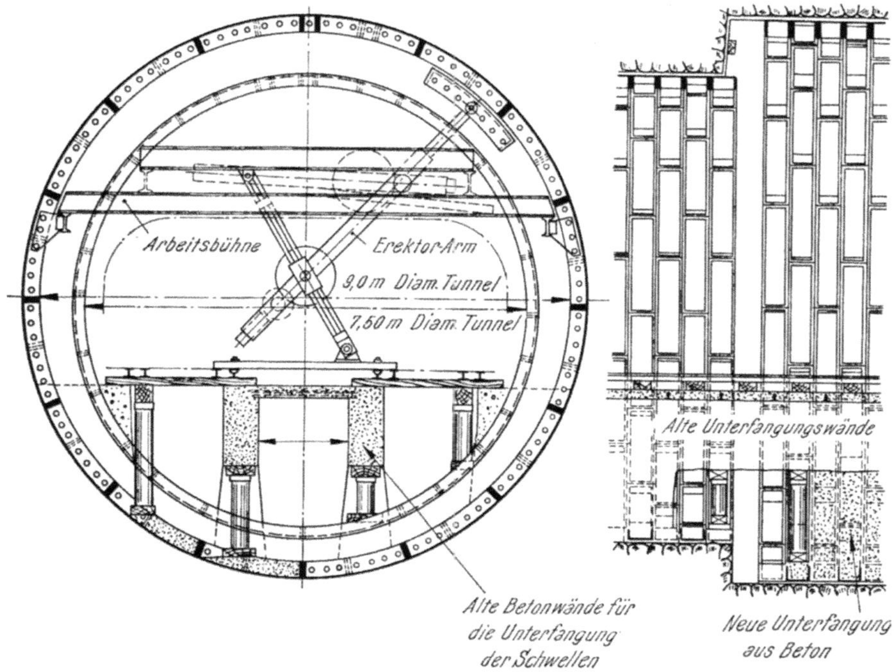


**Abb. 642. Umbau eines mit gußeisernen Tübbings verkleideten Untergrundbahntunnels auf größeren Durchmesser (London)**

beginnen. Erst dann kann in den unversehrt gebliebenen Schacht eine luftdichte Decke eingezogen und der Tunnel unter Druckluft gesäubert werden, worauf die Auswechslung der zerstörten Auskleidungselemente und die Erneuerung der gesamten Innenausführung folgt. Mit fortschreitendem Vordringen wird der unter Druckluft gehaltene Abschnitt durch Einbau neuerer Trennwände und Kesselschleusen immer wieder vorverlegt (vgl. Abb. 559). Die eigentlichen Schwierigkeiten stellen sich erst dort ein, wo die alte Auskleidung völlig zerstört ist, so daß auch ihre Reste weggeräumt werden müssen. Hierzu wird man an den betreffenden Stellen einen im unversehrten Tunnel zusammengebauten, also etwas kleineren Schild benützen und mit diesem provisorische Ausbauelemente einziehen. Diese vorübergehende Auskleidung wird schließlich mit Hilfe eines Erektors (also ohne Benützung eines weiteren Schildes) ringweise durch neue Ausbauelemente mit größerem Durchmesser, d. h. mit den endgültigen Abmessungen ersetzt (Abb. 642) [225]. Da zwischen dem provisorischen und dem endgültigen

Durchmesser nur ein geringfügiger Unterschied bestehen kann, kommt es bei Tunneln mit größerer Lichtweite unter Umständen in Frage, vor Beginn der soeben geschilderten Arbeiten einen 2,5 bis 3,0 m-Durchmesser-Erkundungsstollen aufzufahren und von diesem aus die Verbruchszone vorweg künstlich zu verfestigen (vgl. hierzu Abb. 554). Im übrigen kann eine Bodenverfestigung auch vor dem Versetzen der provisorischen Auskleidungsringe und vor ihrem Austausch gegen die endgültigen Elemente gute Dienste leisten.

Als Glücksfall ist es zu bezeichnen, wenn ein Unterwassertunnel nicht in dem unter dem Flußbett, sondern in einem noch unter dem Ufer gelegenen Abschnitt gesprengt wurde, weil man zumindest Luftausbrüche weniger zu befürchten hat. Wie kompliziert und kostspielig jedoch die Instandsetzung von unten her selbst unter solchen Umständen sein kann, zeigt der Fall des Schelde-Tunnels in Antwerpen, der während des zweiten Weltkrieges mit einer in einem Lüftungsschacht untergebrachten Sprengladung von 24 t gesprengt worden war. Die geballte Kraft der Explosion beschädigte den Tunnel in einer Länge von 550 m, die zu einem erheblichen Teil schon auf den mit Gußeisenringen ausgekleideten, seinerzeit im Schildvortrieb aufgefahrenen Abschnitt entfiel. Trotzdem der Tunnel eine mehr als 25 m hohe Überlagerung hat, erfolgte seine Instandsetzung nicht auf die soeben behandelte Weise von unten her im geschlossenen Raum, sondern in offener Baugrube, die den ganzen Abschnitt unter dem Schutz einer mehrstufigen Tiefbrunnen-Grundwasserabsenkung durch einen mächtigen, tiefen Einschnitt freilegte [226]. Auch dieser Fall verdeutlicht in anschaulicher Weise die Schwierigkeiten der weiter oben beschriebenen Tunnelinstandsetzungsmethode.

## 7.2.3.3. Beispiele für den Umbau von Tunneln

*7.2.3.3.1.* Der 1470 m lange *Semmeringtunnel* war in den Jahren 1848/52 gebaut worden. Die in Abschnitt 2 bereits eingehend erörterten geologischen Verhältnisse hatten die Erbauer des Tunnels vor gewaltige Schwierigkeiten gestellt (vgl. Abb. 40). Zwar gelang es, ihrer Herr zu werden, das Mauerwerk jedoch war in einer Qualität ausgeführt, die nach heutigen Begriffen keineswegs als einwandfrei bezeichnet werden kann. So hatte man ihm, trotzdem starker Wasserzudrang zum Tunnel festgestellt worden war, keine Abdichtung gegeben, so daß schon bald nach Aufnahme des Betriebes Ausbesserungen nötig wurden, die man schließlich bis zu dem fast genau 100 Jahre später in Angriff genommenen Umbau ununterbrochen fortsetzen mußte. Die Mängel in der Ausführung des Mauerwerks im Verein mit dem erheblichem Gebirgsdruck und der ständigen zerstörenden Einwirkung von Wasser und Rauchgasen führten schließlich zu so umfangreichen Schäden und Verformungen am Tunnelmauerwerk, daß nicht nur die Unterhaltungskosten von Jahr zu Jahr stiegen, sondern auch befürchtet werden mußte, daß die Sicherheit des Verkehrs auf diese Weise nicht länger werde gewährleistet werden können. Von einem Teil (rund 30%) des Tunnelmauerwerks konnte angenommen werden, daß er an der Grenze seiner Tragfähigkeit angelangt war, während sich ein anderer Teil (rund 50%) diesem Zustand stürmisch näherte. Zwischen 1947 und 1949 mußte man das Mauerwerk in Teilstrecken von zusammen rund 260 m Länge einrüsten, um die Züge vor hereinbrechenden Mauerwerksteilen, Gesteinsbrocken und Eiszapfen zu schützen. Und schließlich entsprach auch die Größe des Lichtraumprofils keineswegs den Anforderungen des geplanten elektrischen Betriebs.

Unter solchen Umständen entschloß man sich *zum Umbau des bestehenden zweigleisigen Tunnels zu einem eingleisigen und zur Herstellung eines neuen Durchstichs für das zweite Gleis der Semmeringbahn* [227]. Die Abb. 643 veranschaulicht den Querschnitt des umgebauten Tunnels. Die Vorstudien hatten ergeben, daß die unmittelbare Anbetonierung der neuen Auskleidung an das alte Mauerwerk die wirtschaftlichste Lösung darstellen würde, trotzdem hierbei ein größeres Lichtraumprofil entstand als nötig. Wegen der starken Verdrückungen hat die Röhre kein einheitliches Profil, da man überall eine einheitliche Mauerwerksstärke vorgesehen hatte. Die Lichtweiten betrugen 7,00 bzw. 6,60 m. Zum Betonieren benutzte man fahrbare Schalungsgerüste (Abb. 644) und ebensolche Betonpumpenanlagen, die den Beton mit einem Förderdruck von 5,0 bis 5,5 at und einer Fördergeschwindigkeit von 9,0 m/s (!) zur Einbaustelle verbrachten. Der Umbau, währenddessen der Verkehr zu keiner Zeit unterbrochen werden durfte, verschlang insgesamt 35000 m³ Beton, den man, um die verlangte Wasserdichtigkeit zu erreichen, nach einer in äußerst sorgfältigen Versuchen ausgearbeiteten Rezeptur herstellte. (Zuschlagstoffe je zur Hälfte mit einer Körnung von 0 bis 7 mm und von 7 bis 50 mm, dazu ein Anteil von etwa 25% Hartgestein — Quarz und Silikate —, 270 kg Portlandzement und 50 kg Traß, ferner zur Erhöhung der Rüttelwilligkeit stellenweise ein Plastifizierungsmittel in einer Menge von 0,5% des Zementgewichtes.) Da man auf diese Weise einen wasserdichten Beton verfügbar hatte, konnte auf die Einbringung einer Dichtungshaut zwischen bestehendem Mauerwerk und neuer Schale vorläufig verzichtet werden. Das alte verdrückte und frostgeschädigte Mauerwerk in dem zur Aufbringung der Dichtung nötigen Ausmaß zu glätten, wäre überaus kostspielig gewesen, weshalb man für den Fall, daß es doch noch zum Einsickern von Wasser kommen sollte, dafür sorgte, daß auf die Innenfläche der neuen Schale eine Dichtung aufgetragen werden kann, die gegebenenfalls durch eine weitere (dann schon die dritte) Steinverkleidung abgestützt werden würde. Für diese wurden in der

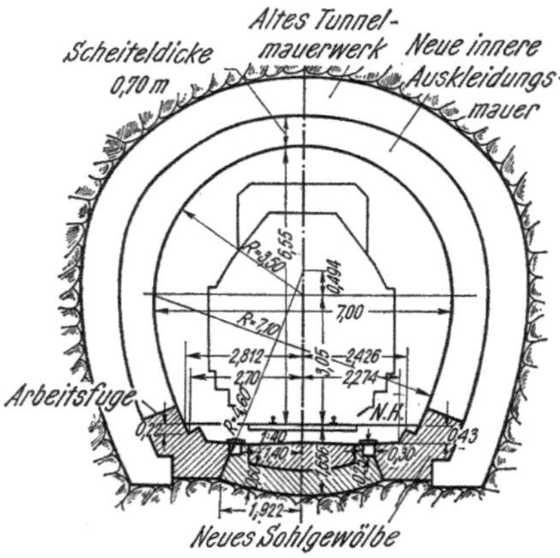


Abb. 643. Umgebauter Querschnitt des Semmering-Tunnels

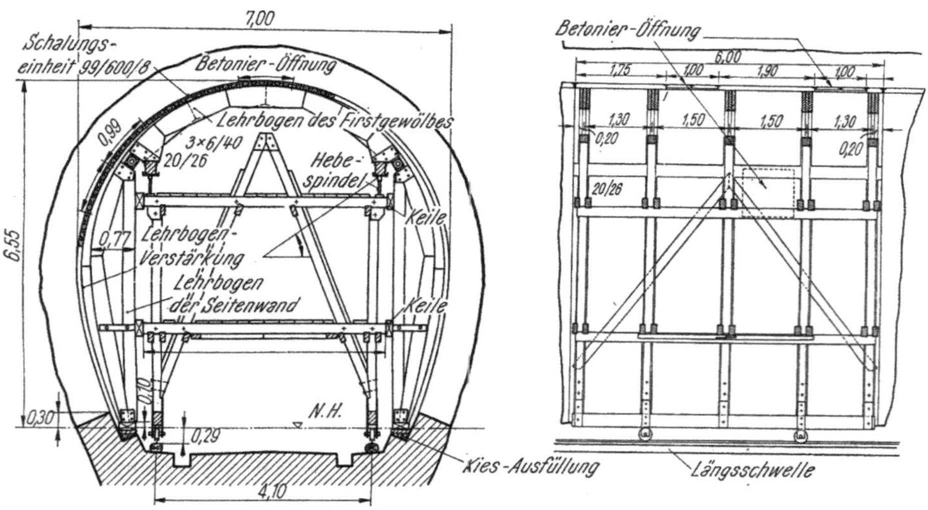


Abb. 644. Fahrbares Lehrgerüst im Semmering-Tunnel

Widerlagersohle schon vorweg Absätze vorgesehen (vgl. Abb. 643). Die Konzeption hat sich denn auch als nicht ganz glücklich erwiesen, denn an der neuen Schale zeigten sich schon nach ganz kurzer Zeit Schwindrisse, durch die stellenweise sogleich auch Wasser zu sickern begann. Diese sickerungsgefährdeten Stellen wurden vorläufig mit einem eingeschlitzten Wasserauffangsystem nach dem „Oberhasli"-Verfahren versehen, welches das Wasser in die Sohlkanäle leitet. Ähnliche Schlitz- und Ableitungssysteme wurden schon vorweg in den Ringstoßfugen angelegt, die auch sogleich eine Dichtung mit Oppanolstreifen erhielten. Sehr sorgfältige Maßnahmen hatte man jedoch zuvor auch zur Trockenlegung des bestehenden Mauerwerkes getroffen. Auch hier griff man zur Hinterpressung und zur Trockenlegung durch ein Oberflächen-Dränschlitzsystem („Oberhasli"-Verfahren, Abb. 629).

Die Innenfläche der neuen Betonschale blieb unbearbeitet roh, doch wurde sie zum Schutz vor der korrodierenden Wirkung der Rauchgase mit Fluaten besprüht.

Die Umbauarbeiten wurden parallel mit dem Vortrieb des neuen eingleisigen Tunnels ohne Störung des Verkehrs in den Jahren 1949 bis 1952 durchgeführt. Im Hinblick auf das Aufschwellen der Sohle, wie es seinerzeit beobachtet worden war, legte man während der Arbeit besondere Sorgfalt auf den Sohlenaushub und auf das baldigste Einziehen des Sohlgewölbes.

*7.2.3.3.2.* Der 1180 m lange *Bo-Peep-Tunnel* in der Nähe der mittelenglischen Stadt *Hastings* durchörtert sogenannten Wadhurst-Ton, ein wechselndes Gemenge von Sand-, Ton-, Sandstein- und Mergelschichten [228]. Der Tunnel, der eine sehr geringe Überlagerungshöhe (mit einem Maximum von 35 m) hat, verläuft zu einem guten Teil unter bebautem Gebiet. Er ist zweigleisig, hat eine elliptische Querschnittform und eine Auskleidung aus 80 cm starkem Ziegelmauerwerk, zwischen dessen Widerlagern in einzelnen Abschnitten auch 60 cm starke Sohlgurte eingezogen waren. Nach seinerzeitigen Beschreibungen waren die Erbauer auf mancherlei Schwierigkeiten gestoßen. Teils traf man auf viel Wasser, teils drang von der Firste ständig durchnäßter Ton in die Röhre. Diese Erscheinungen führte man darauf zurück, daß das Wasser aus den überlagerten Sandschichten an den lotrechten Angriffsschächten entlang dem Tunnel zudrängte und den unmittelbar über diesem anstehenden Ton durchnäßte. Der Wassergehalt des Bodens schwankte verhältnisgleich mit den Niederschlagsmengen an der Oberfläche. Streng gesehen, durchörtert der Tunnel harten Mergel, der sich nur sehr schwer hereingewinnen ließ, der aber, sobald er mit der Luft in Berührung kam, sofort zerfiel. Wie hart der Mergel war, geht auch daraus hervor, daß die Widerlager nicht in gleiche Tiefen hinabgeführt sind, sondern an jenen Stellen, an denen das Gestein sehr hart war, höher stehen blieben. Wo es dagegen bald zum Zerfall bzw. zur Aufweichung gekommen war, hatte man schon ursprünglich Sohlgewölbe eingezogen.

Die ersten Unzulänglichkeiten zeigten sich 1927, als der unter den Widerlagerfüßen in den Hohlraum eindringende Ton die Wasserableitungskanäle anzuheben begann. Von da an mußte auch die Kiesbettung des Bahnkörpers wegen ihrer immer häufigeren Verschlammung und wegen der Wassersackbildung in ihr wiederholt erneuert werden. Die ersten Bewegungen im Mauerwerk beobachtete man 1932. Sie beschränkten sich auf wenige Millimeter und kamen bald zum Stillstand. 1947 bildeten sich die ersten Risse, die man sofort ausbesserte, die aber alsbald von neuem auftraten. Besonders stark waren sie in den Nischen. Die laufend durchgeführten Messungen ließen nach kurzer Zeit erkennen, daß sich das Seitenmauerwerk des Tunnels setzte und nach innen neigte, während sich die Bahnkörper beider Gleise angehoben hatten. Die Deformationen nahmen immer größere Ausmaße an. Die geologischen Untersuchungen wiesen nach, daß das Zentrum der Bewegungen nahe an einer Verwerfungsstelle lag. Die Durchnässung und Durchknetung des Bodens unter den Widerlagern wurde durch die verkehrsbedingten ständigen Erschütterungen noch zusätzlich gesteigert. Bis zum Beginn der Ausbesserungsarbeiten hatte die Neigung nach innen ein Maximum von 15 bzw. 18 cm, in Schienenkopfhöhe ein solches von 13 cm erreicht. Bodenmechanische Untersuchungen hatten für den Boden hinter den Widerlagern eine Scherfestigkeit von 0,86 bis 0,54 kg/cm², für den Boden unter den Bahnkörpern eine solche von 0,22 bis 0,12 kg/cm² ergeben. (Kontrollmessungen zufolge genügte der geostatische Druck gerade noch, um die Scherfestigkeit des Bodens hinter den Widerlagern aufzuzehren.) Obgleich die Reibungswinkel innerhalb weiter Grenzen schwankten ($\varphi = 10°$ bis $50°$), blieben die Werte des waagrechten und des lotrechten Erddrucks hiervon im wesentlichen unberührt ($p = 3{,}9$ bis $4{,}2$ kg/cm²). Nach Abzug des Scherfestigkeitswertes blieb für den lotrechten Erddruck ein Wert von $3{,}5\ \text{kg/cm}^2 = 35\ \text{t/m}^2$ wirksam. Bei der statischen Untersuchung des Gewölbes bzw. bei der Bemessung der neuen Auskleidung wurde der Seitendruck mit 50% dieses Wertes angesetzt.

1949 konnte die Instandsetzung nicht weiter aufgeschoben werden, weshalb man den Tunnel von dem in Bewegung geratenen Westportal an, das gleichfalls Risse aufzuweisen hatte, in einer Länge von 140 m umbaute. Zunächst wurden zwischen die Widerlager Sohlgewölbegurte eingezogen (Abb. 645), die man mit einer starren Stahlbewehrung aus Profileisen armierte. Indes war es unmöglich, mit dem Einziehen der Sohlgewölbegurte bei Aufrechterhaltung des Verkehrs dem Fortschreiten der Verdrückungen nachzufolgen, so daß man genötigt war, für einige Wochen einen Umsteigeverkehr einzurichten. Während der Verkehrspause wurde das bestehende Mauerwerk abgerissen und der Tunnel mit einer Auskleidung aus verrippten Gußeisentübbings versehen, die man gründlich hinterpreßte. Damit hatte man eine genügend feste und sofort tragfähige Auskleidung und dazu ein größeres Lichtraumprofil geschaffen. Sobald die Sohlgewölbegurte eingezogen waren, klangen die Bewegungen der Tunnelwand sehr rasch ab, und auch die Bahnkörper hoben sich nicht weiter an (Abb. 646). Während der Arbeiten am Einbau der Sohlgewölbegurte war das Profil nicht abgestützt, einesteils weil es aussichtslos schien, die Setzung und Neigung der Widerlager nach innen durch irgendeine Abstützung verhindern zu können, andererseits weil man für eine feste Unterfangung so umfangreiche Schwellenstapel benötigt hätte, daß es das Einziehen der Sohlgewölbegurte behindert oder zumindest verzögert hätte. Diese Arbeit aber war es, deren Bewältigung nach den Meßergebnissen am dringendsten schien.

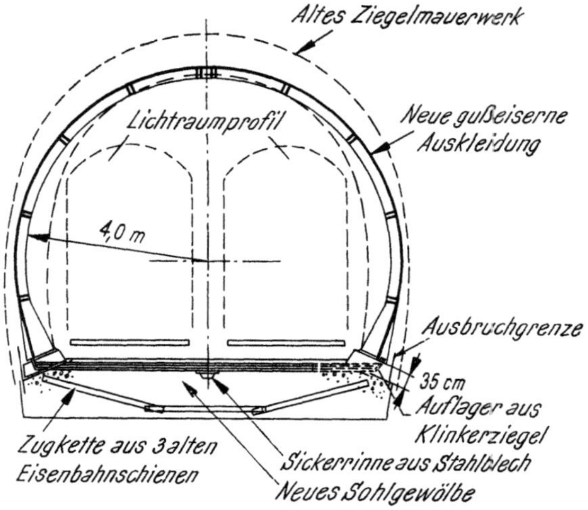


Abb. 645. Verstärkungsweise des Bo-Peep-Tunnels mittels eingezogener gußeiserner Tübbings und mit starrer Bewehrung versehener Sohlplatte

*7.2.3.3.3.* Im Iran wurde in den dreißiger Jahren zwischen Teheran und dem Kaspischen Meer in 2300 m Höhe ü. d. M. der 5,0 m breite und 1884 m lange *Kandevan*-Straßentunnel

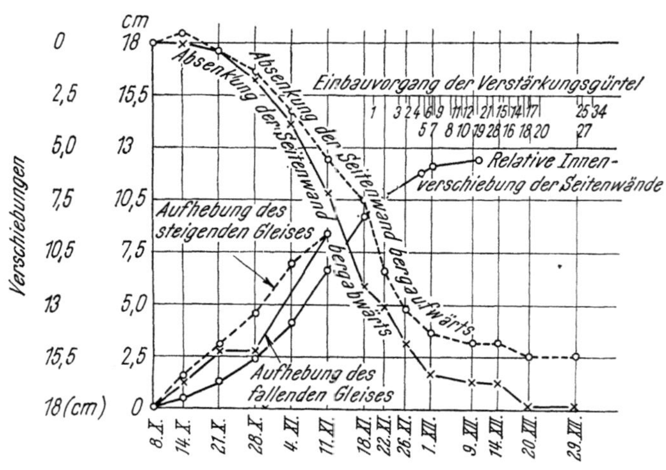


Abb. 646. Verminderung der Mauerbewegungen in Abhängigkeit des Einbauvorganges der Sohlplatte

erbaut. Der Paß erhebt sich bis zu einer Höhe von 2700 m. Das kahle, vegetationslose Gebirge setzt sich vornehmlich aus stark gefalteten, von Sandsteinschichten und schluffigen Kieskonglomeraten durchsetzen Mergelschichten zusammen. Durch diese stark zerklüfteten Mergelschichten drang Wasser aus den ergiebigen Herbst- und Winterniederschlägen in großen Mengen in den nicht abgedichteten und mit unzureichender Wasserableitung versehenen Tunnel ein. Das Wasser wusch die Fugen des Mauerwerks aus, ließ hinter diesem Hohlräume entstehen, die Gebirgsdrücke stiegen an und der Frost verursachte zusätzliche Schäden am Sandsteinmauerwerk selbst. Von den frostgeschädigten Flächen bröckelten Mauerwerksteile ab, die den Verkehr ständig gefährdeten. Auch der Längsschnitt des Tunnels (Abb. 647) war nicht eben glücklich gewählt. Zwar hat der Tunnel nach beiden Portalen hin ein Gefälle, doch be-

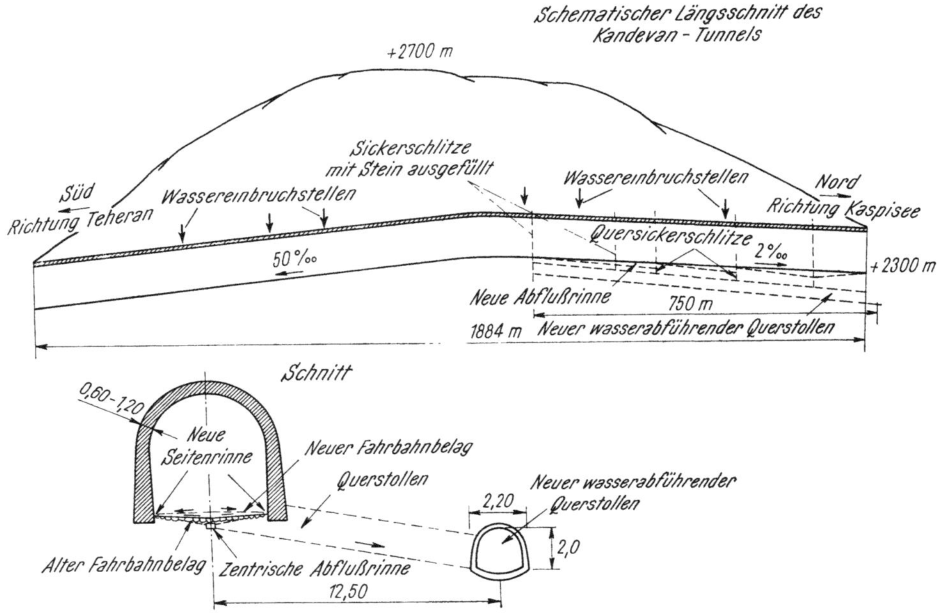


Abb. 647. Skizze der Ausbesserung des Kandevan-Tunnels

trägt dieses nach dem Nordportal hin bloß 2 ‰. Unter solchen Umständen wurde der in der Tunnelachse geführte, an sich zu wenig leistungsfähige Wasserableitungskanal durch angeschwemmten Schluff ständig verlegt.

Die Ausbesserungsarbeiten bestanden im wesentlichen aus der Verbesserung der Wasserableitung und aus der Hinterpressung des Mauerwerks. Zunächst wurde parallel zu dem zu wenig geneigten Tunnelabschnitt an seiner dem Wasserzudrang zugewendeten Seite in einem Abstand von 12,5 m von der Tunnelachse ein 750 m langer Entwässerungsstollen mit froschmaulförmigem Querschnitt (lichte Höhe 2,0 m, lichte Breite 2,21 m) und mit einem Gefälle von 8 ‰ aufgefahren. Der Stolleneingang lag 1,20 m, der Stollengang 5,5 m tiefer als die Tunnelsohle. An den Stellen mit stärkerem Wasserzudrang trieb man vom Stollen aus Aufbrüche hoch, die bis über den Rücken des Tunnelgewölbes reichen, und legte in diesen mit Stein- und Kiespackungen gesicherte Sickerrippen an, um das Wasser noch vor dem Tunnel mit Sicherheit fassen zu können. Die Wasserableitungsrinne des Tunnels wurde umgebaut und an die Ulme verlegt. Sie erhielt zugleich ein stärkeres Gefälle, und in Abständen von je 150 m schaltete man in sie je eine Stufe ein. (Am Tunneleingang erhielten die Rinnen zur Verhinderung ihres Zufrierens ein Gegengefälle!) Von der Sohle der Abfallschächte wurde das Wasser durch Querstollen in den Entwässerungsstollen geleitet. Zugleich mit diesen Arbeiten wurde auch die Straße im Tunnel umgebaut. Statt der früheren, nach der Mitte hin vertieften, trogartigen erhielt sie eine sattelförmige Betonfahrbahndecke. Zum Abschluß wurden die Hohlräume hinter der Auskleidung verpreßt, und zwar die größeren mit Pumpbeton, die kleineren durch Injektion eines Traß-Zement-Mörtels. Bei den Zweitinjektionen benützte man die Plastizierungsmittel *Sika* und *Darex*. Dem Traß-Zement-Mörtel der Erstinjektionen war Sägemehl beigemengt. Die zerstörten, frostbeschädigten Mauerwerksteile wurden erneuert. Selbst diese umfangreiche Instandsetzung wird jedoch unter den gegebenen Umständen kaum eine völlige Sanierung bringen, es sei denn, daß man für eine einwandfreie Unterhaltung der Entwässerungsanlagen und nötigenfalls für deren ständige Erweiterung sorgt. *Grundlegend liegt hier der Fehler in der zu hohen Lage des Tunnels. Weit vorteilhafter wäre es gewesen, in geringerer Höhe, in festerem Gestein und mit geringerer verlorener Höhe einen längeren Tunnel zu bauen.*

*7.2.3.3.4.* Der Tunnel *Pereces — Baross akna* wurde in den siebziger Jahren des vorigen Jahrhunderts in Ungarn erbaut. Er führte damals den Namen *Erbstollen Gränzenstein* und wurde später zu einer Grubenbahnstrecke mit Schmalspurbetrieb erweitert. Im Zuge der Lichtraumerweiterung wurde die Tunnelauskleidung mehrmals ausgewechselt. Ein entgleister Zug der Grubenbahn legte 1947 einen Teil der Stahltempel um, was den Verbruch eines Abschnittes zur Folge hatte. Der Unfall gab Veranlassung zur Ausmauerung der Röhre mit Betonformsteinen.

An dem neuen Betonformsteinmauerwerk bildeten sich 1954 in der Firstlinie nach innen klaffende Längsrisse. Mutmaßlich waren sie also auf eine Bewegung der Gewölbekämpfer oder auf Biegemomente aus einer starken lotrechten Belastung zurückzuführen.

Bei der Freilegung der Ulme wurde festgestellt, daß die Auskleidung *lotrechte Widerlager und ein kreisbogenförmiges Gewölbe hatte.* Weiterhin stellte sich heraus, daß die lotrechten Widerlager im rissigen Abschnitt in Kämpferhöhe nicht satt an die Ausbruchsleibung angemauert waren. Die mangelhafte Hinterpackung hatte auch unterschiedlich tiefe Hohlräume entstehen lassen. Da die Firste keine übermäßige Belastung zu tragen hatte, mußten die Risse durch eine Verschiebung der Widerlager verursacht worden sein.

Zur Ausbesserung der rissigen Teile wurde das Mauerwerk mit sorgfältiger Verpackung der Hohlräume neu hochgeführt.

Zugleich behob man auch Störungen in der Wasserableitung aus dem Tunnel. Der Abflußkanal hatte — vermutlich wegen des wiederholten Umbaues — sein Gefälle verloren, so daß sich in ihm das Wasser stellenweise staute. Die Instandsetzung erfolgte durch Ausbildung der tiefer gelegenen Teile zu regelrechten Sümpfen, aus denen das Wasser in die höher gelegenen Kanalabschnitte gehoben wird; aus diesen fließt es dann im Schweregefälle ungehindert ab.

# 7.3. Durch Tunnelbauten verursachte Oberflächensetzungen

## 7.3.1. Bestimmung voraussichtlicher Oberflächensetzungen

Im Bergbau ist die Verhütung oder zumindest Verminderung von Oberflächensetzungen und vor allem die Vorausbestimmung ihres Ausmaßes ein seit Jahrhunderten bekanntes schweres Problem, und dies besonders dort, wo sich Grubenbaue unter Siedlungen und bewohnten Gebieten hinziehen. Der Tunnelbau wirft dieses Problem erst in neuerer Zeit auf, seitdem auch in Großstädten in zunehmender Zahl Untergrundbahn-, Straßen- und Fußgängertunnel sowie Stollen für Versorgungsleitungen gebaut werden. Bei den früheren Eisenbahn-, Straßen- und Kanaltunnelbauten unter unbewohntem Gelände brauchte man sich um eventuelle Geländebewegungen nicht viel Sorgen zu machen.

Mit dem Auffahren eines Hohlganges wird die Kontinuität der Gebirgsmassen unterbrochen, was zu einem Nachsacken der aufgelockerten Gesteinsmassen über dem Tunnel und im Umkreis um ihn zu Spannungserhöhungen führt. Aus beiden Ursachen treten im Gebirge Verformungen auf, die sich je nach seiner Festigkeit, der Überlagerungshöhe und dem Ausmaß der ausbruchsbedingten Störungen mehr oder minder stark bis zur Tagoberfläche fortsetzen und auch dort Veränderungen herbeiführen. Jedenfalls gilt die Feststellung, daß das Ausmaß der Auflockerung über und um den Hohlgang und somit auch das Ausmaß der Oberflächensetzungen bei gegebener Tiefe und gegebenen Gebirgsverhältnissen entscheidend von der Sorgfalt des Ausbruchs, von der Festigkeit und dem zeitgerechten Einziehen der vorübergehenden und der endgültigen Abstützung sowie davon abhängen wird, wie selten man Umsteifungen vorgenommen hat. Aus all diesen Gründen kann die Vorausbestimmung von Setzungen an der Oberfläche nur den Charakter einer Schätzung haben. Sie dient vornehmlich dazu, einen Begriff von der Rolle und Wichtigkeit jener Faktoren zu vermitteln, die an ihrem Zustandekommen beteiligt sind. Anhaltspunkte für eine Schätzung der voraussichtlichen Setzungen liefern stets die Beobachtungen konkreter Fälle. Sie bieten die Handhabe dazu, die Bestimmung auf Grund theoretischer Überlegungen oder auf rein empirischer Grundlage vorzunehmen.

### 7.3.1.1. Theoretische Erwägungen zur Bestimmung von Oberflächensetzungen

Sämtliche Theorien gehen davon aus, daß die übertägigen Setzungen der Größe des unverfüllt belassenen unterirdischen Hohlraumes, d. h. der Größe der Kontinuitätslücke proportional sind.

*7.3.1.1.1.* In den letzten 100 Jahren wurden für den *Bergbau* eine ganze Reihe empirischer Formeln angegeben, die den Zusammenhang zwischen Ausmaß der übertägigen Setzungen einerseits und der Hohlraumgröße sowie der Überlagerungshöhe andererseits beschreiben.

Eine dieser Formeln z. B. ist die von Briggs stammende, nach der sich die Setzung über Tage zu

$$s = m \frac{2{,}2}{2{,}2 + \sqrt{\frac{H}{100}}}, \qquad (339\,\text{a})$$

errechnet, wenn $m$ die Hohlganghöhe, $H$ hingegen die Überlagerungshöhe bezeichnet.

Nach einer zweiten Näherungsformel — derjenigen von Goldreich — ist

$$s = m - \varkappa H, \qquad (339\,\text{b})$$

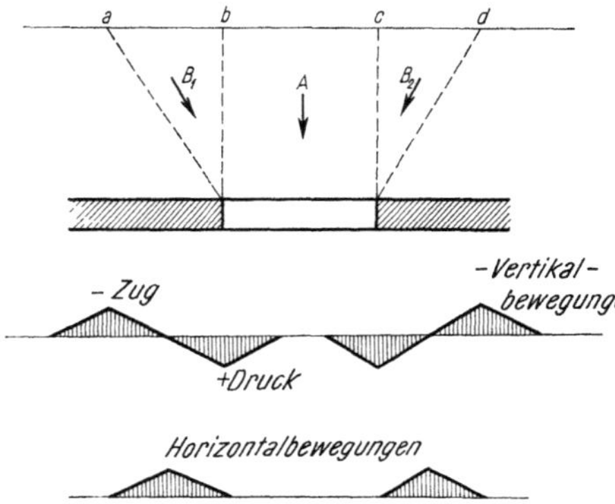


Abb. 648. Durch unterirdischen Abbau hervorgerufene Oberflächenbewegungen (nach Goldreich)

worin $\varkappa$ den Koeffizient der Volumvergrößerung der Gesteinsschichten bezeichnet, und zwar gemäß

$$\varkappa = \frac{V_e - V_s}{V};$$

$V_e$ bedeutet hier das Volumen der Ausbruchsmassen, $V_s$ das Volumen der Setzungsmulde an der Tagesoberfläche und $V$ das Volumen der im Bewegungstrichter eingeschlossenen Gesteinsmassen. Der Ausgangswert des Koeffizienten kann annähernd mit $\varkappa = 0{,}01$ angesetzt werden, er steigt mit der Ausbruchshöhe an und erreicht bei $m = 4$ m bereits die Größe von $\varkappa = 0{,}03$.

Goldreich war es auch, der die Dynamik der Bewegungen untersucht hat.

Beim Auffahren der in Abb. 648 skizzierten Strecke geraten die Gebirgsmassen $A$, $B_1$ und $B_2$ in eine Bewegung, die sich auch auf die Tagesoberfläche *abcd* auswirkt. Im Gefolge der Öffnung des Hohlganges kommen auf der Oberfläche die in der Abbildung angedeuteten vertikalen und horizontalen Bewegungen zustande. Nach GOLDREICH ergeben sich die einzelnen Maxima bzw. Minima im Umkreis um die Schnittpunkte der Geländelinie mit den Lotrechten in den Hohlgangrändern bzw. mit den Gleitflächenlinien der seitlich abgleitenden Erdkeile. Da nach dem Absacken des Gesteinsblockes $A$ die Seitenkeile $B_1$ und $B_2$ in Bewegung geraten, muß es in den Abschnitten $ab$ und $cd$ auch zu Verschiebungen in horizontaler Richtung kommen. Auf diese Weise bildet sich dann die Senkungsmulde aus, die dem Fortschritt des unterirdischen Hohlgangsausbruchs mit einem gewissen Abstand folgt. Je rascher der Vortrieb voranschreitet, um so schneller machen auch die übertägigen Bauwerke die unterschiedlichen Setzungs- und Beanspruchungsphasen mit (Abb. 649). In Bergbaugebieten findet sich in der Regel nicht bloß eine Gleitfläche, vielmehr bilden sich deren mehrere aus, an denen sich oftmals regelrecht klaffende, mehrere Dezimeter breite Risse zeigen (Abb. 650).

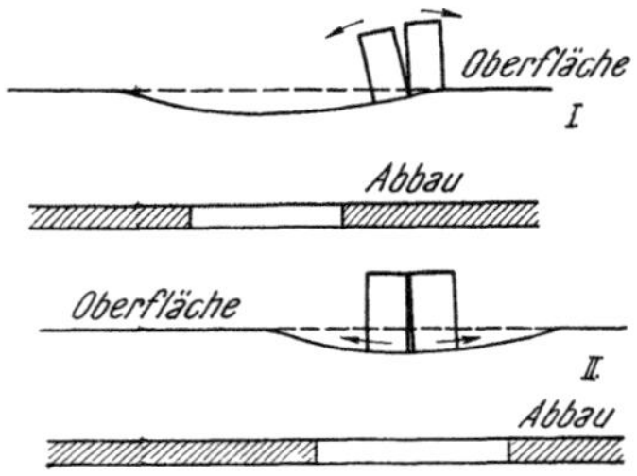

Abb. 649. Verschiedene Bewegungsphasen der Gebäude auf der Oberfläche bei fortschreitendem Abbauvorgang

Mit der Bestimmung der Form und Ausdehnung übertägiger Setzungsmulden hat sich auf Grund von Untersuchungen und Beobachtungen des Montanistischen

Abb. 650. Infolge Unterminierung zerstörte Seitenwand eines Gebäudes in Karwin

Forschungsinstituts der Sowjetunion A. G. AWERSIN befaßt [229]. Er gibt für die Setzungskurve (Abb. 651) die Formel

$$\eta_{(x)} = \eta_0 \left(1 - \frac{x}{L}\right)^{\left(\frac{L}{l}\right)^2} \cdot e^{\frac{L}{l^2}x} \qquad (340\,\text{a})$$

an. Mit dem auf Beobachtungen fußenden Wert $L = 2{,}13\,l$ geht diese Gleichung in die Form

$$\eta_{(x)} = \eta_0 \left(1 - \frac{x}{2{,}13\,l}\right)^{4{,}53} \cdot e^{2{,}13 \frac{x}{l}} \tag{340b}$$

über. Der Wert der in der Mittelachse auftretenden größten Setzung $\eta_0$ errechnet sich näherungsweise aus der Beziehung $\varkappa = \frac{m - \eta_0}{H}$, d. h. $\eta_0 = m - \varkappa H$, während $l$ den Abstand des Inflexionspunktes von der größten Setzung bezeichnet.

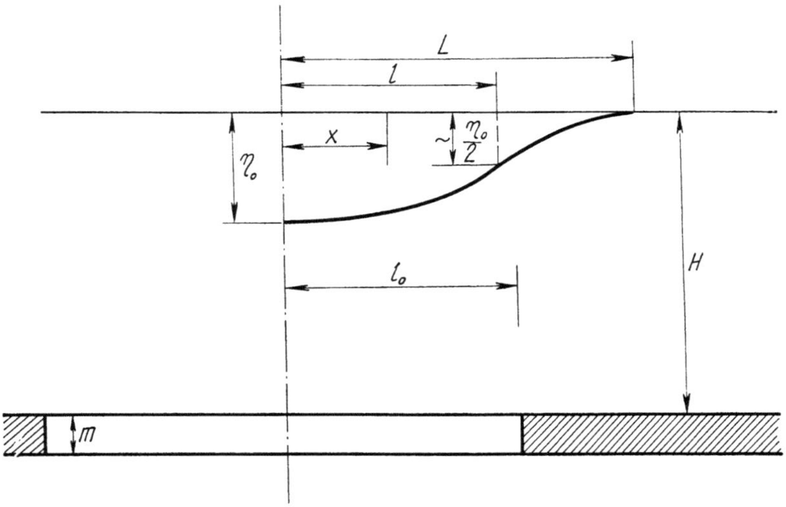


Abb. 651. Theoretische Form der Oberflächensenkungskurve nach AWERSIN

Der Wert von $\eta_0$ läßt sich aber auch aus der Fläche ($V$) des Querschnitts der Setzungsmulde anhand des Zusammenhanges

$$\eta_0 = \frac{2\,V}{L}$$

ermitteln. In seiner zitierten Arbeit leitet AWERSIN für die Bestimmung von Setzungen an der Tagesoberfläche auch genauere und kompliziertere Zusammenhänge ab, die den Einfluß der Zeit sowie die Fortschritte in der Konsolidation gleichfalls in Betracht ziehen. Alle diese Formeln beziehen sich naturgemäß auf homogene Böden, da aber solche in der Natur wohl kaum irgendwo vorkommen, kommt seinen Ausführungen theoretische Bedeutung zu.

Im Ungarischen Montanistischen Forschungsinstitut befaßte sich mit dem Problem der übertägigen Setzungen insbesondere F. MARTOS [230]. Aus der statistischen Auswertung von Beobachtungen an effektiven Setzungen leitet er für die Vertikalkomponente der Oberflächenabsenkung den Zusammenhang

$$\eta_{(x)} = \frac{\varkappa \cdot m}{\varkappa + H} (1 - \delta_t) \exp - \left(\frac{x^2}{2\,l}\right) \tag{341a}$$

ab, in welchem $H$ die Überlagerungshöhe, $\varkappa$ eine vom Vorkommen abhängige Konstante, $\delta_t$ den Wirkungsgrad der Auffüllung mit Versatz, $l$ den Abstand der Inflexion der Setzungslinie gemäß

$$l = \pm H \operatorname{cotg} \vartheta \sqrt{\frac{2}{\ln \frac{\eta_0}{v_{sz}}}}$$

bedeutet. In dieser Formel für $l$ ist $\vartheta$ wieder der Neigungswinkel, den die durch den Rand des unterirdischen Hohlraumes und durch die Grenze der Oberflächensetzung bestimmte Gerade mit der Waagerechten einschließt, während $v_{sz}$ den mittleren Nivellierfehler bezeichnet.

Für das Maximum der Setzung gilt

$$\eta_0 = \frac{\varkappa \cdot m}{\varkappa + H} (1 - \delta_t), \tag{341 b}$$

für die Horizontalkomponente des Vergleitens hingegen

$$\xi_{(x)} = \frac{x \cdot \eta_{(x)}}{H}.$$

Alle oben angeführten Gleichungen stellen die Setzungsmulde als eine Wahrscheinlichkeitskurve dar, deren Höchstordinate ($\eta_0$) von der Höhe des ausgebrochenen Hohlraumes ($m$), von einem Entlockerungsfaktor ($\varkappa$) und von der Überdeckungshöhe ($H$) abhängig ist. Die Werte von $\varkappa$ können aus Tabellen entnommen werden, die nach langjährigen Erfahrungen für verschiedene Deckschichten und verschiedene Abbauverfahren zusammengestellt sind. Diese Auffassung stützt sich also auf *plastische Verformungen*. Die Größenordnung der dadurch begangenen Fehler darf nach KARAWALJEW [231] $\pm$ 30% ausmachen. Zur durchschnittlichen Annäherung für die Höchstordinate schlägt er den Zusammenhang

$$\eta_0 = \frac{25}{25 + \sqrt{H}} m \tag{342}$$

vor.

*7.3.1.1.2.* Alle bisherigen Methoden gehen davon aus, daß die Oberflächensetzung in erster Linie vom Ausmaß des unverfüllt gebliebenen unterirdischen Hohlraumes beeinflußt wird. Noch mehr soll diese Grundlage im Falle eines Schildvortriebes gelten, wobei das oberflächennahe Auffahren des Schildes sogar einen direkten Zusammenhang zwischen unverfüllt gebliebenem oder aufgelockertem Hohlraum und dem Inhalt des Senkungstrichters annehmen läßt.

Aus den beim Bau der Budapester Untergrundbahn gemachten Beobachtungen und unter dieser Annahme hat der *Verfasser* für die bei der Schildbauweise zu erwartenden Maximalsenkungen ($s_{\max}$) die folgenden einfachen Zusammenhänge abgeleitet [236].

Die Oberflächensetzung läßt sich aus zwei Komponenten zusammensetzen, und zwar:

a) aus der auf der Stirnfläche eintretenden Auflockerung und
b) aus dem rings um den Schild zurückbleibenden, unverfüllt gebliebenen Hohlraum.

Unter Zuhilfenahme von ganz einfachen Annäherungsannahmen und unter der Voraussetzung, daß das Volumen der Auflockerung an der Stirnfläche und des unverfüllt gebliebenen Hohlraumes dem Inhalt des auf der Oberfläche erscheinenden Absenkungstrichters gleich wird, läßt sich die maximale Absenkung in der Achse des Absenkungstrichters ($s_{max}$) folgendermaßen ausdrücken.

a) Der aus der Auflockerung der Stirnfläche stammende Anteil wird (Abb. 652)

$$V_0 = \pi \cdot r^3 \cdot \operatorname{tg} \alpha .$$

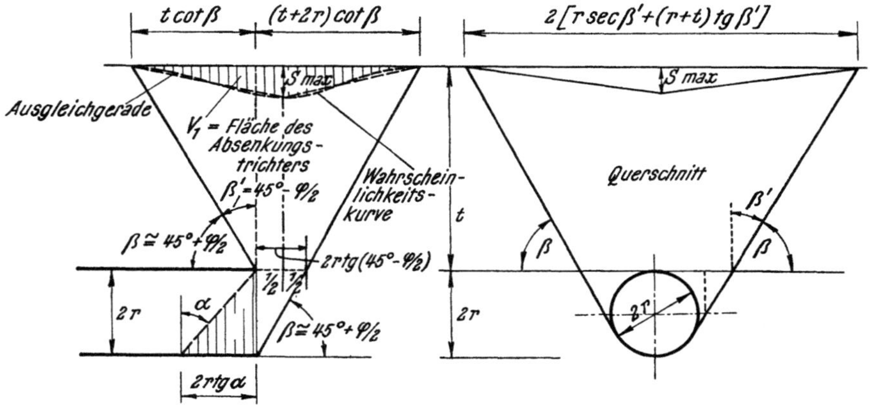


Abb. 652. Annahmen zur Berechnung des voreilenden Anteils der Oberflächensenkung

Wenn man die exponentielle Rotationsfläche des Senkungstrichters durch einen Kegel ersetzt, wird

$$V_1 = 2[r \cdot \sec \beta' + (r + t) \operatorname{tg} \beta] (2t + 2r) \operatorname{cotg} \beta \cdot \frac{s'_{max}}{3} .$$

Mit $V_0 = V_1$ erhält man daraus

$$s'_{max} = \frac{3\pi \cdot r^2 \cdot \operatorname{tg} \alpha}{\frac{4}{\sin \beta} (t + r) + 4\left(r + 2t + \frac{t^2}{r}\right)} .$$

b) Der unverfüllt gebliebene Hohlraum soll, auf die Längeneinheit bezogen, nach Abb. 653 mit

$$V_0 = \psi \cdot r \cdot \delta$$

ausgedrückt werden; er erscheint auf der Oberfläche in Form eines Senkungsprismas vom Inhalt

$$V_1 = 2r \cdot \sin \psi/2 + 2 \operatorname{tg} \alpha \, [r(1 - \cos \psi/2) + t] \frac{s''_{max}}{2} .$$

Mit $V_0 = V_1$ erhält man wieder

$$s''_{max} = \frac{\psi \cdot r \cdot \delta}{\operatorname{tg} \alpha' [r(1 - \cos \psi/2) + t]}$$

oder mit $\psi = \pi$

$$s''_{max} = \frac{\pi \cdot r \cdot \delta}{\operatorname{tg} (\pi/4 - \varphi/2) (r + t)} .$$

Die maximale Oberflächensenkung wird damit

$$s_{max} = s'_{max} + s''_{max}$$

und die Ausdehnung des Absenkungstrichters ergibt sich aus den beiden Abb. **652** und **653**.

Die praktischen Erfahrungen zeigen, daß diese Ausdehnung natürlich auch von der Lagerung der Deckschichten abhängig ist; unter den Bodenverhältnissen in Budapest darf sie mit dem doppelten Wert (gestrichelt) angenommen werden. Dies beeinflußt jedoch die ermittelten Höchstwerte $s_{max}$ nur ganz unbedeutend, weil sich der Auslauf des Setzungstrichters ganz flach gestaltet; dadurch kann dieses Mehrvolumen vernachlässigt werden.

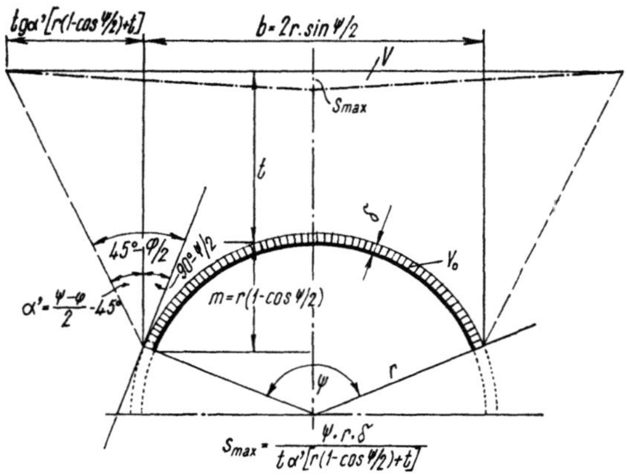


Abb. 653. Parallel-laufender Anteil der Oberflächensenkung

Auf Grund von Setzungsmessungen im Zusammenhang mit dem Bau der *Leningrader Untergrundbahn* und von theoretischen Untersuchungen gibt LIMANOW [232] ein Verfahren zur Berechnung von Oberflächensetzungen in kambrischem Ton für den Fall der Anwendung der Schildbauweise an. LIMANOW geht von der Überlegung aus, daß die Veränderungen an der Geländeoberfläche, wie sie durch das in gewisser Tiefe erfolgte Auffahren eines Hohlraumes im *elastischen Halbraum* ausgelöst werden, auf Grund des Maxwellschen Satzes als Verformungen angesehen werden können, die unter der Einwirkung der im Hohlraum wirksamen inneren Druckkräfte im umliegenden Medium bzw. an dessen Oberfläche zustande kommen — bloß haben sie entgegengesetzte Vorzeichen. Jene Gebirgsdrücke nämlich, die in der Tunnelauskleidung Spannungen wecken und so deren Verformung verursachen, stammen aus dem anliegenden Boden. Kehrt man also die Erscheinung um und betrachtet man die im Tunnelring auftretenden Spannungen als Ergebnis des auf ihm lastenden Innendruckes, dann ist die Annahme berechtigt, daß im umliegenden Medium Spannungen auftreten werden, die ebensogroß wie der Gebirgsdruck, aber in entgegengesetztem Sinne wirksam sind und die an der Grenze des Mediums, d. h. auf der Oberfläche Verformungen von der Größe der Setzung, jedoch in entgegengesetztem Sinne auslösen.

Die erste Näherungsannahme dieser Überlegungen betrachtet den Boden im Umkreis um den Tunnelring als vollkommen elastisch, die zweite setzt voraus, daß die innere Belastung, die die Ringverformung bewirkt, in radialer Richtung gleichmäßig verteilt ist. Entsprechend können auch die nach diesem Verfahren ermittelten Ergebnisse lediglich als größen- und mengenmäßige Schätzungen angesehen werden, deren Genauigkeit davon abhängt, wie weit die Approximation den tatsächlichen Verhältnissen nahe kam.

Die Verteilung einer auf der Erdoberfläche entstehenden Verformung $u$ mit entgegengesetztem Vorzeichen, wie sie von einer im Inneren eines $h_0$ tief liegenden kreisquerschnittigen Hohlganges angreifenden, gleichmäßig verteilten Kraft $p$ ausgelöst wird, zeigt die Abb. 654. Die Oberflächensetzung läßt sich durch die Vertikalkomponenten der Verformung charakterisieren, doch hat sie auch waagerechte Komponenten.

Nach der Theorie von JEFFERY [233] setzt sich die durch die Öffnung des Hohlganges ausgelöste Verschiebung eines Punktes im Inneren des Halbraumes aus zwei Teilen zusammen. Der eine ($w_2$) kommt im Gefolge der Deformation zustande, die der auf der Hohlraumwandung lastende Druck $p$ hervorruft, der andere Teil ($w_3$) hingegen ist auf die durch die äußere Belastung der Geländeoberfläche verursachte Deformation zurückzuführen. JEFFERY bestimmt die Bewegungen in einem bipolaren Koordinatensystem,

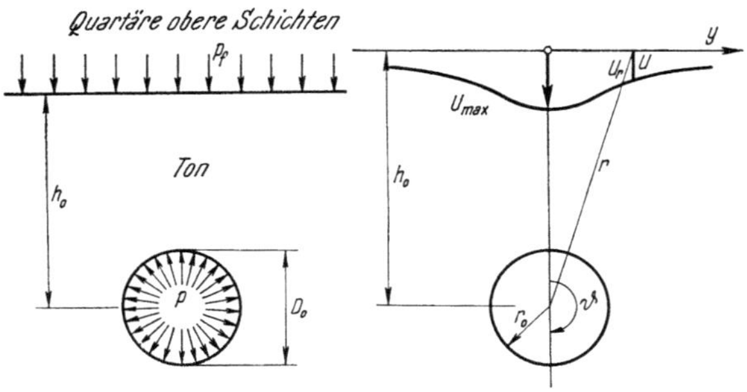


Abb. 654. Oberflächenbewegung infolge der Innenpressungen im kreisförmigen Hohlraum

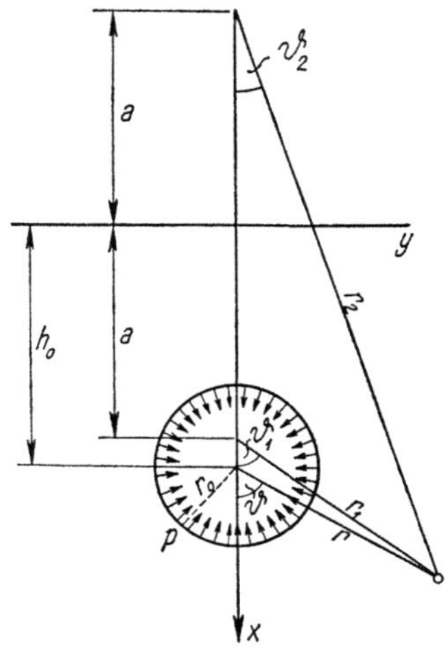


Abb. 655. Bestimmung der infolge Innenpressungen auftretenden Bewegungen im bipolaren Koordinatensystem

wobei im vorliegenden Fall der Radius des Kreises um den einen Pol gleich Null ist (Abb. 655). Den Vektor $\overline{w}$ der Bewegung erhält man als Vektorsumme der beiden obigen Bewegungsteile: $\overline{w} = \overline{w}_2 + \overline{w}_3$. JEFFERY bezeichnet seine Projektion auf die $x$-Achse mit $u$, diejenige auf die $y$-Achse mit $v$ und leitet auf dieser Grundlage mit den Bezeichnungen der Abbildung folgende grundlegende Zusammenhänge ab:

$$U = -(1+\mu)\frac{p}{E}r_0^2\left\{\left[2(1-\mu)\frac{h_0}{a}-(1-2\mu)\right]\frac{\cos\vartheta_1}{r_1}-\right.$$
$$\left.-\left[2(1-\mu)\frac{h_0}{a}+(1-2\mu)\right]\frac{\cos\vartheta_2}{r_2}+\frac{x}{a}\left[(h-a)\frac{\cos 2\vartheta_1}{r_1^2}-(h_0+x)\frac{\cos 2\vartheta_2}{r_2^2}\right]\right\},$$
$$V = -(1-\mu)\frac{p}{E}r_0^2\left\{\left[2(1-\mu)-(1-2\mu)\frac{h_0}{a}\right]\frac{\sin\vartheta_1}{r_1}+\left[2(1-\mu)+(1-2\mu)\frac{h_0}{a}\right]\times\right.$$
$$\left.\times\frac{\sin\vartheta_2}{r_2}+\frac{x}{a}\left[(h_0-a)\frac{\sin 2\vartheta_1}{r_1^2}-(h_0+a)\frac{\sin 2\vartheta_2}{r_2^2}\right]\right\}. \qquad (343)$$

Hierin ist $a = \sqrt{h_0^2 - r_0^2}$,

die Radiusvektoren sind $r_1 = \sqrt{(x-a)^2 + y^2}$, $r_2 = \sqrt{(x+a)^2 + y^2}$,

die Polarwinkel hingegen $\vartheta_1$, $\vartheta_2$ mit $\tan\vartheta_1 = \dfrac{y}{x-a}$ und $\tan\vartheta_2 = \dfrac{y}{x+a}$ bestimmt.

Auf Grund dieser Grundformeln errechnet sich nach LIMANOW die in der lotrechten Hohlgangachse auftretende maximale Verschiebung in homogenem Medium zu

$$U_{\max} = (1-\mu^2)\frac{p}{E}\cdot\frac{4r_0^2\cdot h_0}{h_0^2-r_0^2}. \qquad (344)$$

Dieses Maximum kann jedoch auch auf Grund der im Umkreis um den Tunnelring unverfüllt belassenen bzw. aufgelockerten Fläche ($F$) berechnet werden gemäß

$$U_{\max} = \frac{F}{a\pi},$$

$$F = (1 - \mu^2)\,\frac{p}{E}\,4 r_0^2 h_0 \int\limits_{-\infty}^{+\infty} \frac{dy}{a^2 + y^2} = (1 - \mu^2)\,\frac{p}{E} \cdot \frac{a}{4\, r_0^2 h_0 \pi}.$$

Das Auffahren eines Hohlganges setzt die ursprüngliche Festigkeit des Bodens herab und erhöht seine Zusammendrückbarkeit, weshalb bei Berechnung von $F$ ein Vergrößerungsfaktor

$$K = \frac{2(1 - \mu)h_0}{[a + 2(1 - \mu)(h_0 - a)]}$$

angewendet werden muß.

Ist der Höchstwert der Oberflächensetzung bekannt, kann die Form der Setzungsmulde auf Grund der Wahrscheinlichkeitskurve von Awersin bestimmt werden. Hiernach errechnet sich die Setzung, sofern der Halbmesser des Trichters $2a$ beträgt, in jedem Abstand $x$ von der Achse zu

$$\eta = U_{\max}\left(1 - \frac{x}{2a}\right)^4 \cdot e^{\frac{4x}{2a}}. \tag{345}$$

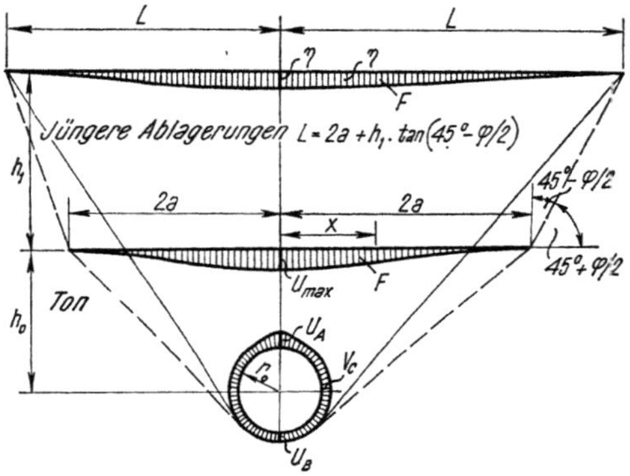


Abb. 656. Berechnung der Oberflächensenkungen im zweischichtigen System

Auf Grund von Beobachtungen beim Bau der aus mehreren Röhren bestehenden Stationen der Leningrader Untergrundbahn hat Limanow ferner empirische Formeln für die Berechnung von Oberflächensetzungen angegeben, die durch Vortrieb nebeneinander verlaufender Tunnel verursacht werden. In diesen Formeln sind die zeitlichen Verschiebungen im Auffahren der beiden Röhren gleichfalls berücksichtigt. Schließlich sind von Limanow gemäß Abb. 656 auch Formeln für die Bestimmung der voraussichtlichen Setzungen im zweischichtigen Leningrader Boden abgeleitet worden.

Nach diesen Formeln läßt sich die maximale Ordinate eines Oberflächensetzungstrichters mit dem Durchmesser $2L$ aus der Gleichheit der Einsturztrichterflächen der beiden Schichten berechnen, d. h. es ist

$$\eta_0 = \frac{F}{L} \qquad F = U_{\max} a \pi$$

und $L = 2a + h_1 \cdot \tan(45° - \varphi/2)$,

$$U_{\max} = (1 - \mu^2)\,\frac{p}{E} \cdot \frac{4\, r_0^2 h_0}{h_0^2 - r_0^2} = U_A + U_B \tag{346}$$

7.3.1.1.3. Ein interessantes, auf der Wahrscheinlichkeitsrechnung fußendes Verfahren zur Berechnung von Setzungen an der Erdoberfläche hat Litwiniszyn [234] angegeben. Auf Grund seiner im Bergbau angestellten Beobachtungen betrachtet er die über dem Hohlgang anstehende Gesteinsmasse nicht als ein kontinuierliches, sondern als ein in Elemente zerbröckeltes körniges Material (als ein sogenanntes stochastisches Medium). Im Prinzip geht Litwiniszyn von folgenden Überlegungen aus: Entfernt man durch das Ausbrechen des Hohlraumes in einer bestimmten Tiefe aus dem theoretisch in gleiche Elemente zerbröckelt gedachten Material das mit 1 bezeichnete Element, dann wird aus der Reihe über ihm entweder das rechts oder das links gelegene Element an seine Stelle rutschen. Die Wahrscheinlichkeit, daß es dieses oder jenes sein wird, ist gleich 1/2 bis 1/2. Diese beiden Elemente erhalten wieder aus der Reihe über ihnen Nachschub. Die Wahrscheinlichkeit, welches der drei Elemente hinabgleiten wird, ist nun schon gleich 1/4, 2/4, 1/4. Bei schichtweisem Fortschreiten nach oben erhält man auf ähnliche Weise die Größe der Wahrscheinlichkeit für das Hinabgleiten der einzelnen Elemente und — die Teilungen auf die elementaren Teile bezogen —, die glockenförmige Gaußsche Verteilungskurve ($K$) nach Abb. 657. Nach diesem Gedankengang bestimmt Litwiniszyn einen Operator, mit dem man aus der Setzungsmulde der einen Schicht diejenige der tiefer anstehenden Schicht auf mathematischem Wege bestimmen kann. Den Zusammenhang zwischen dem Zeitfaktor ($\xi$), dem Horizontalabstand und dem in der Achse gemessenen Höchstmaß $\overline{w}_0$ der Setzung beschreibt der Zusammenhang

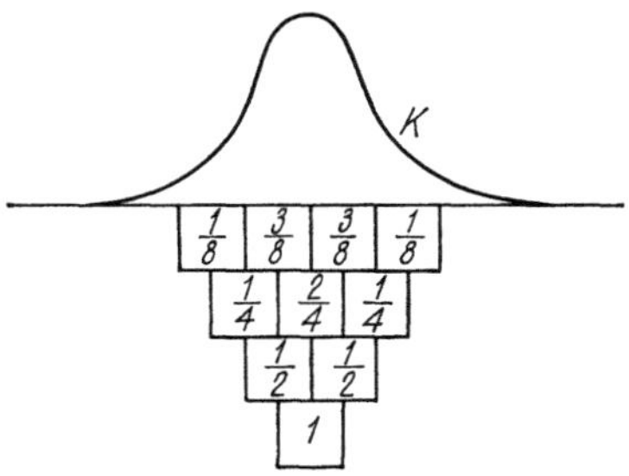


Abb. 657. Wahrscheinlichkeitszahlen der oberhalb eines Hohlraumes befindlichen Körner

$$\overline{w}(\xi, x) = \frac{\overline{w}_0}{\sqrt{\pi}} \int_{-{}^1/_2 x \xi^{1/2}}^{-\infty} e^{-s^2} \mathrm{d}s, \qquad (347)$$

der eine gute Übereinstimmung mit den tatsächlichen Meßwerten ergibt. Nähere Einzelheiten finden sich in der zitierten Publikation.

## 7.3.1.2. Oberflächensenkungen beim Bau der Untergrundbahnen. Ursachen und Bekämpfungsmaßnahmen

*7.3.1.2.1. Beim Bau der Untergrundbahn in Chicago*, die in verhältnismäßig geringer Tiefe plastischen Ton durchörtert, wurde der Verlauf der Oberflächensenkungen in Abhängigkeit von den einzelnen Arbeitsphasen genau gemessen [235]. Der 6,0 m breite und 7,50 m hohe, im Durchschnitt von einer 8 bis 9 m hohen Deckschicht überlagerte hufeisenförmige Tunnel war während des Ausbruchs auf einen Stahlblechverzug mit Stahlrippenunterzug abgestützt (vgl. Abb. 434). Den Bauvorgang veranschaulicht die Abb. 658a. In Abb. 658b ist der Grundriß der Straße über dem Tunnel mit den rechts von den Profillinien durch Messung ermittelten Setzungswerten dargestellt. Aus dem Bildteil c) ist der Längsschnitt des Tunnels und der Baufortschritt ersichtlich. Den zeitlichen Zusammenhang zwischen Setzungs- und Baufortschrittslinien deutet deren Bezifferung an. Wie zu erkennen, folgte die Zunahme der Oberflächensetzungen dem Baufortschritt zwar mit einer gewissen Verspätung, jedoch regelmäßig nach. Ihren Höchstwert erreichte sie — mit 15 cm — in der Tunnelachse. Dies entspricht rund 20% des Verhältnisses von Hohlgangbreite ($b$) zur Überlagerungshöhe ($H$) ($s = \frac{b}{H} \cdot 0{,}2$), was als sehr hoch bezeichnet werden muß. Am raschesten schreitet die Setzung naturgemäß in den unter intensivstem Abbau stehenden Profilen voran. Vor und hinter diesen geht ihre Geschwindigkeit stark zurück (im Bild der Unterschied zwischen den Linien 1 und 6). Beobachtungen zufolge beschleunigten sich die Setzungen immer wieder von neuem, sooft die Spreizen unter den Stahlbogen, die den zuerst eingezogenen Kalottenverzug abstützten, mit fortschreitendem Ausbruch nach unten umgesteift wurden. Aus diesem Grunde wurde die Bauweise in einem folgenden Abschnitt derart abgewandelt, daß man an den Abbaustellen (*2*) und (*3*) (vgl. Abb. 658a) 1,8 bis 4,8 m lange kleinquerschnittige Kämpferstollen vortrieb, in die man vorweg stählerne Kämpferbalken zur Abstützung der Stahlbogen der Kalottenrüstung einzog. Nach erfolgtem

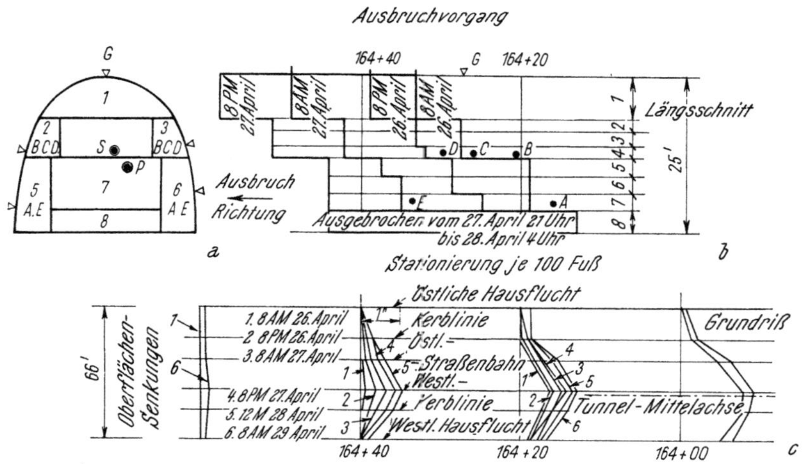


Abb. 658. Meßergebnisse der Oberflächensenkungen beim Bau der Untergrundbahnen in Chicago

Abbau des Teilausbruchs *4 wurden diese Kämpferbalken gegeneinander* mit waagerechten Streben *zusätzlich verspreizt*, womit man einem Verdrücken der Stahlstützbogen durch die Seitendrücke beim Aufbrechen der seitlichen Schlitze zuvorkommen wollte. Mit dieser Modifikation der Unterfangung gelang es denn auch, die Setzungen auf der Erdoberfläche auf die Hälfte herabzusetzen. Hier wurde beobachtet, *daß sich die Setzungen* 12 bis 15 Tage *nach Ablassen der zur Entwässerung angewandten Druckluft auf das Doppelte vergrößerten.*

Die Oberflächensetzungskurven hatten auch hier die charakteristische Glockenform der *Gaußschen Verteilungskurve*, von der Verteilung der Setzungen kann also angenommen werden, daß sie nicht nur bei größeren, sondern auch bei kleineren Überlagerungshöhen dieser Gesetzmäßigkeit folgt. Seitlich überschritten die Setzungszonen nirgends das 1,5fache der Tunnelsohlentiefe, die Setzungszone erstreckt sich also über eine Breite von rund $3(H + m) + b$, wenn $H$ die Überlagerungshöhe, $m$ die Höhe und $b$ die Breite des Tunnelprofils bezeichnet.

*7.3.1.2.2.* Das vorangehende Beispiel zeigte, welches Ausmaß die Oberflächensenkungen erreichen können, wenn die relativ hoch im Tonboden liegende Untergrundbahnlinie mittels modernisierter bergmännischer Tunnelbaumethoden erbaut wird. Wie weit die Oberflächensenkungen durch den Schildvortrieb herabgesetzt werden können, wird an Hand der folgenden Beispiele gezeigt.

Nach Literaturangaben [235] sollen Oberflächensenkungen von 8 bis 10 cm während des Baues einer neuen Linie der *Moskauer Untergrundbahn* aufgetreten sein. Dies wurde bei einem vollmechanisierten Schildvortrieb in größerer (25 bis 30 m) Tiefe und im festen Tonboden festgestellt, wobei keine Sondermaßnahmen für den Brustverbau vorgenommen worden waren.

Die Oberflächensenkungen beim Schildvortrieb sind auf folgende Ursachen zurückzuführen:

a) zu große Bodenentnahme vor der Brust,
b) eventuelle Firstabbrüche vor der oder Stirnflächeneinbrüche auf der Brust,
c) nachfallender Boden in den Verpreßraum außerhalb des Tübbingringes,
d) Verformung des Tübbingringes unter Last,
e) Verdichtungseffekt am durchörterten rolligen Boden.

*7.3.1.2.3.* Eine neue 307 m lange Strecke der *Berliner Untergrundbahn* wurde im Sandboden mittels Schildvortrieb hergestellt. Da der Grundwasserstand nur 1,0 m über dem Scheitel des 6,75 m-Durchmesser-Schildes lag und die Überdeckung nur zwischen 10 und 12 m schwankte, schied ein Vortrieb unter Druckluft wegen der Gefahr der Ausbläser von vornherein aus. Es wurde daher eine von oben aus durchgeführte Grundwasserabsenkung angewendet, die den in sich schon setzungsfreudigen Sandboden austrocknete. Der Schild wurde mit offener Brust verbaufrei, jedoch mit durch fünf waagrechte Bühnen und radial verlaufende Schottwände unterteilter Stirnfläche vorgetrieben. Durch den Vortrieb entstand dadurch vor dem Schild ein Verdichtungs-, hinter ihm dagegen ein Auflockerungsbereich — wie etwa auf Abb. 659. Die festgestellten Aufhebungen weisen auf die relativ seichte Lage und wohl auch auf die verdichtende Wirkung der gitterartigen Brust hin [169, 169a]. Das Ausmaß der Oberflächensenkungen erreichte anfänglich 8 bis 9 cm, was sich jedoch durch Verbesserung der Technik der Tübbinghinterpressung und durch die Wahl eines raumbeständigen Verpreßmaterials auf die Hälfte dieses Wertes herabsetzen ließ. Die Setzungskurve zeigt, daß die Setzungen im allgemeinen in einem Abstand von 12 bis 15 m hinter dem Schild in diesem körnigen Boden schon abgeklungen waren. Da im gegebenen Falle weder eine übermäßige Bodenentnahme an der Ortsbrust noch die unvollkommene Hinterpressung als Ursachen der Oberflächensenkung zu bezeichnen waren, dürfte sie hauptsächlich der von Erschütterungen hervorgerufenen Verdichtung zugeschrieben werden.

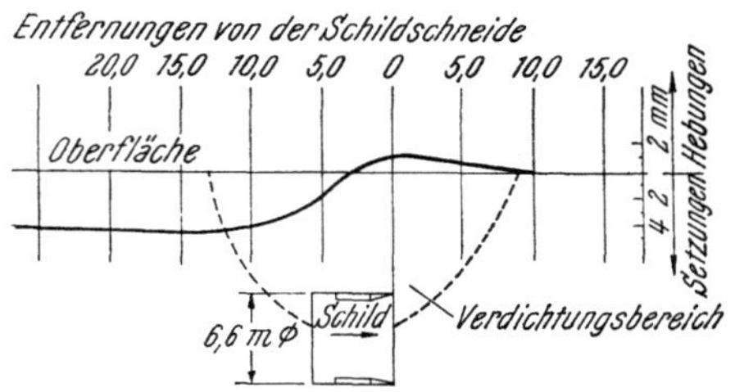

Abb. 659. Oberflächenbewegungen vor und hinter dem Schild in Berlin

*7.3.1.2.4.* In einem tiefliegenden Abschnitt der *Budapester Untergrundbahn* wurden die zwei parallel laufenden Streckenrohre von 5,5 m Durchmesser in der auf Abb. 660 dargestellten Tiefe von etwa 25 m mittels Schildvortrieb aufgefahren. Da zu der äußerst gemischten und aus jüngeren Ablagerungen bestehenden Bodenschichtung sich noch der hohe Grundwasserstand (etwa 5 m unter der Oberfläche) gesellte, war die Anwendung des Druckluftbetriebes unvermeidlich. Die Oberflächensenkungen waren von Anfang an sehr sorgfältig beobachtet und gemessen, weil die Tunnel einen setzungsempfindlichen Schornstein und eine wichtige Eisenbahnunterführung unterfahren sollten. Die anfänglich festgestellten

Senkungen um 60 mm wären für diese Bauwerke unerträglich gewesen, deshalb suchte man entsprechende Maßnahmen, sie zu vermeiden. Zuerst wurde eine Erhöhung der Güte der Verpressungsarbeit versucht, und zwar durch Belohnung der Verpreßmannschaft, indem die Höhe der Löhne von der Güte der Oberflächensenkungen abhängig gemacht wurde. Daneben wurden die Firstabbrüche vor der Schildschneide auf das äußerste — nötigenfalls sogar durch vorgetriebene und ver-

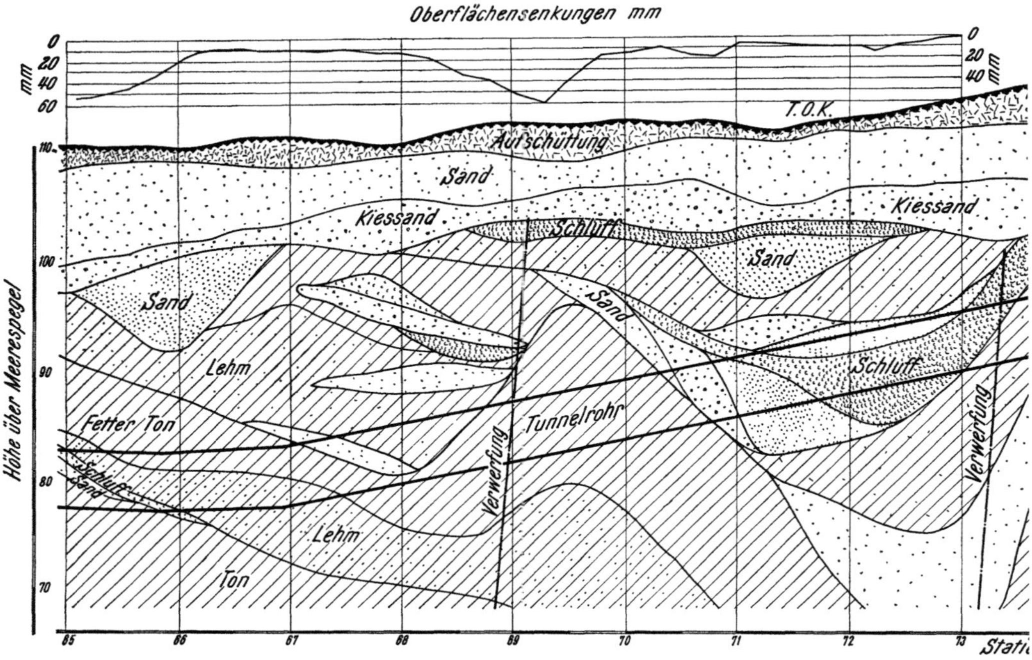


Abb. 660. Oberflächensenkungen auf einer mittels Schildvortrieb aufgefahrenen Strecke der Budapester Untergrundbahn

loren gelassene Bergmannspfähle (eine Art Messervortrieb) — vermindert. Der durchörterte, geschichtete und mit Sandfasern durchwebte Ton blätterte nämlich schon nach einer relativ kurzen Stehzeit ab, die sich sehr oft kleiner als die Vorschubzeit ergab. Wie aus der Abb. 660 ersichtlich, führten diese Hauptmaßnahmen bald zum Erfolg, insofern als nach Auffahren von etwa 100 m Strecke die Oberflächensenkungen schon mindestens auf ein Drittel herabgesetzt werden konnten. Nach erfolgreichem und schadlosem Unterfahren der obengenannten setzungsempfindlichen Bauwerke nahmen aber die Oberflächensenkungen trotz der eingeführten sorgfältigen Arbeit wiederum zu. Dies war jedoch auf eine örtlich anstehende geologische Verwerfung zurückzuführen; nachdem deren Dislokationszone überholt war, blieben die Oberflächensenkungen wieder unter den vorher erreichten und durchaus erträglichen Werten.

Beim Weiterfahren der Schilde verminderten sich die Senkungswerte noch mehr, welche Erscheinung nicht nur der Vervollkommnung der Arbeitsmethoden zuzuschreiben war, sondern bestimmt auch mit der Verminderung der Überdekkungshöhe in Zusammenhang gebracht werden kann. Die Erscheinung gibt einen

Hinweis darauf, daß die Oberflächensenkung, wenn sich eine Gewölbewirkung in den Deckschichten entweder wegen ihrer geringen Festigkeit oder wegen ihrer geringen Mächtigkeit nicht ausbilden kann, einfach proportional mit der Zusammendrückung der über den Hohlraum liegenden Schichten sein wird, im Gegensatz zu den im Bergbau (für größere Tiefen abgeleiteten) gebräuchlichen Formeln (Gl. 291 und 296 bis 297), worin der Höchstwert der Oberflächenabsenkung ($\eta_0$) umgekehrt proportional zur Überdeckungshöhe ist.

Diese letzte Erfahrung stimmt auch sonst mit der Gestaltung der vorher unter 7.3.1.2.3. beschriebenen Oberflächensenkungen der Berliner Untergrundbahnstrecke überein.

## 7.3.2. Beobachtung und Vermessung der Gebäudesetzungen infolge Untergrundbahnbauten

Der Bau von Untergrundbahnen in Großstädten verursacht Setzungen an der Erdoberfläche, die unter Umständen die Standfestigkeit und Sicherheit der über den Hohlgängen stehenden Bauwerke beeinträchtigen. Bei ihrer systematischen Beobachtung geht es nicht nur um die Ermittlung ihrer Ausdehnung und um ihre Absolutwerte allein, sondern auch um die Bestimmung des Einflusses, den die einzelnen Arbeitsphasen auf die Setzungen ausüben, um die gegebenenfalls erforderlichen Änderungen in der Bauweise bzw. um die zeitgerechte Veranlassung von Sicherheitsmaßnahmen, weiterhin um die sichere Extrapolation des zeitlichen Ablaufs der Setzung, der Art ihrer Konsolidation und ihrer voraussichtlichen Endergebnisse und schließlich um die Feststellung gewisser gefahrdrohender störender Auswirkungen. Im Baugebiet müssen somit die Setzungen der Bauwerke in einem Bereich, dessen Breite der nach rechts und links aufgetragenen zweifachen Streckentiefe entspricht, durch Höhenmessungen systematisch überwacht werden. In Budapest beträgt die Breite der unter Beobachtung stehenden Zone 160 bis 200 m.

Für die Setzungsmessungen werden in der Nähe der Bewegungszone zunächst Höhenfestpunkte ausgewählt und — auf diese bezogen — an den zu beobachtenden Bauwerken Höhenmarken angebracht. Die Bewegungen der Festpunkte werden durch Feinnivellement zwischen mehreren von der Bewegungszone entfernt gelegenen Festpunkten kontrolliert. Bei diesen Messungen, die nach den Regeln des Nivellements 1. Ordnung durchzuführen sind, verwendet man ein Präzisionsnivellier mit einer Ablesegenauigkeit von 0,1 mm. Der mittlere Fehler dieser Messungen auf 1 km Doppelnivellement muß innerhalb der Fehlergrenze von

$$\mu_{km} = \pm\, 1{,}2 \sqrt{L} \quad [\mathrm{mm}]$$

bleiben. ($L$ bezeichnet hier die Streckenlänge in Kilometern.)

Zur Festlegung der auf die nächsten Festpunkte bezogenen Höhenmarken benützt man ein Nivellierinstrument mit einer Ablesegenauigkeit von 1 mm.

Die Höhenmarken (eiserne Bolzen, Schienennägel) werden auf die in der Bewegungszone stehenden Bauwerke möglichst gleichmäßig verteilt. Die Überwachungsmessungen beginnen noch vor Baubeginn, d. h. noch im Ruhezustand, damit sämtliche Bewegungen auf den Ruhezustand bezogen werden können. Die Bewegungen der Höhenmarken werden auf zweierlei Art registriert. Von jedem

Bauwerk, an dem eine Marke angebracht ist, wird ein Lageplan angefertigt, aus dem der Grundriß des Bauwerks, die an ihm angebrachten Marken und deren Nummer hervorgehen. Auf der Rückseite dieses Lageplanes werden die Bewegungen der an dem Bauwerk angebrachten Marken in einem Schaubild dargestellt, in welchem die Nummer der Marken, das vom Nivellement erfaßte Gebiet und die Größe der Bewegungen aufscheinen.

In jedem Fall wird die absolute, d. h. die Normalhöhe der Punkte bestimmt und aufgezeichnet.

Ein wichtiges, der Übersicht dienendes Hilfsmittel stellt die sogenannte *Isoanabasenkarte,* eine den Konturlinienkarten ähnliche Darstellung sämtlicher Bewegungen des beobachteten Gebietes dar. Man legt sie an, indem man in eine Landkarte (1:500) des beobachteten Geländes die Bauwerke mit den Höhenmarken und auch die Achse der Untergrundbahn einzeichnet.

Aus den vorangegangenen Aufzeichnungen ist die Größe der Setzung bekannt, die die einzelnen Punkte im gegenständlichen Zeitabschnitt erlitten haben. Diese Ergebnisse werden bei den betreffenden Punkten auf der Karte eingetragen. Ähnlich berechnet man auch die Bewegungen der übrigen Punkte und verzeichnet sie bei den entsprechenden Punkten. Unter Berücksichtigung der Extremwerte der Bewegungen bestimmt man sodann die Abstufung der Isoanabasenlinien und verbindet die Punkte gleich großer Bewegungen mit Linien. Die so aufgetragenen Isoanabasenlinien sind indes nur für das Gelände der Bauwerke gültig, denn die nicht bebauten Flächen machen unter Umständen andersgeartete Bewegungen mit als die Bauwerke (Abb. 661). Derartige, die Bewegungen während einer bestimmten Zeitspanne darstellende Karten erweisen sich in zweierlei Hinsicht als überaus nützlich. Zum ersten geben sie Aufschluß darüber, welche ungefähren Bewegungen einzelne in die Messung nicht einbezogene Bauwerke mitgemacht haben, zum zweiten lassen sie die Stelle der größten Bewegung erkennen. Ist an der betreffenden Stelle noch keine Höhenmarke vorhanden, muß eine solche unverzüglich angebracht und der Punkt in die Messung mit einbezogen werden. Ein Vergleich der Isoanabasenkarten zweier aufeinanderfolgender Zeitspannen und die zusätzliche Auftragung des zeitlichen Verlaufs der Setzung an einzelnen, größere Bewegungen aufweisenden Punkten in eigenen Schaubildern ermöglicht es festzustellen, an welchen Punkten die Bewegung zurückgegangen oder zum Stillstand gekommen ist bzw. welche Punkte in weiterer Setzung begriffen sind, und an welchen Punkten sich die Bewegungen so sehr beschleunigt haben, daß Messungen in dichterer Aufeinanderfolge nötig werden. Drohen solche Bewegungen einen gefährlichen Umfang anzunehmen, hat man die Möglichkeit, geeignete bauliche und Sicherheitsmaßnahmen zu treffen.

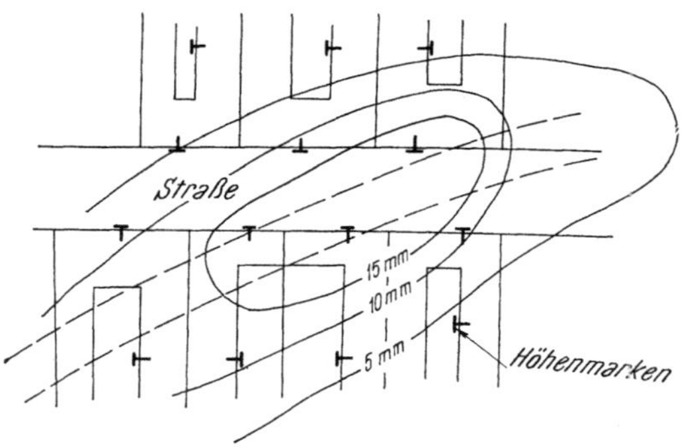

Abb. 661. Austeilung der Höhenmarken und Darstellung der Oberflächensenkungen durch Isobaren

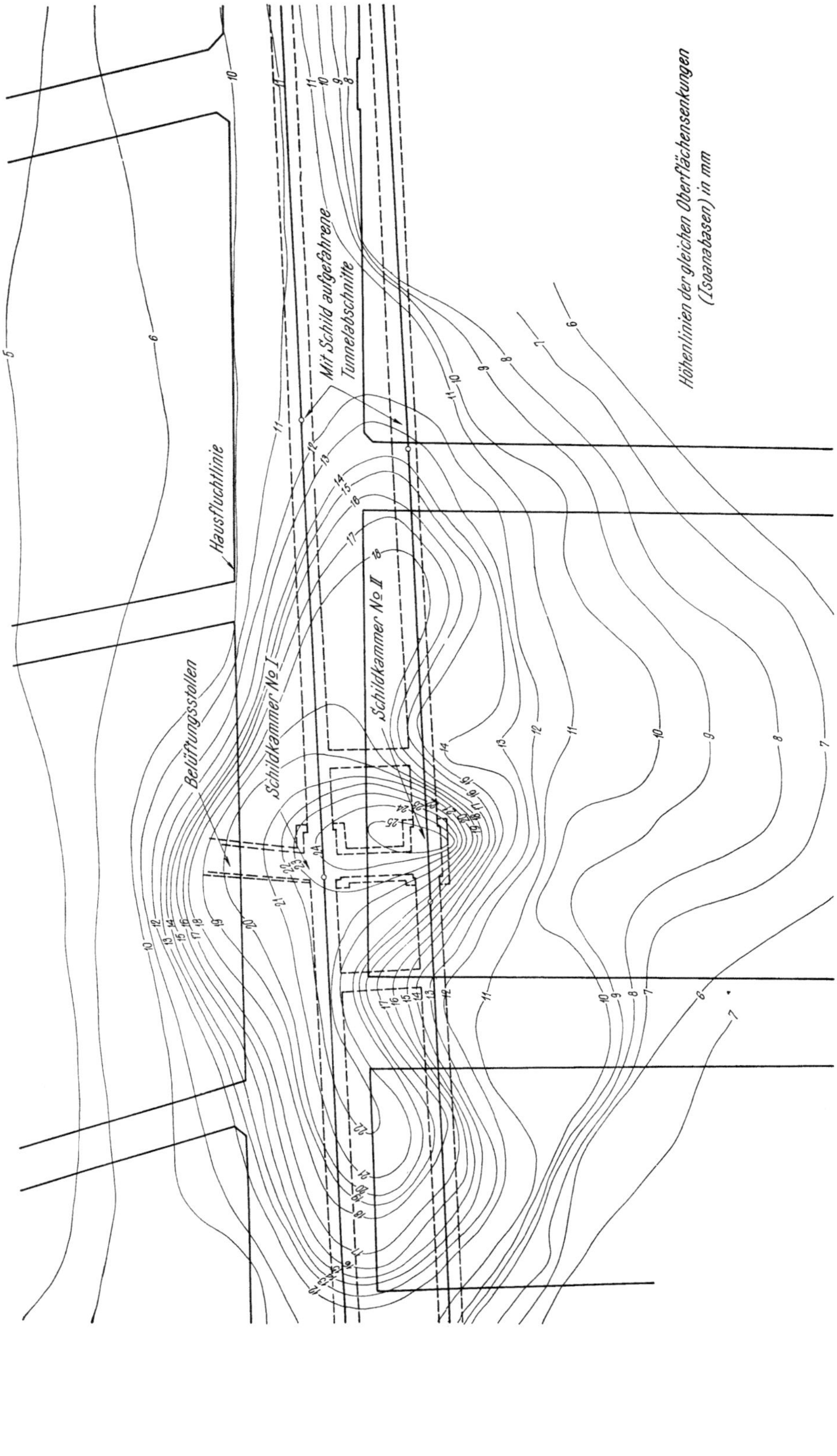


Abb. 662. Isobaren der Oberflächensenkungen auf einer Baustelle der Budapester Untergrundbahn

Die Häufigkeit der Messungen richtet sich danach, ob ein Geländeabschnitt beobachtet wird, den der Vortrieb eben unterfährt, oder ein bereits fertiggestellter Abschnitt. Erfahrungsgemäß muß die Höhe der Höhenmarken über einem in Ausbruch begriffenen Abschnitt in Abständen von 1 bis 2 Tagen bestimmt werden,

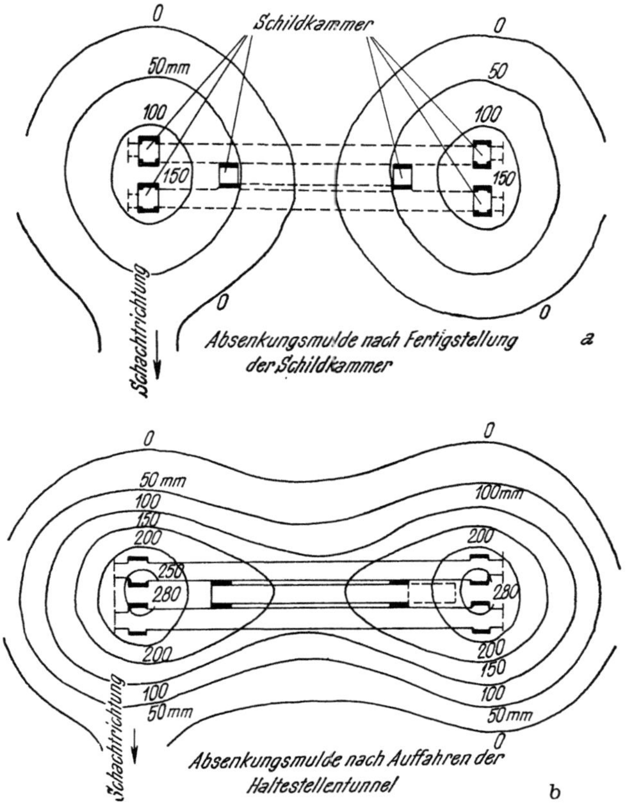


Abb. 663. Vorgang der Ausbildung von Oberflächensenkungen
(a) nach Errichtung der Schildmontagekammer,
(b) nach Auffahren der gesamten tiefliegenden Haltestelle

während in den bereits fertigen Abschnitten zwei- bis dreimonatliche Messungen genügen. Die Höhenlage der Festpunkte in der Bewegungszone muß mindestens halbjährlich kontrolliert werden.

Die Abb. 662 veranschaulicht die Isoanabasenkarte einer Baustelle der Budapester Untergrundbahn. Die Verdichtung der Setzungen um die aufgefahrenen unterirdischen Hohlräume als Zentrum läßt sich deutlich erkennen. Die Abbildung zeigt auch, daß die Setzungen über den nach bergmännischen Methoden aufgefahrenen Schildmontagekammern mit ihren größeren Lichtweiten einen größeren Umfang annehmen als über den im Schildvortrieb aufgefahrenen Tunnelstrecken.

Noch deutlicher prägt sich dies in Abb. 663 aus. Sie gibt die Isoanabasenlinien jener Oberflächensetzungen wieder, die beim Bau einer Tiefstation der Leningrader Metro gemessen wurden (kambrischer Ton unter jüngeren holozänen Schichten). Der Bildteil *a*) zeigt den Zustand nach Fertigstellung der Schildmontagekammern, der Bildteil *b*) hingegen denjenigen nach vollständigem Ausbau der Station. Wie ersichtlich, verursachte der Schildvortrieb der etwa 200 m langen Stationsröhren (3 × 8,5 m∅) eine in Längsrichtung als gleichmäßig anzusehende muldenförmige Setzung um 130 mm, die sich den trichterförmigen, durch den

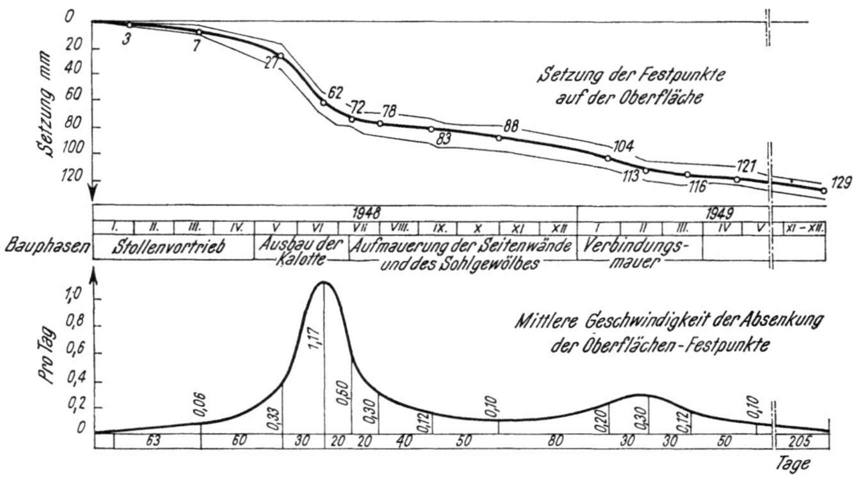


Abb. 664. Vorgang der Oberflächensenkungen während der Herstellung einer Doppel-Schildkammer (Leningrad)

bergmännischen Ausbruch der Schildmontagekammern ausgelösten, bis 150 mm betragenden Setzungen überlagerten.

Den zeitlichen Verlauf der Oberflächensetzungen, wie sie beim Bau einer Doppel-Schildmontagekammer, des zugehörigen Verbindungsstollens und eines Lüftungsschachtes gemessen wurden, und die Abhängigkeit der Setzungsgeschwindigkeit von den einzelnen Arbeitsphasen verdeutlicht in anschaulicher Weise die Abb. 664. Die größten Setzungen ergaben sich, wie ersichtlich, beim Ausbruch und beim Ausbau der Kalotte der weitgespannten Schildkammern ($l \geqq 12{,}0$ m).

## Allgemeine Literatur zu Kapitel 7


Anonym: Eisenbahntechnische Rundschau. Fachheft Tunnelbau, 12. Köln u. Darmstadt: Carl Röhrig. 1952.

Awersin, S. G.: Bergbauarbeiten unter Bauwerken und Wasserläufen. (Gornie raboti pod sooruzheniami i Wodojemami, russ.) Moskau: Ugletehizdat. 1954.

Dandurow, M. I., u. N. M. Korolkow: Instandhaltung und Rekonstruktion der Tunnels. (Sodjerzhanije i rekonstrukzija tonnelej, russ.) Moskau, 1962

Gosstroj. SSSR: Verordnung für den Entwurf der Bauwerke auf Bergsenkungsgebieten. (Ukasanija po projektirowanije . . ., russ.) SN-289—64.

Heathcote, F. W. L.: Movement of articulated Buildings on Subsidence Sites. Journ. Inst. Civ. Eng. **1965**, Febr.

Luetkens, O.: Bauen im Bergbaugebiet. Berlin-Göttingen-Heidelberg: Springer. 1957.

National Coal Board. Principles of Subsidence Engineering Bulletin, 63/240.

Streit, J., u. K. Sefcik: Tunnel. (Tunely, tschech.) Praha: Doprávni Nakladatelství. 1959.

Teodorescu, P.: Instandhaltung der Tunnel. (Intretenaria Tunelolor, rum.) Bukarest, 1963.

Wilke: Tunneluntersuchungswagen der DBB. Eisenbahntechnische Rundschau **1959**, 205.

Zanoskar, W.: Rekonstruktion von Tunneln. Öst. Ing. Zeitschr. **1959**, Dez.

## Die wichtigste allgemeine Literatur zum Tunnelbau


Ausgewählte Kapitel des Berg- und Tunnelbaues. (Válogatott fejezetek az alagutépités és bányászati mélyépités köréből, ung.) Budapest: Müszaki Kiadó. 1952.

AUSSENDORF, K.: Tunnelbau. Berlin: VEB Verlag Technik. 1955.

BARDOUT, G., u. BERNY, P.: La construction des tunnels, galeries et souterrains. Paris: Eyrolles. 1954.

ČABELKA, J., u. J. MENCL: Hydrotechnische Stollen. (Hydrotechničke Štolne, tschech.) Bratislava: Slovenské Vydatelstvo Tech. Lit. 1960.

DANDUROW, M. I.: Tunnels. (Tonneli, russ.) Moskau: Gos. Trans. Zheldorizdat. 1952.

DESIO, A.: Geologica Applicata all'Ingegneria. Milan: V. Heepti. 1949.

DUHM: Tunnel und Stollenbau. Wien: Georg Fromme Co. 1947.

HAMMOND, R.: Tunnel Engineering. London: Heywood. 1959.

KIESER, A.: Druckstollenbau. Wien: Springer. 1961.

KÖGLER, K., u. E. HARMANN: Bergbau unter Tage, Tunnelbau. Handbuch für Eisenbetonbau. Berlin: Ernst. 1932.

KRYNINE, J., u. P. JUDD: Engineering Geology. New York: McGraw Hill. 1957.

LUCAS, G.: Der Tunnel. Berlin: Ernst. 1926.

MAKOWSKIJ, V. I.: Tunnels. (Tonneli, russ.) Moskau: Izd. Akad. Arch. SSSR. 1947.

MANDL, A., u. H. WAGNER: Verkehrstunnelbau. Berlin-München: Ernst. 1968.

MENCL, V., u. J. MENCL: Tunnels. (Štolny a Tunely, tschech.) Praha: Státní Nakladatelství Tech. Lit. 1962.

MEREGALLI, G.: La situazione attuale delle metropolitane nel mondo. Trasporti pubblici.

PEQUIGNOT, C. A.: Tunnels and Tunnelling. London: Hutchinson. 1963.

RANDZIO, A.: Der Stollenbau. Berlin: Ernst. 1927.

RICHARDSON, H. W., u. R. S. MAYO: Practical Tunnel Driving. New York: McGraw Hill. 1941.

RŽIHA: Lehrbuch der gesamten Tunnelbaukunst. Berlin, 1874.

SEDLÁCEK, J.: Tunnels. (Štolny a Tunely, tschech.) Praha: Státní Nakladatelství Tech. Lit. 1954.

SINGSTAD, O.: Tunnels. (Part 10. Abbett: Am. Civ. Eng. Pract. I.) New York: J. Wiley. 1956.

STINI, J.: Tunnelbaugeologie. Wien: Springer. 1960.

STRAKA, I.: Unterirdische Bauwerke (Podzemni Stavby, tschech.) Státní Naklad. Tech. Lit. Praha 1966.

STREIT, J., u. K. SEFCIK: Tunnels. (Tunely, tschech.) Praha: Doprávni Nakladatelství Tech. Lit. 1959.

SZÉCHY, K.: The Art of Tunnelling. Budapest: Akadémiai Kiadó. 1966.

— Tunnelbau. (Alagutépitéstan, ung.) Budapest: Tankönyvkiadó. 1961.

TALOBRE, J.: La mécanique des roches. Paris: Dunod. 1958 und 1967.

TEODORESCU, P.: Tunnelbau, Bauausführung. (Constructia Tunelor, rum.) Bukarest: Cailor Ferate. 1958.

— Tunnelbau Entwurf. (Calculul tunelor, rum.) Bukarest: Transporturilor si Telecomunicatiilor. 1961.

WOLKOW, W. P.: Tunnels. (Tonneli, russ.) Moskau: Gos. Transp. Zhel. Izd. 1945.

# Literaturhinweise


1. Feuchtinger, M. E.: Hochbrücke oder Tunnel. Straße u. Autobahn **1956**, 226.
2. Bruckshaw, Goguel, Harding u. Malcor: The Work of the Channel Study Group 1958—1960. Proc. Inst. Civ. Eng. London **1961**, Febr.
3. Smith, H. T. U.: Aerial Photographs and their Applications, S. 372. New York: D. Appleton Century Co. 1943.
4. Stini, J.: Tunnelbaugeologie. Wien: Springer. 1950.
5. Müller, L.: Optische Sondierung im Festgestein. Vorträge der Baugrundtagung in Hamburg, 1958.
   Krebs, E.: Die Fernseh-Bohrlochsonde FB/400. (Ein neues Instrument zur Untersuchung von Bohrungen.) Erdöl u. Kohle **1961**, H. 1.
6. Bentz, A.: Lehrbuch der angewandten Geologie, Bd. I. Stuttgart, 1961.
7. Habib, M. P.: Determination du module d'élasticité des roches en place. Annales de I. T. B. T. P. **1950**, Sept.
8. Delarue u. Mariotti: Quelques problèmes de mécanique des sols au Maroc. Annales de I. T. B. T. P. **1950**, Sept.
9. Bernard, P.: Mesures des moduls élastiques et application au calcul . . . III. Int. Conf. Bodenmechanik, Bd. II. Zürich, 1953.
10. Stöcke, Hermann u. Udluft: Gebirgsdruck und Plattenstatik. Zeitschr. für Berg-, Hütten- u. Salinenwesen 1934, 1936.
11. La Direttissima Bologna-Firenze. Ann. Lavori Publ. **72**, 37 (1934).
12. Andreae, C.: Die Temperaturprognose im Tunnelbau. Schweiz. Bauztg. **1953**, 41—42.
13. Vgl. Report of the Construction of the Tanna Tunnel. Proceedings of the World's Engineering Congress, Tokyo, 1929.
14. Hanker, R.: Der neue Semmeringtunnel. Eisenbahntechnische Rundschau **1952**, H. 12.
    Aussendorf, C.: Tunnelbau, S. 197.
15. Turner, J.: Newest Trends in the Design of Underground Railways. J. Inst. Civ. Eng. **1959**, 1.
16. Fenner, R.: Untersuchungen zur Erkenntnis des Gebirgsdruckes. Glückauf **1938**, 681.
17. Terzaghi, K., u. L. Richart: Stresses in Rock about Cavities. Géotechnique **1952**, 57—75.
18. Mohr, F.: Gebirgsdruck und Ausbau. Glückauf **1952**, 27—28.
19. Mindlin, R. D.: Stress Distribution around a Tunnel. Proc. ASCE **1939**, 619—642, April.
20. Föppl, A. u. L.: Drang und Zwang. München: Oldenbourg. 1920.
21. Edwards: Stress Concentration around Spheroidal Inclusions and Cavities. J. Appl. Mech. **1951**, March.
22. Sonntag, G.: Spannungsoptische und theoretische Untersuchungen der Beanspruchung geschichteter Gebirgskörper in der Umgebung einer Strecke. (Forschungsbericht des Landes Nordrhein-Westfalen, herausgegeben durch das Kultusministerium, Nr. 461.) Köln: Westdeutscher Verlag. 1960.
23. Szilvágyi, I.: Die Bestimmung der Spannungen um einen kreisförmigen Tunnel. Proc. Int. Conf. Soil Mech. 1963, Budapest, S. 533.
24. Terzaghi, Proctor u. White: Rock Tunneling with Steel Supports. Youngstown, Ohio: The Commercial Shearing and Stamping Co. 1946.

25a. Schmied, J.: Statische Probleme des Tunnel- und Druckstollenbaues. Wien: Springer. 1926.

25b. Terzaghi, K., u. R. Jellinek: Theoretische Bodenmechanik, S. 416. Berlin-Göttingen-Heidelberg: Springer. 1954.

26. SAWIN, K.: Spannungserhöhung am Rande von Löchern. Berlin: VEB Verlag Technik. 1956.
27. KASTNER, H.: Über den echten Gebirgsdruck beim Bau tiefliegender Tunnel. Öst. Bauzeitschr. **1949**, H. 10—11.
28. RENDULIC, L.: Spannungszustand in der Umgebung eines Hohlraumes. Wasserwirtschaft **1934**, 168.
29. MÜLLER, L.: Der Mehrausbruch in Tunneln und Stollen. Geologie u. Bauwesen **1959**, 24, S. 3—4.
30. LAUFFER, H.: Gebirgsdruckklassifizierung für den Stollenbau. Geologie u. Bauwesen **1958**, H. 1.
31. JÄCKLIN, F. P.: Felsmechanik im Tunnelbau. Schweiz. Bauztg. **1965**, H. 27.
32. YOSHIARA, R., A. R. ROBINSON u. I. L. MERRIT: Interaction of Plane Elastic Waves with an Elastic Cylindrical Shell. Univ. of Illinois, 1963, Jan., Struct. Res. Series No. 261. Ref. HEIERLI, W.: Bericht über die Delegation in die USA, Bundesamt für Zivilschutz, S. 24, 1964.
33. MOHR, F.: Kraft und Verformung in der Gebirgsmechanik untertage. Vorträge der Baugrundtagung 1956. Köln: W. Ernst. 1957.
34. DE REEPER, JR. F.: Der Zusammenhang zwischen Gebirgsdruck und Konvergenz in Hohlräumen unter Tage. Ber. über das 4. Ländertreffen des Int. Büros für Gebirgsmechanik, S. 197. Berlin: Akademie-Verlag. 1963.
35. KASTNER, K.: Statik des Tunnel- und Stollenbaues. Berlin-Göttingen-Heidelberg: Springer. 1963.
36. EXNER, F. M.: Über den Druck von Sandkugeln. Sitzungsber. Akad. Wiss. Wien, Abt. 2a 133, S. 7—8.
37. NEUMANN, R.: Geologie für Bauingenieure. Berlin: W. Ernst. 1964.
38. BIERBAUMER, A.: Die Dimensionierung des Tunnelmauerwerkes. Leipzig/Berlin: Engelmann. 1913.
39. ESZTÓ, P.: Mechanische Komponenten der Gesteinsverformungen. (A kőzetmozgások mechanikai elemei, ung.) Bányászati és Kohászati Lapok, Budapest **1939**, 24.
40. GOLDSTEIN, M., u. W. WIRIUMSKY: Einfluß des Fließens auf den Gebirgsdruck. (Wliyanie polsutschesti na gornoje dawlenie, russ.) Transp. Stroit., **1954**, H. 4.
41. BALLA, Á.: Rock Pressure Determination from Shearing Resistance. Proc. Int. Conf. Soil Mech., Budapest, 1963, S. 461.
42. Annales des Ponts et Chaussées **1920**, H. 4, **1928**, H. 5—6.
43. MAILLART, R.: Über Gebirgsdruck. Schweiz. Bauztg. **1923**, H. 14.
44. JÁKY, J.: Die theoretische Böschung und ihre Anwendung im Tiefbau. (Az elméleti földrézsü . . ., ung.) Magyar Mérnök és Epitészegylet Közlönye **1925**, H. 7/12.
45. KOMMERELL, O.: Statische Berechnung von Tunnelmauerwerk. Berlin: W. Ernst. 1940.
46. SALUSTOWICZ, A.: Neue Anschauungen über den Spannungs- und Formänderungszustand im Gebirge in der Nachbarschaft bergmännischer Hohlräume. Int. Gebirgsdrucktagung 1958, Leipzig. Berlin: Akademie-Verlag. 1958.
SALUSTOWICZ, A.: Der Gebirgsdruck auf den Streckenausbau als Funktion der Zeit. Ber. über das 6. Ländertreffen des Int. Büros für Gebirgsmechanik, S. 85. Berlin: Akademie-Verlag. 1965.
47. HÁROSY, T.: Entwurf von Tunneln aus Beton. (Betonalagutak tervezése, ung.) MTA Oszt. Közlemények, Budapest, **23**, H. 1—2 (1958).
48. FORCHHEIMER, P.: Über Sanddruck und Bewegungserscheinungen im Inneren trockenen Sandes. Zeitschr. Ö. I. A. V. 1882.
49. RITTER, W.: Statik der Tunnelgewölbe. Berlin, 1879.
50. WOLKOW, V. J., et al.: Tunnelbau I, S. 135. (Entwurf.) (Tonneli, russ.) Moskau: Gostransscheldorizdat. 1945.
51. ENGESSER, F.: Über den Erddruck gegen innere Stützwände. Deutsche Bauztg. 1882.
52. SZÉCHY, K.: Angenäherte Bestimmung des Gebirgsdruckes auf Grund einer statischen Analogie. Proc. Int. Conf. Soil Mech. 1963, Budapest, S. 521.
SZÉCHY, C.: Approximate Determination of Rock Pressure on the Basis of a Statical Analogy. Int. Symposium on Rock Mechanics, Lisbon, 1966.

53. Dischinger, F.: Beitrag zur Theorie der Halbscheibe und des wandartigen Trägers. Abhandl. der I. V. B. H., Zürich, 1932.
54. Loos, W., u. H. Breth: Kritische Betrachtung des Tunnel- und Stollenbaues und der Berechnung des Gebirgsdruckes. Bauingenieur **1947**, H. 5.
55. Bonnard, D.: Experimentelle Untersuchung des Erddruckes auf den Tunnel. Schweiz. Bauztg. **1960**, H. 10.
56. Vgl. Houska, J.: Beitrag zur Theorie der Erddrücke auf das Tunnelmauerwerk, Schweiz. Bauztg. **1960**, 38.
57. Vgl. Széchy, K.: Grundbau I, Abb. 126c auf S. 206. Wien: Springer. 1963.
58. Dubrow, A.: Gidrotechnitscheskoe Stroit. **1951**, 52. und vgl.
Széchy, K.: Grundbau I, S. 177. Wien: Springer. 1963.
59. Vgl. Bendel, L.: Ingenieurgeologie II, Tabelle 202. Wien: Springer. 1948.
60. Leon, A., u. F. Willheim: Über die Zerstörungen in tunnelartig gelochten Gesteinen. Wien, 1910.
61. Jacobi, O. u. G.: Die Tragfähigkeit verschiedener Streckenausbauten im Plastilin-Modellversuch. Bergbau-Archiv 1952.
Jacobi, O., u. G. Everling: Model Tests Illustrating the Effects of Different Roadway Supports.
Höfer u. Kvapil: Festigkeitsverhalten des Gebirges. Diskussionen Int. Gebirgsdrucktagung, 1958, Leipzig.
62. Talobre, J.: La méchanique des Roches. Paris: Dunod. 1967.
63. Habib, P., u. R. Marchand: Mesures des pressions de terrains par l'essai de vérin plat. Ann. de l'Inst. Techn. du Bat. et Trav. Publ. **1952**, Oct., No. 58.
Tincelin, M. E.: Mesures des pressions de terrains dans les mines de fer de l'est. Ann. de l'Inst. Techn. du Bat. et Trav. Publ. **1952**, Oct., No. 58.
64. Terzaghi, K.: Shield Tunnels of the Chicago Subway. J. Boston Soc. Civ. Engrs. **1942**, 3.
65. Gelman, G., u. B. P. Bodrow: Spannungszustand in der aus Fertigteilen hergestellten Auskleidung der Untergrundbahntunnel. (Napraschennoe sostojanie sbornik tonnelnih . . ., russ.) Sborn. Statei 31. Moskau.
66. Kovácsházy, F.: Höhlenartiger Gasbehälter in Óbuda. (Óbudai barlanggáztartó, ung.) Építés és Közlekedéstudományi Közlemények, Budapest **5**, H. 2.
67. Panow, A. D., u. K. W. Ruppeneit, Fragen der Gebirgsdruckforschung. Int. Gebirgsdrucktagung, Leipzig. Berlin: Akademie-Verlag. 1958.
68. Vgl. Kuznecow, G. N.: Untersuchung von Gebirgsdruckerscheinungen an Modellen. (russ.) Moskau: Ugletehizdat. 1958.
Vgl. Aufsatzreihe in der Schweiz. Bauztg. **1960**, H. 3, 10—31.
69. Yamaguti: On the Investigation of Stress Distribution in a Tunnel. Abh. 3. Int. Kongr. Techn. Mech. Stockholm, 1930, Bd. 2, S. 150.
70. Hamilton, J. J.: Earth Pressure Cells. NRC. Canada, Rep. No. 6009, 1960.
Jacobi, D.: Instrumentation for Rock Pressure Research. Colliery Engng. **35**, 81 (1958).
Mohr, F.: Measurement of Rock Pressure. Min. Quarry Engng. **33**, 178 (1956).
71. Baunormen und Vorschriften. Kap. 3. u. 8. (Stroitelnie normi i pravila, russ.) SNIP II. D-3 und II. D-62, Moskau, 1963.
72. Beyer, K.: Die Statik im Eisenbetonbau I. Berlin: Springer. 1930.
73. Dawidow, S. S.: Berechnung und Entwurf von unterirdischen Bauwerken. (Rastschet i projektirowanije podsemnikh konstrukcij, russ.) Moskau: Gosud. Isdat. Stroitelnoi Lit. 1950.
74. Marquardt, E.: Rohrleitungen und geschlossene Kanäle. Handbuch für Eisenbetonbau, S. 429 u. 447, XII, S. 425—699. Berlin: W. Ernst. 1933.
75. Hewett, M. H. B., u. S. Johannesson: Schild- und Druckluft-Tunnelbau. Düsseldorf, 1960. Shield and Compressed Air Tunneling. New York: McGraw Hill. 1922.
76. Bugajewa, O.: Berechnung von kreisförmigen Tunnelauskleidungen. (Rastschet i tunnelnikh . . ., russ.) Izwestija Gidrotekhniki, 1951.
Zurabow, T., u. O. Bugajewa: Tunnel für Wasserkraftwerke, S. 352. (Gidrotekhnitscheskie Tunneli, russ.) Moskau: Gosenergizdat. 1962.

77. VARGA, L.: Bemessung symmetrisch belasteter kreisförmiger Tunnelwände mit gleichbleibendem Querschnitt. (Szimmetrikusan terhelt állandó vastagságu . . ., ung.) ÉKME Tudományos Közlemények, 1961.
78. MEISSNER, H.: Zur Bemessung des Ausbaues von Tunneln in Lockergestein, die im Schildvortrieb aufgefahren wurden. Bauingenieur **1963**, H. 4, 148–152.
79. ORLOW, N.: Berechnung kreisförmiger am Umfang elastisch aufliegender Konstruktionen. (Rastschet konstrukcij lezhaschtschih . . ., russ.) Issled. po teorii sooruschenij Vip VI. Moskau, 1954.
80. RÓZSA, L., u. G. KOVÁCS: Stresses and Deformations due to Tangential Forces along a Circular Cut. Acta Technica Hung. **41**, Fasc. 3–4.
81. ČABELKA, J., u. J. MENCL: Hydrotechnische Stollen, S. 272. (Hydrotechničke Štolne, tschech.) Bratislava: Slovenské Vydatelstvo Techn. Lit. 1960.
82. GALERKIN, B. G.: Spannungsverhältnisse in zylinderförmigen und in einem elastischen Mittel eingebetteten Röhren. (Naprazhemoje sostojanie . . ., russ.) Sbornik LIIPS. 100.
83. MÜHLHOFFER, L.: Über die Inanspruchnahme von Druckstollenauskleidungen. Bauingenieur **1923**, H. 8.
84. Proc. Inst. Civ. Eng. July, 1955, S. 549.
85. JAEGER, C.: Present Trend in the Design of Pressure Tunnels and Shafts. Proc. Inst. Civ. Eng. März, 1955.
86. AMSTUTZ, A.: Das Einbeulen von Schacht- und Stollengrenzungen. Schweiz. Bauztg. **1960**, H. 9.
87. KIESER, A.: Druckstollenbau. Wien: Springer. 1960.
88. KOVÁCSHÁZY, F.: Berechnung von in Gestein gebetteten Druckrohren und Behältern. Acta Technica Hung. **17**, Fasc. 3–4 (1957).
89. SZÉCHY, K.: Beitrag zur Gebirgsdruckverteilung um einen kreisförmigen Tunnelquerschnitt. Öst. Ing. Zeitschrift **1962**, H. 5. und Bericht über das 3. Ländertreffen des Int. Büros für Gebirgsmechanik, Leipzig, 1962.
90. CHU-KIA-WANG: Theoretical Analysis of Perforated Shear Webs. J. Appl. Mech. **1946**, A, 77–84.
91. JAROSHENKO, V. A., O. W. ANDREJEW u. A. G. PROKOPOWA: Wasserabführende Durchlässe unter Eisenbahndämme. (Wodopropuskie trubi pod . . ., russ.) Moskau: Transzheldorizdat. 1952.
92. TSCHEBOTARIOFF, G. P.: Soil Mechanics, Foundations and Earth Structures, S. 531. New York: McGraw Hill. 1951.
93. KLEIN, G. K.: Verteilung der auf Rohrdurchlässe wirksamen Vertikalkräfte. (Opredjelennie vnjeschnih sil, djejstwujuschtschih na trubi . . ., russ.) Gidr. Stroit. No. 11. 1946.
94. PRUSKA, M. L.: Pression exercée par un remblai épais sur une conduite rigide. Ann. de l'Inst. Techn. du Bat. et Trav. Publ. **1963**, März–April.
95. VOELLMY, J.: Eingebettete Röhre. Mitt. Inst. Baustatik ETH Zürich, No. 9. 1937. CHRISTENSEN, N. H.: Rigid Pipes in symmetrical and unsymmetrical trenches. Bull. No. 24. Danish Geotechnical Institute Copenhagen 1967.
96. SIKÓ, A.: Praktisches Verfahren für die Bemessung elastisch gestützter Rohre, usw., ung.) Vizügyi Közlemények, Budapest **1958**, H. 3–4, 203.
97. SZÉCHY, K.: Grundbau II, S. 444, und Grundbau I, S. 439. Wien: Springer. 1965 und 1963.
98. Culverts and Slope Protection. Highway Research Record No. 30. Highway Research Board N. A. S. publ. 1130, Washington, 1963.
99. WHITE, H. L.: Largest Metal Culvert Designed by Ring Compression Theory. Am. Civ. Eng. **1961**, 53, Jan.
100. WATKINS, R. K.: Influence of Soil Characteristics on Deformation of Embedded Flexible Pipe Culverts. Highway Research Board Bull. 223. National Acad. of Sciences Washington, 1959.
101. MEYERHOF, G. G., u. C. L. FISCHER: Composite Design of Underground Steel Structures. Eng. Journ. Canada **1963**, Sept.
102. KLEINLOGEL, A.: Rahmenformeln. Berlin: W. Ernst. 1957.
103. PASTERNAK, P.: Die baustatische Theorie biegefester Balken und Platten auf elastischer Bettung. Beton u. Eisen **1926**, H. 9.

104. DAWSON, J.: Tunnel Linings. Trans. Inst. Civ. Eng. Am. **1956—1957**, 83, 17—33, 113—122.
105. WOGRIN, A.: Die Herstellung von dichtem Beton. Öst. Ing. Zeitschrift **1963**, H. 10, 345.
106. Vgl. Bauingenieur **1959**, H. 10.
107. DE BRUJIN, R. C.: Entwurf und Ausführung der bituminösen Abdichtung von Verkehrstunneln, insbesondere solcher aus abgesenkten Fertigteilen. Bautechnik **1966**, H. 1, S. 2, und H. 2, S. 52.
108. KLEIN, R.: Grundsätzliches über Torkretarbeiten im Tunnelbau. Eisenbahntechnische Rundschau **1952**, 449.
Spritzbeton im Tunnelbau. Schweiz. Bauztg. **1956**, 212.
109. HAPL, L.: Wasserabdichtung der Bauwerke mittels weicher P. V. C. Folienbahnen. (Isolowáni stavebních konstrukcii . . ., tschech.) Inž. Stavby **1959**, H. 4.
110. RÓZSA, L., u. L. SÁROSI: Eine neuartige wasserdruckhaltende Dichtung für Untertagebauten. Öst. Ing. Zeitschrift **1961**, H. 10.
111. VOGEL, G.: Abdichtungsmaßnahmen beim Straßentunnel Rendsburg. Bautechnik **1961**, H. 2.
112. ROMANOFF, M.: Underground Corrosion. NBS Circ. No. 579, 1957.
MERKEL, G., u. K. H. SCHWEICHERT: Die Verwendung des gußeisernen Tübbings im Tunnelbau. Bautechnik **1967**, H. 2.
113. LINDSAY, M., u. M. APPLEGATE: Cathodic Protection. New York: McGraw Hill. 1960.
114. KÁPOSZTÁS, P: Die Belüftung beim Stollenvortrieb. (A táróhajtás szellőztetése, ung.) Budapest: Müszaki Könyvkiadó. 1956.
115. ANDREAE, CH.: Problemes du projet et de l'établissement des grands souterrains routièrs alpins. Zürich: Leemann. 1949.
116. KRESS, H.: Lüftungsentwurf für den Wagenburgtunnel in Stuttgart. Schweiz. Bauztg. **1953**, 521.
117. BARTH-KLEIN-RAAB: Eine neuartige Lüftungsanlage in Lämmerbuckeltunnel. Bauing. **1958**, Dez.
118. ACKERET, J., A. HAERTER u. M. STAHEL: Die Lüftung der Autotunnel. Bericht der Expertenkommission. Mitt. Nr. 10. Institut für Straßenbau an der ETH Zürich, 1961.
119. HERZKE, K.: Bau und Betrieb von Längslüftungen in Hamburger Straßentunneln. Bauingenieur **1966**, H. 10.
120. GUERIN, H.: Traité de manipulation et d'analyse des gaz. Paris, 1952.
121. MEIDINGER, V.: Längslüftung von Autotunneln mit Strahlgebläsen. Schweiz. Bauztg. **1964**, H. 28.
122. ARBUZOW, G. W.: Belüftung der Untergrundbahntunnel. (Wentilacija tonnelei Metropolitenow, russ.) Moskau, 1950.
123. Vgl. DANDUROW, M. I.: Tunnelbau, S. 535. (Tonneli, russ.) Moskau: Gos. Transp. Zhelesnodoroshnoje Izd. 1952.
124. La traversée routière de l'aeroport d'Orly. Travaux **1960**, Febr., 91.
125. KOWALCZYK, Z.: Problems of Closing in the Construction of the Warsaw Subway. Warsaw, 1952.
126. RUPPANNER, H.: Tunnelvortriebsmaschinen für den Einsatz im Fels. Beilage Neue Züricher Zeitung, 6. Juli 1966, No. 2965.
127. RANDZIO, E.: Der Stollenbau. Berlin: W. Ernst. 1927.
128. BIERMANN, G.: Neuzeitliche Sprengtechnik. Wiesbaden: Bauverlag. 1966.
129. Vgl. HETZEL, K.: Tunnel- und Stollenbau — Wandlungen und Erfolge. Bauingenieur **1957**, H. 9.
130. PROCTOR, R. V., u. T. L. WHITE: Rock Tunnelling with Steel Supports. Youngstown, Ohio: The Commercial Shearing and Stamping Co. 1946.
131. RICHTER, R.: Grundlegende Betrachtungen zum Ankerausbau. Bergbauwissenschaften **1964**, H. 11.
132. TINCELIN, E., et al.: Le soutenement suspendu ou boulonnage. Rev. Industr. Min. **1961**, No. B. 2.15.4.
133. STRAKA, J.: Abstützung unterirdischer Ausbrüche durch Felsanker. (Kotveni stropu podzemních vyrubu, tschech.) Inž. Stavby **1963**, H. 6.
134. Richtlinien für den Ankerausbau. Glückauf **1960**, 183—86.

135. HUGON, A.: Le boulonnage des roches en souterrain. Le Monde Souterrain **1960**, April.
HUGON, A., u. A. COSTES: Paris: Ed. Eyrolles. 1959.
SCHURMANN: Richtlinien für den Ankerausbau. Glückauf **1960**, H. 3.
136. Vgl. VOLUMARD, P., u. A. BASTIDE: Ancrage du toit en galerie avant abattages. Travaux **1957**, Okt.
137. LAUFFER, H.: Neuere Entwicklung der Stollenbautechnik. Öst. Bauzeitschrift **1960**, Jan.
138. Vgl. ROTTER, E.: Anwendung von Spritzbeton. Schriftenreihe des Öst. Wasserwirtschaftsverbandes, H. 35. Wien: Springer. 1962.
139. BARBEDETTE, R.: Percement de galeries en terrain difficile. Le Monde Souterrain **1959**, Apr.
140. RABCEWICZ, L.: Effect of Modern Constructional Methods on Tunnel Design. Water Power **1955**, Dez.
MIKLÓS, P.: Ausführungsmethoden und Verfahren im Tunnelbau, S. 376. (Alagutépitési rendszerek és módszerek, ung.) Budapest: Közlekedési Kiadó. 1953.
141. RABCEWICZ, L.: Die Bedeutung des Zeitfaktors im modernen Tunnelbau. Bericht 6. Ländertreffen des Int. Büros für Gebirgsmechanik, Leipzig. Berlin: Akademie-Verlag. 1965.
142. Vgl. KRUPINSKI, H. J.: Die U-Bahn in Mailand unter Anwendung eines neuartigen Bauverfahrens. Bautechnik **1959**, H. 10.
143. PATERSON, W. H.: Subway Construction in Toronto. Address to International Congress on Subways in Berlin, 1963.
144. KOLLER, R.: Maßnahmen der Stadt Wien zur Behebung der Verkehrsnot. Öst. Ing. Zeitschrift **1958**, Oktober, und Die Erweiterung des Wiener Stadtbahnnetzes. Stadt Wien **1965**, Oktober. **1967**, April.
145. SZÉCHY, K.: Bau der Fußgängerunterführungen der Margarethen Donaubrücke in Budapest. Bautechnik **1937**.
146. Le Tunnel Washburn. Ossature Métallique **1949**, H. 10.
147. ELLINGER, M.: Die Südbahnunterführung Ketzergasse in Wien. Bauingenieur **1966**, H. 1.
148. KOHLER, W. U.: Zwei Tiefgaragen in Paris. Der Tiefbau **1966**, H. 7. (Siehe auch GUITONNEAU [179]).
149. LORENZ, H.: Bau einer Großgarage in Genf. Der Bauingenieur **1961**, H. 1, und Foundation Engg. Bentonite Lubrication for Caisson Sinking. Int. Construction **1967**, April.
150. PIRIE, W.: Vom Bau der Untergrundbahnen in Toronto. (J. Inst. Civ. Eng. **1966**, Mai, S. 71.) hatte ähnliche Verformungen berichtet.
151. SAMOJLOW, W. P.: Bodenwiderstand zum Bekämpfen beim Schildvortrieb und Rohrpressen. (Usilia wozhnjukajustschie . . . russ.) Sanitarnaja Technika **1957**, H. 10.
152. SINGSTAD, O.: Tunnels. Am. Civ. Eng. Practice I. (Abbet) Kap. 10—24.
153. WAGNER, H.: Vortriebsmaschinen im Tunnelbau. Die Bautechnik **1963**, Juni.
154. Engineering and Mining Journal **1960**, März.
155. Engineering **1961**, März, und Bautechnik **1963**, Juni.
156. Pressure Grouting. Proc. ASCE **1958**, August.
157. BALÁZS-KILIÁN-KELEMEN-SOHA: Die Erhöhung der Wasserdichtigkeit des Betons durch Verbesserung der Zusatzmittel. (Betonok vizzáróságának növelése . . ., ung.) Építés és Közlekedéstudományi Közlemények, Budapest **1957**, H. 3—4.
158. Watertight Primary Linings Cut Cost of Tunneling Lower. Construction Methods **1965**, Sept.
159. SINGSTAD, O.: The Queens-Midtown Tunnel. New York City Tunnel Authority, 1944. Trans. ASCE **1943**, Paper No. 2219.
160. TATTERSAL-WAKELING-WARD: Investigation into the Design of Pressure Tunnels in London Clay. Proc. Inst. Civ. Eng. **1955**, Juli.
161. CUTHBERT-WOOD: The Thames to Lee Tunnel Water Main. Proc. Inst. Civ. Eng. **1962**, Febr.
162. PAPROTH, E.: Herstellung eines Hauptsammlers im Tunnelbauverfahren. Schriftenreihe No. 9, 1963.
163. WAGNER, H.: Beton und Stahlbetontübbings im Tunnelbau. Beton u. Stahlbetonbau **1964**, H. 2—3.

WARD, W. H.: Precast Tunnel Linings, Proc. Fifth Int. Conference on Prefabricated Concrete, London, 1966.
WÖLFEL, W.: Stahlbeton-Fertigteile im Grund- und Wasserbau, Bd. II. Berlin: VEB Verlag Bauwesen. 1967.
164. GROOVES, G. L.: The Ilford Tube. Proc. Inst. Civ. Eng. **1946**, H. 5.
165. SZÉCHY, K.: Tests on Concrete Tunnel Linings. Concrete and Constructional Engineering **1959**, März, und Der Bau der neuen Budapester Untergrundbahn. Öst. Ing. Zeitschr. **1958**, H. 7.
166. DESPONDS, R.: Der Donnerbühl-Tunnel in Bern. Schweiz. Bauztg. **1960**, H. 10—12.
167. MANDEL, G.: U-Bahn Bau in Hamburg. Schweiz. Bauztg. **1959**, H. 43.
168. WAYSS u. FREYTAG: Technische Blätter 1960/1, 1963/2.
169. WAYSS u. FREYTAG: Technische Blätter 1966/4.
169a. SCHEIBNER, B.: Schildvortrieb in einem Streckenabschnitt des Berliner U-Bahn-Baues. Baumaschine u. Bautechnik **1966**, H. 1—2.
APEL, F. W.: Tunnel mit Schildvortrieb. Düsseldorf: Werner Verlag. 1968.
170. WARD, W. H.: Precast Tunnel Linings. Proc. Fifth Int. Congr. on Prefabricated Structures, London, 1966.
171. Vorläufige Richtlinien für die Bemessung von Stahlbetontübbings. (Wremennie metodi ukazhania . . ., russ.) Moskau: Mintransstroj. 1959.
172. LALANDE, M.: Diversité des applications du béton précontraint. Travaux **1949**, Febr.
173. FOSTER, H. A.: Le béton précontraint appliqué à la construction des tunnels sousfluviaux. La Technique des Travaux **1954**, Jan.
174. VRETBLAD, E. et al.: Vom weiteren Ausbau der Stockholmer Untergrundbahn. Bautechnik **1962**, Febr.
175. Rheintunnel Düsseldorf. Hochtief Nachrichten **1960**, Aug., Sept.
176. ROUSSELIER, M.: Le revètement des galeries. Ann. de l'Inst. Techn. du Bat. et Trav. Publ. **1952**, H. 59.
177. KIESER, A.: Druckstollenbau. Wien: Springer. 1961.
178. Soil Stabilizing in the Dartford Tunnel. Engineering **1963**, Nov. 29.
DROSCHA, H.: Bau des neuen Themse-Kraftfahrtunnels. Bauingenieur **1960**, H. 2.
KELL, J.: The Dartford Tunnel. J. Inst. Civ. Eng. **1963**, März.
KELL, J., u. G. RIDLEY: Blackwall Tunnel Duplication. J. Inst. Civ. Eng. **1966**, Oct.
179. GUITONNEAU, R.: Travaux du Reseau Express Regional. Construction **1966**, Nov.
GASSMANN, W.: Bau des Pariser Metro-Expreßliniennetzes. Techn. Rundschau **1966**, No. 35.
180. Improving London's Transport. Railway Gazette **1946**, May 21—23.
181. SCHENCK, W., u. H. WAGNER: Luftverbrauch und Überdeckung beim Tunnelvortrieb mit Druckluft. Bautechnik **1963**, H. 2.
BORCH, H. I.: Luftverbrauch bei Schildvortrieben unter Druckluft. Bauingenieur **1967**, H. 2.
182. Ausführungsrichtlinien der Fa. Hallinger, Gelsenkirchen.
183. Bestimmung des Kraftbedarfes für das hydraulische Durchpressen. (Hidraulikus átsajtolás . . ., ung.) ÉTI Nachrichten Budapest. 1967.
184. LINK, H.: Die Beanspruchungen eines Schachtausbaus aus verschweißten Stahlblechen mit Zwischenbeton und Asphalt Gleitfuge. Glückauf Forschungshefte, Essen **1965**, H. 6. Dez.
185. SZÉCHY, K.: Gründungsschäden, S. 167. Wiesbaden: Bauverlag. 1963.
186. KARAFIÁTH, L.: On Some Problems of Earth-pressure. Acta Technica Hung. **7**, H. **3—4**, 328—357, 1953.
187. STEINFELD, K.: Über den Erddruck auf Schacht und Brunnenwandungen. Vorträge der Baugrundtagung, Hamburg, 1958, H. **3**, S. 126. Berlin: W. Ernst 1959.
188. BALOGH, J.: Schachtabsenkung mittels thixotropen Flüssigkeiten. (Aknák süllyesztése . . ., ung.) Mélyépitéstudományi Szemle, Budapest **1954**, Mai.
LORENZ, H.: Senkkastengründung mit Reibungsverminderung durch thixotrope Flüssigkeiten. Bautechnik **1957**, 250.
189. HAXTON, A. F., u. H. E. WHYTE: Clyde Tunnel Constructional Problems. Proc. Inst. Civ. Eng. London, **1965**, Febr.

190. HORN, M., u. G. KOVÁCS: Neue Berechnungsmethode der in den Seitenwänden der Senkkästen auftretenden Zugspannungen. (Süllyesztendő műtárgyak . . ., ung.) Mélyépítéstudományi Szemle, Budapest **1954**, Mai.
191. TRUPAK: Bodenvereisung in der Bauindustrie. (Zamoraschiwanie gruntow v stroitelnoj industrii, russ.) Moskau: Stroizdat. 1951.
192. ESSLINGER, M.: Berechnung von Rohrstutzen. Stahlbau **1951**, Nov.-Okt.
193. Ausgewählte Kapitel vom Untergrundbahnbau und vom Bergbau, S. 381. Válogatott fejezetek . . ., ung.) Budapest: Müszaki Kiadó. 1953.
194. TAVASZY, F.: Einheimische Erfahrungen in der Anwendung von Tunnelvortriebsmethoden ohne Schild. (Pajzs nélküli alaguthajtási . . ., ung.) Mérnöki Továbbképző Intézet, Budapest **1954**, No. 2752.
195. KARASEW, N. F.: Schildkammerbau in kohäsionslosen Bodenarten. (Sooruschenie schtschitowich . . ., russ.) Transp. Stroit. **1964**, H. 2.
196. SZÉCHY, K.: Besonderheiten beim Bau der neuen Untergrundbahn in Budapest. Öst. Ing. Zeitschrift **1967**, H. 4.
197. BARTLETT-NOSKIEWICZ-RAMSAY: Soft Ground Tunnelling for the Toronto Subway. Proc. Inst. Civ. Eng. **1965**, Sept.
198. LIMANOW, JU. A.: Untergrundbahnen. (Metropoliteni, russ.) Moskau: Transzheldorizdat. 1960.
199. SAPRUKIN, L. D.: Ausbau der Untergrundbahnstationen aus vorgefertigten Stahlbetonelementen. (Opüt Sooruschenia . . ., russ.) Transp. Stroit **1963**, H. 8. und
SCHUKOW, J. F.: Stahlbetonausbau tiefliegender Untergrundbahnstationen. (Konstr. Stav. Metrop. . . ., russ.) Transp. Stroit **1963**, H. 8.
200. KRIVOSCHEIN: Bau der Untergrundbahntunnel in offener Bauweise. (Soorushenie tonnelei . . ., russ.) Transp. Stroit **1959**, Nov.
201. Neue Bauweise im U-Bahnbau. Der Stadtverkehr **1958**, H. 8. u. Der U-Bahnbau in Hamburg. Schweiz. Bauztg. **1958**, H. 43.
202. JANSEN, B.: De Ij-Tunnel weer werk in uitvoering. Dienst de Publieke Werken Amsterdam, Jg. 12, H. 1., Sept. 1961.
203. DEMETER, D.: Einige interessante Tiefbauten in der Hauptstadt Budapest. (A székesfőváros néhány . . ., ung.) Mitt. des Ung. Arch. und Ing. Vereins. Budapest, 1942.
204. SIMONS, H.: Zur Gestaltung abgesenkter Unterwassertunnel. Baumaschine u. Bautechnik **1966**, H. 10—11.
205. VRETBLAD, E.: Tunnelbanebro under Liljeholmswiken. Teknisk Tidskrift **1959**, H. 13.
FARBER, M.: Le nouveau tunnel d'Anvers. Revue de la Société Belge des Ingénieurs et des Industriels **1966**, No. 5.
206. STRUMPF, K., u. W. SIEVERS: Absenken des Mittelstücks Rendsburger Straßentunnel. Bautechnik **1960**, H. 8, 293.
207. SIMONS, H.: Über die Gründung und Ausführung des Ij-Tunnels in Amsterdam. Vorträge der Baugrundtagung 1964, Berlin.
208. Hochtief Essen: Bau eines Unterwassertunnels in Kairo. Der Tiefbau **1966**, H. 11.
209. Technical Description of the Stockholm Underground Railway, 1964.
PLANTEMA, G.: Tunnelbau der U-Bahn Rotterdam im Einschwimmverfahren. Revue de l'U. I. T. P. **15**, No. 3, 1966.
210. HERMANN, H. W.: Planung und Durchführung von Tunnelarbeiten in großen Profilen. Schweiz. Bauztg. **1964**, H. 50.
211. Verordnung über Maßnahmen zur Verhütung und Bekämpfung der Quarzstaublunge (Silikose). Schweiz. Bundesrat, 3. Sept. 1948.
212. SINGSTAD, O.: The Queens-Midtown Tunnel. Transact. ASCE **1944**, No. 19, 678—762. und vgl.
HAXTON u. WHITE: Constructional Problems of the Clyde Tunnel. Proc. Inst. Civ. Eng. **1965**, **337**, Febr.
213. BIRKEL: Die neueren Verfahren der Tunnelunterhaltung. Eisenbahntechnische Rundschau **1959**, S. 223.
214. KOPPENWALLNER, F.: Lichtschnitt-Profilmessung in Stollen. Geologie und Bauwesen **1959**, H. 25, S. 1.
215. Transportnoie Stroitelstwo **1959**, u. Bautechnik **1960**, 222.

216. MININ, P.: Gerät für die Profilmessung von Tunneln. (Pribor dlja proverki ..., russ.) Transp. Stroit **1959**, H. 1.
217. BIRKEL, P.: Gegenwartsaufgaben im Tunnelbau. Eisenbahntechnische Rundschau **1952**, Dez.
218. RAAB: Die Schadgaskonzentration in Stollen und Tunneln. Eisenbahntechnische Rundschau **1959**, S. 410.
219. ROTHPLETZ, F.: Woran leiden unsere Eisenbahntunnel. Schweiz. Bauztg. **1918**, Febr.
220. LUCAS, G.: Der Tunnel. Berlin: W. Ernst. 1920.
221. DANDUROW, M. I.: Tunnel, S. 389 u. 513. (Tonneli, russ.) Moskau: Gos. Transzheldorizdat. 1952.
222. PROTOPODAKIS, P.: A New Method for the Mechanical Pointing of Brick Work. Civil Eng. and Publ. Works Rev. **1954**, Mai.
223. DANDUROW, M. I.: Tunnel. (Tonneli, russ.) Moskau: Gos. Transzheldorizdat. 1952.
224. SPANG, J.: Tunnelarbeiten bei der Elektrifizierung von Eisenbahnstrecken. Bautechnik **1964**, H. 4.
225. JONES u. CURRY: Enlargement of the City and South London Railway Tunnels. Proc. Inst. Civ. Eng. **1927**, 176 u. 224.
226. DE BROE, H.: Les tunnels sous l'Éscaut à Anvers. La Technique des Travaux **1947**, März.
227. RAINER, H.: Der Umbau des alten zweigleisigen Semmering-Tunnels. Öst. Bauzeitschrift **1953**, H. 11–12.
228. CAMPION, F. E.: Part Reconstruction of Bo-Peep-Tunnel at St. Leonards on Sea. J. Inst. Civ. Eng. **1951**.
229. AWERSIN, S. G.: Bergbauarbeiten untertage und unter Grundwasser. (Gornie raboti pod..., russ.) Moskau: Ugletehizdat. 1954.
230. MARTOS, F.: Berichte des Ung. Mont. Forschungsinstituts. **1960**, H. 1–2. (Bányászati Kutató Intézet Közleményei, ung.)
231. KARAWALJEW, J. I.: Bau und Betriebserhaltung unterirdischer Rohrleitungen in Bergsenkungsgebieten. (Aus dem Russischen ins Ungarische übersetzt.)
232. LIMANOW, I. A.: Oberflächensenkungen in Kambrischem Ton infolge Tunnelbau, (Osadki zadnoj poverchnostji ..., russ.) Inst. Inzhelezn. Transport, Leningrad, 1957.
233. JEFFERY, G. B.: Plane Stress and Plain Strain in Bipolar Coordinates. Trans. Roy. Soc. London, Ser. A. **1920**, 221, 265–293.
234. LITWINISZYN, J.: Displacements in Loess Bodies as Stochastic Processes. Bull. de l'Académie Polonaise des Sciences **1954**, No. III, 4.
LITWINISZYN, J., u. K. NEUBERG: Gebirgsbewegungen über einem Abbau als stochastischer Prozeß aufgefaßt. Freiberger Forschungshefte **1956**, H. C. 22.
235. SCERBIN, A. I., u. N. A. PROSTOW: 338 m lange Streckentunnel erbaut in einem Monat im Bau der Moskauer Untergrundbahnen. (338 m peregonnogo tonnelja ..., russ.) Schachtnoje Stroitelstwo **1963**, H. 11.
236. SZÉCHY, K.: Surface settlements due to the shield tunnelling method: 3rd Int. Conf. on Soil Mech. and Found. Engg., Budapest, 1968.

# Namen- und Sachverzeichnis


Abbaugeräte der Schilde 643
Abdichtung, Innen- und Außen- 804
Abfahrtsrampe 98
Ablösungsstrecke 335
Abschlußwand 641
Absenkgerüst 767
Absenkungsverfahren 616
— mit geschlossenen Senkkästen 765
Absenkungsvorgang der Schwimmkästen 770, 775
Absteckung der Tunnel 463
— kurzer Tunnel 464
— langer Tunnel 465
— der Zwischenpunkte 471
Absteckungsgenauigkeit, Erhöhung der 472
Abstützung durch Stahlbögen 519
—, Vollvortrieb mit 518
—, vorübergehende 519
Adhäsionsbeiwert 95
Äquivalentes Material 206, 218
— Niveau 366
Aerocem-Verfahren 807
Akrolein 445
Akustisches Dehnungsmeßgerät 221
Analytische Bemessung 253
ANDREAE 75, 452
Ankerstangen, A-Bolzen für Firstverankerung 532
Ankunftsrampe 98
Anodenbett 436
Antiklinale, Sattelformation 38, 52
Anschluß der Senkkästen 617
—, wasserdichter 779
Arbeitshygiene 782
Arbeitsschacht 727
Arbeitsstellenlüftung 437
ARMCO, Rohrdurchlässe 394
Aufbruchhöhe, Bestimmung der 156, 181
Auflagerungsarten der Schwimmkästen 775
Auflockerungsdruck 141
—, Ausbildungsphasen 147
Auflockerungsvorgang, BRANDAU 147
Auflockerungszahl, KOMMERELL-STINI 173
Auftrieb 224
Ausbreitungsradius der Spannungen 127, 133
Ausfächerung der Kalotte 563
Auskleidungselemente 673
Auspuffgas 445
Ausweitung, nachträgliche 112
AWERSCHIN 827

Bakterien, sulfatreduzierende 433
BALLA, Gebirgsdrucktheorie 170
Bankvortrieb, Heading and Bench 521
Baukosten 32
Belastung aus Eigenlast 302
—, dreieckförmige 303
—, gleichmäßig verteilte 301
—, sichelförmige 304
Beleuchtung, Tunnel- 457
Belgische Bauweise, Unterfangungsbauweise 545, 572
Belüftung, Trockenlegung durch 811
Belüftungsarten 448
Belüftungsstollen 740
Bemessung, analytische 252
— des elastisch gebetteten Ringträgers 316
— der hufeisenförmigen Tunnelauskleidung 240
— des starren Ringträgers 299
— doppelwandiger Tunnel 355
—, graphische 240
— des monolithischen Hufeisenprofils 279
— rechteckiger Querschnitte 398
BENDEL, Vortriebsgeschwindigkeit 197
Bentonit als Schmiermittel 724
—, Injektierung mit 668
—, Schlitzwand 611
Berghang- (Lehnen-)Tunnel 7, 35
Bergmanns-Pfahl 549
Bergschlag 146, 151
Bergwasser 67
BERTHIER, Meßverfahren 206
Bettungsziffer 267
Bewegungszone 837
Biegsamkeit der Ausmauerung, Einfluß auf das Spannungsbild 125
BIERBÄUMER, Gebirgsdrucktheorie 160
Bitumenisolierung 421
Blechplatten, Verkleidung 588
Bo-Peep-Tunnel, Umbau 821
Bodenkorrosion, elektrische 431

Bodenpunkt 478
BODROW-GORELIK, Bemessungsverfahren 317
Bogenträger, Bemessung 253
Bohren des Gesteins 504
Bohrgestell, fahrbarer Jumbo 515
Bohrkopf, rotierender 506
Bohrloch, Länge 509
—, Schema 509
Borcherscher U-Nagel 471
BRANDAU 145
BRETH-LOOS 170
Bruchfigur, Gebirgsdrucktheorien 172
Bruchwinkel, ESZTÓ 165
BUGAJEWA-ZURABOW, Bemessung des Hufeisenprofils nach 279
—, Bemessung des Ringträgers 342

Calweld-Schild 650
Carlsson-Meßdose 221
CO-Gehalt, schädliche Auswirkung des 444
Cut and cover, offene Baugrube 599

DAWIDOW, Bemessungsverfahren des elastisch gebetteten Ringträgers 349
—, Bettungs- u. Berechnungsweise nach 274
—, Sohldruck nach 193
DE REEPER 151
DELARUE-MARIOTTI 56
Diaphragmenwand 709
Dislokationsraum 41
Doppelwandiger Tunnel, Bemessung der 355
Drehtrommel-Schild 648
Dreieckförmige Belastung des Kreisringprofils 303
Druckhaftes Gebirge 150, 158
Druckkammer 720
Druckluft-Entwässerung 708
Druckluftkrankheiten 783
Drucklüftung 441
Druckmeßgeräte 219
Druckmessungen 206
Druckring 632, 721
Druckverluste bei Belüftung 440
Durchlässe aus Wellblech 394
Durchpressung, Rohr- 719
Durchstichfehler 474

Echter Gebirgsdruck 149
Eckpunktversicherung 476
Einbruchschießen 511
Einteilung nach der Verkehrsart 8
Einschiftige Rechteckquerschnitte 398
Eisenbahntunnel, Arten der Querschnitte 100
Elastische Bettung der Hufeisenprofile 279
— — — Kreisprofile 309
— — — Zwillingsrahmen 294
— Einspannung des Hufeisenprofils 294
— Formänderungen 127
Elastizitätsenergie, PHILIPS 144
ENGESSER, Gebirgsdrucktheorie 179
Elektrische Neigungsmessung 45
Englische Bauweise 562
Entlastung, Druckmessung durch völlige 207
Entwässerung beim Rohrvorpressen 725
— — Schildverfahren 715
— — Stollenvortrieb 546
— der Tunnelbauwerke 416, 428
Entwässerungsstollen 81, 810, 823
Entwässerungssystem 430
Erektorarm 655
Erkundung der Bodenverhältnisse 43
— — Wasserverhältnisse 62
Erkundungsschacht 46
ESZTÓ, Gebirgsdrucktheorie 162, 199
Exzentrische Schachtlotung 483

Fallen 49
Falten 38
FENNER 121, 150
FENNERS Theorie 135
Fernseh-Bohrlochsonde 44
Fertigteilbauweise bei Untergrundbahnen 762
Festigkeitseigenschaften der Gesteine 61
Festigkeitsfaktoren nach PROTODIAKONOW 178
Festpunktnetz 467, 476
—, Verdichtung des 477
Firstabsenkung, Überlagerung der 541
Firstgewölbe, Bemessung des 256
Formstein 681
FOUCAULT Meridianweiser 488
Fräsarm-Schild (Calweld) 650
Frässcheiben-Bagger 645
Frostschäden 799
Fugenabdichtung 780

GALERKIN 355
Gase, schädliche 70
Gebirgsdruck, Auflockerungsdruck 141
—, echter 149
—, Überlagerungsdruck 155
Gebirgsdruckmessungen 206
Gebirgsdrucktheorien 154
— nach Bruchfiguren 172
— — Verspannungsannahmen 160
Gebirgsdrucküberlagerung 199
Gebirgswasser, Arten 64
Geoisotherme 73
Geologische Untersuchungen 34
— —, Grundlagen der 48
Geologischer Längsprofil 77
Geothermische Tiefenstufe 72
Gerüst, fahrbares 515, 528, 809, 820
Geschichte des Tunnelbaues 18

Gestein-Festigkeit 54
—, Festigkeits- und physikalische Werte 61
—, Spannungszustand 54
—, Verformung 56
—, Verwitterung 53
—, Zerstörung (Bruch) 58
Gesteinspfeiler, Druck auf 203
Getriebezimmerung, Türstock- 548, 550
Gewölbeschub 251
Gewölbestärke, Bemessung 256
— nach KASTNER 149
GINA-Profil 780
Gleichmäßig verteilte Belastung des Kreisringprofils 301
Gleisabsteckung 792
GOLD-LEVIN 381
Graphische Querschnittuntersuchung nach KOMMERELL 243
Grundsystem, statisch bestimmtes, des Bogenträgers, des Ringträgers 257, 301

HALLINGER 644
Haltestellen der Untergrundbahnen 746
Hänysche-Verpressungspumpe 669
HAROSY, Überbrückungsdauer, Stehzeit 195
—, Verbesserung der KOMMERELL-Theorie 174
—, Verteilung der Außenpressungen 375
Hauptangaben bemerkenswerter Tunnelbauten 22
HEWETT-JOHANNESSON, Bemessungsverfahren 309
Hilfsbauten in Tunneln 459
Hilfs-Fachwerkträger 523
Höhe der gleichen Setzungen 366
Höhenabsteckung 474, 494
Höhenpunkt 478
Hohlraumform, Einfluß auf den Spannungszustand 121
Hohlraumverpressung 656
Horizontalabsteckung 463, 475
Horizontalverschiebung des Kämpfers 265
HOUSKA 187
Hufeisenprofil, Bemessung des 243
—, Bemessung nach ZURABOW-BUGAJEWA 279
—, Vergleich mit Kreisprofil 110

Icos-Schlitzwand 601, 611
Injektierung 658
Injektionsdruck 664
Injektionsgeräte 660
Injizierte Ummantelung 538
Innendrücke 225
Isobaren der Oberflächensetzungen 838
Isolierung 417
Isostasie 39
Italienische Bauweise, Versatz-Bauweise 582

JÄCKLIN 149
JAROSCHENKO 365
JEFFERY 831
Jochzimmerungsbauweise, Englische Bauweise 563
JOOSTEN Verfahren, Anwendung des 713
Jumbo 515

Kalotte, Kappengewölbe 543
Kamine, lotrechte Aufbrüche 558
Kammern für Lagerungszwecke 459
Kanadischer Einschnitt 511
Kandevan-Tunnel, Umbau 823
Kantenauflagerung der Stahlbetontübbinge 704
— nach JOHANNESSON 316
KAPOLYI 129
KARAFIÁTH 734
KARAWALJEW 828
Karstwasserformation 65
KASTNER, (echter Gebirgsdruck) 149
KASTNERS Theorie 132
Kathodischer Korrosionsschutz 435
Kämpferbalken 520, 523, 575
—, Stollen 580
—, Unterfangung 573
Kämpferverschiebung, Betrachtung der 266
Kehr-(Spiral-)Tunnel 6
KÉRISEL 118
Kern, Strosse 543
Kernbauweise, Deutsche Bauweise 543
Kesselschleuse 709
Kettenring-Verfahren 329
Kiesersche Spannverfahren 707
Klassische Tunnelbaumethoden 544
KLEIN 370
KLEINLOGEL 400
Kleintübbingverbau 553, 588
Kölner Bauweise(-Rüstung) 595
Kombinierte Bauweise 585
KOMMERELL, Gebirgsdrucktheorie 173
—, graphische Bemessung 243
Kontroll-Loten 473
Konvergenz 150
Korrosionsschutz 431
Kostenangaben 32
KOVÁCSHÁZY 361
Kreisbogenträger 257
Kreisförmige Ringträger, Bemessung des monolithischen Kreisringprofils 299
— —, graphische Bemessung 297
Kreisförmiger Hohlraum, Spannungszustand um einen 118
Kreisprofil, Vergleich mit Hufeisenprofil 110
KRESS 443, 447
Kronenbalken, Abstützung mit 523, 563
—, vorgeschobener 522

Kugelförmiger Hohlraum, Spannungen um 124
Kunstharzisolierung 424
Kunststoffisolierung 423
Kunststoffolienabdichtung 806
Kunzsche Bauweise 593
Künstliche Abdichtung, Verfestigung 710
— — der Deckschicht 711
— Lüftung 444

Lamellen im Schild 652
Längsprofile der U-Bahn Haltestellen 99
— einiger Unterwassertunnel 85
—, geologische 72
—, —, berühmter Tunnel 79
Längsträger-Bauweise, Englische Bauweise 562
Lastannahmevorschriften 226
Lastermittlungsvorschriften 229
— in der Sowjetunion 235
—, U-Bahn Budapest 291
—, U-Bahn Lissabon 229
Lärmschutz 458
Lauffer, Spritzbeton 537
—, Stehzeit 145
Lehnen-(Berghang-)Tunnel 7, 35
Leistungsfähigkeit der Straßentunnel 10
Leitungsgraben 770
Lenkbarkeit der Schilde 637
Leon 147, 148
Lichtrammprofile 105
—, Einmessung der 496, 789
Limanow 830
Litwiniszyn 832
Loos und Breth 170, 186
Lösen des Gesteins 504
Lotrechte Aufbrüche, Kamine 559, 561
Luftausbruch, Gefahr 85, 711
Luftbedarf 718
Luftdruck, erforderlicher 717
Lüftung der Tunnel 437
— — Untergrundbahnen 445
—, künstliche 444
—, Längs- 447
—, natürliche 442
—, Quer- 450
Lüftungsschacht, Arbeitsschacht 727
Luftwiderstand 96

Maihak-Meßdose 219
Mariotti-Delarue 56
Markiernadel 483
Markierung der Festpunkte 470
Martos 827
Marquardt 382
Maßgebende Steigung 95
Mauerrisse 813
Mauerwerkausbesserung 811
Mechanisches Bohren und Lösen 504
Mehrausbruch, Einfluß auf den Gebirgsdruck 194, 197
Mehrschichtige Auskleidungen, Bemessung der 360
Meissner, Näherungsmethode für Ringträger 353
Meridianweiser von Foucault 491
Meßdose 219
Messervortrieb 598
Meßführer 789
Meßgeräte für Gebirgsdruck 219
Meßsaitengerät, Maihak 220
Meßwagen 789
Metallfolie-Isolierung 422
Meyerhof 395
Milano Schlitzwandverfahren 611
Millisekunden, Schießen 510
Mindlin 118
Mittelbaum (Needle-beam) Verfahren 611
Mittelschlitzbauweise 545, 570
Mittelschwelle 563, 567
Mittelstollenvortrieb 516
Modellversuch für Druckbestimmung 217
Mohr 150
—, Belastungsveränderung 242
Mollsche Stützrippen 527
Mühlhofer Ringträger 357
Muldenformation, Synklinale 38, 52
Mundloch, Wahl des Portals 90

Nachbruch, Zunahme nach Terzaghi 142
Natürliche Lüftung 442
Needle-beam (Mittelbaum)-Verfahren 589
Nischen 459
Nivellierungsscheibe nach Cséti 475
Nutzlasten 225

Oberflächenlasten 225
Oberflächensetzungen der Untergrundbahnen 833
—, Theorien der 825
Oberflächenverkehr, Störungen, Aufrechterhaltung, Umleitung des 612 bis 616
Oberhasli, Sickerungsnetz 806
Opernpassage, Wien 605
Orlow 354
Österreichische Bauweise, neue 569
— —, Sparren-Bauweise 566

Park Lane Unterführungen 601, 614
Pasternak 402
Pentagonal-Zimmerung 586
Pfandbrett 550
Pfandkeil 550
Philips, Elastizitätsenergie 144
—, Zangar und 128

PHILIPS, Meßdose 219
Photoelastische Spannungsbilder 131
Planierflug 778
Polygonketten, Bemessungsverfahren 327
Polygonzug, Absteckung mit Hilfe eines 467
Portal, Wahl des 90
Pressen, Brust- 633
—, Rückzug- 632
—, Vorschub- 629
Preßgerät für Durchpressung 721
PROCTOR und WHITE 520, 522, 525, 529
Projektor, Zeissscher 488
PROTODJAKONOW, Gebirgsdrucktheorie 175
—, Gesteinspfeilerabstand 203
Provisorische Überbrückungen 603
— Verkehrsumleitung 602
PRUŠKA 371

Querschnitte, typische Tunnel- und Querschnittswahl 100
Querschnittbemessung, hufeisenförmige 243
—, rechteckförmige 398
—, ringförmige 297

RABCEWICZ 155, 530, 536, 540, 569
Radialstrebensystem 585
Rechteckige Tunnelquerschnitte, Bemessung 398
Reibungswiderstand 737
Reiter, Kunzsche Bauweise 593
RICHARDSON-MAYO 637, 651
RICHART-TERZAGHI 122
RICHTER 533
Richtlinien der Bemessung der Stahlbetontübbinge 703
— für Lastannahmen 229
Richtungsübertragung in dem Untertageraum 481
Richtungsweitergabe 492
Ringbauweise 570
Rohrauflagerung, Auswirkung der 374
Rohrdurchlässe 365
—, biegsame aus Wellblech 394
—, gelenkige 377
Rohrvorpressen 719
Rolltreppen-Schacht 730, 759
— -Tunnel 759
Röhrenförmiger Wasserweg 63
Ruhewasserdruck 223

SACCARDO, Lüftung 448
Sattel-formation, Antiklinale 52
Sauglüftung 441
Schacht, Arbeits- 727
—, Ausbildung 730
—, Rolltreppen- 739
Schachtlotung, exzentrische 483
—, mechanische 181
Schachtlotung, optische 487
Schachtverdrehung, Messung der 491
Schachtwand, Bemessung 732
Schädliche Chemikalien 67
— Gase 69
Schallgeschwindigkeit, Druckmessung 209
Schätzungsverfahren des Gebirgsdruckes 156
Scheitel-Tunnel 5
Scheitelmomentvergleich 296
Schichten-Lagerung 49
Schichten, Zustand 53
Schichtigkeit, Einfluß auf den Gebirgsdruck 153
Schild, Abmessungen 637
—, Lenkung 631, 654
—, Mantel 627
—, mechanisierter 643
—, Schneide 623
—, Stirnwand 635
Schildbauweise 620
—, Arbeitsphasen der 638
Schildkammer 741
Schildlage, Vermessung der 499
Schirm, Schild 624
Schlitzbauweise 545
Schlitzwand 601
Schlitzwandverfahren 611
SCHMIED 127
Schnappenlassen 549, 563
Schneide, Schacht 737
—, Schild 623
Schottwand 635
Schrämmaschine 516
Schürfkugel 645
Schutzbereich 146
Schwelldruck 151
Schwimmkasten, Senkkasten 768
Sehnenwinkel, Absteckung durch 472
Seitendruck, Bestimmung des 183
Seitenwand, Bemessung der, nach DAWIDOW 277
—, Bewegung 266, 813
—, Stollen 578, 582, 592
—, Widerlager, Bemessung der 262
Seitenwandausbau bei Unterfangungsbauweise 574
Semmering Tunnel, Umbau 819
— —, geologisches Längsprofil 83
Senkkasten, Ausbildung 619
—, großräumiger 618
—, schwimmender 768
Setzungsmessungen 837
—, Isobaren 839
Sichelförmige Belastung 305
Sickerungsnetz, Oberhasli 806
SIKÓ 380
Silikose 783

Sohl-Tunnel 5
Sohldruck 188
Sohlgewölbe, Bemessung des 261, 543
Sohlstollen-Vortrieb 516
— Bauweise, (Italienische Bauweise) 582
— bei der Schildbauweise 641
Solétanche, Injektierungsverfahren 712
Sonntag 125
Spannungsbilder, photoelastische 130
Spannungsisoklinen, photoelastische 129
Spannungslose Körper, Trompetersche Zone 147
Spannungsverteilung, Einfluß plastischer Erscheinungen auf die 128
Spannungszustand, Einfluß verschiedener Faktoren 121 bis 127
—, gestörter, um einen kreisförmigen Hohlraum 118
Sparren-Bauweise, Österreichische Bauweise 566
Spiral-Kehr-Tunnel 7
Sporntunnel 6, 36
Sprengbalken 575
Sprengloch-Schema 509
Sprengstoffbedarf 512
Sprengstoffe 508
Sprengtrichter 507
Sprengungsloser Vortrieb 517
Spritzbeton, Hohlraumsicherung durch 537
Sulfatreduzierende Bakterien 433
Stahlbetonanker 535
Stahlbetonformsteine Richtlinien 703
Stahlblech, Isolierung 424
Stahlblechpanzerung 358
Stahlrippenabstützungen 590
Stahlrüstungen 587
Starre Bewehrung 528
Steinfeld 735
Steuerung der Schilde 653
— — Rohre 723
Stini 35, 48, 199
—, Gebirgsdruckwerte nach 158
—, Spannungsüberlagerung nach 200
Stollen, Verbindungs- 740
Stollenkonstruktion aus Hartholzklotzen 557
— — Holz 547
— — Mauerwerk 556
— — Stahl 552
— — Stahlbeton 554
Strahlgebläse, Lüftung mittels 450
Strahlventilatorgebläse 450
Straka 533
Straßentunnel, Arten der 9
—, Querschnitte 101
Streichen 49
Strömungsdruck 223
Suquet 172
Synklinale 38, 52
Széchy, Gebirgsdrucktheorie 181
—, mehrschichtige Auskleidungen 363
—, Oberflächensenkungen 829
Szilvágyi 125

T. H. Stützrippen 526
Talobre 207, 531
Tárczy-Hornoch 482, 494
Teilausbrüche, Tunnelbau mittels 544
Tektonischer Druck 154
Temperaturgradient 72, 75
Temperaturprognose 74
Terzaghi 126, 142, 156, 194
—, Druck auf die Schachtwand 733
—, Gebirgsdrucktheorie 167
—, Sohldruck 192
Terzaghi-Richart 122
Thixotrope Flüssigkeit 737
Tiefbahnstation 749
Tiefenmessungen 209
Tiefenstufe, geothermische 72
Torkret-Kanone 421
Torkretierung 807
Torkretverputz 420
Transport-Tunnel, Einteilung 12
Trassenwahl 88
Trennbruch 504
Trennungswand 709
Triangulationsnetz, höherwertiges 469
Trockenlegung durch Belüftung 811
Trommel-Bagger-Schild 649
Trompetersche Zone spannungsloser Körper 147
Tscheboтarioff 379
Tübbings aus Gußeisen 673
—, Bemessung der 676
Tunnel, Ausbesserung und Instandsetzung 802
—, Wiederaufbau 817
—, Einteilung und Zweck der 3
—, Schäden 197
—, Überwachung 789
—, Umbau von 815, 819
Tunnelbau, Ausführung 503
—, Geschichte des 18
— im festen Gebirge 504
— — mittelfesten Gebirge 540
—, klassischer 541
Tunnelbaumethoden in Lockerböden 598
— — offener Baugrube 599
— mit unterbrochener Ausmauerungsweise 571
— — ununterbrochener Aufmauerung 559
— mittels Teilausbrüchen 541
—, neuere 587
Tunnelbauten, bemerkenswerte 22

Tunnelbohrer, Geräte 517, 648
Tunnelform, Einfluß der Bestimmung auf die 100
— der Baumethode und des Materials 109
— des Gebirgsdruckes 106
— — Lichtraumprofils 104
Tunneltrasse 88
Tunnelringlage, Vermessung der 496
Türstockzimmerung 547 bis 550
Typische Querschnitte 101

Überbrückungsperiode, Stehzeit 144, 195
Überdeckung, erforderliche 718
Überdruck, erforderlicher 715
Überlagerung der Gebirgsdrücke 199
Überlagerungsdruck 155
Überwachung des Bahnkörpers 792
— — Mauerwerkes 794
Ummantelung, injizierte 339
Unfallverhütung 781
Unterfangungsbauweise, Belgische Bauweise 545, 572
Untergrundbahnstationen 746
Unterführungen, Fußgänger- in Budapest, Wien und in London 607, 610, 614
— Straßen- in Wien, London, Budapest 601 bis 606
Untergrundbahnsystem, vergleichende Angaben 92
Unterpflasterbau, cut and cover 599
Unterpflaster-Station 748
Unterspülung der Schwimmstücke 778
Unterwassertunnel 764

Vagabundierende Ströme 434
VARGA, Näherungsverfahren für die Bemessung von Ringträgern 352
Verbindung der Schwimmstücke 776
Verbohlungsarten, stählerne 525
Verbundlüftung 441
Verformungsmessung für Druckbestimmung 210
Verkehrstunnel, Einteilung 4
Verlegungsgeräte 655
Verpressung 656
Verpressungs-Material 659, 663, 665
— -Geräte 660
Verputz, Isolierung 418
Versatz-Bauweise, Italienische Bauweise 582
Verschiebung, seitliche, des Gewölbes 266
Versteifung des Polygonnetzes durch Parallelstollen 473
Verwerfungen 40
Verwitterungs-Zone 35
— -Effekte 53
Verzugsarten 524
Visco-elasto-plastisches Verhalten 150
Vollvortrieb mit Abstützung 518
— ohne Abstützung 514
Vorangehende Feldaufnahmen 43
Vorschriften der Bemessung der Stahlbetontübbinge 703
— für Lastermittlung 229 bis 239
Vorschubkraft 630, 723
Vorschubpressen 629
Vorspannverfahren für Auskleidungsringe 705
Vortrieb, Mittelstollen 516
—, Sohlstollen 516
—, sprengungsloser 517
Vorwärtseinschneiden 465

Wahl der Trasse 88
— des Längsprofils 93
— — Querschnitts 100
Wanderdruck 154
Wärmeleitfähigkeit 61, 72
Wärmemengen, elektrische, in Tunneln 456
Wasserabdichtung 416
— der Durchpreßröhre 725
Wasserabführung 428
Wasserauschließung von Tunneln 803
Wasserdrücke 222
Wasserschäden im Tunnelmauerwerk 798
Wasserscheidentunnel 4, 36
Wasserverhältnisse, Erkundung der 62
Wasserweg, flächenhafter 69
—, röhrenförmiger 63
Wechselwirkung zwischen Einzelteilen 265
Wellblech-Durchlässe 394
Widerlager, Seitenwand-Bemessung 262
—, Verschiebung 266
Wiederherstellung, Prinzip der, der Drücke 208, 209
WILLMANN 145, 146
WILSKI-HORNOCH, Schachtlotenvorrichtung 482
Wirtschaftlichkeitsberechnungen 30

Zeissscher Projektor 488
ZIMBARJEWITSCH, Gesteinspfeilerabstand 204
—, Sohldrücke 190
ZURABOW-BUGAJEWA, Hufeisenprofil-Bemessungen 279
Zwangszentrierung 474, 478, 493
Zweischiftige Rechteckquerschnitte 402
Zwillingsrahmen, Bemessung der 402

5000/31/68

# Berichtigungen

S. 119, Zeile 15 von oben lies: $r^2 \frac{d^2 u}{dr^2} + r \frac{du}{dr} - u = 0$

statt: $r^2 \frac{du}{dr^2} + r \frac{du}{dr} - u = 0.$

S. 220, Zeile 12 von unten lies: $f = \frac{1}{2l}\sqrt{\frac{P}{m}} = \frac{1}{2l}\sqrt{\frac{P \cdot g}{G}}$

statt: $f = \frac{1}{2l}\sqrt{\frac{P}{m}} = \frac{1}{2l}\sqrt{\frac{P}{G \cdot g}}.$

S. 239, Zeile 24 von unten lies: Bauingenieur 1967 statt: 1957.

S. 349, Zeile 17 von unten lies: angenommen werden kann statt: angenommen wird.

Auf S. 346 ist die folgende, in Zeile 3 von unten erwähnte Tabelle einzukleben:

| | $A$ | $B$ | $C_1$ | $D$ | $F$ | $G$ |
|---|---|---|---|---|---|---|
| $\varphi = 0$ | 0,1628 | 0,0872 | −0,0070 | 0,2122 | −0,2122 | 0,02100 |
| $= \pi/4$ | −0,0250 | 0,0250 | −0,00084 | 0,1500 | 0,3500 | 0,01485 |
| $= \pi/2$ | −0,1250 | −0,1250 | 0,00825 | 0,0000 | 1,0000 | 0,00575 |
| $= 3\pi/4$ | 0,0250 | −0,0250 | 0,00022 | −0,1500 | 0,9000 | 0,01380 |
| $= \pi$ | 0,0872 | 0,1628 | −0,00837 | −0,2122 | 0,7122 | 0,02240 |

GPSR Compliance

*The European Union's (EU) General Product Safety Regulation (GPSR) is a set of rules that requires consumer products to be safe and our obligations to ensure this.*

*If you have any concerns about our products, you can contact us on ProductSafety@springernature.com*

In case Publisher is established outside the EU, the EU authorized representative is:

Springer Nature Customer Service Center GmbH
Europaplatz 3
69115 Heidelberg, Germany

**Batch number: 10577971**

Printed by Printforce, the Netherlands